全国优秀教材二等奖

国家卫生健康委员会"十三五"规划教材
全 国 高 等 学 校 教 材
供基础、临床、预防、口腔医学类专业用

生物化学与分子生物学

Biochemistry and Molecular Biology

第9版

主 审 查锡良

主 编 周春燕 药立波

副主编 方定志 汤其群 高国全 吕社民

人民卫生出版社
PEOPLE'S MEDICAL PUBLISHING HOUSE

图书在版编目（CIP）数据

生物化学与分子生物学/周春燕,药立波主编. —9 版.
—北京：人民卫生出版社,2018
全国高等学校五年制本科临床医学专业第九轮规划教材
ISBN 978-7-117-26624-6

Ⅰ.①生… Ⅱ.①周…②药… Ⅲ.①生物化学-高
等学校-教材②分子生物学-高等学校-教材 Ⅳ.①Q5②Q7

中国版本图书馆 CIP 数据核字(2018)第 133194 号

| 人卫智网 | www.ipmph.com | 医学教育、学术、考试、健康，购书智慧智能综合服务平台 |
| 人卫官网 | www.pmph.com | 人卫官方资讯发布平台 |

生物化学与分子生物学
第 9 版

主　　编：周春燕　药立波
出版发行：人民卫生出版社(中继线 010-59780011)
地　　址：北京市朝阳区潘家园南里 19 号
邮　　编：100021
E - mail：pmph @ pmph.com
购书热线：010-59787592　010-59787584　010-65264830
印　　刷：人卫印务（北京）有限公司
经　　销：新华书店
开　　本：850×1168　1/16　　印张：36
字　　数：1065 千字
版　　次：1978 年 12 月第 1 版　　2018 年 8 月第 9 版
　　　　　2023 年 12 月第 9 版第 12 次印刷(总第 90 次印刷)
标准书号：ISBN 978-7-117-26624-6
定　　价：91.00 元
打击盗版举报电话：010-59787491　E-mail：WQ @ pmph.com
　（凡属印装质量问题请与本社市场营销中心联系退换）

编 者

以姓氏笔画为序

卜友泉　重庆医科大学

王丽颖　吉林大学白求恩医学部

王明臣　郑州大学基础医学院

方定志　四川大学华西基础医学与法医学院

田余祥　大连医科大学

吕社民　西安交通大学医学部

朱月春　昆明医科大学

关一夫　中国医科大学

汤立军　中南大学湘雅医学院

汤其群　复旦大学基础医学院

孙　军　华中科技大学同济医学院

李存保　内蒙古医科大学

李恩民　汕头大学医学院

肖建英　锦州医科大学

汪　渊　安徽医科大学

张玉祥　首都医科大学

张晓伟　北京大学医学部

苑辉卿　山东大学齐鲁医学院

周春燕　北京大学医学部

赵　晶　空军军医大学

药立波　空军军医大学

倪菊华　北京大学医学部

高　旭　哈尔滨医科大学

高国全　中山大学中山医学院

黄　建　上海交通大学医学院

焦炳华　海军军医大学

解　军　山西医科大学

德　伟　南京医科大学

学术秘书

张晓伟（兼）

融合教材阅读使用说明

融合教材介绍：本套教材以融合教材形式出版，即融合纸书内容与数字服务的教材，每本教材均配有特色的数字内容，读者阅读纸书的同时可以通过扫描书中二维码阅读线上数字内容。

《生物化学与分子生物学》(第9版)融合教材配有以下数字资源：

教学课件 **案例(拓展阅读)** **动画** **图片** **自测试卷** **英文名词读音**

❶ 扫描教材封底圆形图标中的二维码，打开激活平台。

❷ 注册或使用已有人卫账号登录，输入刮开的激活码。

❸ 下载"人卫图书增值"APP，也可登录 zengzhi.ipmph.com 浏览。

❹ 使用 APP "扫码"功能，扫描教材中二维码可快速查看数字内容。

配套教材(共计 56 种)

全套教材书目

全套教材书目

《生物化学与分子生物学》(第9版)配套教材

《生物化学与分子生物学学习指导与习题集》 主编：周春燕

读者信息反馈方式

欢迎登录"人卫 e 教"平台官网"medu.pmph.com"，在首页注册登录后，即可通过输入书名、书号或主编姓名等关键字，查询我社已出版教材，并可对该教材进行读者反馈、图书纠错、撰写书评以及分享资源等。

　　党的十九大报告明确提出,实施健康中国战略。 没有合格医疗人才,就没有全民健康。 推进健康中国建设要把培养好医药卫生人才作为重要基础工程。 我们必须以习近平新时代中国特色社会主义思想为指引,按照十九大报告要求,把教育事业放在优先发展的位置,加快实现教育现代化,办好人民满意的医学教育,培养大批优秀的医药卫生人才。

　　着眼于面向 2030 年医学教育改革与健康中国建设,2017 年 7 月,教育部、国家卫生和计划生育委员会、国家中医药管理局联合召开了全国医学教育改革发展工作会议。 之后,国务院办公厅颁布了《国务院办公厅关于深化医教协同进一步推进医学教育改革与发展的意见》(国办发〔2017〕63 号)。 这次改革聚焦健康中国战略,突出问题导向,系统谋划发展,医教协同推进,以"服务需求、提高质量"为核心,确定了"两更加、一基本"的改革目标,即:到 2030 年,具有中国特色的标准化、规范化医学人才培养体系更加健全,医学教育改革与发展的政策环境更加完善,医学人才队伍基本满足健康中国建设需要,绘就了今后一个时期医学教育改革发展的宏伟蓝图,作出了具有全局性、战略性、引领性的重大改革部署。

　　教材是学校教育教学的基本依据,是解决培养什么样的人、如何培养人以及为谁培养人这一根本问题的重要载体,直接关系到党的教育方针的有效落实和教育目标的全面实现。 要培养高素质的优秀医药卫生人才,必须出版高质量、高水平的优秀精品教材。 一直以来,教育部高度重视医学教材编制工作,要求以教材建设为抓手,大力推动医学课程和教学方法改革。

　　改革开放四十年来,具有中国特色的全国高等学校五年制本科临床医学专业规划教材经历了九轮传承、创新和发展。 在教育部、国家卫生和计划生育委员会的共同推动下,以裘法祖、吴阶平、吴孟超、陈灏珠等院士为代表的我国几代著名院士、专家、医学家、教育家,以高度的责任感和敬业精神参与了本套教材的创建和每一轮教材的修订工作。 教材从无到有、从少到多、从多到精,不断丰富、完善与创新,逐步形成了课程门类齐全、学科系统优化、内容衔接合理、结构体系科学的立体化优秀精品教材格局,创建了中国特色医学教育教材建设模式,推动了我国高等医学本科教育的改革和发展,走出了一条适合中国医学教育和卫生健康事业发展实际的中国特色医药学教材建设发展道路。

　　在深化医教协同、进一步推进医学教育改革与发展的时代要求与背景下,我们启动了第九轮全国高等学校五年制本科临床医学专业规划教材的修订工作。 教材修订过程中,坚持以习近平新时代中国特色社会主义思想为指引,贯彻党的十九大精神,落实"优先发展教育事业""实施健康中国战略"及"落实立德树人根本任务,发展素质教育"的战略部署要求,更加突出医德教育与人文素质教育,将医德教育贯穿于医学教育全过程,同时强调"多临床、早临床、反复临床"的理念,强化临床实践教学,着力培养医德高尚、医术精湛的临床医生。

　　我们高兴地看到,这套教材在编写宗旨上,不忘医学教育人才培养的初心,坚持质量第一、立德树人;在编写内容上,牢牢把握医学教育改革发展新形势和新要求,坚持与时俱进、力求创新;在编写形式上,聚力"互联网+"医学教育的数字化创新发展,充分运用 AR、VR、人工智能等新技术,在传统纸质教材的基础上融合实操性更强的数字内容,推动传统课堂教学迈向数字教学与移动学习的新时代。 为进一步加强医学生临床实践能力培养,整套教材还配有相应的实践指导教材,内容丰富,图文并茂,具有较强的科学性和实践指导价值。

　　我们希望,这套教材的修订出版,能够进一步启发和指导高校不断深化医学教育改革,推进医教协同,为培养高质量医学人才、服务人民群众健康乃至推动健康中国建设作出积极贡献。

林蕙青

2018 年 2 月

全国高等学校五年制本科临床医学专业
第九轮 规划教材修订说明

　　全国高等学校五年制本科临床医学专业国家卫生健康委员会规划教材自1978年第一轮出版至今已有40年的历史。几十年来，在教育部、国家卫生健康委员会的领导和支持下，以裘法祖、吴阶平、吴孟超、陈灏珠等院士为代表的我国几代德高望重、有丰富的临床和教学经验、有高度责任感和敬业精神的国内外著名院士、专家、医学家、教育家参与了本套教材的创建和每一轮教材的修订工作，使我国的五年制本科临床医学教材从无到有，从少到多，从多到精，不断丰富、完善与创新，形成了课程门类齐全、学科系统优化、内容衔接合理、结构体系科学的由规划教材、配套教材、网络增值服务、数字出版等组成的立体化教材格局。这套教材为我国千百万医学生的培养和成才提供了根本保障，为我国培养了一代又一代高水平、高素质的合格医学人才，为推动我国医疗卫生事业的改革和发展做出了历史性巨大贡献，并通过教材的创新建设和高质量发展，推动了我国高等医学本科教育的改革和发展，促进了我国医药学相关学科或领域的教材建设和教育发展，走出了一条适合中国医药学教育和卫生事业发展实际的具有中国特色医药学教材建设和发展的道路，创建了中国特色医药学教育教材建设模式。老一辈医学教育家和科学家们亲切地称这套教材是中国医学教育的"干细胞"教材。

　　本套第九轮教材修订启动之时，正是我国进一步深化医教协同之际，更是我国医疗卫生体制改革和医学教育改革全方位深入推进之时。在全国医学教育改革发展工作会议上，李克强总理亲自批示"人才是卫生与健康事业的第一资源，医教协同推进医学教育改革发展，对于加强医学人才队伍建设、更好保障人民群众健康具有重要意义"，并着重强调，要办好人民满意的医学教育，加大改革创新力度，奋力推动建设健康中国。

　　教材建设是事关未来的战略工程、基础工程，教材体现国家意志。人民卫生出版社紧紧抓住医学教育综合改革的历史发展机遇期，以全国高等学校五年制本科临床医学专业第九轮规划教材全面启动为契机，以规划教材创新建设，全面推进国家级规划教材建设工作，服务于医改和教改。第九轮教材的修订原则，是积极贯彻落实国务院办公厅关于深化医教协同、进一步推进医学教育改革与发展的意见，努力优化人才培养结构，坚持以需求为导向，构建发展以"5+3"模式为主体的临床医学人才培养体系；强化临床实践教学，切实落实好"早临床、多临床、反复临床"的要求，提高医学生的临床实践能力。

　　在全国医学教育综合改革精神鼓舞下和老一辈医学家奉献精神的感召下，全国一大批临床教学、科研、医疗第一线的中青年专家、学者、教授继承和发扬了老一辈的优秀传统，以严谨治学的科学态度和无私奉献的敬业精神，积极参与第九轮教材的修订和建设工作，紧密结合五年制临床医学专业培养目标、高等医学教育教学改革的需要和医药卫生行业人才的需求，借鉴国内外医学教育教学的经验和成果，不断创新编写思路和编写模式，不断完善表达形式和内容，不断提升编写水平和质量，已逐渐将每一部教材打造成了学科精品教材，使第九轮全套教材更加成熟、完善和科学，从而构建了适合以"5+3"为主体的医学教育综合改革需要、满足卓越临床医师培养需求的教材体系和优化、系统、科学、经典的五年制本科临床医学专业课程体系。

其修订和编写特点如下：

1．教材编写修订工作是在国家卫生健康委员会、教育部的领导和支持下，由全国高等医药教材建设研究学组规划，临床医学专业教材评审委员会审定，院士专家把关，全国各医学院校知名专家教授编写，人民卫生出版社高质量出版。

2．教材编写修订工作是根据教育部培养目标、国家卫生健康委员会行业要求、社会用人需求，在全国进行科学调研的基础上，借鉴国内外医学人才培养模式和教材建设经验，充分研究论证本专业人才素质要求、学科体系构成、课程体系设计和教材体系规划后，科学进行的。

3．在教材修订工作中，进一步贯彻党的十九大精神，将"落实立德树人根本任务，发展素质教育"的战略部署要求，贯穿教材编写全过程。 全套教材在专业内容中渗透医学人文的温度与情怀，通过案例与病例融合基础与临床相关知识，通过总结和汲取前八轮教材的编写经验与成果，充分体现教材的科学性、权威性、代表性和适用性。

4．教材编写修订工作着力进行课程体系的优化改革和教材体系的建设创新——科学整合课程、淡化学科意识、实现整体优化、注重系统科学、保证点面结合。 继续坚持"三基、五性、三特定"的教材编写原则，以确保教材质量。

5．为配合教学改革的需要，减轻学生负担，精炼文字压缩字数，注重提高内容质量。 根据学科需要，继续沿用大 16 开国际开本、双色或彩色印刷，充分拓展侧边留白的笔记和展示功能，提升学生阅读的体验性与学习的便利性。

6．为满足教学资源的多样化，实现教材系列化、立体化建设，进一步丰富了理论教材中的数字资源内容与类型，创新在教材移动端融入 AR、VR、人工智能等新技术，为课堂学习带来身临其境的感受；每种教材均配有 2 套模拟试卷，线上实时答题与判卷，帮助学生复习和巩固重点知识。同时，根据实际需求进一步优化了实验指导与习题集类配套教材的品种，方便老师教学和学生自主学习。

第九轮教材共有 53 种，均为**国家卫生健康委员会"十三五"规划教材**。 全套教材将于 2018 年 6 月出版发行，数字内容也将同步上线。 教育部副部长林蕙青同志亲自为本套教材撰写序言，并对通过修订教材启发和指导高校不断深化医学教育改革、进一步推进医教协同，为培养高质量医学人才、服务人民群众健康乃至推动健康中国建设寄予厚望。 希望全国广大院校在使用过程中能够多提供宝贵意见，反馈使用信息，以逐步修改和完善教材内容，提高教材质量，为第十轮教材的修订工作建言献策。

全国高等学校五年制本科临床医学专业第九轮规划教材
教材目录

序号	书名	版次	主编			副主编			
1.	医用高等数学	第7版	秦 侠	吕 丹		李 林	王桂杰	刘春扬	
2.	医学物理学	第9版	王 磊	冀 敏		李晓春	吴 杰		
3.	基础化学	第9版	李雪华	陈朝军		尚京川	刘 君	籍雪平	
4.	有机化学	第9版	陆 阳			罗美明	李柱来	李发胜	
5.	医学生物学	第9版	傅松滨			杨保胜	邱广蓉		
6.	系统解剖学	第9版	丁文龙	刘学政		孙晋浩	李洪鹏	欧阳宏伟	阿地力江·伊明
7.	局部解剖学	第9版	崔慧先	李瑞锡		张绍祥	钱亦华	张雅芳	张卫光
8.	组织学与胚胎学	第9版	李继承	曾园山		周 莉	周国民	邵淑娟	
9.	生物化学与分子生物学	第9版	周春燕	药立波		方定志	汤其群	高国全	吕社民
10.	生理学	第9版	王庭槐			罗自强	沈霖霖	管又飞	武宇明
11.	医学微生物学	第9版	李 凡	徐志凯		黄 敏	郭晓奎	彭宜红	
12.	人体寄生虫学	第9版	诸欣平	苏 川		吴忠道	李朝品	刘文琪	程彦斌
13.	医学免疫学	第7版	曹雪涛			姚 智	熊思东	司传平	于益芝
14.	病理学	第9版	步 宏	李一雷		来茂德	王娅兰	王国平	陶仪声
15.	病理生理学	第9版	王建枝	钱睿哲		吴立玲	孙连坤	李文斌	姜志胜
16.	药理学	第9版	杨宝峰	陈建国		臧伟进	魏敏杰		
17.	医学心理学	第7版	姚树桥	杨艳杰		潘 芳	汤艳清	张 宁	
18.	法医学	第7版	王保捷	侯一平		丛 斌	沈忆文	陈 腾	
19.	诊断学	第9版	万学红	卢雪峰		刘成玉	胡申江	杨 炯	周汉建
20.	医学影像学	第8版	徐 克	龚启勇	韩 萍	于春水	王 滨	文 戈	高剑波 王绍武
21.	内科学	第9版	葛均波	徐永健	王 辰	唐承薇	肖海鹏	王建安	曾小峰
22.	外科学	第9版	陈孝平	汪建平	赵继宗	秦新裕	刘玉村	张英泽	李宗芳
23.	妇产科学	第9版	谢 幸	孔北华	段 涛	林仲秋	狄 文	马 丁	曹云霞 漆洪波
24.	儿科学	第9版	王卫平	孙 锟	常立文	申昆玲	李 秋	杜立中	母得志
25.	神经病学	第8版	贾建平	陈生弟		崔丽英	王 伟	谢 鹏	罗本燕 楚 兰
26.	精神病学	第8版	郝 伟	陆 林		李 涛	刘金同	赵旭东	王高华
27.	传染病学	第9版	李兰娟	任 红		高志良	宁 琴	李用国	

序号	书名	版次	主编	副主编
28.	眼科学	第9版	杨培增 范先群	孙兴怀 刘奕志 赵桂秋 原慧萍
29.	耳鼻咽喉头颈外科学	第9版	孙 虹 张 罗	迟放鲁 刘 争 刘世喜 文卫平
30.	口腔科学	第9版	张志愿	周学东 郭传瑸 程 斌
31.	皮肤性病学	第9版	张学军 郑 捷	陆洪光 高兴华 何 黎 崔 勇
32.	核医学	第9版	王荣福 安 锐	李亚明 李 林 田 梅 石洪成
33.	流行病学	第9版	沈洪兵 齐秀英	叶冬青 许能锋 赵亚双
34.	卫生学	第9版	朱启星	牛 侨 吴小南 张正东 姚应水
35.	预防医学	第7版	傅 华	段广才 黄国伟 王培玉 洪 峰
36.	中医学	第9版	陈金水	范 恒 徐 巍 金 红 李 锋
37.	医学计算机应用	第6版	袁同山 阳小华	卜宪庚 张筠莉 时松和 娄 岩
38.	体育	第6版	裴海泓	程 鹏 孙 晓
39.	医学细胞生物学	第6版	陈誉华 陈志南	刘 佳 范礼斌 朱海英
40.	医学遗传学	第7版	左 伋	顾鸣敏 张咸宁 韩 骅
41.	临床药理学	第6版	李 俊	刘克辛 袁 洪 杜智敏 闫素英
42.	医学统计学	第7版	李 康 贺 佳	杨土保 马 骏 王 彤
43.	医学伦理学	第5版	王明旭 赵明杰	边 林 曹永福
44.	临床流行病学与循证医学	第5版	刘续宝 孙业桓	时景璞 王小钦 徐佩茹
45.	康复医学	第6版	黄晓琳 燕铁斌	王宁华 岳寿伟 吴 毅 敖丽娟
46.	医学文献检索与论文写作	第5版	郭继军	马 路 张 帆 胡德华 韩玲革
47.	卫生法	第5版	汪建荣	田 侃 王安富
48.	医学导论	第5版	马建辉 闻德亮	曹德品 董 健 郭永松
49.	全科医学概论	第5版	于晓松 路孝琴	胡传来 江孙芳 王永晨 王 敏
50.	麻醉学	第4版	李文志 姚尚龙	郭曲练 邓小明 喻 田
51.	急诊与灾难医学	第3版	沈 洪 刘中民	周荣斌 于凯江 何 庆
52.	医患沟通	第2版	王锦帆 尹 梅	唐宏宇 陈卫昌 康德智 张瑞宏
53.	肿瘤学概论	第2版	赫 捷	张清媛 李 薇 周云峰 王伟林 刘云鹏 赵新汉

第七届全国高等学校五年制本科临床医学专业教材评审委员会名单

顾　　问

吴孟超　王德炳　刘德培　刘允怡

主 任 委 员

陈灏珠　钟南山　杨宝峰

副主任委员（以姓氏笔画为序）

王　辰　王卫平　丛　斌　冯友梅　李兰娟　步　宏
汪建平　张志愿　陈孝平　陈志南　陈国强　郑树森
郎景和　赵玉沛　赵继宗　柯　杨　桂永浩　曹雪涛
葛均波　赫　捷

委　　员（以姓氏笔画为序）

马存根　王　滨　王省良　文历阳　孔北华　邓小明
白　波　吕　帆　刘吉成　刘学政　李　凡　李玉林
吴在德　吴肇汉　何延政　余艳红　沈洪兵　陆再英
赵　杰　赵劲民　胡翊群　南登崑　药立波　柏树令
闻德亮　姜志胜　姚　智　曹云霞　崔慧先　曾因明
颜　虹

查锡良

　　复旦大学上海医学院基础医学院生物化学与分子生物学系教授、博士生导师。 曾任上海医科大学基础医学院副院长、复旦大学上海医学院副院长、生物化学与分子生物学系主任、糖复合物卫计委重点实验室主任；中国生物化学与分子生物学学会第八、九届委员会副理事长；中国生物化学与分子生物学学会教育分会第一届委员会理事长；中国科学院上海生物化学与细胞生物学研究所分子生物学国家重点实验室第六届学术委员会副主任。

　　从事生物化学与分子生物学教学 38 年，获全国优秀教师。 担任全国高等学校规划教材《生物化学》第 5 版和第 6 版副主编、第 7 版主编、第 8 版《生物化学与分子生物学》主编，研究生规划教材《医学分子生物学》第 1 版主编等。 承担国家自然科学基金重点项目、面上项目和"十一五"科技重大专项等多项国家级课题。 长期从事整合蛋白糖链结构、功能及其相关信号转导途径研究，着重探讨肿瘤细胞的黏附行为及细胞黏附分子所介导的信号转导途径，在肿瘤的糖生物化学的前沿研究方面取得了多项成果。

周春燕

北京大学基础医学院生物化学与分子生物学系教授、博士生导师。 中国生物化学与分子生物学学会理事，中国生物化学与分子生物学会教学专业委员会副主任委员，北京市生物化学与分子生物学会常务理事，《中国生物化学与分子生物学报》主编。

从事生物化学与分子生物学教学 21 年，参加 17 部统编教材的编写，研究生规划教材《医学分子生物学》第 2 版主编；八年制规划教材《医学分子生物学》第 3 版副主编；五年制规划教材《生物化学与分子生物学》第 8 版、《生物化学》第 7 版、《医学分子生物学》第 2 版、第 3 版副主编。 主要研究方向为干细胞分化的基因表达调控机制基础研究和应用基础研究；主持国家自然科学基金委、科技部、教育部等资助项目 17 项，长期从事干细胞分化机制、干细胞与心血管疾病和运动损伤修复等的应用基础研究；培养博士生、硕士生数十人。 近 10 年以通讯作者发表 SCI 收录论文 57 篇；获发明专利 5 项、实用新型专利 1 项。 曾获得北京市教育创新标兵、北京市师德先进个人、中国女医师协会五洲女子科技奖基础医学科研创新奖等荣誉。

药立波

空军军医大学生物化学与分子生物学教研室教授、博士生导师。 现任中国生物化学与分子生物学会教学专业委员会主任委员，中国生物化学与分子生物学会医学分会副理事长，陕西省生物化学与分子生物学学会名誉理事长。

从事生物化学与分子生物学教学 37 年，参与编写第 5 至第 7 版五年制规划教材《生物化学》，担任《生物化学与分子生物学》第 8 版主编、八年制规划教材《生物化学与分子生物学》第 3 版主编、五年制规划教材《医学分子生物学》第 2 版和第 3 版主编、研究生规划教材《医学分子生物学实验技术》第 1 至第 3 版主编。 从事细胞信号转导机制及其在肿瘤发生和发展中的作用研究工作，承担国家"973""863"、国家杰出青年科学基金、国家自然科学基金重点项目等多项课题。 在癌基因和抑癌基因研究方面有重要发现。近 10 年以通讯作者发表 SCI 收录论文 64 篇，获发明专利 7 项，以第一完成人获国家科技进步奖二等奖 1 项、陕西省科学技术一等奖和全军科技进步一等奖各 1 项。 获得"全国优秀科技工作者""陕西省教学名师"称号，曾获国家教学成果二等奖和全军教学成果一等奖。

方定志

　　四川大学华西基础医学与法医学院生物化学系教授、博士生导师。 现任四川大学华西基础医学与法医学院副院长，政协成都市委员会常务委员，中国生物化学与分子生物学会脂质与脂蛋白专业委员会常务理事、副秘书长。

　　从事教学工作至今 32 年。 近 10 年，主持科研课题 13 项，在国际和国家级杂志发表论文 112 篇，其中，SCI 收录论文 47 篇。 主持教改课题 3 项（包括国际合作课题 1 项），发表教学论文 30 余篇。 在国内首次主持编写并正式出版《医学教学方法》，开设相应本科课程和教师培训课程。 编写教材及专著 22 部，其中主编专著 1 部、规划教材副主编 8 部。

汤其群

　　复旦大学基础医学院生物化学与分子生物学系教授、博士生导师。 现任复旦大学"代谢分子医学"教育部重点实验室主任，中国生物化学与分子生物学学会副理事长和代谢专业委员会主任委员。 教育部"长江学者奖励计划"特聘教授，国家自然科学基金委"杰出青年基金"获得者，美国 Johns Hopkins 大学生物化学系兼职教授和 *JBC* 副主编，美国中华医学基金会（CMB）杰出教授。 曾任复旦大学上海医学院副院长、基础医学院院长、生物化学与分子生物学系主任，上海市生物化学与分子生物学会副理事长，中国医学生物化学与分子生物学学会副理事长。

　　从事医学生化教学 12 年，主要从事脂肪细胞发育分化的机制以及和代谢性疾病关系研究。 曾获国家科技进步奖二等奖、卫生部科技进步奖一等奖、上海市科技进步奖一等奖、"霍英东优秀青年教师"一等奖（生物类）和谈家桢生命科学创新奖。

高国全

中山大学中山医学院生物化学教研室教授、博士生导师。 现任中山大学中山医学院副院长、生物化学教研室主任，广东省基因操作和生物大分子产物工程技术研究中心主任，海洋微生物功能分子广东省高校重点实验室主任；广东省生物化学和分子生物学学会理事长，中国生物化学和分子生物学学会理事，中国生物化学和分子生物学学会医学分会常务理事。 入选教育部首届新世纪优秀人才计划，"广东特支计划"领军人才，广东省高等学校"千百十工程"国家级培养对象，获得"宝钢优秀教师奖"，为广东省名师，享受国务院政府津贴。

从事医学生物化学教学 30 年。 主要从事内源性血管新生抑制因子对血管增生性疾病，包括恶性肿瘤、糖尿病血管病变的治疗作用、结构基础和分子机制研究。 已发表 SCI 收录论文 60 余篇，以第一完成人获高等学校（教育部）和广东省科学研究优秀成果自然科学二等奖各 1 项，获发明专利授权 2 项。

吕社民

西安交通大学基础医学院生物化学与分子生物学系教授、博士生导师。现任西安交通大学基础医学院院长，西安交通大学学术和教学委员会委员；中国生物化学与分子生物学学会暨医学生物化学与分子生物学学会分会理事，陕西省生物化学与分子生物学学会理事长。

从事教学和科研工作 36 年。 主持省级"分子生物学"精品课程，为陕西省生物化学与分子生物学教学团队负责人。 主要研究领域为复杂性疾病易感基因的定位与克隆、慢性炎症性疾病的分子发病机制、动物模型的构建和评价。 近年来，承担国家自然科学基金重点项目 1 项、面上项目 4 项，以通讯作者和第一作者发表 SCI 论文 75 篇。 主编教材 3 部，译著 2 部，参编教材 11 部。 西安交通大学首批优秀研究生导师，陕西省"三秦"人才，国务院特殊津贴专家。

生物化学和分子生物学是生物学领域的基础学科之一，也是医学院校的核心学科之一。《生物化学》作为人民卫生出版社的"干细胞"教材，自1978年出版至今整整40年，经历了7轮再版，并在第8轮再版时与《医学分子生物学》合并为《生物化学与医学分子生物学》以适应各医学院校生物化学与分子生物学教学的需要。2017年7月，人民卫生出版社启动全国高等学校五年制本科临床医学专业第九轮规划教材的编写。9月，本版教材的全体编者在上海召开了编写会议，对编写思路、修订原则以及结构设计等进行了充分的讨论，取得了共识。

作为五年制本科临床医学专业教材，本版教材的修订紧密结合"5+3"为主体的临床医学人才培养体系要求，强调基本理论、基本知识和基本技能，在内容上保持繁简适当，在章节安排上进行调整，以满足生物化学与分子生物学课程教学需求。同时，根据生物化学与分子生物学的最新发展，更新知识，纠正错误。修订的第9版《生物化学与医学分子生物学》教材内容分为五篇共二十七章。具体调整如下：

第一篇：生物大分子结构与功能

1. 第一篇篇名从"生物分子结构与功能"改为"生物大分子结构与功能"。

2. 原第一章"蛋白质的结构与功能"中的第五节"蛋白质的分离、纯化与结构分析"内容并入第二十四章"常用分子生物学技术的原理及其应用"，列为第五节。

3. 原第二章"核酸的结构与功能"中的第五节"核酸酶"内容移至第九章"核苷酸代谢"中，作为第一节第二部分中的内容之一。

4. 原第五章"维生素与无机盐"内容移至第四篇"医学生化专题"篇中，分别作为第二十章"维生素"和第二十一章"钙、磷及微量元素"。

第二篇：物质代谢及其调节

1. 原第八章（本版教材第六章）"生物氧化"调至"脂质代谢"（本版教材第七章）前，即在糖代谢之后，介绍生物大分子氧化分解产生能量的机制。

2. 原第十一章"非营养物质代谢"内容分为"血液的生物化学""肝的生物化学"两部分，移至第四篇"医学生化专题"篇中，分别作为第十八章和第十九章。

第三篇：遗传信息的传递

本篇的章节设置同第8版教材。

第四篇：医学生化专题

本篇为新增篇，包括由原第十一章"非营养物质代谢"拆分出的两章"血液的生物化学"和"肝的生物化学"，由原第五章拆分的两章"维生素"和"钙、磷及微量元素"，以及原第四篇"分子医学专题"第二十三章修订的"癌基因和抑癌基因"。

第五篇：医学分子生物学专题

本篇包括原第四篇中除原第二十三章以外的其他章，其中，原第二十二章"基因结构与功能分析技术"和原第二十四章"疾病相关基因的鉴定与基因功能研究"合并为第二十五章"基因结构功能分析和疾病相关基因鉴定克隆"。

本教材在编写过程中始终得到主审复旦大学医学院查锡良教授的悉心指导和精心修改；中国医学科学院基础医学研究所杨克恭教授、北京大学医学部贾弘禔教授、李刚教授等专家对本书的编写提出了许多宝贵意见；在编写过程中还得到许多一线教师和研究生的大力帮助，在此一并表示由衷的感谢。

　　由于编委学术水平有限，书中难免存在缺点与不当之处，期盼同行专家、使用本教材的师生和其他读者批评、指正。

周春燕　药立波

2018 年 5 月

目　录

第一篇　生物大分子结构与功能

第二篇　物质代谢及其调节

第五章　糖代谢　　　　　●● ° **90**

第六章　生物氧化　　120

第七章　脂质代谢 ●● 140

第八章　蛋白质消化吸收和氨基酸代谢 ●● 172

第三篇　遗传信息的传递

第十一章　真核基因与基因组　　●○　**224**

第十二章　DNA 的合成　　●○　**232**

第十三章　DNA 损伤和损伤修复　　●● 249

第十四章　RNA 的合成　　●● 262

第十七章　细胞信号转导的分子机制　　327

第四篇　医学生化专题

第十八章　血液的生物化学　　348

第五篇　医学分子生物学专题

第二十四章　常用分子生物学技术的原理及其应用　　　　●。**440**

本书测试卷

绪　　论

生物化学(biochemistry)是用化学、物理学和生物学的原理和方法,研究生物体内物质的化学组成、结构和功能,以及生命活动过程中各种化学变化过程及其与环境之间相互关系的基础生命学科。生物化学早期主要采用化学、物理学和数学的原理和方法,研究各种形式的生命现象,随着研究的发展,融入了生理学、细胞生物学、遗传学和免疫学等的理论和技术,加之近年来生物信息学的介入,使之与众多学科有着广泛的联系和交叉。

20世纪50年代,伴随着(生物)物理学、遗传学、细胞学、生物信息学等学科的发展和渗透,生物化学发展进入了以研究生物大分子(主要是蛋白质和核酸)的结构与功能、进而阐明生命现象本质为核心的分子生物学(molecular biology)时期。分子生物学的发展揭示了生命本质的高度有序性和一致性,是人类在认识论上的重大飞跃。从广义上理解,分子生物学是生物化学的重要组成部分,也被视作生物化学的发展和延续,因此,分子生物学的飞速发展,无疑为生物化学的发展注入了生机和活力。近年来迅猛发展的生物化学学科,研究成果累累,促进了相关和交叉学科,特别是医学的发展,已成为生命科学的重要学科之一。

第一节　生物化学与分子生物学发展简史

生物化学一词出自於德国的 Felix H,他于1877年提出"biochemie"一词,译成英语为"biochemistry",即生物化学。人们很早就认识到生物化学是关于生物体的组成和功能的研究,但直到19世纪才真正发展成为一门独立的学科,并在20世纪初期蓬勃发展起来,近50年来又有许多重大的进展和突破,成为生命科学领域重要的前沿学科之一。20世纪50年代,苏联生物化学家提出,生物化学的发展可分为叙述生物化学、动态生物化学和机能生物化学三个阶段。第三个阶段正是分子生物学崛起、并迅速发展成为一门独立学科的阶段,故亦称为分子生物学阶段。

一、叙述生物化学阶段

18世纪中叶至20世纪初是生物化学的初期阶段,也称为叙述生物化学阶段,主要研究生物体的化学组成,并对其进行分离、纯化、合成、结构测定及理化性质的研究。期间的重要贡献有:发现了生物氧化作用的本质;对脂质、糖类及氨基酸的性质进行了较为系统的研究;发现并分离了核酸;发现了维生素对人体的作用;从血液中分离了血红蛋白;证实了连接相邻氨基酸的肽键的形成,提出了蛋白质分子结构的多肽学说;体外合成了尿素、嘌呤和简单的多肽;发现酵母发酵可产生醇并产生 CO_2,酵母发酵过程中存在"可溶性催化剂",奠定了酶学的基础等。

二、动态生物化学阶段

从20世纪20年代开始,生物化学学科蓬勃发展,开始认识体内各种分子的代谢变化,进入了动态生物化学阶段。例如:在营养方面,发现了人类必需氨基酸、必需脂肪酸及多种维生素;在内分泌方面,发现了多种激素,并将其分离、合成;在酶学方面,认识到酶的化学本质是蛋白质,酶晶体制备获得成功;在物质代谢方面,由于化学分析及核素示踪技术的发展与应用,对生物体内主要物质的代谢途径已基本确定,包括糖代谢途径的酶促反应过程、脂肪酸 β-氧化、尿素合成途径及三羧酸循环等。在生物能研究中,提出了生物能产生过程中的 ATP 循环学说。在这一阶段,一些技术方法在生物化学研究中的应用,如放射性核素标记、电泳和 X 射线晶体学等,极大地推动了学科发展。

三、机能生物化学阶段(分子生物学阶段)

20 世纪后半叶以来,生物化学发展的显著特征是分子生物学的崛起。其间,物质代谢途径的研究继续发展,并进入合成代谢与代谢调节的研究。

1. **蛋白质结构与生物合成**　20 世纪 50 年代初期发现了蛋白质的 α-螺旋的二级结构形式;完成了胰岛素和核糖核酸酶的氨基酸序列分析;发现了转运 RNA 和氨酰-tRNA 合成酶以及它们在蛋白质合成中的作用,阐明了氨基酸参与蛋白质合成的活化机制;利用 X-射线衍射和冷冻电镜技术解析了烟草花叶病病毒的结构等。

2. **DNA 双螺旋结构和中心法则**　关于遗传物质 DNA 的研究可以看作是第三阶段的标志性研究。1953 年,Watson JD 和 Crick FH 提出 DNA 双螺旋结构模型,为揭示遗传信息传递规律奠定了基础;同年,Brenner S 提出信使 RNA 的概念,并证实了其在指导合成蛋白质中的作用;随后,tRNA 的序列和结构被确立,遗传密码被破译。此后,对 DNA 的复制机制、RNA 的转录过程以及蛋白质合成过程进行了深入研究;通过对大肠杆菌乳糖代谢的研究,阐明了基因通过控制酶的生物合成调节细胞代谢的模式,提出了操纵子学说。这些成果深化了人们对核酸与蛋白质的关系及其在生命活动中作用的认识。

3. **重组 DNA 技术得到广泛应用**　20 世纪 70 年代,由于 DNA 连接酶、限制性内切核酸酶、逆转录酶以及各种载体的发现和应用,使得重组 DNA 技术取得了极大的突破。重组 DNA 技术的建立不仅促进了对基因表达调控机制的研究,而且使人们主动改造生物体成为可能。由此,相继获得了多种基因工程产品,极大地推动了医药工业和农业的发展。转基因动植物和基因敲除(gene knock-out)动物模型的成功是重组 DNA 技术发展的结果。基因诊断与基因治疗也是重组 DNA 技术在医学领域应用的重要方面。20 世纪 80 年代,核酶(ribozyme)的发现是人们对生物催化剂认识的补充。聚合酶链反应技术的发明,使人们有可能在体外高效率扩增 DNA。这些成果都是分子生物学发展的重大事件。

4. **基因组学及其他组学的研究**　20 世纪末启动的人类基因组计划(human genome project)是人类生命科学中的伟大创举。人类基因组计划是描述人类基因组特征,包括物理图谱、遗传图谱、基因组 DNA 序列测定。2001 年 2 月,人类基因组草图公布;2003 年 4 月,覆盖人常染色体基因组 99% 序列的人类基因组图绘制完成。

2003 年 9 月,DNA 元件百科全书(the Encyclopedia of DNA Elements,ENCODE)计划正式启动,其目的在于鉴定人类基因组中所有的功能片段。

蛋白质组学(proteomics)研究包括阐明蛋白质的定位、结构与功能、相互作用以及特定时空的蛋白质表达谱等,已成为生物化学的又一研究热点。由于蛋白质具有更为复杂的三维结构,无疑确定人类所有蛋白质的结构比测定人类基因组序列更具挑战性。

转录物组学(transcriptomics)研究细胞在某一功能状态下基因组转录产生的全部转录物的种类、结构和功能。RNA 组学(RNomics)主要研究 snmRNA 的种类、结构、功能等,探讨同一生物不同组织细胞或同一细胞在不同时空状态下 snmRNA 的表达谱及其功能的变化及其与蛋白质的相互作用。

代谢组学(metabonomics)研究的是生物体对外源性物质的刺激、环境变化或遗传修饰所作出的所有代谢应答的全貌和动态变化过程,其研究对象为完整的多细胞生物系统,包括了生命个体与环境的相互作用。

糖组学(glycomics)主要研究单个生物体所包含的所有聚糖的结构、功能(包括与蛋白质的相互作用)等生物学作用,糖组学的出现使人类可以更深刻理解第三类生物信息大分子——聚糖在生命活动中的作用。

　　总之,阐明人类基因组功能是一项多学科的任务,正吸引着生物学、医学、化学、物理、数学、工程和计算机等领域的学者共同参与,从中整合所有基因组信息,分析各种数据并提取其生物学意义,因而产生了一门前景广阔的新兴学科——生物信息学(bioinformatics)。尽管生物化学与分子生物学的发展异常迅速,但人类基因组序列的揭晓仅是序幕而已,生命本质的阐明任重而道远。

四、中国科学家对生物化学发展的贡献

　　早在西方生物化学诞生之前,我们的祖先就已在生产、饮食以及医疗等方面积累的丰富的经验,其中许多成为现代生物化学的发展基础。

　　公元前22世纪,我国人民已能酿酒,这是我国古代用"曲"作"媒"(即酶)催化谷物淀粉发酵的实践。周礼中有造酱、制饴的记载,伤寒论中用豆豉作为健胃剂;内经素问中有关于糖的营养价值的记载,并记载了完全膳食必备的条件,且区分了谷、畜、果、蔬四类食物的营养性质。我们现在也已知道,古人用于治疗预防"脚气病""夜盲症"的药品或食品富含维生素 B_1 或维生素 A。本草纲目中不仅记录了上千种的药物,并且对人体的代谢物及分泌物进行了比较详细的记载。

　　近代生物化学发展时期,我国生物化学家吴宪等在血液化学分析方面,创立了血滤液的制备和血糖测定法;在蛋白质研究中提出了蛋白质变性学说。我国生物化学家刘思职在免疫化学领域,用定量分析方法研究抗原抗体反应机制,成为免疫化学的创始人之一。1965年,我国科学家首先采用人工方法合成了具有生物活性的牛胰岛素,解出了猪胰岛素的晶体结构;1981年,采用了有机合成和酶促相结合的方法成功地合成了酵母丙氨酰 tRNA。此外,在酶学、蛋白质结构、生物膜结构与功能方面的研究都有举世瞩目的成就。近年来,我国的基因工程、蛋白质工程、新基因的克隆与功能、疾病相关基因的定位克隆及其功能研究均取得了重要的成果。特别要指出的是,人类基因组序列草图的完成也有我国科学家的一份贡献。

第二节　当代生物化学与分子生物学研究的主要内容

　　生物化学与分子生物学因其应用领域不同,可分为工业、农业、海洋、医学生物化学与分子生物学等。又可因研究对象不同,分为动物、植物、微生物生物化学与分子生物学等。生物化学与分子生物学的研究内容十分广泛,包括生物个体的物质结构、化学组成、化学变化、生物合成及其调节,以及这些物质组成、变化、调节与功能的关系等,从分子水平阐明生物体生命活动的本质和规律。当代生物化学与分子生物学的研究主要集中在以下几个方面。

一、生物分子的结构与功能

　　组成生物个体的化学成分,包括无机物、有机小分子和生物大分子。体内生物大分子的种类繁多,结构复杂,但其结构有一定的规律性,都是由基本结构单位按一定顺序和方式连接而形成的多聚体(polymer)。核酸、蛋白质、多糖、蛋白聚糖和复合脂质等是体内重要的生物大分子,它们都是由各自基本组成单位构成的多聚体。例如,由核苷酸作为基本组成单位,通过磷酸二酯键连接形成多核苷酸——核酸;由氨基酸作为基本组成单位,通过肽键连接形成多肽链——蛋白质;聚糖也是由一定的基本单位聚合而成。生物大分子的重要特征之一是具有信息功能,由此也称之为生物信息分子。

　　对生物大分子的研究,除了确定其一级结构(基本组成单位的种类、排列顺序和方式)外,更重要的是研究其空间结构及其与功能的关系。分子结构是功能的基础,而功能则是结构的体现。生物大分子的功能还需通过分子之间的相互识别和相互作用而实现。例如,蛋白质与蛋白质的相互作用在细胞信号转导中起重要作用;蛋白质与蛋白质、蛋白质与核酸、核酸与核酸的相互作用在基因表达调控中发挥着决定性作用。由此可见,分子结构、分子识别和分子的相互作用是执行生物信息分子功能

的基本要素,而这一领域的研究是当今生物化学的热点之一。

二、物质代谢及其调节

生命体不同于无生命体的基本特征是新陈代谢。每个个体一刻不停地与外环境进行物质交换,摄入养料排出废物,以维持体内环境的相对稳定,从而延续生命。据估计,以 60 岁年龄计算,一个人在一生中与环境进行着大量的物质交换,约相当于 60 000kg 水、10 000kg 糖类、600kg 蛋白质以及 1000kg 脂质。因此,正常的物质代谢是正常生命过程的必要条件,若物质代谢发生紊乱则可引起疾病。目前对生物体内的主要物质代谢途径已基本清楚,但仍有众多的问题有待探讨。例如,物质代谢中的绝大多数化学反应是由酶催化的,酶的结构和酶量的变化对物质代谢的调节起着重要作用。物质代谢有序性调节的分子机制尚需进一步阐明。此外,细胞信息传递参与多种物质代谢及与其相关的生长、增殖、分化等生命过程的调节。细胞信息传递的机制及网络也是现代生物化学研究的重要课题。

三、基因信息传递及其调控

基因信息传递涉及遗传、变异、生长、分化等诸多生命过程,也与遗传病、恶性肿瘤、心血管病等多种疾病的发病机制有关。因此,基因信息的研究在生命科学中的作用越显重要。关于基因信息的研究,不仅包括 DNA 的结构与功能,更重要的是对 DNA 复制、基因转录、蛋白质生物合成等基因信息传递过程的机制及基因表达的时空规律进行研究。目前基因表达调控主要集中在细胞信号转导研究、转录因子研究和 RNA 剪辑研究三个方面。DNA 重组、转基因、基因敲除、新基因克隆、人类基因组及功能基因组研究等的发展,将大大推动这一领域的研究进程。

第三节　生物化学与分子生物学与其他学科的联系

一、生物化学已成为生物学、医学各学科之间相互联系的共同语言

以研究生命现象与本质为基础的生物学是一个涵盖众多学科的生命科学领域,包括形态学、分类学、生理学、生物化学、遗传学、生态学等。当今生物化学又是生命科学中进展迅速的重要学科之一,它的理论和技术已渗透到生物学各学科乃至基础医学和临床医学的各个领域,使之产生了许多新兴的交叉学科,如分子遗传学、分子免疫学、分子微生物学、分子病理学和分子药理学等。总而言之,生物化学已成为生物学各学科之间、医学各学科之间相互联系的共同语言。

二、生物化学为推动医学各学科发展作出了重要的贡献

生物化学与分子生物学是基础医学的必修课程,讲述正常人体的生物化学以及疾病过程中的生物化学相关问题,与医学有着紧密的联系。基础医学各学科主要是阐述人体正常、异常的结构与功能等,临床医学各学科则研究疾病发生、发展机制及诊断、治疗等,而生物化学与分子生物学为医学各学科从分子水平上研究正常或疾病状态时人体结构与功能乃至疾病预防、诊断与治疗,提供了理论与技术,对推动医学各学科的新发展作出了重要的贡献。例如,近年来对人们十分关注的心脑血管疾病、恶性肿瘤、代谢性疾病、免疫性疾病、神经系统疾病等重大疾病进行了分子水平的研究,在疾病的发生、发展、诊断和治疗方面取得了长足的进步。疾病相关基因克隆、重大疾病发病机制研究、基因芯片与蛋白质芯片在诊断中的应用、基因治疗以及应用重组 DNA 技术生产蛋白质、多肽类药物等方面的深入研究,无不与生物化学与分子生物学的理论与技术相关。可以相信,随着生物化学与分子生物学的进一步发展,将给临床医学的诊断和治疗带来全新的理念。

生物化学与分子生物学的发展推动这些交叉学科发展的同时,也使自身吸取了众学科之长,更具生命力。随着近代医学的发展,越来越多地将生物化学与分子生物学的理论和技术应用于疾

病的预防、诊断和治疗,从分子水平探讨各种疾病的发生、发展机制,也已成为当代医学研究的共同目标。

因此,学习和掌握生物化学知识,除理解生命现象的本质与人体正常生理过程的分子机制外,更重要的是为进一步学习基础医学其他各课程和临床医学打下扎实的生物化学基础。

(周春燕　药立波)

第 一 篇
生物大分子结构与功能

本篇讨论生命体内重要生物大分子的结构与功能,包括蛋白质、核酸、酶和聚糖,共四章。

众所周知,机体是由数以亿万计分子量大小不等的分子组成。参与机体构成并发挥重要生理功能的生物大分子通常都具有一定的分子结构规律,即由一定的基本结构单位,按一定的排列顺序和连接方式而形成的多聚体。蛋白质和核酸是体内主要的生物大分子,各自有其结构特征,并分别行使不同的生理功能。核酸具有传递遗传信息等功能,而蛋白质几乎涉及所有的生理过程。两者的存在与配合,是诸如遗传、繁殖、生长、运动、物质代谢等生命现象的基础。因此研究机体的分子结构与功能必须先深入了解这两类生物大分子。

酶是由活细胞产生的具有催化活性和专一性的生物分子(蛋白质、RNA、DNA),其中绝大部分酶是蛋白质。酶是生物体内的催化剂,体内几乎所有的化学反应都由特异性的酶来催化,这为生物体能进行如此复杂而周密的新陈代谢及其精细的时空调节,提供了基本保证。绝大多数的酶的本质是蛋白质,酶的催化作用有赖于酶分子的一级结构及空间结构的完整。能使蛋白质变性的因素也能使酶变性。若酶分子变性或亚基解聚均可能导致酶活性丧失。

聚糖是继蛋白质、核酸后被重视的结构复杂且有规律可循的重要分子之一,与蛋白质、脂质等构成复合糖类,如糖蛋白、蛋白多糖、糖脂,在各种生命活动发挥作用。

学习这一部分内容时,要重点掌握上述生物体内重要分子的结构特性、功能及基本的理化性质与应用,这对理解生命的本质具有重要意义,也为后续课程的学习打下基础。例如蛋白质与 DNA,尽管这两类生物大分子有不同的结构,但其中都含有螺旋结构。认真分析比较这两种螺旋结构的特点及区别,有助于在分子水平上理解 DNA 与蛋白质的结构与功能。

(汤其群)

第一章　蛋白质的结构与功能

蛋白质是生命活动的最主要的载体,更是功能执行者。因此,蛋白质是生物体内最重要的生物大分子之一。早在 1838 年,荷兰科学家 G. J. Mulder 引入"protein"(源自希腊字 proteios,意为 primary)一词来表示这类分子。1833 年从麦芽中分离淀粉酶,随后从胃液中分离到类似胃蛋白酶的物质,推动了以酶为主体的蛋白质研究;1864 年,血红蛋白被分离并结晶;19 世纪末,证明蛋白质由氨基酸组成,并利用氨基酸合成了多种短肽;20 世纪初,应用 X 线衍射技术发现了蛋白质的二级结构——α-螺旋,以及完成了胰岛素一级结构测定;20 世纪中叶各种蛋白质分析技术相继建立,促进了蛋白质研究迅速发展;1962 年,确定了血红蛋白的四级结构;20 世纪 90 年代以后,随着人类基因组计划实施,功能基因组与蛋白质组计划的展开,特别是对蛋白质复杂多样的结构功能、相互作用与动态变化的深入研究,使蛋白质结构与功能的研究达到新的高峰。

第一节　蛋白质的分子组成

生物体结构越复杂,其蛋白质种类和功能也越繁多。具有复杂空间结构的蛋白质(protein)不仅是生物体的重要结构物质之一,而且承担着各种生物学功能,其动态功能包括化学催化反应、免疫反应、血液凝固、物质代谢调控、基因表达调控和肌收缩等功能;就其结构功能而言,蛋白质提供结缔组织和骨的基质、形成组织形态等。显而易见,普遍存在于生物界的蛋白质是生物体的重要组成成分和生命活动的基本物质基础,也是生物体中含量最丰富的生物大分子(biomacromolecule),约占人体固体成分的 45%,而在细胞中可达细胞干重的 70% 以上。蛋白质分布广泛,几乎所有的器官组织都含有蛋白质。一个真核细胞可有数万种蛋白质,各自有特殊的结构和功能。

尽管蛋白质的种类繁多,结构各异,但元素组成相似,主要有碳(50% ~55%)、氢(6% ~7%)、氧(19% ~24%)、氮(13% ~19%)和硫(0 ~4%)。有些蛋白质还含有少量磷或金属元素铁、铜、锌、锰、钴、钼等,个别蛋白质还含有碘。各种蛋白质的含氮量很接近,平均为 16%。由于蛋白质是体内的主要含氮物质,因此测定生物样品的含氮量就可按下式推算出蛋白质大致含量:

每克样品含氮克数×6. 25×100＝100g 样品中蛋白质含量(g%)

一、L-α-氨基酸是蛋白质的基本结构单位

人体内蛋白质是以 20 种氨基酸(amino acid)为原料合成的多聚体,因此氨基酸是组成蛋白质的基本单位,只是不同蛋白质的各种氨基酸的含量与排列顺序不同而已。蛋白质受酸、碱或蛋白酶作用而水解产生游离氨基酸。存在于自然界中的氨基酸有 300 余种,参与蛋白质合成的氨基酸一般有 20 种,通常是 L-α-氨基酸(除甘氨酸外)。(动画 1-1"L 型氨基酸 3D 结构展示")

由图 1-1 可见,连在—COO⁻基上的碳称为 α-碳原子,为不对称碳原子(甘氨酸除外),不同的氨基酸其侧链(R)结构各异。

除了 20 种基本的氨基酸外,近年发现硒代半胱氨酸在某些情况下也可用于合成蛋白质。硒代半胱氨酸从结构上来看,硒原子替代了半胱氨酸分子中的硫原子。硒代半胱氨酸存在于少数天然

图1-1　L-甘油醛和L-氨基酸

蛋白质中,包括过氧化物酶和电子传递链中的还原酶等。硒代半胱氨酸参与蛋白质合成时,并不是由目前已知的密码子编码,具体机制尚不完全清楚。另外在产甲烷菌的甲胺甲基转移酶中发现了吡咯赖氨酸。*D*型氨基酸至今仅发现于微生物膜内的*D*-谷氨酸、个别抗生素中(例如短杆菌肽含有*D*-苯丙氨酸)及低等生物体内(例如蚯蚓*D*-丝氨酸)。(动画1-2"*D*型氨基酸3D结构展示")

体内也存在若干不参与蛋白质合成但具有重要生理作用的*L*-α-氨基酸,如参与合成尿素的鸟氨酸(ornithine)、瓜氨酸(citrulline)和精氨酸代琥珀酸(argininosuccinate)。

二、氨基酸可根据其侧链结构和理化性质进行分类

20种氨基酸根据其侧链的结构和理化性质可分成5类:①非极性脂肪族氨基酸;②极性中性氨基酸;③芳香族氨基酸;④酸性氨基酸;⑤碱性氨基酸(表1-1)。

表1-1　氨基酸分类

结构式	中文名	英文名	缩写	符号	等电点(pI)
1. 非极性脂肪族氨基酸					
	甘氨酸	Glycine	Gly	G	5.97
	丙氨酸	Alanine	Ala	A	6.00
	缬氨酸	Valine	Val	V	5.96
	亮氨酸	Leucine	Leu	L	5.98
	异亮氨酸	Isoleucine	Ile	I	6.02
	脯氨酸	Proline	Pro	P	6.30
	甲硫氨酸	Methionine	Met	M	5.74
2. 极性中性氨基酸					
	丝氨酸	Serine	Ser	S	5.68
	半胱氨酸	Cysteine	Cys	C	5.07
	天冬酰胺	Asparagine	Asn	N	5.41

续表

结构式	中文名	英文名	缩写	符号	等电点(pI)
$H_2N-C-CH_2-CH_2-CH-COO^-$ $\quad\quad \| \quad\quad\quad\quad\quad \|$ $\quad\quad O \quad\quad\quad\quad\quad NH_3^+$	谷氨酰胺	Glutamine	Gln	Q	5.65
$CH_3-CH-CH-COO^-$ $\quad\quad \| \quad \|$ $\quad\quad OH \quad NH_3^+$	苏氨酸	Threonine	Thr	T	5.60

3. 含芳香环的氨基酸

结构式	中文名	英文名	缩写	符号	等电点(pI)
$CH_2-CH-COO^-$ (苯环) $\quad\quad\quad\quad \|$ $\quad\quad\quad\quad NH_3^+$	苯丙氨酸	Phenylalanine	Phe	F	5.48
$HO-$(苯环)$-CH_2-CH-COO^-$ $\quad\quad\quad\quad\quad\quad\quad \|$ $\quad\quad\quad\quad\quad\quad\quad NH_3^+$	酪氨酸	Tyrosine	Tyr	Y	5.66
(吲哚环)$-CH_2-CH-COO^-$ $\quad\quad\quad\quad\quad\quad \|$ $\quad\quad\quad\quad\quad\quad NH_3^+$	色氨酸	Tryptophan	Trp	W	5.89

4. 酸性氨基酸

结构式	中文名	英文名	缩写	符号	等电点(pI)
$^-OOC-CH_2-CH-COO^-$ $\quad\quad\quad\quad\quad \|$ $\quad\quad\quad\quad\quad NH_3^+$	天冬氨酸	Aspartic acid	Asp	D	2.97
$^-OOC-CH_2-CH_2-CH-COO^-$ $\quad\quad\quad\quad\quad\quad\quad \|$ $\quad\quad\quad\quad\quad\quad\quad NH_3^+$	谷氨酸	Glutamic acid	Glu	E	3.22

5. 碱性氨基酸

结构式	中文名	英文名	缩写	符号	等电点(pI)
$H-N-CH_2-CH_2-CH_2-CH-COO^-$ $\quad\quad \| \quad\quad\quad\quad\quad\quad\quad \|$ $\quad C=NH_2^+ \quad\quad\quad\quad NH_3^+$ $\quad\quad \|$ $\quad NH_2$	精氨酸	Arginine	Arg	R	10.76
$CH_2-CH_2-CH_2-CH_2-CH-COO^-$ $\| \quad\quad\quad\quad\quad\quad\quad\quad \|$ $NH_3^+ \quad\quad\quad\quad\quad\quad\quad NH_3^+$	赖氨酸	Lysine	Lys	K	9.74
(咪唑环)$-CH_2-CH-COO^-$ $\quad\quad\quad\quad\quad\quad \|$ $\quad\quad\quad\quad\quad\quad NH_3^+$	组氨酸	Histidine	His	H	7.59

一般而言,非极性脂肪族氨基酸在水溶液中的溶解度小于极性中性氨基酸;芳香族氨基酸中苯基的疏水性较强,酚基和吲哚基在一定条件下可解离;酸性氨基酸的侧链都含有羧基;而碱性氨基酸的侧链分别含有氨基、胍基或咪唑基。

脯氨酸和半胱氨酸结构较为特殊。脯氨酸应属亚氨基酸,N 在杂环中移动的自由度受限制,但其亚氨基仍能与另一羧基形成肽键。脯氨酸在蛋白质合成加工时可被修饰成羟脯氨酸;半胱氨酸巯基失去质子的倾向较其他氨基酸为大,其极性最强;2 个半胱氨酸通过脱氢后以二硫键相连接,形成胱氨酸(图 1-2)。蛋白质中有不少半胱氨酸以胱氨酸形式存在。

$$^-OOC-CH-CH_2-SH \quad + \quad HS-CH_2-CH-COO^- \xrightarrow{-2H} \quad ^-OOC-CH-CH_2-S-S-CH_2-CH-COO^-$$

半胱氨酸　　　　　　　　半胱氨酸　　　　　　　　　　胱氨酸

图 1-2　胱氨酸和二硫键

在蛋白质翻译后的修饰过程中,脯氨酸和赖氨酸可分别被羟化为羟脯氨酸和羟赖氨酸。蛋白质分子中 20 种氨基酸残基的某些基团还可被甲基化、甲酰化、乙酰化、异戊二烯化和磷酸化等。这些翻译后修饰,可改变蛋白质的溶解度、稳定性、亚细胞定位和与其他细胞蛋白质相互作用的性质等,体现了蛋白质生物多样性的一个方面。

三、氨基酸具有共同或特异的理化性质

(一) 氨基酸具有两性解离的性质

由于所有氨基酸都含有碱性的 α-氨基和酸性的 α-羧基,可在酸性溶液中与质子(H^+)结合呈带正电荷的阳离子($—NH_3^+$),也可在碱性溶液中与 OH^- 结合,失去质子变成带负电荷的阴离子($—COO^-$),因此氨基酸是一种两性电解质,具有两性解离的特性。氨基酸的解离方式取决于其所处溶液的酸碱度。在某一 pH 的溶液中,氨基酸解离成阳离子和阴离子的趋势及程度相等,成为兼性离子,呈电中性,此时溶液的 pH 称为该氨基酸的等电点(amino acid isoelectric point,pI)。

通常氨基酸的 pI 是由 α-羧基和 α-氨基的解离常数的负对数 pK_1 和 pK_2 决定的。pI 计算公式为:$pI = \frac{1}{2}(pK_1 + pK_2)$。如丙氨酸 $pK–COOH = 2.34$,$pK–NH_2 = 9.69$,所以丙氨酸的 $pI = \frac{1}{2}(2.34 + 9.69) = 6.02$。若一个氨基酸有 3 个可解离基团,写出它们电离式后取兼性离子两边的 pK 的平均值,即为此氨基酸的 pI。

(二) 含共轭双键的氨基酸具有紫外线吸收性质

根据氨基酸的吸收光谱,含有共轭双键的色氨酸、酪氨酸的最大吸收峰在 280nm 波长附近(图 1-3)。由于大多数蛋白质含有酪氨酸和色氨酸残基,所以测定蛋白质溶液 280nm 的光吸收值,是分析溶液中蛋白质含量的快速简便的方法。

图1-3 芳香族氨基酸的紫外线吸收对比
在 pH=6,芳香族氨基酸在相等摩尔数(10^{-3}M)时的紫外光吸收对比

(三) 氨基酸与茚三酮反应生成蓝紫色化合物

茚三酮反应(ninhydrin reaction)指的是茚三酮水合物在弱酸性溶液中与氨基酸共加热时,氨基酸被氧化脱氨、脱羧,而茚三酮水合物被还原,其还原物可与氨基酸加热分解产生的氨结合,再与另一分子茚三酮缩合成为蓝紫色的化合物,此化合物最大吸收峰在 570nm 波长处。由于此吸收峰值的大小与氨基酸释放出的氨量成正比,因此可作为氨基酸定量分析方法。

四、氨基酸通过肽键连接而形成蛋白质或肽

早在 1890—1910 年间,德国化学家 E. Fischer 已充分证明蛋白质中的氨基酸相互结合而生成肽(peptide),例如 1 分子甘氨酸的 α-羧基和 1 分子甘氨酸的 α-氨基脱去 1 分子水缩合成为甘氨酰甘氨酸,这是最简单的肽,即二肽。在甘氨酰甘氨酸分子中连接两个氨基酸的酰胺键称为肽键(peptide bond)(图1-4)。二肽通过肽键与另一分子氨基酸缩合生成三肽。此反应可继续进行,依次生成四肽、五肽……一般而言,由 2~20 个氨基酸相连而成的肽称为寡肽(oligopeptide),而更多的氨基酸相连而成的肽称为多肽(polypeptide)。多肽链有两端,其游离 α-氨基的一端称氨基末端(amino terminal)或 N-端,游离 α-羧基的一端称为羧基末端(carboxyl terminal)或 C-端。肽链中的氨基酸分子因脱水缩合而基团不全,被称为氨基酸残基(amino acid residue)。

图 1-4   肽与肽键

蛋白质是由许多氨基酸残基组成、折叠成特定的空间结构、并具有特定生物学功能的多肽。一般而论,蛋白质的氨基酸残基数通常在 50 个以上,50 个氨基酸残基以下则仍称为多肽。例如,常把由 39 个氨基酸残基组成的促肾上腺皮质激素称作多肽,而把含有 51 个氨基酸残基、分子量为 5733 的胰岛素称作蛋白质。

五、生物活性肽具有生理活性及多样性

人体内存在许多具有生物活性的低分子量的肽,有的仅三肽,有的属寡肽或多肽,在代谢调节、神经传导等方面起着重要的作用。随着肽类药物的发展,许多化学合成或重组 DNA 技术制备的肽类药物和疫苗已在疾病预防和治疗方面取得成效。

1. **谷胱甘肽**   谷胱甘肽(glutathione,GSH)是由谷氨酸、半胱氨酸和甘氨酸组成的三肽。第一个肽键是非 α 肽键,由谷氨酸 γ-羧基与半胱氨酸的氨基组成(图 1-5),分子中半胱氨酸的巯基是该化合物的主要功能基团。GSH 的巯基具有还原性,可作为体内重要的还原剂保护体内蛋白质或酶分子中巯基免遭氧化,使蛋白质或酶处在活性状态。在谷胱甘肽过氧化物酶的催化下,GSH 可还原细胞内产生的 H_2O_2,使其变成 H_2O,与此同时,GSH 被氧化成氧化型谷胱甘肽(GSSG)(图 1-6),后者在谷胱甘肽还原酶催化下,再生成 GSH。此外,GSH 的巯基还有嗜核特性,能与外源的嗜电子毒物如致癌剂或药物等结合,从而阻断这些化合物与 DNA、RNA 或蛋白质结合,以保护机体免遭毒物损害。

图 1-5   谷胱甘肽

2. **多肽类激素及神经肽**   体内有许多激素属寡肽或多肽,例如属于下丘脑-垂体-肾上腺皮质轴的催产素(9 肽)、加压素(9 肽)、促肾上腺皮质激素(39 肽)、促甲状腺素释放激素(3 肽)等。促甲状腺素释放激素是一个特殊结构的三肽(图 1-7),其 N-端的谷氨酸环化成为焦谷氨酸(pyroglutamic acid),C-端的脯氨酸残基酰化成为脯氨酰胺,它由下丘脑分泌,可促进腺垂体分泌促甲状腺素。

图 1-6   GSH 与 GSSG 间的转换

图 1-7   促甲状腺素释放激素的结构

有一类在神经传导过程中起信号转导作用的肽类被称为神经肽(neuropeptide)。较早发现的有脑啡肽(5 肽)、β-内啡肽(31 肽)和强啡肽(17 肽)等。近年还发现孤啡肽(17 肽),其一级结构类似于强啡肽。它们与中枢神经系统产生痛觉抑制有密切关系。因此很早就被用于临床的镇痛治疗。除此以外,神经肽还包括 P 物质(10 肽)、神经肽 Y 等。随着脑科学的发展,相信将发现更多的在神经系统中起着重要作用的生物活性肽或蛋白质。

第二节　蛋白质的分子结构

蛋白质分子是由许多氨基酸通过肽键相连形成的生物大分子。人体内具有生理功能的蛋白质大都是有序结构,每种蛋白质都有其一定的氨基酸种类、组成百分比、氨基酸排列顺序以及肽链空间的特定排布位置。因此由氨基酸排列顺序及肽链的空间排布等所构成的蛋白质分子结构,才真正体现蛋白质的个性,是每种蛋白质具有独特生理功能的结构基础。由于参与蛋白质生物合成的氨基酸有20种,且蛋白质的分子量均较大,因此蛋白质的氨基酸排列顺序和空间位置几乎是无穷尽的,足以为人体多达数以万计的蛋白质提供各异的氨基酸序列和特定的空间结构,使蛋白质完成生命所赋予的数以千万计的生理功能。

1952年丹麦科学家L. Linderstrom建议将蛋白质复杂的分子结构分成4个层次,即一级、二级、三级、四级结构,后三者统称为高级结构或空间构象(conformation)。蛋白质的空间构象涵盖了蛋白质分子中的每一原子在三维空间的相对位置,它们是蛋白质特有性质和功能的结构基础。但并非所有的蛋白质都有四级结构,由一条肽链形成的蛋白质只有一级、二级和三级结构,由2条或2条以上肽链形成的蛋白质才有四级结构。

一、氨基酸的排列顺序决定蛋白质的一级结构

蛋白质一级结构是理解蛋白质结构、作用机制以及生理功能的必要基础。在蛋白质分子中,从N-端至C-端的氨基酸排列顺序称为蛋白质一级结构(protein primary structure)。蛋白质一级结构中的主要化学键是肽键;此外,蛋白质分子中所有二硫键的位置也属于一级结构范畴。牛胰岛素是第一个被测定一级结构的蛋白质分子,由英国化学家F. Sanger于1953年完成,因此他于1958年获得诺贝尔化学奖。图1-8为牛胰岛素的一级结构,胰岛素有A和B二条多肽链,A链有21个氨基酸残基,B链有30个氨基酸残基。如果把氨基酸序列(amino acid sequence)标上数码,应以氨基末端为1号,依次向羧基末端排列。牛胰岛素分子中有3个二硫键,1个位于A链内,称为链内二硫键,由A链的第6位和第11位半胱氨酸的巯基脱氢而形成,另2个二硫键位于A、B两链间(图1-8),称为链间二硫键。

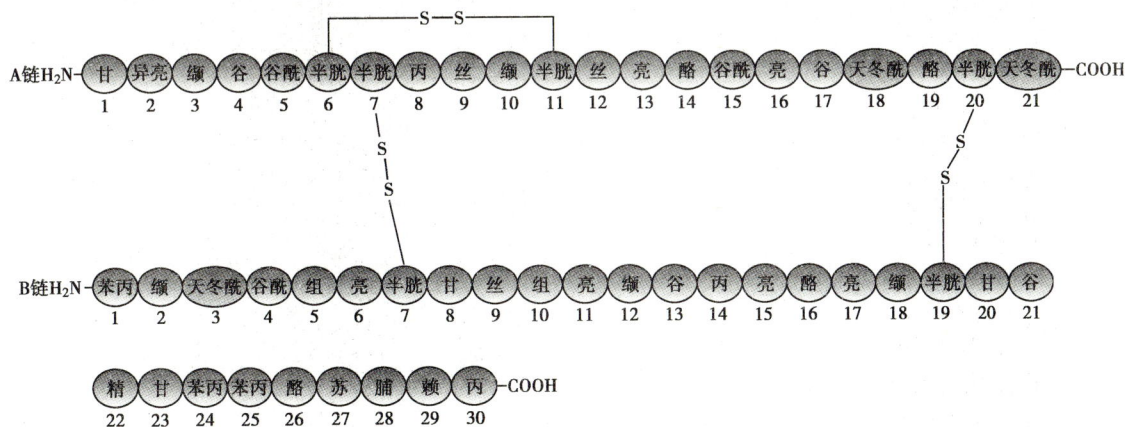

图 1-8　牛胰岛素的一级结构

体内种类繁多的蛋白质,其一级结构各不相同,一级结构是蛋白质空间构象和特异生物学功能的基础。然而,随着对蛋白质结构研究的深入,已认识到蛋白质一级结构并不是决定蛋白质空间构象的唯一因素。

目前已知一级结构的蛋白质数量已相当可观,并且还以更快的速度增加。国际互联网有若干重要的蛋白质数据库(updated protein database),例如 EMBL(European Molecular Biology Laboratory Data

Library）、Genbank（Genetic Sequence Databank）和 PIR（Protein Identification Resource Sequence Database）等，收集了大量最新的蛋白质一级结构及其他资料，为蛋白质结构与功能的深入研究提供了便利。

二、多肽链的局部有规则重复的主链构象为蛋白质二级结构

蛋白质二级结构（protein secondary structure）是指蛋白质分子中某一段肽链的局部空间结构，也就是该段肽链主链骨架原子的相对空间位置，并不涉及氨基酸残基侧链的构象。所谓肽链主链骨架原子即 N（氨基氮原子）、C_α（α-碳原子）和 C（羧基碳原子）3 个原子依次重复排列。蛋白质二级结构主要包括 α-螺旋、β-折叠、β-转角和 Ω 环。由于蛋白质的分子量硕大，因此，一个蛋白质分子可含有多种二级结构或多个同种二级结构，而且在蛋白质分子内空间上相邻的 2 个以上的二级结构还可协同完成特定的功能。

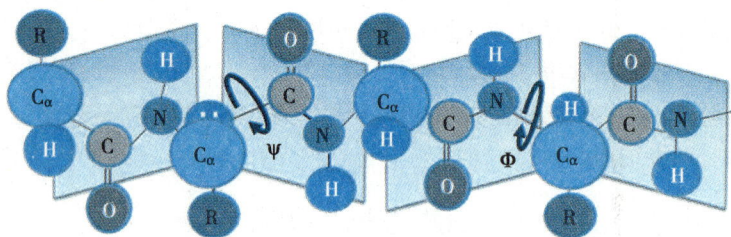

图 1-9　肽键与肽单元
N 与 C_α 的键角以 Φ 表示，C_α 与 C 的键旋转角度以 ψ 表示

（一）参与肽键形成的 6 个原子在同一平面上

20 世纪 30 年代末，L. Pauling 和 R. B. Corey 应用 X-射线衍射技术研究氨基酸和寡肽的晶体结构，其目的是要获得一组标准键长和键角，以推导肽的构象，最终提出了肽单元（peptide unit）概念。参与肽键的 6 个原子 $C_{\alpha 1}$、C、O、N、H、$C_{\alpha 2}$ 位于同一平面，$C_{\alpha 1}$ 和 $C_{\alpha 2}$ 在平面上所处的位置为反式（trans）构型，此同一平面上的 6 个原子构成了所谓的肽单元（图 1-9）。其中肽键（C—N）的键长为 0.132nm，该键长介于 C—N 的单键长（0.149nm）和双键长（0.127nm）之间，所以有一定程度双键性能，不能自由旋转。而 C_α 分别与 N 和 C（羧基碳）相连的键都是典型的单键，可以自由旋转，N 与 C_α 的键角以 Φ 表示，C_α 与 C 的键旋转角度以 ψ 表示（图 1-9）。也正由于肽单元上 C_α 原子所连的两个单键的自由旋转角度，决定了两个相邻的肽单元平面的相对空间位置。

（二）α-螺旋是常见的蛋白质二级结构

Pauling 和 Corey 根据实验数据提出了两种肽链局部主链原子的空间构象的分子模型，称为 α-螺旋（α-helix）和 β-折叠（β-pleated sheet），它们是蛋白质二级结构的主要形式。在 α-螺旋结构（图 1-10）中，多肽链

0.54nm
3.6 个残基

----- 氢键

图 1-10　α-螺旋

的主链围绕中心轴作有规律的螺旋式上升,螺旋的走向为顺时针方向,即所谓右手螺旋,其 ψ 为-47°,Φ 为-57°,氨基酸侧链伸向螺旋外侧。每 3.6 个氨基酸残基螺旋上升一圈(即旋转 360°),螺距为 0.54nm。α-螺旋的每个肽键的 N—H 和第四个肽键的羰基氧形成氢键,氢键的方向与螺旋长轴基本平行。(动画 1-3"α-螺旋 3D 结构展示")

　　一般而言,20 种氨基酸均可参与组成 α-螺旋结构,但是 Ala、Glu、Leu 和 Met 比 Gly、Pro、Ser 及 Tyr 更常见。在蛋白质表面存在的 α-螺旋,常具有两亲特点,其亲水性和疏水性氨基酸残基有规律地集中排列在与对称轴平行的两个侧面,使之能在极性或非极性环境中存在。这种两亲 α-螺旋可见于血浆脂蛋白、多肽激素和钙调蛋白激酶等。肌红蛋白和血红蛋白分子中有许多肽链段落呈 α-螺旋结构。毛发的角蛋白、肌组织的肌球蛋白以及血凝块中的纤维蛋白,它们的多肽链几乎全长都卷曲成 α-螺旋。数条 α-螺旋状的多肽链可缠绕起来,形成缆索,从而增强其机械强度,并具有可伸缩性(弹性)。

(三) β-折叠使多肽链形成片层结构

　　β-折叠与 α-螺旋的形状截然不同,呈折纸状。在 β-折叠结构(图 1-11)中,多肽链充分伸展,每个肽单元以 C$_\alpha$ 为旋转点,依次折叠成锯齿状结构,氨基酸残基侧链交替地位于锯齿状结构的上下方。所形成的锯齿状结构一般比较短,只含 5~8 个氨基酸残基。一条肽链内的若干肽段的锯齿状结构可平行排列,分子内相距较远的两个肽段可通过折叠而形成相同走向,也可通过回折而形成相反走向。走向相反时,两个反平行肽段的间距为 0.70nm,并通过肽链间的肽键羰基氧和亚氨基氢形成氢键,来稳固 β-折叠结构,蚕丝蛋白几乎都是 β-折叠结构,许多蛋白质既有 α-螺旋又有 β-折叠结构。(动画 1-4"β-折叠 3D 结构展示")

(四) β-转角和 Ω-环存在于球状蛋白质中

　　除 α-螺旋和 β-折叠外,蛋白质二级结构还包括 β-转角(β-turn)(图 1-12)和 Ω 环(Ω loop)。β-转角常发生于肽链进行 180°回折时的转角上。β-转角通常由 4 个氨基酸残基组成,其第一个残基的羰基氧(O)与第四个残基的氨基氢(H)可形成氢键。β-转角的结构较特殊,第二个残基常为脯氨酸,其他常见残基有甘氨酸、天冬氨酸、天冬酰胺和色氨酸。有 2 种类型的 β-转角,分别是转角 Ⅰ 和转角 Ⅱ。Ⅰ 型 β 转角和 Ⅱ 型 β 转角非常相似,只是其中肽键的二面角 ψ 和 Φ 角有所不同。Ⅱ 型 β 转角的第 3 个残基往往是甘氨酸。

　　Ω 环是存在于球状蛋白质中的一种二级结构。这类肽段形状象希腊字母 Ω,所以称 Ω 环。Ω 环这种结构总是出现在蛋白质分子的表面,而且以亲水残基为主,在分子识别中可能起重要作用。

(五) 氨基酸残基的侧链影响二级结构的形成

　　蛋白质二级结构是以一级结构为基础的。一段肽链其氨基酸残基的侧链适合形成 α-螺旋或 β-

平行　　　　　　　　　　　　　　　反平行

·········· 氢键

图1-11　β-折叠

I 型β转角   II 型β转角

图 1-12   β-转角

折叠,它就会出现相应的二级结构。例如一段肽链有多个谷氨酸或天冬氨酸残基相邻,则在 pH 7.0 时这些残基的游离羧基都带负电荷,彼此相斥,妨碍 α-螺旋的形成。同样,多个碱性氨基酸残基在一肽段内,由于正电荷相斥,也妨碍 α-螺旋的形成。此外天冬酰胺、苏氨酸、半胱氨酸的侧链较大,如果这些氨基酸在一级结构中非常接近,也会影响 α-螺旋形成。脯氨酸的 N 原子在刚性的五元环中,其形成的肽键 N 原子上没有 H,所以不能形成氢键,结果肽链走向转折,不形成 α-螺旋。形成 β-折叠的肽段,氨基酸残基的侧链要比较小,能容许两条肽段彼此靠近。

三、多肽链进一步折叠成蛋白质三级结构

(一)三级结构是指整条肽链中全部氨基酸残基的相对空间位置

蛋白质三级结构(protein tertiary structure)是指整条肽链中全部氨基酸残基的相对空间位置,也就是整条肽链所有原子在三维空间的排布位置。已知球状蛋白质的三级结构有某些共同特征,如折叠成紧密的球状或椭球状;含有多种二级结构并具有明显的折叠层次,即一级结构上相邻的二级结构常在三级结构中彼此靠近并形成超二级结构,进一步折叠成相对独立的三维空间结构;以及疏水侧链常分布在分子内部等。

肌红蛋白是由 153 个氨基酸残基构成的单一肽链蛋白质,含有 1 个血红素辅基。图 1-13 显示肌红蛋白的三级结构。肌红蛋白分子中 α-螺旋占 75%,构成 A 至 H 8 个螺旋区,两个螺旋区之间有一段柔性连接肽,脯氨酸位于转角处。由于侧链 R 基团的相互作用,多肽链缠绕,形成一个球状分子(4.5nm×3.5nm×2.5nm),球表面主要有亲水侧链,疏水侧链位于分子内部。蛋白质三级结构的形成和稳定主要靠次级键如疏水键、盐键、氢键和范德华力(van der Waals force)等(图 1-14)。

(二)结构模体可由 2 个或 2 个以上二级结构肽段组成

结构模体(structural motif)是蛋白质分子中具有特定空间构象和特定功能的结构成分。一个模体总有其特征性的氨基酸序列,并发挥特殊的功能。一般而言,常见的结构模体可以有以下几种形式:α-螺旋-β-转角(或环)-α-螺旋模体(见于多种 DNA 结合蛋白);链-β-转角-链(见于反平行 β-折叠的蛋白质);链-β-转角-α-螺旋-β-转角-链模体(见于多种 α-螺旋/β-折叠蛋白质)。在这些结构模体中,β-转角常为含 3 ~ 4 个氨基酸残基的片段;而环(loop)为较大的片段,常连接非规则的二级结构。

（a）

（b）

图1-13　肌红蛋白中血红素与肽链的关系
（a）肌红蛋白；（b）结合氧示意图

图1-14　维持蛋白质分子构象的各种化学键
①离子键；②氢键；③二硫键；④疏水相互作用

在许多蛋白质分子中,可由 2 个或 2 个以上具有二级结构的肽段在空间上相互接近,形成一个有规则的二级结构组合,称为超二级结构,此概念由 M. G. Rossman 于 1973 年提出。目前已知的二级结构组合有 αα、βαβ、ββ 等几种形式(图 1-15)。研究发现,α-螺旋之间、β-折叠之间以及 α-螺旋与 β-折叠之间的相互作用,主要是由非极性氨基酸残基参与的。

图 1-15　蛋白质超二级结构与模体
(a)βαβ;(b)ββ;(c)亮氨酸拉链;(d)α-螺旋-环-α-螺旋;(e)锌指结构

亮氨酸拉链(leucine zipper)(图 1-15c)是出现在 DNA 结合蛋白和其他蛋白质中的一种结构模体。当来自同一个或不同多肽链的两个两用性的 α-螺旋的疏水面(常含有亮氨酸残基)相互作用形成一个圈对圈的二聚体结构,亮氨酸有规律地每隔 6 个氨基酸就出现一次,亮氨酸拉链常出现在真核生物 DNA 结合蛋白的 C-端,往往与癌基因表达调控功能有关。

在许多钙结合蛋白分子中通常有一个结合钙离子的模体,它由螺旋-环-螺旋(helix-loop-helix)三个肽段组成(图 1-15d),在环中有几个恒定的亲水侧链,侧链末端的氧原子通过氢键而结合钙离子。近年发现的锌指(zinc finger)结构也是一个常见的模体例子,它由 1 个 α-螺旋和 2 个反平行的 β-折叠三个肽段组成(图 1-15e),具有结合锌离子功能。该模体的 N-端有 1 对半胱氨酸残基,C-端有 1 对组氨酸残基,此 4 个残基在空间上形成一个洞穴,恰好容纳 1 个 Zn^{2+}。由于 Zn^{2+} 可稳固模体中的 α-螺旋结构,使此 α-螺旋能镶嵌于 DNA 的大沟中,因此含锌指结构的蛋白质都能与 DNA 或 RNA 结合(动画 1-5"锌指结构 3D 结构展示")。可见结构模体的特征性空间构象是其特殊功能的结构基础。

(三)结构域是三级结构层次上具有独立结构与功能的区域

分子量较大的蛋白质常可折叠成多个结构较为紧密且稳定的区域,并各行其功能,称为结构域(domain)。大多数结构域含有序列上连续的 100 ~ 200 个氨基酸残基,若用限制性蛋白酶水解,含多个结构域的蛋白质常分解出独立的结构域,而各结构域的构象可以基本不改变,并保持其功能。超二级结构则不具备这种特点。因此,结构域也可看作是球状蛋白质的独立折叠单位,有较为独立的三维空间结构。

例如,由 2 个亚基构成的 3-磷酸甘油醛脱氢酶,每个亚基由 2 个结构域组成,N-端第 1 ~ 146 个氨基酸残基形成的第一个结构域能与 NAD^+ 结合,第二个结构域(第 147 ~ 333 氨基酸残基)与底物 3-磷酸甘油醛结合(图 1-16)。有些蛋白质各结构域之间接触较紧密,从结构上很难划分,因此,并非所有蛋白质的结构域都明显可分。

图 1-16　3-磷酸甘油醛脱氢酶亚基的结构示意图

（四）蛋白质的多肽链须折叠成正确的空间构象

理论上讲，如果蛋白质的多肽链随机折叠，可能产生成千上万种可能的空间构象。而实际上，蛋白质合成后，在一定的条件下，可能只形成一种正确的空间构象。除一级结构为决定因素外，还需要在一类称为分子伴侣（molecular chaperone）的蛋白质辅助下，合成中的蛋白质才能折叠成正确的空间构象（见第十五章）。只有形成正确的空间构象的蛋白质才具有生物学功能。

四、含有两条以上多肽链的蛋白质可具有四级结构

体内许多功能性蛋白质含有两条或两条以上多肽链。每一条多肽链都有其完整的三级结构，称为亚基（subunit），亚基与亚基之间呈特定的三维空间排布，并以非共价键相连接。蛋白质分子中各个亚基的空间排布及亚基接触部位的布局和相互作用，称为蛋白质四级结构（protein quaternary structure）。

在四级结构中，各亚基间的结合力主要是氢键和离子键。在 2 个亚基组成的四级结构蛋白质中，若亚基结构相同，称之为同二聚体（homodimer），若亚基分子不同，则称之为异二聚体（heterodimer），多个亚基可以此类推。对于 2 个以上亚基构成的蛋白质，单一亚基一般没有生物学功能，完整的四级结构是其发挥生物学功能的保证。

成人血红蛋白的 α 亚基和 β 亚基分别含有 141 个和 146 个氨基酸。两种亚基的三级结构颇为相似，且每个亚基都可结合 1 个血红素（heme）辅基（图 1-17）。4 个亚基通过 8 个离子键相连，形成血红蛋白四聚体，具有运输 O_2 和 CO_2 的功能（动画 1-6"血红蛋白 3D 结构展示"）。但每一个亚基单独存在时，虽可结合氧且与氧亲和力增强，但在体内组织中难于释放氧，失去了血红蛋白原有的运输氧的作用。

图1-17　蛋白质的四级结构——血红蛋白结构示意图

五、蛋白质可依其组成、结构或功能进行分类

除氨基酸外,某些蛋白质还含有其他非氨基酸组分。因此根据蛋白质组成成分可分成单纯蛋白质和缀合蛋白质,前者只含氨基酸,而后者除蛋白质部分外,还含有非蛋白质部分,为蛋白质的生物学活性或代谢所依赖。缀合蛋白质中的非蛋白质部分被称为辅基,绝大部分辅基是通过共价键方式与蛋白质部分相连。构成蛋白质辅基的种类也很广,常见的有色素化合物、寡糖、脂质、磷酸、金属离子甚至分子量较大的核酸。细胞色素 c(cytochrome c,Cyt c)是含有色素的缀合蛋白质,其铁卟啉环上的乙烯基侧链与蛋白质部分的半胱氨酸残基以硫醚键相连,铁卟啉中的铁离子是细胞色素 c 的重要功能位点。免疫球蛋白是一类糖蛋白,作为辅基的数支寡糖链通过共价键与蛋白质部分连接。

蛋白质还可根据其形状分为纤维状蛋白质和球状蛋白质两大类。一般来说,纤维状蛋白质形似纤维,其分子长轴的长度比短轴长 10 倍以上。纤维状蛋白质多数为结构蛋白质,较难溶于水,作为细胞坚实的支架或连接各细胞、组织和器官的细胞外成分,如胶原蛋白、弹性蛋白、角蛋白等。大量存在于结缔组织中的胶原蛋白就是典型的纤维状蛋白质,其长轴为 300nm,而短轴仅为 1.5nm。球状蛋白质的形状近似于球形或椭球形,多数可溶于水,许多具有生理学功能的蛋白质如酶、转运蛋白、蛋白质类激素、代谢调节蛋白、基因表达调节蛋白及免疫球蛋白等都属于球状蛋白质。

随着蛋白质结构与功能研究的不断深入,发现体内氨基酸序列相似而且空间结构与功能也十分相近的蛋白质有若干,即产生了"蛋白质家族(protein family)"这一概念。属于同一蛋白质家族的成员,称为同源蛋白质(homologous protein)。人们通过对蛋白质家族成员的比较,可得到许多物种进化

的重要证据。在体内还发现,2 个或 2 个以上的蛋白质家族之间,其氨基酸序列的相似性并不高,但含有发挥相似作用的同一模体结构,通常将这些蛋白质家族归类为超家族(superfamily)。这些超家族成员是由共同祖先进化而来的一大类蛋白质。

第三节　蛋白质结构与功能的关系

人体的每一个细胞和所有重要组成部分都有蛋白质存在。蛋白质是生命活动的执行者,参与完成体内的各种生理生化反应。

一、蛋白质的主要功能

已知有些蛋白质具有多种功能,也有些蛋白质功能至今尚未阐明,蛋白质在机体内几乎无处不发挥各种特有的功能。

1. **构成细胞和生物体结构**　蛋白质是组成人体各种组织、器官、细胞的重要成分。人的肌肉、内脏、神经、血液、骨骼等,包括皮肤、毛发都含有丰富的蛋白质。蛋白质是细胞的重要结构组分,如膜蛋白质、细胞器的组成蛋白质、染色体蛋白质等。这些组织细胞每天都在不断地更新。因此,人体必须每天摄入一定量的蛋白质,作为构成和补充组织细胞的原料。

2. **物质运输**　体内的各种物质主要通过血液进行运输。人体不断地将从外界获取的营养物质和氧气运输到组织细胞,将代谢产生的废物排出体外。血红蛋白可以携带氧气到身体的各个部分,供组织细胞代谢使用。体内有许多营养素必须与某种特异的蛋白质结合,将其作为载体才能运转,例如血液中的载脂蛋白不仅运输脂质,还具有调节被运输脂质代谢的作用。清蛋白能与脂肪酸、Ca^{2+}、胆红素、磺胺等多种物质结合。此外,血浆中还有皮质激素传递蛋白、运铁蛋白、铜蓝蛋白等。

3. **催化功能**　人体内每时每刻都进行着化学反应来实施新陈代谢。大量的酶类快速精准地催化化学反应,所有的生命活动都离不开酶和水的参与,没有酶就没有生命。这些各具特殊功能的酶,绝大多数是蛋白质。

4. **信息交流**　存在于细胞膜上使细胞对外界刺激产生相应的效应的受体是蛋白质。信号转导通路中的衔接蛋白,含有各种能与其他蛋白质结合的结构域,能形成各种信号复合体。通过特异性的蛋白质-蛋白质相互作用形成蛋白质复合体来激活下游信号通路。

5. **免疫功能**　保护机体抵抗相应病原体的感染的抗体、淋巴因子等免疫分子都是蛋白质。

6. **氧化供能**　体内的蛋白质可以彻底氧化分解为水、二氧化碳,并释放能量。正常膳食情况下,机体首先利用糖提供能量。饥饿时,组织蛋白质分解增加,故氧化供能是蛋白质的生理功能。

7. **维持机体的酸碱平衡**　机体内组织细胞必须处于合适的酸碱度范围内,才能完成其正常的生理活动。机体的这种维持酸碱平衡的能力是通过肺、肾以及血液缓冲系统来实现的。蛋白质缓冲体系是血液缓冲系统的重要组成部分,因此,蛋白质在维持机体酸碱平衡方面起着十分重要的作用。

8. **维持正常的血浆渗透压**　血浆胶体渗透压主要由蛋白质分子构成,其中,血浆清蛋白分子量较小,数目较多,决定血浆胶体渗透压的大小。血浆渗透压能使血浆和组织之间的物质交换保持平衡,如果血浆蛋白质特别是清蛋白的含量降低,血液内的水分便会过多地渗入周围组织,造成临床上的营养不良性水肿。

二、蛋白质执行功能的主要方式

(一)蛋白质与小分子相互作用

生物体内众多生命活动是与物质代谢及能量代谢密切相关的。细胞在特定时间或环境下含有众多低分子量代谢物,其中包括各种代谢路径的酶催化底物、抑制剂、代谢中间物和产物、副产物等小分子代谢物。蛋白质通过与小分子代谢物的相互作用,参与众多的生命活动过程,如酶的催化作用、物质转运、信息传递等,从整体上维持生物体新陈代谢活动的进行。

(二) 蛋白质与核酸的相互作用

蛋白质和核酸是组成生物体的两种重要的生物大分子。蛋白质是基因表达的产物,基因的表达又离不开蛋白质的作用。蛋白质与核酸的相互作用存在于生物体内基因表达的各个水平之中。蛋白质有几种模体,如锌指模体、亮氨酸拉链、螺旋-转角-螺旋等专门结合 DNA 并发挥生物学效应。

RNA 存在于细胞质和细胞核中,目前发现的 RNA 除了少部分能以"核酶"形式单独发挥功能以外,绝大部分 RNA 都是与蛋白质形成 RNA-蛋白质复合物。例如核糖体是细胞内蛋白质合成的场所,核糖体的两个亚基由精确折叠的蛋白质和 rRNA 组成;端粒酶(telomerase)是一种由催化蛋白和 RNA 模板组成的酶,可合成染色体末端的 DNA;剪接体(spliceosome)是指进行 RNA 剪接时形成的多组分复合物,主要是由小分子的核 RNA 和蛋白质组成。蛋白质与 RNA 的相互作用在蛋白质合成、细胞发育调控等生理过程中起着决定性的作用。

(三) 蛋白质相互作用是蛋白质执行功能的主要方式

蛋白质-蛋白质相互作用(protein-protein interaction,PPI)是指两个或两个以上的蛋白质分子通过非共价键相互作用并发挥功能的过程。细胞进行生命活动过程是蛋白质在一定时空下相互作用的结果。生物学中的许多现象如物质代谢、信号转导、蛋白质翻译、蛋白质分泌、蛋白质剪切、细胞周期调控等均受蛋白质间相互作用的调控。通过蛋白质间相互作用,可改变细胞内酶的动力学特征,也可产生新的结合位点,改变蛋白质对底物的亲和力。蛋白质相互作用控制着大量的细胞活动事件,如细胞的增殖、分化和凋亡。

人体具有非常复杂的生物学功能,即使简单的功能也需要若干蛋白质共同参与完成。两个或多个蛋白质相互作用时,通过各自分子中特殊的局部空间结构,通过稳定的相互作用或瞬间的相互作用而相互识别并结合。

下面列举蛋白质相互作用的实例。

1. 主要组织相容性复合物参与的分子识别　主要组织相容性复合物(major histocompatibility complex,MHC)是表达于脊椎动物细胞表面的一类具有高度多态性的蛋白质,分为 I 型 MHC 蛋白和 II 型 MHC 蛋白。所有 I 型 MHC 蛋白为跨膜蛋白,都包含有两条不相连的多肽链,一条为 α 链,分子量 45kD;另一条为 $\beta_2 m$(β_2-微球蛋白),分子量 12kD。α 链包括 4 个区域,分别为抗原结合区($\alpha_1 + \alpha_2$)(氨基端)、免疫球蛋白样区、跨膜区、胞液区的羧基端。β 链与 α 链的胞膜外部分以非共价键结合,β 链不与细胞直接相连(图 1-18)。I 型 MHC 蛋白广泛表达于一般细胞表面,如果该细胞遭受病毒感染(受感染靶细胞),则病毒外壳蛋白碎片的免疫原性多肽透过跨膜的 MHC 提呈在细胞外侧,以便于 T 淋巴细胞的识别并执行一系列免疫功能。

T 淋巴细胞是人体免疫系统中重要的免疫细胞,种类极多,按功能主要分为两个亚群:Tc 细胞(细胞毒性 T 细胞)及 Th 细胞(辅助性 T 细胞)。Tc 细胞能杀伤表达抗原肽的受感染靶细胞。Tc 细胞又名为 CD8⁺细胞,其表面表达协同受体 CD8(跨膜糖蛋白)。Tc 细胞表面含有特定的 T 细胞受体(T cell receptor,TCR)。Tc 细胞受体不能单独识别受感染靶细胞表达的免疫原性多肽,但可识别免疫原性多肽与 MHC I 类分子形成的复合物。Tc 细胞的协同受体 CD8 协助 TCR 与 MHC 分子的相互识别。T 细胞受体位于细胞膜外的末端有裂隙,结构多变,是可变区。如果 TCR 与 MHC 结构相匹配,能够形成如氢键、离子键等次级键,两者之间便进行特异性结合并接受 MHC I 上提呈的抗原肽,并激活 Tc 细胞,导致 Tc 细胞大量增殖。增殖后的 Tc 细胞释放穿孔素和颗粒酶。穿孔素的作用是在受感染靶细胞膜上形成多聚穿孔素管状通道,导致受感染靶细胞溶解。颗粒酶是一组丝氨酸蛋白酶,迅速引起靶细胞 DNA 断裂,造成受感染靶细胞凋亡。Tc 细胞对靶细胞的杀伤作用是特异性的,TCR 与 MHC 若不匹配则无法结合 MHC 上提呈的抗原肽,Tc 细胞则不被激活。

由于有关 MHC 生物学功能的研究成果,P. Doherty 和 R. Zinkernagel 获得 1996 年诺贝尔奖。

2. 抗原与抗体的特异性结合　免疫球蛋白(immunoglobulin,Ig)指具有抗体活性的蛋白质。主要

图1-18 MHC I 参与的分子识别

存在于血浆中,也见于其他体液、组织和一些分泌液中。抗体是机体免疫细胞被抗原激活后,由 B 细胞分化成熟为浆细胞后所合成、分泌的一类能与相应抗原特异性结合的具有免疫功能的球蛋白。在电泳时主要出现于 γ 球蛋白区域,占血浆蛋白质的20%;某些 β-球蛋白和 α₂-球蛋白也含有免疫球蛋白。Ig 能识别、结合特异抗原,形成抗原-抗体复合物,激活补体系统从而解除抗原对机体的损伤。

(1)免疫球蛋白的结构特点:免疫球蛋白可分为 IgG、IgA、IgM、IgD、IgE,结构相类似,均由两条相同的重链(heavy chain,H 链)和两条相同的轻链(light chain,L链)组成。其中 IgG、D、E 为四聚体,IgA 为二聚体,IgM 是五聚体(图 1-19)。IgM 的 H 链由 450～550 个氨基酸残基组成,L 链由 212～230 个氨基酸残基组成,二条链由二硫键相连。IgM 的分子量在免疫球蛋白中最大,为 970kD,称为巨球蛋白(macroglobulin)。

图 1-20 显示 IgG 的分子结构。每条 L 链由可变区

图1-19 IgM 的五聚体形式
μ 链是 IgM 分子所特有的重链;J 链是由 124 个氨基酸组成的酸性糖蛋白,通过二硫键连接到 μ 链的羧基端的半胱氨酸

（V_L）和恒定区（C_L）组成。每条 H 链也可由可变区（V_H）和恒定区（C_H）组成，其中恒定区分为三个结构域（C_H1、C_H2、C_H3），C_H2 结构域含有补体结合部位。C_H3 结构域含有与中性粒细胞和巨噬细胞受体接触的部位。由 L 链和 H 链可变区形成的高变区是抗原结合的部位。L 链和 H 链之间由二硫键连接，H 链之间也由二硫键连接。

图 1-20 IgG 的分子结构

从 N-端起，H 链的 1/4 肽段及 L 链的 1/2 肽段在各类 Ig 的排列顺序可变性大，称可变区（variable region，V 区），其功能是决定不同 Ig 与抗原结合的特异性。H 及 L 链的其余肽段称为恒定区（constant region，C 区）。C 区的功能是决定 Ig 的效应作用，也是 Ig 的分类基础（α、γ、δ、ε、μ 五大类）。L 链有两个基本型，即 κ 和 λ 型。一个特异的免疫球蛋白通常只含有两条 κ 链或两条 λ 链，不存在 κ 和 λ 的混合型。根据 H 链抗原性的差异可将其分为 5 类：μ 链、γ 链、α 链、δ 链和 ε 链，不同 H 链与 L 链（κ 或 λ 链）组成完整免疫球蛋白的分子，分别称之为免疫球蛋白 M、免疫球蛋白 G、免疫球蛋白 A、免疫球蛋白 D 和免疫球蛋白 E。

（2）抗原-抗体的特异性结合反应：由于抗原、抗体在结构上具有互相识别互相嵌合的构象，抗原分子的抗原决定簇（抗原表位）与抗体分子的超变区中沟槽分子表面的抗原结合点之间在化学结构和空间结构上是互补关系（图 1-21），所以抗原-抗体结合反应是特异性的。如果抗原抗体结合处结构有很小的不匹配就会阻止两者的特异性结合。高亲和性的抗原抗体结合位点在空间构型上非常合适，两者结合牢固，不易解离；低亲和性抗体与抗原形成的复合物较易解离。在一定的外界环境下，如低 pH、高浓度盐、反复冻融，抗原抗体复合物也可被解离，解离后的抗原抗体仍保持原有的结构、活性及特异性。天然抗原表面常常带有多种抗原表位，每种表位均能刺激机体产生一种特异性抗体，即一个抗原分子会刺激机体产生多种特异性抗体。

图 1-21 抗原-抗体的特异性结合

三、蛋白质一级结构是高级结构与功能的基础

（一）一级结构是空间构象的基础

20 世纪 60 年代，C. B. Anfinsen 在研究核糖核酸酶 A 时发现，蛋白质的功能与其三级结构密切相关，而特定三级结构是以氨基酸顺序为基础的。核糖核酸酶 A 由 124 个氨基酸残基组成，有 4 对二硫

键(Cys26 和 Cys84,Cys40 和 Cys95,Cys58 和 Cys110,Cys65 和 Cys72)(图 1-22a)。用尿素(或盐酸胍)和 β-巯基乙醇处理该酶溶液,分别破坏次级键和二硫键,使其二、三级结构遭到破坏,但肽键不受影响,故一级结构仍存在,此时该酶活性丧失殆尽。核糖核酸酶 A 中的 4 对二硫键被 β-巯基乙醇还原成—SH 后,若要再形成 4 对二硫键,从理论上推算有 105 种不同配对方式,唯有与天然核糖核酸酶 A 完全相同的配对方式,才能呈现酶活性。当用透析方法去除尿素和 β-巯基乙醇后,松散的多肽链,循其特定的氨基酸序列,卷曲折叠成天然酶的空间构象,4 对二硫键也正确配对,这时酶活性又逐渐恢复至原来水平(图 1-22b)(动画 1-7"牛核糖核酸酶 3D 结构展示")。这充分证明空间构象遭破坏的核糖核酸酶 A 只要其一级结构(氨基酸序列)未被破坏,就有可能回复到原来的三级结构,功能依然存在。

图 1-22 牛核糖核酸酶 A 一级结构与空间结构的关系
(a)牛核糖核酸酶 A 的氨基酸序列;(b)β-巯基乙醇及尿素对核糖核酸酶 A 的作用

(二) 一级结构相似的蛋白质具有相似的高级结构与功能

蛋白质一级结构的比较,常被用来预测蛋白质之间结构与功能的相似性。同源性较高的蛋白质之间,可能具有相类似的功能。值得指出的是,同源蛋白质是指由同一基因进化而来的相关基因所表达的一类蛋白质。已有大量的实验结果证明,一级结构相似的多肽或蛋白质,其空间构象以及功能也相似。例如不同哺乳类动物的胰岛素分子都是由 A 和 B 两条肽链组成,且二硫键的配对位置和空间构象也极相似,一级结构中仅个别氨基酸有差异,因而它们都执行着相同的调节糖代谢等的生理功能(表 1-2)(动画 1-8"胰岛素 3D 结构展示")。

表 1-2 哺乳类动物胰岛素氨基酸序列的差异

胰岛素	氨基酸残基序号[*]			
	A8	A9	A10	B30
人	Thr	Ser	Ile	Thr
猪	Thr	Ser	Ile	Ala
狗	Thr	Ser	Ile	Ala
兔	Thr	Ser	Ile	Ser
牛	Ala	Ser	Val	Ala
羊	Ala	Gly	Val	Ala
马	Thr	Gly	Ile	Ala

[*] A 为 A 链,B 为 B 链;A8 表示 A 链第 8 位氨基酸,其余类推

在对不同物种中具有相同功能的蛋白质进行结构分析时,发现它们具有相似的氨基酸序列。例如,泛素是一个含76个氨基酸残基的调节其他蛋白质降解的多肽,物种相差甚远的果蝇与人类的泛素分子却含有完全相同的一级结构。当然,在相隔甚远的两种物种中,执行相似功能的蛋白质,其氨基酸序列、分子量大小等也可有很大的差异。

然而,有些蛋白质的氨基酸序列也不是绝对固定不变的,而是有一定的可塑性。据估算,人类有20%~30%的蛋白质具有多态性(polymorphism),即在人类群体中的不同个体间,这些蛋白质存在着氨基酸序列的多样性,但几乎不影响蛋白质的功能。

(三)氨基酸序列与生物进化信息

通过比较一些广泛存在于生物界不同种系间的蛋白质的一级结构,可以帮助了解物种进化间的关系。如细胞色素c(cytochrome c),物种间越接近,则一级结构越相似,其空间构象和功能也相似。猕猴与人类很接近,两者一级结构只相差1个氨基酸残基,即第102位氨基酸猕猴为精氨酸,人类为酪氨酸;人类和黑猩猩的Cyt c一级结构完全相同;面包酵母与人类从物种进化距离极远,所以两者Cyt c一级结构相差达51个氨基酸。灰鲸是哺乳类动物,是由陆上动物演化而来,所以它与猪、牛及羊等的Cyt c只有2个氨基酸的差异(图1-23)。

图1-23　细胞色素c的生物进化树

(四)重要蛋白质的氨基酸序列改变可引起疾病

通过大量蛋白质的结构与功能相关性的研究,发现具有不同生物学功能的蛋白质,含有不同的氨基酸序列即不同的一级结构。同样,从大量人类遗传性疾病的基因与相关蛋白质分析结果,获知这些疾病的病因可以是基因点突变引起1个氨基酸的改变,如镰状细胞贫血(sickle-cell anemia);也可以是基因大片段碱基缺失导致大片段肽链的缺失,如肌营养不良症(muscular dystrophy),这说明蛋白质一级结构的变化,可导致其功能的改变。

蛋白质分子中起关键作用的氨基酸残基缺失或被替代,都会严重影响空间构象乃至生理功能,其至导致疾病产生。例如,正常人血红蛋白 β 亚基的第 6 位氨基酸是谷氨酸,而镰状细胞贫血病人的血红蛋白中,谷氨酸变成了缬氨酸,即酸性氨基酸被中性氨基酸替代,仅此一个氨基酸之差,原是水溶性的血红蛋白,就聚集成丝,相互黏着,导致红细胞变形成为镰刀状而极易破碎,产生贫血。这种蛋白质分子发生变异所导致的疾病,被称之为"分子病(molecular disease)",其病因为基因突变所致。

但并非一级结构中的每个氨基酸都很重要,如 Cyt c,这个蛋白质分子中在某些位点即使置换数十个氨基酸残基,其功能依然不变。

四、蛋白质的功能依赖特定空间结构

体内蛋白质所具有的特定空间构象都与其发挥特殊的生理功能有着密切的关系。例如角蛋白含有大量 α-螺旋结构,与富含角蛋白组织的坚韧性并富有弹性直接相关;而丝心蛋白分子中含有大量 β-折叠结构,致使蚕丝具有伸展和柔软的特性。以下阐述肌红蛋白和血红蛋白与蛋白质空间结构和功能的关系。

(一) 血红蛋白亚基与肌红蛋白结构相似

肌红蛋白(myoglobin,Mb)与血红蛋白都是含有血红素辅基的蛋白质。血红素是铁卟啉化合物(图1-24),它由 4 个吡咯环通过 4 个次甲基相连成为一个环形,Fe^{2+} 居于环中。Fe^{2+} 有 6 个配位键,其中 4 个与吡咯环的 N 配位结合,1 个配位键和肌红蛋白的第 93 位(F8)组氨酸残基结合,氧则与 Fe^{2+} 形成第 6 个配位键,接近第 64 位(E7)组氨酸。

图1-24　血红素结构

从 X 射线衍射法分析获得的肌红蛋白的三维结构(见图1-13)中,可见它是一个只有三级结构的单链蛋白质,有 8 个 α-螺旋结构肽段,分别用字母 A ~ H 命名。整条多肽链折叠成紧密球状分子,氨基酸残基上的疏水侧链大都在分子内部,富极性及电荷的侧链则在分子表面,因此其水溶性较好。Mb 分子内部有一个袋形空穴,血红素居于其中。血红素分子中的两个丙酸侧链以离子键形式与肽链中的两个碱性氨基酸侧链上的正电荷相连,加之肽链中的 F8 组氨酸残基还与 Fe^{2+} 形成配位结合,所以血红素辅基可与蛋白质部分稳定结合。

血红蛋白(hemoglobin,Hb)是由 4 个亚基组成的四级结构(见图1-17)蛋白质,每个亚基结构中间有一个疏水局部,可结合 1 个血红素并携带 1 分子氧,因此一分子 Hb 共结合 4 分子氧。成年人红细胞中的 Hb 主要由 2 条 α 肽链和 2 条 β 肽链($\alpha_2\beta_2$)组成,α 链含 141 个氨基酸残基,β 链含 146 个氨基酸残基。胎儿期的 Hb 主要为 $\alpha_2\gamma_2$,胚胎期为 $\alpha_2\varepsilon_2$。此外,在成人 Hb 中存在较少的 $\alpha_2\delta_2$ 型,而镰状细胞贫血病人红细胞中的 Hb 为 α_2S_2。Hb 的 β、γ 和 δ 亚基的一级结构高度保守。Hb 各亚基的三级结构与 Mb 极为相似。Hb 亚基之间通过 8 对盐键(图1-25),使 4 个亚基紧密结合而形成亲水的球状蛋白质。

(二) 血红蛋白亚基构象变化可影响亚基与氧结合

Hb 与 Mb 一样可逆地与 O_2 结合,氧合 Hb 占总 Hb 的百分数(称百分饱和度)随 O_2 浓度变化而变化。图1-26 为 Hb 和 Mb 的氧解离曲线,前者为 S 状曲线,后者为直角双曲线。可见,Mb 易与 O_2 结合,而 Hb 与 O_2 的结合在 O_2 分压较低时较难。Hb 与 O_2 结合的"S"形曲线提示 Hb 的 4 个亚基与 4 个 O_2 结合时有 4 个不同的平衡常数。Hb 最后一个亚基与 O_2 结合时其常数最大,从"S"形曲线的后半部

图1-25　脱氧 Hb 亚基间和亚基内的盐键

图 1-26　Hb 和 Mb 的氧解离曲线

呈直线上升可证明此点。根据"S"形曲线的特征可知,Hb 中第一个亚基与 O_2 结合以后,促进第二及第三个亚基与 O_2 的结合,当前 3 个亚基与 O_2 结合后,又大大促进第四个亚基与 O_2 结合,这种效应称为正协同效应(positive cooperativity)。协同效应的定义是指一个亚基与其配体(Hb 中的配体为 O_2)结合后,能影响此寡聚体中另一亚基与配体的结合能力。如果是促进作用则称为正协同效应;反之则为负协同效应。

Perutz M 等利用 X 射线衍射技术,分析 Hb 和氧合 Hb 晶体的三维结构图谱,提出了解释 O_2 与 Hb 结合的正协同效应的理论。

未结合 O_2 时,Hb 的 α_1/β_1 和 α_2/β_2 呈对角排列,结构较为紧密,称为紧张态(tense state,T 态),T 态 Hb 与 O_2 的亲和力小。随着 O_2 的结合,4 个亚基的羧基末端之间的盐键断裂,其二级、三级和四级结构也发生变化,使 α_1/β_1 和 α_2/β_2 的长轴形成 15° 的夹角(图 1-27),结构显得相对松弛,称为松弛态(relaxed state,R 态)。图 1-28 显示了 Hb 氧合与脱氧时 T 态和 R 态相互转换的可能方式。T 态转变成 R 态是逐个结合 O_2 而完成的。在脱氧 Hb 中,Fe^{2+} 半径比卟啉环中间的孔大,因此 Fe^{2+} 高出卟啉环平面 0.04nm(0.4Å),而靠近 F8 位组氨酸残基。当第 1 个 O_2 与血红素 Fe^{2+} 结合后,使 Fe^{2+} 的半径变小,进入到卟啉环中间的小孔中(图 1-29),引起 F 肽段等一系列微小的移动,同时影响附近肽段的构象,造成两个 α 亚基间盐键断裂,使亚基间结合松弛,可促进第二个亚基与 O_2 结合,依此方式可影响第三、四个亚基与 O_2 结合,最后使 4 个亚基全处于 R 态。

此种一个氧分子与 Hb 亚基结合后引起其他亚基构象变化,称为别构效应(allosteric effect)。小分子 O_2 称为别构剂或效应剂,Hb 则被称为别构蛋白。别构效应不

图 1-27　Hb T 态和 R 态互变

仅发生在 Hb 与 O_2 之间,一些酶与别构剂的结合,配体与受体结合也存在着别构效应,所以它具有普遍生物学意义。

为了适应高海拔氧气稀薄的状态,人体内可通过多种调控,如增加红细胞数量、Hb 浓度和 2,3-二磷酸甘油酸(2,3-BPG)浓度等,提供充足的氧,以保障正常新陈代谢。升高的 2,3-BPG 可降低 Hb 与 O_2 的亲和力,使组织中氧的释放量增加(见第十八章)。

图 1-28　Hb 氧合与脱氧构象转换示意

脱氧血红蛋白　　　　　　　　　氧合血红蛋白

图1-29　血红素与 O_2 结合

（三）蛋白质构象改变可引起疾病

生物体内蛋白质的合成、加工和成熟是一个复杂的过程，其中多肽链的正确折叠对其正确构象形成和功能发挥至关重要。若蛋白质的折叠发生错误，尽管其一级结构不变，但蛋白质的构象发生改变，仍可影响其功能，严重时可导致疾病发生，有人将此类疾病称为蛋白质构象疾病。有些蛋白质错误折叠后相互聚集，常形成抗蛋白水解酶的淀粉样纤维沉淀，产生毒性而致病，这类疾病包括人纹状体脊髓变性病、阿尔茨海默病（Alzheimer disease）、亨廷顿病（Huntington disease）、疯牛病等。

疯牛病是由朊病毒蛋白（prion protein，PrP）引起的一组人和动物神经退行性病变，这类疾病具有传染性、遗传性或散在发病的特点，其在动物间的传播是由 PrP 组成的传染性蛋白质颗粒（不含核酸）完成的。PrP 是染色体基因编码的蛋白质。正常动物和人 PrP 为分子量 33～35kD 的蛋白质，其水溶性强、对蛋白酶敏感，二级结构为多个 α-螺旋，称为 PrP^C。富含 α-螺旋的 PrP^C 在某种未知蛋白质的作用下可转变成分子中大多数为 β-折叠的 PrP，称为 PrP^{Sc}。但 PrP^C 和 PrP^{Sc} 两者的一级结构完全相同，可见 PrP^C 转变成 PrP^{Sc} 涉及蛋白质分子 α-螺旋重新折叠成 β-折叠的过程。外源或新生的 PrP^{Sc} 可以作为模板，通过复杂的机制诱导含 α-螺旋的 PrP^C 重新折叠成为富含 β-折叠的 PrP^{Sc}，并可形成聚合体（图1-30）。PrP^{Sc} 对蛋白酶不敏感，水溶性差，而且对热稳定，可以相互聚集，最终形成淀粉样纤维沉淀而致病。

图1-30　PrP^C 转变成 PrP^{Sc} 的过程

第四节   蛋白质的理化性质

蛋白质是由氨基酸组成的,故其理化性质必然与氨基酸相同或相似。例如,两性电离及等电点、紫外吸收性质、呈色反应等;但蛋白质又是生物大分子,具有氨基酸没有的理化性质。

一、蛋白质具有两性电离性质

蛋白质分子除两端的氨基和羧基可解离外,氨基酸残基侧链中某些基团,如谷氨酸、天冬氨酸残基中的 γ 和 β-羧基,赖氨酸残基中的 ε-氨基、精氨酸残基的胍基和组氨酸残基的咪唑基,在一定的溶液 pH 条件下都可解离成带负电荷或正电荷的基团。当蛋白质溶液处于某一 pH 时,蛋白质解离成正、负离子的趋势相等,即成为兼性离子,净电荷为零,此时溶液的 pH 称为蛋白质的等电点(protein isoelectric point,pI)。溶液的 pH 大于某一蛋白质的等电点时,该蛋白质颗粒带负电荷,反之则带正电荷。

体内各种蛋白质的等电点不同,但大多数接近于 pH 5.0。所以在人体体液 pH 7.4 的环境下,大多数蛋白质解离成阴离子。少数蛋白质含碱性氨基酸较多,其等电点偏于碱性,被称为碱性蛋白质,如鱼精蛋白、组蛋白等。也有少量蛋白质含酸性氨基酸较多,其等电点偏于酸性,被称为酸性蛋白质,如胃蛋白酶和丝蛋白等。

二、蛋白质具有胶体性质

蛋白质属于生物大分子,分子量可自 1 万至 100 万之巨,其分子的直径可达 1 ~ 100nm,为胶粒范围之内。蛋白质颗粒表面大多为亲水基团,可吸引水分子,使颗粒表面形成一层水化膜,从而阻断蛋白质颗粒的相互聚集,防止溶液中蛋白质沉淀析出。除水化膜是维持蛋白质胶体稳定的重要因素外,蛋白质胶粒表面可带有电荷,也可起胶粒稳定的作用。若去除蛋白质胶体颗粒表面电荷和水化膜两个稳定因素,蛋白质极易从溶液中析出。

三、蛋白质的变性与复性

蛋白质的二级结构以氢键维系局部主链构象稳定,三、四级结构主要依赖于氨基酸残基侧链之间的相互作用,从而保持蛋白质的天然构象。但在某些物理和化学因素作用下,其特定的空间构象被破坏,也即有序的空间结构变成无序的空间结构,从而导致其理化性质的改变和生物学活性的丧失,称为蛋白质变性(denaturation)。一般认为蛋白质的变性主要发生二硫键和非共价键的破坏,不涉及一级结构中氨基酸序列的改变。蛋白质变性后,其理化性质及生物学性质发生改变,如溶解度降低、黏度增加、结晶能力消失、生物学活性丧失、易被蛋白酶水解等。造成蛋白质变性的因素有多种,常见的有加热、乙醇等有机溶剂、强酸、强碱、重金属离子及生物碱试剂等。在临床医学领域,变性因素常被应用来消毒及灭菌。此外,为保存蛋白质制剂(如疫苗、抗体等)的有效,也必须考虑防止蛋白质变性,如采用低温贮存等。

蛋白质变性后,疏水侧链暴露在外,肽链融汇相互缠绕继而聚集,因而从溶液中析出,这一现象被称为蛋白质沉淀。变性的蛋白质易于沉淀,有时蛋白质发生沉淀,但并不变性。

若蛋白质变性程度较轻,去除变性因素后,有些蛋白质仍可恢复或部分恢复其原有的构象和功能,称为复性(renaturation)。图 1-22 所示,在核糖核酸酶 A 溶液中加入尿素和 β-巯基乙醇,可解除其分子中的 4 对二硫键和氢键,使空间构象遭到破坏,丧失生物学活性。变性后如经透析方法去除尿素和 β-巯基乙醇,并设法使巯基氧化成二硫键,核糖核酸酶 A 又恢复其原有的构象,生物学活性也几乎全部重现(动画 1-9"β-牛核糖核酸酶的变性和复性")。但是许多蛋白质变性后,空间构象被严重破坏,不能复原,称为不可逆性变性。

蛋白质经强酸、强碱作用发生变性后,仍能溶解于强酸或强碱溶液中,若将 pH 调至等电点,则变性蛋白质立即结成絮状的不溶解物,此絮状物仍可溶解于强酸和强碱中。如再加热则絮状物可变成比较坚固的凝块,此凝块不易再溶于强酸和强碱中,这种现象称为蛋白质的凝固作用(protein coagulation)。实际上凝固是蛋白质变性后进一步发展的不可逆的结果。

四、蛋白质在紫外光谱区有特征性光吸收

由于蛋白质分子中含有共轭双键的酪氨酸和色氨酸,因此在280nm波长处有特征性吸收峰。在此波长范围内,蛋白质的A_{280}与其浓度成正比关系,因此可进行蛋白质定量测定。

五、应用蛋白质呈色反应可测定溶液中蛋白质含量

1. **茚三酮反应** 蛋白质经水解后产生的氨基酸也可发生茚三酮反应,详见本章第一节。
2. **双缩脲反应** 蛋白质和多肽分子中的肽键在稀碱溶液中与硫酸铜共热,呈现紫色或红色,称为双缩脲反应(biuret reaction)。氨基酸不出现此反应。当蛋白质溶液中蛋白质的水解不断增多时,氨基酸浓度上升,其双缩脲呈色的深度就逐渐下降,因此双缩脲反应可检测蛋白质的水解程度。

小　结

蛋白质是重要的生物大分子,其组成的基本单位为L-α-氨基酸(除甘氨酸外)。氨基酸通过肽键相连而成肽。

蛋白质一级结构是指蛋白质分子中氨基酸自N-端至C-端的排列顺序,即氨基酸序列。二级结构是指蛋白质主链局部的空间结构,不涉及氨基酸残基侧链构象,主要为α-螺旋、β-折叠、β-转角和Ω环。三级结构是指多肽链主链和侧链的全部原子的空间排布位置。四级结构是指蛋白质亚基之间的聚合。

体内存在数万种蛋白质,各有其特定的结构和特殊的生物学功能。一级结构是空间构象的基础,也是功能的基础。

体内有一些肽可直接以肽的形成发挥生物学作用,称为生物活性肽。

蛋白质空间构象与功能有着密切关系。血红蛋白亚基与O_2结合可引起另一亚基构象变化,使之更易与O_2结合,所以血红蛋白的氧解离曲线呈"S"形。这种别构效应是蛋白质中普遍存在的功能调节方式之一。

蛋白质的空间构象发生改变,可导致其理化性质变化和生物活性的丧失。蛋白质发生变性后,只要其一级结构未遭破坏,可在一定条件下复性,恢复原有的空间构象和功能。

思　考　题

1. 叙述L-α-氨基酸结构特征,比较各种结构异同并分析结构与性质的关系。
2. 简述蛋白质一级结构、二级结构、三级结构、四级结构基本概念及各结构层次间的内在关系。
3. 解释蛋白质分子中结构模体和结构域概念及其与二、三级结构的关系。
4. 举例说明蛋白质结构与功能的关系。

(汤其群)

第二章　核酸的结构与功能

核酸(nucleic acid)是以核苷酸为基本组成单位的生物大分子,具有复杂的空间结构和重要的生物学功能。核酸可以分为脱氧核糖核酸(deoxyribonucleic acid,DNA)和核糖核酸(ribonucleic acid,RNA)两类。DNA 存在于细胞核和线粒体内,携带遗传信息,并通过复制的方式将遗传信息进行传代。细胞以及生物体的性状是由这种遗传信息决定的。一般而言,RNA 是 DNA 的转录产物,参与遗传信息的复制和表达。RNA 存在于细胞质、细胞核和线粒体内。在某些情况下,RNA 也可以作为遗传信息的载体。

第一节　核酸的化学组成以及一级结构

核酸在核酸酶作用下水解成核苷酸(nucleotide),而核苷酸完全水解后可释放出等摩尔的碱基、戊糖和磷酸。这表明构成核酸的基本组分之间具有一定的比例关系。DNA 的基本组成单位是脱氧核糖核苷酸(deoxyribonucleotide),而 RNA 的基本组成单位是核糖核苷酸(ribonucleotide)。

一、核苷酸和脱氧核苷酸是构成核酸的基本组成单位

碱基(base)是构成核苷酸的基本组分之一。碱基是含氮的杂环化合物,可分为嘌呤(purine)和嘧啶(pyrimidine)两类(图 2-1)。常见的嘌呤包括腺嘌呤(adenine,简写为 A)和鸟嘌呤(guanine,简写为 G),常见的嘧啶包括尿嘧啶(uracil,简写为 U)、胸腺嘧啶(thymine,简写为 T)和胞嘧啶(cytosine,简写为 C)。A、G、C 和 T 是构成 DNA 的碱基,A、G、C 和 U 是构成 RNA 的碱基。碱基的各个原子分别加以编号以便于区分。受到所处环境 pH 的影响,碱基的酮基和氨基可以形成酮-烯醇(keto-enol)互变异构体或氨基-亚氨基(amino-imino)互变异构体(图 2-2),这为碱基之间以及碱基与其他化学功能团之间形成氢键提供了结构基础。

图 2-1　构成核苷酸的嘌呤和嘧啶的化学结构式

酮-烯醇互变异构体　　　　　氨基-亚氨基互变异构体

图 2-2　碱基的互变异构式

核糖(ribose)是构成核苷酸的另一个基本组分。为了有别于碱基的原子,核糖的碳原子标以 C-1′、C-2′、…、C-5′(图 2-3)。核糖有 β-D-核糖(β-D-ribose)和 β-D-2′-脱氧核糖(β-D-2′-deoxyribose)之分。两者的差别仅在于 C-2′原子所连接的基团。核糖存在于 RNA 中,而脱氧核糖存在于 DNA 中。脱氧核糖的化学稳定性优于核糖。

β-D-核糖　　　　　　　β-D-脱氧核糖

图 2-3　构成核苷酸的核糖和脱氧核糖的化学结构式

核苷(nucleoside)是碱基与核糖的缩合反应的产物。核糖的 C-1′原子和嘌呤的 N-9 原子或者嘧啶的 N-1 原子通过缩合反应形成了 β-N-糖苷键(β-N-glycosidic bond)。在天然条件下,由于空间位阻效应,核糖和碱基处在反式构象(trans conformation)。同理,碱基与脱氧核糖的反应可以生成脱氧核苷(deoxynucleoside)(图 2-4)。

反式脱氧腺苷　　　　　　　顺式脱氧腺苷

图 2-4　核苷和脱氧核苷的化学结构式

核苷或脱氧核苷 C-5′原子上的羟基可以与磷酸反应,脱水后形成一个磷酯键,生成核苷酸(nucleotide)或脱氧核苷酸(deoxynucleotide)。根据连接的磷酸基团的数目多少,核苷酸可分为核苷一磷酸(nucleoside 5′-monophosphate,NMP)、核苷二磷酸(nucleoside 5′-diphosphate,NDP)和核苷三磷酸(nucleoside 5′-triphosphate,NTP)。核苷三磷酸的磷原子分别命名为 α、β 和 γ 磷原子(图 2-5)。构成核酸的碱基、核苷(或脱氧核苷)以及核苷酸(或脱氧核苷酸)的中英文名称见表 2-1 和表 2-2。表中核苷和核苷酸名称均采用缩写,如腺苷代表腺嘌呤核苷。

在生物体内,核苷酸还会以其他衍生物的形式存在,并参与各种物质代谢的调控和蛋白质功能的调节。首先,核苷酸是细胞内化学能的载体。核苷三磷酸的 α-磷原子和 β-磷原子之间、β-磷原子和 γ-磷原子之间是通过酸酐键连接的。在标准条件下,酸酐键水解所释放的能量可达 30kJ/mol,比酯键水解所释放的能量高出一倍还多。因此,核苷二磷酸和核苷三磷酸均属于高能有机磷酸化合物。细胞活动所需的化学能主要来自核苷三磷酸,其中 ATP 是最重要的能量载体。其次,核苷三磷酸 ATP 和 GTP 可以环化形成环腺苷酸(cyclic AMP,cAMP)和环鸟苷酸(cyclic GMP,cGMP),它们都是细胞信

5′-磷酯键

3′,5′-cAMP

脱氧腺苷

脱氧腺苷一磷酸(dAMP)

脱氧腺苷二磷酸(dADP)

脱氧腺苷三磷酸(dATP)

（a）   （b）

图2-5   核苷酸的化学结构
（a）脱氧腺苷一磷酸、脱氧腺苷二磷酸和脱氧腺苷三磷酸；（b）3′,5′-环腺苷酸

表2-1   构成 RNA 的碱基、核苷以及核苷一磷酸的名称和符号

碱基 (base)	核苷 (nucleoside)	核苷一磷酸 (nucleoside monophosphate, NMP)
腺嘌呤 (adenine, A)	腺苷 (adenosine)	腺苷一磷酸 (adenosine monophosphate, AMP*)
鸟嘌呤 (guanine, G)	鸟苷 (guanosine)	鸟苷一磷酸 (guanosine monophosphate, GMP)
胞嘧啶 (cytosine, C)	胞苷 (cytidine)	胞苷一磷酸 (cytidine monophosphate, CMP)
尿嘧啶 (uracil, U)	尿苷 (uridine)	尿苷一磷酸 (uridine monophosphate, UMP)

* AMP 的英文名称还有 adenylate 或 adenylatic acid，其他核苷酸和脱氧核苷酸亦有类似的英文名称

表2-2   构成 DNA 的碱基、脱氧核苷以及脱氧核苷一磷酸的名称和符号

碱基 (base)	脱氧核苷 (deoxynucleoside)	脱氧核苷一磷酸 (deoxynucleoside monophosphate, dNMP)
腺嘌呤 (adenine, A)	脱氧腺苷 (deoxyadenosine)	脱氧腺苷一磷酸 (deoxyadenosine monophosphate, dAMP)
鸟嘌呤 (guanine, G)	脱氧鸟苷 (deoxyguanosine)	脱氧鸟苷一磷酸 (deoxyguanosine monophosphate, dGMP)
胞嘧啶 (cytosine, C)	脱氧胞苷 (deoxycytidine)	脱氧胞苷一磷酸 (deoxycytidine monophosphate, dCMP)
胸腺嘧啶 (thymine, T)	脱氧胸苷 (deoxythymidine 或 thymidine)	脱氧胸苷一磷酸 (deoxythymidine monophosphate, dTMP)

号转导过程中的第二信使，具有调控基因表达的作用（图2-5）。此外，细胞内一些参与物质代谢的酶分子的辅酶结构中都含有腺苷酸，如辅酶Ⅰ（烟酰胺腺嘌呤二核苷酸，nicotinamide adenine dinucleotide，NAD$^+$）、辅酶Ⅱ（烟酰胺腺嘌呤二核苷酸磷酸，nicotinamide adenine dinucleotide phosphate，NADP$^+$）、黄素腺嘌呤二核苷酸（flavin adenine dinucleotide，FAD）及辅酶 A（coenzyme A，CoA）等，它们是生物氧化体系的重要成分，在传递质子或电子的过程中发挥重要的作用。最后，核苷酸及核苷酸组分的衍生物具有临床药用价值。6-巯基嘌呤（6-mercaptopurine，6-MP）、阿糖胞苷（cytosine arabinoside，araC）和 5-氟尿嘧啶（5-fluorouracil，5-FU）都是碱基的衍生物，可以通过干扰肿瘤细胞的核苷酸代谢、抑制核酸合成来发挥抗肿瘤作用。

二、DNA 是脱氧核糖核苷酸通过 3′，5′-磷酸二酯键聚合形成的线性大分子

DNA 是多个脱氧核糖核苷酸聚合而成的线性大分子,脱氧核糖核苷酸之间是通过 3′,5′-磷酸二酯键(phosphodiester bond)共价连接的。这条多聚脱氧核糖核苷酸分子的一端是连接在 C-5′原子上的磷酸基团,另一端是 C-3′原子上的羟基,它们分别称为 5′-端(5′-end)和 3′-端(3′-end)。这条多聚脱氧核糖核苷酸链的 3′-羟基可以与另一个游离的脱氧核苷三磷酸的 α-磷酸基团发生缩合反应,生成了一个新的 3′,5′-磷酸二酯键,并将原来的多聚脱氧核糖核苷酸链在 3′-端增加了一个脱氧核糖核苷酸。这个延长的多聚脱氧核糖核苷酸链的 3′-端仍然保留着一个羟基,它可以继续与游离的脱氧核苷三磷酸的 α-磷酸基团反应,继续生成一个新的 3′,5′-磷酸二酯键。这样的反应可以反复进行下去生成一条多聚脱氧核苷酸链(polydeoxyribonucleotides),即 DNA 链(图2-6)。多聚脱氧核苷酸链只能从它的 3′-端得以延长,由此,DNA 链有了 5′→3′的方向性。

图 2-6 多聚核苷酸的化学结构式

三、RNA 是核糖核苷酸通过 3′，5′-磷酸二酯键聚合形成的线性大分子

与 DNA 相似,RNA 是多个核苷酸分子在 RNA 聚合酶催化下通过 3′,5′-磷酸二酯键连接形成的线性大分子,并且也具有 5′→3′的方向性。虽然核糖核苷酸的 C-2′原子也有一个羟基,但是多聚核糖核苷酸分子的磷酸二酯键一般只能在 C-3′原子和 C-5′原子之间形成。RNA 与 DNA 的差别仅在于:①RNA 的戊糖环是核糖而不是脱氧核糖;②RNA 的嘧啶是胞嘧啶和尿嘧啶,一般没有胸腺嘧啶,所以构成 RNA 的 4 种基本核苷酸是 AMP、GMP、CMP 和 UMP。

四、核酸的一级结构是核苷酸的排列顺序

基于 DNA 链和 RNA 链的方向性,人们把 RNA 的核苷酸和 DNA 的脱氧核苷酸从 5′-端至 3′-端的排列顺序定义为核酸的一级结构(primary structure)。核苷酸之间的差异仅在于碱基的不同,因此核酸的一级结构也就是它的碱基序列(base sequence)。核酸一级结构的书写方式如图 2-7 所示。

核酸分子的大小常用核苷酸数目(nucleotide 或 nt,用于单链 DNA 和 RNA)或碱基对数目(base pair,bp 或 kilobase pair,kb,用于双链 DNA)来表示。长度短于 50 个核苷酸的核酸的片段常被称为寡核苷酸(oligonucleotide)。自然界中的 DNA 的长度可以高达几十万个碱基对。DNA 携带的遗传信息完全依靠碱基排列顺序变化。可以想象,一个由 n 个脱氧核苷酸组成的 DNA 会有 4^n 种不同的排列组合,从而提供了巨大的遗传信息编码潜力。

图 2-7 核酸的一级结构以及书写法

第二节   DNA 的空间结构与功能

在特定的环境条件下(pH、离子特性、离子浓度等),DNA 链上的功能团可以产生特殊的氢键、离子作用力、疏水作用力以及空间位阻效应等,从而使得 DNA 分子的各个原子在三维空间里具有了确定的相对位置关系,这称为 DNA 的空间结构(spatial structure)。DNA 的空间结构可分为二级结构(secondary structure)和高级结构。

一、DNA 的二级结构是双螺旋结构

(一) DNA 双螺旋结构的实验基础

20 世纪 40 年代末,美国生物化学家 E. Chargaff 利用层析和紫外吸收光谱等技术研究了 DNA 的化学组分,并在 1950 年提出了有关 DNA 中四种碱基的 Chargaff 规则。它们是:①不同生物个体的 DNA,其碱基组成不同;②同一个体的不同器官或不同组织的 DNA 具有相同的碱基组成;③对于一个特定组织的 DNA,其碱基组分不随其年龄、营养状态和环境而变化;④对于一个特定的生物体,腺嘌呤(A)的摩尔数与胸腺嘧啶(T)的摩尔数相等,鸟嘌呤(G)的摩尔数与胞嘧啶(C)的摩尔数相等。表 2-3 列举了几种生物体的 DNA 碱基组分的相对比例。Chargaff 规则揭示了 DNA 的碱基之间存在着某种对应的关系,为碱基之间的互补配对关系奠定了基础。

表 2-3   不同生物个体的 DNA 碱基组分(%)和相对比例

	A	G	C	T	A/T	G/C	G+C	嘌呤/嘧啶
大肠杆菌	26.0	24.9	25.2	23.9	1.09	0.99	50.1	1.04
结核杆菌	15.1	34.9	35.4	14.6	1.03	0.99	70.3	1.00
酵母	31.7	18.3	17.4	32.6	0.97	1.05	35.7	1.00
牛	29.0	21.2	21.2	28.7	1.01	1.00	42.4	1.01
猪	29.8	20.7	20.7	29.1	1.02	1.00	41.4	1.01
人	30.4	19.9	19.9	30.1	1.01	1.00	39.8	1.01

20 世纪 50 年代初,英国帝国学院的 R. Franklin 和 M. Wilkins 进行了大量的工作,利用 X 射线衍射技术来解析 DNA 分子空间结构。凭借丰富的经验和细致耐心的工作,R. Franklin 取得了突破性的进展。1951 年 11 月,R. Franklin 获得了高质量的 DNA 分子 X 线衍射照片,并从衍射图像得出 DNA 分子呈螺旋状的推论。当时开展 DNA 分子空间结构研究工作的还有英国剑桥大学的 J. Watson 和 F. Crick。他们综合了前人的研究结果,提出了 DNA 双螺旋结构(the double helix structure)的模型,并在 1953 年 4 月 25 日将该模型发表在 *Nature* 杂志上。这一发现不仅解释了当时已知的 DNA 的理化性质,而且还将 DNA 的功能与结构联系起来,它诠释了生物界遗传性状得以世代相传的分子机制,奠定了现代生命科学的基础。DNA 双螺旋结构揭示了 DNA 作为遗传信息载体的物质本质,为 DNA 作为复制模板和基因转录模板提供了结构基础。DNA 双螺旋结构的发现被认为是现代生物学和医学发展史的一个里程碑。

图 2-8   DNA 双螺旋结构的示意图(侧视图)

（二）DNA 双螺旋结构模型的要点

J. Watson 和 F. Crick 提出的 DNA 双螺旋结构具有下列特征：

1. **DNA 由两条多聚脱氧核苷酸链组成**　两条多聚脱氧核苷酸链围绕着同一个螺旋轴形成反平行的右手螺旋（right-handed helix）的结构（图 2-8）。两条链中一条链的 5′→3′方向是自上而下，而另一条链的 5′→3′方向是自下而上，呈现出反向平行（anti-parallel）的特征。DNA 双螺旋结构的直径为 2.37nm，螺距为 3.54nm。（动画 2-1"DNA 的二级结构"）

2. **DNA 的两条多聚脱氧核苷酸链之间形成了互补碱基对**　碱基的化学结构特征决定了两条链之间的特有相互作用方式：一条链上的腺嘌呤与另一条链上的胸腺嘧啶形成了两对氢键；一条链上的鸟嘌呤与另一条链上的胞嘧啶形成了三对氢键（图 2-9）。这种特定的碱基之间的作用关系称为互补碱基对（complementary base pair），DNA 的两条链则称为互补链（complementary strand）。碱基对平面与双螺旋结构的螺旋轴近乎垂直。平均而言，每一个螺旋有 10.5 个碱基对，碱基对平面之间的垂直距离为 0.34nm。

图 2-9　互补碱基对

腺嘌呤与胸腺嘧啶通过两对氢键形成碱基对；鸟嘌呤与胞嘧啶通过三对氢键形成碱基对

3. **两条多聚脱氧核苷酸链的亲水性骨架将互补碱基对包埋在 DNA 双螺旋结构内部**　多聚脱氧核苷酸链的脱氧核糖和磷酸基团构成了亲水性骨架（backbone），该骨架位于双螺旋结构的外侧，而疏水性的碱基对包埋在双螺旋结构的内侧（图 2-10）。DNA 双链的反向平行走向使得碱基对与磷酸骨架的连接呈现非对称性，从而在 DNA 双螺旋结构的表面上产生一个大沟（major groove）和一个小沟（minor groove）。

4. **两个碱基对平面重叠产生了碱基堆积作用**　在 DNA 双螺旋结构的旋进过程中，相邻的两个碱基对平面彼此重叠（overlapping），由此产生了疏水性的碱基堆积力（base stacking force）（图 2-11）。这种碱基堆积作用十分重要，它和互补链之间碱基对的氢键共同维系着 DNA 双螺旋结构的稳定。

（三）DNA 双螺旋结构的多样性

J. Watson 和 F. Crick 提出的 DNA 双螺旋结构模型是基于在 92% 相对湿度下得到的 DNA 纤维的 X 射线衍射图像的分析结果。这是 DNA 在水环境下和生理条件下最稳定的结构。随着研究的深入，人们发现 DNA 的结构不是一成不变的，溶液的离子强度或相对湿度的变化可以使 DNA 双螺旋结构的沟槽、螺距、旋转角度、碱基对倾角等发生变化。由于历史原因，人们将 J. Watson 和 F. Crick 提出的双螺旋结构称为 B

图 2-10　DNA 双螺旋结构的示意图（俯视图）

为清晰起见，图中只显示了双链中的一条。脱氧核糖和磷酸基团构成的亲水性骨架位于双螺旋结构的外侧，而疏水的碱基位于内部

图2-11   碱基堆积力示意图

型-DNA。当环境的相对湿度降低后,DNA仍然保存着稳定的右手双螺旋结构,但是它的空间结构参数不同于B型-DNA,人们将其称为A型-DNA(图2-12)。1979年,美国科学家A. Rich等人在研究人工合成的寡核酸链CGCGCG的晶体结构时,发现这种DNA具有左手双螺旋(left-handed helix)的结构特征(图2-12)。后来证明这种结构在天然DNA分子中同样存在,并称为Z型-DNA。三种不同类型DNA双螺旋结构的结构参数见表2-4。在生物体内,DNA的右手双螺旋结构不是DNA在自然界中唯一存在方式。不同的DNA双螺旋结构是与基因表达的调节和控制相适应的。

(四)DNA的多链结构

随着对DNA研究的不断深入,人们发现,自然界中还存在着多条链结合在一起的DNA结构。在酸性的溶液中,胞嘧啶N-3原子可以被质子化,这使得它可以在DNA双链的大沟一侧与已有的GC碱基对中的鸟嘌呤N-7原子形成了新的氢键,同时,胞嘧啶的C-4位氨基的氢原子也可以与鸟嘌呤的C-6位氧形成了新的氢键(图2-13)。这种氢键是生物学家K. Hoogsteen于1959年在研究碱基对时发现的,故命名为Hoogsteen氢键。Hoogsteen氢键的形成并不破坏原有碱基对中的Watson-Crick氢键,这样就形成了含有三个碱基的C$^+$GC平面,其中GC之间是以Watson-Crick氢键结合,而C$^+$G之间是以Hoogsteen氢键结合的。同理,DNA也可以形成TAT的三碱基平面(图2-13)。当DNA双链中一条链

(a)   (b)   (c)

图2-12   不同类型的DNA双螺旋结构
(a)B型-DNA;(b)A型-DNA;(c)Z型-DNA

表2-4 不同类型 DNA 的结构参数

	A 型-DNA	B 型-DNA	Z 型-DNA
螺旋旋向	右手螺旋	右手螺旋	左手螺旋
螺旋直径	2.55nm	2.37nm	1.84nm
每一螺旋的碱基对数目	11	10.5	12
螺距	2.53nm	3.54nm	4.56nm
相邻碱基对之间的垂直间距	0.23nm	0.34nm	0.38nm
糖苷键构象	反式	反式	嘧啶为反式,嘌呤为顺式,反式和顺式交替
使构象稳定的相对环境湿度	75%	92%	
碱基对平面法线与主轴的夹角	19°	1°	9°
大沟	窄深	宽深	相当平坦
小沟	宽浅	窄深	窄深

图2-13 DNA 的多链螺旋结构

(a) 由 Watson-Crick 氢键和 Hoogsteen 氢键共同构成的三链结构;(b) 由 Hoogsteen 氢键构成的四链结构

的核苷酸序列富含嘌呤时,对应的互补链必然是富含嘧啶,它们形成了正常的 DNA 双链。如果还有一条富含嘧啶的单链(其序列与富含嘧啶链具有极高的相似度),并且环境条件为酸性时,这条链上的嘧啶就会与双链中的嘌呤形成 Hoogsteen 氢键,从而生成了 DNA 的三链结构(triplex)。人们曾经利用这样的三链结构来尝试着调控基因的表达。根据某些基因的序列特征(例如富含嘌呤的序列),人们设计了富含嘧啶的寡核苷酸链。由于这条寡核苷酸链与这一段双链 DNA 的序列有着碱基互补关系,它可以嵌入在双链 DNA 的大沟中形成了三链结构,以此干扰调控因子的结合,影响该基因的复制或转录。

真核生物染色体 3′-端是一段高度重复的富含 GT 的单链,被称为端粒(telomere),例如人端粒区的碱基序列是(TTAGGG)$_n$,其重复度可达数百乃至上千。作为单链结构的端粒,具有较大的柔韧度,可以自身回折形成一个称为 G-四链(G-quadruplex)的特殊结构。这个 G-四链结构的核心是由 4 个鸟嘌呤通过 8 对 Hoogsteen 氢键形成的 G-平面(tetrad 或 quartet)(图 2-13)。若干个 G-平面的堆积使富含鸟嘌呤的重复序列形成了 G-四链结构。人们推测这种 G-四链结构是用来保护端粒的完整性。近来,人们还发现某些癌基因的启动子和 mRNA 的 3′-非翻译区都有一些富含鸟嘌呤的序列。这些序列可以通过形成特定的 G-四链结构对基因转录和蛋白质合成进行适度的调控。受离子类型、离子浓度、鸟嘌呤 G 排列顺序的影响,富含鸟嘌呤的序列可以形成具有不同拓扑构象的G-四链体。

二、DNA 双链经过盘绕折叠形成致密的高级结构

线性的 DNA 双链不是一条刚性分子,具有一定程度的柔韧性。一旦发生弯曲,DNA 双链就会在其内部产生一定的应力。DNA 双链需要形成一种超螺旋结构(superhelix 或 supercoil),释放出这些应力使 DNA 处在一个低能量的稳定状态。当盘绕方向与 DNA 双螺旋方向相同时,其超螺旋结构为正超螺旋(positive supercoil);反之则为负超螺旋(negative supercoil)。在生物体内,DNA 的超螺旋结构是在拓扑异构酶参与下形成的。拓扑异构酶可以改变超螺旋结构的数量和类型。自然条件下的 DNA 双链主要是以负超螺旋形式存在的,经过一系列的盘绕、折叠和压缩后,形成了高度致密的高级结构。

(一)封闭环状的 DNA 具有超螺旋结构

绝大部分原核生物的 DNA 是环状的双螺旋分子。在细胞内经过进一步盘绕后,形成了类核(nucleoid)结构。类核占据了细胞的大部分空间,并通过与蛋白质的相互作用黏附在细胞内壁。在细菌 DNA 中,不同的 DNA 区域可以有不同程度的超螺旋结构,超螺旋结构可以相互独立存在(图 2-14)。分析表明,在大肠杆菌的环状 DNA 中,平均每 200 个碱基就有一个负超螺旋形成。负超螺旋的 DNA 双链只能以封闭环状的形式或者在与蛋白质结合的条件下存在,以避免它们之间的相互纠缠。这种负超螺旋形式产生了 DNA 双链的局部解链效应,有助于诸如复制、转录等生物过程的进行。

盘绕生成超螺旋

解螺旋

图 2-14   原核生物的超螺旋结构

自然状态下的环状 DNA 分子表现出松弛的双链结构,在拓扑异构酶作用下形成超螺旋结构。两种结构处在动态平衡之中

线粒体和叶绿体是真核细胞中含有核外遗传物质的细胞器。线粒体 DNA（mitochondrial DNA，mtDNA）也是具有封闭环状的双螺旋结构。人 mtDNA 的长度是 16 569bp，编码了 37 个基因，包括 13 个蛋白质、2 个 rRNA 和 22 个 tRNA。

（二）真核生物 DNA 被逐级有序地组装成高级结构

人类基因组大约有 3×10^9 个碱基对，这是一条长度约为 1.7m 的线性大分子。将这样的一条 DNA 双链组装在细胞核内，DNA 双链需要进行一系列的盘绕、折叠和压缩。在细胞周期的大部分时间里，细胞核内的 DNA 以松散的染色质（chromatin）形式存在，只有在细胞分裂期间，细胞核内的 DNA 才形成高度致密的染色体（chromosome）。

在电子显微镜下观察到的染色质具有串珠样的结构（图 2-15a）。染色质基本组成单位是核小体（nucleosome），它是由一段双链 DNA 和 4 种碱性的组蛋白（histone，简写为 H）共同构成的。八个组蛋白分子（H2A×2，H2B×2，H3×2 和 H4×2）共同形成了一个八聚体的核心组蛋白，长度约146bp 的 DNA 双链在核心组蛋白上盘绕 1.75 圈，形成核小体的核心颗粒（core particle）（图 2-15b）。核心颗粒是尺寸约 11nm×6nm 的盘状颗粒。连接相邻核小体之间的一段 DNA 称为连接段 DNA（linker DNA），其长度在 0～50bp 之间不等，是非组蛋白结合的区域。组蛋白 H1 结合在盘绕在核心组蛋白上的 DNA 双链的进出口处，发挥稳定核小体结构的作用（图 2-15c）。至此，核小体核心颗粒和 DNA 双链形成了10nm 的串珠状结构，也称为染色质纤维。这是 DNA 在核内形成致密结构的第一次折叠，使 DNA 的长度压缩了约 7 倍。

染色质纤维按照左手螺旋方式进一步盘绕卷曲，在组蛋白 H1 的参与下形成外径为 30nm、内径为10nm 的中空状螺线管（solenoidal）。每个螺旋有 6 个核小体，组蛋白 H1 位于螺线管的内侧，继续发挥

（a）

（b）

（c）

图 2-15　真核生物 DNA 形成核小体的示意图

（a）电子显微镜图像观察到的 DNA 染色质的串珠样结构。（b）核小体的核心颗粒结构。146bp 长的 DNA 双链盘绕在组蛋白核心颗粒上。（c）核小体的核心颗粒由约 50bp 长的 DNA 双链连接在一起，形成串珠样的结构

稳定螺线管的作用。染色质纤维中空状螺线管的形成与 DNA 特定区间的转录活性相关:正在进行转录的区间处在一种明显的无序状态之中,组蛋白质 H1 的数量也较少。染色质纤维中空状螺线管的形成是 DNA 在细胞内的第二次折叠,使 DNA 的压缩程度达到约 40～60 倍。

关于 30nm 中空状螺线管如何压缩成染色体,尚存争议。目前得到较为广泛认可的是多级螺线化模型(multiple coiling model)。染色质纤维螺线管的进一步卷曲和折叠形成了直径为 400nm 的超螺线管(supersolenoid),这一过程将 DNA 的长度又压缩了 40 倍。之后,超螺线管的再度盘绕和压缩形成染色单体,在核内组装成染色体,使 DNA 长度又压缩了 5～6 倍(图 2-16)。这样,在染色体形成的过程中,DNA 的长度总共被压缩了 8000～10 000 倍,从而将近 2m 长的 DNA 有效地组装在直径只有几微米的细胞核中。(动画 2-2"核小体及染色体组装")

图 2-16   DNA 双链经历折叠、盘绕形成高度有序和高度致密染色体的示意图

真核生物染色体有端粒(telomere)和着丝粒(centromere)两个功能区。端粒是染色体端膨大的粒状结构,由染色体端 DNA(也称端粒 DNA)与 DNA 结合蛋白共同构成。端粒 DNA 由简单重复序列构成,人的端粒 DNA 的重复序列是 TTAGGG,以 G-四链体的结构存在。端粒在维持染色体结构的稳定性和维持复制过程中的 DNA 的完整性方面具有重要作用,此外,端粒 DNA 的结构和稳定性还与衰老及肿瘤的发生发展密切有关。着丝粒是两个染色单体的连接位点,富含 AT 序列。细胞分裂时,着丝粒可分开使染色体均等有序地进入子代细胞。

三、DNA 是主要的遗传物质

早在 20 世纪 30 年代,人们就已经知道了染色体是遗传物质,也知道了 DNA 是染色体的组成部

分。但是直到 1944 年,美国细菌学家 O. Avery 才首次证明了 DNA 是细菌性状的遗传物质。他们从有荚膜的致病的Ⅲ型肺炎球菌中提取出 DNA,它可以使另一种无荚膜的非致病性的Ⅱ型肺炎球菌细胞转变成了致病菌,而蛋白质和多糖物质没有这种功能。如果 DNA 被脱氧核糖核酸酶降解后,则失去转化功能。但是已经转化了的细菌,其后代仍保留了合成Ⅲ型荚膜的能力。这些实验结果证明了 DNA 是携带生物体遗传信息的物质基础。1952 年,A. Hershey 和 M. Chase 用大肠杆菌噬菌体的 DNA 进行的性状表达实验,进一步确认了 DNA 是遗传信息的载体。

生物体的遗传信息是以基因的形式存在的。基因(gene)是编码 RNA 或多肽链的 DNA 片段,即 DNA 中特定的核苷酸序列。它为 DNA 复制和 RNA 生物合成提供了模板。DNA 的核苷酸序列以遗传密码的方式决定了蛋白质的氨基酸排列顺序。依据这一原理,DNA 利用四种碱基的不同排列编码了生物体的遗传信息,并通过复制的方式遗传给子代。此外,DNA 还利用转录过程,合成出各种 RNA。后者将参与蛋白质的合成,确保细胞内的生命活动的有序进行和遗传信息的世代相传。

一个生物体的基因组(genome)是指包含在该生物的 DNA(部分病毒除外)中的全部遗传信息,即一套染色体中的完整的核苷酸序列。各种生物体基因组的大小、所包含的基因数量和种类都有所不同。一般来讲,进化程度越高的生物体,其基因组越大越复杂。简单生物的基因组仅含有几千个碱基对,而高等动物的基因组可高达 10^9 碱基对,使可编码的信息量大大增加。病毒颗粒的基因组可以由 DNA 组成,也可以由 RNA 组成,两者一般不共存。病毒基因组的 DNA 和 RNA 可以是单链的,也可以是双链的,可以是环形分子,也可以是线性分子。

DNA 是生物体遗传信息的载体,并为基因复制和转录提供了模板。它是生命遗传的物质基础,也是个体生命活动的信息基础。DNA 具有高度稳定性的特点,用来保持生物体系遗传特征的相对稳定性。同时,DNA 又表现出高度复杂性的特点,它可以发生各种重组和突变,适应环境的变迁,为自然选择提供机会,使大自然表现出丰富的生物多样性。

第三节 RNA 的空间结构与功能

一般而言,RNA 是 DNA 的转录产物。和 DNA 一样,RNA 在生命活动中发挥着重要的作用。RNA 可以分为编码 RNA(coding RNA)和非编码 RNA(non-coding RNA)。编码 RNA 是那些从基因组上转录而来、其核苷酸序列可以翻译成蛋白质的 RNA,编码 RNA 仅有信使 RNA(messenger RNA,mRNA)一种。非编码 RNA 不编码蛋白质。非编码 RNA 可以分为两类。一类是确保实现基本生物学功能的 RNA,包括转运 RNA(transfer RNA,tRNA)、核糖体 RNA(ribosomal RNA,rRNA)、端粒 RNA、信号识别颗粒(signal recognition particle,SRP)RNA 等,它们的丰度基本恒定,故称为组成性非编码 RNA(constitutive non-coding RNA)。另一类是调控性非编码 RNA(regulatory non-coding RNA),它们的丰度随外界环境(应激条件等)和细胞性状(成熟度、代谢活跃度、健康状态等)而发生改变,在基因表达过程中发挥重要的调控作用。

```
                          RNA
                ┌──────────┴──────────┐
            编码RNA                非编码RNA
                │          ┌──────────┴──────────┐
                │     组成性非编码RNA        调控性非编码RNA
                │          │                     │
              mRNA       tRNA                  lncRNA
                         rRNA                  miRNA
                         snRNA                 circRNA
                         snoRNA                siRNA
                         scRNA                 piRNA
```

RNA 通常以单链形式存在,较长的 RNA 可以通过链内的碱基互补配对形成局部的双螺旋二级结构以及复杂的高级结构。RNA 的种类、丰度、大小和空间结构要比 DNA 复杂得多,这与它的功能多样性密切相关。

一、mRNA 是蛋白质生物合成的模板

20 世纪 40 年代,科学家发现细胞质内蛋白质的合成速度与 RNA 水平相关。1960 年,F. Jacob 和 J. Monod 等人用放射性核素示踪实验证实,一类大小不一的 RNA 才是细胞内合成蛋白质的真正模板。后来这类 RNA 被证明是在核内以 DNA 为模板的合成产物,然后转移至细胞质内。这类 RNA 被命名为信使 RNA(mRNA)。

在生物体内,mRNA 的丰度最小,仅占细胞 RNA 总重量的 2% ~ 5%。但是 mRNA 的种类最多,约有 10^5 个之多,而且它们的大小也各不相同。mRNA 的平均寿命也相差甚大,从几分钟到几小时不等。在真核细胞中,细胞核内新生成的 mRNA 初级产物被称为核不均一 RNA(heterogeneous nuclear RNA, hnRNA)。hnRNA 在细胞核内合成后,经过一系列的转录后修饰,剪接成为成熟 mRNA,最后被转运到细胞质中。

1. 真核细胞 mRNA 的 5′-端有帽结构   大部分真核细胞 mRNA 的 5′-端都有一个反式 7-甲基鸟嘌呤-三磷酸核苷(m^7Gppp)的起始结构,被称为 5′-帽结构(5′-cap structure)(图 2-17)。5′-帽结构是鸟苷酸转移酶将鸟嘌呤三磷酸核苷加到转录后的 mRNA 的 5′-端,形成了一个 5′-5′三磷酸键,使 mRNA 的 5′-端不再具有磷酸基团。5′-帽结构下游的第一个和第二个核苷酸中 C-2′的羟基通常也会被甲基化成为甲氧基戊糖,由此产生数种不同的帽结构(图 2-17)。原核生物 mRNA 没有这种特殊的 5′-帽结构。

真核生物 mRNA 的 5′-帽结构可以与一类称为帽结合蛋白(cap binding protein, CBP)的分子结合形成复合体。这种复合体有助于维持 mRNA 的稳定性,协同 mRNA 从细胞核向细胞质的转运,以及

图 2-17   真核生物 mRNA 的 5′-帽结构以及加帽过程

在蛋白质生物合成中促进核糖体和翻译起始因子的结合。

2. **真核生物和有些原核生物 mRNA 的 3′-端有多聚腺苷酸尾的结构**　真核生物 mRNA 的 3′-端是一段由 80~250 个腺苷酸连接而成的多聚腺苷酸结构,称为多聚腺苷酸尾或多聚(A)尾[poly(A)-tail]结构。多聚(A)尾结构是在 mRNA 转录完成以后加入的,催化这一反应的酶是多聚腺苷酸聚合酶(图 2-18)。在细胞内,多聚(A)尾结构与 poly(A)结合蛋白[poly(A)-binding protein,PABP]结合,大约每 20 个腺苷酸结合一个 PABP 分子。目前认为,这种 3′-多聚(A)尾结构和 5′-帽结构共同负责 mRNA 从细胞核向细胞质的转运、维持 mRNA 的稳定性以及翻译起始的调控。去除 3′-多聚(A)尾和 5′-帽结构可导致细胞内的 mRNA 的迅速被降解。有些原核生物 mRNA 的 3′-端也有这种多聚(A)尾结构,虽然它的长度较短,但是同样具有重要的生物学功能。

图 2-18　真核生物 mRNA 的加尾过程

3. **真核生物细胞核内的 hnRNA 经过一系列的修饰和剪接成为成熟的 mRNA**　比较 hnRNA 和成熟 mRNA 发现,前者的长度远远大于后者。细胞核内的初级转录产物 hnRNA 含有许多交替相隔的外显子(exon)和内含子(intron)。外显子是构成 mRNA 的序列片段,而内含子是非编码序列。在 hnRNA 向细胞质转移的过程中,内含子被剪切掉,外显子连接在一起。再经过加帽和加尾修饰后,hnRNA 成为成熟 mRNA(图 2-19)。

4. **mRNA 的核苷酸序列决定蛋白质的氨基酸序列**　一条成熟的真核 mRNA 包括 5′-非翻译区、编码区和 3′-非翻译区。从成熟 mRNA 的 5′-帽结构到核苷酸序列中第一个 AUG(即起始密码子)之间的核苷酸序列被定义为 5′-非翻译区(5′-untranslated region,5′-UTR)。从这个 AUG 开始,每三个连续的核苷酸组成一个遗传密码子(genetic codon),每个密码子编码一个氨基酸,直到由三个核苷酸(UAA,或 UAG,或 UGA)组成的终止密码子。由起始密码子和终止密码子所限定的区域定义为 mRNA 的编码区,也称可读框(open reading frame,ORF)。该区域是编码蛋白质多肽链的核苷酸序列。从 mRNA 可读框的下游直到多聚 A 尾的区域称为 3′-非翻译区(3′-untranslated region,3′-UTR)(图 2-20)。这些非翻译区通过与调控因子或非编码 RNA 的相互作用调控蛋白质生物合成。

二、tRNA 是蛋白质合成中氨基酸的载体

转运 RNA(transfer RNA,tRNA)作为蛋白质合成的底物——氨基酸的载体参与蛋白质合成,为合成中的多肽链提供活化的氨基酸。tRNA 占细胞 RNA 总重量的 15% 左右。已知的 tRNA 都是由 74~95 个核苷酸组成的。tRNA 具有稳定的空间结构。

图 2-19   鸡卵清蛋白 mRNA 的成熟过程

该基因有 8 个外显子(L 和 1~7)和 7 个内含子(A~G)。经过加帽、加尾和修饰剪接后,原来 7564 个碱基对长的基因变成了 1872 个核苷酸长的 mRNA

图 2-20   成熟的真核生物 mRNA 的结构示意图

可读框的前三个核苷酸序列是起始密码子 AUG,最后三个核苷酸序列是终止密码子 UAA(或 UAG 或 UGA)

1. tRNA 含有多种稀有碱基   稀有碱基(rare base)是指除 A、G、C 和 U 外的一些碱基,包括双氢尿嘧啶(dihydrouracil,DHU)、假尿嘧啶核苷(pseudouridine,Ψ)和甲基化的嘌呤(m^7G、m^7A)等(图 2-21)。正常的嘧啶核苷是杂环的 N-1 原子与戊糖的 C-1′ 原子连接形成糖苷键,而假尿嘧啶核苷则是杂环的 C-5 原子与戊糖的 C-1′ 原子相连。tRNA 中的稀有碱基占所有碱基的 10%~20%。tRNA 分子中的稀有碱基均是转录后修饰而成的。

2. tRNA 具有特定的空间结构   tRNA 存在着一些核苷酸序列,能够通过碱基互补配对的原则,形成局部的链内的双螺旋结构。在这些局部的双螺旋结构之间的核苷酸序列不能形成互补的碱基对则膨出形成环状或襻状结构。这样的结构称为茎环(stem-loop)结构或发夹(hairpin)结构。由于这些茎环结构的存在,tRNA 的二级结构呈现出酷似三叶草(cloverleaf)的形状(图 2-22)。位于两侧的发夹结构含有稀有碱基,分别称为 DHU 环和

图 2-21   tRNA 的稀有碱基

TΨC 环；位于上方的茎称为氨基酸臂（amino acid arm），亦称接纳茎；位于下方的发夹结构则称为反密码子环（anticodon loop）。此外，在反密码子环与 TΨC 环之间还有一个可变臂。不同 tRNA 的可变臂的长短不一，从几个到十几个核苷酸数不等。除可变臂和 DHU 环外，其他部位的核苷酸数目和碱基对具有高度保守性。X 射线晶体衍射图分析表明，所有的 tRNA 都具有相似的倒"L"形的空间结构。稳定 tRNA 的三级结构的力是某些碱基之间产生的特殊氢键和碱基堆积力。（动画 2-3"tRNA 的空间结构"）

图 2-22　tRNA 的二级结构和空间结构
（a）tRNA 的二级结构形似三叶草；（b）tRNA 的空间结构是一个"倒 L"形的形状

3. **tRNA 的 3′-端连接着氨基酸**　所有 tRNA 的 3′-端都是以 CCA 三个核苷酸结束的，氨酰-tRNA 合成酶将氨基酸通过酯键连接在腺嘌呤 A 的 C-3′原子上，生成了氨酰-tRNA，从而使 tRNA 成为了氨基酸的载体。只有连接在 tRNA 的氨基酸才能参与蛋白质的生物合成。tRNA 所携载的氨基酸种类是由 tRNA 的反密码子（anticodon）所决定的。有的氨基酸只有一种 tRNA，而有的氨基酸有几种 tRNA 作为载体，以适应 mRNA 上密码子简并性的需求。

4. **tRNA 的反密码子能够识别 mRNA 的密码子**　tRNA 的反密码子环由 7～9 个核苷酸组成，居中的 3 个核苷酸通过碱基互补配对的关系识别 mRNA 上的密码子，因此被称为反密码子。密码子与反密码子的结合使 tRNA 能够转运正确的氨基酸参与蛋白质多肽链的合成。例如，携带酪氨酸的 tRNA 反密码子是-GUA-，可以与 mRNA 上编码酪氨酸的密码子-UAC-互补配对。在蛋白质合成中，氨酰-tRNA 的反密码子依靠碱基互补的方式辨认 mRNA 的密码子，将其所携带的氨基酸正确地转递到合成中的多肽链上（图 2-23）。

图 2-23　tRNA 反密码子与 mRNA 密码子相互识别的示意图
在蛋白质生物合成过程中，通过正确的碱基配对，mRNA 密码子与密码子所编码的氨基酸建立了一一对应的关系

三、以 rRNA 为主要成分的核糖体是蛋白质合成的场所

核糖体 RNA（ribosomal RNA，rRNA）是细胞中含量最多的 RNA，约占 RNA 总重量的

80% 以上。rRNA 有确定的种类和保守的核苷酸序列。rRNA 与核糖体蛋白(ribosomal protein)共同构成核糖体(ribosome),它将蛋白质生物合成所需要的 mRNA、tRNA 以及多种蛋白质因子募集在一起,为蛋白质生物合成提供了必需的场所。

原核细胞有三种 rRNA,依照分子量的大小分为 5S、16S 和 23S(S 是大分子物质在超速离心沉降中的沉降系数)。它们与不同的核糖体蛋白结合分别形成了核糖体的大亚基(large subunit)和小亚基(small subunit)(表 2-5)。真核细胞的四种 rRNA 也利用相类似的方式构成了真核细胞核糖体的大亚基和小亚基。(动画 2-4"30S 小亚基"、动画 2-5"50S 大亚基")

表 2-5　核糖体的组成

	原核细胞(以大肠杆菌为例)		真核细胞(以小鼠肝为例)	
小亚基	30S		40S	
rRNA	16S	1542 个核苷酸	18S	1874 个核苷酸
蛋白质	21 种占总重量的 40%		33 种占总重量的 50%	
大亚基	50S		60S	
rRNA	23S	2940 个核苷酸	28S	4718 个核苷酸
	5S	120 个核苷酸	5.8S	160 个核苷酸
			5S	120 个核苷酸
蛋白质	31 种占总重量的 30%		49 种占总重量的 35%	

人们已经完成了 rRNA 的核苷酸测序,并解析了它们的空间结构。rRNA 的二级结构有许多茎环结构,图 2-24 是真核细胞 18S rRNA 的二级结构。这些茎环结构为核糖体蛋白结合和组装在 rRNA 上提供了结构基础。原核细胞 16S rRNA 的二级结构也有众多相类似的茎环结构。

图 2-24　真核细胞的 18S rRNA 的二级结构

将纯化的核糖体蛋白和 rRNA 在试管内混合,它们就可以自动组装成具有活性的大亚基和小亚基。大亚基和小亚基进一步组装成核糖体。大小亚基的结合区域的沟槽是 mRNA 的结合部位。核糖体有三个重要的部位,它们分别是 A 位:结合氨酰-tRNA 的氨酰位(aminoacyl site);P 位:结合肽酰-tRNA 的肽酰位(peptidyl site);和 E 位:释放已经卸载了氨基酸的 tRNA 的排出位(exit site)(图 2-25)。

四、组成性非编码 RNA 是保障遗传信息传递的关键因子

除 tRNA 和 rRNA 外,真核细胞中还有其他类型的组成性非编码 RNA。这些 RNA 作为关键因子参与了 RNA 的剪接和修饰、蛋白质的转运以及调控基因表达。

图 2-25　由核糖体、mRNA 和 tRNA 形成的复合体

mRNA 结合在核糖体的大小亚基之间的缝隙中。核糖体的大小亚基形成了三个主要
部位用以接受氨酰-tRNA、保留肽酰-tRNA 和释放已经卸载了氨基酸的 tRNA

1. **催化小 RNA**　催化小 RNA 也称为核酶（ribozyme），是细胞内具有催化功能的一类小分子 RNA 统称,具有催化特定 RNA 降解的活性,在 RNA 合成后的剪接修饰中具有重要作用（见第十四章）。

2. **核仁小 RNA（small nucleolar RNA，snoRNA）**　snoRNA 定位于核仁,主要参与 rRNA 的加工。rRNA 的核糖 C-2′的甲基化过程和假尿嘧啶化修饰都需要 snoRNA 的参与。

3. **核小 RNA（small nuclear RNA，snRNA）**　snRNA 参与了真核细胞 mRNA 的成熟过程。一个 snRNA 与大约 20 种蛋白质组成了细胞的核小核糖核蛋白（small nuclear ribonucleoprotein, snRNP）。由于它们富含尿嘧啶,故命名为 U-snRNA。研究比较清楚的 snRNA 有 U1、U2、U4、U5、U6 和 U7。它们的作用是识别 hnRNA 上的外显子和内含子的接点,切除内含子。这些 snRNA 的 5′-端有一个与 mRNA 相类似的 5′-帽结构（见第十四章）。

4. **胞质小 RNA（small cytoplasmic RNA，scRNA）**　scRNA 存在细胞质中,与蛋白质结合形成复合体后发挥生物学功能。例如,SRP-RNA 与六种蛋白质共同形成信号识别颗粒（signal recognition particle,SRP）,引导含有信号肽的蛋白质进入内质网进行合成（见第十五章）。

五、调控性非编码 RNA 参与了基因表达调控

调控性非编码 RNA 按其大小分为非编码小 RNA（small non-coding RNA,sncRNA）、长非编码 RNA（long non-coding RNA,lncRNA）和环状 RNA（circular RNA,circRNA）。虽然这一类 RNA 通常不编码蛋白质,但是它们仍然表现出了许多重要的生物学功能:转录调控、RNA 剪切和修饰、mRNA 的翻译、蛋白质的稳定和转运、染色体的形成和结构稳定等,因此,在胚胎发育、组织分化、信号转导、器官形成等基本的生命活动中以及在疾病（如肿瘤、神经性疾病等）的发生和发展进程中都有非编码 RNA 的参与。

（一）非编码小 RNA 的特征和作用

通常认为,sncRNA 的长度小于 200nt。sncRNA 包括微 RNA（microRNA,miRNA）、干扰小 RNA（small interfering RNA,siRNA）和 piRNA。

微 RNA 是近年来研究较多的内源性 sncRNA,它在真核生物中大量存在,长度在 20～25nt 之间。在细胞核中,编码 miRNA 的基因由 RNA 聚合酶Ⅱ转录生成长度约为几千个碱基的初级转录本 pri-miRNA。在细胞核内,pri-miRNA 在蛋白质复合体（400～500kD）的作用下经过了第一次的加工。这个蛋白质复合体由 Drosha 和 Pasha 两个蛋白质组成,它们分别是 RNase Ⅲ蛋白和双链 RNA 结合蛋

白。pri-miRNA 在 Drosha 的作用下被加工成含有 60～70nt 具有发夹结构的 miRNA 前体（pre-miRNA）。pre-miRNA 在 RanGTP/Exportin-5 转运蛋白的协助下从核内转运到细胞质中。在细胞质中，pre-miRNA 被 RNaseⅢ酶家族中的成员 Dicer 所识别，并通过对茎环结构的剪切和修饰，在细胞质内形成大约 20 个碱基对长的 miRNA：miRNA＊双链。这种 miRNA：miRNA＊双链与 Argonaute 家族蛋白形成 RNA 诱导的沉默复合体，其中的 miRNA＊被降解，miRNA 则被保留在 miRISC 中，最终形成成熟的单链 miRNA。

微 RNA 对基因表达的调控作用表现在转录后水平上，主要是通过两种机制下调靶基因的表达。这两种机制的选择主要取决于 miRNA 与靶基因 mRNA 序列的互补程度。如果 miRNA 与靶基因 mRNA 完全互补，miRNA 将与靶基因 mRNA 的可读框中的序列形成完全互补的 RNA 双链，miRISC 将双链中的 mRNA 降解，沉默基因转录后的表达。如果 miRNA 与靶基因 mRNA 不完全互补，则 miRNA 将与靶基因 mRNA 的 3′-非翻译区的序列形成非完全互补的杂交双链，miRISC 紧紧地结合在杂交双链上，特异性地抑制基因表达。miRNA 参与了细胞的生长、分化、衰老、凋亡、自噬、迁移、侵袭等多种过程。

siRNA 有内源性和外源性之分，内源性 siRNA 是由细胞自身产生的。外源性 siRNA 来源于外源入侵的基因表达的双链 RNA，经 Dicer 切割所产生的具有特定长度（21～23bp）和特定序列的小片段 RNA。这些 siRNA 可以与 AGO 蛋白结合，并诱导这些 mRNA 的降解。siRNA 还有抑制转录的功能。利用这一机制发展起来的 RNA 干扰（RNA interference，RNAi）技术是用来研究基因功能的有力工具。

piRNA 是从哺乳动物生殖细胞中分离得到的一类长度约为 30nt 的小 RNA。这类小 RNA 与 PIWI 蛋白家族成员结合才能发挥其调控作用，故称为 piRNA（piwi interacting RNA）。piRNA 主要存在哺乳动物生殖细胞和干细胞中，通过与 PIWI 蛋白家族成员结合形成 piwi 复合物来调控基因沉默。

（二）长非编码 RNA 的特征和作用

长非编码 RNA 是一类长度为 200～100 000 个核苷酸的 RNA 分子。它们不编码任何蛋白质。以前它们被认为是基因组转录过程中的"噪声"而被忽略掉，现在越来越多的证据表明它们是一类具有特殊功能的 RNA。

lncRNA 由 RNA 聚合酶Ⅱ转录生成，经剪切加工后，形成具有类似于 mRNA 的结构。lncRNA 有 poly（A）尾巴和启动子，但序列中不存在可读框。lncRNA 可以来源于蛋白质编码基因、假基因以及蛋白质编码基因之间的 DNA 序列。lncRNA 定位于细胞核内和细胞质内。lncRNA 具有强烈的组织特异性与时空特异性，不同组织之间的 lncRNA 表达量不同，同一组织或器官在不同生长阶段，lncRNA 表达量也不同。

lncRNA 的作用机制有以下几种：①结合在编码蛋白质的基因上游启动子区，干扰下游基因的表达；②抑制 RNA 聚合酶Ⅱ或者介导染色质重构以及组蛋白修饰，影响下游基因的表达；③与编码蛋白质基因的转录本形成互补双链，干扰 mRNA 的剪切，形成不同的剪切形式；④与编码蛋白质基因的转录本形成互补双链，在 Dicer 酶的作用下产生内源性 siRNA；⑤与特定蛋白质结合，lncRNA 转录本可调节相应蛋白质的活性；⑥作为结构组分与蛋白质形成核酸蛋白质复合体；⑦结合到特定蛋白质上，改变该蛋白质的细胞定位；⑧作为小分子 RNA（如 miRNA、piRNA）的前体分子。由此可见，lncRA 具有调控的多样性，可从染色质重塑、转录调控及转录后加工等多个层面上实现对基因表达进行调控。

长非编码 RNA 与人类疾病的发生密切相关，现已得知，包括癌症以及退行性神经疾病在内的多种严重危害人类健康的重大疾病都与长链非编码 RNA 的序列和空间结构的异常、表达水平的异常、与结合蛋白相互作用的异常等密切相关。

（三）环状 RNA 的特征和作用

2012 年，美国科学家在研究人体细胞的基因表达时，首次发现了环形 RNA 分子。截至目前，人们已经在哺乳动物转录组中发现了数以千计的环状 RNA，这似乎表明环状 RNA 而非线性 RNA 分子是更普遍的现象。环状 RNA 是一类特殊的 RNA 分子。与传统的线性 RNA 不同,circRNA 分子呈封闭环状结构,没有 5'-端和 3'-端,因此不受 RNA 外切酶的影响,表达更稳定,不易降解。已知的 circRNA 分子或来自外显子,或兼有外显子和内含子的部分。circRNA 几乎完全定位于细胞核中。circRNA 具有序列的高度保守性,具有一定的组织、时序和疾病特异性。由于 circRNA 的首尾连接,没有尾巴,因此 circRNA 容易在传统的分离过程被丢弃掉。这是为什么以前 circRNA 一直没有被发现的主要原因。

小鼠、人类和斑马鱼的各个组织都可以表达 circRNA 分子,这些 circRNA 分子富含 miRNA 的结合位点,在细胞中起到 miRNA 海绵(miRNA sponge)的作用,通过结合 miRNA,进而解除 miRNA 对其靶基因的抑制作用,升高靶基因的表达水平,产生相应的生物学效应,这一作用机制被称为竞争性内源 RNA(competing endogenous RNA,ceRNA)机制。通过与疾病关联的 miRNA 相互作用,circRNA 在疾病中发挥着重要的调控作用。这说明 circRNA 很可能就是一类新的调控性内源竞争性 RNA,从而使得环状 RNA 在作为新型临床诊断标记物的开发应用上具有明显优势。

第四节 核酸的理化性质

一、核酸具有强烈的紫外吸收

嘌呤和嘧啶是含有共轭双键的杂环分子。因此,碱基、核苷、核苷酸和核酸在紫外波段都有较强烈的吸收。在中性条件下,它们的最大吸收值在 260nm 附近(图 2-26)。根据 260nm 处的吸光度(absorbance at 260nm,A_{260}),可以判断出溶液中的 DNA 或 RNA 的含量。实验中常以 $A_{260}=1.0$ 对应于 50μg/ml 双链 DNA,或 40μg/ml 单链 DNA 或者 RNA,或 20μg/ml 寡核苷酸为标准定量溶液中的核酸含量。利用 260nm 与 280nm 的吸光度比值(A_{260}/A_{280})还可以判断从生物样品中提取的核酸样品的纯度。DNA 纯品的 A_{260}/A_{280} 的比值应为 1.8;而 RNA 纯品的 A_{260}/A_{280} 的比值应为 2.0。

图 2-26 五种碱基的紫外吸收光谱(pH 7.0)

核酸为多元酸,具有较强的酸性。DNA 和 RNA 都是线性高分子,因此它们溶液的黏滞度极大,但是,RNA 的长度远小于 DNA,含有 RNA 的溶液的黏滞度也小得多。DNA 大分子在机械力的作用下易发生断裂,因此在提取基因组 DNA 时应该格外小心,避免破坏基因组 DNA 的完整性。

溶液中的核酸分子在引力场中可以沉淀。在超速离心形成的引力场中,不同构象的核酸分子(如环状、超螺旋和线性等)的沉降速率有很大差异。这是超速离心法提取和纯化不同构象核酸的理论基础。

二、DNA 变性是一条 DNA 双链解离为两条 DNA 单链的过程

某些极端的理化条件(温度、pH、离子强度等)可以断裂 DNA 双链互补碱基对之间的氢键以及破坏碱基堆积力,使一条 DNA 双链解离成为两条单链。这种现象称为 DNA 变性(DNA denaturation)。虽然 DNA 变性破坏了 DNA 的空间结构,但是没有改变 DNA 的核苷酸序列(图 2-27)。

双链DNA

部分解链

单链DNA

大部解链

图 2-27   DNA 解链过程的示意图
在变性条件下,一条 DNA 双链经历部分解离,大部解离,直到全部解离为两条 DNA 单链的过程

在 DNA 解链过程中,有更多的包埋在双螺旋结构内部的碱基得以暴露,因此含有 DNA 的溶液在 260nm 处的吸光度随之增加。这种现象称为 DNA 的增色效应(hyperchromic effect)。监测 DNA 在 260nm 吸光度的变化是判断 DNA 双链是否发生变性的一个常用的方法(图 2-28a)。在实验室条件下,使 DNA 变性的最简单和最直接的方法是加热。如果以温度相对于 A_{260} 值作图,所得的曲线称为 DNA 解链曲线(melting curve,或熔解曲线)(图 2-28b)。从曲线中可以看出,随着温度的升高,A_{260} 缓慢上升,表明 DNA 双链开始解链。当接近某个温度时,A_{260} 发生了急剧的增加,并到达饱和,表明一条 DNA 双链解离成了两条 DNA 单链。解链后,温度的进一步升高并没有导致 A_{260} 发生太大的变化。解链曲线显示解链过程是在一个相对较窄的温度范围内完成的。在解链曲线上,紫外吸光度的变化 (ΔA_{260})达到最大变化值的一半时所对应的温度被定义为 DNA 的解链温度(melting temperature,T_m 或称熔解温度)。在此温度时,50% 的 DNA 双链解离成为了单链。DNA 的 T_m 值与 DNA 长短以及碱基

图 2-28   DNA 解链过程中的增色效应和对应的解链曲线

的 GC 含量相关。GC 的含量越高,T_m 值越高;离子强度越高,T_m 值也越高。T_m 值可以根据 DNA 的长度、GC 含量以及离子浓度来简单地估算出来。小于 20bp 的寡核苷酸片段的 T_m 值可用公式 $T_m = 4(G+C)+2(A+T)$ 来估算,其中 G、C、A 和 T 是寡核苷酸片段中所含有的碱基个数。

三、变性的核酸可以复性或形成杂交双链

把变性条件缓慢地除去后,两条解离的 DNA 互补链可重新互补配对形成 DNA 双链,恢复原来的双螺旋结构。这一现象称为复性(renaturation)。例如,热变性的 DNA 经缓慢冷却后可以复性,这一过程也称为退火(annealing)。但是,将热变性的 DNA 迅速冷却至 4℃ 时,两条解离的互补链还来不及形成双链,所以 DNA 不能发生复性。这一特性被用来保持解链后的 DNA 单链处在变性状态。

如果将不同种类的 DNA 单链或 RNA 单链混合在同一溶液中,只要这两种核酸单链之间存在着一定程度的碱基互补关系,它们就有可能形成杂化双链(heteroduplex)。这种双链可以在两条不同的 DNA 单链之间形成,也可以在两条 RNA 单链之间形成,甚至还可以在一条 DNA 单链和一条 RNA 单链之间形成(图 2-29)。这种现象称为核酸分子杂交(hybridization)。核酸分子杂交是一项被广泛地应用在分子生物学和医学中的技术,Southern 印迹、Northern 印迹、斑点印迹、原位杂交、PCR 扩增、基因芯片等核酸检测方法都利用了核酸分子杂交的原理。这一技术被广泛地用来研究 DNA 片段在基因组中的定位、鉴定核酸分子间的序列相似性、检测靶基因在待检样品中存在与否等。

图 2-29 核酸分子复性和杂交的示意图

来自不同样品的双链 DNA1 和双链 DNA2 解离后,如果它们的序列具有互补性,当温度缓慢降低时,单链的 DNA1 可以和单链的 DNA2 形成互补的杂化双链

小 结

核酸有 DNA 和 RNA 之分,它们是由脱氧核糖核苷酸或核糖核苷酸为基本单位,通过 3′,5′-磷酸二酯键聚合而成的生物信息大分子。

DNA 的一级结构是脱氧核糖核苷酸的排列顺序。DNA 携带的遗传信息来自于碱基排列的方式。DNA 是由两条反向平行的多聚核苷酸链组成,其二级结构是双螺旋。两条链上的碱基满足互补关系,即腺嘌呤与胸腺嘧啶形成两对氢键的碱基;鸟嘌呤与胞嘧啶形成三对氢键的碱基对。具有双螺旋结构的 DNA 在细胞内还将进一步折叠成为超螺旋结构。DNA 的生物功能是作为生物遗传信息复制的模板和基因转录的模板。

RNA 一般是 DNA 的转录产物。编码 RNA 是指 mRNA,它是细胞质中蛋白质合成的模板。真核细胞核中的 hnRNA 经过一系列的修饰后成为成熟的 mRNA。真核成熟 mRNA 含有 5′-帽结构、编码区和 3′-多聚(A)尾结构。mRNA 编码区中的每 3 个核苷酸构成了一个密码子,决定了新生多肽链上的一个氨基酸。

非编码 RNA 主要有 tRNA、rRNA 和一些参与 RNA 剪接和修饰的小 RNA。tRNA 在蛋白质合成过程中作为氨基酸的载体,为新生多肽链提供合成底物。mRNA 密码子与 tRNA 的反密码子通过碱基互补关系相互识别。rRNA 与核糖体蛋白共同构成了核糖体,核糖体是蛋白质合成的场所。核糖体为

mRNA、tRNA 和肽链合成所需要的多种蛋白质因子提供结合位点和相互作用所需要的空间环境。其他非编码 RNA 包括 snRNA、snoRNA、scRNA、miRNA、lncRNA 等，它们的主要生物学功能是参与基因表达调控。

　　核酸有紫外吸收的特性，其最大吸收峰在 260nm。核酸在酸、碱或加热情况下可发生变性，即一条双链解离成为两条单链。在适当的条件下，热变性的两条互补单链可以重新结合成为双链，这称为复性。基于核酸变性和复性的核酸分子杂交是一种分子生物学常用技术。核酸可被酸和碱水解，还可以被细胞内各种特异的或非特异的核酸酶水解。

思 考 题

　　1. 简述 B-型 DNA 分子双螺旋结构的要点，并思考双螺旋结构的大沟和小沟的作用是什么？

　　2. DNA 和 RNA 都可以形成双链结构，分析 DNA-DNA，RNA-RNA 以及 DNA-RNA 杂交双链中，哪种结构比较稳定？

　　3. 简述 rRNA 的结构特点及其生物学功能。

（关一夫）

第三章 酶与酶促反应

生物体内的新陈代谢过程是通过有序的、连续不断的、有条不紊的、各种各样的化学反应来体现。这些化学反应如果在体外进行,通常需要在高温、高压、强酸、强碱等剧烈条件下才能发生。而在生物体内,这些反应在极为温和的条件下就能高效和特异地进行,其原因是由于生物体内存在着一类极为重要的生物催化剂(biocatalyst)——酶(enzyme)。酶是催化特定反应的蛋白质,是一种生物催化剂。酶能通过降低反应的活化能加快反应速率,但不改变反应的平衡点。酶具有催化效率高、专一性强、作用条件温和等特点。随着人们对酶分子的结构与功能、酶促反应动力学等研究的深入和发展,逐步形成了一个专门学科——酶学(enzymology)。酶学与医学的关系十分密切,人体的许多疾病与酶的异常密切相关,许多酶还被用于疾病的诊断和治疗。酶学研究不仅在医学领域具有重要意义,而且对科学实践、工农业生产实践亦影响深远。

第一节 酶的分子结构与功能

酶的化学本质是蛋白质。由一条肽链构成的酶称为单体酶(monomeric enzyme),如牛胰核糖核酸酶 A、溶菌酶、羧肽酶 A 等。由多个相同或不同的肽链(即亚基)以非共价键连接组成的酶称为寡聚酶(oligomeric enzyme),如蛋白激酶 A 和磷酸果糖激酶-1 均含有 4 个亚基。此外,在某一代谢途径中,按序催化完成一组连续反应的几种具有不同催化功能的酶可彼此聚合形成一个结构和功能上的整体,此即为多酶复合物(multienzyme complex),亦称为多酶体系(multienzyme system)。还有一些酶在一条肽链上同时具有多种不同的催化功能,这类酶称为多功能酶(multifunctional enzyme)或串联酶(tandem enzyme),如氨基甲酰磷酸合成酶Ⅱ、天冬氨酸氨基甲酰转移酶和二氢乳清酸酶即位于同一条肽链上。

一、酶的分子组成中常含有辅因子

酶按其分子组成可分为单纯酶和缀合酶。水解后仅有氨基酸组分而无其他组分的酶称为单纯酶(simple enzyme),如脲酶、某些蛋白酶、淀粉酶、脂酶、核酸酶等;缀合酶(conjugated enzyme)(亦称为结合酶)则是由蛋白质部分和非蛋白质部分共同组成,其中蛋白质部分称为酶蛋白(apoenzyme),非蛋白质部分称为辅因子(cofactor)。酶蛋白主要决定酶促反应的特异性及其催化机制;辅因子主要决定酶促反应的类型。酶蛋白与辅因子结合在一起称为全酶(holoenzyme),酶蛋白和辅因子单独存在时均无催化活性,只有全酶才具有催化作用。

辅因子按其与酶蛋白结合的紧密程度与作用特点不同可分为辅酶(coenzyme)和辅基(prosthetic group)。辅酶多通过非共价键与酶蛋白相连,这种结合比较疏松,可以用透析或超滤的方法除去。在酶促反应中,辅酶作为底物接受质子或基团后离开酶蛋白,参加另一酶促反应并将所携带的质子或基团转移出去,或者相反。辅基则与酶蛋白形成共价键,结合较为紧密,不易通过透析或超滤将其除去。在酶促反应中,辅基不能离开酶蛋白。

辅因子多为小分子的有机化合物或金属离子。作为辅因子的有机化合物多为 B 族维生素的衍生物或卟啉化合物,它们在酶促反应中主要参与传递电子、质子(或基团)或起运载体作用(表 3-1)。

表 3-1   部分辅酶/辅基在催化中的作用

辅酶或辅基	缩写	转移的基团	所含的维生素
烟酰胺腺嘌呤二核苷酸,辅酶 I	NAD$^+$	氢原子、电子	烟酰胺(维生素 PP)
烟酰胺腺嘌呤二核苷酸磷酸,辅酶 II	NADP$^+$	氢原子、电子	烟酰胺(维生素 PP)
黄素单核苷酸	FMN	氢原子	维生素 B_2
黄素腺嘌呤二核苷酸	FAD	氢原子	维生素 B_2
焦磷酸硫胺素	TPP	醛基	维生素 B_1
磷酸吡哆醛		氨基	维生素 B_6
辅酶 A	CoA	酰基	泛酸
生物素		二氧化碳	生物素
四氢叶酸	FH$_4$	一碳单位	叶酸
甲基钴胺素		甲基	维生素 B_{12}
5′-脱氧腺苷钴胺素		相邻碳原子上氢原子、烷基、羧基的互换	维生素 B_{12}

金属离子是最常见的辅因子,约 2/3 的酶含有金属离子(表 3-2)。金属离子作为酶的辅因子的主要作用是:①作为酶活性中心的组成部分参加催化反应,使底物与酶活性中心的必需基团形成正确的空间排列,有利于酶促反应的发生;②作为连接酶与底物的桥梁,形成三元复合物;③金属离子还可以中和电荷,减小静电斥力,有利于底物与酶的结合;④金属离子与酶的结合还可以稳定酶的空间构象。

表 3-2   某些金属酶和金属激活酶

金属酶	金属离子	金属激活酶	金属离子
过氧化氢酶	Fe^{2+}	丙酮酸激酶	K$^+$、Mg^{2+}
过氧化物酶	Fe^{2+}	丙酮酸羧化酶	Mn^{2+}、Zn^{2+}
β-内酰胺酶	Zn^{2+}	蛋白激酶	Mg^{2+}、Mn^{2+}
固氮酶	Mo^{2+}	精氨酸酶	Mn^{2+}
核糖核苷酸还原酶	Mn^{2+}	磷脂酶 C	Ca^{2+}
羧基肽酶	Zn^{2+}	细胞色素氧化酶	Cu^{2+}
超氧化物歧化酶	Cu^{2+}、Zn^{2+}、Mn^{3+}	己糖激酶	Mg^{2+}
碳酸酐酶	Zn^{2+}	脲酶	Ni^{2+}

有的金属离子与酶结合紧密,提取过程中不易丢失,这类酶称为金属酶(metalloenzyme);有的金属离子虽为酶的活性所必需,但与酶的结合是可逆结合,这类酶称为金属激活酶(metal activated enzyme)。

有些酶可以同时含有多种不同类型的辅因子,如细胞色素氧化酶既含有血红素又含有 Cu$^+$/Cu^{2+},琥珀酸脱氢酶同时含有 Fe^{2+} 和 FAD。

二、酶的活性中心是酶分子执行其催化功能的部位

酶分子中能与底物特异地结合并催化底物转变为产物的具有特定三维结构的区域称为酶的活性中心(active center of enzymes)或酶的活性部位(active site of enzymes)(图 3-1)。辅酶和辅基往往是酶活性中心的组成成分。酶分子中有许多化学基团,但它们并非都与酶的活性有关,其中一些与酶的活性密切相关的基团称为酶的必需基团(essential group)。常见的酶的必需基团有丝氨酸残基的羟基、组氨酸残基的咪唑基、半胱氨酸残基的巯基,以及酸性氨基酸残基的羧基等。有些必需基团位于酶的活性中心内,有些必需基团位于酶的活性中心外。酶活性中心内的必需基团可有结合基团(binding group)和催化基团(catalytic group)之分,前者的作用是识别与结合底物和辅酶,形成酶-底物过渡态复

合物,后者的作用是影响底物中的某些化学键的稳定性,催化底物发生化学反应,进而转变成产物。酶活性中心外的必需基团虽然不直接参与催化作用,却为维持酶活性中心的空间构象和(或)作为调节剂的结合部位所必需。

图 3-1　酶的活性中心示意图

　　酶的活性中心具有三维结构,往往形成裂缝或凹陷。这些裂缝或凹陷由酶的特定空间构象所维持,深入到酶分子内部,且多由氨基酸残基的疏水基团组成,形成疏水"口袋"。例如,溶菌酶的活性中心是一裂隙结构,可以容纳 6 个 N-乙酰氨基葡糖环(A、B、C、D、E、F)。溶菌酶的催化基团是 35 位 Glu 和 52 位 Asp,催化 D 环的糖苷键断裂。101 位 Asp 和 108 位 Trp 是该酶的结合基团(图 3-2)。

图 3-2　溶菌酶的活性中心

溶菌酶催化肽多糖中糖苷键水解,其活性中心是一裂隙,可以容纳肽多糖的 6 个 N-乙酰氨基葡糖环;图中 A、B、C、D、E、F 代表每个单糖基的位置,活性中心中的必需基团有 Glu35、Asp52、Asp101 和 Trp108,其中前两个必需基团是催化基团,水解 D、E 之间的糖苷键

三、同工酶催化相同的化学反应

同工酶（isoenzyme 或 isozyme）是指催化相同的化学反应,但酶蛋白的分子结构、理化性质乃至免疫学性质不同的一组酶。同工酶虽然在一级结构上存在差异,但其活性中心的三维结构相同或相似,故可以催化相同的化学反应。同工酶是长期进化过程中基因趋异（divergence）的产物,因此从分子遗传学角度同工酶也可解释为"由不同基因或复等位基因编码,催化相同反应,但呈现不同功能的一组酶的多态型"。由同一基因转录的 mRNA 前体经过不同的剪接过程,生成的多种不同 mRNA 的翻译产物（一系列酶）也属于同工酶。

动物的乳酸脱氢酶（lactate dehydrogenase,LDH）是一种含锌的四聚体酶。LDH 由骨骼肌型（M型）和心肌型（H 型）两种类型的亚基以不同的比例组成 5 种同工酶,即 LDH1（H_4）、LDH2（H_3M）、LDH3（H_2M_2）、LDH4（HM_3）、LDH5（M_4）（图 3-3）,它们均能催化 L-乳酸与丙酮酸之间的氧化还原反应。

图 3-3 乳酸脱氢酶同工酶的亚基构成

在 LDH 的活性中心附近,两种亚基之间有极少数的氨基酸残基不同,如 M 型亚基的 30 位为丙氨酸残基,H 亚基则为谷氨酰胺残基,且 H 亚基中的酸性氨基酸残基较多。这些微小的差别引起 LDH 同工酶解离程度不同、分子表面电荷不同,在 pH 8.6 的缓冲液中进行电泳时的速率不同,自负极向正极泳动排列的次序为 LDH5、LDH4、LDH3、LDH2 和 LDH1。两种亚基氨基酸序列和构象差异,表现出对底物的亲和力不同。如 LDH1 对乳酸的亲和力较大（$K_m=4.1\times10^{-3}$ mol/L）,而 LDH5 对乳酸的亲和力较小（$K_m=14.3\times10^{-3}$ mol/L）,这主要是由于 H 型亚基对乳酸的 K_m 小于 M 亚基的缘故。

同一个体不同发育阶段和不同组织器官中,编码不同亚基的基因开放程度不同,合成的亚基种类和数量也不同,这使得某种同工酶在同一个体的不同组织,以及同一细胞的不同亚细胞结构的分布也不同,形成不同的同工酶谱。例如,大鼠出生前 9 天心肌 LDH 同工酶是 M_4,出生前 5 天转变为 HM_3,出生前 1 天为 H_2M_2 和 HM_3,出生后第 12 天至第 21 天则是 H_3M 和 H_2M_2。成年大鼠心肌 LDH 同工酶主要是 H_4 和 H_3M。表 3-3 列出了人体各组织器官中 LDH 同工酶的分布。

表 3-3 人体各组织器官 LDH 同工酶谱（活性%）

LDH 同工酶	红细胞	白细胞	血清	骨骼肌	心肌	肺	肾	肝	脾
LDH1	43	12	27	0	73	14	43	2	10
LDH2	44	49	34.7	0	24	34	44	4	25
LDH3	12	33	20.9	5	3	35	12	11	40
LDH4	1	6	11.7	16	0	5	1	27	20
LDH5	0	0	5.7	79	0	12	0	56	5

当组织细胞存在病变时,该组织细胞特异的同工酶可释放入血。因此,临床上检测血清中同工酶活性、分析同工酶谱有助于疾病的诊断和预后判定。例如,肌酸激酶（creatine kinase,CK）是由 M 型（肌型）和 B 型（脑型）亚基组成的二聚体酶。脑中含 CK_1（BB 型）,心肌中含 CK_2（MB 型）,骨骼肌中含 CK_3（MM 型）。CK_2 仅见于心肌,且含量很高,约占人体 CK 总量的 14% ~ 42%。正常血液中的 CK

主要是 CK_3,几乎不含 CK_2;心肌梗死后 3 ~ 6 小时血中 CK_2 活性升高,12 ~ 24 小时达峰值(升高近 6 倍),3 ~ 4 天恢复正常。因此,CK_2 常作为临床早期诊断心肌梗死的指标之一。

第二节 酶的工作原理

酶与一般催化剂一样,在化学反应前后都没有质和量的改变。它们都只能催化热力学允许的化学反应;只能加速反应的进程,而不改变反应的平衡点,即不改变反应的平衡常数。由于酶的化学本质是蛋白质,因此酶促反应又具有不同于一般催化剂催化反应的特点和反应机制。

一、酶具有不同于一般催化剂的显著特点

(一)酶对底物具有极高的催化效率

酶的催化效率通常比非催化反应高 10^8 ~ 10^{20} 倍,比一般催化剂高 10^7 ~ 10^{13} 倍。例如,在 H_2O_2 分解成 H_2O 和 O_2 的反应中,无催化剂时反应的活化能为 75 312J/mol,用胶体钯作催化剂时,反应的活化能降至 48 953J/mol,用过氧化氢酶催化时,反应的活化能降至 8368J/mol(表 3-4)。

表 3-4 某些酶与一般催化剂催化效率的比较

底物	催化剂	反应温度(℃)	速率常数
苯酰胺	H^+	52	2.4×10^{-6}
	OH^-	53	8.5×10^{-6}
	α-胰凝乳蛋白酶	25	14.9
尿素	H^+	62	7.4×10^{-7}
	脲酶	21	5.0×10^6
H_2O_2	Fe^{2+}	56	22

(二)酶对底物具有高度的特异性

与一般催化剂不同,酶对其所催化的底物具有较严格的选择性。即一种酶仅作用于一种或一类化合物,或一定的化学键,催化一定的化学反应并产生一定的产物,酶的这种特性称为酶的特异性(enzyme specificity),亦称为酶的专一性。根据酶对底物选择的严格程度,酶的特异性可分为绝对特异性和相对特异性。

1. **绝对特异性** 有的酶只作用于特定结构的底物分子,进行一种专一的反应,生成一种特定结构的产物。这种特异性称为绝对特异性(absolute specificity)。例如,脲酶仅能催化尿素水解生成 CO_2 和 NH_3;琥珀酸脱氢酶仅催化琥珀酸与延胡索酸之间的氧化还原反应。

有些具有绝对特异性的酶只能催化底物的一种光学异构体或一种立体异构体进行反应。例如,乳酸脱氢酶仅催化 L-乳酸脱氢生成丙酮酸,而对 D-乳酸无作用(图 3-4);延胡索酸酶仅催化反-丁烯二酸(延胡索酸)加水产生苹果酸,而对顺-丁烯二酸(马来酸)无作用。

2. **相对特异性** 有些酶对底物的特异性不是依据整个底物分子结构,而是依据底物分子中特定的化学键或特定的基团,因而可以作用于含有相同化学键或化学基团的一类化合物,这种选择性称为相对特异性(relative specificity)。例如,磷酸酶对一般的磷酸酯键都有水解作用,可水解甘油或酚与磷酸形成的酯键;脂肪酶不仅水解脂肪,也水解简单的酯;蔗糖酶不仅水解蔗糖,也水解棉子糖中的同一种糖苷键;消化系统中的蛋白酶仅对蛋白质中肽键的氨基酸残基种类有选择性,而对具体的底物蛋白质种类无严格要求(图 3-5)。

(三)酶具有可调节性

体内许多酶的酶活性和酶的含量受体内代谢物或激素的调节。例如,磷酸果糖激酶-1 的活性受 AMP 的别构激活,而受 ATP 的别构抑制。有些酶的合成受物质的诱导或阻遏,从而改变细胞内的酶

图 3-4 乳酸脱氢酶对乳酸立体异构体的选择性催化

图 3-5 消化道中各种蛋白酶对肽键的专一性

量。例如,胰岛素诱导 HMG-CoA 还原酶的合成,而胆固醇则阻遏该酶合成。机体通过对酶的活性与酶量的调节使得体内代谢过程受到精确调控,以使机体适应内外环境的不断变化。

（四）酶具有不稳定性

酶的化学本质是蛋白质。在某些理化因素(如高温、强酸、强碱等)的作用下,酶会发生变性而失去催化活性。因此,酶促反应往往都是在常温、常压和接近中性的条件下进行的。

二、酶通过促进底物形成过渡态而提高反应速率

（一）酶比一般催化剂更有效地降低反应的活化能

化学反应中,由于反应物分子所含的能量高低不一,所含自由能较低的反应物分子,很难发生化学反应。只有那些达到或超过一定能量水平的分子,才有可能发生相互碰撞并进入化学反应过程,这样的分子称为活化分子。若将低自由能的反应物分子(基态)转变为能量较高的过渡态(transition state)分子,化学反应就有可能发生。活化能(activation energy)是指在一定温度下,1mol 反应物从基态转变成过渡态所需要的自由能,即过渡态中间物比基态反应物高出的那部分能量。活化能是决定化学反应速率的内因,是化学反应的能障(energy barrier)。欲使反应速率加快,给予反应物活化能(如加热)或降低反应的活化能,均能使基态反应物转化为过渡态。酶与一般催化剂一样,通过降低反应的活化能,从而提高反应速率,但酶能使其底物分子获得更少的能量便可进入过渡态(图 3-6)。据计算,在 25℃时活化能每减少 4.184kJ/mol,反应速率可增高 5.4 倍。衍生于酶与底物相互作用的能量叫做结合能(binding energy),这种结合能的释放是酶降低反应活化能所利用的自由能的主要来源。

（二）酶与底物结合形成中间产物

酶催化底物反应时,必须首先与底物结合形成中间产物。酶与底物结合的过程是释能反应,释放的结合能是降低反应活化能的主要能量来源。酶活性部位的结合基团能否有效地与底物结合,并将底物转化为过渡态,是酶能否发挥其催化作用的关键。

图 3-6 酶促反应活化能的变化

1. **诱导契合作用使酶与底物密切结合** 1958 年,D. E. Koshland 提出酶-底物结合的诱导契合假说(induced-fit hypothesis),认为酶在发挥催化作用前须先与底物结合,这种结合不是锁与钥匙的机械关系,而是在酶与底物相互接近时,两者在结构上相互诱导、相互变形和相互适应,进而结合并形成酶-底物复合物(图 3-7)。此假说后来得到 X-射线衍射分析的有力支持。诱导契合作用使得具有相对特异性的酶能够结合一组结构并不完全相同的底物分子,酶构象的变化有利于其与底物结合,并使底物转变为不稳定的过渡态,易受酶的催化攻击而转化为产物。

2. **邻近效应与定向排列使诸底物正确定位于酶的活性中心** 在两个以上底物参加的反应中,底物之间必须以正确的方向相互碰撞,才有可能发生反应。酶在反应中将诸底物结合到酶的活性中心,使它们相互接近并形成有利于反应的正确定向关系(图 3-8)。这种邻近效应(proximity effect)与定向排列(orientation arrangement)实际上是将分子间的反应变成类似于分子内的反应,从而提高反应速率。

3. **表面效应使底物分子去溶剂化** 酶的活性中心多形成疏水"口袋"(图 3-9),这样就造成一种有利于酶与其特定底物结合并催化其反应

图 3-7 酶与底物结合的诱导契合作用

的环境。酶促反应在此疏水环境中进行,使底物分子去溶剂化(desolvation),排除周围大量水分子对酶和底物分子中功能基团的干扰性吸引和排斥,防止水化膜的形成,利于底物与酶分子的密切接触和结合,这种现象称为表面效应(surface effect)。

(三)酶的催化机制呈现多元催化作用

酶分子所含有的多种功能基团具有不同的解离常数,即使同一种功能基团处于不同的微

图 3-8 酶与底物的邻近效应与定向排列

图3-9　胰蛋白酶、胰凝乳蛋白酶和弹性蛋白酶与底物结合时的"口袋"状活性中心

环境时,解离程度也有差异。酶活性中心上有些基团是质子供体(酸),有些基团是质子受体(碱)(表3-5)。这些基团参与质子的转移,可使反应速率提高 $10^2 \sim 10^5$ 倍。这种催化作用称为普通酸-碱催化作用(general acid-base catalysis)。

表3-5　酶分子中具有酸-碱催化作用的基团

氨基酸残基	酸(质子供体)	碱(质子受体)
天冬氨酸、谷氨酸	R—COOH	R—COO$^-$
赖氨酸	R—$\overset{+}{N}H_3$	R—NH$_2$
精氨酸	R—N(H)—C(=$\overset{+}{N}H_2$)—NH$_2$	R—N(H)—C(=NH)—NH$_2$
半胱氨酸	R—SH	R—S$^-$
组氨酸	咪唑(质子化)	咪唑
丝氨酸	R—OH	R—O$^-$
酪氨酸	R—⬡—OH	R—⬡—O$^-$

　　共价催化是指催化剂与反应物形成共价结合的中间物,降低反应活化能,然后把被转移基团传递给另外一个反应物的催化作用。当酶分子催化底物反应时,它可通过其活性中心上的亲核催化基团给底物中具有部分正电性的原子提供一对电子形成共价中间物(亲核催化),或通过其酶活性中心上的亲电子催化基团与底物分子的亲核原子形成共价中间物(亲电子催化),使底物上被转移基团传递给其辅酶或另外一个底物。因此,酶既可起亲核催化作用,又可起亲电子催化作用。许多酶催化的基团转移反应都是通过共价催化方式进行的。例如,胰凝乳蛋白酶195位丝氨酸残基的—OH是该酶活性中心的催化基团,当底物结合在酶上后,由于此—OH基团中氧原子含有孤对电子,在57位组氨酸残基碱催化的帮助下,能对底物蛋白肽键中羰基C(具有部分正电性)进行亲核攻击,导致肽键的断裂,形成一个不稳定的中间产物——酰基化酶,后者易将酰基转移给水完成水解作用(图3-10)。

图 3-10 胰凝乳蛋白酶的催化机制

第三节 酶促反应动力学

酶促反应动力学(kinetics of enzyme-catalyzed reactions)是研究酶促反应速率以及各种因素对酶促反应速率影响机制的科学。酶促反应速率可受多种因素的影响,如酶浓度、底物浓度、pH、温度、抑制剂及激活剂等。研究酶促反应动力学具有重要的理论和实践意义。

一、底物浓度对酶促反应速率的影响呈矩形双曲线

在酶浓度和其他反应条件不变的情况下,反应速率(v)对底物浓度[S]作图呈矩形双曲线。当[S]很低时,v随[S]的增加而升高,呈一级反应(曲线的 a 段);随着[S]的不断增加,v上升的幅度不断变缓,呈现出一级反应与零级反应的混合级反应(曲线的 b 段);再随着[S]的不断增加,以至于所有酶的活性中心均被底物所饱和,v便不再增加,此时v达最大反应速率(maximum velocity,V_{max}),此时的反应可视为零级反应(曲线的 c 段)(图 3-11)。

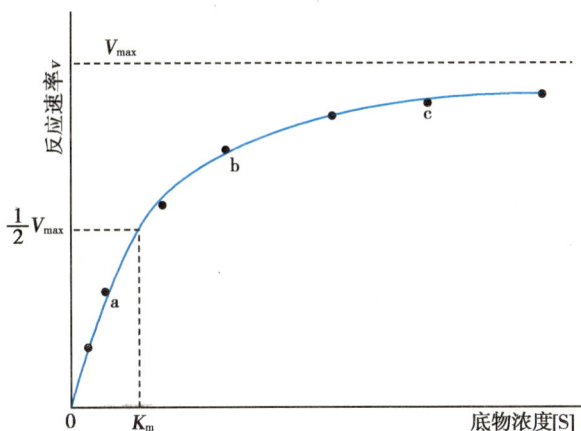

图 3-11 底物浓度对酶促反应速率的影响

(一)米-曼方程揭示单底物反应的动力学特性

1902 年,Victor Henri 提出了酶-底物中间复合物学说,认为首先是酶(E)与底物(S)生成酶-底物中间复合物(ES),然后 ES 分解生成产物(P)和游离的酶。

$$E + S \underset{k_2}{\overset{k_1}{\rightleftharpoons}} ES \overset{k_3}{\longrightarrow} E + P \quad (式 3-1)$$

式 3-1 中的 k_1、k_2 和 k_3 分别为各向反应的速率常数。

1913 年,Michaelis L 和 Menten M 根据酶-底物中间复合物学说,经过大量实验,将 v 对[S]的矩形双曲线加以数学处理,得出单底物 v 与[S]的数学关系式,即著名的米-曼方程,简称米氏方程(Michaelis equation)。

$$v = \frac{V_{max}[S]}{K_m + [S]} \qquad (式 3-2)$$

式 3-2 中的 K_m 为米氏常数(Michaelis constant),V_{max} 为最大反应速率。当[S]远远小于 K_m 时,式 3-2 分母中的[S]可以忽略不计,米氏方程可以简化为 $v = \frac{V_{max}}{K_m}[S]$,此时 v 与[S]成正比关系,反应呈一级反应(相当于图 3-10 中曲线的 a 段)。当[S]远远大于 K_m 时,方程中的 K_m 可以忽略不计,此时 $v =$

V_{max}，反应呈零级反应（相当于图 3-10 中曲线的 c 段）。

米氏方程的推导基于这样的假设（或前提）：①反应是单底物反应；②测定的反应速率为初速率（即指反应刚刚开始，各种影响因素尚未发挥作用时的酶促反应速率）；③当[S]远远大于[E]时，在初速率范围内，底物的消耗很少（<5%），可以忽略不计。米氏方程的推导如下：

根据式 3-1，ES 的生成速率 $=k_1([E_t]-[ES])[S]$，ES 的分解速率 $=k_2[ES]+k_3[ES]$。式中[E_t]表示酶的总浓度，[E_t]−[ES]表示游离酶的浓度[E]。

当反应系统处于稳态时，ES 的生成速率＝ES 的分解速率，即：

$$k_1([E_t]-[ES])[S]=k_2[ES]+k_3[ES] \qquad (式 3-3)$$

对式 3-3 整理得：

$$\frac{([E_t]-[ES])[S]}{[ES]}=\frac{k_2+k_3}{k_1} \qquad (式 3-4)$$

令

$$K_m=\frac{k_2+k_3}{k_1} \qquad (式 3-5)$$

将式 3-5 代入式 3-4 并整理得：

$$[ES]=\frac{[E_t][S]}{K_m+[S]} \qquad (式 3-6)$$

由于在初速率范围内，反应体系中剩余的底物浓度（>95%）远超过生成的产物浓度。因此，逆反应可不予考虑，整个反应的速率与 ES 的浓度成正比，即：

$$v=k_3[ES] \qquad (式 3-7)$$

将式 3-6 带入式 3-7 得：

$$v=\frac{k_3[E_t][S]}{K_m+[S]} \qquad (式 3-8)$$

当所有的酶均形成 ES 时（即[ES]=[Et]），反应速率达到最大，即：

$$V_{max}=k_3[E_t] \qquad (式 3-9)$$

将式 3-9 代入式 3-8 即得米氏方程：

$$v=\frac{V_{max}[S]}{K_m+[S]}$$

（二）K_m 与 V_{max} 是重要的酶促反应动力学参数

1. **K_m 值等于酶促反应速率为最大反应速率一半时的底物浓度** 当 v 等于 V_{max} 的一半时，米氏方程可变换为：

$$\frac{V_{max}}{2}=\frac{V_{max}[S]}{K_m+[S]}$$

经整理得 $K_m=[S]$。

2. **K_m 值是酶的特征性常数** K_m 值的大小并非固定不变，它与酶的结构、底物结构、反应环境的

pH、温度和离子强度有关,而与酶浓度无关。各种酶的K_m值是不同的,酶的K_m值多在$10^{-6}\sim10^{-2}$mol/L的范围(表3-6)。

表3-6　某些酶对其底物的K_m

酶	底物	K_m(mol/L)
己糖激酶(脑)	ATP	4×10^{-4}
	D-葡萄糖	5×10^{-5}
	D-果糖	1.5×10^{-3}
碳酸酐酶	HCO_3^-	2.6×10^{-2}
胰凝乳蛋白酶	甘氨酰酪氨酰甘氨酸	1.08×10^{-1}
	N-苯甲酰酪氨酰胺	2.5×10^{-3}
β-半乳糖苷酶	D-乳糖	4.0×10^{-3}
过氧化氢酶	H_2O_2	2.5×10^{-2}
溶菌酶	N-乙酰氨基葡糖	6.0×10^{-3}

3. K_m在一定条件下可表示酶对底物的亲和力　米氏常数(K_m)是单底物反应中3个速率常数的综合,即$K_m=\dfrac{k_2+k_3}{k_1}$。已知,k_3为限速步骤的速率常数。当k_3远远小于k_2时,$K_m\approx k_2/k_1$,即相当于ES分解为E+S的解离常数(dissociation constant,K_s)。此时,K_m代表酶对底物的亲和力。K_m越大,表示酶对底物的亲和力越小;K_m越小,酶对底物的亲和力越大。但并非所有的酶促反应都是k_3远远小于k_2,有时甚至k_3远远大于k_2,这时的K_m就不能表示酶对底物的亲和力。

4. V_{max}是酶被底物完全饱和时的反应速率　当所有的酶均与底物形成ES时(即$[ES]=[E_t]$),反应速率达到最大,即$V_{max}=k_3[E_t]$。

5. 酶的转换数　当酶被底物完全饱和时(V_{max}),单位时间内每个酶分子(或活性中心)催化底物转变成产物的分子数称为酶的转换数(turnover number),即k_3为酶的转换数,单位是s^{-1}。酶的转换数可用来表示酶的催化效率。如果酶的总浓度($[E_t]$)已知,便可从V_{max}计算酶的转换数。例如,10^{-6}mol/L的碳酸酐酶溶液在一秒钟内催化生成0.6mol/L H_2CO_3,则酶的转换数k_3为:

$$k_3=\frac{V_{max}}{[E_t]}=\frac{0.6\text{mol}/(\text{L}\cdot\text{s})}{10^{-6}\text{mol/L}}=6\times10^5/\text{s}$$

对于生理性底物来说,大多数酶的转换数在$1\sim10^4$/s之间(表3-7)。

表3-7　某些酶的转换数

酶	转换数[s^{-1}]*	酶	转换数[s^{-1}]*
碳酸酐酶	600 000	(肌肉)乳酸脱氢酶	200
过氧化氢酶	80 000	胰凝乳蛋白酶	100
乙酰胆碱酯酶	25 000	醛缩酶	11
磷酸丙糖异构酶	4400	溶菌酶	0.5
α-淀粉酶	300	果糖-2,6-二磷酸酶	0.1

* 转换数是在酶被底物饱和的条件下测定的,受反应温度和pH等因素影响

(三) K_m和V_{max}常通过林-贝作图法求取

酶促反应的v对[S]作图为矩形双曲线,从此曲线上很难准确地求得反应的K_m和V_{max}。于是,人们对米氏方程进行种种变换,采用直线作图法准求得K_m和V_{max},其中以林-贝(Lineweaver-Burk)作图法最为常用。

林-贝作图法又称双倒数作图法。即将米氏方程的两边同时取倒数,并加以整理得一线性方程,即林-贝方程:

$$\frac{1}{v}=\frac{K_{m}}{V_{max}} \cdot \frac{1}{[S]}+\frac{1}{V_{max}}$$

以 $1/v$ 对 $1/[S]$ 作图,纵轴上的截距为 $1/V_{max}$,横轴上的截距为 $-1/K_{m}$(图 3-12)。

二、底物足够时酶浓度对酶促反应速率的影响呈直线关系

当[S]远远大于[E]时,反应中[S]浓度的变化量可以忽略不计。此时,随着酶浓度的增加,酶促反应速率增大,两者呈现正比关系(图 3-13)。

图 3-12 双倒数作图法

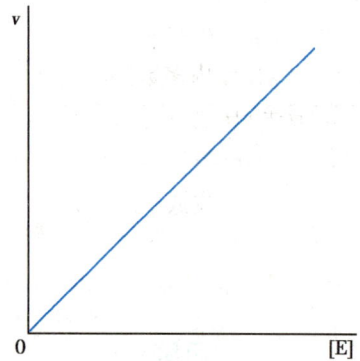

图 3-13 酶浓度对酶促反应速率的影响

三、温度对酶促反应速率的影响具有双重性

酶促反应时,随着反应体系温度的升高,底物分子的热运动加快,增加分子碰撞的机会,提高酶促反应速率;但当温度升高达到一定临界值时,温度的升高可使酶变性,使酶促反应速率下降。大多数酶在60℃时开始变性,80℃时多数酶的变性已不可逆。酶促反应速率达最大时的反应系统的温度称为酶的最适温度(optimum temperature)。反应系统的温度低于最适温度时,温度每升高10℃反应速率可增加 1.7 ~ 2.5 倍。当反应温度高于最适温度时,反应速率则因酶变性失活而降低(图 3-14)。

酶的最适温度不是酶的特征性常数,它与反应时间有关。酶在低温下活性降低,随着温度的回升酶活性逐渐恢复。医学上用低温保存酶和菌种等生物制品就是利用了酶的这一特性。临床上采用低温麻醉时,机体组织细胞中的酶在低温下活性降低,物质代谢速率减慢,组织细胞耗氧量减少,对缺氧的耐受性升高,对机体具有保护作用。

哺乳类动物组织中酶的最适温度多在 35 ~ 40℃ 之间。能在较高温度生存的生物,细胞内酶的最适反应温度亦较高。1969 年从美国黄石国家森林公园火山温泉中分离得到一种能在 70 ~ 75℃ 环境中生长的栖热水生菌(*Thermusaquaticus*),从该菌的 YT1 株中提取到的 *Taq* DNA 聚合酶,其最适温度为72℃,95℃时该酶的半寿期长达 40 分钟。此酶作为工具酶已被应用于 DNA 的体外扩增。

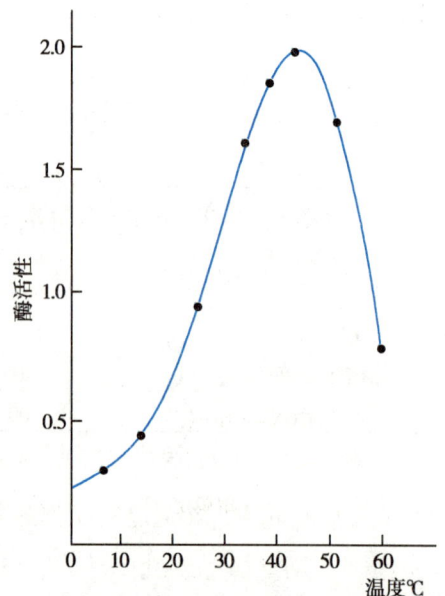

图 3-14 温度对酶促反应速率的影响

四、pH 通过改变酶分子及底物分子的解离状态影响酶促反应速率

酶分子中的许多极性基团,在不同的 pH 条件下解离状态不同,酶活性中心的某些必需基团往往仅在某一解离状态时才最容易同底物结合或具有最大的催化活性。许多具有可解离基团的底物和辅酶的荷电状态也受 pH 改变的影响,从而影响酶对它们的亲和力。此外,pH 还可影响酶活性中心的空间构象,从而影响酶的活性。因此,pH 的改变对酶的催化作用影响很大。酶催化活性最高时反应体系的 pH 称为酶促反应的最适 pH(optimum pH)(图 3-15)。

虽然不同酶的最适 pH 各不相同,但除少数(如胃蛋白酶的最适 pH 约为 1.8,肝精氨酸酶的最适 pH 为 9.8)外,动物体内多数酶的最适 pH 接近中性。

酶的最适 pH 也不是酶的特征性常数,它受底物浓度、缓冲液种类与浓度以及酶的纯度等因素的影响。溶液 pH 高于或低于最适 pH 时,酶活性降低,远离最适 pH 时还会导致酶变性失活。在测定酶活性时,应选用适宜的缓冲液以保持酶活性的相对恒定。

图 3-15　pH 对胃蛋白酶、胆碱酯酶和胰蛋白酶活性的影响

五、抑制剂可降低酶促反应速率

凡能使酶活性下降而又不引起酶蛋白变性的物质统称为酶的抑制剂(inhibitor)。抑制剂可与酶活性中心或活性中心之外的调节位点结合,从而抑制酶的活性。根据抑制剂和酶结合的紧密程度不同,酶的抑制作用分为不可逆性抑制与可逆性抑制两类。去除可逆性抑制剂,可使酶活性得以恢复。

(一)不可逆性抑制剂与酶共价结合

不可逆性抑制剂和酶活性中心的必需基团共价结合,使酶失活。此类抑制剂不能用透析、超滤等方法予以去除。例如,有机磷农药(敌百虫、敌敌畏、乐果和马拉硫磷等)特异地与胆碱酯酶(choline esterase)活性中心丝氨酸残基的羟基结合,使胆碱酯酶失活,导致乙酰胆碱堆积,引起胆碱能神经兴奋,病人可出现恶心、呕吐、多汗、肌肉震颤、瞳孔缩小、惊厥等一系列症状。

有机磷化合物　　羟基酶　　　磷酰化酶

R_1:烷基、胺基等;R_2:烷基、胺基、氨基等;X:卤基、烷氧基、酚氧基等

解救有机磷农药中毒时,可给予乙酰胆碱拮抗剂阿托品和胆碱酯酶复活剂解磷定。

解磷定　　　磷酰化酶　　　　磷酰化解磷定　　游离的羟基酶

低浓度的重金属离子(Hg^{2+}、Ag^+、Pb^{2+}等)及 As^{3+} 等可与巯基酶分子中的巯基结合使酶失活。例如,路易士气(一种化学毒气)能不可逆地抑制体内巯基酶的活性,从而引起神经系统、皮肤、黏膜、毛细血管等病变和代谢功能紊乱。

$$\text{Cl}_2\text{As—CH=CHCl} + E\overset{\text{SH}}{\underset{\text{SH}}{<}} \longrightarrow E\overset{\text{S}}{\underset{\text{S}}{>}}\text{As—CH=CHCl} + HCl$$

路易士气   巯基酶   失活的酶   酸

二巯基丙醇(British anti-lewisite,BAL)可以解除这类抑制剂对巯基酶的抑制。

$$E\overset{\text{S}}{\underset{\text{S}}{>}}\text{As—CH=CHCl} + \begin{matrix}\text{H}_2\text{C—SH}\\\text{CH—SH}\\\text{H}_2\text{C—OH}\end{matrix} \longrightarrow E\overset{\text{SH}}{\underset{\text{SH}}{<}} + \begin{matrix}\text{H}_2\text{C—S}\\\text{CH—S}\\\text{H}_2\text{C—OH}\end{matrix}\text{As—CH=CHCl}$$

失活的酶   BAL   巯基酶   BAL与砷化物的复合物

(二) 可逆性抑制剂与酶非共价结合

可逆性抑制剂与酶非共价可逆性结合,使酶活性降低或消失。采用透析、超滤或稀释等物理方法可将抑制剂除去,使酶的活性恢复。可逆性抑制作用遵守米氏方程。这里仅介绍三种典型的可逆性抑制作用。

1. **竞争性抑制剂与底物竞争结合酶的活性中心** 抑制剂和酶的底物在结构上相似,可与底物竞争结合酶的活性中心,从而阻碍酶与底物形成中间产物,这种抑制作用称为竞争性抑制作用(competitive inhibition)。

$$E + S \underset{k_2}{\overset{k_1}{\rightleftharpoons}} ES \overset{k_3}{\longrightarrow} E + P$$

$$+$$
$$I$$
$$k_i \updownarrow$$
$$EI$$

反应式中 k_i 为 EI 的解离常数,又称抑制常数。抑制剂与酶形成二元复合物 EI,增加底物浓度可使 EI 转变为 ES。

按照米氏方程的推导方法,竞争性抑制剂存在时的米氏方程为:

$$v = \frac{V_{max}[S]}{K_m\left(1+\dfrac{[I]}{k_i}\right)+[S]}$$

将上述方程两边同时取倒数,则得其双倒数方程为:

$$\frac{1}{v} = \frac{K_m}{V_{max}}\left(1+\frac{[I]}{k_i}\right)\frac{1}{[S]}+\frac{1}{V_{max}}$$

若以 $1/v$ 对 $1/[S]$ 作图,得图 3-16。

与无抑制剂时相比,竞争性抑制剂存在时的直线斜率增大,此时横轴截距所代表的表观 K_m(apparent K_m)增大,即酶对底物的亲和力降低,但不影响 V_{max}。

由于抑制剂和酶的结合是可逆的,抑制程度取决于抑制剂与酶的相对亲和力及与底物浓度的相对比例。例如,丙二酸对琥珀酸脱氢酶的抑制作用是竞争性抑制作用,当丙二酸与琥珀酸的浓度比为1:50时,酶活性便被抑制50%。若增大琥珀酸浓

图 3-16 竞争性抑制作用双倒数作图

度,此抑制作用可被削弱。

　　磺胺类药物的抑菌机制属于对酶的竞争性抑制作用。细菌利用鸟苷三磷酸(GTP)从头合成四氢叶酸(FH₄)(图 3-17),其中 6-羟甲基-7,8-二氢蝶呤焦磷酸和对氨基苯甲酸生成 7,8-二氢蝶酸这步反应是由二氢蝶酸合酶(dihydropteroate synthase)来催化。磺胺类药物与对氨基苯甲酸的化学结构相似,竞争性地与二氢蝶酸合酶结合,抑制 FH₂ 以至于 FH₄ 合成,干扰一碳单位代谢,进而干扰核酸合成,使细菌的生长受到抑制。人类可直接利用食物中的叶酸,体内核酸合成不受磺胺类药物的干扰。

图 3-17　细菌从头合成四氢叶酸的途径和磺胺类药物抑菌的作用机制

　　根据竞争性抑制的特点,服用磺胺类药物时必须保持血液中足够高的药物浓度,以发挥其有效的抑菌作用。

　　2. 非竞争性抑制剂结合活性中心之外的调节位点　有些抑制剂与酶活性中心外的结合位点相结合,不影响酶与底物的结合,底物也不影响酶与抑制剂的结合。底物和抑制剂之间无竞争关系,但抑制剂-酶-底物复合物(IES)不能进一步释放出产物。这种抑制作用称为非竞争性抑制作用(noncompetitive inhibition)。

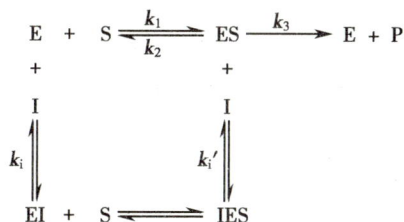

非竞争性抑制剂存在时的米氏方程为:

$$v=\frac{V_{max}[S]}{(K_m+[S])\left(1+\frac{[I]}{k_i}\right)}$$

其双倒数方程为:

$$\frac{1}{v}=\frac{K_m}{V_{max}}\left(1+\frac{[I]}{k_i}\right)\frac{1}{[S]}+\frac{1}{V_{max}}\left(1+\frac{[I]}{k_i}\right)$$

若以 $1/v$ 对 $1/[S]$ 作图,得图 3-18。

　　非竞争性抑制剂存在时,直线的斜率增大,而 K_m 不变,即非竞争性抑制剂不影响酶对底物的亲和

图 3-18 非竞争性抑制作用双倒数作图

力,但使 V_{max} 降低。亮氨酸对精氨酸酶的抑制、毒毛花苷 G(哇巴因)对细胞膜 Na^+,K^+-ATP 酶的抑制、麦芽糖对 α 淀粉酶的抑制都属于非竞争性抑制。

3. 反竞争性抑制剂的结合位点由底物诱导产生 与非竞争性抑制剂一样,此类抑制剂也是与酶活性中心外的调节位点结合。不同的是,没有底物结合时,游离的酶并不能与抑制剂结合,当底物与酶结合后,酶才能与抑制剂结合。因此,抑制剂仅与酶-底物复合物结合,使中间产物 ES 的量下降。这种抑制作用称为反竞争性抑制作用(uncompetitive inhibition)。

$$E + [S] \underset{k_2}{\overset{k_1}{\rightleftharpoons}} ES \overset{k_3}{\longrightarrow} E + P$$
$$+$$
$$I$$
$$k_i \updownarrow$$
$$IES$$

反竞争性抑制剂存在时的米氏方程为:

$$v = \frac{V_{max}[S]}{K_m + \left(1 + \dfrac{[I]}{k_i}\right)[S]}$$

其双倒数方程为:

$$\frac{1}{v} = \frac{K_m}{V_{max}} \cdot \frac{1}{[S]} + \frac{1}{V_{max}}\left(1 + \frac{[I]}{k_i}\right)$$

同样,若以 $1/v$ 对 $1/[S]$ 作图,得图 3-19。

反竞争性抑制剂不改变直线的斜率,但使酶促反应的 V_{max} 降低,这是由于一部分 ES 与 I 结合,生成不能转变为产物的 IES 的缘故。反竞争性抑制剂使酶促反应的表观 K_m 降低。其原因是由于 IES 的形成,使 ES 量下降,增加酶对底物的亲和力,从而增进底物与酶结合的作用。苯丙氨酸对胎盘型碱性磷酸酶的抑制属于反竞争性抑制作用。

现将三种可逆性抑制作用的特点比较列于表 3-8。

图 3-19 反竞争性抑制作用双倒数作图

表 3-8 三种可逆性抑制作用的比较

作用特点	无抑制剂	竞争性抑制剂	非竞争性抑制剂	反竞争性抑制剂
I 的结合部位		E	E、ES	ES
动力学特点				
表观 K_m	K_m	增大	不变	减小
V_{max}	V_{max}	不变	降低	降低
双倒数作图				
横轴截距	$-1/K_m$	增大	不变	减小
纵轴截距	$1/V_{max}$	不变	增大	增大
斜率	K_m/V_{max}	增大	增大	不变

六、激活剂可提高酶促反应速率

使酶由无活性变为有活性或使酶活性增加的物质称为酶的激活剂(activator)。激活剂大多为金属离子,如 Mg^{2+}、K^+、Mn^{2+} 等;少数为阴离子,如 Cl^-。也有许多有机化合物激活剂,如胆汁酸盐。

大多数金属离子激活剂对酶促反应是不可缺少的,否则将测不到酶的活性。这类激活剂称为酶的必需激活剂(essential activator)。必需激活剂参加酶与底物或与酶-底物复合物结合反应,但激活剂本身不转化为产物。例如,己糖激酶催化的反应中,Mg^{2+} 与底物 ATP 结合生成 Mg^{2+}-ATP,后者作为酶的真正底物参加反应。有些酶即使激活剂不存在时,仍有一定的催化活性,激活剂则可使其活性增加,这类激活剂称为非必需激活剂(non-essential activator)。非必需激活剂通过与酶或底物或酶-底物复合物结合,提高酶的活性。例如,Cl^- 是唾液淀粉酶的非必需激活剂。

第四节　酶 的 调 节

细胞内许多酶的活性是可以受调节的。通过调节,有些酶可在有活性和无活性、或者高活性和低活性两种状态之间转变。此外,某些酶在细胞内的含量也可以发生改变,从而改变酶在细胞内的总活性。细胞根据内外环境的变化而调整细胞内代谢时,主要是通过对催化限速反应的调节酶(亦称为关键酶)的活性进行调节而实现的(见第十章)。

一、酶活性的调节是对酶促反应速率的快速调节

细胞对现有酶活性的调节包括酶的别构调节和酶的化学修饰调节,它们属于对酶促反应速率的快速调节。

(一) 别构效应剂通过改变酶的构象而调节酶活性

体内一些代谢物可与某些酶的活性中心外的某个部位非共价可逆结合,引起酶的构象改变,从而改变酶的活性,酶的这种调节方式称为酶的别构调节(allosteric regulation of enzymes),亦曾称为变构调节。

受别构调节的酶称为别构酶(allosteric enzyme),引起别构效应的物质称为别构效应剂(allosteric effector)。酶分子与别构效应剂结合的部位称为别构部位(allosteric site)或调节部位(regulatory site)。有些酶的调节部位与催化部位存于同一亚基;有的则分别存在于不同的亚基,从而有催化亚基和调节亚基之分。根据别构效应剂对别构酶的调节效果,有别构激活剂(allosteric activator)和别构抑制剂(allosteric inhibitor)之分。别构效应剂可以是代谢途径的终产物、中间产物、酶的底物或其他物质。

别构酶分子中常含有多个(偶数)亚基,具有多亚基的别构酶也与血红蛋白一样,存在着协同效应,包括正协同效应和负协同效应。如果效应剂与酶的一个亚基结合,此亚基的别构效应使相邻亚基也发生构象改变,并增加对此效应剂的亲和力,这种协同效应称为正协同效应;如果后续亚基的构象改变降低对此效应剂的亲和力,则称为负协同效应。如果效应剂是底物本身,正协同效应的反应速率-底物浓度曲线呈"S"形(图 3-20)。

(二) 酶的化学修饰调节是通过某些化学基团与酶的共价可逆结合来实现

酶蛋白肽链上的一些基团可在其他酶的催化下,与某些化学基团共价结合,同时又可在另一种酶的催化下,去掉已结合的化学基团,从而影响酶的活性,酶的这种调节方式称为酶的共价修饰(covalent modification of enzymes)或称酶的化学修饰(chemical modification)。在化学修饰过程中,酶发生无活性(或低活性)与有活性(或高活性)两种形式的互变。酶的共价修饰有多种形式,其中最常见的形式是磷酸化和去磷酸化。酶蛋白的磷酸化是在蛋白激酶的催化下,来自 ATP 的 γ-磷酸基共价地结合在酶蛋白的 Ser、Thr 或 Tyr 残基的侧链羟基上。反之,磷酸化的酶蛋白在磷蛋白磷酸酶催化下,磷酸酯键被水解而脱去磷酸基(图 3-21)。

图 3-20　别构酶的正协同效应速率-底物浓度作图
别构激活剂使别构酶的"S"形曲线左移,别构抑制
剂使"S"形曲线右移

图 3-21　酶的磷酸化和去磷酸化调节

（三）酶原需要通过激活过程才能转变为有活性的酶

有些酶在细胞内合成或初分泌、或在其发挥催化功能前处于无活性状态,这种无活性的酶的前体称作酶原(zymogen 或 proenzyme)。在一定条件下,酶原向有催化活性的酶的转变过程称为酶原的激活。酶原的激活大多是经过蛋白酶的水解作用,去除一个或几个肽段后,导致分子构象改变,从而表现出催化活性。酶原激活实际上是酶的活性中心形成或暴露的过程。例如,胰蛋白酶原进入小肠后,在 Ca^{2+} 存在下受肠激酶的作用,第 6 位赖氨酸残基与第 7 位异亮氨酸残基之间的肽键断裂,水解掉一个六肽,分子构象发生改变,形成酶的活性中心,从而成为有催化活性的胰蛋白酶(图 3-22)(动画 3-1"胰蛋白酶原激活")。

图 3-22　胰蛋白酶原的激活示意图

此外,胃蛋白酶原、胰凝乳蛋白酶原、弹性蛋白酶原及羧基肽酶原等均需水解掉一个或几个肽段后,才具有消化蛋白质的活性(表 3-9)。

酶原的存在和酶原激活具有重要的生理意义。消化道蛋白酶以酶原形式分泌可避免胰腺的自身

消化和细胞外基质蛋白遭受蛋白酶的水解破坏,同时还能保证酶在特定环境和部位发挥其催化作用。生理情况下,血管内的凝血因子以酶原形式存在,不发生血液凝固,可保证血流畅通。一旦血管破损,一系列凝血因子被激活,凝血酶原被激活生成凝血酶,后者催化纤维蛋白原转变成纤维蛋白,产生血凝块以阻止大量失血,对机体起保护作用。

表3-9　某些酶原的激活需水解掉一个或几个肽段

酶原	激活因素	激活形式	激活部位
胃蛋白酶原	H⁺或胃蛋白酶	胃蛋白酶+六肽	胃腔
胰凝乳蛋白酶原	胰蛋白酶	胰凝乳蛋白酶+两个二肽	小肠腔
弹性蛋白酶原	胰蛋白酶	弹性蛋白酶+几个肽段	小肠腔
羧基肽酶原A	胰蛋白酶	羧基肽酶A+几个肽段	小肠腔

二、酶含量的调节是对酶促反应速率的缓慢调节

酶是机体的组成成分,各种酶都处于不断合成与降解的动态平衡过程中。因此,除改变酶的活性外,细胞也可通过改变酶蛋白合成与降解的速率来调节酶的含量,进而影响酶促反应速率。

(一)酶蛋白合成可被诱导或阻遏

某些底物、产物、激素、生长因子及某些药物等可以在转录水平上影响酶蛋白的生物合成。一般在转录水平上能促进酶合成的物质称为诱导物(inducer),诱导物诱发酶蛋白合成的作用称为诱导作用(induction)。反之,在转录水平上能减少酶蛋白合成的物质称为辅阻遏物(co-repressor),辅阻遏物与无活性的阻遏蛋白结合而影响基因的转录,这种作用称为阻遏作用(repression)。酶基因被诱导表达后,尚需经过转录水平和翻译水平的加工修饰等过程,所以从诱导酶的合成到其发挥效应,一般需要几小时以上方可见效。但是,一旦酶被诱导合成后,即使去除诱导因素,酶的活性仍然持续存在,直到该酶被降解或抑制。因此,与酶活性的调节相比,酶合成的诱导与阻遏是一种缓慢而长效的调节。例如,胰岛素可诱导合成HMG-CoA还原酶,促进体内胆固醇合成,而胆固醇则阻遏HMG-CoA还原酶的合成;糖皮质激素可诱导磷酸烯醇式丙酮酸羧激酶的合成,促进糖异生。镇静催眠类药物苯巴比妥可诱导肝微粒体单加氧酶合成。

(二)酶的降解与一般蛋白质降解途径相同

细胞内各种酶的半寿期相差很大。如鸟氨酸脱羧酶的半寿期很短,仅30分钟,而乳酸脱氢酶的半寿期可长达130小时。组织蛋白的降解途径有:①组织蛋白降解的溶酶体途径(非ATP依赖性蛋白质降解途径),由溶酶体内的组织蛋白酶非选择性催化分解一些膜结合蛋白、长半寿期蛋白和细胞外的蛋白;②组织蛋白降解的胞质途径(ATP依赖性泛素介导的蛋白降解途径),主要降解异常或损伤的蛋白质,以及几乎所有短半寿期(10分钟至2小时)的蛋白质。

第五节　酶的分类与命名

目前已发现4000多种酶,为了研究和使用方便,1961年,国际生物化学学会酶学委员会推荐一套系统命名法及分类方法。

一、酶可根据其催化的反应类型予以分类

根据酶催化的反应类型,酶可以分为六大类。

(一)氧化还原酶类

催化氧化还原反应的酶属于氧化还原酶类(oxidoreductases),包括催化传递电子、氢以及需氧参加反应的酶。例如乳酸脱氢酶、琥珀酸脱氢酶、细胞色素氧化酶、过氧化氢酶、过氧化物酶等。

（二）转移酶类

催化底物之间基团转移或交换的酶属于转移酶类（transferases）。例如甲基转移酶、氨基转移酶、乙酰转移酶、转硫酶、激酶和多聚酶等。

（三）水解酶类

催化底物发生水解反应的酶属于水解酶类（hydrolases）。按其所水解的底物不同可分为蛋白酶、核酸酶、脂肪酶和脲酶等。根据蛋白酶对底物蛋白的作用部位，可进一步分为内肽酶和外肽酶。同样，核酸酶也可分为外切核酸酶和内切核酸酶。

（四）裂合酶类

催化从底物移去一个基团并形成双键的反应或其逆反应的酶属于裂合酶类（lyases）。例如脱水酶、脱羧酶、醛缩酶、水化酶等。

（五）异构酶类

催化分子内部基团的位置互变，几何或光学异构体互变，以及醛酮互变的酶属于异构酶类（isomerases）。例如变位酶、表异构酶、异构酶、消旋酶等。

（六）连接酶类

催化两种底物形成一种产物并同时偶联有高能键水解和释能的酶属于连接酶类（ligases）（旧称合成酶类，synthetases）。此类酶催化分子间的缩合反应，或同一分子两个末端的连接反应；在催化反应时需核苷三磷酸（NTP）水解释能。例如 DNA 连接酶、氨基酰-tRNA 合成酶、谷氨酰胺合成酶等。

系统命名法最初对合酶（synthase）和合成酶（synthetase）进行了区分，合酶催化反应时不需要 NTP 供能，而合成酶需要。生物化学命名联合委员会（JCBN）规定：无论利用 NTP 与否，合酶能够被用于催化合成反应的任何一种酶。因此合酶属于连接酶类。

国际系统分类法除按上述六类将酶依次编号外，还根据酶所催化的化学键的特点和参加反应的基团不同，将每一大类又进一步分类。每种酶的分类编号均由四组数字组成，数字前冠以 EC（enzyme commission）。编号中第一个数字表示该酶属于六大类中的哪一类；第二组数字表示该酶属于哪一亚类；第三组数字表示亚-亚类；第四组数字是该酶在亚-亚类中的排序（表 3-10）。

表 3-10　酶的分类与命名举例

酶的分类	系统名称	编号	催化反应	推荐名称
1. 氧化还原酶类	L-乳酸：NAD^+-氧化还原酶	EC. 1.1.1.27	L-乳酸+NAD^+⇌丙酮酸+$NADH+H^+$	L-乳酸脱氢酶
2. 转移酶类	L-丙氨酸：α-酮戊二酸氨基转移酶	EC. 2.6.1.2	L-丙氨酸+α-酮戊二酸⇌丙酮酸+L-谷氨酸	谷丙转氨酶
3. 水解酶类	1,4-α-D-葡聚糖-聚糖水解酶	EC. 3.2.1.1	水解含有 3 个以上 1,4-α-D-葡萄糖基的多糖中 1,4-α-D-葡萄糖苷键	α-淀粉酶
4. 裂合酶类	D-果糖-1,6-二磷酸-D-甘油醛-3-磷酸裂合酶	EC. 4.1.2.13	D-果糖-1,6-二磷酸⇌磷酸二羟丙酮 + D-甘油醛-3-磷酸	果糖二磷酸醛缩酶
5. 异构酶类	D-甘油醛-3-磷酸醛-酮-异构酶	EC. 5.3.1.1	D-甘油醛-3-磷酸⇌磷酸二羟丙酮	磷酸丙糖异构酶
6. 连接酶类	L-谷氨酸：氨连接酶（生成 ADP）	EC. 6.3.1.2	$ATP+L$-谷氨酸+NH_3→$ADP+Pi+L$-谷氨酰胺	谷氨酰胺合成酶

二、每一种酶均有其系统名称和推荐名称

在酶学研究早期，酶的命名缺乏系统的规则，酶的名称多由发现者确定。虽然这些习惯名称多是

根据酶所催化的底物、反应的性质以及酶的来源而定的,但常出现混乱。有的名称(如心肌黄酶、触酶等)完全不能说明酶促反应的本质。为了克服习惯名称的弊端,国际生物化学与分子生物学学会(IU-BMB)以酶的分类为依据,于 1961 年提出系统命名法。系统命名法规定每一个酶都有一个系统名称(systematic name),它标明酶的所有底物与反应性质。底物名称之间以":"分隔。由于许多酶促反应是双底物或多底物反应,且许多底物的化学名称太长,这使许多酶的系统名称过长和过于复杂。为了应用方便,国际酶学委员会又从每种酶的数个习惯名称中选定一个简便实用的推荐名称(recommended name)(表 3-10)。

第六节　酶在医学中的应用

酶在医学中的应用十分广泛和重要,多种遗传病与酶的先天缺陷有关,许多酶已成为临床上诊断疾病的良好指标,有些酶还可作为药物用来治疗疾病。

一、酶与疾病的发生、诊断及治疗密切相关

(一) 许多疾病与酶的质和量的异常相关

1. 酶的先天性缺陷是先天性疾病的重要病因之一　现已发现 140 多种先天性代谢缺陷中,多由酶的先天性或遗传性缺损所致。例如,酪氨酸酶缺乏引起白化病;苯丙氨酸羟化酶缺乏使苯丙氨酸和苯丙酮酸在体内堆积,高浓度的苯丙氨酸可抑制 5-羟色胺的生成,导致精神幼稚化;肝细胞中葡糖-6-磷酸酶缺陷,可引起 Ⅰ a 型糖原贮积症。

2. 一些疾病可引起酶活性或量的异常　许多疾病引起酶的异常,这种异常又使病情加重。例如,急性胰腺炎时,胰蛋白酶原在胰腺中被激活,造成胰腺组织被水解破坏。许多炎症都可以导致弹性蛋白酶从浸润的白细胞或巨噬细胞中释放,对组织产生破坏作用。激素代谢障碍或维生素缺乏可引起某些酶的异常。例如,维生素 K 缺乏时,凝血因子 Ⅱ、Ⅶ、Ⅸ、Ⅹ 的前体不能在肝内进一步羧化生成成熟的凝血因子,病人表现出因这些凝血因子质的异常所导致的临床征象。

酶活性受到抑制多见于中毒性疾病。例如,有机磷农药中毒时,抑制胆碱酯酶活性,引起乙酰胆碱堆积,导致神经肌肉和心脏功能的严重紊乱。重金属中毒时,一些巯基酶的活性被抑制而导致代谢紊乱。

(二) 体液中酶活性的改变可作为疾病的诊断指标

组织器官损伤可使其组织特异性的酶释放入血,有助于对组织器官疾病的诊断。如急性肝炎时血清谷丙转氨酶活性升高;急性胰腺炎时血、尿淀粉酶活性升高;前列腺癌病人血清酸性磷酸酶含量增高;骨癌病人血中碱性磷酸酶含量升高;卵巢癌和睾丸肿瘤病人血中胎盘型碱性磷酸酶升高。因此,血清中酶的增多或减少可用于辅助诊断和预后判断。

(三) 某些酶可作为药物用于疾病的治疗

1. 有些酶作为助消化的药物　酶作为药物最早用于助消化。如消化腺分泌功能下降所致的消化不良,可服用胃蛋白酶、胰蛋白酶、胰脂肪酶、胰淀粉酶等予以纠正。

2. 有些酶用于清洁伤口和抗炎　在清洁化脓伤口的洗涤液中,加入胰蛋白酶、溶菌酶、木瓜蛋白酶、菠萝蛋白酶等可加强伤口的净化、抗炎和防止浆膜粘连等。在某些外敷药中加入透明质酸酶可以增强药物的扩散作用。

3. 有些酶具有溶解血栓的疗效　临床上常用链激酶、尿激酶及纤溶酶等溶解血栓,用于治疗心、脑血管栓塞等疾病。

此外,许多药物的作用机制是通过抑制体内的某些酶来达到治疗目的。前述的磺胺类药物是细菌二氢蝶酸合酶的竞争性抑制剂;氯霉素可抑制某些细菌转肽酶的活性从而抑制其蛋白质的合成;抗抑郁药通过抑制单胺氧化酶而减少儿茶酚胺的灭活,治疗抑郁症;洛伐他汀通过竞争性抑制 HMG-

CoA 还原酶的活性,减少胆固醇合成。甲氨蝶呤、5-氟尿嘧啶、6-巯基嘌呤等用于治疗肿瘤也是因为它们都是核苷酸合成途径中相关酶的竞争性抑制剂。

二、酶可作为试剂用于临床检验和科学研究

(一)有些酶可作为酶偶联测定法中的指示酶或辅助酶

有些酶促反应的底物或产物含量极低,不易直接测定。此时,可偶联另一种或两种酶,使初始反应产物定量地转变为另一种较易定量测定的产物,从而测定初始反应中的底物、产物或初始酶活性。这种方法称为酶偶联测定法。若偶联一种酶,这个酶即为指示酶(indicator enzyme);若偶联两种酶,则前一种酶为辅助酶(auxiliary enzyme),后一种酶为指示酶。例如,临床上测定血糖时,利用葡糖氧化酶将葡萄糖氧化为葡萄糖酸,并释放 H_2O_2,过氧化物酶催化 H_2O_2 与 4-氨基安替比林及苯酚反应生成水和红色醌类化合物,测定红色醌类化合物在 505nm 处的吸光度即可计算出血糖浓度。此反应中的过氧化物酶即为指示酶。

(二)有些酶可作为酶标记测定法中的标记酶

临床上经常需检测许多微量分子,过去一般都采用放射性核素标记法。鉴于其应用不便,现今多以酶标记代替核素标记。例如,酶联免疫吸附测定(enzyme-linked immunosorbent assays,ELISA)法就是利用抗原-抗体特异性结合的特点,将标记酶与抗体偶联,对抗原或抗体进行检测的一种方法。常用的标记酶有辣根过氧化物酶、碱性磷酸酶、葡糖氧化酶、β-D-半乳糖苷酶等。

(三)多种酶成为基因工程常用的工具酶

多种酶现已常规用于基因工程操作过程中。例如,Ⅱ型限制性内切核酸酶、DNA 连接酶、逆转录酶、DNA 聚合酶等。

小　结

酶是对其特异底物起高效催化作用的蛋白质。结合酶由酶蛋白和辅因子组成,只有全酶才具有催化作用。同工酶是指催化相同的化学反应,但酶蛋白的分子结构、理化性质乃至免疫学性质不同的一组酶。

酶对底物具有极高的催化效率、对底物具有高度的特异性以及具有可调节性。酶的特异性包括绝对特异性与相对特异性。

酶的活性中心是酶分子中能与底物特异地结合并催化底物转变为产物的具有特定三维结构的区域。活性中心内外的必需基团对于维持酶活性中心的构象是不可或缺的。

酶催化反应时,先与底物结合形成酶-底物复合物,通过邻近效应、定向排列、表面效应使底物转变成过渡态,并呈现多元催化作用。

酶促反应速率受底物浓度、酶浓度、温度、pH、抑制剂和激活剂等影响。米氏方程揭示了单底物反应的动力学特性,米氏方程的双倒数作图常用来准确求取 K_m 和 V_{max}。K_m 值等于反应速率为最大反应速率一半时的底物浓度,在一定条件下可反映酶与底物的亲和力大小。

三种可逆性抑制剂作用的特点:竞争性抑制剂存在时表观 K_m 增大,V_{max} 不变;非竞争性抑制剂存在时 K_m 不变,V_{max} 下降;反竞争性抑制剂存在时表观 K_m 和 V_{max} 均降低。

别构调节是由于别构效应剂与酶的活性中心外的某个部位非共价可逆结合,而改变酶的催化活性。化学修饰调节是因酶蛋白肽链上的一些基团在其他酶的催化下,与某些化学基团共价可逆结合,而影响酶的活性。

酶原是无活性的酶前体。酶原激活的实质是酶的活性中心形成或暴露的过程。

根据酶催化的反应类型将其分为 6 大类:氧化还原酶类、转移酶类、水解酶类、裂合酶类、异构酶类和连接酶类。

思 考 题

1. 用什么办法能证明酶的化学本质是蛋白质?

2. 在测定某一酶活性时,应当注意控制哪些条件?

3. 欲使一个酶促反应的速率(v)达到最大反应速率(V_{max})的80%,则[S]与K_m的关系如何?

4. 温度如何对酶促反应速率发挥双重影响?

5. 当某种酶制剂中混有抑制剂时,怎样来鉴别这是可逆性抑制剂还是不可逆性抑制剂? 假如混有的是可逆性抑制剂,怎样来证明?

（田余祥）

第四章　聚糖的结构与功能

　　细胞中存在着种类各异的由糖基分子与蛋白质或脂以共价键连接而形成的复合生物大分子,如糖蛋白、蛋白聚糖和糖脂等,统称为复合糖类(complex carbohydrate),又称为糖复合体(glycoconjugate)。组成复合糖类中的糖组分是由单糖通过糖苷键聚合而成的寡糖或多糖,称为聚糖(glycan)。就结构而言,糖蛋白和蛋白聚糖均由共价连接的蛋白质和聚糖两部分组成,而糖脂由聚糖与脂质组成。体内也存在着蛋白质、糖与脂质三位一体的复合物,主要利用糖基磷脂酰肌醇(glycosylphosphatidyl inositol,GPI)将蛋白质锚定于细胞膜中。

　　大多数真核细胞都能合成一定数量和类型的糖蛋白和蛋白聚糖,分布于细胞表面、细胞内分泌颗粒和细胞核内;也可被分泌出细胞,构成细胞外基质成分。糖蛋白分子中蛋白质重量百分比大于聚糖,而蛋白聚糖中聚糖所占重量在一半以上,甚至高达95%,以致大多数蛋白聚糖中聚糖分子质量高达10万以上。由于组成糖蛋白和蛋白聚糖的聚糖结构迥然不同,因此两者在合成途径和功能上存在显著差异。

第一节　糖蛋白分子中聚糖及其合成过程

　　糖蛋白(glycoprotein)是指糖类分子与蛋白质分子共价结合形成的蛋白质,其分子中的含糖量因蛋白质不同而异,有的可达20%,有的仅为5%以下。此外,糖蛋白分子中的单糖种类、组成比和聚糖的结构也存在显著差异。组成糖蛋白分子中聚糖的单糖有7种:葡萄糖(glucose,Glc)、半乳糖(galactose,Gal)、甘露糖(mannose,Man)、N-乙酰半乳糖胺(N-acetylgalactosamine,GalNAc)、N-乙酰葡糖胺(N-acetylglucosamine,GlcNAc)、岩藻糖(fucose,Fuc)和N-乙酰神经氨酸(N-acetylneuraminic acid,NeuAc)。

图 4-1　糖蛋白聚糖的 N-连接型和 O-连接型
注:X 为脯氨酸以外的任何氨基酸

　　由上述单糖构成结构各异的聚糖可经两种方式与糖蛋白的蛋白质部分连接,因此,根据连接方式不同可将糖蛋白聚糖分为 N-连接型聚糖(N-linked glycan)和 O-连接型聚糖(O-linked glycan)。N-连接型聚糖是指与蛋白质分子中天冬酰胺残基的酰胺氮相连的聚糖;O-连接型聚糖是指与蛋白质分子中丝氨酸或苏氨酸羟基相连的聚糖(图4-1)。所以,糖蛋白也相应分成 N-连接糖蛋白和 O-连接糖蛋白。

　　不同种属、组织的同一种糖蛋白的 N-连接型聚糖的结合位置、糖基数目、糖基序列不同,可以产生不同的糖蛋白分子形式。即使是同一组织中的某种糖蛋白,不同分子的同一糖基化位点的 N-连接型聚糖结构也可以不同,这种糖蛋白聚糖结构的不均一性称为糖形(glycoform)。

一、N-连接型糖蛋白的糖基化位点为 Asn-X-Ser/Thr

聚糖中的 N-乙酰葡糖胺与蛋白质中天冬酰胺残基的酰胺氮以共价键连接,形成 N-连接型糖蛋白,这种蛋白质等非糖生物分子与糖形成共价结合的反应过程称为糖基化。但是并非糖蛋白分子中所有天冬酰胺残基都可连接聚糖,只有糖蛋白分子中与糖形成共价结合的特定氨基酸序列,即 Asn-X-Ser/Thr(其中 X 为脯氨酸以外的任何氨基酸)3 个氨基酸残基组成的序列子(sequon)才有可能,这一序列子被称为糖基化位点(图 4-1)。一个糖蛋白分子可存在若干个 Asn-X-Ser/Thr 序列子,这些序列子只能视为潜在糖基化位点,能否连接上聚糖还取决于周围的立体结构等。

二、N-连接型聚糖结构有高甘露糖型、复杂型和杂合型之分

根据结构可将 N-连接型聚糖分为 3 型:高甘露糖型、复杂型和杂合型。这 3 型 N-连接型聚糖都有一个由 2 个 N-GlcNAc 和 3 个 Man 形成的五糖核心(图 4-2)。高甘露糖型在核心五糖上连接了 2 ~ 9 个甘露糖,复杂型在核心五糖上可连接 2、3、4 或 5 个分支聚糖,宛如天线状,天线末端常连有 N-乙酰神经氨酸。杂合型则兼有两者的结构。

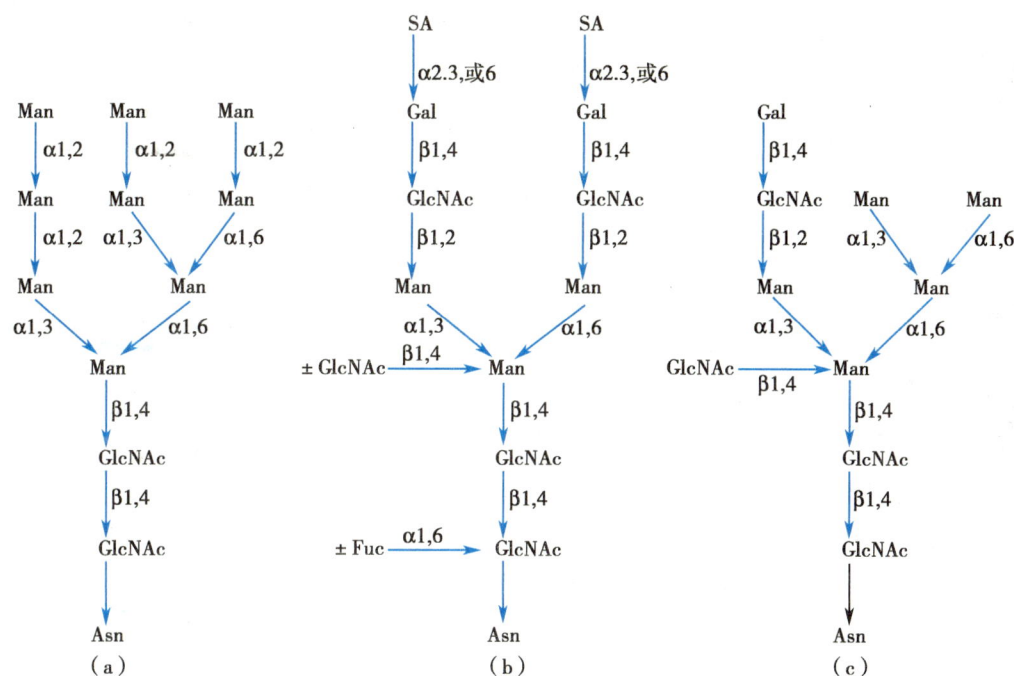

图 4-2 N-连接型聚糖的分型
(a)高甘露糖型;(b)复杂型;(c)杂合型
Man:甘露糖;GlcNAc:N-乙酰葡糖胺;SA:唾液酸;Gal:半乳糖;Fuc:岩藻糖;Asn:天冬酰胺

三、N-连接型聚糖合成是以长萜醇作为聚糖载体

N-连接型聚糖的合成场所是粗面内质网和高尔基体,可与蛋白质肽链的合成同时进行。在内质网内以长萜醇(dolichol,dol)作为聚糖载体,在糖基转移酶(一种催化糖基从糖基供体转移到受体化合物的酶)的作用下先将 UDP-GlcNAc 分子中的 GlcNAc 转移至长萜醇,然后再逐个加上糖基,糖基必须活化成 UDP 或 GDP 的衍生物,才能作为糖基供体底物参与反应,直至形成含有 14 个糖基的长萜醇焦磷酸聚糖结构,后者作为一个整体被转移至肽链的糖基化位点中的天冬酰胺的酰胺氮上。然后聚糖链依次在内质网和高尔基体进行加工,先由糖苷水解酶除去葡萄糖和部分甘露糖,然后再加上不同的单糖,成熟为各型 N-连接型聚糖。图 4-3 显示从内质网到高尔基体,三种不同类型的聚糖逐步加工的

图 4-3   三种不同类型 N-连接型聚糖加工过程

过程。(动画 4-1 "N-聚糖的加工")

在生物体内,有些糖蛋白的加工简单,仅形成较为单一的高甘露糖型聚糖,有些形成杂合型,而有些糖蛋白则通过多种加工形成复杂型的聚糖。不同组织的同一种糖蛋白分子中的聚糖结构可以不同,说明 N-连接型聚糖存在极大的多样性。即使同一种糖蛋白,其相同糖基化位点的聚糖结构也可不同,显示出相当大的微观不均一性,这可能与不完全糖基化以及糖苷酶和糖基转移酶缺乏绝对专一性有关。

四、O-连接型聚糖合成不需要聚糖载体

聚糖中的 N-乙酰半乳糖胺与多肽链的丝氨酸或苏氨酸残基的羟基以共价键相连而形成 O-连接糖蛋白。其糖基化位点的确切序列子还不清楚,但通常存在于糖蛋白分子表面丝氨酸和苏氨酸比较集中且周围常有脯氨酸的序列中,提示 O-连接糖蛋白的糖基化位点由多肽链的二级结构、三级结构决定。

O-连接型聚糖常由 N-乙酰半乳糖胺与半乳糖构成核心二糖,核心二糖可重复延长及分支,再连接上岩藻糖、N-乙酰葡糖胺等单糖。与 N-连接型聚糖合成不同,O-连接型聚糖合成是在多肽链合成后进行的,而且不需聚糖载体。在 GalNAc 转移酶作用下,将 UDP-GalNAc 中的 GalNAc 基转移至多肽链的丝/苏氨酸的羟基上,形成 O-连接,然后逐个加上糖基,每一种糖基都有其相应的专一性糖基转移酶。整个过程在内质网开始,到高尔基体内完成。

五、蛋白质 β-N-乙酰葡糖胺的糖基化是可逆的单糖基修饰

蛋白质糖基化修饰除 N-连接型聚糖修饰和 O-连接型聚糖修饰外,还有 β-N-乙酰葡糖胺的单糖基修饰(O-GlcNAc),主要发生于膜蛋白和分泌蛋白。蛋白质的 O-GlcNAc 糖基化修饰是在 O-GlcNAc 糖基转移酶(O-GlcNAc transferase,OGT)作用下,将 β-N-乙酰葡糖胺以共价键方式结合于蛋白质的丝/苏氨酸残基上。这种糖基化修饰与 N-或 O-连接型聚糖修饰不同,不在内膜(如内质网、高尔基体)系统中进行,主要存在于细胞质或胞核中。

蛋白质在 O-GlcNAc 糖基化后,其解离需要特异性的 β-N-乙酰葡糖胺酶(O-GlcNAcase)作用,O-

GlcNAc 糖基化与去糖基化是个动态平衡的过程。糖基化后,蛋白质肽链的构象将发生改变,从而影响蛋白质功能。可见,蛋白质在 OGT 与 O-GlcNAcase 作用下的这种糖基化过程与蛋白质磷酸化调节具有相似特性。此外,O-GlcNAc 糖基化位点也经常位于蛋白质丝/苏氨酸磷酸化位点处或其邻近部位,糖基化后即会影响磷酸化的进行,反之亦然。因此,O-GlcNAc 糖基化与蛋白质磷酸化可能是一种相互拮抗的修饰行为,共同参与信号通路调节过程。

六、糖蛋白分子中聚糖影响蛋白质的半寿期、结构与功能

人体细胞内蛋白质约三分之一为糖蛋白,执行不同的功能。糖蛋白分子中聚糖不但能影响蛋白部分的构象、聚合、溶解及降解,还参与糖蛋白相互识别、结合等功能。

(一)聚糖可稳固多肽链的结构及延长半寿期

糖蛋白的聚糖通常存在于蛋白质表面环或转角的序列处,并突出于蛋白质的表面。有些聚糖可能通过限制与它们连接的多肽链的构象自由度而起结构性作用。O-连接型聚糖常成簇地分布在蛋白质高度糖基化的区段上,有助于稳固多肽链的结构。一般来说,去除聚糖的糖蛋白,容易受蛋白酶水解,说明聚糖可保护肽链,延长半寿期。有些酶的活性依赖其聚糖,如羟甲基戊二酸单酰辅酶 A(HMG-CoA)还原酶去聚糖后其活性降低 90% 以上;脂蛋白脂肪酶 N-连接型聚糖的核心五糖为酶活性所必需。当然,蛋白质的聚糖也可起屏障作用,抑制糖蛋白的作用。

(二)聚糖参与糖蛋白新生肽链的折叠或聚合

不少糖蛋白的 N-连接型聚糖参与新生肽链的折叠,维持蛋白质正确的空间构象。如用 DNA 定点突变方法去除某一病毒 G 蛋白的两个糖基化位点,此 G 蛋白就不能形成正确的链内二硫键而错配成链间二硫键,空间构象也发生改变。运铁蛋白受体有 3 个 N-连接型聚糖,分别位于 Asn251、Asn317 和 Asn727。已发现 Asn727 与肽链的折叠和运输密切相关;Asn251 连接有三天线复杂型聚糖,此聚糖对于形成正常二聚体起重要作用,可见聚糖能影响亚基聚合。在哺乳类动物新生蛋白质折叠过程中,具有凝集素活性的分子伴侣——钙连蛋白(calnexin)和(或)钙网蛋白(calreticulin)等,通过识别并结合折叠中的蛋白质(聚糖)部分,帮助蛋白质进行准确折叠,同样也能使错误折叠的蛋白质进入降解系统。

(三)聚糖可影响糖蛋白在细胞内的靶向运输

糖蛋白的聚糖可影响糖蛋白在细胞内靶向运输的典型例子是溶酶体酶合成后向溶酶体的靶向运输。溶酶体酶在内质网合成后,其聚糖末端的甘露糖在高尔基体被磷酸化成 6-磷酸甘露糖,然后与溶酶体膜上的 6-磷酸甘露糖受体识别、结合,定向转送至溶酶体内。若聚糖末端甘露糖不被磷酸化,那么溶酶体酶只能被分泌至血浆,而溶酶体内几乎没有酶,可导致疾病产生。

(四)聚糖参与分子间的相互识别

聚糖中单糖间的连接方式有 1,2 连接、1,3 连接、1,4 连接和 1,6 连接;这些连接又有 α 和 β 之分。这种结构的多样性是聚糖分子识别作用的基础。

猪卵细胞透明带中分子质量为 5.5 万的 ZP-3 蛋白,含有 O-连接型聚糖,能识别精子并与之结合。受体与配体识别、结合也需聚糖的参与。如整合素(integrin)与其配体纤连蛋白结合,依赖完整的整合素 N-连接型聚糖的结合;若用聚糖加工酶抑制剂处理白血病 K562 细胞,使整合素聚糖改变成高甘露糖型或杂合型,均可降低与纤连蛋白识别和结合的能力。

红细胞的血型物质含糖达 80% ~ 90%。ABO 血型物质是存在于细胞表面糖脂中的聚糖组分。ABO 系统中血型物质 A 和 B 均是在血型物质 O 的聚糖非还原端各加上 GalNAc 或 Gal,仅一个糖基之差,使红细胞能分别识别不同的抗体,产生不同的血型。细菌表面存在各种凝集素样蛋白,可识别人体细胞表面的聚糖结构,进而侵袭细胞。

细胞表面复合糖类的聚糖还能介导细胞-细胞的结合。血液循环中的白细胞需通过沿血管壁排列的内皮细胞,才能出血管至炎症组织。白细胞表面存在一类黏附分子称选凝素(selectin),能识别

并结合内皮细胞表面糖蛋白分子中的特异聚糖结构,白细胞以此与内皮细胞黏附,进而通过其他黏附分子的作用,使白细胞移动并完成出血管的过程。

免疫球蛋白 G(IgG)属于 N-连接糖蛋白,其聚糖主要存在于 Fc 段。IgG 的聚糖可结合单核细胞或巨噬细胞上的 Fc 受体,并与补体 C1q 的结合和激活以及诱导细胞毒等过程有关。若 IgG 去除聚糖,其铰链区的空间构象遭到破坏,上述与 Fc 受体和补体的结合功能就会丢失。

第二节　蛋白聚糖分子中的糖胺聚糖

蛋白聚糖(proteoglycan)是一类非常复杂的复合糖类,以聚糖含量为主,由糖胺聚糖(glycosaminoglycan,GAG)共价连接于不同核心蛋白质形成的糖复合体。一种蛋白聚糖可含有一种或多种糖胺聚糖。糖胺聚糖是由二糖单位重复连接而成的杂多糖,不分支。二糖单位中一个是糖胺(N-乙酰葡糖胺或 N-乙酰半乳糖胺),另一个是糖醛酸(葡糖醛酸或艾杜糖醛酸)。由于糖胺聚糖的二糖单位含有糖胺故而得名。除糖胺聚糖外,蛋白聚糖还含有一些 N-或 O-连接型聚糖。核心蛋白质种类颇多,加之核心蛋白质相连的糖胺聚糖的种类、长度以及硫酸化程度等复杂因素,使蛋白聚糖的种类更为繁多。

一、糖胺聚糖是由己糖醛酸和己糖胺组成的重复二糖单位

体内重要的糖胺聚糖有 6 种:硫酸软骨素(chondroitin sulfate)、硫酸皮肤素(dermatan sulfate)、硫酸角质素(keratan sulfate)、透明质酸(hyaluronic acid)、肝素(heparin)和硫酸类肝素(heparan sulfate)。这些糖胺聚糖都是由重复的二糖单位组成(图 4-4)。除透明质酸外,其他的糖胺聚糖都带有硫酸。

硫酸软骨素的二糖单位由 N-乙酰半乳糖胺和葡糖醛酸组成,最常见的硫酸化部位是 N-乙酰半乳糖胺残基的 C_4 和 C_6 位。单个聚糖约有 250 个二糖单位,许多这样的聚糖与核心蛋白质以 O-连接方式相连,形成蛋白聚糖。

硫酸角质素的二糖单位由半乳糖和 N-乙酰葡糖胺组成。它所形成的蛋白聚糖可分布于角膜中,也可与硫酸软骨素共同组成蛋白聚糖聚合物,分布于软骨和结缔组织中。

硫酸皮肤素分布广泛,其二糖单位与硫酸软骨素很相似,仅一部分葡糖醛酸为艾杜糖醛酸所取代,所以硫酸皮肤素含有两种糖醛酸。葡糖醛酸转变为艾杜糖醛酸是在聚糖合成后进行,由差向异构酶催化。

肝素的二糖单位为葡糖胺和艾杜糖醛酸(iduronic acid),葡糖胺的氨基氮和 C_6 位均带有硫酸。肝素合成时都是葡糖醛酸,然后差向异构化为艾杜糖醛酸,并随之进行 C_2 位硫酸化。肝素所连接的核心蛋白质几乎仅由丝氨酸和甘氨酸组成。肝素分布于肥大细胞内,有抗凝作用。硫酸类肝素是细胞膜成分,突出于细胞外。

透明质酸的二糖单位为葡糖醛酸和 N-乙

图 4-4　重要的糖胺聚糖的重复二糖单位

酰葡糖胺。一分子透明质酸可由 50 000 个二糖单位组成,但它所连的蛋白质部分很小。透明质酸分布于关节滑液、眼的玻璃体及疏松的结缔组织中。

二、核心蛋白质均含有结合糖胺聚糖的结构域

与糖胺聚糖链共价结合的蛋白质称为核心蛋白质。核心蛋白质均含有相应的糖胺聚糖取代结构域,一些蛋白聚糖通过核心蛋白质特殊结构域锚定在细胞表面或细胞外基质的大分子中。

核心蛋白质最小的蛋白聚糖称为丝甘蛋白聚糖(serglycan),含有肝素,主要存在于造血细胞和肥大细胞的贮存颗粒中,是一种典型的细胞内蛋白聚糖。

饰胶蛋白聚糖(decorin)的核心蛋白质分子质量为 3.6 万,富含亮氨酸重复序列的模体,它能与胶原相互作用,调节胶原纤维的形成和细胞外基质的组装。

黏结蛋白聚糖(syndecan)的核心蛋白质分子质量为 3.2 万,含有胞质结构域、插入质膜的疏水结构域和胞外结构域。细胞外结构域连接有硫酸肝素和硫酸软骨素,是细胞膜表面主要蛋白聚糖之一。

蛋白聚糖聚合体(aggrecan)是细胞外基质的重要成分之一,由透明质酸长聚糖两侧经连接蛋白而结合许多蛋白聚糖而成,由于糖胺聚糖上羧基或硫酸根均带有负电荷,彼此相斥,所

图 4-5　骨骺软骨蛋白聚糖聚合物

以在溶液中蛋白聚糖聚合物呈瓶刷状(图 4-5)。

三、蛋白聚糖合成时在多肽链上逐一加上糖基

在内质网上,蛋白聚糖先合成核心蛋白质的多肽链部分,多肽链合成的同时即以 *O*-连接或 *N*-连接的方式在丝氨酸或天冬酰胺残基上进行聚糖加工。聚糖的延长和加工修饰主要是在高尔基体内进行,以单糖的 UDP 衍生物为供体,在多肽链上逐个加上单糖,而不是先合成二糖单位。每一单糖都有其特异性的糖基转移酶,使聚糖依次延长。聚糖合成后再予以修饰,糖胺的氨基来自谷氨酰胺,硫酸则来自"活性硫酸",即 3'-磷酸腺苷-5'-磷酰硫酸。差向异构酶可将葡糖醛酸转变为艾杜糖醛酸。

四、蛋白聚糖是细胞间基质重要成分

(一) 蛋白聚糖最主要的功能是构成细胞间基质

在细胞基质中各种蛋白聚糖以特异的方式与弹性蛋白、胶原蛋白相连,赋予基质特殊的结构。基质中含有大量透明质酸,可与细胞表面的透明质酸受体结合,影响细胞与细胞的黏附、细胞迁移、增殖和分化等细胞行为。由于蛋白聚糖中的糖胺聚糖是多阴离子化合物,可结合 Na^+、K^+,从而吸收水分子;糖的羟基也是亲水的,所以基质内的蛋白聚糖可以吸引、保留水而形成凝胶,容许小分子化合物自由扩散但阻止细菌通过,起保护作用。

细胞表面也有众多类型的蛋白聚糖,大多数含有硫酸肝素,分布广泛,在神经发育、细胞识别结合和分化等方面起重要的调节作用。有些细胞还存在丝甘蛋白聚糖,它的主要功能是与带正电荷的蛋白酶、羧肽酶或组织胺等相互作用,参与这些生物活性分子的贮存和释放。

（二）各种蛋白聚糖有其特殊功能

肝素是重要的抗凝剂,能使凝血酶失活;肝素还能特异地与毛细血管壁的脂蛋白脂肪酶结合,促使后者释放入血。在软骨中硫酸软骨素含量丰富,维持软骨的机械性能。角膜的胶原纤维之间充满硫酸角质素和硫酸皮肤素,使角膜透明。在肿瘤组织中各种蛋白聚糖的合成发生改变,可能与肿瘤增殖和转移有关。

第三节　糖脂由鞘糖脂、甘油糖脂和类固醇衍生糖脂组成

糖脂(glycolipid)是一种携有一个或多个以共价键连接糖基的复合脂质。由于脂质部分不同,糖脂可有鞘糖脂(glycosphingolipid)、甘油糖脂和类固醇衍生糖脂之分。鞘糖脂、甘油糖脂是细胞膜脂的主要成分,具有重要的生理功能。

一、鞘糖脂是神经酰胺被糖基化的糖苷化合物

与鞘磷脂一样,鞘糖脂也是以神经酰胺为母体的化合物。鞘磷脂分子中的神经酰胺1-位羟基被磷脂酰胆碱或磷脂酰乙醇胺化,而鞘糖脂分子中的神经酰胺1-位羟基被糖基化,形成糖苷化合物。鞘糖脂结构通式如下:

鞘糖脂的结构通式

鞘糖脂分子中单糖主要为 D-葡萄糖、D-半乳糖、N-乙酰葡糖胺、N-乙酰半乳糖胺、岩藻糖和唾液酸;脂肪酸成分主要为 16~24 碳的饱和与低度饱和脂肪酸,此外,还有相当数量的 α-羟基脂酸。鞘糖脂又可根据分子中是否含有唾液酸或硫酸基成分,分为中性鞘糖脂和酸性鞘糖脂两类。

（一）脑苷脂是不含唾液酸的中性鞘糖脂

中性鞘糖脂的糖基不含唾液酸,常见的糖基是半乳糖、葡萄糖等单糖,也有二糖、三糖。含单个糖基的中性鞘糖脂有半乳糖基神经酰胺(Gal β1,1Cer)和葡糖基神经酰胺(Glc β1,1Cer),又称脑苷脂(cerebroside)(图 4-6A)。含二糖基的中性鞘糖脂有乳糖基神经酰胺(Gal β1,4Glc β1,1Cer)。已知 ABH 和 Lewis 血型的细胞表面抗原物质也为鞘糖脂,通常由抗原决定簇的蛋白质部分与乳糖基神经酰胺共价连接成五糖基神经酰胺和六糖基神经酰胺。

鞘糖脂的疏水部分伸入膜的磷脂双层中,而极性糖基暴露在细胞表面,发挥血型抗原、

图 4-6　几种鞘糖脂的化学结构

组织或器官特异性抗原、分子与分子相互识别的作用。

（二）硫苷脂是指糖基部分被硫酸化的酸性鞘糖脂

鞘糖脂的糖基部分可被硫酸化，形成硫苷脂（sulfatide）。如脑苷脂被硫酸化，就形成最简单的硫苷脂，即硫酸脑苷脂（cerebroside sulfate）（图 4-6B）。硫苷脂广泛地分布于人体的各器官中，以脑中的含量为最多。硫苷脂可能参与血液凝固和细胞黏着等过程。

（三）神经节苷脂是含唾液酸的酸性鞘糖脂

糖基部分含有唾液酸的鞘糖脂，常称为神经节苷脂（ganglioside），属于酸性鞘糖脂。神经节苷脂分子中的糖基较脑苷脂为大，常为含有 1 个或多个唾液酸的寡糖链。在人体内的神经节苷脂中神经酰胺全为 N-乙酰神经氨酸，并以 α-2,3 连接于寡糖链内部或末端的半乳糖残基上，或以 α-2,6 连接于 N-乙酰半乳糖胺残基上，或以 α-2,6 连接于另一个唾液酸残基上。

神经节苷脂是一类化合物，人体至少有 60 多种。神经节苷脂可根据含唾液酸的多少以及与神经酰胺相连的糖链顺序命名。M、D、T 分别表示含 1、2、3 个唾液酸的神经节苷脂；下标 1、2、3 表示与神经酰胺相连的糖链顺序：1 为 Gal-GalNAc-Gal-Glc-Cer；2 为 GalNAc-Gal-Glc-Cer；3 为 Gal-Glc-Cer。图 4-6C 显示了 GM_1、GM_2、GM_3 的结构。

神经节苷脂分布于神经系统中，在大脑中占总脂的 6%，神经末梢含量丰富，种类繁多，在神经冲动传递中起重要作用。神经节苷脂位于细胞膜表面，其头部是复杂的碳水化合物，伸出细胞膜表面，可以特异地结合某些垂体糖蛋白激素，发挥很多重要的生理调节功能。神经节苷脂还参与细胞相互识别，因此，在细胞生长、分化，甚至癌变时具有重要作用。神经节苷脂也是一些细菌蛋白毒素（如霍乱毒素）的受体。神经节苷脂分解紊乱时，引起多种遗传性鞘糖脂过剩疾病（sphingolipid storage disease）如 Tay-Sachs 病，主要症状为进行性发育阻滞、神经麻痹、神经衰退等，其原因为溶酶体内先天性缺乏氨基己糖苷酶 A，不能水解神经节苷脂极性部分 GalNAc 和 Gal 残基之间的糖苷键而引起 GM_2 在脑中堆积。

二、甘油糖脂是髓磷脂的重要成分

髓磷脂（myelin）是包绕在神经元轴突外侧的脂质，起到保护和绝缘的作用。甘油糖脂（glyceroglycolipid）也称糖基甘油脂，是髓磷脂的重要成分。甘油糖脂由甘油二酯分子 3 位上的羟基与糖基连接而成。最常见的甘油糖脂有单半乳糖基甘油二酯和二半乳糖基甘油二酯。

单半乳糖基甘油二酯　　　　二半乳糖基甘油二酯

第四节　聚糖结构中蕴藏大量生物信息

聚糖参与细胞识别、细胞黏附、细胞分化、免疫识别、细胞信号转导、微生物致病过程和肿瘤转移过程等。糖生物学研究表明，特异的聚糖结构被细胞用来编码若干重要信息。在细胞内，聚糖参与并影响糖蛋白从初始合成至最后亚细胞定位的各个阶段及其功能。

一、聚糖组分是糖蛋白执行功能所必需

各类多糖或聚糖的合成并没有类似核酸、蛋白质合成所需模板的指导，而聚糖中的糖基序列或不

同糖苷键的形成,主要取决于糖基转移酶的特异性识别糖底物和催化作用。依靠多种糖基转移酶特异性地、有序地将供体分子中糖基转运至接受体上,在不同位点以不同糖苷键的方式,形成有序的聚糖结构。

鉴于糖基转移酶由基因编码,所以糖基转移酶继续了基因至蛋白质信息流,将信息传递至聚糖分子;另外,聚糖(如血型物质)作为某些蛋白质组分与生物表型密切相关,体现生物信息。

二、结构多样性的聚糖富含生物信息

聚糖结构的多样性和复杂性很可能赋予其携带大量生物信息的能力。上述复合糖类分子中聚糖在细胞间通讯、蛋白质折叠、蛋白质转运与定位、细胞黏附和免疫识别等方面发挥的功能,就是聚糖携带的生物信息的表现。目前对聚糖携带生物信息的详细方式、传递途径所知甚少。

(一) 聚糖空间结构多样性是其携带信息的基础

聚糖结构具有复杂性与多样性。复合糖类中的各种聚糖结构存在单糖种类、化学键连接方式及分支异构体的差异,形成千变万化的聚糖空间结构。尽管哺乳类动物单糖种类有限,但由于单糖连接方式、修饰方式的差异,使存在于聚糖中的单糖结构不计其数。例如,2 个相同己糖的连接就有 α 与 β1,2 连接、1,3 连接、1,4 连接和 1,6 连接 8 种方式,加之聚糖中的单糖修饰(如甲基化、硫酸化、乙酰化、磷酸化等),所以从理论上计算,组成复合糖类中聚糖的己糖结构可能达 10^{12} 之多(尽管并非所有的结构都天然存在);目前已知糖蛋白 N-连接型聚糖中的己糖结构已有 2000 种(动画 4-2"糖基化与磷酸化拮抗")。这种聚糖的结构多样性可能是其携带生物信息的基础。

(二) 聚糖空间结构多样性受基因编码的糖基转移酶和糖苷酶调控

聚糖空间结构的多样性提示所含信息量可能不亚于核酸。每一聚糖都有一个独特的能被单一蛋白质阅读,并与其相结合的特定空间构象(语言),这就是现代糖生物学家假定的糖密码(sugar code)。如果真的存在着糖密码的话,那么糖密码是如何产生的,其上游分子又是什么? 这是糖生物学研究领域面临的挑战。

已知构成聚糖的单糖种类与单糖序列是特定的,即存在于同一糖蛋白同一糖基化位点的聚糖结构通常是相同的(但也存在不均一性),提示"糖蛋白聚糖合成规律可能由上游分子控制"。目前,从复合糖类中聚糖的生物合成过程(包括糖基供体、合成所需酶类、合成的亚细胞部位、合成的基本过程)得知,聚糖的合成受基因编码的糖基转移酶和糖苷酶调控。糖基转移酶的种类繁多,已被克隆的糖基转移酶就多达 130 余种,其主要分布于内质网或高尔基体,参与聚糖的生物合成。除了受糖基转移酶和糖苷酶调控外,聚糖结构可能还受其他因素影响与调控。

小 结

在细胞表面和细胞间质中存在着丰富的糖蛋白和蛋白聚糖,两者都由蛋白质部分和聚糖部分所组成。糖蛋白聚糖有 N-连接型和 O-连接型之分,前者聚糖以共价键方式与糖基化位点即 Asn-X-Ser/Thr 模体中的天冬酰胺的酰胺氮连接,后者与糖蛋白特定丝/苏氨酸残基侧链的羟基共价结合。N-连接型聚糖可分成高甘露糖型、复杂型和杂合型三型,它们都是由特异的糖苷酶和糖基转移酶催化加工而成。糖蛋白的聚糖参与许多生物学功能,如影响新生肽链的加工、运输和糖蛋白的生物半寿期,参与糖蛋白的分子识别和生物活性等。

蛋白聚糖由糖胺聚糖和核心蛋白质组成。体内重要的糖胺聚糖有硫酸软骨素、硫酸肝素、透明质酸等。蛋白聚糖是主要的细胞外基质成分,它与胶原以特异的方式相连而赋予基质以特殊的结构。细胞表面的蛋白聚糖还参与细胞黏附、迁移、增殖和分化等功能。

糖脂可分为鞘糖脂、甘油糖脂和类固醇衍生糖脂。鞘糖脂、甘油糖脂是细胞膜脂的主要成分。鞘糖脂是以神经酰胺为母体的化合物,根据分子中是否含有唾液酸或硫酸基成分可分为中性鞘糖脂和酸性鞘糖脂两类。神经节苷脂是含唾液酸的酸性鞘糖脂,主要分布于神经系统,种类繁多,在神经冲动传递中起重要作用。

　　复合糖类中的各种聚糖结构存在单糖种类、化学键连接方式及分支异构体的差异,形成千变万化的聚糖空间结构,其复杂程度远高于核酸或蛋白质结构,很可能赋予其具有携带大量生物信息的能力。聚糖空间结构多样性受到多种因素的调控。

思 考 题

　　1. 配体和受体相互作用时存在多重结合方式,有共受体参与的多体结合,以及同时具有蛋白质-蛋白质、蛋白质-糖类不同性质的多点结合。请举例说明配体与受体识别、结合也需要聚糖的参与。

　　2. 就糖蛋白而言,其寡糖链影响着蛋白质的整体构象,从而影响由构象决定的所有功能。试举例说明糖蛋白寡糖链的主要功能。

　　3. 有研究表明,蛋白聚糖与肿瘤特别是恶性肿瘤的发生、发展有密切联系。请进一步查阅文献,并阐述肿瘤组织中蛋白聚糖发生哪些变化? 变化的可能原因是什么? 蛋白聚糖及其变化对肿瘤进程有什么影响?

（肖建英）

第 二 篇
物质代谢及其调节

本篇讨论体内几类重要物质的代谢过程及其调节。包括糖代谢、脂质代谢、生物氧化、氨基酸代谢、核苷酸代谢以及各种重要物质代谢的相互联系与调节规律，共六章。

代谢是生命的最基本特征，是生命体与非生命体最本质的区别。代谢的实质是机体与环境之间的能量和物质交换。农作物能利用环境中的 CO_2 和水，同时接收太阳光的能量，合成自身所需的含碳物质。人虽然不能直接利用太阳能，但在食用作物提供的含碳物质如淀粉之后，经过消化吸收、分解，产生 CO_2 和水排出体外，同时释放能量供机体的需要。机体的各种生命活动如生长、发育、繁殖、修复、运动等，需要各种物质参与，这些物质需要机体自身合成或从食物中摄取。在这些复杂的生命过程中，还会产生各种"废物"，需要排出体外或处理后排出体外。所以，代谢包括了从消化吸收到排泄的全过程。消化吸收与排泄之间的各种代谢称为中间代谢，可分为分解代谢、合成代谢和转化。分解代谢是机体将消化吸收或自身已有的物质分解，产生能量供机体各种生命活动需要。合成代谢是合成自身需要的物质，用于储存能量或供生长、发育、繁殖、修复等的需要。转化是物质之间的转变或相互转变。本篇重点讨论主要生命物质的消化吸收、分解代谢和合成代谢，少量涉及转化。

在体内进行代谢的物质各种各样，不仅有糖、脂、蛋白质这样的大分子营养物质，也有维生素这样的小分子物质，还有无机盐、甚至水。它们的代谢需要相互协调，才能确保细胞乃至机体的正常功能。当机体内外环境发生变化时，各种物质之间的代谢变化也需协调进行。这些都需要对代谢进行调节。由于代谢主要经由酶促反应组成的代谢途径完成，改变代谢途径中的关键酶，即可实现对代谢的调节。一旦机体的代谢失调，或代谢的改变超出了机体的调节能力，就会导致疾病。同样，机体的各种疾病，都会表现出相应的代谢变化。

学习本篇，不仅能更好地认识生命的本质及规律，也能为更好认识疾病及其机制和防治措施，还能为深入探讨疾病的发生机制、寻找新的防治措施打下基础。

（方定志）

糖是人体所需的一类重要营养物质,其主要生理功能是为生命活动提供能源和碳源。糖是体内的主要供能物质,处于被优先利用的地位。1mol 葡萄糖(glucose)完全氧化生成二氧化碳和水可释放2840kJ 的能量,其中约 34% 转化储存于 ATP,以供应机体生理活动所需的能量。糖也是体内的重要碳源,糖代谢的中间产物可转变成其他的含碳化合物,如非必需氨基酸、非必需脂肪酸、核苷酸等。此外,糖还参与组成糖蛋白和糖脂,调节细胞信息传递,参与构成细胞外基质等机体组织结构,形成NAD^+、FAD、ATP 等多种生物活性物质。除葡萄糖外,其他单糖如果糖、半乳糖、甘露糖等所占比例很小,且主要转变为葡萄糖代谢的中间产物,故本章重点介绍葡萄糖在体内的代谢。

第一节　糖的摄取与利用

机体主要从食物中获取糖类物质,经消化吸收后的糖转运进入组织细胞,发生一系列复杂连锁的化学反应,以满足多种生理活动的需要。

一、糖消化后以单体形式吸收

人类食物中可被机体分解利用的糖类主要有植物淀粉、动物糖原以及麦芽糖、蔗糖、乳糖、葡萄糖等。食物中还含有大量的纤维素,虽然人体内缺少 β-葡糖苷酶,纤维素不能被消化,但其有刺激肠蠕动等作用,也是维持健康所必需的。

小麦、稻米和谷薯等食物中的糖类以淀粉(starch)为主。唾液和胰液中都有 α-淀粉酶(α-amylase),可水解淀粉分子内的 α-1,4-糖苷键。由于食物在口腔停留的时间很短,所以淀粉消化主要在小肠内进行。在胰液 α-淀粉酶作用下,淀粉被水解的主要产物为仅含有 α-1,4-糖苷键的麦芽糖、麦芽三糖,还生成少量含有 α-1,6-糖苷键的异麦芽糖、带分支的寡聚葡萄糖混合物(称为 α-极限糊精,α-limit dextrin)。寡糖在小肠黏膜刷状缘进一步消化,α-糖苷酶(包括麦芽糖酶)水解麦芽糖和麦芽三糖;α-极限糊精酶(包括异麦芽糖酶)可水解 α-1,4-糖苷键和 α-1,6-糖苷键,将 α-极限糊精和异麦芽糖水解为葡萄糖。肠黏膜细胞还含有蔗糖酶和乳糖酶等,分别水解蔗糖和乳糖。有些人由于缺乏乳糖酶,在食用牛奶后发生乳糖消化吸收障碍,而引起腹胀、腹泻等症状,称为乳糖不耐受(lactose intolerance)。

糖类被消化成单糖后才能在小肠被吸收。小肠黏膜细胞依赖特定载体摄入葡萄糖,这是一个耗能的主动转运过程,同时伴有 Na^+ 的转运。这类转运葡萄糖的载体称为 Na^+ 依赖型葡糖转运蛋白(sodium-dependent glucose transporter,SGLT),它们主要存在于小肠黏膜和肾小管上皮细胞。

葡萄糖被小肠黏膜细胞吸收后经门静脉入肝,再经血液循环供身体各组织细胞摄取。肝对于维持血糖稳定发挥关键作用。当血糖较高时,肝通过合成糖原和分解葡萄糖来降低血糖;当血糖较低时,肝通过分解糖原和糖异生来升高血糖。

二、细胞摄取葡萄糖需要转运蛋白

葡萄糖吸收入血后,在体内代谢首先需进入细胞。这是依赖一类葡糖转运蛋白(glucose transporter,GLUT)实现的。人体中现已发现 12 种 GLUT,分别在不同的组织细胞中起作用,其中GLUT1 ~ GLUT5 功能较为明确。GLUT1 和 GLUT3 广泛分布于全身各组织中,与葡萄糖的亲和力较高,是细胞摄取葡萄糖的基本转运载体。GLUT2 主要存在于肝和胰 β 细胞中,与葡萄糖的亲和力较低,使肝从餐后血中摄取过量的葡萄糖,并调节胰岛素分泌。GLUT4 主要存在于肌和脂肪组织中,以胰岛素依赖方式摄取葡萄糖,耐力训练可以使肌组织细胞膜上的 GLUT4 数量增加。GLUT5 主要分布于小肠,是果糖进入细胞的重要转运载体。这些 GLUT 成员的组织分布不同,生物功能不同,从而使各组织对葡萄糖的利用效率有所差异。

如果细胞摄取葡萄糖的环节发生障碍,可能诱发高血糖。进食高碳水化合物饮食后,血糖迅速升高,引起胰岛素分泌,胰岛素可以使原先位于脂肪细胞和肌细胞内囊泡中的 GLUT4 重新分布于细胞膜,从而促进这些细胞摄取并利用血糖。1 型糖尿病病人由于胰岛素分泌不足,无法使脂肪和肌组织中的 GLUT4 转位至细胞膜,阻碍了血中葡萄糖转运进入这些细胞。

三、体内糖代谢涉及分解、储存和合成三方面

转运进入细胞内的葡萄糖经历一系列复杂连锁的化学反应,其代谢概况涉及分解、储存、合成三个方面。葡萄糖的分解代谢在餐后尤其活跃,主要包括糖的无氧氧化、有氧氧化和磷酸戊糖途径,其分解方式取决于不同类型细胞的代谢特点和供氧状况,例如,机体绝大多数组织在供氧充足时,葡萄糖进行有氧氧化生成 CO_2 和 H_2O;肌组织在缺氧时,葡萄糖进行无氧氧化生成乳酸;饱食后肝内由于合成脂质的需要,葡萄糖经磷酸戊糖途径代谢生成磷酸核糖和 NADPH。葡萄糖的储存仅在餐后活跃进行,以糖原形式储存于肝和肌组织中,以便在短期饥饿时补充血糖或不利用氧快速供能。葡萄糖的合成代谢在长期饥饿时尤其活跃,某些非糖物质如甘油、氨基酸等经糖异生转变成葡萄糖,以补充血糖。这些分解、储存、合成代谢途径在多种激素调控下相互协调、相互制约,使血中葡萄糖的来源与去路相对平衡,血糖水平趋于稳定。

第二节　糖的无氧氧化

一分子葡萄糖在细胞质中可裂解为两分子丙酮酸,此过程称为糖酵解(glycolysis),它是葡萄糖无氧氧化和有氧氧化的共同起始途径。在不能利用氧或氧供应不足时,某些微生物和人体组织将糖酵解生成的丙酮酸进一步在细胞质中还原生成乳酸,称为乳酸发酵(lactic acid fermentation)或糖的无氧氧化(anaerobic oxidation of glucose)。在某些植物、无脊椎动物和微生物中,糖酵解产生的丙酮酸可转变为乙醇和二氧化碳,称为乙醇发酵(ethanol fermentation)。氧供应充足时,丙酮酸主要进入线粒体中彻底氧化为 CO_2 和 H_2O,即糖的有氧氧化(aerobic oxidation of glucose)。本节仅讨论人体内生成乳酸的糖无氧氧化过程。

一、糖的无氧氧化分为糖酵解和乳酸生成两个阶段

葡萄糖无氧氧化的全部反应在细胞质中进行,分为两个阶段:第一阶段是糖酵解,第二阶段为乳酸生成。

(一) 葡萄糖经糖酵解分解为两分子丙酮酸

糖酵解由十步反应组成,主要涉及己糖发生磷酸化、己糖裂解为丙糖、丙糖转变为丙酮酸的反应过程。

1. **葡萄糖磷酸化生成葡糖-6-磷酸**　葡萄糖进入细胞后发生磷酸化反应,生成葡糖-6-磷酸(glucose-6-phosphate,G-6-P),该反应不可逆,是糖酵解的第一个限速步骤。磷酸化后的葡萄糖不能自由通过细胞膜而逸出细胞。催化此反应的是己糖激酶(hexokinase),它需要 Mg^{2+},是糖酵解的第一个关键酶。哺乳动物体内已发现有 4 种己糖激酶同工酶(Ⅰ～Ⅳ型)。肝细胞中存在的是Ⅳ型,称为葡糖激酶(glucokinase),它有两个特点:一是对葡萄糖的亲和力很低,其 K_m 值约为 10mmol/L,而其他己糖激酶的 K_m 值在 0.1mmol/L 左右;二是受激素调控,它对葡糖-6-磷酸的反馈抑制并不敏感。这些特性

使葡糖激酶对于肝维持血糖稳定至关重要,只有当血糖显著升高时,肝才会加快对葡萄糖的利用,起到缓冲血糖水平的调节作用。

2. **葡糖-6-磷酸转变为果糖-6-磷酸**　这是由磷酸己糖异构酶(phosphohexose isomerase)催化的醛糖与酮糖间的异构反应。葡糖-6-磷酸转变为果糖-6-磷酸(fructose-6-phosphate,F-6-P)是需要 Mg^{2+} 参与的可逆反应。

3. **果糖-6-磷酸转变为果糖-1,6-二磷酸**　这是第二个磷酸化反应,需 ATP 和 Mg^{2+},由磷酸果糖激酶-1(phosphofructokinase-1,PFK-1)催化,生成果糖-1,6-二磷酸(fructose-1,6-bisphosphate,F-1,6-BP)。该反应不可逆,是糖酵解的第二个限速步骤。

4. **果糖-1,6-二磷酸裂解成 2 分子磷酸丙糖**　此步反应是可逆的,由醛缩酶(aldolase)催化,产生 2 个丙糖,即磷酸二羟丙酮和 3-磷酸甘油醛。

5. **磷酸二羟丙酮转变为 3-磷酸甘油醛**　3-磷酸甘油醛和磷酸二羟丙酮是同分异构体,在磷酸丙糖异构酶(triose phosphate isomerase)催化下可互相转变。当 3-磷酸甘油醛在下一步反应中被移去后,磷酸二羟丙酮迅速转变为 3-磷酸甘油醛,继续进行酵解。磷酸二羟丙酮还可转变成 α-磷酸甘油,是联系葡萄糖代谢和脂肪代谢的重要枢纽物质。

上述 5 步反应为糖酵解的耗能阶段,1 分子葡萄糖经两次磷酸化反应消耗了 2 分子 ATP,产生了 2 分子 3-磷酸甘油醛。而之后的 5 步反应才开始产生能量。

6. **3-磷酸甘油醛氧化为 1,3-二磷酸甘油酸**　反应中 3-磷酸甘油醛的醛基氧化成羧基及羧基的磷酸化均由 3-磷酸甘油醛脱氢酶(glyceraldehyde 3-phosphate dehydrogenase)催化,以 NAD^+ 为辅酶接受氢和电子。参加反应的还有无机磷酸,当 3-磷酸甘油醛的醛基氧化脱氢生成羧基时立即与磷酸形成混合酸酐。该酸酐是一种高能化合物,其高能磷酸键水解时可将能量转移至 ADP,生成 ATP。

7. **1,3-二磷酸甘油酸转变成 3-磷酸甘油酸**　磷酸甘油酸激酶(phosphoglycerate kinase)催化混合酸酐上的磷酸基从羧基转移到 ADP,形成 ATP 和 3-磷酸甘油酸,反应需要 Mg^{2+}。这是糖酵解过程中第一次产生 ATP 的反应,将底物的高能磷酸基直接转移给 ADP 生成 ATP。这种 ADP 或其他核苷二磷酸的磷酸化作用与高能化合物的高能键水解直接相偶联的产能方式称为底物水平磷酸化(substrate-level phosphorylation)。磷酸甘油酸激酶催化的这一反应可逆,但逆反应需消耗 1 分子 ATP。

8. **3-磷酸甘油酸转变为 2-磷酸甘油酸**　磷酸甘油酸变位酶(phosphoglycerate mutase)催化磷酸基从 3-磷酸甘油酸的 C_3 位转移到 C_2,此反应可逆,且需要 Mg^{2+} 参与。

9. **2-磷酸甘油酸脱水生成磷酸烯醇式丙酮酸**　烯醇化酶(enolase)催化 2-磷酸甘油酸脱水生成磷酸烯醇式丙酮酸(phosphoenolpyruvate,PEP)。尽管这个反应的标准自由能改变比较小,但反应时可引起分子内部的电子重排和能量重新分布,形成了一个高能磷酸键,这就为下一步反应作了准备。

10. **磷酸烯醇式丙酮酸发生底物水平磷酸化生成丙酮酸**　糖酵解的最后一步反应由丙酮酸激酶(pyruvate kinase)催化,需要 K^+ 和 Mg^{2+} 参与。反应最初生成烯醇式丙酮酸,但烯醇式迅速经非酶促反应转变为酮式。此反应不可逆,是糖酵解的第三个限速步骤,也是第二次底物水平磷酸化。

在糖酵解产能阶段的 5 步反应中,2 分子磷酸丙糖经两次底物水平磷酸化转变成 2 分子丙酮酸,总共生成 4 分子 ATP。

(二) 丙酮酸被还原为乳酸

此反应由乳酸脱氢酶(lactate dehydrogenase,LDH)催化,丙酮酸还原成乳酸所需的氢原子由 $NADH+H^+$ 提供,后者来自上述第 6 步反应中的 3-磷酸甘油醛的脱氢反应。在缺氧情况下,这一对氢用于还原丙酮酸生成乳酸,$NADH+H^+$ 重新转变成 NAD^+,糖酵解才能重复进行。

人体内糖无氧氧化的全部反应可归纳如图 5-1。

图 5-1 糖的无氧氧化

二、糖酵解的调节取决于三个关键酶活性

糖酵解的大多数反应是可逆的,这些可逆反应的方向、速率由底物和产物的浓度控制。催化这些可逆反应的酶的活性改变,并不能决定反应的方向。糖酵解过程中有 3 个反应在细胞内发生时不可逆,分别由己糖激酶(葡糖激酶)、磷酸果糖激酶-1 和丙酮酸激酶催化,它们反应速率最慢,这些酶是控制糖酵解流量的 3 个关键酶,其活性受到别构效应剂和激素的调节。

(一) 磷酸果糖激酶-1 对调节糖酵解速率最重要

调节糖酵解流量最重要的是磷酸果糖激酶-1 的活性。磷酸果糖激酶-1 是四聚体,受多种别构效应剂的影响(图 5-2)。ATP 和柠檬酸是此酶的别构抑制剂。磷酸果糖激酶-1 有 2 个结合 ATP 的位点,一个是活性中心内的催化部位,ATP 作为底物与之结合;另一个是活性中心以外的别构部位,ATP 作为别构抑制剂与之结合,别构部位与 ATP 的亲和力较低,因而需要较高浓度的 ATP 才能抑制酶活性。磷酸果糖激酶-1 的别构激活剂有 AMP、ADP、果糖-1,6-二磷酸和果糖-2,6-二磷酸(fructose-2,6-bisphosphate,F-2,6-BP)。AMP 可与 ATP 竞争结合别构部位,抵消 ATP 的抑制作用。果糖-1,6-二磷酸是磷酸果糖激酶-1 的反应产物,这种产物正反馈作用是比较少见的,它有利于糖的分解。

果糖-2,6-二磷酸是磷酸果糖激酶-1 最强的别构激活剂,在生理浓度范围(μmol 水平)内即可发

图 5-2　磷酸果糖激酶-1 的活性调节

挥效应。其作用是与 AMP 一起取消 ATP、柠檬酸对磷酸果糖激酶-1 的别构抑制作用。果糖-2,6-二磷酸由磷酸果糖激酶-2(phosphofructokinase-2,PFK-2)催化果糖-6-磷酸 C_2 磷酸化而生成;果糖二磷酸酶-2(fructose bisphosphatase-2,FBP-2)则可水解其 C_2 位磷酸,使其转变成果糖-6-磷酸(图 5-2)。磷酸果糖激酶-2 和果糖二磷酸酶-2 这两种酶活性共存于一个酶蛋白上,具有 2 个分开的催化中心,是一种双功能酶。

磷酸果糖激酶-2/果糖二磷酸酶-2 还可在激素作用下,以化学修饰方式调节酶活性。胰高血糖素通过依赖 cAMP 的蛋白激酶(蛋白激酶 A,PKA)使其 32 位丝氨酸发生磷酸化,结果导致磷酸果糖激酶-2 活性减弱而果糖二磷酸酶-2 活性升高。磷蛋白磷酸酶将其去磷酸后,酶活性的变化则相反。

(二) 丙酮酸激酶是糖酵解的第二个重要的调节点

丙酮酸激酶是糖酵解的第二个重要的关键酶。果糖-1,6-二磷酸是丙酮酸激酶的别构激活剂,而 ATP 则对其有抑制作用。此外,在肝内丙氨酸对该酶也有别构抑制作用。丙酮酸激酶还受化学修饰调节。蛋白激酶 A 和依赖 Ca^{2+}、钙调蛋白的蛋白激酶均可使其磷酸化而失活。胰高血糖素可通过激活蛋白激酶 A 而抑制丙酮酸激酶活性。

(三) 己糖激酶受到反馈抑制调节

己糖激酶受其反应产物葡糖-6-磷酸的反馈抑制,而葡糖激酶由于不存在葡糖-6-磷酸的别构调节部位,故不受葡糖-6-磷酸的影响。长链脂酰 CoA 对其有别构抑制作用,这在饥饿时减少肝和其他组织分解葡萄糖有一定意义。胰岛素可诱导葡糖激酶基因的转录,促进该酶的合成。

糖酵解是体内葡萄糖分解供能的起始阶段。对于绝大多数组织,特别是骨骼肌,调节流量的目的是适应这些组织对能量的需求。当消耗能量多,细胞内 ATP/AMP 比值降低时,磷酸果糖激酶-1 和丙酮酸激酶均被激活,葡萄糖分解加快。反之,细胞内 ATP 的储备丰富时,通过糖酵解分解的葡萄糖就减少。肝的情况则不同。正常进食时,肝仅氧化少量葡萄糖,主要由氧化脂肪酸获得能量。进食后,胰高血糖素分泌减少,胰岛素分泌增加,果糖-2,6-二磷酸的合成增加,加速糖酵解,有利于生成更多的乙酰 CoA 用于合成脂肪酸;饥饿时胰高血糖素分泌增加,抑制了果糖-2,6-二磷酸的合成和丙酮酸激酶的活性,抑制糖酵解,这样才能有效地进行糖异生,维持血糖水平(详见本章第六节)。

三、糖的无氧氧化为机体快速供能

糖无氧氧化最主要的生理意义是不利用氧迅速提供能量,这对肌收缩更为重要。肌内 ATP 含量很低,静息状态下约为 4mmol/L,只要肌收缩几秒钟即可耗尽。这时虽然不缺氧,但葡萄糖通过有氧氧化供能的反应过程和所需时间相对较长,来不及满足需要,而通过糖无氧氧化则可迅速得到 ATP。当机体缺氧或剧烈运动肌局部血流不足时,能量主要通过糖无氧氧化获得。

成熟红细胞没有线粒体,只能依赖糖的无氧氧化提供能量。其他特定类型组织,如视网膜、神经、肾髓质、胃肠道、皮肤等,即使不缺氧也常由糖的无氧氧化提供部分能量。此外,在感染性休克、肿瘤恶病质等病理情况下,糖的无氧氧化也极为活跃,产生的大量乳酸主要被肝利用进行糖异生。

糖无氧氧化时每分子磷酸丙糖进行 2 次底物水平磷酸化,可生成 2 分子 ATP,因此 1mol 葡萄糖可生成 4mol ATP,扣除在葡萄糖和果糖-6-磷酸发生磷酸化时消耗的 2mol ATP,最终净得 2mol ATP。1mol 葡萄糖经无氧氧化可释放 196kJ/mol 的能量,而在标准状态下 2mol ATP 水解为 ADP 和 Pi 时释放能量 61kJ/mol,故此时 ATP 的储能效率为 31%。

四、其他单糖可转变为糖酵解的中间产物

除葡萄糖外,其他己糖如果糖、半乳糖和甘露糖也都是重要的能源物质,它们可转变成糖酵解的中间产物磷酸己糖而进入糖酵解提供能量🖼。

(一)果糖被磷酸化后进入糖酵解

果糖是膳食中重要的能源物质,在水果和蔗糖中含量丰富,每天从食物摄入的果糖约有 100g。血中的果糖被不同组织器官摄取后,代谢过程也有所差异:①主要在肝内代谢:大部分果糖被肝摄取,肝内存在特异的果糖激酶,催化果糖磷酸化生成果糖-1-磷酸,后者被果糖-1-磷酸醛缩酶(B 型醛缩酶)裂解成磷酸二羟丙酮及甘油醛。甘油醛在丙糖激酶催化下磷酸化生成 3-磷酸甘油醛。这些果糖代谢产物恰好是糖酵解的中间代谢产物,可循糖酵解氧化分解,也可逆向进行糖异生,促进肝内糖原储存。②还可在周围组织中代谢:一部分果糖被肌和脂肪组织等摄取,由己糖激酶催化,使果糖磷酸化生成果糖-6-磷酸。果糖-6-磷酸可进入糖酵解分解,也可在肌组织中合成糖原。

果糖不耐受(fructose intolerance)是一种遗传病,其病因是缺乏 B 型醛缩酶。病人进食果糖会引起果糖-1-磷酸堆积,通过别构抑制磷酸化酶而阻止肝糖原分解(详见本章第五节),故病人即使有丰富的肝糖原储备,此时仍会出现严重的低血糖。同时因肝内 Pi 被大量消耗,使氧化磷酸化受抑制,导致 ATP 耗竭而损伤肝细胞。

(二)半乳糖转变为葡糖-1-磷酸进入糖酵解

半乳糖和葡萄糖是立体异构体,它们仅在 C_4 位的构型上有所区别。牛乳中的乳糖是半乳糖的主要来源,半乳糖在肝内转变为葡萄糖(图 5-3)。尿嘧啶核苷二磷酸半乳糖(uridine diphosphate galactose,UDPGal)不仅是半乳糖转变为葡萄糖的中间产物,也是半乳糖供体,用以合成糖脂、蛋白聚糖和糖蛋白。另一方面,由于差向异构酶催化的反应可逆,用于合成糖脂、蛋白聚糖和糖蛋白的半乳糖并不必依赖食物而可由 UDPG 转变生成。

半乳糖血症(galactosemia)是一种遗传病,表现为半乳糖不能转变成葡萄糖。其最常见的病因是

图 5-3　半乳糖的代谢

缺乏半乳糖-1-磷酸尿苷酰转移酶,引起血中半乳糖浓度显著升高,进而还原生成有毒副产物半乳糖醇。半乳糖醇在晶状体中积累,使之吸收水分而发生肿胀、混浊,导致形成白内障。半乳糖血症的症状还包括肝大、智力迟钝等,在某些病例中可因肝损伤致死。

(三) 甘露糖转变为果糖-6-磷酸进入糖酵解

甘露糖在结构上是葡萄糖 C_2 位的立体异构物。它在日常饮食中含量甚微,是多糖和糖蛋白的消化产物。甘露糖在体内通过两步反应转变成果糖-6-磷酸而进入糖酵解代谢。首先,甘露糖在己糖激酶的催化下,磷酸化生成甘露糖-6-磷酸,接着被磷酸甘露糖异构酶催化转变为果糖-6-磷酸,从而进入糖酵解进行代谢转变,最终可生成糖原、乳酸、葡萄糖、戊糖等多种产物(图5-4)。

图 5-4   甘露糖的代谢

第三节   糖的有氧氧化

机体利用氧将葡萄糖彻底氧化成 CO_2 和 H_2O 的反应过程称为糖的有氧氧化(aerobic oxidation of glucose)。有氧氧化是体内糖分解供能的主要方式,绝大多数细胞都通过它获得能量。在肌组织中葡萄糖通过无氧氧化所生成的乳酸,也可作为运动时机体某些组织(如心肌)的重要能源,彻底氧化生成 CO_2 和 H_2O,提供较为充足的能量。糖的有氧氧化可概括如图5-5。

图 5-5   葡萄糖有氧氧化概况

一、糖的有氧氧化分为三个阶段

糖的有氧氧化分为三个阶段:第一阶段葡萄糖在细胞质中经糖酵解生成丙酮酸;第二阶段丙酮酸进入线粒体氧化脱羧生成乙酰 CoA;第三阶段乙酰 CoA 进入三羧酸循环,并偶联进行氧化磷酸化。第一阶段反应如前所述,氧化磷酸化将在第六章中讨论。在此主要介绍丙酮酸氧化脱羧和三羧酸循环的反应过程。

(一) 葡萄糖经糖酵解生成丙酮酸

同糖无氧氧化的第一阶段。

(二) 丙酮酸进入线粒体氧化脱羧生成乙酰 CoA

丙酮酸在线粒体经过 5 步反应氧化脱羧生成乙酰 CoA(acetyl CoA),总反应式为:

$$丙酮酸 + NAD^+ + HS\text{-}CoA \longrightarrow 乙酰\ CoA + NADH + H^+ + CO_2$$

此反应由丙酮酸脱氢酶复合体(pyruvate dehydrogenase complex)催化。在真核细胞中,该酶复合体存在于线粒体中,是由丙酮酸脱氢酶(E_1)、二氢硫辛酰胺转乙酰酶(E_2)和二氢硫辛酰胺脱氢酶(E_3)按一定比例组合而成的。在哺乳动物细胞中,丙酮酸脱氢酶复合体由 60 个 E_2 组成核心,周围排列着 6 个 E_3、20 或 30 个 E_1。参与反应的辅因子有焦磷酸硫胺素(TPP)、硫辛酸、FAD、NAD^+ 和 CoA。二氢硫辛酰胺转乙酰酶的辅因子是硫辛酸和 CoA,其中硫辛酸是带有二硫键的八碳羧酸,通过与转乙酰酶的赖氨酸残基的 ε-氨基相连,形成与酶结合的硫辛酰胺而成为酶的柔性长臂,可将乙酰基从酶复合体的一个活性部位转到另一个活性部位。丙酮酸脱氢酶的辅因子是 TPP,二氢硫辛酰胺脱氢酶的辅因子是 FAD、NAD^+。

丙酮酸脱氢酶复合体催化的反应分为 5 步(图 5-6):①由丙酮酸脱氢酶(E_1)催化,丙酮酸脱羧形成羟乙基-TPP-E_1。TPP 噻唑环上的 N 与 S 之间活泼的碳原子可释放出 H^+,而成为负碳离子,与丙酮酸的羰基作用,使丙酮酸脱羧产生 CO_2,同时形成羟乙基-TPP。②由二氢硫辛酰胺转乙酰酶(E_2)催化,使羟乙基-TPP-E_1 上的羟乙基被氧化成乙酰基,同时转移给硫辛酰胺,形成乙酰硫辛酰胺-E_2。③二氢硫辛酰胺转乙酰酶(E_2)继续催化,使乙酰硫辛酰胺上的乙酰基转移给 CoA 生成乙酰 CoA 后,离开酶复合体,同时氧化过程中的 2 个电子使硫辛酰胺还原生成二氢硫辛酰胺。④由二氢硫辛酰胺脱氢酶(E_3)催化,二氢硫辛酰胺脱氢重新生成硫辛酰胺,以进行下一轮反应,同时将氢传递给 FAD,生成 $FADH_2$。⑤由二氢硫辛酰胺脱氢酶(E_3)继续催化,将 $FADH_2$ 上的氢转移给 NAD^+,形成 $NADH+H^+$。

图 5-6　丙酮酸脱氢酶复合体作用机制

在整个反应过程中,中间产物并不离开酶复合体,这就使得上述各步反应得以迅速完成,而且因没有游离的中间产物,所以不会发生副反应。丙酮酸氧化脱羧反应的 $\Delta G^{\circ\prime} = -33.4\text{kJ/mol}$,故反应是不可逆的。

(三)乙酰 CoA 经三羧酸循环及氧化磷酸化提供能量

三羧酸循环的第一步是由乙酰 CoA 与草酰乙酸缩合生成 6 个碳原子的柠檬酸,然后柠檬酸经过一系列反应重新生成草酰乙酸,完成一轮循环。经过一轮循环,发生 2 次脱羧反应,释放 2 分子 CO_2;发生 1 次底物水平磷酸化,生成 1 分子 GTP(或 ATP);有 4 次脱氢反应,氢的接受体分别为 NAD^+ 或 FAD,生成 3 分子 $NADH+H^+$ 和 1 分子 $FADH_2$,它们既是三羧酸循环中脱氢酶的辅因子,又是电子传递链的第一个环节。电子传递链由一系列氧化还原体系组成,它们的功能是将 H^+ 或电子依次传递至氧,生成水。在 H^+ 或电子沿电子传递链传递过程中逐步释放能量,同时伴有 ADP 磷酸化生成 ATP,即氧化与磷酸化反应是偶联在一起的(见第六章)。

二、三羧酸循环使乙酰 CoA 彻底氧化

三羧酸循环(tricarboxylic acid cycle,TCA cycle)亦称柠檬酸循环(citric acid cycle),是线粒体内一系列酶促反应所构成的循环反应体系,由于其第一个中间产物是含有 3 个羧基的柠檬酸(citric acid)而得名。因为该学说由 Krebs 正式提出,亦称为 Krebs 循环。

(一)三羧酸循环由八步反应组成

乙酰 CoA(主要来自于三大营养物质的分解代谢)经三羧酸循环分解时,共经历 8 步反应,主要涉及 4 次脱氢、2 次脱羧和 1 次底物水平磷酸化。

1. 乙酰 CoA 与草酰乙酸缩合成柠檬酸　此为三羧酸循环的第一个限速步骤,由柠檬酸合酶(citrate synthase)催化,1 分子乙酰 CoA 与 1 分子草酰乙酸(oxaloacetate)缩合生成柠檬酸,缩合反应所需能量来自乙酰 CoA 的高能硫酯键。由于高能硫酯键水解时可释放较多的自由能,$\Delta G^{\circ\prime}$为-32.2kJ/mol,故为不可逆反应。柠檬酸合酶对草酰乙酸的K_m很低,即使线粒体内草酰乙酸的浓度很低,反应也能够迅速进行。

2. 柠檬酸经顺乌头酸转变为异柠檬酸　柠檬酸与异柠檬酸(isocitrate)的异构化可逆互变反应由顺乌头酸酶催化,将C_3上的羟基移至C_2上。反应的中间产物顺乌头酸与酶结合在一起,以复合物的形式存在。

3. 异柠檬酸氧化脱羧转变为 α-酮戊二酸　异柠檬酸在异柠檬酸脱氢酶(isocitrate dehydrogenase)催化下氧化脱羧产生CO_2,脱下的氢由NAD^+接受,生成$NADH+H^+$,其余碳链骨架部分转变为 α-酮戊二酸(α-ketoglutarate)。这是三羧酸循环中的第一次氧化脱羧反应,也是第二个限速步骤,反应不可逆,释出的CO_2可被视作乙酰 CoA 的 1 个碳原子氧化产物。

4. α-酮戊二酸氧化脱羧生成琥珀酰 CoA　α-酮戊二酸继续发生氧化脱羧产生CO_2,脱下的氢由NAD^+接受,生成$NADH+H^+$。其余碳链骨架部分转变为琥珀酰 CoA(succinyl CoA),它含有高能硫酯键。催化此反应的酶是 α-酮戊二酸脱氢酶复合体(α-ketoglutarate dehydrogenase complex),其组成和催化反应过程与丙酮酸脱氢酶复合体类似,这就使得 α-酮戊二酸的脱羧、脱氢、形成高能硫酯键等反应可迅速完成。此为三羧酸循环中的第二次氧化脱羧反应,也是第三个限速步骤,反应不可逆,释出

的 CO_2 可被视作乙酰 CoA 的另 1 个碳原子氧化产物。

α-酮戊二酸　　　　　　　　琥珀酰CoA

5. 琥珀酰 CoA 合成酶催化底物水平磷酸化反应　琥珀酰 CoA 含有高能硫酯键,$\Delta G°'$约为 $-36kJ/mol$。它水解生成琥珀酸(succinic acid)的同时,与核苷二磷酸的磷酸化偶联,生成高能磷酸键,反应是可逆的。这是三羧酸循环中唯一的底物水平磷酸化反应,由琥珀酰 CoA 合成酶(succinyl CoA synthetase)催化。该酶在哺乳动物体内有两种同工酶,分别以 GDP 或 ADP 作为辅因子,生成 GTP 或 ATP,两者具有不同的组织分布特点,与不同组织的代谢偏好相适应。

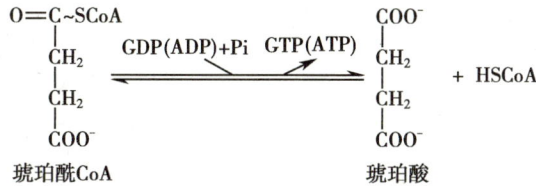

琥珀酰CoA　　　　　　　　琥珀酸

6. 琥珀酸脱氢生成延胡索酸　反应由琥珀酸脱氢酶(succinate dehydrogenase)催化。该酶结合在线粒体内膜上,是三羧酸循环中唯一与内膜结合的酶,其辅因子是 FAD。反应脱下的氢由 FAD 接受,生成 $FADH_2$,经电子传递链被氧化,生成 1.5 分子 ATP(见第六章)。

琥珀酸　　　　　　延胡索酸

7. 延胡索酸加水生成苹果酸　延胡索酸酶(fumarate hydratase)催化此可逆反应。

延胡索酸　　　　　　苹果酸

8. 苹果酸脱氢生成草酰乙酸　在苹果酸脱氢酶(malate dehydrogenase)催化下,苹果酸(malic acid)脱氢生成草酰乙酸。脱下的氢由 NAD^+ 接受,生成 $NADH+H^+$。在细胞内草酰乙酸不断地被用于柠檬酸合成,故这一可逆反应向生成草酰乙酸的方向进行。

苹果酸　　　　　　草酰乙酸

　　三羧酸循环的上述八步反应过程可归纳如图 5-7,其主要特点是:①4 次脱氢生成 3 分子 NADH 和 1 分子 $FADH_2$。三羧酸循环中,从乙酰 CoA 与草酰乙酸缩合成柠檬酸开始,反复地进行脱氢氧化,4 次脱氢反应中的 3 次由 NAD^+ 接受生成 3 分子 $NADH+H^+$,1 次由 FAD 接受生成 1 分子 $FADH_2$。这 4 分子还原当量(reducing equivalent,一般是指以氢原子或氢离子形式存在的一个电子或一个电子当量)将电子传给氧时,才能生成 ATP。②2 次脱羧生成 2 分子 CO_2。1 分子乙酰 CoA 进入三羧酸循环后,中间产物三羧酸和二羧酸通过脱羧方式共生成 2 分子 CO_2,这是体内 CO_2 的主要来源。③1 次底物水平磷酸化生成 1 分子 GTP(或 ATP)。三羧酸循环每进行一轮,底物水平磷酸化只能发生 1 次,故不是线粒体内的主要产能方式。三羧酸循环的总反应为:

$$CH_3CO\sim SCoA+3NAD^++FAD+GDP(ADP)+Pi+2H_2O \longrightarrow 2CO_2+3NADH+3H^+$$
$$+FADH_2+HS\text{-}CoA+GTP(ATP)$$

图 5-7 三羧酸循环

　　值得注意的是,每一次三羧酸循环消耗 1 分子乙酰 CoA(2 个碳),释出 2 分子 CO_2,但并非直接将乙酰 CoA 的 2 个碳原子氧化。用 ^{14}C 标记乙酰 CoA 进行的实验观察到,脱羧生成的 2 个 CO_2 的碳原子来自草酰乙酸而不是乙酰 CoA,这是由于中间反应过程中碳原子置换所致。因此,每进行一轮三羧酸循环,最后再生的草酰乙酸的碳架就要更新一半,但其含量并没有增减。

　　另外,三羧酸循环的各种中间产物本身并无量的变化,不可能通过三羧酸循环从乙酰 CoA 合成草酰乙酸或其他中间产物;同样,这些中间产物也不可能直接在三羧酸循环中被氧化成 CO_2 和 H_2O。三羧酸循环中的草酰乙酸主要来自丙酮酸的直接羧化,也可通过苹果酸脱氢生成,两者的根本来源都是葡萄糖。

(二)三羧酸循环在三大营养物质代谢中占核心地位

　　1. 三羧酸循环是三大营养物质分解产能的共同通路 糖、脂肪、氨基酸都是能源物质,它们在体内分解最终都将产生乙酰 CoA,然后进入三羧酸循环彻底氧化。三羧酸循环中,只有一个底物水平磷酸化反应生成高能磷酸键,因此三羧酸循环本身并不是直接释放能量、生成 ATP 的主要环节,而是通过 4 次脱氢反应提供足够的还原当量,以便进行后续的电子传递过程和氧化磷酸化反应生成大量 ATP。

2. 三羧酸循环是糖、脂肪、氨基酸代谢联系的枢纽 三大营养物质通过三羧酸循环在一定程度上相互转变。例如,饱食时糖可以转变成脂肪,其中柠檬酸发挥重要枢纽作用。葡萄糖分解成丙酮酸后,进入线粒体内氧化脱羧生成乙酰 CoA,乙酰 CoA 必须再转移到细胞质以合成脂肪酸。由于乙酰 CoA 不能通过线粒体内膜,于是它先与草酰乙酸缩合成柠檬酸,再通过载体转运至细胞质,在柠檬酸裂解酶(citrate lyase)作用下裂解释放出乙酰 CoA 和草酰乙酸,然后乙酰 CoA 可作为细胞质中脂肪酸合成及胆固醇合成的原料。

又如,绝大部分氨基酸可以转变成糖。许多氨基酸的碳架是三羧酸循环的中间产物,通过草酰乙酸可转变为葡萄糖(见本章第六节糖异生)。相反,糖也可通过三羧酸循环中的各中间产物接受氨基,从而合成非必需氨基酸如天冬氨酸、谷氨酸等(见第八章)。

三、糖的有氧氧化是糖分解供能的主要方式

糖的有氧氧化是产能的主要途径。三羧酸循环中 4 次脱氢反应产生的 NADH 和 $FADH_2$,通过电子传递链和氧化磷酸化生成大量 ATP。线粒体内,每分子 NADH 的氢传递给氧时,可生成 2.5 分子 ATP;每分子 $FADH_2$ 的氢则只能生成 1.5 分子 ATP。加上底物水平磷酸化生成的 1 分子 ATP,1 分子乙酰 CoA 经三羧酸循环彻底氧化,共生成 10 分子 ATP。若从丙酮酸脱氢开始计算,共产生 12.5 分子 ATP。

此外,糖酵解中 3-磷酸甘油醛在细胞质中脱氢生成的 NADH,在氧供应充足时也要转运至线粒体内,经电子传递链和氧化磷酸化产生 ATP。将 NADH 从细胞质运到线粒体的机制有两种,分别产生 2.5 分子或者 1.5 分子 ATP(见第六章)。

综上,1mol 葡萄糖彻底氧化生成 CO_2 和 H_2O,可净生成 30 或 32mol ATP(表 5-1)。

总的反应为:葡萄糖+30/32ADP+30/32Pi+6O_2——→30/32ATP+6CO_2+6H_2O

表 5-1 葡萄糖有氧氧化生成的 ATP

	反应	辅酶	最终获得 ATP
第一阶段	葡萄糖→葡糖-6-磷酸		−1
	果糖-6-磷酸→果糖-1,6-二磷酸		−1
	2×3-磷酸甘油醛→2×1,3-二磷酸甘油酸	2NADH(细胞质)	3 或 5 *
	2×1,3-二磷酸甘油酸→2×3-磷酸甘油酸		2
	2×磷酸烯醇式丙酮酸→2×丙酮酸		2
第二阶段	2×丙酮酸→2×乙酰 CoA	2NADH(线粒体)	5
第三阶段	2×异柠檬酸→2×α-酮戊二酸	2NADH(线粒体)	5
	2×α-酮戊二酸→2×琥珀酰 CoA	2NADH	5
	2×琥珀酰 CoA→2×琥珀酸		2
	2×琥珀酸→2×延胡索酸	2$FADH_2$	3
	2×苹果酸→2×草酰乙酸	2NADH	5
	由 1 分子葡萄糖总共获得		30 或 32

注:* 获得 ATP 的数量取决于还原当量进入线粒体的穿梭机制

四、糖的有氧氧化主要受能量供需平衡调节

机体对能量的需求变动很大,因此糖的有氧氧化作为主要产能途径,其代谢流量必须受到动态调

节,才能维持体内的能量供需平衡。糖进行有氧氧化时,丙酮酸经三羧酸循环代谢的速率被两个阶段的关键酶所调节:一是调节丙酮酸脱氢酶复合体的活性,从而调控由丙酮酸生成乙酰 CoA 的速率;二是调节三羧酸循环中的 3 个关键酶活性,从而调控乙酰 CoA 彻底氧化的速率。

(一)丙酮酸脱氢酶复合体调节乙酰 CoA 的生成速率

快速调节丙酮酸脱氢酶复合体的活性有两种方式:别构调节和化学修饰。诱发别构调节的主要因素包括:①细胞内能量状态:ATP 别构抑制丙酮酸脱氢酶复合体,AMP 则能将其激活。因此,ATP/AMP 比值可动态调节此酶活性。能量缺乏时该比值降低,酶被激活;能量过剩时该比值升高,酶被抑制。②代谢产物生成量:丙酮酸脱氢酶复合体的反应产物乙酰 CoA 和 NADH 对其有别构抑制作用,而相应的底物 CoA 和 NAD^+ 则使之激活。当乙酰 CoA/CoA 比值升高、或 $NADH/NAD^+$ 比值升高时,此酶的活性被抑制。总之,丙酮酸脱氢酶复合体发生别构抑制的情况,可见于餐后糖分解过盛、或饥饿状态下大量脂肪酸氧化时,前者目的是避免糖分解产能过多造成浪费,后者目的是使大多数组织器官改用脂肪酸为能源,节约葡萄糖以确保对脑等重要组织的糖供给。

除别构调节外,丙酮酸脱氢酶复合体的活性还受到可逆的化学修饰调节。在丙酮酸脱氢酶激酶催化下,丙酮酸脱氢酶复合体可被磷酸化而失去活性;丙酮酸脱氢酶磷酸酶则使之去磷酸化而恢复活性。乙酰 CoA 和 NADH 除直接别构抑制丙酮酸脱氢酶复合体之外,也可间接通过增强丙酮酸脱氢酶激酶的活性而使该酶复合体失活(图 5-8)。

图 5-8　丙酮酸脱氢酶复合体的调节

(二)三羧酸循环的关键酶调节乙酰 CoA 的氧化速率

三羧酸循环有 3 步不可逆反应,分别由柠檬酸合酶、异柠檬酸脱氢酶和 α-酮戊二酸脱氢酶复合体催化。三羧酸循环的速率主要取决于这些关键酶的活性(图 5-9),其中异柠檬酸脱氢酶和 α-酮戊二酸脱氢酶复合体的活性调节更为重要,主要调节方式包括:①底物的别构激活作用:乙酰 CoA 和草酰乙酸作为柠檬酸合酶的底物,其含量随细胞代谢状态而改变,从而影响柠檬酸合成的速率。②产物的别构抑制作用:柠檬酸生成过剩时,反馈抑制柠檬酸合酶的活性;琥珀酰 CoA 和 NADH 作为直接产物和远端产物,分别抑制 α-酮戊二酸脱氢酶复合体和柠檬酸合酶的活性。③能量状态的调节作用:ATP别构抑制柠檬酸合酶与异柠檬酸脱氢酶的活性;ADP 则可将这两者别构激活。④Ca^{2+} 的激活作用:当线粒体内 Ca^{2+} 浓度升高时,Ca^{2+} 不仅可直接与异柠檬酸脱氢酶和 α-酮戊二酸脱氢酶复合体相结合,降低其对底物的 K_m 而增强酶活性;也可激活丙酮酸脱氢酶复合体,从而增加丙酮酸经有氧氧化代谢的流量。

需要注意的是,柠檬酸的生成量和亚细胞分布,不仅调节三羧酸循环本身的速率,还可调节脂质

图 5-9 三羧酸循环的调控

左栏图中标注：

丙酮酸
丙酮酸脱氢酶复合体
⊖ ATP,乙酰CoA,NADH,脂肪酸
⊕ AMP,CoA,NAD⁺,Ca²⁺
乙酰CoA
⊖ NADH,琥珀酰CoA,柠檬酸,ATP
⊕ ADP
柠檬酸
草酰乙酸
异柠檬酸
⊖ ATP
⊕ Ca²⁺,ADP
NADH
苹果酸
α-酮戊二酸
⊕ Ca²⁺
FADH₂
⊖ 琥珀酰CoA,NADH
琥珀酰CoA
GTP
ATP

合成的速率。当糖分解产能不足时,柠檬酸留在线粒体中,继续进行三羧酸循环分解供能;当糖分解产能过多时,柠檬酸可通过柠檬酸-丙酮酸循环转移至细胞质,裂解释出乙酰 CoA 作为合成原料,同时柠檬酸通过激活脂肪酸合成的关键酶,促进脂质合成(见第七章)。因此,柠檬酸是协同调节糖代谢和脂代谢的枢纽物质。

(三) 糖的有氧氧化各阶段相互协调

糖进行有氧氧化时,各阶段的代谢速率调节并非彼此孤立,而是紧密联系、相互协调,这主要是因为其中的多种关键酶可被一些相同的别构剂所调节。

1. 通过共同的代谢物别构调节各阶段的关键酶 在正常情况下,糖酵解和丙酮酸经三羧酸循环代谢的速度是相协调的。在糖酵解中产生了多少丙酮酸,三羧酸循环就正好需要多少丙酮酸来提供乙酰 CoA。这种协调主要通过同一别构剂对多种关键酶的调节而实现:①柠檬酸别构剂:糖产能过多时,柠檬酸不仅在线粒体内抑制柠檬酸合酶,还可转运至细胞质抑制磷酸果糖激酶-1,从而使糖酵解和三羧酸循环同时受到负反馈调节。②NADH别构剂:线粒体内 NADH 不仅抑制丙酮酸脱氢酶复合体,还可抑制柠檬酸合酶、α-酮戊二酸脱氢酶复合体,从而使丙酮酸氧化脱羧和三羧酸循环受到协同的负反馈调节。此外,如果糖分解产生的大量 NADH 进入下游氧化磷酸化的代谢速度减慢,就会导致 NADH 积累,进而抑制上游丙酮酸的氧化分解。总之,在糖有氧氧化的所有阶段,糖酵解、丙酮酸氧化脱羧、三羧酸循环和氧化磷酸化的运行速率彼此配合、相互适应。

2. 能量状态协同调节糖有氧氧化各阶段的关键酶 糖有氧氧化的调节是为了适应机体对能量的需要,为此,细胞内 ATP/ADP 或 ATP/AMP 比值同时调节糖的有氧氧化各阶段中诸多关键酶的活性,使其流量调控始终保持协调一致。当细胞消耗 ATP 时,引起 ADP 和 AMP 浓度升高,别构激活磷酸果糖激酶-1、丙酮酸激酶、丙酮酸脱氢酶复合体、柠檬酸合酶、异柠檬酸脱氢酶以及氧化磷酸化的相关酶,加速进行有氧氧化以补充 ATP。反之,当细胞内 ATP 充足时,上述酶的活性降低,从而减弱有氧氧化以避免浪费。

与 ATP/ADP 相比,ATP/AMP 对有氧氧化的调节作用更为明显。这是因为 ATP 被水解成 ADP 后,ADP 也被消耗,经腺苷酸激酶催化再生成一些 ATP(2ADP→ATP+AMP)。因此,ATP 和 ADP 的同时消耗,使得 ATP/ADP 的变化相对较小。而细胞内 ATP 的浓度约为 AMP 的 50 倍,由于 AMP 的浓度很低,所以每生成 1 分子 AMP,ATP/AMP 的变动就比 ATP/ADP 的变动大得多,从而发挥更有效的调节作用。

五、糖氧化产能方式的选择有组织偏好

对于存在线粒体的细胞,利用葡萄糖分解产能时选择有氧氧化还是无氧氧化,主要取决于不同类型组织器官的代谢特点。例如,肌组织在有氧条件下,糖的有氧氧化活跃,而无氧氧化则受到抑制,这一现象称为巴斯德效应(Pasteur effect)。该效应最初在酵母菌中被发现,无氧时酵母菌进行生醇发酵(无氧氧化),将其转移至有氧环境后,生醇发酵即被抑制。肌组织发生巴斯德效应的机制是,细胞质

中糖酵解所产生 NADH 的去路,决定了酵解产物丙酮酸的代谢去向。有氧时,细胞质中 NADH 一旦产生立即进入线粒体内氧化,糖酵解最后生成的丙酮酸也就接着运入线粒体进行有氧氧化;缺氧时,NADH 留在细胞质,以丙酮酸为受氢体,使之还原生成乳酸。因此,糖的有氧氧化可抑制糖的无氧氧化。

又如,增殖活跃的组织(如肿瘤)即使在有氧时,葡萄糖也不被彻底氧化,而是被分解生成乳酸,此现象称为瓦伯格效应(Warburg effect)。一般来说,无氧氧化时的葡萄糖消耗量显著多于有氧氧化,这是因为无氧氧化产能偏少,ATP/ADP 比值相对较低,对磷酸果糖激酶-1 和丙酮酸激酶的激活作用显著,从而使无氧分解的葡萄糖更多。瓦伯格效应使肿瘤细胞获得生存优势,其重要原因之一是无氧氧化可避免将葡萄糖全部分解成 CO_2,从而为肿瘤快速生长积累大量的生物合成原料。肿瘤的这一代谢特征已成为疾病诊治的新依据和突破点。

第四节 磷酸戊糖途径

葡萄糖在细胞内除通过有氧氧化和无氧氧化分解产能外,还存在其他不产能的分解代谢途径,如磷酸戊糖途径。磷酸戊糖途径(pentose phosphate pathway)是指从糖酵解的中间产物葡糖-6-磷酸开始形成旁路,通过氧化、基团转移两个阶段生成果糖-6-磷酸和3-磷酸甘油醛,从而返回糖酵解的代谢途径。磷酸戊糖途径不能产生 ATP,但可生成 NADPH 和磷酸核糖两种重要产物。

一、磷酸戊糖途径分为两个阶段

葡糖-6-磷酸进入磷酸戊糖途径分解,其过程分为两个阶段:第一阶段是氧化反应,生成磷酸戊糖、NADPH 和 CO_2;第二阶段是基团转移反应,最终生成果糖-6-磷酸和3-磷酸甘油醛。全部反应在细胞质中进行。

(一)氧化阶段生成 NADPH 和磷酸核糖

葡糖-6-磷酸进入第一阶段的反应包括:①在葡糖-6-磷酸脱氢酶(glucose-6-phosphate dehydrogenase)催化下,葡糖-6-磷酸氧化成6-磷酸葡糖酸内酯,脱下的氢由 $NADP^+$ 接受而生成 NADPH,此反应需要 Mg^{2+} 参与。②由内酯酶(lactonase)催化,6-磷酸葡糖酸内酯水解为6-磷酸葡糖酸。③由6-磷酸葡糖酸脱氢酶催化,6-磷酸葡糖酸氧化脱羧生成核酮糖-5-磷酸,同时生成 NADPH 及 CO_2。④核酮糖-5-磷酸经异构酶催化,转变成核糖-5-磷酸;或者经差向异构酶催化,转变为木酮糖-5-磷酸。这些磷酸戊糖之间的相互转变均为可逆反应。总之,第一阶段中,1 分子葡糖-6-磷酸生成 2 分子 NADPH 和 1 分子核糖-5-磷酸,释出 1 分子 CO_2。

(二)基团转移阶段生成磷酸己糖和磷酸丙糖

第一阶段生成的 NADPH 和磷酸核糖,可用作体内诸多合成代谢的原料,但由于细胞对 NADPH 的需求量大得多,为避免磷酸核糖积累,多余的戊糖就会进入第二阶段,以便重新返回糖酵解途径而被再次利用。

需要 3 分子磷酸戊糖进入第二阶段，才能完成所有基团转移反应。一系列基团转移的接受体都是醛糖，反应分为两类：一类是转酮醇酶(transketolase)反应，转移含 1 个酮基、1 个醇基的 2 碳基团；另一类是转醛醇酶(transaldolase)反应，转移 3 碳单位。这些基团转移均为可逆反应。简而言之，在第二阶段中，3 分子磷酸戊糖最终转变成 2 分子果糖-6-磷酸和 1 分子 3-磷酸甘油醛。此外，本阶段反应过程中，还可提供 3C、4C、5C、6C、7C 中间产物，这些含不同碳原子数量的碳骨架也是体内生物合成所需的碳源。

综上，磷酸戊糖途径的全过程归纳如图 5-10，其总反应为：

$$3\times 葡糖\text{-}6\text{-}磷酸 + 6NADP^+ \rightarrow 2\times 果糖\text{-}6\text{-}磷酸 + 3\text{-}磷酸甘油醛 + 6NADPH + 6H^+ + 3CO_2$$

图 5-10　磷酸戊糖途径

二、磷酸戊糖途径主要受 NADPH/NADP⁺比值的调节

葡糖-6-磷酸可进入多条代谢途径。葡糖-6-磷酸脱氢酶是磷酸戊糖途径的关键酶，其活性决定葡糖-6-磷酸进入此途径的流量。从酶含量调节的角度来看，当摄取高碳水化合物饮食、尤其是饥饿后进食时，肝内此酶的含量明显增加，以适应脂肪酸合成时对 NADPH 的需要。从酶活性快速调节的角度来看，NADPH 对葡糖-6-磷酸脱氢酶有强烈的抑制作用，因此该酶活性主要受 NADPH/NADP⁺比值的调节。比值升高，磷酸戊糖途径被抑制；比值降低时则被激活。总之，磷酸戊糖途径的流量取决于NADPH 需求。

三、磷酸戊糖途径是 NADPH 和磷酸核糖的主要来源

磷酸戊糖途径产生的磷酸核糖和 NADPH，可为体内多种合成代谢提供碳源和供氢体。对于脂质合成旺盛的组织（如肝、脂肪组织、哺乳期的乳腺）、增殖活跃的组织（如骨髓、肿瘤）、红细胞等，磷酸戊糖途径尤为活跃，可大量生成这两种产物，以满足这些组织细胞的代谢需求。

（一）提供磷酸核糖参与核酸的生物合成

核糖是核苷酸的基本组分。体内的核糖并不依赖从食物摄入，而是通过磷酸戊糖途径生成。磷酸核糖的生成方式有两种：一是发生在氧化阶段，由葡糖-6-磷酸氧化脱羧生成；二是发生在基团转移阶段，由糖酵解的中间产物 3-磷酸甘油醛和果糖-6-磷酸通过基团转移生成。这两种方式的相对重要性因物种而异，因器官而异。例如，人体主要通过第一种方式生成磷酸核糖，但肌组织内因缺乏葡糖-6-磷酸脱氢酶故通过第二种方式生成磷酸核糖。

（二）提供 NADPH 作为供氢体参与多种代谢反应

与 NADH 不同，NADPH 携带的氢并不通过电子传递链氧化释出能量，而是参与许多代谢反应，发挥不同的功能。

1. **NADPH 是许多合成代谢的供氢体** NADPH 常作为体内生物合成的供氢体：①参与脂质合成：从乙酰 CoA 合成脂肪酸和胆固醇，中间涉及多步还原反应，需要 NADPH 供氢；②参与氨基酸合成：机体合成非必需氨基酸时，先由 α-酮戊二酸、NH_3 和 NADPH 生成谷氨酸，后者再与其他 α-酮酸进行转氨基反应而生成相应的氨基酸（见第八章）。

2. **NADPH 参与羟化反应** 需要 NADPH 的羟化反应包括：①与生物合成相关的羟化反应：从鲨烯合成胆固醇，从胆固醇合成胆汁酸、类固醇激素，从血红素合成胆红素等，均涉及 NADPH 参与的羟化步骤（见第七章、第十九章）；②与生物转化（biotransformation）相关的羟化反应：使某些药物、毒物发生羟化作用的细胞色素 P450 单加氧酶，也需要 NADPH 参与反应（见第十九章）。

3. **NADPH 用于维持谷胱甘肽的还原状态** 谷胱甘肽（glutathione, GSH）是一个三肽，2 分子 GSH 可以脱氢生成氧化型谷胱甘肽（GSSG），而后者可在谷胱甘肽还原酶作用下，被 NADPH 重新还原成为还原型谷胱甘肽。

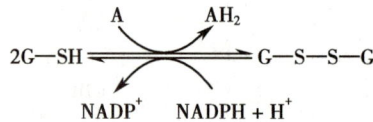

$$2G-SH \xrightleftharpoons{} G-S-S-G$$

A ↗ AH₂

NADP⁺   NADPH + H⁺

还原型谷胱甘肽是体内重要的抗氧化剂，可保护一些含巯基的蛋白质或酶免受氧化剂（尤其是过氧化物）的损害。对于红细胞，还原型谷胱甘肽的意义更为重要，可保护红细胞膜的完整性。葡糖-6-磷酸脱氢酶缺陷者，其红细胞不能经磷酸戊糖途径获得充足的 NADPH，不足以使谷胱甘肽保持还原状态，因而表现出红细胞（尤其是较老的红细胞）易于破裂，发生溶血性黄疸。这种溶血现象常在食用蚕豆（是强氧化剂）后诱发，故称为蚕豆病。

第五节   糖原的合成与分解

摄入的糖类除满足供能外，大部分转变成脂肪（甘油三酯）储存于脂肪组织，还有一小部分用于合成糖原。糖原（glycogen）是葡萄糖的多聚体，是动物体内糖的储存形式。糖原分子呈多分支状，其葡萄糖单位主要以 α-1,4-糖苷键连接，只有分支点形成 α-1,6-糖苷键。糖原具有一个还原性末端和多个非还原性末端。在糖原的合成与分解过程中，葡萄糖单位的增减均发生在非还原性末端。

糖原作为葡萄糖储备的意义在于，当机体需要葡萄糖时可以迅速动用糖原以供急需，而动用脂肪的速度则较慢。糖原主要储存于肝和骨骼肌，但肝糖原和肌糖原的生理意义不同。肝糖原是血糖的重要来源，这对于一些依赖葡萄糖供能的组织（如脑、红细胞等）尤为重要。而肌糖原则主要为肌收缩提供急需的能量。

一、糖原合成是将葡萄糖连接成多聚体

糖原合成（glycogenesis）是指由葡萄糖生成糖原的过程，主要发生在肝和骨骼肌。糖原合成时，葡萄糖先活化，再连接形成直链和支链（图 5-11）。

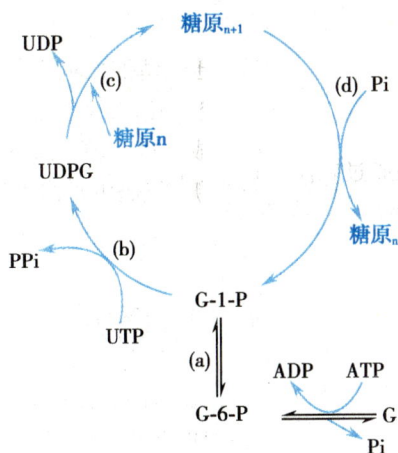

图 5-11　糖原的合成与分解
（a）磷酸葡糖变位酶；（b）UDPG 焦磷酸化酶；
（c）糖原合酶和分支酶；（d）糖原磷酸化酶和
脱支酶

（一）葡萄糖活化为尿苷二磷酸葡萄糖

首先，葡萄糖经糖酵解生成葡糖-6-磷酸，然后继续变位生成葡糖-1-磷酸。后者再与尿苷三磷酸（UTP）反应生成尿苷二磷酸葡萄糖（UDPG）和焦磷酸。此反应可逆，由 UDPG 焦磷酸化酶（UDPG pyrophosphorylase）催化。但由于焦磷酸在体内迅速被焦磷酸酶水解，故实际上反应向生成 UDPG 的方向进行。体内许多合成代谢反应都伴有副产物焦磷酸生成，因此焦磷酸水解有利于合成代谢的进行。UDPG 可看作"活性葡萄糖"，在体内充当葡萄糖供体。

（二）糖原合成的起始需要引物

如果细胞内糖原已耗尽而需要重新合成时，不能以游离葡萄糖作为起始分子来接受 UDPG 的葡萄糖基，只能以糖原蛋白（glycogenin）作为最初的葡萄糖基受体而起始糖原的合成。糖原蛋白是一种蛋白酪氨酸-葡糖基转移酶，可对自身进行糖基化修饰，将 UDPG 分子的葡萄糖基连接到自身的酪氨酸残基上。随后，糖原蛋白继续催化糖链初步延伸，由第一个结合到糖原蛋白上的葡萄糖分子接受下一个 UDPG 的葡萄糖基，形成第一个 α-1,4-糖苷键。这样的延伸反应持续进行，直至形成与糖原蛋白相连接的八糖单位，即成为糖原合成的初始引物。

（三）UDPG 中的葡萄糖基连接形成直链和支链

在糖原引物基础上的糖链进一步延伸则由糖原合酶（glycogen synthase）所催化。在糖原合酶作用下，UDPG 的葡萄糖基转移到糖原引物的非还原性末端，形成 α-1,4-糖苷键，此反应不可逆。糖原合酶是糖原合成过程中的关键酶，它只能使糖链不断延长，但不能形成分支。

当糖链长度达到至少 11 个葡萄糖基时，分支酶（branching enzyme）从该糖链的非还原末端将约 6~7 个葡萄糖基转移到邻近的糖链上，以 α-1,6-糖苷键相接，从而形成分支（图 5-12）。分支的形成不仅可增加糖原的水溶性，更重要的是可增加非还原性末端的数量，以便磷酸化酶迅速分解糖原。

（四）糖原合成是耗能过程

葡萄糖单位活化时，生成葡糖-6-磷酸需消耗 1 个 ATP，焦磷酸水解成 2 分子磷酸时又损失 1 个高能磷酸键，共消耗 2 个 ATP。糖原合酶催化反应时，生成的 UDP 必须利用 ATP 重新生成 UTP，即 ATP 的高能磷酸键转移给了 UTP，故并无高能磷酸键的损失。综上，糖原分子每延长 1 个葡萄糖基，需消耗 2 个 ATP。

图 5-12 分支酶的作用

二、糖原分解是从非还原性末端进行磷酸解

糖原分解（glycogenolysis）是指糖原分解为葡糖-1-磷酸而被机体利用的过程，它不是糖原合成的逆反应（图 5-11）。糖原首先解聚为葡萄糖单体，以葡糖-1-磷酸为主，也有少量游离葡萄糖。肝糖原和肌糖原的解聚过程一样，释出的主要产物葡糖-1-磷酸可转变为葡糖-6-磷酸，但肝和肌组织对葡糖-6-磷酸的后续利用则完全不同。

（一）糖原磷酸化酶分解 α-1,4-糖苷键释出葡糖-1-磷酸

糖原分解的第一步是从糖链的非还原性末端开始，由糖原磷酸化酶（glycogen phosphorylase）催化分解 1 个葡萄糖基，生成葡糖-1-磷酸。此反应是磷酸解，自由能变动较小，理论上虽为可逆反应，但由于细胞内无机磷酸盐的浓度约为葡糖-1-磷酸的 100 多倍，所以实际上反应只能向糖原分解方向进行。糖原磷酸化酶是糖原分解过程中的关键酶，它只能作用于 α-1,4-糖苷键，而对分支处的 α-1,6-糖苷键无作用。

（二）脱支酶分解 α-1,6-糖苷键释出游离葡萄糖

当 α-1,4-糖苷键逐个分解，使糖链缩短至距分支点约 4 个葡萄糖基时，由于空间位阻，糖原磷酸化酶不能再发挥作用。这时由葡聚糖转移酶催化，将 3 个葡萄糖基转移到邻近糖链的末端，仍以 α-1,4-糖苷键连接。分支处仅剩下 1 个葡萄糖基以 α-1,6-糖苷键连接，在 α-1,6-葡糖苷酶作用下水解成游离葡萄糖。葡聚糖转移酶和 α-1,6-葡糖苷酶是同一酶的两种活性，合称脱支酶（debranching enzyme）（图 5-13）。除去分支后，糖原磷酸化酶即可继续发挥作用。

（三）肝利用葡糖-6-磷酸生成葡萄糖而肌不能

肝糖原和肌糖原分解的起始阶段一样，主要释出葡糖-1-磷酸，进而转变为葡糖-6-磷酸，但葡糖-6-磷酸在肝和肌内的代谢去向差异显著。肝内存在葡糖-6-磷酸酶（glucose-6-phosphatase），可将葡糖-6-磷酸水解成葡萄糖释放入血，因此饥饿

图 5-13 脱支酶的作用

时肝糖原能够补充血糖,维持血糖稳定。而肌组织中缺乏此酶,葡糖-6-磷酸只能进行糖酵解,故肌糖原不能分解成葡萄糖,只能为肌收缩提供能量。需要注意的是,从葡糖-6-磷酸进入糖酵解直接绕过了葡萄糖磷酸化的起始步骤,因此肌糖原中的1分子葡萄糖基进行无氧氧化净产生3分子ATP。

三、糖原合成与分解的关键酶活性调节彼此相反

糖原合成与糖原分解是两条代谢途径,分别进行调控,并且相互制约。当糖原合成活跃时,糖原分解被抑制;反之亦然。这种合成与分解代谢通过两条途径进行独立的、反向的精细调节,是生物体内存在的普遍规律。

糖原合酶与糖原磷酸化酶均作用于 α-1,4-糖苷键,分别是糖原合成与分解途径中的关键酶,它们的酶活性主要受磷酸化修饰和激素的调节,还可受别构调节。肝和肌内糖原代谢调节的特点有所不同,与各自的代谢功能相适应。

(一)磷酸化修饰对两个关键酶进行反向调节

糖原磷酸化酶与糖原合酶的活性均受磷酸化和去磷酸化的可逆调节,它们进行修饰的方式相似,但效果相反。例如,同样经磷酸化修饰后,糖原磷酸化酶被激活而糖原合酶被抑制,此时只有糖原分解活跃,这样就避免了分解与合成同时进行而造成无效循环。

1. **磷酸化的糖原磷酸化酶是活性形式** 糖原磷酸化酶有磷酸化(a型,活性型)和去磷酸化(b型,无活性)两种形式。当它的第14位丝氨酸残基被磷酸化时,原来活性很低的磷酸化酶b就转变为活性强的磷酸化酶a。这种磷酸化过程由磷酸化酶b激酶催化;而去磷酸化过程则由磷蛋白磷酸酶-1催化(图5-14)。

图5-14 糖原合成与分解关键酶的化学修饰调节

2. **去磷酸化的糖原合酶是活性形式** 糖原合酶亦分为磷酸化(b型,无活性)和去磷酸化(a型,活性型)两种形式。去磷酸化的糖原合酶a有活性,其去磷酸化反应也由磷蛋白磷酸酶-1所催化。而磷酸化的糖原合酶b则失去活性,其磷酸化过程可由多种激酶所催化,如蛋白激酶A可将糖原合酶的多个丝氨酸残基磷酸化(图5-14),磷酸化酶b激酶、糖原合酶激酶等也可使糖原合酶发生不同位点的磷酸化修饰。

(二)激素反向调节糖原的合成与分解

糖原磷酸化酶与糖原合酶的磷酸化和去磷酸化修饰,归根结底,是由激素所引发的一系列连锁酶

促反应(称为级联放大系统,cascade system)中的一环,这种激素调节作用具有快速放大效应。肝糖原分解与合成的生理性调节主要靠胰高血糖素和胰岛素,而肌糖原则主要靠肾上腺素和胰岛素。

1. **肝糖原分解主要受胰高血糖素调节**　肝糖原的功能是短期饥饿时补充血糖,因此其分解主要受胰高血糖素调节。在肝内,胰高血糖素通过一系列反应促进糖原分解(图 5-14):①活化腺苷酸环化酶,催化 ATP 生成 cAMP。②当 cAMP 存在时,蛋白激酶 A 被激活,但其活化时间较短。cAMP 在体内很快被磷酸二酯酶水解成 AMP,蛋白激酶 A 随即转变为无活性形式。③活化的蛋白激酶 A 对磷酸化酶 b 激酶进行磷酸化修饰,使之活化。磷酸化酶 b 激酶也有磷酸化(活性型)和去磷酸化(无活性)两种形式。蛋白激酶 A 将其转变为磷酸化的活性形式;而磷蛋白磷酸酶-1 使之去磷酸而失活。④在活化的磷酸化酶 b 激酶作用下,糖原磷酸化酶发生磷酸化修饰而激活,最终结果是促进糖原分解。另一方面,由于蛋白激酶 A 也可磷酸化糖原合酶,将其失活,因此同时抑制了糖原合成。

2. **肌糖原分解主要受肾上腺素调节**　肌糖原不能补充血糖,而是为骨骼肌收缩紧急供能,最终分解生成乳酸。促进肌糖原分解的主要激素不是胰高血糖素,而是肾上腺素。肾上腺素引起糖原分解的级联反应系统与胰高血糖素类似(图 5-14),同样通过对糖原磷酸化酶和糖原合酶的磷酸化修饰,产生促进糖原分解、抑制糖原合成的效果。

3. **糖原合成主要受胰岛素调节**　饱食时胰岛素分泌,促进肝糖原和肌糖原合成。其作用机制较复杂,可部分解释为激活磷蛋白磷酸酶-1 而使糖原合酶脱去磷酸,或抑制糖原合酶激酶而阻止对糖原合酶的磷酸化。磷蛋白磷酸酶-1 催化广泛的去磷酸反应,其底物不仅有糖原合酶,还有糖原磷酸化酶 b 激酶、糖原磷酸化酶等。脱去磷酸后,糖原合酶活化,糖原磷酸化酶 b 激酶和糖原磷酸化酶失活,从而控制糖原代谢仅向合成方向进行。

磷蛋白磷酸酶-1 的活性也受到精细的负调节,可被磷蛋白磷酸酶抑制剂所抑制。磷蛋白磷酸酶抑制剂是一种胞内蛋白质,其磷酸化形式为活性形式,磷酸化活化过程也由蛋白激酶 A 所催化。由此看出,蛋白激酶 A 可以从不同层次参与糖原代谢关键酶的化学修饰调节:①直接调节酶:通过磷酸化糖原合酶、糖原磷酸化酶 b 激酶,直接阻止糖原合成、激活糖原分解;②间接调节抑制剂:通过磷酸化磷蛋白磷酸酶抑制剂,间接阻止糖原合酶、糖原磷酸化酶 b 激酶和糖原磷酸化酶的去磷酸化,以避免糖原合成被激活,同时避免糖原分解的活跃状态被抑制。

(三) 肝糖原和肌糖原分解受不同的别构剂调节

糖原分解与合成的关键酶还受到别构调节。葡糖-6-磷酸可别构激活糖原合酶,促进肝糖原和肌糖原合成。但肝和肌内的糖原磷酸化酶则分别由不同的别构剂调节,这是与肝糖原和肌糖原的功能相适应的。

1. **肝糖原磷酸化酶主要受葡萄糖别构抑制**　葡萄糖是肝糖原磷酸化酶最主要的别构抑制剂,可避免在血糖充足时分解肝糖原。当血糖升高时,葡萄糖进入肝细胞,与糖原磷酸化酶 a 的别构部位相结合,引起酶构象改变而暴露出磷酸化的第 14 位丝氨酸,此时磷蛋白磷酸酶-1 使之去磷酸化转变成磷酸化酶 b 而失活,抑制肝糖原分解。

此外,果糖-1,6-二磷酸和果糖-1-磷酸也可别构抑制肝糖原磷酸化酶,这就解释了当体内缺乏果糖-1-磷酸醛缩酶(见于果糖不耐受病人)或者果糖二磷酸酶-1 时,即使肝糖原储备丰富,仍会发生低血糖的原因。前者是产生过量的果糖-1-磷酸所致,后者则是由果糖-1,6-二磷酸堆积所致。

2. **肌糖原分解主要受能量和 Ca^{2+} 的别构调节**　骨骼肌内糖原分解的别构调节主要有两种机制。一种调节机制取决于细胞内的能量状态,由 AMP、ATP 及葡糖-6-磷酸别构调节糖原磷酸化酶。AMP 使之激活;ATP、葡糖-6-磷酸则抑制其活性。当肌收缩时,ATP 被消耗,葡糖-6-磷酸水平亦低,而 AMP 浓度升高,可激活糖原磷酸化酶,加速糖原分解。当静息时,肌内 ATP 和葡糖-6-磷酸水平升高,可抑制糖原磷酸化酶,有利于糖原合成。

另一种调节机制与肌收缩引起 Ca^{2+} 升高有关,由 Ca^{2+} 别构激活磷酸化酶 b 激酶。当神经冲动引起肌收缩时,肌细胞中内质网储存的 Ca^{2+} 大量释放入细胞质, Ca^{2+} 与磷酸化酶 b 激酶的别构部位(δ亚基)结合而使之激活,进而催化磷酸化酶 b 磷酸化,成为活化的磷酸化酶 a,促进肌糖原分解,为肌收缩供能。

四、糖原贮积症由先天性酶缺陷所致

糖原贮积症(glycogen storage disease)是一类遗传性代谢病,病人某些组织器官中出现大量糖原堆积的现象,其病因是先天性缺乏糖原代谢的相关酶类。根据所缺陷的酶种类不同,受累的器官部位也不同,糖原的结构亦有差异,对健康的危害程度也不同(表 5-2)。例如,缺乏肝糖原磷酸化酶时,婴儿仍可成长,肝糖原沉积导致肝大,并无严重后果。若葡糖-6-磷酸酶缺乏,则不能通过肝糖原和非糖物质补充血糖,后果严重。溶酶体的 α-葡糖苷酶可分解 α-1,4-糖苷键和 α-1,6-糖苷键,缺乏此酶使所有组织受损,病人常因心肌受损而猝死。

表 5-2 糖原贮积症分型

型别	缺陷的酶	受害器官	糖原结构
I	葡糖-6-磷酸酶	肝、肾	正常
II	溶酶体 α-1,4-和 α-1,6-葡糖苷酶	所有组织	正常
III	脱支酶	肝、肌	分支多,外周糖链短
IV	分支酶	肝、脾	分支少,外周糖链特别长
V	肌磷酸化酶	肌	正常
VI	肝磷酸化酶	肝	正常
VII	肌磷酸果糖激酶	肌	正常
VIII	肝磷酸化酶激酶	肝	正常

第六节 糖 异 生

体内糖原的储备有限,如果没有补充,在 12~24 小时肝糖原即被耗尽,血糖来源断绝。但事实上即使禁食更长时间,血糖仍保持在正常范围。这时除了周围组织减少对葡萄糖的利用外,主要还依赖肝将氨基酸、乳酸等转变成葡萄糖,不断补充血糖。这种由非糖化合物(乳酸、甘油、生糖氨基酸等)转变为葡萄糖或糖原的过程称为糖异生(gluconeogenesis)。糖异生的主要器官是肝;肾的糖异生能力相对较弱,但在长期饥饿时可增强。

一、糖异生不完全是糖酵解的逆反应

丙酮酸能够逆着糖酵解反应方向生成葡萄糖,乳酸和一些生糖氨基酸(见第八章)就是经由丙酮酸进行糖异生的。葡萄糖经糖酵解生成丙酮酸时,ΔG°′为 -85kJ/mol,从热力学角度看,由丙酮酸进行糖异生不可能全部循糖酵解逆行。糖酵解与糖异生的多数反应是可逆的,但糖酵解中 3 个限速步骤所对应的逆反应需要由糖异生特有的关键酶来催化。

(一)丙酮酸经丙酮酸羧化支路生成磷酸烯醇式丙酮酸

糖酵解的最后一步反应由丙酮酸激酶催化,将磷酸烯醇式丙酮酸转变成丙酮酸。在糖异生中其逆过程需要丙酮酸进入线粒体,启动丙酮酸羧化支路。

1. 丙酮酸羧化支路包括两步反应 丙酮酸转变为磷酸烯醇式丙酮酸的反应分两步进行,分别由两个关键酶催化。催化第一个反应的是丙酮酸羧化酶(pyruvate carboxylase),其辅因子为生物素。CO_2 先与生物素结合,需消耗 ATP;然后活化的 CO_2 再转移给丙酮酸生成草酰乙酸。第二个反应由磷酸烯醇式丙酮酸羧激酶催化,将草酰乙酸脱羧转变成磷酸烯醇式丙酮酸,消耗一个高能磷酸键。上述

两步反应共消耗 2 个 ATP。

由于丙酮酸羧化酶仅存在于线粒体内,故细胞质中的丙酮酸必须进入线粒体,才能羧化生成草酰乙酸。而磷酸烯醇式丙酮酸羧激酶在线粒体和细胞质中都存在,因此,草酰乙酸可在线粒体中直接转变为磷酸烯醇式丙酮酸再进入细胞质;也可先转运至细胞质再转变为磷酸烯醇式丙酮酸,这就涉及草酰乙酸从线粒体到细胞质的转运过程。

丙酮酸   草酰乙酸   磷酸烯醇式丙酮酸

2. 将草酰乙酸运出线粒体有两种方式 草酰乙酸不能直接透过线粒体内膜,需借助两种方式将其从线粒体转运到细胞质(图 5-15):①经苹果酸转运:由线粒体内苹果酸脱氢酶催化,草酰乙酸还原成苹果酸后运出线粒体,再经细胞质中苹果酸脱氢酶催化,苹果酸氧化而重新生成草酰乙酸,需注意此过程伴随着 NADH 从线粒体到细胞质的转运;②经天冬氨酸转运:由线粒体内谷草转氨酶催化,草酰乙酸转变成天冬氨酸后运出线粒体,再经细胞质中谷草转氨酶催化,天冬氨酸再恢复生成草酰乙酸,此过程并无 NADH 的伴随转运。

草酰乙酸通过哪一种方式转运,主要取决于不同糖异生原料对供氢体的需求。糖异生在细胞质阶段的后续反应中有一步还原反应,1,3-二磷酸甘油酸还原成 3-磷酸甘油醛,需 NADH 供氢。不同原料进行糖异生时,此供氢体的来源不同。例如,从乳酸开始糖异生时,所需的 NADH 来源于细胞质。乳酸脱氢生成丙酮酸时,已在细胞质中产生了 NADH 以供利用,所以草酰乙酸经由天冬氨酸方式运出线粒体。又如,从丙酮酸或生糖氨基酸开始糖异生时,所需的 NADH 必须由线粒体提供,这些 NADH 可来自脂肪酸 β-氧化或三羧酸循环。此时草酰乙酸经由苹果酸方式运出线粒体,以便同时将线粒体内的 NADH 运至细胞质以供利用。

(二) 果糖-1,6-二磷酸水解为果糖-6-磷酸

此反应由果糖二磷酸酶-1 催化(图 5-15)。C_1 位的磷酸酯进行水解是放能反应,并不生成 ATP,所以反应易于进行。

(三) 葡糖-6-磷酸水解为葡萄糖

此反应由葡糖-6-磷酸酶催化(图 5-15),也是磷酸酯水解反应,而不是葡糖激酶催化反应的逆反应,热力学上是可行的。

综上,糖异生的 4 个关键酶是丙酮酸羧化酶、磷酸烯醇式丙酮酸羧激酶、果糖二磷酸酶-1 和葡糖-6-磷酸酶,它们与糖酵解中 3 个关键酶所催化的反应方向正好相反,使乳酸、丙氨酸等生糖氨基酸(见第八章)经丙酮酸异生为葡萄糖。

二、糖异生和糖酵解的反向调节主要针对两个底物循环

糖异生与糖酵解是方向相反的两条代谢途径,其中 3 个限速步骤分别由不同的酶催化底物互变,称为底物循环(substrate cycle)。如果催化互变反应的两种酶活性相等时,代谢不能向任何方向推进,结果是无谓地消耗 ATP 而释放热能,形成无效循环(futile cycle)。通常情况下,细胞内两酶的活性不相等,因此代谢朝着酶活性强的方向进行🔲。

要进行有效的糖异生,就必须抑制糖酵解;反之亦然。这种协调主要依赖对 2 个底物循环的调节。维持底物循环虽然损失一些 ATP,但却使代谢调节更为灵敏、精细。

(一) 第一个底物循环调节果糖-6-磷酸与果糖-1,6-二磷酸的互变

糖酵解时,果糖-6-磷酸发生磷酸化而生成果糖-1,6-二磷酸,反应耗能;糖异生时,果糖-1,6-二磷

图 5-15 糖异生

酸水解去磷酸而转变为果糖-6-磷酸,反应并无产能,由此构成第一个底物循环。催化此互变反应的
两种酶活性常呈相反的变化。

1. **果糖-2,6-二磷酸和 AMP 反向调节第一个底物循环**　果糖-2,6-二磷酸和 AMP 既是磷酸果糖激酶-1 的别构激活剂,又是果糖二磷酸酶-1 的别构抑制剂。这一底物循环的调控最为重要,通过能量负反馈与果糖二磷酸正反馈的双重调节作用,对互逆反应中两个关键酶进行高效的同步反向调节,确保糖酵解活跃进行、而糖异生被抑制。

2. **果糖-2,6-二磷酸是肝内糖异生与糖酵解的主要调节信号**　果糖-2,6-二磷酸的生成量可受激素调节。胰高血糖素使果糖-2,6-二磷酸的生成减少,这是因为胰高血糖素通过 cAMP 和蛋白激酶 A,使磷酸果糖激酶-2 磷酸化而失活,引起果糖-2,6-二磷酸水平降低,因此饥饿时肝糖异生增强而糖酵解减弱。胰岛素则作用相反,可升高果糖-2,6-二磷酸水平,因此进食后肝糖异生减弱而糖酵解增强。

（二）第二个底物循环调节磷酸烯醇式丙酮酸与丙酮酸的互变

糖酵解时,磷酸烯醇式丙酮酸转变为丙酮酸并产生能量;糖异生时,丙酮酸消耗能量生成磷酸烯醇式丙酮酸,由此构成第二个底物循环。在这一底物循环中,所涉及的 3 个关键酶的调节方式有所差异。

1. **丙酮酸激酶受别构调节和磷酸化修饰调节**　丙酮酸激酶的活性受到别构调节:①果糖-1,6-二磷酸是其别构激活剂,可促进糖酵解。果糖-1,6-二磷酸的生成量也受胰高血糖素调节,这是因为胰高血糖素可降低果糖-2,6-二磷酸水平,从而减少果糖-1,6-二磷酸的生成。②丙氨酸是肝内丙酮酸激酶的别构抑制剂,可阻止肝进行糖酵解。饥饿时,丙氨酸是主要的糖异生原料,故丙氨酸抑制糖酵解有利于肝内糖异生。

此外,丙酮酸激酶的活性还可受到化学修饰调节。胰高血糖素通过 cAMP 使丙酮酸激酶发生磷酸化,从而抑制其活性,减弱糖酵解。

2. **磷酸烯醇式丙酮酸羧激酶受激素诱导的含量调节**　胰高血糖素通过 cAMP,快速升高磷酸烯醇式丙酮酸羧激酶的 mRNA 水平,促进合成酶蛋白,加强糖异生。胰岛素则显著降低磷酸烯醇式丙酮酸羧激酶的 mRNA 和酶蛋白含量,使糖异生减弱。

3. **丙酮酸羧化酶受乙酰 CoA 的别构激活**　乙酰 CoA 是丙酮酸羧化酶的别构激活剂,也是丙酮酸脱氢酶复合体的别构抑制剂。这种双重调节作用使第二个底物循环与丙酮酸氧化脱羧的反应相协调。饥饿时,大量脂酰 CoA 在线粒体内进行 β-氧化,生成大量乙酰 CoA,一方面激活丙酮酸羧化酶,使丙酮酸转变为草酰乙酸,加速糖异生;另一方面抑制丙酮酸脱氢酶复合体,阻止葡萄糖经由丙酮酸氧化分解。

（三）两个底物循环的调节相互联系和协调

两个底物循环的调节并非孤立进行,而是通过一些代谢物和激素共同发挥调节作用:①通过中间代谢物协调两个底物循环。例如,果糖-1,6-二磷酸既可以激活第一个底物循环中的磷酸果糖激酶-1,又可以激活第二个底物循环中的丙酮酸激酶,从而使两个底物循环同时向促进糖酵解的方向进行。②通过激素协调两个底物循环。例如,胰高血糖素既可以作用于第一个底物循环,降低果糖-2,6-二磷酸的水平;还可以作用于第二个底物循环,使丙酮酸激酶磷酸化而失活,从而协同抑制糖酵解、促进糖异生。

三、糖异生的主要生理意义是维持血糖恒定

肝的糖异生作用主要是饥饿或运动时调节血糖,也可在饥饿后进食初期恢复合成肝糖原储备。肾的糖异生可在长期饥饿时维持酸碱平衡。

(一)维持血糖恒定是肝糖异生最重要的生理作用

即使在饥饿状况下,机体也需消耗一定量的葡萄糖,以维持生命活动。正常成人的脑组织对葡萄糖依赖程度大,脑中己糖激酶 K_m 低于其他组织,即使在血糖水平较低时也能利用葡萄糖。红细胞只能通过糖的无氧氧化获得能量。骨髓、视网膜、神经等组织常由糖的无氧氧化提供部分能量。此时这些葡萄糖全部依赖糖异生生成。经异生补充的血糖有限,所以除此之外的其他大多数组织改用脂质供能,以节约葡萄糖。

饥饿导致肝糖原耗尽后,肝通过糖异生维持血糖水平恒定。蛋白质的分解产物生糖氨基酸、脂肪的分解产物甘油是饥饿时糖异生的主要原料。一方面,肌内大量的蛋白质分解为氨基酸,再以丙氨酸和谷氨酰胺的形式运输至肝进行糖异生,这是饥饿时血糖补给的主要来源;另一方面,随着脂肪组织中脂肪分解增强,运送至肝的甘油增多,也可经糖异生补充少量葡萄糖。但在长期饥饿时,如果持续大量消耗蛋白质,将无法维持生命。经过适应,脑每天消耗的葡萄糖可减少,其余依赖酮体供能;此时甘油仍可经糖异生持续供应少量葡萄糖,这样可使机体对蛋白质的消耗量显著降低。

在剧烈运动时,肌糖原分解生成乳酸,机体可利用乳酸进行糖异生。肌内糖异生活性低,生成的乳酸不能在肌内重新合成糖,需经血液转运至肝内进行糖异生,从而完成对乳酸的回收再利用,这样既输出血糖,又避免酸中毒。

(二)糖异生是补充或恢复肝糖原储备的重要途径

糖异生可补充或恢复肝糖原储备,这在饥饿后进食尤为重要。肝糖原的合成并不完全是利用肝细胞直接摄入的葡萄糖。事实上,肝内葡糖激酶的 K_m 很高,因而对葡萄糖的亲和力低,在饥饿后进食初期血糖虽有升高,但尚不足以达到葡糖激酶催化所需的有效底物浓度。此时进行糖异生,就可经由丙酮酸等生成葡萄糖-6-磷酸而进入糖原合成途径,从而绕开葡糖激酶催化的瓶颈反应。

这一解释已被实验证实:①向肝灌注液中加入一些可异生成糖的甘油、谷氨酸、丙酮酸和乳酸,可使肝糖原迅速增加;②以放射性核素标记葡萄糖的不同碳原子后输入动物,分析其肝糖原中葡萄糖的标记情况,结果表明相当一部分摄入的葡萄糖先分解成丙酮酸、乳酸等三碳化合物,后者再异生成糖,合成糖原。这条途径称为糖原合成的三碳途径,它既解释了肝摄取葡萄糖的能力低,但仍可合成糖原;又可解释为什么进食 2 ~ 3 小时内,肝仍要保持较高的糖异生活性。

(三)肾糖异生增强有利于维持酸碱平衡

长期饥饿时,肾糖异生增强。这是由于长期禁食导致酮体代谢旺盛,此时体液 pH 降低,促进肾小管中磷酸烯醇式丙酮酸羧激酶的合成,从而使糖异生作用增强。肾糖异生的增强有利于维持酸碱平衡。其原因是肾中 α-酮戊二酸因异生成糖而减少,可促进谷氨酰胺脱氨生成谷氨酸和后续的谷氨酸脱氨。肾小管细胞将脱下的 NH_3 分泌入管腔,与原尿中 H^+ 结合,从而降低原尿的 H^+ 浓度,利于排氢保钠,对防止酸中毒有重要作用。

四、肌收缩产生的乳酸在肝内糖异生形成乳酸循环

肌收缩(尤其是氧供应不足时)通过糖的无氧氧化生成乳酸,乳酸通过细胞膜弥散进入血液后入肝,在肝内异生为葡萄糖。葡萄糖释入血液后又可被肌摄取,由此构成了一个循环,称为乳酸循环,又称 Cori 循环(图 5-16)。乳

图 5-16 乳酸循环

酸循环的形成取决于肝和肌组织中酶的特点:肝内糖异生活跃,又有葡糖-6-磷酸酶,可将葡糖-6-磷酸水解为葡萄糖;而肌内糖异生活性低,且没有葡糖-6-磷酸酶,因此肌内生成的乳酸不能异生为葡萄糖。乳酸循环的生理意义在于,既能回收乳酸中的能量,又可避免乳酸堆积而引起酸中毒。乳酸循环是耗能的过程,2分子乳酸异生成葡萄糖需消耗6分子ATP。

第七节   葡萄糖的其他代谢途径

细胞内葡萄糖除了氧化供能或进入磷酸戊糖途径外,还可代谢生成葡糖醛酸、多元醇等重要代谢产物。

一、糖醛酸途径生成葡糖醛酸

糖醛酸途径(glucuronate pathway)是指以葡糖醛酸为中间产物的葡萄糖代谢途径,在糖代谢中所占比例很小。首先,葡糖-6-磷酸转变为尿苷二磷酸葡糖(UDPG),过程见糖原合成。然后在 UDPG 脱氢酶催化下,UDPG 氧化生成尿苷二磷酸葡糖醛酸(uridine diphosphate glucuronic acid,UDPGA)。后者再转变为木酮糖-5-磷酸,与磷酸戊糖途径相衔接(图5-17)。

对人类而言,糖醛酸途径的主要生理意义是生成活化的葡糖醛酸——UDPGA。葡糖醛酸是组成蛋白聚糖的糖胺聚糖(如透明质酸、硫酸软骨素、肝素等)的组成成分(见第四章)。此外,葡糖醛酸在肝内生物转化过程中参与很多结合反应(见第十九章)。

二、多元醇途径生成少量多元醇

葡萄糖代谢还可生成一些多元醇,如山梨醇(sorbitol)、木糖醇(xylitol)等,称为多元醇途径(polyol pathway)。这些代谢过程仅局限于某些组织,在葡萄糖代谢中所占比例极小。例如,在醛糖还原酶作用下,由 NADPH 供氢,葡萄糖可还原生成山梨醇。在2种木糖醇脱氢酶催化下,糖醛酸途径中的 L-木酮糖可生成中间产物木糖醇,后者再转变为 D-木酮糖。

多元醇本身无毒且不易通过细胞膜,在肝、脑、肾上腺、眼等组织具有重要的生理、病理意义。例如,生精细胞可利用葡萄糖经山梨醇生成果糖,使得人体精液中果糖浓度超过10mmol/L。精子以果糖作为主要能源,而周围组织主要利用葡萄糖供能,这样就为精子活动提供了充足的能源保障。1型糖尿病病人血糖水平高,透入眼中晶状体的葡萄糖增加从而生成较多的山梨醇,山梨醇在局部增多可使渗透压升高而引起白内障。

葡糖-6-磷酸
↓
葡糖-1-磷酸
↓
UDPG
↓
UDPGA
↓
1-磷酸葡糖醛酸
↓
葡糖醛酸
↓
L-古洛糖酸
↓
L-木酮糖
↓
木糖醇
↓
D-木酮糖
↓
木酮糖-5-磷酸
↓
磷酸戊糖途径

图5-17 糖醛酸途径

第八节   血糖及其调节

血糖(blood sugar,blood glucose)指血中的葡萄糖。血糖的来源为肠道吸收、肝糖原分解和糖异生生成的葡萄糖释入血液内。血糖的去路则是被机体各组织器官所摄取,用于氧化供能、合成糖原、转变成其他糖和脂肪或者氨基酸等。

食物糖 —消化吸收→ 　　　　 —氧化分解→ CO₂+H₂O
肝糖原 —分解→ 　血糖　 —糖原合成→ 肝、肌糖原
　　　 　　　 3.9~6.0mmol/L —磷酸戊糖途径等→ 其他糖
非糖物质 —糖异生→ 　　　　 —脂类、氨基酸代谢→
　　　　　　　　　　　　　　 → 脂肪、氨基酸等

一、血糖水平保持恒定

血糖水平相当恒定,始终维持在 $3.9 \sim 6.0\text{mmol/L}$,这是由于血糖的来源与去路保持动态平衡所致。餐后血糖来自食物消化吸收,此时所有去路均活跃进行;短期饥饿时,血糖来自肝糖原分解,仅用于满足基本供能需求;长期饥饿时,血糖来自非糖物质的糖异生,此时除少数对葡萄糖极为依赖的组织仍用糖供能外,其他大多数组织改用脂质能源,以节约葡萄糖。因此,恒定的血糖水平是糖、脂肪、氨基酸代谢相协调的结果,也是肝、肌、脂肪组织等各器官组织代谢相协调的结果。

二、血糖稳态主要受激素调节

血糖的来去平衡主要受激素调控。调节血糖的激素主要有胰岛素、胰高血糖素、肾上腺素和糖皮质激素等。这些激素联合作用,通过整合调节各组织中各代谢途径的关键酶,不断适应体内能量需求和燃料供给的变化,从而维持血糖稳态。

(一)胰岛素是降低血糖的主要激素

胰岛素(insulin)由胰腺 β 细胞分泌,是体内具有降糖作用的主要激素。胰岛素的分泌受血糖控制,血糖升高使胰岛素分泌加强,血糖降低使之分泌减少。胰岛素降低血糖的机制是使血糖的去路增强、来源减弱,主要包括:①促进肌、脂肪组织等通过 GLUT4 摄取葡萄糖;②通过激活磷酸二酯酶而降低 cAMP 水平,使糖原合酶被活化、磷酸化酶被抑制,从而加速糖原合成、抑制糖原分解;③通过激活丙酮酸脱氢酶磷酸酶而使丙酮酸脱氢酶复合体活化,加快糖的有氧氧化;④抑制肝内糖异生,这一方面是因为磷酸烯醇式丙酮酸羧激酶的合成受到抑制,另一方面是由于氨基酸加速合成肌蛋白质从而使糖异生的原料减少;⑤糖的分解产物乙酰 CoA 和 NADPH 供应增多,有利于以此为原料合成脂肪酸。简而言之,胰岛素的总效应是促进葡萄糖分解利用,抑制糖异生,同时将多余的血糖转变为糖原(储存于肝和肌)和甘油三酯(储存于脂肪组织),从而控制餐后血糖水平不至于过高。

(二)体内有多种升高血糖的激素

饥饿或应激等状况发生时,机体可分泌多种升高血糖的激素。其中,胰高血糖素对于饥饿时的血糖生理调节尤为重要。

1. **胰高血糖素是升高血糖的主要激素**　胰高血糖素(glucagon)由胰腺 α 细胞分泌,是体内升高血糖的主要激素。血糖降低或血中氨基酸升高可促进胰高血糖素分泌。胰高血糖素升高血糖的机制是使血糖的来源增强、去路减弱,主要包括:①抑制糖原合酶而激活磷酸化酶,加速肝糖原分解;②通过抑制磷酸果糖激酶-2、激活果糖二磷酸酶-2,减少果糖-2,6-二磷酸的合成。由于后者是磷酸果糖激酶-1 的最强别构激活剂,也是果糖二磷酸酶-1 的抑制剂,故糖酵解被抑制而糖异生则加速;③抑制肝内丙酮酸激酶从而阻止磷酸烯醇式丙酮酸进行糖酵解,同时促进磷酸烯醇式丙酮酸羧激酶的合成,使糖异生加强;④激活脂肪组织内激素敏感性脂肪酶,促进脂肪分解供能,以节约血糖。以上作用均通过 cAMP 依赖的磷酸化反应而实现。简而言之,胰高血糖素的总效应是促进肝糖原分解和糖异生,以补充血糖,同时抑制糖酵解而改用脂质供能,从而使血糖回升到正常水平。

值得注意的是,胰腺分泌的胰岛素和胰高血糖素相互拮抗,两者比例的动态变化使血糖在正常范围内保持较小幅度的波动。例如,进食后血糖升高,使胰岛素分泌增多而胰高血糖素分泌减少,血糖水平趋于回落;但胰岛素分泌增加到一定程度又会促进胰高血糖素分泌,使后者快速发挥相反的升血糖作用,以保证血糖不会无限制地降低。反之亦然。

2. **糖皮质激素可升高血糖**　糖皮质激素(glucocorticoid)升高血糖的机制主要包括:①促进肌蛋白质分解而使糖异生的原料增多,同时使磷酸烯醇式丙酮酸羧激酶的合成加强,从而加速糖异生;②通过抑制丙酮酸的氧化脱羧,阻止体内葡萄糖的分解利用;③协同增强其他激素促进脂肪动员的效应,促进机体利用脂肪酸供能。

3. **肾上腺素是强有力的升高血糖的激素**　肾上腺素(adrenaline 或 epinephrine)升高血糖的效力

很强。给动物注射肾上腺素后,血糖水平迅速升高且持续几小时,同时血中乳酸水平也升高。其作用机制是引发肝和肌细胞内依赖 cAMP 的磷酸化级联反应,加速糖原分解。肝糖原分解为葡萄糖,直接升高血糖;肌糖原无氧氧化生成乳酸,再经乳酸循环间接升高血糖。肾上腺素主要在应激状态下发挥调节作用,对经常性血糖波动(尤其是进食-饥饿循环)没有生理意义。

三、糖代谢障碍导致血糖水平异常

正常人体内存在一整套精细调节糖代谢的机制,当一次性食入大量葡萄糖后,血糖水平不会持续升高,也不会出现大的波动。此过程可通过糖耐量试验(glucose tolerance test)进行检测:先测量空腹静脉血糖,饮用75g 无水葡萄糖后,分别于 30 分钟、1 小时、2 小时测量静脉血糖值,绘制曲线。正常人对摄入的葡萄糖具有很强的耐受能力:服糖后血糖在 0.5~1 小时达到高峰,但一般不超过肾小管的重吸收能力(约为 10mmol/L,称为肾糖阈),所以很难检测到糖尿;血糖在此峰值之后逐渐降低,一般在 2 小时左右降至 7.8mmol/L 以下,3 小时左右回落至接近空腹血糖水平。

临床上可由糖代谢障碍引发血糖水平紊乱,导致出现低血糖或高血糖。其中,糖尿病是最常见的糖代谢紊乱疾病。糖尿病病人空腹血糖高于正常值;服糖后血糖浓度急剧升高,超过肾糖阈,从而出现糖尿;血糖在此峰值之后缓慢降低,一般 2 小时后仍可高于 11.1mmol/L。

(一) 低血糖是指血糖浓度低于 2.8mmol/L

对于健康人群,血糖浓度低于 2.8mmol/L 时称为低血糖(hypoglycemia)。脑细胞主要依赖葡萄糖氧化供能,因此血糖过低就会影响脑的正常功能,出现头晕、倦怠无力、心悸等,严重时发生昏迷,称为低血糖休克。如不及时给病人静脉补充葡萄糖,可导致死亡。出现低血糖的病因有:①胰性(胰腺 β 细胞功能亢进、胰腺 α 细胞功能低下等);②肝性(肝癌、糖原贮积症等);③内分泌异常(垂体功能低下、肾上腺皮质功能低下等);④肿瘤(胃癌等);⑤饥饿或不能进食者等。

(二) 高血糖是指空腹血糖高于 7mmol/L

空腹血糖浓度高于 7mmol/L 时称为高血糖(hyperglycemia)。如果血糖浓度高于肾糖阈,就会形成糖尿。引起糖尿的原因分为病理性和生理性两大类,具体包括:①遗传性胰岛素受体缺陷;②某些慢性肾炎、肾病综合征等引起肾对糖的重吸收障碍,但血糖及糖耐量曲线均正常;③情绪激动时交感神经兴奋,肾上腺素分泌增加,使肝糖原大量分解,导致生理性高血糖和糖尿;④临床上静脉滴注葡萄糖速度过快,使血糖迅速升高而出现糖尿。

(三) 糖尿病是最常见的糖代谢紊乱疾病

糖尿病(diabetes mellitus)的特征是持续性高血糖和糖尿,特别是空腹血糖和糖耐量曲线高于正常范围。其主要病因是部分或完全胰岛素缺失、胰岛素抵抗(因细胞胰岛素受体减少或受体敏感性降低,导致对胰岛素的调节作用不敏感)。临床上将糖尿病分为四型:胰岛素依赖型(1 型)、非胰岛素依赖型(2 型)、妊娠糖尿病(3 型)和特殊类型糖尿病(4 型)。1 型糖尿病多发生于青少年,因自身免疫而使胰腺 β 细胞功能缺陷,导致胰岛素分泌不足。2 型糖尿病和肥胖关系密切,可能是由细胞膜上胰岛素受体功能缺陷所致。

糖尿病常伴有多种并发症,如糖尿病视网膜病变、糖尿病性周围神经病变、糖尿病周围血管病变、糖尿病肾病等。这些并发症的严重程度与血糖水平升高的程度、病史的长短有相关性。

四、高糖刺激产生损伤细胞的生物学效应

引起糖尿病并发症的生化机制仍不太清楚,目前认为血中持续的高糖刺激能够使细胞生成晚期糖化终产物(advanced glycation end products,AGEs),同时发生氧化应激。例如,红细胞通过 GLUT1 摄取血中的葡萄糖,首先使血红蛋白的氨基发生不依赖酶的糖化作用(hemoglobin glycation),生成糖化血红蛋白(glycated hemoglobin,GHB),此过程与酶催化的糖基化反应(glycosylation)不同。GHB 可进一步反应生成 AGEs,如羧甲基赖氨酸、甲基乙二醛等,它们与体内多种蛋白质发生广泛交联,对肾、视

网膜、心血管等造成损伤。AGEs还能被其受体(AGER)识别,激活多条信号通路,产生活性氧而诱发氧化应激,使细胞内多种酶类、脂质等发生氧化,从而丧失正常的生理功能。氧化应激又可进一步促进AGEs的形成及交联,两者交互作用,共同参与糖尿病并发症的发生与发展。

糖化血红蛋白(GHB)可作为临床诊治糖尿病的参考。红细胞的寿命约为120天,因此检测GHB的相对数量可反映近期血糖控制的平均水平,这比实时检测葡糖氧化酶活性的血糖绝对定量方法更为稳定、准确。目前国外已将GHB纳入糖尿病的诊断指标,超过6.5%~7.0%即可确诊;国内尚未将其用作诊断指标,而仅是评价疗效的重要参考,糖尿病的治疗目标是将GHB控制在7.0%以下。

小　结

糖类消化后主要以单体形式在小肠被吸收。细胞摄取糖需要葡糖转运蛋白。细胞进行糖代谢,可通过无氧氧化、有氧氧化和磷酸戊糖途径分解葡萄糖,提供能量或其他重要产物;也可将糖储存为糖原形式;亦或将非糖物质异生转化为糖。

糖的无氧氧化是指机体不利用氧将葡萄糖分解为乳酸的过程,在细胞质中进行,分为两个阶段:葡萄糖分解为丙酮酸,称为糖酵解;丙酮酸还原生成乳酸。其中,糖酵解是糖分解的必经之路,其流量受关键酶磷酸果糖激酶-1(尤为重要)、丙酮酸激酶和己糖激酶所调节。糖的无氧氧化可为机体快速供能,1分子葡萄糖通过底物水平磷酸化净生成2分子ATP。

糖的有氧氧化是指机体利用氧将葡萄糖彻底氧化为CO_2和H_2O的过程,在细胞质和线粒体中进行,分为三个阶段:糖酵解、丙酮酸氧化脱羧生成乙酰CoA、三羧酸循环。其中,三羧酸循环主要通过偶联氧化磷酸化生成大量ATP,而经底物水平磷酸化生成的ATP则很少。糖的有氧氧化是主要产能途径,1分子葡萄糖经有氧氧化可净生成30或32分子ATP,关键酶是磷酸果糖激酶-1、丙酮酸激酶、己糖激酶、丙酮酸脱氢酶复合体、柠檬酸合酶、异柠檬酸脱氢酶和α-酮戊二酸脱氢酶复合体。糖的有氧氧化主要受能量供需平衡所调节。

磷酸戊糖途径在细胞质中进行,不产能而可产生磷酸核糖和NADPH。关键酶是葡糖-6-磷酸脱氢酶,主要受NADPH供需平衡所调节。

肝糖原和肌糖原是体内糖的储存形式。肝糖原在饥饿时补充血糖,肌糖原通过无氧氧化为肌收缩供能。糖原合成与分解的关键酶分别为糖原合酶和糖原磷酸化酶,两者的酶活性调节彼此相反,主要受磷酸化与去磷酸化修饰调节。

糖异生是指非糖物质在肝和肾转变为葡萄糖或糖原的过程,主要作为饥饿时的血糖补给。关键酶是丙酮酸羧化酶、磷酸烯醇式丙酮酸羧激酶、果糖二磷酸酶-1和葡糖-6-磷酸酶。糖异生和糖酵解的反向调节主要针对两个底物循环。

血糖水平相对恒定,受多种激素调控。胰岛素可降低血糖;胰高血糖素、糖皮质激素、肾上腺素则可升高血糖。糖代谢紊乱可导致高血糖或低血糖,糖尿病是最常见的糖代谢紊乱疾病。

思 考 题

1. 归纳葡糖-6-磷酸在糖代谢中的来源与去路,并分析不同生理情况下如何选择不同的代谢途径。

2. 百米短跑时,骨骼肌收缩产生大量乳酸,试述该乳酸的主要代谢去向。不同组织中的乳酸代谢具有不同特点,这取决于什么生化机制?

3. 营养不良的人饮酒,或者剧烈运动后饮酒,常出现低血糖。试分析酒精干预了体内糖代谢的哪些环节?

4. 列举几种临床上治疗糖尿病的药物,想一想它们为什么有降低血糖的作用?

(赵　晶)

第六章 生 物 氧 化

化学物质在生物体内的氧化分解过程称为生物氧化(biological oxidation)。由于机体的反应条件温和,因此生物氧化有其特点:需要有酶催化,而且是分阶段、逐步完成。细胞胞质、线粒体、微粒体等均可进行生物氧化,但氧化过程及产物各不相同。在线粒体内的生物氧化,其产物是 CO_2 和 H_2O,需要消耗氧并伴随能量的产生,能量主要用于生成 ATP 等。而在微粒体、内质网等发生的氧化反应主要是对底物进行氧化修饰、转化等,并无 ATP 的生成。本章重点介绍线粒体氧化体系及能量的产生机制。

第一节 线粒体氧化体系与呼吸链

线粒体氧化体系的主要功能是为机体提供能量,包括热能、ATP 等。在线粒体内,糖、脂肪、蛋白质等营养物质在被彻底氧化分解为 CO_2 和 H_2O 的过程中释放能量,但其氧化过程需要在酶的催化下逐步进行,能量也不会在瞬间大量释放产生高温、高热,而是逐渐释放并储存在 ATP 中。营养物质被氧化时常发生脱氢反应,脱下来的氢($H^+ + e^-$)以 $NADH + H^+$(简写为 NADH)、$FADH_2$ 等形式存在。NADH 和 $FADH_2$ 在线粒体被氧化时,需要一系列的酶催化,逐步脱氢、失电子,最终将电子和 H^+ 传递给氧而生成水,同时释放能量用于生成 ATP 🖼。因此,线粒体需要多种具有传递氢和电子的组分参与氧化还原反应。

一、线粒体氧化体系含多种传递氢和电子的组分

底物脱氢和失去电子是生物氧化的基本化学过程。能够传递氢和电子的物质,如金属离子、小分子有机化合物、某些蛋白质等称之为递电子体或递氢体。线粒体氧化体系主要将 NADH 和 $FADH_2$ 中的 H^+ 和电子传递给氧,参与其过程的递氢体和递电子体如下。

(一) 烟酰胺腺嘌呤核苷酸传递氢和电子

烟酰胺腺嘌呤二核苷酸(nicotinamide adenine dinucleotide,NAD^+)(图 6-1),通过烟酰胺环传递 H^+ 和电子。烟酰胺环的五价氮原子,能接受 2H 中的双电子成为三价氮,为双电子传递体,同时芳环接受一个 H^+ 进行加氢反应。由于此反应只能接受 1 个 H^+ 和 2 个电子,游离出一个 H^+ 在介质中,因此将还

NAD^+:R═H,$NADP^+$:R═—P—OH

图 6-1 NAD(P)$^+$的结构式

原型的 NAD$^+$写成 NADH+H$^+$(简写为 NADH)(图6-2)。NAD$^+$是许多脱氢酶的辅酶,有传递氢和电子的功能。此外,NAD$^+$结构中核糖的 2 位羟基被磷酸化后生成烟酰胺腺嘌呤二核苷酸磷酸(nicotinamide adenine dinucleotide phosphate,NADP$^+$)。NADP$^+$通过相同的机制接受氢后生成 NADPH+H$^+$,发挥传递氢和电子的作用,但参与不同的反应。

图6-2　NAD(P)$^+$的加氢和 NAD(P)H 的脱氢反应

(二) 黄素核苷酸衍生物传递氢和电子

黄素单核苷酸(flavin mononucleotide,FMN)和黄素腺嘌呤二核苷酸(flavin adenine dinucleotide,FAD)是维生素 B$_2$与核苷酸形成的有机化合物,两者均通过维生素 B$_2$中的异咯嗪环进行可逆的加氢和脱氢反应。异咯嗪环可接受 1 个 H$^+$和 1 个电子形成不稳定的 FMNH$^{\cdot}$和 FADH$^{\cdot}$,再接受 1 个 H$^+$和1 个电子转变为还原型 FMNH$_2$和 FADH$_2$。因此 FMN、FAD 发挥传递氢和电子的作用(图6-3),是黄素蛋白(flavoprotein)的辅基。

图6-3　FMN/FAD 的加氢和 FMNH$_2$/FADH$_2$的脱氢反应

(三) 有机化合物泛醌传递氢和电子

泛醌(ubiquinone)又称辅酶 Q(coenzyme Q,CoQ 或 Q),是一种脂溶性醌类化合物,其结构中异戊二烯单位的数目因物种而异,人体内的 Q 是 10 个异戊二烯单位连接的侧链,用 Q$_{10}$表示。Q 的疏水特性使其能在线粒体内膜中自由扩散。Q 结构中的苯醌部分接受 1 个电子和 1 个 H$^+$还原为半醌(QH$^{\cdot}$),再接受 1 个电子和 1 个 H$^+$还原为二氢泛醌(QH$_2$)。反之,QH$_2$可逐步失去 H$^+$和电子被氧化为 Q。因此 Q 可进行双、单电子的传递(图6-4)。

图6-4　泛醌的加氢和二氢泛醌的脱氢反应

（四）铁硫蛋白和细胞色素蛋白传递电子

铁硫蛋白（iron-sulfur protein），因其含有铁硫中心（iron-sulfur center，Fe-S center）而得名。Fe-S 是 Fe 离子通过与无机硫（S）原子及铁硫蛋白中半胱氨酸残基的 SH 连接而成。Fe-S 有多种形式，可以是单个 Fe 离子与 4 个半胱氨酸残基的 SH 相连，也可以是 2 个、4 个 Fe 离子通过与无机 S 原子及半胱氨酸残基的 SH 连接，形成 Fe_2S_2、Fe_4S_4（图 6-5）。Fe-S 通过 $Fe^{2+} \leftrightarrow Fe^{3+} + e^-$ 的可逆反应，每次传递一个电子，因此铁硫蛋白是单电子传递体。

图6-5　铁硫中心的结构
Ⓢ表示无机硫

细胞色素（cytochrome，Cyt）是一类含血红素样辅基的蛋白质。各种还原型 Cyt 均有 3 个特征性的 α、β、γ 可见光吸收峰，根据其吸光度和最大吸收波长不同，分为 Cyt a、Cyt b 和 Cyt c 三类及不同的亚类（表 6-1），其所含的血红素辅基分别称为血红素 a、b 和 c（图 6-6）。Cyt 光吸收的差异是由于血红素中卟啉环的侧链基团、血红素在蛋白质中所处环境不同所致。血红素 a 的卟啉环侧链中，1 个甲基被甲酰基取代，1 个乙烯基连接聚异戊二烯长链；血红素 b 的结构与血红蛋白中的血红素相同。血红素 a 和 b 都通过非共价键与 Cyt a 和 Cyt b 蛋白相连。而 Cyt c 蛋白，其血红素卟啉环的乙烯基侧链通过共价键与蛋白质中半胱氨酸残基的—SH 相连。细胞色素蛋白通过辅基血红素中的 Fe 离子发挥单电子传递体的作用。

表6-1　各种还原型细胞色素主要的光吸收峰

细胞色素	波长（nm）		
	α	β	γ
a	600		439
b	562	532	429
c	550	521	415
c_1	554	524	418

二、具有传递电子能力的蛋白质复合体组成呼吸链

线粒体是真核细胞生成 ATP 的主要部位。NADH、$FADH_2$ 在线粒体中通过逐步、连续的酶促反应

图6-6　细胞色素中3种血红素辅基的结构

被氧化,并逐步释放能量,除了产生热能外,释放的能量主要被 ADP 捕获用于生成 ATP。催化此连续反应的酶是由多个含辅因子的蛋白质复合体组成,按一定顺序排列在线粒体内膜中,形成一个连续传递电子/氢的反应链,氧分子最终接受电子和 H^+ 生成水,故称为电子传递链(electron transfer chain)。由于此体系需要消耗氧,与需氧细胞的呼吸过程有关,也称之为呼吸链(respiratory chain)(图6-7)。

呼吸链主要由位于线粒体内膜上的 4 种蛋白质复合体(complex)组成,分别称之为复合体 I、II、III 和 IV。每个复合体都由多种酶蛋白、金属离子、辅酶或辅基组成(表6-2)。复合体的辅因子通过得失电子的方式传递电子;有些复合体是跨膜蛋白质,可将 H^+ 从线粒体基质侧转运至细胞质侧,形成线粒体内膜两侧 H^+ 浓度和电荷的梯度差。因此,呼吸链在传递电子的过程中,伴随着 H^+ 的跨膜转运,下面将分别叙述各复合体的组成、辅因子、结构特点以及功能。

表6-2　人线粒体的呼吸链复合体

复合体	酶名称	质量(kD)	多肽链数	功能辅基	含结合位点
复合体 I	NADH-泛醌还原酶	850	43	FMN,Fe-S	NADH(基质侧)Q(脂质核心)
复合体 II	琥珀酸-泛醌还原酶	140	4	FAD,Fe-S	琥珀酸(基质侧)Q(脂质核心)
复合体 III	泛醌-细胞色素 c 还原酶	250	11	血红素,Fe-S	Cyt c(膜间隙侧)
复合体 IV	细胞色素 c 氧化酶	162	13	血红素,Cu_A,Cu_B	Cyt c(膜间隙侧)

图 6-7 电子传递链的组成示意图

泛醌和细胞色素 c 是可移动的电子载体

（一）复合体 I 将 NADH 中的电子传递给泛醌

复合体 I 又称 NADH-Q 还原酶或 NADH 脱氢酶,是呼吸链的主要入口,其功能是接受来自 NADH 的电子并转移给 Q。复合体 I 是由黄素蛋白、铁硫蛋白等组成的跨膜蛋白质,呈"L"型,其长臂的一端突出于线粒体基质中,包括黄素蛋白(含 FMN 和 Fe-S 辅基)、铁硫蛋白(含 Fe-S 辅基),可结合基质中的 NADH;嵌于内膜的横臂为复合体疏水部分,含 Fe-S 辅基。黄素蛋白和铁硫蛋白均通过辅基发挥传递电子作用(图 6-7)。

复合体 I 传递电子的过程:黄素蛋白辅基 FMN 从基质中接受 NADH 中的 $2H^+$ 和 $2e^-$ 生成 $FMNH_2$,经过一系列的 Fe-S 将电子传递给内膜中的 Q,形成 QH_2(图 6-7),即:NADH→FMN→Fe-S→Q。由于 Q 在线粒体内膜中可自由移动,在各复合体间募集并穿梭传递氢,因此在电子传递和质子的移动中发挥核心作用。

复合体 I 还具有质子泵功能:将一对电子从 NADH 传递给 Q 的过程中,能将 4 个 H^+ 从线粒体的基质侧(negative side,N 侧)泵到膜间隙侧(positive side,P 侧),泵出质子所需的能量来自电子传递过程。

（二）复合体 II 将电子从琥珀酸传递到泛醌

复合体 II 是琥珀酸-泛醌还原酶,即三羧酸循环中的琥珀酸脱氢酶,其功能是将电子从琥珀酸传递给 Q。人复合体 II 通过其疏水亚基锚定于线粒体内膜,而伸向基质的亚基含有结合底物琥珀酸的位点,以及 Fe-S 和 FAD 辅基(图 6-7)。

复合体 II 传递电子的过程:催化底物琥珀酸的脱氢反应,使 FAD 转变为 $FADH_2$,后者再将电子经 Fe-S 传递到 Q。即:琥珀酸→FAD→Fe-S→Q。此过程释放的自由能较小,不足以将 H^+ 泵出线粒体内膜,因此复合体 II 没有 H^+ 泵的功能。代谢途径中另外一些含 FAD 的脱氢酶,如脂酰 CoA 脱氢酶、α-磷酸甘油脱氢酶、胆碱脱氢酶等,通过不同的方式将相应底物脱下的氢经 FAD 传递给 Q,进入呼吸链。

（三）复合体 III 将电子从还原型泛醌传递至细胞色素 c

复合体 III 又称泛醌-细胞色素 c 还原酶,其功能是接受 QH_2 的电子并传递给 Cyt c。Q 从复合体

Ⅰ、复合体Ⅱ募集氢,产生的 QH_2 穿梭至复合体Ⅲ,后者将电子传递给 Cyt c 蛋白。

人复合体Ⅲ由 Cytb(b_{562},b_{566})、Cyt c_1 和铁硫蛋白组成二聚体,呈梨形。其中 Cyt c_1 和铁硫蛋白的疏水区段将复合体锚定在线粒体内膜。复合体Ⅲ有 2 个 Q 结合位点,分别处于膜间隙侧(Q_P)和基质侧(Q_N 位点)(图6-8)。

图6-8 复合体Ⅲ的结构

复合体Ⅲ传递电子的过程:由于 Q 是双电子传递体,而 Cyt c 是单电子载体,所以复合体Ⅲ将电子从 QH_2 传递给 Cyt c 的过程是通过"Q 循环"(Q cycle)实现的。简单而言,QH_2 结合在 Q_P 位点,分别将 $2e^-$ 经 Fe-S 传递给 Cyt c_1 和结合在 Q_N 位点的 Q。此过程重复一次后,Q_P 位点的 QH_2 将 $2e^-$ 经 Cyt c_1 传递给 2 分子 Cyt c,重新释放 Q 到内膜中,而 Q_N 位点的 Q 接受 $2e^-$ 和基质的 $2H^+$ 被还原为 QH_2。因此每 2 分子 QH_2 经过 Q 循环,生成 1 分子 Q 和 1 分子 QH_2,将 $2e^-$ 经 Cyt c_1 传递给 2 分子 Cyt c。即:$QH_2 \rightarrow$ Cyt b $\rightarrow$ Fe-S $\rightarrow$ Cyt$c_1 \rightarrow$ Cytc。另外,复合体Ⅲ还具有质子泵的功能,每传递 $2e^-$ 向膜间隙释放 $4H^+$。

Cyt c 是呼吸链中唯一的水溶性球状蛋白质,与线粒体内膜的外表面疏松结合,不包含在上述复合体中。Cyt c 从复合体Ⅲ中的 Cyt c_1 获得电子传递到复合体Ⅳ。

(四)复合体Ⅳ将电子从细胞色素 c 传递给氧

复合体Ⅳ又称细胞色素 c 氧化酶(cytochrome c oxidase),是电子传递链的出口,其功能是接受还原型 Cyt c 的电子并传递给 O_2 生成 H_2O。复合体Ⅳ也有质子泵功能,每传递 $2e^-$ 将 2 个 H^+ 泵至膜间隙侧。

人复合体Ⅳ包含 13 个亚基,亚基 1~3 构成复合体Ⅳ的核心结构,含 Fe、Cu 离子结合位点,发挥电子传递作用。亚基 2 的半胱氨酸—SH 可结合 2 个 Cu 离子,每个 Cu 离子都可传递电子,形成一个双核中心(binuclear center)的功能单元,称 Cu_A 中心,其结构类似 Fe_2S_2(图6-9)。Cu_A 中心与 Cyt a 蛋白中血红素的 Fe 极为接近(1.5nm),电子可由 Cu_A 中心传递到 Cyt a。而亚基 1 含血红素 a 和 a_3,在血红素 a_3 邻近处结合 1 个 Cu 离子,称 Cu_B,因此血红素 a_3 中的 Fe 离子和 Cu_B 形成第二个双核中心,即血红素 a_3-Cu_B(Fe-Cu)中心。双核中心是复合体Ⅳ发挥电子传递的功能单元(图6-9)。

复合体Ⅳ传递电子的过程:还原型 Cyt c 蛋白提供的电子经 Cu_A 中心传递到 Cyt a,再到 Fe-Cu 中心。需要依次传递 4 个电子,并从线粒体基质获得 4 个 H^+,最终将 1 分子 O_2 还原为 2 分子 H_2O(图6-10)。其过程为:Cyt a 传递第一个、第二个电子到氧化态的 Cyt a_3-Cu_B 双核中心(Cu^{2+} 和 Fe^{3+}),使 Cu^{2+} 和 Fe^{3+} 被还原为 Cu^+ 和 Fe^{2+},并结合 O_2 分子,形成过氧桥连接的 Cu_B 和 Cyt a_3,相当于 $2e^-$ 传递至结合的 O_2。中心再获得 2 个 H^+ 和第三个电子,O_2 分子键断开,Cyt a_3 出现 Fe^{4+} 中间态。再接受第四个电子,

图6-9   复合体Ⅳ的电子传递过程

Fe^{4+} 还原为 Fe^{3+} 并形成 Cu_B^{2+} 和 Fe^{3+} 各结合 1 个 OH 基团的中间态。最后再获得 2 个 H^+ ，双核中心解离出 2 个 H_2O 分子后恢复初始的氧化态（图6-10）。即：Cyt c→CuA→Cyt a→Cyt a₃-CuB→O_2。生成的 H_2O 通过亚基 1 和 3 之间的亲水通道排入胞质侧。

上述 O_2 在获得电子过程产生的具有强氧化性的 O_2^-. 和 O_2^{2-} 离子中间物始终和双核中心紧密结

图6-10   复合体Ⅳ的血红素 a_3-Cu_B 中心使 O_2 还原生成水的过程

合,通常不会对细胞组分造成损伤。

三、NADH 和 FADH$_2$是呼吸链的电子供体

营养物质的分解代谢中,大部分脱氢酶以 NAD$^+$、NADP$^+$、FMN 或者 FAD 为辅酶或辅基,用来接受从底物上脱下来的成对氢,生成还原态的 NADH+H$^+$、NADPH+H$^+$、FMNH$_2$ 和 FADH$_2$,它们都是水溶性的电子载体。由于呼吸链的复合体 I 即为 NADH 脱氢酶,可使线粒体中的 NADH 通过呼吸链彻底氧化,参与能量代谢。虽然 NADPH 通过相同的机制传递氢,但所含的磷酸基团可被生物合成过程中的酶特异性识别,主要用于还原反应,而非参与能量代谢。复合体 II 是三羧酸循环中的琥珀酸脱氢酶,通过结合底物琥珀酸并将其脱氢氧化,产生的 FADH$_2$ 直接进入呼吸链进行氧化释能。因此 NADH 和 FADH$_2$是呼吸链的电子供体,而 FMN 和 FAD 作为黄素蛋白的辅基参与电子传递。

呼吸链由 NADH 和 FADH$_2$提供氢,通过 4 个蛋白质复合体、Q,以及介于复合体III与IV之间的 Cyt c共同完成电子的传递。复合体II并不是处于复合体 I 的下游,复合体 I 和复合体II分别获取各自的氢,向 Q 传递。因此 4 个复合体与 Q 和 Cyt c组成了两条电子传递链。一条称为 NADH 呼吸链,以 NADH 为电子供体,从 NADH 开始到还原 O$_2$生成 H$_2$O。电子传递顺序是:

$$NADH→复合体 I →Q→复合体III→Cyt c→复合体IV→O_2$$

另一条称为 FADH$_2$呼吸链,也称琥珀酸氧化呼吸链,以 FADH$_2$为电子供体,经复合体II到 O$_2$而生成 H$_2$O。电子传递顺序是:

$$琥珀酸→复合体II→Q→复合体III→Cyt c→复合体IV→O_2$$

呼吸链各组分的排列顺序是由下列实验确定的:①根据呼吸链各组分的标准氧化还原电位进行排序。标准氧化还原电位 $E°$(单位:电压 Volts)是指在特定条件下,参与氧化还原反应的组分对电子的亲和力大小。电位高的组分对电子的亲和力强,易接受电子。相反,电位低的组分倾向于给出电子。因此,呼吸链中电子应从电位低的组分向电位高的组分进行传递(表6-3)。②底物存在时,利用呼吸链特异的抑制剂阻断某一组分的电子传递,在阻断部位以前的组分处于还原状态,后面的组分处于氧化状态。根据各组分的氧化和还原状态吸收光谱的改变分析其排列次序。③利用呼吸链各组分特有的吸收光谱,以离体线粒体无氧时处于还原状态作为对照,缓慢给氧,观察各组分被氧化的顺序。④在体外将呼吸链拆开和重组,鉴定四种复合体的组成与排列。

表6-3　呼吸链中各种氧化还原对的标准氧化还原电位

氧化还原对	$E°$(V)	氧化还原对	$E°$(V)
NAD$^+$/NADH+H$^+$	−0.32	Cyt c$_1$ Fe^{3+}/Fe^{2+}	0.22
FMN/FMNH$_2$	−0.219	Cyt c Fe^{3+}/Fe^{2+}	0.254
FAD/FADH$_2$	−0.219	Cyt a Fe^{3+}/Fe^{2+}	0.29
Cyt b$_L$(b$_H$) Fe^{3+}/Fe^{2+}	0.05(0.10)	Cyt a$_3$ Fe^{3+}/Fe^{2+}	0.35
Q/QH$_2$	0.06	1/2O$_2$/H$_2$O	0.816

第二节　氧化磷酸化与 ATP 的生成

细胞内由 ADP 磷酸化生成 ATP 的方式有两种,一种是与高能键水解反应偶联,直接将高能代谢物的能量转移至 ADP,生成 ATP 的过程,称为底物水平磷酸化(见第五章),能够产生少量的 ATP。人体 90% 的 ATP 是由线粒体中的氧化磷酸化产生的,而产生 ATP 所需的能量由线粒体氧化体系提供。

即 NADH 和 FADH$_2$通过线粒体呼吸链逐步失去电子被氧化生成水,电子传递过程伴随着能量的逐步释放,此释能过程驱动 ADP 磷酸化生成 ATP,所以 NADH 和 FADH$_2$的氧化过程与 ADP 的磷酸化过程相偶联,因而称之为氧化磷酸化(oxidative phosphorylation)。

一、氧化磷酸化偶联部位在复合体Ⅰ、Ⅲ、Ⅳ内

氧化磷酸化在线粒体中进行,包含两个关键过程,一是电子传递,二是将电子传递过程中释放的能量用于产生 ATP,使能量通过 ATP 被储存起来供机体使用。成对电子经呼吸链传递所能合成 ATP 的分子数可反映该过程的效率。理论推测,将呼吸链中能够产生足够的能量使 ADP 磷酸化的部位称之为氧化与磷酸化的偶联部位,也就是能够生成 ATP 的部位,可根据下述实验方法及数据大致确定。

(一) P/O 比值

一对电子通过氧化呼吸链传递给 1 个氧原子生成 1 分子 H$_2$O,其释放的能量使 ADP 磷酸化合成 ATP,此过程需要消耗氧和磷酸。P/O 比值(phosphate/oxygen ratio)是指氧化磷酸化过程中,每消耗 1/2mol O$_2$所需磷酸的摩尔数,即所能合成 ATP 的摩尔数(或一对电子通过呼吸链传递给氧所生成 ATP 分子数)。

实验证明,丙酮酸等底物脱氢反应产生 NADH+H$^+$,通过 NADH 呼吸链传递,P/O 比值接近 2.5,说明一对电子传递给 1 个氧原子需消耗约 2.5 分子的磷酸,因此 NADH 呼吸链可能存在 3 个 ATP 生成部位。而琥珀酸脱氢时,P/O 比值接近 1.5,说明琥珀酸呼吸链可能存在 2 个 ATP 生成部位。根据 NADH、琥珀酸呼吸链 P/O 比值的差异,提示在 NADH 和泛醌之间(复合体Ⅰ)存在 1 个 ATP 生成部位。抗坏血酸底物可以直接通过 Cyt c 传递电子进行氧化,其 P/O 比值接近 1,推测 Cyt c 和 O$_2$之间(复合体Ⅳ)存在 1 个 ATP 生成部位。由此推测另 1 个 ATP 生成部位应在 Q 和 Cyt c 之间(复合体Ⅲ)。所以,复合体Ⅰ、Ⅲ、Ⅳ可能是氧化磷酸化的偶联部位,用于产生 ATP。一对电子经 NADH 呼吸链传递,P/O 比值约为 2.5,生成 2.5 分子的 ATP;一对电子经琥珀酸呼吸链传递,P/O 比值约为 1.5,可产生 1.5 分子的 ATP。

(二) 自由能变化

根据热力学公式,pH 7.0 时标准自由能变化(ΔG)与还原电位变化(ΔE,标准还原电位表示物质对电子的亲和力,还原电位高更易于接受电子)之间有以下关系:

$$\Delta G = -nF\Delta E$$

n 为传递电子数;F 为法拉第常数(96.5kJ/mol·V)。

从 NAD$^+$到 Q 之间测得的还原电位差约 0.36V,从 Q 到 Cyt c 电位差为 0.19V,从 Cyt a、a$_3$到分子氧为 0.58V,分别对应复合体Ⅰ、Ⅲ、Ⅳ的电子传递。计算结果,它们相应释放的 ΔG 分别约为 69.5kJ/mol、36.7kJ/mol、112kJ/mol,而生成 1mol ATP 约需要 30.5kJ,可见复合体Ⅰ、Ⅲ、Ⅳ传递一对电子释放的能量能够满足生成 ATP 所需的能量。需要指出的是,偶联部位并非意味着这三个复合体是直接产生 ATP 的部位,而是指电子传递释放的能量,能满足 ADP 磷酸化生成 ATP 的需要。

电子传递过程中,一对电子经复合体Ⅰ、Ⅲ、Ⅳ传递分别向膜间隙侧泵出 4H$^+$、4H$^+$和 2H$^+$,共 10 个 H$^+$。由于线粒体内膜的不通透性,导致内膜两侧的 H$^+$浓度和电荷的差异。因此,呼吸链蛋白质复合体的质子泵功能形成线粒体内膜两侧的质子梯度,储存了电子传递过程释放的部分能量。

二、氧化磷酸化偶联机制是产生跨线粒体内膜的质子梯度

1961 年,英国科学家 MitchellP 提出的化学渗透假说(chemiosmotic hypothesis)阐明了氧化磷酸化的偶联机制。其基本要点是:①电子经呼吸链传递时释放的能量,通过复合体的质子泵功能,转运 H$^+$从线粒体基质到内膜的胞质侧;②由于质子不能自由穿过线粒体内膜返回基质,从而形成跨线粒体内膜的质子电化学梯度(H$^+$浓度梯度和跨膜电位差),储存电子传递释放的能量;③质子的电化学梯度

转变为质子驱动力,促使质子从膜间隙侧顺浓度梯度回流至基质、释放储存的势能,用于驱动 ADP 与 Pi 结合生成 ATP。如一对电子自 NADH 传递至氧可释放约−220kJ/mol 的能量,同时将 10 个 H^+ 从基质转移至膜间隙侧,形成的 H^+ 梯度储存约−200kJ/mol,当质子顺浓度梯度回流至基质时用于驱动 ATP 合成。图 6-11 归纳了呼吸链电子传递和氧化磷酸化的过程 📖。

化学渗透假说已经得到广泛的实验支持:①氧化磷酸化依赖于完整封闭的线粒体内膜;②线粒体内膜对 H^+、OH^-、K^+、Cl^- 离子是不通透的;③电子传递链可驱动质子移出线粒体,形成可测定的跨内膜电化学梯度;④增加线粒体内膜外侧酸性可增加 ATP 合成,而阻止质子从线粒体基质泵出,可降低内膜两侧的质子梯度,虽然电子仍可以传递,但 ATP 生成却减少。

图 6-11 化学渗透假说示意图及各种抑制剂对电子传递链的影响

三、质子顺浓度梯度回流释放能量用于合成 ATP

跨线粒体内膜的 H^+ 梯度驱动质子顺浓度梯度回流至基质时,储存的能量被 ATP 合酶(ATP synthase)充分利用,催化 ADP 与 Pi 生成 ATP。线粒体内膜上的复合体 V,即为 ATP 合酶。ATP 合酶是多蛋白组成的蘑菇样结构,含 F_1(亲水部分,F_1 表示第一个被鉴定的与氧化磷酸化相关的因子)和 F_o(疏水部分,F_o 表示寡霉素敏感)两个功能结构域。F_1 为线粒体基质侧的蘑菇头状突起,其功能是催化 ATP 合成;而 F_o 的大部分结构嵌入线粒体内膜中,组成离子通道,用于质子的回流(动画 6-1"ATP 合酶—质子通道")。

动物细胞中,ATP 合酶的 F_1 部分主要由 $\alpha_3 \beta_3 \gamma \delta \varepsilon$ 亚基复合体和寡霉素敏感蛋白(oligomycin sensitive conferring protein,OSCP,易与寡霉素结合而失去活性)组成。3 个 α、β 亚基间隔排列,形成 $\alpha\beta$ 功能单元,像橘子瓣样围绕 γ 亚基形成六聚体(图 6-12)。F_o 嵌于线粒体内膜中,由疏水的 a、b_2、$c_{9\sim12}$ 亚基组成,形成跨内膜质子通道。c 亚基由短环连接的 2 个反向跨膜 α-螺旋组成,9~12 个 c 亚基围成环状结构;a 亚基紧靠 c 亚基环外侧,由 5 个跨膜 α-螺旋形成 2 个半穿透线粒体内膜的、不连通的亲水质子半通道,两个开口分别位于线粒体的基质侧和内膜的细胞质侧,两个半通道分别与 1 个 c 亚基相对应(图 6-12)。

目前认为,ATP 合酶由 F_o 和 F_1 组装成可旋转的发动机样结构,完成质子回流并驱动 ATP 合成。F_o 起支撑作用的 2 个 b 亚基通过长的亲水端锚定 F_1 的 α 亚基,并通过 δ 亚基与 $\alpha_3 \beta_3$ 稳固结合;嵌入内膜的 b

图6-12   ATP合酶结构和质子的跨内膜流动机制模式图

（a）F_o-F_1复合体组成可旋转的发动机样结构，F_1的α_3、β_3和δ亚基以及F_o的a、b_2亚基共同组成定子部分，而F_1的γ、ε亚基及F_o的c亚基环组成转子部分；（b）F_o的a亚基有2个质子半通道，分别开口内膜两侧，质子顺梯度从细胞质侧进入，结合c亚基，旋转到另一半通道从基质侧排出

亚基的疏水端与F_o中的a亚基结合，使a、b_2和F_1中的$\alpha_3\beta_3$、δ亚基组成稳定的"定子"部分。F_1部分γ和ε亚基共同形成中心轴，上端穿过$\alpha_3\beta_3$的六聚体，γ可与β亚基疏松结合（相互作用），影响β亚基活性中心构象；下端与嵌入内膜的c亚基环紧密结合，使c亚基环、γ和ε亚基组成"转子"部分（图6-12）。

当质子顺梯度穿内膜向基质回流时，转子部分围绕定子部分进行旋转，使F_1中的$\alpha\beta$功能单元利用释放的能量结合ADP和Pi并生成ATP。质子梯度强大势能驱动质子从a亚基的细胞质侧进入半通道，当通道口对应的1个c亚基的第61位关键Asp残基所带负电荷被H^+中和后，c亚基能与疏水内膜相互接触而发生转动，当其转到能接触另一半通道口时，H^+梯度的势能迫使Asp结合的H^+从半通道出口释放进入线粒体基质（图6-12）。各c亚基可依次进行上述循环，导致c环和γ、ε亚基相对$\alpha_3\beta_3$转动。因此，跨内膜质子形成的电化学梯度势能是ATP合酶转动的驱动力。

BoyerP提出了ATP合成的结合变构机制（binding change mechanism），β亚基有3种构象：开放型（O）无活性，与ATP亲和力低；疏松型（L）无活性，可与ADP和Pi底物疏松结合；紧密型（T）有催化ATP合成的活性，可紧密结合ATP。γ亚基转动时，会依次接触3组$\alpha\beta$单元中的β亚基，其相互作用导致β亚基的构象发生周期性循环变化，ADP和Pi底物结合于L型的β亚基，质子流能量驱动合酶的转子部分进行转动，使该β亚基变构为T型，用于合成ATP；再次转动使β亚基变构为O型，释放出ATP（图6-13）。质子流能量用于驱动β亚基构象按顺序改变，分别结合ADP和Pi，合成的ATP可从活性中心释放。（动画6-2"ATP合酶变构机制"）

ATP合酶转子循环一周生成3分子ATP。实验数据表明，合成1分子ATP需要4个H^+，其中3个H^+通过ATP合酶穿线粒体内膜回流入基质，另1个H^+用于转运ADP、Pi和ATP（动画6-3"电子传递—质子泵出—ATP合成"）。每分子NADH经呼吸链传递泵出$10H^+$，生成约2.5（10/4）分子ATP；而琥珀酸呼吸链每传递2个电子泵出$6H^+$，生成1.5（6/4）分子ATP。

四、ATP在能量代谢中起核心作用

生物体内能量代谢有自己的特点：其一，细胞内生物大分子体系多通过弱键能的非共价键维系，

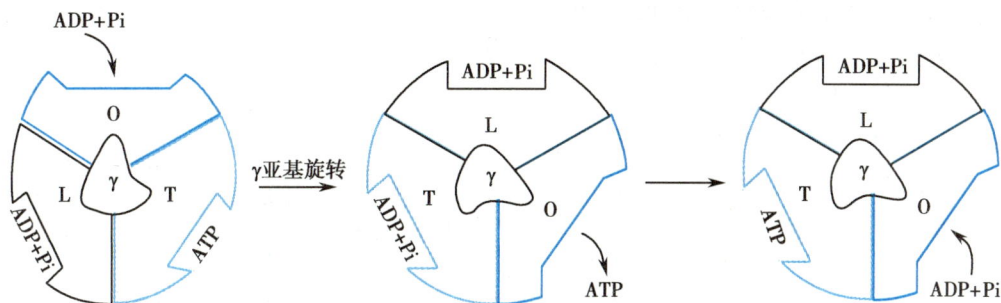

图6-13 ATP合酶的工作机制

β 亚基的 3 种构象:O 开放型;L 疏松型;T 紧密结合型。质子回流驱动 γ 亚基旋转及 β 亚基构象发生协调的周期性转换

不能承受能量的大增或大量释放的化学过程,故代谢反应都是依序进行、能量逐步得失;其二,生物体不直接利用营养物质的化学能,需要使之转变为细胞可以利用的能量形式,如 ATP 的化学能。ATP 属于高能磷酸化合物,可直接为细胞的各种生理活动提供能量。所谓高能磷酸化合物是指那些水解时能释放较大自由能的含有磷酸基的化合物,通常其释放的标准自由能 $\Delta G'$ 大于 25kJ/mol,并将水解时释放能量较多的磷酸酯键,称之为高能磷酸键,用" ～ P"符号表示。如水解 ATP 末端的磷酸酯键,$\Delta G'$ 为 -30.5kJ/mol,是高能化合物;水解葡糖-6-磷酸的磷酸酯键,其 $\Delta G'$ 为 -13.8kJ/mol,即为普通的磷酸化合物。事实上,共价键的断裂是需要提供能量的,而具有高能磷酸键的化合物作为底物进行水解时,其产物比底物具有更低的自由能,因而释放的能量较多。此外,生物体内还有其他含高能磷酸键、高能硫酯键的化合物(表6-4)。

表6-4　一些重要高能化合物水解释放的标准自由能

化合物	$\Delta G'$	
	kJ/mol	(kcal/mol)
磷酸烯醇式丙酮酸	−61.9	(−14.8)
氨基甲酰磷酸	−51.4	(−12.3)
1,3-二磷酸甘油酸	−49.3	(−11.8)
磷酸肌酸	−43.1	(−10.3)
ATP→ADP+Pi	−30.5	(−7.3)
乙酰 CoA	−31.5	(−7.5)
ADP→AMP+Pi	−27.6	(−6.6)
焦磷酸	−27.6	(−6.6)
葡糖-1-磷酸	−20.9	(−5.0)

(一) ATP 是能量捕获和释放利用的重要分子

ATP 是体内最重要的高能磷酸化合物,是细胞可直接利用的能量形式。营养物分解产生的能量大约40%用于产生 ATP。在标准状态下,ATP 水解释放的自由能为 30.5kJ/mol。但在活细胞中,ATP、ADP 和无机磷浓度比标准状态低得多,而 pH 比标准状态的 pH 7.0 高,ATP 和 ADP 的全部磷酸基都处于解离状态,显示携带 4 个或 3 个负电荷的阴离子形式,并与细胞内 Mg^{2+} 形成复合物。考虑到浓度等各种影响因素,细胞内 ATP 水解释放自由能可能达到 52.3kJ/mol,可用于驱动与之偶联反应的进行。因此,ATP 最重要的意义是通过其水解释放大量自由能,当与需要供能的反应偶联时,能促进这些反应在生理条件下完成。如 ATP 直接参与各种代谢物的活化反应、合成生物大分子的反应;通过 ATP 使分解代谢与合成代谢紧密相连;ATP 通过水解反应为耗能的跨膜转运、骨骼肌收缩、蛋白质构象的改变提供能量。

（二）ATP 是能量转移和核苷酸相互转变的核心

细胞中存在的腺苷酸激酶(adenylate kinase)可催化 ATP、ADP、AMP 间互变。当体内 ATP 消耗过多(例如骨骼肌剧烈收缩)时,ADP 累积,在腺苷酸激酶催化下由 ADP 转变成 ATP。当 ATP 的需求量降低时,AMP 从 ATP 中获得 ~P 生成 ADP。

UTP、CTP、GTP 可为糖原、磷脂、蛋白质等合成反应提供能量,但它们一般不能从物质氧化过程中直接生成,而是在核苷二磷酸激酶的催化下,从 ATP 中获得 ~P 产生。反应如下:

$$ATP+UDP \rightarrow ADP+UTP$$
$$ATP+CDP \rightarrow ADP+CTP$$
$$ATP+GDP \rightarrow ADP+GTP$$

生物体内能量的生成、转移和利用都以 ATP 为中心。ATP 分子性质稳定,但寿命仅数分钟,不在细胞中储存,而是不断进行 ATP/ADP 的再循环,其相互转变的量十分可观,转变过程中伴随自由能的释放和获得,在各种生理活动中完成能量的穿梭转换,因此称为"能量货币"。

（三）ATP 通过转移自身基团提供能量

因为 ATP 分子中的高能磷酸键水解释放能量多,并产生 Pi、PPi 基团,很多酶促反应由 ATP 通过共价键与底物或蛋白质等相连,将 ATP 分子中的 Pi、PPi 或者 AMP 基团转移到底物或蛋白分子上而形成中间产物,使其获得更多的自由能,经过化学转变后再将这些基团水解而形成终产物。因此,ATP 通过这种方式参与酶促反应并提供能量,而不仅仅是单纯的水解反应。例如,ATP 给葡萄糖提供磷酸基和能量,合成的葡糖-6-磷酸容易进入糖酵解或其他代谢途径。

图6-14   高能磷酸键在 ATP 和磷酸肌酸间的转移

（四）磷酸肌酸也是储存能量的高能化合物

ATP 充足时,通过转移末端 ~P 给肌酸,生成磷酸肌酸(creatine phosphate, CP),储存于需能较多的骨骼肌、心肌和脑组织中。当迅速消耗 ATP 时,磷酸肌酸可将 ~P 转移给 ADP,生成 ATP,补充 ATP 的不足(图 6-14)。所以 ATP 在体内能量捕获、转移、储存和利用过程中处于中心位置(图 6-15)。

图6-15   ATP 的生成、储存和利用

第三节   氧化磷酸化的影响因素

ATP 作为机体最主要的能量载体,其生成量主要取决于氧化磷酸化的速率。机体根据自身能量

需求,通过调节氧化磷酸化的速率来调节 ATP 的合成。因此,能够影响 NADH、$FADH_2$ 的产生、影响呼吸链组分和 ATP 合酶功能的因素,都会影响氧化磷酸化进而影响 ATP 的生成。

一、体内能量状态调节氧化磷酸化速率

机体根据能量需求调节氧化磷酸化速率,从而调节 ATP 的生成量。电子的氧化和 ADP 的磷酸化是氧化磷酸化的根本,通常线粒体中氧的消耗量是被严格调控的,其消耗量取决于 ADP 的含量,因此,ADP 是调节机体氧化磷酸化速率的主要因素,只有 ADP 和 Pi 充足时电子传递的速率和耗氧量才会提高。

细胞内 ADP 的浓度以及 ATP/ADP 的比值能够迅速感应机体能量状态的变化。当机体蛋白质合成等耗能代谢反应活跃时,对能量的需求大为增加,ATP 分解为 ADP 和 Pi 的速率增加,使 ATP/ADP 的比值降低、ADP 的浓度增加,ADP 进入线粒体后迅速用于磷酸化,氧化磷酸化随之加速,合成的 ATP 用于满足需求,直到 ATP/ADP 的比值回升至正常水平后,氧化磷酸化速率也随之放缓。通过这种方式使 ATP 的合成速率适应机体的生理需要。另外,ATP 和 ADP 的相对浓度也同时调节糖酵解、三羧酸循环途径,满足氧化磷酸化对 NADH 和 $FADH_2$ 的需求。另外 ATP 的浓度较高时,氧化磷酸化速率会降低,是因为 ATP 通过别构调节的方式抑制糖酵解、降低三羧酸循环的速率,协调调节产能的相关途径。

二、抑制剂阻断氧化磷酸化过程

抑制剂通过阻断电子传递链的任何环节,或者抑制 ADP 的磷酸化过程,都可导致 ATP 的合成减少,同时线粒体对氧的需求也减少,细胞的呼吸作用降低,细胞的各种生命活动都会受到影响。

(一) 呼吸链抑制剂阻断电子传递过程

此类抑制剂能在特异部位阻断线粒体呼吸链中的电子传递、降低线粒体的耗氧量,阻断 ATP 的产生。例如,鱼藤酮(rotenone)、粉蝶霉素 A(piericidin A)及异戊巴比妥(amobarbital)等可抑制复合体 I,从而阻断电子从铁硫中心到泛醌的传递。萎锈灵(carboxin)是复合体 II 的抑制剂。抗霉素 A(antimycin A)阻断电子从 Cyt b 到 Q_N 的传递,是复合体 III 的抑制剂。

CN^-、N_3^- 能够紧密结合复合体 IV 中氧化型 Cyt a_3,阻断电子由 Cyt a 到 Cu_B-Cyt a_3 的传递。CO 与还原型 Cyt a_3 结合,阻断电子传递给 O_2。许多室内的火灾事故,由于装饰材料中的化学物质经高温处理后形成 HCN,造成人员的 CO、CN^- 中毒,能量代谢受阻,细胞的呼吸作用停止,直接威胁生命(见图 6-11)。

(二) 解偶联剂阻断 ADP 的磷酸化过程

解偶联剂(uncoupler)可使氧化与磷酸化的偶联分离,电子可沿呼吸链正常传递,但建立的质子电化学梯度被破坏,不能驱动 ATP 合酶来合成 ATP。如二硝基苯酚(dinitrophenol,DNP)为脂溶性物质,在线粒体内膜中可自由移动,进入基质时释出 H^+,返回细胞质侧时结合 H^+,从而破坏了 H^+ 的电化学梯度,无法驱动 ATP 的合成。

机体也存在内源性解偶联剂,使 H^+ 不通过 ATP 合酶、而是通过其他途径回流至线粒体基质,因而 ATP 的生成受到抑制。如人(尤其是新生儿)、哺乳类动物中存在棕色脂肪组织,该组织中含有大量的线粒体,因而细胞色素蛋白明显增多,大量血红素的强吸光能力而使其带有颜色。棕色脂肪组织的线粒体内膜中富含一种特别的蛋白质,称解偶联蛋白 1(uncoupling protein 1,UCP1)。它是由 2 个 32kD 亚基组成的二聚体,在线粒体内膜上形成质子通道,内膜细胞质侧的 H^+ 可经此通道返回线粒体基质,使氧化磷酸化解偶联不生成 ATP,但质子梯度储存的能量以热能形式释放,因此棕色脂肪组织是产热御寒组织。新生儿硬肿症是因为缺乏棕色脂肪组织,不能维持正常体温而使皮下脂肪凝固所致。现已发现在骨骼肌等组织的线粒体中存在 UCP1 的同源蛋白质 UCP2、UCP3,但无解偶联作用,它们在禁食条件下表达增加,可能有其他的功能。另外,体内游离脂肪酸也可促进 H^+ 经解偶联蛋白回

流至线粒体基质中而减少 ATP 的生成。

（三）ATP 合酶抑制剂同时抑制电子传递和 ATP 的生成

ATP 合酶的抑制剂对电子传递及 ADP 磷酸化均有抑制作用。例如寡霉素（oligomycin）、二环己基碳二亚胺（dicyclohexyl carbodiimide，DCCD）均可结合 F_o，阻断 H^+ 从 F_o 质子半通道回流，抑制 ATP 合酶活性。由于线粒体内膜两侧质子电化学梯度增高能够影响呼吸链组分的质子泵功能，因此也会抑制电子的传递过程。另外，抑制氧化磷酸化会降低线粒体对氧的需求，氧的消耗会减少。

三、甲状腺激素促进氧化磷酸化和产热

机体的甲状腺激素促进细胞膜上 Na^+、K^+-ATP 酶的表达，使 ATP 加速分解为 ADP 和 Pi，ADP 浓度增加而促进氧化磷酸化。另外甲状腺激素（thyroid hormoneT$_3$）可诱导解偶联蛋白基因表达，使氧化释能和产热比率均增加，ATP 合成减少，导致机体耗氧量和产热同时增加，所以甲状腺功能亢进症病人基础代谢率增高。

四、线粒体 DNA 突变影响氧化磷酸化功能

线粒体 DNA（mtDNA）呈裸露的环状双螺旋结构，缺乏蛋白质保护和损伤修复系统，容易受到损伤而发生突变，其突变率远高于核内的基因组 DNA。

线粒体的功能蛋白质主要由细胞核的基因编码，人的 mtDNA 含 37 个编码基因，用于表达呼吸链复合体 I 中的 7 个亚基、复合体 III 中的 Cyt b、复合体 IV 中的 3 个亚基、ATP 合酶的 2 个亚基，以及 22 个 tRNA 和 2 个 rRNA。因此 mtDNA 突变可直接影响电子的传递过程或 ADP 的磷酸化，使 ATP 生成减少而致能量代谢紊乱、引起疾病。mtDNA 突变造成的功能障碍易出现在耗能较多的组织，如骨骼肌、脑等。随着年龄的增长，如果 mtDNA 突变严重累积，可导致帕金森病、阿尔茨海默病、糖尿病等疾病的发生。

遗传性 mtDNA 疾病以母系遗传居多，因每个卵细胞中有几十万个 mtDNA 分子，每个精子中只有几百个 mtDNA 分子，受精卵 mtDNA 主要来自卵细胞，因此卵细胞 mtDNA 突变产生疾病的概率更高。

五、线粒体内膜选择性协调转运氧化磷酸化相关代谢物

线粒体的基质与细胞质之间有线粒体内、外膜相隔，外膜对物质的通透性高、选择性低，线粒体内膜含有与代谢物转运相关的转运蛋白质体系，对各种物质进行选择性转运，维持组分间的平衡，以保证生物氧化和基质内旺盛的物质代谢过程能够顺利进行（表 6-5）。

表 6-5　线粒体内膜的某些转运蛋白质对代谢物的转运

转运蛋白质	进入线粒体	出线粒体
ATP-ADP 转位酶	ADP^{3-}	ATP^{4-}
磷酸盐转运蛋白	$H_2PO_4^- + H^+$	
二羧酸转运蛋白	HPO_4^{2-}	苹果酸
α-酮戊二酸转运蛋白	苹果酸	α-酮戊二酸
天冬氨酸-谷氨酸转运蛋白	谷氨酸	天冬氨酸
单羧酸转运蛋白	丙酮酸	OH^-
三羧酸转运蛋白	苹果酸	柠檬酸
碱性氨基酸转运蛋白	鸟氨酸	瓜氨酸
肉碱转运蛋白	脂酰肉碱	肉碱

（一）细胞质中的 NADH 通过穿梭机制进入线粒体呼吸链

在线粒体内生成的 NADH 可直接进入氧化呼吸链进行电子传递。但 NADH 不能自由穿过线粒体内膜，在细胞质中经糖酵解等生成的 NADH 需通过穿梭机制进入线粒体的呼吸链才能进行氧化。

1. **α-磷酸甘油穿梭**　脑和骨骼肌细胞的细胞质 NADH 主要通过此穿梭机制进入线粒体呼吸链进行氧化。细胞质中的 NADH+H$^+$ 在磷酸甘油脱氢酶催化下,将 2H 传递给磷酸二羟丙酮,使其还原成 α-磷酸甘油,后者通过线粒体外膜到达线粒体内膜的膜间隙侧。在线粒体内膜的膜间隙侧结合着磷酸甘油脱氢酶的同工酶,此酶含 FAD 辅基,接受 α-磷酸甘油的 2H 生成 FADH$_2$ 和磷酸二羟丙酮。FADH$_2$ 直接将 2H 传递给泛醌进入氧化呼吸链(图 6-16)。由于 FADH$_2$ 将 NADH 携带的一对电子从内膜的膜间隙侧直接传递给 Q 进行氧化磷酸化,因此 1 分子的 NADH 经此穿梭能产生 1.5 分子 ATP。

图 6-16　α-磷酸甘油穿梭

2. **苹果酸-天冬氨酸穿梭**　肝、肾及心肌细胞中主要采用此机制将细胞质 NADH 转运至线粒体呼吸链。该穿梭需要 2 种内膜转运蛋白质和 2 种酶协同参与。细胞质中的 NADH+H$^+$ 使草酰乙酸还原生成苹果酸,苹果酸经过线粒体内膜上的苹果酸-α-酮戊二酸转运蛋白进入线粒体基质后重新生成草酰乙酸,释放 NADH+H$^+$。基质中的草酰乙酸转变为天冬氨酸后经线粒体内膜上的天冬氨酸-谷氨酸转运蛋白重新回到细胞质。进入基质的 NADH+H$^+$ 则通过 NADH 呼吸链进行氧化,生成 2.5 分子 ATP(图 6-17)。

图 6-17　苹果酸-天冬氨酸穿梭

①苹果酸脱氢酶;②谷草转氨酶;③α-酮戊二酸转运蛋白;④天冬氨酸-谷氨酸转运蛋白

（二）ATP-ADP 转位酶协调转运 ATP 和 ADP 出入线粒体

呼吸链产生的质子电化学梯度主要用于驱动 ATP 的合成,同时也驱动内膜上的跨膜蛋白质转运,氧化磷酸化的相关组分,包括腺苷酸转运蛋白、磷酸盐转运蛋白等。

线粒体内膜富含腺苷酸转运蛋白,也称 ATP-ADP 转位酶(ATP-ADP translocase),可占内膜蛋白质总量的 14% 。它是由 2 个亚基组成的二聚体,形成跨膜蛋白通道,将膜间隙的 ADP^{3-}(在细胞 pH 中,ADP 呈解离状态)转运至线粒体基质中,同时从基质转运出 ATP^{4-},使经过线粒体内膜的 ADP^{3-} 进入和 ATP^{4-} 移出紧密偶联,维持线粒体内外腺苷酸水平基本平衡。每分子 ATP^{4-} 和 ADP^{3-} 反向转运时,实际向膜间隙净转移 1 个负电荷,而膜间隙的高正电性有利于 ATP 的泵出。此时,跨膜质子梯度的能量也驱动膜间隙侧的 H^+ 和 $H_2PO_4^-$ 经磷酸盐转运蛋白同向转运到线粒体基质中(图 6-18)。因此每分子 ATP 在线粒体基质中生成并转运到细胞质共需 4 个 H^+ 回流进入线粒体基质中。

图 6-18　ATP、ADP 及 Pi 的转运

心肌、骨骼肌等耗能多的组织中线粒体膜间隙存在一种肌酸激酶同工酶,它催化经 ATP-ADP 转位酶运到膜间隙中 ATP 与肌酸之间 ～P 的转移,生成的磷酸肌酸经线粒体外膜中的孔蛋白进入细胞质中,由相应的肌酸激酶同工酶催化,将 ～P 转移给 ADP 生成 ATP。因此线粒体内膜的选择性协调转运,对于氧化磷酸化的正常运转至关重要。

第四节　其他氧化与抗氧化体系

除了线粒体氧化体系外,细胞内也存在其他的氧化体系,主要参与物质的生物氧化。另外,线粒体呼吸链存在单电子传递过程,单电子也有机会"漏出"直接传递给氧而生成活性氧组分,而不是通过呼吸链传递给氧生成水。因此呼吸链也是产生活性氧、引起细胞氧化损伤的原因之一,机体也有相应的保护防御机制。

一、微粒体细胞色素 P450 单加氧酶催化底物分子羟基化

人微粒体细胞色素 P450 单加氧酶(cytochrome P450 monooxygenase)催化氧分子中的一个氧原子

加到底物分子上（羟化），另一个氧原子被 NADPH+H$^+$ 还原成水，故又称混合功能氧化酶（mixed function oxidase）或羟化酶（hydroxylase），参与类固醇激素等的生成以及药物、毒物的生物转化过程（见第十九章），其反应式如下：

$$RH+NADPH+H^++O_2 \longrightarrow ROH+NADP^++H_2O$$

单加氧酶类在肝和肾上腺的微粒体中含量最多，是反应最复杂的酶。此酶含细胞色素 P450（Cyt P450），通过血红素中的 Fe 离子进行单电子传递。Cyt P450 在生物中广泛分布，人 Cyt P450 有几百种同工酶，识别各自特异性底物。

单加氧酶催化反应过程如下：NADPH 首先将电子交给黄素蛋白；黄素蛋白将电子传递给以 Fe-S 为辅基的铁氧还蛋白；与底物结合的氧化型 Cyt P450 接受铁氧还蛋白的 1 个 e$^-$ 后，转变成还原型 Cyt P450，与 O$_2$ 结合形成 RH·P450·Fe^{2+}·O$_2$；Cyt P450 血红素中 Fe^{2+} 将电子交给 O$_2$ 形成 RH·P450·Fe^{3+}·O$_2^-$；再接受铁氧还蛋白的第 2 个 e$^-$，使氧活化（O$_2^{2-}$）。此时 1 个氧原子使底物（RH）羟化（ROH），另 1 个氧原子与来自 NADPH 的质子结合生成 H$_2$O（图 6-19）。

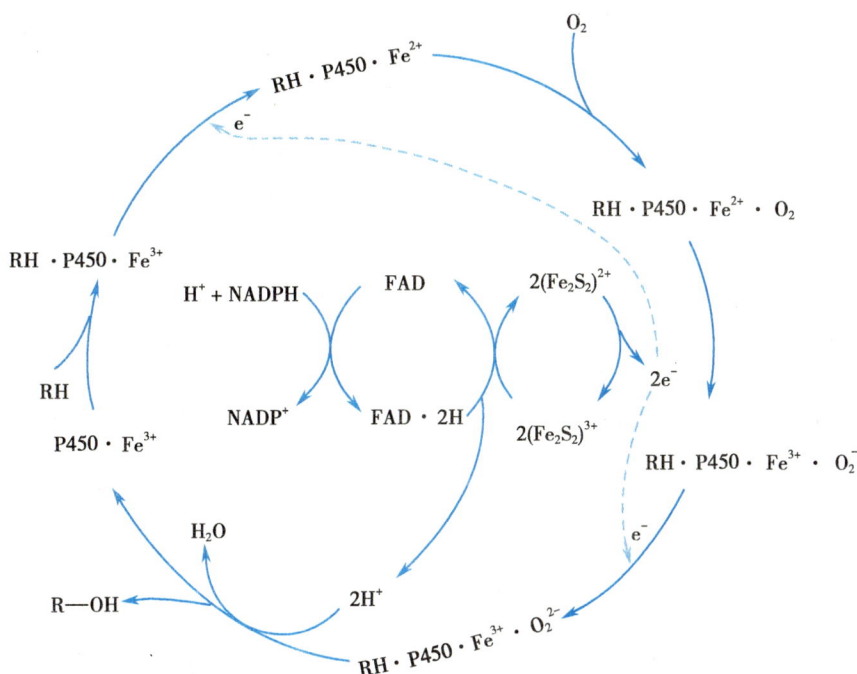

图 6-19　微粒体细胞色素 P450 单加氧酶反应机制

二、线粒体呼吸链也可产生活性氧

O$_2$ 得到单电子产生超氧阴离子（O$_2^-$·），再逐步接受电子而生成过氧化氢 H$_2$O$_2$、羟自由基（·OH）。这些未被完全还原的含氧分子，氧化性远远大于 O$_2$，合称为反应活性氧类（reactive oxygen species，ROS）。

$$O_2 \xrightarrow{e^-} O_2^-\text{·} \xrightarrow{e^-+2H^+} H_2O_2 \xrightarrow[H_2O]{e^-+H^+} \text{·}OH \xrightarrow{e^-+H^+} H_2O$$

线粒体的呼吸链是产生 ROS 的主要部位，呼吸链在传递电子的过程中，由于将漏出的电子直接交给氧，产生部分被还原的氧，所以得到 ROS 这样的"副产物"，特别是 O$_2^-$· 的产生主要源自呼吸链。

复合体Ⅲ中通过 Q 循环传递电子,接受单电子的 QH˙ 在内膜中自由移动,通过非酶促反应直接将单电子泄漏给 O_2 而生成 O_2^-。呼吸链末端的细胞色素 c 氧化酶从金属离子每次转移 1 个电子、通过 4 步单电子转移将氧彻底还原生成水,也会有少量氧接受单电子或双电子而生成 O_2^- 和 H_2O_2。

除呼吸链外,细胞质中的黄嘌呤氧化酶、微粒体中的 Cyt P450 氧化还原酶等催化的反应,需要氧为底物,也可产生 O_2^-。但这些酶产生的 ROS 远低于线粒体呼吸链。另外,细菌感染、组织缺氧等病理过程,电离辐射、吸烟、药物等外源因素也可导致细胞产生大量的 ROS。

ROS 通过不同的方式释放到线粒体基质、膜间隙及细胞质等部位,对细胞的功能产生广泛的影响。少量的 ROS 能够促进细胞增殖等,但 ROS 的大量累积会损伤细胞功能、甚至会导致细胞死亡。例如,线粒体基质中的顺乌头酸酶,其 Fe-S 易被 O_2^- 氧化而丧失功能,直接影响三羧酸循环的功能。O_2^- 可迅速氧化一氧化氮(NO)产生过氧亚硝酸盐($ONOO^-$,也属于 ROS),后者能使脂质氧化、蛋白质硝基化而损伤细胞膜和膜蛋白。羟自由基等可直接氧化蛋白质、核酸,进而破坏细胞的正常结构和功能。线粒体一方面通过消耗氧用于产生 ATP 供能,另一方面也会产生 ROS 而损伤自身及细胞等。因此,生物进化已使机体发展了有效的抗氧化体系及时清除 ROS,防止其累积产生有害影响。

三、抗氧化酶体系有清除反应活性氧的功能

体内存在的各种抗氧化酶、小分子抗氧化剂等,形成了重要的防御体系以对抗 ROS 的副作用。

广泛分布的超氧化物歧化酶(superoxide dismutase,SOD),可催化 1 分子 O_2^- 氧化生成 O_2,另一分子 O_2^- 还原生成 H_2O_2,2 个相同的底物歧化产生了 2 个不同的产物:

$$2O_2^- + 2H^+ \longrightarrow H_2O_2 + O_2$$

哺乳动物细胞有 3 种 SOD 同工酶,在细胞质中的 SOD,其活性中心含 Cu/Zn 离子,称 Cu/Zn-SOD;线粒体中的 SOD 活性中心含 Mn^{2+},称 Mn-SOD。SOD 是人体防御内、外环境中超氧离子损伤的重要酶。Cu/Zn-SOD 基因缺陷使 O_2^- 不能及时清除而损伤神经元,可引起肌萎缩性侧索硬化症等疾病。

生成的 H_2O_2 可被过氧化氢酶(catalase)分解为 H_2O 和 O_2。过氧化氢酶主要存在于过氧化酶体、细胞质及微粒体中,含有 4 个血红素辅基,催化活性强,每秒钟可催化超过 40 000 底物分子转变为产物。其催化反应如下:

$$2H_2O_2 \longrightarrow 2H_2O + O_2$$

H_2O_2 有一定的生理作用,如在粒细胞和吞噬细胞中,H_2O_2 可氧化杀死入侵的细菌;甲状腺细胞中产生的 H_2O_2 可使 $2I^-$ 氧化为 I_2,进而使酪氨酸碘化生成甲状腺激素。

谷胱甘肽过氧化物酶(glutathione peroxidase,GPx)也是体内防止 ROS 损伤不可缺少的酶,可去除 H_2O_2 和其他过氧化物类(ROOH)。在细胞胞质、线粒体以及过氧化酶体中,GPx 通过还原型的谷胱甘肽将 H_2O_2 还原为 H_2O,将 ROOH 转变为醇,同时产生氧化型的谷胱甘肽。它催化的反应如下:

$$H_2O_2 + 2GSH \longrightarrow 2H_2O + GS\text{-}SG$$
$$2GSH + ROOH \longrightarrow GS\text{-}SG + H_2O + ROH$$

氧化型 GS-SG 经谷胱甘肽还原酶催化,由 $NADPH+H^+$ 提供 2H,再转变为还原型的 GSH。还原型的 GSH 也发挥抗氧化作用,抵抗活性氧对蛋白质中巯基的氧化。

体内其他小分子自由基清除剂有维生素 C、维生素 E、β-胡萝卜素等,它们与体内的抗氧化酶共同组成人体抗氧化体系。

小　结

生物氧化是指化学物质在生物体内的氧化分解过程。其中营养物质在线粒体内氧化分解生成 CO_2 和 H_2O 的过程中释放能量,用于驱动 ADP 磷酸化生成 ATP。ATP 是机体储存能量的主要形式,是能被体内各种代谢反应直接利用的主要能量形式,是能量代谢的核心。微粒体等部位发生的生物氧化反应主要对底物进行氧化修饰等,不产生 ATP。

线粒体氧化体系主要用于生成 CO_2 和 H_2O 并产生能量。其氧化过程通过呼吸链完成,即营养物质氧化分解产生 CO_2 的同时,将产生的 NADH 和 $FADH_2$ 通过呼吸链进行电子传递给氧,生成水和 ATP。呼吸链由 4 种蛋白质复合体与泛醌和细胞色素 c 按序组成。NADH、$FADH_2$ 是线粒体呼吸链的电子供体,因而线粒体有两条呼吸链。NADH 呼吸链的组成及电子传递顺序是:NADH→复合体 Ⅰ→Q→复合体 Ⅲ→Cyt c→复合体 Ⅳ→O_2,传递一对电子可生成 2.5 分子 ATP。$FADH_2$ 呼吸链的组成及电子传递顺序是:琥珀酸→复合体 Ⅱ→Q→复合体 Ⅲ→Cyt c→复合体 Ⅳ→O_2,传递一对电子可生成 1.5 分子 ATP。细胞质中生成的 NADH 须通过 α-磷酸甘油穿梭或苹果酸-天冬氨酸穿梭机制进入线粒体呼吸链被氧化释能。

呼吸链建立跨线粒体内膜的质子电化学梯度,驱动质子回流释放能量用于产生 ATP。呼吸链的复合体 Ⅰ、Ⅲ和Ⅳ有质子泵功能,在进行电子传递时,分别向膜间隙侧泵出 $4H^+$、$4H^+$ 和 $2H^+$,形成跨线粒体内膜的质子电化学梯度(电荷和浓度梯度),储存电子传递释放的能量。由此产生的质子驱动力,促使质子回流返回至线粒体基质,激活 ATP 合酶的功能。

氧化磷酸化是线粒体产生 ATP 的机制。其过程是将 NADH 和 $FADH_2$ 的氧化过程与 ADP 的磷酸化过程相偶联,产生 ATP。氧化过程由线粒体呼吸链完成,将 NADH、$FADH_2$ 的电子传递给氧生成水,并通过质子泵作用产生跨线粒体内膜的质子电化学梯度储存能量;磷酸化过程是质子顺梯度的释放势能时促使质子返回基质,驱动 ATP 合酶结合 ADP 和 Pi、使 ADP 磷酸化产生 ATP。

多种因素可以影响氧化磷酸化作用。ADP 的浓度高可促进氧化磷酸化;而氰化物等呼吸链抑制剂、ATP 合酶抑制剂以及解偶联剂等都可通过不同的机制抑制氧化磷酸化,阻断 ATP 的生成。

呼吸链也是体内 ROS 的主要来源。ROS 产生过多会对机体产生危害,体内的抗氧化酶类及抗氧化物体系能及时清除 ROS,维护机体的正常功能。

思　考　题

1. 何谓氧化磷酸化作用? 糖酵解和三羧酸循环如何影响氧化磷酸化的速率?

2. 线粒体是重要的能量代谢细胞器,如何理解线粒体在神经退行性病变、肿瘤发生发展中的作用?

3. 呼吸链中哪些复合体容易产生 ROS? ROS 有哪些作用? 如何定量分析细胞内 ROS 的含量?

4. 根据呼吸链的结构和作用特点,哪些方法可以分析其功能的变化?

5. 解偶联剂与白色脂肪、棕色脂肪的关系是什么? 解偶联剂有助于减肥吗?

(苑辉卿)

第七章 脂质代谢

脂质（lipids）种类多、结构复杂，决定了其在生命体内功能的多样性和复杂性。脂质分子不由基因编码，独立于从基因到蛋白质的遗传信息系统之外，不易溶于水是其最基本的特性，决定了脂质在以基因到蛋白质为遗传信息系统、以水为基础环境的生命体内的特殊性，也决定了其在生命活动或疾病发生发展中的特别重要性。一些原来认为与脂质关系不大甚至不相关的生命现象和疾病，可能与脂质及其代谢关系十分密切。近年来种种迹象表明，在分子生物学取得重大进展基础上，脂质及其代谢研究将再次成为生命科学、医学和药学等的前沿领域。

第一节 脂质的构成、功能及分析

一、脂质是种类繁多、结构复杂的一类大分子物质

脂质是脂肪和类脂的总称。脂肪即甘油三酯（triglyceride），也称三脂肪酰基甘油（triacylglycerol）。类脂包括固醇及其酯、磷脂和糖脂等。

（一）甘油三酯是甘油的脂肪酸酯

甘油三酯为甘油的三个羟基分别被相同或不同的脂肪酸酯化形成的酯，其脂肪酰链组成复杂，长度和饱和度多种多样。体内还存在少量甘油一酯（monoacylglycerol）和甘油二酯（diacyl-glycerol）。

甘油　　　甘油一酯　　　甘油二酯　　　甘油三酯

（二）脂肪酸是脂肪烃的羧酸

脂肪酸（fatty acid）的结构通式为 $CH_3(CH_2)_nCOOH$。高等动植物脂肪酸碳链长度一般在 14~20 之间、为偶数碳（表7-1）。脂肪酸系统命名法根据脂肪酸的碳链长度命名；碳链含双键，则标示其位置。Δ编码体系从羧基碳原子起计双键位置，ω 或 n 编码体系从甲基碳起计双键位置。不含双键的脂肪酸为饱和脂肪酸（saturated fatty acid），不饱和脂肪酸（unsaturated fatty acid）含一个或以上双键。含一个双键的脂肪酸称为单不饱和脂肪酸（monounsaturated fatty acid）；含两个及以上双键的脂肪酸称为多不饱和脂肪酸（polyunsaturated fatty acid）。根据双键位置，多不饱和脂肪酸分属于 ω-3、ω-6、ω-7 和 ω-9 四簇（表7-2）。高等动物体内的多不饱和脂肪酸由相应的母体脂肪酸衍生而来，但 ω-3、ω-6 和 ω-9 簇多不饱和脂肪酸不能在体内相互转化。

（三）磷脂分子含磷酸

磷脂（phospholipids）由甘油或鞘氨醇、脂肪酸、磷酸和含氮化合物组成。含甘油的磷脂称为甘油磷脂（glycerophospholipids），结构通式如下。因取代基团-X 不同，形成不同的甘油磷脂（表7-3）。

$$\begin{array}{ccc}
 & & O \\
 & CH_2-O-C-R_1 & \\
O & & O \\
R_2-C-O-CH & & \\
 & CH_2-O-P-OX & \\
 & OH & \\
\end{array}$$

表7-1　常见的脂肪酸

习惯名	系统名	碳原子数和双键数	簇	分子式
饱和脂肪酸				
月桂酸(lauric acid)	n-十二烷酸	12:0		$CH_3(CH_2)_{10}COOH$
豆蔻酸(myristic acid)	n-十四烷酸	14:0		$CH_3(CH_2)_{12}COOH$
软脂肪酸(palmitic acid)	n-十六烷酸	16:0		$CH_3(CH_2)_{14}COOH$
硬脂肪酸(stearic acid)	n-十八烷酸	18:0		$CH_3(CH_2)_{16}COOH$
花生酸(arachidic acid)	n-二十烷酸	20:0		$CH_3(CH_2)_{18}COOH$
山箭酸(behenic acid)	n-二十二烷酸	22:0		$CH_3(CH_2)_{20}COOH$
掬焦油酸(lignoceric acid)	n-二十四烷酸	24:0		$CH_3(CH_2)_{22}COOH$
单不饱和脂肪酸				
棕榈(软)油酸(palmitoleic acid)	9-十六碳一烯酸	16:1	ω-7	$CH_3(CH_2)_5CH=CH(CH_2)_7COOH$
油酸(oleic acid)	9-十八碳一烯酸	18:1	ω-9	$CH_3(CH_2)_7CH=CH(CH_2)_7COOH$
异油酸(vaccenic acid)	反式11-十八碳一烯酸	18:1	ω-7	$CH_3(CH_2)_5CH=CH(CH_2)_9COOH$
神经酸(nervonic acid)	15-二十四碳单烯酸	24:1	ω-9	$CH_3(CH_2)_7CH=CH(CH_2)_{13}COOH$
多不饱和脂肪酸				
亚油酸(linoleic acid)	9,12-十八碳二烯酸	18:2	ω-6	$CH_3(CH_2)_4(CH=CHCH_2)_2(CH_2)_6COOH$
α-亚麻酸(α-linolenic acid)	9,12,15-十八碳三烯酸	18:3	ω-3	$CH_3CH_2(CH=CHCH_2)_3(CH_2)_6COOH$
γ-亚麻酸(γ-linolenic acid)	6,9,12-十八碳三烯酸	18:3	ω-6	$CH_3(CH_2)_4(CH=CHCH_2)_3(CH_2)_3COOH$
花生四烯酸(arachidonic acid)	5,8,11,14-二十碳四烯酸	20:4	ω-6	$CH_3(CH_2)_4(CH=CHCH_2)_4(CH_2)_2COOH$
timnodonic acid(EPA)	5,8,11,14,17-二十碳五烯酸	20:5	ω-3	$CH_3CH_2(CH=CHCH_2)_5(CH_2)_2COOH$
clupanodonic acid(DPA)	7,10,13,16,19-二十二碳五烯酸	22:5	ω-3	$CH_3CH_2(CH=CHCH_2)_5(CH_2)_4COOH$
cervonic acid(DHA)	4,7,10,13,16,19-二十二碳六烯酸	22:6	ω-3	$CH_3CH_2(CH=CHCH_2)_6CH_2COOH$

表7-2　不饱和脂肪酸

簇	母体不饱和脂肪酸	结构
ω-7	软油酸	9-16:1
ω-9	油酸	9-18:1
ω-6	亚油酸	9,12-18:2
ω-3	亚麻酸	9,12,15-18:3

表7-3   体内几种重要的甘油磷脂

HO-X	X 取代基团	甘油磷脂名称
水	—H	磷脂酸
胆碱	—CH₂CH₂N⁺(CH₃)₃	磷脂酰胆碱(卵磷脂)
乙醇胺	—CH₂CH₂N⁺H₃	磷脂酰乙醇胺(脑磷脂)
丝氨酸	—CH₂CH—COO⁻ (上标 N⁺H₃)	磷脂酰丝氨酸
肌醇	(肌醇结构式)	磷脂酰肌醇
甘油	—CH₂CHOHCH₂OH	磷脂酰甘油
磷脂酰甘油	(二磷脂酰甘油结构式)	二磷脂酰甘油(心磷脂)

含鞘氨醇(sphingosine)或二氢鞘氨醇(dihydrosphingosine)的磷脂称为鞘磷脂(sphingophospholipid)。鞘氨醇的氨基以酰胺键与1分子脂肪酸结合成神经酰胺(ceramide),为鞘脂的母体结构。鞘脂的结构通式如下,因取代基-X不同,可分为鞘磷脂和鞘糖脂(glycosphingolipid)两类。鞘磷脂的取代基为磷酸胆碱或磷酸乙醇胺,鞘糖脂的取代基为葡萄糖、半乳糖或唾液酸等。

神经酰胺   鞘脂

(四) 胆固醇以环戊烷多氢菲为基本结构

胆固醇属类固醇(steroid)化合物,由环戊烷多氢菲(perhydrocylopentanophenanthrene)母体结构衍生形成。因 C_3 羟基氢是否被取代或 C_{17} 侧链(一般为 8~10 个碳原子)不同而衍生出不同的类固醇。动物体内最丰富的类固醇化合物是胆固醇(cholesterol),植物不含胆固醇而含植物固醇,以 β-谷固醇(β-sitosterol)最多,酵母含麦角固醇(ergosterol)。

环戊烷多氢菲   胆固醇

β-谷固醇　　　　　　　　　　　　　麦角固醇

二、脂质具有多种复杂的生物学功能

(一) 甘油三酯是机体重要的能源物质

由于独特的性质,甘油三酯是机体重要供能和储能物质。首先,甘油三酯富含高度还原碳,氧化分解产能多。1g 甘油三酯彻底氧化可产生 38kJ 能量,1g 蛋白质或 1g 碳水化合物只产生 17kJ 能量。其次,甘油三酯疏水,储存时不带水分子,占体积小。再次,机体有专门的储存组织——脂肪组织💧。甘油三酯是脂肪酸的重要储存库。甘油二酯还是重要的细胞信号分子。

(二) 脂肪酸具有多种重要生理功能

脂肪酸是脂肪、胆固醇酯和磷脂的重要组成成分。一些不饱和脂肪酸具有更多、更复杂的生理功能。

1. 提供必需脂肪酸　人体自身不能合成、必须由食物提供的脂肪酸称为必需脂肪酸(essential fatty acid)。人体缺乏 Δ^9 及以上去饱和酶,不能合成亚油酸(18:2,$\Delta^{9,12}$)、α-亚麻酸(18:3,$\Delta^{9,12,15}$),必须从含有 Δ^9 及以上去饱和酶的植物食物中获得,为必需脂肪酸。花生四烯酸(20:4,$\Delta^{5,8,11,14}$)虽能在人体以亚油酸为原料合成,但消耗必需脂肪酸,一般也归为必需脂肪酸。

2. 合成不饱和脂肪酸衍生物　前列腺素、血栓噁烷、白三烯是二十碳多不饱和脂肪酸衍生物。前列腺素(prostaglandin,PG)以前列腺酸(prostanoic acid)为基本骨架,有一个五碳环和两条侧链(R_1 及 R_2)。

花生四烯酸
$(20:4, \Delta^{5,8,11,14})$　　　　　　　前列腺酸

根据五碳环上取代基团和双键位置不同,前列腺素分为 PGA～PGI 等 9 型。体内 PGA、PGE 及 PGF 较多;PGC_2 和 PGH_2 是 PG 合成的中间产物。PGI_2 带双环,除五碳环外,还有一个含氧的五碳环,又称为前列环素(prostacyclin)。

A　　　　　B　　　　　C　　　　　D　　　　　E　　　　　F

G　　　　　　　　H　　　　　　　　I

根据 R_1 及 R_2 侧链双键数目,前列腺素又分为 1、2、3 类,在字母右下角标示。

1类　　　　　　2类　　　　　　3类

PGF$_1\alpha$　　　　　　　　PGF$_2\alpha$

血栓噁烷(thromboxane A_2, TXA_2)有前列腺酸样骨架但又不同,五碳环被含氧噁烷取代。

血栓噁烷A_2

白三烯(leukotriene,LT)不含前列腺酸骨架,有 4 个双键,所以在 LT 右下角标以 4。白三烯合成的初级产物为 LTA_4,在 5、6 位上有一氧环。如在 12 位加水引入羟基,并将 5、6 位环氧键断裂,则为 LTB_4。如 LTA_4 的 5、6 位环氧键打开,6 位与谷胱甘肽反应则可生成 LTC_4、LTD_4 及 LTE_4 等衍生物。

白三烯A_4 (LTA_4)

前列腺素、血栓噁烷和白三烯具有很强生物活性。PGE_2 能诱发炎症,促进局部血管扩张,使毛细血管通透性增加,引起红、肿、痛、热等症状。PGE_2、PGA_2 能使动脉平滑肌舒张,有降血压作用。PGE_2 及 PGI_2 能抑制胃酸分泌,促进胃肠平滑肌蠕动。卵泡产生的 PGE_2、$PGF_{2\alpha}$ 在排卵过程中起重要作用。$PGF_{2\alpha}$ 可使卵巢平滑肌收缩,引起排卵。子宫释放的 $PGF_{2\alpha}$ 能使黄体溶解。分娩时子宫内膜释出的 $PGF_{2\alpha}$ 能使子宫收缩加强,促进分娩。

血小板产生的 TXA_2、PGE_2 能促进血小板聚集和血管收缩,促进凝血及血栓形成。血管内皮细胞释放的 PGI_2 有很强舒血管及抗血小板聚集作用,抑制凝血及血栓形成。可见 PGI_2 有抗 TXA_2 作用。北极地区因纽特人摄食富含二十碳五烯酸的海水鱼类食物,能在体内合成 PGE_3、PGI_3 及 TXA_3。PGI_3 能抑制花生四烯酸从膜磷脂释放,抑制 PGI_2 及 TXA_2 合成。由于 PGI_3 活性与 PGI_2 相同,而 TXA_3 活性较 TXA_2 弱得多,因此因纽特人抗血小板聚集/抗凝血作用较强,被认为是他们不易患心肌梗死的重要原因之一。

过敏反应慢反应物质(slow reacting substances of anaphylatoxis,SRS-A)是 LTC_4、LTD_4 及 LTE_4 混合物,其支气管平滑肌收缩作用较组胺、$PGF_{2\alpha}$ 强 100～1000 倍,作用缓慢而持久。LTB_4 能调节白细胞功能,促进其游走及趋化作用,刺激腺苷酸环化酶,诱发多形核白细胞脱颗粒,使溶酶体释放水解酶类,促进炎症及过敏反应发展。IgE 与肥大细胞表面受体结合后,可引起肥大细胞释放 LTC_4、LTD_4 及

LTE_4。这 3 种物质能引起支气管及胃肠平滑肌剧烈收缩,LTD_4还能使毛细血管通透性增加。

(三) 磷脂是重要的结构成分和信号分子

1. 磷脂是构成生物膜的重要成分 磷脂分子具有亲水端和疏水端,在水溶液中可聚集成脂质双层,是生物膜的基础结构 📎。细胞膜中能发现几乎所有的磷脂,甘油磷脂中以磷脂酰胆碱(phosphatidylcholine,PC)、磷脂酰乙醇胺(phosphatidylethanolamine,PE)、磷脂酰丝氨酸(phosphatidylserine)含量最高,鞘磷脂中以神经鞘磷脂为主。各种磷脂在不同生物膜中所占比例不同。磷脂酰胆碱也称卵磷脂(lecithin),存在于细胞膜中。心磷脂(cardiolipin)是线粒体膜的主要脂质。

2. 磷脂酰肌醇是第二信使的前体 磷脂酰肌醇(phosphatidylinositol)4、5 位被磷酸化生成的磷脂酰肌醇-4,5-二磷酸(phosphatidylinositol 4,5-bisphosphate,PIP_2)是细胞膜磷脂的重要组成成分,主要存在于细胞膜的内层。在激素等刺激下可分解为甘油二酯和肌醇三磷酸(inositol triphosphate,IP_3),均能在细胞内传递细胞信号。

(四) 胆固醇是生物膜的重要成分和具有重要生物学功能固醇类物质的前体

1. 胆固醇是细胞膜的基本结构成分 胆固醇 C_3 羟基亲水,能在细胞膜中以该羟基存在于磷脂的极性端之间,疏水的环戊烷多氢菲和 C_{17} 侧链与磷脂的疏水端共存于细胞膜。胆固醇是动物细胞膜的另一基本结构成分,但亚细胞器膜含量较少。环戊烷多氢菲环使胆固醇比细胞膜其他脂质更强直,是决定细胞膜性质的重要分子。

2. 胆固醇可转化为一些具有重要生物学功能的固醇化合物 体内一些内分泌腺,如肾上腺皮质、睾丸、卵巢等能以胆固醇(酯)为原料合成类固醇激素;胆固醇在肝可转变为胆汁酸,在皮肤可转化为维生素 D_3。

三、脂质组分的复杂性决定了脂质分析技术的复杂性

脂质是不溶于水的大分子有机化合物,加之组成多样、结构复杂,很难用常规方法分析。通常需先提取,分离,还可能需要进行酸、碱或酶处理,然后再根据其特点、性质和分析目的,选择不同方法进行分析。

(一) 用有机溶剂提取脂质

通常根据脂质的性质,采用不同的有机溶剂抽提不同的脂质,中性脂用乙醚、氯仿、苯等极性较小的有机溶剂,膜脂用乙醇、甲醇等极性较大的有机溶剂。血浆脂质的常规临床定量分析通常不需要抽提、分离,直接采用酶法测定。抽提获得的脂质为粗纯物,需进一步分离后分析。

(二) 用层析分离脂质

层析(chromatography)也称色谱,是脂质分离最常用和最基本方法,有柱层析和薄层层析(thin-layer chromatography,TCL)两种形式。通常采用硅胶为固定相,氯仿等有机溶剂为流动相。由于极性较高脂质(如磷脂)与硅胶的结合比极性较低、非极脂质(如甘油三酯)紧密,所以硅胶对不同极性脂质的吸附能力不同。抽提获得的混合脂质通过层析系统时,非极性脂质移动速度较极性脂质快,从而将不同极性脂质分离,用于下一步分析。

(三) 根据分析目的和脂质性质选择分析方法

脂质分离后,常常需要进行定量或定性分析。层析后用碱性蕊香红、罗丹明或碘等染料显色,然后扫描显色的斑点进行定量分析。也可通过显色斑点对比样品与已知脂质的迁移率进行定性分析。还可以洗脱、收集层析分离的脂质,采用适当的化学方法(如滴定、比色等)测定含量。更精细的定量、定性分析,可根据分析目的和脂质性质,选用质谱法、红外分光光度法、荧光法、核磁共振法、气-液色谱法(gas-liquid chromatography)等分析。

(四) 复杂的脂质分析还需特殊的处理

脂质的组成及结构复杂,对其分析常常需要特殊处理。如甘油三酯、胆固醇酯、磷脂中的脂肪酸多种多样、结构差异大。对其分析需经特殊处理,使其释放,再结合前述方法分析。甘油三酯、磷脂、

胆固醇酯可用稀酸和碱处理使脂肪酸释放,鞘脂则需强酸处理才能释放脂肪酸。采用特定的磷脂酶还可特异释放磷脂特定分子部位的脂肪酸。

第二节　脂质的消化与吸收

一、胆汁酸盐协助消化酶消化脂质

脂质(lipid)不溶于水,不能与消化酶充分接触。胆汁酸盐有较强乳化作用,能降低脂-水相间的界面张力,将脂质乳化成细小微团(micelles),使脂质消化酶吸附在乳化微团的脂-水界面,极大地增加消化酶与脂质接触面积,促进脂质消化。含胆汁酸盐的胆汁、含脂质消化酶的胰液分泌后进入十二指肠,所以小肠上段是脂质消化的主要场所。

胰腺分泌的脂质消化酶包括胰脂酶(pancreatic lipase)、辅脂酶(colipase)、磷脂酶 A_2(phospholipase A_2,PLA_2)和胆固醇酯酶(cholesterol esterase)(动画7-1"消化酶的作用")。胰脂酶特异水解甘油三酯1、3位酯键,生成2-甘油一酯(2-monoglyceride)及2分子脂肪酸。辅脂酶(M_r,10kD)在胰腺泡以酶原形式存在,分泌入十二指肠腔后被胰蛋白酶从 N-端水解,移去五肽而激活。辅脂酶本身不具脂酶活性,但可通过疏水键与甘油三酯结合(K_d,$1×10^{-7}$mol/L)、通过氢键与胰脂酶结合(分子比为1∶1;K_d值为$5×10^{-7}$mol/L),将胰脂酶锚定在乳化微团的脂-水界面,使胰脂酶与脂肪充分接触,发挥水解脂肪的功能。辅脂酶还可防止胰脂酶在脂-水界面上变性、失活。可见,辅脂酶是胰脂酶发挥脂肪消化作用必不可少的辅因子。胰磷脂酶 A_2 催化磷脂2位酯键水解,生成脂肪酸(fatty acid)和溶血磷脂(lysophosphatide)。胆固醇酯酶水解胆固醇酯(cholesterol ester,CE),生成胆固醇(cholesterol)和脂肪酸。溶血磷脂、胆固醇可协助胆汁酸盐将食物脂质乳化成更小的混合微团(mixed micelles)。这种微团体积更小(直径约20nm),极性更大,易穿过小肠黏膜细胞表面的水屏障被黏膜细胞吸收。

二、吸收的脂质经再合成进入血液循环

脂质及其消化产物主要在十二指肠下段及空肠上段吸收。食入脂质含少量由中(6~10C)、短(2~4C)链脂肪酸构成的甘油三酯,它们经胆汁酸盐乳化后可直接被肠黏膜细胞摄取,继而在细胞内脂肪酶作用下,水解成脂肪酸及甘油(glycerol),通过门静脉进入血液循环。脂质消化产生的长链(12~26C)脂肪酸、2-甘油一酯、胆固醇和溶血磷脂等,在小肠进入肠黏膜细胞。长链脂肪酸在小肠黏膜细胞首先被转化成脂酰 CoA(acyl CoA),再在滑面内质网脂酰 CoA 转移酶(acyl CoA transferase)催化下,由 ATP 供能,被转移至2-甘油一酯羟基上,重新合成甘油三酯。再与粗面内质网上合成的载脂蛋白(apolipoprotein,apo)B48、C、AI、AIV 等及磷脂、胆固醇共同组装成乳糜微粒(chylomicron,CM),被肠黏膜细胞分泌、经淋巴系统进入血液循环。

三、脂质消化吸收在维持机体脂质平衡中具有重要作用

体内脂质过多,尤其是饱和脂肪酸、胆固醇过多,在肥胖(obesity)、高脂血症(hyperlipidemia)、动脉粥样硬化(atherosclerosis)、2型糖尿病(type 2 diabetes mellitus,T2DM)、高血压(hypertension)和癌(cancer)等发生中具有重要作用。小肠被认为是介于机体内、外脂质间的选择性屏障。脂质通过该屏障过多会导致其在体内堆积,促进上述疾病发生。小肠的脂质消化、吸收能力具有很大可塑性。脂质本身可刺激小肠、增强脂质消化吸收能力。这不仅能促进摄入增多时脂质的消化吸收,保障体内能量、必需脂肪酸(essential fatty acid)、脂溶性维生素供应,也能增强机体对食物缺乏环境的适应能力。小肠脂质消化吸收能力调节的分子机制可能涉及小肠特殊的分泌物质或特异的基因表达产物,可能是预防体脂过多、治疗相关疾病、开发新药物、采用膳食干预措施的新靶标。

第三节 甘油三酯代谢

一、甘油三酯氧化分解产生大量ATP

（一）甘油三酯分解代谢从脂肪动员开始

脂肪动员(fat mobilization)指储存在白色脂肪细胞内的脂肪在脂肪酶作用下,逐步水解,释放游离脂肪酸和甘油供其他组织细胞氧化利用的过程(图7-1)。

图7-1 脂肪动员

曾经认为,脂肪动员由激素敏感性甘油三酯脂肪酶(hormone-sensitive triglyceride lipase,HSL)、也称激素敏感性脂肪酶(hormone sensitive lipase,HSL)调控。HSL催化甘油三酯水解的第一步,是脂肪动员的关键酶。随后发现催化甘油三酯水解第一步并不是HSL的主要作用,而是下面所描述的第二步反应。脂肪动员也还需多种酶和蛋白质参与,如脂肪组织甘油三酯脂肪酶(adipose triglyceride lipase,ATGL)和Perilipin-1。

脂肪动员由多种内外刺激通过激素触发。当禁食、饥饿或交感神经兴奋时,肾上腺素、去甲肾上腺素、胰高血糖素等分泌增加,作用于白色脂肪细胞膜受体,激活腺苷酸环化酶,使腺苷酸环化成cAMP,激活cAMP依赖蛋白激酶,使细胞质内脂滴包被蛋白-1(Perilipin-1)和HSL磷酸化。磷酸化的Perilipin-1一方面激活ATGL,另一方面使因磷酸化而激活的HSL从细胞质转移至脂滴表面。脂肪在脂肪细胞内分解的第一步主要由ATGL催化,生成甘油二酯和脂肪酸。第二步主要由HSL催化,主要水解甘油二酯sn-3位酯键,生成甘油一酯和脂肪酸。最后,在甘油一酯脂肪酶(monoacylglycerol lipase, MGL)的催化下,生成甘油和脂肪酸。所以,上述激素能够启动脂肪动员、促进脂肪水解为游离脂肪酸和甘油,称为脂解激素。而胰岛素、前列腺素 E_2 等能对抗脂解激素的作用,抑制脂肪动员,称为抗脂解激素。

游离脂肪酸不溶于水,不能直接在血浆中运输。血浆清蛋白具有结合游离脂肪酸的能力(每分子清蛋白可结合 10 分子游离脂肪酸),能将脂肪酸运送至全身,主要由心、肝、骨骼肌等摄取利用。

(二) 甘油转变为3-磷酸甘油后被利用

甘油可直接经血液运输至肝、肾、肠等组织利用。在甘油激酶(glycerokinase)作用下,甘油转变为3-磷酸甘油;然后脱氢生成磷酸二羟丙酮,循糖代谢途径分解,或转变为葡萄糖。肝的甘油激酶活性最高,脂肪动员产生的甘油主要被肝摄取利用,而脂肪及骨骼肌因甘油激酶活性很低,对甘油的摄取利用很有限。

(三) β-氧化是脂肪酸分解的核心过程

除脑外,机体大多数组织均能氧化脂肪酸,以肝、心肌、骨骼肌能力最强。在 O_2 供充足时,脂肪酸可经脂肪酸活化、转移至线粒体、β-氧化(β-oxidation)生成乙酰 CoA 及乙酰 CoA 进入三羧酸循环彻底氧化 4 个阶段,释放大量 ATP。

1. 脂肪酸活化为脂酰 CoA 脂肪酸被氧化前必须先活化,由内质网、线粒体外膜上的脂酰 CoA 合成酶(acyl-CoA synthetase)催化生成脂酰 CoA,需 ATP、CoA-SH 及 Mg^{2+} 参与。

脂酰 CoA 含高能硫酯键,不仅可提高反应活性,还可增加脂肪酸的水溶性,因而提高脂肪酸代谢活性。活化反应生成的焦磷酸(PPi)立即被细胞内焦磷酸酶水解,可阻止逆向反应进行,故 1 分子脂肪酸活化实际上消耗 2 个高能磷酸键。

2. 脂酰 CoA 进入线粒体 催化脂肪酸氧化的酶系存在于线粒体基质,活化的脂酰 CoA 必须进入线粒体才能被氧化。长链脂酰 CoA 不能直接透过线粒体内膜,需要肉碱(carnitine,或称 L-β 羟-γ-三甲氨基丁酸)协助转运。存在于线粒体外膜的肉碱脂酰转移酶Ⅰ(carnitine acyl transferaseⅠ)催化长链脂酰 CoA 与肉碱合成脂酰肉碱(acyl carnitine),后者在线粒体内膜肉碱-脂酰肉碱转位酶(carnitine-acylcarnitine translocase)作用下,通过内膜进入线粒体基质,同时将等分子肉碱转运出线粒体。进入线粒体的脂酰肉碱,在线粒体内膜内侧肉碱脂酰转移酶Ⅱ作用下,转变为脂酰 CoA 并释出肉碱(图 7-2)。

脂酰 CoA 进入线粒体是脂肪酸 β-氧化的限速步骤,肉碱脂酰转移酶Ⅰ是脂肪酸 β-氧化的关键

图7-2　脂酰 CoA 进入线粒体的机制

酶。当饥饿、高脂低糖膳食或糖尿病时,机体没有充足的糖供应,或不能有效利用糖,需脂肪酸供能,肉碱脂酰转移酶 I 活性增加,脂肪酸氧化增强。相反,饱食后脂肪酸合成加强,丙二酸单酰 CoA 含量增加,抑制肉碱脂酰转移酶 I 活性,使脂肪酸的氧化被抑制。

3. 脂酰 CoA 分解产生乙酰 CoA、$FADH_2$ 和 NADH　线粒体基质中存在由多个酶结合在一起形成的脂肪酸 β-氧化酶系,在该酶系多个酶顺序催化下,从脂酰基 β-碳原子开始,进行脱氢、加水、再脱氢及硫解四步反应(图7-3),完成一次 β-氧化。

(1)脱氢生成烯脂酰 CoA:脂酰 CoA 在脂酰 CoA 脱氢酶(acyl CoA dehydrogenase)催化下,从 α、β 碳原子各脱下一个氢原子,由 FAD 接受生成 $FADH_2$,同时生成反 Δ^2 烯脂酰 CoA。

(2)加水生成羟脂酰 CoA:反 Δ^2 烯脂酰 CoA 在烯酰 CoA 水化酶(enoyl CoA hydratase)催化下,加水生成 $L(+)$-β-羟脂酰 CoA。

(3)再脱氢生成 β-酮脂酰 CoA:$L(+)$-β-羟脂酰 CoA 在 L-β-羟脂酰 CoA 脱氢酶(L-3-hydroxyacyl CoA dehydrogenase)催化下,脱下 2H,由 NAD^+ 接受生成 NADH,同时生成 β-酮脂酰 CoA。

(4)硫解产生乙酰 CoA:β-酮脂酰 CoA 在 β-酮硫解酶(β-ketothiolase)催化下,加 CoASH 使碳链在 β 位断裂,生成 1 分子乙酰 CoA 和少 2 个碳原子的脂酰 CoA。

经过上述四步反应,脂酰 CoA 的碳链被缩短 2 个碳原子。脱氢、加水、再脱氢及硫解反复进行,最终完成脂肪酸 β-氧化。生成的 $FADH_2$、NADH 经呼吸链氧化,与 ADP 磷酸化偶联,产生 ATP。生成的乙酰 CoA 主要在线粒体通过三羧酸循环彻底氧化;在肝,部分乙酰 CoA 转变成酮体,通过血液运送至肝外组织氧化利用。

4. 脂肪酸氧化是机体 ATP 的重要来源　脂肪酸彻底氧化生成大量 ATP。以软脂酸为例,1 分子软脂酸彻底氧化需进行 7 次 β-氧化,生成 7 分子 $FADH_2$、7 分子 NADH 及 8 分子乙酰 CoA。在 pH 7.0、25℃的标准条件下氧化磷酸化,每分子 $FADH_2$ 产生 1.5 分子 ATP,每分子 NADH 产生 2.5 分子 ATP;每分子乙酰 CoA 经三羧酸循环彻底氧化产生 10 分子 ATP。因此 1 分子软脂酸彻底氧化共生成 $(7×1.5)+(7×2.5)+(8×10)=108$ 分子 ATP。因为脂肪酸活化消耗 2 个高能磷酸键,相当于 2 分子 ATP,所以 1 分子软脂肪酸彻底氧化净生成 106 分子 ATP。

（四）不同的脂肪酸还有不同的氧化方式

1. 不饱和脂肪酸 β-氧化需转变构型　不饱和脂肪酸也在线粒体进行 β-氧化。不同的是,饱和脂肪酸 β-氧化产生的烯脂酰 CoA 是反式 Δ^2 烯脂酰 CoA,而天然不饱和脂肪酸中的双键为顺式。因双键位置不同,不饱和脂肪酸 β-氧化产生的顺式 Δ^3 烯脂酰 CoA 或顺式 Δ^2 烯脂酰 CoA 不能继续 β-氧化。顺式 Δ^3 烯脂酰 CoA 在线粒体特异 Δ^3 顺→Δ^2 反烯脂酰 CoA 异构酶(Δ^3-cis→Δ^2-trans enoyl-CoA isomerase)催化下转变为 β-氧化酶系能识别的 Δ^2 反式构型,继续 β-氧化。顺式 Δ^2 烯脂酰 CoA 虽然也能水化,但形成的 $D(-)$-β-羟脂酰 CoA 不能被线粒体 β-氧化酶系识别。在 $D(-)$-β-羟脂酰 CoA 表异构酶(epimerase,又称差向异构酶)催化下,右旋异构体[$D(-)$型]转变为 β-氧化酶系能识别的左旋异构体 [$L(+)$型],继续 β-氧化。

2. 超长碳链脂肪酸需先在过氧化酶体氧化成较短碳链脂肪酸　过氧化酶体(peroxisomes)存在

图 7-3　脂肪酸的 β-氧化

脂肪酸 β-氧化的同工酶系,能将超长碳链脂肪酸(如 C_{20}、C_{22})氧化成较短碳链脂肪酸。氧化第一步反应在以 FAD 为辅基的脂肪酸氧化酶作用下脱氢,脱下的氢与 O_2 结合成 H_2O_2,而不是进行氧化磷酸化;进一步反应释出较短链脂肪酸,在线粒体内 β-氧化。

3. **丙酰 CoA 转变为琥珀酰 CoA 进行氧化**　人体含有极少量奇数碳原子脂肪酸,经 β-氧化生成丙酰 CoA;支链氨基酸氧化分解亦可产生丙酰 CoA。丙酰 CoA 彻底氧化需经 β-羧化酶及异构酶作用,转变为琥珀酰 CoA(succinyl CoA),进入三羧酸循环彻底氧化。

4. **脂肪酸氧化还可从远侧甲基端进行**　即 ω-氧化(ω-oxidation)。与内质网紧密结合的脂肪酸 ω-氧化酶系由羧化酶、脱氢酶、$NADP^+$、NAD^+ 及细胞色素 P450(cytochrome P450,cyt P450)等组成。脂肪酸 ω-甲基碳原子在脂肪酸 ω-氧化酶系作用下,经 ω-羟基脂肪酸、ω-醛基脂肪酸等中间产物,形成 α,ω-二羧酸。这样,脂肪酸就能从任一端活化并进行 β-氧化。

(五)脂肪酸在肝分解可产生酮体

脂肪酸在肝内 β-氧化产生的大量乙酰 CoA,部分被转变成酮体(ketone bodies),向肝外输出。酮体包括乙酰乙酸(acetoacetate)(30%)、β-羟丁酸(β-hydroxy-butyrate)(70%)和丙酮(acetone)(微量)。

1. **酮体在肝生成** 酮体生成以脂肪酸 β-氧化生成的乙酰 CoA 为原料,在肝线粒体由酮体合成酶系催化完成(图7-4)。

(1)2 分子乙酰 CoA 缩合成乙酰乙酰 CoA:由乙酰乙酰 CoA 硫解酶(thiolase)催化,释放 1 分子 CoASH。

(2)乙酰乙酰 CoA 与乙酰 CoA 缩合成羟基甲基戊二酸单酰 CoA(3-hydroxy-3-methylglutaryl CoA,HMG-CoA):由 HMG-CoA 合酶(HMG-CoA synthase)催化,生成 HMG-CoA,释放出 1 分子 CoASH。

(3)HMG-CoA 裂解产生乙酰乙酸:在 HMG-CoA 裂解酶(HMG-CoA lyase)作用下完成,生成乙酰乙酸和乙酰 CoA。

(4)乙酰乙酸还原成 β-羟丁酸:由 NADH 供氢,在 β-羟丁酸脱氢酶(β-hydroxybutyrate dehydrogenase)催化下完成。少量乙酰乙酸转变成丙酮。

2. **酮体在肝外组织氧化利用** 肝组织有活性较强的酮体合成酶系,但缺乏利用酮体的酶系。肝外许多组织具有活性很强的酮体利用酶,能将酮体重新裂解成乙酰 CoA,通过三羧酸循环彻底氧化。所以肝内生成的酮体需经血液运输至肝外组织氧化利用。

(1)乙酰乙酸的利用需先活化:有两条途径。在心、肾、脑及骨骼肌线粒体,由琥珀酰 CoA 转硫酶(succinyl CoA thiophorase)催化生成乙酰乙酰 CoA。

图7-4 酮体的生成

在肾、心和脑线粒体,由乙酰乙酸硫激酶(acetoacetate thiokinase)催化,直接活化生成乙酰乙酰 CoA。

(2)乙酰乙酰 CoA 硫解生成乙酰 CoA:由乙酰乙酰 CoA 硫解酶(acetoacetyl CoA thiolase)催化。

$$CH_3COCH_2CO\sim SCoA \xrightarrow[CoASH]{乙酰乙酰CoA硫解酶} 2CH_3CO\sim SCoA$$

β-羟基丁酸的利用是先在 β-羟丁酸脱氢酶催化下,脱氢生成乙酰乙酸,再转变成乙酰 CoA 被氧化。正常情况下,丙酮生成量很少,可经肺呼出。

3. **酮体是肝向肝外组织输出能量的重要形式** 酮体分子小,溶于水,能在血液中运输,还能通过血脑屏障、肌组织的毛细血管壁,很容易被运输到肝外组织利用。心肌和肾皮质利用酮体能力大于利用葡萄糖能力。脑组织虽然不能氧化分解脂肪酸,却能有效利用酮体。当葡萄糖供应充足时,脑组织优先利用葡萄糖氧化供能;但在葡萄糖供应不足或利用障碍时,酮体是脑组织的主要能源物质。

正常情况下,血中仅含少量酮体,为 0.03 ~ 0.5mmol/L(0.3 ~ 5mg/dl)。在饥饿或糖尿病时,由于脂肪动员加强,酮体生成增加。严重糖尿病病人血中酮体含量可高出正常人数十倍,导致酮症酸中毒

(ketoacidosis)。血酮体超过肾阈值,便可随尿排出,引起酮尿(ketonuria)。此时,血丙酮含量也大大增加,通过呼吸道排出,产生特殊的"烂苹果气味"。

4. 酮体生成受多种因素调节

(1) 餐食状态影响酮体生成:饱食后胰岛素分泌增加,脂解作用受抑制、脂肪动员减少,酮体生成减少。饥饿时,胰高血糖素等脂解激素分泌增多,脂肪动员加强,脂肪酸 β-氧化及酮体生成增多。

(2) 糖代谢影响酮体生成:餐后或糖供给充分时,糖分解代谢旺盛、供能充分,肝内脂肪酸氧化分解减少,酮体生成被抑制。相反,饥饿或糖利用障碍时,脂肪酸氧化分解增强,生成乙酰 CoA 增加;同时因糖来源不足或糖代谢障碍,草酰乙酸减少,乙酰 CoA 进入三羧酸循环受阻,导致乙酰 CoA 大量堆积,酮体生成增多。

(3) 丙二酸单酰 CoA 抑制酮体生成:糖代谢旺盛时,乙酰 CoA 及柠檬酸增多,别构激活乙酰 CoA 羧化酶,促进丙二酸单酰 CoA 合成,后者竞争性抑制肉碱脂酰转移酶 I,阻止脂酰 CoA 进入线粒体进行 β-氧化,从而抑制酮体生成。

二、不同来源脂肪酸在不同器官以不同的途径合成甘油三酯

(一) 肝、脂肪组织及小肠是甘油三酯合成的主要场所

甘油三酯(triglyceride,TG)合成在细胞质中完成,以肝合成能力最强。但肝细胞不能储存甘油三酯,需与载脂蛋白 B100、C 等载脂蛋白及磷脂、胆固醇组装成极低密度脂蛋白(very low density lipoprotein,VLDL),分泌入血,运输至肝外组织🔖。营养不良、中毒,以及必需脂肪酸(essential fatty acid)、胆碱或蛋白质缺乏等可引起肝细胞 VLDL 生成障碍,导致甘油三酯在肝细胞蓄积,发生脂肪肝🔖。脂肪细胞可大量储存甘油三酯,是机体储存甘油三酯的"脂库"🔖。

(二) 甘油和脂肪酸是合成甘油三酯的基本原料

机体能分解葡萄糖产生 3-磷酸甘油,也能利用葡萄糖分解代谢中间产物乙酰 CoA(acetyl CoA)合成脂肪酸,人和动物即使完全不摄取,亦可由糖转化合成大量甘油三酯。小肠黏膜细胞主要利用摄取的甘油三酯消化产物重新合成甘油三酯,当其以乳糜微粒形式运送至脂肪组织、肝等组织/器官后,脂肪酸亦可作为这些组织细胞合成甘油三酯的原料。脂肪组织还可水解极低密度脂蛋白甘油三酯,释放脂肪酸用于合成甘油三酯。

(三) 甘油三酯合成有甘油一酯和甘油二酯两条途径

1. 脂肪酸活化成脂酰 CoA　脂肪酸作为甘油三酯合成的基本原料,必须活化成脂酰 CoA(acyl CoA)才能参与甘油三酯合成。

$$脂肪酸+CoA\text{-}SH \xrightarrow[\substack{ATP \qquad AMP}]{\substack{脂酰CoA合成酶 \\ Mg^{2+}}} 脂酰CoA+PP_i$$

2. 小肠黏膜细胞以甘油一酯途径合成甘油三酯　由脂酰 CoA 转移酶催化、ATP 供能,将脂酰 CoA 的脂酰基转移至 2-甘油一酯羟基上合成甘油三酯。

3. 肝和脂肪组织细胞以甘油二酯途径合成甘油三酯　以磷酸二羟丙酮还原生成的 α-磷酸甘油为起始物,先合成 1,2-甘油二酯,最后通过酯化甘油二酯羟基生成甘油三酯。

3-磷酸甘油　　　　　　　　　　1-脂酰-3-磷酸甘油

合成甘油三酯的三分子脂肪酸可为同一种脂肪酸,也可是 3 种不同脂肪酸。肝、肾等组织含有甘油激酶,可催化游离甘油磷酸化生成 3-磷酸甘油,供甘油三酯合成。脂肪细胞缺乏甘油激酶因而不能直接利用甘油合成甘油三酯。

三、内源性脂肪酸的合成需先合成软脂酸

(一) 软脂酸由乙酰 CoA 在脂肪酸合酶复合体催化下合成

1. 软脂酸在细胞质中合成 脂肪酸合成由多个酶催化完成,这些酶组成了脂肪酸合成的酶体系,即脂肪酸合酶复合体(fatty acid synthase complex),存在于肝、肾、脑、肺、乳腺及脂肪等多种组织的细胞质,肝的脂肪酸合酶复合体活性最高(合成能力较脂肪组织大 8 ~ 9 倍),是人体合成脂肪酸的主要场所。虽然脂肪组织能以葡萄糖代谢的中间产物为原料合成脂肪酸,但脂肪组织的脂肪酸来源主要是小肠消化吸收的外源性脂肪酸和肝合成的内源性脂肪酸。

2. 乙酰 CoA 是软脂酸合成的基本原料 用于软脂酸(palmitic acid)合成的乙酰 CoA(acetyl CoA)主要由葡萄糖分解供给,在线粒体内产生,不能自由透过线粒体内膜,需通过柠檬酸-丙酮酸循环(citrate pyruvate cycle)(图 7-5)进入细胞质。在此循环中,乙酰 CoA 首先在线粒体内柠檬酸合酶催化下,与草酰乙酸缩合生成柠檬酸;后者通过线粒体内膜载体转运进入细胞质,被 ATP-柠檬酸裂解酶裂解,重新生成乙酰 CoA 及草酰乙酸。进入细胞质的草酰乙酸在苹果酸脱氢酶作用下,由 NADH 供氢,还原成苹果酸,再经线粒体内膜载体转运至线粒体内。苹果酸也可在苹果酸酶作用下氧化脱羧、产生 CO_2 和丙酮酸,脱下的氢将 $NADP^+$ 还原成 NADPH;丙酮酸可通过线粒体内膜上载体转运至线粒体内,重新生成线粒体内草酰乙酸,可继续与乙酰 CoA 缩合,将乙酰 CoA 运转至细胞质,用于软脂酸合成。

软脂酸合成还需 ATP、NADPH、HCO_3^-(CO_2)及 Mn^{2+} 等原料。NADPH 主要来自磷酸戊糖途径(pentose phosphate pathway),在上述乙酰 CoA 转运过程中,细胞质苹果酸酶催化苹果酸氧化脱羧也可提供少量 NADPH。

3. 一分子软脂酸由 1 分子乙酰 CoA 与 7 分子丙二酸单酰 CoA 缩合而成

(1) 乙酰 CoA 转化成丙二酸单酰 CoA:这是软脂酸合成的第一步反应,催化此反应的乙酰 CoA 羧化酶(acetyl CoA carboxylase)是脂肪酸合成的关键酶,以 Mn^{2+} 为激活剂,含生物素辅基,起转移羧基作

图7-5 柠檬酸-丙酮酸循环

乙酰 CoA 首先在线粒体内与草酰乙酸缩合生成柠檬酸,通过线粒体内膜上的载体转运进入细胞质;细胞质中 ATP 柠檬酸裂解酶使柠檬酸裂解释出乙酰 CoA 及草酰乙酸。进入细胞质的乙酰 CoA 可用以合成脂肪酸,而草酰乙酸则在苹果酸脱氢酶的作用下,还原成苹果酸。苹果酸也可在苹果酸酶的作用下分解为丙酮酸,再转运入线粒体,最终均形成线粒体内的草酰乙酸,再参与转运乙酰 CoA

用。该羧化反应为不可逆反应,过程如下:

$$酶\text{-}生物素 + HCO_3^- + ATP \longrightarrow 酶\text{-}生物素\text{-}CO_2 + ADP + Pi$$

$$酶\text{-}生物素\text{-}CO_2 + 乙酰CoA \longrightarrow 酶\text{-}生物素 + 丙二酸单酰CoA$$

$$总反应:ATP + HCO_3^- + 乙酰CoA \longrightarrow 丙二酸单酰CoA + ADP + Pi$$

乙酰 CoA 羧化酶活性受别构调节及化学修饰调节。该酶有两种存在形式,即无活性原聚体和有活性多聚体。柠檬酸、异柠檬酸可使此酶发生别构激活——由原聚体聚合成多聚体;软脂酰 CoA 及其他长链脂酰 CoA 可使多聚体解聚成原聚体,别构抑制该酶活性。乙酰 CoA 羧化酶还可在一种 AMP 激活的蛋白激酶(AMP-activated protein kinase,AMPK)催化下发生酶蛋白(79、1200 及 1215 位丝氨酸残基)磷酸化而失活。胰高血糖素能激活该蛋白激酶,抑制乙酰 CoA 羧化酶活性;胰岛素能通过蛋白磷酸酶的去磷酸化作用,使磷酸化的乙酰 CoA 羧化酶脱磷酸恢复活性。高糖膳食可促进乙酰 CoA 羧化酶蛋白合成,增加酶活性。

(2)软脂酸经 7 次缩合-还原-脱水-再还原基本反应循环合成:各种脂肪酸生物合成过程基本相似,均以丙二酸单酰 CoA 为基本原料,从乙酰 CoA 开始,经反复加成反应完成,每次(缩合-还原-脱水-再还原)循环延长 2 个碳原子。16 碳软脂酸合成需经 7 次循环反应。

大肠杆菌脂肪酸合酶复合体的核心由 7 种独立的酶/多肽组成;这 7 种多肽包括酰基载体蛋白(acyl carrier protein,ACP)、乙酰 CoA-ACP 转酰基酶(acetyl-CoA-ACP transacylase,AT;以下简称乙酰基转移酶)、β-酮脂酰-ACP 合酶(β-ketoacyl-ACP synthase,KS;β-酮脂酰合酶)、丙二酸单酰 CoA-ACP 转酰基酶(malonyl-CoA-ACP transacylase,MT;丙二酸单酰转移酶)、β-酮脂酰-ACP 还原酶(β-ketoacyl-ACP reductase,KR;β-酮脂酰还原酶)、β-羟脂酰-ACP 脱水酶(β-hydroxyacyl-ACP dehydratase,HD;脱水酶)及烯脂酰-ACP 还原酶(enoyl-ACP reductase,ER;烯脂酰还原酶)。细菌酰基载体蛋白是一种小分子蛋白质,以 4'-磷酸泛酰巯基乙胺(4'-phosphopantetheine)为辅基,是脂酰基载体。此外,细菌脂肪酸合酶体系还有至少另外 3 种成分。

哺乳动物脂肪酸合酶是由两个相同亚基(M_r,240kD)首尾相连形成的二聚体(M_r,480kD)。每个亚基含有 3 个结构域(domain)。结构域 1 含有乙酰基转移酶(AT)、丙二酸单酰转移酶(MT)及 β-酮脂酰合酶(KS),与底物的"进入"、缩合反应相关。结构域 2 含有 β-酮脂酰还原酶(KR)、β-羟脂酰脱水酶(HD)及烯脂酰还原酶(ER),催化还原反应;该结构域还含有一个肽段——酰基载体蛋白(ACP)。结构域 3 含有硫酯酶(thioesterase,TE),与脂肪酸的释放有关。3 个结构域之间由柔性的区域连接,使结构域可以移动,利于几个酶之间的协调、连续作用。

细菌、动物脂肪酸合成过程类似。细菌软脂酸合成步骤(图 7-6)包括:①乙酰 CoA 在乙酰转移酶作用下被转移至 ACP 的巯基(—SH),再从 ACP 转移至 β-酮脂酰合酶的半胱氨酸巯基上。②丙二酸单酰 CoA 在丙二酸单酰转移酶作用下,先脱去 HSCoA,再与 ACP 的—SH 缩合、连接。③缩合:β-酮脂

图 7-6 软脂酸的生物合成

经过第一轮反应,即酰基转移、缩合、还原、脱水、再还原等步骤,碳原子由 2 个增加至 4 个,形成脂肪酸合酶催化合成的第一轮产物丁酰-E。此时,丁酰连接在酶的 ACP 巯基(E₂-泛-SH)上,随后被转移至 β-酮脂酰合酶的半胱氨酸巯基(E₁-半胱-SH),ACP 巯基(E₂-泛-SH)继续接受丙二酸单酰基,进行缩合、还原、脱水、再还原等步骤的第二轮反应。经过 7 次循环之后,生成 16 个碳原子的软脂酰-E₂,然后经硫酯酶的水解,即生成终产物游离的软脂酸

酰合酶上连接的乙酰基与 ACP 上的丙二酸单酰基缩合，生成 β-酮丁酰 ACP，释放 CO_2。④加氢：由 NADPH 供氢，β-酮丁酰 ACP 在 β-酮脂酰还原酶作用下加氢，还原成 D-($-$)-β-羟丁酰 ACP。⑤脱水：D-($-$)-β-羟丁酰 ACP 在脱水酶作用下，脱水生成反式 Δ^2烯丁酰 ACP。⑥再加氢：NADPH 供氢，反式 Δ^2烯丁酰 ACP 在烯酰还原酶作用下，再加氢生成丁酰 ACP。

丁酰-ACP 是脂肪酸合酶复合体催化合成的第一轮产物。通过这一轮反应，即酰基转移、缩合、还原、脱水、再还原等步骤，产物碳原子由 2 个增加至 4 个。然后，丁酰由 E_2-泛-SH（即 ACP 的-SH）转移至 E_1-半胱-SH，E_2-泛-SH 又可与另一丙二酸单酰基结合，进行缩合、还原、脱水、再还原等步骤的第二轮循环。经 7 次循环后，生成 16 碳软脂酰-E_2；由硫酯酶水解，软脂酸从脂肪酸合酶复合体释放。软脂酸合成的总反应式为：

$$CH_3COSCoA+7HOOCCH_2COSCoA+14NADPH+14H^+ \longrightarrow CH_3(CH_2)_{14}COOH+7CO_2+6H_2O+8HSCoA+14NADP^+$$

（二）软脂酸延长在内质网和线粒体内进行

脂肪酸合酶复合体催化合成软脂酸，更长碳链脂肪酸的合成通过对软脂酸加工、延长完成。

1. 内质网脂肪酸延长途径以丙二酸单酰 CoA 为二碳单位供体　该途径由脂肪酸延长酶体系催化，NADPH 供氢，每通过缩合、加氢、脱水及再加氢等反应延长 2 个碳原子。过程与软脂酸合成相似，但脂酰基不是以 ACP 为载体，而是连接在 CoASH 上进行。该酶体系可将脂肪酸延长至 24 碳，但以 18 碳硬脂酸为主。

2. 线粒体脂肪酸延长途径以乙酰 CoA 为二碳单位供体　该途径在脂肪酸延长酶体系作用下，软脂酰 CoA 与乙酰 CoA 缩合，生成 β-酮硬脂酰 CoA；再由 NADPH 供氢，还原为 β-羟硬脂酰 CoA；接着脱水生成 α,β-烯硬脂酰 CoA。最后，烯硬脂酰 CoA 由 NADPH 供氢，还原为硬脂酰 CoA。通过缩合、加氢、脱水和再加氢等反应，每轮循环延长 2 个碳原子；一般可延长至 24 或 26 个碳原子，但仍以 18 碳硬脂酸为最多。

（三）不饱和脂肪酸的合成需多种去饱和酶催化

上述脂肪酸合成途径合成的均为饱和脂肪酸（saturated fatty acid），人体含不饱和脂肪酸（unsaturated fatty acid），主要有软油酸（16：1，Δ^9）、油酸（18：1，Δ^9）、亚油酸（18：2，$\Delta^{9,12}$）、α-亚麻酸（18：3，$\Delta^{9,12,15}$）及花生四烯酸（20：4，$\Delta^{5,8,11,14}$）等。由于只含 Δ^4，Δ^5，Δ^8 及 Δ^9 去饱和酶（desaturase），缺乏 Δ^9 以上去饱和酶，人体只能合成软油酸和油酸等单不饱和脂肪酸（monounsaturated fatty acids），不能合成亚油酸、α-亚麻酸及花生四烯酸等多不饱和脂肪酸（polyunsaturated fatty acid）。植物因含有 Δ^9，Δ^{12} 及 Δ^{15} 去饱和酶，能合成 Δ^9 以上多不饱和脂肪酸。人体所需多不饱和脂肪酸必须从食物（主要是植物油脂）中摄取。

（四）脂肪酸合成受代谢物和激素调节

1. 代谢物通过改变原料供应量和乙酰 CoA 羧化酶活性调节脂肪酸合成　ATP、NADPH 及乙酰 CoA 是脂肪酸合成原料，可促进脂肪酸合成；脂酰 CoA 是乙酰 CoA 羧化酶的别构抑制剂，抑制脂肪酸合成。凡能引起这些代谢物水平有效改变的因素均可调节脂肪酸合成。例如，高脂膳食和脂肪动员可使细胞内脂酰 CoA 增多，别构抑制乙酰 CoA 羧化酶活性，抑制脂肪酸合成。进食糖类食物后，糖代谢加强，NADPH、乙酰 CoA 供应增多，有利于脂肪酸合成；糖代谢加强还使细胞内 ATP 增多，抑制异柠檬酸脱氢酶，导致柠檬酸和异柠檬酸蓄积并从线粒体渗至细胞质，别构激活乙酰 CoA 羧化酶，促进脂肪酸合成。

2. 胰岛素是调节脂肪酸合成的主要激素　胰岛素（insulin）可通过刺激一种蛋白磷酸酶活性，使乙酰 CoA 羧化酶脱磷酸而激活，促进脂肪酸合成。此外，胰岛素可促进脂肪酸合成磷脂，增加脂肪合成。胰岛素还能增加脂肪组织脂蛋白脂肪酶活性，增加脂肪组织对血液甘油三酯脂肪酸摄取，促使脂肪组织合成脂肪贮存。该过程长期持续，与脂肪动员之间失去平衡，会导致肥胖。

胰高血糖素（glucagon）能增加蛋白激酶活性，使乙酰 CoA 羧化酶磷酸化而降低活性，抑制脂肪酸合成。胰高血糖素也能抑制甘油三酯合成,甚至减少肝细胞向血液释放脂肪。肾上腺素、生长素能抑制乙酰 CoA 羧化酶,调节脂肪酸合成。

3. 脂肪酸合酶可作为药物治疗的靶点 脂肪酸合酶(复合体组分)在很多肿瘤高表达(overexpression)。动物研究证明,脂肪酸合酶抑制剂可明显减缓肿瘤生长,减轻体重,是极有潜力的抗肿瘤和抗肥胖的候选药物。

第四节 磷脂代谢

一、磷脂酸是甘油磷脂合成的重要中间产物

(一)甘油磷脂合成的原料来自糖、脂和氨基酸代谢

人体各组织细胞内质网均含有甘油磷脂合成酶系,以肝、肾及肠等活性最高。甘油磷脂合成的基本原料包括甘油、脂肪酸、磷酸盐、胆碱(choline)、丝氨酸(serine)、肌醇(inositol)等。甘油和脂肪酸主要由葡萄糖转化而来,甘油 2 位的多不饱和脂肪酸为必需脂肪酸(essential fatty acid),只能从食物(植物油)摄取。胆碱可由食物供给,亦可由丝氨酸及甲硫氨酸合成。丝氨酸是合成磷脂酰丝氨酸的原料,脱羧后生成乙醇胺又是合成磷脂酰乙醇胺的原料。乙醇胺从 S-腺苷甲硫氨酸获得 3 个甲基生成胆碱。甘油磷脂合成还需 ATP、CTP。ATP 供能,CTP 参与乙醇胺、胆碱、甘油二酯活化,形成 CDP-乙醇胺、CDP-胆碱、CDP-甘油二酯等活化中间物。

（二）甘油磷脂合成有两条途径

1. 磷脂酰胆碱和磷脂酰乙醇胺通过甘油二酯途径合成　甘油二酯是该途径的重要中间物,胆碱（choline）和乙醇胺（ethanolamine）被活化成 CDP-胆碱（CDP-choline）和 CDP-乙醇胺（CDP-ethanolamine）后,分别与甘油二酯缩合,生成磷脂酰胆碱（phosphatidylcholine, PC）和磷脂酰乙醇胺（phosphatidylethanolamine, PE）。这两类磷脂占组织及血液磷脂75%以上。

```
                        葡萄糖
                          │
                       3-磷酸甘油
                          │        2RCOCoA
               转酰酶     │
                          │        2CoA
                        磷脂酸
               磷酸酶
                          │        Pi
                 ┌──────────────────┐
                 │   1,2-甘油二酯    │
                 └──────────────────┘
               转移酶
        CDP-乙醇胺│   CDP-胆碱│   脂酰-CoA
            CMP   │     CMP  │      CoA
     磷脂酰乙醇胺     磷脂酰胆碱     甘油三酯
      (脑磷脂)       (卵磷脂)
```

$$R_2CO-CH \begin{array}{l} CH_2OCR_1 \\ \\ CH_2O-P-O-CH_2CH_2NH_2 \\ \quad OH \end{array}$$

磷脂酰乙醇胺

$$R_2CO-CH \begin{array}{l} CH_2OCR_1 \\ \\ CH_2O-P-O-CH_2CH_2N^+(CH_3)_3 \\ \quad OH \end{array}$$

磷脂酰胆碱

　　PC 是真核生物细胞膜含量最丰富的磷脂,在细胞增殖和分化过程中具有重要作用,对维持正常细胞周期具有重要意义。一些疾病如癌（cancer）、阿尔茨海默病（Alzheimer disease）和脑卒中（stroke）等的发生与 PC 代谢异常密切相关。国内外科学家们正在努力探讨 PC 代谢在细胞增殖、分化和细胞周期中,在如癌、阿尔茨海默病和脑卒中等疾病发生中的作用及其机制。一旦取得突破,将为相关疾病的预防、诊断和治疗提供新靶点。

　　尽管 PC 也可由 S-腺苷甲硫氨酸提供甲基,使 PE 甲基化生成,但这种方式合成量仅占人 PC 合成总量10%～15%。哺乳动物细胞 PC 的合成主要通过甘油二酯途径完成。该途径中,胆碱需先活化成 CDP-胆碱,所以也被称为 CDP-胆碱途径（CDP-choline pathway）,CTP:磷酸胆碱胞苷转移酶（CTP: phosphocholine cytidylyltransferase, CCT）是关键酶,它催化磷酸胆碱（phosphocholine）与 CTP 缩合成 CDP-胆碱。后者向甘油二酯提供磷酸胆碱,合成 PC。

　　人 CCT 有 α 和 β 两种亚型,分别由 *PCYT1a* 和 *PCYT1b* 编码。CCTβ 又有 β1 和 β2 两种剪接变异体。CCTα、β1 和 β2 分别由 367、330 和 372 个氨基酸残基组成,含 4 个结构域,氨基酸残基 73～323 是高度同源序列,β 剪接变异体之间的差异仅在 323 位氨基酸残基之后的 C 末端（图7-7）。氨基酸残基1~72为N-端结构域,CCTα在该结构域中含有一个核靶向作用区。氨基酸残基73~235为催化结构域,其中HXGH和RTEGISTS两个CTP结合模体(motif)是胞苷转移酶家族的特征序列,能与CTP结合;两个CTP结合基序之间的赖氨酸残基高度保守,能结合磷酸胆碱。氨基酸残基236~299称为膜结合结构域(membrane-binding domain)或结构域M(domain M),为双性α-螺旋(amphipathic α helix)结构区,能与中性脂质和阴离子脂质结合。C末端是磷酸化结构域(phosphorylation domain),也称结构域P(domain P),含多个丝氨酸残基,能够被磷酸化。

图7-7 CTP:磷酸胆碱胞苷转移酶(CCT)氨基酸序列结构示意图

CCT活性通过游离形式与膜结合形式之间的转换进行调节。游离形式CCT无活性,当其与膜(包括内质网膜和核膜)结合后,转变为有活性。CCT通过膜结合结构域感应膜双分子层的弯曲弹性张力(curvature elastic stress),使游离酶蛋白与膜结合或使膜结合酶蛋白解离,从而调节酶活性。PC含量是膜双分子层弯曲弹性张力的主要决定因素之一,PC缺乏的膜,能促进CCT与其结合,使CCT转变为活性形式,促进PC合成。CCT活性还受转录水平调节。CCTα活性的调节主要与细胞增殖、分化和细胞周期有关。

磷脂酰丝氨酸也可由磷脂酰乙醇胺羧化或乙醇胺与丝氨酸交换生成。

2. 肌醇磷脂、丝氨酸磷脂及心磷脂通过CDP-甘油二酯途径合成 肌醇、丝氨酸无需活化,CDP-甘油二酯是该途径重要中间物,与丝氨酸、肌醇或磷脂酰甘油缩合,生成肌醇磷脂(phosphatidyl inositol)、丝氨酸磷脂(phosphatidyl serine)及心磷脂(cardiolipin)。

二磷脂酰甘油

磷脂酰肌醇

磷脂酰丝氨酸

甘油磷脂合成在内质网膜外侧面进行。细胞质存在一类促进磷脂在细胞内膜之间交换的蛋白质,称磷脂交换蛋白(phospholipid exchange protein),催化不同种类磷脂在膜之间交换,使新合成的磷脂转移至不同细胞器膜上,更新膜磷脂。例如在内质网合成的心磷脂可通过这种方式转至线粒体内膜,构成线粒体内膜特征性磷脂。

Ⅱ型肺泡上皮细胞可合成由 2 分子软脂酸构成的特殊磷脂酰胆碱,生成的二软脂酰胆碱是较强乳化剂,能降低肺泡表面张力,有利于肺泡伸张。新生儿肺泡上皮细胞合成二软脂酰胆碱障碍,会引起肺不张。

二、甘油磷脂由磷脂酶催化降解

生物体内存在多种降解甘油磷脂的磷脂酶(phospholipase),包括磷脂酶 A_1、A_2、B_1、B_2、C 及 D,它们分别作用于甘油磷脂分子中不同的酯键(图 7-8),降解甘油磷脂。

溶血磷脂 1 具较强表面活性,能使红细胞膜或其他细胞膜破坏引起溶血或细胞坏死。溶血磷脂还可进一步水解,如溶血磷脂 1 在溶血磷脂酶 1(即磷脂酶 B_1)作用下,水解与甘油 1 位—OH 缩合的酯键,生成不含脂肪酸的甘油磷脂,溶血磷脂就失去对细胞膜结构的溶解作用。

三、鞘磷脂是神经鞘磷脂合成的重要中间产物

神经鞘磷脂(sphingomyelin)是人体含量最多的鞘磷脂,由鞘氨醇、脂肪酸及磷酸胆碱构成。人体各组织细胞内质网均存在合成鞘氨醇酶系,以脑组织活性最高。合成鞘氨醇的基本原料是软脂酰CoA、丝氨酸和胆碱,还需磷酸吡哆醛、NADPH 及 FAD 等辅酶参加。在磷酸吡哆醛参与下,由内质网3-酮基二氢鞘氨醇合成酶催化,软脂酰 CoA 与 L-丝氨酸缩合并脱羧生成 3-酮基二氢鞘氨醇(3-ketodi-hydrosphingosine),再由 NADPH 供氢、还原酶催化,加氢生成二氢鞘氨醇,然后在脱氢酶催化下,脱氢生成鞘氨醇。

图 7-8　磷脂酶的甘油磷脂水解作用
X 为取代基团

在脂酰转移酶催化下,鞘氨醇的氨基与脂酰 CoA 进行酰胺缩合,生成 N-脂酰鞘氨醇,最后由 CDP-胆碱提供磷酸胆碱生成神经鞘磷脂。

$$\text{CH}_3(\text{CH}_2)_{12}\text{CH=CH—CHOH}$$
$$\text{CHNHCO}(\text{CH}_2)_n\text{CH}_3$$
$$\text{CH}_2\text{—O—P—O—CH}_2\text{CH}_2\text{N}^+(\text{CH}_3)_3$$
$$\text{OH}$$

神经鞘磷脂

四、神经鞘磷脂由神经鞘磷脂酶催化降解

神经鞘磷脂酶(sphingomyelinase)存在于脑、肝、脾、肾等组织细胞溶酶体,属磷脂酶 C 类,能使磷酸酯键水解,产生磷酸胆碱及 N-脂酰鞘氨醇。如先天性缺乏此酶,则鞘磷脂不能降解,在细胞内积存,引起肝脾大及痴呆等鞘磷脂沉积病状。

第五节　胆固醇代谢

一、体内胆固醇来自食物和内源性合成

胆固醇有游离胆固醇(free cholesterol,FC;亦称非酯化胆固醇,unesterified cholesterol)和胆固醇酯(cholesterol ester,CE)两种形式,广泛分布于各组织,约 1/4 分布在脑及神经组织,约占脑组织 2%。肾上腺、卵巢等类固醇激素分泌腺,胆固醇含量达 1%～5%。肝、肾、肠等内脏及皮肤、脂肪组织,胆固醇含量约为每 100g 组织 200～500mg,以肝最多。肌组织含量约为每 100g 组织 100～200mg。

（一）体内胆固醇合成的主要场所是肝

除成年动物脑组织及成熟红细胞外，几乎全身各组织均可合成胆固醇，每天合成量为1g左右。肝是主要合成器官，占自身合成胆固醇的70%～80%，其次是小肠，合成10%。胆固醇合成酶系存在于细胞质及光面内质网膜。

（二）乙酰CoA和NADPH是胆固醇合成基本原料

^{14}C及^{13}C标记乙酸甲基碳及羧基碳，与肝切片孵育证明：乙酸分子中的2个碳原子均参与构成胆固醇，是合成胆固醇唯一碳源。乙酰CoA是葡萄糖、氨基酸及脂肪酸在线粒体的分解产物，不能通过线粒体内膜，需在线粒体内与草酰乙酸缩合生成柠檬酸，通过线粒体内膜载体进入细胞质，裂解成乙酰CoA，作为胆固醇合成原料。每转运1分子乙酰CoA，由柠檬酸裂解成乙酰CoA时消耗1分子ATP。胆固醇合成还需NADPH供氢、ATP供能。合成1分子胆固醇需18分子乙酰CoA、36分子ATP及16分子NADPH。

（三）胆固醇合成由以HMG-CoA还原酶为关键酶的一系列酶促反应完成

胆固醇合成过程复杂，有近30步酶促反应，大致可划分为三个阶段。

1. 由乙酰CoA合成甲羟戊酸　2分子乙酰CoA在乙酰乙酰CoA硫解酶作用下，缩合成乙酰乙酰CoA；再在羟基甲基戊二酸单酰CoA合酶（3-hydroxy-3-methylglutaryl CoA synthase，HMG-CoA synthase）作用下，与1分子乙酰CoA缩合成羟基甲基戊二酸单酰CoA（3-hydroxy-3-methylglutaryl CoA，HMG-CoA）。在线粒体中，HMG-CoA被裂解生成酮体；而细胞质生成的HMG-CoA，则在内质网HMG-CoA还原酶（HMG-CoA reductase）作用下，由NADPH供氢，还原生成甲羟戊酸（mevalonic acid，MVA）。HMG-CoA还原酶是合成胆固醇的关键酶（动画7-2"HMG-CoA还原酶的催化作用"）。

2. 甲羟戊酸经15碳化合物转变成30碳鲨烯　MVA经脱羧、磷酸化生成活泼的异戊烯焦磷酸（Δ^3-isopentenyl pyrophosphate，IPP）和二甲基丙烯焦磷酸（3,3-dimethylallyl pyrophosphate，DPP）。3分子5碳焦磷酸化合物（IPP及DPP）缩合成15碳焦磷酸法尼酯（farnesyl pyrophosphate，FPP）。在内质网鲨烯合酶（squalene synthase）催化下，2分子15碳焦磷酸法尼酯经再缩合、还原生成30碳多烯烃——鲨烯（squalene）。

3. 鲨烯环化为羊毛固醇后转变为胆固醇　30碳鲨烯结合在细胞质固醇载体蛋白（sterol carrier protein，SCP）上，经内质网单加氧酶、环化酶等催化，环化成羊毛固醇，再经氧化、脱羧、还原等反应，脱去3个甲基，生成27碳胆固醇（图7-9）。在脂酰-CoA：胆固醇脂酰转移酶（acyl-CoA：cholesterol acyltransferase，ACAT）作用下，细胞内游离胆固醇能与脂酰CoA缩合，生成胆固醇酯储存。

（四）胆固醇合成受HMG-CoA还原酶调节

1. HMG-CoA还原酶活性具有与胆固醇合成相同的昼夜节律性　动物实验发现，大鼠肝胆固醇合成有昼夜节律性，午夜最高，中午最低。进一步研究发现，肝HMG-CoA还原酶活性也有昼夜节律性，午夜最高，中午最低。可见，胆固醇合成的周期节律性是HMG-CoA还原酶活性周期性改变的结果。

图 7-9　胆固醇的生物合成

2. **HMG-CoA 还原酶活性受别构调节、化学修饰调节和酶含量调节**　胆固醇合成产物甲羟戊酸、胆固醇及胆固醇氧化产物 7β-羟胆固醇、25-羟胆固醇是 HMG-CoA 还原酶的别构抑制剂。细胞质 cAMP 依赖性蛋白激酶可使 HMG-CoA 还原酶磷酸化丧失活性,磷蛋白磷酸酶可催化磷酸化 HMG-CoA 还原酶脱磷酸恢复酶活性。细胞内胆固醇含量增加,会抑制 HMG-CoA 还原酶基因转录,酶蛋白合成减少,活性降低。

3. **细胞胆固醇含量是影响胆固醇合成的主要因素之一**　主要通过改变 HMG-CoA 还原酶合成影响胆固醇合成。该酶在肝细胞的半寿期约为 4 小时,如酶蛋白合成被阻断,酶蛋白含量在几小时内便降低。细胞胆固醇升高可抑制 HMG-CoA 还原酶合成,从而抑制胆固醇合成。反之,降低细胞胆固醇含量,可解除胆固醇对酶蛋白合成的抑制作用。此外,胆固醇及其氧化产物如 7β-羟胆固醇、25-羟胆固醇可以通过别构调节对 HMG-CoA 还原酶活性产生较强抑制作用。

4. **餐食状态影响胆固醇合成**　饥饿或禁食可抑制肝合成胆固醇。研究发现,大鼠禁食 48 小时,胆固醇合成减少 11 倍,禁食 96 小时减少 17 倍,但肝外组织的合成减少不多。禁食除使 HMG-CoA 还原酶活性降低外,乙酰 CoA、ATP、NADPH 不足也是胆固醇合成减少的重要原因。相反,摄取高糖、高饱和脂肪膳食,肝 HMG-CoA 还原酶活性增加,乙酰 CoA、ATP、NADPH 充足,胆固醇合成增加。

5. **胆固醇合成受激素调节**　胰岛素及甲状腺素能诱导肝细胞 HMG-CoA 还原酶合成,增加胆固醇合成。甲状腺素还能促进胆固醇在肝转变为胆汁酸,所以甲状腺功能亢进病人血清胆固醇含量降低。胰高血糖素能通过化学修饰调节使 HMG-CoA 还原酶磷酸化失活,抑制胆固醇合成。皮质醇能抑制 HMG-CoA 还原酶活性,减少胆固醇合成。

二、胆固醇的主要去路是转化为胆汁酸

胆固醇的母核——环戊烷多氢菲在体内不能被降解,所以胆固醇不能像糖、脂肪那样在体内被彻底分解;但其侧链可被氧化、还原或降解转变为其他具有环戊烷多氢菲母核的产物,或参与代谢调节,或排出体外。

在肝被转化成胆汁酸(bile acid)是胆固醇在体内代谢的主要去路。正常人每天约合成 $1 \sim 1.5g$ 胆固醇,其中 $2/5(0.4 \sim 0.6g)$ 在肝被转化为胆汁酸,随胆汁排出。游离胆固醇也可随胆汁排出。胆固醇是肾上腺皮质、睾丸、卵巢等合成类固醇激素的原料。肾上腺皮质细胞储存大量胆固醇酯,含量可达 $2\% \sim 5\%$,90% 来自血液,10% 自身合成。肾上腺皮质球状带、束状带及网状带细胞以胆固醇为原料分别合成醛固酮、皮质醇及雄激素。睾丸间质细胞以胆固醇为原料合成睾酮,卵泡内膜细胞及黄体以胆固醇为原料合成雌二醇及孕酮。胆固醇可在皮肤被氧化为 7-脱氢胆固醇,经紫外线照射转变为维生素 D_3。

第六节　血浆脂蛋白及其代谢

一、血脂是血浆所含脂质的统称

血浆脂质包括甘油三酯、磷脂、胆固醇及其酯,以及游离脂肪酸等。磷脂主要有卵磷脂(约70%)、神经鞘磷脂(约20%)及脑磷脂(约10%)。血脂有两种来源,外源性脂质从食物摄取入血,内源性脂质由肝细胞、脂肪细胞及其他组织细胞合成后释放入血。血脂不如血糖恒定,受膳食、年龄、性别、职业以及代谢等影响,波动范围较大(表7-4)。

表 7-4　正常成人 12~14 小时空腹血脂的组成及含量

组成	血浆含量		空腹时主要来源
	mg/dl	mmol/L	
总脂	400 ~ 700(500)*		
甘油三酯	10 ~ 150(100)	0.11 ~ 1.69(1.13)	肝
总胆固醇	100 ~ 250(200)	2.59 ~ 6.47(5.17)	肝
胆固醇酯	70 ~ 200(145)	1.81 ~ 5.17(3.75)	
游离胆固醇	40 ~ 70(55)	1.03 ~ 1.81(1.42)	
总磷脂	150 ~ 250(200)	48.44 ~ 80.73(64.58)	肝
卵磷脂	50 ~ 200(100)	16.1 ~ 64.6(32.3)	肝
神经磷脂	50 ~ 130(70)	16.1 ~ 42.0(22.6)	肝
脑磷脂	15 ~ 35(20)	4.8 ~ 13.0(6.4)	肝
游离脂肪酸	5 ~ 20(15)		脂肪组织

*括号内为均值

二、血浆脂蛋白是血脂的运输形式及代谢形式

(一) 血浆脂蛋白可用电泳法和超速离心法分类

不同脂蛋白所含脂质和蛋白质不一样,其理化性质如密度、颗粒大小、表面电荷、电泳行为,免疫学性质及生理功能均有不同(表7-5)(动画 7-3"脂蛋白的结构"),据此可将脂蛋白分为不同种类。

1. 电泳法按电场中的迁移率对血浆脂蛋白分类　不同脂蛋白的质量和表面电荷不同,在同一电场中移动的快慢不一样。α-脂蛋白(α-lipoprotein)泳动最快,相当于 $α_1$-球蛋白位置;β-脂蛋白(β-lipoprotein)相当于 β-球蛋白位置;前 β-脂蛋白(pre-β-lipoprotein)位于 β-脂蛋白之前,相当于 $α_2$-球蛋白位置;乳糜微粒(chylomicron,CM)不泳动,留在原点(点样处)(图7-10)。

表 7-5　血浆脂蛋白的分类、性质、组成及功能

分类	密度法 电泳法	乳糜微粒	极低密度脂蛋白 前 β-脂蛋白	低密度脂蛋白 β-脂蛋白	高密度脂蛋白 α-脂蛋白
性质	密度	<0.95	0.95~1.006	1.006~1.063	1.063~1.210
	S_f值	>400	20~400	0~20	沉降
	电泳位置	原点	α_2-球蛋白	β-球蛋白	α_1-球蛋白
	颗粒直径(nm)	80~500	25~80	20~25	5~17
组成(%)	蛋白质	0.5~2	5~10	20~25	50
	脂质	98~99	90~95	75~80	50
	甘油三酯	80~95	50~70	10	5
	磷脂	5~7	15	20	25
	胆固醇	1~4	15	45~50	20
	游离胆固醇	1~2	5~7	8	5
	酯化胆固醇	3	10~12	40~42	15~17
载脂蛋白组成(%)	apo A I	7	<1	—	65~70
	apo A II	5		—	20~25
	apo A IV	10			
	apo B100	—	20~60	95	
	apo B48	9			
	apo C I	11	3	—	6
	apo C II	15	6	微量	1
	apo C III 0~2	41	40		4
	apo E	微量	7~15	<5	2
	apo D	—	—	—	3
合成部位		小肠黏膜细胞	肝细胞	血浆	肝、肠、血浆
功能		转运外源性甘油三酯及胆固醇	转运内源性甘油三酯及胆固醇	转运内源性胆固醇	逆向转运胆固醇

图 7-10　血浆脂蛋白琼脂糖凝胶电泳谱

2. 超速离心法按密度对血浆脂蛋白分类　不同脂蛋白因含脂质和蛋白质种类和数量不同,密度也不同。将血浆在一定密度盐溶液中超速离心,脂蛋白会因密度不同而漂浮或沉降(动画 7-4"血浆脂蛋白的超速离心法")。通常用 Svedberg 漂浮率(S_f)表示脂蛋白上浮或下沉特性。在 26℃、密度为 1.063 的 NaCl 溶液、每达因/克作用下,上浮 10^{-13} cm/s,即为 $1S_f$ 单位,即 $1S_f=10^{-13}$(cm/s)/(dyn/g)= 10^{-13}s。乳糜微粒含脂最多,密度最小,易上浮;其余脂蛋白按密度由小到大依次为极低密度脂蛋白(very low density lipoprotein,VLDL)、低密度脂蛋白(low density lipoprotein,LDL)和高密度脂蛋白(high density lipoprotein,HDL);分别相当于电泳分类中的 CM、前 β-脂蛋白、β-脂蛋白及 α-脂蛋白。

人血浆还有中密度脂蛋白(intermediate density lipoprotein,IDL)和脂蛋白(a)[lipoprotein(a),Lp(a)]。IDL 是 VLDL 在血浆中向 LDL 转化的中间产物,组成及密度介于 VLDL 及 LDL 之间。Lp(a)的脂质成分与 LDL 类似,蛋白质成分中,除含一分子载脂蛋白 B100 外,还含一分子载脂蛋白 A(apolipoprotein A），是一类独立脂蛋白，由肝产生，不转化成其他脂蛋白。因蛋白质及脂质含量不同，HDL还可分成亚类，主要有 HDL$_2$ 及 HDL$_3$。

（二）血浆脂蛋白是脂质与蛋白质的复合体

1. **血浆脂蛋白中的蛋白质称为载脂蛋白**　迄今已从人血浆脂蛋白分离出 20 多种载脂蛋白（apo-lipoprotein，apo），主要有 apoA、B、C、D 及 E 等五大类（表7-6）。载脂蛋白在不同脂蛋白的分布及含量不同，apoB48 是 CM 特征载脂蛋白，LDL 几乎只含 apo B100，HDL 主要含 apo A I 及 apo A II。

表 7-6　人血浆载脂蛋白结构、功能及含量[*]

载脂蛋白	分子质量（kD）	氨基酸数	分布	功能	血浆含量[*]（mg/dl）
A I	28.3	243	HDL	激活 LCAT，识别 HDL 受体	123.8±4.7
A II	17.5	77X2	HDL	稳定 HDL 结构，激活 HL	33±5
A IV	46.0	371	HDL，CM	辅助激活 LPL	17±2[△]
B100	512.7	4536	VLDL，LDL	识别 LDL 受体	87.3±14.3
B48	264.0	2152	CM	促进 CM 合成	?
C I	6.5	57	CM，VLDL，HDL	激活 LCAT?	7.8±2.4
C II	8.8	79	CM，VLDL，HDL	激活 LPL	5.0±1.8
C III	8.9	79	CM，VLDL，HDL	抑制 LPL，抑制肝 apoE 受体	11.8±3.6
D	22.0	169	HDL	转运胆固醇酯	10±4[△]
E	34.0	299	CM，VLDL，HDL	识别 LDL 受体	3.5±1.2
J	70.0	427	HDL	结合转运脂质，补体激活	10[△]
(a)	500.0	4529	LP(a)	抑制纤溶酶活性	0~120[△]
CETP	64.0	493	HDL，d>1.21	转运胆固醇酯	0.19±0.05[△]
PTP	69.0	?	HDL，d>1.21	转运磷脂	?

[*] 四川大学华西基础医学与法医学院生物化学与分子生物学教研室、载脂蛋白研究室对 625 例成都地区正常成人的测定结果
[△] 国外报道参考值
CETP：胆固醇酯转运蛋白；LPL：脂蛋白脂肪酶；PTP：磷脂转运蛋白；HL：肝脂肪酶

2. **不同脂蛋白具有相似基本结构**　大多数载脂蛋白如 apo A I、A II、C I、C II、C III 及 E 等均具双性 α-螺旋（amphipathic α helix）结构，不带电荷的疏水氨基酸残基构成 α-螺旋非极性面，带电荷的亲水氨基酸残基构成 α-螺旋极性面。在脂蛋白表面，非极性面借其非极性疏水氨基酸残基与脂蛋白内核疏水性较强的甘油三酯（triglycerides，TG）及胆固醇酯（cholesterol ester，CE）以疏水键相连，极性面则朝外，与血浆的水相接触。磷脂及游离胆固醇具有极性及非极性基团，可以借非极性疏水基团与脂蛋白内核疏水性较强的 TG 及 CE 以疏水键相连，极性基团朝外，与血浆的水相接触。所以，脂蛋白是以 TG 及 CE 为内核，载脂蛋白、磷脂及游离胆固醇单分子层覆盖于表面的复合体，保证不溶于水的脂质能在水相的血浆中正常运输。脂蛋白一般呈球状，CM 及 VLDL 主要以 TG 为内核，LDL 及 HDL 则主要以 CE 为内核。

三、不同来源脂蛋白具有不同功能和不同代谢途径

（一）乳糜微粒主要转运外源性甘油三酯及胆固醇

乳糜微粒（chylomicron，CM）代谢途径又称外源性脂质转运途径或外源性脂质代谢途径（图 7-11a）（动画 7-5"乳糜微粒代谢过程"）。食物脂肪消化后，小肠黏膜细胞用摄取的中长链脂肪酸再合成甘油三酯（triglyceride，TG），并与合成及吸收的磷脂和胆固醇，加上 apo B48、apo A I、apo A II、apo A IV 等组装成新生 CM，经淋巴道入血，从高密度脂蛋白（high density lipoprotein，HDL）获得 apo C 及 apo E，并将部分 apo A I、apo A II、apo A IV 转移给 HDL，形成成熟 CM。apo C II 激活骨骼肌、心肌及脂

肪等组织毛细血管内皮细胞表面脂蛋白脂肪酶(lipoprotein lipase,LPL),使 CM 中 TG 及磷脂逐步水解,产生甘油、脂肪酸及溶血磷脂。随着 CM 内核 TG 不断被水解,释出大量脂肪酸被心肌、骨骼肌、脂肪组织及肝组织摄取利用,CM 颗粒不断变小,表面过多的 apo A I、apo A II、apo AIV、apo C、磷脂及胆固醇离开 CM 颗粒,形成新生 HDL。CM 最后转变成富含胆固醇酯(cholesterol ester,CE)、apo B48 及 apo E 的 CM 残粒(remnant),被细胞膜 LDL 受体相关蛋白(LDL receptor related protein,LRP)识别、结合并被肝细胞摄取后彻底降解。apo C II 是 LPL 不可缺少的激活剂,无 apo C II 时,LPL 活性很低;加入 apo C II 后,LPL 活性可增加 10~50 倍。正常人 CM 在血浆中代谢迅速,半寿期为 5~15 分钟,因此正常人空腹 12~14 小时血浆中不含 CM。

图 7-11 血脂转运及脂蛋白代谢
(a)外源性乳糜微粒代谢;(b)内源性 VLDL 及 LDL 代谢;
(c)胆固醇逆向转运:HDL 代谢

(二)极低密度脂蛋白主要转运内源性甘油三酯

极低密度脂蛋白(very low density lipoprotein,VLDL)是运输内源性 TG 的主要形式,其血浆代谢产物低密度脂蛋白(low density lipoprotein,LDL)是运输内源性胆固醇的主要形式,VLDL 及 LDL 代谢途径又称内源性脂质转运途径或内源性脂质代谢途径(图 7-11b)(动画 7-6"极低密度脂蛋白代谢过程")。肝细胞以葡萄糖分解代谢中间产物为原料合成 TG,也可利用食物来源的脂肪酸和机体脂肪酸库中的脂肪酸合成 TG,再与 apo B100、E 以及磷脂、胆固醇等组装成 VLDL。此外,小肠黏膜细胞亦可合成少量 VLDL。VLDL 分泌入血后,从高密度脂蛋白(high density lipoprotein,HDL)获得 apo C,其中 apo C Ⅱ 激活肝外组织毛细血管内皮细胞表面的脂蛋白脂肪酶(lipoprotein lipase,LPL)。和 CM 代谢一样,VLDL 中 TG 在 LPL 作用下,水解释出脂肪酸和甘油供肝外组织利用。同时,VLDL 表面的 apo C、磷脂及胆固醇向 HDL 转移,而 HDL 胆固醇酯又转移到 VLDL。该过程不断进行,VLDL 中 TG 不断减少,CE 逐渐增加,apo B100 及 E 相对增加,颗粒逐渐变小,密度逐渐增加,转变为中密度脂蛋白(intermediate density lipoprotein,IDL)。IDL 胆固醇及 TG 含量大致相等,载脂蛋白则主要是 apo B100 及 apo E。肝细胞膜 LRP 可识别和结合 IDL,因此部分 IDL 被肝细胞摄取、降解。未被肝细胞摄取的 IDL(在人约占总 IDL 50%,在大鼠约占 10%),其 TG 被 LPL 及肝脂肪酶(hepatic lipase,HL)进一步水解,表面 apo E 转移至 HDL。这样,IDL 中剩下的脂质主要是 CE,剩下的载脂蛋白只有 apo B100,转变为 LDL。VLDL 在血液中的半寿期为 6~12 小时。

(三) 低密度脂蛋白主要转运内源性胆固醇

人体多种组织器官能摄取、降解低密度脂蛋白(low density lipoprotein,LDL),肝是主要器官,约 50% 的 LDL 在肝降解。肾上腺皮质、卵巢,睾丸等组织摄取及降解 LDL 能力亦较强。血浆 LDL 降解既可通过 LDL 受体(LDL receptor)途径(图 7-12)完成,也可通过单核-吞噬细胞系统完成(动画 7-7"低密度脂蛋白代谢过程")。正常人血浆 LDL,每天约 45% 被清除,其中 2/3 经 LDL 受体途径,1/3 经单核-吞噬细胞系统。血浆 LDL 半寿期为 2~4 天。

图 7-12   低密度脂蛋白受体代谢途径

1974 年,M. S. Brown 及 J. L. Goldstein 首先在人成纤维细胞膜表面发现了能特异结合 LDL 的 LDL 受体。他们纯化了该受体,证明它是 839 个氨基酸残基构成的糖蛋白,分子质量 160 000。后来发现,LDL 受体广泛分布于全身,特别是肝、肾上腺皮质、卵巢、睾丸、动脉壁等组织的细胞膜表面,能特异识别、结合含 apo B100 或 apo E 的脂蛋白,故又称 apo B/E 受体(apo B/E receptor)。当血浆 LDL 与 LDL 受体结合后,形成受体-配体复合物在细胞膜表面聚集成簇,经内吞作用进入细胞,与溶酶体融合。在溶酶体蛋白水解酶作用下,apo B100 被水解成氨基酸;胆固醇酯则被胆固醇酯酶水解成游离胆固醇和脂肪酸。游离胆固醇在调节细胞胆固醇代谢上具有重要作用:①抑制内质网 HMG-CoA 还原酶(HMG-CoA reductase),从而抑制细胞自身胆固醇合成;②从转录水平抑制 LDL 受体基因表达,抑制受体蛋白合成,减少细胞对 LDL 进一步摄取;③激活内质网脂酰-CoA:胆固醇脂酰转移酶(acyl-CoA:cholesterol acyl transferase,ACAT),将游离胆固醇酯化成胆固醇酯在细胞质贮存。同时,游离胆固醇还有重要生理功能:①被细胞膜摄取,构成重要的膜成分;②在肾上腺、卵巢及睾丸等固醇激素合成细胞,可作为类固醇激素合成原料。LDL 被该途径摄取、代谢多少,取决于细胞膜上受体多少。肝、肾上腺皮质、性腺等组织 LDL 受体数目较多,故摄取 LDL 亦较多。

血浆 LDL 还可被修饰成如氧化修饰 LDL(oxidized LDL,Ox-LDL),被清除细胞即单核-吞噬细胞系统中的巨噬细胞及血管内皮细胞清除。这两类细胞膜表面有清道夫受体(scavenger receptor,SR),可与修饰 LDL 结合而清除血浆修饰 LDL。

(四) 高密度脂蛋白主要逆向转运胆固醇

新生高密度脂蛋白(high density lipoprotein,HDL)主要由肝合成,小肠可合成部分。在 CM 及 VLDL 代谢过程中,其表面 apo A I、apo A II、apo AIV、apo C 以及磷脂、胆固醇等脱离亦可形成。HDL 可按密度分为 HDL_1、HDL_2 及 HDL_3。HDL_1 也称作 HDL_c,仅存在于摄取高胆固醇膳食后血浆,正常人血浆主要含 HDL_2 及 HDL_3。新生 HDL 的代谢过程实际上就是胆固醇逆向转运(reverse cholesterol transport,RCT)过程,它将肝外组织细胞胆固醇,通过血液循环转运到肝,转化为胆汁酸排出,部分胆固醇也可直接随胆汁排入肠腔(见图 7-11C)。

RCT 第一步是胆固醇自肝外细胞包括动脉平滑肌细胞及巨噬细胞等移出至 HDL。大量研究证明,HDL 是细胞胆固醇移出不可缺少的接受体(acceptor)。存在于细胞间液中富含磷脂及 apo A I、含较少游离胆固醇(free cholesterol,FC)的新生 HDL,呈盘状,根据电泳位置将其称为前 β_1-HDL,能作为 FC 接受体,促进细胞胆固醇外流。

巨噬细胞、脑、肾、肠及胎盘等组织细胞膜存在 ATP 结合盒转运蛋白 A1(ATP-binding cassette transporter A1,ABCA1),又称为胆固醇流出调节蛋白(cholesterol-efflux regulatory protein,CERP),可介导细胞内胆固醇及磷脂转运至细胞外,在 RCT 中发挥重要作用。ABCA1 为 ABC 转运蛋白超家族成员,是 2261 个氨基酸残基组成的跨膜蛋白。ABCA1 有 4 个结构域,其中 2 个为跨膜结构域,含由 12 个疏水模体(motif)构成的疏水区,胆固醇可能通过该疏水区从细胞内流出至细胞外;另 2 个结构域为伸向细胞质的 ATP 结合部位,能为胆固醇跨膜转运提供能量。

RCT 第二步是 HDL 所运载的胆固醇的酯化及胆固醇酯的转运。新生 HDL 从肝外细胞接受的 FC,分布在 HDL 表面。在血浆卵磷脂:胆固醇脂肪酰基转移酶(lecithin:cholesterol acyl transferase,LCAT)作用下,HDL 表面卵磷脂的 2 位脂酰基转移至胆固醇 3 位羟基生成溶血卵磷脂及胆固醇酯(cholesterol ester,CE)。CE 在生成后即转入 HDL 内核,表面则可继续接受肝外细胞 FC,消耗的卵磷脂也可从肝外细胞补充。该过程反复进行,HDL 内核 CE 不断增加,双脂层盘状 HDL 逐步膨胀为单脂层球状并最终转变为成熟 HDL。LCAT 由肝实质细胞合成和分泌,在血浆中发挥作用,HDL 表面的 apo A I 是 LCAT 激活剂。

实际上,HDL 成熟过程是多种酶及蛋白质参与的逐渐演变过程。新生 HDL 接受 FC 后,在 LCAT 作用下将 FC 酯化成 CE。HDL 中的 apo D 是一种转脂蛋白,能将 CE 由 HDL 表面转移至内核。随着该过程的不断进行,新生 HDL 先转变为密度较大、颗粒较小的 HDL_3。血浆胆固醇酯转运蛋白(cholesterol ester transfer protein,CETP)能促成 HDL 和 VLDL 之间的 CE 和 TG 交换,迅速将 CE 由 HDL 转移至 VLDL,将 TG 由 VLDL 转移至 HDL。血浆中还存在磷脂转运蛋白(phospholipid transfer protein,PTP),能促进磷脂由 HDL 向 VLDL 转移。HDL 在血浆 LCAT、apo A、apo D 及 CETP 和 PTP 共同作用下,将从肝外细胞接受的 FC 不断酯化,酯化的胆固醇酯约 80% 转移至 VLDL 和 LDL,20% 进入 HDL 内核。同时,HDL 表面的 apo E 及 C 转移到 VLDL,而 TG 又由 VLDL 转移至 HDL。由于 HDL 内核的 CE 及 TG 不断增加,使 HDL 颗粒进一步增大,密度逐步降低,由 HDL_3 转变为密度更小、颗粒更大的 HDL_2。在高胆固醇膳食后血浆中,HDL_2 还可大量地进一步转变为 HDL_1。

RCT 最后一步在肝进行。机体不能将胆固醇彻底分解,只能在肝转化成胆汁酸排出或直接以 FC

形式通过胆汁排出。肝细胞膜存在 HDL 受体（HDL recepter）、LDL 受体及特异的 apo E 受体。研究表明，血浆 CE 的 90% 以上来自 HDL，其中约 70% 在 CETP 作用下由 HDL 转移至 VLDL，后者再转变成 LDL，通过 LDL 受体途径在肝被清除；20% 通过 HDL 受体在肝被清除；10% 由特异的 apo E 受体在肝被清除。机体通过这种机制，还可将外周组织衰老细胞膜中的胆固醇转运至肝代谢并排出。HDL 的血浆半寿期为 3～5 天。

除参与 RCT 外，HDL 还是 apo CⅡ贮存库。CM 及 VLDL 进入血液后，需从 HDL 获得 apo CⅡ才能激活 LPL，水解其 TG。CM 及 VLDL 中 TG 水解完成后，apo CⅡ又回到 HDL。

四、血浆脂蛋白代谢紊乱导致脂蛋白异常血症

（一）不同脂蛋白的异常改变引起不同类型高脂血症

血浆脂质水平异常升高，超过正常范围上限称为高脂血症（hyperlipidemia）。在目前临床实践中，高脂血症指血浆胆固醇或（和）甘油三酯超过正常范围上限，一般以成人空腹 12～14 小时血浆甘油三酯超过 2.26mmol/L（200mg/dl），胆固醇超过 6.21mmol/L（240mg/dl），儿童胆固醇超过 4.14mmol/L（160mg/dl）为高脂血症诊断标准。事实上，在高脂血症血浆中，一些脂蛋白脂质含量升高，而另外脂蛋白脂质含量可能降低。因此，有人认为将高脂血症称为脂蛋白异常血症（dyslipoproteinemia）更为合理。传统的分类方法将脂蛋白异常血症分为六型（表 7-7）。

表 7-7　脂蛋白异常血症分型

分型	血浆脂蛋白变化	血脂变化	
Ⅰ	乳糜微粒升高	甘油三酯↑↑↑	胆固醇↑
Ⅱa	低密度脂蛋白升高	胆固醇↑↑	
Ⅱb	低密度及极低密度脂蛋白同时升高	胆固醇↑↑	甘油三酯↑↑
Ⅲ	中间密度脂蛋白升高（电泳出现宽 β 带）	胆固醇↑↑	甘油三酯↑↑
Ⅳ	极低密度脂蛋白升高	甘油三酯↑↑	
Ⅴ	极低密度脂蛋白及乳糜微粒同时升高	甘油三酯↑↑↑	胆固醇↑

脂蛋白异常血症还可分为原发性和继发性两大类。原发性脂蛋白异常血症发病原因不明，已证明有些是遗传性缺陷。继发性脂蛋白异常血症是继发于其他疾病如糖尿病、肾病和甲状腺功能减退等。

（二）血浆脂蛋白代谢相关基因遗传性缺陷引起脂蛋白异常血症

现已发现，参与脂蛋白代谢的关键酶如 LPL 及 LCAT，载脂蛋白如 apoAⅠ、apo B、apo CⅡ、apo CⅢ和 apo E，以及脂蛋白受体如 LDL 受体等的遗传性缺陷，都能导致血浆脂蛋白代谢异常，引起脂蛋白异常血症。在这些已经阐明发病分子机制的遗传性缺陷中，Brown MS 及 Goldstein JL 对 LDL 受体研究取得的成就最为重大，他们不仅阐明了 LDL 受体的结构和功能，而且证明了 LDL 受体缺陷是引起家族性高胆固醇血症的重要原因。LDL 受体缺陷是常染色体显性遗传，纯合子携带者细胞膜 LDL 受体完全缺乏，杂合子携带者 LDL 受体数目减少一半，其 LDL 都不能正常代谢，血浆胆固醇分别高达 15.6～20.8mmol/L（600～800mg/dl）及 7.8～10.4mmol/L（300～400mg/dl），携带者在 20 岁前就发生典型的冠心病症状。

小　结

脂质能溶于有机溶剂但不溶于水，分子中含脂酰基或能与脂肪酸起酯化反应。脂肪（甘油三酯）是机体重要的能量物质，胆固醇、磷脂及糖脂是生物膜的重要组分，参与细胞识别及信号传递，还是多种生物活性物质的前体。多不饱和脂肪酸衍生物具有重要生理功能。

肝、脂肪组织及小肠是合成甘油三酯的主要场所，肝合成能力最强；基本原料为甘油和脂肪酸，主

要分别由糖代谢提供和糖转化形成。小肠黏膜细胞以脂酰 CoA 酯化甘油一酯合成甘油三酯,肝细胞及脂肪细胞以脂酰 CoA 先后酯化 3-磷酸甘油及甘油二酯合成甘油三酯。

甘油三酯水解生成甘油和脂肪酸。甘油经活化、脱氢、转化成磷酸二羟丙酮后,循糖代谢途径代谢。脂肪酸活化后进入线粒体,经脱氢、加水、再脱氢及硫解 4 步反应的重复循环完成 β-氧化,生成乙酰 CoA,并最终彻底氧化,释放大量能量。肝 β-氧化生成的乙酰 CoA 还能转化成酮体,经血液运输至肝外组织利用。

人体脂肪酸合成的主要场所是肝,基本原料乙酰 CoA 需先羧化为丙二酸单酰 CoA。在细胞质脂肪酸合酶体系催化下,由 NADPH 供氢,通过缩合、还原、脱水、再还原 4 步反应的 7 次循环合成 16 碳软脂酸。更长碳链脂肪酸的合成在肝细胞内质网和线粒体中通过对软脂酸加工、延长完成。脂肪酸脱氢可生成不饱和脂肪酸,但人体不能合成多不饱和脂肪酸,只能从食物摄取。

甘油磷脂合成以磷脂酸为重要中间产物,需 CTP 参与。甘油磷脂的降解由磷脂酶 A、B、C 和 D 催化完成。神经鞘磷脂的合成以软脂酰 CoA、丝氨酸和胆碱为基本原料,先合成鞘氨醇,再与脂酰 CoA、CDP-胆碱合成神经鞘磷脂。

胆固醇合成以乙酰 CoA 为基本原料,先合成 HMG-CoA,再逐步合成胆固醇。HMG-CoA 还原酶是胆固醇合成的关键酶。细胞内胆固醇含量是胆固醇合成的重要调节因素,无论是外源性还是自身合成,只要升高了细胞胆固醇含量,都能抑制胆固醇合成。胆固醇在体内可转化成胆汁酸、类固醇激素和维生素 D_3。

脂质以脂蛋白形式在血中运输和代谢。超速离心法将血浆脂蛋白分为乳糜微粒、极低密度脂蛋白、低密度脂蛋白和高密度脂蛋白。CM 主要转运外源性甘油三酯及胆固醇,VLDL 主要转运内源性甘油三酯,LDL 主要转运内源性胆固醇,HDL 主要逆向转运胆固醇。

思 考 题

1. 血浆甘油三酯异常升高的病人是否需要控制淀粉类食物的摄入? 为什么?
2. 血浆胆固醇异常升高的病人应怎样调整自己的膳食结构? 理论根据是什么?
3. 治疗血浆胆固醇异常升高有哪些可能的措施? 理论根据是什么?
4. 一个肥胖者希望减肥,可以从哪些方面着手? 可以采取哪些可能的措施? 理论根据是什么?

(方定志)

第八章　蛋白质消化吸收和氨基酸代谢

氨基酸是蛋白质的基本组成单位,其重要生理功能之一是作为原料参与细胞内蛋白质的合成。体内的蛋白质处于不断合成与分解的动态平衡。组织蛋白质首先分解成为氨基酸,然后再进一步代谢,所以氨基酸代谢是蛋白质分解代谢的中心内容。氨基酸代谢包括合成代谢和分解代谢两方面,本章重点论述分解代谢。体内蛋白质的更新与氨基酸的分解均需要食物蛋白质来补充。为此,在讨论氨基酸代谢之前,首先叙述蛋白质的营养价值及蛋白质的消化、吸收问题。

第一节　蛋白质的营养价值与消化、吸收

一、体内蛋白质的代谢状况可用氮平衡描述

氮平衡(nitrogen balance)是指每日氮的摄入量与排出量之间的关系。摄入氮基本上来源于食物中的蛋白质,经机体消化吸收后主要用于体内蛋白质的合成🔲;排出氮主要来自粪便和尿液中的含氮化合物,绝大部分是蛋白质在体内分解代谢的终产物。由于蛋白质的平均含氮量为16%,通过测定摄入食物中的含氮量和排泄物中的含氮量可以间接了解体内蛋白质合成与分解代谢的状况。人体氮平衡有三种情况,即氮的总平衡、氮的正平衡及氮的负平衡。

氮的总平衡,即摄入氮量等于排出氮量,反映体内蛋白质的合成与分解处于动态平衡,即氮的"收支"平衡,通常见于正常成人;氮的正平衡,即摄入氮量大于排出氮量,反映体内蛋白质的合成大于分解,儿童、孕妇及恢复期的病人属于此种情况;氮的负平衡,即摄入氮量小于排出氮量,反映体内蛋白质的合成小于分解,见于饥饿、严重烧伤、出血及消耗性疾病的病人。

根据氮平衡实验计算,当正常成人食用不含蛋白质膳食约8天后,每天的排出氮量逐渐趋于恒定。此时,每公斤体重每日排出的氮量约为53mg,故一位60kg体重的正常成人每日蛋白质的最低分解量约为20g。由于食物蛋白质与人体蛋白组成的差异,消化吸收后不可能全部被利用,因此,为了维持氮的总平衡,正常成人每日蛋白质的最低生理需要量为30~50g。要长期保持氮的总平衡,我国营养学会推荐正常成人每日蛋白质的需要量为80g。

二、营养必需氨基酸决定蛋白质的营养价值

氮平衡实验证明,人体内有9种氨基酸不能合成。这些体内需要而不能自身合成,必须由食物提供的氨基酸,在营养学上称为必需氨基酸(essential amino acid),包括亮氨酸、异亮氨酸、苏氨酸、缬氨酸、赖氨酸、甲硫氨酸、苯丙氨酸、色氨酸和组氨酸🔲。其余11种氨基酸体内可以合成,不必由食物供给,在营养学上称为非必需氨基酸(non-essential amino acid)。精氨酸虽然能够在人体内合成,但合成量不多,若长期供应不足或需要量增加也可造成负氮平衡。因此,有人将精氨酸也归为营养必需氨基酸。

蛋白质的营养价值(nutrition value)是指食物蛋白质在体内的利用率。蛋白质营养价值的高低主要取决于食物蛋白质中必需氨基酸的种类和比例。一般来说,含必需氨基酸种类多、比例高的蛋白质,其营养价值高;反之营养价值低。由于动物性蛋白质所含必需氨基酸的种类和比例与人体需要相近,故营养价值相对较高。多种营养价值较低的蛋白质混合食用,彼此间必需氨基酸可

以得到互相补充,从而提高蛋白质的营养价值,这种作用称为食物蛋白质的互补作用。例如谷类蛋白质含赖氨酸较少含色氨酸较多,而豆类蛋白质含赖氨酸较多含色氨酸较少,将两者混合食用即可提高蛋白质的营养价值。在某些疾病情况下,为保证病人氨基酸的需要,可输入氨基酸混合液,以防止病情恶化。

三、外源性蛋白质消化成寡肽和氨基酸后被吸收

（一）蛋白质在胃和小肠被消化成寡肽和氨基酸

食物蛋白质的消化、吸收是体内氨基酸的主要来源。同时,消化过程还可消除食物蛋白质的抗原性,避免引起机体的过敏和毒性反应。食物蛋白质的消化由胃开始,但主要在小肠进行。

1. **蛋白质在胃中被水解成多肽和氨基酸**　食物蛋白质进入胃后经胃蛋白酶(pepsin)作用水解生成多肽及少量氨基酸。胃蛋白酶原(pepsinogen)由胃黏膜主细胞分泌,经盐酸激活后转变成为有活性的胃蛋白酶。胃蛋白酶也能激活胃蛋白酶原转变成胃蛋白酶,称为自身催化作用(autocatalysis)。胃蛋白酶的最适 pH 为 $1.5 \sim 2.5$。酸性的胃液可使蛋白质变性,有利于蛋白质的水解。胃蛋白酶对肽键的特异性较差,主要水解由芳香族氨基酸、甲硫氨酸和亮氨酸等氨基酸残基形成的肽键。胃蛋白酶还具有凝乳作用,可使乳汁中的酪蛋白(casein)与 Ca^{2+} 形成乳凝块,使乳汁在胃中的停留时间延长,有利于乳汁中蛋白质的消化。

2. **蛋白质在小肠被水解成寡肽和氨基酸**　食物在胃中的停留时间较短,因此对蛋白质的消化很不完全。蛋白质的消化主要在小肠进行。在小肠中,未经消化或消化不完全的蛋白质受胰液及肠黏膜细胞分泌的多种蛋白酶及肽酶的共同作用,进一步水解成寡肽和氨基酸。

小肠内发挥作用的蛋白酶基本上分为两大类,即内肽酶(endopeptidase)和外肽酶(exopeptidase)。内肽酶可以特异地水解蛋白质内部的一些肽键,而外肽酶则特异地水解蛋白质或多肽末端的肽键。内肽酶包括胰蛋白酶(trypsin)、胰凝乳蛋白酶(chymotrypsin)和弹性蛋白酶(elastase),这些酶对不同氨基酸残基组成的肽键有一定的专一性。胰蛋白酶水解由碱性氨基酸残基组成的肽键,胰凝乳蛋白酶水解由芳香族氨基酸残基组成的肽键,而弹性蛋白酶主要水解由脂肪族氨基酸残基组成的肽键。外肽酶主要包括羧肽酶和氨肽酶。胰液中的外肽酶主要是羧肽酶,又可分为羧肽酶 A(carboxyl peptidase A)和羧肽酶 B(carboxyl peptidase B),它们自肽链的羧基末端开始,每次水解脱去一个氨基酸。羧肽酶 A 和羧肽酶 B 对不同氨基酸残基组成的肽键也有一定的专一性,前者主要水解除脯氨酸、精氨酸、赖氨酸以外的多种氨基酸残基组成的末端肽键,而后者主要水解由碱性氨基酸残基组成的末端肽键(图 8-1)。

图 8-1　蛋白酶作用示意图

内肽酶和羧肽酶都是以酶原的形式由胰腺细胞分泌,进入十二指肠后被激活。胰蛋白酶原由肠激酶(enterokinase)激活。肠激酶是十二指肠黏膜细胞分泌的一种蛋白水解酶,能特异地作用于胰蛋白酶原,从其氨基末端水解掉 1 分子的六肽,生成有活性的胰蛋白酶。然后胰蛋白酶又将胰凝乳蛋白酶原(又称为糜蛋白酶原)、弹性蛋白酶原和羧肽酶原激活。胰蛋白酶的自身激活作用较弱(图 8-2)。由于胰液中各种蛋白酶均以酶原的形式存在,同时胰液中又存在胰蛋白酶抑制剂,可以保护胰腺组织免受蛋白酶的自身消化。

图 8-2 胰液中各种蛋白酶原的激活过程

蛋白质经胃液和胰液中蛋白酶的消化,产物中约有 1/3 为氨基酸,其余 2/3 为寡肽。寡肽的水解主要在小肠黏膜细胞内进行。小肠黏膜细胞内存在两种寡肽酶(oligopeptidase),即氨肽酶(aminopeptidase)和二肽酶(dipeptidase)。氨肽酶从氨基末端逐步水解寡肽获得氨基酸,直至生成二肽,二肽再经二肽酶水解,最终生成氨基酸。

(二)氨基酸和寡肽通过主动转运机制被吸收

食物蛋白质被消化成氨基酸和寡肽后,主要在小肠通过主动转运机制被吸收。小肠黏膜细胞膜上存在转运氨基酸和寡肽的载体蛋白(carrier protein),能与氨基酸或寡肽以及 Na⁺ 形成三联体,将氨基酸或寡肽和 Na⁺ 转运入细胞,之后 Na⁺ 借助钠泵被排出细胞外,此过程需要消耗 ATP。由于氨基酸结构的差异,转运氨基酸或寡肽的载体蛋白也不相同。目前已知体内至少有 7 种载体蛋白参与氨基酸和寡肽的吸收。这些载体蛋白又被称为转运蛋白(transporter),包括中性氨基酸转运蛋白、酸性氨基酸转运蛋白、碱性氨基酸转运蛋白、亚氨基酸转运蛋白、β-氨基酸转运蛋白、二肽转运蛋白及三肽转运蛋白。当某些氨基酸共用同一载体时,由于在结构上有一定的相似性,这些氨基酸在吸收过程中将彼此竞争。氨基酸通过转运蛋白的吸收过程不仅存在于小肠黏膜细胞,也存在于肾小管细胞和肌细胞等细胞膜上。

四、未消化吸收的蛋白质在结肠下段发生腐败

食物中的蛋白质绝大部分都被彻底消化并吸收。未被消化的蛋白质及未被吸收的消化产物在结肠下部受到肠道细菌的分解,称为蛋白质的腐败作用(putrefaction)。实际上,腐败作用是肠道细菌本身的代谢过程,以无氧分解为主。腐败作用的某些产物对人体具有一定的营养作用,如维生素及脂肪酸等。但大多数产物对人体是有害的,例如胺类(amine)、氨(ammonia)、酚类(phenol)、吲哚(indole)及硫化氢等。生成的腐败产物主要随粪便排出体外,也有少量经门静脉吸收进入体内,大多在肝经过生物转化作用后排出体外。

(一)肠道细菌通过脱羧基作用产生胺类

未被消化的蛋白质经肠道细菌蛋白酶的作用可水解生成氨基酸,然后在细菌氨基酸脱羧酶的作用下,氨基酸脱去羧基生成胺类物质。例如组氨酸、赖氨酸、色氨酸、酪氨酸及苯丙氨酸通过脱羧基作用分别生成组胺、尸胺、色胺、酪胺及苯乙胺。这些腐败产物大多具有毒性,如组胺和尸胺具有降低血

压的作用,酪胺具有升高血压的作用。这些毒性物质如果经门静脉进入体内,通常经肝代谢转化为无毒形式排出体外。但在肝功能受损时,酪胺和苯乙胺不能在肝内及时转化,极易进入脑组织,经 β-羟化酶作用,分别转化为 β-羟酪胺和苯乙醇胺。因其结构类似于儿茶酚胺,故被称为假神经递质(false neurotransmitter)。假神经递质增多时,可竞争性地干扰儿茶酚胺的正常功能,阻碍神经冲动传递,使大脑发生异常抑制,这可能是肝性脑病发生的原因之一。

(二) 肠道细菌通过脱氨基作用产生氨

未被吸收的氨基酸在肠道细菌的作用下,通过脱氨基作用可以生成氨,这是肠道氨的重要来源之一。另一来源是血液中的尿素渗入肠道,经肠菌尿素酶的水解而生成氨。这些氨均可被吸收进入血液,最终在肝中合成尿素。降低肠道的 pH,可减少氨的吸收。

(三) 腐败作用产生其他有害物质

除了胺类和氨以外,蛋白质的腐败作用还可产生其他有害物质,例如苯酚、吲哚、甲基吲哚及硫化氢等。

正常情况下,上述有害物质大部分随粪便排出,只有小部分被吸收,并经肝的代谢转变消除毒性,故不会发生中毒现象。

第二节　氨基酸的一般代谢

一、体内蛋白质分解生成氨基酸

成人体内的蛋白质每天约有 1% ~2% 被降解,其中主要是骨骼肌中的蛋白质。蛋白质降解所产生的氨基酸,大约 70% ~80% 又被重新利用合成新的蛋白质。

(一) 蛋白质以不同的速率进行降解

不同蛋白质的降解速率不同。蛋白质的降解速率是随生理需要而不断变化的,若以高的平均速率降解,标志着该组织正在进行主要结构的重建,例如妊娠中的子宫组织或严重饥饿造成的骨骼肌蛋白质的降解。蛋白质降解的速率用半寿期(half-life,$t_{1/2}$)表示,半寿期是指将其浓度减少到开始值50% 所需要的时间。肝中蛋白质的 $t_{1/2}$ 短的低于 30 分钟,长的超过 150 小时,但肝中大部分蛋白质的$t_{1/2}$ 为 1 ~8 天。人血浆蛋白质的 $t_{1/2}$ 约为 10 天,结缔组织中一些蛋白质的 $t_{1/2}$ 可达 180 天以上,眼晶体蛋白质的 $t_{1/2}$ 更长。体内许多关键酶的 $t_{1/2}$ 都很短,例如胆固醇合成关键酶 HMG-CoA 还原酶的 $t_{1/2}$ 为0.5 ~2 小时。为了满足生理需要,关键酶的降解既可加速亦可滞后,从而改变酶的含量,进一步改变代谢产物的流量和浓度。

(二) 真核细胞内蛋白质的降解有两条重要途径

细胞内蛋白质的降解也是通过一系列蛋白酶和肽酶催化完成的。蛋白质首先被蛋白酶水解成肽,然后肽被肽酶降解成游离氨基酸。

1. 蛋白质在溶酶体通过 ATP 非依赖途径被降解　溶酶体的主要功能是消化作用,是细胞内的消化器官。溶酶体含有多种蛋白酶,称为组织蛋白酶(cathepsin)。这些蛋白酶能够降解进入溶酶体的蛋白质,但对蛋白质的选择性较差,主要降解细胞外来的蛋白质、膜蛋白和胞内长寿命蛋白质。蛋白质通过此途径降解,不需要消耗 ATP。

2. 蛋白质在蛋白酶体通过 ATP 依赖途径被降解   蛋白质通过此途径降解需泛素(ubiquitin)的参与(动画 8-1"泛素-蛋白酶体途径")。泛素是一种由 76 个氨基酸组成的小分子蛋白质,因其广泛存在于真核细胞而得名。泛素介导的蛋白质降解过程是一个复杂的过程。首先泛素与被选择降解的蛋白质形成共价连接,使后者得以标记,然后蛋白酶体(proteasome)将其降解。泛素的这种标记作用称为泛素化(ubiquitination),是由三种酶参与的催化反应完成的,同时需消耗 ATP(图 8-3)。一种蛋白质的降解需多次泛素化反应,形成泛素链(ubiquitin chain)。然后,泛素化的蛋白质在蛋白酶体降解,产生一些约 7~9 个氨基酸残基组成的肽链,肽链进一步经寡肽酶水解生成氨基酸。

图 8-3   蛋白质降解的泛素化过程

UB:泛素;E_1:泛素激活酶;E_2:泛素结合酶;E_3:泛素蛋白连接酶;
Pr:被降解蛋白质

蛋白酶体存在于细胞核和胞质内,主要降解异常蛋白质和短寿命蛋白质。蛋白酶体是一个 26S 的蛋白质复合物(图 8-4),由 20S 的核心颗粒(core particle,CP)和 19S 的调节颗粒(regulatory particle,RP)组成。CP 是由 2 个 α 环和 2 个 β 环组成的圆柱体,2 个 α 环分别位于圆柱体的上下两

图 8-4   蛋白酶体结构示意图

端,而 2 个 β 环则夹在 2 个 α 环之间。每个 α 环由 7 个 α 亚基组成,而每个 β 环由 7 个 β 亚基组成,CP 中心形成空腔。CP 是蛋白酶体的水解核心,活性位点位于 2 个 β 环上,每个 β 环的 7 个 β 亚基中有 3 个亚基具有蛋白酶活性,可催化不同的蛋白质降解。2 个 19S 的 RP 分别位于柱形核心颗粒的两端,形成空心圆柱的盖子。每个 RP 都由 18 个亚基组成,其中某些亚基能够识别、结合待降解的泛素化蛋白质,有 6 个亚基具有 ATP 酶活性,与蛋白质的去折叠以及使蛋白质定位于 CP 有关。

二、外源性氨基酸与内源性氨基酸组成氨基酸代谢库

体内组织蛋白质降解产生的氨基酸及体内合成的非必需氨基酸属于内源性氨基酸,与食物蛋白质经消化吸收的氨基酸(外源性氨基酸)共同分布于体内各处,参与代谢,称为氨基酸代谢库(aminoacid metabolic pool)。氨基酸代谢库通常以游离氨基酸总量计算。由于氨基酸不能自由通过细胞膜,所以在体内的分布是不均一的。骨骼肌中的氨基酸占总代谢库的 50% 以上,肝约占 10%,肾约占 4%,血浆占 1% ~6%。消化吸收的大多数氨基酸,例如丙氨酸和芳香族氨基酸等主要在肝中分解,而支链氨基酸的分解代谢主要在骨骼肌中进行。

体内氨基酸的主要功能是合成多肽和蛋白质,也可转变成其他含氮化合物。正常人尿中排出的氨基酸极少。由于各种氨基酸具有共同的基本结构,因此分解代谢途径有相同之处;但各种氨基酸在侧链结构上存在一定的差异,又导致了各自独特的代谢方式。体内氨基酸代谢的概况见图 8-5。

图 8-5　体内氨基酸的代谢概况

三、氨基酸分解代谢首先脱氨基

氨基酸分解代谢的主要反应是脱氨基作用,可以通过多种方式如转氨基、氧化脱氨基及非氧化脱氨基等方式脱去氨基。

（一）氨基酸通过转氨基作用脱去氨基

1. 转氨基作用由转氨酶催化完成　转氨基作用(transamination)是在氨基转移酶(aminotransferase)的催化下,可逆地将 α-氨基酸的氨基转移给 α-酮酸,结果是氨基酸脱去氨基生成相应的 α-酮酸,而原来的 α-酮酸则转变成另一种氨基酸。

氨基转移酶也称转氨酶(transaminase),广泛分布于体内各组织中,其中以肝及心肌中的含量最为丰富。转氨基作用的平衡常数接近1.0,反应是完全可逆的。因此,转氨基作用既是氨基酸的分解代谢过程,也是体内某些氨基酸合成的重要途径。除赖氨酸、苏氨酸、脯氨酸及羟脯氨酸外,大多数氨基酸都能进行转氨基作用。除了α-氨基外,氨基酸侧链末端的氨基,如鸟氨酸的δ-氨基也可通过转氨基作用脱去。

体内存在着多种氨基转移酶,不同氨基酸与α-酮酸之间的转氨基作用只能由专一的氨基转移酶催化。在各种氨基转移酶中,以L-谷氨酸和α-酮酸的氨基转移酶最为重要。例如丙氨酸转氨酶(alanine transaminase,ALT)亦称谷丙转氨酶(glutamic-pyruvic transaminase,GPT)和天冬氨酸转氨酶(aspartate transaminase,AST)亦称谷草转氨酶(glutamic-oxaloacetic transaminase,GOT)在体内广泛存在,但各组织中的含量不同(表8-1)。

表8-1 正常人各组织中 ALT 及 AST 活性(U/g 组织)

组织	ALT	AST	组织	ALT	AST
肝	44 000	142 000	胰腺	2000	28 000
肾	19 000	91 000	脾	1200	14 000
心	7100	156 000	肺	700	10 000
骨骼肌	4800	99 000	血清	16	20

正常时,氨基转移酶主要存在于细胞内,血清中的活性很低。肝组织中 ALT 的活性最高,心肌组织中 AST 的活性最高。当某种原因使细胞膜通透性增高或细胞破裂时,氨基转移酶可大量释放入血,使血清中氨基转移酶活性明显升高。例如急性肝炎病人血清 ALT 活性显著升高;心肌梗死病人血清 AST 明显上升。临床上可以此作为疾病诊断和预后的参考指标之一。

2. 氨基转移酶具有相同的辅酶和作用机制 氨基转移酶的辅基是维生素 B_6 的磷酸酯,即磷酸吡哆醛,结合于转氨酶活性中心赖氨酸的 ε-氨基上。在反应过程中,磷酸吡哆醛先从氨基酸接受氨基转变成磷酸吡哆胺,氨基酸则转变成 α-酮酸;继而磷酸吡哆胺进一步将氨基转移给另一种 α-酮酸而生成相应的氨基酸,同时磷酸吡哆胺又转变为磷酸吡哆醛。在氨基转移酶的催化下,磷酸吡哆醛与磷酸吡哆胺的这种相互转变,起着传递氨基的作用,下式说明了磷酸吡哆醛和磷酸吡哆胺参与的转氨基反应过程。

氨基酸 + 磷酸吡哆醛 ⇌ Schiff 碱 ⇌ Schiff 碱异构体 ⇌ α-酮酸 + 磷酸吡哆胺

（二）L-谷氨酸脱氢酶催化L-谷氨酸氧化脱氨基

谷氨酸 → α-酮戊二酸 + NH_3

L-谷氨酸是哺乳类动物组织中唯一能以相当高的速率进行氧化脱氨反应的氨基酸,脱下的氨进一步代谢后排出体外。L-谷氨酸的氧化脱氨反应由L-谷氨酸脱氢酶(L-glutamate dehydrogenase)催化完成,此酶广泛存在于肝、肾和脑等组织中,属于一种不需氧脱氢酶。在L-谷氨酸脱氢酶的催化下,L-谷氨酸氧化脱氨生成α-酮戊二酸和氨。

L-谷氨酸脱氢酶是一种别构酶,由6个相同的亚基聚合而成。ATP与GTP是此酶的别构抑制剂,而ADP和GDP是别构激活剂。因此,当体内能量不足时能加速氨基酸的氧化,对机体的能量代谢起重要的调节作用。L-谷氨酸脱氢酶还是唯一既能利用NAD^+又能利用$NADP^+$接受还原当量的酶。

转氨基作用只是把氨基酸分子中的氨基转移给α-酮戊二酸或其他α-酮酸,并没有真正实现脱氨基。若氨基转移酶与L-谷氨酸脱氢酶协同作用,首先通过转氨基作用使其他氨基酸的氨基转移至α-酮戊二酸生成L-谷氨酸,然后L-谷氨酸再脱氨基,就可以使氨基酸脱氨生成NH_3。这种方式需要氨基转移酶与L-谷氨酸脱氢酶联合作用,即转氨基作用与L-谷氨酸的氧化脱氨基作用偶联进行,被称作转氨脱氨作用(transdeamination),又称联合脱氨作用(图8-6)。

（三）氨基酸通过氨基酸氧化酶催化脱去氨基

大多数从L-α-氨基酸中释放的氨反映了氨基转移酶和L-谷氨酸脱氢酶的联合作用。在肝、肾组织中还存在一种L-氨基酸氧化酶,属黄素酶类,其辅基是FMN或FAD。这些能够自动氧化的黄素蛋白将氨基酸氧化为α-亚氨基酸,然后再加水分解成相应的α-酮酸,并释放铵离子。分子氧可进一步直接氧化还原型黄素蛋白形成过氧化氢(H_2O_2),H_2O_2被过氧化氢酶裂解成氧和H_2O。过氧化氢酶存在于大多数组织中,尤其是肝。

氨基酸 → α-酮酸 + NH_4^+

图 8-6　转氨脱氨作用

四、氨基酸碳链骨架可进行转换或分解

氨基酸脱氨基后生成的 α-酮酸（α-keto acid）可以进一步代谢，主要有以下三方面的代谢途径。

（一）　α-酮酸可彻底氧化分解并提供能量

α-酮酸在体内可通过三羧酸循环与生物氧化体系彻底氧化生成 CO_2 和 H_2O，同时释放能量以供机体生理活动需要。可见，氨基酸也是一类能源物质。

（二）　α-酮酸经氨基化生成营养非必需氨基酸

体内的一些营养非必需氨基酸可通过相应的 α-酮酸经氨基化而生成。例如，丙酮酸、草酰乙酸、α-酮戊二酸经氨基化后分别转变成丙氨酸、天冬氨酸和谷氨酸。这些 α-酮酸也可以是来自糖代谢和三羧酸循环的产物。

（三）　α-酮酸可转变成糖和脂质

在人体内 α-酮酸可以转变成糖和脂质。实验发现，分别用不同氨基酸饲养人工造成糖尿病的犬时，大多数氨基酸可使尿中排出的葡萄糖增加，少数几种则可使葡萄糖及酮体的排出同时增加，而亮氨酸和赖氨酸只能使酮体的排出增加。由此，将在体内可以转变成糖的氨基酸称为生糖氨基酸（glucogenic amino acid）；能转变成酮体的氨基酸称为生酮氨基酸（ketogenic amino acid）；既能转变成糖又能转变成酮体的氨基酸称为生糖兼生酮氨基酸（glucogenic and ketogenic amino acid）（表8-2）。

表 8-2　氨基酸生糖及生酮性质的分类

类别	氨 基 酸
生糖氨基酸	甘氨酸、丝氨酸、缬氨酸、组氨酸、精氨酸、半胱氨酸、脯氨酸、丙氨酸、谷氨酸、谷氨酰胺、天冬氨酸、天冬酰胺、甲硫氨酸
生酮氨基酸	亮氨酸、赖氨酸
生糖兼生酮氨基酸	异亮氨酸、苯丙氨酸、酪氨酸、苏氨酸、色氨酸

利用核素标记氨基酸的示踪实验证明,上述营养学研究的结果是正确的。各种氨基酸脱氨基后产生的 α-酮酸结构差异很大,其代谢途径也不尽相同,转变过程的中间产物包括乙酰 CoA(生酮氨基酸)和丙酮酸及三羧酸循环的中间物,例如 α-酮戊二酸、草酰乙酸、延胡索酸及琥珀酰 CoA 等(生糖氨基酸)。

综上所述,氨基酸的代谢与糖和脂质的代谢密切相关。氨基酸可转变成糖与脂质;糖也可以转变成脂质和一些非必需氨基酸的碳架部分。由此可知,三羧酸循环是物质代谢的总枢纽,通过它可以使糖、脂肪酸及氨基酸完全氧化,也可使彼此相互转变,构成一个完整的代谢体系。

第三节　氨 的 代 谢

体内代谢产生的氨及消化道吸收的氨进入血液,形成血氨。正常生理情况下,血氨水平在 47 ~ 65μmol/L。氨具有毒性,特别是脑组织对氨的作用尤为敏感。

一、血氨有三个重要来源

(一) 氨基酸脱氨基作用和胺类分解均可产生氨

氨基酸脱氨基作用产生的氨是体内氨的主要来源。胺类的分解也可以产生氨。其反应如下:

$$RCH_2NH_2 \xrightarrow{胺氧化酶} RCHO+NH_3$$

(二) 肠道细菌作用产生氨

蛋白质和氨基酸在肠道细菌腐败作用下可产生氨,肠道内尿素经细菌尿素酶水解也可产生氨。肠道产氨量较多,每天约为 4g。当腐败作用增强时,氨的产生量增多。肠道内产生的氨主要在结肠吸收入血。在碱性环境中,NH_4^+ 易转变成 NH_3,而 NH_3 比 NH_4^+ 易于穿过细胞膜而被吸收。因此肠道偏碱时,氨的吸收增强。临床上对高血氨病人采用弱酸性透析液作结肠透析,而禁止用碱性的肥皂水灌肠,就是为了减少氨的吸收。

(三) 肾小管上皮细胞分泌的氨主要来自谷氨酰胺

谷氨酰胺在谷氨酰胺酶的催化下水解成谷氨酸和氨,这部分氨分泌到肾小管管腔中与尿中的 H^+ 结合成 NH_4^+,以铵盐的形式由尿排出体外,这对调节机体的酸碱平衡起着重要作用。酸性尿有利于肾小管细胞中的氨扩散入尿,而碱性尿则妨碍肾小管细胞中 NH_3 的分泌,此时氨被吸收入血,成为血氨的另一个来源。因此,临床上对因肝硬化而产生腹水的病人,不宜使用碱性利尿药,以免血氨升高。

二、氨在血液中以丙氨酸和谷氨酰胺的形式转运

氨在人体内是有毒物质,各组织中产生的氨必须以无毒的方式经血液运到肝合成尿素,或运输到肾以铵盐的形式排出体外。现已知,氨在血液中主要是以丙氨酸和谷氨酰胺两种形式进行转运。

(一) 氨通过丙氨酸-葡萄糖循环从骨骼肌运往肝

骨骼肌主要以丙酮酸作为氨基受体,经转氨基作用生成丙氨酸,丙氨酸进入血液后被运往肝。在肝中,丙氨酸通过联合脱氨基作用生成丙酮酸,并释放氨。氨用于合成尿素,丙酮酸经糖异生途径生成葡萄糖。葡萄糖经血液运往肌肉,沿糖酵解转变成丙酮酸,后者再接受氨基生成丙氨酸。丙氨酸和葡萄糖周而复始的转变,完成骨骼肌和肝之间氨的转运,这一途径称为丙氨酸-葡萄糖循环(alanine-glucose cycle)(图 8-7)。通过这个循环,骨骼肌组织中氨基酸的氨基("氨")以丙氨酸形式运往肝,同时,肝又为骨骼肌提供了生成丙酮酸的葡萄糖。

图8-7   丙氨酸-葡萄糖循环

（二）氨通过谷氨酰胺从脑和骨骼肌等组织运往肝或肾

谷氨酰胺是另一种转运氨的形式,它主要从脑和骨骼肌等组织向肝或肾运氨。在脑和骨骼肌等组织,氨与谷氨酸在谷氨酰胺合成酶(glutamine synthetase)的催化下合成谷氨酰胺,并经血液运往肝或肾,再经谷氨酰胺酶(glutaminase)的催化水解成谷氨酸及氨。谷氨酰胺的合成与分解是由不同酶催化的不可逆反应,其合成需消耗 ATP。

可以认为,谷氨酰胺既是氨的解毒产物,又是氨的储存及运输形式。尤其是谷氨酰胺在脑中固定和转运氨的过程中起着重要作用。临床上对氨中毒的病人可服用或输入谷氨酸盐,以降低氨的浓度。

谷氨酰胺还可以提供氨基使天冬氨酸转变成天冬酰胺。正常细胞能合成足量的天冬酰胺供蛋白质的合成需要。但白血病细胞却不能或很少能合成天冬酰胺,必须依靠血液从其他器官运输而来。因此临床上应用天冬酰胺酶(asparaginase)使天冬酰胺水解成天冬氨酸,从而减少血中天冬酰胺,达到治疗白血病的目的。

三、氨的主要代谢去路是在肝合成尿素

正常情况下体内的氨主要在肝合成尿素,只有少部分氨在肾以铵盐形式随尿排出。正常成人尿素占排氮总量的 80% ~ 90%,可见肝在氨的解毒中起着重要作用。

（一）尿素是通过鸟氨酸循环合成的

肝是如何合成尿素的? 早在 1932 年,德国学者 Hans Krebs 和 Kurt Henseleit 根据一系列实验,首

次提出了鸟氨酸循环(ornithine cycle)学说,又称尿素循环(urea cycle),用来解释尿素的合成过程。两位科学家根据什么线索提出了这个学说?此学说又是如何被证实的?20世纪30年代,组织切片技术已普遍应用于中间代谢的研究,这为研究尿素的合成机制提供了有利条件。用大鼠肝的薄切片和多种可能有关的代谢物以及铵盐共同保温,发现鸟氨酸(ornithine)和瓜氨酸(citrulline)都有催化铵盐合成尿素的作用。赖氨酸与鸟氨酸的结构非常相似,却无这种作用。所以较合理的解释是,在尿素合成的一系列反应中,应当包括 NH_3、CO_2 和鸟氨酸共同合成一种中间化合物,这个中间化合物在肝中能以合理的速度生成尿素,同时再生成鸟氨酸。精氨酸符合作为这个中间化合物的要求,下式表示这种关系:

上述两个反应的结果说明鸟氨酸催化 NH_3 和 CO_2 生成了尿素,精氨酸是重要的中间化合物。这个学说不仅表明鸟氨酸在合成尿素时起催化作用,而且也符合前人有关尿素合成的一些发现。如只有哺乳类动物是以尿素为主要的氮代谢最终产物(鸟类氮代谢的最终产物是尿酸),也只有哺乳类动物的肝存在精氨酸酶(arginase)。精氨酸酶能够催化精氨酸水解生成尿素及鸟氨酸。

以 Hans Krebs 和 Kurt Henseleit 的学说为基础,推断瓜氨酸是鸟氨酸转变为精氨酸的中间产物(比较这三种化合物的结构)。同时实验也发现瓜氨酸与鸟氨酸都具有催化铵盐合成尿素的作用。用大量鸟氨酸和铵盐及大鼠肝切片共同保温,可观察到瓜氨酸的积存。总结以上,提出了肝中合成尿素的鸟氨酸循环学说(图8-8)。

图 8-8　尿素生成的鸟氨酸循环

(二)肝中鸟氨酸循环的反应步骤

鸟氨酸循环的具体过程比较复杂,大体可分为以下五步。

1. NH_3、CO_2 和 ATP 缩合生成氨基甲酰磷酸(carbamoyl phosphate)　尿素的生物合成始于氨基甲酰磷酸。在 Mg^{2+}、ATP 及 N-乙酰谷氨酸(N-acetyl glutamic acid,AGA)存在时,NH_3 与 CO_2 可由氨基甲酰磷酸合成酶 I(carbamoyl phosphate synthetase I,CPS-I)催化生成氨基甲酰磷酸。

$$NH_3 + CO_2 + H_2O + 2ATP \xrightarrow[\text{N-乙酰谷氨酸,Mg}^{2+}]{\text{氨基甲酰磷酸合成酶 I}} H_2N\overset{\overset{\displaystyle O}{\|}}{C}-O\sim PO_3^{2-} + 2ADP + Pi$$

此反应消耗 2 分子 ATP,为酰胺键和酸酐键的合成提供驱动力。CPS-I 是鸟氨酸循环过程中的关键酶,催化不可逆反应。此酶只有在别构激活剂 N-乙酰谷氨酸存在时才能被激活,N-乙酰谷氨酸可诱导 CPS-I 的构象发生改变,进而增加酶对 ATP 的亲和力。CPS-I 和 AGA 都存在于肝细胞线粒体中。

2. **氨基甲酰磷酸与鸟氨酸反应生成瓜氨酸**   在鸟氨酸氨基甲酰转移酶(ornithine carbamoyl transferase,OCT)催化下,氨基甲酰磷酸上的氨基甲酰部分转移到鸟氨酸上,生成瓜氨酸和磷酸。此反应不可逆,OCT 也存在于肝细胞线粒体中。

3. **瓜氨酸与天冬氨酸反应生成精氨酸代琥珀酸**   瓜氨酸在线粒体合成后,即被转运到线粒体外,在胞质中经精氨酸代琥珀酸合成酶(argininosuccinate synthetase)催化,与天冬氨酸反应生成精氨酸代琥珀酸。此反应由 ATP 供能,天冬氨酸提供了尿素分子中的第二个氮原子。精氨酸代琥珀酸合成酶也是鸟氨酸循环过程中的关键酶。

4. **精氨酸代琥珀酸裂解生成精氨酸与延胡索酸**   精氨酸代琥珀酸在精氨酸代琥珀酸裂解酶的催化下,裂解生成精氨酸与延胡索酸。反应产物精氨酸分子中保留了来自游离 NH_3 和天冬氨酸分子中的氮。

上述反应裂解生成的延胡索酸可经柠檬酸循环的中间步骤转变成草酰乙酸,后者与谷氨酸在 AST 催化下进行转氨基反应,又可重新生成天冬氨酸,而谷氨酸的氨基可来自体内的多种氨基酸。由此可见,体内多种氨基酸的氨基可通过天冬氨酸的形式参与尿素的合成。

5. **精氨酸水解释放尿素并再生成鸟氨酸**   在胞质中,精氨酸由精氨酸酶催化,水解生成尿素和鸟氨酸。鸟氨酸通过线粒体内膜上载体的转运再进入线粒体,参与瓜氨酸的合成。如此反复,完成鸟氨酸循环。尿素则作为代谢终产物排出体外。

综上所述,尿素合成的总反应为:

$$2NH_3+CO_2+3ATP+3H_2O \rightleftharpoons H_2N-CO-NH_2+2ADP+AMP+4Pi$$

尿素合成的中间步骤及其在细胞中的定位总结于图 8-9。

图 8-9　尿素生成的中间步骤和细胞定位

①氨基甲酰磷酸合成酶 I;②鸟氨酸氨基甲酰转移酶;③精氨酸代琥珀酸合成酶;④精氨酸代琥珀酸裂解酶;⑤精氨酸酶

(三) 尿素合成受膳食蛋白质和两种关键酶的调节

1. **高蛋白质膳食增加尿素生成**　尿素合成受食物蛋白质的影响。进食高蛋白质膳食时,蛋白质分解增多,尿素合成速度加快,尿素可占排出氮的 90%;反之,摄取低蛋白质膳食时,尿素合成速度减慢,尿素约占排出氮的 60%。

2. **AGA 激活 CPS-I 启动尿素合成**　CPS-I 是鸟氨酸循环启动的关键酶。如前所述,AGA 是 CPS-I 的别构激活剂,它是由乙酰 CoA 与谷氨酸通过 AGA 合酶催化生成的。精氨酸是 AGA 合酶的激活剂,精氨酸浓度增高时,尿素合成增加。

3. **精氨酸代琥珀酸合成**　酶促进尿素合成参与尿素合成的酶系中,精氨酸代琥珀酸合成酶的活性最低,是尿素合成启动以后的关键酶,可调节尿素的合成速度。

(四) 尿素生成障碍可引起高血氨症或氨中毒

在正常生理情况下,血氨的来源与去路保持动态平衡,而氨在肝中合成尿素是维持这种平衡的关键。当某种原因,例如肝功能严重损伤或尿素合成相关酶遗传性缺陷时,都可导致尿素合成发生障碍,血氨浓度升高,称为高血氨症(hyperammonemia)。常见的临床症状包括呕吐、厌食、间歇性共济失调、嗜睡甚至昏迷等。高血氨的毒性作用机制尚不完全清楚。一般认为,氨进入脑组织,可与脑中的 α-酮戊二酸结合生成谷氨酸,氨也可与脑中的谷氨酸进一步结合生成谷氨酰胺。高血氨时,脑中氨的增加可使脑细胞中的 α-酮戊二酸减少,导致三羧酸循环减弱,ATP 生成减少,引起大脑功能障碍,严重时可发生昏迷(称为肝性脑病)。另一种可能性是谷氨酸、谷氨酰胺增多,渗透压增大引起脑水肿所致。

第四节　个别氨基酸的代谢

氨基酸的分解代谢除共有代谢途径外,因其侧链不同,有些氨基酸还存在特殊的代谢途径,并具有重要的生理意义。本节仅对几种重要的氨基酸代谢途径进行描述。

一、氨基酸脱羧基作用需要脱羧酶催化

有些氨基酸可通过脱羧基作用(decarboxylation)生成相应的胺类。催化脱羧基反应的酶称为脱羧酶(decarboxylase),氨基酸脱羧酶的辅酶是磷酸吡哆醛。体内胺类含量虽然不高,但具有重要的生理功能。细胞内广泛存在的胺氧化酶(amine oxidase)能将胺氧化成相应的醛、NH_3 和 H_2O_2。醛类可继续氧化成羧酸,羧酸再氧化成 CO_2 和 H_2O 或随尿排出,从而避免胺类的蓄积。胺氧化酶属于黄素蛋白,在肝中活性最高。

$$\underset{\text{氨基酸}}{HOOC-\overset{R}{\underset{}{C}}H-NH_2} \xrightarrow[\text{脱羧酶}]{-CO_2} \underset{\text{胺}}{R-CH_2-NH_2} \xrightarrow[\text{单胺氧化酶}]{\underset{H_2O}{O_2} \ \ \overset{H_2O_2}{NH_3}} \underset{\text{醛}}{RCHO} \xrightarrow{+1/2\ O_2} \underset{\text{羧酸}}{RCOOH}$$

(一) 谷氨酸脱羧生成 γ-氨基丁酸

谷氨酸由 L-谷氨酸脱羧酶催化脱去羧基生成 γ-氨基丁酸(γ-aminobutyric acid,GABA)。L-谷氨酸脱羧酶在脑及肾组织中活性很高,因而 γ-氨基丁酸在脑组织中的浓度较高。GABA 是抑制性神经递质,对中枢神经有抑制作用。

$$\underset{\text{谷氨酸}}{\begin{matrix}COOH\\|\\(CH_2)_2\\|\\CHNH_2\\|\\COOH\end{matrix}} \xrightarrow[CO_2]{L\text{-谷氨酸脱羧酶}} \underset{\text{γ-氨基丁酸}}{\begin{matrix}COOH\\|\\(CH_2)_2\\|\\CH_2NH_2\end{matrix}}$$

(二) 组氨酸脱羧生成组胺

组氨酸由组氨酸脱羧酶催化脱去羧基生成组胺(histamine)。组胺在体内分布广泛,乳腺、肺、肝、肌及胃黏膜中含量较高,主要存在于肥大细胞中。

组胺是一种强烈的血管扩张剂,并能增加毛细血管的通透性。组胺可使平滑肌收缩,引起支气管痉挛导致哮喘。组胺还能促进胃黏膜细胞分泌胃蛋白酶原及胃酸。

组氨酸 →(组氨酸脱羧酶, CO_2)→ 组胺

（三） 色氨酸经过羟化后脱羧生成5-羟色胺

色氨酸首先经色氨酸羟化酶催化生成5-羟色氨酸（5-hydroxytryptophan），然后由5-羟色氨酸脱羧酶催化生成5-羟色胺。

5-羟色胺广泛分布于体内各组织，除神经组织外，还存在于胃、肠、血小板及乳腺细胞中。脑组织中的5-羟色胺是一种神经递质，具有抑制作用，直接影响神经传导。在外周组织，5-羟色胺具有强烈的血管收缩作用。5-羟色胺经单胺氧化酶催化生成5-羟色醛，进一步氧化生成5-羟吲哚乙酸随尿排出。

色氨酸 →(色氨酸羟化酶)→ 5-羟色氨酸

5-羟色氨酸 →(5-羟色氨酸脱羧酶, CO_2)→ 5-羟色胺

（四） 某些氨基酸脱羧基可产生多胺类物质

多胺是指含有多个氨基的化合物。在体内，某些氨基酸经脱羧基作用可以产生多胺类物质。例如鸟氨酸经脱羧基作用生成腐胺（putrescine），然后腐胺又可转变成亚精胺（spermidine）及精胺（spermine）。

L-鸟氨酸 →(鸟氨酸脱羧酶, CO_2)→ $H_2N-(CH_2)_4-NH_2$ (腐胺)

S-腺苷甲硫氨酸(SAM) →(SAM脱羧酶, CO_2)→ 腺苷$-\overset{+}{\underset{CH_3}{S}}-(CH_2)_3-NH_2$ (脱羧基SAM)

腐胺 + 脱羧基SAM →(丙胺转移酶, 腺苷—S—CH_3)→ $H_2N-(CH_2)_4-NH-(CH_2)_3-NH_2$ (亚精胺)

亚精胺 + 脱羧基SAM →(丙胺转移酶, 腺苷—S—CH_3)→ $H_2N-(CH_2)_3-NH-(CH_2)_4-NH-(CH_2)_3-NH_2$ (精胺)

鸟氨酸脱羧酶（ornithine decarboxylase）是多胺（polyamine）合成的关键酶。精胺与亚精胺是调节细胞生长的重要物质。凡生长旺盛的组织，如胚胎、再生肝、肿瘤组织等，鸟氨酸脱羧酶的活性和多胺的含量都有所增加。多胺促进细胞增殖的机制可能与其稳定细胞结构、与核酸分子结合及促进核酸和蛋白质的生物合成有关。在体内多胺大部分与乙酰基结合随尿排出，小部分氧化成 CO_2 和 NH_3。目前临床上常测定病人血或尿中多胺的水平作为肿瘤辅助诊断及病情变化的生化指标之一。

二、某些氨基酸在分解代谢中产生一碳单位

（一） 四氢叶酸作为一碳单位的载体参与一碳单位代谢

一碳单位（one carbon unit）是指某些氨基酸在分解代谢过程中产生的含有一个碳原子的有机基

团,包括甲基(—CH₃)、亚甲基(—CH₂—)、次甲基(═CH—)、甲酰基(—CHO)及亚氨甲基(—CH═NH)等。一碳单位不能游离存在,常与四氢叶酸(tetrahydrofolic acid,FH₄)结合被转运并参与代谢,四氢叶酸是一碳单位的运载体。在体内,四氢叶酸是由叶酸经过二氢叶酸还原酶(dihydrofolate reductase)催化,分两步还原反应生成的。

5,6,7,8-四氢叶酸(FH₄)

(二) 由氨基酸产生的一碳单位可相互转变

一碳单位主要来自丝氨酸、甘氨酸、组氨酸及色氨酸的分解代谢,苏氨酸通过间接转变成为甘氨酸也可以产生一碳单位。一碳单位由氨基酸生成的同时即结合在四氢叶酸的 N^5、N^{10} 位上。四氢叶酸的 N^5 结合甲基或亚氨甲基,N^5 和 N^{10} 结合亚甲基或次甲基,N^5 或 N^{10} 结合甲酰基。例如:

各种不同形式的一碳单位中,碳原子的氧化状态不同。在适当条件下,它们可以通过氧化还原反应而彼此转变(图 8-10)。但是在这些反应中,N^5-甲基四氢叶酸的生成是不可逆的。

$N^5—CH_3—FH_4$
（N^5-甲基四氢叶酸）

↑↓

$N^5,N^{10}—CH_2—FH_4$
（N^5,N^{10}-亚甲四氢叶酸）

↑↓

$N^5,N^{10}=CH—FH_4$　↔　$N^5—CH=NH—FH_4$
（N^5,N^{10}-次甲四氢叶酸）　　　（N^5-亚氨甲基四氢叶酸）

↑↓

$N^{10}—CHO—FH_4$
（N^{10}-甲酰四氢叶酸）

图 8-10　各种不同形式一碳单位的转换

（三）一碳单位的主要功能是参与嘌呤和嘧啶的合成

氨基酸分解代谢过程中产生的一碳单位可作为嘌呤和嘧啶的合成原料。例如，N^{10}-CHO-FH_4 为嘌呤碱基的合成提供甲基。故一碳单位在核酸的生物合成中具有重要作用，一碳单位将氨基酸代谢与核苷酸代谢密切联系起来。一碳单位代谢障碍或 FH_4 不足时，可引起巨幼细胞贫血等疾病。应用磺胺类药物可抑制某些细菌合成二氢叶酸，进而抑制细菌繁殖，但对人体影响不大。应用叶酸类似物如甲氨蝶呤等可抑制 FH_4 的生成，从而抑制核酸的合成，起到抗肿瘤作用。

三、含硫氨基酸代谢可产生多种生物活性物质

含硫氨基酸包括甲硫氨酸、半胱氨酸和胱氨酸。甲硫氨酸可以转变为半胱氨酸和胱氨酸，半胱氨酸和胱氨酸又可以互相转变，但后两种都不能转变为甲硫氨酸，所以甲硫氨酸是营养必需氨基酸🔲。

（一）甲硫氨酸参与甲基转移反应

1. 甲硫氨酸转甲基作用与甲硫氨酸循环有关　甲硫氨酸分子中含有 S-甲基，通过各种转甲基作用可生成多种含甲基的生理活性物质，如肾上腺素、肉碱、胆碱及肌酸等。但在转甲基反应前，甲硫氨酸必须经腺苷转移酶（adenosyl transferase）的催化与 ATP 反应，生成 S-腺苷甲硫氨酸（S-adenosyl methionine，SAM）。SAM 中的甲基称为活性甲基，故 SAM 称为活性甲硫氨酸。SAM 是体内最重要的甲基直接供体。据统计，体内约有 50 余种物质需要 SAM 提供甲基，生成相应的甲基化合物。

S—CH₃ 结构式　　腺苷转移酶 ATP → PPi + Pi　　S-腺苷甲硫氨酸 结构式

甲硫氨酸　　→　　S-腺苷甲硫氨酸

S-腺苷甲硫氨酸经甲基转移酶（methyltransferase）催化，将甲基转移至另一种物质，使其发生甲基化（methylation）反应，而 S-腺苷甲硫氨酸失去甲基后生成 S-腺苷同型半胱氨酸，后者脱去腺苷生成同型半胱氨酸（homocysteine）。同型半胱氨酸若再接受 N^5-CH₃-FH_4 提供的甲基，则可重新生成甲硫氨酸。由此形成一个循环过程，称为甲硫氨酸循环（methionine cycle）（图 8-11）。此循环的生理意义是由 N^5-CH₃-FH_4 提供甲基生成甲硫氨酸，再通过 SAM 提供甲基，以进行体内广泛存在的甲基化反应，由此，N^5-CH₃-FH_4 可看成是体内甲基的间接供体。

在甲硫氨酸循环反应中，虽然同型半胱氨酸接受甲基后可以生成甲硫氨酸，但体内不能合成同型半胱氨酸，它只能由甲硫氨酸转变而来，故甲硫氨酸必须由食物提供，不能在体内合成。

图 8-11   甲硫氨酸循环

N^5-CH_3-FH_4 提供甲基使同型半胱氨酸转变成甲硫氨酸的反应由 N^5-甲基四氢叶酸转甲基酶催化,此酶又称甲硫氨酸合成酶,其辅酶是维生素 B_{12},参与甲基的转移。当维生素 B_{12} 缺乏时,N^5-CH_3-FH_4 上的甲基不能转移给同型半胱氨酸。这不仅影响甲硫氨酸的合成,同时也影响四氢叶酸的再生,使组织中游离的四氢叶酸含量减少,一碳单位参与碱基合成受到影响,可导致核酸合成障碍,影响细胞分裂。因此,维生素 B_{12} 不足时可引起巨幼细胞贫血。另外,同型半胱氨酸在血中浓度升高,可能是动脉粥样硬化和冠心病发生的独立危险因素。

2. **甲硫氨酸为肌酸合成提供甲基**   肌酸(creatine)和磷酸肌酸(creatine phosphate)是能量储存与利用的重要化合物。肌酸是以甘氨酸为骨架,由精氨酸提供脒基,S-腺苷甲硫氨酸提供甲基合成的,肝是合成肌酸的主要器官。在肌酸激酶(creatine kinase,CK)催化下,肌酸接受 ATP 的高能磷酸基形成磷酸肌酸。磷酸肌酸作为能量的储存形式,在心肌、骨骼肌及脑组织中含量丰富。

肌酸激酶由两种亚基组成,即 M 亚基(肌型)与 B 亚基(脑型),构成 3 种同工酶:MM、MB 和 BB。它们在体内各组织中的分布不同,MM 主要在骨骼肌,MB 主要在心肌,而 BB 主要在脑。当心肌梗死时,血中 MB 型肌酸激酶的活性增高,因此可作为心肌梗死的辅助诊断指标之一。

图 8-12   肌酸代谢

肌酸和磷酸肌酸的终末代谢产物是肌酐(creatinine)。肌酐主要在骨骼肌中通过磷酸肌酸的非酶促反应生成。肌酸、磷酸肌酸和肌酐的代谢见图 8-12。肌酐随尿排出,正常人每日尿中肌酐的排出量恒定。当肾功能障碍时,肌酐排出受阻,血中浓度升高。因此,血中肌酐的测定有助于肾功能不全的诊断。

(二) 半胱氨酸与多种生理活性物质的生成有关

1. 半胱氨酸与胱氨酸可以互变 半胱氨酸含有巯基(—SH),胱氨酸含有二硫键(—S—S—),两者可以相互转变。

$$2 \begin{array}{c} CH_2SH \\ | \\ CHNH_2 \\ | \\ COOH \end{array} \underset{+2H}{\overset{-2H}{\rightleftharpoons}} \begin{array}{c} CH_2-S-S-CH_2 \\ | \qquad\qquad | \\ CHNH_2 \qquad CHNH_2 \\ | \qquad\qquad | \\ COOH \qquad COOH \end{array}$$

半胱氨酸 　　　　　　　　　　　胱氨酸

在许多蛋白质分子中,两个半胱氨酸残基间形成的二硫键对于维持蛋白质空间构象的稳定及其功能具有重要作用。如胰岛素的 A、B 链就是以二硫键连接的,若二硫键断裂,胰岛素即失去其生物活性。体内有许多重要的酶,如琥珀酸脱氢酶、乳酸脱氢酶等,其活性与半胱氨酸的巯基直接有关,故有巯基酶之称。某些毒物,如芥子气、重金属盐等,能与酶分子中的巯基结合而抑制该酶的活性。体内存在的还原型谷胱甘肽能保护酶分子上的巯基,因而有重要的生理功能。

2. 半胱氨酸可转变成牛磺酸 半胱氨酸首先氧化成磺基丙氨酸,再经磺基丙氨酸脱羧酶催化,脱去羧基生成牛磺酸。牛磺酸是结合胆汁酸的组成成分之一。

$$\begin{array}{c} CH_2SH \\ | \\ CH-NH_2 \\ | \\ COOH \end{array} \xrightarrow{3(O)} \begin{array}{c} CH_2SO_3H \\ | \\ CH-NH_2 \\ | \\ COOH \end{array} \xrightarrow{\text{磺基丙氨酸脱羧酶}} \begin{array}{c} CH_2SO_3H \\ | \\ CH_2NH_2 \end{array}$$

L-半胱氨酸 　　　　　　磺基丙氨酸 　　　　　　　　牛磺酸

3. 半胱氨酸可生成活性硫酸根 含硫氨基酸氧化分解均可产生硫酸根,但半胱氨酸是体内硫酸根的主要来源。半胱氨酸可以直接脱去巯基和氨基,生成丙酮酸、氨和 H_2S。H_2S 经氧化生成 H_2SO_4。体内的硫酸根,一部分以无机盐的形式随尿排出,另一部分由 ATP 活化生成活性硫酸根,即 3'-磷酸腺苷-5'-磷酸硫酸(3'-phospho-adenosine-5'-phospho-sulfate,PAPS),反应过程如下:

$$ATP + SO_4^{2-} \xrightarrow{-PPi} AMP-SO_3^- \xrightarrow{+ATP} 3'-PO_3H_2-AMP-SO_3^- + ADP$$

腺苷-5'-磷酰硫酸 　　　　　　　　　PAPS

$$\begin{array}{c} O \\ \| \\ ^-O_3S-O-P-O-CH \\ | \\ OH \end{array} \begin{array}{c} O \\ \diagdown \\ \diagup \\ H_2O_3PO \quad OH \end{array} A$$

PAPS的结构

PAPS 化学性质活泼,在肝生物转化中可提供硫酸根使某些物质生成硫酸酯。例如,类固醇激素可形成硫酸酯而被灭活,一些外源性酚类化合物也可以形成硫酸酯而排出体外。此外,PAPS 还可参与硫酸角质素及硫酸软骨素等分子中硫酸化氨基糖的合成。

四、芳香族氨基酸代谢需要加氧酶催化

芳香族氨基酸包括苯丙氨酸、酪氨酸和色氨酸。酪氨酸可由苯丙氨酸羟化生成。苯丙氨酸与色

氨酸为营养必需氨基酸。

（一）苯丙氨酸和酪氨酸代谢既有联系又有区别

1. 苯丙氨酸羟化生成酪氨酸　正常情况下，苯丙氨酸的主要代谢途径是经羟化作用生成酪氨酸，反应由苯丙氨酸羟化酶（phenylalanine hydroxylase）催化。苯丙氨酸羟化酶主要存在于肝等组织，属一种单加氧酶，辅酶是四氢生物蝶呤，催化的反应不可逆，故酪氨酸不能转变为苯丙氨酸。

苯丙氨酸除转变为酪氨酸外，少量可经转氨基作用生成苯丙酮酸。先天性苯丙氨酸羟化酶缺陷病人，不能将苯丙氨酸羟化为酪氨酸。因此，苯丙氨酸经转氨基作用生成苯丙酮酸。大量的苯丙酮酸及其部分代谢产物（苯乳酸及苯乙酸等）由尿排出，称为苯丙酮尿症（phenylketonuria，PKU）。苯丙酮酸的堆积对中枢神经系统有毒性，导致脑发育障碍，患儿智力低下。治疗原则是早期发现，并适当控制膳食中苯丙氨酸的含量。

2. 酪氨酸转变为儿茶酚胺和黑色素或彻底氧化分解　酪氨酸的进一步代谢与合成某些神经递质、激素及黑色素有关。酪氨酸在肾上腺髓质和神经组织经酪氨酸羟化酶（tyrosine hydroxylase）催化生成 3,4-二羟苯丙氨酸（3,4-dihydroxyphenylalanine，DOPA），又称多巴。与苯丙氨酸羟化酶相似，酪氨酸羟化酶也是以四氢生物蝶呤为辅酶的单加氧酶。多巴在多巴脱羧酶的作用下，脱去羧基生成多巴胺（dopamine）。多巴胺是一种神经递质。帕金森病（Parkinson disease）病人脑内多巴胺生成减少。在肾上腺髓质，多巴胺侧链的 β-碳原子再被羟化，生成去甲肾上腺素（norepinephrine），后者甲基化生成肾上腺素（epinephrine）。多巴胺、去甲肾上腺素及肾上腺素统称为儿茶酚胺（catecholamine）。酪氨酸羟化酶是合成儿茶酚胺的关键酶，受终产物的反馈调节。

酪氨酸代谢的另一条途径是合成黑色素（melanin）。在黑色素细胞中，酪氨酸经酪氨酸酶（tyrosinase）作用，羟化生成多巴，后者经氧化、脱羧等反应转变成吲哚醌，最后吲哚醌聚合为黑色素。先天性酪氨酸酶缺乏的病人，因不能合成黑色素，皮肤毛发等发白，称为白化病（albinism）。病人对阳光敏感，易患皮肤癌。

除上述代谢途径外，酪氨酸还可在转氨酶的催化下，生成对羟苯丙酮酸，后者经尿黑酸等中间产物进一步转变成延胡索酸和乙酰乙酸，然后两者分别沿糖和脂质代谢途径进行代谢。因此，苯丙氨酸和酪氨酸是生糖兼生酮氨基酸。当体内尿黑酸分解代谢的酶先天性缺陷时，尿黑酸的分解受阻，可出现尿黑酸尿症（alkaptonuria）。

苯丙氨酸和酪氨酸的代谢过程总结如下：

（二）色氨酸分解代谢可产生丙酮酸和乙酰乙酰 CoA

色氨酸除生成 5-羟色胺外,还可在肝经色氨酸加氧酶(trypto-phan oxygenase)催化,生成一碳单位和多种酸性中间代谢产物。色氨酸经分解可产生丙酮酸和乙酰乙酰 CoA,故色氨酸为生糖兼生酮氨基酸。少部分色氨酸还可转变成烟酸,但合成量很少,不能满足机体的需要。

五、支链氨基酸的分解有相似的代谢过程

支链氨基酸包括缬氨酸、亮氨酸和异亮氨酸,它们都是营养必需氨基酸,在体内的分解有相似的代谢过程,大致分为三个阶段:①通过转氨基作用生成相应的 α-酮酸;②通过氧化脱羧生成相应的脂酰 CoA;③通过 β-氧化过程生成不同的中间产物参与三羧酸循环,其中缬氨酸分解产生琥珀酰 CoA,亮氨酸产生乙酰 CoA

图 8-13　支链氨基酸的分解代谢

和乙酰乙酰 CoA,异亮氨酸产生琥珀酰 CoA 和乙酰 CoA。所以,这三种氨基酸分别是生糖氨基酸、生酮氨基酸和生糖兼生酮氨基酸。支链氨基酸的分解代谢主要在骨骼肌中进行(图8-13)。

　　综上所述,氨基酸除了作为合成蛋白质的原料外,还可以转变为神经递质、激素及其他重要的含氮生理活性物质(表8-3)。值得指出的是,其中一氧化氮(NO)的细胞信号转导功能研究近年来受到高度关注,而体内 NO 正是由精氨酸在一氧化氮合酶(nitric oxide synthase,NOS)催化下生成的,反应如下:

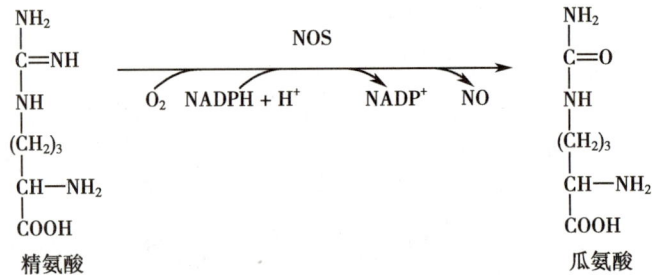

$$
\begin{array}{c}
NH_2 \\
| \\
C{=}NH \\
| \\
NH \\
| \\
(CH_2)_3 \\
| \\
CH{-}NH_2 \\
| \\
COOH
\end{array}
\quad
\xrightarrow[\;O_2\quad NADPH+H^+ \qquad NADP^+\quad NO\;]{\;NOS\;}
\quad
\begin{array}{c}
NH_2 \\
| \\
C{=}O \\
| \\
NH \\
| \\
(CH_2)_3 \\
| \\
CH{-}NH_2 \\
| \\
COOH
\end{array}
$$

精氨酸　　　　　　　　　　　　　　　　　　　　　　　瓜氨酸

表8-3　氨基酸衍生的重要含氮化合物

氨基酸	衍生的化合物
天冬氨酸、谷氨酰胺、甘氨酸	嘌呤碱(含氮碱基、核酸成分)
天冬氨酸	嘧啶碱(含氮碱基、核酸成分)
甘氨酸	卟啉化合物(细胞色素、血红素成分)
苯丙氨酸、酪氨酸	儿茶酚胺、甲状腺素(神经递质、激素)
色氨酸	5-羟色胺、烟酸(神经递质、维生素)
谷氨酸	γ-氨基丁酸(神经递质)
甲硫氨酸、鸟氨酸	亚精胺、精胺(细胞增殖促进剂)
组氨酸	组胺(血管舒张剂)
半胱氨酸	牛磺酸(结合胆汁酸成分)
苯丙氨酸、酪氨酸	黑色素(皮肤色素)
甘氨酸、精氨酸、甲硫氨酸	肌酸、磷酸肌酸(能量储存)
精氨酸	一氧化氮(NO)(细胞信息转导分子)

小　结

　　氨基酸除作为合成蛋白质的原料外,还可转变成某些激素、神经递质及核苷酸等含氮物质。人体内氨基酸的来源有:食物蛋白质的消化吸收、组织蛋白质的分解和体内合成。外源性与内源性的氨基酸共同构成氨基酸代谢库,参与体内代谢。

　　氨基酸的分解代谢包括一般代谢和个别代谢。氨基酸的一般分解代谢途径是针对氨基酸的 α-氨基和 α-酮酸共性结构的分解。氨基酸通过转氨基作用、氧化脱氨基作用等方式脱去氨基,生成 α-酮酸。有毒的氨以丙氨酸和谷氨酰胺的形式运往肝或肾,在肝经鸟氨酸循环合成尿素。脱去氨基生成的 α-酮酸,可转变成糖或脂质,可经氨基化生成营养非必需氨基酸,也可彻底氧化分解并提供能量。

　　氨基酸代谢除共有的一般代谢途径外,因其侧链不同,有些氨基酸还有其特殊的代谢途径。氨基酸脱羧基作用产生的胺类化合物具有重要的生理功能;某些氨基酸分解代谢过程中产生的一碳单位可用于嘌呤和嘧啶核苷酸的合成;含硫氨基酸代谢产生的活性甲基,参与体内重要含甲基化合物的合成;芳香族氨基酸代谢产生重要的神经递质、激素及黑色素。

思 考 题

1. 简述体内氨基酸的来源和主要代谢去路。
2. 何谓一碳单位? 哪些氨基酸在代谢过程中可产生一碳单位? 有何生物学意义?
3. 请分析谷氨酸和精氨酸治疗肝性脑病的生化机制。
4. 体内重要的转氨酶有哪几种? 测定血清中这些转氨酶的活性有何意义?

(解 军)

第九章 核苷酸代谢

核苷酸是核酸的基本结构单位。核苷酸在体内分布广泛,发挥多种重要的生物学功能。人体内的核苷酸主要由自身合成,因此不属于营养必需物质。核苷酸可由核酸酶水解产生或通过利用体内原料合成。本章主要从代谢角度介绍人体细胞利用各种原料合成嘌呤和嘧啶核苷酸的过程,以及嘌呤和嘧啶核苷酸的分解代谢过程。其分解及合成过程异常与某些疾病的发生及治疗密切相关,一些嘌呤、嘧啶、氨基酸或叶酸类似物可通过竞争性机制抑制核苷酸的合成,称为抗代谢物,在肿瘤的治疗中发挥重要作用。

第一节 核苷酸代谢概述

核苷酸在细胞中主要以5′-核苷酸形式存在,其中5′-ATP含量最多。通常情况下,细胞中核苷酸的浓度远远超过脱氧核苷酸,前者约在毫摩尔(mmol)范围,而后者只在微摩尔(μmol)水平。在细胞分裂周期中,细胞内脱氧核苷酸含量波动范围较大,核苷酸浓度则相对稳定。不同类型细胞中各种核苷酸含量差异很大。而在同一种细胞中,各种核苷酸含量虽也有差异,但核苷酸总含量变化不大。

一、核苷酸具有多种生物学功能

核苷酸具有多种生物学功用:①作为核酸合成的原料,这是核苷酸最主要的功能。②作为体内能量的利用形式。ATP是细胞的主要能量形式。此外GTP等也可以提供能量。③参与代谢和生理调节。某些核苷酸或其衍生物是重要的调节分子。例如cAMP是多种细胞膜受体激素作用的第二信使;cGMP也与代谢调节有关。④组成辅酶🖼。例如腺苷酸可作为多种辅酶(NAD⁺、FAD、CoA等)的组成成分。⑤活化中间代谢物。核苷酸可以作为多种活化中间代谢物的载体。例如UDP-葡糖是合成糖原、糖蛋白的活性原料,CDP-甘油二酯是合成磷脂的活性原料,S-腺苷甲硫氨酸是活性甲基的载体等。ATP还可作为蛋白激酶反应中磷酸基团的供体。

二、核酸经核酸酶水解为核苷酸被继续水解后吸收

(一)核酸酶

核酸酶是所有可以水解核酸的酶。依据核酸酶作用的底物不同可以将其分为DNA酶(deoxyribonuclease,DNase)和RNA酶(ribonuclease,RNase)两类。DNA酶能够专一性地催化脱氧核糖核酸的水解,而RNA酶能够专一性地催化核糖核酸的水解。按照对底物二级结构的专一性,核酸酶还有单链酶和双链酶之分。

依据对底物的作用方式可将核酸酶分为核酸外切酶(exonuclease)和核酸内切酶(endonuclease)。核酸外切酶仅能水解位于核酸分子链末端的磷酸二酯键。根据其作用的方向性,又有5′→3′核酸外切酶和3′→5′核酸外切酶之分。从5′端切除核苷酸的称为5′→3′核酸外切酶;从3′端切除核苷酸的称为3′→5′核酸外切酶。而核酸内切酶只可以在DNA或RNA分子内部切断磷酸二酯键。有些核酸内切酶的酶切位点具有核酸序列特异性,称为限制性内切核酸酶(restriction endonuclease)。一般而言,限制性内切核酸酶的酶切位点的核酸序列具有回文结构,识别长度为4~8bp(见第二十三章)。有些核酸内切酶则没有序列特异性的要求。

细胞内的核酸酶一方面参与 DNA 的合成与修复及 RNA 合成后的剪接等重要的基因复制和基因表达过程;另一方面负责清除多余的、结构和功能异常的核酸,同时也可以清除侵入细胞的外源性核酸,这些作用对于维持细胞的正常活动具有重要意义。核酸酶可以分泌到细胞外,例如在人体消化液中的核酸酶可以降解食物中的核酸以利吸收。特别是限制性内切核酸酶,由于它能够特异性地识别酶切位点,已经成为了分子生物学中的重要工具酶。目前已发现的有 3000 余种。

有些核酸酶属于多功能酶。例如,有些 DNA 聚合酶同时具有核酸外切酶活性,在 DNA 复制过程中可以切除错配的碱基,保证 DNA 生物合成的精确性。

（二）核酸的消化与吸收

食物中的核酸多以核蛋白的形式存在。核蛋白在胃中受胃酸的作用,分解成核酸与蛋白质。核酸进入小肠后,受胰液和肠液中各种水解酶的作用逐步水解(图 9-1)。在小肠内,胰腺分泌的 DNA 酶和 RNA 酶可水解 DNA 和 RNA 生成寡核苷酸和部分单核苷酸。小肠黏膜细胞可分泌对底物有一定特异性的二酯酶和核苷酸酶。二酯酶水解寡核苷酸生成单核苷酸,核苷酸酶则可水解核苷酸生成核苷和磷酸。核苷可通过被动扩散方式吸收。但嘧啶核苷可被肠黏膜细胞内生成的嘧啶核苷酶水解生成嘧啶碱基,可以通过扩散方式吸收。因此,核苷酸及其水解产物均可被细胞吸收,并且绝大部分在肠黏膜细胞中被进一步分解。分解产生的戊糖被吸收而参加体内的戊糖代谢;嘌呤和嘧啶碱则主要被分解而排出体外。所以食物来源的嘌呤和嘧啶碱很少被机体利用。

图 9-1　核酸的消化

三、核苷酸代谢包括合成和分解代谢

核苷酸根据碱基组成不同分为嘌呤核苷酸和嘧啶核苷酸两大类。这两种核苷酸的代谢均包括合成和分解代谢。核苷酸合成代谢根据方式的不同均包括从头合成和补救合成两种途径。从头合成的碱基来源是利用氨基酸、一碳单位及 CO_2 等新合成含 N 的杂环;补救合成碱基的来源于体内游离碱基。在分解代谢中,嘌呤核苷酸的分解产物主要是水溶性较差的尿酸;嘧啶核苷酸的分解产物是易溶于水的 NH_3、CO_2 及 β-丙氨酸。

第二节　嘌呤核苷酸的合成与分解代谢

一、嘌呤核苷酸的合成存在从头合成和补救合成两条途径

生物体内细胞利用磷酸核糖、氨基酸、一碳单位和 CO_2 等简单物质为原料,经过一系列酶促反应,合成嘌呤核苷酸,称为从头合成途径(de novo synthesis)(动画 9-1"嘌呤核苷酸合成过程中的元素来源");利用体内游离的嘌呤或嘌呤核苷,经过简单的反应过程,合成嘌呤核苷酸,称为补救合成途径(salvage pathway),或称重新利用途径。两种途径在人体内不同组织中的重要性不同,从头合成嘌呤核苷酸的主要器官是肝,其次是小肠黏膜和胸腺;补救合成的主要器官是脑和骨髓等。一般情况下,前者是合成的主要途径。

（一）嘌呤核苷酸的从头合成

1. **从头合成途径**　除某些细菌外,几乎所有生物体都能合成嘌呤碱。放射性核素示踪实验证明,合成嘌呤碱的前身物均为简单物质,合成嘌呤环的各元素来源包括氨基酸、CO_2 及甲酰基(来自四氢叶酸)等(图 9-2)。嘌呤核苷酸的从头合成在细胞质中进行,其过程是从核糖-5′-磷酸起始逐步合成嘌呤环。反应步骤比较复杂,可分为两个阶段:首先合成次黄嘌呤核苷酸(inosine monophosphate, IMP),然后 IMP 再转变成腺嘌呤核苷酸(AMP)与鸟嘌呤核苷酸(GMP)。

图 9-2   嘌呤碱合成的元素来源

（1）IMP 的合成：IMP 的合成经过 11 步反应完成（图 9-3）。①核糖-5′-磷酸（磷酸戊糖途径中产生）经过磷酸核糖焦磷酸合成酶作用，将 1 分子焦磷酸从 ATP 转移到核糖-5′-磷酸的 C_1 上，活化生成 5′-磷酸核糖-1′-焦磷酸（5′-phosphoribosyl -1′-pyrophosphate，PRPP）。②谷氨酰胺提供酰胺基取代 PRPP 上的焦磷酸，形成 5′-磷酸核糖胺（PRA），此反应由磷酸核糖酰胺转移酶（amidotransferase）催化。PRA 极不稳定，其 $t_{1/2}$ 在 pH 7.5 条件下为 30 秒。该反应是嘌呤核苷酸从头合成的关键步骤。③由 ATP 供能，甘氨酸与 PRA 加合，生成甘氨酰胺核苷酸（glycinamide ribonucleotide，GAR）。④N^{10}-甲酰四氢叶酸供给甲酰基，使 GAR 甲酰化，生成甲酰甘氨酰胺核苷酸（formylglycinamide ribonucleotide，FGAR）。⑤谷氨酰胺提供酰胺氮，使 FGAR 生成甲酰甘氨脒核苷酸

图 9-3   次黄嘌呤核苷酸的从头合成

（formylglycinamidine ribonucleotide，FGAM），此反应消耗 1 分子 ATP。⑥FGAM 脱水环化形成 5-氨基咪唑核苷酸（5-aminoimidazole ribonucleotide，AIR），此反应也需要 ATP 参与。至此，合成了嘌呤环中的咪唑环部分。⑦CO_2 连接到咪唑环上，作为嘌呤碱中 C_6 的来源，生成 5-氨基咪唑-4-羧酸核苷酸（carboxyaminoimidazole ribonucleotide，CAIR）。⑧在 ATP 存在下，天冬氨酸与 CAIR 缩合，生成 N-琥珀酰-5-氨基咪唑-4-甲酰胺核苷酸（N-succinyl-5-aminoimidazole-4-carboxamide ribonucleotide，SAICAR）。⑨SAICAR 脱去 1 分子延胡索酸，裂解为 5-氨基咪唑-4-甲酰胺核苷酸（5-aminoimidazole-4-carboxamide ribonucleotide，AICAR）。⑩N^{10}-甲酰四氢叶酸提供甲酰基（一碳单位），使 AICAR 甲酰化，生成 5-甲酰胺基咪唑-4-甲酰胺核苷酸（N-formylaminoimidazole-4-carboxamide ribonucleotide，FAICAR）。⑪FAICAR 脱水环化，生成 IMP。嘌呤核苷酸从头合成的酶在细胞质中多以酶复合体形式存在。

　　（2）IMP 转变生成 AMP 和 GMP：IMP 虽然不是核酸分子的主要组成单位，但它是嘌呤核苷酸合成的前体或重要中间产物，IMP 可以分别转变成 AMP 和 GMP（图 9-4）。

①腺苷酸代琥珀酸合成酶　　③IMP脱氢酶
②腺苷酸代琥珀酸裂解酶　　④GMP合成酶

图9-4　由 IMP 合成 AMP 及 GMP

　　（3）ATP 和 GTP 的生成：AMP 和 GMP 在激酶作用下，经过两步磷酸化反应，进一步分别生成 ATP 和 GTP。

　　由上述反应过程可以清楚地看到，嘌呤核苷酸是在磷酸核糖分子上逐步合成嘌呤环的，而不是首先单独合成嘌呤碱然后再与磷酸核糖结合。这是与嘧啶核苷酸合成过程的明显差别，也是嘌呤核苷酸从头合成的一个重要特点。

　　肝是体内从头合成嘌呤核苷酸的主要器官，其次是小肠黏膜及胸腺。现已证明，并不是所有的细胞都具有从头合成嘌呤核苷酸的能力。

2. 从头合成的调节 嘌呤核苷酸的从头合成是体内核苷酸的主要来源,但这个过程需要消耗氨基酸等原料及大量 ATP。机体对其合成速度进行着精确的调节,一方面为满足合成核酸而对嘌呤类核苷酸的需要,同时又不会"供过于求",以节省底物及能量的消耗。此反应以反馈调节为主(图9-5)(动画9-2"嘌呤核苷酸从头合成的调节")。

图9-5 嘌呤核苷酸从头合成的调节
+表示促进;−表示抑制

嘌呤核苷酸从头合成途径中,主要调控环节是第一步生成 PRPP 和第二步生成 5′-磷酸核糖胺(PRA)的反应。催化这两阶段反应的 PRPP 合成酶和 PRPP 酰胺转移酶是被调控的关键酶,均可被合成的产物 IMP、AMP 及 GMP 等抑制。反之,PRPP 增加可以促进酰胺转移酶活性,加速 PRA 生成。PRPP 酰胺转移酶是一类别构酶,其单体形式有活性,二聚体形式无活性。IMP、AMP 及 GMP 能使活性形式转变成无活性形式,而 PRPP 则相反。在嘌呤核苷酸合成调节中,PRPP 合成酶可能比酰胺转移酶起着更大的作用,所以对 PRPP 合成酶的调控更为重要。

此外,在形成 AMP 和 GMP 过程中,IMP 转化为 AMP 时需要 GTP,转化为 GMP 时需要 ATP。GTP 可以促进 AMP 的生成,ATP 也可以促进 GMP 的生成。过量的 AMP 控制 AMP 的生成,而不影响 GMP 的合成;同样,过量的 GMP 控制 GMP 的生成,而不影响 AMP 的合成。这种交叉调节作用对维持 ATP 与 GTP 浓度的平衡具有重要意义。

(二) 嘌呤核苷酸的补救合成有两种方式

其一,细胞利用现成嘌呤碱或嘌呤核苷重新合成嘌呤核苷酸。补救合成过程比较简单,消耗能量也少。有两种酶参与嘌呤核苷酸的补救合成:腺嘌呤磷酸核糖转移酶(adenine phosphoribosyl transferase,APRT)和次黄嘌呤-鸟嘌呤磷酸核糖转移酶(hypoxanthine-guanine phosphoribosyl transferase,HGPRT)。PRPP 提供磷酸核糖,它们分别催化 AMP、IMP 和 GMP 的补救合成。

$$腺嘌呤 + PRPP \xrightarrow{APRT} AMP + PPi$$

$$次黄嘌呤 + PRPP \xrightarrow{HGPRT} IMP + PPi$$

$$鸟嘌呤 + PRPP \xrightarrow{HGPRT} GMP + PPi$$

APRT 受 AMP 的反馈抑制,HGPRT 受 IMP 与 GMP 的反馈抑制。

其二,人体内嘌呤核苷的重新利用通过腺苷激酶催化的磷酸化反应,使腺嘌呤核苷生成腺嘌呤核苷酸。

$$\text{腺嘌呤核苷} \xrightarrow[\text{ATP} \quad \text{ADP}]{\text{腺苷激酶}} \text{AMP}$$

生物体内除腺苷激酶外,不存在作用其他嘌呤核苷的激酶。嘌呤核苷酸补救合成途径中主要以磷酸核糖转移酶催化的反应为主。嘌呤核苷酸补救合成的生理意义一方面在于可以节省从头合成时能量和一些氨基酸的消耗;另一方面,体内某些组织器官,例如脑、骨髓等由于缺乏从头合成嘌呤核苷酸的酶体系,它们只能进行嘌呤核苷酸的补救合成。因此,对这些组织器官来说,补救合成途径具有更重要的意义。例如,由于基因缺陷而导致 HGPRT 完全缺失的患儿,表现为莱施-奈恩综合征或称 Lesch-Nyhan 综合征,这是一种遗传代谢病。

(三) 体内嘌呤核苷酸可以相互转变

体内嘌呤核苷酸可以相互转变,以保持彼此平衡。前已述及,IMP 可以转变成 XMP、AMP 及 GMP。此外,AMP、GMP 也可以转变成 IMP。由此,AMP 和 GMP 之间也是可以相互转变的。

(四) 脱氧核苷酸的生成在二磷酸核苷水平进行

DNA 由各种脱氧核苷酸组成。细胞分裂旺盛时,脱氧核苷酸含量明显增加,以适应合成 DNA 的需要。脱氧核苷酸,包括嘌呤脱氧核苷酸和嘧啶脱氧核苷酸从何而来?现已证明,体内脱氧核苷酸中所含的脱氧核糖并非先形成后再连接上碱基和磷酸,而是通过相应的核苷酸的直接还原作用,以氢元素取代其核糖分子中 C_2 上的羟基而生成的。除 dTMP 是从 dUMP 转变而来以外,其他脱氧核苷酸都是在二磷酸核苷(NDP)水平上进行(N 代表 A、G、U、C 等碱基),由核苷酸还原酶(ribonucleotide reductase)催化,反应如下。

其实,这一反应的过程比较复杂(图 9-6)。核苷酸还原酶从 NADPH 获得电子时,需要硫氧还蛋白(thioredoxin)作为电子载体。硫氧还蛋白的分子量约为 12kD,其所含的巯基在核苷酸还原酶作用下氧化为二硫键。后者再经称为硫氧还蛋白还原酶(thioredoxin reductase,Trx)的催化,重新生成还原型的硫氧还蛋白,由此构成一个复杂的酶体系。核苷酸还原酶是一种别构酶,包括两个亚基,只有两个亚基结合并有 Mg^{2+} 存在时才具有酶活性。在 DNA 合成旺盛、分裂速度较快的细胞中,核苷酸还原酶体系活性较强。

细胞除了控制核苷酸还原酶的活性以调节脱氧核苷酸的浓度之外,还可以通过各种三磷酸核苷对还原酶的别构作用来调节不同脱氧核苷酸生成。因为某一种 NDP 被还原酶还原成 dNDP 时,需要特定 NTP 的促进,同时也受其他 NTP 的抑制(表 9-1)。通过这种调节,使合成 DNA 的 4 种脱氧核苷酸控制在适当比例。

图9-6　脱氧核苷酸的生成

表 9-1　核苷酸还原酶的别构调节

作用物	主要促进剂	主要抑制剂
CDP	ATP	dATP、dGTP、dTTP
UDP	ATP	dATP、dGTP
ADP	dGTP	dATP、ATP
GDP	dTTP	dATP

如上所述,与嘌呤脱氧核苷酸的生成一样,嘧啶脱氧核苷酸(dUDP、dCDP)也是通过相应的二磷酸嘧啶核苷的直接还原而生成的。

经过激酶的作用,上述 dNDP 再磷酸化生成三磷酸脱氧核苷。

（五）嘌呤核苷酸的抗代谢物是一些嘌呤、氨基酸或叶酸类似物

嘌呤核苷酸的抗代谢物是一些嘌呤、氨基酸或叶酸等的类似物。它们主要以竞争性抑制或"以假乱真"等方式干扰或阻断嘌呤核苷酸的合成代谢,从而进一步阻止核酸以及蛋白质的生物合成 🖾。肿瘤细胞的核酸及蛋白质合成十分旺盛,因此这些抗代谢物具有抗肿瘤作用。

嘌呤类似物有 6-巯基嘌呤(6-mercaptopurine,6-MP)、6-巯基鸟嘌呤、8-氮杂鸟嘌呤等,其中以 6-MP 在临床上应用较多。6-MP 的结构与次黄嘌呤相似,唯一不同的是分子中 C_6 上由巯基取代。

6-MP 在体内经磷酸核糖化生成 6-MP 核苷酸,并以这种形式抑制 IMP 转变为 AMP 及 GMP 的反应。6-MP 能直接通过竞争性抑制,影响次黄嘌呤-鸟嘌呤磷酸核糖转移酶,使 PRPP 分子中的磷酸核糖不能向鸟嘌呤及次黄嘌呤转移,阻止了补救合成途径。此外,由于 6-MP 核苷酸结构与 IMP 相似,可以反馈抑制 PRPP 酰胺转移酶进而干扰磷酸核糖胺的形成,阻断嘌呤核苷酸从头合成(图 9-7)。

图 9-7　嘌呤核苷酸抗代谢物的作用
‖ 表示抑制

氨基酸类似物有氮杂丝氨酸(azaserine)及 6-重氮-5-氧正亮氨酸(diazonorleucine)等。它们的结构与谷氨酰胺相似,可干扰谷氨酰胺在嘌呤核苷酸合成中的作用,从而抑制嘌呤核苷酸的合成。

氨蝶呤(aminopterin)及氨甲蝶呤(methotrexate,MTX)都是叶酸的类似物,能竞争性抑制二氢叶酸还原酶,使叶酸不能还原成二氢叶酸及四氢叶酸。因此嘌呤分子中来自一碳单位的 C_8 及 C_2 均得不到供应,从而抑制了嘌呤核苷酸的合成。MTX 在临床上用于白血病等的治疗。

应该指出的是,上述药物缺乏对肿瘤细胞的特异性,故对增殖速度较旺盛的某些正常组织亦有杀伤性,因而具较大的毒副作用。

嘌呤核苷酸抗代谢物的作用部位可归纳如图 9-7。

二、嘌呤核苷酸的分解代谢终产物是尿酸

细胞内核苷酸的分解代谢类似于食物中核苷酸的消化过程。首先,细胞中的核苷酸在核苷酸酶的作用下水解成核苷。核苷经核苷磷酸化酶作用,磷酸解成自由的碱基及核糖-1-磷酸。嘌呤碱基可以参加核苷酸的补救合成,也可以进一步水解。人体内,嘌呤碱基最终分解生成尿酸(uric acid),随尿排出体外。反应过程简化(图9-8)。AMP生成次黄嘌呤,后者在黄嘌呤氧化酶(xanthine oxidase)作用下氧化成黄嘌呤,最后生成尿酸。GMP生成鸟嘌呤,后者转变成黄嘌呤,最后也生成尿酸。嘌呤脱氧核苷也经过相同的途径进行分解代谢。体内嘌呤核苷酸的分解代谢主要在肝、小肠及肾中进行,黄嘌呤氧化酶在这些组织中活性较强。

图9-8　嘌呤核苷酸的分解代谢

尿酸是人体嘌呤分解代谢的终产物,水溶性较差。当进食高嘌呤饮食、体内核酸大量分解(如白血病、恶性肿瘤等)或肾疾病而使尿酸排泄障碍时,均可导致血中尿酸升高。临床上常用别嘌呤醇(allopurinol)治疗痛风症。别嘌呤醇与次黄嘌呤结构类似,只是分子中 N_7 与 C_8 互换了位置,故可抑制黄嘌呤氧化酶,从而抑制尿酸的生成(图9-9)。黄嘌呤、次黄嘌呤的水溶性较尿酸大得多,不会沉积形成结晶。同时,别嘌呤与PRPP反应生成别嘌呤核苷酸,这样一方面消耗PRPP而使其含量减少,另一方面别嘌呤核苷酸与IMP结构相似,又可反馈抑制嘌呤核苷酸从头合成的酶。这两方面的作用均可使嘌呤核苷酸的合成减少。

次黄嘌呤　　　　别嘌呤醇

图9-9　别嘌呤醇的抑制作用

第三节　嘧啶核苷酸的合成与分解代谢

一、嘧啶核苷酸的合成也有从头合成与补救合成两条途径

与嘌呤核苷酸一样,体内嘧啶核苷酸的合成也有两条途径,即从头合成与补救合成。

(一)嘧啶核苷酸的从头合成比嘌呤核苷酸简单

1. **从头合成途径**　放射性核素示踪实验证明,嘧啶核苷酸中嘧啶碱合成的原料来自谷氨酰胺、CO_2 和天冬氨酸等(图9-10)。嘧啶核苷酸的合成主要在肝中进行,反应过程在细胞质和线粒体进行。

图 9-10 嘧啶碱合成的元素来源

与嘌呤核苷酸的从头合成途径不同,嘧啶核苷酸的合成是先合成含有嘧啶环的乳清酸,然后再与磷酸核糖相连。

嘧啶核苷酸合成的过程如下🔊:

（1）尿嘧啶核苷酸的合成:嘧啶环的合成开始于氨基甲酰磷酸的生成。正如氨基酸代谢一章所讨论的,氨基甲酰磷酸也是尿素合成的原料。但是,尿素合成中所需的氨基甲酰磷酸是在肝线粒体中由氨基甲酰磷酸合成酶Ⅰ催化生成的,而嘧啶合成所用的氨基甲酰磷酸则是在细胞质中用谷氨酰胺为氮源,由氨基甲酰磷酸合成酶Ⅱ催化生成的。这两种合成酶的性质不同。

上述生成的氨基甲酰磷酸在胞质中的天冬氨酸氨基甲酰转移酶(aspartate transcarbamoylase)催化下,与天冬氨酸化合生成氨甲酰天冬氨酸。后者经二氢乳清酸酶催化脱水,形成具有嘧啶环的二氢乳清酸,再经二氢乳清酸脱氢酶作用,脱氢成为乳清酸(orotic acid,OA)。乳清酸不是构成核酸的嘧啶碱,但它在乳清酸磷酸核糖转移酶催化下可与 PRPP 结合,生成乳清酸核苷酸(orotidine-5′-monophosphate,OMP),后者再由乳清酸核苷酸脱羧酶催化脱去羧基,即生成尿嘧啶核苷酸(uridine monophosphate,UMP)。胞嘧啶核苷酸和胸腺嘧啶核苷酸均可由 UMP 转变而来(图 9-11)🔊。

图 9-11 嘧啶核苷酸的合成代谢

在真核细胞中嘧啶核苷酸合成的前三个酶,即氨基甲酰磷酸合成酶Ⅱ、天冬氨酸氨基甲酰转移酶和二氢乳清酸酶,位于分子量约为200kD的同一条多肽链上,因此是一种多功能酶;后两个酶也是位于同一条多肽链上的多功能酶。因此更有利于以均匀的速度参与嘧啶核苷酸的合成。

（2）CTP的合成:UMP通过尿苷酸激酶和二磷酸核苷激酶的连续作用,生成三磷酸尿苷（UTP）,并在CTP合成酶催化下,消耗一分子ATP,从谷氨酰胺接受氨基而成为三磷酸胞苷（CTP）。

（3）脱氧胸腺嘧啶核苷酸（dTMP）的生成:dTMP是由脱氧尿嘧啶核苷酸（dUMP）经甲基化而生成的。反应由胸苷酸合酶（thymidylate synthase）催化,N^5, N^{10}-亚甲四氢叶酸作为甲基供体。N^5, N^{10}-亚甲四氢叶酸提供甲基后生成的二氢叶酸又可在二氢叶酸还原酶的作用下,重新生成四氢叶酸。dUMP可来自两个途径:一是dUDP的水解脱磷酸,另一个是dCMP的脱氨基,以后一种为主。胸苷酸合酶与二氢叶酸还原酶可被用于肿瘤化疗的靶点。

2. 从头合成的调节　在细菌中,天冬氨酸氨基甲酰转移酶是嘧啶核苷酸从头合成的主要调节酶。但是,哺乳类动物细胞中,嘧啶核苷酸合成的调节酶则主要是氨基甲酰磷酸合成酶Ⅱ,它受UMP抑制。这两种酶均受反馈机制的调节。此外,哺乳类动物细胞中,上述UMP合成起始和终末的两种多功能酶还可受到阻遏或去阻遏的调节。核素掺入实验表明,嘧啶与嘌呤的合成有着协调控制关系,两者的合成速度通常是平行的。

由于PRPP合成酶是嘧啶与嘌呤两类核苷酸合成过程中共同需要的酶,所以它可同时接受嘧啶核苷酸及嘌呤核苷酸的反馈抑制。嘧啶核苷酸合成的调节如图所示（图9-12）。

图9-12　嘧啶核苷酸合成的调节部位

（二）嘧啶核苷酸的补救合成途径与嘌呤核苷酸类似

嘧啶磷酸核糖转移酶是嘧啶核苷酸补救合成的主要酶,催化反应的通式如下:

$$嘧啶 + PRPP \xrightarrow{\text{嘧啶磷酸核糖转移酶}} 磷酸嘧啶核苷 + PPi$$

嘧啶磷酸核糖转移酶已经从人红细胞中被纯化,它能利用尿嘧啶、胸腺嘧啶及乳清酸作为底物（实际上与前述的乳清酸磷酸核糖转移酶是同一种酶）,但对胞嘧啶不起作用。

尿苷激酶也是一种补救合成酶,催化尿苷生成尿苷酸。

脱氧胸苷可通过胸苷激酶催化生成dTMP。此酶在正常肝中活性很低,而再生肝中酶活性升高,在恶性肿瘤中该酶活性也明显升高并与恶性程度有关。

（三）嘧啶核苷酸的抗代谢物也是嘧啶、氨基酸或叶酸等的类似物

与嘌呤核苷酸一样,嘧啶核苷酸的抗代谢物也是一些嘧啶、氨基酸或叶酸等的类似物。它们对代谢的影响及抗肿瘤作用与嘌呤抗代谢物相似。

嘧啶的类似物主要有5-氟尿嘧啶（5-fluorouracil,5-FU）,它的结构与胸腺嘧啶相似。5-FU本身并无生物学活性,必须在体内转变成一磷酸脱氧氟尿嘧啶核苷（FdUMP）及三磷酸氟尿嘧啶核苷（FUTP）后,才能发挥作用。FdUMP与dUMP有相似的结构,是胸苷酸合酶的抑制剂,可以阻断dTMP的合成。FUTP可以FUMP的形式掺入RNA分子,异常核苷酸的掺入破坏了RNA的结构与功能。

氨基酸类似物、叶酸类似物已在嘌呤抗代谢物中介绍。例如,由于氮杂丝氨酸类似谷氨酰胺,可以抑制CTP的生成;甲氨蝶呤干扰叶酸代谢,使dUMP不能利用一碳单位甲基化而生成dTMP,进而影响DNA合成。另外,某些改变了核糖结构的核苷类似物,例如阿糖胞苷和环胞苷也是重要的抗癌药物。阿糖胞苷能抑制CDP还原成dCDP,也能影响DNA的合成。

5-氟尿嘧啶(5-FU)   阿糖胞苷   环胞苷

嘧啶核苷酸类似物的作用环节可归纳如下(图 9-13)。

二、嘧啶核苷酸分解最终可生成 NH_3、CO_2、β-丙氨酸及 β-氨基异丁酸

嘧啶核苷酸首先通过核苷酸酶及核苷磷酸化酶的作用,除去磷酸及核糖,产生的嘧啶碱再进一步分解。胞嘧啶脱氨基转变成尿嘧啶。尿嘧啶还原成二氢尿嘧啶,并水解开环,最终生成 NH_3、CO_2 及 β-丙氨酸。胸腺嘧啶分解成 β-氨基异丁酸(β-aminoisobutyric acid)(图 9-14),其可直接随尿排出或进一步分解。摄入 DNA 丰富的食物的人以及经放射线治疗或化学治疗后的肿瘤病人,其尿液中β-氨基异丁酸排出量增多。嘧啶碱的分解代谢主要在肝进行。

与嘌呤碱的分解产生尿酸不同,嘧啶碱的分解产物均易溶于水。

$$UMP \longrightarrow UTP \xrightarrow{\;\;\text{氮杂丝氨酸}\;\;}\|\; CTP \longrightarrow CDP \xrightarrow{\;\;\text{阿糖胞苷}\;\;}\|\; dCDP$$

$$UMP \longrightarrow UDP \longrightarrow dUDP \longrightarrow dUMP \xrightarrow{\;\;\text{氨甲蝶呤}\;\;}\|\; dTMP$$
5-氟尿嘧啶

图 9-13 嘧啶核苷酸抗代谢物的作用
(‖表示抑制)

图 9-14 嘧啶碱的分解代谢

小   结

核苷酸是核酸的基本组成单位,具有多种重要的生理功能,其中最主要的是作为合成核酸分子的原料。除此,还参与能量代谢、代谢调节等过程。体内的核苷酸的来源主要由机体细胞自身合成。食物来源的嘌呤和嘧啶极少被机体利用。食物中或机体细胞中的核酸可被核酸酶降解。核酸酶是能够水解核酸的酶,根据作用底物的不同分为 DNA 酶及 RNA 酶。根据作用位点的不同分为核酸外切酶

及核酸内切酶。食物中的 DNA 和 RNA 在小肠被核酸酶水解为寡核苷酸和部分单核苷酸。核苷酸被核苷酸酶进一步水解生成核苷和磷酸。核苷及碱基可通过扩散等方式被吸收。核苷酸在体内的代谢主要包括合成代谢和分解代谢。

体内嘌呤核苷酸的合成有两条途径:从头合成和补救合成途径。从头合成途径的原料是磷酸核糖、氨基酸、一碳单位和 CO_2 等简单物质,在 PRPP 的基础上经过一系列酶促反应,逐步形成嘌呤环。首先生成 IMP,然后再分别转变成 AMP 和 GMP。从头合成过程受着精确的反馈调节。补救合成途径实际上是现成嘌呤或嘌呤核苷的重新利用,虽然合成含量极少,但也有重要的生理意义。

机体也可以从头合成嘧啶核苷酸,但不同的是先合成嘧啶环,再磷酸核糖化而生成核苷酸。嘧啶核苷酸的从头合成途径也受反馈调控。

体内脱氧核苷酸由各自相应的核苷酸在二磷酸水平上还原生成。核苷酸还原酶催化此反应。四氢叶酸携带的一碳单位是合成胸苷酸过程中甲基的必要来源。

根据嘌呤核苷酸和嘧啶核苷酸的合成过程,可以设计多种抗代谢物,包括嘌呤、嘧啶类似物,叶酸类似物及氨基酸类似物等。这些抗代谢物在抗肿瘤治疗中有重要作用。

嘌呤在人体内分解代谢的终产物是尿酸,黄嘌呤氧化酶是这个代谢过程的重要酶。痛风症主要是由于嘌呤代谢异常,尿酸生成过多而引起的。嘧啶分解后产生的 β-氨基酸可随尿排出或进一步代谢。

思 考 题

1. 什么是从头合成？核苷酸从头合成的原料有哪些？
2. 什么是核酸酶？根据对底物的作用方式不同核酸酶有哪些分类？
3. 补救合成的意义是什么？
4. 核苷酸抗代谢物有哪些？举例说明。
5. 嘌呤及嘧啶核苷酸分解代谢产物是什么？痛风和哪种产物相关？为什么？

（高　旭）

第十章　代谢的整合与调节

代谢(metabolism)是指机体活细胞内的全部化学变化,其反应几乎全部是酶促反应。代谢是生命活动的物质基础。经消化、吸收获得的营养物质(如糖类、脂质和蛋白质等)在体内进行各种代谢过程,一方面将营养物质分解氧化、释出能量以满足生命活动的需求,另一方面机体进行各种合成代谢以提供自身所需的结构成分。因此,代谢分为分解代谢和合成代谢,由许多代谢途径组成,每一条代谢途径又包含一系列前后有关的酶促反应。有些不同的代谢途径会分享某些共同的酶促化学反应,所以,各种代谢途径相互联系、相互作用、相互协调和相互制约,形成一个网状的整体,即代谢具有整体性🔗。

为了适应不断变化的内、外环境,机体需要不断调节各种物质的代谢方向、流量和速率,从而使体内物质的代谢有条不紊地进行,即代谢具有可调节性。

机体各组织、器官除了具有一般的基本代谢外,还具有各自不同的代谢特点,以适应相应的功能需要。这是由于这些组织、器官的细胞中形成了特定的酶谱,即不同的酶系种类和含量。

第一节　代谢的整体性

一、体内代谢过程互相联系形成一个整体

(一)代谢的整体性

在体内进行代谢的物质各种各样,不仅有糖、脂质、蛋白质这样的大分子营养物质,也有维生素这样的小分子物质,还有无机盐、甚至水。它们的代谢不是孤立进行的,同一时间机体有多种物质的代谢在进行,需要彼此间相互协调,以确保细胞乃至机体的正常功能。事实上,人类摄取的食物,无论动物性或植物性食物均同时含有蛋白质、脂质、糖类、水、无机盐及维生素等。从消化吸收开始、经过中间代谢、到代谢废物排出体外,这些物质的代谢都是同时进行的,且互有联系、相互依存,各种物质的代谢之间相互联系构成统一的整体。如糖、脂肪在体内氧化释出的能量可用于核酸、蛋白质等的生物合成,各种酶蛋白合成后又催化糖、脂质、蛋白质等物质代谢按机体的需要顺利进行。

(二)体内各种代谢物都具有各自共同的代谢池

人体主要营养物质如糖、脂质、蛋白质,既可以从食物中摄取,多数也可以在体内自身合成。在进行中间代谢时,机体不分彼此,无论自身合成的内源性营养物质和食物中摄取的外源性营养物质,均组成为共同的代谢池(metabolic pool),根据机体的营养状态和需要,同样地进入各种代谢途径进行代谢。如血液中的葡萄糖,无论是从食物中消化吸收的、肝糖原分解产生的、氨基酸转变产生的或是由甘油转化生成的,都参与组成血糖,在机体需要能量时,均可在各组织进行有氧氧化或无氧氧化,释放出能量供机体利用,机会均等。

(三)体内代谢处于动态平衡

体内各种营养物质的代谢总是处于一种动态的平衡之中。在正常生理状态下,体内糖、脂质、蛋白质等物质面临多条代谢途径,或合成或分解,有获取则随之被转变(消耗),有消耗则适时获得补充,使其中间代谢物不会出现堆积或匮乏的现象。如血糖浓度虽然维持一定浓度范围,但其成分每分钟都在不断更新。体内其他物质也均如此处于动态平衡之中。我国著名的生物化学家刘思职院士曾

将代谢的动态平衡高度哲理性地概括为:"生者化,化又生,生化即化生;新必陈,陈乃谢,新陈恒代谢"。

(四) 氧化分解产生的 NADPH 为合成代谢提供所需的还原当量

体内许多生物合成反应是还原性合成,需要还原当量,这些生物合成反应才能顺利进行。体内合成代谢所需的还原当量的主要提供者是 NADPH,它主要来源于葡萄糖的磷酸戊糖途径。所以,NADPH 能将氧化反应和还原反应联系起来,将物质的氧化分解与还原性合成联系起来,将不同的还原性合成联系起来。如葡萄糖经磷酸戊糖途径分解生成的 NADPH,既可为乙酰辅酶 A 合成脂肪酸,也可为乙酰辅酶 A 合成胆固醇提供还原当量。

二、物质代谢与能量代谢相互关联

糖、脂肪及蛋白质是人体的主要能量物质,虽然这三大营养物质在体内分解氧化的代谢途径各不相同,但都有共同的中间代谢物乙酰辅酶 A。三羧酸循环和氧化磷酸化是糖、脂肪、蛋白质最后分解的共同代谢途径,释出的能量均以 ATP 形式储存。

机体的各种生命活动如生长、发育、繁殖、修复、运动,包括各种生命物质的合成等均需要能量。人体能量的来源是营养物质,但糖、脂肪、蛋白质中的化学能不能直接用于各种生命活动,机体需氧化分解营养物质,释放出化学能,并将其大部分储存在可供各种生命活动直接利用的 ATP 中。ATP 作为机体可直接利用的能量载体,将产能的营养物质分解代谢与耗能的物质合成代谢联系在一起、将代谢与其他生命活动联系在一起。

从能量供应角度看,三大营养物质可以互相替代、互相补充,但也互相制约。一般情况下,供能以糖及脂肪为主,并尽量减少蛋白质的消耗。这不仅因为动物及人摄取的食物中以糖类最多,占总热量的 50% ~ 70%;脂肪摄入量虽然不是最多,占总热量的 10% ~ 40%,但它是机体储能的主要形式,可达体重的 20% 或更多(肥胖者可达 30% ~ 40%);还因为蛋白质是机体最重要的组成成分,通常无多余储存。在因疾病不能进食或无食物供给时,为保证血糖恒定,肝糖异生增强,蛋白质分解加强。如饥饿持续(一周以上),长期糖异生增强使蛋白质大量分解,势必威胁生命,故机体通过调节作用转向以保存蛋白质为主,体内各组织包括脑组织以脂肪酸及酮体为主要能源,蛋白质的分解明显降低。

糖、脂肪、蛋白质都通过三羧酸循环和氧化磷酸化彻底氧化供能,任一供能物质的分解代谢占优势,常能抑制其他供能物质的氧化分解。如脂肪分解增强,生成 ATP 增多,ATP/ADP 比值增高,可别构抑制糖分解代谢关键酶——磷酸果糖激酶-1 的活性,可减缓葡萄糖的分解代谢。另一方面,上述物质又可激活果糖二磷酸酶-1,促进糖异生,将非糖物质转化为糖,使富裕的能源物质部分以糖原的形式储存起来。若葡萄糖氧化分解增强使 ATP 增多时,可抑制异柠檬酸脱氢酶活性,导致柠檬酸堆积;后者透出线粒体,激活乙酰辅酶 A 羧化酶,促进脂肪酸合成、抑制脂肪酸分解。

三、糖、脂质和蛋白质代谢通过中间代谢物而相互联系

体内糖、脂质、蛋白质和核酸等的代谢不是彼此孤立的,而是通过共同的中间代谢物、三羧酸循环和生物氧化等彼此联系、相互转变(图 10-1)。一种物质的代谢障碍可引起其他物质的代谢紊乱,如糖尿病时糖代谢的障碍,可引起脂质代谢、蛋白质代谢甚至水盐代谢紊乱。

(一) 葡萄糖可转变为脂肪酸

当摄入的葡萄糖超过体内需要时,除合成少量糖原储存在肝及肌外,葡萄糖氧化分解过程中生成的柠檬酸及最终产生的 ATP 增多,可别构激活乙酰辅酶 A 羧化酶,使葡萄糖分解产生的乙酰辅酶 A 羧化成丙二酸单酰辅酶 A,进而合成脂肪酸及脂肪。这样,可将葡萄糖转变成脂肪储存于脂肪组织。所以,摄取不含脂肪的高糖膳食过多,也能使人血浆甘油三酯升高,并导致肥胖。但是,脂肪分解产生的脂肪酸不能在体内转变为葡萄糖,因为脂肪酸分解生成的乙酰辅酶 A 不能逆行转变为丙酮酸。尽

管脂肪分解产生的甘油可以在肝、肾、肠等组织甘油激酶的作用下转变成磷酸甘油,进而转变成糖,但与脂肪中大量脂肪酸分解生成的乙酰辅酶 A 相比,其量极少。此外,脂肪酸分解代谢能否顺利进行及其强度,还依赖于糖代谢状况。当饥饿、糖供给不足或糖代谢障碍时,尽管脂肪可以大量动员,并在肝经 β-氧化生成大量酮体,但由于糖代谢不能满足相应的需要,草酰乙酸生成相对或绝对不足,导致大量酮体不能进入三羧酸循环氧化,在血中蓄积,造成高酮血症。

图 10-1　糖、脂质、氨基酸代谢途径的相互联系
□ 为枢纽性中间代谢物

（二）葡萄糖与大部分氨基酸可以相互转变

组成人体蛋白质的 20 种氨基酸中,除生酮氨基酸(亮氨酸、赖氨酸)外,都可通过脱氨作用,生成相应的α-酮酸。这些α-酮酸可转变成某些能进入糖异生途径的中间代谢物,循糖异生途径转变为葡萄糖。如丙氨酸经脱氨基作用生成的丙酮酸,可异生为葡萄糖。精氨酸、组氨酸、脯氨酸可先转变成谷氨酸,进一步脱氨生成α-酮戊二酸,再经草酰乙酸、磷酸烯醇式丙酮酸异生为葡萄糖。葡萄糖代谢

的一些中间代谢物,如丙酮酸、α-酮戊二酸、草酰乙酸等也可氨基化生成某些非必需氨基酸。但苏氨酸、甲硫氨酸、赖氨酸、亮氨酸、异亮氨酸、缬氨酸、组氨酸、苯丙氨酸及色氨酸等9种氨基酸不能由糖代谢中间物转变而来。总之,20种氨基酸除亮氨酸及赖氨酸外均可转变为糖,而糖代谢中间代谢物仅能在体内转变成11种非必需氨基酸。

(三)氨基酸可转变为多种脂质但脂质几乎不能转变为氨基酸

体内的氨基酸,无论是生糖氨基酸、生酮氨基酸(亮氨酸、赖氨酸),还是生酮兼生糖氨基酸(异亮氨酸、苯丙氨酸、色氨酸、酪氨酸、苏氨酸),均能分解生成乙酰辅酶A,经还原缩合反应可合成脂肪酸,进而合成脂肪。氨基酸分解产生的乙酰辅酶A也可用于合成胆固醇。氨基酸还可作为合成磷脂的原料,如丝氨酸脱羧可变为乙醇胺,乙醇胺经甲基化可变为胆碱。丝氨酸、乙醇胺及胆碱分别是合成丝氨酸磷脂、脑磷脂及卵磷脂的原料。所以,氨基酸能转变为多种脂质。但脂肪酸、胆固醇等脂质不能转变为氨基酸,仅脂肪中的甘油可异生成葡萄糖,转变为某些非必需氨基酸,但量很少。

(四)一些氨基酸、磷酸戊糖是合成核苷酸的原料

嘌呤碱从头合成需要甘氨酸、天冬氨酸、谷氨酰胺和一碳单位为原料;嘧啶碱从头合成需要天冬氨酸、谷氨酰胺和一碳单位为原料。一碳单位是一些氨基酸在分解过程中产生的。这些氨基酸可直接作为核苷酸合成的原料,也可转化成核苷酸合成的原料。核苷酸中的另一成分磷酸戊糖是葡萄糖经磷酸戊糖途径分解的重要产物。所以,葡萄糖和一些氨基酸可在体内转化为核酸分子的组成成分。

第二节 代谢调节的主要方式

要保证机体的正常功能,就必须确保糖、脂质、蛋白质、水、无机盐、维生素这些营养物质在体内的代谢,能够根据机体的代谢状态和执行功能的需要有条不紊地进行。这就需要对这些物质的代谢方向、速率和流量进行精细调节。正是有了这种精细的调节,使各种物质的代谢井然有序,相互协调进行,机体才能适应各种内外环境的变化,顺利完成各种生命活动。这是生物体的基本特征,是在生物进化过程中形成的一种适应能力。代谢调节的复杂程度随进化程度增加而增高。单细胞生物主要通过细胞内代谢物浓度的变化,对酶的活性及含量进行调节,即所谓原始调节或细胞水平代谢调节。高等生物不仅细胞水平代谢调节更为精细复杂,还出现了内分泌细胞及内分泌器官,形成了通过激素发挥代谢调节作用的激素水平代谢调节。高等动物的代谢调节还涉及复杂的神经系统,形成了在中枢神经系统控制下,多种激素相互协调,对机体代谢进行综合调节的所谓整体水平代谢调节。上述三级代谢调节中,细胞水平代谢调节是基础,激素及神经对代谢的调节需通过细胞水平代谢调节实现。

这种调节一旦不足以协调各种物质的代谢之间的平衡、不能适应机体内外环境改变的需要,就会使细胞、机体的功能失常,导致人体疾病发生。

一、细胞内物质代谢主要通过对关键酶活性的调节来实现

(一)各种代谢酶在细胞内区隔分布是物质代谢及其调节的亚细胞结构基础

在同一时间,细胞内有多种物质的代谢发生。参与同一代谢途径的酶,相对独立地分布于细胞特定区域或亚细胞结构(表10-1),形成所谓区隔分布,有的甚至结合在一起,形成多酶复合体。酶的这种区隔分布,能避免不同代谢途径之间彼此干扰,使同一代谢途径中的系列酶促反应能够更顺利地连续进行,既提高了代谢途径的进行速度,也有利于调控。

表 10-1   主要代谢途径（多酶体系）在细胞内的分布

多酶体系	分布	多酶体系	分布
DNA、RNA 合成	细胞核	糖酵解	细胞质
蛋白质合成	内质网、细胞质	戊糖磷酸途径	细胞质
糖原合成	细胞质	糖异生	细胞质、线粒体
脂肪酸合成	细胞质	脂肪酸氧化	细胞质、线粒体
胆固醇合成	内质网、细胞质	多种水解酶	溶酶体
磷脂合成	内质网	三羧酸循环	线粒体
血红素合成	细胞质、线粒体	氧化磷酸化	线粒体
尿素合成	细胞质、线粒体		

（二）关键调节酶活性决定整个代谢途径的速度和方向

每条代谢途径由一系列酶促反应组成,其反应速率和方向由其中一个或几个具有调节作用的关键酶活性决定。这些关键酶的特点包括:①常常催化一条代谢途径的第一步反应或分支点上的反应,速度最慢,其活性能决定整个代谢途径的总速度;②常催化单向反应或非平衡反应,其活性能决定整个代谢途径的方向;③酶活性除受底物控制外,还受多种代谢物或效应剂调节。改变关键酶活性是细胞水平代谢调节的基本方式,也是激素水平代谢调节和整体代谢调节的重要环节。表 10-2 列出一些重要代谢途径的关键酶。

表 10-2   某些重要代谢途径的关键调节酶

代谢途径	关键调节酶
糖酵解	己糖激酶 磷酸果糖激酶-1 丙酮酸激酶
丙酮酸氧化脱羧	丙酮酸脱氢酶复合体
三羧酸循环	异柠檬酸脱氢酶 α-酮戊二酸脱氢酶复合体 柠檬酸合酶
糖原分解	糖原磷酸化酶
糖原合成	糖原合酶
糖异生	丙酮酸羧化酶 磷酸烯醇式丙酮酸羧激酶 果糖二磷酸酶-1 葡糖-6-磷酸酶
脂肪酸合成	乙酰辅酶 A 羧化酶
脂肪酸分解	肉碱脂酰转移酶 I
胆固醇合成	HMG-CoA 还原酶

代谢调节可按速度分为快速调节和迟缓调节。前者通过改变酶的分子结构改变酶活性,进而改变酶促反应速度,在数秒或数分钟内发挥调节作用。快速调节又分为别构调节和化学修饰调节(动画 10-1"抑制关键酶活性的两种方式")。迟缓调节通过改变酶蛋白分子的合成或降解速度改变细胞内酶的含量,进而改变酶促反应速度,一般需数小时甚至数天才能发挥调节作用。

（三）别构调节通过别构效应改变关键酶活性

1. 别构调节是生物界普遍存在的代谢调节方式   一些小分子化合物能与酶蛋白分子活性中心外的特定部位特异结合,改变酶蛋白分子构象、从而改变酶活性。别构调节在生物界普遍存在,表 10-3 是一些代谢途径中的别构酶及其别构效应剂。

表 10-3　一些代谢途径中的别构酶及其效应剂

代谢途径	别构酶	别构激活剂	别构抑制剂
糖酵解	磷酸果糖激酶-1	F-2,6-BP、AMP、ADP、F-1,6-BP	柠檬酸、ATP
	丙酮酸激酶	F-1,6-BP、ADP、AMP	ATP、丙氨酸
	己糖激酶		G-6-P
丙酮酸氧化脱羧	丙酮酸脱氢酶复合体	AMP、CoA、NAD$^+$、ADP	ATP、乙酰 CoA、NADH
三羧酸循环	柠檬酸合酶	乙酰 CoA、草酰乙酸、ADP	柠檬酸、NADH、ATP
	α-酮戊二酸脱氢酶复合体		琥珀酰 CoA、NADH
	异柠檬酸脱氢酶	ADP、AMP	ATP
糖原分解	糖原磷酸化酶(肌)	AMP	ATP、G-6-P
	糖原磷酸化酶(肝)		葡萄糖、F-1,6-BP、F-1-P
糖异生	丙酮酸羧化酶	乙酰 CoA	AMP
脂肪酸合成	乙酰辅酶 A 羧化酶	乙酰 CoA、柠檬酸、异柠檬酸	软脂酰 CoA、长链脂酰 CoA
氨基酸代谢	谷氨酸脱氢酶	ADP、GDP	ATP、GTP
嘌呤合成	PRPP 酰胺转移酶	PRPP	IMP、AMP、GMP
嘧啶合成	氨基甲酰磷酸合成酶Ⅱ		UMP

2. 别构效应剂通过改变酶分子构象改变酶活性　别构效应剂能与别构酶的调节位点或调节亚基非共价键结合,引起酶活性中心构象变化,改变酶活性,从而调节代谢。别构效应的机制有两种。其一,酶的调节亚基含有一个"假底物"(pseudosubstrate)序列,当其结合催化亚基的活性位点时能阻止底物的结合,抑制酶活性;当效应剂分子结合调节亚基后,"假底物"序列构象变化,释放催化亚基,使其发挥催化作用。cAMP 激活 cAMP 依赖的蛋白激酶通过这种机制实现。其二,别构效应剂与调节亚基结合,能引起酶分子三级和(或)四级结构在"T"构象(紧密态、无活性/低活性)与"R"构象(松弛态、有活性/高活性)之间互变,从而影响酶活性。氧对脱氧血红蛋白构象变化的影响通过该机制实现。

3. 别构调节使一种物质的代谢与相应的代谢需求和相关物质的代谢协调　别构调节具有重要的生理意义。别构效应剂可能是酶的底物,也可能是酶促反应的终产物,或其他小分子代谢物。它们在细胞内浓度的改变能灵敏地反映相关代谢途径的强度和相应的代谢需求,并使关键酶构象改变影响酶活性,从而调节相应代谢的强度、方向,以协调相关代谢、满足相应代谢需求。

代谢终产物堆积表明其代谢过强,超过了需求,常可使其代谢途径的关键酶受到别构抑制,即反馈抑制(feedback inhibition),从而降低整个代谢途径的强度,避免产生超过需要的产物。如长链脂酰辅酶 A 可反馈抑制乙酰辅酶 A 羧化酶,使代谢物的生成不致过多。别构调节可使机体根据需求生产能量,避免生产过多造成浪费。如 ATP 可别构抑制磷酸果糖激酶、丙酮酸激酶及柠檬酸合酶,从而抑制糖酵解、有氧氧化及三羧酸循环,使 ATP 的生成不致过多,以免造成浪费。

一些代谢中间产物可别构调节相关的多条代谢途径的关键酶,使这些代谢途径之间能协调进行。如在能量供应充足时,葡糖-6-磷酸抑制肝糖原磷酸化酶,阻断糖原分解以抑制糖酵解及有氧氧化,避免 ATP 产生过多;同时葡糖-6-磷酸激活糖原合酶,使过剩的磷酸葡萄糖合成糖原储存。再如,三羧酸循环活跃时,异柠檬酸增多,ATP/ADP 比例增加,ATP 可别构抑制异柠檬酸脱氢酶、异柠檬酸别构激活乙酰辅酶 A 羧化酶,从而抑制三羧酸循环,增强脂肪酸合成。

(四) 化学修饰调节通过酶促共价修饰调节酶活性

1. 酶促共价修饰有多种形式　酶蛋白肽链上某些氨基酸残基侧链可在另一酶的催化下发生可逆的共价修饰,从而改变酶活性。酶的化学修饰主要有磷酸化与去磷酸化、乙酰化与去乙酰化、甲基化与去甲基化、腺苷化与去腺苷化及—SH 与—S—S—互变等,其中磷酸化与去磷酸化最多见(表 10-

4）。酶蛋白分子中丝氨酸、苏氨酸及酪氨酸的羟基是磷酸化修饰的位点，在蛋白激酶（protein kinase）催化下，由 ATP 提供磷酸基及能量完成磷酸化；去磷酸化是磷酸酶（phosphatase）催化的水解反应。酶的磷酸化与去磷酸化反应是不可逆的，分别由蛋白激酶及磷酸酶催化（图 10-2）。

表 10-4　磷酸化/去磷酸化修饰对酶活性的调节

酶	化学修饰类型	酶活性改变
糖原磷酸化酶	磷酸化/去磷酸化	激活/抑制
磷酸化酶 b 激酶	磷酸化/去磷酸化	激活/抑制
糖原合酶	磷酸化/去磷酸化	抑制/激活
丙酮酸激酶	磷酸化/去磷酸化	抑制/激活
磷酸果糖激酶	磷酸化/去磷酸化	抑制/激活
HMG-CoA 还原酶	磷酸化/去磷酸化	抑制/激活
HMG-CoA 还原酶激酶	磷酸化/去磷酸化	激活/抑制
乙酰 CoA 羧化酶	磷酸化/去磷酸化	抑制/激活
激素敏感性甘油三酯脂肪酶	磷酸化/去磷酸化	激活/抑制

图 10-2　酶的磷酸化与去磷酸化

2. 酶的化学修饰调节具有级联放大效应　化学修饰调节具有如下特点：①绝大多数受化学修饰调节的关键酶都具无活性（或低活性）和有活性（或高活性）两种形式，它们可分别在两种不同酶的催化下发生共价修饰，互相转变。催化互变的酶在体内受上游调节因素如激素控制。②酶的化学修饰是另一酶催化的酶促反应，一分子催化酶可催化多个底物酶分子发生共价修饰，特异性强，有放大效应。③磷酸化与去磷酸化是最常见的酶促化学修饰反应。酶的 1 分子亚基发生磷酸化常需要消耗 1 分子 ATP，与合成酶蛋白所消耗的 ATP 要少得多，且作用迅速，又有放大效应，是调节酶活性经济有效的方式。④催化共价修饰的酶自身也常受别构调节、化学修饰调节，并与激素调节偶联，形成由信号分子（激素等）、信号转导分子和效应分子（受化学修饰调节的关键酶）组成的级联反应，使细胞内酶活性调节更精细协调。通过级联酶促反应，形成级联放大效应，只需少量激素释放即可产生迅速而强大的生理效应，满足机体的需要。

（五）通过改变细胞内酶含量调节酶活性

除改变酶分子结构外，改变酶含量也能改变酶活性，是重要的代谢调节方式。酶含量调节通过改变其合成或（和）降解速率实现，消耗 ATP 较多，所需时间较长，通常要数小时甚至数日，属迟缓调节。

1. 诱导或阻遏酶蛋白编码基因表达调节酶含量　酶的底物、产物、激素或药物可诱导或阻遏酶蛋白编码基因的表达。诱导剂或阻遏剂在酶蛋白生物合成的转录或翻译过程中发挥作用，影响转录较常见。体内也有一些酶,其浓度在任何时间、任何条件下基本不变,几乎恒定。这类酶称为组成(型)酶(constitutive enzyme),如甘油醛-3-磷酸脱氢酶(glyceraldehyde 3-phosphate dehydrogenase,GAP-DH),常作为基因表达变化研究的内参照(internal control)。

酶的诱导剂经常是底物或类似物,如蛋白质摄入增多时,氨基酸分解代谢加强,鸟苷酸循环底物增加,可诱导参与鸟苷酸循环的酶合成增加。鼠饲料中蛋白质含量从8%增加至70%,鼠肝精氨酸酶活性可增加2~3倍。酶的阻遏剂经常是代谢产物,如HMG-CoA还原酶是胆固醇合成的关键酶,在肝内的合成可被胆固醇阻遏。但肠黏膜细胞中胆固醇的合成不受胆固醇的影响,摄取高胆固醇膳食,血胆固醇仍有升高的危险。很多药物和毒物可促进肝细胞微粒体单加氧酶(或混合功能氧化酶)或其他一些药物代谢酶的诱导合成,虽然能使一些毒物解毒,但也能使药物失活,产生耐药。

酶的诱导和阻遏普遍存在于生物界,但高等动物和人体内,由于蛋白质合成变化与激素调节、细胞信号传递偶联在一起,形成复杂的基因表达调控网络,单纯的代谢物水平诱导或阻遏不如微生物体内重要。

2. 改变酶蛋白降解速度调节酶含量　改变酶蛋白分子的降解速度是调节酶含量的重要途径。细胞内酶蛋白的降解与许多非酶蛋白质的降解一样,有两条途径。溶酶体(lysosome)蛋白水解酶可非特异降解酶蛋白质,酶蛋白质的特异性降解通过ATP依赖的泛素-蛋白酶体(proteasomes)途径完成。凡能改变或影响这两种蛋白质降解机制的因素均可主动调节酶蛋白的降解速度,进而调节酶含量。

二、激素通过特异性受体调节靶细胞的代谢

激素能与特定组织或细胞(即靶组织或靶细胞)的受体(receptor)特异结合,通过一系列细胞信号转导反应,引起代谢改变,发挥代谢调节作用。由于受体存在的细胞部位和特性不同,激素信号的转导途径和生物学效应也有所不同。

(一)膜受体激素通过跨膜信号转导调节代谢

膜受体是存在于细胞膜上的跨膜蛋白质,与膜受体特异结合发挥作用的激素包括胰岛素、生长激素、促性腺激素、促甲状腺激素、甲状旁腺素、生长因子等蛋白质、肽类激素,及肾上腺素等儿茶酚胺类激素。这些激素亲水,不能透过脂双层构成的细胞膜,而是作为第一信使分子与相应的靶细胞膜受体结合后,通过跨膜传递将所携带的信息传递到细胞内,由第二信使将信号逐级放大,产生代谢调节效应。

(二)胞内受体激素通过激素-胞内受体复合物改变基因表达、调节代谢

胞内受体激素包括类固醇激素、甲状腺素、$1,25(OH)_2$-维生素 D_3 及视黄酸等,为疏水激素,可透过脂双层的细胞质膜进入细胞,与相应的胞内受体结合。大多数胞内受体位于细胞核内,与相应激素特异结合形成激素受体复合物后,作用于 DNA 的特定序列即激素反应元件(hormone response element,HRE),改变相应基因的转录,促进(或阻遏)蛋白质或酶的合成,调节细胞内酶含量,从而调节细胞代谢。存在于细胞质的胞内受体与激素结合后,形成的激素受体复合物进入核内,同样作用于激素反应元件,通过改变相应基因的表达发挥代谢调节作用。

三、机体通过神经系统及神经-体液途径协调整体的代谢

高等动物包括人的各组织器官高度分化,具有各自的功能和代谢特点。维持机体的正常功能、适应机体各种内外环境的改变,不仅需要在各组织器官的细胞内各种物质代谢彼此协调,在细胞水平上保持代谢平衡,还必须协调各组织器官之间的各种物质代谢。这就需要在神经系统主导下,调节激素释放,并通过激素整合不同组织器官的各种代谢,实现整体调节,以适应饱食、空腹、饥饿、营养过剩、应激等状态,维持整体代谢平衡。

（一）饱食状态下机体三大物质代谢与膳食组成有关

通常情况下，人体摄入的膳食为混合膳食，经消化吸收后的主要营养物质以葡萄糖、氨基酸和 CM 形式进入血液，体内胰岛素水平中度升高。饱食状态下机体主要分解葡萄糖，为机体各组织器官供能。未被分解的葡萄糖，部分在胰岛素作用下，在肝合成肝糖原、在骨骼肌合成肌糖原贮存；部分在肝内转换为丙酮酸、乙酰辅酶 A，合成甘油三酯，以 VLDL 形式输送至脂肪等组织。吸收的葡萄糖超过机体糖原贮存能力时，主要在肝大量转化成甘油三酯，由 VLDL 运输至脂肪组织贮存。吸收的甘油三酯部分经肝转换成内源性甘油三酯，大部分输送到脂肪组织、骨骼肌等转换、储存或利用。（动画 10-2 "饱食状态下重要组织器官代谢路径"）

人体摄入高糖膳食后，特别是总热量的摄入又较高时，体内胰岛素水平明显升高，胰高血糖素降低。在胰岛素作用下，小肠吸收的葡萄糖部分在骨骼肌合成肌糖原、在肝合成肝糖原和甘油三酯，后者输送至脂肪等组织储存；大部分葡萄糖直接被输送到脂肪组织、骨骼肌、脑等组织转换成甘油三酯等非糖物质储存或利用。

进食高蛋白膳食后，体内胰岛素水平中度升高，胰高血糖素水平升高。在两者协同作用下，肝糖原分解补充血糖、供应脑组织等。由小肠吸收的氨基酸主要在肝通过丙酮酸异生为葡萄糖，供应脑组织及其他肝外组织；部分氨基酸转化为乙酰辅酶 A，合成甘油三酯，供应脂肪组织等肝外组织；还有部分氨基酸直接输送到骨骼肌。

进食高脂膳食后，体内胰岛素水平降低，胰高血糖素水平升高。在胰高血糖素作用下，肝糖原分解补充血糖、供给脑组织等。肌组织氨基酸分解，转化为丙酮酸，输送至肝异生为葡萄糖，供应血糖及肝外组织。由小肠吸收的甘油三酯主要输送到脂肪、肌组织等。脂肪组织在接受吸收的甘油三酯同时，也部分分解脂肪成脂肪酸，输送到其他组织。肝氧化脂肪酸，产生酮体，供应脑等肝外组织。

（二）空腹机体代谢以糖原分解、糖异生和中度脂肪动员为特征

空腹通常指餐后 12 小时以后。此时体内胰岛素水平降低，胰高血糖素升高。事实上，在胰高血糖素作用下，餐后 6～8 小时肝糖原即开始分解补充血糖，主要供给脑，兼顾其他组织需要。餐后 12～18 小时，尽管肝糖原分解仍可持续进行，但由于肝糖原即将耗尽，能用于分解的糖原已经很少，所以肝糖原分解水平较低，主要靠糖异生补充血糖。同时，脂肪动员中度增加，释放脂肪酸供应肝、肌等组织利用。肝氧化脂肪酸，产生酮体，主要供应肌组织。骨骼肌在接受脂肪组织输出的脂肪酸同时，部分氨基酸分解，补充肝糖异生的原料。（动画 10-3 "空腹状态下重要组织器官代谢路径"）

（三）饥饿时机体主要氧化分解脂肪供能

1. 短期饥饿后糖氧化供能减少而脂肪动员加强   短期饥饿通常指 1～3 天未进食。由于进食 18 小时后肝糖原基本耗尽，短期饥饿使血糖趋于降低，血中甘油和游离脂肪酸明显增加，氨基酸增加；胰岛素分泌极少，胰高血糖素分泌增加（动画 10-4 "饥饿 1～3 天重要组织器官代谢路径"）。机体的代谢呈现如下特点。

（1）机体从葡萄糖氧化供能为主转变为脂肪氧化供能为主：除脑组织细胞和红细胞仍主要利用糖异生产生的葡萄糖，其他大多组织细胞减少对葡萄糖的摄取利用，对脂肪动员释放的脂肪酸及脂肪酸分解的中间代谢物——酮体摄取利用增加，脂肪酸和酮体成为机体的基本能源。

（2）脂肪动员加强且肝酮体生成增多：糖原耗尽后，脂肪是最早被动员的能量储存物质，被水解动员，释放脂肪酸。脂肪酸可在肝内氧化，其中脂肪动员释放的脂肪酸约 25% 在肝氧化生成酮体。短期饥饿时，脂肪酸和酮体成为心肌、骨骼肌和肾皮质的重要供能物质，部分酮体可被大脑利用。

（3）肝糖异生作用明显增强：饥饿使体内糖异生作用增加，以饥饿 16～36 小时增加最多，糖异生生成的葡萄糖约为 150g/d，主要来自氨基酸，部分来自乳酸及甘油。肝是饥饿初期糖异生的主要场所，小部分在肾皮质。

（4）骨骼肌蛋白质分解加强：蛋白质分解增强略迟于脂肪动员加强。蛋白质分解加强，释放入血的氨基酸增加。骨骼肌蛋白质分解的氨基酸大部分转变为丙氨酸和谷氨酰胺释放入血。

2. 长期饥饿可造成器官损害甚至危及生命　长期饥饿指未进食3天以上，通常在饥饿4~7天后，机体就发生与短期饥饿不同的改变。

（1）脂肪动员进一步加强：释放的脂肪酸在肝内氧化生成大量酮体。脑利用酮体增加，超过葡萄糖，占总耗氧量的60%。脂肪酸成为肌组织的主要能源，以保证酮体优先供应脑。

（2）蛋白质分解减少：机体储存的蛋白质大量被消耗，继续分解就只能分解结构蛋白质，这将危及生命。所以机体蛋白质分解下降，释出氨基酸减少，负氮平衡有所改善。

（3）糖异生明显减少：与短期饥饿相比，机体糖异生作用明显减少。乳酸和甘油成为肝糖异生的主要原料。饥饿晚期肾糖异生作用明显增强，每天生成约40g葡萄糖，占饥饿晚期糖异生总量一半，几乎与肝相等。

按理论计算，正常人脂肪储备可维持饥饿长达3个月的基本能量需要。但由于长期饥饿使脂肪动员加强，大量产生酮体，可导致酸中毒。加之蛋白质的分解，缺乏维生素、微量元素和蛋白质的补充等，长期饥饿可造成器官损害甚至危及生命。

（四）应激使机体分解代谢加强

应激（stress）是机体或细胞为应对内、外环境刺激作出一系列非特异性反应。这些刺激包括中毒、感染、发热、创伤、疼痛、大剂量运动或恐惧等。应激反应可以是"一过性"的，也可以是持续性的。应激状态下，交感神经兴奋，肾上腺髓质、皮质激素分泌增多，血浆胰高血糖素、生长激素水平增加，而胰岛素分泌减少，引起一系列代谢改变。

1. 应激使血糖升高　应激状态下肾上腺素、胰高血糖素分泌增加，激活糖原磷酸化酶，促进肝糖原分解。同时，肾上腺皮质激素、胰高血糖素又可使糖异生加强；肾上腺皮质激素、生长激素使外周组织对糖的利用降低。这些激素的分泌改变均可使血糖升高，对保证大脑、红细胞的供能有重要意义。

2. 应激使脂肪动员增强　血浆游离脂肪酸升高，成为心肌、骨骼肌及肾脏等组织主要能量来源。

3. 应激使蛋白质分解加强　骨骼肌释出丙氨酸等增加，氨基酸分解增强，尿素生成及尿氮排出增加，机体呈负氮平衡。

总之，应激时糖、脂肪、蛋白质/氨基酸分解代谢增强，合成代谢受到抑制，血中分解代谢中间产物，如葡萄糖、氨基酸、脂肪酸、甘油、乳酸、尿素等含量增加（表10-5）。

表10-5　应激时机体的代谢改变

内分泌腺/组织	激素及代谢变化	血中含量变化
腺垂体	ACTH分泌增加 生长素分泌增加	ACTH↑ 生长素↑
胰腺α-细胞	胰高血糖素分泌增加	胰高血糖素↑
胰腺β-细胞	胰岛素分泌抑制	胰岛素↓
肾上腺髓质	去甲肾上腺素/肾上腺素分泌增加	肾上腺素↑
肾上腺皮质	皮质醇分泌增加	皮质醇↑
肝	糖原分解增加 糖原合成减少 糖异生增强 脂肪酸β-氧化增加	葡萄糖↑
骨骼肌	糖原分解增加 葡萄糖的摄取利用减少 蛋白质分解增加 脂肪酸β-氧化增强	乳酸↑ 葡萄糖↑ 氨基酸↑
脂肪组织	脂肪分解增强 葡萄糖摄取及利用减少 脂肪合成减少	游离脂肪酸↑ 甘油↑

（五）肥胖是多因素引起代谢失衡的结果

1. 肥胖是多种重大慢性疾病的危险因素   肥胖人群动脉粥样硬化、冠心病、卒中、糖尿病、高血压等疾病的风险显著高于正常人群，是这些疾病的主要危险因素之一。不仅如此，肥胖还与痴呆、脂肪肝病、呼吸道疾病和某些肿瘤的发生相关。代谢综合征（metabolic syndrome）是指一组以肥胖、高血糖（糖调节受损或糖尿病）、高血压以及血脂异常［高 TG（甘油三酯）血症和（或）低 HDL-C（高密度脂蛋白胆固醇）血症］集结发病的临床综合征，特点是机体代谢上相互关联的危险因素在同一个体的组合。其表现为体脂（尤其是腹部脂肪）过剩、高血压、胰岛素耐受、血浆胆固醇水平升高以及血浆脂蛋白异常等。这些危险因素的聚集，会大幅度增加心脏病、卒中和糖尿病等的发病风险。

2. 较长时间的能量摄入大于消耗导致肥胖   过剩能量以脂肪形式储存是肥胖的基本原因，它源于神经内分泌改变引起的异常摄食行为和运动减少，涉及遗传、环境、膳食、运动等多种因素及复杂的分子机制。正常情况下，当能量摄入大于消耗、机体将过剩的能量以脂肪形式储存于脂肪细胞过多时，脂肪组织就会产生反馈信号作用于摄食中枢，调节摄食行为和能量代谢，不会产生持续性的能量摄入大于消耗。一旦这个神经内分泌机制失调，就会引起摄食行为、物质和能量代谢障碍，导致肥胖。

（1）抑制食欲的激素功能障碍引起肥胖：食欲受一些激素调节。脂肪组织体积增加刺激瘦蛋白（leptin）分泌，通过血液循环输送至下丘脑弓状核，与瘦蛋白受体结合，抑制食欲和脂肪合成，同时刺激脂肪酸氧化，增加耗能，减少储脂。瘦蛋白还能增加线粒体解偶联蛋白表达，使氧化与磷酸化解偶联，增加产热。此外，瘦蛋白还有间接降低基础代谢率，影响性器官发育及生殖等作用。胆囊收缩素（cholecystokinin，CCK）是小肠上段细胞在进食时分泌的肽类激素，可引起饱胀感，从而抑制食欲。能抑制食欲的激素还有 α-促黑（细胞激）素（α-melanocyte-stimulating hormone，α-MSH）等。抑制食欲激素的功能障碍都可能引起肥胖。

（2）刺激食欲的激素功能异常增强引起肥胖：胃黏膜细胞分泌的生长激素释放肽，通过血液循环运送至脑垂体，与其受体结合，促进生长激素的分泌。在食欲调节方面，它能作用于下丘脑神经元，增强食欲。能增强食欲的激素还有神经肽 Y（neuropeptide Y，NPY）。增强食欲激素功能异常增强，导致肥胖。如 Prader-Willi 综合征病人血生长激素释放肽极度升高，引起不可控制的强烈食欲，导致极度肥胖。

（3）肥胖病人脂连蛋白缺陷：脂连蛋白（adiponectin）由脂肪细胞合成，是 224 个氨基酸残基组成的多肽。它通过增加靶细胞内 AMP，激活 AMP 激活的蛋白激酶，引起下游效应蛋白质磷酸化，可促进骨骼肌对脂肪酸的摄取和氧化，抑制肝内脂肪酸合成和糖异生，促进肝、骨骼肌对葡萄糖的摄取和酵解。肥胖病人脂连蛋白表达缺陷，血中水平显著降低。

（4）胰岛素抵抗导致肥胖：肥胖与高胰岛素血症，即胰岛素抵抗（insulin resistance）密切相关。正常情况下，胰岛素可通过下丘脑受体，抑制神经肽 Y 释放、刺激促黑（细胞激）素产生，从而抑制食欲、减少能量摄入，增加产热、加大能量消耗；并通过一定信号途径促进骨骼肌、肝和脂肪组织分解代谢。瘦蛋白、脂连蛋白可增加胰岛素的敏感性。所以，瘦蛋白、脂连蛋白等与胰岛素敏感性有关因子的功能异常，都可引起胰岛素抵抗，导致肥胖。

总之，肥胖源于代谢失衡，它一旦形成，又反过来加重代谢紊乱，导致脂蛋白异常血症、冠心病、卒中等严重后果。如在肥胖形成期，靶细胞对胰岛素敏感，血糖降低，耐糖能力正常。在肥胖稳定期则表现出高胰岛素血症，组织对胰岛素抵抗，耐糖能力降低，血糖正常或升高。越肥胖或胰岛素抵抗，血糖浓度越高，糖代谢的紊乱程度越重。同时还引起脂代谢异常，表现为血浆总胆固醇及低密度脂蛋白-胆固醇（low-density lipoprotein cholesterol，LDL-C）升高、高密度脂蛋白胆固醇（high-density lipoprotein cholesterol，HDL-C）降低、甘油三酯升高等。

第三节   体内重要组织和器官的代谢特点

满足机体各组织、器官基本细胞功能需要的代谢基本相同，但人体各组织、器官高度分化，功能各异，这些组织、器官的代谢具有各自的特点。在这些组织、器官的细胞中形成了特定的酶谱，即不同的酶系种类和含量,使这些组织、器官除了具有一般的基本代谢外,还具有特点鲜明的代谢途径,以适应相应的功能需要(表10-6)。

表10-6　重要器官或组织的主要供能代谢特点

器官或组织	主要代谢途径	主要代谢物	主要代谢产物	特定的酶	主要功能
肝	糖异生、脂肪酸β-氧化、脂肪合成、酮体合成、糖有氧氧化	乳酸、甘油、氨基酸、脂肪酸、葡萄糖	葡萄糖、VLDL、HDL、酮体	葡糖激酶、葡糖-6-磷酸酶、甘油激酶、磷酸烯醇式丙酮酸羧激酶	物质代谢的枢纽
脑	糖有氧氧化、糖酵解、氨基酸代谢	葡萄糖、氨基酸、酮体	乳酸、CO_2、H_2O		神经中枢
心肌	有氧氧化	乳酸、脂肪酸、酮体、葡萄糖	CO_2、H_2O	脂蛋白脂肪酶	泵出血液
骨骼肌	糖酵解、有氧氧化	葡萄糖、脂肪酸、酮体	乳酸、CO_2、H_2O	脂蛋白脂肪酶	肌肉收缩
脂肪组织	酯化脂肪酸、脂肪动员、合成脂肪	VLDL、CM	游离脂肪酸、甘油	脂蛋白脂肪酶、激素敏感性脂肪酶	储存脂肪
肾	糖异生、糖酵解	脂肪酸、葡萄糖、乳酸、甘油	葡萄糖	甘油激酶、磷酸烯醇式丙酮酸羧激酶	泌尿

肝是人体代谢的中枢器官,在糖、脂质、蛋白质代谢中均具有重要的特殊作用。脂肪组织的重要功能是将能量以脂肪形式储存,所以脂肪组织含有脂蛋白脂肪酶及特有的激素敏感甘油三酯脂肪酶,既能将血液循环中的脂肪水解,用于合成脂肪细胞内的脂肪而储存;也能在机体需要时进行脂肪动员,释放脂肪酸供其他组织利用(图10-3)。

图10-3　主要器官间的物质代谢联系

一、肝是人体物质代谢中心和枢纽

肝具有特殊的组织结构和组织化学构成,是机体物质代谢的枢纽,是人体的中心生化工厂。在糖、脂质、蛋白质、水、无机盐和维生素代谢中均具有独特而重要的作用(见第十九章)。肝的耗氧量占全身耗氧量的20%,可以消耗葡萄糖、脂肪酸、甘油和氨基酸等以供能,但不能利用酮体。肝合成和储存糖原可达肝重的5%,约75～100g,而肌糖原仅占肌重的1%。肝还具有糖异生、酮体生成等独特的代谢方式。肝虽可大量合成脂肪,但不能储存脂肪,肝细胞合成的脂肪随即合成 VLDL 释放入血。

二、脑主要利用葡萄糖供能且耗氧量大

(一)葡萄糖和酮体是脑的主要能量物质

脑没有糖原,也没有作为能量储存的脂肪及蛋白质用于分解代谢,葡萄糖是脑主要的供能物质,每天消耗葡萄糖约100g,主要由血糖供应。脑组织具有很高的己糖激酶活性,即使在血糖水平较低时也能有效利用葡萄糖。长期饥饿血糖供应不足时,脑主要利用由肝生成的酮体供能。饥饿3～4天时,脑每天耗用约50g酮体。饥饿2周后,脑每天消耗的酮体可达100g。

(二)脑耗氧量高达全身耗氧总量的四分之一

脑功能复杂,活动频繁,能量消耗多且连续,是人体静息状态下消耗氧很大的器官。人脑重量仅占体重2%,但其耗氧量占静息时全身耗氧总量的20%～25%,是静息状态下单位重量组织耗氧量最大的器官。

(三)脑具有特异的氨基酸及其代谢调节机制

血液与脑组织之间可迅速进行氨基酸交换,但氨基酸在脑内富集量有限。脑中游离氨基酸大约75%为天冬氨酸、谷氨酸、谷氨酰胺、N-乙酰天冬氨酸和 γ-氨基丁酸,以谷氨酸含量最多。脑通过特异的氨基酸及其代谢调节机制,维持脑内特有游离氨基酸含量谱。

脑中氨基酸脱氨基作用主要由腺苷脱氨酶催化。氨基酸的氨基经氨基移换作用生成谷氨酸、天冬氨酸,再转移生成腺苷酸,最后由 ADA 催化脱去氨基,生成氨。

三、心肌可利用多种能源物质

(一)心肌可利用多种营养物质及其代谢中间产物为能源

心肌细胞含有多种硫激酶(thiokinase),可催化不同长度碳链脂肪酸转变成脂酰辅酶 A,所以心肌优先利用脂肪酸氧化分解供能。心肌细胞含有丰富的酮体利用酶,也能彻底氧化脂肪酸分解的中间产物——酮体供能。正是由于心肌细胞优先利用脂肪酸,使其分解产生大量乙酰辅酶 A,强烈抑制酵解途径的调节酶——磷酸果糖激酶-1,继而抑制葡萄糖酵解。心肌细胞既富含细胞色素及线粒体,也富含 LDH1,有利于乳酸氧化供能。所以,心肌主要通过有氧氧化脂肪酸、酮体和乳酸获得能量,极少进行糖酵解。心肌从血液摄取各种营养物有一定域值限制,血液营养物水平超过域值越高,摄取越多。因此,心肌在饱食状态下不排斥利用葡萄糖,餐后数小时或饥饿时利用脂肪酸和酮体,运动中或运动后则利用乳酸。

(二)心肌细胞分解营养物质供能方式以有氧氧化为主

心肌细胞富含肌红蛋白、细胞色素及线粒体,前者能储氧,以保证心肌有节律、持续舒缩运动所需氧的供应;后两者利于利用氧进行有氧氧化,所以心肌分解代谢以有氧氧化为主。即使氧消耗增加,如运动加剧,也极少发生"负氧债"(oxygen debt repayment)。

心肌富含乳酸脱氢酶,以 LDH1 为主,与乳酸亲和力强,能催化乳酸氧化成丙酮酸,后者可羧化为草酰乙酸,有利于有氧氧化。

四、骨骼肌以肌糖原和脂肪酸为主要能量来源

（一）不同类型骨骼肌产能方式不同

不同类型骨骼肌具有的糖酵解、氧化磷酸化能力不同。红肌（如长骨肌）耗能多，富含肌红蛋白及细胞色素体系，具有较强氧化磷酸化能力，适合通过氧化磷酸化获能。白肌（如胸肌）则相反，耗能少，主要靠酵解供能。

（二）骨骼肌适应不同耗能状态选择不同能源

骨骼肌收缩所需能量的直接来源是 ATP，但其 ATP 含量有限，不足以维持持续、剧烈的收缩活动。短暂的骨骼肌收缩活动后，储存于肌内的高能物质——磷酸肌酸在肌酸激酶催化下开始分解，将能量和 ~P 转移给 ADP，生成 ATP。骨骼肌有一定糖原储备，静息状态下肌组织获取能量通常以有氧氧化肌糖原、脂肪酸、酮体为主；剧烈运动时糖无氧氧化供能大大增加。肌糖原分解不能直接补充血糖，乳酸循环是整合糖异生与肌糖酵解途径的重要机制。

五、脂肪组织是储存和动员甘油三酯的重要组织

（一）机体将从膳食中摄取的能量主要储存于脂肪组织

机体从膳食摄取的能量物质主要是脂肪和糖。生理情况下，餐后吸收的脂肪和糖除部分氧化供能外，其余部分主要以脂肪形式储存于脂肪组织，供饥饿时利用。膳食脂肪以乳糜微粒形式运输至脂肪组织，在脂蛋白脂肪酶作用下被水解摄取，用于合成脂肪细胞内脂肪储存。膳食糖主要运输至肝转化成脂肪，以 VLDL 形式运输至脂肪组织，同样在 LPL 作用下被水解摄取，合成脂肪储存于脂肪细胞。脂肪细胞也能将糖转化为脂肪储存。一些氨基酸也能转化为脂肪。

（二）饥饿时主要靠分解储存于脂肪组织的脂肪供能

饥饿时抗脂解激素胰岛素水平降低、脂解激素胰高血糖素等分泌增强，激活激素敏感性脂肪酶，将储存于脂肪组织的能量以脂肪酸和甘油的形式释放入血，经血循环运输至机体其他组织，作为能源利用。肝还能将脂肪酸分解为酮体，经血液运输至肝外组织利用。所以，饥饿时血中游离脂肪酸水平升高，酮体水平也随之升高。

六、肾可进行糖异生和酮体生成

肾是可进行糖异生和生成酮体两种代谢的器官。肾髓质无线粒体，主要靠糖酵解供能；肾皮质主要靠脂肪酸及酮体有氧氧化供能。一般情况下，肾糖异生产生的葡萄糖较少，只有肝糖异生葡萄糖量的 10%。但长期饥饿（5~6 周）后，肾糖异生的葡萄糖大量增加，可达每天 40g，与肝糖异生的量几乎相等。

小 结

代谢是生命活动的物质基础。代谢分为分解代谢和合成代谢，由许多代谢途径组成。有些不同的代谢途径会分享某些共同的酶促化学反应，所以，各种代谢途径相互联系、相互作用、相互协调和相互制约，形成一个网状的整体。体内代谢的物质均组成为各自共同的代谢池。体内各种营养物质的代谢总是处于一种动态的平衡之中。

细胞内多种物质的代谢同时进行，需要彼此间相互协调；高等动物包括人的各组织器官高度分化，具有各自的功能和代谢特点，各组织器官之间的各种物质的代谢也需要彼此协调，才能维持细胞、机体的正常功能、适应机体各种内外环境的改变。所以，机体内的各种物质的代谢虽然各不相同，但它们通过共同的中间代谢物、三羧酸循环和生物氧化等形成彼此相互联系、相互转变、相互依存的统一的整体。糖、脂肪、蛋白质等营养物质在供应能量上可互相代替，并互相制约，但不能完全互相转变，因为有些代谢反应是不可逆的。

　　机体为了适应各种内外环境的变化,需要对各种物质代谢的方向、速率和流量进行精细调节,使各种物质的代谢井然有序,相互协调进行,以顺利完成各种生命活动。高等生物形成了三级代谢调节。代谢的细胞水平调节主要通过改变关键酶活性实现。其中,通过改变酶分子结构调节关键酶活性见效快,方式包括别构调节和化学修饰调节。化学修饰调节以磷酸化为主;化学修饰调节具有放大效应。别构调节与化学修饰调节相辅相成。酶含量调节通过改变其合成或(和)降解速率实现,作用缓慢但持久。激素水平代谢调节是激素通过与靶细胞受体特异结合及后续的一系列细胞信号转导反应,最终引起代谢改变。在神经系统主导下,机体通过调节激素释放,整合不同组织细胞内代谢途径,实现整体调节,以适应饱食、空腹、饥饿、营养过剩、应激等状态,维持整体代谢平衡。

　　各组织、器官除基本代谢外,具有某些特点酶系的表达,因此各组织、器官在能量代谢上各有其主导的和独特的代谢方式。

思 考 题

1. 哪些化合物是糖、脂质、氨基酸代谢的枢纽物质?

2. 肝、骨骼肌、脑的代谢有何特点?

3. 肝、骨骼肌、脑在饱食和空腹状态下的代谢有何区别?

4. 酶的别构调节与化学修饰调节有何异同?

5. 试述细胞内酶活性的调节和酶含量的调节。

6. 如果肝细胞中含有大量葡糖-6-磷酸,哪些代谢途径的流量会发生变化?

7. 各器官、组织具有特定的代谢方式,试对表10-5作进一步补充。

8. 若将机体某种类型细胞分离进行体外培养,试分析在培养液中应提供哪些成分以维持该细胞的存活?

(孙　军)

第 三 篇
遗传信息的传递

本篇讨论遗传信息的传递及其调节过程,包括真核基因与基因组,DNA、RNA 和蛋白质的合成,DNA 损伤和损伤修复,基因表达调控和细胞信号转导的分子机制,共七章。

不同生物的基因及基因组的大小和复杂程度各不相同,但生物体内的遗传信息传递均遵循中心法则。DNA 以半保留复制的方式将亲代细胞的遗传信息高度忠实地传递给子代;DNA 序列中的遗传信息以合成 RNA 的方式被"转录"出来,其中,携带蛋白质一级结构信息的信使 RNA(mRNA)通过"翻译"过程合成蛋白质。

DNA、RNA、蛋白质的合成过程均由细胞内复杂的大分子复合体负责完成。本篇对于这些过程的叙述主要包括:基本规律和特点;模板、酶及其他因子;何处如何起始;链的延长方向和机制;何处如何终止;以及合成后的加工修饰等。

DNA 的合成是通过精密的机制控制的基因组复制过程,是一个生命体内全部遗传信息的忠实复制和传递,是细胞增殖和个体延续(繁衍)的基础。生命体的全部遗传信息都贮存于基因组中,基因组的复杂结构不仅有利于遗传信息的贮存,也是控制遗传信息复制、传递和表达的基础。

生物体内虽有精细的体系保证 DNA 复制过程的正确性,但在复制过程中和复制结束后,DNA 仍会由于多种因素的影响而发生结构变化(即损伤和变异),细胞的 DNA 损伤修复系统则可修复这些损伤,将结构变异控制在最低的程度。

RNA 和蛋白质的生物合成是遗传信息表达的过程,被称为基因表达。对于 RNA 编码基因而言,转录过程即为基因表达;而蛋白质编码基因的表达则包括转录和翻译两个过程。

基因表达在体内(细胞内)受到精确调控。细胞内有多种蛋白质和 RNA 参与基因表达过程的调控,蛋白质与 DNA、蛋白质与 RNA、蛋白质与蛋白质之间的相互作用是这些调控的结构基础。基因表达的调控可发生在染色质结构调整、转录起始、转录后加工、翻译起始、翻译后加工等多个层次、多个环节。

基因表达调控也是细胞对微环境产生应答的一个重要方面。细胞所处微环境中的信号分子可结合特异性受体将信号传入细胞内。一系列细胞内信号转导分子有序相互作用,构成了信号转导通路。除控制细胞运动、调节细胞代谢外,各信号转导通路可激活不同的转录因子,调控不同的基因表达。

在学习本篇内容时,要重视对名词概念的理解,理解基因信息传递各过程的基本规律和特点;把握起始、延长和终止过程中大分子复合体的动态变化;认识信息传递的复杂性和网络特点。本篇的各章内容之间有着密切关联,因此学习时要善于对比联系。此外,细胞信号转导不仅是调控基因表达的重要机制,也是调节细胞代谢的重要机制,需要与第二篇的内容联系起来融会贯通。

(高国全)

第十一章　真核基因与基因组

随着人们对遗传学和基因组学复杂性的深入了解，似乎越来越难以对基因做一个精确的定义。简而言之，基因（gene）是能够编码蛋白质或 RNA 等具有特定功能产物的、负载遗传信息的基本单位。除了某些以 RNA 为基因组的 RNA 病毒外，基因通常是指染色体或基因组的一段 DNA 序列，其包括编码序列（外显子）和单个编码序列间的间隔序列（内含子）。

基因组（genome）是指一个生物体内所有遗传信息的总和。1920 年德国科学家 Winkles H 首先使用基因组一词来描述生物的全部基因和染色体。基因组（GENOME）从"基因（GENe）"和"染色体（chromosOME）"两个词组合而成。人类基因组包含了细胞核染色体 DNA（常染色体和性染色体）及线粒体 DNA 所携带的所有遗传物质。

不同生物的基因及基因组的大小和复杂程度各不相同，所贮存的遗传信息量有着巨大的差别，其结构与组织形式上也各有特点。原核生物的基因组结构相对简单，其结构特点如下：①通常仅由一条环状双链 DNA 组成；②基因组中只有一个复制起点，具有操纵子结构（见第十六章）；③基因通常是连续的，没有内含子；④基因组中重复序列很少，编码蛋白质的结构基因多为单拷贝基因；⑤基因组中具有多种功能的识别区域，如复制起始区、复制终止区、转录启动区和终止区等；⑥基因组中存在可移动的 DNA 序列，包括插入序列和转座子等。

真核生物基因组较复杂，其结构基因的数量远多于原核生物基因组中的数量，但编码区在基因组中所占的比例远小于原核生物基因组中的比例。本章重点讨论真核基因与基因组的结构和功能。

第一节　真核基因的结构与功能

DNA 是基因的物质基础，基因的功能实际上是 DNA 的功能。基因的功能包括：①利用 4 种碱基的不同排列荷载遗传信息；②通过复制将所有的遗传信息稳定、忠实地遗传给子代细胞，在这一过程中，体内外环境均可导致随机发生的基因突变，这些突变是生物进化的基础；③作为基因表达（gene expression）的模板，使其所携带的遗传信息通过各种 RNA 和蛋白质在细胞内有序合成而表现出来。基因的功能通过两个相关部分信息而完成：一是可以在细胞内表达为蛋白质或功能 RNA 的编码区（coding region）序列；二是为表达这些基因（即合成 RNA）所需要的启动子（promoter）、增强子（enhancer）等调控区（regulatory region）序列。单个基因的组成结构及一个完整的生物体内基因的组织排列方式统称为基因组构（gene organization）。

一、真核基因的基本结构

基因的基本结构包含编码蛋白质或 RNA 的编码序列（coding sequence）及相关的非编码序列，后者包括单个编码序列间的间隔序列以及转录起始点后的基因 5′-端非翻译区、3′-端非翻译区。与原核生物相比较，真核基因结构最突出的特点是其不连续性，被称为断裂基因（split gene）或割裂基因（interrupted gene）。

如图 11-1 所示，如果将成熟的 mRNA 分子序列与其基因序列（即 DNA 序列）比较，可以发现并不是全部的基因序列都保留在成熟的 mRNA 分子中，有一些区段经过剪接（splicing）被去除。在基

图 11-1　真核生物断裂基因

因序列中,出现在成熟 mRNA 分子上的序列称为外显子(exon);位于外显子之间、与 mRNA 剪接过程中被删除部分相对应的间隔序列则称为内含子(intron)。每个基因的内含子数目比外显子要少 1 个。内含子和外显子同时出现在最初合成的 mRNA 前体中,在合成后被剪接加工为成熟 mRNA (见第十四章)。如全长为 7.7kb 的鸡卵清蛋白基因有 8 个外显子和 7 个内含子,最初合成的 mRNA 前体与相应的基因是等长的,内含子序列被切除后的成熟 mRNA 分子的长度仅为 1.2kb。不同的基因中外显子的数量不同,少则数个,多则数十个。外显子的数量是描述基因结构的重要特征之一。

原核细胞的基因基本没有内含子。高等真核生物绝大部分编码蛋白质的基因都有内含子,但组蛋白编码基因例外。此外,编码 rRNA 和一些 tRNA 的基因也都有内含子。内含子的数量和大小在很大程度上决定了高等真核生物基因的大小。低等真核生物的内含子分布差别很大,有的酵母的结构基因较少有内含子,有的则较常见。在不同种属中,外显子序列通常比较保守,而内含子序列则变异较大。外显子与内含子接头处有一段高度保守的序列,即内含子 5'-末端大多数以 GT 开始,3'-末端大多数以 AG 结束,这一共有序列(consensus sequence)是真核基因中 RNA 剪接的识别信号。

为方便叙述基因编码序列和其调节序列的关系,人们约定将一个基因的 5'-端称之为上游,3'-端称为下游;为标定 DNA 信息的具体位置,将基因序列中开始 RNA 链合成的第一个核苷酸所对应的碱基记为 +1,在此碱基上游的序列记为负数,向 5'-端依次为 -1、-2 等;在此碱基下游的序列记为正数,向 3'-端依次为 +2、+3 等。零不用于标记碱基位置。

二、基因编码区编码多肽链和特定的 RNA 分子

基因编码区中的 DNA 碱基序列决定一个特定的成熟 RNA 分子的序列,换言之,DNA 的一级结构决定着其转录产物 RNA 分子的一级结构。有的基因仅编码一些有特定功能的 RNA,如 rRNA、tRNA 及其他小分子 RNA 等;而大多数基因则通过 mRNA 进一步编码蛋白质多肽链。无论是编码 RNA 还是编码蛋白质,基本原则是基因的编码序列决定了其编码产物的序列和功能。因此,编码序列中一个碱基的改变或突变,都有可能使基因功能发生重要的变化。这些变化可能是原有功能的丧失,或是新功能的获得。当然,也有的碱基突变不会影响编码产物的序列或功能。

需要指出的是,有些相同的 DNA 序列由于其起始位点的变化或 mRNA 不同的剪接产物可以编码不同的蛋白质多肽链。

三、调控序列参与真核基因表达调控

位于基因转录区前后并与其紧邻的 DNA 序列通常是基因的调控区,又称为旁侧序列(flanking sequence)。真核基因的调控序列远较原核生物复杂,迄今了解仍很有限。这些调控序列又被称为顺式作用元件(*cis*-acting element),包括启动子、上游调控元件、增强子、绝缘子、加尾信号和一些细胞信号反应元件等(图11-2)。

图 11-2　真核基因及调控序列的一般结构

1. 启动子提供转录起始信号　启动子是 DNA 分子上能够介导 RNA 聚合酶结合并形成转录起始复合体的序列。大部分真核基因的启动子位于基因转录起点的上游,启动子本身通常不被转录;但有一些启动子(如编码 tRNA 基因的启动子)的 DNA 序列可以位于转录起始点的下游,这些 DNA 序列可以被转录。真核生物主要有 3 类启动子(图11-3),分别对应于细胞内存在的三种不同的 RNA 聚合酶和相关蛋白质(见第十四章)。

图 11-3　真核基因三类启动子

UPE:上游启动子元件(upstream promoter element);Core element:核心元件;Inr:起始元件(initiator element);DPE:下游启动子元件(downstream promoter element);Oct:八聚体寡核苷酸结合序列(8-base-pair binding sequence);PSE:近侧序列元件(proximal sequence element)

(1) Ⅰ类启动子富含 GC 碱基对:具有 Ⅰ类启动子的基因主要是编码 rRNA 的基因。Ⅰ类启动子包括核心启动子(core promoter)和上游启动子元件(upstream promoter element,UPE)两部分,能增强转录的起始。两部分序列都富含 GC 碱基对。

(2) Ⅱ类启动子具有 TATA 盒特征结构:具有 Ⅱ类启动子的基因主要是能转录出 mRNA 且编码

蛋白质的基因和一些 snRNA 基因。Ⅱ类启动子通常是由 TATA 盒(TATA box)、上游调控元件如增强子和起始元件(initiator element,Inr)组成。TATA 盒的核心序列是 TATA(A/T)A(A/T),决定着 RNA 合成的起始位点。有的Ⅱ类启动子在 TATA 盒的上游还可存在 CAAT 盒、GC 盒等特征序列,共同组成启动子。

（3）Ⅲ类启动子包括 A 盒、B 盒和 C 盒:具有Ⅲ类启动子的基因包括 5S rRNA、tRNA、U6 snRNA 等 RNA 分子的编码基因。

2. **增强子增强邻近基因的转录**　增强子是可以增强真核启动子工作效率的顺式作用元件,是真核基因最重要的调控序列,决定着每一个基因在细胞内的表达水平(见第十六章)。这一调控序列能够在相对于启动子的任何方向和任何位置(上游或者下游)上发挥这种增强作用,但大部分位于上游。增强子序列距离所调控基因距离近者几十个碱基对,远的可达几千个碱基对。通常数个增强子序列形成一簇,有时增强子序列也可位于内含子之中。不同的增强子序列结合不同的调节蛋白。

3. **沉默子是负调节元件**　沉默子(silencer)是可抑制基因转录的特定 DNA 序列,当其结合一些反式作用因子时对基因的转录起阻遏作用,使基因沉默。

4. **绝缘子阻碍增强子的作用**　绝缘子(insulator)是基因组上对转录调控起重要作用的一种元件,可以阻碍增强子对启动子的作用,或者保护基因不受附近染色质环境(如异染色质)的影响。特异的转录因子如酵母 RAP1 蛋白和脊椎动物细胞中 CTCF(CCCTC-binding factor)蛋白结合于绝缘子而发挥调控作用。绝缘子阻碍增强子对启动子的作用可能通过影响染色质的三维结构如 DNA 发生弯曲或形成环状结构。

第二节　真核基因组的结构与功能

病毒、原核生物以及真核生物所贮存的遗传信息量有着巨大的差别,其基因组的结构与组织形式上也各有特点,包括基因组中基因的组织排列方式以及基因的种类、数目和分布等。

人类基因组包含了细胞核染色体 DNA(常染色体和性染色体)及线粒体 DNA 所携带的所有遗传物质,其组成如图 11-4 所示。

图 11-4　人的基因组构成

一、真核基因组具有独特的结构

真核生物的基因组庞大,具有以下结构特点。首先,真核基因组中基因的编码序列所占比例远小于非编码序列。人的基因组中,编码序列仅占全基因组的 1%;在一个基因的全部序列中,编码序列仅占 5%。其次,高等真核生物基因组含有大量的重复序列,可以占到全基因组的 80% 以上,在人的基因组中重复序列达 50% 以上。第三,真核基因组中存在多基因家族和假基因。人的染色体基因组 DNA 长约 3.0×10^9 bp,编码约 2 万个基因,存在着 1.5 万个基因家族。一个基因家族中,并非所有成员都具有功能,不具备正常功能的家族成员被称为假基因。第四,大约60%的人基因转录后发生可变剪接,80%的可变剪接会使蛋白质的序列发生改变。第五,真核基因组DNA与蛋白质结合形成染色体,储存于细胞核内,除配子细胞外,体细胞的基因组为二倍体(diploid),即有两份同源的基因组。

真核生物基因组DNA与蛋白质结合,以染色体的方式存在于细胞核内。不同的真核生物具有不同的染色体数目(表11-1)。人类基因组的染色体DNA包括22条常染色体及2条性染色体的DNA,不同染色体的大小在47Mb～250Mb之间(图11-5)。其中,最长的染色体是第1号染色体,约248.96Mb,含有5078个基因;最小的是第21号染色体,约46.71Mb,含有756个基因(资料来源:https://www.ncbi.nlm.nih.gov/genome/? term=human[organism],截至2018.02.14)。一些遗传性疾病相关的基因,如阿尔茨海默病、肌萎缩性侧索硬化症和唐氏综合征等,均位于第21号染色体。人基因在染色体上分布也并不是均匀的。其中基因密度最大的是第19号染色体,平均每百万碱基有23个基因;密度最小的是第13号和Y染色体,平均每百万碱基只有5个基因。即便在基因密度最大的染色体上,也存在无基因的"沙漠区",即在500kb区域内,没有任何基因的编码序列。这种基因分布是如何形成的、有何意义,目前尚不清楚。

表11-1   不同生物体基因组的比较

物种	基因组大小(Mb)	基因数	染色体数*
支原体 M. genitalium	0.58	487	无
流感嗜血杆菌 H. influenzae	1.85	1726	无
枯草芽胞杆菌 B. subtilis	4.13	4049	无
大肠杆菌 E. coli	5.14	4996	无
酿酒酵母 S. cerevisiae	12.12	5409	16
裂殖酵母 S. pombe	12.59	5132	16
燕麦 O. sativa	374.42	36 376	21
果蝇 D. melanogaster	143.92	14 700	4
秀丽隐杆线虫 C. elegans	101.17	20 000	6
小鼠 mouse	2671.82	22 000	20
人 H. sapiens	2996.43	20 000	23

* 指单倍体细胞内的染色体数目;资料来源:http://www.ncbi.nlm.nih.gov/genome,截至2018.01.25

图11-5   人的染色体大小示意图

二、真核基因组中存在大量重复序列

真核细胞基因组存在着大量重复序列，人基因组中，重复序列占基因组长度的 50% 以上。重复序列的长度不等，短的仅含两个碱基，长的多达数百乃至上千个碱基。重复序列的重复频率也不尽相同，可以分为高度重复序列（highly repetitive sequence）、中度重复序列（moderately repetitive sequence）和单拷贝序列（single copy sequence）或低度重复序列等 3 种。

（一）高度重复序列

高度重复序列是真核基因组中存在的有数千到几百万个拷贝的 DNA 重复序列。这些重复序列的长度为 6～200bp，不编码蛋白质或 RNA。在人基因组中，高度重复序列约占基因组长度的 20%。高度重复序列按其结构特点分为反向重复序列（inverted repeat sequence）和卫星 DNA（satellite DNA）。前者由两个相同顺序的互补拷贝在同一 DNA 链上反向排列而成，反向重复的单位长度约为 300bp 或略短，其总长度约占人基因组的 5%，多数是散在，而非群集于基因组中。卫星 DNA 是真核细胞染色体具有的高度重复核苷酸序列，主要存在于染色体的着丝粒区，通常不被转录，在人基因组中可占 10% 以上。由于其碱基组成中 GC 含量少，具有不同的浮力密度，在氯化铯密度梯度离心后呈现出与大多数 DNA 有差别的"卫星"条带而得名。

高度重复序列的功能主要是：①参与复制水平的调节。反向重复序列常存在于 DNA 复制起点区的附近，是一些蛋白质（包括酶）的结合位点。②参与基因表达的调控。高度重复序列可以转录到核内不均一 RNA 分子中，而有些反向重复序列可以形成发夹结构，有助于稳定 RNA 分子。③参与染色体配对。如 α 卫星 DNA 成簇样分布在染色体着丝粒附近，可能与染色体减数分裂时染色体配对有关。

（二）中度重复序列

中度重复序列指在真核基因组中重复数十至数千次的核苷酸序列，通常占整个单倍体基因组的 1%～30%。少数在基因组中成串排列在一个区域，大多数与单拷贝基因间隔排列。依据重复序列的长度，中度重复序列可分为以下两种类型。

1. 短散在核元件　短散在核元件（short interspersed nuclear elements, SINEs）又称为短散在重复序列（short interspersed repeat sequence），是以散在方式分布于基因组中的较短重复序列，平均长度约为 300～500bp，与平均长度约为 1000bp 的单拷贝序列间隔排列。拷贝数可达数十万。如 *Alu* 家族, *Kpn* I 家族和 *Hinf* 家族等属于这种类型的中度重复序列。

Alu 家族是哺乳类动物，包括人基因组中含量最丰富的一种短分散片段中度重复序列，平均每 6kb DNA 就有一个 *Alu* 序列，在单倍体人基因组中重复达 30 万～50 万次，约占人基因组的 3%～6%。*Alu* 家族每个成员的长度约 300bp，由于每个单位长度中有一个限制性核酸内切酶 *Alu* 的切点（AG↓CT），将其切成长 130bp 和 170bp 的两段，因而命名为 *Alu* 序列（或 *Alu* 家族）。

Kpn I 家族是中度重复序列中仅次于 *Alu* 家族的第二大家族，因其重复序列中含有限制性内切酶 *Kpn* I 的位点、可被水解为 4 个不同长度的片段而命名。*Kpn* I 家族成员呈散在分布，拷贝数约为 3000～4800 个，占人类基因组的 1%。

Hinf 家族以 319bp 长度的串联重复存在于人基因组中，因其重复序列中含有限制性核酸内切酶 *Hinf* I 的位点而命名。

2. 长散在核元件　长散在核元件（long interspersed nuclear elements, LINEs）又称为长散在重复序列（long interspersed repeat sequence），以散在方式分布于基因组中的较长的重复序列，重复序列长度在 1000bp 以上，常具有转座活性。

中度重复序列在基因组中所占比例在不同种属之间差异很大，一般约占 10%～40%，在人约为 12%。这些序列大多不编码蛋白质，其功能可能类似于高度重复序列。

真核生物基因组中的 rRNA 基因也属于中度重复序列。与其他中度重复序列不同，各重复单位中的 rRNA 基因都是相同的。rRNA 基因通常集中成簇存在,而不是分散于基因组中,这样的区域称为 rDNA 区,如染色体的核仁组织区(nucleolus organizer region)即为 rDNA 区。人类的 rRNA 基因位于 13、14、15、21 和 22 号染色体的核仁组织区,每个核仁组织区平均含有 50 个 rRNA 基因的重复单位;5S rRNA 基因似乎全部位于 1 号染色体(1q42-43)上,每个单倍体基因组约有 1000 个 5S rRNA 基因。

(三) 单拷贝序列(低度重复序列)

单拷贝序列在单倍体基因组中只出现一次或数次,大多数编码蛋白质的基因属于这一类。在基因组中,单拷贝序列的两侧往往为散在分布的重复序列。单拷贝序列编码的蛋白质在很大程度上体现了生物的各种功能,因此针对这些序列的研究对医学实践有特别重要的意义。

三、真核基因组中存在大量的多基因家族与假基因

基因组中存在的许多来源于同一个祖先,结构和功能均相似的一组基因。这一组基因就构成了一个基因家族。同一家族的这些基因的外显子具有相关性。多基因家族(multigene family)是真核基因组的另一结构特点,是指由某一祖先基因经过重复和变异所产生的一组在结构上相似、功能相关的基因。在细菌或病毒基因组中,80% 以上的基因是具有独特结构或功能的基因,但在人的基因组中,这类基因不足 20%。

多基因家族大致可分为两类:一类是基因家族成簇地分布在某一条染色体上,它们可同时发挥作用,合成某些蛋白质,如组蛋白基因家族就成簇地集中在第 7 号染色体长臂 3 区 2 带到 3 区 6 带区域内。另一类是一个基因家族的不同成员成簇地分布于不同染色体上,这些不同成员编码一组功能上紧密相关的蛋白质,如人类珠蛋白基因家族分为 α 珠蛋白和 β 珠蛋白两个基因簇,α 珠蛋白基因簇、β 珠蛋白基因簇分别位于第 16 号和第 11 号染色体。一些 DNA 序列相似,但功能不一定相关的若干个单拷贝基因或若干组基因家族可以被归为基因超家族(superfamily gene),例如免疫球蛋白基因超家族、ras 基因超家族。一个多基因家族中可有多个基因,根据结构与功能的不同又可以分为亚家族(subfamily),例如 G 蛋白中属 ras 超家族约有 50 多个成员,根据其序列同源性程度又可进一步分为 Ras、Rho 和 Rab 三个主要的亚家族。

人的基因组中存在假基因(pseudogene),以 ψ 来表示。假基因是基因组中存在的一段与正常基因非常相似但一般不能表达的 DNA 序列。假基因根据其来源分为经过加工的假基因和未经过加工的假基因 2 种类型,前者没有内含子,后者含有内含子。这类基因可能曾经有过功能,但在进化中获得一个或几个突变,造成了序列上的细微改变从而阻碍了正常的转录和翻译功能,使它们不能再编码 RNA 和蛋白质产物。人们推测,经过加工的假基因的来源可能是基因转录生成的成熟 mRNA 经逆转录产生 cDNA,再整合到染色体 DNA 中去,便有可能成为假基因。经过加工的假基因通常缺少正常基因表达所需的调节序列、没有内含子、可能有 poly(A) 尾。未经过加工的假基因来源于多拷贝或单拷贝基因的突变或者基因的不完全复制。人基因组中大约有 2 万个假基因,其中约 2000 个为核糖体蛋白的假基因。近些年发现,假基因也表达有功能的非编码 RNA(non-coding RNA,ncRNA)。

四、线粒体 DNA 的结构

线粒体是细胞内的一种重要细胞器,是生物氧化的场所,一个细胞可拥有数百至上千个线粒体。线粒体 DNA(mitochondrial DNA,mtDNA)可以独立编码线粒体中的一些蛋白质,因此 mtDNA 是核外遗传物质。mtDNA 的结构与原核生物的 DNA 类似,是环状分子。线粒体基因的结构特点也与原核生物基因的结构特点相似。

人的线粒体基因组全长 16 569bp,共编码 37 个基因(图 11-6),包括 13 个编码构成呼吸链多酶体系的一些多肽的基因、22 个编码 mt-tRNA 的基因、2 个编码 mt-rRNA(16S 和 12S)的基因。

五、人基因组约有两万个蛋白质编码基因

通过基因组测序,人们对数种生物的基因组大小和所含有的基因数量已有所了解。表 11-1 列出

图 11-6　人的线粒体基因组

了从原核生物到真核生物有代表性的生物体基因组的大小和基因的数量。总体上来讲，在进化过程中随着生物个体复杂性的增加，基因组的总趋势是由小变大、基因数也是由少变多。但是决定生物复杂性的因素较多，除基因组大小和基因数以外，还有基因密度（gene density）等因素。例如，人的基因组最大，复杂程度也最高，但所含的基因数量并不是最多。尽管不同机构公布的基因数目有所不同，但根据人类基因组计划的数据推测，人的基因数目为 2 万个左右，仅为果蝇基因数量的 1.4 倍左右，与线虫基因数量大致相当。人类基因组基因密度较低，因为基因组中转座子、内含子和调控序列较多，这些序列在进化过程对遗传多样性的产生至关重要。

小　结

基因是能够编码蛋白质或 RNA 等具有特定功能产物的、负载遗传信息的基本单位，除了某些以 RNA 为基因组的 RNA 病毒外，通常是指染色体或基因组的一段 DNA 序列。

基因的基本结构包含编码蛋白质或 RNA 的编码序列及其与之相关的非编码序列。真核基因结构最突出的特点是其不连续性，被称为断裂基因。

基因组是指一个生物体内所有遗传信息的总和。真核基因组具有基因编码序列在基因组中所占比例小于非编码序列、高等真核生物基因组含有大量的重复序列、存在多基因家族和假基因、具有可变剪接，以及真核基因组 DNA 与蛋白质结合形成染色体，储存于细胞核内等特点。

线粒体 DNA 是核外遗传物质，可以独立编码线粒体中的一些蛋白质。人的线粒体基因组全长 16 569bp，共编码 37 个基因。

人基因组中约有两万个基因，分布在 22 条常染色体及 2 条性染色体上，但并不是均匀分布。

思　考　题

1. 如何理解断裂基因及其意义？
2. 何谓启动子、增强子、沉默子、绝缘子？
3. 真核基因组的结构特点是什么？
4. 举例说明是否可以根据基因组大小或基因数量判断生物体的复杂程度？

（汤立军）

生物体内或细胞内进行的 DNA 合成主要包括 DNA 复制、DNA 修复合成和逆转录合成 DNA 等过程。

DNA 复制(replication)是以 DNA 为模板的 DNA 合成,是基因组的复制过程。在这个过程中,亲代 DNA 作为合成模板,按照碱基配对原则合成子代分子,其化学本质是酶促脱氧核苷酸聚合反应。DNA 的忠实复制以碱基配对规律为分子基础,酶促修复系统可以校正复制中可能出现的错误(动画12-1"复制发生的化学反应")。原核生物和真核生物 DNA 复制的规律和过程相似,但在具体细节上有许多差别,真核生物 DNA 复制过程和参与的分子更为复杂和精致。本章主要讨论 DNA 复制和 DNA 逆转录合成,DNA 修复合成将在下一章叙述。

第一节　DNA 复制的基本规律

DNA 复制特征主要包括:半保留复制(semi-conservative replication)、双向复制(bidirectional replication 和半不连续复制(semi-discontinuous replication)。DNA 的复制具有高保真性(high fidelity)。

一、DNA 以半保留方式进行复制

DNA 生物合成的半保留复制规律是遗传信息传递机制的重要发现之一。在复制时,亲代双链 DNA 解开为两股单链,各自作为模板,依据碱基配对规律,合成序列互补的子链 DNA 双链。亲代 DNA 模板在子代 DNA 中的存留有 3 种可能性,全保留式、半保留式或混合式(图 12-1a)。

图 12-1　证明 DNA 半保留复制的经典实验

(a)DNA 复制方式的 3 种可能性;(b)^{15}N 标记 DNA 实验证明半保留复制假设

　　1958 年,MeselsonM 和 StahlFW 用实验证实自然界的 DNA 复制方式是半保留式的。他们利用细菌能够以 NH$_4$Cl 为氮源合成 DNA 的特性,将细菌在含^{15}NH$_4$Cl 的培养液中培养若干代(每一代约 20 分钟),此时细菌 DNA 全部是含^{15}N 的"重"DNA;再将细菌放回普通的^{14}NH$_4$Cl 培养液中培养,新合成的 DNA 则有^{14}N 的掺入;提取不同培养代数的细菌 DNA 做密度梯度离心分析,因^{15}N-DNA 和^{14}N-DNA 的密度不同,DNA 因此形成不同的致密带。结果表明,细菌在重培养基中生长繁殖时合成的^{15}N-DNA 是 1 条高密度带;转入普通培养基培养 1 代后得到 1 条中密度带,提示其为^{15}N-DNA 链与^{14}N-DNA 链的杂交分子;在第二代时可见中密度和低密度 2 条带,表明它们分别为^{15}N-DNA 链/^{14}N-DNA 链、^{14}N-DNA 链/^{14}N-DNA 链组成的分子(图 12-1b)。随着在普通培养基中培养代数的增加,低密度带增强,而中密度带保持不变。这一实验结果证明,亲代 DNA 复制后,是以半保留形式存在于子代 DNA 分子中的。

　　半保留复制规律的阐明,对于理解 DNA 的功能和物种的延续性有重大意义。依据半保留复制的方式,子代 DNA 中保留了亲代的全部遗传信息,亲代与子代 DNA 之间碱基序列高度一致(图 12-2)。

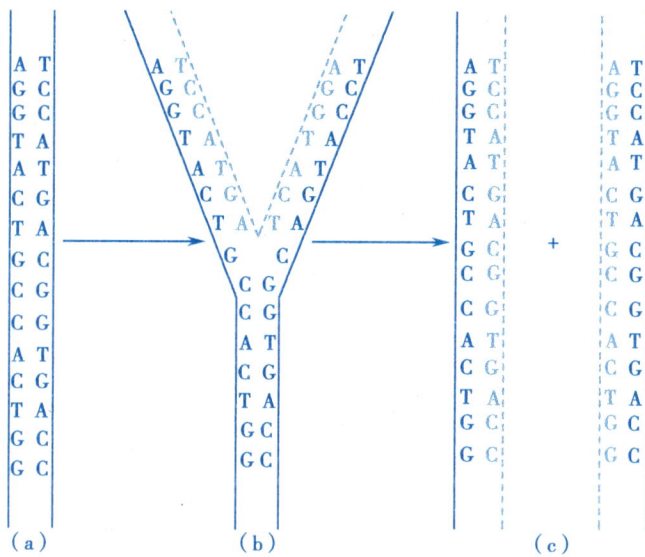

图 12-2　半保留复制保证子代和亲代 DNA 碱基序列一致
(a)母链 DNA;(b)复制过程打开的复制叉;(c)两个子代细胞的双链 DNA,实线链来自母链,虚线链是新合成的子链

　　遗传的保守性是相对而不是绝对的,自然界还存在着普遍的变异现象。遗传信息的相对稳定是物种稳定的分子基础,但并不意味着同一物种个体与个体之间没有区别。例如病毒是简单的生物,流感病毒就有很多不同的毒株,不同毒株的感染方式、毒性差别可能很大,在预防上有相当大的难度。又如,地球上曾有过的人口和现有的几十亿人,除了单卵双胞胎之外,两个人之间不可能有完全一样的 DNA 分子组成(基因型)。因此,在强调遗传保守性的同时,不应忽视其变异性。

二、DNA 复制从起点双向进行

　　细胞的增殖有赖于基因组复制而使子代得到完整的遗传信息。原核生物基因组是环状 DNA,只有一个复制起点(origin)。复制从起点开始,向两个方向进行解链,进行的是单点起始双向复制(图 12-3a)。复制中的模板 DNA 形成 2 个延伸方向相反的开链区,称为复制叉(replication fork)。复制叉指的是正在进行复制的双链 DNA 分子所形成的 Y 形区域,其中,已解旋的两条模板单链以及正在进行合成的新链构成了 Y 形的头部,尚未解旋的 DNA 模板双链构成了 Y 形的尾部。

（a）原核生物环状DNA的单点起始双向复制

（b）真核生物DNA的多点起始双向复制

图12-3   DNA复制的起点和方向

　　真核生物基因组庞大而复杂,由多个染色体组成,全部染色体均需复制,每个染色体又有多个起点,呈多起点双向复制特征(图12-3b)。每个起点产生两个移动方向相反的复制叉,复制完成时,复制叉相遇并汇合连接。从一个DNA复制起点起始的DNA复制区域称为复制子(replicon)。复制子是含有一个复制起点的独立完成复制的功能单位。高等生物有数以万计的复制子,复制子间长度差别很大,约在13~900kb之间。

三、DNA复制以半不连续方式进行

　　DNA双螺旋结构的特征之一是两条链的反向平行,一条链为5′至3′方向,其互补链是3′至5′方向。DNA聚合酶只能催化DNA链从5′至3′方向的合成,故子链沿着模板复制时,只能从5′至3′方向延伸。在同一个复制叉上,解链方向只有一个,此时一条子链的合成方向与解链方向相同,可以边解链,边合成新链。然而,另一条链的复制方向则与解链方向相反,只能等待DNA全部解链,方可开始合成,这样的等待在细胞内显然是不现实的。

　　1968年,冈崎(OkazakiR)用电子显微镜结合放射自显影技术观察到,复制过程中会出现一些较短的新DNA片段,后人证实这些片段只出现于同一复制叉的一股链上。由此提出,子代DNA合成是以半不连续的方式完成的,从而克服DNA空间结构对DNA新链合成的制约。

　　目前认为,在DNA复制过程中,沿着解链方向生成的子链DNA的合成是连续进行的,这股链称为前导链(leading strand);另一股链因为复制方向与解链方向相反,不能连续延长,只能随着模板链的解开,逐段地从5′→3′生成引物并复制子链。模板被打开一段,起始合成一段子链;再打开一段,再起始合成另一段子链,这一不连续复制的链称为后随链(lagging strand)。前导链连续复制而后随链不连续复制的方式称为半不连续复制(图12-4)。在引物生成和子链延长上,后随链都比前导链迟一些,因此,两条互补链的合成是不对称的。

　　沿着后随链的模板链合成的新DNA片段被命名为冈崎片段(Okazaki fragment)。真核冈

图12-4   DNA的半不连续复制

崎片段长度 100~200 核苷酸残基,而原核是 1000~2000 核苷酸残基。复制完成后,这些不连续片段经过去除引物,填补引物留下的空隙,连接成完整的 DNA 长链。

四、DNA 复制具有高保真性

DNA 复制具有高度保真性,其错配概率约为 10^{-10}。"半保留复制"确保亲代和子代 DNA 分子之间信息传递的绝对保真性。高保真 DNA 聚合酶利用严格的碱基配对原则是保证复制保真性的机制之一。另外,体内复制叉的复杂结构提高了复制的准确性;DNA 聚合酶的核酸外切酶活性和校读功能以及复制后修复系统(光复活修复、剪切修复、重组修复、SOS,详见第十三章)对错配加以纠正,四种机制协同进一步提高了复制的保真性。

细菌复制酶有多个错误修复系统。真核细胞有许多 DNA 聚合酶,复制酶以高保真度运作。复制酶有复杂的结构,不同亚基具有不同功能(表 12-1)。除了 β 酶,修复酶都有低保真度,修复酶的结构相对简单。

表 12-1　部分真核生物 DNA 聚合酶功能和结构

DNA 聚合酶	功能	结构
	高保真复制	
α	核 DNA 复制	350kD 四聚体
δ	后随链合成	250kD 四聚体
ε	前导链合成	350kD 四聚体
γ	线粒体 DNA 复制	200kD 二聚体
	高保真修复	
β	碱基切除修复	39kD 单体
	低保真修复	
ζ	碱基损伤旁路	异聚体
η	胸腺嘧啶二聚体旁路	单体
ι	减数分裂相关	单体
κ	碱基替换与缺失	单体

第二节　DNA 复制的酶学和拓扑学

DNA 复制是酶促核苷酸聚合反应,底物是 dATP、dGTP、dCTP 和 dTTP,总称 dNTP。dNTP 底物有 3 个磷酸基团,最靠近核糖的称为 α-P,向外依次为 β-P 和 γ-P。在聚合反应中,α-P 与子链末端核糖的 3'-OH 连接。

模板是指解开成单链的 DNA 母链,遵照碱基互补规律,按模板指引合成子链,子链延长有方向性。引物提供 3'-OH 末端使 dNTP 可以依次聚合。由于底物的 5'-P 是加合到延长中的子链(或引物)3'-端核糖的 3'-OH 基上生成磷酸二酯键的,因此新链的延长只可沿 5'向 3'方向进行。核苷酸和核苷酸之间生成 3',5'-磷酸二酯键而逐一聚合,是复制的基本化学反应(图 12-5)。图 12-5 的反应可简示为:$(dNMP)_n + dNTP \rightarrow (dNMP)_{n+1} + PPi$。N 代表 4 种碱基的任何一种。

一、DNA 聚合酶催化脱氧核糖核苷酸间的聚合

DNA 聚合酶全称是依赖 DNA 的 DNA 聚合酶(DNA-dependent DNA polymerase,DNA pol)。DNA pol 是 1958 年由 Kornberg A 在 *E. coli* 中首先发现的。他从细菌沉渣中提取得到纯酶,在试管内加入模板 DNA、dNTP 和引物,该酶可催化新链 DNA 生成。这一结果直接证明了 DNA 是可以复制的,是继

图 12-5　复制过程中脱氧核苷酸的聚合

DNA 双螺旋模型确立后的又一重大发现。当时将此酶称为复制酶（replicase）。在发现其他种类的 DNA pol 后，Kornberg A 发现的 DNA 聚合酶被称为 DNA pol Ⅰ。

（一）原核生物至少有 5 种 DNA 聚合酶

大肠杆菌经人工处理和筛选，可培育出基因变异菌株。DNA pol Ⅰ 基因缺陷的菌株，经实验证明照样可进行 DNA 复制。DNA pol Ⅰ 由 polA 编码，主要在 DNA 损伤修复中发挥作用，在半保留复制中起到辅助作用。从变异菌株中相继提取到的其他 DNA pol 被分别称为 DNA pol Ⅱ 和 DNA pol Ⅲ。DNA pol Ⅱ 由 polB 编码，当复制过程被损伤的 DNA 阻碍时重新启动复制叉。这三种聚合酶都有 $5' \rightarrow 3'$ 延长脱氧核苷酸链的聚合活性及 $3' \rightarrow 5'$ 核酸外切酶活性。DNA polⅣ 和 DNA pol Ⅴ 分别由 dinB 和 umu'_2C 编码，属于跨损伤合成 DNA 聚合酶。

DNA pol Ⅲ 由 polC 编码，聚合反应比活性远高于 pol Ⅰ，每分钟可催化多至 10^5 次聚合反应，因此 DNA pol Ⅲ 是原核生物复制延长中真正起催化作用的酶。DNA pol Ⅲ 是由 10 种（17 个）亚基组成的不对称异聚合体（图 12-6），由 2 个核心酶（core enzyme）通过 1 对 β 亚基构成的滑动夹（sliding clamp）与 γ-复合物（γ-complex）、即夹子加载复合体（clamp-loading complex）连接组成。核心酶由 α、ε、θ 亚基共同组成，主要作用是合成 DNA，有 $5' \rightarrow 3'$ 聚合活性；ε 亚基是复制的保真性所必需；β 亚基发挥夹稳 DNA 模板链，并使酶沿模板滑动的作用；其余的 7 个亚基统称 γ-复合物，包括 γ、δ、δ'、ψ、χ

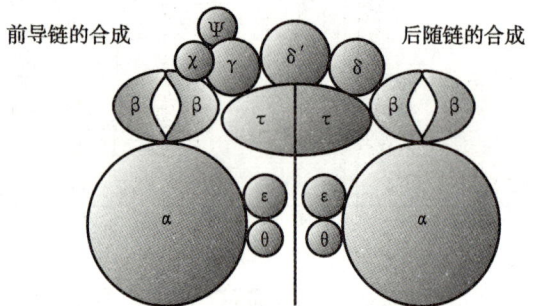

图 12-6　*E. Coli* DNA pol Ⅲ 全酶的分子结构

和两个 τ，有促进滑动夹加载、全酶组装至模板上及增强核心酶活性的作用。

DNA pol Ⅰ 的二级结构以 α-螺旋为主，只能催化延长约 20 个核苷酸左右，说明它不是复制延长过程中起主要作用的酶。DNA pol Ⅰ 在活细胞内的功能主要是对复制中的错误进行校对，对复制和修复中出现的空隙进行填补。

用特异的蛋白酶可以将 DNA pol Ⅰ 水解为 2 个片段，小片段共 323 个氨基酸残基，有 $5' \rightarrow 3'$ 核酸外切酶活性。大片段共 604 个氨基酸残基，被称为 Klenow 片段，具有 DNA 聚合酶活性和 $3' \rightarrow 5'$ 核酸外切酶活性。Klenow 片段是实验室合成 DNA 和进行分子生物学研究常用的工具酶。

DNA pol Ⅱ 基因发生突变，细菌依然能存活，推想它是在 pol Ⅰ 和 pol Ⅲ 缺失情况下暂时起作用的酶。DNA pol Ⅱ 对模板的特异性不高，即使在已发生损伤的 DNA 模板上，它也能催化核苷酸聚合。因此认为，它参与 DNA 损伤的应急状态修复。

（二）常见的真核细胞 DNA 聚合酶有 5 种

真核细胞的 DNA 聚合酶至少 15 种，常见的有 5 种，它们在功能上与原核细胞的比较见表 12-2。

表 12-2　真核生物和原核生物 DNA 聚合酶的比较

E. coli	真核细胞	功　能
Ⅰ		去除 RNA 引物,填补复制中的 DNA 空隙,DNA 修复和重组
Ⅱ		复制中的校对,DNA 修复
	β	DNA 修复
	γ	线粒体 DNA 合成
Ⅲ	ε	前导链合成
	α	引物酶
	δ	后随链合成

　　DNA polα 合成引物,然后迅速被具有连续合成能力的 DNA polδ 和 DNA polε 所替换,这一过程称为聚合酶转换(polymerase switching)。DNA polδ 负责合成后随链,DNA polε 负责合成前导链。至于高等生物中是否还有独立的解旋酶和引物酶,目前还未能确定。但是,在病毒感染培养细胞(HeLa/SV40)的复制体系中,发现 SV40 病毒的 T 抗原有解旋酶活性。DNA pol α 催化新链延长的长度有限,但它能催化 RNA 链的合成,因此认为它具有引物酶活性。DNA pol β 复制的保真度低,可能是参与应急修复复制的酶。DNA pol γ 是线粒体 DNA 复制的酶,见本章第四节。

二、DNA 聚合酶的碱基选择和校读功能

　　DNA 复制的保真性是遗传信息稳定传代的保证。生物体至少有 3 种机制实现保真性:①遵守严格的碱基配对规律;②聚合酶在复制延长中对碱基的选择功能;③复制出错时有即时的校对功能。

(一) 复制的保真性依赖正确的碱基选择

　　DNA 复制保真的关键是正确的碱基配对,而碱基配对的关键又在于氢键的形成。G 和 C 以 3 个氢键、A 和 T 以 2 个氢键维持配对,错配碱基之间难以形成氢键。除化学结构限制外,DNA 聚合酶对配对碱基具有选择作用。

　　DNA pol 是在 DNA 链延长中起催化作用的酶。利用"错配"实验发现,DNA pol Ⅲ 对核苷酸的掺入(incorporation)具有选择功能。例如,用 21 聚腺苷酸 poly(dA)21 作模板,用 poly(dT)20 作复制引物,观察引物的 3'-OH 端连上的是否为胸苷酸(T)。尽管反应体系中 4 种核苷酸都存在,第 21 位也只会出现 T。若仅仅加入单一种类的 dNTP 作底物,就会"迫使"引物在第 21 位延长中出现错配。用柱层析技术可以把 DNA pol Ⅲ 各个亚基组分分离,然后再重新组合。如果重新组合的 DNA pol Ⅲ 不含 ε 亚基,复制错配频率出现较高,说明 ε 亚基是执行碱基选择功能的。

　　DNA 中脱氧核糖以糖苷键与碱基连接,此键有顺式(syn)和反式(anti)两种构象(conformation)。在 B-DNA(右手双螺旋)中,如果碱基是嘌呤,DNA 糖苷键总是反式,与相应的嘧啶形成氢键配对。而要形成嘌呤-嘌呤配对,则其中一个嘌呤必须旋转 180°,DNA pol Ⅲ 对不同构型糖苷键表现不同亲和力,因此实现其选择功能。

　　前已述及,DNA pol Ⅲ 的 10 个亚基中,以 α、ε 和 θ 作为核心酶并组成较大的不对称二聚体。核心酶中,α 亚基有 5'→3'聚合酶活性,ε 有 3'→5'核酸外切酶活性以及碱基选择功能。θ 亚基未发现有催化活性,可能起维系二聚体的作用。对各亚基功能的深入研究认为,在核苷酸聚合之前或在聚合当时,酶就可以控制碱基的正确选择。

(二) 聚合酶中的核酸外切酶活性在复制中辨认切除错配碱基并加以校正

　　原核生物的 DNA pol Ⅰ、真核生物的 DNA pol δ 和 DNA pol ε 的 3'→5'核酸外切酶活性都很强,可以在复制过程中辨认并切除错配的碱基,对复制错误进行校正,此过程又称错配修复(mismatch repair)。

　　以 DNA pol Ⅰ 为例(图 12-7)。图中的模板链是 G,新链错配成 A 而不是 C。DNA pol Ⅰ 的 3'→5'

外切酶活性将错配的 A 水解下来,同时利用 5′→3′聚合酶活性补回正确配对的 C,复制可以继续下去,这种功能称为校对(proofreading)。实验也证明:如果是正确的配对,3′→5′外切酶活性是不表现的。DNA pol I 还有 5′→3′外切酶活性,实施切除引物、切除突变片段的功能。

图 12-7　DNA pol I 的校对功能
(a)DNA pol I 的外切酶活性切除错配碱基,并用其聚合活性掺入正确配对的底物;(b)碱基配对正确,DNA pol I 并不表现外切酶活性

三、复制中 DNA 分子拓扑学变化

DNA 分子的碱基埋在双螺旋内部,只有解成单链,才能发挥模板作用。WatsonJ 和 CrickF 在建立 DNA 双螺旋结构模型时曾指出,生物细胞如何解开 DNA 双链是理解复制机制的关键。目前已知,多种酶和蛋白质分子共同完成 DNA 的解链。

(一)　多种酶参与 DNA 解链和稳定单链状态

复制起始时,需多种酶和辅助的蛋白质因子(表12-3),共同解开并理顺 DNA 双链,且维持 DNA 分子在一段时间内处于单链状态。

表 12-3　原核生物复制中参与 DNA 解链的相关蛋白质

蛋白质(基因)	通用名	功　　能
DnaA(dnaA)		辨认复制起点
DnaB(dnaB)	解旋酶	解开 DNA 双链
DnaC(dnaC)		运送和协同 DnaB
DnaG(dnaG)	引物酶	催化 RNA 引物生成
SSB	单链结合蛋白/DNA 结合蛋白	稳定已解开的单链 DNA
拓扑异构酶	拓扑异构酶 II 又称促旋酶	解开超螺旋

大肠杆菌(Escherichia coli,E. coli)结构简单,繁殖速度快,是较早用于分子遗传学研究的模式生物。对大肠杆菌变异株进行分析,可以阐明各种基因的功能。早期发现的与 DNA 复制相关的基因曾被命名为 dnaA、dnaB、…、dnaX 等,分别编码 DnaA、DnaB 等蛋白质分子。

DnaB 作用是利用 ATP 供能来解开 DNA 双链,为解旋酶(helicase)。E. coli DNA 复制起始的解链是由 DnaA、DnaB 和 DnaC 共同起作用而发生的。

DNA 分子只要碱基配对,就会有形成双链的倾向。单链结合蛋白(single stranded binding protein,SSB)具有结合单链 DNA 的能力,维持模板的单链稳定状态并使其免受细胞内广泛存在的核酸酶的降解。SSB 作用时表现协同效应,保证 SSB 在下游区段的继续结合。可见,它不像聚合酶那样沿着复制方向向前移动,而是不断地结合、脱离。

(二)　DNA 拓扑异构酶改变 DNA 超螺旋状态

DNA 拓扑异构酶(DNA topoisomerase)简称拓扑酶,广泛存在于原核及真核生物,分为 I 型和 II 型两种,最近还发现了拓扑酶 III。原核生物拓扑异构酶 II 又称促旋酶(gyrase),真核生物的拓扑酶 II 还有几种不同亚型。

拓扑一词,在物理学上是指物体或图像作弹性移位而保持物体原有的性质。DNA 双螺旋沿轴旋绕,复制解链也沿同一轴反向旋转,复制速度快,旋转达 100 次/秒,会造成复制叉前方的 DNA 分子打结、缠绕、连环现象。DNA 在复制解链过程形成超螺旋结构的形态见图 12-8。这种超螺旋及局部松弛等过渡状态,需要拓扑酶作用以改变 DNA 分子的拓扑构象,理顺 DNA 链结构来配合复制进程。

图 12-8　复制过程超螺旋的形成

(a)代表螺旋一端固定,通过自由旋转不形成超螺旋结构;(b)代表两端固定,螺旋局部解开后,形成一个超螺旋;(c)蛋白质分子参与 DNA 复制过程,在其前方形成正超螺旋,在其后方形成负超螺旋

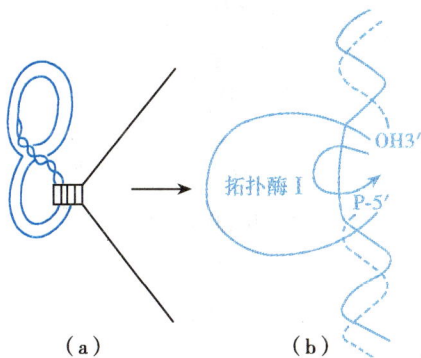

图 12-9　拓扑酶的作用方式

(b)是(a)的局部放大图,经拓扑酶 I 作用,两个环变为一个环

拓扑酶既能水解,又能连接 DNA 分子中磷酸二酯键(图12-9),可在将要打结或已打结处切口,下游的 DNA 穿越切口并作一定程度旋转,把结打开或解松,然后旋转复位连接。主要有两类拓扑酶在复制中用于松解超螺旋结构(动画 12-2"解螺旋酶")。拓扑酶 I 可以切断 DNA 双链中一股,使 DNA 解链旋转中不致打结,适当时候又把切口封闭,使 DNA 变为松弛状态,这一反应无需 ATP。拓扑酶 II 可在一定位置上,切断处于正超螺旋状态的 DNA 双链,使超螺旋松弛;然后利用 ATP 供能,松弛状态 DNA 的断端在同一个酶的催化下连接恢复。这些作用均可使复制中的 DNA 解开螺旋、连环或解连环,达到适度盘绕。母链 DNA 与新合成链也会互相缠绕,形成打结或连环,也需拓扑异构酶 II 的作用。DNA 分子一边解链,一边复制,所以复制全过程都需要拓扑酶。

四、DNA 连接酶连接复制中产生的单链缺口

DNA 连接酶(DNA ligase)连接 DNA 链 3′-OH 末端和另一 DNA 链的 5′-P 末端,两者间生成磷酸二酯键,从而将两段相邻的 DNA 链连接成完整的链(动画 12-3"DNA 连接酶")。连接酶的催化作用需要消耗 ATP。实验证明:连接酶只能连接双链中的单链缺口,它并没有连接单独存在的 DNA 单链或 RNA 单链的作用。复制中的后随链是分段合成的,产生的冈崎片段之间的缺口,要靠连接酶接合。图 12-10 显示连接酶的催化作用。图的上部说明其作用于互补双链上的一股不连续的 DNA 链;图的下部显示 DNA 连接酶的催化作用。

DNA 连接酶不但在复制中起最后接合缺口的作用,在 DNA 修复、重组中也起接合缺口作用。如

图 12-10　DNA 连接酶的作用

（a）连接酶连接双链 DNA 上单链的缺口；（b）被连接的缺口放大图，是连接酶催化的反应

果 DNA 两股都有单链缺口，只要缺口前后的碱基互补，连接酶也可连接。因此它也是基因工程的重要工具酶之一。

第三节　原核生物 DNA 复制过程

原核生物染色体 DNA 和质粒等都是共价环状闭合的 DNA 分子，复制过程具有共同的特点，但并非绝对相同，下面以大肠杆菌 DNA 复制为例，介绍原核生物 DNA 复制的过程和特点。

一、复制的起始

起始是复制中较为复杂的环节，在此过程中，各种酶和蛋白质因子在复制起点处装配引发体，形成复制叉并合成 RNA 引物。

（一）DNA 的解链

1. 复制有固定起点　复制不是在基因组上的任何部位随机起始。*E. coli* 上有一个固定的复制起点，称为 *oriC*，跨度为 245bp，碱基序列分析发现这段 DNA 上有 5 组由 9 个碱基对组成的串联重复序列，形成 Dna A 结合位点，和 3 组由 13 个碱基对组成的串联重复序列的富含 AT（AT rich）区（图 12-11）。DNA 双链中，AT 间的配对只有 2 个氢键维系，故富含 AT 的部位容易发生解链。（动画 12-4 "DNA 解成单链"）

2. DNA 解链需多种蛋白质参与　DNA 的解链过程由 DnaA、DnaB、DnaC 三种蛋白质共同参与完成。DnaA 蛋白是一同源四聚体，负责辨认并结合于 *oriC* 的串联重复序列（AT 区）上。然后，几个 DnaA 蛋白互相靠近，形成 DNA-蛋白质复合体结构，促使 AT 区的 DNA 解链。DnaB 蛋白（解旋酶）在 DnaC 蛋白的协同下，结合并沿解链方向移动，使双链解开足够用于复制的长度，并且逐步置换出 DnaA 蛋白。此时，复制叉已初步形成。

SSB（单链结合蛋白）此时结合到 DNA 单链上，在一定时间内使复制叉保持适当的长度，有利于核苷酸依模板掺入。

3. 解链过程中需要 DNA 拓扑异构酶　解链是一种高速的反向旋转，其下游势必发生打结现象。拓扑异构酶Ⅱ通过切断、旋转和再连接的作用，实现 DNA 超螺旋的转型，即把正超螺旋变为负超螺旋。实验证明：负超螺旋 DNA 比正超螺旋有更好的模板作用。从道理上也是可以理解的：扭得不那么紧的超螺旋当然比过度扭紧的更容易解开成单链。

（二）引物合成和起始复合物的形成

复制起始过程需要先合成引物（primer），引物是由引物酶（primase）催化合成的短链 RNA 分子。

图 12-11　原核生物的复制起始部位及解链

母链 DNA 解成单链后,不会立即按照模板序列将 dNTP 聚合为 DNA 子链。这是因为 DNA pol 不具备催化两个游离 dNTP 之间形成磷酸二酯键的能力,只能催化核酸片段的 3′-OH 末端与 dNTP 间的聚合。但 RNA 聚合酶不需要 3′-OH 便可催化 NTP 的聚合,而引物酶属于 RNA 聚合酶,故复制起始部位合成的短链引物 RNA 为 DNA 的合成提供 3′-OH 末端,在 DNA pol 催化下逐一加入 dNTP 而形成 DNA 子链。

引物酶是复制起始时催化 RNA 引物合成的酶。它不同于催化转录的 RNA 聚合酶(见第十四章)。利福平(rifampicin)是转录用 RNA pol 的特异性抑制剂,而引物酶对利福平不敏感。

在 DNA 双链解链基础上,形成了 DnaB、DnaC 蛋白与 DNA 复制起点相结合的复合体,此时引物酶进入。此时形成含有解旋酶 DnaB、DnaC、引物酶和 DNA 的复制起始区域共同构成的起始复合物结构,该结构在噬菌体 ΦX 系统也称为引发体(primosome)(动画 12-5 "引发体的生成")。起始复合物蛋白质组分在 DNA 链上的移动需由 ATP 供给能量。在适当位置上,引物酶依据模板的碱基序列,从 5′→3′ 方向催化 NTP(不是 dNTP)的聚合,生成短链的 RNA 引物(图 12-12)(动画 12-6 "引物合成复制起始")。

引物长度约为 5~10 个核苷酸不等。引物合成的方向也是自 5′-端至 3′-端。已合成的引物必然留有 3′-OH 末端,此时就可进入 DNA 的复制延长(动画 12-7 "复制叉处的 DNA 合成")。在 DNA pol Ⅲ 催化下,引物末端与新配对进入的 dNTP 生成磷酸二酯键。新链每次反应后亦留有 3′-OH,复制就可继续进行下去。

DNA 复制的启动需要多种酶参与,包括解旋酶、单链结合蛋白和引物酶

图 12-12　起始复合物和复制叉的生成

二、DNA 链的延长

复制中 DNA 链的延长在 DNA pol 催化下进行。原核生物催化延长反应的酶是 DNA pol Ⅲ。底物 dNTP 的 α-磷酸基团与引物或延长中的子链上 3′-OH 反应后,dNMP 的 3′-OH 又成为链的末端,使下一个底物可以掺入。复制沿 5′→3′ 延长,指的是子链合成的方向。前导链沿着 5′→3′ 方向连续延长,而后随链沿着 5′→3′ 方向呈不连续延长。

（动画12-8"复制的延长"）

在同一个复制叉上，前导链的复制先于后随链，但两链是在同一个 DNA pol Ⅲ 催化下进行延长的。这是因为后随链的模板 DNA 可以折叠或绕成环状，进而与前导链正在延长的区域对齐（图 12-13）。图中可见，由于后随链作 360°绕转，前导链和后随链的延长方向和延长点都处在 DNA pol Ⅲ 核心酶的催化位点上。解链方向就是酶的前进方向，亦即复制叉向前伸展的方向。因为复制叉上解开的模板单链走向相反，所以其中一股出现不连续复制的冈崎片段。

图 12-13   同一复制叉上前导链和后随链由相同的 DNA pol 催化延长
（a）DNA pol Ⅲ 的核心酶和 β 亚基；（b）（c）（d）分别是后随链的已复制、正在复制和未复制的片段，实线是母链，虚线代表子链

DNA 复制延长速度相当快。以 *E. coli* 为例，营养充足、生长条件适宜时，细菌 20 分钟即可繁殖一代。*E. coli* 基因组 DNA 全长约 4600kb，依此计算，每秒钟能掺入的核苷酸达 3800 个。

三、复制的终止

复制的终止过程，包括切除引物、填补空缺和连接切口（动画 12-9"复制的终止"）。原核生物基因是环状 DNA，复制是双向复制，从起点开始各进行 180°，同时在终止点上汇合。

由于复制的半不连续性，在后随链上出现许多冈崎片段。每个冈崎片段上的引物是 RNA 而不是 DNA。复制的完成还包括去除 RNA 引物和换成 DNA，最后把 DNA 片段连接成完整的子链。这一过程用图 12-14 加以说明。实际上此过程在子链延长中已陆续进行，不必等到最后的终止才连接。

引物的水解靠细胞核内的 DNA pol Ⅰ，水解后留下空隙（gap）。空隙的填补由 DNA pol Ⅰ 而不是 DNA pol Ⅲ 催化，从 5′-端向 3′-端用 dNTP 为原料生成相当于引物长度的 DNA 链。dNTP 的掺入要有 3′-OH，在原引物相邻的子链片段提供 3′-OH 继续延伸，就是说，由后复制的片段延长以填补先复制片段的引物空隙。填补至足够长度后，还是留下相邻的 3′-OH 和 5′-P 的缺口（nick）。缺口由连接酶连接。按照这种方式，所有的冈崎片段在环状 DNA 上连接成完整的 DNA 子链。前导链也有引物水解后的空隙，在环状 DNA 最后复制的 3′-OH

图 12-14   子链中的 RNA 引物被取代
齿状线代表引物

端继续延长,即可填补该空隙及连接,完成基因组 DNA 的整个复制过程。

第四节　真核生物 DNA 复制过程

真核生物的基因组复制在细胞分裂周期的 DNA 合成期(S 期)进行。细胞周期进程在体内受到微环境中的增殖信号、营养条件等诸多因素影响,多种蛋白质因子和酶控制细胞进入 S 期的时机和 DNA 合成的速度。真核生物 DNA 合成的基本机制和特征与原核生物相似,但是由于基因组庞大及核小体的存在,反应体系、反应过程和调节均更为复杂。

一、真核生物 DNA 复制的起始与原核生物基本相似

真核生物 DNA 分布在许多染色体上,各自进行复制。每个染色体有上千个复制子,复制的起点很多。复制有时序性,就是说复制子以分组方式激活而不是同步启动。转录活性高的 DNA 在 S 期早期就进行复制。高度重复的序列如卫星 DNA、连接染色体双倍体的部位即中心体(centrosome)和线性染色体两端即端粒(telomere)都是在 S 期的最后阶段才复制的。

真核生物复制起点序列较 *E. coli* 的 *oriC* 复杂。酵母 DNA 复制起点含 11bp 富含 AT 的核心序列: A(T)TTTATA(G)TTTA(T),称为自主复制序列(autonomous replication sequence,ARS)。也发现比 *E. coli* 的 *oriC* 序列长的真核生物复制起点。

真核生物复制起始也是打开双链形成复制叉 🔖 ,形成引发体和合成 RNA 引物。但详细的机制,包括酶及各种辅助蛋白质起作用的先后顺序,尚未完全明了。

复制的起始需要 DNA pol α、polε 和 pol δ 的参与(表 12-2)。此外还需解旋酶,拓扑酶和复制因子(replication factor,RF),如 RFA、RFC 等。

增殖细胞核抗原(proliferation cell nuclear antigen,PCNA)在复制起始和延长中发挥关键作用。PCNA 为同源三聚体,具有与 *E. coli* DNA pol Ⅲ 的 β 亚基相同的功能和相似的构象,即形成闭合环形的可滑动的 DNA 夹子,在 RFC 的作用下 PCNA 结合于引物-模板链;并且 PCNA 使 pol δ 获得持续合成的能力。PCNA 尚具有促进核小体生成的作用(见后)。PCNA 的蛋白质水平也是检验细胞增殖能力的重要指标。

二、真核生物 DNA 复制的延长发生 DNA 聚合酶转换

现在认为 DNApol α 主要催化合成引物,然后迅速被具有连续合成能力的 DNA polδ 和 DNA polε 所替换,这一过程称为聚合酶转换。DNA polδ 负责合成后随链,DNA polε 负责合成前导链。真核生物是以复制子为单位各自进行复制的,所以引物和后随链的冈崎片段都比原核生物的短。

实验证明,真核生物的冈崎片段长度大致与一个核小体(nucleosome)所含 DNA 碱基数(135bp)或其若干倍相等。可见后随链的合成到核小体单位之末时,DNA pol δ 会脱落,DNA pol α 再引发下游引物合成,引物的引发频率是相当高的。pol α 与 pol δ 之间的转换频率高,PCNA 在全过程也要多次发挥作用。以上描述的实际是真核生物复制子内后随链的起始和延长交错进行的复制过程。前导链的连续复制,亦只限于半个复制子的长度。当后随链延长了一个或若干个核小体的长度后,要重新合成引物。FEN1 和 RNase H 等负责去除真核复制 RNA 引物。

真核生物 DNA 合成,就酶的催化速率而言,远比原核生物慢,估算为 50 个 dNTP/S。但真核生物是多复制子复制,总体速度是不慢的。原核生物复制速度与其培养(营养)条件有关。真核生物在不同器官组织、不同发育时期和不同生理状况下,复制速度大不一样。

三、真核生物 DNA 合成后立即组装成核小体

复制后的 DNA 需要重新装配。原有的组蛋白及新合成的组蛋白结合到复制叉后的 DNA 链上,

真核生物 DNA 合成后立即组装成核小体。生化分析和复制叉的图像一致表明,核小体的破坏仅局限在紧邻复制叉的一段短的区域内,复制叉的移动使核小体破坏,但是复制叉向前移动时,核小体在子链上迅速形成。

核小体组蛋白八聚体的数量是同期合成的一个核小体 DNA 长度的两倍,核素标记实验证明,原有组蛋白大部分可重新组装至 DNA 链上,但在 S 期细胞也大量、迅速地合成新的组蛋白。

四、端粒酶参与解决染色体末端复制问题

真核生物 DNA 复制与核小体装配同步进行,复制完成后随即组合成染色体并从 G_2 期过渡到 M 期。染色体 DNA 是线性结构。复制中冈崎片段的连接,复制子之间的连接,都易于理解,因为均在线性 DNA 的内部完成。

染色体两端 DNA 子链上最后复制的 RNA 引物,去除后留下空隙。剩下的 DNA 单链母链如果不填补成双链,就会被核内 DNase 酶解。某些低等生物作为少数特例,染色体经多次复制会变得越来越短(图 12-15)。早期的研究者们在研究真核生物复制终止时,曾假定有一种过渡性的环状结构帮助染色体末端复制的完成,后来一直未能证实这种环状结构的存在。然而,染色体在正常生理状况下复制,是可以保持其应有长度的。

图 12-15   线性 DNA 复制一次端粒缩短

端粒是真核生物染色体线性 DNA 分子的末端结构。形态学上,染色体 DNA 末端膨大成粒状,这是因为 DNA 和它的结合蛋白质紧密结合,像两顶帽子那样盖在染色体两端,因而得名🖼。在某些情况下,染色体可以断裂,这时,染色体断端之间会发生融合或断端被 DNA 酶降解。但正常染色体不会整体地互相融合,也不会在末端出现遗传信息的丢失。可见,端粒在维持染色体的稳定性和 DNA 复制的完整性中有着重要的作用。DNA 测序发现端粒结构的共同特点是富含 T-G 短序列的多次重复。如仓鼠和人类端粒 DNA 都有($T_n G_n$)$_x$ 的重复序列,重复达数十至上百次,并能反折成二级结构。

20 世纪 80 年代中期发现了端粒酶(telomerase)。1997 年,人类端粒酶基因被克隆成功并鉴定了该酶由三部分组成:约 451nt 或 150 ~ 1300nt 的端粒酶 RNA(human telomerase RNA,hTR)、端粒酶协同蛋白 1(human telomerase associated protein 1,hTP1)和端粒酶逆转录酶(human telomerase reverse transcriptase,hTRT)。该酶兼有提供 RNA 模板和催化逆转录的功能。

复制终止时,染色体端粒区域的 DNA 确有可能缩短或断裂。端粒酶通过一种称为爬行模型(inchworm model)(图 12-16)的机制合成端粒 DNA。端粒酶依靠 hTR($A_n C_n$)x 辨认及结合母链 DNA($T_n G_n$)x 的重复序列并移至其 3′端,开始以逆转录的方式复制;复制一段后,hTR($A_n C_n$)x 爬行移位至新合成的母链 3′端,再以逆转录的方式复制延伸母链;延伸至足够长度后,端粒酶脱离母链,随后 RNA 引物酶以母链为模板合成引物,招募 DNA pol,以母链为模板,在 DNA pol 催化下填充子链,最后引物被去除。

研究发现,培养的人成纤维细胞随着培养传代次数增加,端粒长度逐渐缩短。生殖细胞中端粒长于体细胞,成年人细胞中端粒比胚胎细胞中端粒短。据上述的实验结果,至少可以认为在细胞水平,老化是和端粒酶活性下降有关的。当然,生物个体的老化,受多种环境因素和体内生理条件的影响,不能简单地归结为某单一因素的作用。

此外,在增殖活跃的肿瘤细胞中发现端粒酶活性增高。但在临床研究中也发现某些肿瘤细胞的端粒比正常同类细胞显著缩短。可见,端粒酶活性不一定与端粒的长度成正比。端粒和端粒酶的研究,在肿瘤学发病机制、寻找治疗靶点上,已经成为一个重要领域。

图 12-16　端粒酶催化作用的爬行模型

五、真核生物染色体 DNA 在每个细胞周期中只能复制一次

真核染色体 DNA 复制的一个重要特征是复制仅仅出现在细胞周期的 S 期,而且只能复制一次。染色体的任何一部分的不完全复制,均可能导致子代染色体分离时发生断裂和丢失。不适当的 DNA 复制也可能产生严重后果,如增加基因组中基因调控区的拷贝数,从而可能在基因表达、细胞分裂、对环境信号的应答等方面产生灾难性后果。

真核细胞 DNA 复制的起始分两步进行,即复制基因的选择和复制起点的激活,这两步分别出现于细胞周期的特定阶段。复制基因(replicator)是指 DNA 复制起始所必需的全部 DNA 序列。复制基因的选择出现于 G_1 期,在这一阶段,基因组的每个复制基因位点均组装前复制复合物(pre-replicative complex,pre-RC)。复制起点的激活仅出现于细胞进入 S 期以后,这一阶段将激活 pre-RC,募集若干复制基因结合蛋白和 DNA 聚合酶,并起始 DNA 解旋。

复制起点的激活与细胞周期进程一致。细胞周期蛋白 D 的水平在 G_1 后期升高,激活 S 期的 CDK(cyclin-dependent kinase,CDK)。复制许可因子(replication licensing factor)是 CDK 的底物,为发动 DNA 复制所必需。复制许可因子一般不能通过核膜进入核内,但是在有丝分裂的末期、核膜重组之前可以进入细胞核,与 DNA 的复制起点结合。等待被刺激进入 S 期的 CDK 激活,启动复制。一旦复制启动,复制许可因子即失去活性或被降解。在细胞周期的其他时间内,新的复制许可因子不能进入细胞核内,保证在一个细胞周期内只能进行一次基因组的复制。

在原核细胞中,复制基因的识别与 DNA 解旋、募集 DNA 聚合酶偶联进行。*E. coli* 的复制基因是 *oriC*。而在真核细胞中,这两个阶段相分离可以确保每个染色体在每个细胞周期中仅复制一次。

六、真核生物线粒体 DNA 按 D 环方式复制

D-环复制(D-loop replication)是线粒体 DNA 的复制方式。复制时需合成引物。mtDNA 为闭合环状双链结构,第一个引物以内环为模板延伸。至第二个复制起点时,又合成另一个反向引物,以外环为模板进行反向的延伸。最后完成两个双链环状 DNA 的复制(图 12-17)。复制中呈字母 D 形状而得名。D 环复制的特点是复制起点不在双链 DNA 同一位点,内、外环复制有时序差别。

图 12-17　进行中的 D 环复制
左:第一个引物在第一起点上合成;右:延长至第二起点,合成第二引物

真核生物的 DNA pol γ 是线粒体催化 DNA 复制的 DNA 聚合酶。20 世纪 50 年代以前,只知道 DNA 存在于细胞核染色体中。后来在细菌染色体外也发现能进行自我复制的 DNA,例如质粒,以后就利用质粒作为基因工程的常用载体。真核生物细胞器——线粒体,也发现存在 mtDNA。人类的 mtDNA 已知有 37 个基因。线粒体的功能是进行生物氧化和氧化磷酸化。其中 13 个 mtDNA 基因就是为 ATP 合成有关的蛋白质和酶编码的。其余 24 个基因转录为 tRNA(22 个)和 rRNA(2 个),参与线粒体蛋白质的合成。

mtDNA 容易发生突变,损伤后的修复较困难。mtDNA 的突变与衰老等自然现象有关,也和一些疾病的发生有关。所以 mtDNA 的突变与修复,成为医学研究上引起广泛兴趣的科学问题。线粒体内蛋白质翻译时,使用的遗传密码和通用的密码有一些差别。

第五节　逆　转　录

双链 DNA 是大多数生物的遗传物质。然而,某些病毒的遗传物质是 RNA。原核生物的质粒,真核生物的线粒体 DNA,都是染色体外存在的 DNA。这些非染色体基因组,采用特殊的方式进行复制。

一、逆转录病毒的基因组 RNA 以逆转录机制复制

RNA 病毒的基因组是 RNA 而不是 DNA,其复制方式是逆转录(reverse transcription),因此也称为逆转录病毒(retrovirus) 🖻。但是并非所有的 RNA 病毒都是逆转录病毒。逆转录的信息流动方向(RNA→DNA)与转录过程(DNA→RNA)相反,是一种特殊的复制方式。1970 年,H. Temin 和 D. Baltimore 分别从 RNA 病毒中发现能催化以 RNA 为模板合成双链 DNA 的酶,称为逆转录酶(reverse transcriptase),全称是依赖 RNA 的 DNA 聚合酶(RNA-dependent DNA polymerase) 🖻。

从单链 RNA 到双链 DNA 的生成可分为三步(图 12-18):首先是逆转录酶以病毒基因组 RNA 为模板,催化 dNTP 聚合生成 DNA 互补链,产物是 RNA/DNA 杂化双链。然后,杂化双链中的 RNA 被逆转录酶中有 RNase 活性的组分水解,被感染细胞内的 RNase H(H = Hybrid)也可水解 RNA 链。RNA分解后剩下的单链 DNA 再用作模板,由逆转录酶催化合成第二条 DNA 互补链。逆转录酶有三种活性:RNA 指导的 DNA 聚合酶活性,DNA 指导的 DNA 聚合酶活性和 RNase H 活性,作用需 Zn^{2+} 为辅因子。合成反应也按照 $5'→3'$ 延长的规律。有研究发现,病毒自身的 tRNA 可用作复制引物。

图 12-18　逆转录酶催化的 cDNA 合成

(a)逆转录病毒细胞内复制。病毒的 tRNA 可作为 cDNA 第二链合成的引物;(b)试管内合成 cDNA。单链 cDNA 的 3'端能够形成发夹状的结构作为引物,在大肠杆菌聚合酶 I Klenow 作用下,合成 cDNA 的第二链

按上述方式,RNA 病毒在细胞内复制成双链 DNA 的前病毒(provirus)。前病毒保留了 RNA 病毒全部遗传信息,并可在细胞内独立繁殖。在某些情况下,前病毒基因组通过基因重组(gene recombination),插入到细胞基因组内,并随宿主基因一起复制和表达。这种重组方式称为整合(integration)。前病毒独立繁殖或整合,可成为致病的原因。

二、逆转录的发现发展了中心法则

逆转录酶或逆转录现象的发现是分子生物学研究中的重大事件。中心法则认为,DNA 的功能兼有遗传信息的传代和表达,因此 DNA 处于生命活动的中心位置。逆转录现象说明,至少在某些生物,RNA 同样兼有遗传信息传代功能。这是对传统的中心法则的挑战。

对逆转录病毒的研究,拓宽了 20 世纪初已注意到的病毒致癌理论,至 20 世纪 70 年代初,从逆转录病毒中发现了癌基因。至今,癌基因研究仍是病毒学、肿瘤学和分子生物学领域的重大课题。艾滋病病原人类免疫缺陷病毒(human immunodeficiency virus,HIV)也是 RNA 病毒,有逆转录活性。

分子生物学研究还应用逆转录酶作为获取基因工程目的基因的重要方法之一,此法称为 cDNA 法。在人类这样庞大的基因组 DNA(3.2×10⁹bp)中,要选取其中一个目的基因,有相当大难度。对 RNA 进行提取、纯化,相对较为可行。取得 RNA 后,可以通过逆转录方式在试管内操作。用逆转录酶催化 dNTP 在 RNA 模板指引下的聚合,生成 RNA/DNA 杂化双链。用酶或碱把杂化双链上的 RNA 除去,剩下的 DNA 单链再作为第二链合成的模板。在试管内以 DNA pol Ⅰ的大片段,即 Klenow 片段催化 dNTP 聚合。第二次合成的双链 DNA,称为 cDNA。c 是互补(complementary)的意思。cDNA 就是编码蛋白质的基因,通过转录又得到原来的模板 RNA,现在已利用该方法建立了多种不同种属和细胞来源的含所有表达基因的 cDNA 文库,方便人们从中获取目的基因。

小　结

DNA 复制是指 DNA 基因组的扩增过程。在此过程中,以亲代 DNA 作为模板,按照碱基配对原则合成子代 DNA 分子。复制需多种酶和蛋白质辅因子的参与。细胞内的 DNA 复制有半保留性、半不连续性和双向性等特征。

原核生物的复制过程包括起始、延长和终止。起始是将 DNA 双链解开形成复制叉。复制的延长由引物或延长中的子链提供 3'-OH,供 dNTP 掺入生成磷酸二酯键,延长中的子链有前导链和后随链之分,复制产生的不连续片段称为冈崎片段。复制的终止需要去除 RNA 引物、填补留下的空隙并连接片段之间的缺口使之成为连续的子链 DNA。

真核生物复制发生于细胞周期的 S 期,其过程与原核生物相似,但更为复杂和精致。复制的延长与核小体组蛋白的分离和重新组装有关。复制的终止需要端粒酶延伸端粒 DNA。

非染色体基因组采用特殊的方式进行复制。逆转录是 RNA 病毒的复制方式。逆转录现象的发现,加深了人们对中心法则的认识,拓宽了 RNA 病毒致癌、致病的研究。在基因工程操作上,还可用逆转录酶制备 cDNA。D 环复制是真核生物线粒体 DNA 的复制方式。

思　考　题

1. 原核生物 DNA 的复制体系有哪些酶及蛋白质成分?各有何作用?
2. 真核生物的 DNA 复制如何实现高速及保真性?
3. 端粒有何作用?为何有些肿瘤的发生与端粒有关?
4. 冈崎片段合成结束时是如何连接的?
5. DNA 聚合酶、拓扑酶和连接酶都催化 3',5'-磷酸二酯键的生成,各有何不同?
6. 阐述逆转录的基本过程和逆转录现象发现的重大研究价值。

(高国全)

第十三章　DNA 损伤和损伤修复

生物遗传物质 DNA 的遗传保守性是维持生物物种相对稳定的最主要因素。然而,在长期的生物演进过程中,生物体时刻受到来自内、外环境中各种因素的影响,DNA 的改变不可避免。各种体内外因素所导致的 DNA 组成与结构变化称为 DNA 损伤(DNA damage)。DNA 损伤可产生两种后果:一是损伤导致 DNA 的结构发生永久性改变,即突变;二是损伤导致 DNA 失去作为复制和(或)转录的模板的功能。

在长期的生物进化中,无论低等生物还是高等生物均形成了自己的 DNA 损伤修复系统,可随时修复损伤的 DNA,恢复 DNA 的正常结构,保持细胞的正常功能。实际上,DNA 损伤的同时即伴有 DNA 损伤修复系统的启动。受损细胞的转归,在很大程度上,取决于 DNA 损伤的修复效果,如损伤被正确修复,细胞的 DNA 的结构恢复正常,细胞就能够维持正常状态;如损伤严重,DNA 不能被有效修复,则可能通过凋亡的方式,清除这些 DNA 受损的细胞,降低 DNA 损伤对生物体遗传信息稳定性的影响。另外,当 DNA 的损伤发生不完全修复时,DNA 发生突变,染色体发生畸变,可诱导细胞出现功能改变,甚至出现衰老、细胞恶性转化等生理病理变化。当然,如果遗传物质具有绝对的稳定性,那么生物将失去其进化的基础,就不会呈现大千世界、万物生辉的自然景象。因此,自然界生物的多样性依赖于 DNA 损伤与 DNA 损伤修复之间的良好平衡。

第一节　DNA 损伤

DNA 损伤的诱发因素众多,一般可分为体内因素与体外因素。体内因素主要包括机体代谢过程中产生的某些活性代谢物,DNA 复制过程中发生的碱基错配,以及 DNA 本身的热不稳定性等,均可诱发 DNA"自发"损伤。体外因素则主要包括辐射、化学毒物、药物、病毒感染、植物以及微生物的代谢产物等。值得注意的是,体内因素与体外因素的作用,往往是不能截然分开的。通常,体外因素是通过体内因素引发 DNA 损伤的。然而,不同因素所引发的 DNA 损伤的机制往往又是不相同的。

一、多种因素通过不同机制导致 DNA 损伤

(一)体内因素

1. **DNA 复制错误**　在 DNA 复制过程中,碱基的异构互变,4 种 dNTP 之间的浓度的不平衡等均可能引起碱基的错配,即产生非 Watson-Crick 碱基对。尽管绝大多数错配的碱基会被 DNA 聚合酶的即时校读功能所纠正,但依然不可避免地有极少数的碱基错配被保留下来。DNA 复制的错配率约 $1/10^{10}$。

此外,复制错误还表现为片段的缺失或插入。特别是 DNA 上的短片段重复序列,在真核细胞基因组上广泛分布,导致 DNA 复制系统工作时可能出现"打滑"现象,使得新生 DNA 上的重复序列的拷贝数发生变化。DNA 重复片段在长度方面表现出的高度的多态性,在遗传性疾病的研究上有重大价值。亨廷顿病(huntington disease)、脆性 X 综合征(fragile X syndrome)、肌强直性营养不良(myotonic dystrophy)等神经退行性疾病均属于此类。

2. **DNA 自身的不稳定性**　在 DNA 自发性损伤中,DNA 结构自身的不稳定性是最频繁发挥作用的因素。当 DNA 受热或所处环境的 pH 发生改变时,DNA 分子上连接碱基和核糖之间的糖苷键可自

发发生水解,导致碱基的丢失或脱落,其中以脱嘌呤最为普遍。另外,含有氨基的碱基可能自发发生脱氨基反应,转变为另一种碱基,如 C 转变为 U,A 转变为 I(次黄嘌呤)等。

3. 机体代谢过程中产生的活性氧   机体代谢过程中产生的活性氧(reactive oxygen species,ROS)可以直接作用修饰碱基,如修饰鸟嘌呤,产生 8-羟基脱氧鸟嘌呤等。

(二)体外因素

最常见的导致 DNA 损伤的体外因素,主要包括物理因素、化学因素和生物因素等。这些因素导致 DNA 损伤的机制各有其特点。

1. 物理因素   物理因素中最常见的是电磁辐射。根据作用原理的不同,通常将电磁辐射分为电离辐射和非电离辐射。α 粒子、β 粒子、X 射线、γ 射线等,能直接或间接引起被穿透组织发生电离,损伤 DNA,属电离辐射;而紫外线和波长长于紫外线的电磁辐射属非电离辐射。

(1)电离辐射导致 DNA 损伤:电离辐射可直接作用于 DNA 等生物大分子,破坏其分子结构,如断裂 DNA 分子的化学键等,使 DNA 链断裂或发生交联。同时,电离辐射还可激发细胞内的自由基反应,发挥间接作用,导致 DNA 分子发生碱基氧化修饰,破坏碱基环结构,使其脱落。

(2)紫外线照射导致 DNA 损伤:紫外线(ultraviolet,UV)属非电离辐射。按波长的不同,紫外线可分为 UVA(400～320nm)、UVB(320～290nm)和 UVC(290～100nm)三种。UVA 的能量较低,一般不造成 DNA 等生物大分子损伤。260nm 左右的紫外线,其波长正好在 DNA 和蛋白质的吸收峰附近,容易导致 DNA 等生物大分子损伤。大气臭氧层可吸收 320nm 以下的大部分的紫外线,一般不会造成地球上生物的损害。但近年来,由于环境污染,臭氧层的破坏日趋严重,来自大气层外的 UV 对地球生物的影响越来越为公众所关注。

低波长紫外线的吸收,可使 DNA 分子中同一条链相邻的两个胸腺嘧啶碱基(T),以共价键连接形成胸腺嘧啶二聚体结构(TT),也称为环丁烷型嘧啶二聚体,见图 13-1。另外,紫外线也可导致其他嘧啶间形成类似的二聚体,如 CT 和 CC 二聚体等。二聚体的形成可使 DNA 产生弯曲和扭结,影响 DNA 的双螺旋结构,使复制与转录受阻。再者,紫外线还会导致 DNA 链间的其他交联或链的断裂等损伤。

图 13-1   胸腺嘧啶二聚体的形成

2. 化学因素   能引起 DNA 损伤的化学因素种类繁多,主要包括自由基、碱基类似物、碱基修饰物和嵌入染料等。值得注意的是,许多肿瘤化疗药物是通过诱导 DNA 损伤,包括碱基改变、单链或双链 DNA 断裂等,阻断 DNA 复制或 RNA 转录的,进而抑制肿瘤细胞的增殖。因此,对 DNA 损伤,以及后继的肿瘤细胞死亡机制的认识,将十分有助于对肿瘤化疗药物的改进。

（1）自由基导致 DNA 损伤：自由基是指能够独立存在，外层轨道带有未配对电子的原子、原子团或分子。自由基的化学性质异常活跃，可引发多种化学反应，影响细胞功能。自由基的产生可以是体外因素与体内因素相互作用的结果，如电离辐射产生羟自由基（·OH）和氢自由基（H·），而生物体内的代谢过程可产生活性氧自由基。·OH 具有极强的氧化性质，而 H· 则具有极强的还原性质。这些自由基可与 DNA 分子发生反应，导致碱基、核糖和磷酸基损伤，引发 DNA 的结构与功能异常。

（2）碱基类似物导致 DNA 损伤：碱基类似物是人工合成的一类与 DNA 正常碱基结构类似的化合物，通常被用作抗癌药物或促突变剂。在 DNA 复制时，因结构类似，碱基类似物可取代正常碱基掺入到 DNA 链中，并与互补链上的碱基配对，引发碱基对的置换。比如，5-溴尿嘧啶（5-bromouracil，5-BU）是胸腺嘧啶的类似物，有酮式和烯醇式两种结构，前者与腺嘌呤配对，后者与鸟嘌呤配对，可导致 AT 配对与 GC 配对间的相互转变。

（3）碱基修饰剂、烷化剂导致 DNA 损伤：这是一类通过对 DNA 链中碱基的某些基团进行修饰，改变被修饰碱基的配对，进而改变 DNA 结构的化合物。例如亚硝酸能脱去碱基上的氨基，腺嘌呤脱氨后成为次黄嘌呤，不能与原来的胸腺嘧啶配对，转而与胞嘧啶配对；胞嘧啶脱氨基成为尿嘧啶，不能与原来的鸟嘌呤配对，转而与腺嘌呤配对。这些均能改变碱基的序列。此外，众多的烷化剂如氮芥、硫芥、二乙基亚硝胺等可导致 DNA 碱基上的氮原子烷基化，引起 DNA 分子电荷变化，也可改变碱基配对，或烷基化的鸟嘌呤脱落形成无碱基位点，或引起 DNA 链中的鸟嘌呤连接成二聚体，或导致 DNA 链交联与断裂。这些变化都可以引起 DNA 序列或结构异常，阻止正常的修复过程。

（4）嵌入性染料导致 DNA 损伤：溴化乙锭、吖啶橙等染料可直接插入到 DNA 碱基对中，导致碱基对间的距离增大一倍，极易造成 DNA 两条链的错位，在 DNA 复制过程中往往引发核苷酸的缺失、移码或插入。

物理因素和化学因素造成的 DNA 损伤的情况如图 13-2 所示。

图 13-2　物理、化学因素对 DNA 的损伤作用

3. 生物因素　生物因素主要指病毒和霉菌，如麻疹病毒、风疹病毒、疱疹病毒、黄曲霉、寄生曲霉等，其蛋白质表达产物或产生的毒素和代谢产物，如黄曲霉素等有诱变作用。

黄曲霉素主要由黄曲霉产生。在湿热地区的食品和饲料中出现黄曲霉毒素的概率最高。它们存

在于土壤、动植物、各种坚果中,特别是容易污染花生、玉米、稻米、大豆、小麦等粮油产品,是霉菌毒素中毒性最大、对人类健康危害极为突出的一类霉菌毒素。

二、DNA 损伤有多种类型

DNA 分子中的碱基、核糖与磷酸二酯键均是 DNA 损伤因素作用的靶点。根据 DNA 分子结构改变的不同,DNA 损伤有碱基脱落、碱基结构破坏、嘧啶二聚体形成、DNA 单链或双链断裂、DNA 交联等多种类型。

1. **碱基损伤与糖基破坏**   化学毒物可通过对碱基的某些基团进行修饰而改变碱基的理化性质,破坏碱基的结构。比如:①亚硝酸等可导致碱基脱氨;②在羟自由基的攻击下,嘧啶碱基易发生加成、脱氢等反应,导致碱基环破裂;③具有氧化活性的物质可造成 DNA 中嘌呤或嘧啶碱基的氧化修饰,形成 8-羟基脱氧鸟苷或 6-甲基尿嘧啶等氧化代谢产物。DNA 分子中的戊糖基的碳原子和羟基上的氢可能与自由基反应,由此戊糖基的正常结构被破坏。

由于碱基损伤或糖基破坏,在 DNA 链上可能形成一些不稳定点,最终导致 DNA 链的断裂。

2. **碱基之间发生错配**   如前所述,碱基类似物的掺入、碱基修饰剂的作用可改变碱基的性质,导致 DNA 序列中的错误配对。在正常的 DNA 复制过程中,存在着一定比例的自发的碱基错配发生,最常见的是组成 RNA 的尿嘧啶替代胸腺嘧啶掺入到 DNA 分子中。

3. **DNA 链发生断裂**   DNA 链断裂是电离辐射致 DNA 损伤的主要形式。某些化学毒剂也可导致 DNA 链断裂。戊糖环的破坏、碱基的损伤和脱落都是引起 DNA 断裂的原因。碱基损伤或糖基的破坏可引起 DNA 双螺旋局部变性,形成酶敏感性位点,特异的核酸内切酶能识别并切割这样的位点,造成 DNA 链断裂。DNA 链上受损碱基也可以被另一种特异的 DNA-糖苷酶除去,形成无嘌呤嘧啶位点(apurinic-apyrimidinic site,AP site),或称无碱基位点,这些位点在内切酶等的作用下可造成 DNA 链的断裂。DNA 断裂可以发生在单链或双链上,单链断裂能迅速在细胞中以另一条互补链为模板重新合成,完成修复;而双链断裂在原位修复的概率很小,需依赖重组修复,这种修复导致染色体畸变的可能性很大。因此,一般认为双链断裂的 DNA 损伤与细胞的致死性效应有直接联系。

4. **DNA 链的共价交联**   被损伤的 DNA 分子中有多种 DNA 交联形式。DNA 分子中同一条链中的两个碱基以共价键结合,称为 DNA 链内交联(DNA intrastrand cross-linking)。低波长紫外线照射后形成的嘧啶二聚体就是 DNA 链内交联的最典型的例子。DNA 分子一条链上的碱基与另一条链上的碱基以共价键结合,称为链间交联(DNA interstrand cross-linking)。DNA 分子还可与蛋白质以共价键结合,称为 DNA-蛋白质交联(DNA protein cross-linking)。

以上对各种类型的 DNA 损伤进行了阐述。实际上 DNA 损伤是相当复杂的。当 DNA 受到严重损伤时,在其局部范围所发生的损伤常常不止一种,而是多种类型的损伤复合存在。最常见的是碱基损伤、糖基破坏和链断裂可能同时存在。这样的损伤部位被称为局部多样性损伤部位。

上述 DNA 损伤可导致 DNA 模板发生碱基置换、插入、缺失、链的断裂等变化,并可能影响到染色体的高级结构。就碱基置换来讲,DNA 链中的一种嘌呤被另一种嘌呤取代,或一种嘧啶被另一种嘧啶取代,称为转换;而嘌呤被嘧啶取代或反之,则称为颠换。转换和颠换在 DNA 复制时可引起碱基错配,导致基因突变。碱基的插入和缺失可引起移码突变。DNA 断裂可阻止 RNA 合成过程中链的延伸。而 DNA 损伤所引起的染色质结构变化也可以造成转录的异常。所有这些变化均可造成某种或某些基因信息发生异常或丢失,进而导致其表达产物的量与质的变化,对细胞的功能造成不同程度的影响。

需要指出的是,由于密码子的简并性(第十五章),上述的碱基置换并非一定发生氨基酸编码的改变。碱基置换可以造成改变氨基酸编码的错义突变(missense mutation)、变为终止密码子的无义突变(nonsense mutation)和不改变氨基酸编码的同义突变(same sense mutation)。教科书和文献中对于错义突变用氨基酸的单字母符号和位置共同注明,如 B-Raf 的第 600 位的缬氨酸突变为谷氨酸则写为 V600E,具体标示为 B-Raf^{V600E}。

第二节　DNA 损伤修复

在生命的各种活动中,生物体发生 DNA 损伤不可避免。这种损伤所导致的结局取决于 DNA 损伤的程度,以及细胞对损伤 DNA 的修复能力。DNA 损伤修复是指纠正 DNA 两条单链间错配的碱基、清除 DNA 链上受损的碱基或糖基、恢复 DNA 的正常结构的过程。DNA 修复(DNA repair)是机体维持 DNA 结构的完整性与稳定性,保证生命延续和物种稳定的重要环节。

细胞内存在多种修复 DNA 损伤的途径或系统。常见的 DNA 损伤修复途径或系统包括,直接修复、切除修复、重组修复和损伤跨越修复等(表 13-1)。值得注意的是,一种 DNA 损伤可通过多种途径修复,而一种修复途径也可同时参与多种 DNA 损伤的修复过程。

表 13-1　常见的 DNA 损伤的修复途径

修复途径	修复对象	参与修复的酶或蛋白质
光复活修复	嘧啶二聚体	DNA 光裂合酶
碱基切除修复	受损的碱基	DNA 糖苷酶、AP 核酸内切酶
核苷酸切除修复	嘧啶二聚体、DNA 螺旋结构的改变	大肠杆菌中 UvrA、UvrB、UvrC 和 UvrD,人 XP 系列蛋白质 XPA、XPB、XPC、…、XPG 等
错配修复	复制或重组中的碱基配对错误	大肠杆菌中的 MutH、MutL、MutS,人的 MLH1、MSH2、MSH3、MSH6 等
重组修复	双链断裂	RecA 蛋白、Ku 蛋白、DNA-PKcs、XRCC4
损伤跨越修复	大范围的损伤或复制中来不及修复的损伤	RecA 蛋白、LexA 蛋白、其他类型的 DNA 聚合酶

一、有些 DNA 损伤可以直接修复

直接修复是最简单的一种 DNA 损伤的修复方式。修复酶直接作用于受损的 DNA,将之恢复为原来的结构。

1. 嘧啶二聚体的直接修复　嘧啶二聚体的直接修复又称为光复活修复或光复活作用。生物体内存在着一种 DNA 光裂合酶(DNA photolyase),能够直接识别和结合于 DNA 链上的嘧啶二聚体部位。在可见光(400nm)激发下,光复活酶可将嘧啶二聚体解聚为原来的单体核苷酸形式,完成修复(图 13-3)。DNA 光裂合酶最初在低等生物中发现,有两个与吸收光子有关的生色基团,次甲基四氢

图 13-3　胸腺嘧啶二聚体的 DNA 光裂合修复

叶酸和 $FADH_2$。次甲基四氢叶酸吸收光子后将 $FADH_2$ 激活,再由激活的 $FADH_2$ 将电子转移给嘧啶二聚体,使其还原。鸟类等高等生物虽然也存在 DNA 光裂合酶,但是光复活修复并不是高等生物修复嘧啶二聚体的主要方式。哺乳动物细胞缺乏 DNA 光裂合酶。

2. 烷基化碱基的直接修复 催化此类直接修复的酶是一类特异的烷基转移酶,可以将烷基从核苷酸直接转移到自身肽链上,修复 DNA 的同时自身发生不可逆转的失活。比如,人类 O^6-甲基鸟嘌呤-DNA 甲基转移酶,能够将 O^6 位的甲基转移到酶自身的半胱氨酸残基上,使甲基化的鸟嘌呤恢复正常结构(图 13-4)。

图 13-4 烷基化碱基的直接修复

3. 单链断裂的直接修复 DNA 连接酶能够催化 DNA 双螺旋结构中一条链上缺口处的 5′-磷酸基团与相邻片段的 3′-羟基之间形成磷酸二酯键,从而直接参与 DNA 单链断裂的修复,如电离辐射所造成 DNA 单链上的切口。

二、切除修复是最普遍的 DNA 损伤修复方式

切除修复是生物界最普遍的一种 DNA 损伤修复方式。通过此修复方式,可将不正常的碱基或核苷酸除去并替换掉。依据识别损伤机制的不同,又分为碱基切除修复和核苷酸切除修复两种类型。

1. 碱基切除修复 碱基切除修复(base excision repair,BER)依赖于生物体内存在的一类特异的 DNA 糖苷酶。整个修复过程包括:①识别水解:DNA 糖苷酶特异性识别 DNA 链中已受损的碱基并将其水解去除,产生一个无碱基位点;②切除:在此位点的 5′-端,无碱基位点核酸内切酶将 DNA 链的磷酸二酯键切开,同时去除剩余的磷酸核糖部分;③合成:DNA 聚合酶在缺口处以另一条链为模板修补合成互补序列;④连接:由 DNA 连接酶将切口重新连接,使 DNA 恢复正常结构(图 13-5)。

抑癌蛋白 p53 在哺乳动物细胞中参与调控碱基切除修复。直接证据是 DNA 烷化剂诱导的 DNA 损伤,在表达野生型 p53 的细胞可被有效修复,而在 p53 缺失的细胞,其修复速度明显减慢。

2. 核苷酸切除修复 与碱基切除修复不同,核苷酸切除修复(nucleotide excision repair,NER)系统并不识别具体的损伤,而是识别损伤对 DNA 双螺旋结构所造成的扭曲,但修复过程与碱基切除修复相似。首先,由一个酶系统识别 DNA 损伤部位;其次,在损伤部位两侧切开 DNA 链,去除两个切口之间的一段受损的寡核苷酸;再次,在 DNA 聚合酶作用下,以另一条链为模板,合成一段新的 DNA,填补缺损区;最后由连接酶连接,完成损伤修复。

切除修复是 DNA 损伤修复的一种普遍形式,它并不局限于某种特殊原因造成的损伤,而能一般性地识别和纠正 DNA 链及 DNA 双螺旋结构的变化,修复系统能够使用相同的机制和一套修复蛋白

图 13-5　单个碱基的切除修复

质去修复一系列性质各异的损伤。

遗传性着色性干皮病(xeroderma pigmentosum,XP)的发病是由于 DNA 损伤核苷酸切除修复系统基因缺陷所致。有关人类 XP 相关的核苷酸切除修复系统缺陷基因的一般情况见表 13-2。此外,Cockyne 综合征和人毛发低硫营养不良等疾病的遗传病因也是 DNA 损伤核苷酸切除修复系统基因缺陷。

表 13-2　人类 XP 相关的 DNA 损伤核苷酸切除修复系统缺陷基因

基因名称	基因的染色体定位	编码蛋白质的氨基酸数	编码蛋白质细胞定位	编码蛋白质的主要功能
XPA	9q22.3	273	细胞核	可能结合受损的 DNA,为切除修复复合体其他因子到达 DNA 受损部位指示方向
XPB	2q21	782	细胞核	在 DNA 切除修复中,发挥解螺旋酶的功能
XPC	3p25	940	细胞核	可能是受损 DNA 的识别蛋白质
XPD	19q13.3	760	细胞核	转录因子 TFⅡH 的一个亚单位,与 XPB 一起,在受损 DNA 修复中,发挥解螺旋酶的功能
XPE	11q12-13 11p11-12	1140 427	细胞核	主要结合受损 DNA 的嘧啶二聚体处
XPF	16p13.12	905	细胞核	结构专一性 DNA 修复核酸内切酶,在 DNA 损伤切除修复中,在受损 DNA 的 5′-端切口
XPG	13q33	1186	细胞核	镁依赖的单链核酸内切酶,在 DNA 损伤切除修复中,在受损 DNA 的 3′-端切口

人类的 DNA 损伤核苷酸切除修复需要大约 30 多种蛋白质的参与。其修复过程如下:①由损伤部位识别蛋白 XPC 和 XPA 等,再加上 DNA 复制所需的 SSB,结合在损伤 DNA 的部位;②XPB 和 XPD 发挥解旋酶的活性,与上述蛋白质共同作用在受损 DNA 周围形成一个凸起;③XPG 与 XPF 发生构象改变,分别在凸起的 3′-端和 5′-端发挥核酸内切酶活性,在增殖细胞核抗原(proliferating cell nuclear antigen,PCNA)的帮助下,切除并释放受损的寡核苷酸;④遗留的缺损区由 DNA 聚合酶 δ 或 ε 进行修补合成;⑤由连接酶完成连接。

核苷酸切除修复不仅能够修复整个基因组中的损伤,而且能够修复那些正在转录的基因模板链上的损伤,后者又称为转录偶联修复(transcription-coupled repair),因此,更具积极意义。在此修复中,所不同的是由 RNA 聚合酶承担起识别损伤部位的任务。

3. 碱基错配修复   错配是指非 Watson-Crick 碱基配对。碱基错配修复也可被看作是碱基切除修复的一种特殊形式,是维持细胞中 DNA 结构完整稳定的重要方式,主要负责纠正以下错误:①复制与重组中出现的碱基配对错误;②因碱基损伤所致的碱基配对错误;③碱基插入;④碱基缺失。从低等生物到高等生物,均拥有保守的碱基错配修复系统或途径。

大肠杆菌参与 DNA 复制中错配修复的蛋白质包括 Mut(mutase)H、MutL、MutS、DNA 解旋酶、单链 DNA 结合蛋白、核酸外切酶 I、DNA 聚合酶Ⅲ,以及 DNA 连接酶等 10 余种蛋白质或相关酶成分,修复过程十分复杂🔖。修复过程中面临的主要问题是如何区分母链和子链。在细菌 DNA 中甲基化修饰是一个重要标志,母链是高度甲基化的,主要是其腺嘌呤 A 发生甲基化修饰,而新合成子链中的腺嘌呤 A 的甲基化修饰尚未进行,这提示错配修复应在此链上进行。首先由 MutS 蛋白识别错配碱基,随后由 MutL 和 MutH 等蛋白质协同相应的核酸外切酶,将包含错配点在内的一小段 DNA 水解、切除、经修补、连接后,恢复 DNA 正确的碱基配对。

继细菌错配修复机制被揭示之后,真核细胞的错配修复机制的研究,近年来也取得很大进展。现已发现多种与大肠杆菌的 MutS 和 MutL 高度同源的参与错配修复的蛋白质,如与大肠杆菌 MutS 高度同源的人类的 MSH2(MutS Homolog 2)、MSH6 和 MSH3 等。MSH2 和 MSH6 的复合物可识别包括碱基错配、插入、缺失等 DNA 损伤,而由 MSH2 和 MSH3 形成的蛋白质复合物则主要识别碱基的插入与缺失。真核细胞并不像原核细胞那样以甲基化来区分母链和子链,可能是依赖修复酶与复制复合体之间的联合作用识别新合成的子链。有关人类错配修复系统成员的一般情况见表13-3。

表 13-3   人类错配修复系统成员的一般情况

基因名称	染色体定位	cDNA 全长(bp)	蛋白质全长氨基酸数	主要功能	细胞定位	组织分布
MLH1	3p21.3	2484	756	错配修复	细胞核	大肠、乳腺、肺、脾、睾丸、前列腺、甲状腺、胆囊、心肌
MLH3	14q24.3	4895	1453	错配修复	细胞核	广泛,尤多见于消化道上皮
PMS1	2q31-33	3121	932	错配修复	细胞核	与 MLH1 组织分布一致
PMS2	7p22	2859	862	错配修复	细胞核	与 MLH1 组织分布一致
MSH2	2p22-21	3181	934	错配修复	细胞核	广泛,在肠道表达多限于隐窝
MSH3	5q11-12	3187	1137	错配修复	细胞核	在非小细胞肺癌和造血系统恶性肿瘤中表达减少
MSH4	1p31	3085	936	染色体重组	细胞核	睾丸、卵巢
MSH5	6p21.3	2883	834	染色体重组	细胞核	广泛,尤其在睾丸、胸腺和免疫系统中高表达
MSH6	2p16	4263	1360	错配修复	细胞核	

三、DNA 严重损伤时需要重组修复

双链 DNA 分子中的一条链断裂,可被模板依赖的 DNA 修复系统修复,不会给细胞带来严重后果。然而,DNA 分子的双链断裂是一种极为严重的损伤。与其他修复方式不同的是,双链断裂修复由于没有互补链可言,因此难以直接提供修复断裂所必需的互补序列信息。为此,需要另外一种更为复杂的机制,即重组修复来完成 DNA 双链断裂的修复。重组修复是指依靠重组酶系,将另一段未受损伤的 DNA 移到损伤部位,提供正确的模板,进行修复的过程。依据机制的不同,重组修复可分为同

源重组修复和非同源末端连接重组修复。

1. 同源重组修复   所谓的同源重组修复(homologous recombination repair),指的是参加重组的两段双链 DNA 在相当长的范围内序列相同(≥200bp),这样就能保证重组后生成的新区序列正确。大肠杆菌同源重组的分子机制已比较清楚,起关键作用的是 RecA 蛋白,也被称作重组酶,它是一个由352 个氨基酸组成的蛋白质。多个 RecA 单体在 DNA 上聚集,形成右手螺旋的核蛋白细丝,细丝中具有深的螺旋凹槽,可以识别和容纳 DNA 链。在 ATP 存在的情况下,RecA 可与损伤的 DNA 单链区结合,使 DNA 伸展,同时 RecA 可识别一段与受损 DNA 序列相同的姐妹链,并使之与受损 DNA 链并列排列,交叉互补,并分别以结构正常的两条 DNA 链为模板重建损伤链。最后在其他酶的作用下,解开交叉互补,连接新合成的链,完成同源重组。同源重组生成的新片段具有很高的忠实性。有关酵母同源重组的分子机制也已被研究揭示,与大肠杆菌的相似,详见图 13-6。在酵母的重组修复过程中先后有 Mre、Nbs、Rad50、Rad52、Rad51B、Rad51C、Rad51D、XRCC2、XRCC3 和 RPA 等相关蛋白质或酶参与。

图 13-6   同源重组修复

(1)由黑色与灰色线条组成的 DNA 双链为断裂损伤的 DNA 双链。(2)由深蓝色与浅蓝色线条组成的 DNA 双链为完好 DNA 双链,与断裂损伤的 DNA 双链序列同源。(3)上图 D,两个方向的重组合成的 DNA 中,只有右侧的酶或相关蛋白质被标示出来。(4)上图 E,虚线条框所示的四条DNA 单链的交叉互补中,灰色的 DNA 单链与浅蓝色的 DNA 单链互补,后者是前者合成的模版;黑色的 DNA 单链与深蓝色的 DNA 单链互补,同样后者是前者合成的模版

2. 非同源末端连接的重组修复   非同源末端连接重组修复(non-homologous end joining recombination repair)是哺乳动物细胞 DNA 双链断裂的一种修复方式,顾名思义,即两段 DNA 链的末端不需要同源性就能相互替代连接 📖。因此,非同源末端连接重组修复的 DNA 链的同源性不高,修复的DNA 序列中可存在一定的差异。对于拥有巨大基因组的哺乳动物细胞来说,发生错误的位置可能并不在必需基因上,这样依然可以维持受损细胞的存活。非同源末端连接重组修复中起关键作用的蛋白质分子是 DNA 依赖的蛋白激酶(DNA-dependent protein kinase,DNA-PK),是一种核内的丝氨酸/苏氨酸蛋白激酶,由一个分子量大约为 465kD 的催化亚基(DNA-PKcs)和一个能结合 DNA 游离端的杂二聚体蛋白 Ku 组成。DNA-PKcs 的作用是介导 DNA-PK 的催化功能,而 Ku 蛋白可与双链 DNA 的断端连接,促进双链断裂的重接。

另一个参与非同源末端连接重组修复的重要蛋白质是 XRCC4(X-ray repair,complementing defective,in Chinese hamster),它能与 DNA 连接酶形成复合物,增强连接酶的活力,在 DNA 连接酶与组装在 DNA 末端的 DNA-PK 复合物相结合的过程中起中间体作用。非同源末端连接重组修复既是修复 DNA 损伤的一种方式,又可以被看作是一种生理性基因重组的策略,将原来并未连在一起的基因或片段连接产生新的组合,如 B 淋巴细胞、T 淋巴细胞的受体基因、免疫球蛋白基因的构建与重排等。

四、跨越损伤 DNA 合成是一种差错倾向性 DNA 损伤修复

当 DNA 双链发生大范围的损伤,DNA 损伤部位失去了模板作用,或复制叉已解开母链,致使修复系统无法通过上述方式进行有效修复,此时,细胞可以诱导一个或多个应急途径,通过跨过损伤部位先进行复制,再设法修复。而根据损伤部位跨越机制的不同,这种跨越损伤 DNA 的修复又被分为重组跨越损伤修复与合成跨越损伤修复两种类型。

1. **重组跨越损伤修复**　当 DNA 链的损伤较大,致使损伤链不能作为模板复制时,细胞利用同源重组的方式,将 DNA 模板进行重组交换,使复制能够继续下去📖。然而,在大肠杆菌中,还有某些新的机制,当复制进行到损伤部位时,DNA 聚合酶Ⅲ停止移动,并从模板上脱离下来,然后在损伤部位的下游重新启动复制,从而在子链 DNA 上产生一个缺口。RecA 重组蛋白将另一股健康母链上对应的序列重组到子链 DNA 的缺口处填补。通过重组跨越,解决了有损伤的 DNA 分子的复制问题,但其损伤并没有真正地被修复,只是转移到了另一个新合成的一个子代的 DNA 分子上,由细胞内其他修复系统来后继修复。

2. **合成跨越损伤修复**　当 DNA 双链发生大片段、高频率的损伤时,大肠杆菌可以紧急启动应急修复系统,诱导产生新的 DNA 聚合酶(DNA 聚合酶Ⅳ或Ⅴ),替换停留在损伤位点的原来的 DNA 聚

图 13-7　SOS 修复中 LexA-RecA 操纵子的作用机制

合酶Ⅲ,在子链上以随机方式插入正确或错误的核苷酸使复制继续,越过损伤部位之后,这些新的 DNA 聚合酶完成使命后从 DNA 链上脱离,再由原来的 DNA 聚合酶Ⅲ继续复制。因为诱导产生的这些新的 DNA 聚合酶的活性低,识别碱基的精确度差,一般无校对功能,所以这种合成跨越损伤复制过程的出错率会大大增加,是大肠杆菌 SOS 反应或 SOS 修复的一部分。

在大肠杆菌等原核细胞中,SOS 修复反应是由 RecA 蛋白与 LexA 阻遏物的相互作用引发的,有近 30 个 SOS 相关基因编码蛋白质参与此修复反应。正常情况下,RecA 基因以及其他的 SOS 相关的可诱导基因的上游,有一段共同的操纵序列(5′-CTG-N10-CAG-3′)被 LexA 阻遏蛋白所阻遏,只有低水平的转录和翻译,产生少量的相应蛋白质。当 DNA 严重损伤时,RecA 蛋白表达,激活 LexA 的自水解酶活性,当 LexA 阻遏蛋白因水解从 RecA 基因,以及 SOS 相关的可诱导基因的操纵序列上解离下来后,一系列受 LexA 阻遏的基因得以表达,参与 SOS 修复活动。完成修复后,LexA 阻遏蛋白重新合成,SOS 相关的可诱导基因重新关闭(图 13-7)。需要指出的是,SOS 反应诱导的产物可参与重组修复、切除修复和错配修复等修复过程。这种修复机制因海空紧急呼救信号“SOS”而得名。

此外,对于受损的 DNA 分子,除了启动上述诸多的修复途径,以修复损伤之外,细胞还可以通过其他的途径将损伤的后果降至最低。例如,通过 DNA 损伤应激反应活化的细胞周期检查点机制,延迟或阻断细胞周期进程,为损伤修复提供充足的时间,诱导修复基因转录翻译,加强损伤的修复,使细胞能够安全进入新一轮的细胞周期。与此同时,细胞还可以激活凋亡机制,诱导严重受损的细胞凋亡,在整体上维持生物体基因组的稳定。

第三节　DNA 损伤及其修复的意义

遗传物质稳定性的世代相传是维持物种稳定的主要因素。然而,如果遗传物质是绝对一成不变的话,自然界也就失去了进化的基础,也就不会有新的物种出现。因此,生物多样性依赖于 DNA 损伤与损伤修复之间的良好的动态平衡。

一、DNA 损伤具有双重效应

一般认为 DNA 损伤是有害的;然而,就损伤的结果而言,DNA 损伤具有双重效应,DNA 损伤是基因突变的基础。通常,DNA 损伤通常有两种生物学后果。一是给 DNA 带来永久性的改变,即突变,可能改变基因的编码序列或基因的调控序列。二是 DNA 的这些改变使得 DNA 不能用作复制和转录的模板,使细胞的功能出现障碍,重则死亡。

从久远的生物史来看,进化是遗传物质不断突变的过程。可以说没有突变就没有如今的生物物种的多样性。当然在短暂的某一段历史时期,我们往往无法看到一个物种的自然演变,只能见到长期突变的累积结果,适者生存。因此突变是进化的分子基础。

DNA 突变可能只改变基因型,而不影响其表型,并表现出个体差异。目前,基因的多态性已被广泛应用于亲子鉴定、个体识别,器官移植,以及疾病易感性分析等。DNA 损伤若发生在与生命活动密切相关的基因上,可能导致细胞,甚至是个体的死亡。人类常利用此性质杀死某些病原微生物。

DNA 突变还是某些遗传性疾病的发病基础。有遗传倾向的疾病,如高血压和糖尿病,尤其是肿瘤,均是多种基因与环境因素共同作用的结果。

二、DNA 损伤修复障碍与多种疾病相关

细胞中 DNA 损伤的生物学后果,主要取决于 DNA 损伤的程度和细胞的修复能力。如果损伤得不到及时正确的修复,就可能导致细胞功能的异常。DNA 碱基的损伤将可能导致遗传密码子的变化,经转录和翻译产生功能异常的 RNA 与蛋白质,引起细胞功能的衰退、凋亡,甚至发生恶性转化。双链 DNA 的断裂可通过同源或非同源重组修复途径加以修复,但非同源重组修复的忠实性差,修复

过程中可能获得或丧失核苷酸,造成染色体畸形,导致严重后果。DNA 交联影响染色体的高级结构,妨碍基因的正常表达,对细胞的功能同样产生影响。因此,DNA 损伤与肿瘤、衰老以及免疫性疾病等多种疾病的发生有着非常密切的关联(表 13-4)。

表 13-4   DNA 损伤修复系统缺陷相关的人类疾病

疾病	易患肿瘤或疾病	修复系统缺陷
着色性干皮病	皮肤癌、黑色素瘤	核苷酸切除修复
遗传性非息肉性结肠癌	结肠癌、卵巢癌	错配修复 转录偶联修复
遗传性乳腺癌	乳腺癌、卵巢癌	同源重组修复
Bloom 综合征	白血病、淋巴瘤	非同源末端连接重组修复
范科尼贫血	再生障碍性贫血、白血病、生长迟缓	重组跨越损伤修复
Cockyne 综合征	视网膜萎缩、侏儒、耳聋、早衰、对 UV 敏感	核苷酸切除修复、转录偶联修复
毛发低硫营养不良	毛发易断、生长迟缓	核苷酸切除修复

(一) DNA 损伤修复系统缺陷与肿瘤

先天性 DNA 损伤修复系统缺陷病人容易发生恶性肿瘤。肿瘤发生是 DNA 损伤对机体的远期效应之一。众多研究表明,DNA 损伤→DNA 损伤修复异常→基因突变→肿瘤发生是贯穿肿瘤发生发展的重要环节。DNA 损伤可导致原癌基因的激活,也可使抑癌基因失活。癌基因与抑癌基因的表达失衡是细胞恶变的重要机制。参与 DNA 损伤修复的多种基因具有抑癌基因的功能,目前已发现这些基因在多种肿瘤中发生突变而失活。1993 年,有研究发现,人类遗传性非息肉性结肠癌(hereditary non-polyposis colorectal cancer,HNPCC)细胞存在错配修复与转录偶联修复缺陷,造成细胞基因组的不稳定性,进而引起调控细胞生长的基因发生突变,引发细胞恶变。在 HNPCC 中 *MLH1* 和 *MSH2* 基因的突变时有发生。*MLH1* 基因的突变形式主要有错义突变、无义突变、缺失和移码突变等。而 *MSH2* 基因的突变形式主要有移码突变、无义突变、错义突变以及缺失或插入等;其中以第 622 位密码子发生 C/T 转换,导致脯氨酸突变为亮氨酸最为常见,结果使 MSH2 蛋白的功能丧失。

BRCA 基因(breast cancer gene)参与 DNA 损伤修复的启动与细胞周期的调控。*BRCA* 基因的失活可增加细胞对辐射的敏感性,导致细胞对双链 DNA 断裂修复能力的下降。现已发现 *BRCA1* 基因在70% 的家族遗传性乳腺癌和卵巢癌病例中发生突变而失活。

值得注意的是,DNA 修复功能缺陷虽可引起肿瘤的发生,但已癌变的细胞本身 DNA 修复功能往往并不低下,相反会显著升高,使得癌细胞能够充分修复化疗药物引起的 DNA 的损伤,这也是大多数抗癌药物不能奏效的直接原因,所以关于 DNA 修复的研究可为肿瘤联合化疗提供新思路。

(二) DNA 损伤修复缺陷与遗传性疾病

着色性干皮病(XP)病人的皮肤对阳光敏感,照射后出现红斑、水肿,继而出现色素沉着、干燥、角化过度,最终甚至会出现黑色素瘤、基底细胞癌、鳞状上皮癌及棘状上皮癌等瘤变发生。具有不同临床表现的 XP 病人存在明显的遗传异质性,表现为不同程度的核酸内切酶缺乏引发的切除修复功能缺陷,所以病人的肺、胃肠道等器官在受到有害环境因素刺激时,会有较高的肿瘤发生率。然而,在对XP 的进一步研究中发现,一些病人虽具有明显的临床症状,但在 UV 辐射后的核苷酸切除修复中却没有明显的缺陷表型,故将其定名为“XP 变种”(XP variant,XPV)。这类病人的细胞在培养中表现出对 UV 辐射的轻微增高的敏感性,变种的切除修复功能正常,但复制后修复的功能有缺陷。最新的研究发现,某些 XP 变种的分子病理学机制是由它对 DNA 碱基损伤耐受的缺陷所致,而不是修复方面的缺陷。

共济失调-毛细血管扩张症(ataxia telangiectasia,AT)是一种常染色体隐性遗传病,主要影响机体的神经系统、免疫系统与皮肤。AT 病人的细胞对射线及拟辐射的化学因子,如博来霉素等敏感,具有极高的染色体自发畸变率,以及对辐射所致的 DNA 损伤的修复缺陷。病人的肿瘤发病率相当高。AT 的发生与在 DNA 损伤信号转导网络中发挥关键作用的 ATM 分子的突变有关。

此外,DNA 损伤核苷酸切除修复的缺陷可以导致人毛发低硫营养不良(trichothiodystrophy,TTD)、Cockayne 综合征(Cockayne syndrome,CS)和范科尼贫血(Fanconi anemia)等遗传病🔲。

(三) DNA 损伤修复缺陷与免疫性疾病

DNA 修复功能先天性缺陷病人,其免疫系统常有缺陷,主要是 T 淋巴细胞功能缺陷。随着年龄的增长,细胞中的 DNA 修复功能逐渐衰退,如果同时发生免疫监视功能的障碍,便不能及时清除癌变的突变细胞,从而导致发生肿瘤。因此,DNA 损伤修复、免疫和肿瘤等均是紧密关联的。

(四) DNA 损伤修复与衰老

有关 DNA 损伤修复能力比较研究发现,寿命长的动物如象、牛等的 DNA 损伤的修复能力较强;寿命短的动物如小鼠、仓鼠等的 DNA 损伤的修复能力较弱。人的 DNA 修复能力也很强,但到一定年龄后会逐渐减弱,突变细胞数与染色体畸变率相应增加。如人类常染色体隐性遗传的早老症和韦尔纳综合征病人,其体细胞极易衰老,一般早年死于心血管疾病或恶性肿瘤。

小　结

DNA 损伤是指各种体内外因素导致的 DNA 组成与结构上的变化,主要有碱基或戊糖基的破坏、碱基错配、DNA 单链或双链断裂、DNA 链共价交联等多种表现形式。

细胞内在因素,如 DNA 复制中的错配、DNA 结构本身的不稳定性、机体代谢中产生的有害活性分子等,均可诱发 DNA 的"自发"损伤。外环境中的物理因素(电离辐射、紫外线)、化学因素(自由基、碱基类似物、碱基修饰剂、嵌入性染料)和生物因素等也均可损伤 DNA。

DNA 损伤具有双重生物学效应。各种因素诱发的 DNA 结构改变是生物进化的基础;同时 DNA 的损伤也可使细胞功能出现障碍,与多种疾病,如肿瘤等相关。

细胞拥有 DNA 损伤修复机制,可以修复 DNA 链上的损伤,恢复 DNA 的正常结构。这一机制对于维持 DNA 结构的完整性与稳定性,保证生命延续和物种稳定至关重要。细胞有直接修复、切除修复、重组修复和跨越损伤修复等多种 DNA 损伤修复途径。一种 DNA 损伤可通过多种途径修复,一种修复途径也可参与多种 DNA 损伤的修复。DNA 损伤修复的缺陷与肿瘤、衰老以及免疫性疾病等密切相关。

思 考 题

1. 有很多突变,对于野生型基因是隐形的,也就是说,在一个含有野生型与突变型基因的二倍体细胞中,只有野生型的特性才能够得到表达。请根据基因突变的理论解释这一事实。

2. RecA 蛋白是如何调节 SOS 的?

3. 为什么 DNA 的甲基化状态可以被 DNA 损伤修复所利用?

4. 突变能影响高等真核生物结构基因表达的几个水平?

5. 假如发生了碱基对的错配,如何被有效修复?

(李恩民)

第十四章　RNA 的合成

生物体以 DNA 为模板合成 RNA 的过程称为转录（transcription），意指将 DNA 的碱基序列转抄为 RNA。DNA 分子上的遗传信息是决定蛋白质氨基酸序列的原始模板，mRNA 是蛋白质合成的直接模板。通过 RNA 的合成，遗传信息从染色体的贮存状态转送至细胞质，从功能上衔接 DNA 和蛋白质这两种生物大分子。1958 年，F. Crick 将上述遗传信息的传递方式归纳为中心法则（central dogma）。1970 年 H. Temin 发现了逆转录现象，对中心法则进行了补充。

在生物界，RNA 合成有两种方式。一是 DNA 指导的 RNA 合成，也称转录，为生物体内的主要合成方式。转录产物除 mRNA、rRNA 和 tRNA 外，在真核细胞内还有 snRNA、miRNA 等非编码 RNA。对 RNA 转录过程的调节可以导致蛋白质合成速率的改变，并由此而引发一系列细胞功能变化。因此，理解转录机制对于认识许多生物学现象和医学问题具有重要意义。mRNA 在转录、转录后加工发生错误可引起细胞异常和疾病。RNA 的转录合成是本章的主要内容。

另一种是 RNA 依赖的 RNA 合成（RNA-dependent RNA synthesis），也称 RNA 复制（RNA replication），由 RNA 依赖的 RNA 聚合酶（RNA-dependent RNA polymerase）催化，常见于病毒，是逆转录病毒以外的 RNA 病毒在宿主细胞以病毒的单链 RNA 为模板合成 RNA 的方式，限于篇幅本章未予叙述。

第一节　原核生物转录的模板和酶

RNA 的生物合成属于酶促反应，反应体系中需要 DNA 模板、NTP（包括 ATP、UTP、CTP 和 GTP）、DNA 依赖的 RNA 聚合酶（DNA-dependent RNA polymerase，简称 RNA pol）、其他蛋白质因子及 Mg^{2+} 等。合成方向为 5′→3′，核苷酸间的连接方式为 3′,5′-磷酸二酯键。

一、原核生物转录的模板

在 DNA 分子双链上，一股链作为模板，按碱基配对规律指导转录生成 RNA，另一股链则不转录。用核酸杂交法对模板 DNA 和转录产物 RNA 进行测定，或对 DNA、RNA 的碱基进行序列测定，都可证明 DNA 分子上的一个基因只有一股链可转录生成其编码产物（图 14-1）。

作为一个基因载体的一段 DNA 双链片段，转录时作为 RNA 合成模板的一股单链称为模板链（template strand），相对应的另一股单链被称为编码链（coding strand）。转录产物若是 mRNA，则可用作翻译的模板，决定蛋白质的氨基酸序列（图 14-1）。模板链既与编码链互补，又与 mRNA 互补，可见 mRNA 的碱基序列除用 U 代替 T 外，与编码链是一致的。文献刊出的各个基因的碱基序列，为避免繁琐和便于查对遗传密码，一般只写

图 14-1　DNA 模板及其表达产物

出编码链。

二、RNA 聚合酶催化 RNA 合成

（一）RNA 聚合酶能从头启动 RNA 链的合成

RNA pol 催化 RNA 的转录合成。该反应以 DNA 为模板，以 ATP、GTP、UTP 和 CTP 为原料，还需要 Mg^{2+} 作为辅基。RNA 合成的化学机制与 DNA 的复制合成相似。RNA pol 通过在 RNA 的 3′-OH 端加入核苷酸，延长 RNA 链而合成 RNA。3′-OH 在反应中是亲核基团，攻击所进入的核苷三磷酸的 α-磷酸，并释放出焦磷酸，总的反应可以表示为：$(NMP)_n + NTP \rightarrow (NMP)_{n+1} + PPi$。

RNA pol 和双链 DNA 结合时活性最高，但是只以双链 DNA 中的一股 DNA 链为模板。新加入的核苷酸以 Watson-Crick 碱基配对原则和模板的碱基互补。注意在此与 DNA 链中 A 配对的是 U 而不是 T。

前述的 DNA 聚合酶在启动 DNA 链延长时需要 RNA 引物存在，而 RNA pol 能够在转录起点处使两个核苷酸间形成磷酸二酯键，即直接启动转录（图 14-2），因而 RNA 链的起始合成不需要引物。

图 14-2　DNA 依赖的 RNA 聚合酶催化 RNA 合成的机制

（二）RNA 聚合酶由多个亚基组成

大肠杆菌（*E. coli*）的 RNA pol 是目前研究得比较透彻的分子。这是一个分子量达 450kD，由 5 种亚基 α_2（2 个 α）、β、β′、ω 和 σ 组成的六聚体蛋白质。各主要亚基及功能见表 14-1。

表 14-1　大肠杆菌 RNA 聚合酶组分

亚基	分子量（kD）	亚基数目	功能
α	36.5	2	决定哪些基因被转录
β	150.6	1	与转录全过程有关（催化）
β′	155.6	1	结合 DNA 模板（开链）
ω	11.0	1	β′折叠和稳定性；σ 募集
σ	70.2	1	辨认起始点

核心酶(core enzyme)由 $\alpha_2\beta\beta'\omega$ 亚基组成。试管内的转录实验(含有模板、酶和底物 NTP 等)证明,核心酶能够催化 NTP 按模板的指引合成 RNA。但合成的 RNA 没有固定的起始位点。加有 σ(sigma)亚基的酶能在特定的起始点上开始转录,可见 σ 亚基的功能是辨认转录起始点。σ 亚基加上核心酶称为全酶(holo-enzyme)。活细胞的转录起始,是需要全酶的。转录延长阶段则仅需核心酶。图 14-3 显示 RNA pol 全酶在转录起始区的结合。

大肠杆菌内有一些不同的 RNA pol 全酶,其差异是 σ 亚基的不同。目前已发现多种 σ 亚基,并用其分子量命名区别,最常见

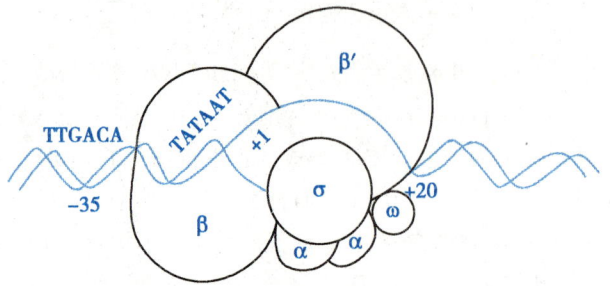

图 14-3　原核生物 RNA 聚合酶全酶及其在转录起始区的结合

DNA 双链已打开,σ 因子尚未脱落

的是 σ70(分子量 70kD)。σ70 是辨认典型转录起始点的蛋白质,大肠杆菌中的绝大多数启动子可被含有 σ70 因子的全酶所识别并激活。

将细菌从通常培养的 37℃升温至 42℃,细菌可迅速增加一套共 17 种蛋白质的合成。这些蛋白质被称为热激蛋白(heat shock proteins,HSP)。当温度升至 50℃,大部分蛋白质合成已停止,HSP 却能继续合成。HSP 的编码基因称为热激基因(*Hsp*)。*Hsp* 基因的转录起点的上游序列与其他基因不同,因而需另一种 σ 因子,即 σ32(分子量 32kD)辨认及启动其转录。可见,σ32 是应答热刺激而被诱导产生的,它本身也属于一种 HSP。

其他原核生物的 RNA pol 在结构和功能上均与大肠杆菌相似。抗生素——利福平(rifampicin)可以特异抑制原核生物的 RNA pol,成为抗结核菌治疗的药物。它特异性地结合 RNA 聚合酶的 β 亚基。若在转录开始后才加入利福平,仍能发挥其抑制转录的作用,这说明 β 亚基是在转录全过程都起作用的。

三、RNA 聚合酶结合到启动子上启动转录

对于整个基因组来讲,转录是分区段进行的。每一转录区段可视为一个转录单位,称为操纵子(operon)(见第十六章)。操纵子中包括了若干个基因的编码区及其调控序列。调控序列中的启动子(promoter)是 RNA pol 结合模板 DNA 的部位,也是决定转录起始点的关键部位。原核生物是以 RNA pol 全酶结合到启动子上而启动转录的,其中由 σ 亚基辨认启动子,其他亚基相互配合。

启动子结构的阐明回答了转录从哪里起始这一问题,是转录机制研究的重要发现。为了确认 RNA pol 在基因组的结合位点,研究中采用了一种巧妙的方法,即 RNA pol 保护法🔖。在实验中,先将提取的 DNA 与提纯的 RNA pol 混合温育一定时间,再加入核酸外切酶进行反应。结果显示,大部分 DNA 链被核酸酶水解为核苷酸,但一个 40~60bp 的 DNA 片段被保留下来。这段 DNA 没有被水解,是因为 RNA pol 结合在上面,因而受到保护。受保护的 DNA 位于转录起始点的上游,并最终被确认为是被 RNA pol 辨认和紧密结合的区域,是转录起始调节区(图 14-4)。

对数百个原核生物基因操纵子转录上游区段进行的碱基序列分析,证明 RNA pol 保护区存在共有序列。以开始转录的 5'-端第一位核苷酸位置转录起点(transcription start site,TSS;或 initiator)为 +1,用负数表示其上游的碱基序号,发现-35 和-10 区 A-T 配对比较集中。-35 区的最大一致性序列是 TTGACA。-10 区的一致性序列 TATAAT,是在 1975 年由 D. Pribnow 发现的,故被称为 Pribnow 盒(Pribnow box)。-35 区与-10 区相隔 16~18 个核苷酸,-10 区与转录起点相距 6 或 7 个核苷酸。

A-T 配对相对集中,表明该区段的 DNA 容易解链,因为 A-T 配对只有两个氢键维系。比较 RNA pol 结合不同区段测得的平衡常数,发现 RNA pol 结合在-10 区比结合在-35 区更为牢固。把 RNA pol 分子大小与 DNA 链长度进行比较,可确定其结合 DNA 链时分子的跨度。从这些结果推论出:-35 区

图 14-4 RNA 聚合酶保护法研究转录起始区

图中部为受酶保护的 DNA 区段放大,图最下方示-35 区段和-10 区段的共有序列

是 RNA pol 对转录起始的识别序列(recognition sequence)。结合识别序列后,RNA pol 向下游移动,达到 Pribnow 盒,与 DNA 形成相对稳定的 RNA pol-DNA 复合物,就可以开始转录。

第二节 原核生物的转录过程

原核生物的转录过程可分为转录起始、转录延长和转录终止三个阶段。

一、转录起始需要 RNA 聚合酶全酶

转录全过程均需 RNA pol 催化,起始过程需全酶,由 σ 亚基辨认起始点,延长过程的核苷酸聚合仅需核心酶催化。简言之,转录起始就是 RNA pol 在 DNA 模板的转录起始区装配形成转录起始复合体,打开 DNA 双链,并完成第一和第二个核苷酸间聚合反应的过程(动画 14-1"原核生物的转录起始")。转录起始复合物中包含有 RNA pol 全酶、DNA 模板以及与转录起点配对的 NTPs。

起始阶段的第一步是由 RNA pol 识别并结合启动子,形成闭合转录复合体(closed transcription complex),其中的 DNA 仍保持完整的双链结构。原核生物需要靠 RNA pol 中的 σ 亚基辨认转录起始区和转录起点。首先被辨认的 DNA 区段是-35 区的 TTGACA 序列,在这一区段,酶与模板的结合松弛;接着酶移向-10 区的 TATAAT 序列并跨过了转录起点,形成与模板的稳定结合。

起始的第二步是 DNA 双链打开,闭合转录复合体成为开放转录复合体(open transcription complex)。开放转录复合体中 DNA 分子接近-10 区域的部分双螺旋解开后转录开始。无论是转录起始或延长中,DNA 双链解开的范围都只在 17bp 左右,这比复制中形成的复制叉小得多。

起始的第三步是第一个磷酸二酯键的形成。转录起始不需引物,两个与模板配对的相邻核苷酸,在 RNA pol 催化下生成磷酸二酯键。转录起点配对生成的 RNA 的第一位核苷酸,也是新合成的 RNA 分子的 5′-端,以 GTP 或 ATP 较为常见。比如,当 5′-端第一位核苷酸 GTP 与第二位的 NTP 聚合生成磷酸二酯键后,仍保留其 5′-端 3 个磷酸基团,生成聚合物是 5′-pppGpN-OH-3′,其 3′-端的游离羟基,可以接收新的 NTP 并与之聚合,使 RNA 链延长下去。RNA 链的 5′-端结构在转录延长中一直保留,至转录完成。

RNA 合成开始时会发生流产式起始(abortive initiation)的现象。发生流产式起始的时候,RNA pol 在完全进入延伸阶段前不从启动子上脱离,而是合成长度小于 10 个核苷酸的 RNA 分子,并将这些短片段 RNA 从聚合酶上释放而终止转录。这个过程可在进入转录延长阶段前重复多次,从而产生多个短片段 RNA。流产式起始被认为是启动子校对(promoter proofreading)的过程,其发生可能与

RNA 聚合酶和启动子的结合强度有关。

当一个聚合酶成功合成一条超过 10 个核苷酸的 RNA 时,便形成一个稳定的包含有 DNA 模板、RNA pol 和 RNA 片段的三重复合体,从而进入延长阶段。当 RNA 合成起始成功后,RNA pol 离开启动子,称为启动子解脱(promoter escape),也叫启动子清除(promoter clearance)。启动子清除发生后,转录进入延长阶段。

二、RNA 聚合酶核心酶独立延长 RNA 链

第一个磷酸二酯键生成后,转录复合体的构象发生改变,σ 亚基从转录起始复合物上脱落,并离开启动子,RNA 合成进入延长阶段。此时,仅有 RNA pol 的核心酶留在 DNA 模板上,并沿 DNA 链不断前移,催化 RNA 链的延长。实验证明,σ 亚基若不脱落,RNA pol 则停留在起始位置,转录不继续进行。化学计量又证明,每个原核细胞,RNA pol 各亚基比例为:α:β:β′:σ=4000:2000:2000:600,σ 因子的量在细胞内明显比核心酶少。在体外进行的 RNA 合成实验也证明,RNA 的生成量与核心酶的加入量成正比;开始转录后,产物量与 σ 亚基加入与否无关。脱落后的 σ 因子又可再形成另一全酶,反复使用。

RNA 链延长时,核心酶会沿着模板 DNA 不断向下游前移。聚合反应局部前方的 DNA 双链不断解链,合成完成后的部分又重新恢复双螺旋结构。核心酶可以覆盖 40bp 以上的 DNA 分子段落,但转录解链范围约 17bp。RNA 链延长过程中的解链和再聚合可视为这一 17bp 左右的开链区在 DNA 上的动态移动,其外观类似泡状,被称为"转录泡"(transcription bubble)。

在解链区局部(图 14-5),RNA pol 的核心酶催化着模板指导的 RNA 链延长,转录产物 3′-端会有一小段暂时与模板 DNA 保持结合状态,形成一 8bp 的 RNA-DNA 杂化双链(hybrid duplex)。随着 RNA 链不断生长,5′-端脱离模板向空泡外伸展。从化学结构看,DNA/DNA 双链结构比 DNA/RNA 形成的杂化双链稳定。核酸的碱基之间有 3 种配对方式,其稳定性是:G≡C>A=T>A=U。GC 配对有 3 个氢键,是最稳定的;AT 配对只在 DNA 双链形成;AU 配对可在 RNA 分子或 DNA/RNA 杂化双链上形成,是 3 种配对中稳定性最低的。所以已转录完毕的局部 DNA 双链,就必然会复合而不再打开。根据这些道理,也就易于理解空泡为什么会形成,而转录产物又是为什么可以向外伸出了。

图 14-5   大肠杆菌的转录泡局部结构示意图

观察图 14-5 中的"转录泡"局部,可概括出转录延长以下特点:①核心酶负责 RNA 链延长反应;②RNA 链从 5′-端向 3′-端延长,新的核苷酸都是加到 3′-OH 上;③对 DNA 模板链的阅读方向是 3′-端向 5′-端,合成的 RNA 链与之呈反向互补,即酶是沿着模板链的 3′→5′方向或沿着编码链的 5′→3′方向前进的;④合成区域存在着动态变化的 8bp 的 RNA-DNA 杂合双链;⑤模板 DNA 的双螺旋结构随着

核心酶的移动发生解链和再复合的动态变化。

三、原核生物转录延长与蛋白质的翻译同时进行

在电子显微镜下观察原核生物的转录产物，可看到像羽毛状的图形（图 14-6）。进一步分析表明，在同一个 DNA 模板分子上，有多个转录复合体同时在进行着 RNA 的合成；在新合成的 mRNA 链上还可观察

图 14-6　原核生物转录和翻译同步现象示意图

到结合在上面的多个核糖体，即多聚核糖体。这是因为在原核生物，RNA 链的转录合成尚未完成，蛋白质的合成已经将其作为模板开始进行翻译了。转录和翻译的同步进行在原核生物是较为普遍的现象，保证了转录和翻译都以高效率运行，满足它们快速增殖的需要。

四、原核生物转录终止分为依赖 ρ 因子与非依赖 ρ 因子两大类

RNA pol 在 DNA 模板上停顿下来不再前进，转录产物 RNA 链从转录复合物上脱落下来，就是转录终止。依据是否需要蛋白质因子的参与，原核生物的转录终止分为依赖 ρ（Rho）因子与非依赖 ρ 因子两大类。

（一）依赖 ρ 因子的转录终止

用 T4 噬菌体 DNA 作体外转录实验，发现其转录产物比在细胞内转录出的产物要长。这一方面说明转录终止点是可以被跨越而继续转录的；还说明细胞内的某些因子有执行转录终止的功能。根据这些线索，1969 年，Roberts J 在 T4 噬菌体感染的大肠杆菌中发现了能控制转录终止的蛋白质，命名为 ρ 因子。体外转录体系中加入了 ρ 因子后，转录产物长于细胞内的现象不复存在。ρ 因子是由相同亚基组成的六聚体蛋白质，亚基分子量为 46kD。ρ 因子能结合 RNA，又以对 polyC 的结合力最强，但对 polydC/dG 组成的 DNA 的结合能力就低得多。

在依赖 ρ 因子终止的转录中，产物 RNA 的 3′-端会依照 DNA 模板，产生较丰富而且有规律的 C 碱基。ρ 因子正是识别产物 RNA 上这些终止信号序列，并与之结合。结合 RNA 后的 ρ 因子和 RNA pol 都可发生构象变化，从而使 RNA pol 的移动停顿，ρ 因子中的解旋酶活性使 DNA/RNA 杂化双链拆离，RNA 产物从转录复合物中释放（图 14-7），转录终止（动画 14-2"依赖 ρ 因子的转录终止"）。

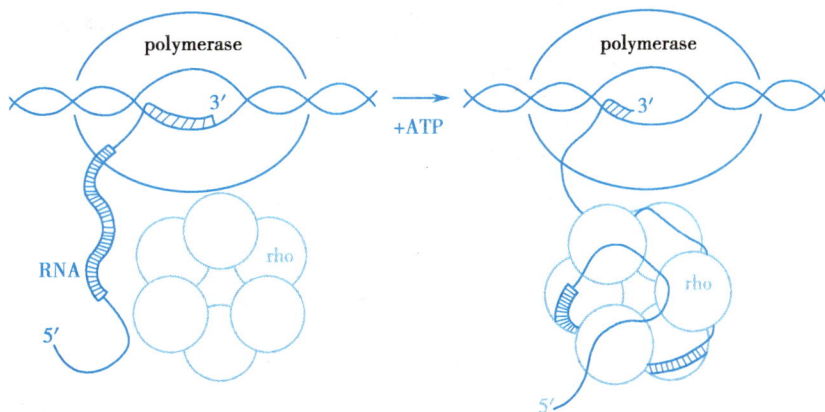

图 14-7　依赖 ρ 因子的转录终止
RNA 链上条纹线处代表富含 C 的 ρ 因子结合区段；ρ 因子结合 RNA（图右侧部分）发挥其 ATP 酶及解旋酶活性

（二）非依赖 ρ 因子的转录终止

DNA 模板上靠近转录终止处有些特殊碱基序列,转录出 RNA 后,RNA 产物可以形成特殊的结构来终止转录,不需要蛋白因子的协助,即非依赖 ρ 因子的转录终止。可导致终止的转录产物的 3'-端常有多个连续的 U,其上游的一段特殊碱基序列又可形成鼓槌状的茎环或发夹形式的二级结构,这些结构的形成是非依赖 ρ 因子终止的信号。

如图 14-8 所示,RNA 链延长至接近终止区时,转录出的 RNA 片段随即形成茎-环结构。这种二级结构是阻止转录继续向下游推进的关键。其机制可从两方面理解:一是 RNA 分子形成的茎环结构可能改变 RNA pol 的构象。注意 RNA pol 的分子量大,它不但覆盖转录延长区,也覆盖部分 3'-端新合成的 RNA 链,包括刚形成的 RNA 茎环结构。RNA 茎环结构可影响 RNA pol 的结构而使其构象改变,从而使 RNA pol-DNA 模板的结合方式发生改变。RNA

图 14-8　非依赖 ρ 因子的转录终止模式

pol 不再向下游移动,于是转录停止。其二,转录复合物(RNA pol-DNA-RNA)上形成的局部 RNA/DNA 杂化短链的碱基配对是不稳定的,随着 RNA 茎环结构的形成,RNA 从 DNA 模板链上脱离,单链 DNA 复原为双链,转录泡关闭,转录终止。另外,RNA 链上的多聚 U 也是促使 RNA 链从模板上脱落的重要因素。(动画 14-3"非依赖 ρ 因子的转录终止")

第三节　真核生物 RNA 的合成

真核生物的转录过程比原核复杂。真核生物和原核生物的 RNA pol 种类不同,结合模板的特性不一样。原核生物 RNA pol 可直接结合 DNA 模板,而真核生物 RNA pol 需与辅因子结合后才结合模板,所以两者的转录起始过程有较大区别,转录终止也不相同。真核基因组中转录生成的 RNA 中有 20% 以上存在反义 RNA(antisense RNA),提示某些 DNA 双链区域在不同的时间点两条链都可以作为模板进行转录。另外,基因组中的基因间区也可以作为模板被转录而产生长非编码 RNA 等,提示真核基因组 RNA 生物合成是很广泛的现象。

一、真核生物有多种 DNA 依赖的 RNA 聚合酶

真核生物至少具有 3 种主要的 RNA pol,分别是 RNA 聚合酶Ⅰ(RNA polⅠ)、RNA 聚合酶Ⅱ(RNA polⅡ)和 RNA 聚合酶Ⅲ(RNA pol Ⅲ)。RNA polⅠ位于细胞核的核仁(nucleolus),催化合成 rRNA 的前体,rRNA 的前体再加工成 28S、5.8S 及 18S rRNA。

RNA pol Ⅱ在核内转录生成前体 mRNA,然后加工成 mRNA 并输送给胞质的蛋白质合成体系。mRNA 是各种 RNA 中寿命最短、最不稳定的,需经常重新合成。在此意义上说,RNA polⅡ是真核生物中最活跃的 RNA pol。RNA polⅡ也合成一些非编码 RNA 如长非编码 RNA(long non-coding RNA,lncRNA)、微小 RNA 和 piRNA(与 Piwi 蛋白相互作用的 RNA)。

RNA polⅢ位于核仁外,催化 tRNA、5SrRNA 和一些核小 RNA(small nuclear RNA,snRNA)的合成。

真核细胞的三种 RNA pol 不仅在功能和理化性质上不同,而且对一种毒蘑菇含有的环八肽(cyclic octapeptide)毒素——α-鹅膏蕈碱(α-amanitine)的敏感性也不同,RNA polⅠ对 α-鹅膏蕈碱不敏感;RNA polⅡ对 α-鹅膏蕈碱十分敏感;RNA pol Ⅲ对 α-鹅膏蕈碱比较敏感(表 14-2)。

表 14-2　真核生物的 RNA 聚合酶

种类	I	II	III
转录产物	45SrRNA	前体 mRNA，lncRNA，piRNA，miRNA	tRNA，5SrRNA，snRNA
对鹅膏蕈碱的反应	耐受	极敏感	中度敏感
定位	核仁	核内	核内

真核生物 RNA pol 的结构比原核生物复杂，以上所述三种真核生物的 RNA pol 都有两个不同的大亚基和十几个小亚基。三种真核生物 RNA pol 都具有核心亚基，与大肠杆菌 RNA pol 的核心亚基有一些序列同源性。最大的亚基（分子质量 160~220kD）和另一大亚基（分子质量 128~150kD）与大肠杆菌 RNA pol 的 β′和 β 亚基有一定同源性。例如，RNA pol II 由 12 个亚基组成，其最大的亚基称为 RBP1。除核心亚基外，3 种真核生物 RNA pol 具有数个共同小亚基。另外，每种真核生物 RNA pol 各自还有 3~7 个特有的小亚基。这些小亚基的作用还不十分清楚，但是，每一种亚基对真核生物 RNA pol 发挥正常功能都是必需的。三种聚合酶所含亚基的比较见图 14-9。

图 14-9　真核生物三种 RNA 聚合酶的亚基组成

三种真核 RNA 聚合酶（RNA pol）均含有的 5 种核心亚基与原核的 β、β′、两个 α 亚基和 ω 亚基有同源性，作为比较参考，大肠杆菌 RNA pol 的亚基组成列在上方。图中的 1 和 2 分别代表 β′和 β 样亚基；◀、▷、■和▢为 α 样亚基；〇为 ω 样亚基。三种酶都含有 4 种共同的亚基（◇、⬭、▢和■）。另外，RNA pol I、II 和 III 分别含有 5、3、7 种独有的特异性亚基

RNA pol II 最大亚基的羧基末端有一段共有序列（consensus sequence），为 Tyr-Ser-Pro-Thr-Ser-Pro-Ser 样的七肽重复序列片段，称为羧基末端结构域（carboxyl-terminal domain，CTD）。RNA pol I 和 RNA pol III 没有 CTD。所有真核生物的 RNA pol II 都具有 CTD，只是 7 个氨基酸共有序列的重复程度不同。酵母 RNA pol II 的 CTD 有 27 个重复共有序列，其中 18 个与上述 7 个氨基酸共有序列完全一致；哺乳动物 RNA pol II 的 CTD 有 52 个重复序，其中 21 个与上述 7 个氨基酸共有序列完全一致。CTD 对于维持 RNA pol II 的催化活性是必需的。体内外实验都证明，CTD 的磷酸化在转录起始中起关键作用。当 RNA pol II 启动转录后，CTD 的许多 Ser 和一些 Tyr 残基是处于磷酸化状态。

RNA 聚合酶 I、II、III 分别使用不同类型的启动子，分别为 I 类、II 类和 III 类启动子，其中 III 类启动子又可被分为 3 个亚型（见第十一章）。

染色体上两个相邻基因的转录方向有的是相同的，有的是不同的。双向启动子（bidirectional promoter）是位于两个相邻且转录方向相反的基因之间的一段 DNA 序列（图 14-10）。近年来在人类等动植物基因组中存在大量的相邻且转录方向相反的基因，被称为双向转录基因对（bidirectional gene pairs），也被称之为"头对头"基因对（head-to-head gene pairs）。当这两个相邻的"头对头"基因转录起始位点之

图 14-10   双向启动子
bp,base-pair,碱基对

间的距离小于 1kb 左右时,这段基因间 DNA 序列可称之为双向启动子。根据相反方向基因重叠程度的不同,双向转录基因对可分为两类:基因 5′-端不重叠的双向转录基因对和基因 5′-端重叠的双向转录基因对。相应的双向启动子也分为两类:启动子序列重叠的双向启动子和启动子序列不重叠的双向启动子。第 1 类双向启动子是真正意义上的双向启动子。

真核细胞内还有其他类型的 DNA 依赖的 RNA 聚合酶,例如 RNA 聚合酶IV(RNA polymerase IV)在植物中合成小干扰 RNA(siRNA);RNA 聚合酶 V(RNA

polymerase V)在植物中合成的 RNA 与 siRNA 介导的异染色质形成有关。真核细胞线粒体的 RNA 聚合酶属于单亚基 RNA 聚合酶蛋白质家族,与上述 RNA 聚合酶在结构上非常不同,在此不详述。

二、顺式作用元件和转录因子在真核生物转录起始中有重要作用

RNA pol II 催化基因转录的过程,可以分为 3 个期:起始期(RNA pol II 和通用转录因子形成闭合复合体)、延长期和终止期,起始期和延长期都有相关的蛋白质参与。

真核生物的转录起始上游区段比原核生物多样化。转录起始时,RNA pol 不直接结合模板,其起始过程比原核生物复杂。

(一)与转录起始有关的顺式作用元件

不同物种、不同细胞或不同的基因,转录起始点上游可以有不同的 DNA 序列,但这些序列都可统称为顺式作用元件(cis-acting element),一个典型的真核生物基因上游序列示意如图 14-11。顺式作用元件包括核心启动子序列、启动子上游元件(upstream promoter elements),又叫近端启动子元件(proximal promoter elements)等近端调控元件和增强子(enhancer)等远隔序列。

转录起始点至上游-37bp 的启动子区域是核心启动子(core promoter)区,是转录起始前复合物(preinitiation complex,PIC)的结合位点。真核生物转录起始也需要 RNA pol 对起始区上游 DNA 序列作辨认和结合,生成起始复合物。起始点上游多数有共同的 TATA 序列,称为 Hognest 盒或 TATA 盒(TATA box)。通常认为这就是启动子的核心序列。TATA 盒的位置不像原核生物上游-35 区和-10 区那样典型。某些真核生物基因如管家基因(house-keeping gene)也可以没有 TATA 盒。许多 RNA pol II 识别的启动子具有保守的共有序列:位于转录起始点附近的起始子(initiator,Inr)(图 14-11)。

图 14-11   真核 RNA 聚合酶 II 识别的部分启动子共有序列
Oct-1:ATTTGCAT 八聚体

启动子上游元件是位于 TATA 盒上游的 DNA 序列,多在转录起始点上游约 40~200bp 的位置,比较常见的是位于 -70bp 至 -200bp 的 CAAT 盒和 GC 盒。这些元件与相应的蛋白因子结合能提高或改变转录效率。

增强子是能够结合特异基因调节蛋白并促进邻近或远隔特定基因表达的 DNA 序列。增强子距转录起始点的距离变化很大,从 1000bp 到 50 000bp,甚至更大,但一般作用于最近的启动子,在所控基因的上游和下游都可发挥调控作用,但以上游为主。

(二)转录因子

RNA pol Ⅱ 启动转录时,需要一些称为转录因子(transcription factor,TF)的蛋白质,才能形成具有活性的转录复合体。能直接、间接辨认和结合转录上游区段 DNA 或增强子的蛋白质,统称为反式作用因子(trans-acting factor)。前缀 trans-有"分子外"的意义,指的是它们从 DNA 分子之外影响转录过程。反式作用因子包括通用转录因子(general transcription factor)和特异转录因子。通用转录因子,有时称为基本转录因子(basal transcription factor),是直接或间接结合 RNA pol 的一类转录调控因子。相应于 RNA pol Ⅰ、Ⅱ、Ⅲ 的 TF,分别称为 TF Ⅰ、TF Ⅱ、TF Ⅲ。真核生物的 TF Ⅱ 又分为 TF Ⅱ A,TF Ⅱ B 等,主要的 TF Ⅱ 的功能已清楚,列于表 14-3。所有的 RNA pol Ⅱ 都需要通用转录因子,这些通用转录因子有 TF Ⅱ A、TF Ⅱ B、TF Ⅱ D、TF Ⅱ E、TF Ⅱ F、TF Ⅱ H,在真核生物进化中高度保守。

表 14-3　参与 RNA pol Ⅱ 转录的 TF Ⅱ

转录因子	功能
TF Ⅱ D	含 TBP 亚基,结合启动子的 TATA 盒 DNA 序列
TF Ⅱ A	辅助和加强 TBP 与 DNA 的结合
TF Ⅱ B	结合 TF Ⅱ D,稳定 TF Ⅱ D-DNA 复合物;介导 RNA pol Ⅱ 的募集
TF Ⅱ E	募集 TF Ⅱ H 并调节其激酶和解螺旋酶活性;结合单链 DNA,稳定解链状态
TF Ⅱ F	结合 RNA Pol Ⅱ 并随其进入转录延长阶段,防止其与 DNA 的接触
TF Ⅱ H	解旋酶和 ATPase 酶活性;作为蛋白激酶参与 CTD 磷酸化

通用转录因子 TF Ⅱ D 不是一种单一蛋白质。它实际上是由 TATA 盒结合蛋白质(TATA binding protein,TBP)和 8~10 个 TBP 相关因子(TBP-associated factor,TAF)组成的复合物。TBP 结合一个 10bp 长度 DNA 片段,刚好覆盖基因的 TATA 盒,而 TF Ⅱ D 则覆盖一个 35bp 或者更长的区域。TBP 的分子量为 20~40kD,而 TF Ⅱ D 复合物的分子量大约为 700kD。TBP 支持基础转录但是不是诱导等所致的增强转录所必需的。而 TF Ⅱ D 中的 TAFs 对诱导引起的增强转录是必要的。有时把 TAFs 叫做辅激活因子(co-activator)。人类细胞中至少有 12 种 TAF。可以想象 TF Ⅱ D 复合物中不同 TAFs 与 TBP 的结合可能结合不同启动子,这可以解释这些因子对特定启动子存在不同的亲和力和在各种启动子中的选择性活化。中介子(mediator)也是在反式作用因子和 RNA pol 之间的蛋白质复合体,它与某些反式作用因子相互作用,同时能够促进 TF Ⅱ H 对 RNA pol 羧基端结构域的磷酸化。有时把中介子也归类于辅激活因子。

此外,还有与启动子上游元件如 GC 盒、CAAT 盒等顺式作用元件结合的转录因子,称为上游因子(upstream factor),如 SP1 结合到 GC 盒上,C/EBP 结合到 CAAT 盒上。这些转录因子调节通用转录因子与 TATA 盒的结合、RNA pol 在启动子的定位及起始复合物的形成,从而协助调节基因的转录效率。

特异转录因子是在特定类型的细胞中高表达,并对一些基因的转录进行时间和空间特异性调控的转录因子(见第十六章)。与远隔调控序列如增强子等结合的转录因子是主要的特异转录因子。例如,属于特异转录因子的可诱导因子(inducible factor)是与增强子等远端调控序列结合的转录因子。它们只在某些特殊生理或病理情况下才被诱导产生的,如 MyoD 在肌肉细胞中高表达,HIF-1 在缺氧时高表达。可诱导因子在特定的时间和组织中表达而影响转录。

RNA pol Ⅱ 与启动子结合后启动转录,这需要多种蛋白质因子的协同作用。这通常包括:可诱导因子或上游因子与增强子或启动子上游元件的结合;辅激活因子和(或)中介子在可诱导因子、上游因子与通用转录因子 RNA pol Ⅱ复合物之间起中介和桥梁作用;通用转录因子和 RNA pol Ⅱ在启动子处组装成转录起始前复合物。因子和因子之间互相辨认、结合,以准确地控制基因是否转录、何时转录。表 14-4 列出了识别、结合Ⅱ类启动子的四类转录因子及其功能。应该指出的是,上游因子和可诱导因子等在广义上也称为转录因子,但一般不冠以 TF 的词头而各有自己特殊的名称。

表 14-4   Ⅱ型基因中的四类转录因子

通用机制	结合部位	具体组分	功能
通用转录因子	TBP 结合 TATA 盒	TBP,TF Ⅱ A、B、E、G、F 和 H	转录定位和起始
辅激活因子		TAF 和中介子	在聚合酶和转录因子间起中介作用
上游因子	启动子上游元件	SP1、ATF、CTF 等	协助基本转录因子
可诱导因子	增强子等元件	MyoD、HIF-1 等	时空特异性地调控转录

(三) 转录起始前复合物

真核生物 RNA pol 不与 DNA 分子直接结合,而需依靠众多的转录因子。首先是 TF Ⅱ D 的 TBP 亚基结合 TATA,另一 TF Ⅱ D 亚基 TAF 有多种,在不同基因或不同状态转录时,不同的 TAF 与 TBP 进行搭配。在 TF Ⅱ A 和Ⅱ B 的促进和配合下,形成Ⅱ D-Ⅱ A-Ⅱ B-DNA 复合体(图 14-12)。

具有转录活性的闭合复合体形成过程中,先由 TBP 结合启动子的 TATA 盒,这时 DNA 发生弯曲,然后 TF Ⅱ B 与 TBP 结合,TF Ⅱ B 也能与 TATA 盒上游邻近的 DNA 结合。TF Ⅱ A 不是必需的,其存在时能稳定已与 DNA 结合的 TF Ⅱ D-TBP 复合体,并且在 TBP 与不具有特征序列的启动子结合时(这种结合比较弱)发挥重要作用。TF Ⅱ B 可以结合 RNA pol Ⅱ。TF Ⅱ B-TBP 复合体再与由 RNA pol Ⅱ 和 TF Ⅱ F 组成的复合体结合。TF Ⅱ F 的作用是通过和 RNA pol Ⅱ 一起与 TF Ⅱ B 相互作用,降低 RNA pol

图 14-12   真核 RNA 聚合酶Ⅱ与通用转录因子的作用过程

Ⅱ与 DNA 的非特异部位的结合,来协助 RNA pol Ⅱ 靶向结合启动子。最后是 TF Ⅱ E 和 TF Ⅱ H 加入,形成闭合复合体,装配完成,这就是转录起始前复合物(动画 14-4"真核生物转录起始前复合物形成")。

TF Ⅱ H 具有解旋酶(helicase)活性,能使转录起始点附近的 DNA 双螺旋解开,使闭合复合体成为开放复合体,启动转录。TF Ⅱ H 还具有激酶活性,它的一个亚基能使 RNA pol Ⅱ 的 CTD 磷酸化。还有一种使 CTD 磷酸化的蛋白质是周期蛋白依赖性激酶 9(cyclin-dependent kinase 9,CDK9),是正性转录延长因子(positive transcription elongation factor,P-TEFb)复合体的组成部分,对 RNA pol Ⅱ 的活性起正性调节作用。CTD 磷酸化能使开放复合体的构象发生改变,启动转录。这时 TF Ⅱ D、TF Ⅱ A 和 TF Ⅱ B 等就会脱离转录起始前复合物。当合成一段含有 30 个左右核苷酸的 RNA 时,TF Ⅱ E 和 TF Ⅱ H 释放,RNA pol Ⅱ 进入转录延长期(图 14-12)。在延长阶段,TF Ⅱ F 仍然结合 RNA pol Ⅱ,防止其与 DNA 的结合。CTD 磷酸化在转录延长期也很重要,而且影响转录后加工过程中转录复合体和参与加工的酶之间的相互作用。

(四) 少数几个反式作用因子的搭配启动特定基因的转录

上述的是典型而有代表性的 RNA pol Ⅱ 催化的转录起始。RNA pol Ⅰ、RNA pol Ⅲ 的转录起始与此大致相似。不同基因转录特性的研究已广泛开展,并发现数以百计、数量还在不断增加的转录因子。人类编码蛋白质的基因估计有 2 万个左右,为了保证转录的准确性,不同基因的转录起始需要不同的转录因子来参与,这是可理解的。转录因子是蛋白质,也需要基因为它们编码。一般认为,数个反式作用因子(主要是可诱导因子和上游因子等转录因子)之间互相作用,再与基本转录因子、RNA pol 搭配而有针对性地结合、转录相应的基因。可诱导因子和上游因子常常通过辅激活因子或中介子与基本转录因子、RNA pol 结合,但有时可不通过它们而直接与基本转录因子、RNA pol 结合。转录因子的相互辨认结合,恰如儿童玩具七巧板那样,搭配得当就能拼出多种不同的图形。人类基因虽数以万计,但需要的转录因子可能几百个就能满足表达不同类型基因的需要。目前不少实验都支持这一理论。用生物信息学估算人类细胞中大约有 2000 种编码 DNA 结合蛋白的基因,约占基因总数的 10%。其中大部分可能是反式作用因子。

三、真核生物 RNA 转录延长过程不与翻译同步

真核生物转录延长过程与原核生物大致相似,但因有核膜相隔,没有转录与翻译同步的现象。真核生物基因组 DNA 在双螺旋结构的基础上,与多种组蛋白组成核小体(nucleosome)高级结构。RNA pol 前移处处都遇上核小体。RNA 聚合酶(500kD,14nm×13nm)和核小体组蛋白八聚体(300kD,6nm×16nm)大小差别不太大。转录延长可以观察到核小体移位和解聚现象。用含核小体结构的 DNA 片段作模板,在酶、底物存在及合适反应条件下进行转录,能够观察到核小体移位。在试管内(in vitro)转录实验中以 DNA 酶对 DNA 进行水解,从 DNA 电泳图像观察到约 200bp 及其倍数的阶梯形电泳条带。这种阶梯形电泳条带证明了核小体在转录过程中存在,提示转录过程中核小体只是发生了移位(图 14-13)。但在培养细胞的体内(in vivo)转录实验中观察到,组蛋白中含量丰富的精氨酸

图 14-13　真核生物转录延长中的核小体移位
(a)RNA 聚合酶前移将遇到核小体;(b)原来绕在组蛋白上的 DNA 解聚及弯曲;(c)一个区段转录完毕,核小体移位

发生了乙酰化,该修饰降低正电荷。核小体组蛋白与 DNA 的结合是靠碱性氨基酸提供正电荷和核苷酸磷酸根上的负电荷来维系的。据此推论:核小体在转录过程中可能发生一时性解聚并重新装配。

四、真核生物的转录终止和加尾修饰同时进行

真核生物的转录终止,是和转录后修饰密切相关的(动画 14-5"真核生物转录终止")。真核生物 mRNA 有多聚腺苷酸[poly(A)]尾巴结构,是转录后才加进去的,因为在模板链上没有相应的多聚胸苷酸(poly dT)。转录不是在 poly(A)的位置上终止,而是超出数百个乃至上千个核苷酸后才停止。已发现在可读框的下游,常有一组共同序列 AATAAA,再下游还有相当多的 GT 序列。这些序列称为转录终止的修饰点(图 14-14)。

图 14-14   真核生物的转录终止及加尾修饰

转录越过修饰点后,前体 mRNA 在修饰点处被切断,随即加入 poly(A)尾及 5′-帽子结构。下游的 RNA 虽继续转录,但很快被 RNA 酶降解。因此有理由相信,帽子结构是保护 RNA 免受降解的,因为修饰点以后的转录产物无帽子结构,很快被降解。

RNA pol 缺乏具有校读(proofreading)功能的 3′→5′核酸外切酶活性,因此转录发生的错误率比复制发生的错误率高,大约是十万分之一到万分之一。因为对大多数基因而言,一个基因可以转录产生许多 RNA 拷贝,而且 RNA 最终是要被降解和替代的,所以转录产生错误 RNA 对细胞的影响远比复制产生错误 DNA 对细胞的影响小。

第四节   真核生物前体 RNA 的加工和降解

真核生物转录生成的 RNA 分子是前体 RNA(pre-RNA),也称为初级 RNA 转录物(primary RNA transcript),几乎所有的初级 RNA 转录物都要经过加工,才能成为具有功能的成熟的 RNA。加工主要在细胞核中进行。

一、真核前体 mRNA 经首、尾修饰、剪接和编辑加工后才能成熟

真核生物前体 mRNA 合成后,需要进行 5′-端和 3′-端(首、尾部)的修饰以及对前体 mRNA 进行剪接(splicing),才能成为成熟的 mRNA,被转运到核糖体,指导蛋白质翻译。

（一）前体 mRNA 在 5′-端加入"帽"结构

前体 mRNA（precursor mRNA）也称为初级 mRNA 转录物（primary mRNA transcript）或核不均一 RNA（heterogeneous nuclear RNA，hnRNA）。大多数真核 mRNA 的 5′-端有 7-甲基鸟嘌呤的帽结构。RNA pol Ⅱ 催化合成的新生 RNA 在长度达 25～30 个核苷酸时，其 5′-端的核苷酸就与 7-甲基鸟嘌呤核苷通过不常见的 5′,5′-三磷酸连接键相连（图 14-15）。

图 14-15 真核 mRNA 的 5′-帽结构及加帽过程
图中示新加上的第一个 G 的 N-7 位甲基化（称为帽 1）；甲基化也可以发
生在第二位核苷酸上（帽 2）；第三位核苷酸的 C-2′上也可以发生甲基化

加帽过程由加帽酶（capping enzyme）和甲基转移酶（methyltransferase）催化完成。加帽酶有两个亚基。在添加帽结构的过程中，此酶与 RNA pol Ⅱ 的 CTD 结合在一起，其氨基端部分具有磷酸酶活性，其作用是去除新生 RNA 的 5′-端核苷酸的 γ-磷酸；其羧基端部分具有 mRNA 鸟苷酸转移酶活性，将一个 GTP 分子中的 GMP 部分和新生 RNA 的 5′-端结合，形成 5′,5′-三磷酸结构；然后由 S-腺苷甲硫氨酸先后提供甲基，使加上去的 GMP 中鸟嘌呤的 N7 和原新生 RNA 的 5′-端核苷酸的核糖 2′-O 甲基化，这两步甲基化反应由不同的甲基转移酶，即鸟嘌呤 N-7 甲基转移酶和 2′-O 核糖甲基转移酶进行催化的（图 14-15）（动画 14-6"帽子结构的修饰"）。

5′-帽结构可以使 mRNA 免遭核酸酶的攻击，也能与帽结合蛋白质复合体（cap-binding complex of protein）结合，并参与 mRNA 和核糖体的结合，启动蛋白质的生物合成。

（二）前体 mRNA 在 3′-端特异位点断裂并加上多聚腺苷酸尾

真核 mRNA，除了组蛋白的 mRNA，在 3′-端都有多聚腺苷酸[poly（A）]尾结构，约含 80～250 个腺苷酸。大多数已研究过的基因中,都没有 3′-端相应的多聚胸苷酸序列,说明 poly(A)尾的出现是不依赖于 DNA 模板的。转录最初生成的前体 mRNA 3′端长于成熟的 mRNA。因此认为,加入 poly(A)之前,先由核酸内切酶切去前体 mRNA 3′端的一些核苷酸,然后加入 poly(A)。前体 mRNA 上的断裂点也是聚腺苷酸化(polyadenylation)的起始点,断裂点的上游 10～30nt 有 AAUAAA 信号序列,断裂点的下游 20～40nt 有富含 G 和 U 的序列,前者是特异序列,后者是非特异序列。在前体 mRNA 上也发现 poly(A)尾巴,推测这一过程也应在核内完成,而且先于 mRNA 中段的剪接。尾部修饰是和转录终止同时进行的过程。

一般认为 poly(A)的长度与 mRNA 的寿命呈正相关。随着 poly(A)缩短,以该 mRNA 作为模板的翻译活性下降。因此推测,poly(A)的有无与长短与维持 mRNA 本身稳定性和 mRNA 作为翻译模板的活性高度相关。一般真核生物在细胞质内出现的 mRNA,其 poly(A)长度在 100～200 个核苷酸之间,也有少数例外,如组蛋白基因的转录产物,无论是初级的或成熟的,都没有 poly(A)尾巴。

前体 mRNA 分子的断裂和加 poly(A)尾是多步骤过程(图 14-16)。断裂和聚腺苷酸化特异性因子(cleavage and polyadenylation specificity factor,CPSF)是由 4 条不同的多肽组成的蛋白质,分子质量为 360kD。CPSF 先与 AAUAAA 信号序列形成不稳定的复合体,然后至少有 3 种蛋白质——断裂激动因子(cleavage stimulatory factor,CStF)、断裂因子Ⅰ(cleavage factor Ⅰ,CF Ⅰ)、断裂因子Ⅱ(CF Ⅱ)与 CPSF-RNA 复合体结合。CStF 与断裂点的下游富含 G

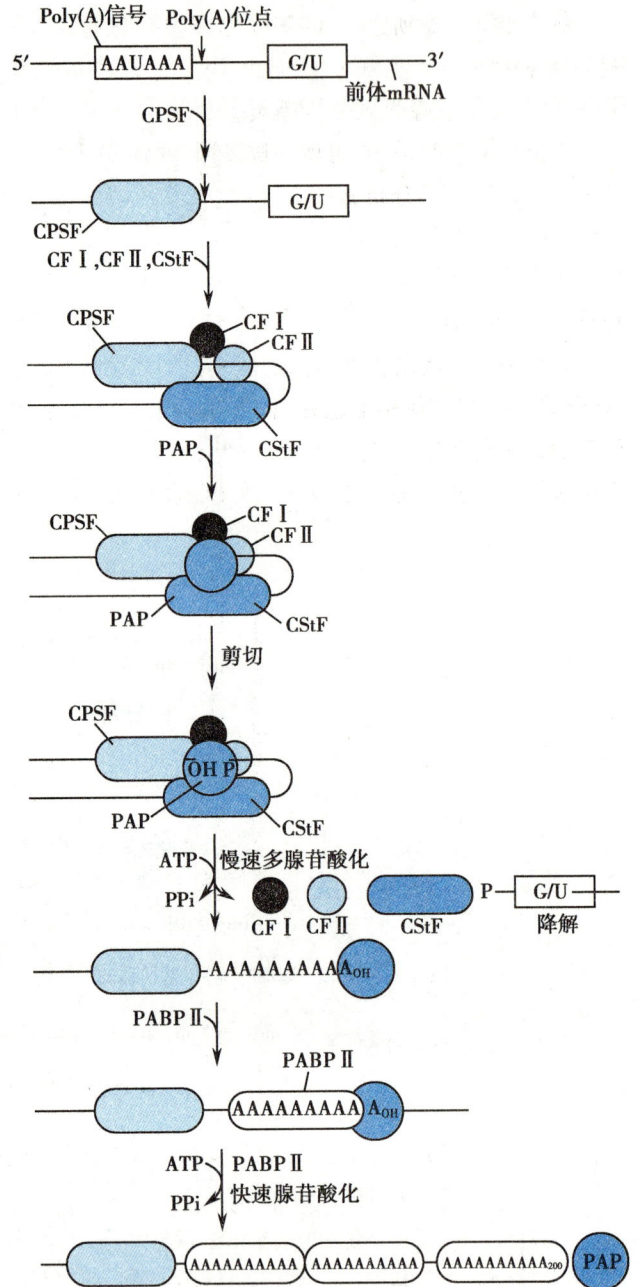

图14-16　真核 mRNA 3′-多聚腺苷酸化过程
CPSF,断裂和聚腺苷酸化特异性因子;CF,断裂因子Ⅰ(cleavage factor);CStF,断裂激动因子;PAP,多聚腺苷酸聚合酶;PABPⅡ,多聚腺苷酸结合蛋白Ⅱ

和 U 的序列相互作用能使形成的多蛋白复合体稳定。最后在前体 mRNA 分子断裂之前,多聚腺苷酸聚合酶[poly(A) polymerase,PAP]加入到多蛋白质复合体,前体 mRNA 在断裂点断裂后,立即在断裂产生的游离 3′-OH 进行多聚腺苷酸化。在加入大约前 12 个腺苷酸时,速度较慢,随后快速加入腺苷酸,完成多聚腺苷酸化。多聚腺苷酸化的快速期有一种多聚腺苷酸结合蛋白Ⅱ[poly(A) binding protein Ⅱ,简称 PABPⅡ或 PABⅡ,与细胞质里的腺苷酸结合蛋白 PABP 不同]参与,PABPⅡ和慢速期合成的多聚腺苷酸结合,提高多聚腺苷酸聚合酶合成多聚腺苷酸的速度。PABPⅡ的另一个功能是:当多聚腺苷酸尾结构达足够长时,使多聚腺苷酸聚合酶停止作用。

（三）前体 mRNA 的剪接主要是去除内含子

正如第十一章所述，真核基因结构最突出的特点是其不连续性，即：如果将成熟的 mRNA 分子序列与其基因序列比较，可以发现并不是全部的基因序列都保留在成熟的 mRNA 分子中，有一些区段被去除了，因此真核基因又称为断裂基因。

实际上，在细胞核内出现的初级转录物的分子量往往比在胞质内出现的成熟 mRNA 大几倍，甚至数十倍。核酸序列分析证明，mRNA 来自前体 mRNA，而前体 mRNA 和 DNA 模板链可以完全配对。前体 mRNA 中被剪接去除的核酸序列为内含子的序列，而最终出现在成熟 mRNA 分子中、作为模板指导蛋白质翻译的序列为外显子序列。去除初级转录物上的内含子，把外显子连接为成熟 RNA 的过程称为 mRNA 剪接。

以鸡的卵清蛋白基因为例说明 mRNA 剪接：卵清蛋白基因全长为 7.7kb，有 8 个外显子和 7 个内含子（图 14-17）。图中蓝色并用数字表示的部分是外显子（其中外显子 1 又被称为前导序列）；用字母表示的白色部分是内含子。初级转录物即前体 mRNA 是和相应的基因等长的，说明内含子也存在于初级转录物中。成熟的 mRNA 分子长度约为 1.2kb，编码 386 个氨基酸。

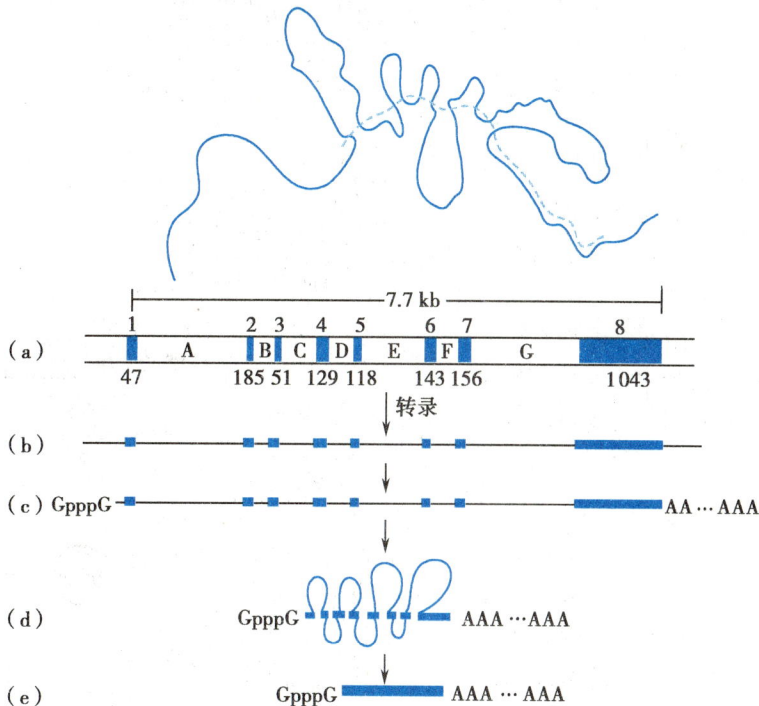

图 14-17　卵清蛋白基因及其转录、转录后修饰

（a）卵清蛋白基因结构；（b）转录初级产物，也称为前体 mRNA 或杂化核 RNA（hnRNA）；（c）前体 mRNA 的首、尾修饰；（d）剪接过程中套索 RNA 的形成；（e）细胞质中出现的 mRNA，套索已去除。图上方为成熟 mRNA 与 DNA 模板链杂交的电镜所见示意图，虚线代表 mRNA，实线为 DNA 模板

1. 内含子形成套索 RNA 被剪除　剪接首先涉及套索 RNA（lariat RNA）的形成，即内含子区段弯曲，使相邻的两个外显子互相靠近而利于剪接。

2. 内含子在剪接接口处剪除　从前体 mRNA 一级结构分析及特性的研究，目前对剪接已有较深了解。前体 mRNA 含有可被剪接体所识别的特殊序列，其内含子两端存在一定的序列保守性。内含子含有 5′-剪接位点（5′-splice site）、剪接分支点（branch point）和 3′-剪接位点（3′-splice site）。大多数内含子都以 GU 为 5′-端的起始序列，而其末端则为 AG-OH-3′。5′-GU……AG-OH-3′ 称为剪接接口（splicing junction）或边界序列。

3. **剪接过程需两次转酯反应**   图14-18中可见,外显子1和外显子2之间的内含子因与剪接体结合而弯曲,内含子5′-端与内含子中的剪接分支点和内含子3′-端互相靠近。第一次转酯反应是由位于内含子分支点的腺嘌呤核苷酸的2′-OH作为亲核基团攻击连接外显子1与内含子之间的3′,5′-磷酸二酯键,使外显子1与内含子之间的键断裂,外显子1的3′-OH游离出来。此时套索状的内含子与外显子2仍然相连。第二次转酯反应由外显子1的3′-OH对内含子和外显子2之间的磷酸二酯键进行亲核攻击,使内含子与外显子2断开,由外显子1取代了套索状内含子。这样,两个外显子被连接起来而内含子则被以套索状的形式切除掉。在这两步反应中磷酸酯键的数目并没有改变,因此也没有能量的消耗。

图14-18   剪接过程的二次转酯反应
虚线箭头示由核糖的3′-OH对磷酸二酯键的亲核攻击

4. **剪接体是内含子剪接场所**   前体mRNA的剪接发生在剪接体(spliceosome),因此这类内含子称为剪接体内含子。剪接体是一种超大分子(supramolecule)复合体,由5种核小RNA(snRNA)和100种以上的蛋白质装配而成。其中的snRNA被分别称为U1、U2、U4、U5和U6,其长度范围在100~300个核苷酸,分子中的碱基以尿嘧啶含量最为丰富,因而以U作分类命名。每一种snRNA分别与多种蛋白质结合,形成5种核小核糖核蛋白(small nuclear ribonucleoprotein,snRNP)颗粒。从酵母到人类,真核生物的snRNP中的RNA和蛋白质都高度保守。各种snRNP在内含子剪接过程中先后结合到前体mRNA上,使内含子形成套索并拉近上、下游外显子。剪接体的装配需要ATP提供能量。

剪接体的形成步骤如图14-19所示:①内含子5′-端和分支点分别与U1、U2的snRNA结合,使snRNP结合在内含子上。②U4、U5和U6加入,形成完整的剪接体。此时内含子发生弯曲而形成套索状。上、下游的外显子1和外显子2靠近。③结构调整,释放U1和U4。U2和U6形成催化中心,发生第一次转酯反应。此时内含子发生弯曲而形成套索状。随后发生第二次转酯反应,内含子被以套索状切除,外显子1和外显子2被连接在一起。snRNA是以snRNP的形式参与剪切体的组装的,但剪接体中起催化作用的是其中所含的RNA组分。近期的研究证明结合金属离子的U6催化剪接反应。

5. **前体mRNA分子有剪切和剪接两种模式**   前体mRNA分子的加工除上述剪接外,还有一种剪切(cleavage)模式。剪切指的是剪去某些内含子后,在上游的外显子3′-端再进行多聚腺苷酸化,不进行相邻外显子之间的连接反应。剪接是指剪切后又将相邻的外显子片段连接起来。

6. **前体mRNA分子可发生可变剪接**   许多前体mRNA分子经过加工只产生一种成熟的mRNA,翻译成相应的一种多肽;有些则可剪切或(和)剪接加工成结构有所不同的mRNA,这一现象

图 14-19　snRNP 与前体 mRNA 结合成为剪接体
(a)U1、U2 分别结合内含子 5′-端和分支点；(b)U4、U5、U6 加入形成完整剪接体，外显子 1 和外显子 2 接近；(c)U2、U6 形成催化中心，经两次转酯反应将内含子以套索状切除，将外显子 1 和外显子 2 连接。snRNA 以 snRNP 的形式参与剪切体的组装

称为可变剪接(alternative splicing)，又称选择性剪接。也就是说，这些真核生物前体 mRNA 分子的加工可能具有 2 个以上的加多聚腺苷酸的断裂和多聚腺苷酸化的位点，因而可采取剪切(图 14-20a)或(和)可变剪接(图 14-20b)形成不同的 mRNA。可变剪接提高了有限的基因数目的利用率，是增加生物蛋白质多样性的机制之一。

例如，免疫球蛋白重链基因的前体 mRNA 分子有几个加多聚腺苷酸的断裂和多聚腺苷酸化的位点，通过多聚腺苷酸位点选择机制，经过剪切产生免疫球蛋白重链的多样性；果蝇发育过程中的不同阶段会产生 3 种不同形式的肌球蛋白重链，这是由于同一肌球蛋白重链的前体 mRNA 分子通过选择性剪接机制，产生 3 种不同形式的 mRNA。同一种前体 mRNA 分子在大鼠甲状腺产生降钙素(calcitonin)，而在大鼠脑产生降钙素-基因相关肽(calcitonin-gene related peptide, CGRP)，是由于两种机制都参与了加工过程(图 14-21)。

（四）mRNA 编辑是对基因的编码序列进行转录后加工

有些基因的蛋白质产物的氨基酸序列与基因的初级转录物序列并不完全对应，mRNA 上的一些序列在转录后发生了改变，称为 RNA 编辑(RNA editing)。

例如，人类基因组上只有 1 个载脂蛋白 B(apolipoprotein B, ApoB)的基因，转录后发生 RNA 编辑，编码产生的 apoB 蛋白却有 2 种，一种是 apoB100，由 4536 个氨基酸残基构成，在肝细胞合成；另一种是 apoB48，含 2152 个氨基酸残基，由小肠黏膜细胞合成。这两种 apoB 都是由 ApoB 基因产生的 mRNA 编码的，然而小肠黏膜细胞存在一种胞嘧啶核苷脱氨酶(cytosine deaminase)，能将 ApoB 基因转录生成的 mRNA 的第 2153 位氨基酸的密码子 CAA(编码 Gln)中的 C 转变为 U，使其变成终止密码子 UAA，因此 apoB48 的 mRNA 翻译在第 2153 个密码子处终止(图 14-22)。

又如，脑细胞谷氨酸受体(GluR)是一种重要的离子通道。编码 GluR 的 mRNA 在转录后还可发生脱氨基使 A 转变为 G，导致一个关键位点上的谷氨酰胺密码子 CAG 变为 CGG(精氨酸)，含精氨酸的 GluR 不能使 Ca^{2+} 通过。这样，不同功能的脑细胞就可以选择地产生不同的受体。人类基因组计划执行中曾估计人类基因总数在 5 万~10 万甚至 10 万以上。测序完成后，现在认为人类只有约 1.9 万个编码蛋白质的基因。RNA 编辑作用说明，基因的编码序列经过转录后加工，是可有多用途分化的，因此也称为分化加工(differential RNA processing)。

图 14-20   真核细胞基因的前体 mRNA 交替加工的两种机制

图 14-21   大鼠降钙素基因转录本的可变剪接
CGRP:降钙素基因相关蛋白

人肝细胞 5′---CAACUGCAGACAUAUAUGAUACAAUUUGAUCAGUAU---3′
(apoB100)　─ Gln ─ Leu ─ Gln ─ Thr ─ Tyr ─ Met ─ Ile ─ Gln ─ Phe ─ Asp ─ Gln ─ Tyr ─

人肠上皮细胞 ---CAACUGCAGACAUAUAUGAUAUAAUUUGAUCAGUAU
(apoB48)　 ─ Gln ─ Leu ─ Gln ─ Thr ─ Tyr ─ Met ─ Ile ─ Stop ─

氨基酸残基数　　2146　　　　2148　　　　2150　　　　2152　　　　2154　　　　2156

图 14-22　*ApoB* 基因的 mRNA 在肝和肠黏膜编码不同多肽链

二、真核前体 rRNA 经过剪切形成不同类别的 rRNA

真核细胞的 rRNA 基因(rDNA)属于冗余基因(redundant gene)族的 DNA 序列,即染色体上一些相似或完全一样的纵列串联基因(tandem gene)单位的重复。属于冗余基因族的还有 5S rRNA 基因、组蛋白基因、免疫球蛋白基因等。不同物种基因组可有数百或上千个 rDNA,每个基因又被不能转录的基因间隔(gene spacer)分段隔开。可转录片段大小为 7～13kb,间隔区也有若干 kb 大小。这些基因间隔不是内含子。rDNA 位于核仁内,每个基因各自为一个转录单位。

真核生物基因组的 rRNA 基因中,18S、5.8S 和 28S rRNA 基因是串联在一起的,转录后产生 45S 的转录产物。45S rRNA 是 3 种 rRNA 的前身。45S rRNA 在核仁小 RNA(small nucleolar RNA,snoRNA)以及多种蛋白质分子组成的核仁小核糖核蛋白(small nucleolar ribonucleoprotein,snoRNP)的介导下经历了 2′-O-核糖甲基化等化学修饰,这些修饰可能与其后续的加工、折叠和组装后的核糖体功能有关。45S rRNA 经过某些核糖核酸内切酶和核糖核酸外切酶的剪切,去除内含子等序列,而产生成熟的 18S、5.8S 及 28S 的 rRNA(图 14-23)。

图 14-23　真核前体 rRNA 转录后的剪切

rRNA 成熟后,就在核仁上装配,与核糖体蛋白质一起形成核糖体,输送到胞质。生长中的细胞,其 rRNA 较稳定;静止状态的细胞,其 rRNA 的寿命较短。

三、真核前体 tRNA 的加工包括核苷酸的碱基修饰

真核生物的大多数细胞有 40～50 种不同的 tRNA 分子。编码 tRNA 的基因在基因组内都有多个拷贝。前体 tRNA 分子需要多种转录后加工才能成为成熟的 tRNA。

以酵母前体 tRNA^Tyr 分子为例,加工主要包括以下变化:①酵母前体 tRNA^Tyr 分子 5′-端的 16 个核苷酸前导序列由核糖核酸酶 P(RNase P)切除,核糖核酸酶 P 属于核酶(Ribozyme)。核酶是具有催化功能的 RNA。②氨基酸臂的 3′-端 2 个 U 被核糖核酸内切酶 RNase Z 切除,有时核糖核酸外切酶 RNase D 等也参与切除过程,然后氨基酸臂的 3′-端再由核苷酸转移酶加上特有的 CCA 末端。③茎-环结构中的一些核苷酸碱基经化学修饰为稀有碱基,包括某些嘌呤甲基化生成甲基嘌呤、某些尿嘧啶

还原为二氢尿嘧啶(DHU)、尿嘧啶核苷转变为假尿嘧啶核苷(Ψ)、某些腺苷酸脱氨成为次黄嘌呤核苷酸(I)等。④通过剪接切除茎-环结构中部 14 个核苷酸的内含子。内含子剪切由 tRNA 剪接内切酶(tRNA-splicing endonuclease,TSEN)完成。切除后的连接反应由 tRNA 连接酶催化。前体 tRNA 分子必须折叠成特殊的二级结构,剪接反应才能发生,内含子一般都位于前体 tRNA 分子的反密码子环(图 14-24)。

图 14-24   前体 tRNA 的剪接

四、RNA 催化一些内含子的自剪接

1982 年,美国科学家 T. Cech 和他的同事发现四膜虫编码 rRNA 前体的 DNA 序列含有间隔内含子序列,他们在体外用从细菌纯化得到的 RNA pol 转录从四膜虫纯化的编码 rRNA 前体的 DNA,发现在没有任何来自四膜虫的蛋白质情况下,rRNA 前体能准确地剪接去除内含子。这种由 RNA 分子催化自身内含子剪接的反应称为自剪接(self-splicing)。随后,在其他原核生物以及真核生物的线粒体、叶绿体的 rRNA 前体加工中,亦证实了这种剪接。这些自身剪接内含子的 RNA 具有催化功能,属于核酶。

一些噬菌体的前体 mRNA 及细菌 tRNA 前体也发现有这类自身剪接的内含子,并被称之为组 I 型内含子(group I intron)。组 I 型内含子以游离的鸟嘌呤核苷或鸟嘌呤核苷酸作为辅因子完成剪接。鸟嘌呤核苷或鸟嘌呤核苷酸的 3′-OH 与内含子的 5′-磷酸共同参与转酯反应,切除的内含子是线状。

许多生物中还存在组 II 型内含子(group II intron)。组 II 型内含子是另一类独特的、能起催化作用的 RNA,其 RNA 能催化内含子的自剪接。组 II 型内含子不如组 I 型内含子更普遍。这两类内含子有一个共同的特性,就是在体外(in vitro)能够自我剪接,而不需要任何蛋白质酶的催化。但是在体内(in vivo)它们却都需要蛋白质帮助折叠成二级结构。组 II 型内含子与组 I 型内含子的内部保守序列和折叠结构不同。另外,组 II 型内含子通过产生一个套索状中间体来进行自剪接,而组 I 型内含子则不形成套索状中间体(图 14-25)。

组 II 型内含子的剪接与前面介绍的前体 mRNA 的剪接都形成套索状结构,但是前者没有剪接体参与(图 14-25)。

与上面三种内含子不同的是,真核细胞 tRNA 和古菌 tRNA 的内含子属于 tRNA 内含子。这些 tRNA 中位于内部的内含子是由蛋白质催化来进行剪接的,参与的酶是 tRNA 剪切内切酶和 tRNA 连接酶。因此,现在发现至少存在有 4 种类型的内含子,它们分别是组 I 型内含子、组 II 型内含子、剪接体内含子和 tRNA 内含子。

需要指出的是,剪接和剪切等 RNA 转录后加工在原核生物细胞内的前体 rRNA、前体 tRNA 等非编码 RNA 中普遍存在,但是,原核生物细胞内没有剪接体,其编码蛋白质的 mRNA 没有内含子,不进行剪接等转录后加工,也不进行 5′-末端"帽"结构和 3′-端多聚腺苷酸尾的添加。

五、真核 RNA 在细胞内的降解有多种途径

真核细胞的 mRNA 降解途径可分为两类:正常转录物的降解和异常转录物的降解。正常转录物

图 14-25　四种类型内含子

是指细胞产生的有正常功能的 mRNA。异常转录物是细胞产生的一些非正常转录物。正常转录物的降解和异常转录物的降解都是细胞保持其正常的生理状态所必需的。

（一）依赖于脱腺苷酸化的 mRNA 降解是重要的正常 mRNA 代谢途径

当前体 mRNA 的转录后加工完成后，mRNA 的分子在 5′-端有一个 7-甲基鸟苷三磷酸（m^7Gppp）帽状结构，而在 3′-端带有一个多聚腺苷酸尾。当细胞以 mRNA 作为模板进行蛋白质的生物合成（翻译）时，mRNA 通过 5′-端结合的 eIF4E、eIF4G 与 3′-端多聚腺苷酸结合的多聚腺苷结合蛋白质（poly adenine binding protein，PABP）相互作用而形成封闭的环状结构，这样可以防止来自脱腺苷酸化酶和脱帽酶的攻击。

依赖于脱腺苷酸化的 mRNA 降解是体内 mRNA 降解的主要方式（图 14-26a）。多数正常 mRNA 的降解过程的第一步是脱腺苷酸化酶侵入环状结构，进行脱腺苷酸化反应。脱腺苷酸化反应结束后，脱腺苷酸化酶脱离帽状结构，使脱帽酶能够结合 mRNA 的 5′-端，从而对 7-甲基鸟嘌呤帽状结构进行水解。以上说明脱腺苷酸化反应是脱帽反应得以进行的前提条件。脱腺苷酸化和脱帽反应结束后，mRNA 被 5′→3′核酸外切酶识别并水解。也有部分 mRNA 在脱腺苷酸化后不进行脱帽反应，而由 3′→5′核酸外切酶识别并水解。

除依赖于脱腺苷酸化的 mRNA 降解外，大部分真核细胞内还存在着其他不依赖于脱腺苷酸化的 mRNA 降解途径，比如有少部分 mRNA 可以不经过脱腺苷酸化反应而直接进行脱帽反应（图 14-26b）。脱帽反应后 mRNA 被 5′→3′核酸外切酶识别并水解。

有些 mRNA 也可以被核糖核酸内切酶参与的降解途径降解（图 14-26c），核糖核酸内切酶识别 mRNA 内部特异序列并对 mRNA 进行切割。这种切割产生游离的 3′-端和 5′-端，mRNA 随后被核糖核酸外切酶降解。

其他如微 RNA（microRNA）和 RNA 干扰（RNAi）诱导的 mRNA 降解途径，是细胞内基因表达调控的方式之一，具体可参看第二章第三节。

（二）无义介导的 mRNA 降解是一种重要的真核生物细胞 mRNA 质量监控机制

真核细胞，尤其是哺乳动物细胞的前体 mRNA 常常具有多个外显子和内含子。细胞在对前体

（a）依赖于脱腺苷的mRNA降解

（b）非依赖于脱腺苷的mRNA降解

图 14-26　正常 mRNA 的降解途径

图 14-27　无义介导的 mRNA 降解

AUG,翻译起始点；UPF,无义转录物调节因子；EJC,外显子拼接复合体；PTC,提前终止密码子

mRNA 进行剪接加工时,异常的剪接反应会在可读框架内产生无义的终止密码子,常称作提前终止密码子(premature translational-termination codon,PTC)。PTC 也可由错误转录或翻译过程中的移码而产生。无义介导的 mRNA 降解(nonsense-mediated mRNA decay,NMD)是一种广泛存在于真核生物细胞中的 mRNA 质量监控机制。该机制通过识别和降解含有 PTC 的转录产物防止有潜在毒性的截短蛋白的产生(图 14-27)。外显子拼接复合体(exon-junction complex,EJC)是诱导无义介导的 mRNA 降解的重要因子。EJC 通常位于外显子和外显子拼接点的上游附近,在翻译过程中,结合在 mRNA 上的 EJC 会随着核糖体在 mRNA 上的滑动而被逐一移除(图 14-27)。如果在外显子-外显子的拼接点之前出现 PTC,核糖体会被从 mRNA 上提前释放,这时 PTC 下游的 EJC 仍然保留在 mRNA 上,EJC 结合的一些蛋白质如 UPF3(无义转录物调节因子 3)等诱导 UPF1 的磷酸化。磷酸化的 UPF1 募集脱帽酶 Dcp1a 和外切酶 Xrn1 等,对 mRNA 进行降解。许多遗传性疾病是由出现 PTC 而引起的。

除无义介导的 mRNA 降解外,异常转录物尚有无终止密码子引起的 mRNA 降解(non-stop decay,NSD 降解)和非正常停滞引起的 mRNA 降解(no-go decay,NGD 降解)及核糖体延伸介导的降解(ribosome extension-mediated decay,REMD)等,不详述。

小　结

RNA 是细胞中广泛分布而且非常丰富的一类多功能分子。多数细胞中有三种主要的 RNA 类型:mRNA、rRNA 和 tRNA。mRNA 的一个重要功能就是将基因组信息传递给蛋白质。rRNA 和 tRNA 也是细胞内蛋白质生物合成所必需的。

RNA pol 以 DNA 为模板,以 5'-三磷酸核糖核苷为原料催化合成与模板互补的 RNA,这个过程称为转录(transcription)。转录有 RNA pol 与启动子(promoter)结合、起始、延长和终止几个阶段,RNA 合成的方向是从 5'→3'。原核 RNA pol 只有一种,全酶形式是 $\sigma\alpha_2\beta\beta'\omega$,以 σ 亚基识别启动子,核心酶 $\alpha_2\beta\beta'\omega$ 催化合成 RNA。原核生物的转录终止有 ρ 因子依赖终止和 ρ 因子不依赖终止两种方式。

真核细胞的核内至少具有 3 种主要的 RNA pol。RNA pol I 合成大部分 rRNA 前体,RNA pol II 合成前体 mRNA(precursor mRNA),RNA pol III 合成 tRNA 和 5S rRNA 前体。真核 RNA pol 由多亚基组成。RNA pol II 与启动子的结合需要多种转录因子(transcription factor)参与;聚合酶 II 最大亚基有羧基末端结构域(carboxyl-terminal domain,CTD),在转录起始和延长阶段被磷酸化。

真核前体 mRNA 的 5'-端加上 7-甲基鸟嘌呤核苷残基的帽结构,3'-端通过断裂及多聚腺苷酸化加上多聚腺苷酸尾结构,内含子通过剪接除去。一个前体 mRNA 分子可经过剪接和剪切两种模式而加工成多个 mRNA 分子。有些真核的 rRNA、tRNA 和前体 mRNA 含有自身剪接内含子,这类内含子的剪接不需要蛋白质参与,内含子自身的 RNA 具有催化剪接的功能。这些 RNA 具有核酶活性。有些 mRNA 要经过编辑。

mRNA 降解是细胞保持其正常的生理状态所必需的。mRNA 降解包括正常转录物的降解和异常转录物的降解。正常转录物是指细胞产生的有正常功能的 mRNA。异常转录物是细胞产生的一些非正常转录物。在真核细胞中,正常转录物和异常转录物的降解都有多种方式。

除 mRNA、rRNA 和 tRNA 外,真核细胞内还有核小 RNA(snRNA)、微 RNA(microRNA,miRNA)和长非编码 RNA(long non-coding RNA)等非编码 RNA,分别与 mRNA 的剪切和基因表达调控有关(见第二章和第十六章)。对于 RNA 生物过程的调节,可以导致蛋白质合成速率的改变以及由此而引发的一系列代谢变化,因此了解 RNA 合成的基本原理甚为重要。这些原理既关系到所有生物是如何适应环境变化的,也关系到细胞特定结构和功能的形成机制。mRNA 转录物的错误加工和剪切可引起疾病,例如某些类型的地中海贫血。除参与蛋白质的生物合成外,非编码 RNA 等 RNA 还具有其他重要的生物学功能。

思 考 题

1. 启动子在 RNA 转录中有何作用?

2. 真核生物和原核生物的转录起始、转录延长和转录终止有何不同?

3. 真核细胞 mRNA 的加工方式有哪些?

4. 真核细胞中不同类型的非编码 RNA 的转录分别是由哪些 RNA 聚合酶来完成的?

5. 常见的内含子有哪几种?

6. 试述 RNA 降解在基因表达调控中的作用。

7. RNA 的生物合成知识在临床医学中有哪些潜在的应用?

（张玉祥）

第十五章 蛋白质的合成

蛋白质具有多种生物学功能,参与生命的几乎所有过程,是生命活动的物质基础。通常一个细胞在某一特定时刻,其生存及活动约需数千种结构蛋白质和功能蛋白质的参与。蛋白质具有高度的种属特异性,不同种属间蛋白质不能互相替代,因此各种生物的蛋白质均由机体自身合成。

蛋白质由基因编码,是遗传信息表达的主要终产物。mRNA 带有蛋白质合成的编码信息,是蛋白质合成的模板。蛋白质在机体内的合成过程,实际上就是遗传信息从 DNA 经 mRNA 传递到蛋白质的过程,此时 mRNA 分子中的遗传信息被具体地翻译成蛋白质的氨基酸排列顺序,因此这一过程也被形象地称为翻译(translation)。从低等生物细菌到高等哺乳动物,蛋白质合成机制高度保守。

新合成的蛋白质多肽链通常并不具备生物学活性,需经过各种修饰、加工并折叠为正确构象,然后靶向运输至合适的亚细胞部位才能行使其功能。

第一节 蛋白质合成体系

蛋白质生物合成是细胞最为复杂的活动之一。参与细胞内蛋白质生物合成的物质除原料氨基酸外,还需要 mRNA 作为模板,tRNA 作为特异的氨基酸"搬运工具",核糖体作为蛋白质合成的装配场所,有关的酶与蛋白质因子参与反应,并且需要 ATP 或 GTP 提供能量。

一、mRNA 是蛋白质合成的模板

mRNA 的发现回答了细胞核内基因组的遗传信息如何编码蛋白质这一重要问题。由 DNA 转录而来的 mRNA 在细胞质内作为蛋白质合成的模板,mRNA 编码区(可读框)中的核苷酸序列作为遗传密码(genetic code),在蛋白质合成过程中被翻译为蛋白质的氨基酸序列。

mRNA 分子中核苷酸序列的翻译以 3 个相邻核苷酸为单位进行。在 mRNA 的可读框区域,每 3 个相邻的核苷酸为一组,编码一种氨基酸或肽链合成的起始/终止信息,称为密码子(codon),又称三联体密码(triplet code)。例如,UUU 是苯丙氨酸的密码子,UCU 是丝氨酸的密码子,GCA 是丙氨酸的密码子。构成 mRNA 的 4 种核苷酸经排列组合可产生 64 个密码子,其中的 61 个编码 20 种在蛋白质合成中作为原料的氨基酸,另有 3 个(UAA、UAG、UGA)不编码任何氨基酸,而是作为肽链合成的终止密码子(termination codon)。需要注意的是,AUG 具有特殊性,不仅代表甲硫氨酸,如果位于 mRNA 的翻译起始部位,它还代表肽链合成的起始密码子(initiation codon)(表 15-1)。

遗传密码具有以下几个重要特点：

1. **方向性** 组成密码子的核苷酸在 mRNA 中的排列具有方向性。翻译时的阅读方向只能从 5′ 至 3′,即从 mRNA 的起始密码子 AUG 开始,按 5′→3′ 的方向逐一阅读,直至终止密码子。mRNA 可读框中从 5′-端到 3′-端排列的核苷酸顺序决定了肽链中从 N-端到 C-端的氨基酸排列顺序(图 15-1a)。

2. **连续性** mRNA 中密码子之间没有间隔核苷酸,即从起始密码子开始,密码子被连续阅读,直至终止密码子出现。因密码子具有连续性,若可读框中插入或缺失了非 3 的倍数的核苷酸,将会引起 mRNA 可读框发生移动,称为移码(frame shift)。移码导致后续氨基酸编码序列改变,使得其编码的蛋白质彻底丧失或改变原有功能,称为移码突变(frameshift mutation)(图 15-1b)。若连续插入或缺失 3 个核苷酸,则只会在多肽链产物中增加或缺失 1 个氨基酸残基,但不会导致可读框移位。

表 15-1 遗传密码表

第1个核苷酸 (5'-端)	第2个核苷酸				第3个核苷酸 (3'-端)
	U	C	A	G	
U	苯丙氨酸	丝氨酸	酪氨酸	半胱氨酸	U
	苯丙氨酸	丝氨酸	酪氨酸	半胱氨酸	C
	亮氨酸	丝氨酸	终止密码子	终止密码子	A
	亮氨酸	丝氨酸	终止密码子	色氨酸	G
C	亮氨酸	脯氨酸	组氨酸	精氨酸	U
	亮氨酸	脯氨酸	组氨酸	精氨酸	C
	亮氨酸	脯氨酸	谷氨酰胺	精氨酸	A
	亮氨酸	脯氨酸	谷氨酰胺	精氨酸	G
A	异亮氨酸	苏氨酸	天冬酰胺	丝氨酸	U
	异亮氨酸	苏氨酸	天冬酰胺	丝氨酸	C
	异亮氨酸	苏氨酸	赖氨酸	精氨酸	A
	*甲硫氨酸	苏氨酸	赖氨酸	精氨酸	G
G	缬氨酸	丙氨酸	天冬氨酸	甘氨酸	U
	缬氨酸	丙氨酸	天冬氨酸	甘氨酸	C
	缬氨酸	丙氨酸	谷氨酸	甘氨酸	A
	缬氨酸	丙氨酸	谷氨酸	甘氨酸	G

*位于 mRNA 起始部位的 AUG 为肽链合成的起始信号。作为起始信号的 AUG 具有特殊性,在原核生物中代表甲酰甲硫氨酸,在真核生物中代表甲硫氨酸

图 15-1 遗传密码的方向性、连续性及移码突变
(a)氨基酸的排列顺序对应于 mRNA 中密码子的排列顺序;(b)核苷酸插入导致移码突变

3. 简并性　64 个密码子中有 61 个编码氨基酸,而氨基酸只有 20 种,因此有的氨基酸可由多个密码子编码,这种现象称为简并性(degeneracy)。例如,UUU 和 UUC 都是苯丙氨酸的密码子,UCU、UCC、UCA、UCG、AGU 和 AGC 都是丝氨酸的密码子。

为同一种氨基酸编码的各密码子称为简并性密码子,也称同义密码子。多数情况下,同义密码子的前两位碱基相同,仅第三位碱基有差异,即密码子的特异性主要由前两位核苷酸决定,如苏氨酸的密码子是 ACU、ACC、ACA、ACG。这意味着密码子第三位核苷酸的改变往往不改变其编码的氨基酸,合成的蛋白质具有相同的一级结构。因此,遗传密码的简并性可减少基因突变所带来的生物学效应。

4. 摆动性　密码子通过与 tRNA 的反密码子配对而发挥翻译作用,但这种配对有时并不严格遵循 Watson-Crick 碱基配对原则,出现摆动(wobble)。此时 mRNA 密码子的第 1 位和第 2 位碱基(5'→3')与 tRNA 反密码子的第 3 位和第 2 位碱基(5'→3')之间仍为 Watson-Crick 配对,而反密码子的第 1 位碱基与

图 15-2　反密码子与密码子的识别方式与摆动配对

密码子的第 3 位碱基配对有时存在摆动现象。例如,反密码子第 1 位碱基为次黄嘌呤(inosine,I),可与密码子第 3 位的 A、C 或 U 配对;反密码子第 1 位的 U 可与密码子第 3 位的 A 或 G 配对;反密码子第 1 位的 G 可与密码子第 3 位的 C 或 U 配对(图 15-2)。由此可见,密码子的摆动性能使一种 tRNA 识别 mRNA 中的多种简并性密码子。

5. 通用性　遗传密码具有通用性(universal),即从低等生物如细菌到人类都使用着同一套遗传密码,这为地球上的生物来自同一起源的进化论提供了有力证据,另外也使得利用细菌等生物来制造人类蛋白质成为可能。但遗传密码的通用性并不是绝对的,也有少数例外。例如,在哺乳类动物线粒体内,UGA 除了代表终止信号,也代表色氨酸;AUA 不再代表异亮氨酸,而是作为甲硫氨酸的密码子。

二、tRNA 是氨基酸和密码子之间的特异连接物

作为蛋白质合成原料的 20 种氨基酸,翻译时由其各自特定的 tRNA 负责转运至核糖体。tRNA 通过其特异的反密码子与 mRNA 上的密码子相互配对,将其携带的氨基酸在核糖体上准确对号入座。虽然已发现的 tRNA 多达数十种,一种氨基酸通常与多种 tRNA 特异结合(与密码子的简并性相适应),但是一种 tRNA 只能转运一种特定的氨基酸。通常在 tRNA 的右上角标注氨基酸的三字母符号,以代表其特异转运的氨基酸,如 tRNA^{Tyr} 表示这是一种特异转运酪氨酸的 tRNA。

tRNA 上有两个重要的功能部位:一个是氨基酸结合部位,另一个是 mRNA 结合部位。与氨基酸结合的部位是 tRNA 的氨基酸臂的-CCA 末端的腺苷酸 3'-OH;与 mRNA 结合的部位是 tRNA 反密码环中的反密码子。参与肽链合成的氨基酸需要与相应 tRNA 结合,形成各种氨酰-tRNA(aminoacyl-tRNA),再运载至核糖体,通过其反密码子与 mRNA 中对应的密码子互补结合(图 15-2),从而按照 mRNA 的密码子顺序依次加入氨基酸。

三、核糖体是蛋白质合成的场所

合成肽链时 mRNA 与 tRNA 的相互识别、肽键形成、肽链延长等过程全部在核糖体上完成。核糖体类似于一个移动的多肽链"装配厂",沿着模板 mRNA 链从 5'端向 3'端移动。在此期间,携带着各种氨基酸的 tRNA 分子依据密码子与反密码子配对关系快速进出其中为延长肽链提供氨基酸原料(动画 15-1 "30S 小亚基-tRNA")。肽链合成完毕,核糖体立刻离开 mRNA 分子。

原核生物和真核生物的核糖体上均存在 A 位、P 位和 E 位这 3 个重要的功能部位。A 位结合氨酰-tRNA,称氨酰位(aminoacyl site);P 位结合肽酰-tRNA,称肽酰位(peptidyl site);E 位释放已经卸载了氨基酸的 tRNA,称排出位(exit site)(图 15-3)。

图 15-3　核糖体在翻译中的功能部位

四、蛋白质合成需要多种酶类和蛋白质因子

蛋白质合成需要由 ATP 或 GTP 供能,需要 Mg^{2+}、肽酰转移酶、氨酰-tRNA 合成酶等多种分子参与反应。此外,起始、延长及终止各阶段还需要多种因子参与:①起始因子(initiation factor,IF),原核生物和真核生物的起始因子分别以 IF 和 eIF 表示;②延长因子(elongation factor,EF),原核生物与真核生物的延长因子分别以 EF 和 eEF 表示;③终止因子(termination factor),又称释放因子(release factor,RF),原核生物与真核生物的释放因子分别以 RF 和 eRF 表示。各类因子的种类及其生物学功能见表 15-2(原核生物)及表 15-3(真核生物)。

表 15-2　原核生物肽链合成所需要的蛋白质因子

种类		生物学功能
起始因子	IF1	占据核糖体 A 位,防止 tRNA 过早结合于 A 位
	IF2	促进 fMet-tRNA^{fMet} 与小亚基结合
	IF3	防止大、小亚基过早结合;增强 P 位结合 fMet-tRNA^{fMet} 的特异性
延长因子	EF-Tu	促进氨酰-tRNA 进入 A 位,结合并分解 GTP
	EF-Ts	EF-Tu 的调节亚基
	EF-G	有转位酶活性,促进 mRNA-肽酰-tRNA 由 A 位移至 P 位 促进 tRNA 卸载与释放
释放因子	RF1	特异识别终止密码 UAA 或 UAG;诱导肽酰转移酶转变为酯酶
	RF2	特异识别终止密码 UAA 或 UGA;诱导肽酰转移酶转变为酯酶
	RF3	具有 GTPase 活性,当新合成肽链从核糖体释放后,促进 RF1 或 RF2 与核糖体分离

表 15-3　真核生物肽链合成所需要的蛋白质因子

种类		生物学功能
起始因子	eIF1	结合于小亚基的 E 位,促进 eIF2-tRNA-GTP 复合物与小亚基相互作用
	eIF1A	原核 IF1 的同源物,防止 tRNA 过早结合于 A 位
	eIF2	具有 GTPase 活性,促进起始 Met-tRNA^{Met} 与小亚基结合
	eIF2B,eIF3	最先与小亚基结合的起始因子;促进后续步骤的进行
	eIF4A	eIF4F 复合物成分,具有 RNA 解旋酶活性,解开 mRNA 二级结构,使其与小亚基结合
	eIF4B	结合 mRNA,促进 mRNA 扫描定位起始密码 AUG
	eIF4E	eIF4F 复合物成分,结合于 mRNA 的 5′-帽结构
	eIF4G	eIF4F 复合物成分,结合 eIF4E 和 poly(A)结合蛋白质(PABP)
	eIF4F	包含 eIF4A、eIF4E、eIF4G 的复合物
	eIF5	促进各种起始因子从小亚基解离,从而使大、小亚基结合
	eIF5B	具有 GTPase 活性,促进各种起始因子从小亚基解离,从而使大、小亚基结合
延长因子	eEF1α	与原核 EF-Tu 功能相似
	eEF1βγ	与原核 EF-Ts 功能相似
	eEF2	与原核 EF-G 功能相似
释放因子	eRF	识别所有终止密码子

第二节　氨基酸与 tRNA 的连接

参与肽链合成的氨基酸需要与相应 tRNA 结合,形成各种氨酰-tRNA。该过程是由氨酰-tRNA 合成酶(aminoacyl-tRNA synthetase)所催化的耗能反应。氨基酸与特异的 tRNA 结合形成氨酰-tRNA 的过程称为氨基酸的活化。

一、氨酰-tRNA 合成酶识别特定氨基酸和 tRNA

mRNA 密码子与 tRNA 反密码子间的识别主要由 tRNA 决定,而与氨基酸无关,"搭错车"的氨基酸仍将依据 tRNA 的种类进入多肽链导致合成出错。因此氨基酸与 tRNA 连接的准确性是正确合成蛋白质的关键。

氨基酸与 tRNA 连接的准确性由氨酰-tRNA 合成酶决定,该酶对底物氨基酸和 tRNA 都有高度特异性。目前发现氨酰-tRNA 合成酶至少有 23 种,分别与组成蛋白质的各种氨基酸——对应,并能准确识别相应的 tRNA。在组成蛋白质的常见 20 种氨基酸中,除了赖氨酸有两种氨酰-tRNA 合成酶与其对应,其他氨基酸各自对应一种氨酰-tRNA 合成酶,另外还有识别磷酸化丝氨酸和吡咯赖氨酸的氨酰-tRNA 合成酶。

每个氨基酸活化为氨酰-tRNA 时需消耗 2 个来自 ATP 的高能磷酸键,其总反应式如下:

$$\text{氨基酸} + \text{tRNA} + \text{ATP} \xrightarrow[\text{Mg}^{2+}]{\text{氨酰-tRNA合成酶}} \text{氨酰-tRNA} + \text{AMP} + \text{PPi}$$

氨酰-tRNA 合成酶所催化反应的主要步骤包括:①氨酰-tRNA 合成酶催化 ATP 分解为焦磷酸与 AMP;②AMP、酶、氨基酸三者结合为中间复合体(氨酰-AMP-酶),其中氨基酸的羧基与磷酸腺苷的磷酸以酐键相连而活化;③活化氨基酸与 tRNA 3′-CCA 末端的腺苷酸的核糖 2′或 3′位的游离羟基以酯键结合,形成相应的氨酰-tRNA,腺苷一磷酸(AMP)以游离形式被释放出来(图 15-4) 。

图 15-4 氨酰-tRNA 的形成

已经结合了不同氨基酸的氨酰-tRNA 用前缀氨基酸三字母代号表示,如 Tyr-tRNA^{Tyr} 代表 tRNA^{Tyr} 的氨基酸臂上已经结合有酪氨酸。

氨酰-tRNA 合成酶还有校对活性(proofreading activity),能将错误结合的氨基酸水解释放,再换上正确的氨基酸,以改正合成过程出现的错配,从而保证氨基酸和 tRNA 结合反应的误差小于 10^{-4} 。

二、肽链合成的起始需要特殊的起始氨酰-tRNA

从遗传密码表中可见(表 15-1),编码甲硫氨酸的密码子在原核生物与真核生物中同时又作为起始密码子。目前已知,尽管都携带着甲硫氨酸,但结合在起始密码子处的氨酰-tRNA,与结合可读框内部甲硫氨酸密码子的氨酰-tRNA 在结构上是有差别的 。结合于起始密码子的属于专门的起始氨酰-tRNA,在原核生物为 fMet-tRNA^{fMet},其中的甲硫氨酸被甲酰化,成为 N-甲酰甲硫氨酸(N-formyl methionine,fMet);在真核生物,具有起始功能的是 tRNA$_i^{\text{Met}}$(initiator tRNA),它与甲硫氨酸结合后,可以在 mRNA 的起始密码子 AUG 处就位,参与形成翻译起始复合物。Met-tRNA$_i^{\text{Met}}$ 和 Met-tRNA^{Met} 可分别被起始或延长过程起催化作用的酶和蛋白质因子识别。

第三节   肽链的合成过程

翻译过程包括起始(initiation)、延长(elongation)和终止(termination)三个阶段。真核生物的肽链合成过程与原核生物的肽链合成过程基本相似,只是反应更复杂、涉及的蛋白质因子更多。

一、翻译起始复合物的装配启动肽链合成

翻译的起始是指 mRNA、起始氨酰-tRNA 分别与核糖体结合而形成翻译起始复合物(translation initiation complex)的过程。

(一) 原核生物翻译起始复合物的形成

原核生物翻译起始复合物的形成需要 30S 小亚基、mRNA、fMet-tRNA^{fMet}和 50S 大亚基,还需要 3 种 IF、GTP 和 Mg^{2+}。其主要步骤如下:

1. 核糖体大小亚基分离   完整核糖体在 IF 的帮助下,大、小亚基解离,为结合 mRNA 和 fMet-tRNA^{fMet}做好准备。IF 的作用是稳定大、小亚基的分离状态,如没有 IF 存在,大、小亚基极易重新聚合。

2. mRNA 与核糖体小亚基结合   小亚基与 mRNA 结合时,可准确识别可读框的起始密码子 AUG,而不会结合内部的 AUG,从而正确地翻译出所编码蛋白质。保证这一结合准确性的机制是:mRNA 起始密码子 AUG 上游存在一段被称为核糖体结合位点(ribosome-binding site,RBS)的序列。该序列距 AUG 上游约 10 个核苷酸处通常为-AGGAGG-(也称 Shine-Dalgarno 序列,S-D 序列),可被 16S rRNA 通过碱基互补而精确识别,从而将核糖体小亚基准确定位于 mRNA(图 15-5)。

图 15-5   16S rRNA 识别 mRNA 的 S-D 序列

3. fMet-tRNA^{fMet}结合在核糖体 P 位   fMet-tRNA^{fMet}与结合了 GTP 的 IF2 一起,识别并结合对应于小亚基 P 位的 mRNA 的 AUG 处。此时,A 位被 IF1 占据,不与任何氨酰-tRNA 结合。

4. 翻译起始复合物形成   结合于 IF2 的 GTP 被水解,释放的能量促使 3 种 IF 释放,大亚基与结合了 mRNA、fMet-tRNA^{fMet}的小亚基结合,形成由完整核糖体、mRNA、fMet-tRNA^{fMet}组成的翻译起始复合物。

如前所述,核糖体上存在着 A 位、P 位和 E 位这三个重要的功能部位。在肽链合成过程中,新的氨酰-tRNA 首先进入 A 位,形成肽键后移至 P 位。但是在翻译起始复合物装配时,结合起始密码子的 fMet-tRNA^{fMet}是直接结合于核糖体的 P 位,A 位空留,且对应于 AUG 后的密码子,为下一个氨酰-tRNA 的进入及肽链延长做好准备。原核生物翻译起始复合物的装配见图 15-6。

(二) 真核生物翻译起始复合物的形成

真核生物翻译起始复合物的装配所需起始因子的种类更多,其装配过程更复杂,且 mRNA 的 5′-帽和 3′-多聚(A)尾均为正确起始所必需。此外,起始氨酰-tRNA 先于 mRNA 结合于小亚基,与原核生物的装配顺序不同。其主要步骤如下:

1. 43S 前起始复合物的形成   多种起始因子与核糖体小亚基结合,其中 eIF1A 和 eIF3 与原核起始因子 IF1 和 IF3 功能相似,可阻止 tRNA 结合 A 位,并防止大亚基和小亚基过早结合。eIF1 结合于 E 位,GTP-eIF2 与起始氨酰-tRNA 结合,随后 eIF5 和 eIF5B 加入,形成 43S 的前起始复合物。

图 15-6　原核生物翻译起始复合物的装配

2. mRNA 与核糖体小亚基结合　mRNA 与 43S 前起始复合物的结合由 eIF4F 复合物介导。eIF4F 由 eIF4E（结合 mRNA 5'-帽）、eIF4A（具 ATPase 及 RNA 解旋酶活性）和 eIF4G 组成（结合 eIF3、eIF4E 和 PABP）。

3. 核糖体大亚基的结合　mRNA 与 43S 前起始复合物及 eIF4F 复合物结合后产生 48S 起始复合物，此复合物从 mRNA5'-端向 3'-端扫描起始并定位起始密码子，随后大亚基加入，起始因子释放，翻译起始复合物形成。此过程需要 eIF5 和 eIF5B 参与，eIF5 促使 eIF2 发挥 GTPase 活性，水解与之结合的 GTP 生成 eIF2-GDP，使得 eIF2-GDP 与起始 tRNA 的亲和力减弱。eIF5B 是原核 IF2 的同源物，通过水解与之结合的 GTP，促进 eIF2-GDP 与其他起始因子解离。

真核生物翻译起始复合物的装配见图 15-7。

值得一提的是，有些 mRNA 的翻译起始并不依赖其 5'-帽结构，在翻译起始时，核糖体可被 mRNA 上的内部核糖体进入位点（internal ribosome entry site，IRES）直接招募至翻译起始处，这一过程需要多种蛋白质如 IRES 反式作用因子（IRES trans-acting factors，ITAFs）、eIF4GI 等的协助。

二、在核糖体上重复进行的三步反应延长肽链

翻译起始复合物形成后，核糖体从 mRNA 的 5'-端向 3'-端移动，依据密码子顺序，从 N-端开始向 C-端合成多肽链。这是一个在核糖体上重复进行的进位、成肽和转位的循环过程，每循环 1 次，肽链上即可增加 1 个氨基酸残基。这一过程除了需要 mRNA、tRNA 和核糖体外，还需要数种延长因子以及 GTP 等参与。原核生物与真核生物的肽链延长过程基本相似，只是反应体系和延长因子不同。这里主要介绍原核生物的肽链延长过程。

1. 进位　指氨酰-tRNA 按照 mRNA 模板的指令进入核糖体 A 位的过程，又称注册。翻译起始复合物中的 A 位是空闲的，并对应着可读框的第二个密码子，进入 A 位的氨酰-tRNA 种类即由该密码子决定。氨酰-tRNA 先与 GTP-EF-Tu 结合成一复合物，然后进入 A 位，GTP 随之水解，EF-Tu-GDP 从核

图 15-7   真核生物翻译起始复合物的装配

糖体释放。GTP-EF-Tu 又可循环生成。

核糖体对氨酰-tRNA 的进位有校正作用。肽链生物合成以很高速度进行,延长阶段的每一过程都有时限。在此时限内,只有正确的氨酰-tRNA 能迅速发生反密码子-密码子互补配对而进入 A 位。反之,错误的氨酰-tRNA 因反密码子-密码子不能配对结合而从 A 位解离。这是维持肽链生物合成的高度保真性的机制之一。

2. **成肽**   指核糖体 A 位和 P 位上的 tRNA 所携带的氨基酸缩合成肽的过程。在起始复合物中,P 位上起始 tRNA 所携带的甲酰甲硫氨酸与 A 位上新进位的氨酰 tRNA 的 α-氨基缩合形成二肽。第一个肽键形成后,二肽酰-tRNA 占据核糖体 A 位,而卸载了氨基酸的 tRNA 仍在 P 位。成肽(peptide bond formation)过程由肽酰转移酶(peptidyl transferase)催化,该酶的化学本质不是蛋白质,而是 RNA,在原核生物为 23S rRNA,在真核生物为 28S rRNA。因此肽酰转移酶属于一种核酶(ribozyme)。

3. **转位**   成肽反应后,核糖体需要向 mRNA 的 3′-端移动一个密码子的距离,方可阅读下一个密码子,此过程为转位(translocation)。核糖体的转位需要延长因子 EF-G(即转位酶),并需要 GTP 水解供能。转位的结果是:①P 位上的 tRNA 所携带的氨基酸或肽在成肽后交给 A 位上的氨基酸,P 位上卸载的 tRNA 转位后进入 E 位,然后从核糖体脱落;②成肽后位于 A 位的肽酰-tRNA 移动到 P 位;③A 位得以空出,且准确定位在 mRNA 的下一个密码子,以接受下一个氨酰-tRNA 进位。

肽链延长过程的三步反应如图 15-8 所示。

经过第二轮进位—成肽—转位,P 位出现三肽酰-tRNA,A 位空留并对应于第四个氨酰-tRNA 进位。重复此过程,则有四肽酰-tRNA、五肽酰-tRNA 等陆续出现于核糖体 P 位,A 位空留,接受下一个氨酰-tRNA 进位。这样,核糖体从 mRNA 的 5′-端向 3′-端顺序阅读密码子,进位、成肽和转位三步反应循环进行,每循环一次向肽链 C-端添加一个氨基酸残基,肽链由 N-端向 C-端逐渐延长。

图 15-8 肽链延长过程

真核生物的肽链延长机制与原核生物基本相同,但亦有差异,如两者所需延长因子不同,真核生物需要 eEF1α、eEF1βγ 和 eEF2 这三类延长因子,其功能分别对应于原核生物的 EF-Tu、EF-Ts 和 EF-G。此外,在真核生物,一个新的氨酰-tRNA 进入 A 位后会产生别构效应,致使空载 tRNA 从 E 位排出。

在肽链延长阶段,每生成一个肽键,都需要水解 2 分子 GTP(进位与转位各 1 分子)获取能量,即消耗 2 个高能磷酸键。若出现不正确氨基酸进入肽链,也需要消耗能量来水解清除;此外,氨基酸活化为氨酰-tRNA 时需消耗 2 个高能磷酸键。因此,在蛋白质合成过程中,每生成 1 个肽键,至少需消耗 4 个高能磷酸键。

三、终止密码子和释放因子导致肽链合成终止

肽链上每增加一个氨基酸残基,就需要经过一次进位、成肽和转位反应。如此往复,直到核糖体的 A 位与 mRNA 的终止密码子对应。

终止密码子不被任何氨酰-tRNA 识别,只有释放因子 RF 能识别终止密码子而进入 A 位,这一识别过程需要水解 GTP。RF 的结合可触发核糖体构象改变,将肽酰转移酶转变为酯酶,水解 P 位上肽酰-tRNA 中肽链与 tRNA 之间的酯键,新生肽链随之释放,mRNA、tRNA 及 RF 从核糖体脱离,核糖体大小亚基分离 🔲。mRNA 模板、各种蛋白质因子及其他组分都可被重新利用。

原核生物有 3 种 RF。RF1 特异识别 UAA 或 UAG,RF2 特异识别 UAA 或 UGA,且两者均可诱导肽酰转移酶转变为酯酶。RF3 具有 GTPase 活性,当新生肽链从核糖体释放后,促进 RF1 或 RF2 与核糖体分离。真核生物仅有一种释放因子 eRF,3 种终止密码子均可被其识别。

无论在原核细胞还是真核细胞内,1 条 mRNA 模板链上都可附着 10～100 个核糖体。这些核糖体依次结合起始密码子并沿 mRNA5′→3′方向移动,同时进行同一条肽链的合成。多个核糖体结合在 1 条 mRNA 链上所形成的聚合物称为多聚核糖体(polyribosome 或 polysome)。多聚核糖体的形成可以使肽链合成高速度、高效率进行(图 15-9)。

原核生物的转录和翻译过程紧密偶联,转录未完成时已有核糖体结合于 mRNA 分子的 5′-端开始翻译。真核生物的转录发生在细胞核,翻译在细胞质,因此这两个过程分隔进行。

图 15-9   多聚核糖体

第四节   蛋白质合成后的加工和靶向输送

新生肽链并不具有生物活性,它们必须正确折叠形成具有生物活性的三维空间结构,有的还需形成二硫键,有的需通过亚基聚合形成具有四级结构的蛋白质。此外,许多蛋白质在翻译后还要经过水解作用切除一些肽段或氨基酸,或对某些氨基酸残基的侧链基团进行化学修饰等,才能成为有活性的成熟蛋白质。这一过程称为翻译后加工(post-translational processing)。

蛋白质合成后还需要被输送到合适的亚细胞部位才能行使各自的生物学功能。有的蛋白质驻留于细胞质,有的被运输到细胞器或镶嵌入细胞膜,还有的被分泌到细胞外。蛋白质合成后在细胞内被定向输送到其发挥作用部位的过程称为蛋白质靶向输送(protein targeting)或蛋白质分拣(protein sorting)。

一、新生肽链折叠需要分子伴侣

蛋白质在合成时,尚未折叠的肽段有许多疏水基团暴露在外,具有分子内或分子间聚集的倾向,使蛋白质不能形成正确空间构象。这种结构混乱的肽链聚集体产生过多会对细胞有致命的影响。实际上,细胞中大多数天然蛋白质折叠并不是自发完成的,其折叠过程需要其他酶或蛋白质的辅助,这些辅助性蛋白质可以指导新生肽链按特定方式正确折叠,它们被称为分子伴侣(molecular chaperone)。

原核生物和真核生物都存在多种类型的分子伴侣,目前研究得较为清楚的是热激蛋白70(heat shock protein 70,Hsp70)家族和伴侣蛋白(chaperonin)。

Hsp70 因其分子量接近 70kD 而得名,高温刺激可诱导其合成。在蛋白质翻译后加工过程中,Hsp70 与未折叠蛋白质的疏水区结合,既可避免蛋白质因高温而变性,又可防止新生肽链过早折叠。Hsp70 也可以使一些跨膜蛋白质在转位至膜前保持非折叠状态。有些 Hsp70 通过与多肽链结合、释放的循环过程,使多肽链发生正确折叠。这个过程需要 ATP 水解供能,并需要其他伴侣蛋白如 Hsp40 的共同作用。未折叠多肽链与 Hsp70 结合,还可以解开多肽链之间的聚集或防止新聚集的产生。多肽链从 Hsp70 释放后,可以重新折叠成天然构象。如果多肽链折叠不充分,上述过程可重复进行直至天然构象形成(图 15-10)。

图 15-10　Hsp70 作用示意图

人热激蛋白家族可存在于细胞质、内质网腔、线粒体、细胞核等部位,发挥多种细胞保护功能,如使线粒体和内质网蛋白质以未折叠状态转运和跨膜;避免蛋白质变性后因疏水基团暴露而发生不可逆聚集;清除变性或错误折叠的肽链中间物等。

有些肽链的正确折叠还需要伴侣蛋白发挥辅助作用。伴侣蛋白的主要作用是为非自发性折叠肽链提供正确折叠的微环境。例如,在大肠杆菌,约有 10% ~ 15% 的细胞内蛋白质的正确折叠依赖伴侣系统 GroEL/GroES,热激条件下依赖该系统的蛋白质则高达 30% 。在真核细胞,与 GroEL/GroES 功能类似的伴侣蛋白是 Hsp60。

GroEL 是由 14 个相同亚基组成的多聚体,可形成一桶状空腔,顶部是空腔的出口。GroES 是由 7 个相同亚基组成的圆顶状复合物,可作为 GroEL 桶的盖子。需要折叠的肽链进入 GroEL 的桶状空腔后,GroES 可作为盖子瞬时封闭 GroEL 出口。封闭后的桶状空腔为肽链折叠提供微环境,折叠过程需消耗大量 ATP。折叠完成后,形成天然构象的多肽链被释放,尚未完全折叠的肽链可进入下一轮循环,重复以上过程,直至天然构象形成(图 15-11)。

除了需要分子伴侣协助肽链折叠外,一些蛋白质形成正确空间构象还需要异构酶(isomerase)的参与。已发现两种异构酶可以帮助细胞内新生肽链折叠为功能蛋白质,一种是蛋白质二硫键异构酶(protein disulfide isomerase,PDI),另一种是肽脯氨酰基顺-反异构酶(peptide prolyl *cis-trans* isomerase,PPI)。前者帮助肽链内或肽链间二硫键的正确形成,后者可使肽链在各脯氨酸残基弯折处形成正确折叠。这些都是蛋白质形成正确空间构象和发挥功能的必要条件。

未折叠多肽链进入
GroEL/GroES

GroEL

GroES

7 ATP, ES

7 ADP, ES

7 Pi

折叠

7 ADP, ES

7 ATP, ES

完成折叠的
多肽链释出

未完全折叠的多肽链再次进入GroEL/GroES

图 15-11   GroEL/GroES 系统的作用原理

二、肽链水解加工产生具有活性的蛋白质或多肽

新生肽链的水解是肽链加工的重要形式。新生肽链 N-端的甲硫氨酸残基,在肽链离开核糖体后,大部分即由特异的蛋白水解酶切除。原核细胞中约半数成熟蛋白质的 N-端经脱甲酰基酶切除 N-甲酰基而保留甲硫氨酸,另一部分被氨基肽酶水解而去除 N-甲酰甲硫氨酸。真核细胞分泌蛋白质和跨膜蛋白质的前体分子的 N-端都含有信号肽(signal peptide)序列,由 13 ~ 36 个氨基酸残基组成,在蛋白质成熟过程中需要被切除。有些情况下,C-端的氨基酸残基也需要被酶切除,从而使蛋白质呈现特定功能。

另外,还有许多蛋白质在初合成时是分子量较大的没有活性的前体分子,如胰岛素原、胰蛋白酶原等。这些前体分子也需经过水解作用切除部分肽段,才能成为有活性的蛋白质分子或功能肽。

有些多肽链经水解可以产生数种小分子活性肽。如阿黑皮素原(pro-opiomelanocortin, POMC)可被水解而生成促肾上腺皮质激素、β-促脂解素、α-激素、促皮质素样中叶肽、γ-促脂解素、β-内啡肽、β-促黑激素、γ-内啡肽及 α-内啡肽等9 种活性物质(图 15-12)。

POMC

N   1   2   3   4   5   6   7   C

信号肽

4   6   7

ACTH   β-促脂解素(42-134)

α-MSH   CLIP   γ-促脂解素   β-内啡肽
(1-13)   (18-39)   (42-101)   (104-134)

β-MSH   γ-内啡肽
(84-101)   (104-118)

α-内啡肽
(104-117)

图 15-12   POMC 的水解修饰

POMC 的水解位点由 Arg-Lys、Lys-Arg 或 Lys-Lys 序列构成,用数字 1 ~ 7 表示。
各活性物质下方括号内的数字为其在 POMC 中对应的氨基酸编号(将 ACTH 的
N-端第一位氨基酸残基编为 1 号)

三、氨基酸残基的化学修饰改变蛋白质的活性

直接参与肽链合成的氨基酸约有 20 种,合成后某些氨基酸残基的侧链基团发生化学修饰,这样就显著增加了肽链中的氨基酸种类。已发现蛋白质中存在 100 多种修饰性氨基酸。这些修饰可改变蛋白质的溶解度、稳定性、亚细胞定位以及与细胞中其他蛋白质的相互作用等,从而使蛋白质的功能具有多样性。体内常见的蛋白质化学修饰见表 15-4。

表 15-4　体内常见的蛋白质化学修饰

化学修饰类型	被修饰的氨基酸残基
磷酸化	丝氨酸、苏氨酸、酪氨酸
N-糖基化	天冬酰胺
O-糖基化	丝氨酸、苏氨酸
羟基化	脯氨酸、赖氨酸
甲基化	赖氨酸、精氨酸、组氨酸、天冬酰胺、天冬氨酸、谷氨酸
乙酰化	赖氨酸、丝氨酸
硒化	半胱氨酸

上述化学修饰均为酶促反应,蛋白激酶、糖基转移酶、羟化酶、甲基转移酶等都在这一过程中发挥重要作用。

四、亚基聚合形成具有四级结构的活性蛋白质

在生物体内,许多具有特定功能的蛋白质由 2 条以上肽链构成,各肽链之间通过非共价键或二硫键维持一定空间构象,有些还需与辅基聚合才能形成具有活性的蛋白质。由 2 条以上肽链构成的蛋白质,其亚基相互聚合时所需要的信息蕴藏在肽链的氨基酸序列之中,而且这种聚合过程往往又有一定顺序,前一步骤的聚合往往促进后一步骤的进行。例如,成人血红蛋白由 2 条 α 链、2 条 β 链及 4 个血红素分子组成。α 链合成后从核糖体自行脱离,与尚未从核糖体释放的 β 链相结合,将 β 链带离核糖体,形成游离的 αβ 二聚体。此二聚体再与线粒体内生成的两个血红素相结合,最后才形成一个由 4 条肽链($\alpha_2\beta_2$)和 4 个血红素构成的有功能的血红蛋白分子。

五、蛋白质合成后被靶向输送至细胞特定部位

蛋白质在细胞质合成后,还必须被靶向输送至其发挥功能的亚细胞区域,或分泌到细胞外。所有需靶向输送的蛋白质,其一级结构都存在分拣信号,可引导蛋白质转移到细胞的特定部位。这类分拣信号又称信号序列(signal sequence),是决定蛋白质靶向输送特性的最重要结构。有的信号序列存在于肽链的 N-端,有的在 C-端,有的在肽链内部;有的输送完成后切除,有的保留。现代生物信息学技术可通过基因的结构推测其编码蛋白质在细胞内的可能定位(表 15-5)。

表 15-5　蛋白质的亚细胞定位分拣信号

蛋白质种类	信号序列	结构特点
分泌蛋白质和膜蛋白质	信号肽	由 13 ~ 36 个氨基酸残基组成,位于新生肽链 N-端
核蛋白质	核定位序列	由 4 ~ 8 个氨基酸残基组成,通常包含连续的碱性氨基酸(Arg 或 Lys),在肽链的位置不固定
内质网蛋白质	内质网滞留信号	肽链 C-端的 Lys-Asp-Glu-Leu 序列
核基因组编码的线粒体蛋白质	线粒体前导肽	由 20 ~ 35 个氨基酸残基组成,位于新生肽链 N-端
溶酶体蛋白质	溶酶体靶向信号	甘露糖-6-磷酸(Man-6-P)

有的蛋白质在合成过程中已开始靶向输送,而另有一些蛋白质的靶向输送是从核糖体上释放后才开始的。

(一)分泌蛋白质在内质网加工及靶向输送

细胞内分泌蛋白质的合成与靶向输送同时发生,其 N-端存在由数十个氨基酸残基组成的信号序列,又称信号肽(signal peptide)。已发现有数百种信号肽存在,它们的共同特点是:①N-端含一个或多个碱性氨基酸残基;②中段含 10~15 个疏水性氨基酸残基;③C-端由一些极性较大、侧链较短的氨基酸残基组成,与信号肽裂解位点(cleavage site)邻近(图 15-13)。

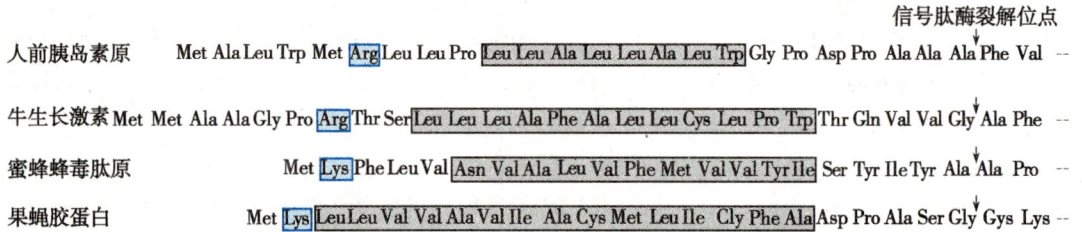

信号肽酶裂解位点

人前胰岛素原　Met Ala Leu Trp Met Arg Leu Leu Pro Leu Leu Ala Leu Leu Ala Leu Trp Gly Pro Asp Pro Ala Ala Ala Phe Val --

牛生长激素 Met Met Ala Ala Gly Pro Arg Thr Ser Leu Leu Leu Ala Phe Ala Leu Leu Cys Leu Pro Trp Thr Gln Val Val Gly Ala Phe --

蜜蜂蜂毒肽原　　Met Lys Phe Leu Val Asn Val Ala Leu Val Phe Met Val Val Tyr Ile Ser Tyr Ile Tyr Ala Ala Pro --

果蝇胶蛋白　　Met Lys Leu Leu Val Val Ala Val Ile Ala Cys Met Leu Ile Cly Phe Ala Asp Pro Ala Ser Gly Gys Lys --

图 15-13　信号肽结构特点
蓝色框内为碱性氨基酸;黑色框内为疏水性氨基酸区域

分泌蛋白质的合成及转运机制为:①在游离核糖体上,信号肽因位于肽链 N-端而首先被合成,随后被信号识别颗粒(signal recognition particle, SRP)识别并结合,SRP 随即结合到核糖体上;②内质网膜上有 SRP 的受体(亦称为 SRP 对接蛋白),借此受体,SRP-核糖体复合物被引导至内质网膜上;③在内质网膜上,肽转位复合物(peptide translocation complex)形成跨内质网膜的蛋白质通道,合成中的肽链穿过内质网膜孔进入内质网;④SRP 脱离信号肽和核糖体,肽链继续延长直至完成;⑤信号肽在内质网内被信号肽酶(signal peptidase)切除;⑥肽链在内质网中折叠形成最终构象,随内质网膜“出芽”形成的囊泡转移至高尔基复合体,最后在高尔基复合体中被包装进分泌小泡,转运至细胞膜,再分泌到细胞外(图 15-14)。

图 15-14　分泌蛋白质的加工与靶向输送

(二)内质网蛋白质的 C-端含有滞留信号序列

内质网中含有多种帮助新生肽链折叠成天然构型的蛋白质,如分子伴侣等。这些需要停留在内质网中执行功能的蛋白质,先经粗面内质网上附着的核糖体合成并进入内质网腔,然后随囊泡输送至高尔基复合体。内质网蛋白肽链的 C-端含有内质网滞留信号序列,它们被输送到高尔基复合体后,可通过这一滞留信号与内质网上相应受体结合,随囊泡输送回内质网。

(三) 大部分线粒体蛋白质在细胞质合成后靶向输入线粒体

线粒体虽然自身含有 DNA、mRNA、tRNA 和核糖体等,可以进行蛋白质的合成,但绝大部分线粒体蛋白质(超过95%,约1100种)是由细胞核基因组的基因编码,它们在细胞质中的游离核糖体中合成后靶向输送到线粒体,其中大部分定位于线粒体基质,其他定位于内膜、外膜或膜间腔。

定位于线粒体基质的蛋白质,其前体分子的 N-端包含前导肽序列,由 20~35 个氨基酸残基组成,富含丝氨酸、苏氨酸及碱性氨基酸。这类蛋白质的靶向输送过程是:①新合成的线粒体蛋白质与热激蛋白或线粒体输入刺激因子结合,以稳定的未折叠形式转运至线粒体外膜;②通过前导肽序列识别,与线粒体外膜的受体复合物结合;③在热激蛋白水解 ATP 和跨内膜电化学梯度的动力共同作用下,蛋白质穿过由外膜转运体和内膜转运体共同构成的跨膜蛋白质通道,进入线粒体基质;④蛋白质前体被蛋白酶切除前导肽序列,在分子伴侣作用下折叠成有功能构象的蛋白质。

输送到线粒体内膜和膜间隙的蛋白质除了上述前导肽外,还另有一段信号序列,其作用是引导蛋白质从基质输送到线粒体内膜或穿过内膜进入膜间隙。

(四) 质膜蛋白质由囊泡靶向输送至细胞膜

定位于细胞质膜的蛋白质,其靶向跨膜机制与分泌蛋白质相似。不过,跨膜蛋白质的肽链并不完全进入内质网腔,而是锚定在内质网膜上,通过内质网膜"出芽"方式形成囊泡。随后,跨膜蛋白质随囊泡转移至高尔基复合体进行加工,再随囊泡转运至细胞膜,最终与细胞膜融合而构成新的质膜。

不同类型的跨膜蛋白质以不同形式锚定于膜上。例如,单次跨膜蛋白质的肽链中除 N-端含信号序列外,还有一段由疏水性氨基酸残基构成的跨膜序列,即停止转移序列(stop transfer sequence),是跨膜蛋白质在膜上的嵌入区域。当合成中的多肽链向内质网腔导入时,疏水的停止转移序列可与内质网膜的脂双层结合,从而使导入中的肽链不再向内质网腔内转移,形成一次性跨膜的锚定蛋白质。多次跨膜蛋白质的肽链中因有多个信号序列和多个停止转移序列,可在内质网膜上形成多次跨膜。

(五) 核蛋白质由核输入因子运载经核孔入核

细胞核内含有多种蛋白质,如参与 DNA 复制和转录的各种酶及蛋白质因子、组蛋白、调节基因表达的转录因子等,它们都是在细胞质中合成后经核孔进入细胞核的,其靶向输送由特异的核定位序列(nuclear localization sequence,NLS)引导。NLS 由 4~8 个氨基酸残基组成,通常包含连续的碱性氨基酸(Arg 或 Lys),在肽链的位置不固定,定位完成后保留于肽链而不被切除。

核蛋白质的靶向输送还需要多种蛋白质的参与,如核输入因子(nuclear importin)α 和 β、Ras 相关核蛋白质(Ras-related nuclear protein, Ran)等。核输入因子 α 和 β 形成异二聚体,识别并结合核蛋白质的 NLS 序列。核蛋白质的靶向输送基本过程是:①在细胞质合成的核蛋白质与核输入因子结合形成复合物后被导向核孔;②具有 GTPase 活性的 Ran 蛋白水解 GTP 释能,核蛋白质-核输入因子复合物通过耗能机制经核孔进入细胞核基质;③核输入因子 β 和 α 先后从上述复合物中解离,移出核孔后可被再利用,核蛋白质定位于细胞核内(图 15-15)。

生物体内的蛋白质历经肽链合成的起始、延长、终止,以及加工和靶向输送后发挥生物学功能。其后,蛋白质在特定的时空条件下被降解。蛋白质的生物合成及其降解是几乎所有生命活动的基础。

图 15-15　核蛋白质的靶向输送

第五节　蛋白质合成的干扰和抑制

蛋白质生物合成是许多药物和毒素的作用靶点。这些药物或毒素通过阻断原核或真核生物蛋白质合成体系中某组分的功能,来干扰和抑制蛋白质合成过程。真核生物与原核生物的翻译过程既相似又有差别,这些差别在临床医学中有重要应用价值。如抗生素能杀灭细菌但对真核细胞无明显影响,因此原核生物蛋白质合成所必需的关键组分可作为研发抗菌药物的靶点。此外,蛋白质合成的每一步反应几乎都可被特定的抗生素所抑制,这些抗生素可被用于蛋白质合成机制的研究。某些毒素作用于基因信息传递过程,对毒素作用机制的研究,不仅有助于理解其致病机制,还可从中探索研发新药的途径。

一、许多抗生素通过抑制蛋白质合成发挥作用

某些抗生素(antibiotic)可抑制细胞的蛋白质合成,仅仅作用于原核细胞蛋白质合成的抗生素可作为抗菌药,抑制细菌生长和繁殖,预防和治疗感染性疾病。作用于真核细胞蛋白质合成的抗生素可以作为抗肿瘤药。

(一)抑制肽链合成起始的抗生素

伊短菌素(edeine)和密旋霉素(pactamycin)可引起 mRNA 在核糖体上错位,从而阻碍翻译起始复合物的形成,对原核生物和真核生物的蛋白质合成均有抑制作用。伊短菌素还可以影响起始氨酰-tRNA 的就位和 IF3 的功能。晚霉素(everninomicin)结合于原核 23S rRNA,阻止 fMet-tRNA^{fMet} 的转位。

(二)抑制肽链延长的抗生素

1. 干扰进位的抗生素　四环素(tetracycline)特异性结合 30S 亚基的 A 位,从而抑制氨酰-tRNA 的进位。粉霉素(pulvomycin)可降低 EF-Tu 的 GTP 酶活性,从而抑制 EF-Tu 与氨酰-tRNA 结合;黄色

霉素（kirromycin）可阻止 EF-Tu 从核糖体释出。

2. 引起读码错误的抗生素　氨基糖苷类抗生素能与 30S 亚基结合,影响翻译的准确性。例如,链霉素（streptomycin）与 30S 亚基结合,在较低浓度时引起读码错误（在高浓度时是抑制蛋白质合成的起始）;潮霉素 B（hygromycin B）和新霉素（neomycin）能与 16S rRNA 及 rpS12 结合,干扰 30S 亚基的解码部位,引起读码错误。这些抗生素均能使延长中的肽链引入错误的氨基酸残基,从而改变细菌蛋白质合成的忠实性。

3. 影响成肽的抗生素　氯霉素（chloramphenicol）可结合核糖体 50S 亚基,通过阻止肽酰转移而抑制肽键形成;林可霉素（lincomycin）作用于 A 位和 P 位,阻止 tRNA 在这两个位置就位而抑制肽键形成;大环内酯类抗生素如红霉素（erythromycin）能与核糖体 50S 亚基中肽链排出通道结合,阻止新生肽链从核糖体大亚基中排出,从而阻止肽键的进一步形成;嘌呤霉素（puromycin）的结构与酪氨酰-tRNA 相似,在翻译中可取代酪氨酰-tRNA 而进入核糖体 A 位,中断肽链合成;放线菌酮（cycloheximide）特异性抑制真核生物核糖体肽酰转移酶的活性。

4. 影响转位的抗生素　夫西地酸（fusidic acid）、硫链丝菌肽（thiostrepton）和微球菌素（micrococcin）抑制 EF-G 的转位酶活性,从而阻止核糖体转位。大观霉素（spectinomycin）结合核糖体 30S 亚基,阻碍小亚基变构,抑制转位反应。

常见抗生素的作用位点、作用原理及应用总结于表 15-6。

表 15-6　常用抗生素抑制肽链合成的原理及应用

抗生素	作用位点	作用原理	应用
伊短菌素	原核、真核核糖体的小亚基	阻碍翻译起始复合物的形成	抗病毒药
四环素	原核核糖体的小亚基	抑制氨酰-tRNA 与小亚基结合	抗菌药
链霉素、新霉素、巴龙霉素	原核核糖体的小亚基	引起读码错误;抑制起始	抗菌药
氯霉素、林可霉素、红霉素	原核核糖体的大亚基	抑制肽酰转移酶,阻断肽链延长	抗菌药
放线菌酮	真核核糖体的大亚基	抑制肽酰转移酶,阻断肽链延长	医学研究
嘌呤霉素	原核、真核核糖体	使肽酰基转移到它的氨基上,肽链脱落	抗肿瘤药
夫西地酸、微球菌素	原核延长因子 EF-G	阻止转位	抗菌药
大观霉素	原核核糖体的小亚基	阻止转位	抗菌药

二、某些毒素抑制真核生物的蛋白质合成

某些毒素可通过干扰真核生物的蛋白质合成而呈现毒性。白喉毒素（diphtheria toxin）是真核细胞蛋白质合成的抑制剂,它作为一种修饰酶,可使 eEF2 发生 ADP-核糖基化修饰,生成 eEF2-腺苷二磷酸核糖衍生物,使 eEF2 失活,从而抑制蛋白质的合成（图 15-16）。

蓖麻毒蛋白（ricin）是蓖麻籽中所含的植物糖蛋白,由 A、B 两条肽链组成,两条肽链之间由一个二硫键连接。A 链是一种蛋白酶,可作用于真核生物核糖体大亚基的 28S rRNA,特异催化其中一个腺苷酸发生脱嘌呤反应,导致 28S rRNA 降解而使核糖体大亚基失活。B 链对 A 链发挥毒性起重要的促进作用,另外 B 链上的半乳糖结合位点也是蓖麻毒蛋白发挥毒性作用的活性部位。

图 15-16　白喉毒素的作用原理

小　结

　　蛋白质是生命活动的重要物质基础。蛋白质具有高度的种属特异性，所以各种生物的蛋白质必须由机体自身合成。蛋白质合成体系包括原料氨基酸，模板 mRNA、氨基酸搬运工具 tRNA、蛋白质合成场所核糖体，以及合成各阶段所需的酶和蛋白质因子等，合成过程还需要 ATP 或 GTP 供能。

　　mRNA 是蛋白质合成的模板。mRNA 可读框中每 3 个相邻核苷酸编码一种氨基酸，称为密码子。密码子共有 64 个，其中 61 个编码各种氨基酸，3 个作为肽链合成的终止密码子。密码子具有方向性、连续性、简并性、摆动性和通用性等特点。tRNA 是氨基酸和密码子之间的特异衔接子。tRNA 与特异氨基酸的连接由氨酰-tRNA 合成酶催化，tRNA 通过反密码子与 mRNA 的密码子识别，为肽链合成提供氨基酸原料。核糖体由大、小亚基组成，具有 A 位、P 位和 E 位三个功能部位，是蛋白质合成的场所。

　　蛋白质合成过程包括起始、延长和终止三个阶段。肽链合成的起始是在各种起始因子的协助下，mRNA、起始氨酰-tRNA 分别与核糖体结合，装配成翻译起始复合物的过程。肽链的延长是在核糖体上重复进行的进位、成肽和转位的循环过程，每循环 1 次，肽链上即可增加 1 个氨基酸残基。肽链的延长过程需要数种延长因子以及 GTP 等参与。当核糖体的 A 位对应于 mRNA 的终止密码子时，释放因子 RF 进入 A 位，致使肽酰转移酶转变为酯酶，水解肽链与 tRNA 间的酯键，新生肽链释放，核糖体大小亚基分离，肽链合成终止。

　　原核生物和真核生物的肽链合成过程基本相似，只是真核生物的反应更为复杂、涉及的蛋白质因子更多。原核生物和真核生物均以多聚核糖体形式进行肽链的高效合成。原核生物的转录和翻译过程紧密偶联。真核生物的转录发生在细胞核，翻译在细胞质，因此这两个过程分隔进行。

　　新生肽链并不具有生物活性，需要经过复杂的翻译后加工，才能成为有活性的成熟蛋白质。翻译后加工包括在分子伴侣帮助下的肽链折叠、肽链末端及内部的水解、肽链中氨基酸残基的化学修饰、亚基聚合等方式。蛋白质在细胞质合成后，还需要被靶向输送至其发挥功能的亚细胞区域，或分泌到细胞外。所有需靶向输送的蛋白质，其一级结构都存在分拣信号。

　　蛋白质生物合成是许多药物和毒素的作用靶点。这些药物或毒素通过阻断原核或真核生物蛋白质合成体系中某组分的功能，来干扰和抑制蛋白质合成过程。真核生物与原核生物的翻译过程既相似又有差别，这些差别在临床医学中有重要应用价值。

思 考 题

　　1. 蛋白质合成过程中有哪些机制保证多肽链翻译的准确性？

　　2. 对蛋白质合成机制的研究有何重要意义？

　　3. 真核生物与原核生物的翻译过程既相似又有差别，这些差别在临床医学中有何重要应用价值？

（倪菊华）

第十六章　基因表达调控

20世纪50年代末,生物学家们揭示了遗传信息从DNA传递到蛋白质的规律——中心法则。此后,科学家们一直在探索究竟何种机制调控着遗传信息的传递。1961年,Jacob F和Monod JL提出了著名的操纵子学说,开创了基因表达调控研究的新纪元。

基因表达调控的研究使得人们了解到多细胞生物是如何从一个受精卵及所具有的一套遗传基因组,最终形成具有不同形态和功能的多组织、多器官的个体;也使得人们初步知晓,为何同一个体中不同的组织细胞拥有基本相同的遗传信息,却可以产生各自专一的蛋白质产物,因而具有完全不同的生物学功能。因此,了解基因表达调控是认识生命体和疾病不可或缺的重要内容。

第一节　基因表达调控的基本概念与特点

原核生物体系和真核生物体系在基因组结构以及细胞结构上的差异使得它们的基因表达方式有所不同。原核细胞没有细胞核,遗传信息的转录和翻译发生在同一空间,并以偶联的方式进行。真核细胞具有细胞核,使得转录和翻译不仅具有空间分布的特征,而且还有时间特异性。尽管如此,原核生物体系和真核生物体系的基因表达调控遵循一些共同的基本规律。

一、基因表达产生有功能的蛋白质和RNA

基因表达(gene expression)就是基因转录及翻译的过程,也是基因所携带的遗传信息表现为表型的过程,包括基因转录成互补的RNA序列,对于蛋白质编码基因,mRNA继而翻译成多肽链,并装配加工成最终的蛋白质产物。在一定调节机制控制下,基因表达通常经历转录和翻译过程,产生具有特异生物学功能的蛋白质分子,赋予细胞或个体一定的功能或形态表型。但并非所有基因表达过程都产生蛋白质。rRNA、tRNA编码基因转录产生RNA的过程也属于基因表达。

不同生物的基因组含有不同数量的基因。细菌的基因组一般约含4000个基因;多细胞生物的基因达数万个,人类基因组含约2万个蛋白质编码基因(见第十一章)。在某一特定时期或生长阶段,基因组中只有小部分基因处于表达状态。例如,大肠杆菌通常只有约5%的基因处于高水平转录活性状态,其余大多数基因不表达或表达水平极低,即生成很少的RNA或蛋白质。基因表达水平的高低不是固定不变的。例如,平时与细菌蛋白质生物合成有关的延长因子编码基因表达十分活跃,而参与DNA损伤修复有关的酶分子编码基因却极少表达;当有紫外线照射引起DNA损伤时,这些修复酶编码基因的表达就变得异常活跃。可见,生物体中具有某种功能的基因产物在细胞中的数量会随时间、环境而变化。

二、基因表达具有时间特异性和空间特异性

所有生物的基因表达都具有严格的规律性,即表现为时间特异性和空间特异性。生物物种愈高级,基因表达规律愈复杂、愈精细,这是生物进化的需要。基因表达的时间、空间特异性由特异的基因启动子(序列)和(或)调节序列与调节蛋白相互作用决定。

（一）时间特异性是指基因表达按一定的时间顺序发生

按功能需要,某一特定基因的表达严格按一定的时间顺序发生,这就是基因表达的时间特异性

（temporal specificity）。如噬菌体、病毒或细菌侵入宿主后,呈现一定的感染阶段。随感染阶段发展、生长环境变化,这些病原体以及宿主的基因表达都有可能发生改变。有些基因开启,有些基因关闭。例如,霍乱弧菌在感染宿主后,44 种基因的表达上调,193 种基因的表达受到抑制,而相伴随的是这些细菌呈现出高传染状态。编码甲胎蛋白（α-fetoprotein, α-AFP）的基因在胎儿肝细胞中活跃表达,因此合成大量的甲胎蛋白;在成年后这一基因的表达水平很低,故几乎检测不到 AFP。但是,当肝细胞发生转化形成肝癌细胞时,编码 AFP 的基因又重新被激活,大量的 AFP 被合成。因此,血浆中 AFP 的水平可以作为肝癌早期诊断的一个重要指标。

多细胞生物从受精卵发育成为一个成熟个体,经历很多不同的发育阶段。在每个不同的发育阶段,都会有不同的基因严格按照自己特定的时间顺序开启或关闭,表现为与分化、发育阶段一致的时间性。因此,多细胞生物基因表达的时间特异性又称阶段特异性（stage specificity）。

（二）空间特异性是指多细胞生物个体在特定生长发育阶段,同一基因在不同的组织器官表达不同

在多细胞生物个体某一发育、生长阶段,同一基因产物在不同的组织器官表达水平也可能不同。在个体生长、发育过程中,一种基因产物在个体的不同组织或器官表达,即在个体的不同空间出现,这就是基因表达的空间特异性（spatial specificity）。如编码胰岛素的基因只在胰岛的 β 细胞中表达,从而指导生成胰岛素;编码胰蛋白酶的基因在胰岛细胞中几乎不表达,而在胰腺腺泡细胞中有高水平的表达。基因表达伴随时间或阶段顺序所表现出的这种空间分布差异,实际上是由细胞在器官的分布所决定的,因此基因表达的空间特异性又称细胞特异性（cell specificity）或组织特异性（tissue specificity）。

同一个体内不同器官、组织、细胞的差异性的基础是特异的基因表达或称为差异基因表达（differential gene expression）。细胞的基因表达谱（gene expression profile）,即基因表达的种类和强度决定了细胞的分化状态和功能。换言之,在个体内决定细胞类型的不是基因本身,而是基因表达模式（gene expression pattern）。

三、基因表达的方式存在多样性

不同种类的生物遗传背景不同,同种生物不同个体生活环境不完全相同,不同的基因功能和性质也不相同。因此,不同的基因对生物体内、外环境信号刺激的反应性不同。有些基因在生命全过程中持续表达,有些基因的表达则受环境影响。基因表达调控（regulation of gene expression）就是指细胞或生物体在接受内、外环境信号刺激时或适应环境变化的过程中在基因表达水平上作出应答的分子机制,即位于基因组内的基因如何被表达成为有功能的蛋白质（或 RNA）,在什么组织表达,什么时候表达,表达多少等。按照对刺激的反应性,基因表达的方式或调节类型存在很大差异。

（一）有些基因几乎在所有细胞中持续表达

有些基因产物对生命全过程都是必需的或必不可少的。这类基因在一个生物个体的几乎所有细胞中持续表达,不易受环境条件的影响,或称基本表达。这些基因通常被称为管家基因（housekeeping gene）。例如,三羧酸循环是一中枢性代谢途径,催化该途径各阶段反应的酶的编码基因就属这类基因。管家基因的表达水平受环境因素影响较小,而是在生物体各个生长阶段的大多数或几乎全部组织中持续表达,或变化很小。我们将这类基因表达称为基本（或组成性）基因表达（constitutive gene expression）。基本基因表达只受启动子和 RNA 聚合酶等因素的影响,而基本不受其他机制调节。但实际上,基本基因表达水平并非绝对"一成不变","不变"是相对的。

（二）有些基因的表达受到环境变化的诱导和阻遏

与管家基因不同,另有一些基因表达很容易受环境变化的影响。随外环境信号变化,这类基因的表达水平可以出现升高或降低的现象。

在特定环境信号刺激下,相应的基因被激活,基因表达产物增加,即这种基因表达是可诱导的。可诱导基因（inducible gene）在一定的环境中表达增强的过程称为诱导（induction）。例如,在有 DNA

损伤时,修复酶基因就会在细菌体内被激活,导致修复酶反应性地增加。

相反,如果基因对环境信号应答时被抑制,这种基因称为可阻遏基因(repressible gene)。可阻遏基因表达产物水平降低的过程称为阻遏(repression)。例如,当培养基中色氨酸供应充分时,细菌体内与色氨酸合成有关的酶编码基因表达就会被抑制。这类基因的调控序列通常含有针对特异刺激的反应元件。

诱导和阻遏是同一事物的两种表现形式,在生物界普遍存在,也是生物体适应环境的基本途径。乳糖操纵子机制是认识诱导和阻遏表达的经典模型(见本章第二节)。

(三) 生物体内不同基因的表达受到协调调节

在生物体内,一个代谢途径通常是由一系列化学反应组成,需要多种酶参与;此外,还需要很多其他蛋白质参与作用物在细胞内、外区间的转运。这些酶及转运蛋白等的编码基因被统一调节,使参与同一代谢途径的所有蛋白质(包括酶)分子比例适当,以确保代谢途径有条不紊地进行。在一定机制控制下,功能上相关的一组基因,无论其为何种表达方式,均需协调一致、共同表达,即为协同表达(coordinate expression)。这种调节称为协同调节(coordinate regulation)。基因的协调表达体现在生物体的生长发育全过程。

生物体通过协调调节不同基因的表达以适应环境、维持生长和增殖。生物体所处的内、外环境是在不断变化的。所有生物的所有活细胞都必须对内、外环境的变化作出适当反应,以使生物体能更好地适应变化着的环境状态。生物体这种适应环境的能力总是与某种或某些蛋白质分子的功能有关。细胞内某种功能蛋白质分子的有或无、多或少的变化则由编码这些蛋白质分子的基因表达与否、表达水平高低等状况决定。通过一定的程序调控基因的表达,可使生物体表达出合适的蛋白质分子,以便更好地适应环境,维持其生长。

原核生物、单细胞生物调节基因的表达就是为适应环境、维持生长和细胞分裂。例如,当葡萄糖供应充足时,细菌中与葡萄糖代谢有关的酶编码基因表达增强,其他糖类代谢有关的酶基因关闭;当葡萄糖耗尽而有乳糖存在时,与乳糖代谢有关的酶编码基因则表达,此时细菌可利用乳糖作为碳源,维持生长和增殖。高等生物也普遍存在适应性表达方式。经常饮酒者体内醇氧化酶活性较高即与相应基因表达水平升高有关。

在多细胞生物,基因表达调控的意义还在于维持细胞分化与个体发育。在多细胞个体生长、发育的不同阶段,细胞中的蛋白质分子种类和含量变化很大;即使在同一生长发育阶段,不同组织器官内蛋白质分子分布也存在很大差异,这些差异是调节细胞表型的关键。例如,果蝇幼虫(蛹)最早期只有一组"母本效应基因(maternal effect gene)"表达,使受精卵发生头尾轴和背腹轴固定,以后有三组"分节基因"顺序表达,控制蛹的"分节"发育过程,最后这些"节"分别发育为成虫的头、胸、翅膀、肢体、腹及尾等。高等哺乳类动物的细胞分化,各种组织、器官的发育都是由一些特定基因控制的。当某种基因缺陷或表达异常时,则会出现相应组织或器官的发育异常。

四、基因表达受调控序列和调节分子共同调节

一个生物体的基因组中既有携带遗传信息的基因编码序列,也有能够影响基因表达的调控序列(regulatory sequence)。一般说来,调控序列与被调控的编码序列位于同一条 DNA 链上,也被称为顺式作用元件(*cis*-acting element)或顺式调节元件(*cis*-regulator element,CRE)。还有一些调控基因远离被调控的编码序列,实际上是其他分子的编码基因,只能通过其表达产物来发挥作用。这类调控基因产物称为调节蛋白(regulatory protein)。调节蛋白不仅能对处于同一条 DNA 链上的结构基因的表达进行调控,而且还能对不在一条 DNA 链上的结构基因的表达起到同样的作用。因此,这些蛋白质分子又被称为反式作用因子(*trans*-acting factor)。这些反式作用因子以特定的方式识别和结合在顺式作用元件上,实施精确的基因表达调控。还有一类调控基因的产物为调节 RNA,这些 RNA 分子以不同的作用方式对基因表达进行精细调节。

作为反式作用因子的调节蛋白具有特定的空间结构,通过特异性地识别某些DNA序列与顺式作用元件发生相互作用。例如,DNA双螺旋结构的大沟是调节蛋白最容易与DNA序列发生相互作用的部位。真核生物基因组结构比较复杂,使得有些调节蛋白不能直接与DNA相互作用,而是首先形成蛋白质-蛋白质的复合物,然后再与DNA结合参与基因表达的调控。蛋白质-DNA以及蛋白质-蛋白质的相互作用是基因表达调控的分子基础。

五、基因表达调控呈现多层次和复杂性

无论是原核生物还是真核生物,基因表达调控体现在基因表达的全过程中,即在RNA转录合成和蛋白质翻译两个阶段都有控制其表达的机制。因此基因表达的调控是多层次的复杂过程,改变其中任何环节均会导致基因表达的变化(动画16-1"基因表达多层次调控")。

首先,遗传信息以基因的形式贮存于DNA分子中,基因拷贝数越多,其表达产物也会越多,因此基因组DNA的部分扩增(amplification)可影响基因表达。在多细胞生物,某一特定类型细胞的选择性扩增可能就是通过这种机制使某种或某些蛋白质分子高表达的结果。为适应某种特定需要而进行的DNA重排(DNA rearrangement),以及DNA甲基化(DNA methylation)等均可在遗传信息水平上影响基因表达。

其次,遗传信息经转录由DNA传递给RNA的过程,是基因表达调控最重要、最复杂的一个层次。在真核细胞,初始转录产物需经转录后加工修饰才能成为有功能的成熟RNA,并由细胞核转运至细胞质,对这些转录后加工修饰以及转运过程的控制也是调节某些基因表达的重要方式,例如:对mRNA的选择性剪接、RNA编辑等。近年来,以miRNA为代表的非编码RNA对基因表达调控的作用也日益受到重视,使我们可以在一个新的层面上理解基因表达调控。

蛋白质生物合成即翻译是基因表达的最后一步,影响蛋白质合成的因素同样也能调节基因表达。并且,翻译与翻译后加工可直接、快速地改变蛋白质的结构与功能,因而对此过程的调控是细胞对外环境变化或某些特异刺激应答时的快速反应机制。总之,在遗传信息传递的各个水平上均可进行基因表达调控。

尽管基因表达调控可发生在遗传信息传递过程的任何环节,但发生在转录水平,尤其是转录起始水平的调节,对基因表达起着至关重要的作用,即转录起始是基因表达的基本控制点。

第二节　原核基因表达调控

原核生物基因组是具有超螺旋结构的闭合环状DNA分子,在结构上有以下特点:①基因组中很少有重复序列;②编码蛋白质的结构基因为连续编码,且多为单拷贝基因,但编码rRNA的基因仍然是多拷贝基因;③结构基因在基因组中所占的比例(约占50%)远远大于真核基因组;④许多结构基因在基因组中以操纵子为单位排列。此外,原核生物的细胞结构也比较简单,其基因组的转录和翻译可以在同一空间内完成,并且时间上的差异不大。在转录过程终止之前mRNA就已经结合在核糖体上,开始了蛋白质的生物合成。

一、操纵子是原核基因转录调控的基本单位

前已述及,大肠杆菌的RNA聚合酶由σ亚基(或称σ因子)和核心酶构成,其中σ亚基的作用是识别和结合在DNA模板上的启动序列,启动转录过程。原核生物在转录水平的调控主要取决于转录起始速度,即主要调节的是转录起始复合物形成的速度。

原核生物大多数基因表达调控是通过操纵子机制实现的。操纵子由结构基因、调控序列和调节基因组成。

结构基因通常包括数个功能上有关联的基因,它们串联排列,共同构成编码区。这些结构基因共

用一个启动子和一个转录终止信号序列,因此转录合成时仅产生一条 mRNA 长链,为几种不同的蛋白质编码。这样的 mRNA 分子携带了几条多肽链的编码信息,被称为多顺反子(polycistron)mRNA。

调控序列主要包括启动子和操纵元件(operator)。启动子是 RNA 聚合酶结合的部位,是决定基因表达效率的关键元件。各种原核基因启动序列特定区域内,通常在转录起始点上游−10 及−35 区域存在一些相似序列(见第十四章),称为共有序列。E. coli 及一些细菌启动序列的共有序列在−10 区域是 TATAAT,又称 Pribnow 盒,在−35 区域为 TTGACA(图 16-1)。这些共有序列中的任一碱基突变或变异都会影响 RNA 聚合酶与启动子的结合及转录起始。因此,共有序列决定启动子的转录活性大小。操纵元件并非结构基因,而是一段能被特异的阻遏蛋白识别和结合的 DNA 序列。操纵序列与启动序列毗邻或接近,其 DNA 序列常与启动子交错、重叠,它是原核阻遏蛋白(repressor)的结合位点。当操纵序列结合有阻遏蛋白时会阻碍 RNA 聚合酶与启动子的结合,或使 RNA 聚合酶不能沿 DNA 向前移动,阻遏转录,介导负性调节。原核操纵子调控序列中还有一种特异的 DNA 序列可结合激活蛋白(activator),结合后 RNA 聚合酶活性增强,使转录激活,介导正性调节。

	−35区		−10区		RNA转录起点
trp	TTGACA	N17	TTAACT	N7	A
tRNA^tyr	TTTACA	N16	TATGAT	N7	A
lac	TTTACA	N17	TATGTT	N6	A
recA	TTGATA	N16	TATAAT	N7	A
Ara BAD	CTGACG	N16	TACTGT	N6	A
共有序列	TTGACA		TATAAT		

图 16-1 5 种 E. coli 启动子的共有序列
−10 区域的 TATAAT 和−35 区域的 TTGACA 为共有序列

调节基因(regulatory gene)编码能够与操纵元件结合的阻遏蛋白。阻遏蛋白可以识别、结合特异的操纵元件,抑制基因转录,所以阻遏蛋白介导负性调节(negative regulation)。阻遏蛋白介导的负性调节机制在原核生物中普遍存在。

此外,还有一些调控蛋白质对原核基因转录调控起着重要的作用,如特异因子和激活蛋白。这些调控蛋白质的作用分别是:①特异因子决定 RNA 聚合酶对一个或一套启动序列的特异性识别和结合能力。②激活蛋白可结合启动子邻近的 DNA 序列,提高 RNA 聚合酶与启动序列的结合能力,从而增强 RNA 聚合酶的转录活性,是一种正性调节(positive regulation)。分解(代谢)物基因激活蛋白(catabolite gene activator protein,CAP)就是一种典型的激活蛋白。有些基因在没有激活蛋白存在时,RNA 聚合酶很少或根本不能结合启动子,所以基因不能转录。

阻遏蛋白、特异因子和激活蛋白等原核调控蛋白都是一些 DNA 结合蛋白。凡是能够诱导基因表达的分子称为诱导剂,而凡是能够阻遏基因表达的分子称为阻遏剂。

二、乳糖操纵子是典型的诱导型调控

操纵子在原核基因表达调控中具有普遍意义。大多数原核生物的多个功能相关基因串联在一起,依赖同一调控序列对其转录进行调节,使这些相关基因实现协调表达。以大肠杆菌的乳糖操纵子(lac operon)为例介绍原核生物的操纵子调控模式。乳糖代谢酶基因的表达特点是:在环境中没有乳糖时,这些基因处于关闭状态;只有当环境中有乳糖时,这些基因才被诱导开放,合成代谢乳糖所需要的酶。乳糖操纵子是最早发现的原核生物转录调控模式。

（一）乳糖操纵子的结构

$E.coli$ 的乳糖操纵子含 Z、Y 及 A 三个结构基因,分别编码 β-半乳糖苷酶(β-galactosidase)、通透酶(permease)和乙酰基转移酶(acetyltransferase),此外还有一个操纵元件 O(operator,O)、一个启动子 P(promoter,P)及一个调节基因 I。I 基因具有独立的启动子(PI),编码一种阻遏蛋白,后者与 O 序列结合,使操纵子受阻遏而处于关闭状态。在启动子 P 上游还有一个 CAP 结合位点。由 P 序列、O 序列和 CAP 结合位点共同构成乳糖操纵子的调控区,三个酶的编码基因即由同一调控区调节,实现基因表达产物的协同表达(图 16-2)。

图 16-2　lac 操纵子与阻遏蛋白的负性调节
阻遏蛋白由具有独立启动子(PI)的 I 基因编码生成后,与操纵序列(O 序列)结合,使操纵子受阻遏而处于关闭状态。别乳糖或异丙基硫代半乳糖苷(IPTG)等可以结合阻遏蛋白,使其构象变化而去阻遏

（二）乳糖操纵子受到阻遏蛋白和 CAP 的双重调节

1. 阻遏蛋白的负性调节　在没有乳糖存在时,lac 操纵子处于阻遏状态。此时,I 序列在 PI 启动序列作用下表达的 Lac 阻遏蛋白与 O 序列结合,阻碍 RNA 聚合酶与 P 序列结合,抑制转录启动。阻遏蛋白的阻遏作用并非绝对,偶有阻遏蛋白与 O 序列解聚。因此,每个细胞中可能会有寥寥数个分子的 β-半乳糖苷酶、通透酶生成。

当有乳糖存在时,lac 操纵子即可被诱导。在这个操纵子体系中,真正的诱导剂并非乳糖本身。乳糖经通透酶催化、转运进入细胞,再经原先存在于细胞中的少数 β-半乳糖苷酶催化,转变为别乳糖(allolactose)。后者作为一种诱导剂分子结合阻遏蛋白,使蛋白质构象变化,导致阻遏蛋白与 O 序列解离而发生转录,可使 β-半乳糖苷酶分子增加达 1000 倍。别乳糖的类似物异丙基硫代半乳糖苷(iso-propylthiogalactoside,IPTG)是一种作用极强的诱导剂,不被细菌代谢而十分稳定,因此在基因工程领域和分子生物学实验中被广泛应用。

2. CAP 的正性调节　CAP 是同二聚体,在其分子内有 DNA 结合区及 cAMP 结合位点。当培养

基中缺乏葡萄糖时,cAMP 浓度增高,cAMP 与 CAP 结合,这时 CAP 结合在 *lac* 启动序列附近的 CAP 位点,可刺激 RNA 聚合酶转录活性,使之提高 50 倍🔲;当有葡萄糖存在时,cAMP 浓度降低,cAMP 与 CAP 结合受阻,因此 *lac* 操纵子表达下降。

由此可见,对 *lac* 操纵子来说,CAP 是正性调节因素,Lac 阻遏蛋白是负性调节因素。两种调节机制根据存在的碳源性质及水平协调调节 *lac* 操纵子的表达。

3. 协同调节 Lac 阻遏蛋白负性调节与 CAP 正性调节两种机制协同合作🔲:当 Lac 阻遏蛋白阻遏转录时,CAP 对该系统不能发挥作用;但是如果没有 CAP 存在来加强转录活性,即使阻遏蛋白从操纵序列上解离仍几无转录活性。可见,两种机制相辅相成、互相协调、相互制约。由于野生型 *lac* 启动子作用很弱,所以 CAP 是必不可少的。

lac 操纵子的负调节能很好地解释在单纯乳糖存在时,细菌是如何利用乳糖作为碳源的。然而,细菌生长环境是复杂的,倘若有葡萄糖或葡萄糖/乳糖共同存在时,细菌首先利用葡萄糖才是最节能的。这时,葡萄糖通过降低 cAMP 浓度,阻碍 cAMP 与 CAP 结合而抑制 *lac* 操纵子转录,使细菌只能利用葡萄糖。葡萄糖对 *lac* 操纵子的阻遏作用称分解代谢阻遏(catabolic repression)。*lac* 操纵子强的诱导作用既需要乳糖存在又需要缺乏葡萄糖。*lac* 操纵子协同调节机制如图 16-3 所示。

(a) 有葡萄糖,无乳糖

(b) 有葡萄糖,有乳糖

(c) 无葡萄糖,有乳糖

图 16-3 *lac* 操纵子的调节

(a)当葡萄糖存在,没有乳糖存在时,阻遏蛋白封闭转录,CAP 不能发挥作用;(b)当乳糖存在时,去阻遏,但因有葡萄糖存在,CAP 不能发挥作用;(c)当葡萄糖不存在,乳糖存在时,即去阻遏,CAP 又能发挥作用,对 *lac* 操纵子有强的诱导调节

三、色氨酸操纵子通过阻遏作用和衰减作用抑制基因表达

原核生物体积小,受环境影响大,在生存过程中需要最大限度减少能源消耗,对非必需氨基酸都

尽量关闭其编码基因。例如,只要环境中有相应的氨基酸供应,大肠杆菌就不会自己去合成,而会将相应氨基酸的合成代谢酶编码基因全部关闭。大肠杆菌色氨酸操纵子(*trp* operon)就是一个阻遏操纵子。在细胞内无色氨酸时,阻遏蛋白不能与操纵序列结合,因此色氨酸操纵子处于开放状态,结构基因得以表达。当细胞内色氨酸的浓度较高时,色氨酸作为辅阻遏物与阻遏蛋白形成复合物并结合到操纵序列上,关闭色氨酸操纵子,停止表达用于合成色氨酸的各种酶。

　　色氨酸操纵子的有效关闭还有一种属于促进已经开始转录的 mRNA 合成终止的方式来进一步加强,这种方式称为转录衰减(transcription attenuation),即色氨酸操纵子还可通过转录衰减的方式抑制基因表达。这种作用是利用原核生物中转录与翻译过程偶联进行,转录时先合成的一段前导序列 L 来实现的。

　　前导序列的结构特点及其发挥衰减作用的机制如图 16-4 所示。前导序列 L 的结构特点是:①它可以转录生成一段长度为 162bp、内含 4 个特殊短序列的前导 mRNA;②其中序列 1 有独立的起始和终止密码子,可翻译成为一个有 14 个氨基酸残基的前导肽,它的第 10 位和第 11 位都是色氨酸残基;③序列 1 和序列 2 间、序列 2 和序列 3 间、序列 3 和序列 4 间存在一些互补序列,可分别形成发夹结构,形成发卡结构的能力依次是 1/2 发夹>2/3 发夹>3/4 发夹;④序列 4 的下游有一个连续的 U 序列,是一个不依赖于 ρ 因子的转录终止信号。

图16-4　色氨酸操纵子的结构及其关闭机制

(a)前导序列的结构特征;(b)在 Trp 低浓度时,核糖体停滞在序列 1 上,2/3 发卡结构形成,转录继续进行;(c)在 Trp 高浓度时,3/4 发卡结构和多聚 U 序列使得转录提前终止

　　转录衰减的机制是:①色氨酸浓度较低时,前导肽的翻译因色氨酸量的不足而停滞在第 10/11 的色氨酸密码子部位,核糖体结合在序列 1 上,因此前导 mRNA 倾向于形成 2/3 发夹结构,转录继续进行;②色氨酸浓度较高时,前导肽的翻译顺利完成,核糖体可以前进到序列 2,因此发夹结构在序列 3 和序列 4 形成,连同其下游的多聚 U 使得转录中途终止,表现出转录的衰减。原核生物这种在色氨酸浓度高时通过阻遏作用和转录衰减机制共同关闭基因表达的方式,保证了营养物质和能量的合理利用。

前导序列发挥了随色氨酸浓度升高而降低转录的作用,故将这段序列称为衰减子(attenuator)。在 trp 操纵子中,阻遏蛋白对结构基因转录的负调节起到粗调的作用,而衰减子起到精调的作用。细菌中其他氨基酸合成系统的操纵子(如 phe、his、leu、thr 等)中也有类似的衰减调控机制。

四、原核基因表达在翻译水平受到精细调控

与转录类似,翻译一般在起始和终止阶段受到调节,尤其是起始阶段。翻译起始的调节主要靠调节分子,调节分子可直接或间接决定翻译起始位点能否为核糖体所利用。调节分子可以是蛋白质,也可以是 RNA。

(一)蛋白质分子结合于启动子或启动子周围进行自我调节

无论是单顺反子还是多顺反子 mRNA,许多体系应用了类似的机制,即调节蛋白结合 mRNA 靶位点,阻止核糖体识别翻译起始区,从而阻断翻译的机制。调节蛋白一般作用于自身 mRNA,抑制自身的合成,因而这种调节方式称为自我控制(autogenous control)。细菌 mRNA 起始密码子上游约 10 个核苷酸之前的 SD 序列与 16S rRNA 序列互补的程度以及从起始密码子 AUG 到嘌呤片段的距离也都强烈地影响翻译起始的效率(见第十五章)。不同基因的 mRNA 有不同的 SD 序列,它们与 16S rRNA 的结合能力也不同,从而控制着单位时间内翻译过程中起始复合物形成的数目,最终控制着翻译的速度。

(二)翻译阻遏利用蛋白质与自身 mRNA 的结合实现对翻译起始的调控

翻译起始与转录起始相类似,也受调节蛋白的作用,但与转录不同,RNA 在翻译起始过程中有重要的作用。编码区的起始点可与调节分子(蛋白质或 RNA)直接或间接地结合来决定翻译起始。在此调控机制中,调节蛋白可以结合到起始密码子上,阻断与核糖体的结合。例如,S8 是组成核糖体小亚基的一个蛋白质,可以与 16S rRNA 的茎环结构结合;L5 是组成核糖体大亚基的一个蛋白质,它的 mRNA 的 5'-末端也能形成一个与 16S rRNA 的茎环结构相类似的结构。因此 S8 也能与 L5 的 mRNA 结合。当 16S rRNA 含量充足时,可以与所有的 S8 蛋白结合,不影响 L5 蛋白质的合成;而当 16S rRNA 含量不足时,多余的 S8 则与 L5 mRNA 结合,阻遏 L5 蛋白质的合成,防止 L5 合成过量。

(三)反义 RNA 利用结合 mRNA 翻译起始部位的互补序列调节翻译起始

此外,在一些细菌和病毒中还存在一类调节基因,能够转录产生反义 RNA(antisense RNA)。反义 RNA 含有与特定 mRNA 翻译起始部位互补的序列,通过与 mRNA 杂交阻断 30S 小亚基对起始密码子的识别及与 SD 序列的结合,抑制翻译起始。这种调节称为反义控制(antisense control)。反义 RNA 的调节作用具有非常重要的理论意义和实际意义。

(四)mRNA 密码子的编码频率影响翻译速度

遗传密码表显示,除色氨酸和甲硫氨酸外,其他的氨基酸都有 2 个或 2 个以上的遗传密码子。有些是使用频率较高的常用密码子,而有些则是使用频率较低的稀有密码子。当基因中的密码子是常用密码子时,mRNA 的翻译速度快,反之,mRNA 的翻译速度慢。大肠杆菌 dnaG 基因是引物酶的编码基因,含有较多的稀有密码子,使得 mRNA 的翻译速度缓慢,防止引物酶合成过多。

第三节　真核基因表达调控

原核细胞的基因表达调控机制已经十分复杂,与之相比,真核生物的基因组结构要复杂得多,加之个体内细胞间广泛存在的信号通讯网络,其基因表达调控的多样性和复杂性远非原核生物所能比拟。

一、真核基因表达特点

多细胞真核生物的基因表达调控具有以下特点:①真核基因组比原核基因组大得多。②原核基

因组的大部分序列都为编码基因,而哺乳类基因组中大约只有10%的序列编码蛋白质、rRNA、tRNA等,其余90%的序列,包括大量的重复序列,功能至今还不清楚,可能参与调控。③真核生物编码蛋白质的基因是不连续的,转录后需要剪接去除内含子,这就增加了基因表达调控的层次。④原核生物的基因编码序列在操纵子中,多顺反子mRNA使得几个功能相关的基因自然协调控制;而真核生物则是一个结构基因转录生成一条mRNA,即mRNA是单顺反子(monocistron),许多功能相关的蛋白质,即使是一种蛋白质的不同亚基也将涉及多个基因的协调表达。⑤真核生物DNA在细胞核内与多种蛋白质结合构成染色质,这种复杂的结构直接影响着基因表达。⑥真核生物的遗传信息不仅存在于核DNA上,还存在于线粒体DNA上,核内基因与线粒体基因的表达调控既相互独立又需要协调。

由于真核基因组的这些特点,真核基因表达的调控过程较原核生物要复杂许多(图16-5)。该过程包括了染色质激活、转录起始、转录后修饰、转录产物的细胞内转运、翻译起始、翻译后修饰等多个步骤。在上述过程的每一个环节都可以对基因表达进行干预,从而使得基因表达调控呈现出多层次和综合协调的特点。但是,转录起始的调控是基因表达调控较为关键的环节。

图16-5   真核生物基因表达的多层次复杂调控

二、染色质结构与真核基因表达密切相关

以染色质形式组装在细胞核内的DNA所携带的遗传信息表达直接受到染色质结构的制约。当基因被激活时,可观察到染色质相应区域发生某些结构和性质变化,这些具有转录活性的染色质被称为活性染色质(active chromatin)。

(一)转录活化的染色质对核酸酶极为敏感

当染色质活化后,常出现一些对核酸酶(如DNase Ⅰ)高度敏感的位点,称之超敏位点(hypersensitive site)。超敏位点通常位于被活化基因的5′-侧翼区1kb内,但有时也会在更远的5′-侧翼区或3′-侧翼区出现一些超敏位点。这些转录活化区域是缺乏或没有核小体蛋白结合的"裸露"DNA链。

(二)转录活化染色质的组蛋白发生改变

转录活跃区域的染色质中组蛋白的特点是:①富含赖氨酸的H1组蛋白含量降低;②H2A-H2B组蛋白二聚体的不稳定性增加,使它们容易从核小体核心中被置换出来;③核心组蛋白H3、H4可发生乙酰化、磷酸化以及泛素化等修饰。这些都使得核小体的结构变得松弛而不稳定,降低核小体蛋白对

DNA 的亲和力,易于基因转录。

在真核细胞中,核小体是染色质的主要结构单位,四种组蛋白(H2A、H2B、H3 和 H4 各 2 个分子)组成的八聚体构成核小体的核心区(core particle),其外面盘绕着 DNA 双螺旋链。每个组蛋白的氨基端都会伸出核小体外,形成组蛋白尾巴(图 16-6)。这些尾巴可以形成核小体间相互作用的纽带,同时也是发生组蛋白修饰的位点。这些修饰包括对组蛋白中富含的赖氨酸、精氨酸、组氨酸等带有正电荷的碱性氨基酸进行的乙酰化、磷酸化和甲基化等修饰过程。

图 16-6　组蛋白结构

(a)组蛋白与 DNA 组成的核小体;(b)组蛋白的氨基端伸出核小体,形成组蛋白尾巴;
(c)四种组蛋白组成的八聚体

一般来说,乙酰化修饰能够中和组蛋白尾巴上碱性氨基酸残基的正电荷,减弱组蛋白与带有负电荷的 DNA 之间的结合,选择性地使某些染色质区域的结构从紧密变得松散,有利于转录因子与 DNA 的结合,从而开放某些基因的转录,增强其表达水平。而组蛋白甲基化通常不会在整体上改变组蛋白尾巴的电荷,但是能够增加其碱性度和疏水性,因而增强其与 DNA 的亲和力。乙酰化修饰和甲基化修饰都是通过改变组蛋白尾巴与 DNA 之间的相互作用发挥基因表达调控的功能,而乙酰化修饰和甲基化修饰的作用往往又是相互排斥的。组蛋白的磷酸化修饰在细胞有丝分裂和减数分裂期间染色体浓缩以及基因转录激活过程中发挥重要的调节作用。

组蛋白乙酰化、磷酸化和甲基化修饰对染色质结构和功能的影响总结于表 16-1。此外,组蛋白修饰还包括泛素化修饰和 ADP-核糖基化。各种不同修饰的效应可能是协同的,也可能是相反的;可能是同时发生,也可能是在不同时刻;修饰的组蛋白底物可能相同,也可能不同。组蛋白修饰对于基因表达影响的机制也包括两种相互包容的理论,即组蛋白的修饰直接影响染色质或核小体的结构,以及化学修饰募集了其他调控基因转录的蛋白质,为其他功能分子与组蛋白结合搭建了一个平台。这些理论构成了"组蛋白密码"假说。当然,组蛋白修饰对基因表达调控的研究还刚刚开始,许多问题仍有待解决。

发挥组蛋白共价修饰作用的一些蛋白质分子,如组蛋白乙酰基转移酶(histone acetyltransferase,HAT)和组蛋白去乙酰化酶(histone deacetylase,HDAC),在 DNA 水平的基因表达调控中具有重要作用。HAT 使组蛋白发生乙酰化,促使染色质结构松弛,有利于基因的转录,被称为转录辅激活因子(co-activator),而 HDAC 促进组蛋白的去乙酰化,抑制基因的转录,被称为转录辅抑制因子(co-repressor)。

表 16-1   组蛋白修饰对染色质结构与功能的影响

组蛋白	氨基酸残基位点	修饰类型	功能
H3	Lys-4	甲基化	激活
H3	Lys-9	甲基化	染色质浓缩
H3	Lys-9	甲基化	DNA 甲基化所必需
H3	Lys-9	乙酰化	激活
H3	Ser-10	磷酸化	激活
H3	Lys-14	乙酰化	防止 Lys-9 的甲基化
H3	Lys-79	甲基化	端粒沉默
H4	Arg-3	甲基化	激活或抑制*
H4	Lys-5	乙酰化	装配
H4	Lys-12	乙酰化	装配
H4	Lys-16	乙酰化	核小体装配
H4	Lys-16	乙酰化	Fly X 激活

* 不同的酶催化产生不同的效应

（三）CpG 岛甲基化水平降低

DNA 甲基化是真核生物在染色质水平控制基因转录的重要机制。真核基因组中胞嘧啶的第 5 位碳原子可以在 DNA 甲基转移酶（DNA methyltransferase）的作用下被甲基化修饰为 5-甲基胞嘧啶，并且以序列 CG 中的胞嘧啶甲基化更加常见。但是这些甲基化胞嘧啶在基因组中并不是均匀分布，有些成簇的非甲基化 CG 存在于整个基因组中，人们将这些 GC 含量可达 60%，长度为 300~3000bp 的区段称作 CpG 岛（CpG island）。CpG 岛主要位于基因的启动子和第一外显子区域，约有 60% 以上基因的启动子含有 CpG 岛。业已发现处于转录活跃状态的染色质中，CpG 岛的甲基化程度下降，例如管家基因的 CpG 岛中胞嘧啶甲基化水平较低。CpG 岛的高甲基化促进染色质形成致密结构，因而不利于基因表达。

染色质结构对基因表达的影响可以遗传给子代细胞，其机制是细胞内存在着具有维持甲基化作用的 DNA 甲基转移酶，可以在 DNA 复制后，依照亲本 DNA 链的甲基化位置催化子链 DNA 在相同位置上发生甲基化。这种现象称为表观遗传（epigenetic inheritance）。这种遗传信息不是蕴藏在 DNA 序列中，而是通过对染色质结构的影响及基因表达变化而实现的。表观遗传对基因表达的调控不仅体现在 DNA 甲基化上，组蛋白的乙酰化、甲基化以及非编码小 RNA 的调控等都属于表观遗传调控的范畴。

三、转录起始的调节

与原核细胞一样，转录起始是真核生物基因表达调控的关键，但是真核生物的基因转录起始过程比原核细胞的复杂得多。这是因为真核生物的 RNA 聚合酶需要与多个转录因子相互作用，才能完成转录起始复合物的装配，装配速度决定着基因表达的水平。

（一）顺式作用元件是转录起始的关键调节部位

绝大多数真核基因调控机制都涉及编码基因附近的非编码 DNA 序列——顺式作用元件。顺式作用元件是指可影响自身基因表达活性的 DNA 序列（图 16-7）。真核生物基因组中每一个基因都有各自特异的顺式作用元件。顺式作用元件通常是非编码序列，但是并非都位于转录起始点上游。根据顺式作用元件在基因中的位置、转录激活作用的性质及发挥作用的方式，可将真核基因的这些功能元件分为启动子、增强子、沉默子及绝缘子等。

1. **真核生物启动子结构和调节远较原核生物复杂**   真核生物不同基因的启动子序列间的一致性不像原核生物那样明显，而且 RNA 聚合酶与 DNA 的结合需要多种蛋白质因子的相互协调作用。因此，真核生物的启动子序列要比原核生物的复杂得多、序列也更长。

图 16-7　顺式作用元件

图中 A、B 分别代表同一基因中的两段特异 DNA 序列。B 序列通过一定机制影响 A 序列，并
通过 A 序列控制该基因的转录起始的准确性及频率。A、B 序列就是调节这个基因转录活性
的顺式作用元件

真核生物启动子一般位于转录起始点上游，为 100～200bp 序列，包含有若干具有独立功能的
DNA 序列元件，每个元件长 7～30bp。启动子通常含有 1 个以上的功能组件，其中最具典型意义的就
是 TATA 盒，它的共有序列是 TATAAAA（见第十一章）。TATA 盒是基本转录因子 TFⅡD 的结合位
点，通常位于转录起始点上游 $-25～-30$bp 区域，控制转录起始的准确性及频率。除 TATA 盒外，GC
盒（GGGCGG）和 CAAT 盒（GCCAAT）也是很多基因中常见的功能组件。此外，还发现很多其他类型
的功能组件。典型的Ⅱ类启动子由 TATA 盒或下游启动子元件（downstream promoter element，DPE）和
起始元件（initiator element，Inr）以及上游调控元件组成。

然而，还有很多启动子并不含 TATA 盒，这类启动子分为两类：一类为富含 GC 的启动子，最初发
现于一些管家基因，这类启动子一般含数个分离的转录起始点，并有数个转录因子 SP1 结合位点，对
基本转录活化有重要作用；另一类启动子既不含 TATA 盒，也没有 GC 富含区，这类启动子可有一个或
多个转录起始点，大多转录活性很低或根本没有转录活性，而是在胚胎发育、组织分化或再生过程中
受调节。

真核生物主要有三种 RNA 聚合酶，它们分别结合在三类不同的启动子上负责转录不同的 RNA 🔖
（见第十一章和第十四章）。

2. 增强子是一种能够提高转录效率的顺式作用元件　增强子的长度大约是 200bp，可使旁侧的
基因转录效率提高 100 倍或更多。增强子也是由若干功能组件组成，有些功能组件既可在增强子中
出现，也可在启动子中出现。这些功能组件是特异转录因子结合 DNA 的核心序列。增强子的核心组
件常为 8～12bp，可以单拷贝或多拷贝串联形式存在。增强子和启动子常交错覆盖或连续。酵母有
一种类似高等真核生物增强子样作用的序列，称为上游激活序列（upstream activator sequence，UAS），
其在转录激活中的作用方式与增强子类似。增强子的功能及其作用特征如下：

（1）增强子与被调控基因位于同一条 DNA 链上，属于顺式作用元件。

（2）增强子是组织特异性转录因子的结合部位，当某些细胞或组织中存在能够与之相结合的特
异转录因子时方能表现活性。

（3）增强子不仅能够在基因的上游或下游起作用，而且还可以远距离实施调节作用（通常为 1～
4kb），个别情况下甚至可以调控 30kb 以外的基因。

（4）增强子作用与序列的方向性无关。将增强子的方向倒置后依然能起作用，而方向倒置后的启动子就不能起作用。

（5）增强子需要有启动子才能发挥作用，没有启动子存在，增强子不能表现活性。但增强子对启动子没有严格的专一性，同一增强子可以影响不同类型启动子的转录。

3. 沉默子能够抑制基因的转录　沉默子是一类基因表达的负性调控元件，当其结合特异蛋白因子时，对基因转录起阻遏作用，最初在酵母中发现。已有的证据显示沉默子与增强子类似，其作用亦不受序列方向的影响，也能远距离发挥作用，并可对异源基因的表达起作用。

4. 绝缘子阻碍其他调控元件的作用　绝缘子最初在酵母中发现，一般位于增强子或沉默子与启动子之间，与特异蛋白因子结合后，阻碍增强子或沉默子对启动子的作用。绝缘子还可位于常染色质与异染色质之间，保护常染色质的基因表达不受异染色质结构的影响。绝缘子与增强子类似，发挥作用与序列的方向性无关。

（二）转录因子是转录起始调控的关键分子

真核基因的转录调节蛋白又称转录调节因子或转录因子（transcription factor，TF）。绝大多数真核转录调节因子由其编码基因表达后进入细胞核，通过识别、结合特异的顺式作用元件而增强或降低相应基因的表达。转录因子也被称为反式作用蛋白或反式作用因子。

如本章第一节所述，这些反式作用因子的编码基因与其作用的靶基因之间不存在结构的关联，而顺式作用元件则是在结构上与靶基因串联连接在一起。这种来自于一个基因编码的蛋白质对另一基因的调节作用称为反式激活或反式抑制作用。真核生物转录调控的基本方式就是反式作用因子对顺式作用元件的识别与结合，即通过 DNA-蛋白质的相互作用实施调控。并不是所有真核转录调节蛋白都起反式作用，也有些基因产物可特异识别、结合自身基因的调节序列，调节自身基因的开启或关闭，这就是顺式调节作用。具有这种调节方式的调节蛋白称为顺式作用蛋白（图 16-8）。

依据功能特性，可将转录因子分为通用转录因子（general transcription factor）和特异转录因子（special transcription factor）两大类。

图 16-8　反式与顺式作用蛋白

蛋白质 A 由它的编码基因表达后，通过与 B 基因特异的顺式作用元件的识别、结合，反式激活 B 基因的转录，蛋白质 A 即反式作用蛋白或反式作用因子。B 基因产物也可特异识别、结合自身基因的调节序列，顺式调节自身基因的开启或关闭，因此，B 调节蛋白称为顺式作用蛋白发挥顺式调节作用

1. 通用转录因子　这些转录因子是 RNA 聚合酶介导基因转录时所必需的一类辅助蛋白质,帮助聚合酶与启动子结合并起始转录,对所有基因都是必需的。有人将其视为 RNA 聚合酶的组成成分或亚基,故又称为基本转录因子。正如第十四章中所述,通用转录因子 TFⅡD 是由 TBP 和 TAFs 组成的复合物。TFⅡD 复合物中不同 TAFs 与 TBP 的结合可能结合不同启动子,这可以解释这些因子在各种启动子中的选择性活化作用以及对特定启动子存在不同的亲和力。中介子(mediator)也是在反式作用因子和 RNA 聚合酶之间的蛋白质复合体,它与某些反式作用因子相互作用,同时能够促进 TFⅡH 对 RNA 聚合酶最大亚基的羧基端结构域的磷酸化。有时将中介子也归类于辅激活因子。通用转录因子的存在没有组织特异性,因而对于基因表达的时空选择性并不重要。

2. 特异转录因子　这些转录因子为个别基因转录所必需,决定该基因表达的时间空间特异性,故称特异转录因子。此类特异因子有的起转录激活作用,有的起转录抑制作用。前者称转录激活因子(transcription activator),后者称转录抑制因子(transcription inhibitor)。

转录激活因子通常是一些增强子结合蛋白(enhancer binding protein,EBP);多数转录抑制因子是沉默子结合蛋白,但也有抑制因子以不依赖 DNA 的方式起作用,而是通过蛋白质-蛋白质相互作用"中和"转录激活因子或 TFⅡD,降低它们在细胞内的有效浓度,抑制基因转录。

因为在不同的组织或细胞中各种特异转录因子分布不同,所以基因表达状态、方式不同。这些组织特异性的转录因子才真正决定着细胞基因的时间、空间特异性表达。特异转录因子自身的含量、活性和细胞内定位随时都受到细胞所处环境的影响,是使环境变化在基因表达水平得到体现的关键分子。组织特异性转录因子在细胞分化和组织发育过程中具有重要作用。例如,胚胎干细胞的分化方向在相当大的程度上是由细胞内转录因子的种类所决定。阐明各种组织细胞所特有的转录因子种类,就有可能控制细胞的分化方向。诱导多能干细胞(induced pluripotent stem cell,iPS)的建立说明关键转录因子可以改变一个细胞的命运。科学家们仅用 4 种转录因子就可以使终末分化的皮肤成纤维细胞转变成为类似于胚胎干细胞样的具有多向分化能力的细胞。

此外,还有与启动子上游元件如 GC 盒、CAAT 盒等顺式作用元件结合的蛋白质,称为上游因子(upstream factor),如 SP1 结合到 GC 盒上,C/EBP 结合到 CAAT 盒上。这些反式作用因子调节通用转录因子与 TATA 盒的结合、RNA 聚合酶与启动子的结合及起始复合物的形成,从而协助调节基因的转录效率。

与远隔调控序列如增强子等结合的反式作用因子有很多。可诱导因子(inducible factor)是与增强子等远端调控序列结合的转录因子。它们能结合应答元件,只在某些特殊生理或病理情况下才被诱导产生,如 MyoD 在肌细胞中高表达,HIF-1 在缺氧时高表达。与上游因子不同,可诱导因子只在特定的时间和组织中表达而影响转录。RNA 聚合酶Ⅱ与启动子结合并启动转录需要多种蛋白质因子的协同作用。这通常包括:可诱导因子或上游因子与增强子或启动子上游元件的结合;通用转录因子在核心启动子处的组装;辅激活因子和(或)中介子在通用转录因子或 RNA 聚合酶Ⅱ复合物与可诱导因子、上游因子之间的辅助和中介作用,以准确地控制基因是否转录、何时转录。应该指出的是,上游因子和可诱导因子等在广义上也可称为转录因子,但一般不冠以 TF 的词头而各有自己特殊的名称。

3. 转录因子的结构特点　转录因子是 DNA 结合蛋白,至少包括两个不同的结构域:DNA 结合结构域(DNA binding domain)和转录激活结构域(activation domain)。此外,很多转录因子还包含一个介导蛋白质-蛋白质相互作用的结构域,最常见的是二聚化结构域。

(1)转录因子的 DNA 结合结构域

1)锌指(zinc finger)模体结构:是一类含锌离子的模体。每个重复的"指"状结构含 20 多个氨基酸残基,形成 1 个 α-螺旋和 2 个反向平行 β-折叠的二级结构组合。常见的锌指模体中每个 β-折叠上有 1 个半胱氨酸(Cys)残基,而 α-螺旋上有 2 个组氨酸(His)或半胱氨酸(Cys)残基。这 4 个氨基酸残基与二价锌离子之间形成配位键(图 16-9)。整个蛋白质分子可有多个这样的锌指重复单位。每一个单位可将其 α-螺旋伸入 DNA 双螺旋的大沟内,接触 4 个或更多的碱基。例如与 GC 盒结合的人成纤维细胞转录因子 SP1 中就有 3 个锌指重复结构。

图 16-9　锌指模体结构

C＝半胱氨酸；H＝组氨酸；F＝苯丙氨酸；L＝亮氨酸；Y＝酪氨酸；Zn＝锌离子

2）碱性螺旋-环-螺旋（basic helix-loop-helix，bHLH）模体结构：至少有两个 α-螺旋，由一个短肽段形成的环所连接，其中一个 α-螺旋的 N-端富含碱性氨基酸残基，是与 DNA 结合的结合域（图 16-10）。bHLH 模体通常以二聚体形式存在，而且两个 α-螺旋的碱性区之间的距离大约与 DNA 双螺旋的一个螺距相近（3.4nm），使两个 α-螺旋的碱性区刚好分别嵌入 DNA 双螺旋的大沟内。

3）碱性亮氨酸拉链（basic leucine zipper，bZIP）模体结构：特点是在蛋白质 C-末端的氨基酸序列中，每隔 6 个氨基酸残基是一个疏水性的亮氨酸残基。当 C-末端形成 α-螺旋结构时，肽链每旋转两周就出现一个亮氨酸残基，并且都出现在 α-螺旋的同一侧。这样的两个肽链能以疏水力结合成二聚体，形同拉链一样的结构（图 16-11）。该二聚体的 N-端是富含碱性氨基酸的区域，可以借助其正电荷与 DNA 骨架上的磷酸基团结合。

图 16-10　碱性螺旋-环-螺旋模体结构

（a）独立的碱性螺旋-环-螺旋模体结构示意图；（b）bHLH 模体二聚体与 DNA 结合的示意图。两个 α-螺旋的碱性区分别嵌入 DNA 双螺旋的大沟内

（2）转录因子的转录激活结构域：不同的转录因子具有不同的转录激活结构域，根据氨基酸的组成特点，转录激活结构域可分为三类。

1）酸性激活结构域（acidic activation domain）是一段富含酸性氨基酸的保守序列，常形成带负电荷的 β-折叠，通过与 TFⅡD 的相互作用协助转录起始复合物的组装，促进转录。如酵母转录因子 GAL4 的转录激活域。

2）富含谷氨酰胺结构域（glutamine-rich domain）的 N-末端的谷氨酰胺残基含量可高达 25% 左右，可通过与 GC 盒结合发挥转录激活作用。

3）富含脯氨酸结构域（proline-rich domain）的 C-末端的脯氨酸残基含量可高达 20%～30%，可通过与 CAAT 盒结合来激活转录。

4. 二聚化是常见的蛋白质-蛋白质相互作用方式　二聚化作用与 bZIP 的亮氨酸拉链、bHLH 的螺旋-环-螺旋结构有关。

以上介绍的各种转录因子的功能结构形式都是最典型、最常见的。此外尚有一些独特的结构

图 16-11　碱性亮氨酸拉链模体结构

(a)碱性亮氨酸拉链模体结构示意图;(b)bZIP 模体与 DNA 结合的示意图。两个 α-螺旋上的亮氨酸残基彼此接近,形成了类似拉链的结构,而富含碱性氨基酸残基的区域与 DNA 骨架上的磷酸基团结合

形式。

(三) 转录起始复合物的组装是转录调控的主要方式

DNA 元件与调节蛋白对转录激活的调节最终是由 RNA 聚合酶活性体现的,其中的关键环节是转录起始复合物的形成。真核生物主要有三种 RNA 聚合酶,分别负责催化生成不同的 RNA 分子(见第十四章)。其中 RNA 聚合酶Ⅱ参与转录生成所有 mRNA 前体及大部分 ncRNA。参与 RNA 聚合酶Ⅱ转录起始的 DNA 调控序列及转录因子要复杂得多,以满足 RNA 聚合酶Ⅱ转录成千上万种处于不同表达水平的基因的需要。

真核 RNA 聚合酶Ⅱ不能单独识别、结合启动子,而是先由基本转录因子 TFⅡD 识别、结合启动子序列,再同其他 TFⅡ与 RNA 聚合酶Ⅱ经由一系列有序结合形成一个功能性的转录前起始复合物(transcriptionpreinitiation complex,详见第十四章)。此外,一些诸如转录激活因子(activator)、中介子(mediator)以及染色质重塑因子(chromatin remodeler)等调节复合体也可参与转录前起始复合物的形成,使 RNA 聚合酶Ⅱ得以真正启动 mRNA 的有效转录(图 16-12)。在不同的细胞或阶段,还有一些特异性转录因子通过特定的结合,发挥特异性转录调节作用。

图 16-12　转录激活因子参与转录前起始复合物的形成

也正是由于这些基本转录因子和特异转录因子决定了 RNA 聚合酶Ⅱ的活性,这些调节蛋白的浓度与分布将直接影响相关基因的表达。如前所述,特异转录因子的表达具有时间或空间特异性,因此,由它们所参与组成的转录起始复合物也将呈现一种动态变化。

四、转录后调控主要影响真核 mRNA 的结构与功能

真核生物的基因表达调控在转录后层次不同于原核生物。这一方面是由于两者的转录产物的剪接、修饰等成熟加工过程有很大的差异,另一方面是由于真核生物的 RNA 产物要被运送至细胞质中去执行功能,其稳定性以及其降解过程都可以影响基因表达的最终结果。

(一) mRNA 的稳定性影响真核生物基因表达

mRNA 是蛋白质生物合成的模板,因此它的稳定性将直接影响到基因表达最终产物的数量,是转录后对基因表达进行调控的一个重要因素。真核生物 mRNA 分子的半衰期差别很大,有的可长达数十小时以上,而有的则只有几十分钟或更短。一般而言,半衰期短的 mRNA 多编码调节蛋白,因此,这些蛋白质的水平可以随着环境的变化而迅速变化,达到调控其他基因表达的目的。影响细胞内 mRNA 稳定性的因素很多,主要有下面几点:

1. 5′-端的帽结构可以增加 mRNA 的稳定性　该结构可以使 mRNA 免于在 5′-核酸外切酶的作用下被降解,从而延长了 mRNA 的半衰期。此外,帽结构还可以通过与相应的帽结合蛋白结合而提高翻译的效率,并参与 mRNA 从细胞核向细胞质的转运。

2. 3′-端的 poly(A)尾结构防止 mRNA 降解　poly(A)及其结合蛋白可以防止 3′-核酸外切酶降解 mRNA,增加 mRNA 的稳定性。如果 3′-poly(A)被去除,mRNA 分子将很快被降解。此外,3′-poly(A)尾结构还参与了翻译的起始过程。实验证明,mRNA 的细胞质定位信号有些也位于 3′-非翻译区(3′-untranslated region,3′-UTR)上。组蛋白 mRNA 没有 3′-poly(A)尾的结构,但它的 3′-端会形成一种发夹结构,使其免受核酸酶的攻击。一些 mRNA 的 3′-UTR 存在一个约 50 个核苷酸长的 AU 富含序列(AU-rich sequence,ARE)区,可以与 ARE 结合蛋白结合,促使 poly(A)核酸酶切除 poly(A)尾,使 mRNA 降解(见第十四章)。因此含有 ARE 区的 mRNA 通常都不稳定。

RNA 无论是在核内进行加工、由细胞核运至细胞质,还是在细胞质内停留(至降解),都是通过与蛋白质结合形成核糖核蛋白颗粒(ribonucleoprotein particle,RNP)进行的。mRNA 运输、在细胞质内的稳定性等均与某些蛋白质成分有关。

所有类型 RNA 分子中,mRNA 寿命最短。mRNA 稳定性是由合成速率和降解速率共同决定的(见第十四章)。大多数高等真核细胞 mRNA 半衰期较原核为长,一般为几个小时。mRNA 的半衰期可影响蛋白质合成的量,通过调节某些 mRNA 的稳定性,即可使相应蛋白质合成量受到一定程度的控制。例如,mRNA 5′-端的帽结构和 3′-端的尾结构的删除可直接影响 mRNA 的稳定性。

蛋白质产物也可调节 mRNA 的降解,如铁转运蛋白受体(transferrin receptor,TfR)mRNA 的降解速率受细胞质内某些蛋白质成分的调节,并与 mRNA 自身结构有关。当细胞内铁足量时,TfR mRNA 降解速度加快,致使 TfR 水平很快下降。当细胞内铁不足时,TfR mRNA 稳定性增加,受体蛋白质合成增多。TfR mRNA 稳定性的调节取决于 mRNA 分子中特定的重复序列,它位于 3′-UTR,称为铁反应元件(iron response element,IRE)。每个 IRE 大约为 30bp 长,可形成柄-环结构,环上有 5 个特异的核苷酸,并富含 A-U 序列。当铁浓度高时,A-U 富含序列通过目前尚不得知的机制促进 TfR mRNA 降解;当铁浓度下降时,一种 IRE 结合蛋白质(IRE-binding protein,IRE-BP)通过识别环的特异序列及柄的二级结构结合 IRE。IRE-BP 的结合可能破坏了某些机制对 TfR mRNA 的降解作用,使 TfR mRNA 的寿命延长。这一发现提示,其他稳定性可调节的 mRNA 可能也含有与特异蛋白质相互作用的反应元件,致降解速率变慢。

(二) 一些非编码小分子 RNA 可引起转录后基因沉默

与原核基因表达调节一样,某些小分子 RNA 也可调节真核基因表达。这些 RNA 都是非编码 RNA(non-coding RNA,ncRNA)。除了我们在前几章谈到过的具有催化活性的 RNA(核酶)、核小 RNA(snRNA)以及核仁小 RNA(snoRNA)以外,还有目前人们广泛关注的非编码 RNA,如 miRNA、piRNA 和 siRNA 等。小分子 RNA 对基因表达的调节十分复杂,将于真核基因表达在翻译及翻译后调控部分再做阐述。

（三）mRNA 前体的选择性剪接可以调节真核生物基因表达

真核生物基因所转录出的 mRNA 前体含有交替连接的内含子和外显子。通常状态下，mRNA 前体经过剔除内含子序列后成为一个成熟的 mRNA，并被翻译成为一条相应的多肽链。但是，参与拼接的外显子可以不按照其在基因组内的线性分布次序拼接，内含子也可以不完全被切除，由此产生了选择性剪接（见第十四章）。选择性剪接的结果是由同一条 mRNA 前体产生了不同的成熟 mRNA，并由此产生了完全不同的蛋白质。这些蛋白质的功能可以完全不同，显示了基因调控对生物多样性的决定作用。值得指出的是，被切除的内含子是否具有功能目前成为研究的热点。有学者认为：内含子是在进化中出现或消失的，其功能可能是有利于物种的进化选择。例如，细菌丢失了内含子，可以使染色体变小和复制速度加快。真核生物保留内含子，则可以产生外显子移动，有利于真核生物在适应环境改变时能合成功能不同而结构上只有微小差异的蛋白质。但也有学者认为内含子具有基因表达调控的功能。例如，现在已知某些遗传性疾病，其变异是发生在内含子而不在外显子。有些内含子在调控基因表达的过程中起作用，有些内含子还编码核酸内切酶或含有小分子 RNA 序列等。

五、真核基因表达在翻译及翻译后仍可受到调控

蛋白质生物合成过程复杂，涉及众多成分。通过调节许多参与成分的作用可使基因表达在翻译水平以及翻译后阶段得到控制。在翻译水平上，目前发现的一些调节点主要在起始阶段和延长阶段，尤其是起始阶段，如对起始因子活性的调节、Met-tRNA^{Met} 与小亚基结合的调节、mRNA 与小亚基结合的调节等。其中通过磷酸化作用改变起始因子活性这一点备受关注。mRNA 与小亚基结合的调节对某些 mRNA 的翻译控制也具有重要意义。近年来，包括小分子 RNA 在内的非编码 RNA 对基因表达调控的影响成为新的研究热点。

（一）对翻译起始因子活性的调节主要通过磷酸化修饰进行

1. 翻译起始因子 eIF-2α 的磷酸化抑制翻译起始　蛋白质合成速率的快速变化在很大程度上取决于起始水平，通过磷酸化调节真核起始因子（eukaryotic initiation factor，eIF）的活性对起始阶段有重要的控制作用。eIF-2 主要参与起始 Met-tRNAi^{Met} 的进位过程，其 α 亚基的活性可因磷酸化（cAMP 依赖性蛋白激酶所催化）而降低，导致蛋白质合成受到抑制。如血红素对珠蛋白合成的调节就是由于血红素能抑制 cAMP 依赖性蛋白激酶的活化，从而防止或减少了 eIF-2 的失活，促进了蛋白质的合成。在病毒感染的细胞中，细胞抗病毒的机制之一即是通过双链 RNA（double-stranded RNA，dsRNA）激活一种蛋白激酶，使 eIF-2α 磷酸化，从而抑制蛋白质合成的起始。

2. eIF-4E 及 eIF-4E 结合蛋白的磷酸化激活翻译起始　帽结合蛋白 eIF-4E 与 mRNA 帽结构的结合是翻译起始的限速步骤，磷酸化修饰及与抑制物蛋白的结合均可调节 eIF-4E 的活性。磷酸化的 eIF-4E 与帽结构的结合力是非磷酸化的 eIF-4E 的 4 倍，因而可提高翻译的效率。胰岛素及其他一些生长因子都可增加 eIF-4E 的磷酸化从而加快翻译，促进细胞生长。同时，胰岛素还可以通过激活相应的蛋白激酶而使一些与 eIF-4E 结合的抑制物蛋白磷酸化，磷酸化后的抑制物蛋白会与 eIF-4E 解离，激活 eIF-4E。

（二）RNA 结合蛋白参与对翻译起始的调节

所谓 RNA 结合蛋白（RNA binding protein，RBP），是指那些能够与 RNA 特异序列结合的蛋白质。基因表达的许多调节环节都有 RBP 的参与，如前述转录终止、RNA 剪接、RNA 转运、RNA 在细胞质内稳定性控制以及翻译起始等。铁蛋白相关基因的 mRNA 翻译调节就是 RBP 参与基因表达调控的典型例子。

如前所述，IRE 结合蛋白质（IRE-BP）作为特异 RNA 结合蛋白，在调节铁转运蛋白受体（TfR）mRNA 稳定性方面起重要作用。同时，它还能调节另外两个与铁代谢有关的蛋白质的合成，这两种蛋白质是铁蛋白和 δ-氨基-γ-酮戊酸（ALA）合酶。铁蛋白与铁结合，是体内铁的贮存形式，ALA 合酶是血红素合成的限速酶。与 TfR mRNA 不同，IRE 位于铁蛋白及 ALA 合酶 mRNA 的 5'-UTR，而且无 A-U

富含区,不促进 mRNA 降解。当细胞内铁浓度低时,IRE-BP 处于活化状态,结合 IRE 而阻碍 40S 小亚基与 mRNA 5′-端起始部位结合,抑制翻译起始;铁浓度偏高时,IRE-BP 不能与 IRE 结合,两种 mRNA 的翻译起始可以进行。

(三) 对翻译产物水平及活性的调节可以快速调控基因表达

新合成蛋白质的半衰期长短是决定蛋白质生物学功能的重要影响因素。因此,通过对新生肽链的水解和运输,可以控制蛋白质的浓度在特定的部位或亚细胞器保持在合适的水平。此外,许多蛋白质需要在合成后经过特定的修饰才具有功能活性。通过对蛋白质可逆的磷酸化、甲基化、酰基化修饰,可以达到调节蛋白质功能的作用,是基因表达的快速调节方式。

(四) 小分子 RNA 对基因表达的调节十分复杂

1. 微 RNA（microRNA,miRNA）　miRNA 是一个大家族,属小分子非编码单链 RNA,长度约 22 个碱基,由一段具有发夹环结构的前体加工后形成。编码 miRNA 的基因与编码蛋白质的基因一样,由 RNA 聚合酶 II 负责催化其转录合成。

它们在细胞内首先形成长度约为数百个碱基的 pri-miRNA,经过一次加工后,成为长度为 70～90 个碱基的单链 RNA 前体（pre-miRNA）,再经过一种称为 Dicer 酶的 RNA 酶进行剪切后形成长 20～24nt 的成熟 miRNA。这些成熟的 miRNA 与其他蛋白质一起组成 RNA 诱导的沉默复合体（RNA-induced silencing complex,RISC）,通过与其靶 mRNA 分子的 3′-UTR 互补匹配,促使该 mRNA 分子的降解或抑制其翻译。

最早被确认的 miRNA 是 1993 年在线虫中发现的 lin-4。这种单链 RNA 的表达具有阶段性,通过碱基配对的方式结合到靶 mRNA lin-14 的 3′-UTR,从而抑制 lin-14 的翻译,但并不影响其转录。2000 年,另一个促进线虫幼虫向成虫转变的基因 let-7 被发现,它的转录产物为 21 个碱基的 RNA 分子,也具有明显的阶段表达特异性,对线虫的发育具有重要的调控作用。

miRNA 具有一些鲜明的结构与功能特点:①其长度一般为 20～25 个碱基,个别也有 20 个碱基以下的报道;②在不同生物体中普遍存在,包括线虫、果蝇、家鼠、人及植物等;③其序列在不同生物中具有一定的保守性,但是尚未发现动植物之间具有完全一致的 miRNA 序列;④具有明显的表达阶段特异性和组织特异性;⑤miRNA 基因以单拷贝、多拷贝或基因簇等多种形式存在于基因组中,而且绝大部分位于基因间隔区。miRNA 的广泛性和多样性提示它们可能具有非常重要的生物学功能。

2. 干扰小 RNA（small interfering RNA,siRNA）　siRNA 是细胞内的一类双链 RNA（dsRNA）,在特定情况下通过一定酶切机制,转变为具有特定长度（21～23 个碱基）和特定序列的小片段 RNA。siRNA 参与 RISC 组成,与特异的靶 mRNA 完全互补结合,导致靶 mRNA 降解,阻断翻译过程。

siRNA 和 miRNA 都可以介导基因表达抑制,这种作用被称为 RNA 干扰（RNA interference,RNAi）(图 16-13)。

RNAi 可通过降解特异 mRNA,在转录后水

图16-13　siRNA 介导的 RNA 干扰作用
双链 RNA 分子被水解为 21～23 个碱基对的干扰小 RNA（siRNA）,siRNA 与一些蛋白质形成 RNA 诱导的沉默复合体（RISC）,并通过碱基互补与特异的 mRNA 结合使其降解

平对基因表达进行调节机制,是生物体本身固有的一种对抗外源基因侵害的自我保护现象。它能识别、清除外源 dsRNA 或同源单链 RNA,提供了一种防御外源核酸入侵的保护措施。同时,由于外源 dsRNA 导入细胞后也可以引起与 dsRNA 同源的 mRNA 降解,进而抑制其相应的基因表达,RNAi 又被作为一种新技术广泛应用于功能基因组研究中。通常认为,siRNA 及其介导的 RNAi 具有很高的特异性,但也有报道显示 siRNA 序列中一个或几个碱基的改变并不影响 siRNA 的活性。

siRNA 和 miRNA 都属于非编码小分子 RNA,它们具有一些共同的特点:均由 Dicer 切割产生;长度都在 22 个碱基左右;都与 RISC 形成复合体,与 mRNA 作用而引起基因沉默。它们之间的差异见表 16-2。

表 16-2　siRNA 和 miRNA 的差异比较

项目	siRNA	miRNA
前体	内源或外源长双链 RNA 诱导产生	内源发夹环结构的转录产物
结构	双链分子	单链分子
功能	降解 mRNA	阻遏其翻译
靶 mRNA 结合	需完全互补	不需完全互补
生物学效应	抑制转座子活性和病毒感染	发育过程的调节

(五) 长非编码 RNA 在基因表达调控中的作用不容忽视

长非编码 RNA(long non-coding RNA,lncRNA)是一类转录本长度超过 200 个核苷酸的 RNA 分子,一般不直接参与基因编码和蛋白质合成,但是可在表观遗传水平、转录水平和转录后水平调控基因的表达。尽管我们目前对 lncRNA 的种类、数量、功能都不明确,但 lncRNA 在很多生命活动中发挥重要作用,与机体的生理和病理过程均有密切的关系,因此对 lncRNA 的研究成为当今分子生物学前沿研究领域之一。

从上述内容中我们可以看到,蛋白质特别是组蛋白的修饰对基因表达调控的影响虽然显而易见,但是真正的作用机制仍有待揭示。长久以来,人们一直关注着编码 RNA,却突然发现非编码 RNA 也有着重要的作用。因此,全面了解非编码 RNA 的时空表达谱及生物学意义的“转录物组学(transcriptomics)”应运而生。人们也只有在对核酸(DNA 和 RNA)和蛋白质进行全面深入的研究之后,才有可能破解生命之谜。

小　结

基因表达主要是基因转录及翻译的过程,产生有功能的蛋白质和 RNA。个体内不同细胞的基因表达具有严格时空特异性,这种特异性主要由特异基因的启动子(序列)和(或)增强子与调节蛋白相互作用决定。

基因表达的方式有组成性表达及诱导/阻遏之分。某些基因产物对生命全过程都是必需的或必不可少的。这类基因在一个生物个体的几乎所有细胞中持续表达,称为管家基因。另有一些基因表达随外环境信号变化:有些基因对环境信号应答时被激活,基因表达产物增加,这种基因表达方式称为诱导;有些基因对环境信号应答时被抑制,基因表达产物水平降低,这种基因表达方式称为阻遏。

基因表达调控是在多级水平上进行的复杂事件。其中,转录起始调控最为重要。基因转录激活调节基本要素涉及 DNA 序列、调节蛋白以及这些因素对 RNA 聚合酶活性的影响。

大多数原核基因调控通过操纵子机制实现。E. coli 乳糖操纵子的 Z、Y 及 A 三个结构基因在缺乏乳糖时,可借助阻遏蛋白结合于操纵序列而被关闭,又可因乳糖的存在失去阻遏能力而开放。CAP 与调控区结合位点的结合可进一步提高乳糖操纵子的转录效率。色氨酸操纵子存在一类特殊的衰减调控作用,可使 RNA 的转录提前终止。

  真核基因表达调控的某些机制与原核存在明显差别。处于转录激活状态的染色质结构会发生明显变化,如对核酸酶敏感,DNA 碱基的甲基化修饰和组蛋白的乙酰化、甲基化或磷酸化修饰改变等。

  真核基因转录激活受顺式作用元件与反式作用因子相互作用调节。顺式作用元件按功能特性分为启动子、增强子、沉默子及绝缘子。真核基因启动子就是决定 RNA 聚合酶转录起始位点的 DNA 序列。增强子通常远离转录起始点、决定基因的时间空间特异性表达、增强启动子转录活性的 DNA 序列,其发挥作用的方式通常与方向、距离无关。

  真核转录因子可分为基本转录因子和特异转录因子。基本转录因子是 RNA 聚合酶结合启动子所必需的一组蛋白质。特异转录因子通过结合相应的调节序列而激活或阻遏相应基因的转录。所有基因的转录调节都涉及包括 RNA 聚合酶在内的转录起始复合物的形成。真核生物 RNA 转录后的加工修饰、翻译起始蛋白的活性、mRNA 分子的寿命、mRNA 的 5′-非翻译区以及 3′-非翻译区结构都会影响细胞蛋白质合成的速度。此外,miRNA 和长非编码 RNA 对真核基因表达调控的影响也日益受到重视。

思 考 题

1. 何谓基因表达? 基因表达有哪些方式,其特点或规律是什么?
2. 何谓顺式作用元件? 顺式作用元件在基因表达调控中有何作用?
3. 真核生物染色质活化有哪些主要表现?
4. 何谓反式作用因子? 简述真核生物转录因子的基本结构及作用。
5. 何谓反义 RNA、miRNA、siRNA、lncRNA 和 RNA 干扰?

(张晓伟)

第十七章　细胞信号转导的分子机制

生物体内各种细胞在功能上的协调统一是通过细胞间相互识别和相互作用来实现的。在多细胞生物中,细胞间或细胞内高度精确和高效地发送与接收信息,并通过放大机制引起快速的细胞生理反应,这一过程称为细胞通讯(cell communication)。细胞对来自外界的刺激或信号发生反应,通过细胞内多种分子相互作用引发一系列有序反应,将细胞外信息传递到细胞内,并据以调节细胞代谢、增殖、分化、功能活动和凋亡的过程称为信号转导(signal transduction)。细胞通讯和信号转导过程是高等生物生命活动的基本机制。阐明细胞信号转导机制对于认识生命活动的本质具有重要的理论意义,同时也为医学的发展带来了新的机遇和挑战。

第一节　细胞信号转导概述

细胞信号转导是通过多种分子相互作用的一系列有序反应,将来自细胞外的信息传递到细胞内各种效应分子的过程。通过这一过程,细胞可接收细胞间的接触刺激信号、或所处微环境中的各种化学和物理信号,并将其转变为细胞内各种分子数量、分布或活性的变化,从而改变细胞内的某些代谢过程,或改变生长速度,或改变细胞迁移等生物学行为。在某些情况下,细胞可在外来信号的诱导下进入程序化死亡过程(凋亡)。

一、细胞外化学信号有可溶性和膜结合性两种形式

细胞可以感受物理信号,但体内细胞所感受的外源信号主要是化学信号。化学信号通讯的建立是生物为适应环境而不断变异、进化的结果。单细胞生物可直接从外界环境接收信息;而多细胞生物中的单个细胞则主要接收来自其他细胞的信号,或所处微环境的信息。最原始的通讯方式是细胞与细胞间通过孔道进行的直接物质交换,或者是通过细胞表面分子相互作用实现信息交流,这种调节方式至今仍然是高等动物细胞分化、个体发育及实现整体功能协调、适应的重要方式之一。但是,相距较远细胞之间的功能协调必须有可以远距离发挥作用的信号。

(一)可溶性信号分子作为游离分子在细胞间传递

多细胞生物中,细胞可通过分泌化学物质(如蛋白质或小分子有机化合物)而发出信号,这些分子作用于靶细胞表面或细胞内的受体,调节靶细胞的功能,从而实现细胞之间的信息交流。可溶性信号分子可根据其溶解特性分为脂溶性化学信号和水溶性化学信号两大类;而根据其在体内的作用距离,则可分为内分泌信号、旁分泌信号和神经递质三大类(表17-1)。有些旁分泌信号还作用于发出信号的细胞自身,称为自分泌。

(二)膜结合性信号分子需要细胞间接触才能传递信号

每个细胞的质膜外表面都有众多的蛋白质、糖蛋白、蛋白聚糖分子。相邻细胞可通过膜表面分子的特异性识别和相互作用而传递信号。当细胞通过膜表面分子发出信号时,相应的分子即为膜结合性信号分子,而在靶细胞表面存在与之特异性结合的分子,通过这种分子间的相互作用而接收信号,并将信号传入靶细胞内。这种细胞通讯方式称为膜表面分子接触通讯。属于这一类通讯的有相邻细胞间黏附因子的相互作用、T淋巴细胞与B淋巴细胞表面分子的相互作用等。

表 17-1   可溶性信号分子的分类

	神经分泌	内分泌	旁分泌及自分泌
化学信号	神经递质	激素	细胞因子
作用距离	nm	m	mm
受体位置	膜受体	膜或胞内受体	膜受体
举例	乙酰胆碱、谷氨酸	胰岛素、甲状腺激素、生长激素	表皮生长因子、白细胞介素、神经生长因子

二、细胞经由特异性受体接收细胞外信号

细胞接收信号时,是通过受体(receptor)将信号导入细胞内。受体通常是细胞膜上或细胞内能特异识别生物活性分子并与之结合,进而引起生物学效应的特殊蛋白质,个别糖脂也具有受体作用。能够与受体特异性结合的分子称为配体(ligand)。可溶性和膜结合性信号分子都是常见的配体。

(一)受体有细胞内受体和膜受体两种类型

按照其在细胞内的位置,受体分为细胞内受体和细胞表面受体(图 17-1)。细胞内受体包括位于细胞质或胞核内的受体,其相应配体是脂溶性信号分子,如类固醇激素、甲状腺激素、维甲酸等。水溶性信号分子和膜结合性信号分子(如生长因子、细胞因子、水溶性激素分子、黏附分子等)不能进入靶细胞,其受体位于靶细胞的细胞质膜表面。

图 17-1   水溶性和脂溶性化学信号的转导

(二)受体结合配体并转换信号

受体识别并与配体结合,是细胞接收外源信号的第一步反应。受体有两个方面的作用:一是识别外源信号分子并与之结合;二是转换配体信号,使之成为细胞内分子可识别的信号,并传递至其他分子引起细胞应答。

1. **细胞内受体能够直接传递信号或通过特定的途径传递信号**   有许多细胞内受体是基因表达的调控蛋白,与进入细胞的信号分子结合后,可以直接传递信号,即直接调控基因表达。另有一些细胞内受体可以结合细胞内产生的信号分子(如细胞应激反应中产生的细胞内信号分子),直接激活效应分子或通过一定的信号转导途径激活效应分子。

2. **膜受体识别细胞外信号分子并转换信号**   膜受体识别并结合细胞外信号分子,将细胞外信号转换成为能够被细胞内分子识别的信号,通过信号转导途径将信号传递至效应分子,引起细胞的应答。

（三）受体与配体的相互作用具有共同的特点

受体在膜表面和细胞内的分布可以是区域性的,也可以是散在的,其作用都是识别和接收外源信号。受体与配体的相互作用有以下特点:

1. 高度专一性 受体选择性地与特定配体结合,这种选择性是由分子的空间构象所决定的。受体与配体的特异性识别和结合保证了调控的准确性。

2. 高度亲和力 体内化学信号的浓度非常低,受体与信号分子的高亲和力保证了很低浓度的信号分子也可充分起到调控作用。

3. 可饱和性 细胞内受体和细胞表面受体的数目都是有限的。增加配体浓度,可使受体与配体的结合达到饱和。当受体全部被配体占据时,再提高配体浓度不会增强效应。

4. 可逆性 受体与配体以非共价键结合,当生物效应发生后,配体即与受体解离。受体可恢复到原来的状态再次接收配体信息。

5. 特定的作用模式 受体的分布和含量具有组织和细胞特异性,并呈现特定的作用模式,受体与配体结合后可引起某种特定的生理效应。

三、细胞内多条信号转导途径形成信号转导网络

细胞内多种信号转导分子,依次相互识别、相互作用,有序地转换和传递信号。由一组特定信号转导分子形成的有序化学变化并导致细胞行为发生改变的过程称为信号转导途径(signal transduction pathway)。一条途径中的信号转导分子可以与其他途径中的信号转导分子间相互作用,不同的信号转导途径之间具有广泛的交联互动(cross-talking),形成复杂的信号转导网络(signal transduction network)(图17-2)。信号转导途径和网络的形成是动态过程,随着信号的种类和强度的变化而不断变化。

图 17-2 细胞信号转导基本方式示意图

在高等动物体内,细胞外信号分子的作用都具有网络调节特点。如一种细胞因子或激素的作用会受到其他细胞因子或激素的影响,发出信号的细胞又受到其他细胞信号的调节。细胞外信号分子的产生及其调控在另一个层次上形成复杂的网络系统。网络调节使得机体内的细胞因子或激素的作用都具有一定程度的冗余和代偿性,单一缺陷不会导致对机体的严重损害。一些特殊的细胞内事件也可以在细胞内启动信号转导途径。如 DNA 损伤、活性氧(ROS)、低氧状态等,可通过激活特定的分子而启动信号转导。这些途径可以与细胞外信号分子共用部分转导途径、共用一些信号分子,也可以是一些特殊的途径(如凋亡信号转导途径)。

第二节   细胞内信号转导分子

细胞外的信号经过受体转换进入细胞内,通过细胞内一些蛋白质分子和小分子活性物质进行传递,这些能够传递信号的分子称为信号转导分子(signal transducer)。这些分子是构成信号转导途径的基础。依据作用特点,信号转导分子主要有三大类:小分子第二信使、酶、调节蛋白。受体及信号转导分子传递信号的基本方式包括:①改变下游信号转导分子的构象;②改变下游信号转导分子的细胞内定位;③信号转导分子复合物的形成或解聚;④改变小分子信使的细胞内浓度或分布等。

一、第二信使结合并激活下游信号转导分子

配体与受体结合后并不进入细胞内,但能间接激活细胞内其他可扩散、并调节信号转导蛋白活性的小分子或离子,这些在细胞内传递信号的分子称为第二信使(second messenger),又称细胞内小分子信使。如钙离子、环腺苷酸(cAMP)、环鸟苷酸(cGMP)、环腺苷二磷酸核糖、甘油二酯(diglyceride,DAG)、肌醇-1,4,5-三磷酸(inositol triphosphate,IP_3)、花生四烯酸、神经酰胺、一氧化氮和一氧化碳等。

(一)小分子信使传递信号具有相似的特点

1. **上游信号转导分子使第二信使的浓度升高或分布变化**   多数小分子信使的上游信号转导分子是酶类。这些酶被其上游信号转导分子激活,从而催化小分子信使的生成,使其浓度在细胞内迅速升高。如cAMP、cGMP、DAG、IP_3等都是以这种方式产生。Ca^{2+}则是由其上游分子改变其在细胞内的分布。

2. **小分子信使浓度可迅速降低**   第二信使的浓度变化是传递信号的重要机制,其浓度在细胞接收信号后变化非常迅速,可以在数分钟内被检测出来。而细胞内存在相应的水解酶,可迅速将它们清除,使信号迅速终止,细胞回到初始状态,再接受新的信号。只有当其上游分子(酶)持续被激活,才能使小分子信使持续维持在一定的浓度。

3. **小分子信使激活下游信号转导分子**   小分子信使大都是蛋白质的别构激活剂,当其结合于下游蛋白质分子后,通过改变蛋白质的构象而将其激活,从而使信号进一步传递。

(二)环核苷酸是重要的细胞内第二信使

目前已知的细胞内环核苷酸类第二信使有cAMP和cGMP两种。

1. **cAMP和cGMP的上游信号转导分子是相应的核苷酸环化酶**   cAMP的上游分子是腺苷酸环化酶(adenylate cyclase,AC),AC是膜结合的糖蛋白,哺乳类动物组织来源的AC至少有8型同工酶。cGMP的上游分子是鸟苷酸环化酶(guanylate cyclase,GC),GC有两种形式,一种是膜结合型的受体分子;另一种存在于细胞质。细胞质中的GC含有血红素辅基,可直接受一氧化氮(NO)和相关化合物激活。

2. **环核苷酸在细胞内调节蛋白激酶活性,但蛋白激酶不是cAMP和cGMP的唯一靶分子**   cAMP的下游分子是蛋白激酶A(protein kinase A,PKA)。PKA属于蛋白质丝氨酸/苏氨酸激酶类,是由2个催化亚基(C)和2个调节亚基(R)组成的四聚体。R亚基抑制C亚基的催化活性。cAMP特异性结合R亚基,使其变构,从而释放出游离的、具有催化活性的C亚基(图17-3)。

cGMP的下游分子是蛋白激酶G(protein kinase G,PKG)。PKG是由相同亚基构成的二聚体。与

图17-3   cAMP激活PKA而升高血糖作用机制示意图

PKA 不同,PKG 的调节结构域和催化结构域存在于同一个亚基内。PKG 在心肌及平滑肌收缩调节方面具有重要作用。

环核苷酸作为别构效应剂还可以作用于细胞内其他非蛋白激酶类分子。一些离子通道可以直接受 cAMP 或 cGMP 的别构调节。

3. 磷酸二酯酶催化环核苷酸水解　细胞中存在多种催化环核苷酸水解的磷酸二酯酶(phosphodiesterase,PDE)。在脂肪细胞中,胰高血糖素在升高 cAMP 水平的同时会增加 PDE 活性,促进 cAMP 的水解,这是调节 cAMP 浓度的重要机制。PDE 对 cAMP 和 cGMP 的水解具有相对特异性。

(三) 脂质也可衍生出细胞内第二信使

1. 磷脂酰肌醇激酶和磷脂酶催化生成第二信使　磷脂酰肌醇激酶(PI kinase,PI-K)催化磷脂酰肌醇(phosphatidylinositol,PI)的磷酸化。根据肌醇环的磷酸化羟基位置不同,这类激酶有 PI-3K、PI-4K 和 PI-5K 等。而磷脂酰肌醇特异性磷脂酶 C(phospholipase C,PLC)可将磷脂酰肌醇-4,5-二磷酸(PIP_2)分解成为 DAG 和 IP_3。PI-K 和磷脂酶催化产生的第二信使如图 17-4 所示。

图 17-4　磷脂酶和磷脂酰肌醇激酶催化第二信使的生成

2. 脂质第二信使作用于相应的靶蛋白分子　DAG 是脂溶性分子,生成后仍留在质膜上。IP_3 是水溶性分子,可在细胞内扩散至内质网或肌质网膜上,并与其受体结合。Ca^{2+} 通道是 IP_3 的受体,结合 IP_3 后开放,促进细胞钙库内的 Ca^{2+} 迅速释放,细胞中局部 Ca^{2+} 浓度迅速升高。DAG 和钙离子在细胞内的靶分子之一是蛋白激酶 C(PKC)。PKC 属于蛋白质丝氨酸/苏氨酸激酶。目前发现的 PKC 同工酶有 12 种以上,不同的同工酶有不同的酶学特性、特异的组织分布和亚细胞定位,对辅助激活剂的依赖性亦不同。

(四) 钙离子可以激活信号转导相关的酶类

1. 钙离子在细胞中的分布具有明显的区域特征　细胞外液游离钙浓度远高于细胞内钙浓度,而细胞内的 Ca^{2+} 则有 90% 以上储存于细胞内钙库(内质网和线粒体内),胞质内的钙浓度很低。如果细胞质膜或细胞内钙库的 Ca^{2+} 通道开启,可引起胞外钙的内流或细胞内钙库的钙释放,使胞质内 Ca^{2+} 浓度急剧升高。而 Ca^{2+} 进入胞质后,又可再经细胞质膜及钙库膜上的钙泵(Ca^{2+}-ATP 酶)返回细胞外或细胞内钙库,维持细胞质内的低钙状态。

2. 钙离子的下游信号转导分子是钙调蛋白　钙调蛋白(calmodulin,CaM)是一种钙结合蛋白,分子中有 4 个结构域,每个结构域可结合一个 Ca^{2+}。细胞质中 Ca^{2+} 浓度低时,钙调蛋白不易结合 Ca^{2+};随着细胞质中 Ca^{2+} 浓度增高,钙调蛋白可结合不同数量的 Ca^{2+},形成不同构象的 Ca^{2+}/CaM 复合物。钙调蛋白本身无活性,形成 Ca^{2+}/CaM 复合物后则具有调节功能,可调节钙调蛋白依赖性蛋白激酶的活性。

3. 钙调蛋白不是钙离子的唯一靶分子　除了钙调蛋白,Ca^{2+} 还结合 PKC、AC 和 cAMP-PDE 等多种信号转导分子,通过别构效应激活这些分子。

(五) NO 等小分子也具有信使功能

细胞内一氧化氮(nitrogen monoxide,NO)合酶可催化精氨酸分解产生瓜氨酸和 NO。NO 可通过激活鸟苷酸环化酶、ADP-核糖转移酶和环氧化酶等而传递信号。除了 NO 以外,CO 和 H_2S 的第二信使作用近年来也得到证实。

二、多种酶通过酶促反应传递信号

细胞内的许多信号转导分子都是酶。作为信号转导分子的酶主要有两大类。一是催化小分子信使生成和转化的酶,如腺苷酸环化酶、鸟苷酸环化酶、磷脂酶 C、磷脂酶 D(PLD)等;二是蛋白激酶,作为信号转导分子的蛋白激酶主要是蛋白质丝氨酸/苏氨酸激酶和蛋白质酪氨酸激酶。

(一)蛋白激酶和蛋白磷酸酶可调控信号传递

蛋白激酶(protein kinase,PK)与蛋白磷酸酶(protein phosphatase,PP)催化蛋白质的可逆磷酸化修饰,对下游分子的活性进行调节。蛋白质的磷酸化修饰可能提高其活性,也可能降低其活性,取决于构象变化是否有利于反应的进行。它们对特定底物的催化作用特异性及其在细胞内的分布特异性决定了信号转导途径的精确性。

1. 蛋白质丝氨酸/苏氨酸激酶和蛋白质酪氨酸激酶是主要的蛋白激酶 蛋白激酶是催化 ATP 的 γ-磷酸基转移至靶蛋白的特定氨基酸残基上的一类酶。迄今发现的蛋白激酶已超过 800 种。主要的几类蛋白激酶见表 17-2。目前对蛋白质丝氨酸/苏氨酸激酶和蛋白质酪氨酸激酶类的结构与功能研究较多。

表 17-2   蛋白激酶的分类

激酶	磷酸基团的受体	激酶	磷酸基团的受体
蛋白质丝氨酸/苏氨酸激酶	丝氨酸/苏氨酸羟基	蛋白质半胱氨酸激酶	巯基
蛋白质酪氨酸激酶	酪氨酸的酚羟基	蛋白质天冬氨酸/谷氨酸激酶	酰基
蛋白质组氨酸/赖氨酸/精氨酸激酶	咪唑环、胍基、ε-氨基		

2. 蛋白磷酸酶拮抗蛋白激酶诱导的效应 蛋白磷酸酶使磷酸化的蛋白质发生去磷酸化,拮抗蛋白激酶的作用,两者共同构成了蛋白质活性的调控系统。

蛋白磷酸酶的分类也是依据其所作用的氨基酸残基。目前已知的蛋白磷酸酶包括蛋白质丝氨酸/苏氨酸磷酸酶和蛋白质酪氨酸磷酸酶两大类。有少数蛋白质磷酸酶具有双重作用,可同时去除酪氨酸和丝氨酸/苏氨酸残基上的磷酸基团。

(二)许多信号途径涉及蛋白质丝氨酸/苏氨酸激酶的作用

细胞内重要的蛋白质丝氨酸/苏氨酸激酶包括受环核苷酸调控的 PKA 和 PKG、受 DAG/Ca^{2+} 调控的 PKC、受 Ca^{2+}/CaM 调控的 Ca^{2+}/CaM-PK、受 PIP_3 调控的 PKB 及受丝裂原控制的丝裂原激活的蛋白激酶(mitogen activated protein kinase,MAPK)等。

(三)蛋白质酪氨酸激酶转导细胞增殖与分化信号

蛋白质酪氨酸激酶(protein tyrosine kinase,PTK)催化蛋白质分子中的酪氨酸残基磷酸化。酪氨酸磷酸化修饰的蛋白质大部分对细胞增殖具有正向调节作用,无论是生长因子作用后正常细胞的增殖、恶性肿瘤细胞的增殖,还是 T 细胞、B 细胞或肥大细胞的活化都伴随着快速发生的多种蛋白质分子的酪氨酸磷酸化。

1. 部分膜受体具有 PTK 活性 这些受体被称为受体酪氨酸激酶(receptor tyrosine kinase,RTK)。它们在结构上均为单次跨膜蛋白质,其胞外部分为配体结合区,中间有跨膜区,细胞内部分含有 RTK 的催化结构域。RTK 与配体结合后形成二聚体,同时激活其酶活性,使受体胞内部分的酪氨酸残基磷酸化(自身磷酸化)。磷酸化的受体募集含有 SH2 结构域的信号分子,从而将信号传递至下游分子。

2. 细胞内有多种非受体型的 PTK 这些 PTK 本身并不是受体。有些 PTK 是直接与受体结合,由受体激活而向下游传递信号。有些则是存在于细胞质或细胞核中,由其上游信号转导分子激活,再向下游传递信号。非受体型 PTK 的主要作用见表 17-3。

表 17-3 非受体型 PTK 的主要作用

基因家族名称	举例	细胞内定位	主要功能
SRC 家族	Src、Fyn、Lck、Lyn 等	常与受体结合存在于质膜内侧	接受受体传递的信号发生磷酸化而激活,通过催化底物的酪氨酸磷酸化向下游传递信号
ZAP70 家族	ZAP70、Syk	与受体结合存在于质膜内侧	接受 T 淋巴细胞的抗原受体或 B 淋巴细胞的抗原受体的信号
TEC 家族	Btk、Itk、Tec 等	存在于细胞质	位于 ZAP70 和 Src 家族下游接受 T 淋巴细胞的抗原受体或 B 淋巴细胞的抗原受体的信号
JAK 家族	JAK1、JAK2、JAK3 等	与一些白细胞介素受体结合存在于质膜内侧	介导白细胞介素受体活化信号
核内 PTK	Abl、Wee	细胞核	参与转录过程或细胞周期调节

三、信号转导蛋白通过蛋白质相互作用传递信号

信号转导途径中的信号转导分子主要包括 G 蛋白、衔接体蛋白质和支架蛋白,其中许多信号转导分子是没有酶活性的蛋白质,它们通过分子间的相互作用被激活或激活下游分子。

(一)G 蛋白的 GTP/GDP 结合状态决定信号的传递

鸟苷酸结合蛋白(guanine nucleotide-binding protein,G protein)简称 G 蛋白,亦称 GTP 结合蛋白。分别结合 GTP 和 GDP 时,G 蛋白处于不同的构象。结合 GTP 时处于活化形式,能够与下游分子结合,并通过别构效应而激活下游分子。G 蛋白自身均具有 GTP 酶活性,可将结合的 GTP 水解为 GDP,回到非活化状态,停止激活下游分子。

1. 三聚体 G 蛋白介导 G 蛋白偶联受体传递的信号 以 αβγ 三聚体的形式存在于细胞质膜内侧的 G 蛋白,目前已发现 20 余种。三聚体 G 蛋白的 α 亚基具有多个功能位点,包括与 G 蛋白偶联受体(G protein-coupled receptor,GPCR)结合并受其活化调节的部位、与 βγ 亚基相结合的部位、GDP 或 GTP 结合部位以及与下游效应分子相互作用的部位等,α 亚基具有 GTP 酶活性。在细胞内,β 和 γ 亚基形成紧密结合的二聚体,其主要作用是与 α 亚基形成复合体并定位于质膜内侧。三聚体 G 蛋白是直接由 G 蛋白偶联受体激活,进而激活其下游信号转导分子,调节细胞功能。

2. 低分子量 G 蛋白是信号转导途径中的转导分子 低分子量 G 蛋白(21kD)是多种细胞信号转导途径中的转导分子。Ras 是第一个被发现的低分子量 G 蛋白,因此这类蛋白质被称为 Ras 超家族。目前已知的 Ras 家族成员已超过 50 种,在细胞内分别参与不同的信号转导途径。例如,位于 MAPK 上游的 Ras,在其上游信号转导分子的作用下成为 GTP 结合形式 Ras-GTP 时,可启动下游的 MAPK 级联反应。

在细胞中存在一些专门控制低分子量 G 蛋白活性的调节因子。有的可增强其活性,如鸟嘌呤核苷酸交换因子,促进 G 蛋白结合 GTP 而将其激活;有的可以降低其活性,如 GTP 酶活化蛋白等,可促进 G 蛋白将 GTP 水解成 GDP。

(二)衔接蛋白和支架蛋白连接信号转导网络

1. 蛋白质相互作用结构域介导信号转导途径中蛋白质的相互作用 信号转导途径中的一些环节是由多种分子聚集形成的信号转导复合物(signaling complex)来完成信号传递的。信号转导复合物的形成是一个动态过程,针对不同外源信号,可聚集成不同成分的复合物。信号转导复合物形成的基础是蛋白质相互作用。蛋白质相互作用的结构基础则是各种蛋白质分子中的蛋白质相互作用结构域(protein interaction domain)。这些结构域大部分由 50~100 个氨基酸残基构成,其特点是(图 17-5):①一个信号分子中可含有两种以上的蛋白质相互作用结构域,因此可同时结合两种以上的其他信号分子;②同一类蛋白质相互作用结构域可存在于不同的分子中。这些结构域的一级结构不同,因此选择性结合下游信号分子;③这些结构域没有催化活性。目前已经确认的蛋白质相互作用结构域已经超过 40 种,表 17-4 列举了几种主要的蛋白质相互作用结构域以及它们识别和结合的模体。

图17-5   信号转导分子中蛋白质相互作用结构域的分布及作用
图上方为蛋白质相互作用结构域在四个不同种类蛋白质中的分布,下方
为几种结构域可识别和结合的结构

表17-4   蛋白质相互作用结构域及其识别模体举例

蛋白质相互作用结构域	缩写	存在分子种类	识别模体
Src homology 2	SH2	蛋白激酶、磷酸酶、衔接蛋白等	含磷酸化酪氨酸模体
Src homology 3	SH3	衔接蛋白、磷脂酶、蛋白激酶等	富含脯氨酸模体
Pleckstrin homology	PH	蛋白激酶、细胞骨架调节分子等	磷脂衍生物
Protein tyrosine binding	PTB	衔接蛋白、磷酸酶	含磷酸化酪氨酸模体

蛋白质相互作用结构域是通过相应的结合位点而介导蛋白质分子间的相互作用。例如,一个蛋白分子中有 SH2 结构域,另一个蛋白质分子经磷酸化作用而产生 SH2 结合位点,两个蛋白质分子就可以通过 SH2 结构域和 SH2 结合位点相互作用。

2. **衔接蛋白连接信号转导分子**   衔接蛋白(adaptor protein)是信号转导途径中不同信号转导分子之间的接头分子,通过连接上游信号转导分子和下游信号转导分子而形成信号转导复合物。大部分衔接蛋白含有 2 个或 2 个以上的蛋白质相互作用结构域。例如表皮生长因子受体信号转导途径中的衔接蛋白 Grb2 就是由 1 个 SH2 结构域和 2 个 SH3 结构域构成的衔接蛋白,通过 SH2 和 SH3 结构域连接上下游分子 EGFR 和 SOS1(见图 17-11)。

3. **支架蛋白保证特异和高效的信号转导**   支架蛋白(scaffold protein)一般是分子量较大的蛋白质,带有多个蛋白质结合域可将同一信号转导途径中相关蛋白质组织成群的蛋白质。支架蛋白结合相关的信号转导分子,使之容纳于一个隔离而稳定的信号转导途径内,避免与其他信号转导途径发生交叉反应,以维持信号转导途径的特异性;同时,它也增加了调控的复杂性和多样性。

第三节   细胞受体介导的细胞内信号转导

不同信号转导分子的特定组合及有序的相互作用,构成不同的信号转导途径。因此,对信号转导的了解,关键是各种信号转导途径中信号转导分子的基本组成、相互作用及引起的细胞应答。

目前将各种细胞内受体归为一类;而依据结构、接收信号的种类、转换信号方式等差异,膜表面受体则分为三种类型:离子通道受体、GPCR(七次跨膜受体)和酶偶联受体(单次跨膜受体)(表 17-5)。每种类型的受体都有许多种,各种受体激活的信号转导途径由不同的信号转导分子组成,但同一类型受体介导的信号转导具有共同的特点。本节以几类典型受体所介导的信号转导途径为例,介绍细胞信号转导的基本特点。

表17-5　三类膜受体的结构和功能特点

特性	离子通道受体	G 蛋白偶联受体	酶偶联受体
配体	神经递质	神经递质，激素，趋化因子，外源刺激(味、光)	生长因子，细胞因子
结构	寡聚体形成的孔道	单体	具有或不具有催化活性的单体
跨膜区段数	4 个	7 个	1 个
功能	离子通道	激活 G 蛋白	激活蛋白激酶
细胞应答	去极化与超极化	去极化与超极化，调节蛋白质功能和表达水平	调节蛋白质的功能和表达水平，调节细胞分化和增殖

一、细胞内受体通过分子迁移传递信号

位于细胞内的受体多为转录因子。当与相应配体结合后，能与 DNA 的顺式作用元件结合，在转录水平调节基因表达。在没有信号分子存在时，受体往往与具有抑制作用的蛋白质分子(如热激蛋白)形成复合物，阻止受体与 DNA 的结合。没有结合信号分子的胞内受体主要位于细胞质中，有一些则在细胞核内。

能与该型受体结合的信号分子有类固醇激素、甲状腺激素、视黄酸和维生素 D 等。当激素进入细胞后，如果其受体是位于细胞核内，激素被运输到核内，与受体形成激素-受体复合物。如果受体是位于细胞质中，激素则在细胞质中结合受体，导致受体的构象变化，与热激蛋白分离，并暴露出受体的核内转移部位及 DNA 结合部位，激素-受体复合物向细胞核内转移，穿过核孔，迁移进入细胞核内，并结合于其靶基因邻近的激素反应元件上。结合于激素反应元件的激素-受体复合物再与位于启动子区域的基本转录因子及其他的特异转录调节分子作用，从而开放或关闭其靶基因，进而改变细胞的基因表达谱(图 17-6)。不同的激素-受体复合物结合于不同的激素反应元件(表 17-6)。

图 17-6　细胞内受体结构及作用机制示意图

脂溶性激素受体存在于细胞内，它们通常都是转录因子，分子中具有锌指结构作为其 DNA 结合区。在没有激素作用时，受体与抑制蛋白(热激蛋白)形成复合物，因此阻止了受体向细胞核的移动及其与 DNA 的结合。当激素与受体结合时，受体构象发生变化，导致热休克蛋白与其解聚，暴露出受体的核内转移部位及 DNA 结合部位，激素-受体复合物向核内转移，并结合在特异基因的激素反应元件上，诱导相应的基因表达，引起细胞功能改变

表 17-6   激素反应元件举例

激素举例	受体所识别的 DNA 特征序列
肾上腺皮质激素	5'-AGAACAXXXTGTTCT-3' 3'-TCTTGTXXXACAAGA-5'
雌激素	5'-AGGTCAXXXTGACCT-3' 3'-TCCAGTXXXACTGGA-5'
甲状腺激素	5'-AGGTCATGACCT-3' 3'-TCCAGTACTGGA-5'

二、离子通道型受体将化学信号转变为电信号

离子通道型受体是一类自身为离子通道的受体。离子通道是由蛋白质寡聚体形成的孔道,其中部分单体具有配体结合部位。通道的开放或关闭直接受化学配体的控制,称为配体门控受体型离子通道,其配体主要为神经递质。

离子通道受体的典型代表是 N 型乙酰胆碱受体,由 β、γ、δ 亚基以及 2 个 α 亚基组成。α 亚基具有配体结合部位。两分子乙酰胆碱的结合可使通道开放,但即使有乙酰胆碱的结合,该受体处于通道开放构象状态的时限仍十分短暂,在几十毫微秒内又回到关闭状态。然后乙酰胆碱与之解离,受体恢复到初始状态,做好重新接受配体的准备(图 17-7)。

图 17-7   N 型乙酰胆碱受体的结构与功能模式图

乙酰胆碱受体由 5 个同源性很高的亚基构成,包括 2 个 α 亚基,1 个 β 亚基,1 个 γ 亚基和 1 个 δ 亚基。每一个亚基都是一个四次跨膜蛋白,跨膜部分为四个 α 螺旋结构,其中一个是亲水性 α 螺旋(含较多的极性氨基酸),五个亚基的亲水性 α 螺旋共同在膜中形成一个亲水性的通道。乙酰胆碱的结合部位位于 α 亚基上。乙酰胆碱受体可以三种构象存在。两分子乙酰胆碱的结合可以使之处于通道开放构象,但即使有乙酰胆碱的结合,通道开放构象持续的时间仍十分短暂,在几十毫微秒内又回到关闭状态,然后乙酰胆碱与之解离,受体恢复到初始状态,做好重新接受配体的准备

离子通道受体信号转导的最终效应是细胞膜电位改变。这类受体引起的细胞应答主要是去极化与超极化。可以认为,离子通道受体是通过将化学信号转变成为电信号而影响细胞功能的。离子通道型受体可以是阳离子通道,如乙酰胆碱、谷氨酸和 5-羟色胺的受体;也可以是阴离子通道,如甘氨酸和 γ-氨基丁酸的受体。阳离子通道和阴离子通道的差异是由于构成亲水性通道的氨基酸组成不同,因而通道表面携带有不同电荷所致。

三、G 蛋白偶联受体通过 G 蛋白和小分子信使介导信号转导

G 蛋白偶联受体(GPCR)在结构上为单体蛋白,氨基端位于细胞膜外表面,羧基端在胞膜内侧,其肽链反复跨膜七次,因此又称为七次跨膜受体。由于肽链反复跨膜,在膜外侧和膜内侧形成了几个环状结构,分别负责接受外源信号(化学、物理信号)的刺激和细胞内的信号传递,受体的胞内部分可与三聚体 G 蛋白相互作用。此类受体通过 G 蛋白向下游传递信号,因此称为 G 蛋白偶联受体。

(一) G 蛋白偶联受体介导的信号转导途径具有相同的基本模式

不同的 G 蛋白(不同的 αβγ 组合)可与不同的下游分子组成信号转导途径。GPCR 介导的信号传递可通过不同的途径产生不同的效应,但信号转导途径的基本模式大致相同,主要包括以下几个步骤或阶段:①细胞外信号分子结合受体,通过别构效应将其激活。②受体激活 G 蛋白,G 蛋白在有活性和无活性状态之间连续转换,称为 G 蛋白循环(G protein cycle)(图 17-8)。③活化的 G 蛋白激活下游效应分子。不同的 α 亚基激活不同的效应分子,如 AC、PLC 等效应分子都是由不同的 G 蛋白所激活(表 17-7)。有的 α 亚基可以激活 AC,称为 α_s(s 代表 stimulate);有的 α 亚基可以抑制 AC,称为 α_i(i 代表 inhibit)。④G 蛋白的效应分子向下游传递信号的主要方式是催化产生小分子信使,如 AC 催化产生 cAMP,PLC 催化产生 DAG 和 IP3。有些效应分子可以通过对离子通道的调节改变 Ca^{2+} 在细胞内的分布,其效应与 IP_3 的效应相似。⑤小分子信使作用于相应的靶分子(主要是蛋白激酶),使之构象改变而激活。⑥蛋白激酶通过磷酸化作用激活一些与代谢相关的酶、与基因表达相关的转录因子以及一些与细胞运动相关的蛋白质,从而产生各种细胞应答反应。

图 17-8　G 蛋白循环

配体激活的受体与 G 蛋白结合,使之发生构象改变,α 亚基与 GDP 的亲和力下降,因而释放 GDP,随即与 GTP 结合。α 亚基结合了 GTP 后即与 βγ 亚基解离,成为活化状态的 α 亚基,能够结合并激活下游的效应分子。而下游分子则可激活 α 亚基的 GTP 酶活性,将 GTP 水解成 GDP,α 亚基又恢复到原来的构象,从而与效应分子解离,重新与 βγ 亚基结合形成三聚体,回到静止状态

表 17-7   哺乳类动物细胞中的 Gα 亚基种类及效应

Gα 种类	效应	产生的第二信使	第二信使的靶分子
α_s	AC 活化↑	cAMP↑	PKA 活性↑
α_i	AC 活化↓	cAMP↓	PKA 活性↓
α_q	PLC 活化↑	Ca^{2+}、IP_3、DAG↑	PKC 活化↑
α_t	cGMP-PDE 活性↑	cGMP↓	Na^+ 通道关闭

（二）不同 G 蛋白偶联受体可通过不同途径传递信号

不同的细胞外信号分子与相应受体结合后,通过 G 蛋白传递信号,但传入细胞内的信号并不一样。这是因为不同的 G 蛋白与不同的下游分子组成了不同的信号转导途径。有几条途径是较常见的,本节主要介绍其中 3 条途径(图 17-9)。

1. cAMP-PKA 途径   该途径以靶细胞内 cAMP 浓度改变和 PKA 激活为主要特征(图 17-9)(动画 17-1"cAMP-PKA 信号途径")。胰高血糖素、肾上腺素、促肾上腺皮质激素等可激活此途径。PKA 活化后,可使多种蛋白质底物的丝氨酸/苏氨酸残基发生磷酸化,改变其活性状态,底物分子包括一些糖代谢和脂代谢相关的酶类、离子通道和某些转录因子。

（1）调节代谢:PKA 可通过调节关键酶的活性,对不同的代谢途径发挥调节作用,如激活糖原磷酸化酶 b 激酶、激素敏感脂肪酶、胆固醇酯酶,促进糖原、脂肪、胆固醇的分解代谢;抑制乙酰 CoA 羧化酶、糖原合酶,抑制脂肪合成和糖原合成。

图 17-9   G 蛋白偶联受体介导的信号转导

（2）调节基因表达:PKA 可修饰激活转录调控因子,调控基因表达。如激活后进入细胞核的 PKA 可使 cAMP 反应元件结合蛋白(CREB)磷酸化。磷酸化的 CREB 结合于 cAMP 反应元件(CRE),并与 CREB 结合蛋白(CBP)结合。与 CREB 结合后的 CBP 作用于通用转录因子(包括 TF II B),促进通用转录因子与启动子结合,激活基因的表达。

（3）调节细胞极性:PKA 亦可通过磷酸化作用激活离子通道,调节细胞膜电位。

2. IP_3/DAG-PKC 途径   促甲状腺素释放激素、去甲肾上腺素、抗利尿激素与受体结合后所激活的 G 蛋白可激活 PLC。PLC 水解膜组分 PIP_2,生成 DAG 和 IP_3。IP_3 促进细胞钙库内的 Ca^{2+} 迅速释放,使细胞质内的 Ca^{2+} 浓度升高。Ca^{2+} 与细胞质内的 PKC 结合并聚集至质膜。质膜上的 DAG、磷脂酰丝氨酸与 Ca^{2+} 共同作用于 PKC 的调节结构域,使 PKC 变构而暴露出活性中心。（动画 17-2"IP_3/DAG-PKC 信号途径"）

受 PKC 磷酸化修饰的蛋白质包括一些质膜受体、膜蛋白及多种酶,因此,PKC 可参与多种生理功能的调节。此外,PKC 能使立早基因(immediate-early gene)的转录调控因子磷酸化,加速立早基因的表达。立早基因多数为细胞原癌基因(如 c-fos),其表达产物经磷酸化修饰后,进一步活化晚期反应基因并促进细胞增殖。

3. Ca^{2+}/钙调蛋白依赖的蛋白激酶途径   G 蛋白偶联受体至少可通过三种方式引起细胞内 Ca^{2+} 浓度升高:某些 G 蛋白可以直接激活细胞质膜上的钙通道,或通过 PKA 激活细胞质膜的钙通道,促进

Ca^{2+}流入细胞质;或通过 IP_3 促使细胞质钙库释放 Ca^{2+}。

细胞质中的 Ca^{2+} 浓度升高后,通过结合钙调蛋白传递信号。Ca^{2+}/CaM 复合物的下游信号转导分子是一些蛋白激酶,它们的共同特点是可被 Ca^{2+}/CaM 复合物激活,因而统称为钙调蛋白依赖性蛋白激酶。钙调蛋白依赖性激酶属于蛋白质丝氨酸/苏氨酸激酶,如肌球蛋白轻链激酶(MLCK)、磷酸化酶激酶(PhK)、钙调蛋白依赖性激酶(Cal-PK)Ⅰ、Ⅱ、Ⅲ等。这些激酶可激活各种效应蛋白质,可在收缩和运动、物质代谢、神经递质的合成、细胞分泌和分裂等多种生理过程中起作用。如 Cal-PKⅡ 可修饰激活突触蛋白Ⅰ、酪氨酸羟化酶、色氨酸羟化酶、骨骼肌糖原合酶等,参与神经递质的合成与释放以及糖代谢等多种细胞功能的调节。

四、酶偶联受体主要通过蛋白质修饰或相互作用传递信号

酶偶联受体主要是生长因子和细胞因子的受体。此类受体介导的信号转导主要是调节蛋白质的功能和表达水平、调节细胞增殖和分化。

(一)蛋白激酶偶联受体介导的信号转导途径具有相同的基本模式

蛋白激酶偶联受体介导的信号转导途径较复杂。细胞内的蛋白激酶有许多种,不同蛋白激酶组合成不同的信号转导途径。各种途径的具体作用模式虽有差别,但基本模式大致相同,主要包括以下几个阶段:①胞外信号分子与受体结合,导致第一个蛋白激酶被激活。这一步反应是"蛋白激酶偶联受体"名称的由来。"偶联"有两种形式。有的受体自身具有蛋白激酶活性,此步骤是激活受体胞内结构域的蛋白激酶活性。有些受体自身没有蛋白激酶活性,此步骤是受体通过蛋白质-蛋白质相互作用激活某种蛋白激酶。②通过蛋白质-蛋白质相互作用或蛋白激酶的磷酸化修饰作用激活下游信号转导分子,从而传递信号,最终仍是激活一些特定的蛋白激酶。③蛋白激酶通过磷酸化修饰激活代谢途径中的关键酶、转录调控因子等,影响代谢途径、基因表达、细胞运动、细胞增殖等。

(二)常见的蛋白激酶偶联受体介导的信号转导途径

目前已发现的蛋白激酶偶联受体介导的信号转导途径有十几条,如 JAK-STAT 途径、Smad 途径、PI-3K 途径、NF-κB 途径等,本节介绍最常见的 MAPK 途径。以丝裂原激活的蛋白激酶(MAPK)为代表的信号转导途径称为 MAPK 途径,其主要特点是具有 MAPK 级联反应。MAPK 至少有 12 种,分属于 ERK 家族、p38 家族、JNK 家族。这 3 条信号转导途径的组成和信号转导的细胞内效应见图 17-10。

在不同的细胞中,MAPK 途径的成员组成及诱导的细胞应答有所不同。其中了解最清楚的是 Ras/MAPK 途径(图 17-11)(动画 17-3"Ras/MAPK 信号途径")。Ras/MAPK 途径转导生长因子,如表皮生长因子(EGF)信号,其基本过程是:①受体与配体结合后形成二聚体,激活受体的蛋白激酶活性;②受体自身酪氨酸残基磷酸化,形成 SH2 结合位点,从而能够结合含有 SH2 结构域的接头蛋白 Grb2;③Grb2 的两个 SH3 结构域与 SOS 分子中的富含脯氨酸序列结合,将 SOS 活化;④活化的 SOS 结合 Ras 蛋白,促进 Ras 释放 GDP、结合 GTP;⑤活化的 Ras 蛋白(Ras-GTP)可激活 MAPKKK,活化的 MAPKKK 可磷酸化 MAPKK 而将其激活,活化的 MAPKK 将 MAPK 磷酸化而激活;⑥活化的 MAPK 可以转位至细胞核内,通过磷酸化作用激活多种效应蛋白,从而使细胞对外来信号产生生物学应答。

上述 Ras/MAPK 途径是 EGFR 的主要信号途径之一。此外,许多单次跨膜受体也可以激活这一信号途径,甚至 G 蛋白偶联受体也可以通过一些调节分子作用在这一途径。由于 EGFR 的胞内段存在着多个酪氨酸磷酸化位点,因此除 Grb2 外,还可募集其他含有 SH2 结构域的信号转导分子,激活 PLC-IP_3/DAG-PKC 途径、PI-3K 等其他信号途径。

图 17-10   蛋白激酶偶联受体介导信号转导的 MAPK 途径

图 17-11   EGFR 介导的信号转导途径

第四节　细胞信号转导的基本规律

每一条信号转导途径都是由多种信号转导分子组成,不同分子间有序地依次进行相互作用,上游分子引起下游分子的数量、分布或活性状态变化,从而使信号向下游传递。信号转导分子之间的相互作用构成了信号转导的基本机制。

一、信号的传递和终止涉及许多双向反应

信号的传递和终止实际上就是信号转导分子的数量、分布、活性转换的双向反应。如 AC 催化生成 cAMP 而传递信号,磷酸二酯酶则将 cAMP 迅速水解为 5′-AMP 而终止信号传递。以 Ca^{2+} 为细胞内信使时,Ca^{2+} 可以从其贮存部位迅速释放,然后又通过细胞 Ca^{2+} 泵作用迅速恢复初始状态。PLC 催化 PIP_2 分解成 DAG 和 IP_3 而传递信号,DAG 激酶和磷酸酶分别催化 DAG 和 IP_3 转化而重新合成 PIP_2。对于蛋白质信号转导分子,则是通过与上、下游分子的迅速结合与解离而传递信号或终止信号传递,或者通过磷酸化作用和去磷酸化作用在活性状态和无活性状态之间转换而传递信号或终止信号传递。

二、细胞信号在转导过程中被逐级放大

细胞在对外源信号进行转换和传递时,大都具有信号逐级放大的效应。G 蛋白偶联受体介导的信号转导过程和蛋白激酶偶联受体介导的 MAPK 途径都是典型的级联反应过程。

三、细胞信号转导途径既有通用性又有专一性

细胞内许多信号转导分子和信号转导途径常常被不同的受体共用,而不是每一个受体都有专用的分子和途径。换言之,细胞的信号转导系统对不同的受体具有通用性。信号转导途径的通用性使得细胞内有限的信号转导分子可以满足多种受体信号转导的需求。另一方面,不同的细胞具有不同的受体,而同样的受体在不同的细胞又可利用不同的信号转导途径,同一信号转导途径在不同细胞中的最终效应蛋白又有所不同。因此,配体-受体-信号转导途径-效应蛋白可以有多种不同组合,而一种特定组合决定了一种细胞对特定的细胞外信号分子产生专一性应答。

四、细胞信号转导途径具有多样性

配体-受体-信号转导分子-效应蛋白并不是以一成不变的固定组合构成信号转导途径,细胞信号转导是复杂的,且具有多样性。这种复杂性和多样性反映在以下几个方面。

（一）一种细胞外信号分子可通过不同信号转导途径影响不同的细胞

白介素 1β(IL-1β)是在局部和全身炎症反应中起核心作用的细胞因子。然而,由于其受体分布广泛,IL-1β 的作用并不仅限于炎症。IL-1β 可以通过 G 蛋白偶联受体(涉及 cAMP 途径、cGMP 途径、PKC 途径等)和蛋白激酶偶联受体介导的 MAPK 途径传递信号。近年又发现 IL-1β 可通过其他几条重要途径介导信号转导,包括:IL-1 受体相关激酶途径、PI-3K 途径、JAK-STAT 途径、离子通道。IL-1β 受体在多种细胞表面存在,受体可通过不同信号转导途径传递信号,它不仅可以作用于各种炎症相关细胞,还可以通过 JAK-STAT 途径作用于胰岛 B 细胞,通过激活离子通道影响神经细胞、血管平滑肌细胞、成纤维细胞、骨髓基质细胞等多种细胞的功能。

（二）受体与信号转导途径有多样性组合

一种受体并非只能激活一条信号转导途径。有些受体自身磷酸化后产生多个与其他蛋白相互作用的位点,可以激活几条信号转导途径。如血小板衍生生长因子(PDGF)的受体激活后,可激活 Src 激酶活性、结合 Grb2 并激活 Ras、激活 PI-3K、激活 PLCγ,因而同时激活多条信号转导途径而引起复杂的细胞应答反应。另一方面,一条信号转导途径也不是只能由一种受体激活,例如,有多种受体可以

激活 PI-3K 途径。

（三）一种信号转导分子不一定只参与一条途径的信号转导

GPCRs 主要是促进第二信使产生而调节代谢，因而 GPCRs 一般是在分化成熟的组织细胞参与信号转导。但 GPCRs 在某些增殖细胞中也可表达，在这些细胞中，G 蛋白的 βγ 二聚体可激活 Src 激酶家族（如 Src、Fyn、Lyn 和 Yes 蛋白酪氨酸激酶）（动画 17-4"G 蛋白的 βγ 二聚体"），后者使 Shc 的酪氨酸残基磷酸化，形成 SH2 结合位点，从而与 Grb2 结合形成 Shc-Grb2 复合物，通过 SOS、Ras 蛋白激活 MAPK 途径，调控细胞增殖所需基因的转录。

（四）一条信号转导途径中的功能分子可影响和调节其他途径

细胞内的信号转导途径并不是各自独立存在，不同途径之间存在着多种交互的联系。当一条途径中的信号转导分子对另一条途径中的信号转导分子发挥调节作用时，可对该途径发挥调控作用。下面两个例子可使我们对此有一个初步了解。

1. **Ras/MAPK 途径可调节 Smad 途径**　Ras/ERK 途径转导的信号可促进细胞增殖，而 Smad 途径转导的信号则抑制细胞增殖。对于正常上皮细胞，作为维持细胞稳态的 TGF-β 占主导地位，并对抗由生长因子经 Ras 途径激活的增殖反应。然而，当大量的生长因子（如 EGF、HGF）刺激细胞或 *RAS* 基因激活后，使 Ras/ERK 途径激活，活化的 ERK1/2 蛋白激酶将 Smad2/3 等分子的特定位点磷酸化，使 Smad2/3 向核内聚集的能力减弱，从而削弱了 Smad 传递信号的作用。此时增殖成为细胞的主要反应。

2. **蛋白激酶 C 可调节蛋白质酪氨酸激酶系统**　PKC 是肌醇磷脂系统的重要酶，但它可对蛋白酪氨酸激酶系统产生调节作用。PKC 通过磷酸化修饰 EGF 受体、Ras、Raf-1 等，对 Ras/MAPK 途径产生调节作用。

（五）不同信号转导途径可参与调控相同的生物学效应

趋化因子是体内一类能够诱导特定细胞趋化运动的分子。趋化因子受体是一类表达于不同类型细胞上的 GPCR。然而趋化因子可以通过不同的信号转导途径传递信号，如激活 PKA 途径、调节细胞内 Ca^{2+} 浓度、G 蛋白 βγ 亚单位和磷酸酪氨酰肽协同作用可激活 PI-3K 途径、MAPK 途径，还可以激活 JAK-STAT 途径。这些信号途径不同，但都参与调控细胞趋化运动。

第五节　细胞信号转导异常与疾病

信号转导机制研究在医学发展中的意义主要体现在两个方面，一是对发病机制的深入认识，二是为疾病诊断提供新的标记物和治疗提供新靶位。目前，人们对信号转导机制及信号转导异常与疾病关系的认识还相对有限，该领域研究的不断深入将为新的诊断和治疗技术提供更多的依据。

一、信号转导异常可发生在两个层次

引起细胞信号转导异常的原因是多种多样的，基因突变、细菌毒素、自身抗体和应激等均可导致细胞信号转导的异常。细胞信号转导异常可以局限于单一途径，亦可同时或先后累及多条信号转导途径，造成信号转导网络失衡。细胞信号转导异常的原因和机制虽然很复杂，但基本上可从两个层次来认识，即受体功能异常和细胞内信号转导分子的功能异常。

（一）受体异常激活和失能

1. **受体异常激活**　在正常情况下，受体只有在结合外源信号分子后才能激活，并向细胞内传递信号。但基因突变可导致异常受体的产生，不依赖外源信号的存在而激活细胞内的信号途径。如 EGF 受体只有在结合 EGF 后才能激活 MAPK 途径，但 *ERB-B* 癌基因表达的变异型 EGF 受体则不同，该受体缺乏与配体结合的胞外区，而其胞内区则处于活性状态，因而可持续激活 MAPK 途径。

在某些条件下，受体编码基因可因某些因素的调控作用而过度表达，使细胞表面呈现远远多于正

常细胞的受体数量。在这种情况下,外源信号所诱导的细胞内信号转导途径的激活水平会远远高于正常细胞,使靶细胞对外源信号的刺激反应过度。

外源信号异常也可导致受体的异常激活。如自身免疫性甲状腺病中,病人产生针对促甲状腺激素(thyroid-stimulating hormone,TSH)受体的抗体。TSH 受体抗体分为两种,其中一种是刺激性抗体,与 TSH 受体结合后能模拟 TSH 的作用,在没有 TSH 存在时也可以激活 TSH 受体。(动画 17-5"激动性抗体的致病机制")

2. **受体异常失活**　受体分子数量、结构或调节功能发生异常变化时,可导致受体异常失能,不能正常传递信号。如基因突变可导致遗传性胰岛素受体异常,包括:①受体合成减少或结构异常的受体在细胞内分解加速导致受体数量减少;②受体与配体的亲和力降低,如 735 位精氨酸突变为丝氨酸可导致受体与胰岛素亲和力下降;③RTK 活性降低,如 1008 位甘氨酸突变为缬氨酸可致胞内区 PTK 结构域异常,从而使之磷酸化酪氨酸残基的能力减弱。在这些情况下,受体均不能正常传递胰岛素的信号。

自身免疫性疾病中产生的自身抗体,也可能导致特定受体失活。如前述自身免疫性甲状腺病中产生的 TSH 受体的两种抗体中,有一种是阻断性抗体。这种抗体与 TSH 受体结合后,可抑制受体与 TSH 结合,从而减弱或抑制受体的激活,不能传递 TSH 的信号。

(二) 信号转导分子的异常激活和失活

细胞内信号转导分子可因各种原因而发生功能的改变。如果其功能异常激活,可持续向下游传递信号,而不依赖外源信号及上游信号转导分子的激活。如果信号转导分子失活,则导致信号传递的中断,使细胞失去对外源信号的反应性。

1. **细胞内信号转导分子异常激活**　细胞内信号转导分子的结构发生改变,可导致其激活并维持在活性状态。如三聚体 G 蛋白的 α 亚基可因基因突变而发生功能改变。当 α 亚基的 201 位精氨酸被半胱氨酸或组氨酸所取代、或 227 位谷氨酰胺被精氨酸取代时,可致 α 亚基失去 GTP 酶活性,使 α 亚基处于持续激活状态,因而持续向下游传递信号。此外,霍乱毒素的 A 亚基进入小肠上皮细胞后,可直接结合 G 蛋白的 α 亚基,使其发生 ADP-核糖化修饰,抑制其 GTP 酶活性,导致 α 亚基持续激活(动画 17-6"霍乱毒素致病机制")。

小分子 G 蛋白 Ras 也可因基因突变而导致其异常激活。Ras 的 12 位或 13 位甘氨酸、61 位谷氨酰胺被其他氨基酸取代时,均可导致 Ras 的 GTP 酶活性降低,使其处于持续活化状态。

2. **细胞内信号转导分子异常失活**　细胞内信号转导分子表达降低或结构改变,可导致其失活。胰岛素受体介导的信号转导途径中包括 PI-3K 途径。基因突变可导致 PI-3K 的 p85 亚基表达下调或结构改变,使 PI-3K 不能正常激活或不能达到正常激活水平,因而不能正常传递胰岛素信号。

在遗传性假性甲状旁腺素低下疾病中,甲状旁腺素信号途径中 G 蛋白的 α 亚基基因的起始密码子突变为 GTG,使得核糖体只能利用第二个 ATG(第 60 位密码子)起始翻译,产生 N-端缺失了 59 个氨基酸残基的异常 α 亚基,从而使 G 蛋白不能向下游传递信号。

二、信号转导异常可导致疾病的发生

异常的信号转导可使细胞获得异常功能或者失去正常功能,从而导致疾病的发生,或影响疾病的过程。许多疾病的发生和发展都与信号转导异常有关。本节主要通过一些具体的例子说明较典型的信号转导异常与疾病的关系。

(一) 信号转导异常导致细胞获得异常功能或表型

1. **细胞获得异常的增殖能力**　正常细胞的增殖在体内受到严格控制。机体通过生长因子调控细胞的增殖能力。当 *ERB-B* 癌基因异常表达时,细胞不依赖 EGF 的存在而持续产生活化信号,从而使细胞获得持续增殖的能力。MAPK 途径是调控细胞增殖的重要信号转导途径,*RAS* 基因突变时,使 Ras 蛋白处于持续激活状态,因而使 MAPK 途径持续激活,这是肿瘤细胞持续增殖的重要机制之一。

2. 细胞的分泌功能异常 生长激素(growth hormone,GH)的功能是促进机体生长。GH 的分泌受下丘脑 GH 释放激素和生长抑素的调节,GH 释放激素通过激活 G 蛋白、促进 cAMP 水平升高而促进分泌 GH 的细胞增殖和分泌功能;生长抑素则通过降低 cAMP 水平抑制 GH 分泌。当 α 亚基由于突变而失去 GTP 酶活性时,G 蛋白处于异常的激活状态,垂体细胞分泌功能活跃(动画 17-7"G_α 亚基变异导致疾病")。GH 的过度分泌,可刺激骨骼过度生长,在成人引起肢端肥大症,在儿童引起巨人症。

3. 细胞膜通透性改变 霍乱毒素的 A 亚基使 G 蛋白处于持续激活状态,持续激活 PKA。PKA 通过将小肠上皮细胞膜上的蛋白质磷酸化而改变细胞膜的通透性,Na^+ 通道和氯离子通道持续开放,造成水与电解质的大量丢失,引起腹泻和水电解质紊乱等症状。

(二) 信号转导异常导致细胞正常功能缺失

1. 失去正常的分泌功能 如 TSH 受体的阻断性抗体可抑制 TSH 对受体的激活作用,从而抑制甲状腺素的分泌,最终可导致甲状腺功能减退。

2. 失去正常的反应性 慢性长期儿茶酚胺刺激可以导致 β-肾上腺素能受体(β-AR)表达下降,并使心肌细胞失去对肾上腺素的反应性,细胞内 cAMP 水平降低,从而导致心肌收缩功能不足。

3. 失去正常的生理调节能力 胰岛素受体异常是一个最典型的例子。由于细胞受体功能异常而不能对胰岛素产生反应,不能正常摄入和贮存葡萄糖,从而导致血糖水平升高。

抗利尿激素(antidiuretic hormone,ADH)的 Ⅱ 型受体是 G 蛋白偶联受体,ADH V2 受体位于远端肾小管或集合管上皮细胞膜。该受体激活后,通过 cAMP-PKA 途径使微丝微管磷酸化,促进位于细胞质内的水通道蛋白向集合管上皮细胞管腔侧膜移动并插入膜内,集合管上皮细胞膜对水的通透性增加,管腔内水进入细胞,并按渗透梯度转移到肾间质,使肾小管腔内尿液浓缩。基因突变可导致 ADH 受体合成减少或受体胞外环结构异常,不能传递 ADH 的刺激信号,集合管上皮细胞不能有效进行水的重吸收,导致肾性尿崩症的发生。

三、细胞信号转导分子是重要的药物作用靶位

细胞信号转导机制研究的发展,尤其是对于各种疾病过程中的信号转导异常的不断认识,为发展新的疾病诊断和治疗手段提供了更多的机会。在研究各种病理过程中发现的信号转导分子结构与功能的改变为新药的筛选和开发提供了靶位,由此产生了信号转导药物这一概念。信号转导分子的激动剂和抑制剂是信号转导药物研究的出发点,尤其是各种蛋白激酶的抑制剂更是被广泛用作母体药物进行抗肿瘤新药的研发。

一种信号转导干扰药物是否可以用于疾病的治疗而又具有较小的副作用,主要取决于两点。一是它所干扰的信号转导途径在体内是否广泛存在,如果该途径广泛存在于各种细胞内,其副作用则很难控制。二是药物自身的选择性,对信号转导分子的选择性越高,副作用就越小。基于上述两点,人们一方面正在努力筛选和改造已有的化合物,以发现具有更高选择性的信号转导分子的激动剂和抑制剂,同时也在努力了解信号转导分子在不同细胞的分布情况。这些努力已经使得一些药物得以用于临床,特别是在肿瘤治疗领域。

小 结

细胞通讯和细胞信号转导是机体内一部分细胞发出信号,另一部分细胞接收信号并将其转变为细胞功能变化的过程。细胞信号转导的相关分子包括细胞外信号分子、受体、细胞内信号转导分子。

信号的传递和终止、信号转导过程中的级联放大效应、信号转导途径的通用性和特异性、信号转导途径的复杂且多样性形成了细胞信号转导的基本规律。

受体的基本类型包括细胞内受体和膜表面受体两大类。膜受体又有离子通道型受体、G 蛋白偶联受体和蛋白激酶偶联受体三个亚类。受体的功能是结合配体并将信号导入细胞。

各种信号转导分子的特定组合及有序的相互作用,构成了不同的信号转导途径。信号转导分子

通过引起下游分子的数量、分布或活性状态变化而传递信号。小分子信使以浓度和分布的迅速变化为主,蛋白质信号转导分子通过蛋白质的相互作用而传递信号。受体或细胞内信号转导分子的数量或结构改变,可导致信号转导途径的异常激活或失活,从而使细胞产生异常功能或失去正常功能,导致疾病的发生或影响疾病的进程。

思 考 题

1. 一种受体为什么可以同时激活几条信号转导途径?

2. 当外源信号分子刺激细胞时,细胞内信号传递和终止的双向反应是否同时发生?为什么?

3. 在 GPCR 介导的信号途径中,为什么会存在 G 蛋白循环这一反应?有何意义?

4. 蛋白质分子中有许多含有羟基的氨基酸残基,作为信号转导分子的蛋白激酶在修饰底物时,是将底物蛋白分子的所有含羟基的氨基酸残基都磷酸化,还是只将一个(或某几个)氨基酸残基磷酸化?

(黄 建)

第 四 篇

医学生化专题

　　人类健康依赖于体内所有的分子保持正常的结构功能和有序的反应,而一切非健康或疾病状态的产生和发展都有其特有的分子基础。近百余年,生物化学与分子生物学的发展已经为从分子层次认识疾病的发生和发展机制提供了新的理论。本篇所涉及的理论知识是理解疾病状态下机体的生物化学与分子生物学变化的重要基础。

　　本篇首先关注的是重要组织器官的生物化学特点。尽管在代谢调节一章中已有一些阐述,本篇还是独立为肝和血液设章。血液的有形细胞成分参与 O_2 与 CO_2 的运输、防御病原微生物入侵等重要功能;血液中的可溶性蛋白质成分和非蛋白质成分,更是种类繁多,功能多样。肝是有机体物质代谢的大本营,除在三大营养物质代谢中发挥重要作用外,还在维生素、激素、胆汁酸和其他非营养物质代谢方面起到至关重要的作用。

　　正常生理活动的完成,或者说生物大分子的作用始终离不开维生素和微量元素。这些物质的特殊生物化学作用是必不可少的生物化学内容。维生素的发现和认识在近代医学发展中具有重要历史地位。维生素缺乏病曾是人类的常见病,发现和合成各种维生素的科学家对这些疾病的诊断和治疗作出了巨大贡献。十余名科学家先后在 7 个年度,因他们在各种维生素研究中的贡献获得诺贝尔生理学或医学奖。无机元素对维持人体正常生理功能必不可少,在体内一般结合成化合物或络合物,广泛分布于各组织中,含量较恒定。微量元素通过参与构成酶活性中心或辅酶、激素和维生素等在体内发挥十分重要的生理功能。

　　基因和疾病的关系是医学的重大问题之一,人类的多种疾病都与基因的结构、功能、或表达异常有关。因此,在医学研究中,对基因的研究是必不可少的内容。正常细胞活动中癌基因、抑癌基因、生长因子的作用,其激活或失活在肿瘤发生发展中的意义,尤其是以癌基因/抑癌基因为靶标的肿瘤靶向治疗研究为人类攻克肿瘤带来了希望。因此,将有关知识归入本专题篇加以叙述,作为从基因变异层次认识复杂疾病的一个范例。

　　医学所涉及的生物化学与分子生物学问题复杂多样,从本篇获得的知识将仅仅是冰山一角。

（药立波）

血液（blood）是流动于心血管系统内的液体组织，主要发挥运输物质的作用。正常人体的血液总量约占体重的8%，由血浆（plasma）、血细胞和血小板组成。血浆占全血容积的55%～60%。血液凝固后析出淡黄色透明液体，称作血清（serum）。

正常人血液的含水量约为77%～81%，比重为1.050～1.060，它主要取决于血液内的血细胞数和蛋白质的浓度。血液的pH为7.40±0.05，血浆渗透压在37℃时接近$7.70×10^2$ kPa，即300mOsm/kg·H_2O。

血浆的固体成分可分为无机物和有机物两大类。无机物主要以电解质为主，重要的阳离子有Na^+、K^+、Ca^{2+}、Mg^{2+}，重要的阴离子有Cl^-、HCO_3^-、HPO_4^{2-}等，它们在维持血浆晶体渗透压、酸碱平衡以及神经肌肉的正常兴奋性等方面起重要作用。有机物包括蛋白质、非蛋白质类含氮化合物、糖类和脂质等。非蛋白质类含氮化合物主要有尿素、肌酸、肌酸酐、尿酸、胆红素和氨等，它们中的氮总量称为非蛋白质氮（non-protein nitrogen，NPN）。正常人血中NPN含量为14.28～24.99mmol/L。其中血尿素氮（bloodurea nitrogen，BUN）约占NPN的1/2。

第一节　血浆蛋白质

一、血浆蛋白质的分类与性质

人血浆中蛋白质总浓度为70～75g/L，它们是血浆主要的固体成分。血浆蛋白质种类很多，目前已知的血浆蛋白质有200多种，其中既有单纯蛋白质又有结合蛋白质，如糖蛋白和脂蛋白，血浆中还有几千种抗体。血浆内各种蛋白质的含量差异很大，多者每升达数十克，少的仅为毫克水平。

（一）血浆蛋白质的分类

目前尚有多种血浆中的蛋白质的结构和功能尚不明确，故难以对血浆的全部蛋白质作出十分恰当的分类。通常按来源、分离方法和生理功能将血浆蛋白质进行分类。

血浆蛋白质依据功能，可分为以下8类：①凝血系统蛋白质，包括12种凝血因子（除Ca^{2+}外）；②纤溶系统蛋白质，包括纤溶酶原、纤溶酶、激活剂及抑制剂等；③补体系统蛋白质；④免疫球蛋白；⑤脂蛋白；⑥血浆蛋白酶抑制剂，包括酶原激活抑制剂、血液凝固抑制剂、纤溶酶抑制剂、激肽释放抑制剂、内源性蛋白酶及其他蛋白酶抑制剂；⑦载体蛋白；⑧未知功能的血浆蛋白质。

电泳是最常用的分离蛋白质的方法。以pH 8.6的巴比妥溶液作缓冲液，

图18-1　血浆蛋白质的醋酸纤维素薄膜电泳图谱
（a）染色后的图谱；（b）光密度扫描后的电泳峰

可将血浆蛋白质分成 5 条区带：清蛋白(albumin，又称白蛋白)、α_1 球蛋白(globulin)、α_2 球蛋白、β 球蛋白和 γ 球蛋白(图 18-1、表 18-1)。清蛋白是人体血浆中最主要的蛋白质，浓度达 38 ~ 48g/L，约占血浆总蛋白的 50%。肝每天约合成 12g 清蛋白。清蛋白以前清蛋白的形式合成，成熟的清蛋白是含 585 个氨基酸残基的单一多肽链，分子形状呈椭圆形。球蛋白的浓度为 15 ~ 30g/L。正常的清蛋白与球蛋白的比例(A/G)为 1.5 ~ 2.5。血浆蛋白质电泳是临床常用的辅助诊断方法。

表 18-1　血浆蛋白质的种类、生成部位、主要功能和正常含量

血浆蛋白质种类	生成部位	主要功能	正常含量 (g/100ml 血浆)
清蛋白	肝	维持血浆渗透压、运输	3.8 ~ 4.8
α 球蛋白 α₁ 球蛋白 α₂ 球蛋白	主要在肝	营养运输	1.5 ~ 3.0
β 球蛋白	大部分在肝	运输	
γ 球蛋白	主要在肝外	免疫	
纤维蛋白原	肝	凝血	0.2 ~ 0.4

聚丙烯酰胺凝胶电泳是分辨率更高的电泳方法，可将血清中的蛋白质分成数十条区带。

超速离心法则是根据蛋白质的密度将其分离，例如血浆脂蛋白的分离。

（二）血浆蛋白质的性质

尽管血浆蛋白质的种类繁多，但由于血浆蛋白质较易获得，且许多编码血浆蛋白质的基因序列已知，故对这些蛋白质的结构、功能、合成和更新等已有较深入的了解，现将血浆蛋白质的性质归纳如下：

1. **绝大多数血浆蛋白质在肝合成**　如清蛋白、纤维蛋白原和纤维粘连蛋白等血浆蛋白质都是在肝合成，还有少量的蛋白质是由其他组织细胞合成，如 γ 球蛋白是由浆细胞合成。

2. **血浆蛋白质的合成场所一般位于膜结合的多核糖体上**　血浆蛋白质在进入血浆前，在肝细胞内经历了从粗面内质网到高尔基复合体再抵达质膜而分泌入血液的途径。即合成的蛋白质转移入内质网池，然后被酶切去信号肽，蛋白质前体成为成熟蛋白质。血浆蛋白质自肝细胞内合成部位到血浆的时间为 30 分钟至数小时不等。

3. **除清蛋白外，几乎所有的血浆蛋白质均为糖蛋白**　这些糖蛋白含有 N- 或 O- 连接的寡糖链。这些寡糖链包含了许多生物信息，发挥重要的作用。血浆蛋白质合成后需要定向输送，此过程需要寡糖链。寡糖链中包含的生物信息具有识别作用。例如，红细胞的血型物质含糖达 80% ~ 90%，ABO 系统中血型物质 A、B 均是在血型物质 O 的糖链非还原端各加上 N-乙酰氨基半乳糖(N-acetylgalactosamine，GalNAc)或半乳糖(galactose，Gal)。正是一个糖基的差别，使红细胞能识别不同的抗体。再如用唾液酸酶(neuraminidase)切除寡糖链末端唾液酸残基，常可使一些血浆蛋白质的半衰期缩短。

4. **许多血浆蛋白质呈现多态性**　多态性是孟德尔式或单基因遗传的性状。在人群中，如果某一蛋白质具有多态性说明它至少有两种表型，每一种表型的发生率不少于 1% ~ 2%。ABO 血型是广为人知的多态性，另外 α_1 抗胰蛋白酶、结合珠蛋白、运铁蛋白(transferrin，TRF)、铜蓝蛋白和免疫球蛋白等均具有多态性。研究血浆蛋白质的多态性对遗传学、人类学和临床医学均有重要意义。

5. **每种血浆蛋白质均有自己特异的半衰期**　各种血浆蛋白质具有差异较大的半衰期，如正常成人的清蛋白和结合珠蛋白的半衰期分别为 20 天和 5 天左右。

6. **血浆蛋白质水平的改变往往与疾病紧密相关**　在急性炎症或某种类型组织损伤等情况下，某些血浆蛋白质的水平会增高，它们被称为急性期蛋白(acute phase protein，APP)。增高的蛋白质包括 C 反应蛋白(C-reactive protein，CRP)、α_1 抗胰蛋白酶、结合珠蛋白、α_1 酸性蛋白和纤维蛋白原等。这些

蛋白质水平的增高,少则增加50%,多则可增加上千倍。患慢性炎症或肿瘤时,也会出现这种升高,提示急性期蛋白在人体炎症反应中起一定作用。例如,α_1抗胰蛋白酶能使急性炎症期释放的某些蛋白酶失效;白细胞介素1(IL-1)是单核巨噬细胞释放的一种多肽,它能刺激肝细胞合成许多急性期反应物(acute phase reactant,APR)。急性期,亦有些蛋白质浓度出现降低,如清蛋白和运铁蛋白等。

二、血浆蛋白质的功能

血浆蛋白质种类繁多,虽然其中不少蛋白质的功能尚未完全阐明,但对血浆蛋白质的一些重要功能已有较深入的了解,现概述如下。

(一) 维持血浆胶体渗透压

虽然血浆胶体渗透压仅占血浆总渗透压的极小部分(1/230),但它对水在血管内外的分布具有决定性的作用。正常人血浆胶体渗透压的大小,取决于血浆蛋白质的摩尔浓度。由于清蛋白的分子量小(69kD),在血浆内的总含量大、摩尔浓度高,加之在生理pH条件下,其电负性高,能使水分子聚集其分子表面,故清蛋白能最有效地维持胶体渗透压。清蛋白所产生的胶体渗透压占血浆胶体总渗透压的75%~80%。当血浆蛋白质浓度,尤其是清蛋白浓度过低时,血浆胶体渗透压下降,导致水分在组织间隙潴留,出现水肿。

(二) 维持血浆正常的pH

正常血浆的pH为7.40±0.05。蛋白质是两性电解质,血浆蛋白质的等电点大部分在pH 4.0~7.3之间,血浆蛋白盐与相应蛋白质形成缓冲对,参与维持血浆正常的pH,如蛋白质钠盐/蛋白质是血浆中的主要缓冲对之一。

(三) 运输作用

血浆蛋白质分子的表面上分布有众多的亲脂性结合位点,脂溶性物质可与其结合而被运输。血浆蛋白质还能与易被细胞摄取和易随尿液排出的一些小分子物质结合,防止它们从肾丢失。例如,脂溶性维生素A以视黄醇形式存在于血浆中,它先与视黄醇结合蛋白形成复合物,再与前清蛋白以非共价键缔合成视黄醇-视黄醇结合蛋白-前清蛋白复合物。这种复合物一方面可防止视黄醇的氧化,另一方面防止小分子量的视黄醇-视黄醇结合蛋白复合物从肾丢失。血浆中的清蛋白能与脂肪酸、Ca^{2+}、胆红素、磺胺等多种物质结合。此外血浆中还有皮质激素传递蛋白、运铁蛋白、铜蓝蛋白等。这些载体蛋白除结合运输血浆中某种物质外,还具有调节被运物质代谢的作用。

(四) 免疫作用

血浆中的免疫球蛋白,IgG、IgA、IgM、IgD和IgE,又称为抗体,在体液免疫中起至关重要的作用。此外,血浆中还有一组协助抗体完成免疫功能的蛋白酶——补体。免疫球蛋白能识别特异性抗原并与之结合,形成的抗原抗体复合物能激活补体系统,产生溶菌和溶细胞现象。

(五) 催化作用

血浆中的酶称作血清酶。根据血清酶的来源和功能,可分为以下三类:

1. **血浆功能酶** 这类酶主要在血浆发挥催化功能,如凝血及纤溶系统的多种蛋白水解酶,它们都以酶原的形式存在于血浆内,在一定条件下被激活后发挥作用。此外血浆中还有生理性抗凝物质、假胆碱酯酶、卵磷脂:胆固醇酰基转移酶、脂蛋白脂肪酶和肾素等。血浆功能酶绝大多数由肝合成后分泌入血,并在血浆中发挥催化作用。

2. **外分泌酶** 外分泌腺分泌的酶类包括胃蛋白酶、胰蛋白酶、胰淀粉酶、胰脂肪酶和唾液淀粉酶等。在生理条件下这些酶少量逸入血浆,它们的催化活性与血浆的正常生理功能无直接的关系。但当这些脏器受损时,逸入血浆的酶量增加,血浆内相关酶的活性增高,在临床上有诊断价值。

3. **细胞酶** 细胞酶存在于细胞和组织内,参与物质代谢。随着细胞的不断更新,这些酶可释放至血。正常时它们在血浆中含量甚微。这类酶大部分无器官特异性;小部分来源于特定的组织,表现为器官特异性。当特定的器官有病变时,血浆内相应的酶活性增高,可用于临床酶学检验。如肝功能严重受损时,血浆中谷丙转氨酶与谷草转氨酶的活性会显著升高。

（六）营养作用

每个成人 3L 左右的血浆中约有 200g 蛋白质。体内的某些细胞,如单核-吞噬细胞系统,吞噬血浆蛋白质,然后由细胞内的酶类将吞入细胞的蛋白质分解为氨基酸参入氨基酸池,用于组织蛋白质的合成,或转变成其他含氮化合物。此外,蛋白质还能分解供能。

（七）凝血、抗凝血和纤溶作用

血浆中存在众多的凝血因子、抗凝血及纤溶物质,它们在血液中相互作用、相互制约,保持循环血流通畅。但当血管损伤、血液流出血管时,即发生血液凝固,以防止血液的大量流失。

（八）血浆蛋白质异常与临床疾病

血浆蛋白质在维持人体正常代谢中有重要功能,血浆蛋白质异常可见于多种临床疾病,如风湿病、肝疾病和多发性骨髓瘤等。

1. 风湿病　风湿病血浆蛋白质的异常改变主要包括急性炎症反应和由于抗原刺激引起的免疫系统增强的反应。其特征为:①免疫球蛋白升高,特别是 IgA,并可有 IgG 及 IgM 的升高;②炎症活动期可有 $\alpha_1 AG$、Hp、C3 成分升高。

2. 肝疾病　急性肝炎时,出现非典型的急性时相反应,前清蛋白(prealbumin, PAB)是肝功能损害的敏感指标。肝硬化时,血浆蛋白质含量呈现特征性改变,如清蛋白减少、球蛋白增加,清蛋白/球蛋白(A/G)倒置等。

3. 多发性骨髓瘤　多发性骨髓瘤是由浆细胞恶性增生所致的一种肿瘤。总的蛋白质电泳图谱表现为:①在原 γ 区带外出现一特征性的 M 蛋白峰;②清蛋白区带下降。

第二节　血红素的合成

血红蛋白(hemoglobin, Hb)是红细胞中最主要的成分,由珠蛋白和血红素(heme)组成。血红素不但是 Hb 的辅基,也是肌红蛋白、细胞色素、过氧化物酶等的辅基。血红素可在机体多种细胞内合成,参与血红蛋白组成的血红素主要在骨髓的幼红细胞和网织红细胞中合成。

一、血红素的合成过程

合成血红素的基本原料是甘氨酸、琥珀酰 CoA 和 Fe^{2+} 等。合成的起始和终末阶段均在线粒体内进行,而中间阶段在胞质内进行。血红素的生物合成可受多种因素的调节。血红素的生物合成可分为四个步骤。

（一）δ-氨基-γ-酮戊酸的合成

在线粒体内,由琥珀酰 CoA 与甘氨酸缩合生成 δ-氨基-γ-酮戊酸(δ-aminolevulinicacid, ALA)(图18-2)。催化此反应的酶是 ALA 合酶(ALA synthase),其辅酶是磷酸吡哆醛。此酶是血红素合成的限速酶,受血红素的反馈调节。

（二）胆色素原的合成

ALA 生成后从线粒体进入胞质,在 ALA 脱水酶(ALA dehydrase)催化下,2 分子 ALA 脱水缩合生成 1 分子胆色素原(porphobilinogen, PBG)(图18-3)。ALA 脱水酶含有巯基,对铅等重金属的抑制作用十分敏感。

（三）尿卟啉原与粪卟啉原的合成

在胞质中,由尿卟啉原 I 同合酶(UPG I cosynthase,又称胆色素原脱氨酶)催化,使 4 分子胆色素原脱氨缩合生成 1 分子线状四吡咯,

图 18-2　δ-氨基-γ-酮戊酸的合成

图 18-3 胆色素原的合成

后者再由 UPG Ⅲ 同合酶催化生成尿卟啉原Ⅲ（UPG Ⅲ）。这两种酶的关系尚不清楚。但是 UPG Ⅲ 同合酶单独存在时并无活性，必须与 UPG Ⅰ 同合酶协同作用；反之，若无 UPG Ⅲ 同合酶时，线状四吡咯化合物不稳定，可自然环化生成尿卟啉原Ⅰ（UPG Ⅰ）。UPG Ⅰ 与 UPG Ⅲ 的区别是，前者第 7 位侧链为乙酸基（A），第 8 位为丙酸基（P）；而后者却相反，第 7 位为丙酸基（P），第 8 位为乙酸基（A）（图 18-4）。在正常生理情况下，UPG Ⅲ 的合成是主要途径，UPG Ⅰ 极少（Ⅲ：Ⅰ 为 10 000∶1）。在某些病理情况下，UPG Ⅲ 合成受阻，生成较多的 UPG Ⅰ。UPG Ⅲ 进一步经尿卟啉原Ⅲ脱羧酶催化，使其 4 个乙酸基（A）侧链脱羧基变为甲基（M），从而生成粪卟啉原Ⅲ（coproporphyrinogen Ⅲ，CPG Ⅲ），反应如图 18-4 所示。

图 18-4 血红素的生物合成

A：—CH_2COOH；P：—CH_2CH_2COOH；M：—CH_3；V：—$CHCH_2$

（四）血红素的生成

胞质中生成的粪卟啉原Ⅲ再进入线粒体,经粪卟啉原Ⅲ氧化脱羧酶作用,使其 2,4 位两个丙酸基(P)氧化脱羧变成乙烯基(V),从而生成原卟啉原Ⅸ,再由原卟啉原Ⅸ氧化酶催化,使其 4 个连接吡咯环的亚甲基氧化成次甲基,则成为原卟啉Ⅸ(protoporphyrinⅨ)。通过亚铁螯合酶(ferrochelatase,又称血红素合成酶)的催化,原卟啉Ⅸ和 Fe^{2+} 结合,生成血红素(图 18-4)。铅等重金属对亚铁螯合酶也有抑制作用。

血红素生成后从线粒体转运到胞质,在骨髓的有核红细胞及网织红细胞中,与珠蛋白结合成为血红蛋白。

血红素合成的全过程总结于图 18-4。血红素合成的特点可归结如下:①体内大多数组织均具有合成血红素的能力,但合成的主要部位是骨髓与肝,成熟红细胞不含线粒体,故不能合成血红素。②血红素合成的原料是琥珀酰 CoA、甘氨酸及 Fe^{2+} 等简单小分子物质。其中间产物的转变主要是吡咯环侧链的脱羧和脱氢反应。各种卟啉原化合物的吡咯环之间无共轭结构,均无色,性质不稳定,易被氧化,对光尤为敏感。③血红素合成的起始和最终过程均在线粒体中进行,而其他中间步骤则在胞质中进行。这种定位对终产物血红素的反馈调节作用具有重要意义。关于中间产物进出线粒体的机制,目前尚不清楚。

二、血红素合成的调节

血红素的合成受多种因素的调节,其中最主要的调节步骤是 ALA 的合成。

（一）ALA 合酶

ALA 合酶是血红素合成体系的限速酶,受血红素的反馈抑制。由于血红素与该酶的底物和产物均不类似,因此可能属于别构抑制。此外,血红素还可以阻抑 ALA 合酶的合成。由于磷酸吡哆醛是该酶的辅基,维生素 B_6 缺乏将影响血红素的合成。ALA 合酶本身的代谢较快,半衰期约为 1 小时。正常情况下,血红素合成后迅速与珠蛋白结合成血红蛋白,不致有过多的血红素堆积;血红素结合成血红蛋白后,对 ALA 合酶不再有反馈抑制作用。如果血红素的合成速度大于珠蛋白的合成速度,过多的血红素可以氧化成高铁血红素,后者对 ALA 合酶也具有强烈抑制作用。某些固醇类激素,例如睾酮在体内的 5-β 还原物,能诱导 ALA 合酶的合成,从而促进血红素的生成。许多在肝中进行生物转化的物质,例如致癌物质、药物、杀虫剂等,均可导致肝 ALA 合酶显著增加,因为这些物质的生物转化作用需要细胞色素 P450,后者的辅基正是铁卟啉化合物。由此,通过肝 ALA 合酶的增加,以适应生物转化的需求。

（二）ALA 脱水酶与亚铁螯合酶

ALA 脱水酶虽然也可被血红素抑制,但并不引起明显的生理效应,因为此酶的活性较 ALA 合酶强 80 倍,故血红素的抑制基本上是通过 ALA 合酶而起作用。ALA 脱水酶和亚铁螯合酶对重金属的抑制均非常敏感,因此血红素合成的抑制是铅中毒的重要体征。此外,亚铁螯合酶还需要还原剂(如谷胱甘肽),任何还原条件的中断也会抑制血红素的合成。

（三）促红细胞生成素

促红细胞生成素(erythropoietin,EPO)主要在肾合成,缺氧时即释放入血,运至骨髓,借助一种含两个不同亚基和一些结构域的特异性跨膜载体,EPO 可同原始红细胞[如红系爆式集落形成单位(burst forming unit-erythroid,BFU-E)和红系集落形成单位(colony forming unit-erythroid,CFU-E)]相互作用,促使它们繁殖和分化,加速有核红细胞的成熟以及血红素和 Hb 的合成。因此,EPO 是红细胞生成的主要调节剂。它是一种由 166 个氨基酸残基组成的糖蛋白,分子量30 ~ 39kD。

铁卟啉合成代谢异常而导致卟啉或其中间代谢物排出增多,称为卟啉症(porphyria)。卟啉症有先天性和后天性两大类。先天性卟啉症是由某种血红素合成酶系的遗传性缺陷所致;后天性卟啉症则主要指铅中毒或某些药物中毒引起的铁卟啉合成障碍,例如铅等重金属中毒,除抑制前面提及的两种酶外,还能抑制尿卟啉合成酶。

第三节　血细胞物质代谢

血液中存在有多种血细胞:红细胞,主要的功能是运送氧;白细胞,在机体免疫反应中发挥重要作用;血小板,在凝血过程中起重要作用。血小板是由骨髓造血组织中的巨核细胞产生的细胞碎片,本节重点介绍红细胞和白细胞的主要代谢特点。

一、红细胞的代谢

红细胞是血液中最主要的细胞,它是在骨髓中由造血干细胞定向分化而成的红系细胞。在红系细胞发育过程中,经历了原始红细胞、早幼红细胞、中幼红细胞、晚幼红细胞、网状红细胞等阶段,最后才成为成熟红细胞。在成熟过程中,红细胞发生一系列形态和代谢的改变(表18-2)。

表18-2　红细胞成熟过程中的代谢变化

代谢能力	有核红细胞	网织红细胞	成熟红细胞
分裂增殖能力	+	−	−
DNA 合成	+*	−	−
RNA 合成	+	−	−
RNA 存在	+	+	−
蛋白质合成	+	+	−
血红素合成	+	+	−
脂质合成	+	+	−
三羧酸循环	+	+	−
氧化磷酸化	+	+	−
糖酵解	+	+	+
磷酸戊糖途径	+	+	+

注:"+","−"分别表示该途径有或无
* 晚幼红细胞为"−"

哺乳动物的成熟红细胞除质膜和胞质外,无细胞核和线粒体等细胞器,其代谢比一般细胞单纯。葡萄糖是成熟红细胞的主要能量物质。血液循环中的红细胞每天大约从血浆摄取30g 葡萄糖,其中90% ~95% 经糖酵解通路和 2,3-二磷酸甘油酸(2,3-bisphosphoglycerate,2,3-BPG)支路进行代谢,5% ~10% 通过磷酸戊糖途径进行代谢。

(一) 糖酵解是红细胞获得能量的唯一途径

红细胞中存在催化糖酵解所需要的所有的酶和中间代谢物(表18-3),糖酵解的基本反应和其他组织相同。糖酵解是红细胞获得能量的唯一途径,1mol 葡萄糖经酵解生成2mol 乳酸的过程中,产生 2molATP 和2molNADH+H$^+$,通过这一途径可使红细胞内 ATP 的浓度维持在 $1.85×10^3$mol/L 水平。

表18-3　红细胞中糖酵解中间产物的浓度(mol/L)

糖酵解中间产物	动脉血	静脉血
葡糖-6-磷酸	30.0	24.8
果糖-6-磷酸	9.3	3.3
果糖-1,6-二磷酸	0.8	1.3
磷酸丙糖	4.5	5.0
3-磷酸甘油酸	19.2	16.5
2-磷酸甘油酸	5.0	1.0
磷酸烯醇式丙酮酸	10.8	6.6
丙酮酸	87.5	143.2
2,3-二磷酸甘油酸	3400	4940

红细胞中的 ATP 主要用于维持以下几方面的生理活动：

1. 维持红细胞膜上钠泵（Na⁺，K⁺-ATP 酶）的运转 Na^+ 和 K^+ 一般不易通过细胞膜，钠泵通过消耗 ATP 将 Na^+ 泵出、K^+ 泵入红细胞以维持红细胞的离子平衡以及细胞容积和双凹盘状形态。

2. 维持红细胞膜上钙泵（Ca²⁺-ATP 酶）的运行 将红细胞内的 Ca^{2+} 泵入血浆以维持红细胞内的低钙状态。正常情况下，红细胞内的 Ca^{2+} 浓度很低（$20\mu mol/L$），而血浆的 Ca^{2+} 浓度为 $2\sim3mmol/L$。血浆内的 Ca^{2+} 会被动扩散进入红细胞。缺乏 ATP 时，钙泵不能正常运行，钙将聚集并沉积于红细胞膜，使膜失去柔韧性而趋于僵硬，红细胞流经狭窄的脾窦时易被破坏。

3. 维持红细胞膜上脂质与血浆脂蛋白中的脂质进行交换 红细胞膜的脂质处于不断地更新中，此过程需消耗 ATP。缺乏 ATP 时，脂质更新受阻，红细胞的可塑性降低，易于破坏。

4. 少量 ATP 用于谷胱甘肽、NAD⁺/NADP⁺的生物合成 谷胱甘肽是由谷氨酸、半胱氨酸和甘氨酸结合而成的三肽化合物，是机体中重要的抗氧化物质。肝细胞是合成谷胱甘肽的主要部位，此过程需要 ATP 参与。烟酰胺在体内与 ATP 反应生成辅酶 NAD⁺ 和 NADP⁺，这两种辅酶在生物氧化还原反应中起电子载体或递氢体作用。

5. ATP 用于葡萄糖的活化，启动糖酵解过程 葡萄糖分解的第一步反应就是发生磷酸化而活化，此过程需由 ATP 供能。

（二）红细胞的糖酵解存在 2,3-二磷酸甘油酸旁路

红细胞内的糖酵解还存在一个特殊途径——2,3-BPG 支路（图 18-5）。2,3-BPG 支路的分支点是 1,3-二磷酸甘油酸（1,3-bisphosphoglycerate，1,3-BPG）。正常情况下，2,3-BPG 对二磷酸甘油酸变位酶的负反馈作用大于对 3-磷酸甘油酸激酶的抑制作用，所以 2,3-BPG 旁路占糖酵解的 15%～50%；但是由于 2,3-BPG 磷酸酶的活性较低，2,3-BPG 的生成大于分解，造成红细胞内 2,3-BPG 升高。红细胞内 2,3-BPG 虽然也能供能，但主要功能是调节血红蛋白的运氧功能。

2,3-BPG 是调节 Hb 运氧功能的重要因素，它是一个电负性很高的分子，可与血红蛋白结合，结合部位在 Hb 分子 4 个亚基的对称中心孔穴内。2,3-BPG 的负电基团与组成孔穴侧壁的 2 个 β 亚基的带正电基团形成盐键（图 18-6），从而使血红蛋白分子的 T 构象更趋稳定，降低 Hb 与 O_2 的亲和力。当血流经过 PO_2 较高的肺部时，2,3-BPG 的影响不大，而当血流流过 PO_2 较低的组织时，红细胞中 2,3-BPG 的存在则显著增加 O_2 释放，以供组织需要。在 PO_2 相同条件下，随 2,3-BPG 浓度增大，HbO_2 释放的 O_2 增多。人体能通过改变红细胞内 2,3-BPG 的浓度来调节对组织的供氧。

图 18-5 2,3-二磷酸甘油酸支路

（三）磷酸戊糖途径提供 NADPH 维持红细胞的完整性

红细胞内磷酸戊糖途径的代谢过程与其他细胞相同，主要功能是产生 NADPH+H⁺。NADH 和 NADPH 是红细胞内重要的还原当量，它们能够对抗氧化剂，保护细胞膜蛋白质、血红蛋白和酶蛋白的巯基等不被氧化，从而维持红细胞的正常功能。磷酸戊糖途径是红细胞产生 NADPH 的唯一途径。红细胞中的 NADPH 能维持细胞内还原型谷胱甘肽（GSH）的含量（图 18-7），使红细胞免遭外源性和内源性氧化剂的损害。某些疾病状态，如葡糖-6-磷酸脱氢酶缺乏症（俗称蚕豆病）病人因红细胞中磷酸戊糖途径关键酶缺乏而导致

图 18-6 2,3-二磷酸甘油酸与血红蛋白的结合

NADPH 量不足,无法维持谷胱甘肽的还原状态,因此在接触强氧化因子时,红细胞细胞膜破裂导致溶血。

图 18-7　谷胱甘肽的氧化与还原及其有关代谢

由于氧化作用,红细胞内经常产生少量高铁血红蛋白(methemoglobin,MHb),MHb 中的铁为三价,不能带氧。但红细胞内有 NADH-高铁血红蛋白还原酶和 NADPH-高铁血红蛋白还原酶催化 MHb 还原成 Hb。另外,GSH 和抗坏血酸也能直接还原 MHb。在上述高铁血红蛋白还原系统中,以 NADH-高铁血红蛋白还原酶最重要。由于有 MHb 还原系统的存在,使红细胞内 MHb 只占 Hb 总量的 $1\% \sim 2\%$。

(四) 红细胞不能合成脂肪酸

成熟红细胞的脂质几乎都存在于细胞膜。成熟红细胞由于没有线粒体,因此无法从头合成脂肪酸,但膜脂的不断更新却是红细胞生存的必要条件。红细胞通过主动参入和被动交换不断地与血浆进行脂质交换,维持其正常的脂质组成、结构和功能。

(五) 高铁血红素促进珠蛋白的合成

血红蛋白由珠蛋白与血红素构成。珠蛋白的合成与一般蛋白质相同,其合成受血红素的调控。血红素的氧化产物高铁血红素能促进珠蛋白的生物合成,其机制见图 18-8。cAMP 激活蛋白激酶 A 后,蛋白激酶 A 能使无活性的 eIF-2 激酶磷酸化。后者再催化 eIF-2 磷酸化而使之失活。高铁血红素有抑制 cAMP 激活蛋白激酶 A 的作用,从而使 eIF-2 保持于去磷酸化的活性状态,有利于珠蛋白的合成,进而影响血红蛋白的合成。

二、白细胞的代谢

人体白细胞由粒细胞、淋巴细胞和单核巨噬细胞三大系统组成。主要功能是对外来入侵起抵抗作用,白细胞的代谢与白细胞的功能密切相关。白细胞的功能将在免疫学详细介绍,故在此只扼要介绍白细胞的代谢特点。

(一) 糖酵解是白细胞主要的获能途径

由于粒细胞的线粒体很少,故糖酵解是主要的糖代谢途径。中性粒细胞

图 18-8　高铁血红素对起始因子 2 的调节

能利用外源性的糖和内源性的糖原进行糖酵解,为细胞的吞噬作用提供能量。单核巨噬细胞虽能进行有氧氧化,但糖酵解仍占很大比重。在免疫反应中,T淋巴细胞接受复杂的信号后激活、增殖和分化成不同的细胞亚型。研究表明,不同状态和阶段的T淋巴细胞其葡萄糖代谢的特点有所不同,例如,免疫反应中T淋巴细胞激活前主要通过葡萄糖的有氧氧化获能,而激活后则主要通过糖酵解获能。

（二）粒细胞和单核巨噬细胞能产生活性氧,发挥杀菌作用

中性粒细胞和单核巨噬细胞被趋化因子激活后,细胞内磷酸戊糖途径被激活,产生大量的NADPH。经NADPH氧化酶递电子体系可使O_2接受单电子还原,产生大量的超氧阴离子($O_2^-\cdot$)。超氧阴离子再进一步转变成H_2O_2、$\cdot OH$等活性氧,起杀菌作用。NADPH氧化酶递电子体系的成分包括NADPH氧化酶、细胞色素b_{558}和两种胞质多肽等。

$$2O_2 + NADPH \longrightarrow 2O_2^-\cdot + NADP^+ + H^+$$

（三）粒细胞和单核巨噬细胞能合成多种物质参与超敏反应

速发型超敏反应(Ⅰ型超敏反应)中,在多种刺激因子作用下,单核巨噬细胞可将花生四烯酸转变成血栓烷和前列腺素;而在脂氧化酶的作用下,粒细胞和单核巨噬细胞可将花生四烯酸转变成白三烯;同时,粒细胞中的大量组氨酸代谢生成组胺。组胺、白三烯和前列腺素都是速发型超敏反应中重要的生物活性物质。

（四）单核巨噬细胞和淋巴细胞能合成多种活性蛋白质

由于成熟粒细胞缺乏内质网,故蛋白质合成量很少。而单核/巨噬细胞的蛋白质代谢很活跃,能合成多种酶、补体和各种细胞因子。在免疫反应中,B淋巴细胞分化为浆细胞,产生并分泌多种抗体蛋白,参与体液免疫。

小　结

血液由有形的红细胞、白细胞和血小板以及无形的血浆组成。血浆的主要成分是水、无机盐、有机小分子和蛋白质等。

血浆中的蛋白质浓度为70~75g/L,多在肝合成。其中含量最多的是清蛋白,其浓度为38~48g/L,它能结合并转运许多物质,在血浆胶体渗透压形成中起重要作用。血浆中的蛋白质具多种重要的生理功能。

未成熟红细胞能利用琥珀酰CoA、甘氨酸和Fe^{2+}铁合成血红素。血红素生物合成的关键酶是ALA合酶,受到多种因素的调控。

成熟红细胞代谢的特点是丧失了合成核酸和蛋白质的能力,并不能进行有氧氧化,红细胞功能的正常主要依赖无氧氧化和磷酸戊糖旁路。

有吞噬功能的白细胞的磷酸戊糖旁路和无氧氧化代谢也很活跃。NADPH氧化酶递电子体系在白细胞的吞噬功能中起重要作用。

思　考　题

1. 试述红细胞的氧化还原系统。
2. 简述成熟红细胞糖代谢的特点及红细胞中ATP的主要生理功能。
3. 血红素的合成有何特点?
4. 参与血红素生物合成的调节因素有哪些?
5. 概述血浆蛋白质的生理功能。

（德　伟）

第十九章 肝的生物化学

肝是人体最大的实质性器官,也是体内最大的腺体。成人肝组织约重1500g,约占体重的2.5%。独特的结构特点,赋予肝复杂多样的生物化学功能。

肝的结构特点包括:①具有肝动脉和门静脉双重血液供应。既可从肝动脉获得由肺及其他组织运来的氧和代谢物,又可从门静脉中获得由肠道吸收的各种营养物质,为各种物质在肝的代谢奠定了物质基础。②存在肝静脉和胆道系统双重输出通道。肝静脉与体循环相连,可将肝内的代谢中间物或代谢产物运输到其他组织利用或排出体外;胆道系统与肠道相通,将肝分泌的胆汁排入肠道,同时排出一些代谢废物。③具有丰富的肝血窦。肝动脉和门静脉入肝后经反复分支,形成小叶间动脉及小叶间静脉,最后均进入肝血窦。血窦使肝细胞与血液的接触面积扩大,加之血窦中血流速率减慢,为肝细胞与血液进行充分的物质交换提供了时间保证。④肝细胞含有丰富的细胞器(如内质网、线粒体、溶酶体、过氧化物酶体等)和丰富的酶体系,有些甚至是肝所独有的。因此肝细胞除存在一般细胞所具有的代谢途径外,还具有一些特殊的代谢功能。

基于上述特点,肝不仅在机体糖、脂质、蛋白质、维生素、激素等物质代谢中处于中心地位,而且还具有生物转化、分泌和排泄等多方面的生理功能。

第一节 肝在物质代谢中的作用

一、肝是维持血糖水平相对稳定的重要器官

正常情况下,血糖的来源与去路处于动态平衡,主要凭借激素的调节,这些激素的主要靶器官是肝。肝细胞主要通过调节糖原合成与分解、糖异生途径维持血糖的相对恒定,以保障全身各组织,尤其是大脑和红细胞的能量供应。

肝细胞膜葡糖转运蛋白2(glucose transporter 2,GLUT2)能有效转运葡萄糖,可使肝细胞内的葡萄糖浓度与血糖浓度保持一致。肝细胞含有特异的己糖激酶同工酶Ⅳ,即葡糖激酶。其K_m(10mmol/L)较肝外组织的己糖激酶(0.1mmol/L)高的多,且不被其产物葡糖-6-磷酸所抑制。这利于肝在饱食状态下血糖浓度很高时,仍可持续将葡萄糖磷酸化成葡糖-6-磷酸,并将其合成肝糖原贮存。饱食后肝糖原总量可达75~100g,约占肝重的5%。血糖高时,葡糖-6-磷酸除氧化供能以及合成糖原储存外,还可在肝内转变成脂肪,并以极低密度脂蛋白(very low density lipoprotein,VLDL)的形式运出肝外,贮存于脂肪组织。

肝细胞内含有葡糖-6-磷酸酶(该酶不存在于肌组织),在空腹状态下,可将肝糖原分解生成的葡糖-6-磷酸直接转化成葡萄糖以补充血糖。肝细胞还存在一套完整的糖异生酶系,是糖异生最重要的器官。较长时间禁食时,储存有限的肝糖原在12~18小时内几乎耗尽,此时肝通过糖异生将生糖氨基酸、乳酸及甘油等非糖物质转变成葡萄糖,成为机体在长期饥饿状况下维持血糖相对恒定的主要途径。其主要原料生糖氨基酸来自肌组织蛋白质的分解。肝还能将小肠吸收的其他单糖如果糖及半乳糖转化为葡萄糖,作为血糖的补充来源。因此肝细胞严重损伤时,易造成糖代谢紊乱。

肝细胞的磷酸戊糖途径也很活跃,为肝的生物转化作用提供足够的NADPH。此外,肝细胞中的葡萄糖还可通过糖醛酸途径生成UDP-葡糖醛酸(UDPGA),作为肝生物转化结合反应中最重要的结合物质。

二、肝在脂质代谢中占据中心地位

肝在脂质的消化、吸收、分解、合成及运输等代谢过程中均具有重要作用。

肝细胞合成并分泌胆汁酸,为脂质(包括脂溶性维生素)的消化、吸收所必需。肝损伤时,肝分泌胆汁能力下降;胆管阻塞时,胆汁排出障碍,均可导致脂质的消化吸收不良,产生厌油腻和脂肪泻等临床症状。

肝可有效协调脂肪酸氧化供能和酯化合成甘油三酯两条途径。饱食状态下,肝将大量过剩的葡萄糖分解为乙酰CoA并转变成脂肪酸,并进一步合成甘油三酯,这是内源性甘油三酯的主要来源。肝也可将某些氨基酸经乙酰CoA转变成脂肪酸和甘油三酯。肝还可摄取来自消化道的外源性脂肪酸,部分经β-氧化彻底分解,释放能量供肝利用,剩余部分用于合成甘油三酯。肝合成的内源性甘油三酯与来自消化道的外源性和肝自身合成的胆固醇、磷脂一起,组装成VLDL分泌入血,经血液运输至肝外组织摄取和利用。饥饿状态下,机体脂库的脂肪动员增加,释放出脂肪酸和甘油,经血液运输至肝代谢。肝细胞可将脂肪酸β-氧化产生的乙酰CoA,部分经三羧酸循环彻底氧化释放能量供肝利用;其余大部分则在肝细胞内合成酮体。肝是体内产生酮体的重要器官。酮体则是肝向肝外组织输出脂质能源的一种形式,供肝外组织尤其脑和肌肉氧化利用。饥饿时酮体可占大脑能供的60%~70%。

肝在调节机体胆固醇代谢平衡上起中心作用。肝是合成胆固醇的主要器官,其合成量占全身合成总量的3/4以上。肝又是转化及排出胆固醇的主要器官。胆汁酸的生成是肝降解胆固醇的最重要途径。肝能通过apo E受体、LDL受体和HDL受体,从血液中摄取外源性胆固醇、内源性胆固醇和肝外组织细胞多余胆固醇,将其转化成胆汁酸,经胆道排出;也可将其直接分泌入胆汁,经消化道排出。胆道几乎是机体排出胆固醇及其转化产物的唯一途径,肝几乎是机体排出胆固醇及其转化产物的唯一器官。肝对胆固醇的酯化也具有重要作用。肝合成的卵磷脂:胆固醇脂酰基转移酶(LCAT),在血浆中将胆固醇转化为胆固醇酯以利运输。严重肝损伤时,不仅影响胆固醇合成而且影响LCAT的生成,故除血浆胆固醇含量减少外,血浆胆固醇酯的降低往往出现得更早、更明显。

肝在血浆脂蛋白代谢中亦起重要作用。肝是LDL降解的重要器官,肝细胞膜上有LDL受体,可特异的结合LDL并将其内吞入肝细胞降解。HDL也主要在肝合成,将肝外的胆固醇转移到肝内处理。肝细胞合成的apo CⅡ可激活肝外组织毛细血管内皮细胞表面的LPL,在血浆CM和VLDL的甘油三酯分解代谢中具有不可或缺的作用。

肝磷脂的合成非常活跃,尤其是卵磷脂的合成。磷脂合成障碍可影响VLDL的合成和分泌,导致肝内脂肪运出障碍而在肝中堆积,成为脂肪肝发生的机制之一。

三、肝内蛋白质合成及分解代谢均非常活跃

肝在人体蛋白质合成、分解和氨基酸代谢中起重要作用。

肝不仅合成大量蛋白质以满足自身结构和功能的需要,还合成大量蛋白质输出肝,以满足机体一些肝外功能的需要。如肝合成与分泌90%以上的血浆蛋白质(表19-1)。除γ球蛋白外,几乎所有的血浆蛋白均来自于肝,如清蛋白、凝血酶原、纤维蛋白原、铜蓝蛋白、凝血因子Ⅰ、Ⅱ、Ⅴ、Ⅶ、Ⅸ和Ⅹ等。血浆脂蛋白中的多种载脂蛋白(apoA、B、C、E等)及部分脂蛋白代谢酶也是在肝合成的,在血浆中执行脂质运输和脂蛋白代谢功能。由于凝血因子大部分由肝合成,因此严重肝细胞损伤时,可出现凝血时间延长及出血倾向。

血浆清蛋白几乎均由肝实质细胞合成,是血浆中的主要蛋白质成分。成人肝每日约合成12g清蛋白,几乎占肝合成蛋白质总量的25%。血浆清蛋白除了作为许多脂溶性物质(如游离脂肪酸、胆红素等)的非特异性运输载体外,在维持血浆胶体渗透压方面亦起重要作用。若血浆清蛋白低于30g/L,约

有半数病人出现水肿或腹水。正常人血浆清蛋白(A)与球蛋白(G)的比值(A/G)为 1.5~2.5。肝功能严重受损时,血浆清蛋白合成减少,可致 A/G 比值下降,甚至倒置。此种变化临床上可作为严重慢性肝细胞损伤的辅助诊断指标。

表 19-1   肝细胞合成分泌的部分血浆蛋白质

蛋白质	分子量(亚基数)	结合的配基或主要功能	含糖(%)	血浆浓度*
清蛋白	69 000(1)	激素、氨基酸、类固醇、维生素、脂肪酸、胆红素等运输载体		4500~5000
α_1 酸性糖蛋白	40 000(1)	参与炎症应答	45	痕量
α_1 抗胰蛋白酶	52 000(1)	丝氨酸蛋白酶抑制剂	有糖	1.3~1.4
甲胎蛋白	72 000(1)	激素、氨基酸	3~4	胎儿血中存在
α_2 巨球蛋白	720 000(4)	丝氨酸蛋白酶抑制剂	8~10	150~420
抗凝血酶Ⅲ	65 000(1)	与蛋白酶 1:1 结合,作为丝氨酸蛋白酶抑制剂	有	17~30
血浆铜蓝蛋白	160 000(1)	6 原子铜/分子	有	15~60
C 反应蛋白	105 000(5)	补体 C1q,参与炎症应答		<1
纤维蛋白原	340 000(2)	纤维蛋白的前体	4	200~450
结合珠蛋白	100 000(2)	与血红蛋白 1:1 结合	有	40~180
血色素结合蛋白	57 000(1)	与血红素 1:1 结合	20	50~100
运铁蛋白	80 000(1)	2 原子铁/分子,转运铁	6	3.0~6.5

* 血浆浓度为(mg/100ml)

胚胎期肝可合成甲胎蛋白(α-fetoprotein,α-AFP),胎儿出生后其合成受到抑制,正常人血浆中很难检出。原发肝癌细胞中 AFP 基因的表达失去阻遏,血浆中可再次检出此种蛋白质,是原发性肝癌的重要肿瘤标志物。

肝是体内除支链氨基酸(亮氨酸、异亮氨酸、缬氨酸)以外的所有氨基酸分解和转变的重要器官。肝中转氨基、脱氨基、脱羧基、转甲基等反应均很活跃。当肝细胞损伤时,主要定位于肝细胞的谷丙转氨酶逸出细胞进入血浆使其酶活性升高,临床上据此检测有助于肝病的诊断。

肝的另一重要功能是解氨毒。肝通过鸟氨酸循环将有毒的氨合成无毒的尿素🔖。合成中所需的氨基甲酰磷酸合成酶Ⅰ及鸟氨酸氨基甲酰转移酶只存在于肝细胞线粒体。所以,肝是机体合成尿素的特异器官。其次,肝还可将氨转变成谷氨酰胺。严重肝病病人,肝解氨毒能力下降,导致血氨升高和氨中毒,是导致肝性脑病发生的重要生化机制之一。

肝也是胺类物质的重要生物转化器官。正常人体经肝单胺氧化酶作用,可将芳香族氨基酸脱羧基作用产生的苯乙胺、酪胺等芳香族胺加以氧化而清除。严重肝病病人,这些芳香族胺类得不到及时清除,可通过血脑屏障进入脑组织,经羟化后生成苯乙醇胺和章胺,其化学结构与儿茶酚胺相似,称为假神经递质(false neurotransmitter),可取代正常神经递质,使大脑发生异常抑制,可能是引发肝性脑病的另一重要生化机制。

四、肝参与多种维生素和辅酶的代谢

肝在维生素的吸收、储存、运输及转化等方面起重要作用🔖。

肝合成和分泌胆汁酸,可促进脂溶性维生素 A、维生素 D、维生素 E 和维生素 K 的吸收。肝是机体含维生素 A、维生素 K、维生素 B_1、维生素 B_2、维生素 B_6、维生素 B_{12}、泛酸和叶酸较多的器官。人体内维生素 A、维生素 E、维生素 K 及维生素 B_{12} 主要储存于肝,肝中维生素 A 的含量占体内总量的 95%。肝合成和分泌视黄醇结合蛋白,它能与视黄醇结合,在血液中运输视黄醇。肝几乎不储存维生素 D,但可合成和分泌维生素 D 结合蛋白,血浆中 85% 的维生素 D 代谢产物与维生素 D 结合蛋白结

合而运输。

肝还参与多种维生素的转化。肝可将胡萝卜素转化为维生素 A,将维生素 PP 转变为辅酶Ⅰ(NAD⁺)和辅酶Ⅱ(NADP⁺),将泛酸转变为辅酶 A(CoA),将维生素 B₁转变为焦磷酸硫胺素(TPP),将维生素 D₃转化为 25-羟维生素 D₃等。维生素 K 还是肝参与合成凝血因子Ⅱ、Ⅶ、Ⅸ、Ⅹ不可缺少的物质。

五、肝参与多种激素的灭活

多种激素在发挥其调节作用后,主要在肝中代谢转化,从而降低或失去其活性,此过程称为激素的灭活(inactivation)🔲。一些水溶性激素能与肝细胞膜上特异受体结合,通过内吞作用,将激素吞入肝细胞内进行代谢转化。一些类固醇激素则通过扩散作用进入肝细胞,与肝内的葡糖醛酸或活性硫酸等结合后灭活。肝细胞严重损伤时,激素的灭活功能降低,体内的雌激素、醛固酮、抗利尿激素等水平升高,可出现男性乳房女性化、蜘蛛痣、肝掌(雌激素使局部小动脉扩张)及水钠潴留等。

第二节　肝的生物转化作用

一、肝的生物转化作用是机体重要的保护机制

(一)生物转化的概念

人体内有些物质的存在不可避免,这些物质既不能作为构建组织细胞的成分,又不能作为能源物质,其中一些还对人体有一定的生物学效应或潜在的毒性作用,长期蓄积则对人体有害。机体在排出这些物质之前,需对它们进行代谢转变,使其水溶性提高,极性增强,易于通过胆汁或尿排出,这一过程称为生物转化(biotransformation)。肝是机体内生物转化最重要的器官。皮肤、肺及肾等亦有一定的生物转化作用。需进行生物转化的物质按其来源有内源性和外源性之分。内源性物质包括体内物质代谢的产物或代谢中间物(如胺类、胆红素等)以及发挥生理作用后有待灭活的各种生物活性物质(如激素、神经递质等)。外源性物质系人体在日常生活和(或)生产过程中不可避免接触的异源物(xenobiotics),如药物、毒物、食品添加剂、环境化学污染物等和从肠道吸收的腐败产物。大约超过 20 万种环境化学物存在,除个别因系水溶性可直接由胆汁或尿排出外,绝大部分因系脂溶性需经生物转化作用才能排出体外。

(二)生物转化的生理意义

生物转化的生理意义在于:一则通过生物转化可对体内的大部分待转化物质进行代谢处理,使其生物学活性降低或丧失(灭活),或使有毒物质的毒性减低或消除(解毒);另则通过生物转化作用可增加这些物质的水溶性和极性,从而易于从胆汁或尿排出体外。应该指出的是,有些物质经过肝的生物转化作用后,虽然溶解性增加,但其毒性反而增强;有的还可能溶解性下降,不易排出体外。如烟草中含有一种多环芳烃类化合物——苯并(a)芘[benzo(a)pyrene,BaP],其本身没有直接致癌作用,但经过生物转化后反而成为直接致癌物。有的药物如环磷酰胺、百浪多息、水合氯醛和中药大黄等需经生物转化后才能成为有活性的药物。基此,不能将肝的生物转化作用简单地称为"解毒作用(detoxification)",这显示了肝生物转化作用的解毒与致毒双重性的特点。

二、肝的生物转化作用包括两相反应

肝的生物转化涉及多种酶促反应,但总体上可分为两相反应🔲。第一相反应包括氧化(oxidation)、还原(reduction)和水解(hydrolysis)。许多物质通过第一相反应,其分子中的某些非极性基团转变为极性基团,水溶性增加,即可排出体外。但有些物质经过第一相反应后水溶性和极性改变不明显,还需要结合极性更强的物质或基团,以进一步增加其水溶性而促进排泄,这些结合反应(conjugation)属于第二相反应。实际上,许多物质的生物转化过程非常复杂。一种物质有时需要连续进行几种反应类型才能实现生物转化目的,这反映了肝生物转化作用的连续性特点。如阿司匹林常先水解成水杨酸后再经与葡糖醛酸的结合反应才能排出体外。此外同一种物质可以进行不同类型的生物转化反应,产生不同的转化产物,这体现了肝生物转化反应类型的多样性特点。例如,阿司匹林先水解生成水杨酸,后者既可与葡糖醛酸结合转化成 β-葡糖醛酸苷,又可与甘氨酸结合成水杨酰甘氨酸,还可水解后先氧化成羟基水杨酸,再进行多种结合反应。肝内参与生物转化的主要酶类列于表19-2。

表 19-2　参与肝生物转化作用的酶类

酶类	辅酶或结合物	细胞内定位
第一相反应		
氧化酶类		
单加氧酶系	$NADPH+H^+$、O_2、细胞色素 P450	内质网
胺氧化酶	黄素辅酶	线粒体
脱氢酶类	NAD^+	细胞质或线粒体
还原酶类		
硝基还原酶	$NADH+H^+$ 或 $NADPH+H^+$	内质网
偶氮还原酶	$NADH+H^+$ 或 $NADPH+H^+$	内质网
水解酶类		细胞质或内质网
第二相反应		
葡糖醛酸基转移酶	活性葡糖醛酸(UDPGA)	内质网
硫酸基转移酶	活性硫酸(PAPS)	细胞质
谷胱甘肽 S-转移酶	谷胱甘肽(GSH)	细胞质与内质网
乙酰基转移酶	乙酰 CoA	细胞质
酰基转移酶	甘氨酸	线粒体
甲基转移酶	S-腺苷甲硫氨酸(SAM)	细胞质与内质网

(一)　氧化反应是最多见的生物转化第一相反应

1. 单加氧酶系是氧化异源物最重要的酶　肝细胞中存在多种氧化酶系,最重要的是定位于肝细胞微粒体的细胞色素 P450 单加氧酶(cytochrome P450 monooxygenase,CYP)系。单加氧酶系是一个复合物,至少包括两种组分:一种是细胞色素 P450(血红素蛋白);另一种是 NADPH-细胞色素 P450 还原酶(以 FAD 为辅基的黄酶)。该酶催化氧分子中的一个氧原子加到许多脂溶性底物中形成羟化物或环氧化物,另一个氧原子则被 NADPH 还原成水,故该酶又称羟化酶或称混合功能氧化酶(详见第六章生物氧化)。该酶是目前已知底物最广泛的生物转化酶类。迄今已鉴定出 57 种人类编码 CYP 的基因。对异源物进行生物转化的 CYP 主要是 CYP1、CYP2 和 CYP3 家族。其中又以 CYP3A4、CYP2C9、CYP1A2 和 CYP2E1 的含量最多。单加氧酶系催化的基本反应如下:

$$RH+O_2+NADPH+H^+ \xrightarrow{单加氧酶系} ROH+NADP^++H_2O$$

单加氧酶系的羟化作用不仅增加药物或毒物的水溶性而利于排出,而且还参与体内许多重要物质的羟化过程,如维生素 D_3 的羟化、胆汁酸和类固醇激素合成过程中的羟化等。然而应该指出的是,有些致癌物质经氧化后丧失其活性,而有些本来无活性的物质经氧化后却生成有毒或致癌物质。例如,发霉的谷物、花生等常含有黄曲霉素 B_1,经单加氧酶系作用生成的黄曲霉素 2,3 环氧化物,可与 DNA 分子中的鸟嘌呤结合引起 DNA 突变,成为导致原发性肝癌的重要危险因素。

黄曲霉素B   →（NADPH + H⁺ + O₂，单加氧酶）   2,3-环氧黄曲霉素   →   DNA-鸟嘌呤

（结构式图示，含以下文字标注）
黄曲霉素B₁　　　2,3-环氧黄曲霉素　　　DNA-鸟嘌呤

2. 单胺氧化酶类氧化脂肪族和芳香族胺类　存在于肝细胞线粒体内的单胺氧化酶(monoamine oxidase,MAO)是另一类参与生物转化的氧化酶类。属于黄素酶类,可催化蛋白质腐败作用等产生的脂肪族和芳香族胺类物质(如组胺、酪胺、色胺、尸胺、腐胺等)以及一些肾上腺素能药物如5-羟色胺、儿茶酚胺类等的氧化脱氨基作用生成相应的醛类,后者进一步在胞质中醛脱氢酶催化下进一步氧化成酸,使之丧失生物活性。

$$RCH_2NH_2 + O_2 + H_2O \longrightarrow RCHO + NH_3 + H_2O_2$$
$$\text{胺} \qquad\qquad\qquad\qquad \text{醛}$$

$$RCHO + NAD^+ + H_2O \longrightarrow RCOOH + NADH + H^+$$
$$\text{醛} \qquad\qquad\qquad\qquad \text{酸}$$

3. 醇脱氢酶与醛脱氢酶将乙醇最终氧化成乙酸　肝细胞的细胞质存在非常活跃的以 NAD⁺ 为辅酶的醇脱氢酶(alcohol dehydrogenase,ADH),可催化醇类氧化成醛,后者再由线粒体或细胞质中醛脱氢酶(aldehyde dehydrogenase,ALDH)催化生成相应的酸类。

$$RCH_2OH + NAD^+ \xrightarrow{\text{醇脱氢酶}} RCHO + NADH + H^+$$

$$RCHO + NAD^+ + H_2O \xrightarrow{\text{醛脱氢酶}} RCOOH + NADH + H^+$$

乙醇(ethanol)作为饮料和调味剂被广为利用。进入体内的乙醇主要在肝进行生物转化。70kg 体重的成年人每小时可代谢 7～14g 乙醇。由 ADH 与 ALDH 将乙醇最终氧化成乙酸。长期饮酒或慢性乙醇中毒除经 ADH 与 ALDH 氧化外,还可使肝内质网增殖,稳定内质网内 CYP2E1 的活性并诱导其合成,即启动肝微粒体乙醇氧化系统(microsomal ethanol oxidizing system,MEOS)。MEOS 是乙醇-P450 单加氧酶,产物是乙醛,仅在血中乙醇浓度很高时起作用。值得注意的是,乙醇诱导 MEOS 可增加肝对氧和 NADPH 的消耗,且还可催化脂质过氧化产生羟乙基自由基,后者可进一步促进脂质过氧化,产生大量脂质过氧化物,引发肝细胞氧化损伤。ADH 与 MEOS 的细胞定位及特性见表 19-3。

乙醇经上述两种代谢途径氧化均生成乙醛,后者在 ALDH 的催化下氧化成乙酸。人体肝内 ALDH 活性最高。ALDH 的基因型有正常纯合子、无活性型纯合子和两者的杂合子三型。东方人这三种基因型的分布比例是 45:10:45。无活性型纯合子完全缺乏 ALDH 活性,杂合子型部分缺乏 ALDH 活性。东方人群大约有 30%～40% 的人 ALDH 基因有变异,部分 ALDH 活性低下,此乃该人群饮酒后乙醛在体内堆积,引起血管扩张、面部潮红、心动过速、脉搏加快等反应的重要原因。此

外,乙醇的氧化使肝细胞内细胞质 NADH/NAD⁺ 比值升高,过多的 NADH 可将细胞质中丙酮酸还原成乳酸。严重酒精中毒导致乳酸和乙酸堆积可引起酸中毒和电解质平衡紊乱,还可使糖异生受阻引起低血糖。

表 19-3   ADH 与 MEOS 之间的比较

	ADH	MEOS
肝细胞内定位	胞质	微粒体
底物与辅酶	乙醇、NAD⁺	乙醇、NADPH、O_2
对乙醇的 K_m 值	2mmol/L	8.6mmol/L
乙醇的诱导作用	无	有
与乙醇氧化相关的能量变化	氧化磷酸化释能	耗能

(二) 硝基还原酶和偶氮还原酶是第一相反应的主要还原酶

硝基化合物多见于食品防腐剂、工业试剂等。偶氮化合物常见于食品色素、化妆品、纺织与印刷工业等,有些可能是前致癌物。这些化合物可分别在肝微粒体硝基还原酶(nitroreductase)和偶氮还原酶(azoreductase)的催化下,以 NADH 或 NADPH 为供氢载体,还原生成相应的胺类,从而失去其致癌作用。例如,硝基苯和偶氮苯经还原反应均可生成苯胺,后者再在单胺氧化酶的作用下,生成相应的酸。

又如,百浪多息是无活性的药物前体,经还原生成具有抗菌活性的氨苯磺胺。

(三) 酯酶、酰胺酶和糖苷酶是生物转化的主要水解酶

肝细胞微粒体和细胞质中含有多种水解酶类,主要有酯酶(esterases)、酰胺酶(amidase)和糖苷酶(glucosidase),可分别催化脂质、酰胺类及糖苷类化合物中酯键、酰胺键和糖苷键的水解反应,以减低或消除其生物活性。应该指出的是,这些水解产物通常还需进一步转化反应才能排出体外。例如,阿司匹林(乙酰水杨酸)的生物转化过程中,首先是水解反应生成水杨酸或水解后先氧化成羟基水杨酸,然后是与葡糖醛酸的结合转化反应。

(四) 结合反应是生物转化的第二相反应

第一相反应生成的产物可直接排出体外。如果其水溶性仍不够大,则需再进行第二相反应,生成

极性更强的化合物。有些被转化的物质也可不经过第一相反应而直接进入第二相反应。肝细胞微粒体、细胞质或线粒体含有许多催化结合反应的酶类。凡含有羟基、羧基或氨基的化合物，或在体内被氧化成含有羟基、羧基等功能基团的物质均可与某些极性物质结合，掩盖其功能基团，增加水溶性，使其失去生物学活性（或毒性），并促进其排出。常见的结合物或基团有葡糖醛酸、硫酸、乙酰基、甲基、谷胱甘肽及氨基酸等，尤以与葡糖醛酸的结合最为普遍。

1. **葡糖醛酸结合是最重要和最普遍的结合反应**　糖醛酸循环代谢途径产生的尿苷二磷酸葡糖（UDPG）可由 UDPG 脱氢酶催化生成尿苷二磷酸葡糖醛酸（UDPGA）。

$$\text{尿苷二磷酸葡糖(UDPG)} + NAD^+ \xrightarrow{\text{UDPG脱氢酶}} \text{尿苷二磷酸葡糖醛酸(UDPGA)} + NADH + H^+$$

UDPGA 作为葡糖醛酸的活性供体，在肝微粒体的 UDP-葡糖醛酸基转移酶（UDP-glucuronosyltransferase, UGT）催化下，可将具有多个羟基和可解离羧基的葡糖醛酸基转移到醇、酚、胺、羧酸类化合物的羟基、氨基及羧基上形成相应的 β-D-葡糖醛酸苷，使其极性增加易排出体外。据研究，有数千种亲脂的内源物和异源物可与葡糖醛酸结合，如胆红素、类固醇激素、吗啡和苯巴比妥类药物等均可在肝与葡糖醛酸结合而进行生物转化，进而排出体外。临床上采用葡醛内酯（肝泰乐）治疗肝病，就是基于其作为葡糖醛酸类制剂以增加肝对被转化物质的生物转化作用。

α-D-UDP-葡糖醛酸　异源物　　　　β-D-葡糖醛酸苷

2. **硫酸结合也是常见的结合反应**　肝细胞胞质存在硫酸基转移酶（sulfotransferase, SULT），以 3'-磷酸腺苷 5'-磷酰硫酸（PAPS）为活性硫酸供体，可催化硫酸基转移到类固醇、酚或芳香胺类等内、外源待转化物质的羟基上生成硫酸酯，既可增加其水溶性易于排出，又可促进其失活。如雌酮即由此形成硫酸酯而灭活。

雌酮　　　　雌酮硫酸酯

3. **乙酰化是某些含胺类异源物的重要转化反应**　肝细胞细胞质富含乙酰基转移酶（acetyltransferase），以乙酰 CoA 为乙酰基的直接供体，催化乙酰基转移到含氨基或肼的内、外源待转化物质（如异烟肼、磺胺、苯胺等），形成相应的乙酰化衍生物。例如，抗结核病药物异烟肼在肝内乙酰基转移酶催化下经乙酰化而失去活性。该酶表达呈多态性，使得个体有快速或迟缓乙酰化之分，影响诸如异烟肼等药物在血液中的清除速率，迟缓乙酰化个体对异烟肼的某些毒性反应较之快速乙酰化个体敏感。

$$\text{异烟肼} + CH_3CO \sim SCoA \longrightarrow \text{乙酰异烟肼} + HS \sim CoA$$

异烟肼　　　乙酰辅酶A　　　　　乙酰异烟肼　　　辅酶A

此外,大部分磺胺类药物在肝内也通过这种形式灭活。但应指出,磺胺类药物经乙酰化后,其溶解度反而降低,在酸性尿中易于析出,故在服用磺胺类药物时应服用适量的碳酸氢钠,以提高其溶解度,利于随尿排出。

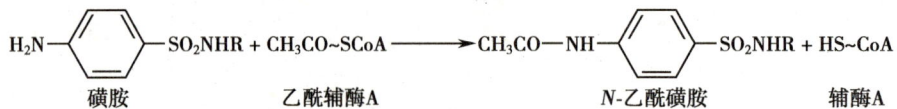

$$H_2N-\!\!\!\!\!\!\!\!\bigcirc\!\!\!\!\!\!-SO_2NHR + CH_3CO\sim SCoA \longrightarrow CH_3CO-NH-\!\!\!\!\!\bigcirc\!\!\!\!\!-SO_2NHR + HS\sim CoA$$

磺胺　　　　　　乙酰辅酶A　　　　　　　N-乙酰磺胺　　　　　辅酶A

4. **谷胱甘肽结合是细胞应对亲电子性异源物的重要防御反应**　肝细胞的细胞质富含谷胱甘肽 S-转移酶(glutathione S-transferase,GST),可催化谷胱甘肽(GSH)与含有亲电子中心的环氧化物和卤代化合物等异源物结合,生成 GSH 结合产物。主要参与对致癌物、环境污染物、抗肿瘤药物以及内源性活性物质的生物转化。亲电子性异源物若不与 GSH 结合,则可自由地共价结合 DNA、RNA 或蛋白质,导致细胞严重损伤。此外,谷胱甘肽结合反应也是细胞自我保护的重要反应。很多内源性底物受活性氧(ROS)修饰后形成具有细胞毒作用的氧化修饰产物。所以,GSH 不仅具有抗氧化作用,还可结合氧化修饰产物,减低其细胞毒性,增加其水溶性易于排出体外。

黄曲霉素B₁-8,9-环氧化物　+ GSH　→(GST)→　谷胱甘肽结合产物

5. **甲基化反应是代谢内源化合物的重要反应**　肝细胞中含有多种甲基转移酶,以 S-腺苷甲硫氨酸(SAM)为活性甲基供体,催化含有氧、氮、硫等亲核基团化合物的甲基化反应。其中,细胞质中可溶性儿茶酚-O-甲基转移酶(catechol-O-methyltransferase,COMT)具有重要的生理意义。COMT 催化儿茶酚和儿茶酚胺的羟基甲基化,生成有活性的儿茶酚化合物。同时,COMT 也参与生物活性胺如多巴胺类的灭活等。

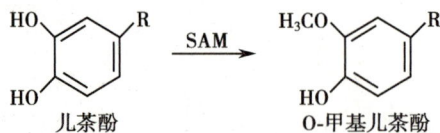

儿茶酚　→(SAM)→　O-甲基儿茶酚

6. **甘氨酸主要参与含羧基异源物的生物转化**　含羧基的药物、毒物等异源物首先在酰基 CoA 连接酶催化下生成活泼的酰基 CoA,再在肝线粒体基质酰基 CoA:氨基酸 N-酰基转移酶(acyl-CoA:amino acid N-acyltransferase)的催化下与甘氨酸、牛磺酸结合生成相应的结合产物。如马尿酸的生成等。

$$\text{苯甲酸}-COOH + CoASH + ATP \longrightarrow \text{苯甲酰CoA}-CO\sim SCoA + ADP + Pi$$

苯甲酸　　　　　　　　　　　苯甲酰CoA

$$\text{苯甲酰CoA}-CO\sim SCoA + H_2N-CH_2-COOH \longrightarrow -CO-NH-CH_2-COOH + CoASH$$

苯甲酰CoA　　　　　甘氨酸　　　　　　马尿酸

胆酸和脱氧胆酸可与甘氨酸结合生成结合胆汁酸的反应步骤与上述相同。

三、生物转化作用受许多因素的调节和影响

肝的生物转化作用受年龄、性别、营养、疾病、遗传和诱导物等体内、外诸多因素的影响🔖。

（一）年龄、性别、营养、疾病及遗传等因素对生物转化产生明显影响

1. 年龄对生物转化作用的影响很明显　人肝的生物转化酶有一个发育的过程。新生儿肝生物转化酶系发育尚不完善，对内、外源性待转化物质的转化能力较弱，容易发生药物及毒素中毒。新生儿的高胆红素血症与缺乏葡糖醛酸基转移酶有关，此酶活性在出生 5~6 天后才开始升高，1~3 个月后接近成人水平。老年人肝的生物转化能力仍属正常，尚未发现老年人肝 P450 的羟化作用、葡糖醛酸化作用等有所下降。且老年人肝生物转化酶的诱导作用仍属正常。但老年人肝血流量及肾的廓清速率下降，导致老年人血浆药物的清除率降低，药物在体内的半衰期延长。例如，安替匹林和消炎镇痛药保泰松的半衰期在青年人分别为 12 小时和 81 小时，老年人则分别为 17 小时和 105 小时。常规剂量用药后可发生药物蓄积，药效强且副作用较大。因此，临床上对新生儿及老年人的药物用量应较成人为低，许多药物使用时都要求儿童和老人慎用或禁用。但老年人肝的非微粒体酶活性不降低，如氧化乙醇的醇脱氢酶、结合肼苯哒嗪和普鲁卡因的乙酰化酶等在体内的代谢并不减慢。

2. 某些生物转化反应存在明显的性别差异　例如女性体内醇脱氢酶活性高于男性，女性对乙醇的代谢处理能力比男性强。氨基比林在男性体内的半衰期约 13.4 小时，而女性则为 10.3 小时，说明女性对氨基比林的转化能力比男性强。妊娠期妇女肝清除抗癫痫药的能力升高，但晚期妊娠妇女的生物转化能力普遍降低。

3. 营养状况对生物转化作用亦产生影响　蛋白质的摄入可以增加肝细胞整体生物转化酶的活性，提高生物转化的效率。饥饿数天（7 天），肝谷胱甘肽 S 转移酶（GST）作用受到明显影响，其参加的生物转化反应水平降低。大量饮酒，因乙醇氧化为乙醛及乙酸，再进一步氧化成乙酰 CoA，产生 NADH，可使细胞内 NAD^+/NADH 比值降低，从而减少 UDP-葡糖转变成 UDP-葡糖醛酸，影响了肝内葡糖醛酸结合转化反应。

4. 疾病尤其严重肝病可明显影响生物转化作用　肝实质损伤直接影响肝生物转化酶类的合成。例如严重肝病时微粒体单加氧酶系活性可降低 50%。肝细胞损害导致 NADPH 合成减少也影响肝对血浆药物的清除率。肝功能低下对包括药物或毒物在内的许多异源物的摄取及灭活速度下降，药物的治疗剂量与毒性剂量之间的差距减小，容易造成肝损害，故对肝病病人用药应特别慎重。

5. 遗传因素亦可显著影响生物转化酶的活性　遗传变异可引起个体之间生物转化酶类分子结构的差异或酶合成量的差异。变异产生的低活性酶可因影响药物代谢而造成药物在体内的蓄积。相反，变异导致的高活性酶则可缩短药物的作用时间或造成药物代谢毒性产物的增多。目前已知，许多肝生物转化的酶类存在酶活性异常的多态性，如醛脱氢酶、葡糖醛酸基转移酶、谷胱甘肽 S-转移酶等。

（二）许多异源物可诱导生物转化作用的酶类

许多异源物可以诱导合成一些生物转化酶类，在加速其自身代谢转化的同时，亦可影响对其他异源物的生物转化。例如长期服用苯巴比妥可诱导肝微粒体单加氧酶系的合成，使机体对苯巴比妥类催眠药的转化能力增强，是耐药性产生的重要因素之一。临床上可利用其诱导作用增强对其他某些药物的代谢以达到解毒的效果，如用苯巴比妥减低地高辛中毒。苯巴比妥还可诱导肝微粒体 UDP-葡糖醛酸基转移酶的合成，临床上用其增加机体对游离胆红素的结合转化反应，治疗新生儿黄疸。有些毒物，如烟草中的苯并芘可诱导肺泡吞噬细胞中隶属于单加氧酶系的芳香烃羟化酶的合成，故吸烟者羟化酶的活性明显高于非吸烟者。

由于多种物质在体内转化常由同一酶系的催化，因此同时服用多种药物时可出现药物之间对同一转化酶系的竞争性抑制作用，使多种药物的生物转化作用相互抑制，可导致某些药物药理作用强度的改变。例如保泰松可抑制双香豆素类药物的代谢，两者同时服用时保泰松可增强双香豆素的抗凝

作用,易发生出血现象,因此同时服用多种药物时应予注意。

此外,食物中亦常含有诱导或抑制生物转化酶的物质。例如烧烤食物、甘蓝、萝卜等含有肝微粒体单加氧酶系的诱导物,而水田芥则含有该酶的抑制剂。食物中的黄酮类可抑制单加氧酶系的活性。

第三节   胆汁与胆汁酸的代谢

一、胆汁可分为肝胆汁和胆囊胆汁

胆汁(bile)由肝细胞分泌。肝细胞最初分泌的胆汁称肝胆汁(hepatic bile)。肝胆汁进入胆囊后,胆囊壁上皮细胞吸收其中的部分水分和其他一些成分,并分泌黏液渗入胆汁,浓缩成为胆囊胆汁(gallbladder bile),经胆总管排入十二指肠参与脂质的消化与吸收。

胆汁的主要固体成分是胆汁酸盐,约占固体成分的50%左右。其次是无机盐、黏蛋白、磷脂、胆固醇、胆色素等。除胆汁酸盐与脂质消化、吸收有关;磷脂与胆汁中胆固醇的溶解状态有关外,其他成分多属排泄物。体内某些代谢产物及进入体内的药物、毒物、重金属盐等异源物,均经肝的生物转化后随胆汁排出体外。因此,胆汁既是一种消化液,亦可作为排泄液。

正常人肝胆汁和胆囊胆汁的部分性质和化学百分组成见表19-4。

表 19-4   两种胆汁的部分性质和化学组成百分比

	肝胆汁	胆囊胆汁
比重	1.009 ~ 1.013	1.026 ~ 1.032
pH	7.1 ~ 8.5	5.5 ~ 7.7
水	96 ~ 97	80 ~ 86
固体成分	3 ~ 4	14 ~ 20
无机盐	0.2 ~ 0.9	0.5 ~ 1.1
黏蛋白	0.1 ~ 0.9	1 ~ 4
胆汁酸盐	0.5 ~ 2	1.5 ~ 10
胆色素	0.05 ~ 0.17	0.2 ~ 1.5
总脂质	0.1 ~ 0.5	1.8 ~ 4.7
胆固醇	0.05 ~ 0.17	0.2 ~ 0.9
磷脂	0.05 ~ 0.08	0.2 ~ 0.5

二、胆汁酸有游离型、结合型及初级、次级之分

正常人胆汁中的胆汁酸(bile acid)按其结构可分为游离胆汁酸(free bile acid)和结合胆汁酸(conjugated bile acid)两大类。游离胆汁酸包括胆酸(cholic acid)、鹅脱氧胆酸(chenodeoxycholic acid)、脱氧胆酸(deoxycholic acid)和少量石胆酸(lithocholic acid)四种。上述游离胆汁酸的24位羧基分别与甘氨酸或牛磺酸结合生成各种相应的结合胆汁酸,包括甘氨胆酸(glycocholic acid)、牛磺胆酸(taurocholic acid)、甘氨鹅脱氧胆酸(glycochenodeoxycholic acid)和牛磺鹅脱氧胆酸(taurochenodeoxycholic acid)。胆汁酸按其来源亦可分为初级胆汁酸(primary bile acid)和次级胆汁酸(secondary bile acid)两类。在肝细胞以胆固醇为原料直接合成的胆汁酸称为初级胆汁酸,包括胆酸、鹅脱氧胆酸及其与甘氨酸或牛磺酸的结合产物。初级胆汁酸在肠菌作用下,第7位α羟基脱氧生成的胆汁酸称为次级胆汁酸,主要包括脱氧胆酸和石胆酸及其在肝中分别与甘氨酸或牛磺酸结合生成的结合产物。部分胆汁酸的结构见图19-1。

胆汁中所含的胆汁酸以结合型为主(占90%以上)。其中甘氨胆汁酸与牛磺胆汁酸的比例为3:1。胆汁中的初级胆汁酸与次级胆汁酸均以钠盐或钾盐的形式存在,形成相应的胆汁酸盐,简称胆盐(bile salts)。

图 19-1　几种主要胆汁酸的结构式

胆汁酸在结构上系 24 碳的胆烷酸衍生物,初级胆汁酸中的胆酸含有 3 个羟基(3α、7α、12α),鹅脱氧胆酸含有 2 个羟基(3α、7α)。属于次级胆汁酸的脱氧胆酸和石胆酸的 C7 位均无羟基存在

三、胆汁酸的主要生理功能

(一) 促进脂质的消化与吸收

胆汁酸分子内部既含有亲水性的羟基和羧基,又含有疏水性的烃核和甲基,而且羟基和羧基的空间配位又全是 α 型,位于分子的同一侧构成亲水面,而分子的另一侧构成疏水面,所以胆汁酸的立体构型具有亲水和疏水两个侧面(图 19-2)。这种结构特点赋予胆汁酸很强的界面活性,成为较强的乳化剂,能降低油/水两相的界面张力,使脂质乳化成 3~10μm 的细小微团,增加脂质与脂肪酶的附着面积,有利于脂肪的消化。脂质的消化产物又与胆汁酸盐结合,并汇入磷脂等形成直径只有约 20μm 的混合微团,利于通过小肠黏膜的表面水层,促进脂质的吸收。

(二) 维持胆汁中胆固醇的溶解状态以抑制胆固醇析出

人体内约 99% 的胆固醇随胆汁经肠道排出体外,其中 1/3 以胆汁酸形式,2/3 以直接形式排出体外。胆汁中的胆固醇难溶于水,与胆汁酸及卵磷脂协同作用,使胆固醇分散形成可溶性的微团,使之不易析出沉淀而经胆道转运至肠道排出体外。胆固醇是否从胆汁中沉淀析出主要取决于胆汁中胆汁酸盐和卵磷脂与胆固醇之间的合适比例。如果肝合成胆汁酸或卵磷脂的能力下降、消化道丢失胆汁酸过多或胆汁酸肠肝循环减少,以及排入胆汁中的胆固醇过多(高胆固醇血症)等均可造成胆汁中胆汁酸和卵磷脂与胆固醇的比例下降(小于 10:1),易发生胆固醇析出沉淀,形成胆结石(gallstone)。依据胆固醇含量可将胆结石分为 3 类:胆固醇结石(cholesterol stone)、黑色素结石(black pigment stone)和棕色素结石(brown pigment stone)。结石中胆固醇含量超过 50% 的称为胆固醇结石;黑色素结石一般为 10%~30%;棕色素结石含胆固醇较少。

图19-2　甘氨胆酸的立体构型

甘氨胆酸多元环上的 3 个羟基和甘氨酸的羧基位于分子的一侧,形成亲水面;甲基位于分子的另一侧,形成疏水面;该结构赋予其很强的界面活性

四、胆汁酸的代谢及胆汁酸的肠肝循环

（一）初级胆汁酸在肝内以胆固醇为原料生成

肝细胞以胆固醇为原料合成初级胆汁酸,这是胆固醇在体内的主要代谢去路📖。正常人每日约合成 1~1.5g 胆固醇,其中约 0.4~0.6g 在肝内转化为胆汁酸。肝细胞合成胆汁酸的反应步骤较复杂📖,催化各步反应的酶类主要分别分布于微粒体和胞质。胆固醇首先在胆固醇 7α-羟化酶(cholesterol 7α-hydroxylase)的催化下生成 7α-羟胆固醇。后者向胆汁酸的转化包括固醇核的 3α(3β-羟基差向异构化为 3α-羟基)和 12α 羟化、加氢还原、侧链氧化断裂、加水等多步复杂酶促反应,首先生成 24 碳的胆烷酰 CoA。后者即可水解生成初级游离胆汁酸即胆酸(3α,7α,12α-三羟-5β-胆烷酸)和鹅脱氧胆酸(3α,7α-二羟-5β-胆烷酸),也可直接与甘氨酸或牛磺酸结合生成相应的初级结合胆汁酸,以胆汁酸钠盐或钾盐的形式随胆汁入肠。胆固醇 7α-羟化酶是胆汁酸合成途径的关键酶,受终产物胆汁酸的负反馈调节。临床上采用口服阴离子交换树脂考来烯胺减少肠道胆汁酸的重吸收,从而促进肝内胆固醇向胆汁酸的转化,以降低血浆胆固醇含量。高胆固醇饮食在抑制 HMG-CoA 还原酶合成的同时,亦可诱导胆固醇 7α-羟化酶基因的表达。肝细胞通过这两个酶的协同作用维持肝细胞内胆固醇的水平。糖皮质激素、生长激素也可提高胆固醇 7α-羟化酶的活性。甲状腺素可诱导胆固醇 7α-羟化酶 mRNA 合成,故甲状腺功能亢进病人血清胆固醇含量降低。

（二）次级胆汁酸在肠道由肠菌作用生成

进入肠道的初级胆汁酸在发挥促进脂质的消化吸收后,在回肠和结肠上段,由肠菌酶催化胆汁酸的去结合反应和脱 7α-羟基作用,生成次级胆汁酸📖。胆酸脱去 7α-羟基生成脱氧胆酸;鹅脱氧胆酸脱去 7α-羟基生成石胆酸。这两种游离型次级胆汁酸还可经肠肝循环被重吸收入肝,并与甘氨酸或牛磺酸结合成为结合型次级胆汁酸。此外,肠菌还可将鹅脱氧胆酸转化成熊脱氧胆酸(ursodeoxycholic acid),即将鹅脱氧胆酸 7α-羟基转变成 7β-羟基,亦归属次级胆汁酸。熊脱氧胆酸含量很少,虽对代谢没有重要意义,但有一定的药理学效应。熊脱氧胆酸在慢性肝病治疗时具有抗氧化应激作用,可降低肝内由于胆汁酸潴留引起的肝损伤,改善肝功能以减缓疾病的进程。

（三）胆汁酸的肠肝循环使有限的胆汁酸库存循环利用

进入肠道的各种胆汁酸(包括初级和次级、游离型与结合型)约有 95% 以上可被肠道重吸收,其

余的(约为5%石胆酸)随粪便排出。胆汁酸的重吸收有两种方式。结合型胆汁酸在回肠部位被主动重吸收,游离型胆汁酸在小肠各部及大肠被动重吸收。重吸收的胆汁酸经门静脉重新入肝。在肝细胞内,游离胆汁酸被重新转变成结合胆汁酸,与重吸收及新合成的结合胆汁酸一起重新随胆汁入肠。胆汁酸在肝和肠之间的这种不断循环过程称为胆汁酸"肠肝循环"(enterohepatic circulation of bile acid)(图19-3)(动画19-1"胆汁酸肠肝循环")。机体内胆汁酸储备的总量称为胆汁酸库(bile acid pool)。成人的胆汁酸库共约3~5g,即使全部倾入小肠也难满足每日正常膳食中脂质消化、吸收的需要。人体每天约进行6~12次肠肝循环,从肠道吸收的胆汁酸总量可达12~32g,借此有效的肠肝循环机制可使有限的胆汁酸库存循环利用,以满足机体对胆汁酸的生理需求。

图 19-3　胆汁酸的肠肝循环

未被肠道吸收的小部分胆汁酸在肠菌的作用下,衍生成多种胆烷酸并由粪便排出。每日仅从粪便排出约0.4~0.6g胆汁酸,与肝细胞合成的胆汁酸量相平衡。此外,经肠肝循环回收入肝的石胆酸在肝中除了与甘氨酸或牛磺酸结合外,还硫酸化生成硫酸甘氨石胆酸和硫酸牛磺石胆酸。这些双重结合的石胆酸在肠道中不容易去结合,亦不容易被肠道重吸收而从粪便中排出。因此,正常胆汁中石胆酸的含量甚微。

第四节　胆色素的代谢与黄疸

胆色素(bile pigment)是体内铁卟啉类化合物的主要分解代谢产物,包括胆绿素(biliverdin)、胆红素(bilirubin)、胆素原(bilinogen)和胆素(bilin)。这些化合物主要随胆汁排出体外,其中胆红素居于胆色素代谢的中心,是人体胆汁中的主要色素,呈橙黄色(动画19-2"胆红素代谢")。

一、胆红素是铁卟啉类化合物的降解产物

(一)胆红素主要源于衰老红细胞的破坏

体内铁卟啉类化合物包括血红蛋白、肌红蛋白、细胞色素、过氧化氢酶和过氧化物酶等。正常人每天可生成250~350mg胆红素,其中约80%以上来自衰老红细胞破坏所释放的血红蛋白的分解。小部分胆红素来自造血过程中红细胞的过早破坏(无效红细胞生成),还有少量胆红素来自其他各种

含血红素蛋白如细胞色素 P450。肌红蛋白由于更新率低,所占比例很小。

红细胞的平均寿命约 120 天。生理情况下,正常成年人(70kg)每小时约有(1~2)×10⁸ 个红细胞被破坏。衰老的红细胞被肝、脾、骨髓等单核吞噬系统细胞识别并吞噬,每天释放约 6g 血红蛋白(每克血红蛋白约可产生 35mg 胆红素)。释出的血红蛋白随后分解为珠蛋白和血红素。珠蛋白可降解为氨基酸供体内再利用。血红素则由单核吞噬系统细胞降解生成胆红素。

(二)　血红素加氧酶和胆绿素还原酶催化胆红素的生成

血红素是由 4 个吡咯环连接而成的环形化合物,并螯合 1 个二价铁离子。血红素由单核吞噬系统细胞微粒体的血红素加氧酶(heme oxygenase,HO)催化,在至少 3 分子氧和 3 分子 NADPH 的存在下,血红素原卟啉Ⅸ环上的 α 次甲基(—CH═)桥碳原子的两侧氧化断裂,释放出一分子一氧化碳(CO)和 Fe^{2+},并将两端的吡咯环羟化,生成线性四吡咯结构的水溶性胆绿素。释出的 Fe^{2+} 氧化为 Fe^{3+} 进入铁代谢池,可供机体再利用或以铁蛋白形式储存。

胆绿素进一步在胞质活性很强的胆绿素还原酶(biliverdin reductase)催化下,由 NADPH 供氢,还原生成胆红素(图 19-4)。胆红素是由 3 个次甲基桥连接的 4 个吡咯环组成,分子量585。虽然胆红素分子中含有 2 个羟基(醇式)或酮基(酮式)、4 个亚氨基和 2 个丙酸基等亲水基团,但由于这些基团形成

图 19-4　胆红素的生成

M:—CH₃;P:—CH₃CH₂COOH

血红素原卟啉Ⅸ环上的 α 次甲基(—CH═)桥碳原子被氧化使卟啉环打开,形成胆绿素,进而还原为胆红素,次甲桥的碳转变成 CO,螯合的铁离子释出被再利用

6 个分子内氢键,使胆红素分子形成脊瓦状内旋的刚性折叠结构,赋予胆红素以疏水亲脂的性质,极易自由透过细胞膜进入血液(图 19-5)。

图 19-5　胆红素的 X-线衍射结构图

图中 C 环上的丙酸基与 A 环的氧原子和 A、B 环上的氮原子形成氢键；
B 环上的丙酸基与 C 环的氧原子和 C、D 环上的氮原子形成氢键；A 和 B
环在一个平面,C 和 D 环在一个平面,两平面的夹角为 98°~100°

迄今已发现人体内存在 3 种血红素加氧酶同工酶:HO-1、HO-2 和 HO-3。HO-1(32kD)是一种诱导酶,为热激蛋白 32(HSP32)。主要存在于肝、脾、和骨髓等降解衰老红细胞的组织器官。HO-2(36kD)是组成型酶,仅受糖皮质激素诱导,主要存在于大脑及睾丸组织内,其功能多认为与 CO 的神经信使作用有关。HO-3(33kD)与 HO-2 有 90% 的同源性,亦属组成型表达,其功能尚未明晰。HO-1 在血红素代谢中居重要地位,其生物合成可被其底物血红素迅速激活,以及时清除循环系统中的血红素。HO-1 亦是迄今所知的诱导物最多的诱导酶。缺氧、高氧、内毒素、重金属、白细胞介素-10(IL-10)、一氧化氮(NO)、促红细胞生成素(EPO)、炎症细胞因子等许多能引发细胞氧化应激(oxidative stress)的因素均可诱导此酶的表达,从而增加 CO、胆绿素和继之胆红素的产生。

许多疾病亦表现 HO-1 的表达增加,例如肿瘤、动脉粥样硬化、心肌缺血、阿尔茨海默病等。HO-1 作为一种应激蛋白质,其诱导因素的多样性是对细胞的一种重要保护机制。HO-1 在上述诸多有害环境刺激和疾病存在条件下所呈现的对机体保护作用,主要是通过其催化生成的产物来实现的,这些产物主要是 CO 与胆红素。HO 氧化血红素时产生的 CO 是机体内源性 CO 的主要来源。CO 因对 Hb 有高度亲和力而呈现有害效应。但有研究显示,低浓度 CO 和 NO 功能相似,可作为信息分子和神经递质。

胆红素过量对人体有害,但适宜水平的胆红素是人体内强有力的内源性抗氧化剂,是血清中抗氧化活性的主要成分,可有效地清除超氧化物和过氧化自由基。氧化应激可诱导 HO-1 的表达,从而增加胆红素的量以抵御氧化应激状态。胆红素的这种抗氧化作用通过胆绿素还原酶循环(biliverdin reductase cycle)实现:胆红素氧化成胆绿素,后者再在分布广、活性强的胆绿素还原酶催化下,利用 NADH 或 NADPH 再还原成胆红素。胆绿素还原酶循环可使胆红素的作用增大 10 000 倍。

二、血液中的胆红素主要与清蛋白结合而运输

胆红素在单核吞噬系统细胞生成以后释放入血。在血浆中主要以胆红素-清蛋白复合体形式存在和运输。血浆清蛋白(albumin)与胆红素的结合,一方面增加了胆红素的水溶性,提高了血浆对胆红素的运输能力;另一方面限制了它自由通透各种细胞膜,避免了其对组织细胞造成的毒性作用。研究证明,每个清蛋白分子有一个高亲和力结合部位和一个低亲和力结合部位,可结合两分子胆红素。正常人血浆胆红素含量为 3.4～17.1μmol/L(2～10mg/L),而每 100ml 血浆清蛋白可结合 25mg 胆红素,故在正常情况下血浆清蛋白结合胆红素的潜力很大,不与清蛋白结合的胆红素甚微。但必须提及的是,胆红素与清蛋白的结合是非特异性、非共价可逆性的。若清蛋白含量明显降低、结合部位被其他物质占据或降低胆红素对结合部位的亲和力,均可促使胆红素从血浆向组织细胞转移。

某些有机阴离子(如磺胺药、水杨酸、胆汁酸、脂肪酸等)可与胆红素竞争性地结合清蛋白,使胆红素游离。过多的游离胆红素因系脂溶性易穿透细胞膜进入细胞,尤其是富含脂质的脑部基底核的神经细胞,干扰脑的正常功能,称为胆红素脑病(bilirubin encephalopathy)或核黄疸(kernicterus)。有黄疸倾向的病人或新生儿生理性黄疸期,应慎用上述药物。因此,血浆清蛋白与胆红素的结合仅起到暂时性的解毒作用,其根本性的解毒依赖肝与葡糖醛酸结合的生物转化作用。把这种未经肝结合转化的,在血浆中与清蛋白结合运输的胆红素称为未结合胆红素(unconjugated bilirubin)或血胆红素或游离胆红素。未结合胆红素因分子内氢键存在,不能直接与重氮试剂反应,只有在加入乙醇或尿素等破坏氢键后才能与重氮试剂反应,生成紫红色偶氮化合物,故未结合胆红素又称为间接反应胆红素或间接胆红素(indirect bilirubin)。

三、胆红素在肝细胞中转变为结合胆红素并泌入胆小管

(一) 游离胆红素可渗透肝细胞膜而被摄取

血中的胆红素以胆红素-清蛋白复合体的形式运输到肝后,在被肝细胞摄取前先与清蛋白分离,然后迅速被肝细胞摄取。胆红素可以自由双向通透肝血窦肝细胞膜表面而进入肝细胞。所以,肝细胞对胆红素的摄取量取决于肝细胞对胆红素的进一步处理能力。

胆红素进入肝细胞后,在细胞质中主要与细胞质 Y 蛋白和 Z 蛋白两种配体蛋白(ligandin)相结合,其中,以 Y 蛋白为主。配体蛋白是胆红素在肝细胞质的主要载体,系谷胱甘肽 S-转移酶(GST)家族成员,含量丰富,占肝细胞质总蛋白质的 3%～4%,对胆红素有高亲和力。配体蛋白可与胆红素 1∶1 结合,以胆红素-Y 蛋白或胆红素-Z 蛋白形式将胆红素携带至肝细胞滑面内质网。

(二) 胆红素在内质网结合葡糖醛酸生成水溶性结合胆红素

在滑面内质网 UDP-葡糖醛酸基转移酶(UDP-glucuronosyltransferase,UGT)的催化下,由 UDPGA 提供葡糖醛酸基,胆红素分子的丙酸基与葡糖醛酸以酯键结合,生成葡糖醛酸胆红素(bilirubin glucuronide)。由于胆红素分子中含有 2 个羧基,每分子胆红素可至多结合 2 分子葡糖醛酸。结果主要生成胆红素葡糖醛酸二酯和少量胆红素葡糖醛酸一酯(图 19-6),两者均可被分泌入胆汁。此外,尚有少量胆红素与硫酸结合生成硫酸酯。胆红素与葡糖醛酸的结合是肝脏对有毒性胆红素一种根本性的生物转化解毒方式。把这些在肝脏与葡糖醛酸结合转化的胆红素称为结合胆红素(conjugated bilirubin)或肝胆红素。与葡糖醛酸结合的胆红素因分子内不再有氢键,分子中间的亚甲桥不在深埋于分子内部,可以迅速、直接与重氮试剂发生反应,故结合胆红素又称为直接反应胆红素或直接胆红素(direct bilirubin)。结合胆红素与未结合胆红素不同理化性质的比较见表 19-5。

胆红素+UDP-葡糖醛酸 $\xrightarrow{\text{UDP-葡糖醛酸基转移酶}}$ 胆红素葡糖醛酸一酯+UDP

胆红素葡糖醛酸一酯 + UDP-葡糖醛酸 $\xrightarrow{\text{UDP-葡糖醛酸基转移酶}}$ 胆红素葡糖醛酸二酯+UDP

图 19-6　葡糖醛酸胆红素的生成及其结构

M：—CH₃；V：—CH＝CH₂

M: $—CH_3$; V: $—CH=CH_2$

表 19-5　两种胆红素理化性质的比较

理化性质	未结合胆红素	结合胆红素
同义名称	间接胆红素、游离胆红素、血胆红素、肝前胆红素	直接胆红素、肝胆红素
与葡糖醛酸结合	未结合	结合
水溶性	小	大
脂溶性	大	小
透过细胞膜的能力及毒性	大	小
能否透过肾小球随尿排出	不能	能

（三）肝细胞向胆小管分泌结合胆红素

结合胆红素水溶性强，被肝细胞分泌进入胆管系统，随胆汁排入小肠。此被认为是肝脏代谢胆红素的限速步骤，亦是肝脏处理胆红素的薄弱环节。肝细胞向胆小管分泌结合胆红素是一个逆浓度梯度的主动转运过程，定位于肝细胞膜胆小管域的多耐药相关蛋白2（multidrug resistance-like protein 2，MRP2）是肝细胞向胆小管分泌结合胆红素的转运蛋白质。胆红素排泄一旦发生障碍，结合胆红素就可返流入血。对 UDP-葡糖醛酸基转移酶具有诱导作用的苯巴比妥等药物对结合胆红素从肝细胞到胆汁的分泌也同样具有诱导作用，可见胆红素的结合转化与分泌构成相互协调的功能体系。血浆中的胆红素通过肝细胞膜的自由扩散、肝细胞质内配体蛋白的运转、内质网的葡糖醛酸基转移酶的催化和肝细胞膜的主动分泌等联合作用，不断地被肝细胞摄取、结合转化与排泄，从而不断地得以清除。

四、胆红素在肠道内转化为胆素原和胆素

（一）胆素原是结合胆红素经肠菌作用的产物

经肝细胞转化生成的葡糖醛酸胆红素随胆汁进入肠道，在回肠下段和结肠的肠菌作用下，脱去葡糖醛酸基，并被还原生成 d-尿胆素原（d-urobilinogen）和中胆素原（mesobilirubinogen，i-urobilinogen）。后者又可进一步还原生成粪胆素原（stercobilinogen，l-urobilinogen），这些物质统称为胆素原。大部分胆素原随粪便排出体外，在肠道下段，这些无色的胆素原接触空气后分别被氧化为相应的 d-尿胆素（d-urobilin）、i-尿胆素（i-urobilin）和粪胆素（stercobilin，l-urobilin），三者合称胆素（图 19-7）。胆素呈

黄褐色,成为粪便的主要颜色。正常人每日排出总量为 40~280mg。胆道完全梗阻时,胆红素不能排入肠道形成胆素原和进而形成粪胆素,因此粪便呈灰白色或白陶土色。婴儿肠道细菌稀少,未被细菌作用的胆红素随粪便排出,可使粪便呈现橘黄色。

图 19-7   粪胆素和尿胆素的生成

(二) 少量胆素原可被肠黏膜重吸收,进入胆素原的肠肝循环

肠道中生成的胆素原有 10%~20% 可被肠黏膜细胞重吸收,经门静脉入肝,其中大部分(约90%)以原形随胆汁排入肠腔,形成胆素原的肠肝循环(enterohepatic urobilinogen cycle)(动画 19-3"胆素原的肠肝循环")。只有小部分(10%)胆素原可以进入体循环经肾小球滤出随尿排出,称为尿胆素原(图 19-8)。正常人每日随尿排出尿胆素原约 0.5~4.0mg。尿胆素原与空气接触后被氧化成尿胆素,成为尿的主要色素。临床上将尿胆素原、尿胆素及尿胆红素合称为尿三胆,是黄疸类型鉴别诊断的常用指标。正常人尿中检测不到尿胆红素。

图 19-8　胆红素的生成与胆素原的肠肝循环

五、高胆红素血症及黄疸

（一）正常人血清胆红素含量甚微

正常成人血清胆红素总量为 $3.4 \sim 17.1 \mu mol/L(2 \sim 10mg/L)$，其中约 80% 是未结合胆红素，其余为结合胆红素。单核吞噬系统细胞产生的胆红素是有毒的脂溶性物质，易透过细胞膜尤其对富含脂质的神经细胞可造成不可逆损伤。胆红素与血浆清蛋白的结合（未结合胆红素）仅起到暂时性的解毒作用，肝细胞内胆红素与葡糖醛酸结合（结合胆红素）反应是对胆红素的一种根本性生物转化解毒方式。肝细胞对胆红素有强大的处理能力。正常人每天从单核吞噬细胞系统产生 $250 \sim 350mg$ 胆红素，但正常人肝每天可清除 3000mg 以上的胆红素，因此正常人血清中胆红素的含量甚微。

（二）黄疸依据病因有溶血性、肝细胞性和阻塞性之分

体内胆红素生成过多，或肝细胞对胆红素的摄取、转化及排泄能力下降等均可引起血浆胆红素含量增多。当血浆胆红素含量超过 $17.1 \mu mol/L(10mg/L)$ 称为高胆红素血症（hyperbilirubinemia）。胆红素为橙黄色物质，过量的胆红素可扩散进入组织造成黄染现象，这一体征称为黄疸（jaundice）。由于皮肤、巩膜、指甲床下和上颚等含有较多弹性蛋白，对胆红素有较强的亲和力，故易被黄染。黄疸的程度取决于血浆胆红素的浓度。当血浆胆红素浓度超过 $34.2 \mu mol/L(20mg/L)$ 时，肉眼可见皮肤、黏膜及巩膜等黄染，临床上称为显性黄疸（clinical jaundice）。若血浆胆红素在 $17.1 \sim 34.2 \mu mol/L(10 \sim 20mg/L)$ 之间时，肉眼观察不到皮肤与巩膜等黄染现象，称为隐性黄疸（occult jaundice）。

临床上常根据黄疸发病的原因不同，将黄疸分为三类。

1. 溶血性黄疸　溶血性黄疸（hemolytic jaundice），又称为肝前性黄疸（prehepatic jaundice）。系各种原因所致红细胞的大量破坏，单核吞噬系统产生胆红素过多，超过了肝细胞摄取、转化和排泄胆红素的能力，造成血液中未结合胆红素浓度显著增高所致。其特征为：①血浆总胆红素、未结合胆红素含量增高；②结合胆红素的浓度改变不大，尿胆红素呈阴性；③因肝对胆红素的摄取、转化和排泄增

多,过多的胆红素进入胆道系统,肠肝循环增多,使得尿胆原和尿胆素含量增多,粪胆原与粪胆素亦增加;④伴有其他特征如贫血、脾大及末梢血液网织红细胞增多等。某些药物、某些疾病(如恶性疟疾、过敏、镰状细胞贫血、蚕豆病等)及输血不当等多种因素均有可能引起大量红细胞破坏,导致溶血性黄疸。

2. **肝细胞性黄疸**　肝细胞性黄疸(hepatocellular jaundice),又称为肝原性黄疸(hepatic jaundice)。由于肝细胞功能受损,造成其摄取、转化和排泄胆红素的能力降低所致的黄疸。一方面肝摄取胆红素障碍,造成血中未结合胆红素升高;另一方面肝细胞受损肿胀,压迫毛细胆管,造成肝内毛细胆管阻塞,而后者与肝血窦直接相通,使肝内部分结合胆红素返流入血,造成血清结合胆红素亦增高。此外,经肠肝循环入肝的胆素原可经损伤的肝细胞进入体循环,并从尿中排出,使尿胆素原升高。其特征为:①血清未结合胆红素和结合胆红素均升高。②尿胆红素呈阳性。③尿胆素原升高,但若胆小管堵塞严重,则尿胆素原反而降低。④粪胆素原含量正常或降低。由于肝功能障碍,结合胆红素在肝内生成减少,粪便颜色可变浅。⑤其他特征如血清谷丙转氨酶(ALT)及谷草转氨酶(AST)活性明显升高。肝细胞性黄疸常见于肝实质性疾病如各种肝炎、肝硬化、肝肿瘤及中毒(如氯仿、四氯化碳)等引发的肝损伤。

3. **阻塞性黄疸**　阻塞性黄疸(obstructive jaundice)又称为肝后性黄疸(posthepatic jaundice)。由各种原因引起的胆管系统阻塞,胆汁排泄通道受阻,使胆小管和毛细胆管内压力增高而破裂,导致结合胆红素返流入血,使得血清结合胆红素明显升高。其特征为:①结合胆红素明显升高,未结合胆红素升高不明显;②大量结合胆红素可从肾小球滤出,所以尿胆红素呈强阳性,尿的颜色加深,可呈茶叶水色;③由于胆管阻塞排入肠道的结合胆红素减少,导致肠菌生成胆素原减少,粪便中胆素原及胆素含量降低,完全阻塞的病人粪便可变成灰白色或白陶土色;④其他特征如血清胆固醇和碱性磷酸酶(ALP)活性明显升高等。阻塞性黄疸常见于胆管炎、肿瘤(尤其胰头癌)、胆结石或先天性胆管闭锁等疾病。

各种黄疸血、尿、粪胆色素的实验室检查变化见表 19-6。

表 19-6　各种黄疸血、尿、粪胆色素的实验室检查变化

指标	正常	溶血性黄疸	肝细胞性黄疸	阻塞性黄疸
血清胆红素				
浓度	<10mg/L	>10mg/L	>10mg/L	>10mg/L
结合胆红素	极少		↑	↑↑
未结合胆红素	0~8mg/L	↑↑	↑	
尿三胆				
尿胆红素	-	-	++	++
尿胆素原	少量	↑	不一定	↓
尿胆素	少量	↑	不一定	↓
粪胆素原	40~280mg/24h	↑	↓或正常	↓或-
粪便颜色	正常	深	变浅或正常	完全阻塞时白陶土色

注:"-"代表阴性,"++"代表强阳性

小　结

独特的结构特点,赋予肝复杂多样的生物化学功能。肝不仅是多种物质代谢之中枢,而且还具有生物转化、分泌和排泄等功能。

肝通过肝糖原合成与分解、糖异生维持血糖的相对稳定。肝在脂质代谢中占据中心地位。肝将胆固醇转化为胆汁酸,协助脂质的消化与吸收。肝是体内合成甘油三酯、磷脂与胆固醇的重要器官。

肝能合成 VLDL 及 HDL,参与甘油三酯与胆固醇的转运。LCAT 是肝合成的血浆功能性酶,参与血浆胆固醇的酯化。肝是氧化脂肪酸并产生酮体的重要器官。肝的蛋白质合成与分解代谢均非常活跃。除 γ 球蛋白外,几乎所有的血浆蛋白质均来自肝。肝是除支链氨基酸外所有氨基酸分解代谢的重要器官,也是处理氨基酸分解代谢产物的重要场所。氨主要在肝内经鸟氨酸循环合成尿素而解毒。肝在维生素的吸收、储存、运输和代谢转化方面起重要作用。肝也是许多激素灭活的场所。

肝通过生物转化对异源物及某些内源性的代谢产物或生物活性物质进行代谢转变,提高其水溶性和极性,易于从尿或胆汁排出。肝生物转化分两相反应,第一相反应包括氧化、还原和水解;第二相反应是结合反应,主要与葡糖醛酸、硫酸和乙酰基等结合。生物转化反应具有连续性、多样性和解毒与致毒的双重性特点。肝生物转化受年龄、性别、营养、疾病、遗传与异源物诱导等因素的影响。

胆汁是肝细胞分泌的兼具消化液和排泄液的液体。胆汁的主要成分是胆汁酸,是肝清除胆固醇的主要形式。胆固醇 7α-羟化酶是胆汁酸合成的关键调节酶。胆汁酸有初级胆汁酸与次级胆汁酸之分。初级胆汁酸合成于肝,包括胆酸与鹅脱氧胆酸。初级胆汁酸经肠菌作用生成次级胆汁酸,包括脱氧胆酸与石胆酸。胆汁酸还有游离型胆汁酸与结合型胆汁酸之分。结合型胆汁酸是游离胆汁酸与甘氨酸或牛磺酸在肝内结合的产物。胆汁酸的肠肝循环使有限的胆汁酸库存反复利用以满足脂质消化吸收之需。

胆色素是铁卟啉类化合物的分解代谢产物,包括胆绿素、胆红素、胆素原和胆素。胆红素主要源于衰老红细胞血红蛋白释放的血红素的降解。血红素加氧酶和胆绿素还原酶催化血红素经胆绿素生成胆红素。胆红素为亲脂疏水性,在血浆中与清蛋白结合而运输,称为未结合胆红素。胆红素在肝与葡糖醛酸结合生成水溶性的结合胆红素,由肝细胞分泌随胆汁排入肠道。结合胆红素在肠菌作用下,被水解和还原成无色胆素原。胆素原的大部分在肠道下段遇空气被氧化为黄褐色的粪胆素。少量的胆素原则被肠黏膜重吸收入肝,其中的大部分又以原形重新排入肠道,构成胆素原的肠肝循环,有小部分重吸收的胆素原经体循环入肾随尿排出,称为尿胆素原。其被空气氧化后生成尿胆素。尿胆素原、尿胆素和尿胆红素在临床上合称为尿三胆,是黄疸类型鉴别的常用指标。多种原因可致高胆红素血症并引发黄疸体征。黄疸可根据发生原因分为溶血性黄疸、肝细胞性黄疸和阻塞性黄疸三类。各种黄疸均有其独特的血、尿、粪胆色素实验室检查改变。

思 考 题

1. 如何理解肝是多种物质代谢的中枢?

2. 何谓生物转化作用? 生物转化有哪些反应类型,其生理意义及特点是什么?

3. 何谓初级、次级胆汁酸及游离、结合胆汁酸? 简述胆汁酸的生理功能及胆汁酸的肠肝循环的生理意义。

4. 何谓游离胆红素和结合胆红素? 简述两种胆红素的性质差异。

(王明臣)

第二十章　维　生　素

维生素(vitamin)是人体内不能合成,或合成量甚少、不能满足机体的需要,必须由食物供给,以维持正常生命活动的一类低分子量有机化合物,是人体的重要营养素之一。维生素不是机体组织的组成成分,也不是供能物质,然而在调节人体物质代谢、生长发育和维持正常生理功能等方面却发挥着极其重要的作用。虽然人体对维生素的日需要量极少,但如果人体长期摄入不足或吸收障碍,可致维生素缺乏症;若人体长期过量摄取某些维生素,也可导致维生素中毒。按照维生素溶解特性的不同,可分为脂溶性维生素(lipid-soluble vitamin)和水溶性维生素(water-soluble vitamin)两大类。

第一节　脂溶性维生素

脂溶性维生素包括维生素 A、维生素 D、维生素 E 和维生素 K,是疏水性化合物,易溶于脂质和有机溶剂,常随脂质被吸收。脂溶性维生素在血液中与脂蛋白或特异性结合蛋白质结合而运输,不易被排泄,在体内主要储存于肝,故不需每日供给。维生素 A、维生素 D、维生素 E 和维生素 K 的结构不同(图 20-1),执行不同的生物化学与生理功能。脂质吸收障碍和食物中长期缺乏此类维生素可引起相应的缺乏症,摄入过多则可发生中毒。

图 20-1　脂溶维生素的结构

一、维生素 A

(一) 一般性质

维生素 A(vitamin A)是由 1 分子 β-白芷酮环和 2 分子异戊二烯构成的不饱和一元醇。一般所说的天然维生素 A 指 A_1(视黄醇,retinol),主要存在于哺乳类动物和咸水鱼肝中。维生素 A_2(3-脱氢视黄醇)则存在于淡水鱼肝中。

动物性食品,如肝、肉类、蛋黄、乳制品、鱼肝油等都是维生素 A 的丰富来源。食物中的维生素 A 主要以酯的形式存在,在小肠内受酯酶的作用而水解,生成视黄醇进入小肠黏膜上皮细胞后又重新被酯化,并掺入乳糜微粒,通过淋巴转运。乳糜微粒中的视黄醇酯可被肝细胞和其他组织摄取,在肝细胞中被水解为游离视黄醇。在血液中,视黄醇与视黄醇结合蛋白(retinol binding protein,RBP)相结合,后者再结合甲状腺素视黄质运载蛋白(transthyretin,TTR),形成视黄醇-RBP-TTR复合体。在细胞内,视黄醇与细胞视黄醇结合蛋白(cellular retinal binding protein,CRBP)结合。肝细胞内过多的视黄醇则转移到肝内星状细胞,以视黄醇酯的形式储存。

　　植物中无维生素 A,但含有被称为维生素 A 原(provitamin A)的多种胡萝卜素(carotene),其中以 β-胡萝卜素(β-carotene)最为重要。胡萝卜、红辣椒、菠菜、甘薯、木瓜等均含有丰富的 β-胡萝卜素。β-胡萝卜素可在小肠黏膜细胞或肝中被加双氧酶分解生成 2 分子全反式视黄醇。由于小肠黏膜对 β-胡萝卜素的分解和吸收能力较低,每分解 6 分子 β-胡萝卜素仅获得 1 分子视黄醇,即 β-胡萝卜素转化为维生素 A 的转化当量仅为 1/6。

(二)生物学功能

　　在细胞内,一些依赖 NADH 的醇脱氢酶催化视黄醇和视黄醛(retinal)之间的可逆反应。视黄醛在视黄醛脱氢酶的催化下又不可逆的氧化生成视黄酸(retinoic acid)。视黄醇、视黄醛和视黄酸是维生素 A 的活性形式。

　　1. 视黄醛参与视觉传导　人视网膜的光受体细胞分为锥状细胞和杆状细胞。锥状细胞是感受亮光和产生色觉的细胞,杆状细胞是感受弱光或暗光的细胞。在人视网膜杆状细胞内,全反式视黄醇在异构酶的作用下生成 11-顺视黄醇,并进而氧化为 11-顺视黄醛。11-顺视黄醛作为光敏感视蛋白(opsin)的辅基与之结合生成视紫红质(rhodopsin)。弱光可使视紫红质中 11-顺视黄醛和视蛋白分别发生构型和构象改变,生成含全反式视黄醛的光视紫红质(photorhodopsin)。光视紫红质再经一系列构象变化,生成变视紫红质Ⅱ(metarhodopsin Ⅱ),后者引起视觉神经冲动并随之解离释放全反视黄醛和视蛋白。全反视黄醛经还原生成全反视黄醇,从而完成视循环(visual cycle)(图 20-2)。可见,视紫红质是暗视觉的基础,人视网膜杆状细胞合成视紫红质时需要维生素 A 参与,维生素 A 参与了视觉传导。

图 20-2　视循环

　　2. 视黄酸调控基因表达和细胞生长与分化　维生素 A 及其代谢中间产物具有广泛的生理学和药理学活性,在人体生长、发育和细胞分化尤其是精子生成、黄体酮前体形成、胚胎发育等过程中起着十分重要的调控作用。视黄醇的不可逆氧化产物全反式视黄酸(all-trans retinoic acid,ATRA)和 9-顺视黄酸是执行这一重要功能的关键物质,它们与细胞内核受体结合,通过与 DNA 反应元件的作用,调节某些基因的表达,进而调控细胞的生长、发育和分化。所以,视黄酸对于维持上皮组织的正常形态与生长具有重要的作用。如 ATRA 可促进上皮细胞生长与分化,参与上皮组织的正常角化过程,可使银屑病角化过度的表皮正常化而用于银屑病的治疗。

　　3. 维生素 A 和胡萝卜素是有效的抗氧化剂　维生素 A 和胡萝卜素是机体一种有效的捕获活性氧的抗氧化剂,具有清除活性氧和防止脂质过氧化的作用。

　　4. 维生素 A 及其衍生物可抑制肿瘤生长　维生素 A 及其衍生物有延缓或阻止癌前病变,拮抗化学致癌剂的作用。维生素 A 及其衍生物 ATRA 具有诱导肿瘤细胞分化和凋亡、增加癌细胞对化疗药物的敏感性的作用。动物实验表明摄入维生素 A 及其衍生物 ATRA 可诱导肿瘤细胞的分化和减轻致癌物质的作用。

（三）维生素 A 缺乏症及中毒

若视循环的关键物质 11-顺视黄醛的补充不足,视紫红质合成减少,对弱光敏感性降低,从明处到暗处看清物质所需的时间即暗适应时间延长,严重时会发生"夜盲症"。维生素 A 缺乏可引起严重的上皮角化,眼结膜黏液分泌细胞的丢失与角化以及糖蛋白分泌的减少均可引起角膜干燥,出现眼干燥症(xerophthalmia)。因此,维生素 A 又称眼干燥症维生素。此外,视黄酸对于免疫系统细胞的分化具有重要的作用。维生素 A 缺乏增加机体对感染性疾病的敏感性。

维生素 A 的摄入量超过视黄醇结合蛋白的结合能力,游离的维生素 A 可通过破坏细胞膜、核膜以及线粒体和内质网等细胞器造成组织损伤。中国成人男性膳食维生素 A 的平均需要量(estimated average requirement,EAR)为 $560\mu g/d$,成人女性为 $480\mu g/d$。如果长期过量摄入维生素 A 可出现维生素 A 中毒表现。其症状主要有头痛、恶心、共济失调等中枢神经系统表现;肝细胞损伤和高脂血症;长骨增厚、高钙血症、软组织钙化等钙稳态失调表现以及皮肤干燥、脱屑和脱发等表现。

二、维生素 D

（一）一般性质

维生素 D(vitamin D)是类固醇(steroid)的衍生物,为环戊烷多氢菲类化合物。维生素 D 为无色结晶,易溶于脂肪和有机溶剂,除对光敏感外,其化学性质较稳定。

天然的维生素 D 包括 D_3 或称胆钙化醇(cholecalciferol)及 D_2 或称麦角钙化醇(ergocalciferol)。鱼油、蛋黄、肝富含维生素 D_3。人体皮肤储存有从胆固醇生成的 7-脱氢胆固醇(维生素 D_3 原),在紫外线的照射下,可转变成维生素 D_3。适当的日光浴足以满足人体对维生素 D 的需要。植物中含有麦角固醇(维生素 D_2 原),在紫外线的照射下,分子内 B 环断裂转变成维生素 D_2。

进入血液的维生素 D_3 主要与血浆中维生素 D 结合蛋白(vitamin D binding protein,DBP)相结合而运输。在肝微粒体 25-羟化酶的催化下,维生素 D_3 被羟化生成 25-羟维生素 D_3($25\text{-}OH\text{-}D_3$)。$25\text{-}OH\text{-}D_3$ 是血浆中维生素 D_3 的主要存在形式,也是维生素 D_3 在肝中的主要储存形式。$25\text{-}OH\text{-}D_3$ 在肾小管上皮细胞线粒体 1α-羟化酶的作用下,生成维生素 D_3 的活性形式 1,25-二羟维生素 D_3[$1,25\text{-}(OH)_2\text{-}D_3$]。$25\text{-}OH\text{-}D_3$ 和 $1,25\text{-}(OH)_2\text{-}D_3$ 在血液中均与 DBP 结合而运输。

肾小管上皮细胞还存在 24-羟化酶,催化 $25\text{-}OH\text{-}D_3$ 进一步羟化生成 $24,25\text{-}(OH)_2\text{-}D_3$。$1,25\text{-}(OH)_2\text{-}D_3$ 通过诱导 24-羟化酶和阻遏 1α-羟化酶的生物合成来控制其自身的生成量(图 20-3)。

图 20-3　维生素 D_3 在体内的转变

（二）生物学功能

1. **$1,25\text{-}(OH)_2\text{-}D_3$ 调节钙、磷代谢**　$1,25\text{-}(OH)_2\text{-}D_3$ 可与靶细胞内特异的核受体结合,进入细胞核,调节相关基因(如钙结合蛋白基因、骨钙蛋白基因等)的表达。$1,25\text{-}(OH)_2\text{-}D_3$ 还可通过信号转导系统使钙通道开放,发挥其对钙、磷代谢的快速调节作用。此外,$1,25\text{-}(OH)_2\text{-}D_3$ 促进小肠对钙、磷的吸收,影响骨组织的钙代谢,从而维持血钙和血磷的正常水平,促进骨和牙的钙化。

2. **$1,25\text{-}(OH)_2\text{-}D_3$ 影响细胞分化**　大量研究证明,肾外组织细胞也具有羟化 $25\text{-}OH\text{-}D_3$ 生成 $1,25\text{-}(OH)_2\text{-}D_3$ 的能力。皮肤、大肠、前列腺、乳腺、心、脑、骨骼肌、胰岛 β 细胞、单核细胞和活化的 T 和 B 淋巴细胞等均存在维生素 D 受体。$1,25\text{-}(OH)_2\text{-}D_3$ 具有调节这些组织细胞分化等功能。$1,25\text{-}(OH)_2\text{-}D_3$

促进胰岛 β 细胞合成与分泌胰岛素,具有对抗 1 型和 2 型糖尿病的作用。1,25-$(OH)_2$-D_3 对某些肿瘤细胞还具有抑制增殖和促进分化的作用。低日照与大肠癌和乳腺癌的高发病率和死亡率有一定的相关性。

(三) 维生素 D 缺乏症及中毒

中国居民膳食维生素 D 的平均需要量(estimated average requirement,EAR)为 8μg/d。当缺乏维生素 D 时,儿童可患佝偻病(rickets),成人可发生软骨病(osteomalacia)和骨质疏松症(osteoporosis)。因此,维生素 D 又称抗佝偻病维生素。此外,维生素 D 缺乏也与自身免疫性疾病的发生有关。

长期每日过量摄入维生素 D 可引起中毒,特别是对维生素 D 较敏感的人。维生素 D 中毒的症状主要有异常口渴,皮肤瘙痒,厌食、嗜睡、呕吐、腹泻、尿频以及高钙血症、高钙尿症、高血压以及软组织钙化等。由于皮肤储存 7-脱氢胆固醇有限,多晒太阳不会引起维生素 D 中毒。

三、维生素 E

(一) 一般性质

维生素 E(vitamin E)是苯骈二氢吡喃的衍生物,包括生育酚(tocopherol)和三烯生育酚(tocotrienol)两类,每类又分 α、β、γ 和 δ 四种。天然维生素 E 主要存在于植物油、油性种子和麦芽等中,以 α-生育酚分布最广、活性最高。α-生育酚是黄色油状液体,溶于乙醇、脂肪和有机溶剂,对热及酸稳定,对碱不稳定,对氧极为敏感。在正常情况下,20% ~ 40% 的 α-生育酚可被小肠吸收。在机体内,维生素 E 主要存在于细胞膜、血浆脂蛋白和脂库中。

(二) 生物学功能

1. 维生素 E 是体内最重要的脂溶性抗氧化剂 维生素 E 作为脂溶性抗氧化剂和自由基清除剂,主要对抗生物膜上脂质过氧化所产生的自由基,保护生物膜及其他蛋白质的结构与功能。维生素 E 可捕捉过氧化脂质自由基,形成反应性较低且相对稳定的生育酚自由基(氧化型维生素 E);后者可在维生素 C、GSH 或 NADPH 的作用下,还原生成非自由基产物——生育醌(还原型维生素 E)。维生素 E 对细胞膜的保护作用使细胞维持正常的流动性。

2. 维生素 E 具有调节基因表达的作用 维生素 E 除具有强的抗氧化剂作用外,还具有调节信号转导过程和基因表达的重要作用。维生素 E 可以上调或下调生育酚的摄取和降解相关的基因、脂质摄取与动脉硬化的相关基因、表达某些细胞外基质蛋白的基因、细胞黏附与炎症的相关基因以及细胞信号系统和细胞周期调节的相关基因等。因而,维生素 E 具有抗炎、维持正常免疫功能和抑制细胞增殖的作用,并可降低血浆低密度脂蛋白(LDL)的浓度。维生素 E 在预防和治疗冠状动脉粥样硬化性心脏病、肿瘤和延缓衰老方面具有一定的作用。

3. 维生素 E 促进血红素的合成 维生素 E 能提高血红素合成的关键酶 δ-氨基-γ-酮戊酸(aminolevulinic acid,ALA)合酶和 ALA 脱水酶的活性,从而促进血红素的合成。

(三) 维生素 E 缺乏症及中毒

中国成人膳食维生素 E 的适宜摄入量(adequate intake, AI)为 14mg/d 的 α-生育酚当量(α-tocopherol equivalent,α-TE)。维生素 E 一般不易缺乏,在严重的脂质吸收障碍和肝严重损伤时可引起缺乏症,表现为红细胞数量减少,脆性增加等溶血性贫血症。偶尔也可引起神经功能障碍。动物缺乏维生素 E 时其生殖器官发育受损,甚至不育。人类尚未发现因维生素 E 缺乏所致的不孕症。临床上常用维生素 E 治疗先兆流产及习惯性流产。维生素 E 缺乏病是由于血中维生素 E 含量低而引起,主要发生在婴儿,特别是早产儿。早产的新生儿由于组织维生素 E 的储备较少和小肠吸收能力较差,可因维生素 E 缺乏引起轻度溶血性贫血。

与维生素 A 和 D 不同,人类尚未发现维生素 E 中毒症。中国成人可耐受的最高摄入量(tolerable upper intake level,UL)是 600mg α-TE/d。然而,长期大量服用的副作用不能忽略。

四、维生素 K

（一）一般性质

维生素 K(vitamin K)是 2-甲基-1,4-萘醌的衍生物。广泛存在于自然界的维生素 K 有 K_1 和 K_2。维生素 K_1 又称植物甲萘醌或叶绿醌(phylloquinone)，主要存在于深绿色蔬菜(如甘蓝、菠菜、莴苣等)和植物油中。维生素 K_2 则由大肠杆菌合成。维生素 K_3 是人工合成的水溶性甲萘醌，可口服及注射。2-甲基-1,4-萘醌是维生素 K 的活性形式。

维生素 K 主要在小肠被吸收，随乳糜微粒而代谢。体内维生素 K 的储存量有限，脂质吸收障碍可引发维生素 K 缺乏症。

（二）生物学功能

1. 维生素 K 是凝血因子合成所必需的辅酶　血液凝血因子 II、VII、IX、X 及抗凝血因子蛋白 C 和蛋白 S 在肝细胞中以无活性前体形式合成，其分子中 4～6 个谷氨酸残基需羧化成 γ-羧基谷氨酸(γ-carboxylglutamic acid)残基才能转变为活性形式。此反应由 γ-羧化酶催化，而许多 γ-谷氨酰羧化酶的辅酶是维生素 K。因此，维生素 K 是凝血因子合成所必需的。

2. 维生素 K 对骨代谢具有重要作用　肝、骨等组织中存在维生素 K 依赖蛋白，如骨钙蛋白(osteocalcin)和骨基质的 γ-羧基谷氨酸蛋白均是维生素 K 依赖蛋白。研究表明，服用低剂量维生素 K 的妇女，其股骨颈和脊柱的骨盐密度明显低于服用大剂量维生素 K 时的骨盐密度。

此外，维生素 K 对减少动脉钙化也具有重要的作用。大剂量的维生素 K 可以降低动脉硬化的危险性。

（三）维生素 K 缺乏症

中国成人膳食维生素 K 的适宜摄入量(AI)为 80μg/d。因维生素 K 广泛分布于动、植物组织，且体内肠菌也能合成，一般不易缺乏。因维生素 K 不能通过胎盘，新生儿出生后肠道内又无细菌，所以新生儿有可能出现维生素 K 的缺乏。维生素 K 缺乏的主要症状是易出血。引发脂质吸收障碍的疾病，如胰腺疾病、胆管疾病及小肠黏膜萎缩或脂肪便等均可出现维生素 K 缺乏症。长期应用抗生素及肠道灭菌药也有引起维生素 K 缺乏的可能性。

第二节　水溶性维生素

水溶性维生素包括 B 族维生素(B_1、B_2、PP、泛酸、生物素、B_6、叶酸与 B_{12})和维生素 C。水溶性维生素在体内主要构成酶的辅因子，直接影响某些酶的活性。水溶性维生素依赖食物提供，体内很少蓄积，过多的水溶性维生素可随尿排出体外，一般不发生中毒现象，但供给不足时往往导致缺乏症。

一、维生素 B_1

（一）一般性质

维生素 B_1 由含氨基的嘧啶环和含硫的噻唑环通过亚甲基桥相连而成，因分子中含有"硫"和"氨"，又名硫胺素(thiamine)(图 20-4)。维生素 B_1 主要存在于豆类和种子外皮(如米糠)、胚芽、酵母和瘦肉中。其纯品为白色粉末状结晶，易溶于水，微溶于乙醇。维生素 B_1 在酸性环境中较稳定、加热 120℃仍不分解；中性和碱性环境中不稳定、易被氧化和受热破坏。硫胺素易被小肠吸收，入血后主要在肝及脑组织中经硫胺素焦磷酸激酶的催化生成焦磷酸硫胺素(thiamine pyrophosphate,TPP)。TPP 是维生素 B_1 的活性形式，占体内硫胺素总量的 80%。

（二）生物学功能

维生素 B_1 在体内能量代谢中发挥重要的作用。TPP 是 α-酮酸氧化脱羧酶多酶复合体的辅酶，参与线粒体内丙酮酸、α-酮戊二酸和支链氨基酸的 α-酮酸的氧化脱羧反应。TPP 在这些反应中转移醛

图 20-4 焦磷酸硫胺素的结构

基。TPP 噻唑环上硫和氮原子之间的碳原子十分活泼,易释放 H^+ 形成负碳离子(carbanion)。负碳离子可与 α-酮酸羧基结合,进而使 α-酮酸脱羧。TPP 也是胞质中磷酸戊糖途径中转酮醇酶的辅酶,参与转酮醇作用(transketolation)。

维生素 B_1 在神经传导中起一定作用。合成乙酰胆碱所需的乙酰辅酶 A 主要来自于丙酮酸的氧化脱羧反应。此外,维生素 B_1 可作为胆碱酯酶的抑制剂,参与乙酰胆碱的代谢调控。

(三)缺乏症

中国成人男性膳食维生素 B_1 的平均需要量(EAR)为 1.2mg/d,成人女性为 1.0mg/d。维生素 B_1 缺乏多见于以精米为主食的地区,任何年龄均可发病。膳食中维生素 B_1 含量不足为常见原因,另外吸收障碍(如慢性消化紊乱、长期腹泻等)和需要量增加(如长期发热、感染、手术后、甲状腺功能亢进等)和酒精中毒也可导致维生素 B_1 的缺乏。

维生素 B_1 缺乏时,糖代谢中间产物丙酮酸的氧化脱羧反应发生障碍,血中丙酮酸和乳酸堆积。由于以糖有氧分解供能为主的神经组织供能不足以及神经细胞膜髓鞘磷脂合成受阻,导致慢性末梢神经炎和其他神经肌肉变性病变,即脚气病(beriberi)。严重者可发生水肿、心力衰竭。

维生素 B_1 缺乏时,乙酰辅酶 A 的生成减少,影响乙酰胆碱的合成。同时,由于维生素 B_1 对胆碱酯酶的抑制减弱,乙酰胆碱分解加强,影响神经传导。主要表现为消化液分泌减少,胃蠕动变慢,食欲缺乏,消化不良等症状。

二、维生素 B_2

(一)一般性质

维生素 B_2 是核醇与 6,7-二甲基异咯嗪的缩合物。因其呈黄色针状结晶,又名核黄素(riboflavin)。维生素 B_2 在酸性溶液中稳定,在碱性溶液中加热易破坏,但对紫外线敏感,易降解为无活性的产物。奶与奶制品、肝、蛋类和肉类等是维生素 B_2 的丰富来源。核黄素主要在小肠上段通过转运蛋白主动吸收。吸收后的核黄素在小肠黏膜黄素激酶的催化下转变成黄素单核苷酸(flavin mononucleotide,FMN),后者在焦磷酸化酶的催化下进一步生成黄素腺嘌呤二核苷酸(flavin adenine dinucleotide,FAD),FMN 及 FAD 是维生素 B_2 的活性形式。

维生素 B_2 异咯嗪环上的第 1 和第 10 位氮原子与活泼的双键连接,此 2 个氮原子可反复接受或释放氢,因而具有可逆的氧化还原性(图 20-5)。还原型核黄素及其衍生物呈黄色,于 450nm 处有吸收峰,利于此性质可做定量分析。

(二)生物学功能

FMN 及 FAD 是体内氧化还原酶(如脂酰 CoA 脱氢酶、琥珀酸脱氢酶、黄嘌呤氧化酶等)的辅基,

X:R-P(FMN);X:R-P-AMP(FAD)
R:核糖;P:磷酸基团

图 20-5 FMN(FAD)的结构与递氢作用

主要起递氢体的作用。它们参与呼吸链、脂肪酸和氨基酸的氧化以及三羧酸循环。

FAD 和 FMN 分别作为辅酶参与色氨酸转变为烟酸和维生素 B_6 转变为磷酸吡哆醛的反应。FAD 还可作为谷胱甘肽还原酶的辅酶,参与体内抗氧化防御系统,维持还原型谷胱甘肽的浓度;FAD 与细胞色素 P450 结合,参与药物代谢。

（三）缺乏症

中国成人男性膳食维生素 B_2 的平均需要量（EAR）为 1.4mg/d,成人女性为 1.2mg/d。维生素 B_2 缺乏的主要原因是膳食供应不足,如食物烹调不合理（淘米过度、蔬菜切碎后浸泡等）、食用脱水蔬菜或婴儿所食牛奶多次煮沸等均可导致维生素 B_2 缺乏。

维生素 B_2 缺乏时,可引起口角炎、唇炎、阴囊炎、眼睑炎、畏光等症。用光照疗法治疗新生儿黄疸时,在破坏皮肤胆红素的同时,核黄素也可同时遭到破坏,引起新生儿维生素 B_2 缺乏症。

三、维生素 PP

（一）一般性质

维生素 PP 包括烟酸（nicotinic acid）和烟酰胺（nicotinamide）,曾分别称尼克酸和尼克酰胺,两者均属氮杂环吡啶衍生物。烟酸为吡啶-3-羧酸,很容易转变为烟酰胺。烟酸为稳定的白色针状结晶,在酸、碱、光、氧或加热条件下不易被破坏,是维生素中最稳定的一种。

维生素 PP 广泛存在于自然界。食物中的维生素 PP 均以烟酰胺腺嘌呤二核苷酸（nicotinamide adenine dinucleotide, NAD^+）或烟酰胺腺嘌呤二核苷酸磷酸（nicotinamide adenine dinucleotide phosphate, $NADP^+$）的形式存在（图 20-6）。它们在小肠内被水解生成游离的维生素 PP,并被吸收。运输到组织细胞后,再合成 NAD^+ 或 $NADP^+$。NAD^+ 和 $NADP^+$ 是维生素 PP 在体内的活性形式。

NAD^+: R=-H; $NADP^+$: R=$-H_2PO_3$

图 20-6   维生素 PP 及其活性形式的结构

未被利用的烟酸可被甲基化,以 N-甲基烟酰胺和 2-吡啶酮的形式由尿中排出。体内色氨酸代谢也可生成维生素 PP,但效率较低,60mg 色氨酸仅能生成 1mg 烟酸,并且需要维生素 B_1、B_2 和 B_6 的参与。

（二）生物学功能

NAD^+ 和 $NADP^+$ 在体内是多种不需氧脱氢酶的辅酶,分子中的烟酰胺部分具有可逆的加氢及脱氢的特性,常发挥递氢体的作用。如糖酵解和三羧酸循环中的一些脱氢酶是以 NAD^+ 为辅酶;磷酸戊糖途径中的 G6PD 以 $NADP^+$ 为辅酶,该途径生成的 5-磷酸核糖,是体内核糖生成的主要来源。

（三）缺乏症

中国成人男性膳食维生素 PP 的平均需要量（EAR）为 12mg/d 的烟酸当量（niacin equivalent, NE）,成人女性为 10mg NE/d。人类维生素 PP 缺乏症亦称为糙皮病（pellagra）,主要表现有皮炎、腹泻及痴呆。皮炎常对称的出现于暴露部位;痴呆则是神经组织变性的结果。故维生素 PP 又称抗糙皮病维生素。

抗结核药物异烟肼的结构与维生素 PP 相似,两者有拮抗作用,长期服用异烟肼可能引起维生素 PP 缺乏。近年来,烟酸作为药物已用于临床治疗高胆固醇血症。烟酸能抑制脂肪动员,使肝中 VLDL 的合成下降,从而降低血浆胆固醇。但如果大量服用烟酸或烟酰胺(1～6g/d)会引发血管扩张、脸颊潮红、痤疮及胃肠不适等毒性症状。长期日服用量超过 500mg 可引起肝损伤。

四、泛酸

(一)一般性质

泛酸(pantothenic acid)又称遍多酸、维生素 B_5,由二甲基羟丁酸和 β-丙氨酸组成,因广泛存在于动、植物组织中而得名。

泛酸在肠内被吸收后,经磷酸化并与半胱氨酸反应生成4-磷酸泛酰巯基乙胺,后者是辅酶 A(coenzyme A,CoA)(图20-7)及酰基载体蛋白(acyl carrier protein,ACP)的组成部分。

图20-7 辅酶 A 的结构

(二)生物学功能

CoA 和 ACP 是泛酸在体内的活性形式,CoA 及 ACP 构成酰基转移酶的辅酶,广泛参与糖、脂质、蛋白质代谢及肝的生物转化作用。约有 70 多种酶,如脱羧酶等需 CoA 及 ACP。

(三)缺乏症

中国居民膳食泛酸的适宜摄入量(AI)是 5.0mg/d。泛酸缺乏症很少见。泛酸缺乏的早期易疲劳,引发胃肠功能障碍等疾病,如食欲缺乏、恶心、腹痛、溃疡、便秘等症状。严重时最显著特征是出现肢神经痛综合征,主要表现为脚趾麻木、步行时摇晃、周身酸痛等。若病情继续恶化,则会产生易怒、脾气暴躁、失眠等症状。

五、生物素

(一)一般性质

生物素(biotin)是含硫的噻吩环与尿素缩合并带有戊酸侧链的化合物(图20-8),又称维生素 H、维生素 B_7、辅酶 R。生物素是天然的活性形式,在肝、肾、酵母、蛋类、花生、牛乳和鱼类等食品中含量较多,啤酒里含量较高,人肠道细菌也能合成。生物素为无色针状结晶体,耐酸而不耐碱,氧化剂及高温可使其失活。

(二)生物学功能

生物素是体内多种羧化酶的辅基,在羧化酶全酶合成酶(holocarboxylase synthetase)的催化下与羧化酶蛋白中赖氨酸残基的 ε-氨基以酰胺键共价结合,形成生物胞素(biocytin)残基,羧化酶则转变成有催化活性的酶。生物素作为丙酮酸羧化酶、乙酰 CoA 羧化酶等的辅基,参与 CO_2 固定过程,为脂肪与碳水化合物代谢所必需。

图20-8 生物素的结构

近年的研究证明,生物素除了作为羧化酶的辅基外,还有其他重要的生理作用。现已鉴定,人基因组中有 2000 多个基因编码产物的功能依赖生物素。生物素参与细胞信号转导和基因表达。生物素还可使组蛋白生物素化,从而影响细胞周期、基因转录和 DNA 损伤的修复。

（三）缺乏症

中国居民膳食生物素的适宜摄入量(AI)是 40μg/d。生物素的来源极为广泛,人体肠道细菌也能合成,很少出现缺乏症。新鲜鸡蛋清中有一种抗生物素蛋白(avidin),生物素与其结合而不能被吸收。蛋清加热后这种蛋白因遭破坏而失去作用。长期使用抗生素可抑制肠道细菌生长,也可能造成生物素的缺乏,主要症状是疲乏、恶心、呕吐、食欲缺乏、皮炎及脱屑性红皮病。

六、维生素 B_6

（一）一般性质

维生素 B_6 包括吡哆醇(pyridoxine)、吡哆醛(pyridoxal)和吡哆胺(pyridoxamine),其基本结构是 2-甲基-3-羟基-5-甲基吡啶(图 20-9),其活化形式是磷酸吡哆醛和磷酸吡哆胺,两者可相互转变。维生素 B_6 的纯品为白色结晶,易溶于水及乙醇,微溶于有机溶剂,在酸性条件下稳定、在碱性条件下易被破坏。对光较敏感,不耐高温。

图 20-9　维生素 B_6 及其活性形式的结构与互变

维生素 B_6 广泛分布于动、植物食品中。肝、鱼、肉类、全麦、坚果、豆类、蛋黄和酵母均是维生素 B_6 的丰富来源。维生素 B_6 的磷酸酯在小肠碱性磷酸酶的作用下水解,以脱磷酸的形式吸收。吡哆醛和磷酸吡哆醛是血液中的主要运输形式。体内约 80% 的维生素 B_6 以磷酸吡哆醛的形式存在于肌组织中,并与糖原磷酸化酶相结合。

（二）生物学功能

1. **磷酸吡哆醛是多种酶的辅酶**　磷酸吡哆醛是体内百余种酶的辅酶,参与氨基酸脱氨基与转氨基作用、鸟氨酸循环、血红素的合成和糖原分解等,在代谢中发挥着重要作用。

磷酸吡哆醛也是谷氨酸脱羧酶的辅酶,可增进大脑抑制性神经递质 γ-氨基丁酸的生成,故临床上常用维生素 B_6 治疗小儿惊厥、妊娠呕吐和精神焦虑等。磷酸吡哆醛还是血红素合成的关键酶 δ-氨基-γ-酮戊酸(δ-aminolevulinic acid, ALA)合酶的辅酶,参与血红素的生成。

近年发现,高同型半胱氨酸血症(hyperhomocysteinemia)是心血管疾病、血栓生成和高血压的危险因子。同型半胱氨酸在 N^5-CH_3-FH_4 转甲基酶作用下生成甲硫氨酸外,还可分解生成半胱氨酸。而维

生素 B_6 是催化同型半胱氨酸分解生成半胱氨酸过程中胱硫醚 β 合成酶的辅酶。已知 2/3 以上的高同型半胱氨酸血症与叶酸、维生素 B_{12} 和维生素 B_6 的缺乏有关。维生素 B_6 对治疗上述疾病有一定的作用。

2. 磷酸吡哆醛可终止类固醇激素作用的发挥 磷酸吡哆醛可以将类固醇激素-受体复合物从 DNA 中移去,终止这些激素的作用。维生素 B_6 缺乏时,可增加人体对雌激素、雄激素、皮质激素和维生素 D 作用的敏感性,与乳腺、前列腺和子宫激素相关肿瘤的发生发展有关。

(三) 缺乏症与中毒

中国居民膳食维生素 B_6 的平均需要量(EAR)是 1.2mg/d。人类未发现维生素 B_6 缺乏的典型病例。然而,维生素 B_6 缺乏时血红素的合成受阻,可造成低血色素小细胞性贫血(又称维生素 B_6 反应性贫血)和血清铁增高。维生素 B_6 缺乏的病人还可出现脂溢性皮炎,以眼及鼻两侧较为明显,重者可扩展至面颊、耳后等部位。故维生素 B_6 又称抗皮炎维生素。

此外,抗结核药异烟肼能与磷酸吡哆醛的醛基结合,磷酸吡哆醛失去辅酶作用,所以在服用异烟肼时,应补充维生素 B_6。

维生素 B_6 与其他水溶性维生素不同,过量服用维生素 B_6 可引起中毒。日摄入量超过 20mg 可引起神经损伤,表现为周围感觉神经病。

七、叶酸

(一) 一般性质

叶酸(folic acid)由蝶酸(pteroic acid)和谷氨酸结合而成,又称蝶酰谷氨酸,因绿叶中含量十分丰富而得名(图 20-10)。植物中的叶酸多含 7 个谷氨酸残基,谷氨酸之间以 γ-肽键相连。仅牛奶和蛋黄中含蝶酰单谷氨酸。酵母、肝、水果和绿叶蔬菜是叶酸的丰富来源。肠菌也有合成叶酸的能力。

图 20-10 叶酸的结构

食物中的蝶酰谷氨酸多在小肠被水解,生成蝶酰单谷氨酸。后者易被小肠上段吸收,在小肠黏膜上皮细胞二氢叶酸还原酶的作用下,生成叶酸的活性型——5,6,7,8-四氢叶酸(tetrahydrofolic acid, FH_4)。含单谷氨酸的 N^5-CH_3-FH_4 是叶酸在血液循环中的主要形式。在体内各组织中,FH_4 主要以多谷氨酸形式存在。

(二) 生物学功能

FH_4 是体内一碳单位转移酶的辅酶,分子中 N^5、N^{10} 是一碳单位的结合位点。一碳单位在体内参与嘌呤、胸腺嘧啶核苷酸等多种物质的合成。

抗癌药物甲氨蝶呤和氨蝶呤因其结构与叶酸相似,能抑制二氢叶酸还原酶的活性,使 FH_4 合成减少,进而抑制体内胸腺嘧啶核苷酸的合成,起到抗肿瘤的作用。

(三) 缺乏症

中国居民膳食叶酸的平均需要量(EAR)是 320μg/d 的膳食叶酸当量(dietary folate equivalent, DFE)。因食物中叶酸含量丰富,肠道细菌也能合成,一般不发生缺乏症。

叶酸缺乏时,DNA 合成受到抑制,骨髓幼红细胞 DNA 合成减少,细胞分裂速度降低,细胞体积变大,造成巨幼细胞贫血(megaloblastic anemia)。叶酸缺乏还可引起高同型半胱氨酸血症,增加动脉粥样硬化、血栓生成和高血压的危险性。每日服用500μg叶酸有益于预防冠心病的发生。叶酸缺乏也可引起DNA低甲基化,增加一些癌症(如结肠、直肠癌)的危险性。富含叶酸的食物可降低这些癌症的风险。

此外,孕妇如果叶酸缺乏,可能造成胎儿脊柱裂和神经管缺陷,故孕妇及哺乳期妇女应适量补充叶酸,以降低发生新生儿疾病的风险。口服避孕药或抗惊厥药能干扰叶酸的吸收及代谢,如长期服用此类药物时应考虑补充叶酸。

八、维生素 B_{12}

(一) 一般性质

维生素 B_{12} 含有金属元素钴,又称钴胺素(cobalamin),是唯一含金属元素的维生素(图20-11)。维生素 B_{12} 仅由微生物合成,酵母和动物肝含量丰富,不存在于植物中。维生素 B_{12} 分子中的钴能与—CN、—OH、—CH₃或5′-脱氧腺苷等基团连接,分别形成氰钴胺素、羟钴胺素、甲钴胺素和5′-脱氧腺苷钴胺素,后两者是维生素 B_{12} 在体内的活性形式。

图 20-11 维生素 B_{12} 的结构

食物中的维生素 B_{12} 常与蛋白质结合而存在,在胃酸和胃蛋白酶的作用下,维生素 B_{12} 得以游离并与来自唾液的亲钴蛋白(cobalophilin)结合。在十二指肠,亲钴蛋白- B_{12} 复合物经胰蛋白酶的水解作用游离出维生素 B_{12} 。维生素 B_{12} 需要与由胃黏膜细胞分泌的内因子(intrinsic factor,IF)紧密结合生成 B_{12} -IF复合物,才能被回肠吸收。IF是分子量为50kD的糖蛋白,只与活性形式的维生素 B_{12} 以1:1结合。当胰腺功能障碍时,因 B_{12} -IF不能分解而排出体外,从而导致维生素 B_{12} 缺乏症。在小肠黏膜上皮细胞内, B_{12} -IF分解并游离出维生素 B_{12} 。维生素 B_{12} 再与转钴胺素Ⅱ(transcobalamin Ⅱ)蛋白结合存在于血液中。 B_{12} -转钴胺素Ⅱ复合物与细胞表面受体结合,进入细胞,在细胞内维生素 B_{12} 转变成羟钴胺素、甲钴胺素或进入线粒体转变成5′-脱氧腺苷钴胺素。肝内还有一种转钴胺素Ⅰ,可与维生素

B$_{12}$结合而贮存于肝内。

（二）生物学功能

维生素 B$_{12}$ 是 N^5-CH$_3$-FH$_4$ 转甲基酶（甲硫氨酸合成酶）的辅酶，催化同型半胱氨酸甲基化生成甲硫氨酸，后者在腺苷转移酶的作用下生成活性甲基供体——S-腺苷甲硫氨酸。维生素 B$_{12}$ 缺乏时，N^5-CH$_3$-FH$_4$ 上的甲基不能转移出去，一是引起甲硫氨酸合成减少，二是影响四氢叶酸的再生。组织中游离的四氢叶酸含量减少，一碳单位的代谢受阻，造成核酸合成障碍。此外，S-腺苷甲硫氨酸作为甲基供体可参与胆碱和磷脂的生物合成。

5′-脱氧腺苷钴胺素是 L-甲基丙二酰 CoA 变位酶的辅酶，催化琥珀酰 CoA 的生成。当维生素 B$_{12}$ 缺乏时，L-甲基丙二酰 CoA 大量堆积。因 L-甲基丙二酰 CoA 的结构与脂肪酸合成的中间产物丙二酰 CoA 相似，从而影响脂肪酸的正常合成。

（三）缺乏症

中国居民膳食维生素 B$_{12}$ 的平均需要量（EAR）是 2.0μg/d。因维生素 B$_{12}$ 广泛存在于动物食品中，正常膳食者一般不会缺乏。但萎缩性胃炎、胃全切病人或内因子的先天性缺陷者，可因维生素 B$_{12}$ 的严重吸收障碍而出现缺乏症。

当维生素 B$_{12}$ 缺乏时，核酸合成障碍阻止细胞分裂而产生巨幼细胞贫血，即恶性贫血，故维生素 B$_{12}$ 也称为抗恶性贫血维生素。同型半胱氨酸的堆积可造成高同型半胱氨酸血症，增加动脉硬化、血栓生成和高血压的危险性。维生素 B$_{12}$ 缺乏可导致神经疾患，其原因是由于脂肪酸的合成异常，导致髓鞘质变性退化，引发进行性脱髓鞘。所以维生素 B$_{12}$ 具有营养神经的作用。

九、维生素 C

（一）一般性质

维生素 C 又称 L-抗坏血酸（ascorbic acid），是 L-己糖酸内酯，具有不饱和的一烯二醇结构。抗坏血酸分子中 C$_2$ 和 C$_3$ 羟基可以氧化脱氢生成脱氢抗坏血酸，后者又可接受氢再还原成抗坏血酸（图 20-12）。L-抗坏血酸是天然的生物活性形式。维生素 C 为无色无臭的片状晶体，易溶于水，不溶于脂溶性溶剂。维生素 C 在酸性溶液中比较稳定，在中性、碱性溶液中加热易被氧化破坏。

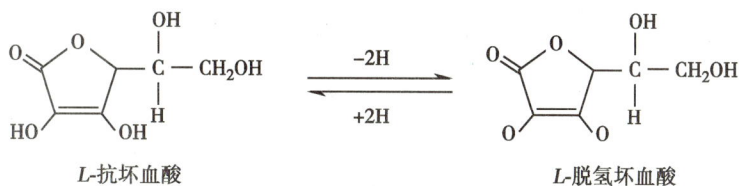

图 20-12　维生素 C 的结构及递氢作用

人类和其他灵长类、豚鼠等动物体内不能合成维生素 C，必须由食物供给。维生素 C 广泛存在于新鲜蔬菜和水果中。植物中的抗坏血酸氧化酶能将维生素 C 氧化灭活为二酮古洛糖酸，所以久存的水果和蔬菜中维生素 C 含量会大量减少。干种子中虽然不含维生素 C，但其幼芽可以合成，所以豆芽等是维生素 C 的丰富来源。

维生素 C 主要通过主动转运由小肠上段吸收进入血液循环。还原型抗坏血酸是细胞内与血液中的主要存在形式。血液中脱氢抗坏血酸仅为抗坏血酸的 1/15。

（二）生物学功能

1. **参与体内多种羟化反应**　维生素 C 是维持体内含铜羟化酶和 α-酮戊二酸-铁羟化酶活性必不可少的辅因子。在含酮羟化酶催化的反应中，Cu$^+$ 被氧化生成 Cu^{2+}，后者在维生素 C 的专一作用下，再还原为 Cu$^+$。

（1）苯丙氨酸代谢过程中，对-羟苯丙酮酸在对-羟苯丙酮酸羟化酶催化下生成尿黑酸。维生素 C

缺乏时,尿中可出现大量对-羟苯丙酮酸。多巴胺 β-羟化酶催化多巴胺羟化生成去甲肾上腺素,参与肾上腺髓质和中枢神经系统中儿茶酚胺的合成。维生素 C 的缺乏可引起这些器官中儿茶酚胺的代谢异常。

(2)维生素 C 是胆汁酸合成的关键酶 7α-羟化酶的辅酶,参与将 40% 的胆固醇正常转变成胆汁酸。此外,肾上腺皮质类固醇合成过程中的羟化作用也需要维生素 C 参与。

(3)依赖维生素 C 的含铁羟化酶参与蛋白质翻译后的修饰。例如胶原脯氨酸羟化酶和赖氨酸羟化酶分别催化前胶原分子中脯氨酸和赖氨酸残基的羟化,促进成熟的胶原分子的生成。维生素 C 是维持这些酶活性所必需的辅因子。胶原是骨、毛细血管和结缔组织的重要构成成分。脯氨酸羟化酶也为骨钙蛋白和补体 C1q 生成所必需。

(4)体内肉碱合成过程需要依赖维生素 C 的羟化酶参与。维生素 C 缺乏时,由于脂肪酸 β-氧化减弱,病人往往出现倦怠乏力。

2. 参与体内氧化还原反应

(1)维生素 C 具有保护巯基的作用,它可使巯基酶的—SH 保持还原状态。维生素 C 在谷胱甘肽还原酶作用下,将氧化型谷胱甘肽(GSSG)还原成还原型(GSH)。还原型 GSH 能清除细胞膜的脂质过氧化物,起到保护细胞膜的作用。

(2)维生素 C 能使红细胞中高铁血红蛋白(MHb)还原为血红蛋白(Hb),使其恢复运氧能力。

(3)小肠中的维生素 C 可将 Fe^{3+} 还原成 Fe^{2+},有利于食物中铁的吸收。

(4)维生素 C 作为抗氧化剂,影响细胞内活性氧敏感的信号转导系统(如 NF-κB 和 AP-1),从而调节基因表达,影响细胞分化与细胞功能。维生素 C 还是重要的活性氧清除剂,可以清除 O_2^-. 及 ·OH 等活性氧类物质。

3. 维生素 C 具有增强机体免疫力的作用   维生素 C 促进体内抗菌活性、NK 细胞活性、促进淋巴细胞增殖和趋化作用、提高吞噬细胞的吞噬能力、促进免疫球蛋白的合成,从而提高机体免疫力。临床上用于心血管疾病、感染性疾病等的支持性治疗。

(三)缺乏症

中国居民膳食维生素 C 的平均需要量(EAR)是 85mg/d。因维生素 C 是胶原蛋白形成所必需的物质,有助于保持细胞间质物质的完整,当严重缺乏时可引起维生素 C 缺乏病(vitamin C deficiency),又称坏血病(scurvy)。坏血病表现为毛细血管脆性增强易破裂、牙龈腐烂、牙齿松动、骨折以及创伤不易愈合等。由于机体在正常状态下可储存一定量的维生素 C,坏血病的症状常在维生素 C 缺乏 3~4 个月后才出现。

维生素 C 缺乏直接影响胆固醇转化,引起体内胆固醇增多,是动脉硬化的危险因素之一。此外,人体长期过量摄入维生素 C 可能增加尿中草酸盐的形成,增加尿路结石的危险。

小 结

维生素是人体内不能合成或合成量甚少,必须由食物供给的一类小分子有机化合物。维生素在调节人体物质代谢、促进生长发育和维持生理功能等方面发挥重要作用,是人体的重要营养素之一。人体对维生素的日需要量极少,但如果长期缺乏,可致维生素缺乏症;而摄入过多,可引发维生素中毒。按溶解特性可将维生素分为脂溶性维生素和水溶性维生素两大类,前者包括维生素 A、维生素 D、维生素 E 和维生素 K,后者包括 B 族维生素(维生素 B_1、维生素 B_2、维生素 PP、维生素 B_6、维生素 B_{12}、生物素、泛酸和叶酸)和维生素 C。

维生素 A 的活性形式为视黄醇、视黄醛和视黄酸,其作用包括:①构成视紫红质,参与视觉传导;②调控基因表达和细胞生长与分化;③抗氧化作用;④抗癌作用。维生素 A 缺乏可致"夜盲症"或者"眼干燥症",长期过量摄入可中毒。维生素 D 的活性形式是 $1,25\text{-}(OH)_2\text{-}D_3$,具有调节钙、磷代谢和细胞分化的作用。维生素 D 缺乏可导致儿童佝偻病,成人软骨病和骨质疏松症。维生素 E 的活性形

式为 α-生育酚,其作用包括抗氧化、调节基因表达以及促进血红素合成。维生素 K 有促凝血作用,并参与骨代谢,缺乏时易出血。

B 族维生素通常以酶辅因子形式参与和调节物质代谢。维生素 B_1(硫胺素)的活性形式为焦磷酸硫胺素(TPP),是脱羧酶和转酮醇酶的辅酶。维生素 B_1 缺乏可引起脚气病。维生素 B_2(核黄素)的活性形式是 FMN 及 FAD,两者是体内氧化还原酶的辅基,作为递氢体参与糖、氨基酸和脂肪酸等的氧化过程。维生素 B_2 缺乏可引起口角炎等症状。维生素 PP(烟酸、烟酰胺)的活性形式为 NAD^+ 和 $NADP^+$,两者是不需氧脱氢酶的辅酶,起传递氢的作用。维生素 PP 缺乏可引起癞皮病。泛酸(遍多酸)的活性形式是辅酶 A(CoA)及酰基载体蛋白(ACP),是多种酰基转移酶的辅酶。生物素(维生素 B_7)是天然的活性形式,作为羧化酶的辅基,参与 CO_2 固定过程。维生素 B_6(抗皮炎维生素)的活性形式为磷酸吡哆醛和磷酸吡哆胺,是氨基转移酶和氨基酸脱羧酶的辅酶,也是 ALA 合酶的辅酶,参与血红素的生成。维生素 B_6 缺乏可造成低血色素小细胞性贫血以及皮炎,而摄入过量可致中毒。叶酸(蝶酰谷氨酸)的活性形式是 FH_4,FH_4 作为一碳单位转移酶的辅酶,是携带和传递一碳单位的载体。维生素 B_{12}(钴胺素)是唯一含金属元素的维生素,其活性形式是甲钴胺素和 5′-脱氧腺苷钴胺素,是 N^5-CH_3-FH_4 转甲基酶的辅酶,参与甲硫氨酸循环。叶酸或者维生素 B_{12} 缺乏可造成巨幼细胞贫血以及高同型半胱氨酸血症。维生素 C(L-抗坏血酸)是天然的生物活性形式。维生素 C 参与苯丙氨酸与胆汁酸代谢、胶原合成过程中的多种羟化反应;维生素 C 可作为抗氧化剂,也可增强机体免疫力。维生素 C 缺乏可致坏血病。

思 考 题

1. 简述脂溶性维生素与水溶性维生素的主要区别。
2. 简述脂溶性维生素的来源、体内活性形式、生化作用及其缺乏症。
3. 简述 B 族维生素的来源、体内活性形式、生化作用及其缺乏症。
4. 简述维生素 C 在体内物质代谢中的作用。
5. 简述夜盲症的发病机制。
6. 试述维生素缺乏导致贫血的类型和机制。

(朱月春)

第二十一章　钙、磷及微量元素

无机元素对维持人体正常生理功能必不可少,按人体每日需要量的多寡可分为微量元素(trace element,microelement)和常量元素(macroelement)。微量元素在人体中存在量低于人体体重的0.01%、每日需要量在100mg以下。微量元素绝大多数为金属元素,主要包括铁、碘、铜、锌、锰、硒、氟、钼、钴、铬、钒、锡、镍、硅等。微量元素在体内一般结合成化合物或络合物,广泛分布于各组织中,含量较恒定。微量元素通过参与构成酶活性中心或辅酶、激素和维生素等在体内发挥十分重要的生理功能。

常量元素是指人体含量大于体重的万分之一、且每日需要量在100mg以上的化学元素,主要有钠、钾、氯、钙、磷、镁等。本章主要介绍钙、磷代谢,钠、钾、氯的代谢和生理功能等将在病理生理学中详尽介绍。钙、磷主要以无机盐形式存在体内,主要以羟基磷灰石的形式存在于骨骼和牙齿中,骨是人体内的钙、磷储库和代谢的主要场所。钙与磷除了作为骨的主要组成外,还具有许多重要的生理功能。长期缺乏无机元素均可导致相应的缺乏症。

第一节　钙、磷代谢

钙(calcium)是人体内含量最多的无机元素之一,仅次于碳、氢、氧和氮。新生儿体内钙总量约为29~30g,随着生长发育体内钙不断积累,成年女性体内钙的含量约为25mol(1000g),成年男性约为3mol(1200g)。磷(phosphorus)在人体内的含量次于碳、氢、氧、氮和钙,约占人体重的1%,成人体内含600~900g的磷。

一、钙、磷在体内分布及其功能

(一) 钙既是骨的主要成分又具有重要的调节作用

人体内99%的钙以羟基磷灰石[hydroxyapatite,$Ca_{10}(PO_4)_6(OH)_2$]的形式存在,少量为无定形钙[$Ca_2(PO_4)_2$],是羟基磷灰石的前体。羟基磷灰石是钙构成骨和牙的主要成分,起着支持和保护作用。

成人血浆(或血清)中的钙含量为2.25~2.75mmol/L(90~110mg/L),不到人体钙总量的0.1%,约一半是游离Ca^{2+};另一半为结合钙。结合钙绝大部分与血浆蛋白质结合,小部分与柠檬酸、重碳酸盐等结合;与血清蛋白质结合的钙主要与清蛋白结合,少量与球蛋白结合。游离钙与蛋白质结合钙在血浆中呈动态平衡状态。血浆pH可影响它的平衡,当血浆偏酸时,蛋白质结合钙解离,血浆游离钙增多;当pH升高时,蛋白质结合钙增多,而游离钙减少。平均每增减1个pH单位,每100ml血浆游离钙浓度相应改变0.42mmol(1.68mg)。血钙的正常水平对于维持骨骼内骨盐的含量、血液凝固过程、调节多种酶的活性、维持细胞膜的完整性和通透性和神经肌肉的兴奋性等方面具有重要的作用。

分布于体液和其他组织中的钙不足总钙量的1%。细胞外液游离钙的浓度为1.12~1.23mmol/L;细胞内钙浓度极低,且90%以上储存于内质网和线粒体内,胞质钙浓度仅为0.01~0.1mol/L。胞质钙在启动骨骼肌和心肌细胞的收缩、作为第二信使在信号转导中发挥许多重要的生理作用(见第十七章)。

(二) 磷是体内许多重要生物分子的组成成分

正常成人的磷主要分布于骨(约占85.7%),其次为各组织细胞(约14%),仅少量(约0.03%)分布于体液。骨磷总量为 600~900g，是钙含量的一半。成人血浆中无机磷的含量为 1.1~1.3mmol/L（35~40mg/L）。

磷除了构成骨盐成分、参与成骨作用外，还是核酸、核苷酸、磷脂、辅酶等重要生物分子的组成成分，发挥各自重要的生理功能。许多生化反应和代谢调节过程需要磷酸根的参与，ATP 和磷酸肌酸等高能磷酸化合物作为能量的载体，在生命活动中起着十分重要的作用。无机磷酸盐还是机体中重要的缓冲体系成分。

正常人血液中钙和磷的浓度相当恒定，每 100ml 血液中钙与磷含量之积为一常数，即 $[Ca]\times[P]=35~40$。因此，血钙降低时，血磷会略有增加。

二、钙、磷的吸收与排泄受多种因素影响

牛奶、豆类和叶类蔬菜是人体内钙的主要来源。十二指肠和空肠上段是钙吸收的主要部位。钙盐在酸性溶液中易溶解，凡使消化道内 pH 下降和增加钙肠道溶解度的物质均有利于钙的吸收。如乳糖可增加钙的吸收，其原因是乳糖可与钙螯合形成低分子可溶性钙络合物及其乳糖可被肠道细菌分解发酵产酸。活性维生素 D[1,25-(OH)$_2$-D$_3$]能促进钙和磷的吸收。凡能在肠道内与钙形成不溶性复合物的物质均干扰钙的吸收，如碱性磷酸盐、草酸盐和植酸盐可与钙形成不溶解的钙盐，不利于钙的吸收。钙的吸收随年龄的增长而下降。负荷运动等增加了机体对钙的需要，从而间接促进肠道吸收钙。

正常成人肾小球每日滤过约 9g 游离钙，肾小管对钙的重吸收量与血钙浓度相关。血钙浓度降低可增加肾小管对钙的重吸收率，而血钙高时吸收率下降。肾对钙的重吸收受甲状旁腺激素的严格调控。

成人每日进食 1.0~1.5g 磷，食物中的有机磷酸酯和磷脂在消化液中磷酸酶的作用下，水解生成无机磷酸盐并在小肠上段被吸收。钙、镁、铁可与磷酸根生成不溶性化合物而影响其吸收。

肾小管对血磷的重吸收也取决于血磷水平，血磷浓度降低可增高磷的重吸收率。血钙增加可降低磷的重吸收。pH 降低可增加磷的重吸收。甲状旁腺激素抑制血磷的重吸收，增加磷的排泄。

三、骨是人体内的钙、磷储库和代谢的主要场所

由于体内大部位钙和磷存在于骨中，所以骨内钙、磷的代谢成为体内钙、磷代谢的主要组成。血钙与骨钙的相互转化对维持血钙浓度的相对稳定具有重要意义。

骨的组成中水占 10%；有机物质占 20%，主要的有机基质是 I 型胶原；无机盐占 70%，主要是羟基磷灰石。骨形成的初期，成骨细胞分泌胶原，胶原聚合成胶原纤维，并进而形成骨的有机基质。钙盐沉积于其表面，逐渐形成羟基磷灰石骨盐结晶。少量无定形骨盐与羟基磷灰石结合疏松，可与细胞外液进行钙交换，与体液钙形成动态平衡。碱性磷酸酶可以分解磷酸酯和焦磷酸盐，使局部无机磷酸盐浓度升高，有利于骨化作用。因此，血液碱性磷酸酶活性增高可作为骨化作用或成骨细胞活动的指标。

人体内钙、磷代谢与动态平衡见图 21-1。

四、钙、磷代谢主要受三种激素的调节

调节钙和钙代谢的主要激素有活性维生素 D、甲状旁腺激素和降钙素。主要调节的靶器官有小肠、肾和骨。

（一）活性维生素 D 促进小肠钙的吸收和骨盐沉积

1,25-(OH)$_2$-D$_3$ 对钙、磷代谢作用的主要靶器官是小肠和骨。1,25-(OH)$_2$-D$_3$ 与小肠黏膜细胞特异的细胞内受体结合后，进入细胞核，刺激钙结合蛋白的生成。后者作为载体蛋白促进小肠对钙的吸收。同时磷的吸收也随之增加。生理剂量的 1,25-(OH)$_2$-D$_3$ 可促进骨盐沉积，同时还可刺激成骨细

图 21-1　人体内钙、磷代谢与动态平衡

胞分泌胶原,促进骨基质的成熟,有利于成骨。

（二）甲状旁腺激素具有升高血钙和降低血磷的作用

甲状旁腺激素(parathyroid hormone,PTH)是甲状旁腺分泌的由 84 个氨基酸残基组成的蛋白质,其主要作用靶器官是骨和肾。PTH 刺激破骨细胞的活化,促进骨盐溶解,使血钙增高与血磷下降。PTH 促进肾小管对钙的重吸收,抑制对磷的重吸收。同时 PTH 还可刺激肾合成 $1,25\text{-}(OH)_2\text{-}D_3$,从而间接地促进小肠对钙、磷的吸收。PTH 的总体作用是使血钙升高。

（三）降钙素是唯一降低血钙浓度的激素

降钙素(calcitonin,CT)是甲状腺 C 细胞合成的由 32 个氨基酸残基组成的多肽,其作用靶器官为骨和肾。CT 通过抑制破骨细胞的活性、激活成骨细胞,促进骨盐沉积,从而降低血钙与血磷含量。CT 还抑制肾小管对钙、磷的重吸收。CT 的总体作用是降低血钙与血磷。

血钙与血磷在 $1,25\text{-}(OH)_2\text{-}D_3$、PTH 和 CT 的协同作用下维持其正常的动态平衡,总结于表 21-1。

表 21-1　$1,25\text{-}(OH)_2\text{-}D_3$、PTH 和 CT 对钙、磷代谢的调节

激素	小肠吸收钙	溶骨	成骨	尿钙	尿磷	血钙	血磷
$1,25\text{-}(OH)_2\text{-}D_3$	↑↑	↑	↑	↓	↓	↑	↑
PTH*	↑	↑↑	↓	↓	↑	↑	↓
CT**	↓	↓↓	↑	↑	↑	↓	↓

* PTH:甲状旁腺激素(parathyroid hormone);** CT:降钙素(calcitonin)

五、钙、磷代谢紊乱可引起多种疾病

维生素 D 缺乏可引起钙吸收障碍,导致儿童佝偻病和成人骨软化症。骨基质丧失和进行性骨骼脱盐可导致中、老年人骨质疏松症(osteoporosis)。甲状旁腺功能亢进与维生素 D 中毒可引起高血钙症(hypercalcemia)、尿路结石等。甲状旁腺功能减退症可引起低钙血症(hypocalcemia)。

高磷血症常见于慢性肾病病人,与冠状动脉、心瓣膜钙化等严重心血管并发症密切相关;是引起继发性甲状旁腺功能亢进、维生素 D 代谢障碍、肾性骨病等的重要因素。维生素 D 缺乏也可减少肠腔磷酸盐的吸收,是引起低磷血症的原因之一。

第二节　微量元素

微量元素绝大多数为金属元素。在体内一般结合成化合物或络合物,广泛分布于各组织中,含量较恒定。微量元素主要来自食物,动物性食物含量较高,种类也较植物性食物多。

微量元素通过形成结合蛋白、酶、激素和维生素等在体内发挥多种多样作用。其主要生理作用为:①参与构成酶活性中心或辅酶:人体内一半以上酶的活性部位含有微量元素。有些酶需要微量元素才能发挥最大活性,有些金属离子构成酶的辅基,如细胞色素氧化酶中有 Fe^{2+},谷胱甘肽过氧化物酶(GSH-Px)含硒。②参与体内物质运输:如血红蛋白含 Fe^{2+} 参与 O_2 的送输,碳酸酐酶含锌参与 CO_2 的送输。③参与激素和维生素的形成:如碘是甲状腺素合成的必需成分,钴是维生素 B_{12} 的组成成分等。

一、铁

铁(iron)是人体含量、需要量最多的微量元素,约占体重的 0.0057%,总量为 4~5g。成年男性平均含铁量为 50mg/kg 体重,女性为 30mg/kg 体重。成年男性和绝经后妇女每日约需铁 10mg,生育期妇女每日约需 15mg,儿童在生长发育期、妇女在妊娠哺乳期对铁的需要量增加。肉类、乳制品、豆类等食物含有丰富的铁。🔲

(一) 运铁蛋白和铁蛋白分别是铁的运输和储存形式

75% 的铁存在于铁卟啉化合物中,25% 存在于非铁卟啉含铁化合物中,主要有含铁的黄素蛋白、铁硫蛋白、铁蛋白和运铁蛋白等。

铁的吸收部位主要在十二指肠及空肠上段。络合物中的铁的吸收大于无机铁。无机铁仅以 Fe^{2+} 形式被吸收,Fe^{3+} 难以吸收。食物中的铁可分为血红素铁和非血红素铁,主要是 Fe^{3+},需经胃酸的作用使其游离并还原成 Fe^{2+} 后被吸收。凡能将 Fe^{3+} 还原为 Fe^{2+} 的物质如维生素 C、谷胱甘肽、半胱氨酸等以及能与铁离子络合的物质如氨基酸、柠檬酸、苹果酸等均有利于铁的吸收,是临床补铁药研制和应用的原理。

吸收的铁(Fe^{2+})在小肠黏膜细胞中被氧化为 Fe^{3+},进入血液与运铁蛋白(transferrin)结合而运输,运铁蛋白是运输铁的主要形式。当细胞内铁浓度较高时诱导细胞生成脱铁蛋白(apoferritin),并与其结合成铁蛋白(ferritin)而储存。铁也与血黄素结合成含铁血黄素。铁蛋白和含铁血黄素是铁的储存形式,主要储存于肝、脾、骨髓、小肠黏膜等器官。铁蛋白由 24 个亚基组成,可结合多达 450 个 Fe^{3+}。

80% 的功能铁存在于红细胞中。衰老的红细胞被网状内皮细胞吞噬后,血红蛋白降解过程中产生的铁约有 85% 以转铁蛋白或铁蛋白的形式重新被释放进入机体重新利用。

小肠黏膜上皮细胞的生命周期为 2~6 天,储存于细胞内的铁蛋白铁随着细胞的脱落而排泄于肠腔。这几乎是体内铁的唯一排泄途径。妇女由于月经失血可排出铁,尿、汗、消化液、胆汁中均不含铁。

铁吸收的效率是有限的,大量铁被运输至骨髓参与血红蛋白的合成。衰老的红细胞释放的铁被重新利用等过程是铁在体内代谢的主要过程(图 21-2)。

(二) 体内铁主要存在于铁卟啉化合物和其他含铁化合物中

体内的铁可分为储存铁和功能铁。储存铁为铁蛋白和含铁血黄素。而功能铁参与组成多种具有生物学活性的蛋白质。铁是血红蛋白、肌红蛋白、细胞色素系统、铁硫蛋白、过氧化物酶及过氧化氢酶等的重要组成部分,在气体运输、生物氧化和酶促反应中均发挥重要作用。体内铁约 75% 存在于铁卟啉化合物中,25% 存在于其他含铁化合物(如含铁的黄素蛋白、铁硫蛋白、运铁蛋白等)中。

(三) 铁的缺乏与中毒均可引起严重的疾病

铁缺乏是一种常见的营养缺乏病,特别是在婴幼儿、孕妇和哺乳期妇女中更易发生。当急性大量

图 21-2   人体内铁的代谢

出血、慢性小量出血(如消化道溃疡、妇女月经失调出血等)以及儿童生长期和妇女妊娠、哺乳期等情况下,铁得不到额外的补充,机体对铁的需求与供给失衡,导致体内贮存铁耗尽均会引起体内缺铁。由于铁的缺乏,血红蛋白合成受阻,导致小细胞低色素性贫血(small cell low hemoglobin anemia),即缺铁性贫血(iron deficiency anemia)的发生。贫血的严重程度取决于血红蛋白(hemoglobin)减少的程度。缺铁性贫血能引起患儿的心理活动和智力发育的损害及其行为的改变等,严重时可增加婴幼儿的死亡率。成人因缺铁导致的缺铁性贫血也可出现诸如乏力、易倦、头晕、心悸、气短、心率增快等一系列症状。

持续摄入铁过多或误服大量铁剂,可发生铁中毒(iron poisoning)。体内铁沉积过多可引起肺、肝、肾、心、胰等处的含铁血黄素沉着而出现血色素沉积症(hemochromatosis),并可导致栓塞性病变和纤维变性,出现肝硬化、肝癌、糖尿病、心肌病、皮肤色素沉着、内分泌紊乱、关节炎等。

二、锌

锌(zinc)在人体内的含量仅次于铁,约占体重的 0.0033%,为 1.5 ~ 2.5g。成人每日需锌 15 ~ 20mg。肉类、豆类、坚果、麦胚等含锌丰富。

(一)清蛋白和金属硫蛋白分别参与锌的运输和储存

许多组织含有较多锌,60% 在肌肉、22% ~ 30% 在骨髓,8% 在皮肤和毛发等。因此可以通过检测毛发中的锌含量分析人体是否缺锌。每日需锌 10 ~ 20mg,不同年龄人群锌的需要量不同,1 ~ 9 岁需10mg,10 岁以上为 15mg,孕妇和哺乳期女性为 20mg。锌主要在小肠中吸收,但不完全。某些地区的谷物中含有较多的能与锌形成不溶性复合物的 6-磷酸肌醇,从而影响锌的吸收。肠腔内有与锌特异结合的因子,能促进锌的吸收。肠黏膜细胞中的锌结合蛋白能与锌结合并将其转动到基底膜一侧,锌在血中与清蛋白结合而运输。血锌浓度为 0.1 ~ 0.15mmol/L。锌与金属硫蛋白(metallothionein)结合是锌在体内储存的主要形式。锌主要随胰液、胆汁排泄入肠腔。由粪便排出,部分锌可从尿及汗排出。

(二)锌是含锌金属酶和锌指蛋白的组成成分

锌是 80 多种含锌酶的组成成分或激动剂。如 DNA 聚合酶(DNA polymerase)、RNA 聚合酶(RNA polymerase)、金属酶(metalloenzyme)、碱性磷酸酶(alkaline phosphatase)、碳酸酐酶(carbonic anhydrase)、乳酸脱氢酶(lactate dehydrogenase)、谷氨酸脱氢酶(glutamate dehydrogenase)、超氧化物歧化酶(super-oxide dismutase)等,参与体内多种物质的代谢,在促进生长发育和组织再生、免疫调节、抗氧化、抗细胞凋亡和抗炎中起着十分重要的作用。锌也是合成胰岛素所必需的元素。催化视网膜和肝细胞中维生素 A 还原的醇脱氢酶含锌。当缺锌时此酶活性降低,肝中的维生素 A 动员下降,导致维生素 A 的利用障碍。

人类基因组可编码 300 余种锌指蛋白。许多蛋白质,如反式作用因子、类固醇激素和甲状腺素受体的 DNA 结合区,都有锌参与形成的锌指结构。锌指结构在转录调控中起重要作用。已知锌是重要的免疫调节剂、生长辅因子,在抗氧化、抗细胞凋亡和抗炎症中均起重要作用。

(三) 缺锌可导致多种代谢障碍

锌的补充依赖体外摄入,如果各种原因引起锌的摄入不足或吸收困难,均可引起锌的缺乏。锌缺乏可引起消化功能紊乱、生长发育滞后、智力发育不良,皮肤炎、伤口愈合缓慢、脱发、神经精神障碍等;儿童可出现发育不良和睾丸萎缩。

三、铜

成人体内铜(copper)的含量约占体重的 $1.4 \times 10^{-4}\%$,为 $80 \sim 110mg$,骨骼肌中约占 50%,10% 存在于肝。成人每日需铜 $1 \sim 3mg$,孕妇和成长期的青少年可略有增加。动植物食物均含不同量的铜。贝壳类、甲壳类动物含铜量较高,动物内脏含铜较多,其次为坚果、干豆、葡萄干等。

(一) 铜参与铜蓝蛋白的组成

铜主要在十二指肠吸收。血液中约 60% 的铜与铜蓝蛋白(ceruloplasmin)紧密结合,其余的与清蛋白疏松结合或与组氨酸形成复合物。肝脏是调节体内铜代谢的主要器官。铜主要随胆汁排泄,极少部分由尿排出。

(二) 铜是体内多种含铜酶的辅基

铜是体内多种酶的辅基,含铜的酶多以氧分子或氧的衍生物为底物。如细胞色素氧化酶、多巴胺 β-羟化酶、单胺氧化酶、酪氨酸酶、胞质超氧化物歧化酶等。铜蓝蛋白可催化 Fe^{2+} 氧化成 Fe^{3+},后者转入运铁蛋白,有利于铁的运输。

已知铜通过增强血管生成素对内皮细胞的亲和力,增加血管内皮生长因子(vascular endothelial growth factor,VEGF)和相关细胞因子的表达与分泌,促进血管生成。铜的络合剂有助于癌症的治疗。

(三) 铜缺乏可导致小细胞低色素性贫血等疾病

铜缺乏的特征性表现为小细胞低色素性贫血、白细胞减少、出血性血管改变、骨脱盐、高胆固醇血症和神经疾患等。铜摄入过多也会引起中毒现象,如蓝绿粪便、唾液以及行动障碍等。体内铜代谢异常的遗传病目前除肝豆状核变性(hepatolenticular degeneration,Wilson disease)外,还发现有门克斯病(Menkes disease),表现为铜的吸收障碍导致肝、脑中铜含量降低,组织中含铜酶活力下降,机体代谢紊乱。

四、锰

正常人体内含锰(manganese)约占体重的 $3.0 \times 10^{-5}\%$,为 $12 \sim 20mg$。成人每日需 $2 \sim 5mg$。锰存在于多种食物中,以茶叶中含量最丰富。

(一) 大部分锰与血浆中 γ 球蛋白和清蛋白结合而运输

锰在体内主要储存于骨、肝、胰和肾。在细胞内则主要集中于线粒体中。锰主要从小肠吸收,锰在肠道中吸收与铁吸收机制类似,吸收率较低。入血后大部分与血浆中 γ 球蛋白和清蛋白结合而运输。少量与运铁蛋白结合。锰主要从胆汁排泄,少量随胰液排出,尿中排泄很少。

(二) 锰是多种酶的组成部分和激活剂

体内锰主要是多种酶的组成成分和激活剂。锰金属酶有精氨酸酶、谷氨酰胺合成酶、磷酸烯醇式丙酮酸脱羧酶、Mn-超氧化物歧化酶、RNA 聚合酶等。体内锰对多种酶的激活作用可被镁所代替。体内正常免疫功能、血糖与细胞能量调节、生殖、消化、骨骼生长、抗自由基等均需要锰。缺锰时生长发育会受到影响。

（三）过量摄入锰可引起中毒

锰的缺乏较少发生。过量摄入锰可引起中毒,主要原因是生产及生活中防护不善,以粉尘形式进入人体所致。锰是一种原浆毒,可引起慢性神经系统中毒,表现为锥体外系的功能障碍,并可引起眼球集合能力减弱、眼球震颤、睑裂扩大等。锰可抑制呼吸链中复合物 I 和 ATP 酶的活性,造成氧自由基的过量产生。锰干扰多巴胺的代谢,导致精神病和帕金森神经功能障碍(锰疯狂)。

五、硒

人体含硒(selenium)所占体重小于 $2\times10^{-7}\%$,为 14 ~ 21mg。成人日需要量在 30 ~ 50μg。肉类、奶制品和蔬菜中均含硒。但食物中硒的含量随地域不同而异,而植物中硒含量受种植的土壤含硒量的影响。

（一）大部分硒与 α 和 β 球蛋白结合而运输

硒在十二指肠吸收入血后与 α 和 β 球蛋白结合,小部分与 VLDL 结合而运输。硒广泛分布于除脂肪组织以外的所有组织中。主要以含硒蛋白质形式存在。主要随尿及汗液排泄。

（二）硒以硒代半胱氨酸形式参与多种重要硒蛋白的组成

硒在体内以硒代半胱氨酸(selenocysteine)的形式存在于近 30 种蛋白质中。这些含硒半胱氨酸的蛋白质称为含硒蛋白质(selenoprotein)。谷胱甘肽过氧化物酶(glutathione peroxidase,GPx)、硒蛋白 P(selenoprotein P,Se-P)、硫氧还蛋白还原酶(thioredoxin reductase,Trx)、碘甲腺原氨酸脱碘酶(iodothyronine deiodinase)均属此类。

硒蛋白 P 是血浆中的主要硒蛋白,可表达于各种组织,如动脉内皮细胞和肝血窦内皮细胞。硒蛋白 P 是硒的转运蛋白,也是内皮系统的抗氧化剂。硫氧还蛋白还原酶参与调节细胞内氧化还原过程,刺激正常和肿瘤细胞的增殖,并参与 DNA 合成的修复机制。碘甲腺原氨酸脱碘酶是一种含硒酶,可激活或去激活甲状腺激素。这是硒通过调节甲状腺激素水平来维持机体生长、发育与代谢的重要途径。此外,硒还参与辅酶 Q 和辅酶 A 的合成。

（三）硒缺乏可引发多种疾病

缺硒可引发很多疾病,如糖尿病、心血管疾病、神经变性疾病、某些癌症等。世界上不同地区的土壤中含硒量不同,影响食用植物中硒的含量,从而影响人类硒的摄取量。克山病[也称地方性心肌病(endemic cardiomyopathy,ECD)]和大骨节病都被认为是由于地域性生长的农作物中含硒量低引起的地方病。

由于硒的抗氧化作用,服用硒(如 200μg/d)或含硒制剂可以明显降低某些癌症(如前列腺癌、肺癌、大肠癌)的危险性。硒过多也会引起脱发、指甲脱落、周围性神经炎、生长迟缓及生育力降低等中毒症状。

六、碘

正常成人体内碘(iodine)约占体重的 $4.3\times10^{-5}\%$,为 25 ~ 50mg,成人每日需碘 100 ~ 300μg。大多数食物含碘量较低,而海产品含碘量较高,其原因是海产动植物可富集海水中的碘。

（一）碘在甲状腺中富集

人体内的碘约 30% 集中在甲状腺内,用于合成甲状腺激素。60% ~ 80% 以非激素的形式分散于甲状腺外。碘主要由食物中摄取,吸收部位主要在小肠,吸收率可高达 100%。碘主要随尿排出,尿碘约占总排泄量的 85%,其他由粪便、汗腺和毛发排出。

（二）碘是甲状腺激素的组成成分

碘在人体内的一个主要作用是参与甲状腺激素的合成。碘的另一重要功能是抗氧化作用。在含碘细胞中有 H_2O_2 和脂质过氧化物存在时,碘可作为电子供体发挥作用。碘可与活性氧竞争细胞成分和中和羟自由基,防止细胞遭受破坏。

（三）碘缺乏可引起地方性甲状腺肿

成人缺碘可引起甲状腺肿大，称甲状腺肿。严重可致发育停滞、痴呆，如胎儿期缺碘可致呆小病、智力迟钝、体力不佳等严重发育不良。常用的预防方法是食用含碘盐或碘化食油等。若摄入碘过多可导致高碘性甲状腺肿，表现为甲状腺功能亢进及一些中毒症状。

七、钴

正常人体钴(cobalt)的含量所占体重小于 $2.0×10^{-8}$%，为 1.1mg。人体对钴的需要量小于 $1μg/d$。绿叶蔬菜含钴量较高，而奶和奶制品含钴量较低。小麦精加工钴的损伤较大。

（一）钴在小肠的吸收形式是维生素 B_{12}

来自食物中的钴必需在肠内经细菌合成维生素 B_{12} 后才能被吸收利用，主要以维生素 B_{12} 和维生素 B_{12} 辅酶形式储存于肝。钴主要从尿中排泄，且排泄能力强，很少出现钴蓄积过多的现象。

（二）钴是维生素 B_{12} 的组成成分

钴的作用主要以维生素 B_{12} 和维生素 B_{12} 辅酶形式发挥其生物学作用。钴可激活很多酶，如能增加人体唾液中淀粉酶的活性，能增加胰淀粉酶和脂肪酶的活性等。

（三）钴缺乏常表现为维生素 B_{12} 缺乏的一系列症状

钴参与造血，在胚胎时期就参与造血过程，钴的缺乏可使维生素 B_{12} 缺乏，而维生素 B_{12} 缺乏可引起巨幼细胞贫血。钴可以治疗巨幼红细胞贫血，当通过补钴不能得到纠正时，需增加肠道对维生素 B_{12} 的吸收才能有效。

八、氟

成人体内含氟(fluorine)约占体重的 $3.0×10^{-8}$%，为 2~6g，其中 90% 分布于骨、牙中，少量存在于指甲、毛发、神经、骨骼肌中。氟的生理需要量每日为 0.5~1.0mg。氟的主要来源是饮用水。

（一）氟主要与球蛋白结合而运输

氟主要经胃肠道吸收，氟易吸收且迅速。吸收后与球蛋白结合而运输，少量以氟化物形式运输。体内氟约 80% 从尿排出。

（二）氟与骨、牙的形成及钙、磷代谢密切相关

氟能与羟磷灰石吸附，取代其羟基形成氟磷灰石，从而加强对龋齿的抵抗作用。此外，氟还可直接刺激细胞膜中 G 蛋白，激活腺苷酸环化酶或磷脂酶 C，启动细胞内 cAMP 或磷脂酰肌醇信号系统，引起广泛生物效应。

（三）体内氟缺乏或过多均可引起疾病

缺氟时，由于牙釉质中不能形成氟磷灰石，牙釉质易被微生物、有机酸和酶侵袭而发生龋齿。氟对铁的吸收、利用有促进作用。缺氟可致骨质疏松，易发生骨折；牙釉质受损易碎。氟过多可引起骨脱钙和白内障，并可影响肾上腺、生殖腺等多种器官的功能。一些地方因环境、土壤、水源等原因导致长期摄入过量氟而引起被称地方性氟中毒的一种慢性全身性疾病，主要表现为氟斑牙和氟骨症。

九、铬

铬(chromium)在成人中总量所占体重小于 $1.1×10^{-6}$%，为 6mg 左右，每日需要量为 30~40μg。谷类、豆类、海藻类、啤酒酵母、乳制品和肉类是铬的最好来源，尤以肝含量丰富。

（一）细胞内铬主要存在于细胞核中

人体对无机铬的吸收很差，约为 0.5%~1%，并取决于铬的摄入量和机体的状态。六价铬比三价铬吸收好。95% 以上摄入的铬从尿中排出。细胞内的铬 50% 存在于细胞核内，23% 存在于胞质，其余部分均分布在线粒体和微粒体中。头发中的铬能提示个体铬的营养状况。

（二）铬与胰岛素的作用密切相关

铬是铬调素（chromodulin）的组成成分。铬调素是一种低分子量的寡肽，由甘氨酸、半胱氨酸、谷氨酸和天冬氨酸等 4 种氨基酸残基组成，每分子可紧密结合 4 个铬离子（Cr^{3+}）。铬调素通过促进胰岛素与细胞受体的结合，增强胰岛素的生物学效应。铬是葡萄糖耐量因子（glucose tolerance factor, GTF）的重要组成成分，GTF 是由三价铬、烟酸、谷氨酸、甘氨酸和含硫氨基酸组成的活性化合物，它能增强胰岛素的生物学作用，可通过活化葡糖磷酸变位酶而加快体内葡萄糖的利用，并促使葡萄糖转化为脂肪。动物实验证明，铬还具有预防动脉硬化和冠心病的作用，并为生长发育所需要。

（三）铬过量对人体具有危害

因膳食因素所致铬摄取不足而引起的缺乏症未见报道。若铬缺乏，主要表现为胰岛素的有效性降低，造成葡萄糖耐量受损，血清胆固醇和血糖上升。但过量可出现铬中毒。六价铬的毒性比三价铬高约 100 倍，但不同化合物毒性不同。临床上铬及其化合物主要侵害皮肤和呼吸道，出现皮肤黏膜的刺激和腐蚀作用，如皮炎、溃疡、咽炎、胃痛、胃肠道溃疡，伴有周身酸痛、乏力等，严重者发生急性肾衰竭。

十、钒

钒（vanadium）约占体重的 $1.4×10^{-6}$％，总量为 25mg 左右，每日需要量为 60μg。日常食用的蔬菜韭菜、西红柿、茄子等含比较丰富的钒，坚果和海产品等钒含量次之，而肉类和水果中的钒含量则比较少。

（一）钒以离子状态与转铁蛋白结合而运输

环境中的钒可经皮肤和肺吸收入体中。血液中约 95％的钒以离子状态（VO^{2+}）与转铁蛋白结合而运输，因此钒与铁在体内可相互影响。吸烟会降低钒的吸收。吸收入体内的矾主要储存在脂肪组织中，少量分布于肝、肾、甲状腺和骨等部位。大部分钒由尿排出，也可通过胆汁排出。

（二）钒可能通过与磷酸和 Mg^{2+} 竞争结合配体干扰细胞的生化反应过程

钒的主要形式为 VO^{-3}，经离子转运系统或自由进入细胞，在胞内被还原型谷胱甘肽还原成 VO^{2+}。VO^{-3} 与磷酸结构相似，VO^{2+} 与 Mg^{2+} 的离子半径大小相当，因而两者就有可能通过与磷酸和 Mg^{2+} 竞争结合配体干扰细胞的生化反应过程。如抑制核糖核酸酶、磷酸果糖激酶、磷酸甘油醛激酶、葡糖-6-磷酸酶、蛋白质酪氨酸激酶。所以，钒进入细胞后具有广泛的生物学效应。

（三）钒可作为多种疾病治疗的辅助药物

钒对哺乳动物的造血功能有促进作用，可增加铁对红细胞的再生作用，给出血后贫血及患败血症的人补充钒，对造血功能有促进作用。钒离子在牙釉质和牙质内可增加羟基磷灰石的硬度，可置换到磷灰石分子中，可以预防龋齿。钒因其胰岛素样效应，因此具有降血糖作用。另外，钒有抑制胆固醇合成的作用，使血浆磷酸酯和胆固醇水平降低以及主动脉胆固醇浓度下降等。

十一、硅

硅（silicon）是人体必需的微量元素之一，占体重小于 $1.4×10^{-6}$％，约 18mg。每日需要量为 20 ~ 50mg。燕麦、薏米、玉米、稻谷等天然谷物含有丰富的硅，动物肝、肉类、蔬菜以及水果也含有硅。

（一）血液中的硅以单晶硅的形式存在

硅不易吸收，膳食硅的形式对硅的吸收影响很大，稳定的胶体硅吸收较好。血液中的硅不与蛋白质结合，几乎全部以非解离的单晶硅的形式存在。吸收入血的硅迅速被转移至细胞或从尿液中排出。

（二）硅参与结缔组织和骨的形成

硅是胶原组成成分之一，在胶原形成过程中脯氨酸的羟基化需脯氨酰羟化酶，而此酶具有最大活性时则需要硅的存在；硅可使黏多糖互相连接，连接的黏多糖可与蛋白质结合形成纤维结构，可增加结缔组织的弹性和强度，并维持其结构的完整性；食物中的硅能增加钙化的速度，尤其当钙摄入量低时效果更为明显,在钙化初始阶段起作用,因此硅参与骨的钙化作用。

（三）长期吸入大量含硅的粉尘可引起硅沉着病

长期吸入大量含有游离二氧化硅粉尘可引起肺部广泛的结节性纤维化病变,微血管循环受到障碍,是硅沉着病发病的主要原因。

硅摄入不足也可导致一些疾病的发生,如血管壁中硅含量与人和动物粥样硬化程度呈反比。

十二、镍

正常成年人体内含镍(nickel)占体重小于$1.4×10^{-5}\%$,为$6～10mg$,每日生理需要量为$25～35\mu g$。丝瓜、蘑菇、大豆以及茶叶等镍的含量较高,肉类和海产类镍含量较多,植物性食品镍的含量比动物性食品高。

（一）镍主要与清蛋白结合而运输

吸收入血的镍主要与清蛋白结合而运输。镍主要分布于肾、肺、脑、脊髓、软骨、结缔组织,皮肤等部位。一小部分镍可与组氨酸、天冬氨酸、α_2巨球蛋白结合。组氨酸可以从清蛋白中转移出镍,并介导其进入细胞。

（二）镍与多种酶的活性有关

镍可激活多种酶,当镍缺乏时,肝内葡糖-6-磷酸脱氢酶、乳酸脱氢酶、异柠檬酸脱氢酶、苹果酸脱氢酶和谷氨酸脱氢酶等合成减少、活性降低,影响NADH的生成、糖的无氧酵解、三羧酸循环等代谢。镍参与激素作用和生物大分子的结构稳定性及新陈代谢。镍还参与多种酶蛋白的组成,并具有刺激造血、促进红细胞生成的作用。

（三）镍是最常见的致敏性金属

镍是一种潜在的致敏因子,可引起皮肤过敏。约有20%左右的人对镍离子过敏,女性高于男性,镍离子可通过毛囊和皮脂腺渗入皮肤而引起皮肤过敏,临床表现为皮炎和湿疹。羰基镍以蒸气形式迅速由呼吸道吸收,也能由皮肤少量吸收,具有很强的毒性。贫血病人血镍含量减少,伴有铁吸收减少,而给予镍增加造血功能。缺镍还可引起糖尿病、贫血、肝硬化、尿毒症、肝脂质和磷脂代谢异常等。

十三、钼

一个体重70kg的健康人,钼(molybdenum)占体重小于$7.0×10^{-6}\%$,约9mg。成人适宜摄入量为每日$60\mu g$;最高可耐受摄入量为每日$350\mu g$。动物肝、绿豆、纳豆、蛋、牛奶、糙米和肉类等食物均含有钼。

（一）钼以钼酸根的形式与血液中的红细胞松散结合而转运

钼酸盐被吸收后可与血液中的红细胞松散结合而转运,血液中的钼大部分被肝、肾摄取。一部分钼在肝中参与含钼酶的合成,也可与蝶呤结合形成含钼的辅基储存于肝。人体主要通过调节肾脏排泄速率维持体内钼平衡。

（二）钼是三种含钼酶的辅基

黄嘌呤氧化酶、醛氧化酶和亚硫酸盐氧化酶的辅基为钼,催化一些底物的羟化反应。黄嘌呤氧化酶催化次黄嘌呤转化为黄嘌呤;醛氧化酶催化嘧啶、嘌呤、蝶啶等的氧化;亚硫酸盐氧化酶可催化亚硫酸盐向硫酸盐的转化。

（三）钼缺乏与多种疾病的发生发展有关

钼缺乏可导致儿童和青少年生长发育不良、智力发育迟缓,并与克山病、肾结石和大骨节病等疾病的发生有关。一些低钼地区食管癌发病率高,补钼后能降低食管癌的发病率,缺钼使得亚硝酸还原成氧降低,与亚硝酸在体内富集有关。

十四、锡

人体锡(tin)约占体重的$4.3×10^{-5}\%$,每日需要消耗的锡量非常少,约需$3.5\mu g$。正常饮食的食物中所含锡能满足人体的需要。动物内脏和谷类是锡的良好来源。

（一）锡主要由胃肠道和呼吸道进入人体

锡除了胃肠道吸收外,也可通过呼吸道进入人体,皮肤及眼结膜等也是锡进入人体的途径。当体内锡不缺乏时,即使补锡也不容易被吸收。锡主要从粪便和尿液中排出。

（二）锡可促进蛋白质和核酸的合成

体内锡的作用主要为促进生长发育、影响血红蛋白的功能和促进伤口的愈合。这些作用与锡促进蛋白质和核酸的合成有关。

（三）缺锡可导致蛋白质和核酸代谢的异常

缺锡引起的症状少而不明显,且迄今尚未有人体锡缺乏病的报告。当人体明显缺锡将导致蛋白质和核酸的代谢异常,从而阻碍生长发育,若严重缺锡发生在儿童,有可能导致侏儒症的发生。食用锡污染的水果罐头,可出现恶心、呕吐、腹泻等急性胃肠炎症状。锡冶炼工人在高锡烟尘浓度环境中工作,可能发生锡尘肺。长期接触四氯化锡的工人可有呼吸道刺激症状和消化道症状。四氯化锡尚可引起皮肤溃烂和湿疹。锡中毒可引起血清中钙含量降低。

小　结

钙、磷主要以无机盐形式存在体内,约99%以上的钙与85.7%以上的磷以羟磷灰石的形式存在于骨骼和牙齿中,骨是人体内的钙、磷储库和代谢的主要场所。钙与磷除了作为骨的主要组成外,还具有许多重要的生理功能,钙、磷代谢受PTH、CT和1,25-二羟维生素D$_3$调控,并维持血钙与血磷浓度的相对恒定。

微量元素在人体中存在量低于人体体重0.01%、每日需要量在100mg以下。绝大多数为金属元素。在体内一般结合成化合物或络合物,广泛分布于各组织中,含量较恒定。微量元素通过形成结合蛋白、酶、激素和维生素等在体内发挥着参与构成酶活性中心或辅酶、参与体内物质运输、参与激素和维生素的形成等重要生理作用。铁是血红蛋白、呼吸链的主要复合物等的重要组成部分。锌是含锌金属酶和许多锌指蛋白的组成成分。铜是体内多种酶的辅基。锰是多种酶的组成成分和激活剂。硒在体内以硒半胱氨酸的形式存在于硒蛋白中。碘参与甲状腺激素的合成。钴主要以维生素B$_{12}$的形式发挥作用。氟与骨、牙的形成及钙、磷代谢密切相关。铬是铬调素的组成成分。钒可能通过与磷酸和Mg^{2+}竞争结合配体干扰细胞的生化反应过程。硅参与结缔组织和骨的形成。镍参与多种酶蛋白的组成,与多种酶的活性有关。钼是三种含钼酶(黄嘌呤氧化酶、醛氧化酶和亚硫酸盐氧化酶)的辅基。锡可促进蛋白质和核酸的合成。长期缺乏微量元素可导致相应的缺乏症。

思　考　题

1. 钙、磷在人体内的主要作用有哪些? 钙、磷代谢如何调控? 钙、磷代谢紊乱与哪些疾病的发生发展有关?

2. 什么是微量元素? 简述微量元素发挥生理作用的主要形式和机制。

3. 哪些微量元素的缺乏可引起贫血? 引起的贫血类型有哪些? 发病机制是什么?

（汪　渊）

第二十二章　癌基因和抑癌基因

正常机体内,各种细胞的新生、生长、增殖、分化、衰老和死亡受到多种基因的严格调节和控制,从而确保正常生命活动的有序进行。肿瘤发生的关键正是这些基因异常所导致的细胞增殖失去控制,这也是癌细胞区别于正常细胞的一个显著特征。与肿瘤发生密切相关的基因,可分为三类:①细胞内正常的原癌基因(proto-oncogene),其作用通常是促进细胞的生长和增殖,阻止细胞分化,抵抗凋亡;②抑癌基因,或称肿瘤抑制基因(tumor suppressor gene),通常抑制增殖,促进分化,诱发凋亡;③基因组维护基因(genome maintenance gene),参与 DNA 损伤修复,维持基因组完整性(见第十三章)。当细胞受到各种致癌因素的作用时,可引起原癌基因或抑癌基因的结构或表达调控异常,导致原癌基因活化或抑癌基因失活,直接导致细胞生长增殖的失控而形成肿瘤。而基因组维护基因的编码产物则不直接抑制细胞增殖,这类基因在致癌因素的作用下发生突变失活后,可导致基因组不稳定,从而间接地通过增加基因突变频率、使原癌基因或抑癌基因突变来引发肿瘤发生。因此,基因组维护基因也可归属于抑癌基因。

本章主要阐述原癌基因、癌基因和抑癌基因的基本概念,并介绍原癌基因激活和抑癌基因失活的机制及其在肿瘤发生发展中的作用。

第一节　癌　　基　　因

癌基因(oncogene)是能导致细胞发生恶性转化和诱发癌症的基因。绝大多数癌基因是细胞内正常的原癌基因(proto-oncogene)突变或表达水平异常升高转变而来,某些病毒也携带癌基因。

一、原癌基因是人类基因组中具有正常功能的基因

原癌基因及其表达产物是细胞正常生理功能的重要组成部分,原癌基因所编码的蛋白质在正常条件下并不具致癌活性,原癌基因只有经过突变等被激活后才有致癌活性,转变为癌基因。在 20 世纪 70 年代中期,研究人员提出,肿瘤发生是由于细胞中的原癌基因在致癌因素的作用下激活或突变为致癌基因而引起。

原癌基因在进化上高度保守,从单细胞酵母、无脊椎生物到脊椎动物乃至人类的正常细胞都存在着这些基因。原癌基因的表达产物对细胞正常生长、增殖和分化起着精确的调控作用。在某些因素(如放射线、有害化学物质等)作用下,这类基因结构发生异常或表达失控,转变为癌基因,导致细胞生长增殖和分化异常,部分细胞发生恶性转化从而形成肿瘤。

许多原癌基因在结构上具有相似性,功能上亦高度相关。故而可据此将原癌基因和癌基因区分为不同的基因家族,重要的有 *SRC*、*RAS* 和 *MYC* 等基因家族。

SRC 家族包括 *SRC* 和 *LCK* 等多个基因。*SRC* 最初是在引起肉瘤(sarcoma)的劳斯肉瘤病毒(Rous sarcoma virus,RSV)中发现的,病毒癌基因名为 *v-src*。该基因家族的产物具有酪氨酸激酶活性(见第十七章),在细胞内常位于膜的内侧部分,接受受体酪氨酸激酶(如 PDGF 受体)的活化信号而激活,促进增殖信号的转导。这些酶因突变而导致的持续活化是其促进肿瘤发生的主要原因。

RAS 家族包括 *H-RAS*、*K-RAS*、*N-RAS* 等成员。*H-RAS* 和 *K-RAS* 最初分别在 Harvey 大鼠肉瘤病毒(Harvey rat sarcoma virus)和 Kirsten 鼠科肉瘤病毒(Kirsten murine sarcoma virus)中克隆,分别称为

v-Hras 和 *v-Kras*。原癌基因 *K-RAS* 突变是恶性肿瘤中最常见的基因突变之一，在 81% 的胰腺癌病人的肿瘤组织可检测到。*RAS* 基因编码低分子量 G 蛋白（见第十七章），在肿瘤中发生突变后，往往造成其 GTP 酶活性丧失，RAS 始终以 GTP 结合形式存在，即处于持续活化状态，导致细胞内的增殖信号通路持续开放。

MYC 家族主要包括 *C-MYC*、*N-MYC* 和 *L-MYC*。*MYC* 最初在禽骨髓细胞瘤病毒（avian myelocytomatosis virus，AMV）被发现，并因而得名为 v-myc。*MYC* 基因家族编码转录因子，有直接调节其他基因转录的作用。原癌基因 *C-MYC* 编码的 49kD 的 MYC 与 MAX 蛋白形成异二聚体，与特异的顺式作用元件结合，活化靶基因的转录。MYC 的靶基因多编码细胞增殖信号分子，故细胞内 MYC 蛋白可促进细胞的增殖。

二、某些病毒的基因组中含有癌基因

一些病毒能导致肿瘤发生，称为肿瘤病毒（tumor virus）。肿瘤病毒大多为 RNA 病毒，且目前发现的 RNA 肿瘤病毒都是逆转录病毒，如前述的 RSV、AMV、Harvey 大鼠肉瘤病毒和 Kirsten 鼠科肉瘤病毒等。DNA 肿瘤病毒常见的有人乳头瘤病毒（Human papillomavirus，HPV）和乙型肝炎病毒（Hepatitis B virus，HBV）等。RNA 肿瘤病毒和 DNA 肿瘤病毒的致癌机制不同。

事实上，癌基因最早发现于 RNA 肿瘤病毒。1910 年，Rous F 首次发现病毒可导致鸡肉瘤，提出病毒导致肿瘤的观点。该病毒后来被命名为劳斯肉瘤病毒（Rous sarcoma virus，RSV）。在深入研究 RSV 的致癌分子机制时，研究人员比较了具备转化和不具备转化特性的 RSV 的基因组，发现了一个特殊的基因 *src*，将这一基因导入正常细胞可使之发生恶性转化。以后又在其他逆转录病毒中陆续发现了一些使宿主患肿瘤的基因。

1976 年，Varmus HE 和 Bishop JM 发现，逆转录病毒 RSV 携带的癌基因 *v-src* 在进化过程中来源于宿主细胞的原癌基因 *C-SRC*，进而提出：RNA 肿瘤病毒携带的癌基因来源于细胞原癌基因。关于其起源进化的分子机制，目前认为，逆转录病毒感染宿主细胞后，在逆转录酶作用下，以病毒 RNA 基因组为模板合成双链 DNA 即前病毒 DNA（provirus），并整合于宿主细胞基因组的原癌基因附近，在后续的病毒复制和包装过程中，经过复杂而巧妙的删除、剪接、突变、重组等过程，逆转录病毒最终将细胞原癌基因"劫持"并改造为具有致癌能力的病毒癌基因，成为新病毒基因组的一部分。

目前已发现的病毒癌基因有几十种。需要注意的是，病毒有致癌能力并不意味着其一定含有病毒癌基因。有致癌特性的逆转录病毒可区分为急性转化逆转录病毒和慢性转化逆转录病毒两类。前者含有癌基因，能迅速在几天内诱发肿瘤，后者则不含有癌基因，而是通过将其基因组插入至宿主细胞的原癌基因附近，从而激活原癌基因而诱发肿瘤，故其致癌效应较慢，常需数月甚至数年，有较长的潜伏期。

逆转录病毒的癌基因也可以视为是原癌基因的活化或激活形式，它有利于病毒在肿瘤细胞中的复制，但对病毒复制包装无直接作用，对逆转录病毒基因组不是必需的。与之不同，已知的 DNA 病毒的癌基因则是其基因组不可或缺的部分，对病毒复制是必需的，目前也没有证据表明其有同源的原癌基因，如 HPV 基因组中的癌基因 *E6* 和 *E7*。通常可将 RNA 肿瘤病毒的癌基因的名称冠以前缀 *v-*，写为小写斜体，如 *v-src*，而将正常人类细胞中的原癌基因则冠以前缀 *C-*，写为大写斜体，如 *C-SRC*，以示区分。其编码的蛋白质则通常写为正体，如 v-src 和 C-SRC。

三、原癌基因有多种活化机制

原癌基因在物理、化学及生物因素的作用下发生突变，表达产物的质和量的变化，表达方式在时间及空间上的改变，都有可能使细胞脱离正常的信号控制，获得不受控制的异常增殖能力而发生恶性转化。从正常的原癌基因转变为具有使细胞发生恶性转化的癌基因的过程称为原癌基因的活化，这种转变属于功能获得突变（gain-of-function mutation）。原癌基因活化的机制主要有下述四种（图 22-1）。

1.基因突变

K-RAS 突变失去GTP酶活性
以GTP结合方式持续活化

RAS-GTP → MAPK通路 → 细胞增殖

RAS-GDP

2.基因扩增

N-MYC 基因

正常1号染色体

神经母细胞瘤的1号染色体

3.染色体易位

160kD BCR 蛋白　　140kD ABL 蛋白

转录、翻译　断裂点　　断裂点　转录、翻译

染色体22—BCR　　　染色体9—ABL

CML中*BCR-ABL*基因融合

BCR-ABL 融合基因

转录、翻译

210kD融合蛋白
70kD BCR + 140kD ABL

4.获得启动子或增强子

随机插入强启动子

1　　LTR　　LTR　　2　　3

基因表达持续增加

图 22-1　原癌基因活化的四种机制示意图

（一）基因突变常导致原癌基因编码的蛋白质的活性持续性激活

各种类型的基因突变如碱基替换、缺失或插入,都有可能激活原癌基因。较为常见和典型的是错义点突变,导致基因编码的蛋白质中的关键氨基酸残基改变,造成突变蛋白质的活性呈现持续性激活。如 *H-RAS* 中的 GGC,在膀胱癌中突变为 GTC,使得表达产物 RAS 的第 12 位甘氨酸突变为缬氨酸,结果使其丧失 GTP 酶活性,RAS 始终以 GTP 结合的活性形式存在。

（二）基因扩增导致原癌基因过量表达

原癌基因可通过基因扩增(gene amplification)使基因拷贝数升高几十甚至上千倍不等,发生扩增的机制目前尚不清楚。基因扩增可致编码产物过量表达,细胞发生转化。例如小细胞肺癌中 *C-MYC* 的扩增和乳腺癌中 *HER2* 的扩增都在肿瘤发生中具有重要作用。

（三）染色体易位导致原癌基因表达增强或产生新的融合基因

染色体易位可通过两种机制致癌。第一,染色体易位使原癌基因易位至强的启动子或增强子的附近,导致其转录水平大大提高。例如,人 Burkitt 淋巴瘤细胞中,位于 8 号染色体上的 *C-MYC* 基因移位到 14 号染色体的免疫球蛋白重链基因的增强子附近,使 *C-MYC* 基因在该增强子的控制下过量表达。第二,染色体易位导致产生新的融合基因。例如,慢性髓性白血病(chronic myelogenous leukemia, CML)中,22 号染色体的 *BCR*(breakpoint cluster region)基因与 9 号染色体的 *ABL* 基因发生染色体易位产生融合基因 *BCR-ABL*,进而表达为融合蛋白 BCR-ABL,导致 ABL 的蛋白酪氨酸激酶活性持续增高。该易位产生的较小的异常 22 号染色体,最早于 1960 年在美国费城发现,故又称费城染色体(Philadelphia chromosome)或 Ph 染色体(Ph chromosome),是 CML 的标志染色体。

（四）获得启动子或增强子导致原癌基因表达增强

如前所述,染色体易位可使原癌基因获得增强子而被活化。此外,逆转录病毒的前病毒 DNA 的

两个末端是特殊的长末端重复序列(LTR),含有较强的启动子或增强子元件。如果前病毒DNA恰好整合到原癌基因附近或内部,就会导致原癌基因的表达不受原有启动子的正常调控,而成为病毒启动子或增强子的控制对象,往往导致该原癌基因的过量表达。如鸡的白细胞增生病毒引起的淋巴瘤,就是因为该病毒的LTR序列整合到宿主的 *C-MYC* 基因附近,LTR中的强启动子可使 *C-MYC* 的表达比正常高出 30～100 倍。

不同的癌基因有不同的激活方式,一种癌基因也可有几种激活方式。例如 *C-MYC* 的激活就有基因扩增和染色体易位等方式,但很少见到 *C-MYC* 的点突变;而 *RAS* 的激活方式则主要是点突变。

两种或更多的原癌基因活化可有协同作用,抑癌基因的失活也会产生协同作用。在肿瘤细胞中常发现两种或多种细胞癌基因的活化。例如,白血病细胞株 HL-60 中有 *C-MYC* 和 *N-RAS* 的同时活化。实验也证明癌基因的协同作用可使细胞更易发生恶性转化。例如原代培养的大鼠胚胎成纤维细胞传代 50 次左右就会死亡,如仅导入重排的 *C-MYC* 可使它永生化,但细胞表型无恶性行为;如仅导入活化的突变 *RAS* 基因,细胞形态发生改变,但不能无限传代及形成肿瘤。只有同时导入 *C-MYC* 和 *N-RAS*,细胞才会发生恶性变,并在动物中成瘤。

四、原癌基因编码的蛋白质与生长因子密切相关

生长因子(growth factor)是一类由细胞分泌的、类似于激素的信号分子,多数为肽类或蛋白质类物质,具有调节细胞生长与分化的作用。在体外培养细胞时,培养基中除了含有氨基酸、维生素和无机盐等一系列必需营养物质外,还必须添加含有多种生长因子的胎牛血清,细胞才能保持良好的生长、增殖状态。生长因子在肿瘤、心血管疾病等多种疾病的发生发展过程中发挥重要作用,不少生长因子已经应用于临床治疗。目前已知,原癌基因编码的蛋白质参与调控细胞增殖、分化与生长等各个环节,与生长因子密切相关。

(一)生长因子主要有三种作用模式

目前已发现的肽类生长因子有数十种,而且还在不断增加。生长因子可以根据其来源进行分类和命名,也可以依据其作用方式分类。

生长因子来源于多种不同组织,其靶细胞亦各不相同(表 22-1)。有的生长因子作用的细胞比较单一,如 EPO 及 VEGF,分别主要作用于红细胞系和血管内皮细胞;也有的生长因子作用的细胞谱型比较广,如成纤维细胞生长因子(fibroblast growth factor,FGF)对间充质细胞、内分泌细胞和神经系统细胞都有作用。

表 22-1   常见生长因子举例

生长因子名称	组织来源	功　能
表皮生长因子(EGF)	唾液腺、巨噬细胞、血小板等	促进表皮与上皮细胞的生长,尤其是消化道上皮细胞的增殖
肝细胞生长因子(HGF)	间质细胞	促进细胞分化和细胞迁移
促红细胞生成素(EPO)	肾	调节成红细胞的发育
类胰岛素生长因子(IGF)	血清	促进硫酸盐掺入到软骨组织,促进软骨细胞的分裂、对多种组织细胞起胰岛素样作用
神经生长因子(NGF)	颌下腺含量高	营养交感和某些感觉神经元,防止神经元退化
血小板源生长因子(PDGF)	血小板、平滑肌细胞	促进间质及胶质细胞的生长,促进血管生成
转化生长因子α(TGF-α)	肿瘤细胞、巨噬细胞、神经细胞	作用类似于EGF,促进细胞恶性转化
转化生长因子β(TGF-β)	肾、血小板	对某些细胞的增殖起促进和抑制双向作用
血管内皮生长因子(VEGF)	低氧应激细胞	促进血管内皮细胞增殖和新生血管形成

EGF:epidermal growth factor,表皮生长因子;HGF:hepatocyte growth factor,肝细胞生长因子;EPO:erythropoietin,促红细胞生成素;IGF:insulin-like growth factor,类胰岛素生长因子;NGF:nerve growth factor,神经生长因子;PDGF:platelet-derived growth factor,血小板源生长因子;TGF-α:transforming growth factor α,转化生长因子-α;TGF-β:transforming growth factor β,转化生长因子-β;VEGF:vascular endothelial growth factor,血管内皮生长因子

NGF 是最早被发现的生长因子。1948 年,E. Bueker 等发现将小鼠肉瘤组织植入胚胎体壁可使移植区神经节增加。随后,R. Levi-Montolcini 等发现肉瘤组织的植入不仅可使局部神经节增加,而且可使远隔部位的神经节增加。由此设想肉瘤组织释放了一种可扩散因子作用于远隔部位。后来证实这种因子就是神经生长因子,它有刺激神经元生长以及神经纤维延长的功能。1959 年 S. Cohen 又发现了 EGF。R. Levi-Montolcini 和 S. Cohen 由于在这一领域的成就荣获了 1986 年诺贝尔生理学或医学奖。

与其他细胞外信号分子一样(见第十七章),根据产生细胞与靶细胞间的关系,生长因子的作用模式可分为 3 种:①内分泌方式:生长因子从细胞分泌出来后,通过血液运输作用于远端靶细胞。如源于血小板的 PDGF 可作用于结缔组织细胞;②旁分泌方式:细胞分泌的生长因子作用于邻近的其他类型细胞,对合成、分泌生长因子的自身细胞不发生作用,因为其缺乏相应受体;③自分泌方式:生长因子作用于合成及分泌该生长因子的细胞本身。生长因子以后两种的作用方式为主,经细胞分泌后在胞外运送,最终作用于自身细胞或者其他细胞,传递它们独特的生物学信息。生长因子将组织内的细胞连接成为一个有机整体网络,相互之间进行着持续不断的交流沟通。

(二) 生长因子的功能主要是正调节靶细胞生长

目前对大部分生长因子的结构与功能了解得相当清楚。大多数生长因子具有促进靶细胞生长的功能,少数具有负调节功能,还有一些具有正、负双重调节作用。

生长因子的生物学效应主要表现在促进细胞生长、分化、促进个体发育等方面。但是有些生长因子具有双重调节作用或负调节作用。例如,NGF 对神经系统的生长具有促进作用,但对成纤维细胞的DNA 合成却有微弱的抑制作用。TGF-β 也是这样,对成纤维细胞有促进生长的作用,但对其他多种细胞具有抑制作用。其具体作用取决于与其他生长因子的相互作用和环境条件。

同一生长因子对不同细胞的作用有所不同,如肝细胞生长因子(hepatocyte growth factor,HGF)对正常肝细胞的生长起促进作用,但对肝癌细胞的增殖则有抑制作用。一种细胞也可受不同生长因子调节,如胚胎时属于间充质细胞的成纤维细胞可被 EGF、IGF 和多种 FGF 所调节,但不被 HGF 调节。还有一些以前认为作用比较单一的生长因子,近来发现对其他细胞也有作用。如内皮素(endothelin,ET)除了对内皮细胞的作用外,可能对脑、垂体的神经内分泌也有作用。

具有负调节作用的生长因子比较少,人们通常把这种负调节因子(negative growth factor)称为细胞生长抑制因子。抑素(chalone)是最早被确认的生长抑制因子,以后又发现 TGF-β、干扰素(interferon)和肿瘤坏死因子(tumor necrosis factor,TNF)等也具有抑素的某些特征,但它们实际上都是双重调节,只不过以负调节为主。目前对生长抑制因子尚无统一的标准或定义,也没有明确的学说阐明其作用机制,但是其在肿瘤、心血管疾病等疾病防治方面的潜在应用前景是不可否认的。因此对负调节因子的研究,始终是生物医学界的一个热点领域。

(三) 生长因子通过细胞内信号转导而发挥其功能

生长因子的作用通过受体介导的细胞信号转导而实现(见第十七章)。生长因子的受体多位于靶细胞膜,为一类跨膜蛋白,多数具有蛋白激酶特别是酪氨酸蛋白激酶活性,也有少数具有丝/苏氨酸蛋白激酶活性。最近发现细胞核也存在 EGF 等生长因子的受体样蛋白质。有些生长因子受体(如EGF 受体)与原癌基因产物有高度同源性。对生长因子受体的研究不仅有助于了解细胞的增殖分化,而且对了解肿瘤的发生、发展及治疗也具有重要意义。

大部分生长因子的受体属于受体酪氨酸激酶家族,如 EGF 受体、FGF 受体、PDGF 受体、HGF 受体、VEGF 受体等,胰岛素受体也属于受体酪氨酸激酶。位于膜表面的受体是跨膜受体蛋白质,包含具有酪氨酸激酶活性的胞内结构域。当生长因子与这类受体结合后,受体所包含的酪氨酸激酶被活化,使胞内的相关蛋白质被直接磷酸化。另一些膜上的受体则通过胞内信号传递体系,产生相应的第二信使,后者使蛋白激酶活化,活化的蛋白激酶同样可使胞内相关蛋白质磷酸化。这些被磷酸化的蛋白质再活化核内的转录因子,引发基因转录,达到调节生长与分化的作用。

另一类生长因子受体定位于细胞质,当生长因子与胞内相应受体结合后,形成生长因子-受体复合物,后者亦可进入胞核活化相关基因促进细胞生长。

原癌基因表达产物有的属于生长因子或生长因子受体;有的属于胞内信息传递体亦或核内转录因子。发生突变的原癌基因可能生成上述产物的变异体,后者的生成及过量表达会导致细胞生长、增殖失控,进而引起癌变。

(四) 原癌基因编码的蛋白质涉及生长因子信号转导的多个环节

目前已知,原癌基因编码的蛋白质涉及生长因子信号转导的多个环节。依据它们在细胞信号转导系统中的作用分为四类(表 22-2)。

表 22-2　原癌基因编码的蛋白质分类及功能举例

类别	癌基因名称	作　用
细胞外生长因子	SIS	PDGF-2
	INT-2	FGF 同类物,促进细胞增殖
跨膜生长因子受体	EGFR	EGF 受体,促进细胞增殖
	HER2	EGF 受体类似物,促进细胞增殖
	FMS	CSF-1 受体,促进增殖
	KIT	SCF 受体,促进增殖
	TRK	NGF 受体
细胞内信号转导分子	SRC、ABL	与受体结合转导信号
	RAF	MAPK 通路中的重要分子
	RAS	MAPK 通路中的重要分子
核内转录因子	MYC	促进增殖相关基因表达
	FOS、JUN	促进增殖相关基因表达

EGFR:epidermal growth factor receptor,表皮生长因子受体;CSF-1:colony stimulating factor 1,集落刺激因子 1;SCF:stem cell factor,干细胞因子

1. **细胞外生长因子**　生长因子是细胞外增殖信号,它们作用于膜受体,经各种信号通路,如 MAPK 通路等,引发一系列细胞增殖相关基因的转录激活。这些因子的过度表达,势必连续不断作用于相应的受体细胞,造成大量生长信号的持续输入,从而使细胞增殖失控。

已知人的原癌基因 C-SIS 编码 PDGF 的 β 链,作用于 PDGF 受体,激活 PLC-IP$_3$/DAG-PKC 途径(见第十七章),促进肿瘤细胞增殖。此外,C-SIS 表达产物还能促进肿瘤血管的生长,为肿瘤进展提供有利环境。目前已知与恶性肿瘤发生和发展有关的生长因子有 PDGF、EGF、TGF-β、FGF、IGF-1 等。

2. **跨膜生长因子受体**　第二类原癌基因的产物为跨膜受体,它们接受细胞外的生长信号并将其传入细胞内。跨膜生长因子受体的膜内侧结构域,往往具有酪氨酸特异的蛋白激酶活性。这些受体型酪氨酸激酶通过多种信号通路,如 MAPK 通路、PI3K-AKT 通路等,加速增殖信号在胞内转导。许多恶性肿瘤如非小细胞型肺癌、乳腺癌等均出现 EGF/EGFR 的过度表达,EGF/EGFR 的过度表达或者异常活化常能引起细胞恶性转化,而这与多种肿瘤的发生发展、恶性程度以及预后具有密切相关性。另外,表皮生长因子还参与了肿瘤的血管生成作用,因此其过表达或异常活化会促进肿瘤进展。

3. **细胞内信号转导分子**　生长信号到达胞内后,借助一系列胞内信号转导体系,将接受到的生长信号由胞内传至核内(见第十七章),促进细胞生长。这些转导体系成员多数是原癌基因的产物,或者通过这些基因产物的作用影响第二信使,如 cAMP、DAG、Ca^{2+} 等。作为胞内信号转导分子的癌基因产物包括:非受体酪氨酸激酶 SRC、ABL 等,丝/苏氨酸激酶 RAF 等,低分子量 G 蛋白 RAS 等。

4. **核内转录因子**　另外一些癌基因表达的蛋白质属于转录因子,通过与靶基因的顺式作用元件相结合,直接促进细胞增殖靶基因的转录。EGF 促肿瘤的一个重要机制就是通过活化 MAPK 通路(见第十七章)而使原癌基因 FOS 活化,FOS 蛋白增加。FOS 蛋白可与 JUN 蛋白结合形成 AP-1,而

AP-1 是一种广泛存在的高度活化的异源二聚体转录因子,能促进肿瘤的发生发展。

五、癌基因是肿瘤治疗的重要分子靶点

在许多人类肿瘤中都存在某些癌基因的过度活化,从而在肿瘤的发病机制中扮演着重要的角色,也为肿瘤治疗提供了靶位,此处仅以下述 3 个基因为例进行简要介绍。

(一)*BRAF* 是黑素瘤治疗的重要分子靶点

原癌基因 *BRAF* 所编码的蛋白质属于丝/苏氨酸激酶,是 MAPK 信号通路的重要组成分子,在调控细胞增殖、分化等方面发挥重要作用。人类肿瘤中,*BRAF* 基因存在不同比例的基因突变,其中约 60% 的黑素瘤中 *BRAF* 发生突变,其第 600 位氨基酸从缬氨酸突变为谷氨酸(V600E)最为常见,导致 B-RAF 的持续激活。已有针对这类 V600E 突变的分子靶向药物威罗菲尼(vemurafenib)用于临床,该药可阻断突变 B-RAF 的活性,从而抑制肿瘤生长。

(二)*HER2* 是乳腺癌治疗的重要分子靶点

HER2 是表皮生长因子受体家族成员,具有蛋白酪氨酸激酶活性,能激活下游信号通路,从而促进细胞增殖和抑制细胞凋亡。在 30% 的乳腺癌中 *HER2* 基因发生扩增或者过度表达,其表达水平与治疗后复发率和不良预后显著相关。针对其过度表达的单克隆抗体药物赫赛汀(herceptin)已在临床使用。

(三)*BCR-ABL* 是慢性髓性白血病治疗的重要分子靶点

慢性髓性白血病(CML)病人的 9 号染色体与 22 号染色体之间发生易位,从而融合产生了癌基因 *BCR-ABL*,编码的蛋白质 BCR-ABL 具有持续活化的蛋白酪氨酸激酶活性,能促进细胞增殖,并增加基因组的不稳定性。在 95% 的 CML 病人中都伴随有 *BCR-ABL* 融合基因的产生,在一些急性淋巴白血病病人中也有发现。针对 BCR-ABL 融合蛋白的药物伊马替尼(imatinib)2001 年被 FDA 批准用于临床治疗。

第二节 抑 癌 基 因

抑癌基因也称肿瘤抑制基因(tumor suppressor gene),是防止或阻止癌症发生的基因。与原癌基因活化诱发癌变的作用相反,抑癌基因的部分或全部失活可显著增加癌症发生风险。抑癌基因对细胞增殖起负性调控作用,包括抑制细胞增殖、调控细胞周期检查点、促进凋亡和参与 DNA 损伤修复等。

一、抑癌基因对细胞增殖起负性调控作用

抑癌基因的发现源于 20 世纪 60 年代 H. Harris 的杂合细胞致癌性研究。他将癌细胞株与正常细胞融合得到的杂合细胞接种动物,发现并不产生肿瘤,提示正常细胞中有能抑制肿瘤发生的基因,即抑癌基因。用化学物质诱发的肿瘤及自发发生的肿瘤的细胞与正常细胞制备杂合细胞也可重复出上述结果,并且与肿瘤的组织起源无关,表明上述结果有普遍意义。将不具致癌性的杂合细胞体外培养传代,可从中分离出具有致癌性的子代细胞。比较两种杂合细胞,发现致癌性的子代杂合细胞丢失了来自正常细胞的一条或几条染色体。将正常人类细胞的单条染色体逐一融合在肿瘤细胞中,也可分离到无致癌性的杂合细胞。这些结果说明细胞中含有各种不同的抑癌基因,分布在不同的染色体上,可以分别抑制不同组织起源的癌细胞的致癌作用。

随着 20 世纪 70 年代基因克隆技术的建立,*RB*、*TP53* 等一系列抑癌基因得以克隆和鉴定。必须指出,最初在某种肿瘤中发现的抑癌基因,并不意味其与别的肿瘤无关;恰恰相反,在多种组织来源的肿瘤细胞中往往可检测出同一抑癌基因的突变、缺失、重排、表达异常等,这正说明抑癌基因的变异构成某些共同的致癌途径。抑癌基因产物的功能多种多样,目前已鉴定的一些抑癌基因产物及其功能

如表 22-3。总体来说,抑癌基因对细胞增殖起负性调控作用,其编码产物的功能有:抑制细胞增殖;抑制细胞周期进程;调控细胞周期检查点;促进凋亡;参与 DNA 损伤修复。

表 22-3   常见的抑癌基因及其编码产物

名称	染色体定位	相关肿瘤	编码产物及功能
TP53	17p13.1	多种肿瘤	转录因子 p53,细胞周期负调节和 DNA 诱发凋亡
RB	13q14.2	视网膜母细胞瘤、骨肉瘤	转录因子 p105 RB
PTEN	10q23.3	胶质瘤、膀胱癌、前列腺癌、子宫内膜癌	磷脂类信使的去磷酸化,抑制 PI3K-AKT 通路
P16	9p21	肺癌、乳腺癌、胰腺癌、食道癌、黑素瘤	p16 蛋白,细胞周期检查点负调节
P21	6p21	前列腺癌	抑制 CDK1、2、4 和 6
APC	5q22.2	结肠癌、胃癌等	G 蛋白,细胞黏附与信号转导
DCC	18q21	结肠癌	表面糖蛋白(细胞黏附分子)
NF1	7q12.2	神经纤维瘤	GTP 酶激活剂
NF2	22q12.2	神经鞘膜瘤、脑膜瘤	连接膜与细胞骨架的蛋白质
VHL	3p25.3	小细胞肺癌、宫颈癌、肾癌	转录调节蛋白
WT1	11p13	肾母细胞瘤	转录因子

TP53:tumor protein p53,肿瘤蛋白 p53 基因;*APC*:adenomatous polyposis coli,腺瘤性结肠息肉病基因;*DCC*:deleted in colorectal carcinoma,结肠癌缺失基因;*NF*:neurofibromatosis,神经纤维瘤;*VHL*:von Hippel-Lindau tumor suppressor,VHL 肿瘤抑制基因;*WT*:Wilms tumor,肾母细胞瘤

二、抑癌基因有多种失活机制

抑癌基因的失活与原癌基因的激活一样,在肿瘤发生中起着非常重要的作用。但癌基因的作用是显性的,而抑癌基因的作用往往是隐性的。原癌基因的两个等位基因只要激活一个就能发挥促癌作用,而抑癌基因则往往需要两个等位基因都失活才会导致其抑癌功能完全丧失。1971 年,Knudson A 以视网膜母细胞瘤(retinoblastoma)为模型进行统计学分析研究,发现散发性单侧视网膜母细胞瘤的发病需要抑癌基因(即后来命名为 *RB* 的基因)的两次体细胞突变,从而提出二次打击假说(two-hit hypothesis)。

但也有一些抑癌基因只失活其等位基因中的一个拷贝就会引起肿瘤发生,即其一个正常的等位基因拷贝不足以完全发挥其抑癌功能,称为单倍体不足型抑癌基因(haploinsufficient tumor suppressor gene),如 $p27^{Kip1}$ 基因。还有一些抑癌基因,如 *TP53* 基因,当其一个等位基因突变失活后,其表达的 p53 突变蛋白则能抑制另一个正常等位基因产生的野生型即正常 p53 蛋白的功能,这种基因突变称为显性负效突变(dominant negative mutation)。

抑癌基因失活的方式常见有以下三种。

(一)基因突变常导致抑癌基因编码的蛋白质功能丧失或降低

抑癌基因发生突变后,会造成其编码的蛋白质功能或活性丧失或降低,进而导致癌变。这种突变属于功能失去突变(loss-of-function mutation)。最典型的例子就是抑癌基因 *TP53* 的突变,目前已经发现 *TP53* 基因在超过一半以上的人类肿瘤中发生了突变。

(二)杂合性丢失导致抑癌基因彻底失活

杂合性(heterozygosity)是指同源染色体在一个或一个以上基因座存在不同的等位基因的状态。杂合性丢失(loss of heterozygosity,LOH)则是指一对杂合的等位基因变成纯合状态的现象。杂合性丢失是肿瘤细胞中常见的异常遗传学现象,发生杂合性丢失的区域也往往就是抑癌基因所在的区域。

杂合性丢失导致抑癌基因失活的经典实例就是抑癌基因 *RB* 的失活。1986 年,将视网膜母细胞

瘤的 *RB* 基因成功克隆后就发现，*RB* 等位基因的一个拷贝往往是通过生殖细胞突变遗传给后代，也就是说，此时后代的体细胞中 *RB* 等位基因就呈现为杂合子状态，即：一个为突变失活的不具有抑癌功能的 *RB* 等位基因，另一个为仍具有抑癌功能的正常 *RB* 等位基因。而当因为某些原因导致正常的 *RB* 等位基因丢失即杂合性丢失时，抑癌基因 *RB* 则彻底失活，失去其抑癌作用，从而导致视网膜母细胞瘤。

（三）启动子区甲基化导致抑癌基因表达抑制

真核生物基因启动子区域 CpG 岛的甲基化修饰对于调节基因转录活性至关重要，甲基化程度与基因表达呈负相关。很多抑癌基因的启动子区 CpG 岛呈高度甲基化（hypermethylation）状态，从而导致相应的抑癌基因不表达或低表达。例如，约 70% 的散发肾癌病人中存在抑癌基因 *VHL* 启动子区甲基化失活现象；在家族性腺瘤息肉所致的结肠癌中，*APC* 基因启动子区因高度甲基化使转录受到抑制，导致 *APC* 基因失活，进而引起 β-连环蛋白在细胞内的积累，从而促进癌变发生。

三、抑癌基因在肿瘤发生发展中具有重要作用

抑癌基因的失活在肿瘤发生发展中发挥着重要作用，此处以 *TP53*、*RB*、*PTEN* 三个抑癌基因为例，简要介绍抑癌基因的作用机制。

（一）*RB* 主要通过调控细胞周期检查点而发挥其抑癌功能

RB 基因失活不仅与视网膜母细胞瘤及骨肉瘤有关，在许多散发性肿瘤，如 50%～85% 的小细胞性肺癌、10%～30% 乳腺癌、膀胱癌和前列腺癌中都发现有 *RB* 基因失活。

RB 基因位于染色体 13q14，有 27 个外显子，mRNA 长 4.7kb，编码的蛋白质为 105kD。RB 蛋白的磷酸化状态及其与其他蛋白质结合，与它的功能密切相关。去磷酸化（或低磷酸化）形式为活性型，能促进细胞分化，抑制细胞增殖。实验表明，将 *RB* 基因导入视网膜母细胞瘤细胞或成骨肉瘤细胞，这些恶性细胞的生长受到抑制。

RB 的磷酸化程度受细胞周期中增殖调控蛋白质的直接控制，包括随着细胞周期不同时相的转换，其浓度也随之发生变化的细胞周期蛋白（cyclin），以及受到这些蛋白质调节的蛋白激酶。这些蛋白激酶被称为细胞周期蛋白依赖性激酶（cyclin-dependent kinase，CDK）。细胞进入 G_1 期时 RB 处于低磷酸化状态，而低磷酸化的 RB 使得细胞不能通过 G_1/S 期检查点（checkpoint）。该检查点是哺乳动物细胞周期的重要检查点，只有通过该检查点后，细胞周期才能进入下一步运转，进行 DNA 合成和细胞分裂，故又称为限制点（restriction point），以符号"R"表示。只有在细胞增殖信号通过依赖于 cyclin D1 的激酶 CDK4 的活化导致 RB 磷酸化后，高磷酸化的 RB 方允许细胞跨过 G_1/S 期检查点。因此，低磷酸化的 RB 在 G_1 期特异的磷酸化是细胞从 G_1 期进入 S 期的关键。

低磷酸化 RB 对细胞周期的负调节作用是通过与转录因子 E2F-1 的结合而实现的（图 22-2）。低磷酸化 RB 的口袋结构域能结合 E2F-1 并使之失活，S 期必需的基因产物如二氢叶酸还原酶、胸苷激酶、DNA 聚合酶 α 等的合成因而受限，细胞周期的进展受到抑制。而高磷酸化的 RB 不能与 E2F-1 结合，将导致这些基因的开放，促进细胞通过 G_1-S 关卡。*RB* 基因的缺失使得细胞丧失了该关卡的"守卫"，细胞周期进程失控，细胞异常增殖。

（二）*TP53* 主要通过调控 DNA 损伤应答和诱发细胞凋亡而发挥其抑癌功能

TP53 基因是目前研究最多的、也是迄今发现在人类肿瘤中发生突变最广泛的抑癌基因。50%～60% 的人类各系统肿瘤中发现有 *TP53* 基因突变。

人的 *TP53* 基因定位于 17p13，全长 16～20kb，含有 11 个外显子，转录 2.8kb 的 mRNA，编码蛋白为 p53，具有转录因子活性。*TP53* 基因是迄今为止发现的与人类肿瘤相关性最高的基因。过去一直把它当成一种癌基因，直至 1989 年才知道起癌基因作用的是突变的 p53，后来证实野生型 p53 是一种抑癌基因。

TP53 基因的表达产物 p53 蛋白由 393 个氨基酸残基构成，在体内以四聚体形式存在。p53 蛋白

图22-2　RB磷酸化与细胞周期控制

T:苏氨酸(Thr);S:丝氨酸(Ser);P:磷酸化修饰;D:周期蛋白D;A:周期蛋白A;E:周期蛋白E;E2F蛋白与RB蛋白的A结构域和B结构域结合

属于转录因子,包含有典型的转录激活结构域、DNA结合结构域、寡聚结构域、富含脯氨酸区和核定位序列等多个结构域或序列,这也是p53发挥其生物学功能的分子结构基础。多数TP53基因突变都发生在编码其DNA结合结构域的序列中。

正常情况下,细胞中p53蛋白含量很低,因其半衰期只有20~30分钟,所以很难检测出来,但在细胞增殖与生长时,可升高5~100倍以上。野生型p53蛋白在维持细胞正常生长、抑制恶性增殖中起着重要作用,因而被冠以"基因组卫士"称号。当细胞受电离辐射或化学试剂等作用导致DNA损伤时,p53表达水平迅速升高,同时p53蛋白中包含的一些丝氨酸残基被磷酸化修饰而被活化。活化的p53从细胞质移位至细胞核内,调控大量下游靶基因的转录而发挥其生物学功能。例如,p53的靶基因之一p21可阻止细胞通过G1/S期检查点,使其停滞于G1期;另一靶基因GADD45的产物是DNA修复蛋白。这就使DNA受损的细胞不再分裂,并且修复损伤以维持基因组的稳定性。如果修复失败,p53蛋白就会通过激活一些靶基因如BAX的转录而启动细胞凋亡,阻止有癌变倾向突变细胞的生成。p53突变后,则DNA损伤不能得到有效修复并不断累积,导致基因组不稳定,进而导致肿瘤发生(图22-3)。

(三) PTEN主要通过抑制PI3K/AKT信号通路而发挥其抑癌功能

PTEN基因(phosphatase and tensin homolog deleted on chromosome ten gene,第10号染色体缺失的磷酸酶及张力蛋白同源基因)是继TP53基因后发现的另一个与肿瘤发生关系密切的抑癌基因。人的PTEN

图22-3　p53的结构及其功能

基因定位于 10q23.3,共有 9 个外显子和 8 个内含子,编码 5.15kb 的 mRNA,PTEN 蛋白由 403 个氨基酸残基组成,分子量约为 56kD。PTEN 主要包括 3 个结构功能域。

1. N-端磷酸酶结构区　由 N-端 1~185 位氨基酸残基组成,第 5 外显子编码,与蛋白酪氨酸磷酸酶及蛋白质丝/苏氨酸磷酸酶催化区的核心模体(HCXXGXGRXG)同源,是 PTEN 发挥肿瘤抑制活性的主要功能区。PTEN 的 N-端 175 个氨基酸序列可与整合素、酪氨酸激酶、黏着斑激酶(focal adhesion kinase,FAK)等形成复合物,共同参与细胞生长的调节。此外,PTEN 还能与肌动蛋白纤维细丝局部黏附,在肿瘤浸润、转移、血管生成中也起一定作用。

2. C2 区　由 186~351 位氨基酸残基构成,介导蛋白质与脂质的结合。PTEN 通过 C2 区结合于膜磷脂,参与 PTEN 在胞膜的有效定位和胞内细胞信号转导。与其他信号蛋白不同,这一结合过程不需要 Ca^{2+} 参与。磷酸酶区和 C2 区之间有广泛的相互作用界面,提示 C2 区可能具有催化作用。已有实验证实,对 C2 区进行诱变,可导致 PTEN 的肿瘤抑制活性降低。

3. C-端区　由羧基端的 50 个氨基酸残基组成,包括 PDZ(PSD-95/Dlg/ZOI 同源区)结合序列(Thr/Ser-X-Val-COOH)和 2 个 PEST 序列(350~375,376~396),对于调节自身的稳定性和酶活性具有重要作用。研究表明 PEST 序列与蛋白质降解有关,PDZ 结合位点与细胞生长调控有关。PDZ 区在肿瘤的发生中也可以缺失突变,虽不影响磷酸酶功能,但对肿瘤细胞锚定非依赖性生长的抑制作用显著降低。

PTEN 是迄今发现的第一个具有双特异(dual specificity)磷酸酶活性的抑癌基因,其编码产物 PTEN 具有磷脂酰肌醇-3,4,5-三磷酸 3-磷酸酶活性,催化水解磷脂酰肌醇-3,4,5-三磷酸(PIP_3)的 3-磷酸成为 PIP_2,而 PIP_3 是胰岛素、表皮生长因子等细胞生长因子的信号转导分子,从而抑制 PI3K/AKT 信号通路,起到负性调节细胞生长增殖的作用(图 22-4)。PTEN 也能催化黏着斑激酶(focal adhesion kinase,FAK)的去磷酸化反应,而抑制由整联蛋白(integrin)介导的细胞铺展和迁移,因而 *PTEN* 的失活也与肿瘤细胞的转移密切相关。

图 22-4　PTEN 通过阻断 PI3K/AKT 信号通路抑制细胞的生长增殖

四、肿瘤发生发展涉及癌基因和抑癌基因的共同参与

目前普遍认为肿瘤的发生、发展是多个原癌基因和抑癌基因突变累积的结果,经过起始、启动、促进和癌变几个阶段逐步演化而产生。

(一)肿瘤发生发展涉及多种相关基因的改变

在基因水平上,或通过外界致癌因素,或由于细胞内环境的恶化,突变基因数目增多,基因组变异逐步扩大;在细胞水平上则要经过永生化、分化逆转、转化等多个阶段,细胞周期失控细胞的生长特性

逐步得到强化。结果是相关组织从增生、异型变、良性肿瘤、原位癌发展到浸润癌和转移癌。例如,结肠癌的发生发展过程涉及数种基因的变化(图22-5):①上皮细胞过度增生阶段:涉及家族性腺瘤性息肉基因 *FAP*(familial adenomatous polyposis)、结肠癌突变基因 *MCC*(mutated in colorectal carcinoma)的突变或缺失;②早期腺瘤阶段:与 DNA 的低甲基化有关;③中期腺瘤阶段:涉及 *K-RAS* 基因突变;④晚期腺瘤阶段:涉及结肠癌缺失基因 *DCC* 的丢失;⑤腺癌阶段:涉及 *TP53* 基因缺失;⑥转移癌阶段:涉及 *NM23*(nonmetastatic protein 23)基因的突变、血管生长因子基因表达增高等。

图22-5　从基因角度认识结肠癌的发生和发展

(二) 细胞周期和细胞凋亡的分子调控是肿瘤进展的关键

1. 原癌基因和抑癌基因是调控细胞周期进程的重要基因　细胞周期调控体现在细胞周期驱动和细胞周期监控两个方面,后者的失控与肿瘤发生发展的关系最为密切。细胞周期监控机制由 DNA 损伤感应机制、细胞生长停滞机制、DNA 修复机制和细胞命运决定机制等构成。细胞一旦发生 DNA 损伤或复制错误,将会启动 DNA 损伤应激机制(见第十三章),经由各种信号转导途径使细胞停止生长,修复损伤的 DNA。如果 DNA 损伤得到完全修复,细胞周期可进入下一个时相,正常完成一个细胞分裂周期;倘若 DNA 损伤修复失败,细胞凋亡机制将被启动,损伤细胞进入凋亡,从而避免 DNA 损伤带到子代细胞,维持了组织细胞基因组的稳定性,避免肿瘤发生的潜在可能。

肿瘤细胞的最基本特征是细胞的失控性增殖,而失控性增殖的根本原因就是细胞周期调控机制的破坏,包括驱动机制和监控机制的破坏。监控机制破坏可发生在损伤感应、生长停滞、DNA 修复和凋亡机制的任何一个环节上,结果将导致细胞基因组不稳定,突变基因数量增加,这些突变的基因往往就是癌基因和抑癌基因。同时,很大一部分的原癌基因和抑癌基因又是细胞周期调控机制的组成部分。因此,在肿瘤发展过程中,监控机制的异常会使细胞周期调控机制进一步恶化,并导致细胞周期驱动机制的破坏,细胞周期的驱动能力异常强化,细胞进入失控性生长状态,从而细胞出现癌变性生长。

2. 原癌基因和抑癌基因还是调控细胞凋亡的重要基因　细胞除了生长、增殖和分化等之外,还存在细胞死亡现象,如程序性细胞死亡或凋亡。有些抑癌基因的过量表达可诱导细胞发生凋亡,而与细胞生存相关的原癌基因的激活则可抑制凋亡,细胞凋亡异常与肿瘤的发生发展密切相关(图22-6)。现已明确,细胞凋亡在肿瘤发生、胚胎发育、免疫反应、肿瘤免疫逃逸、神

图22-6　促进正常细胞向肿瘤细胞转化的因素

经系统发育、组织细胞代谢等过程中起重要作用。

　　值得注意的是,近年来的研究也发现,一些非编码 RNA,如 miRNA,在肿瘤发生过程中也具有重要作用。总之,肿瘤分子生物学的进展已经深刻地改变了人们对肿瘤发生和生命现象的认识,并使肿瘤研究从以揭示肿瘤病因和寻找肿瘤治疗方法为目的的单项研究,转变为以研究整个生命现象和全面揭示生命分子机制为目的的综合性系统研究。肿瘤分子生物学必将在整个生命医学研究中发挥越来越重要的作用。

小　结

　　癌基因是能导致细胞发生恶性转化和诱发癌症的基因。绝大多数癌基因是细胞内正常的原癌基因突变或表达水平异常升高转变而来,某些病毒也携带癌基因。在物理、化学及生物因素的作用下,从原癌基因转变为具有促进细胞恶性转化(癌变)的致癌基因的过程称为原癌基因活化。原癌基因活化主要有基因突变、基因扩增、染色体易位、启动子或增强子获得等机制。生长因子是一类由细胞分泌的、类似于激素的信号分子,主要为肽类或蛋白质类,通过受体跨膜信号转导途径调节细胞的生长与分化,与多种生理及病理状态(如肿瘤、心血管疾病等)有关。不少生长因子已经应用于临床疾病的治疗。原癌基因编码的蛋白质涉及生长因子信号转导的多个环节。抑癌基因,也称肿瘤抑制基因,是防止或阻止癌症发生的基因,抑癌基因的部分或全部失活可显著增加癌症发生风险。抑癌基因对细胞增殖起负性调控作用,包括抑制细胞增殖、调控细胞周期检查点、促进凋亡和参与 DNA 损伤修复等。抑癌基因的失活机制包括基因突变、杂合性丢失和启动子甲基化等。肿瘤的发生发展是多个原癌基因和抑癌基因突变累积的结果,经过起始、启动、促进和癌变几个阶段逐步演化而产生。

思　考　题

1. 什么是癌基因? 原癌基因的活化方式有哪些?
2. 什么是生长因子? 简述原癌基因与生长因子信号转导的关系?
3. 什么是抑癌基因? 抑癌基因的失活方式有哪些?

(卜友泉)

第五篇
医学分子生物学专题

本篇介绍几项与医学相关的重要分子生物学技术原理和作为目前研究热点的组学。包括 DNA 重组和重组 DNA 技术、常用分子生物学技术、疾病相关基因检测、基因诊断和基因治疗以及组学和医学,共五章。

疾病和基因的关系始终是医学最为关注的问题。20 世纪 40 年代,L. Pauling 提出了"分子病"的概念,1956 年,V. Ingram 发现血红蛋白 β 链第六位的谷氨酸突变为缬氨酸是导致镰状细胞贫血的原因,J. Lejeune 发现 Down 综合征是由于 21 号染色体三倍体异常所致,此后,一系列染色体疾病的病因得到解析。随着人类基因组计划的完成,新的 DNA 标记的发现,使研究常见病的遗传因素成为了可能。2005 年,首次用全基因组关联分析(GWAS),确定了老年性黄斑变性的相关基因,此后,一系列的常见多发疾病基因的 GWAS 研究,丰富了人们对常见疾病病因和发病机制的认识,同时也为分子诊断、分子靶向干预提供了靶点。

疾病和基因关系的确定,依赖于分析基因结构和功能的方法。F. Sanger 分别在 1958 年和 1980 年,建立了蛋白质氨基酸序列和 DNA 核苷酸序列的测定技术,开启了对蛋白质和基因一级结构的认识过程。1975,E. Southern 建立了印迹技术,随后衍生出了多种定性和定量的印迹技术、杂交技术和芯片技术等。1983 年,E. Mullis 建立了聚合酶链反应技术,解决了难以获得大量特异目的 DNA 的技术瓶颈。1972 年,P. Berg 获得了第一个重组 DNA 分子,此后,分子克隆技术得到了广泛的应用。

精准诊断、精准治疗和精准预防依赖于分子水平的诊治。1961 年,R. Guthrie 建立新生儿苯丙酮尿症的诊断方法,由于早期的确定诊断,避免了苯丙氨酸摄入,使患儿可以健康成长。1978 年,华裔科学家简悦威(Kan YW)应用 DNA 多态性的标记,成功地在产前诊断了镰状细胞贫血,开启了基因诊断的先河。1990 年,F. Anderson 将正常腺苷脱氨酶(ADA)基因,以逆转录病毒为载体导入到患儿的淋巴细胞中,回输患儿,免疫功能得到持续的恢复,成为真正意义的基因治疗。随着对基因治疗载体等深入了解,加之诸如以 CRISPR/Cas9 为代表基因编辑技术的发展,人们对基因治疗寄予厚望。

(吕社民)

第二十三章 DNA 重组和重组 DNA 技术

DNA 重组(DNA recombination)是指 DNA 分子内或分子间发生的遗传信息的重新共价组合过程,包括同源重组、位点特异性重组和转座重组等类型,广泛存在于各类生物,构成了生物的基因变异、物种进化或演变的遗传基础;体外通过人工 DNA 重组可获得重组体 DNA,是基因工程中的关键步骤。重组 DNA 技术(recombinant DNA technology)是指通过体外操作将不同来源的两个或两个以上 DNA 分子重新组合,并在适当细胞中扩增形成新的功能分子的技术。重组 DNA 技术可组合不同来源的 DNA 序列信息,从而创造自然界以前可能从未存在过的遗传修饰生物体,为在分子水平上研究生物奥秘提供了可操作的活体模型。

第一节 自然界的 DNA 重组和基因转移

DNA 重组是两个或两个以上 DNA 分子重新组合形成一个 DNA 分子的过程;而自然界中的基因转移泛指 DNA 片段或基因在不同生物个体或细胞间的传递过程,其中通过繁殖使 DNA 或基因在亲代和子代间的传递称作基因纵向转移,打破亲缘关系以直接接触、主动摄取或病毒感染等方式使基因在不同生物个体或细胞间、细胞内不同细胞器间的传递称作基因横向(水平)转移。自然界不同物种或个体之间的 DNA 重组和基因转移是经常发生的,这增加了群体的遗传多样性,也通过优化组合积累了有意义的遗传信息。

DNA 重组和基因转移的方式有多种,包括同源重组、位点特异性重组、转座重组、接合、转化和转导等,其中前三种方式在原核和真核细胞中均可发生,后三种方式通常发生在原核细胞。新近研究发现细菌还有一种 DNA 整合机制,称作成簇规律间隔短回文重复(clustered regularly interspaced short palindromic repeats,CRISPR)/Cas 系统。

一、同源重组是最基本的 DNA 重组方式

同源重组(homologous recombination)是指发生在两个相似或相同 DNA 分子之间核苷酸序列互换的过程,又称基本重组(general recombination)。在哺乳动物配子发生的减数分裂过程中,同源重组可产生 DNA 序列的新重组,标示着后代的遗传变异;不同种属的细菌和病毒也在水平基因转移中用同源重组互换遗传物质。具有同源序列的两条 DNA 链通过断裂和再连接引起 DNA 单链或双链片段的交换。同源重组的缺陷与人类癌症高度相关,例如,两个相似的抑癌基因 brca1 和 brca2 编码的蛋白质 BRCA1 和 BRCA2 与同源重组的发生有关,BRCA2 的功能是帮助同源重组的起始,缺乏 brca1 和 brca2 的细胞同源重组率减少,对电离辐射的敏感性增加,因此,缺乏 brca1 和 brca2 的个体易于患乳腺癌和卵巢癌等。利用同源重组的原理进行基因敲除或基因敲入(也称基因打靶),是将遗传改变引入靶生物体的一种有效方式。为了便于读者理解基本的同源重组原理,下面主要介绍 Holliday 模式的同源重组,并以细菌的 RecBCD 同源重组作为 Holliday 同源重组的例子。

(一)Holliday 模型是最经典的同源重组模式

同源重组作为自然界最基本的 DNA 重组方式,不需要特异 DNA 序列,而是依赖两分子之间序列的相同或相似性。R. Holliday 于 1964 年提出 Holliday 模型,对于认识同源重组起着十分重要的作用。在这一模型中,同源重组主要经历四个关键步骤(图 23-1):①两个同源染色体 DNA 排列整齐;②一个 DNA 的一条链断裂,与另一个 DNA 对应链连接,在这个过程中形成了十字形结构,称作 Holliday 连接(Holliday junction);③通过分支移动(branch migration)产生异源双链 DNA(heteroduplex DNA),也称

Holliday 中间体(inter-mediate);④将 Holliday 中间体切开并修复,形成两个双链重组体 DNA。Holliday 中间体切开方式不同,所得到的重组产物也不同:如果切开的链与原来断裂的是同一条链,重组体含有一段异源双链区,其两侧来自同一亲本 DNA,称为片段重组体(patch recombinant);如果切开的链并非原来断裂的链,重组体异源双链区的两侧来自不同亲本 DNA,称为拼接重组体(splice recombinant)。

图 23-1　同源重组的 Holliday 模型

（二）RecBCD 模式是大肠埃希菌的 Holliday 同源重组

目前对大肠埃希菌（*E. coli*）的 DNA 同源重组分子机制了解最清楚。参与细菌 DNA 同源重组的酶有数十种，其中最关键的是 RecA 蛋白、RecBCD 复合物和 RuvC 蛋白。

1. 参与细菌 RecBCD 同源重组的酶　细菌的 RecBCD 同源重组由以下酶和酶复合物催化完成

（1）RecBCD 复合物：RecBCD 复合物具有三种酶活性，包括依赖 ATP 的核酸外切酶活性、可被 ATP 增强的核酸内切酶活性和需要 ATP 的解旋酶活性。RecBCD 复合物利用 ATP 水解提供能量，沿着 DNA 链运动，并以较快的速度将前方 DNA 解旋；当遇到 *Chi*（因交换位点的 DNA 结构类似于希腊字母 X 而得名）位点（5′-GCTGGTGG-3′）时，可在其下游切出 3′-端的游离单链，从而使 DNA 重组成为可能。

（2）RecA 蛋白：RecA 蛋白可结合单链 DNA（ssDNA），形成 RecA-ssDNA 复合物。在有同源 DNA 存在时，此复合物可与含同源序列的靶双链 DNA 相互作用，并将结合的单链 DNA 插入双链 DNA 的同源区，与互补链配对，而将同源链置换出来。

（3）RuvC 蛋白：RuvC 蛋白有核酸内切酶活性，能专一性识别 Holliday 连接点，并有选择地切开同源重组体的中间体。

2. *E. coli* 的 RecBCD 同源重组过程　*E. coli* 的 RecBCD 同源重组过程如图 23-2：RecBCD 复合物识别双链断裂的断裂口平端或近似平端，然后向上游边移行边解链；当遇到 *Chi* 位点时，在 3′-单链上切开产生单链切口；RecA 蛋白催化 3′-单链 DNA 对另一双链 DNA 的侵入，并与其中的一条链交叉，继而交叉分支移动，待相交的另一链在 RecBCD 内切酶活性催化下断裂后，由 DNA 连接酶交换连接缺失的远末端，形成 Holliday 中间体；此中间体再经 RuvC 切割和 DNA 连接酶的连接，最后完成重组。

二、位点特异性重组是发生在特异位点间的 DNA 整合

位点特异性重组（site specific recombination）是指发生在至少拥有一定程度序列同源性片段间 DNA 链的互换过程，也称保守的位点特异性重组（conservative site-specific recombination）。位点特异性重组酶（site-specific recombinase，SSR）通过识别和结合 DNA 短序列（位点）使 DNA 片段发生重排。该类重组广泛存在于各类细胞中，起着十分重要的作用，如某些基因表达的调节、发育过程中程序性 DNA 重排以及有些病毒和质粒 DNA 复制循环过程中发生的整合和切除等。以下是位点特异性重组的例子。

（一）λ 噬菌体 DNA 可与宿主染色体 DNA 发生整合

λ 噬菌体 DNA 的整合是在 λ 噬菌体的整合酶催化下完成的，是 λ 噬菌体 DNA 与宿主染色体 DNA 特异靶位点之间的选择性整合（图 23-3）：λ 噬菌体 DNA 的重组位点 *att P* 与大肠埃希菌基因组 DNA 的重组位点 *att B* 之间有 15bp 核心序列相同，在整合酶（Int）和整合宿主因子（IHF）作用下可发生整合，由 Xis 参与切除过程。通常这种由整合酶催化的 DNA 整合是十分特异而有效的。逆转录病毒整合酶可特异地识别、整合逆转录病毒 cDNA 的长末端重复序列（long terminal repeat，LTR）。

（二）基因片段倒位是细菌位点特异性重组的一种方式

以鼠伤寒沙门菌 H 抗原编码基因中 H 片段重组为例。鼠伤寒沙门菌的 H 抗原有两种，分别为 H1 和 H2 鞭毛蛋白。在单菌落的沙门菌中经常出现少数另一种含 H 抗原的细菌，这种现象称为鞭毛相转变。遗传分析表明，这种抗原相位的改变是由基因中一段 995bp 的 H 片段发生倒位所致。如图 23-4 所示，H 片段的两端为 14bp 的特异性重组位点（hix），其方向相反，发生重组后可使 H 片段倒位。H 片段上有两个启动子（P），其一驱动 *hin* 基因表达，另一个驱动 *H2* 和 *rH1* 基因表达，倒位后 *H2* 和

图 23-2　RecBCD 同源重组

图 23-3　λ 噬菌体 DNA 与大肠埃希菌基因组 DNA 的位点特异性重组

图 23-4　沙门菌 H 片段倒位决定鞭毛相转变

hix 为 14bp 的反向重复序列;*rH1* 为 H1 阻遏蛋白编码基因;P 代表启动子

rH1 基因不表达。*hin* 基因编码特异的重组酶,即倒转酶(invertase)Hin,该酶为同源二聚体,分别结合在两个 hix 位点上,并由辅因子 Fis(factor for inversion stimulation)促使 DNA 弯曲而将两个 hix 位点连接在一起,DNA 片段经断裂和再连接而发生倒位。*rH1* 表达产物为 H1 阻遏蛋白,当 *H2* 基因表达时,*rH1* 也表达,从而使 *H1* 基因被阻遏;反之,*H2* 基因不表达时,*rH1* 也不表达,*H1* 基因阻遏被解除。

(三) 免疫球蛋白基因以位点特异性重组发生重排

免疫球蛋白编码基因 V-(D)-J 重排及 T 细胞受体基因 V-(D)-J 重排都是利用位点特异性重组的原理。

三、转座重组可使基因位移

转座重组(transpositional recombination)或转座(transposition)是指由插入序列和转座子介导的基因移位或重排。

(一) 插入序列是最简单的转座元件

插入序列(insertion sequence, IS)是指能在基因(组)内部或基因(组)间改变自身位置的一段 DNA 序列。通常是转座子的一种,只携带与自身转座有关的编码基因,具有独特的结构特征:两端是反向重复序列(inverted repeat, IR),中间是一个转座酶(transposase)编码基因,后者的表达产物可引起 IS 转座。典型的 IS 两端各一个 9 ~ 41bp 的反向重复序列,反向重复序列侧翼连接有短的(4 ~ 12bp)、不同的 IS 所特有的正向重复序列。IS 发生的转座有保守性转座(conservative transposition)和复制性转座(duplicative transposition)两种形式,前者是 IS 从原位迁至新位(图 23-5),后者是 IS 复制后的一个复制本迁至新位。

插入序列：

图 23-5　IS 的保守性转座

（二）转座子可以在染色体间转座

转座子（transposon，Tn）是指能将自身或其拷贝插入基因组新位置的 DNA 序列,一般属于复合型转座子（composite Tn）,即有一个中心区域,两边侧翼序列是插入序列（IS）,除有与转座有关的编码基因外,还携带其他基因如抗生素抗性基因等（图 23-6）。Tn 普遍存在于原核和真核细胞中,不但可以在一条染色体上移动,也可以从一条染色体跳到另一条染色体上,甚至从一个细胞进入另一个细胞。Tn 在移动过程中,DNA 链经历断裂及再连接的过程,可能导致某些基因开启或关闭,引起插入突变、新基因生成、染色体畸变及生物进化。

图 23-6　细菌的可移动元件

（a）IS:转座酶编码基因两侧连接反向重复序列（IR）;（b）转座子 Tn3:含有转座酶、β-内酰胺酶及阻遏蛋白编码基因;（c）转座子 Tn10:有两个 IS10,其中只有一个编码有功能的转座酶;IS10 之间有 5 个基因（简称 *Fef-R* 基因）,其中位于 Tn10 中间 *tetA* 和 *tetR* 是四环素抗性基因,另外 3 个基因 *jemA*、*jemB* 和 *jemC* 的功能尚不清楚

四、原核细胞可通过接合、转化和转导进行基因转移或重组

原核细胞（如细菌）可通过细胞间直接接触（接合作用）、细胞主动摄取（转化作用）或噬菌体传递（转导作用）等方式进行基因转移或重组。

（一）接合作用是质粒 DNA 通过细胞间相互接触发生转移的现象

接合作用（conjugation）是指细菌的遗传物质在细菌细胞间通过细胞-细胞直接接触或细胞间桥样

连接的转移过程。当细菌通过菌毛相互接触时,质粒 DNA 就可以从一个细菌转移至另一细菌,但并非任何质粒 DNA 都有这种转移能力,只有某些较大的质粒,如 F 因子(F factor),方可通过接合作用从一个细胞转移至另一个细胞。F 因子决定细菌表面菌毛的形成,当含有 F 因子的细菌(F⁺细菌)与没有 F 因子的细菌(F⁻细菌)相遇时,在两细菌间形成性菌毛连接桥,接着质粒双链 DNA 中的一条链会被酶切割,产生单链切口,有切口的单链 DNA 通过鞭毛连接桥向 F⁻细胞转移,随后,在两细胞内分别以单链 DNA 为模板合成互补链。

(二) 转化作用是受体细胞自主摄取外源 DNA 并与之整合的现象

转化作用(transformation)是指受体菌通过细胞膜直接从周围环境中摄取并掺入外源遗传物质引起自身遗传改变的过程,受体菌必须处于敏化状态,这种敏化状态可以通过自然饥饿、生长密度或实验室诱导而达到。例如,当溶菌时,裂解的 DNA 片段作为外源 DNA 被另一细菌(受体菌)摄取,受体菌通过重组机制将外源 DNA 整合至其基因组上,从而获得新的遗传性状,这就是自然界发生的转化作用。然而,由于较大的外源 DNA 不易透过细胞膜,因此,自然界发生转化作用的效率并不高,染色体整合概率则更低。

(三) 转导作用是病毒将供体 DNA 带入受体并与之染色体发生整合的现象

转导作用(transduction)是指由病毒或病毒载体介导外源 DNA 进入靶细胞的过程。自然界中常见的例子是噬菌体介导的转导,包括普遍性转导(generalized transduction)和特异性转导(specialized transduction),后者又称为限制性转导(restricted transduction)。

1. **普遍性转导的基本过程**   当噬菌体在供体菌内包装时,供体菌自身的 DNA 片段被包装入噬菌体颗粒,随后细菌溶解,所释放出来的噬菌体通过感染受体菌而将所携带的供体菌 DNA 片段转移至受体菌中,进而重组于受体菌的染色体 DNA 上。

2. **特异性转导的基本过程**   当噬菌体感染供体菌后,噬菌体 DNA 以位点特异性重组机制整合于供体菌染色体 DNA 上;当整合的噬菌体 DNA 从供体菌染色体 DNA 上切离时,可携带位于整合位点侧翼的 DNA 片段,随后切离出来的噬菌体 DNA 被包装入噬菌体衣壳中;供体菌裂解,所释放出来的噬菌体感染受体菌,继而,携带有供体菌 DNA 片段的噬菌体 DNA 整合于受体菌染色体 DNA 的特异性位点上。这样,位于整合位点侧翼的供体菌 DNA 片段重组至受体菌染色体 DNA 上。

五、细菌可通过 CRISPR/Cas 系统从病毒获得 DNA 片段作为获得性免疫机制

CRISPR/Cas 系统(CRISPR/Cas system)是原核生物的一种获得性免疫系统,用于抵抗存在于噬菌体或质粒的外源遗传元件的入侵。关于细菌的 CRISPR/Cas 系统的发现过程可参看数字扩展相关内容。

(一) CRISPR 序列的结构特征

成簇规律间隔短回文重复(clustered regularly interspaced short palindromic repeats,CRISPR)座(CRISPR loci)是指细菌基因组上成簇排列的、由来自外源 DNA 的间隔序列(spacer)和宿主菌基因组的重复序列所形成的特殊重复序列-间隔序列阵列,与 Cas 基因(CRISPR-associated gene,Cas gene)相邻(图 23-7)。CRISPR 存在于已测序的 40% 细菌基因组和 90% 古细菌(archaea)基因组中。

图 23-7   CRISPR 座结构特征

（二）外源 DNA 可插入宿主基因组的 CRISPR 座

以噬菌体感染为例。当噬菌体感染宿主菌后,噬菌体 DNA 进入宿主细胞并复制,复制所产生的 DNA 片段可以被宿主细胞的 Cas1-Cas2 复合物捕获。然后,Cas1-Cas2 复合物将所捕获的 DNA 片段插入到宿主基因组 CRISPR 座位的第一个位点,Cas1 在此过程中协调切割-连接反应,即在重复序列 5'-端切开,然后与 DNA 片段的 3'-端连接(图 23-8)。这种机制在跨越插入的 DNA 片段两端的重复序列上产生两个单链 DNA 缺口,最后由 DNA 聚合酶将缺口封闭。

图 23-8 DNA 片段插入 CRISPR 阵列

（三）CRISPR/Cas 系统是细菌的获得性免疫机制

CRISPR/Cas 系统是指由 *Cas* 基因编码的 Cas 蛋白催化 CRISPR 形成,以及 CRISPR 转录产物与 Cas 蛋白相配合介导入侵 DNA 切割的机制,并成为细菌抵抗病毒感染的一种获得性免疫机制。根据 Cas 蛋白的功能可将其分为三型,即 Ⅰ 型、Ⅱ 型和 Ⅲ 型,其中 Ⅱ 型 CRISPR/Cas9 系统是目前应用最多的。

以 Ⅱ 型 CRISPR/Cas9 系统为例介绍 CRISPR/Cas 系统的工作原理(图 23-9):Ⅱ 型系统中由重复序列及间隔序列(spacer)组成的 CRISPR 座位经转录产生 CRISPR-RNA(crRNA)前体(pre-crRNA)和 tracrRNA(*trans*-encoded crRNA);tracrRNA 与 pre-crRNA 的重复序列区互补配对产生局部双链 RNA(dsRNA);RNase Ⅲ 识别并切割 dsRNA 产生向导 crRNA(guide crRNA, gcrRNA);宿主细胞表达的 Cas9 核酸酶与 gcrRNA 结合形成 Cas9-crRNA 复合物;当含有相同间隔序列的噬菌体或质粒再次入侵时,Cas9-crRNA 复合物与入侵 DNA 上的原间隔序列(protospacer)互补配对形成由 protospacer/crRNA 组成的 R-环双链结构,Cas9 识别并切割 R-环,从而在入侵者的基因组上产生切口。Cas9 切割的靶序列下游有一个紧邻原间隔序列基序(protospacer-adjacent motif, PAM),可能对于 Cas9 寻找靶序列有一定作用。CRISPR/Cas9 系统是一种细菌防御病毒和质粒攻击的获得性免疫机制,目前已经被开发成一种应用最多的高效率、低脱靶率的基因组编辑(genome editing)技术。

图 23-9　CRISPR/Cas9 系统的获得性免疫机制

第二节　重组 DNA 技术

重组 DNA 技术又称分子克隆(molecular cloning)、DNA 克隆(DNA cloning)或基因工程(genetic engineering),是指通过体外操作将不同来源的两个或两个以上 DNA 分子重新组合,并在适当细胞中扩增形成新功能 DNA 分子的方法,其主要过程包括:在体外将目的 DNA 片段与能自主复制的遗传元件(又称载体)连接,形成重组 DNA 分子,进而在受体细胞中复制、扩增及克隆化,从而获得单一 DNA 分子的大量拷贝。在克隆目的基因后,还可针对该基因进行表达产物蛋白质或多肽的制备以及基因结构的定向改造📖。自 1972 年成功构建第一个重组 DNA 分子以来,重组 DNA 技术得到了快速发展,人们几乎可以随心所欲地分离、分析、切割-连接等操作基因。另外,该技术在生物制药、基因诊断、基因治疗等诸多方面都得到了广泛应用。

一、重组 DNA 技术中常用的工具酶

在重组 DNA 技术中,常需要一些工具酶用于基因的操作。例如,对目的 DNA(target DNA)进行处理时,需利用序列特异性限制性核酸内切酶(restriction endonuclease, RE),RE 在准确的位置切割DNA,使较大的 DNA 分子成为一定大小的 DNA 片段;构建重组 DNA 分子时,必须在 DNA 连接酶催化下才能使 DNA 片段与载体共价连接。此外,还有一些工具酶也是重组 DNA 时所必不可少的。

(一)常用工具酶具有各自功能

为了方便快速浏览重组 DNA 技术中一些常用工具酶及其基本功能,我们将一些常用工具酶概括于表 23-1。在所有工具酶中,RE 具有特别重要的地位,因此,有关 RE 的内容单独介绍。

表 23-1　　重组 DNA 技术中常用的工具酶

工具酶	功　能
RE	识别特异序列,切割 DNA
DNA 连接酶	催化 DNA 中相邻的 5′-磷酸基团和 3′-羟基末端之间形成磷酸二酯键,使 DNA 切口封合或使两个 DNA 分子或片段连接起来
DNA 聚合酶Ⅰ	具有 5′→3′聚合、3′→5′外切及 5′→3′外切活性,用于合成双链 cDNA 分子或片段连接;缺口平移法制作高比活性探针;DNA 序列分析;填补 3′末端
Klenow 片段	又名 DNA 聚合酶Ⅰ大片段,具有完整 DNA 聚合酶Ⅰ的 5′→3′聚合及 3′→5′外切活性,但缺乏 5′→3′外切活性。常用于 cDNA 第二链合成、双链 DNA 的 3′-端标记等
逆转录酶	是以 RNA 为模板的 DNA 聚合酶,用于合成 cDNA,也用于替代 DNA 聚合酶Ⅰ进行缺口填补、标记或 DNA 序列分析等
多聚核苷酸激酶	催化多聚核苷酸 5′-羟基末端磷酸化或标记探针等
末端转移酶	在 3′-羟基末端进行同质多聚物加尾
碱性磷酸酶	切除末端磷酸基团

（二）限制性核酸内切酶是最重要的工具酶

限制性核酸内切酶(RE)简称为限制性内切酶或限制酶,是一类核酸内切酶,能识别双链 DNA 分子内部的特异序列并裂解磷酸二酯键。除极少数 RE 来自绿藻外,绝大多数来自细菌,与相伴存在的甲基化酶共同构成细菌的限制-修饰体系(restriction modification system),RE 对甲基化的自身 DNA 分子不起作用,仅对外源 DNA 切割,因此对细菌遗传性状的稳定具有重要意义。

1. RE 的分类及其特点　目前发现的 RE 有 6000 多种。根据 RE 的组成、所需因子及裂解 DNA 方式的不同可分为三种类型,即Ⅰ、Ⅱ和Ⅲ型。Ⅰ型和Ⅲ型酶为复合功能酶,同时具有限制和 DNA 修饰两种作用,且不在所识别的位点切割 DNA(即特异性不强);Ⅱ型酶能在 DNA 双链内部的特异位点识别并切割,故其被广泛用作"分子剪刀",对 DNA 进行精确切割。因此,重组 DNA 技术中所说的 RE 通常指Ⅱ型酶。

2. RE 的命名原则　RE 的命名采用 Smith 和 Nathane 提出的属名与种名相结合的命名法,即第一个字母是酶来源的细菌属名的首字母,用大写斜体;第二、三个字母是细菌菌种名的首字母,用小写斜体;第四个字母(有时无)表示细菌的特定菌株,用大写或小写;罗马数字表示 RE 在此菌种发现的先后顺序。例如,EcoRⅠ:E = Escherichia,埃希菌属;co = coli,大肠杆菌菌种;R = RY3,菌株名;Ⅰ,为从此菌中第一个分离获得的 RE。

3. RE 识别及切割特异 DNA 序列　Ⅱ型 RE 的识别位点通常为 6 或 4 个碱基序列,个别的 RE 识别 8 或 8 个以上碱基序列。表 23-2 列举了部分Ⅱ型 RE 的识别位点。大多数 RE 的识别序列为回文序列(palindrome)。回文结构是指在两条核苷酸链的特定位点,从 5′→3′方向的序列完全一致。例如,EcoRⅠ的识别序列,在两条链上的 5′→3′序列均为 GAATTC。

表 23-2　Ⅱ型 RE 的识别位点举例

RE	识别位点	RE	识别位点
Apa Ⅰ	GGGCC′C C′CCGGG	Sma Ⅰ	CCC′GGG GGG′CCC
BamH Ⅰ	G′GATCC CCTAG′G	Sau3A Ⅰ	GATC′ CTAG
Pst Ⅰ	CTGCA′G G′ACGTC	Not Ⅰ	GC′GGCCGC CGCCGG′CG
EcoR Ⅰ	G′AATTC CTTAA′G	Sfi Ⅰ	GGCCNNN′NGGCC CCGGN′NNNCCGG

′代表切割位点;N 代表任意碱基

4. RE 中的同尾酶 有些 RE 所识别的序列虽然不完全相同,但切割 DNA 双链后可产生相同的单链末端(黏端),这样的酶彼此互称同尾酶(isocaudarner),所产生的相同黏端称为配伍末端(compatible end)🔲。例如,*Bam*H Ⅰ(G′GATCC)和 *Bgl* Ⅱ(A′GATCT)在切割不同序列后可产生相同的 5′黏端,即配伍末端(—GATC—)。配伍末端可共价连接,但连接后的序列通常就不能再被两个同尾酶中的任何一个酶识别和切割了。

5. RE 中的同裂酶 有些 RE 虽然来源不同,但能识别同一序列(切割位点可相同或不同),这样的两种酶称同切点酶(isoschizomer)或异源同工酶。例如,*Bam*H Ⅰ 和 *Bst* Ⅰ 能识别并在相同位点切割同一 DNA 序列(G′GATCC);*Xma* Ⅰ 和 *Sma* Ⅰ 虽能识别相同序列(GGGCCC),但切割位点不同,前者的切点在识别序列的第一个核苷酸后(G′GGCCC),而后者的切点则在序列的中间(GGG′CCC)。同切点酶为 DNA 操作者增加了酶的选择余地。

二、重组 DNA 技术中常用的载体

载体(vector)是为携带目的外源 DNA 片段、实现外源 DNA 在受体细胞中无性繁殖或表达蛋白质所采用的一些 DNA 分子,按其功能可分为克隆载体和表达载体两大类,有的载体兼有克隆和表达两种功能。

(一) 克隆载体用于扩增克隆化 DNA 分子

克隆载体(cloning vector)是指用于外源 DNA 片段的克隆和在受体细胞中扩增的 DNA 分子,一般应具备的基本特点:①至少有一个复制起点使载体能在宿主细胞中自主复制,并能使克隆的外源 DNA 片段得到同步扩增;②至少有一个选择标志(selection marker),从而区分含有载体和不含有载体的细胞,如抗生素抗性基因、β-半乳糖苷酶基因(*lacZ*)、营养缺陷耐受基因等;③有适宜的 RE 单一切点,可供外源基因插入载体。常用克隆载体主要有质粒、噬菌体 DNA 等。

1. 质粒克隆载体 质粒克隆载体是重组 DNA 技术中最常用的载体,可以是天然质粒,更多是人工改造的质粒。质粒是细菌染色体外的、能自主复制和稳定遗传的双链环状 DNA 分子,具备作为克隆载体的基本特点🔲。例如,pUC18 质粒载体,具有一个复制起点 *ori*,一个选择标志——氨苄青霉素抗性基因 *amp^R*,多个单一酶切位点,也称多克隆酶切位点(multiple cloning sites,MCS)(图 23-10)。

图 23-10 pUC18 质粒克隆载体图谱

2. 噬菌体 DNA 载体 λ 和 M13 噬菌体 DNA 常用作克隆载体。稍早经 λ 噬菌体 DNA 改造的载体系统有 λgt 系列(插入型载体,适用于 cDNA 克隆)和 EMBL 系列(置换型载体,适用于基因组 DNA 克隆);经改造的 M13 载体有 M13mp 系列和 pUC 系列,它们是在 M13 的基因间隔区插入了大肠埃希菌(*E. coli*)的一段调节基因及 β-半乳糖苷酶(*LacZ*)N-端 146 个氨基酸残基编码基因,其编码产物为 β-半乳糖苷酶的 α 片段。突变的 *E. coli* 宿主(*lac*⁻)仅表达该酶的 ω 片段(酶的 C-端)。单独存在 β-半乳糖苷酶的 α 片段或 ω 片段都没有酶的活性,只有携带 α 片段基因的 M13 进入宿主细胞,宿主细胞才能同时表达 α 和 ω 片段,产生有活性的 β-半乳糖苷酶,使特异性底物变为蓝色化合物,这就是所谓的 α 互补(α complementation)。当外源基因的插入位点设计在 *LacZ* 基因内部时,外源基因的插入则会干扰 *LacZ* 的表达,利用 lacZ⁻ 菌株为宿主细胞,在含 LacZ 底物 X-gal 和诱导剂 IPTG 的培养基上生长时会出现白色菌落;如果在 *lacZ* 基因内无外源基因插入,则有

LacZ 表达,转化菌在同样条件下呈蓝色菌落,这就是蓝白筛选。现在,很多质粒载体也构建了蓝白筛选系统。

3. 其他克隆载体　为增加克隆载体携带较长外源基因的能力,还设计有柯斯质粒(cosmid)载体(又称黏粒载体)、细菌人工染色体(bacterial artificial chromosome,BAC)载体和酵母人工染色体(yeast artificial chromosome,YAC)载体等。柯斯质粒是人工构建的含 λDNA Cos 序列和质粒复制子的特殊类型质粒载体,自身分子量一般只有 5 ~ 7kb,但能携带的外源 DNA 片段最大可达 45kb。BAC 是以大肠埃希菌性因子 F 质粒为基础构建的克隆载体,可携带的外源 DNA 片段在 50 ~ 300kb 之间。YAC 是含酵母染色体上必需的端粒、着丝点和复制起始序列的人工构建载体,能携带 400kb 左右的 DNA 片段。

(二) 表达载体能为外源基因提供表达元件

表达载体(expression vector)是指用来在宿主细胞中表达外源基因的载体,依据其宿主细胞的不同可分为原核表达载体(prokaryotic expression vector)和真核表达载体(eukaryotic expression vector),它们的区别主要在于为外源基因提供的表达元件。利用表达载体提供的表达元件也可在体外建立无细胞表达体系(cell-free expression system),根据表达载体上的表达元件决定提供原核细胞提取物或真核细胞提取物,其基本工作原理相同于在细胞内。下面简介原核表达载体和真核表达载体的结构特点。

1. 原核表达载体　该类载体用于在原核细胞中表达外源基因,由克隆载体发展而来,除了具有克隆载体的基本特征外,还有供外源基因有效转录和翻译的原核表达调控序列,如启动子、核糖体结合位点即 SD 序列(Shine-Dalgarno sequence)、转录终止序列等。原核表达载体的基本组成如图 23-11 所示。目前应用最广泛的原核表达载体是 *E. coli* 表达载体。

图 23-11　原核表达载体的基本框架

注:R:调节序列;P:启动子;SD:SD 序列;TT:转录终止序列;amp^R:氨苄青霉素抗性基因

2. 真核表达载体　该类载体用于在真核细胞中表达外源基因,也是由克隆载体发展而来的,除了具备克隆载体的基本特征外,所提供给外源基因的表达元件是来自真核细胞的。质粒真核表达载体一般具备的特点包括:①含有必不可少的原核序列,如复制起点、抗生素抗性基因、多克隆酶切位点(MCS)等,用于真核表达载体在细菌中复制及阳性克隆的筛选;②真核表达调控元件,如真核启动子、增强子、转录终止序列、poly(A)加尾信号等;③真核细胞复制起始序列,用于载体或基因表达框架在真核细胞中的复制;④真核细胞药物抗性基因,用于载体在真核细胞中的阳性筛选。图 23-12 显示的是真核表达载体的基本组成。根据真核宿主细胞的不同,真核表达载体可分为酵母表达载体、昆虫表达载体和哺乳类细胞表达载体等。

三、重组 DNA 技术的基本原理及操作步骤

完整 DNA 克隆过程包括五大步骤(图 23-13):①目的 DNA 的分离获取(分);②载体的选择与准备(选);③目的 DNA 与载体的连接(连);④重组 DNA 转入受体细胞(转);⑤重组体的筛选及鉴定(筛)。

图 23-12   真核表达载体的基本组成

注:ori^{Pro}:原核复制起始序列;P:启动子;MCS:多克隆位点;TT:转录终止序列;ori^{euk}:真核复制起始序列。注意不是所有真核表达载体都有整合序列

图 23-13   以质粒为载体的 DNA 克隆过程

（一）目的 DNA 的分离获取是 DNA 克隆的第一步

分离获取目的 DNA 的方法主要有以下几种:

1. **化学合成法**   该方法可直接合成目的 DNA 片段,通常用于小分子肽类基因的合成,其前提是已知某基因的核苷酸序列,或能根据氨基酸序列推导出相应核苷酸序列。一般先合成两条完全互补的单链,经退火形成双链,然后克隆于载体。

2. **从基因组文库和 cDNA 文库中获取目的 DNA**   关于两种文库的构建和从文库中筛选目的 DNA/cDNA 的方法已经基本商业化了,可以根据具体需求从公司订购。

3. **PCR 法**   PCR 是一种高效特异的体外扩增 DNA 的方法(见第二十四章)。使用 PCR 法的前提是:已知待扩增目的基因或 DNA 片段两端的序列,并根据该序列合成适当引物。

4. **其他方法**   除上述方法外,也可采用酵母单杂交系统克隆 DNA 结合蛋白的编码基因,或用酵母双杂交系统克隆特异性相互作用蛋白质的编码基因。

（二）载体的选择与准备是根据目的 DNA 片段决定的

进行 DNA 克隆的目的主要有二:一是获取目的 DNA 片段,二是获取目的 DNA 片段所编码的蛋白质。针对第一种目的,通常选用克隆载体;针对第二种目的,需选择表达载体。另外,选择载体时还要考虑目的 DNA 的大小、受体细胞的种类和来源等因素(表 23-3)。除了上述需要考虑的因素外,选择载体时还需要注意载体内应有适宜的单一酶切位点或 MCS,以便根据目的 DNA 片段,对载体进行适当的酶切处理。总之,在重组 DNA 技术中,载体的选择、准备和改进极富技术性,目的不同,操作基因的性质不同,载体的选择和改建方法也不同。

表 23-3   不同载体的克隆容量及适宜宿主细胞

载体	插入 DNA 片段的适宜长度	宿主细胞
质粒	<5 ~ 10kb	细菌,酵母
λ 噬菌体 DNA 载体	~20kb	细菌
黏粒	~50kb	细菌
BAC	~400kb	细菌
YAC	~3Mb	酵母

注:BAC:bacterial artificial chromosome,细菌人工染色体;YAC:yeast artificial chromosome,酵母人工染色体

（三）目的 DNA 与载体连接形成重组 DNA

依据目的 DNA 和线性化载体末端的特点,可采用不同的连接策略🔗。主要连接策略如下:

1. **黏端连接**　依靠酶切后的黏性末端进行连接,不仅连接效率高,也具有方向性和准确性。根据酶切策略不同可有以下几种黏端连接策略:

（1）单一相同黏端连接:如果目的 DNA 序列两端和线性化载体两端为同一 RE(或同切点酶,或同尾酶)切割所致,那么所产生的黏端完全相同。这种单一相同黏端连接时会有三种连接结果:载体自连(载体自身环化)、载体与目的 DNA 连接和 DNA 片段自连。可见,这种连接的缺点是:容易出现载体自身环化、目的 DNA 可以双向插入载体(即正向和反向插入)及多拷贝连接现象,从而给后续筛选增加了困难。采用碱性磷酸酶预处理线性化载体 DNA,使之去磷酸化,可有效减少载体自身环化。目的 DNA 如果反向插入载体,虽然不影响基因克隆,但却影响外源基因的表达。

（2）不同黏端连接:如果用两种不同的 RE 分别切割载体和目的 DNA,则可使载体和目的 DNA 的两端均形成两个不同的黏端,这样可以让外源 DNA 定向插入载体。这种使目的基因按特定方向插入载体的克隆方法称为定向克隆(directed cloning)。当然,定向克隆也可通过一端为平端,另一端为黏端的连接方法来实现。定向克隆可有效避免载体自连和 DNA 片段的反向插入和多拷贝现象。

（3）通过其他措施产生黏端的连接:常用的在末端为平端的目的 DNA 片段制造黏端的方法有:①人工接头法:用化学合成法获得含 RE 位点的平端双链寡核苷酸接头(adaptor 或 linker),将此接头连接在目的 DNA 的平端上,然后用相同的 RE 切割人工接头产生黏端,进而连接到载体上。②加同聚物尾法:用末端转移酶将某一核苷酸(如 dC)逐一加到目的 DNA 的 3′-端羟基上,形成同聚物尾(如同聚 dC 尾);同时又将与之互补的另一核苷酸(如 dG)加到载体 DNA 的 3′-端羟基上,形成与目的 DNA 末端互补的同聚物尾(如同聚 dG 尾)。两个互补的同聚物尾均为黏端,因而可高效率地连接到一起。③PCR 法:针对目的 DNA 的 5′-端和 3′-端设计一对特异引物,在每条引物的 5′-端分别加上不同的 RE 位点,然后以目的 DNA 为模板,经 PCR 扩增便可得到带有引物序列的目的 DNA,再用相应 RE 切割 PCR 产物,产生黏端,随后便可与带有相同黏端的线性化载体进行有效连接。另外,在使用 *Taq* DNA 聚合酶进行 PCR 时,扩增产物的 3′-端一般多出一个不配对的腺苷酸残基(A)而成为黏端,这样的 PCR 产物可直接与 3′-端带不配对的胸腺嘧啶残基(T)的线性化载体(T 载体)连接,此即 T-A 克隆。

2. **平端连接**　若目的 DNA 两端和线性化载体两端均为平端,则两者之间也可在 DNA 连接酶的作用下进行连接,其连接结果有三种:载体自连、载体与目的 DNA 连接和 DNA 片段自连,但连接效率都较低。为了提高连接效率,可采用提高连接酶用量、延长连接时间、降低反应温度、增加 DNA 片段与载体的摩尔比等措施。平端连接同样存在载体自身环化、目的 DNA 双向插入和多拷贝现象等缺点。

3. **黏-平端连接**　黏-平末端连接是指目的 DNA 和载体通过一端为黏端、另一端为平端的方式进行连接。以该方式连接时,目的 DNA 被定向插入载体(定向克隆),连接效率介于黏端和平端连接之间。可采用提高平端连接效率的措施提高该方式的连接效率。

（四）重组 DNA 转入宿主细胞使其得以扩增

重组 DNA 转入宿主细胞后才能得到扩增。理想的宿主细胞通常是 DNA/蛋白质降解系统和(或)重组酶缺陷株,这样的宿主细胞称为工程细胞。工程细胞具有较强的接纳外源 DNA 的能力,可保证外源 DNA 长期、稳定地遗传或表达。将重组 DNA 导入宿主细胞的常用方法有如下几种:

1. **转化**　转化(transformation)是指将外源 DNA 直接导入细菌、真菌的过程,例如,重组质粒导入大肠埃希菌。然而,只有细胞膜通透性增加的细菌才容易接受外源 DNA,这样的细菌称作感受态细胞(competent cells)。实现转化的方法包括化学诱导法(如氯化钙法)、电穿孔(electroporation)法等。此外,将质粒 DNA 直接导入酵母细胞以及将黏粒 DNA 导入细菌的过程也称作转化。

2. 转染　转染(transfection)是指将外源 DNA 直接导入真核细胞(酵母除外)的过程。常用的转染方法包括化学方法(如磷酸钙共沉淀法、脂质体融合法等)和物理方法(如显微注射法、电穿孔法等)。此外,将噬菌体 DNA 直接导入受体细菌的过程也称作转染。

3. 感染　感染(infection)是指以病毒颗粒作为外源 DNA 运载体导入宿主细胞的过程。例如,以噬菌体、逆转录病毒、腺病毒等 DNA 作为载体构建的重组 DNA 分子,经包装形成病毒颗粒后进入宿主细胞。

(五) 重组体的筛选与鉴定

重组 DNA 分子导入宿主细胞后,可通过载体携带的选择标记或目的 DNA 片段的序列特征进行筛选和鉴定,从而获得含重组 DNA 分子的宿主细胞。筛选和鉴定方法主要有遗传标志筛选法、序列特异性筛选法、亲和筛选法等。

1. 借助载体上的遗传标志进行筛选　载体上通常携带可供重组体筛选的遗传标志,如抗生素抗性基因等,据此可对含重组 DNA 的宿主细胞进行筛选。

(1) 利用抗生素抗性标志筛选:将含有某种抗生素抗性基因的重组载体转化宿主细胞,然后在含相应抗生素的培养液中培养此细胞,若细胞能在这种条件下生长,则说明细胞中至少应含有导入的载体,但是否是插入目的 DNA 的载体,还需要进一步鉴定。若细胞中没有载体,则被抗生素杀死。

(2) 利用基因的插入失活/插入表达特性筛选:针对某些带有抗生素抗性基因的载体,当目的 DNA 插入抗性基因后,可使该抗性基因失活。如果还以这种抗生素抗性进行筛选,不能生长的细胞应该是含重组 DNA 的细胞。以这种方式筛选时,通常载体上携带一个以上筛选标志基因。例如 pBR322 质粒含有氨苄青霉素抗性基因(amp^R)和四环素抗性基因(tet^R),如将目的 DNA 插入 tet^R 中,tet^R 失活,含重组 DNA 的细胞只能在含氨苄青霉素的培养基中生长,而不能在含四环素的培养基中生长(图 23-14)。

(3) 利用标志补救筛选:标志补救(marker rescue)是指当载体上的标志基因在宿主细胞中表达时,宿主细胞通过与标志基因表达产物互补弥补自身的相应缺陷,从而在相应选择培养基中存活。利用该策略可初步筛选含有载体的宿主细胞。例如,*S. cerevisiae* 酵母菌株,因 *trp1* 基因突变而不能在缺少色氨酸的培养基上生长,当转入带有功能性 *trp1* 基因

图 23-14　插入失活筛选含重组载体的宿主细胞

的重组载体后,转化菌则能在色氨酸缺陷的培养基上生长。标志补救也可用于外源基因导入哺乳类细胞后阳性克隆的初筛,例如,当将带有二氢叶酸还原酶(DHFR)基因(*dhfr*)的真核表达载体导入 *dhfr* 缺陷的哺乳类细胞后,则可使细胞在无胸腺嘧啶的培养基中存活,从而筛选出带有载体的克隆(DHFR 可催化二氢叶酸还原成四氢叶酸,后者可用于合成胸腺嘧啶)。

利用 α 互补筛选携带重组质粒的细菌也是一种标志补救筛选方法。关于 α 互补原理在本节"重组 DNA 技术中常用载体"部分已有介绍,在此仅以图 23-15 概括说明将外源基因插入载体 *lacZ* 基因 N-端序列时是如何进行筛选的。

图 23-15　α 互补筛选（蓝白筛选）

（4）利用噬菌体的包装特性进行筛选：λ 噬菌体的一个重要遗传特性就是其在包装时对 λDNA 大小有严格要求，只有当 λDNA 的长度达到其野生型长度的 75%～105% 时，方能包装形成有活性的噬菌体颗粒，进而在培养基上生长时呈现清晰的噬斑，而不含外源 DNA 的单一噬菌体载体 DNA 因其长度太小而不能被包装成有活性的噬菌体颗粒，故不能感染细菌形成噬斑。根据此原理可初步筛出带有重组 λ 噬菌体载体的克隆。

2. 序列特异性筛选　根据序列特异性筛选的方法包括 RE 酶切法、PCR 法、核酸杂交法、DNA 测序法等。

（1）RE 酶切法：针对初筛为阳性的克隆，提取其重组 DNA，以合适的 RE 进行酶切消化，经琼脂糖凝胶电泳便可判断有无目的 DNA 片段的插入及插入片段的大小。同时，根据酶切位点在插入片段内部的不对称分布，还可鉴定插入 DNA 片段在载体上的方向；也可用多种 RE 制作并分析插入片段的酶切图谱。

（2）PCR 法：利用序列特异性引物，经 PCR 扩增，可鉴定出含有目的 DNA 的阳性克隆。如果利用克隆位点两侧载体序列设计引物进行 PCR 扩增，再结合序列分析，便能可靠地证实插入片段的方向、序列和可读框的正确性。

（3）核酸杂交法：该方法可直接筛选和鉴定含有目的 DNA 的克隆。常用方法是菌落或噬斑原位杂交法，其基本过程如图 23-16 所示：将转有外源 DNA 的菌落或噬斑影印到硝酸纤维素膜上，细菌裂解后所释放出的 DNA 将被吸附在膜上，将膜与标记的核酸探针杂交，通过检测探针的存在即可鉴定出含有重组 DNA 的克隆。根据核酸探针标记物的不同，可通过放射自显影、化学发光、酶作用于底物显色等方法来显示探针的存在位置，也就是阳性克隆存在的位置。

（4）DNA 测序法：该法是最准确的鉴定目的 DNA 的方法。针对已知序列，通过 DNA 测序可明确具体序列和可读框的正确性；针对未知 DNA 片段，可揭示其序列，为进一步研究提供依据。

硝酸纤维素膜

菌落或噬斑
硝酸纤维素膜
琼脂平板

依据硝酸纤维素膜上的阳性斑点，在琼脂平板上挑出对应的阳性菌落或噬斑

溶菌
中和
DNA固定

硝酸纤维素膜

带标记的探针
杂交
漂洗
曝光/显色

硝酸纤维素膜

探针杂交阳性的斑点

图 23-16　菌落或噬斑核酸原位杂交筛选重组体

3. 亲和筛选法　亲和筛选法的前提是重组 DNA 进入宿主细胞后能够表达出其编码产物。常用的亲和筛选法的原理是基于抗原-抗体反应或配体-受体反应。一般做法与上述菌落或噬斑核酸原位杂交相似，只是被检测的靶分子换成吸附于硝酸纤维素膜上的蛋白质，检测探针换成标记的抗体/抗原或配体/受体。

（六）克隆基因的表达

采用重组 DNA 技术还可进行目的基因的表达，实现生命科学研究、医药或商业目的，这是基因工程的最终目标。基因表达涉及正确的基因转录、mRNA 翻译、适当的转录后及翻译后的加工过程，这些过程对于不同的表达体系是不同的。克隆目的基因，进而大量地表达出有特殊意义的蛋白质，已成为重组 DNA 技术中一个专门的领域，这就是重组蛋白质表达。在蛋白质表达领域，表达体系的建立包括表达载体的构建、宿主细胞的建立及表达产物的分离、纯化等技术和策略。基因工程中的表达系统包括原核和真核表达体系。

1. 原核表达体系　E. coli 是当前采用最多的原核表达体系，其优点是培养方法简单、迅速、经济而又适合大规模生产工艺🔲。

（1）原核表达载体的必备条件：运用 E. coli 表达有用的蛋白质必须使构建的表达载体符合下述标准：①含 E. coli 适宜的选择标志；②具有能调控转录、产生大量 mRNA 的强启动子，如 lac、tac 启动子或其他启动子序列；③含适当的翻译控制序列，如核糖体结合位点和翻译起始点等；④含有合理设计的 MCS，以确保目的基因按一定方向与载体正确连接。关于原核表达载体的基本组成见图 23-11。

（2）重组蛋白质的表达策略：在实际工作中，蛋白质表达策略颇不一致。有时表达目的是为了获得蛋白质抗原，以便制备抗体，此时要求表达的蛋白质或多肽具有抗原性，同时要求表达产物易于分离、纯化。较好的策略是为目的基因连上一个编码标签肽的序列，从而表达为融合蛋白（fusion protein）。在有些情况下，表达的蛋白质多为不溶性的包含体（inclusion body），极易与细菌蛋白质分离。如果在设计融合基因时，在目的基因和标签序列之间加入适当的裂解位点，则很容易从表达的融合分子中去除标签序列。巧妙地设计标签序列还可大大方便表达产物的分离纯化。如果表达的蛋白质是为了用于生物化学、细胞生物学研究或临床诊断或基因防治，除分离纯化方便，更重要的是考虑

蛋白质的功能和生物学活性。此时,表达可溶性蛋白质往往具有特异的生物学功能;如果表达的是包含体形式,还需要在分离纯化后进行复性或折叠。

（3）*E. coli* 表达体系的缺点:*E. coli* 表达体系在实际应用中尚存在一些不足之处,诸如:①由于缺乏转录后加工机制,对于真核基因来说,*E. coli* 表达体系只能表达经逆转录合成的 cDNA 编码产物,不宜表达从基因组 DNA 上扩增的基因;②由于缺乏适当的翻译后加工机制,真核基因的表达产物在 *E. coli* 表达体系中往往不能被正确地折叠或糖基化修饰;③表达的蛋白质常常形成不溶性包含体,欲使其具有活性尚需进行复杂的变性-复性处理;④很难用 *E. coli* 表达体系表达大量的可溶性蛋白质。

2. **真核表达体系**　真核表达体系除与原核表达体系有相似之处外,一般还常有自己的特点。真核表达载体通常含有供真核细胞用的选择标记、启动子、转录和翻译终止信号、mRNA 的 poly(A)加尾信号或染色体整合位点等。关于真核表达载体的基本组成见图 23-12。

真核表达体系有酵母、昆虫、哺乳类细胞等,不仅可以表达克隆的 cDNA,也可表达从真核基因组 DNA 扩增的基因。哺乳类细胞表达的蛋白质通常总是被适当的修饰,而且表达的蛋白质会恰当地分布在细胞内一定区域并积累。因此,采用真核表达体系的优势是:①具有转录后加工机制;②具有翻译后修饰机制;③表达的蛋白质不形成包含体(酵母除外);④表达的蛋白质不易被降解。当然,操作技术难、费时、费钱是其缺点。

第三节　重组 DNA 技术在医学中的应用

目前,重组 DNA 技术已广泛应用于生命科学和医学研究、疾病诊断与防治、法医学鉴定、物种的修饰与改造等诸多领域,对医学临床及医学研究的影响日益增大。

一、重组 DNA 技术广泛应用于生物制药

利用重组 DNA 技术生产有应用价值的药物是当今医药发展的一个重要方向,有望成为 21 世纪的支柱产业之一。该技术一方面可用于改造传统的制药工业,如利用该基因可改造制药所需要的工程菌种或创建新的工程菌种,从而提高抗生素、维生素、氨基酸等药物的产量;另一方面利用该技术生产有药用价值的蛋白质/多肽及疫苗抗原等产品,重组人胰岛素是利用该技术生产的世界上第一个基因工程产品。目前上市的基因工程药物已百种以上,表 23-4 中仅列出部分药物和疫苗。

表 23-4　利用重组 DNA 技术制备的部分蛋白质/多肽类药物及疫苗

产品名称	主要功能
组织纤溶酶原激活剂	抗凝血,溶解血栓
凝血因子Ⅷ/Ⅸ	促进凝血,治疗血友病
粒细胞-巨噬细胞集落刺激因子	刺激白细胞生成
促红细胞生成素	促进红细胞生成,治疗贫血
多种生长因子	刺激细胞生长于分化
生长激素	治疗侏儒症
胰岛素	治疗糖尿病
多种白细胞介素	调节免疫,调节造血
肿瘤坏死因子	杀伤肿瘤细胞,调节免疫,参与炎症
骨形态形成蛋白	修复骨缺损,促进骨折愈合
人源化单克隆抗体	利用其结合特异性进行临床诊断,肿瘤靶向治疗
重组乙肝疫苗(HBsAg VLP)	预防乙型肝炎
重组 HPV 疫苗(L1 VLP)	预防 HPV 感染
重组 B 亚单位霍乱菌苗	口服预防霍乱

注:VLP:类病毒颗粒;HBsAg:乙肝病毒表面抗原;L1 HPV:人乳头瘤病毒衣壳蛋白

利用重组 DNA 技术,可以让细菌、酵母等低等生物成为制药工厂,也使基因工程细菌成为各类生物基因的储藏所;可以将小鼠杂交瘤细胞人源化,让其产生人源化抗体;可以制造基因工程病毒,使病毒保留免疫原性,缺乏感染性或变成不含核酸的类病毒颗粒(virus-like particle, VLP)。

二、重组 DNA 技术是医学研究的重要技术平台

重组 DNA 技术可用于医学研究的很多方面,诸如遗传修饰动物模型的建立、遗传修饰细胞模型的建立、基因获得或丧失对生物功能的影响等。

1. **遗传修饰动物模型的医用研究**　重组 DNA 技术可用于遗传修饰动物模型的研制,从而建立人类疾病的动物模型。目前已经建立了诸多人类疾病的遗传修饰动物模型,用于研究癌症、糖尿病、肥胖、心脏病、老化、关节炎等;遗传修饰猪模型的应用,可望增加从猪到人器官移植(pig to human organ transplantation)的成功率;改造蚊子的基因组,使其产生对疟疾的免疫反应,可望消灭疟疾。

2. **遗传修饰细胞模型在医学研究中的应用**　重组 DNA 技术也可用于遗传修饰细胞模型的建立,从而用于基因替代治疗/靶向治疗,或体内示踪。体细胞基因治疗(somatic gene therapy)已经在 X-连锁联合免疫缺陷病(X-linked SCID)、慢性淋巴细胞白血病(chronic lymphocytic leukemia, CLL)和帕金森病进行了临床研究,这是在人体上进行遗传工程的研究。改造 T 淋巴细胞,让其携带嵌合抗原受体(chimeric antigen receptor, CAR),从而达到靶向治疗疾病的 CAR-T 细胞也是采用重组 DNA 技术实现的。例如,人 T 细胞经基因操作成为靶向 CD19 的 CAR-T,用于治疗难治性慢性 B 淋巴瘤。将绿色荧光蛋白(green fluorescent protein, GFP)与细胞内的某些蛋白相融合,可使细胞变成具有示踪作用的发光细胞。

3. **基因及基因功能的获得及丧失的研究**　基因工程生物或细胞模型可用来发现一些基因的新功能,或发现新基因,一般可通过基因的获得(如转基因)或丧失(如基因敲除)进行研究,也可通过示踪实验(如 GFP 融合蛋白)研究基因表达产物的定位或相互作用信息等,或通过报告基因(如 GFP 或催化特定底物的酶)与不同启动子相融合的方法实现对基因表达调控的研究。

三、重组 DNA 技术是基因及其表达产物研究的技术基础

重组 DNA 技术已经成为基因或基因功能获得或丧失研究的技术基础,也是基因表达产物相互作用研究的技术基础。

1. **在基因组水平上干预基因**　重组 DNA 技术是基因打靶(包括基因敲除和基因敲入)及基因组编辑等的技术基础。例如,基因敲除(gene knock-out),传统的方法是利用同源重组的原理,用目的基因替换基因组上的特定基因,要实现这一目标,需要将目的基因克隆到合适的载体上,并在其两侧加上待敲除基因上的部分序列,使重组 DNA 进入细胞后能通过同源重组替换基因组的目标基因。条件性基因打靶(conditional gene targeting)是在目的基因两侧构建了 Cre 重组酶的切割位点。基因组编辑(genome editing)是指一类能定向地在基因组上改变基因序列的技术,其中 CRISPR/Cas9 系统是目前应用最多的、脱靶最少的基因组编辑技术,也是细菌抵抗病毒感染的一种获得性免疫机制。利用 CRISPR/Cas9 基因组编辑技术对特定基因进行改造,也需要在体外构建含导向 crRNA(guide crRNA, gcrRNA)和 Cas9 编码基因的重组载体,然后将这种重组载体导入受体细胞,才能实现在基因组水平定向地改变特定基因的目的。

2. **在 RNA 水平上干预基因的功能**　RNA 干扰(RNA interference, RNAi)是通过干扰小 RNA(small interference RNA, siRNA)与靶 RNA 结合,从而阻止基因表达的方法。siRNA 可以直接采用化学法合成,也可以利用 DNA 克隆技术构建干扰小发夹 RNA,即将编码 siRNA 反向互补序列和间隔序列(linker)克隆入合适的载体,在细胞内转录合成干扰小发夹 RNA,实现 RNA 干扰目的。

3. **研究蛋白质的相互作用**　重组 DNA 技术也是蛋白质相互作用研究的技术基础。例如,酵母双杂交系统(yeast two-hybrid system)是利用分别克隆转录因子 DNA 结合结构域(DNA binding

domain，DBD）和转录激活结构域（transcription activating domain，TAD）的融合基因，对 DBD-融合蛋白和 TAD-融合蛋白的融合部分的潜在相互作用能力进行研究。

小　结

DNA 重组是指 DNA 分子内或分子间发生的遗传信息的重新共价组合过程，包括同源重组、位点特异性重组和转座重组等类型，广泛存在于各类生物。自然界 DNA 重组方式主要有同源重组、位点特异性重组和转座重组。此外，原核生物还可以接合、转化和转导等作为基因转移的方式。噬菌体在感染细菌后在宿主基因组上留下短序列，从而组成 CRISPR（clustered regularly interspaced short palindromic repeats）序列簇，成为细菌防御病毒感染的重要获得性免疫机制。

重组 DNA 技术是指通过体外操作将不同来源的两个或两个以上 DNA 分子重新组合，并在适当细胞中扩增形成新的功能 DNA 分子的方法。基本操作包括五步：①获取目的 DNA；②选择和准备载体；③目的 DNA 与载体连接；④重组 DNA 导入受体细胞；⑤重组体的筛选、鉴定及克隆化。依据载体的不同，重组的目的基因可在原核或真核细胞中表达。限制性核酸内切酶、DNA 连接酶等是重组 DNA 技术常用的重要工具酶。

拟克隆的基因称为目的基因。获取目的基因的方法包括化学合成、从基因组文库或 cDNA 文库钓取或 PCR 扩增等。载体是指能携带目的基因在受体细胞中复制或表达的 DNA 分子，可分为克隆载体和表达载体。克隆载体应至少具备复制位点、供目的基因插入的单一酶切位点或多克隆酶切位点和筛选标志，表达载体除了具备克隆载体的一般特征外，还应具备供目的基因在受体细胞中表达的转录单位及必要元件，如真核表达载体的 poly（A）加尾信号。筛选和鉴定重组体的方法主要有遗传标志筛选法、序列特异性筛选法、亲和筛选法等。

表达目的基因的体系包括原核表达体系和真核表达体系，两者各具优势和不足。常用的原核表达体系是大肠埃希菌表达体系，操作简便，但缺乏对基因表达产物的加工修饰；常用的真核表达体系有酵母表达体系、昆虫表达体系和哺乳细胞表达体系。

重组 DNA 技术已经成为基因工程制药的重要技术平台，包括重组蛋白质、重组多肽、重组病毒或类病毒颗粒、人源化单克隆抗体等多种药物都是采用重组 DNA 技术完成的；重组 DNA 技术也是医学研究的重要平台技术，遗传修饰的各种模式生物已经成为人类疾病研究的重要模型；重组 DNA 技术也是基因及其功能研究的技术基础，包括基因打靶、基因组编辑、RNA 干扰及蛋白质相互作用等的技术都是以重组 DNA 技术为基础的。

思　考　题

1. 自然界 DNA 重组无论采用哪种方式，都涉及 DNA 链的断裂和再连接。从 DNA 分子的角度思考，链断裂和再连接与 DNA 分子哪个化学键有关？这个化学键的解离和形成为什么需要酶的参与？

2. 设想一下，生物体基因组 DNA 自发地频繁发生重组，无论是同源重组、位点特异性重组或转座重组，会对生物体产生哪些潜在的影响？

3. 生物体基因组可以摄取外源 DNA 留作己用（如细菌的 CRISPR 阵列），并进化成为自身的防御机制。请思考一下，细菌利用 CRISPR/Cas 系统作为获得性免疫机制，人等哺乳动物是否也需要类似的机制，为什么？

4. 重组 DNA 技术为操作 DNA 提供了技术平台，针对人基因组中的一个基因序列，如何能成功地用大肠埃希菌表达系统将其编码产物表达出来？（需要考虑原核表达体系的特点、真核基因的结构特点、构建重组 DNA 的优化方式等。）

（王丽颖）

第二十四章　常用分子生物学技术的原理及其应用

分子生物学理论研究的突破无一不与分子生物学技术的产生和发展息息相关,可以说两者是科学与技术相互促进的最好例证,即理论上的发现为新技术的产生提供思路,而新技术的产生又为证实原有理论和发展新理论提供有力工具。因此,了解分子生物学技术原理及其用途,对于加深理解现代分子生物学的基本理论和研究现状、深入认识疾病的发生和发展机制、理解和应用新的基于分子生物学而发展起来的诊断治疗策略和药物具有极为重要的意义。为此本章概括介绍目前分子生物学中的一些常用技术及其在医学上的应用。

第一节　分子杂交和印迹技术

分子杂交技术利用 DNA 变性与复性这一基本理化性质,结合印迹技术和探针技术,可进行 DNA 和 RNA 的定性或定量分析。

一、分子杂交和印迹技术的原理

分子杂交的概念在第二章已有详细描述,这里仅介绍印迹和探针技术。

(一) 印迹技术

1975 年,E. Southern 将经琼脂糖电泳分离的 DNA 片段在胶中变性使其成为单链,然后将硝酸纤维素(nitrocellulose, NC)膜平铺在胶上,膜上放置一定厚度的吸水纸巾,利用毛细作用使胶中的 DNA 分子转移到 NC 膜上,使之固相化🔊。将载有 DNA 单链分子的 NC 膜放在核酸杂交反应溶液中,溶液中具有互补序列的 DNA 或 RNA 单链分子就可以结合到存在于 NC 膜上的 DNA 分子上。这一技术类似于用吸墨纸吸收纸张上的墨迹,因此称之为"blotting",译为印迹技术。目前这种技术已广泛用于 DNA、RNA 和蛋白质的检测。除靠毛细作用将 DNA 转移至 NC 膜外,后来又建立了电转移印迹技术和真空吸引转移印迹技术。这些新的方法缩短了转移所需的时间。另外亦有一些新的材料用于转移膜制备而改善待测分子的转移效率和样品承载能力。

(二) 探针技术

探针(probe)指的是带有放射性核素、生物素或荧光物质等可检测标志物的核酸片段,它具有特定的序列,能够与待测的核酸片段依据碱基互补原理结合,因此可以用于检测核酸样品中存在的特定核酸分子。核酸探针既可以是人工合成的寡核苷酸片段,也可以是基因组 DNA 片段、cDNA 全长或片段,还可以是 RNA 片段。在 NC 膜杂交反应中,标记探针的序列如果与 NC 膜上的核酸存在碱基序列互补,就可以结合到膜上的相应 DNA 或 RNA 区带,经放射自显影或其他检测手段就可以判定膜上是否有互补序列的核酸分子存在。

二、印迹技术的类别及应用

印迹技术可以分为 DNA 印迹、RNA 印迹和蛋白质印迹三大类。它们的基本流程如图 24-1 所示。

图 24-1　DNA 印迹、RNA 印迹和蛋白质印迹技术示意图

（一）DNA 印迹

DNA 印迹（DNA blotting）为 E. Southern 首次应用，因而命名为 Southern blotting。DNA 样品经限制性内切酶消化后行琼脂糖凝胶电泳分离 DNA 片段，将含有不同大小 DNA 片段的凝胶在变性溶液中处理，然后将胶中的变性 DNA 分子转移到 NC 膜上，转移完成后，将含 DNA 片段的 NC 膜在 80℃真空条件下加热或在紫外交联仪内处理，使 DNA 固定于 NC 膜上，即可用于杂交反应。DNA 印迹技术主要用于基因组 DNA 的定性和定量分析，例如对基因组中特异基因的定位及检测、基因组中转基因和基因剔除的分析，此外亦可用于分析重组构建的质粒和噬菌体。

（二）RNA 印迹

利用与 DNA 印迹相类似的技术来分析 RNA 就称为 RNA 印迹（RNA blotting）。相对于 Southern blotting，有人将 RNA 印迹称为 Northern blotting，其技术原理与 Southern blotting 相同。RNA 分子较小，在转移前无需进行限制性内切酶切割，而且变性 RNA 的转移效率也比较高。RNA 印迹技术目前主要用于检测特定组织或细胞中已知的特异 mRNA 和非编码 RNA 的表达水平，也可以比较不同组织和细胞中的同一基因的表达情况。尽管用 RNA 印迹技术检测 RNA 的敏感性较 PCR 法（见本章第二节）低，但是由于其特异性强，假阳性率低，仍然被认为是最可靠的 mRNA 和非编码 RNA 定量分析方法之一。

（三）蛋白质印迹

印迹技术不仅可用于核酸的分子杂交，而且也可用于蛋白质的分析。人们发现蛋白质在电泳之后也可以从胶中转移并固定到膜型材料上，再依靠与溶液中相应的蛋白质分子相互结合来进行定性定量分析，其中最常用的是用抗体来检测，因此亦被称为免疫印迹（immunoblotting）。相对应于 DNA 的 Southern blotting 和 RNA 的 Northern blotting，蛋白质印迹被称为 Western blotting。

蛋白质印迹需先将混合蛋白质用聚丙烯酰胺凝胶电泳按分子大小分开，再将蛋白质转移到 NC 膜或其他膜上。蛋白质的转移只有靠电转移方可实现。蛋白质的分析主要靠抗体来进行。特异性抗体（称为第一抗体）首先与转移膜上相应的蛋白质分子结合，然后用碱性磷酸酶、辣根过氧化物酶标记或放射性核素标记的第二抗体与之结合。反应之后用底物显色或放射自显影来检测蛋白质区带的信号，底物亦可与化学发光剂相结合以提高敏感度。蛋白质印迹技术用于检测样品中特异性蛋白质的存在、细胞中特异蛋白质的半定量分析以及蛋白质分子的相互作用研究等。

除上述三种基本印迹技术外，还有一些方法可用于核酸和蛋白质的分析。例如，可以不经电泳分离而直接将样品点在 NC 膜上用于核酸杂交分析，这种方式被称为斑点印迹（dot blotting）；组织切片或细胞涂片可以直接用于杂交分析，称为原位杂交（in situ hybridization，ISH）；可以将多种已知序列

的 DNA 排列在一定大小的尼龙膜或其他支持物上用于检测细胞或组织样品中的核酸种类,这种技术称为 DNA 芯片技术📷(见本章第五节)。

第二节　PCR 技术的原理与应用

20 世纪 70 年代末,随着 DNA 重组技术的产生和发展,如何快速获得目的基因(待检测或待研究的特定基因)片段已经成为瓶颈问题。1983 年 K. Mullis 发明了聚合酶链反应(polymerase chain reaction,PCR)技术。该技术可将微量 DNA 片段大量扩增,使微量 DNA 或 RNA 的操作变得简单易行。PCR 技术的高敏感、高特异、高产率、可重复、快速简便等优点使其迅速成为分子生物学研究中应用最为广泛的方法,许多以往无法解决的分子生物学研究难题得以解决。PCR 技术的发明是分子生物学的一项革命,极大地推动了分子生物学以及生物技术产业的发展,成为分子生物学与医学的支撑技术。

近年来,PCR 技术不断改进,从手工操作发展到自动化仪器,从定性分析发展到定量测定。该方法与其他分子生物学技术相结合,其用途日益广泛。新的 PCR 技术类型层出不穷。

一、PCR 技术的工作原理

PCR 的基本工作原理是在体外模拟体内 DNA 复制的过程。以待扩增的 DNA 分子为模板,用两条寡核苷酸片段作为引物,分别在拟扩增片段的 DNA 两侧与模板 DNA 链互补结合,提供 3′-OH 末端;在 DNA 聚合酶的作用下,按照半保留复制的机制沿着模板链延伸直至完成两条新链的合成。不断重复这一过程,即可使目的 DNA 片段得到扩增(图 24-2)(动画 24-1"PCR 原理及实验步骤示意")。PCR 反应的特异性依赖于与模板 DNA 两端互补的寡核苷酸引物。组成 PCR 反应体系的基本成分包括模板 DNA、特异引物、耐热性 DNA 聚合酶(如 Taq DNA 聚合酶)、dNTP 以及含有 Mg^{2+} 的缓冲液。

图 24-2　PCR 技术原理示意图

PCR 扩增产物可分为长产物片段和短产物片段两部分。在第一轮反应周期中,以两条互补的 DNA 为模板,引物附上模板的 3′-端,即新生链的 5′-端是固定的,其 3′-端则没有固定的止点,产生"长产物片段"。进入第二轮循环,新延伸片段的起点和终点都限定于引物扩增序列以内,形成长短一致的"短产物片段"。短产物片段的长度严格地限定在两个引物链 5′-端之间,是需要扩增的特定片段。"短产物片段"按指数倍数增加,而"长产物片段"几乎可以忽略不计

PCR 的基本反应步骤包括：①变性：将反应体系加热至 95℃，使模板 DNA 完全变性成为单链，同时引物自身以及引物之间存在的局部双链也得以消除；②退火：将温度下降至适宜温度（一般较 T_m 低 5℃），使引物与模板 DNA 结合；③延伸：将温度升至 72℃，DNA 聚合酶以 dNTP 为底物催化 DNA 的合成反应。上述 3 个步骤称为 1 个循环，新合成的 DNA 分子继续作为下一轮合成的模板，经多次循环（25～30 次）后即可达到扩增 DNA 片段的目的。

二、PCR 技术的主要用途

（一）获得目的基因片段

PCR 技术为在重组 DNA 过程中获得目的基因片段提供了简便快速的方法。在人类基因组计划完成之前，PCR 是从 cDNA 文库或基因组文库中获得序列相似的新基因片段或新基因的主要方法。目前，该技术是从各种生物标本或基因工程载体中快速获得已知序列目的基因片段的主要方法。

（二）DNA 和 RNA 的微量分析

PCR 技术敏感性高，对模板 DNA 的量要求很低，是 DNA 和 RNA 微量定性和定量分析的最好方法。理论上讲，只要存在 1 分子的模板，就可以获得目的片段。实际工作中，1 滴血液、1 根毛发或 1 个细胞已足以满足 PCR 的检测需要，因此在基因诊断方面具有极广阔的应用前景。

（三）DNA 序列分析

将 PCR 技术引入 DNA 序列测定，使测序工作大为简化，也提高了测序的速度，是实现高通量 DNA 序列分析的基础（见本章第三节）。待测 DNA 片段既可克隆到特定的载体后进行序列测定，也可直接测定。

（四）基因突变分析

PCR 与其他技术的结合可以大大提高基因突变检测的敏感性，例如单链构象多态性分析、等位基因特异的寡核苷酸探针分析、基因芯片技术、DNA 序列分析等。

（五）基因的体外突变

在 PCR 技术建立以前，在体外对基因进行各种突变是一项费时费力的工作。现在，利用 PCR 技术可以随意设计引物在体外对目的基因片段进行插入、嵌和、缺失、点突变等改造。

三、几种重要的 PCR 衍生技术

PCR 技术自身的发展及其与已有分子生物学技术的结合形成了多种 PCR 衍生技术，提高了 PCR 反应的特异性和应用的广泛性。本章仅举例介绍部分与医学研究密切相关的 PCR 衍生技术。

（一）逆转录 PCR 技术

逆转录 PCR（reverse transcription PCR，RT-PCR）是将 RNA 的逆转录反应和 PCR 反应联合应用的一种技术。首先以 RNA 为模板，在逆转录酶的作用下合成 cDNA，再以 cDNA 为模板通过 PCR 反应来扩增目的基因。RT-PCR 可检测到单个细胞中少于 10 个拷贝的特异的 RNA，是目前从组织或细胞中获得目的基因以及对已知序列的 RNA 进行定性和半定量分析的最有效方法，也是最广泛使用的 PCR 方法。

（二）原位 PCR 技术

原位 PCR（in situ PCR）是利用完整的细胞作为一个微小的反应体系来扩增细胞内的目的基因片段。PCR 反应在甲醛溶液（福尔马林）固定、石蜡包埋的组织切片或细胞涂片上的单个细胞内进行。PCR 反应后，再用特异性探针进行原位杂交，即可检出待测 DNA 或 RNA 是否在该组织或细胞中存在。由于常规 PCR 或 RT-PCR 技术的产物不能在组织细胞中直接定位，因而不能与特定的组织细胞特征表型相联系，而原位杂交技术虽有良好的定位效果，但灵敏度不高。原位 PCR 方法弥补了 PCR 技术和原位杂交技术的不足，将目的基因的扩增与定位相结合，既能分辩鉴定带有靶序列的细胞，又能标出靶序列在细胞内的位置，在分子和细胞水平上研究疾病的发病机制和临床过程有重大的实用价值。

（三）实时 PCR 技术

常规 PCR 反应是在反应终点检测产物含量,然而在反应过程中产物是以指数形式增加的,多次循环反应后的产物堆积将影响对原有模板含量差异的准确判断,故常规 PCR 反应只能作为半定量手段。实时 PCR(real-time PCR)技术通过动态监测反应过程中的产物量,消除了产物堆积对定量分析的干扰,亦被称为定量 PCR(quantitative PCR,qPCR)。定量 PCR 技术实现了 mRNA、miRNA 及其他非编码的 RNA 快速而准确的定量分析,已在临床应用于基因诊断。

1. 实时 PCR 的基本技术原理 实时 PCR 的基本原理是在 PCR 反应体系中加入荧光基团,利用荧光信号积累实时监测整个 PCR 进程,故也被称为实时荧光定量 PCR 或荧光定量 PCR。实时定量 PCR 需要采用专用 PCR 仪,自动在每个循环的特定阶段对反应体系的荧光强度进行采集,实时记录荧光强度的改变,可以做到 PCR 每循环一次就收集一个数据,建立实时扩增曲线。由于反应起始的模板 DNA 量与循环过程的指数期的扩增产物量之间存在着定量关系,利用荧光信号的实时监测和计算,可以准确地确定起始 DNA 拷贝数,从而对样品的浓度进行精确定量。

2. 实时 PCR 技术的分类 荧光标记是实现 PCR 反应实时定量的化学基础。实时荧光定量 PCR 的化学原理包括引物探针类和非引物探针类两种。非引物探针类是利用非特异性的插入双链 DNA 的荧光染料来指示扩增的增加,引物探针类则是利用可与靶 DNA 序列特异杂交结合的引物,标记荧光报告基团作为探针,来指示扩增产物的增加。

（1）非引物探针类实时 PCR:非引物探针类实时 PCR 加入的是能与双链 DNA 结合的荧光染料,由此来实现对 PCR 过程中产物量的全程监测,并不使用荧光来标记引物。最常用的是能结合到 DNA 双螺旋小沟区域的荧光染料 SYBR Green。该染料处于游离状态时,荧光信号强度较低,一旦与双链 DNA 结合之后,荧光信号强度大大增强(约为游离状态的 1000 倍)。荧光信号的强度与反应体系中的双链 DNA(代表合成产物)的量成正比(图 24-3)。因此,该荧光染料可用来实时监测 PCR 产物量的多少。由于非探针类实时 PCR 成本低廉,简便易行,近年来得到很快的发展,技术日趋完善,从而在基因表达的定量分析方面广泛应用。

图 24-3 荧光染料 SYBR Green 用于实时 PCR 的原理示意图
SYBR Green 只可以结合在双链 DNA 上,结合后产生荧光。荧光信号强度与产物量正相关。在 PCR 反应过程中,实时测定荧光强度即可得知产物量,并据此计算出样本中的初始模板含量

（2）引物探针类实时 PCR：与非引物探针类实时 PCR 相比，引物探针类实时 PCR 是通过使用荧光标记的引物为探针来产生荧光信号。探针除了能产生荧光信号用于监测 PCR 进程之外，还能和模板 DNA 待扩增区域结合，因此提高了 PCR 的特异性。目前，常用的探针类实时 PCR 包括 TaqMan 探针法、分子信标（molecular beacons）探针法和荧光共振能量转移（fluorescence resonance energy transfer，FRET）探针法等。荧光探针由于增加了探针的互补识别步骤，特异性更高，且可采用多色荧光探针，可在一个反应中实现对数种不同基因表达水平的同时检测。

3. 实时 PCR 的应用　实时定量 PCR 技术具有定量、特异、灵敏和快速等特点，是目前检测目的核酸拷贝数的可靠方法，是 DNA 定量技术的一次飞跃。目前实时荧光 PCR 技术已经被广泛应用于基础科学研究、临床诊断、疾病研究及药物研发等领域。这些应用将改变以往对疾病的表型认识和表型诊断，而是从本质上认识疾病和诊断疾病。

（1）实时 PCR 在肿瘤领域的应用：实时定量 PCR 不但能有效地检测基因的突变、重排、易位等，而且能准确检测癌基因表达量，可用于肿瘤早期诊断、鉴别、分型、分期、治疗及预后评估。

实时荧光定量 PCR 可运用特异性荧光探针检测基因突变。可设计跨越疑似突变位点的荧光探针，进行基因扩增，然后对扩增产物进行缓慢加热获得熔解曲线，根据熔解曲线特征判断有无突变。也可使用双色标记探针进行突变检测，一个检测野生型，另一个标记的探针检测突变体。

（2）实时 PCR 用于多态性分析：实时定量 PCR 技术在单核苷酸多态性（single nucleotide polymorphism，SNP）分析方面亦有很好的应用前景，例如用于预测药物在同一疾病不同个体内的效应差异所致的治疗反应性不同，按照基因多态性的特点用药，将会使临床治疗符合个体化的要求。

（3）实时 PCR 用于病原体的检测：实时定量 PCR 技术还可用于多种细菌、病毒、支原体、衣原体的检测。例如，实时定量 PCR 不仅能对病毒定性，而且由于其实验的批间和批内差异小，重复性好，因此能方便、快速、灵敏、准确地定量其 DNA 或 RNA 的序列，动态观测病程中潜在病毒数量，如对乙型肝炎病毒 HBV 的检测。以往对乙肝病毒的检测主要依靠乙肝表面抗原（HBsAg）这种间接指标，然而 HBsAg 阳性或阴性很难判断病人体内的 HBV 是否处于复制期，病毒复制的量又如何，以及病人是否具有传染性。实时定量 PCR 的出现，可准确地检测出标本中 HBV 的拷贝数，实时监测病人的药物治疗效果和临床状态。

第三节　DNA 测序技术

DNA 测序（DNA sequencing）的目的是确定一段 DNA 分子中 4 种碱基（A、G、C、T）的排列顺序。DNA 测序技术是阐明和理解基因结构、基因功能、基因变异、基因表达调控的基础，也是实现在分子层次预测、预防、诊断和治疗疾病的个体化医学的最重要的支撑技术。

分子生物学发展的初期，采用部分酶解等方法仅能测定 RNA 的序列，且费时费力。1977 年，Maxam AM 和 Gilbert W 合作创立了化学降解法，又称 Maxam-Gilbert 测序法；同年，Sanger F 创建了双脱氧测序法或称 Sanger 法。这两种方法的建立实现了 DNA 测序技术的第一次飞跃，三位科学家也因此分享了 1980 年的诺贝尔化学奖。40 余年来，DNA 测序技术发展迅速，从手工操作到自动化仪器分析、从单一短片段到高通量平行分析，尤其是在人类基因组计划的推进和带动下，已经实现了高速和低价的目标，人全基因组 30 亿碱基对的测序目前已经成为常规技术。快速测序技术极大推动了生物学和医学多个领域的理论突破和应用研究。

一、双脱氧法和化学降解法是经典 DNA 测序方法

早期的 DNA 测序只能在实验室内手工完成，故基本上是用于分子生物学研究工作，采用的是双脱氧法或化学降解法。

（一）双脱氧法 DNA 测序技术

Sanger 双脱氧测序（dideoxy sequencing）法亦称为链终止（chain-termination method）法，基于对引物的延伸合成反应。如图 24-4 所示，用 DNA 聚合酶来延伸结合在待测序列 DNA 模板上的寡脱氧核苷酸引物，直到在新合成的 DNA 链的 3′-末端掺入了 4 种放射性核素标记的 2′,3′-双脱氧核苷三磷酸（ddNTP）底物的其中一种。由于 ddNTP 脱氧核糖的 3′-位碳原子上缺少羟基而不能与下一位核苷酸的 5′-位磷酸基之间形成 3′,5′-磷酸二酯键，从而使得正在延伸的 DNA 链在该 ddNTP 处终止。因此，在 4 种不同反应体系中分别加入 4 种不同的 ddNTP 底物（A、G、C、T），就可得到终止于相应特定碱基的一系列不同长度 DNA 片段。这些片段具有共同的起点（即引物的 5′-末端），而有不同的终点（即 ddNTP 掺入的位置），其长度取决于 ddNTP 掺入的位置与引物 5′-末端之间的距离。经可分辨 1 个核苷酸差别的变性聚丙烯酰胺凝胶电泳分离这些片段，再借助片段的放射性核素或荧光标记，即可读出一段 DNA 序列。（动画 24-2"DNA 序列测定原理"）

图 24-4　Sanger 双脱氧法测序原理

（二）化学降解法 DNA 测序技术

Maxam-Gilbert 化学降解测序（chemical degradation sequencing）法则首先对待测序的 DNA 片段的末端进行放射性核素标记，然后用专一性化学试剂将该片段 DNA 进行特异性降解，从而产生 4 套含有长短不一 DNA 片段的混合物，再通过其所带的标记读出序列。这一方法的建立在分子生物学发展早期发挥了重要作用，但因其费用高且难以实现自动化而被其他方法取代。

二、第一代全自动激光荧光 DNA 测序仪器基于双脱氧法

Sanger 方法和 Maxam-Gilbert 化学降解法的手工操作对技术人员的经验和技术熟练程度要求很高，实验失败概率高，难以在普通实验室推广普及，更难以满足分子生物学的迅速发展及其在医学等领域应用的需求，因而催生了自动化分析仪的发明。

早期的全自动 DNA 序列分析仪的工作原理主要是基于 Sanger 法,采用四色荧光标记 ddNTP 而制作的。目前,自动激光荧光 DNA 测序仪(又称第一代测序仪)的应用已十分普遍,它可实现制胶、进样、电泳、检测、数据分析全自动化。第一代测序技术的读长可以超过 1000bp,原始数据的准确率可高达 99.999%。

在四色荧光法分析中,采用 4 种不同荧光染料标记 4 种不同的可终止 DNA 延伸反应的底物 ddNTP,经 Sanger 法反应后,赋予所合成的 DNA 片段 4 种不同的颜色。待测 DNA 样品的 4 个反应产物在同一个泳道内依照片段大小电泳分离,由仪器自动连续采集荧光数据并完成分析,最后直接显示待测 DNA 的碱基序列。

人类基因组计划的第一个人类基因组草图的绘制采用的就是 Sanger 法。美国、英国、日本、法国、德国、加拿大、中国等 7 个国家的科学家合作,用了众多自动激光荧光 DNA 测序仪,以集成式工厂化运行模式而完成的。

三、高通量 DNA 测序技术使基因测序走向医学实用

要将人类基因组序列分析的研究成果用于各种复杂疾病的机制研究、诊断、预警、治疗监测以及法医学鉴定等医学实践,需要对人群及个体进行全基因组序列分析。为此必须首先实现 DNA 测序技术的微量、快速和低成本化,而标准的 Sanger 法及第一代测序仪的高成本很难满足这一需求,新的高通量 DNA 测序技术及其分析仪器因此应运而生。这些新技术被冠以新一代测序(next generation sequencing,NGS)之称,并先后有第二代、第三代甚至第四代之分,其共同特点都是实现了微量化、高通量并行化和低成本。

所有的 NGS 都是在一次反应中同时分析多个 DNA 小片段,因而可快速获得所有序列,再经生物信息学整合分析,得出个体的基因组序列。在超高通量测序时,甚至可并行百万个测序反应。需要指出的是,每一种新的高通量测序技术都是伴随相应的新仪器而诞生的,否则无法进入生物学和医学领域。

一些 NGS 技术需要首先进行待测 DNA 片段的 PCR 扩增。这些技术和仪器主要包括:①454 基因组测序仪利用焦磷酸测序,检测 DNA 合成产生的焦磷酸。综合运用了乳液 PCR、微流控芯片、焦磷酸检测等技术。②Solexa/Illumina 测序仪检测 DNA 合成反应中掺入的荧光标记单核苷酸,利用桥式 PCR、微流控芯片、荧光标记基团和终止基团检测等技术。③SOLiD 测序仪基于寡核苷酸连接反应,利用乳液 PCR、微流控芯片,检测 DNA 连接酶催化的荧光标记寡核苷酸探针连接到 DNA 链过程中释放出的光学信号。

更新一代的测序技术则无需 PCR 扩增反应,直接针对 DNA 单分子进行序列分析,亦称为第三代测序技术。这些技术包括 HeliScope 测序技术、单分子实时技术(single molecule real time technology,SMRT)以及基于荧光共振能量转移(FRET)的测序技术等🔲。

高通量 DNA 测序技术的快速进步极大促进了人全基因组测序(whole genome sequencing,WGS)、转录组测序(RNA-seq)、全外显子测序(Exome-seq)、DNA-蛋白质相互作用,即染色质免疫共沉淀测序(ChIP-seq)、病原微生物全基因组测序等在医学研究和实践中的应用(见第二十七章),为医学进入大数据时代提供了核心技术支撑。

四、DNA 测序在医学领域具有广泛应用价值

DNA 测序技术在医学领域的使用日益广泛和深入。DNA 测序在医学研究和临床实践中的主要用途是:①通过人群大样本分析,确定单基因遗传病和多基因变异相关疾病的 SNP 位点、基因结构变异、基因拷贝数变异等,鉴定出可用于复杂性疾病易感性预警或早期诊断的疾病标志物,并将这些单一基因或多个基因的变异检测用于临床诊断。这些变异的发现还将指导治疗靶点的确认和药物研发;②检测肿瘤组织的染色体畸变、癌基因和抑癌基因突变位点、融合基因、染色体拷贝数变化等,为肿瘤分子分型和治疗敏感性监测提供依据;③进行个人基因组分析,在大数据平台发展的基础上,建

立个人 SNP 位点与疾病易感性、药物敏感性和耐受性以及其他诸多表型之间的联系;④用于病原微生物检测,确定病原微生物的分子分型,为抗病毒或细菌感染治疗提供依据。

DNA 测序在法医学领域具有特殊意义。该技术极大提高了 DNA 鉴定的敏感性和准确性,在各类案件中作为司法证据的重要性越加凸显。DNA 测序在亲子鉴定中亦具有重要价值。

第四节 生物芯片技术

生物芯片技术是在 20 世纪末发展起来的一项新的规模化生物分子分析技术,目前已被应用于生命科学的众多领域。这些应用包括基因表达检测、基因突变检测、基因诊断、功能基因组研究、基因组作图等多个方面。

一、基因芯片

基因芯片(gene chip)是指将许多特定的 DNA 片段有规律地紧密排列固定于单位面积的支持物上,然后与待测的荧光标记样品进行杂交,杂交后用荧光检测系统等对芯片进行扫描,通过计算机系统对每一位点的荧光信号作出检测、比较和分析,从而迅速得出定性和定量的结果。该技术亦被称作DNA 微阵列(DNA microarray)。基因芯片可在同一时间内分析大量的基因,高密度基因芯片可以在 $1cm^2$ 面积内排列数万个基因用于分析,实现了基因信息的大规模检测。

基因芯片特别适用于分析不同组织细胞或同一细胞不同状态下的基因差异表达情况,其原理是基于双色荧光探针杂交。该系统将两个不同来源样品的 mRNA 逆转录合成 cDNA 时用不同的荧光分子(如正常用红色、肿瘤用绿色)进行标记(图 24-5),标记的 cDNA 等量混合后与基因芯片进行杂交,在两组不同的激发光下检测,获得两个不同样品在芯片上的全部杂交信号。呈现绿色荧光的位点代表该基因只在肿瘤组织表达,呈现红色信号的位点代表该基因只在正常组织表达,呈现两种荧光互补色——黄色的位点则表明该基因在两种组织中均有表达。

图 24-5 **基因芯片工作流程示意图**
不同标本(如正常组织和肿瘤组织)抽提的 RNA 经 RT-PCR 后分别以不同的荧光染料标记,等量混合后在芯片上进行杂交,最后进行扫描和读片。右下为双色荧光重叠图像,绿色荧光者表示正常组织高表达,而红色荧光者表示肿瘤组织高表达

二、蛋白质芯片

蛋白质芯片(protein chip)是将高度密集排列的蛋白质分子作为探针点阵固定在固相支持物上,当与待测蛋白质样品反应时,可捕获样品中的靶蛋白质,再经检测系统对靶蛋白质进行定性和定量分析的一种技术。蛋白质芯片的基本原理是蛋白质分子间的亲和反应,例如抗原-抗体或受体-配体之间的特异性结合。最常用的蛋白质探针是抗体。在用蛋白质芯片检测时,首先要将样品中的蛋白质标记上荧光分子,经过标记的蛋白质一旦结合到芯片上就会产生特定的信号,通过激光扫描系统来检测信号。

蛋白质芯片技术具有快速和高通量等特点,它可以对整个基因组水平的上千种蛋白质同时进行分析,是蛋白质组学研究的重要手段之一,已广泛应用于蛋白质表达谱、蛋白质功能、蛋白质间的相互作用的研究。在临床疾病的诊断和新药开发的筛选上也有很大的应用潜力。

第五节 蛋白质的分离、纯化与结构分析

蛋白质是生物大分子,具有胶体性质、沉淀、变性和凝固等特点。人体的细胞和体液中存在成千上万种蛋白质,要分析其中某种蛋白质的结构和功能,需要从混合物分离纯化出单一蛋白质。蛋白质分离通常是利用其特殊理化性质,采取盐析、透析、电泳、层析及超速离心等不损伤蛋白质空间构象的物理方法,以满足研究蛋白质结构与功能的需要。

一、蛋白质沉淀用于蛋白质浓缩及分离

蛋白质在溶液中一般含量较低,需要经沉淀浓缩,以利进一步分离纯化。

1. **有机溶剂沉淀蛋白质** 丙酮、乙醇等有机溶剂可以使蛋白质沉淀,再将其溶解在小体积溶剂中即可获得浓缩的蛋白质溶液。为保持蛋白质的结构和生物活性,需要在 $0 \sim 4℃$ 低温下进行丙酮或乙醇沉淀,沉淀后应立即分离,否则蛋白质会发生变性。

2. **盐析分离蛋白质** 盐析(salt precipitation)是将硫酸铵、硫酸钠或氯化钠等加入蛋白质溶液,使蛋白质表面电荷被中和以及水化膜被破坏,导致蛋白质在水溶液中的稳定性因素去除而沉淀。各种蛋白质盐析时所需的盐浓度及 pH 均不同,可据此将不同的蛋白质予以分离。例如血清中的清蛋白和球蛋白,前者可溶于 pH 7.0 左右的半饱和硫酸铵溶液中,而后者在此溶液中则发生沉淀。当硫酸铵溶液达到饱和时,清蛋白也随之析出。所以盐析法可将蛋白质初步分离,但欲得纯品,尚需用其他方法。许多蛋白质经纯化后,在盐溶液中长期放置逐渐析出,成为整齐的结晶。

3. **免疫沉淀分离蛋白质** 蛋白质具有抗原性,将某种纯化蛋白质免疫动物可获得抗该蛋白质的特异抗体。利用特异抗体识别相应抗原并形成抗原抗体复合物的性质,可从蛋白质混合溶液中分离获得抗原蛋白。这就是可用于特定蛋白质定性和定量分析的免疫沉淀法。在具体实验中,常将抗体交联至固相化的琼脂糖珠上,易于获得抗原抗体复合物。进一步将抗原抗体复合物溶于含十二烷基硫酸钠和二巯基丙醇的缓冲液后加热,使抗原从抗原抗体复合物分离而得以纯化,并用于分析。

二、透析和超滤法去除蛋白质溶液中的小分子化合物

利用透析袋将大分子蛋白质与小分子化合物分开的方法称为透析(dialysis)⌧。透析袋是用具有超小微孔的膜,如硝酸纤维素膜制成,一般只允许分子量为 10kD 以下的化合物通过。将蛋白质溶液装在透析袋内,置于水中,硫酸铵、氯化钠等小分子物质可透过薄膜进入水溶液,由此可对盐析浓缩后的蛋白质溶液进行除盐。如果透析袋外放放置吸水剂如聚乙二醇,则袋内水分伴同小分子物质透出袋外,高分子量的蛋白质留在袋内,可达到浓缩目的。同样,应用正压或离心力使蛋白质溶液透过有一定截留分子量的超滤膜,达到浓缩蛋白质溶液的目的,称为超滤法⌧。此法简便且回收率高,是常用的浓缩蛋白质溶液方法。

三、电泳分离蛋白质

蛋白质在高于或低于其 pI 的溶液中成为带电颗粒,在电场中能向正极或负极方向移动。这种通

过蛋白质在电场中泳动而达到分离各种蛋白质的技术称为电泳(electrophoresis)。根据支撑物的不同,有纤维薄膜电泳、凝胶电泳等。薄膜电泳是将蛋白质溶液点样于薄膜上,薄膜两端分别加正、负电极,此时带正电荷的蛋白质向负极泳动;带负电荷的蛋白质向正极泳动;带电多、分子量小的蛋白质泳动速率快;带电少、分子量大的则泳动慢,于是蛋白质被分离。凝胶电泳的支撑物为琼脂糖、淀粉或聚丙烯酰胺凝胶。凝胶置于玻璃板上或玻璃管中,凝胶两端分别加上正、负电极,蛋白质混合液即在凝胶中泳动。电泳结束后,用蛋白质显色剂显色,即可看到多条已被分离的蛋白质色带。

1. **SDS-聚丙烯酰胺凝胶电泳分离蛋白质**   若蛋白质样品和聚丙烯酰胺凝胶系统中加入带负电荷较多的十二烷基硫酸钠(SDS),使所有蛋白质颗粒表面覆盖一层 SDS 分子,导致蛋白质分子间的电荷差异消失,此时蛋白质在电场中的泳动速率仅与蛋白质颗粒大小有关,加之聚丙烯酰胺凝胶具有分子筛效应,因而此种称之为 SDS-聚丙烯酰胺凝胶电泳(SDS-polyacrylamide gel electrophoresis, SDS-PAGE)。

2. **等点聚焦电泳分离蛋白质**   如果在聚丙烯酰胺凝胶中加入系列两性电解质载体,在电场中可形成一个连续而稳定的线性 pH 梯度,即 pH 从凝胶的正极向负极依次递增。在这种介质中电泳时,被分离的蛋白质处在偏离其等电点的 pH 位置时带有电荷而移动,当蛋白质泳动至与其自身的 pI 值相等的 pH 区域时,其净电荷为零而不再移动,这种通过蛋白质等电点的差异而分离蛋白质的电泳方法称为等电聚焦电泳(isoelectric equilibrium electrophoresis, IEE)。

3. **双向凝胶电泳分离蛋白质**   人类基因组计划完成后迎来了后基因组时代,其中蛋白质组学的研究颇受重视。双向凝胶电泳(two-dimensional gel electrophoresis, 2-DE)是蛋白质组学研究的重要技术之一。双向凝胶电泳的第一向是蛋白质的 IEE,第二向为 SDS-PAGE,利用被分离蛋白质等电点和分子量的差异,将复杂蛋白质混合物在二维平面上分离(见第二十七章)。

四、层析分离蛋白质

层析(chromatography)是分离、纯化蛋白质的重要手段之一。一般而言,待分离蛋白质溶液(流动相)经过一个固态物质(固定相)时,根据溶液中待分离的蛋白质颗粒大小、电荷多少及亲和力等,使待分离的蛋白质组分在两相中反复分配,并以不同速度流经固定相而达到分离蛋白质的目的。层析种类很多,有离子交换层析、凝胶过滤和亲和层析等。其中离子交换层析和凝胶过滤应用最广。

蛋白质和氨基酸一样,是两性电解质,在某一特定 pH 时,各蛋白质的电荷量及性质不同,故可以通过离子交换层析得以分离。

图 24-6 介绍的是阴离子交换层析,将阴离子交换树脂颗粒填充在层析管内,由于阴离子交换树

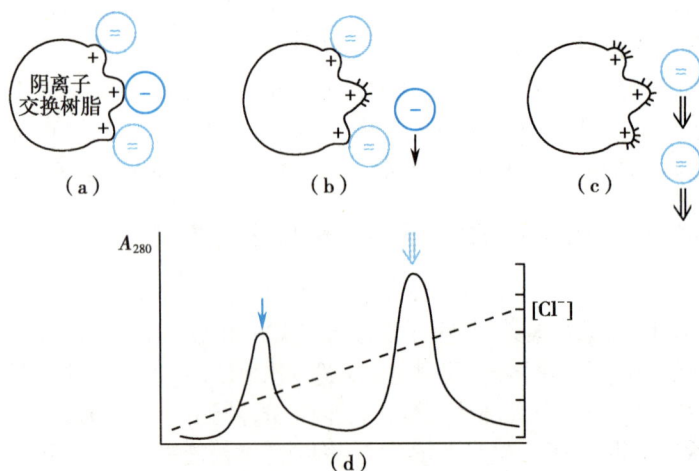

图 24-6   离子交换层析分离蛋白质
(a)样品全部交换并吸附到树脂上;(b)负电荷较少的分子用较稀的 Cl⁻ 或
其他负离子溶液洗脱;(c)电荷多的分子随 Cl⁻ 浓度增加依次洗脱;(d)洗脱
图 A_{280} 表示为 280nm 的吸光度

脂颗粒上带正电荷,能吸引溶液中的阴离子(图24-6a)。然后再用含阴离子(如 Cl⁻)的溶液洗柱。含负电量小的蛋白质首先被洗脱下来(图24-6b);增加 Cl⁻ 浓度,含负电量多的蛋白质也被洗脱下来(图24-6c),于是两种蛋白质被分开。

凝胶过滤(gel filtration)又称分子筛层析。层析柱内填满带有小孔的颗粒,一般由葡聚糖制成。蛋白质溶液加于柱之顶部,任其往下渗漏,小分子蛋白质进入孔内,因而在柱中滞留时间较长,大分子蛋白质不能进入孔内而径直流出,因此不同大小的蛋白质得以分离(图24-7)。

图24-7　凝胶过滤分离蛋白质

(a)大球是葡聚糖凝胶颗粒;(b)样品上柱后,小分子进入凝胶微孔,大分子不能进入,故洗脱时大分子先洗脱下来;(c)小分子后洗脱出来

五、蛋白质颗粒沉降行为与超速离心分离

超速离心法(ultracentrifugation)既可以用来分离纯化蛋白质也可以用作测定蛋白质的分子量。蛋白质在高达 500 000g(g 为 gravity,即地心引力单位)的重力作用下,在溶液中逐渐沉降,直至其浮力(buoyant force)与离心所产生的力相等,此时沉降停止。不同蛋白质其密度与形态各不相同,因此用上述方法可将它们分开。蛋白质在离心力场中的沉降行为用沉降系数(sedimentation coefficient, S)表示,沉降系数(S)使用 Svedberg 单位(1S = 10^{-13} 秒)。S 与蛋白质的密度和形状相关(表24-1)。

表24-1　蛋白质的分子量和沉降系数

蛋白质	分子量(D)	S
细胞色素 c(牛心)	13370	1.17
肌红蛋白(马心)	16900	2.04
糜蛋白酶原(牛胰)	23240	2.54
β-乳球蛋白(羊奶)	37100	2.90
血红蛋白(人)	64500	4.50
血清清蛋白(人)	68500	4.60
过氧化氢酶(马肝)	247500	11.30
脲酶(刀豆)	482700	18.60
纤维蛋白原	339700	7.60

六、蛋白质的一级结构分析

F. Sanger 耗时多年才在1953年基本完成了胰岛素的一级结构测定,现今由于方法学改进及自动化分析仪器的产生,已有越来越多蛋白质的氨基酸序列问世。

1. 离子交换层析分析蛋白质的氨基酸组分　首先分析已纯化蛋白质的氨基酸残基组成。蛋白质经盐酸水解后成为个别氨基酸,用离子交换树脂将各种氨基酸分开,测定它们的量,算出各氨基酸在蛋白质中的百分组成或个数(图24-8)。

图 24-8   离子交换层析分析蛋白质的氨基酸组分

2. 测定多肽链的氨基端和羧基端的氨基酸残基   第二步测定多肽链的氨基端与羧基端为何种氨基酸残基。F. Sanger 最初用二硝基氟苯与多肽链的 α-氨基作用生成二硝基苯氨基酸,然后将多肽水解,分离出带有二硝基苯基的氨基酸。目前多用丹酰氯使之生成丹酰衍生物,该物质具强烈荧光,更易鉴别。羧基端氨基酸残基可用羧肽酶将其水解下来进行鉴定。

3. 肽链序列的测定   第三步是将肽链水解成片段,分别进行分析。常用者有胰蛋白酶法、胰凝乳蛋白酶法、溴化氰法等。胰蛋白酶能水解赖氨酸或精氨酸的羧基所形成的肽键。所以如果蛋白质分子中有 4 个精氨酸及赖氨酸残基,则可得 5 个片段。胰凝乳蛋白酶水解芳香族氨基酸(苯丙氨酸、酪氨酸及色氨酸)羧基侧的肽键,溴化氰水解甲硫氨酸羧基侧的肽键。

蛋白质水解生成的肽段,可通过层析和电泳及质谱将其分离纯化并鉴定,得到的图谱称为肽图(peptide map),由此可明确肽段的大小和数量。各肽段的氨基酸排列顺序一般采用 Edman 降解法进行分析。将待测肽段先与异硫氰酸苯酯反应,该试剂只与氨基端氨基酸的游离 α-氨基作用。再用冷稀酸处理,氨基端残基即自肽链脱落下来,成为异硫氰酸苯酯衍生物,用层析可鉴定为何种氨基酸衍生物。残留的肽链可继续与异硫氰酸苯酯作用,依次逐个鉴定出氨基酸的排列顺序(图 24-9)。对分析出的各肽段中的氨基酸顺序,进行组合排列对比,最终得出完整肽链中的氨基酸排列顺序。

图 24-9   肽的氨基酸末端测定法

近年来,由于核酸研究在理论上及技术上的迅猛发展,尤其是人全基因组测序的完成,各种蛋白质的氨基酸序列已经可以通过核酸序列来推演。然而,蛋白质组学研究、生物制药产品的鉴定等仍需要进行高效而准确的蛋白质的部分一级结构分析。

七、蛋白质的空间结构分析

大量生物体内存在的蛋白质空间结构的解析,对于研究蛋白质结构与功能的内在关系至关重要,也为蛋白质或多肽药物的结构改造以致增强作用减弱副作用提供了理论依据。由于蛋白质的空间结构十分复杂,因而其测定的难度也较大,而且还需昂贵的仪器设备和先进的技术。随着结构生物学的发展,蛋白质二级结构和三维空间结构的测定也已普遍开展🔲。

1. **圆二色光谱法测定蛋白质二级结构**　通常采用圆二色光谱(circular dichroism,CD)测定溶液状态下的蛋白质二级结构。CD 谱对二级结构非常敏感,α-螺旋的 CD 峰有 222nm 处的负峰、208nm 处的负峰和 198nm 处的正峰等 3 个成分;而 β-折叠的 CD 谱不很固定。可见测定含 α-螺旋较多的蛋白质,所得结果更为准确。

2. **蛋白质三维空间结构解析**　X 射线衍射(X-ray diffraction)和核磁共振(nuclear magnetic resonance, NMR)技术是研究蛋白质三维空间结构的经典方法。X 射线衍射法需要首先将蛋白质制备成晶体,X 射线射至蛋白质晶体上,产生不同方向的衍射,收集衍射光束所产生的电子密度图,可计算出空间结构。核磁共振技术主要用于测定蛋白质的液相三维空间结构。

冷冻电镜(cryo-electron microscopy)技术的发明极大提高了蛋白质三维结构的解析速度和分辨率,而且可以分析蛋白质在相对天然状态下的结构,当前已经成为结构生物学的主要研究手段。

3. **生物信息学预测蛋白质空间结构**　由于蛋白质空间结构的基础是一级结构,参照已经完成的各种蛋白质的三维结构数据库,已经可以初步预测各种蛋白质的三维空间结构。

第六节　生物大分子相互作用研究技术

生物大分子之间可相互作用并形成各种复合物,所有的重要生命活动,包括 DNA 的复制、转录、蛋白质的合成与分泌、信号转导和代谢等,都是由这些复合物所完成。研究细胞内各种生物大分子的相互作用方式,分析各种蛋白质、蛋白质-DNA、蛋白质-RNA 复合物的组成和作用方式是理解生命活动基本机制的基础。有关研究技术发展迅速,本节选择性介绍部分方法的原理和用途。

一、蛋白质相互作用研究技术

目前常用的研究蛋白质相互作用的技术包括酵母双杂交、各种亲和分离分析(亲和色谱、免疫共沉淀、标签蛋白沉淀等)、FRET 效应分析、噬菌体显示系统筛选等🔲。本部分简要介绍标签蛋白(tagged protein)沉淀和酵母双杂交技术(yeast two-hybrid system)。

(一) 标签蛋白沉淀

标签融合蛋白结合实验是一个基于亲和色谱原理的、分析蛋白质体外直接相互作用的方法。该方法利用一种带有特定标签(tag)的纯化融合蛋白作为钓饵,在体外与待检测的纯化蛋白质或含有此待测蛋白质的细胞裂解液温育,然后用可结合蛋白标签的琼脂糖珠将融合蛋白沉淀回收,洗脱液经电泳分离并染色。如果两种蛋白质有直接的结合,待检测蛋白质将与融合蛋白同时被琼脂糖珠沉淀(pull-down),在电泳胶中见到相应条带🔲。

标签融合蛋白结合实验可用于证明两种蛋白质分子是否存在直接物理结合、分析两种分子结合的具体结构部位及筛选细胞内与融合蛋白相结合的未知分子。该方法亦常用于重组融合蛋白的纯化。

目前最常用的标签是谷胱甘肽 S-转移酶(glutathioneS-transferases,GST),有各种商品化的载体用于构建 GST 融合基因,并在大肠杆菌中表达为 GST 融合蛋白(图 24-10)。利用 GST 与还原型谷胱甘肽(glutathione,GSH)的结合作用,可以用共价偶联了 GSH 的琼脂糖珠进行标签蛋白沉淀实验(GST pull-down assay）。另一个常用的易于用常规亲和色谱方法纯化的标签分子是可以与镍离子琼脂糖珠结合的 6 个连续排列组氨酸（6×His）标签。

图 24-10　标签融合蛋白沉淀实验流程示意图

如蛋白 X 和蛋白 Y 间存在相互作用，可用 GST 标签蛋白沉淀实验予以证明。将蛋白 X 的编码基因插到 GST 编码序列的下游，表达为 GST-蛋白 X 融合蛋白；该融合蛋白的 GST 部分可以与偶联在琼脂糖珠上的 GSH 结合；蛋白 Y 可以与蛋白 X 相互作用，被琼脂糖珠间接沉淀下来；经洗涤去除未结合的蛋白质，再用含游离 GSH 的缓冲液将 GST-蛋白 X 融合蛋白竞争洗脱下来，经电泳染色即可证明两者的相互作用

（二）酵母双杂交技术

酵母双杂交系统目前已经成为分析细胞内未知蛋白质相互作用的主要手段之一。该技术的建立是基于对酵母转录激活因子 GAL4 分子的认识。GAL4 分子的 DNA 结合区（binding domain，BD）和促进转录的活性区（activation domain，AD）被分开后将丧失对下游基因表达的激活作用，但是如果 BD 和 AD 分别融合了具有配对相互作用的两种蛋白质分子后，就可以依靠所融合的蛋白质分子之间的相互作用而恢复对下游基因的表达激活作用🔲。

酵母双杂交系统可以用于：①证明两种已知基因序列的蛋白质可以相互作用；②分析已知存在相互作用的两种蛋白质分子的相互作用功能结构域或关键氨基酸残基；③将待研究蛋白质的编码基因与 BD 基因融合成为"诱饵"表达质粒，可以筛选 AD 基因融合的"猎物"基因的 cDNA 表达文库，获得未知的相互作用蛋白质。

二、DNA-蛋白质相互作用分析技术

蛋白质与 DNA 相互作用是基因表达及其调控的基本机制。分析各种转录因子所结合的特定 DNA 序列及基因的调控序列所结合的蛋白质是阐明基因表达调控机制的主要研究内容。这里介绍两种目前常用的研究 DNA 与蛋白质相互作用的技术。

（一）电泳迁移率变动分析

电泳迁移率变动分析（electrophoretic mobility shift assay，EMSA）或称凝胶迁移变动分析（gel shift assay）最初用于研究 DNA 结合蛋白与相应 DNA 序列间的相互作用，可用于定性和定量分析，已经成

为转录因子研究的经典方法。目前这一技术也被用于研究 RNA 结合蛋白和特定 RNA 序列间的相互作用。

DNA 结合蛋白与特定 DNA 探针片段的结合会增大其分子量,在凝胶中的电泳速度慢于游离探针,即表现为条带相对滞后。在实验中预先用放射性核素或生物素标记待检测的 DNA 探针,再将标记好的探针与细胞核提取物温育一定时间,使其形成 DNA-蛋白质复合物,然后将温育后的反应液进行非变性(不加 SDS,以免形成的复合物解离)聚丙烯凝胶酰胺电泳,最后用放射自显影等技术显示出标记 DNA 探针的条带位置。

(二)染色质免疫沉淀技术

真核生物的基因组 DNA 以染色质的形式存在。因此,研究蛋白质与 DNA 在染色质环境下的相互作用是阐明真核生物基因表达机制的重要途径。染色质免疫沉淀技术(chromatin immunoprecipitation assay, ChIP)是目前可以研究体内 DNA 与蛋白质相互作用的主要方法。它的基本原理是在活细胞状态下,用化学交联试剂固定蛋白质-DNA 复合物,并将其随机切断为一定长度范围内的染色质小片段,然后通过免疫学方法沉淀此复合体,再利用 PCR 技术特异性地富集目的蛋白质结合的 DNA 片段,从而获得蛋白质与 DNA 相互作用的信息。

近年来,人们将 ChIP 和芯片技术结合在一起,建立了 ChIP 芯片(ChIP-chip)技术。该方法是在全基因组范围筛选与特定蛋白质相结合的 DNA 序列,即鉴定特定核蛋白的 DNA 结合靶点的一项新技术。

小　结

本章概括介绍了目前医学分子生物学中有关的部分常用技术。

印迹技术可以将在凝胶中电泳分离的生物大分子转移到固相介质上并加以检测分析,包括 DNA 印迹技术、RNA 印迹技术和蛋白质印迹技术。在 DNA 和 RNA 印迹技术中,使用核酸探针进行检测;在蛋白质印迹技术中,使用特异性抗体进行检测。

PCR 的技术原理是以待扩增的 DNA 分子为模板,用两条寡核苷酸片段作为引物,分别与模板 DNA 链互补结合;在 DNA 聚合酶作用下完成两条新链的合成。不断重复这一过程,即可使目的 DNA 片段得到扩增。PCR 的基本反应步骤包括变性、退火和延伸。以 PCR 为基础,衍生出 RT-PCR、原位 PCR、实时 PCR 等多种技术。PCR 及其衍生技术主要用于目的基因的克隆、基因突变分析、DNA 和 RNA 的微量分析、DNA 序列测定和基因的体外突变等。

确定一段 DNA 分子中的 4 种碱基的排列顺序的技术称为 DNA 测序。双脱氧法和化学降解法是经典的 DNA 测序方法。第一代全自动 DNA 测序技术基于双脱氧法而建立。新一代高通量 DNA 测序技术实现了微量化、并行化和低成本,为医学大数据时代提供了核心技术支撑。DNA 测序在医学中用于鉴定各种复杂性疾病的易感性预警或早期诊断的疾病标志物和治疗靶点;建立个人 SNP 位点与疾病易感性、药物敏感性和耐受性以及其他诸多表型之间的联系;用于病原微生物的分子分型。DNA 测序在法医学领域具有特殊价值。

生物芯片包括基因芯片和蛋白质芯片。基因芯片主要用于基因表达检测、基因突变检测、功能基因组学研究、基因组作图和新基因的发现等多个方面。蛋白质芯片广泛应用于蛋白质表达谱、蛋白质功能、蛋白间的相互作用等研究。

分离纯化蛋白质是研究单一蛋白质结构与功能的先决条件。通常利用蛋白质的理化性质,采取盐析、透析、电泳、层析及超速离心等不损伤蛋白质结构和功能的物理方法来纯化蛋白质。通过肽图分析和肽段的 Edman 降解法可以获得蛋白质的一级结构。X 射线衍射、核磁共振和冷冻电镜是解析蛋白质三维结构的主要技术。

分析蛋白质-蛋白质、蛋白质-DNA、蛋白质-RNA 复合物的组成和作用方式是理解生命活动的基础。酵母双杂交技术和标签蛋白沉淀是目前分析细胞内蛋白质相互作用的主要手段。EMSA 和 ChIP

是目前最常用的在体外和体内分析 DNA 与蛋白质相互作用的方法。

思 考 题

1. 核酸分子杂交在医学领域有哪些应用价值。

2. 总结 PCR 技术的用途,思考该技术在医学领域的应用。

3. 阐述实时荧光 PCR 可用于核酸精确定量的机制,在临床可能用于哪些疾病的诊断,还存在哪些局限性。

4. 梳理归纳 DNA 测序技术在医学中的应用价值,分析将其用于临床实践后可能遇到的技术、伦理和社会问题。

5. 简要叙述蛋白质理化性质在蛋白质分离、纯化中的应用。

6. 研究蛋白质相互作用的意义是什么,如何能够分离到细胞内的蛋白质复合体,设想可以动态实时分离鉴定研究细胞内生物大分子复合体的方式。

(药立波)

第二十五章　基因结构功能分析和疾病相关基因鉴定克隆

人类几乎所有的疾病都与基因结构和表达变化有关，都是遗传因素和环境因素相互作用的结果，因此分析基因的结构与功能、鉴定疾病相关基因是医学分子生物学重要的研究领域，具有重大的理论和实践意义。

要解析疾病发生发展过程中遗传因素的作用及其分子机制，开展精准的诊断、治疗和预防，首先需要揭示基因的结构与功能。DNA 序列测定可用于解析基因一级结构的变化；基因顺式作用元件的鉴定是了解基因表达的关键；基因拷贝数和表达产物的分析，了解基因时空表达特性，有助于揭示基因功能及功能改变的原因。

基因作为遗传信息携带分子，其功能实际是基因产物的功能，即基因编码的蛋白质和 RNA 的功能。对基因产物不同水平的研究，需要采用不同的研究手段。生物信息学序列比对，可预测基因的功能；蛋白质与蛋白质相互作用，蛋白质与 DNA/RNA 等的相互作用可用于了解基因产物的生物学途径；细胞水平上，高表达或者沉默某种基因，观察细胞生物学行为的改变，以了解基因的功能；构建转基因或基因敲除的动物模型，可在整体水平观察基因功能。

依据基因变异在疾病发生、发展中的作用，疾病相关基因可区分为致病基因和疾病易感基因。如果一种疾病的表型和一个基因型呈直接对应的因果关系，即该基因结构或表达的异常是导致该病发生的直接原因，那么该基因就属于致病基因。这类疾病主要是单基因病，即传统的遗传性疾病，环境因素的影响较小。在复杂性疾病，诸如肿瘤、心血管疾病、代谢性疾病、自身免疫性疾病等，环境因素和遗传因素均起着一定作用，表现为两个以上基因的"微效作用"的相加，或者多基因间的相互作用，故此类疾病亦称为多基因病。若单一基因变异仅增加对疾病的易感性，其基因可称之为疾病易感基因。我们可以将影响疾病发生发展的基因，笼统地称为疾病相关基因（disease related gene），甚至直接称为疾病基因（disease gene）。需要特别注意的是不要被囊性纤维化基因、糖尿病基因等基因名称所误导。许多人类基因首先是通过研究该基因突变导致的疾病时发现的，故以疾病来命名，实际上这些基因正常时，均具有重要的生物学功能。

鉴定疾病相关基因，不但可以详尽地了解疾病的病因和发病机制，开发新的诊断和干预技术，而且有利于了解基因的功能，因而一直是生物医学工作者研究的重点。鉴定新基因或称克隆新基因也具有重大的商业价值，各大生物药物公司纷纷加入这一基因发现的大战中。人类基因组计划的完成为疾病相关基因的发现提供了有利的契机。后基因组时代生物医学领域的主要任务之一就是诠释基因的功能，而鉴定疾病相关基因与确定基因功能两者有着密不可分的联系，并可相互促进。

第一节　基因结构分析

大部分基因实质上就是一段特定的 DNA 序列，通常由编码序列和非编码序列组成。解析基因一级结构的 DNA 测序技术见第二十四章，本节主要介绍分析基因编码序列和两种非编码序列（转录起点和启动子）的技术、分析基因拷贝数和基因表达产物的常用技术。

一、鉴定基因的顺式元件是了解基因表达的关键

对基因结构的了解,除获得 DNA 的核苷酸序列外,还必须确定基因功能区域,这些功能区域包括基因编码区、启动子区和转录起始点等顺式作用元件区域。

(一) 编码序列的确定主要通过生物信息学、cDNA 文库和 RNA 剪接分析法

编码序列是对应着成熟 mRNA 的核苷酸序列,分析基因编码序列的主要技术如下。

1. 用数据库分析基因编码序列　在基因数据库中,对各种方法所获得的 cDNA 片段的序列进行同源性比对,通过染色体定位分析、内含子/外显子分析、可读框(open reading frame,ORF)分析及表达谱分析等,可以初步明确基因的编码序列,并可对其编码产物的基本性质,如跨膜区、信号肽序列等进行分析。由于基因数据库的信息量不断增大,利用有限的序列信息即可通过同源性搜索获得全长基因序列,然后,利用美国国立生物技术信息中心(National Center for Biotechnology Information,NCBI)的 ORF Finder 软件或 EMBOSS 中的 getorf 软件进行 ORF 分析,并根据编码序列和非编码序列的结构特点,便可确定基因的编码序列。

2. 用 cDNA 文库法分析基因编码序列　对 cDNA 进行克隆测序或构建 cDNA 文库是最早分析基因编码序列的方法。全长 cDNA 文库一般可以通过 mRNA 的结构特征进行判断,因为尽管细胞中各 mRNA 的序列互不相同,但基本上都由 3 部分组成,即 5′-UTR、编码序列和 3′-UTR,其中编码序列含有以起始密码子开头、终止密码子结尾的 ORF。

以 cDNA 文库作为编码序列的模板,利用 PCR 法即可将目的基因的编码序列钓取出来,如果按基因的保守序列合成 PCR 引物,即可从 cDNA 文库中克隆未知基因的编码序列;还可通过分析 PCR 产物来观察 mRNA 的不同拼接方式。

cDNA 末端快速扩增(rapid-amplification of cDNA end,RACE)技术(包括 5′-和 3′-RACE)是高效钓取未知基因编码序列的一种方法,该方法可以利用 mRNA 内很短的一段序列来扩增与其互补的 cDNA 末端序列,以此为线索,经过多次扩增及测序分析,最终可以获得基因的全部编码序列。

此外,采用核酸杂交法可从 cDNA 文库中,获得特定基因编码序列的 cDNA 克隆,该方法为寻找同源编码序列提供了可能,其做法是:根据其他生物的基因序列合成一段 DNA 探针,然后以核酸杂交法筛选所构建的 cDNA 文库,进而对阳性克隆的 cDNA 片段进行序列分析,也将此方法称为动物园杂交(zoo hybrization)。

3. 用 RNA 剪接分析法确定基因编码序列　通常情况下,选择性剪接的转录产物可以通过基因表达序列标签(expression sequence tag,EST)的比较进行鉴定,但这种方法需进行大量的 EST 序列测定;同时由于大多数 EST 文库来源于非常有限的组织,故组织特异性剪接变异体也很可能丢失。目前,高通量分析 RNA 剪接的方法主要有 3 种:①基于 DNA 芯片的分析法:常用的是代表外显子的 DNA 芯片或外显子/外显子交界的 DNA 片段芯片;②交联免疫沉淀法:用紫外线将蛋白质和 RNA 交联在一起,然后用特异性抗体将蛋白质-RNA 复合物沉淀,通过分析蛋白质结合的 RNA 序列,便可确定 RNA 的剪接位点;③体外报告基因测定法:即将报告基因克隆到载体中,使 RNA 剪接作为活化报告基因的促进因素,通过分析报告基因的表达水平,即可推测克隆片段的 RNA 剪接情况,以此为线索便可分析基因的编码序列。

(二) 启动子的确定主要采用生物信息学、启动子克隆法和核酸蛋白质相互作用法

分析启动子结构对于研究基因表达调控具有重要意义。研究启动子结构的方法首先可利用生物信息学方法预测启动子,其次可采用传统的启动子克隆法,还可以采用核酸与蛋白质相互作用的方法进行研究。

1. 用生物信息学预测启动子　采用生物信息学方法预测启动子结构特征为后续的启动子克隆及深入研究提供理论支撑。

(1) 用启动子数据库和启动子预测算法定义启动子:由于启动子通常涉及基因的上游区域,含有

调控基因适度活化或抑制的信息,因此,在定义启动子或预测分析启动子结构时应包括启动子区域的3个部分:①核心启动子(core promoter);②近端启动子(proximal promoter):含有几个调控元件的区域,其范围一般涉及转录起点(transcription start site,TSS)上游几百个碱基;③远端启动子(distal promoter):范围涉及TSS上游几千个碱基,含有增强子和沉默子等元件。

(2)预测启动子的其他结构特征:启动子区域的其他结构特征包括GC含量、CpG比率、转录因子结合位点、碱基组成及核心启动子元件等。大约70%以上哺乳类动物基因5′-区都含有CpG岛,常与启动子序列重叠或交叉覆盖,故可用于鉴定启动子。也可以根据始祖启动子与mRNA转录本之间的相似性鉴定启动子。

用于启动子预测的数据库有多个,例如,真核启动子数据库(eukaryotic promoter database,EPD)主要预测真核RNA聚合酶Ⅱ型启动子,数据库中的所有启动子数据信息都经过实验证实;转录调控区数据库(transcription regulatory region database,TRRD)的数据来源于已发表的科学论文。这些数据库主要通过计算机识别、判断及分析,在数据库中寻找启动子的特异性特征结构。

2. 用PCR结合测序技术分析启动子结构　该方法最为简单和直接,即根据基因的启动子序列,设计一对引物,然后以PCR法扩增启动子,经测序分析启动子序列结构。

3. 用核酸-蛋白质相互作用技术分析启动子结构　足迹法(footprinting)用于分析启动子中潜在的调节蛋白结合位点,利用DNA电泳条带连续性中断的图谱特点判断与蛋白质结合的DNA区域,它是研究核酸-蛋白质相互作用的方法,而不是专门用于研究启动子结构的方法,足迹法需要对被检DNA进行切割,根据切割DNA试剂的不同,足迹法可分为酶足迹法和化学足迹法。

(1)用核酸酶进行足迹分析:酶足迹法(enzymatic footprinting)是利用DNA酶处理DNA-蛋白质复合物,然后通过电泳分析蛋白质结合序列。常用的酶有DNA酶Ⅰ(DNase Ⅰ)和核酸外切酶Ⅲ。

DNase Ⅰ足迹法的基本原理如图25-1。将可能含有目的启动子序列的双链DNA片段进行单链末端标记,然后与细胞核抽提物进行体外结合反应,进而经DNase Ⅰ随机切割,从而产生一系列长短不同的DNA片段,最后经变性聚丙烯酰胺凝胶电泳分离,形成仅相差一个核苷酸的一系列DNA条带。由于DNA结合蛋白可保护其结合的DNA序列不受DNase Ⅰ的酶切消化,从而在凝胶电泳的感光胶片上出现无条带的空白区域,该现象类似蛋白质在DNA上留下的足迹。通过对空白区域相应的DNA进行克隆和测序,并对照未经结合反应的DNA序列标志,即可鉴定蛋白质结合区的DNA之精确序列。

核酸外切酶Ⅲ足迹法的基本原理类似DNase Ⅰ足迹法,即利用核酸外切酶Ⅲ的3′→5′外切酶活性,从3′-末端切割双链DNA,从而确定蛋白质在DNA上的结合位点。

图25-1　DNase Ⅰ足迹法的原理

（2）用化学试剂进行足迹分析:化学足迹法(chemical footprinting)是利用能切断DNA骨架的化学试剂处理DNA-蛋白质复合物,由于化学试剂无法接近结合了蛋白质的DNA区域,因此在电泳上形成空白区域的位置就是DNA结合蛋白的结合位点。最常用的化学足迹法是羟自由基足迹法(hydroxyl radical footprinting)。

羟自由基足迹法利用羟自由基攻击DNA分子表面的脱氧核糖骨架,若DNA结合蛋白将脱氧核糖遮盖,则自由羟基无法靠近,于是便可在凝胶电泳中出现缺失条带的现象。由于羟自由基分子量小,不受本身空间位阻的影响,相对于DNase Ⅰ和核酸外切酶Ⅲ足迹法而言,羟自由基足迹法产生的足迹更小,更有利于确定蛋白质在DNA上的结合位点。

还可用电泳迁移率变动分析和染色质免疫沉淀技术鉴定启动子,电泳迁移率变动分析(electrophoretic mobility shift assay,EMSA)和染色质免疫沉淀(chromatin immuno-precipitation,ChIP)技术的原理见第二十四章。由于EMSA和ChIP均只能确定DNA序列中含有核蛋白结合位点,故尚需结合DNA足迹实验和DNA测序等技术来确定具体结合序列。

（三）转录起始点的确定采用生物信息学、直接克隆测序法和5′-RACE法

在原核或真核生物,RNA聚合酶通过识别和结合启动子而在基因的转录起点(TSS)启动基因的转录。此处主要介绍分析真核生物基因TSS的技术。

1. **用数据库搜索TSS**　目前,数据库已成为搜索TSS的重要工具。利用对寡核苷酸帽法构建的全长cDNA文库5′-末端测序所得的数据信息建立了一个TSS数据库(database of transcription start sites,DBTSS),并在此基础上,通过将寡核苷酸帽法和大量平行测序技术相结合开发了一种TSS测序法,从而实现了一次测试可产生$1×10^7$个TSS的数据。由此可见,利用数据库资源可以为基因TSS的鉴定提供重要参考。

2. **用cDNA克隆直接测序法鉴定TSS**　最早对TSS的鉴定方法就是直接对cDNA克隆进行测序分析。以mRNA为模板,经逆转录合成cDNA第一链,同时利用逆转录酶的末端转移酶活性,在cDNA第一链的末端加上polyC尾,并以此引导合成cDNA第二链。将双链cDNA克隆于适宜载体,通过对克隆cDNA的5′-末端进行测序分析即可确定基因的TSS序列。该方法比较简单,尤其适于对特定基因TSS的分析。但该方法依赖于逆转录合成全长cDNA,一旦cDNA的5′-末端延伸不全,或在逆转录之前或过程中mRNA的5′-末端出现部分降解,便可导致5′-末端部分缺失,从而影响对TSS的序列测定。

3. **用5′-cDNA末端快速扩增技术鉴定TSS**　5′-cDNA末端快速扩增技术(5′-rapid amplification of cDNA end,5′-RACE)是一种基于PCR从低丰度的基因转录本中快速扩增cDNA 5′-末端的有效方法。以下简要介绍一种利用高特异性5′-RACE法鉴定TSS的技术(图25-2):①用碱性磷酸酶去掉总RNA中裸露的5′-磷酸基团;②用烟草酸焦磷酸酶去掉mRNA的5′-帽子结构,保留一个磷酸基团;③用T4 RNA连接酶将5′-RACE适配体(5′-RACE adapter)连接到去帽mRNA的5′-末端;④以上述带有5′-RACE适配体的mRNA为模板,用逆转录酶和随机寡核苷酸引物进行逆转录合成cDNA;⑤巢式PCR反应:先用下游外侧基因特异性引物(gene specific primer 1,GSP1)和5′-RACE外侧引物进行外侧PCR反应;然后再使用下游内侧基因特异性引物(GSP2)和5′-RACE内侧引物进行内侧PCR反应;⑥通过对最终的PCR产物直接进行DNA测序或先进行DNA克隆后再测序,从而明确特定基因的TSS序列。

在5′-RACE的基础上,通过在转录本5′-末端引入特殊的Ⅱ型限制性内切酶识别位点,可将多个5′-末端短片段串联在一起,进而通过对串联片段的一次测序可获得多个基因的TSS序列信息。常用的技术包括5′-末端基因表达系列分析(5′-end serial analysis of gene expression,5′-SAGE)和帽分析基因表达(cap analysis gene expression,CAGE)技术。

图 25-2　5′-RACE 鉴定 TSS 的原理

（四）其他顺式作用元件的确定

顺式作用元件(cis-acting element)指存在于基因非编码序列中,能影响编码基因表达的序列。除上文所描述的顺式作用元件外,增强子、沉默子、绝缘子等都可以参与基因表达调控,因发挥重要的调控作用而被广泛关注。

增强子指能增加同它连锁的基因转录效果的 DNA 序列。增强子是通过启动子来增加转录的。有效的增强子可以位于基因的 5′-端,也可位于基因的 3′-端,有的还可位于基因的内含子中。增强子的效应很明显,一般能使基因转录效果增加 10 ~ 200 倍,有的甚至可以高达上千倍。例如,人珠蛋白基因的表达水平在巨细胞病毒(cytomegalovirus,CMV)增强子作用下可提高 600 ~ 1000 倍。增强子的作用同增强子的方向(5′→3′或 3′→5′)无关,甚至远离靶基因达几千 kb 也仍有增强作用。常用于鉴定增强子的方法包括染色质免疫共沉淀技术(ChIP)结合测序技术(ChIP-seq)和位点特异性整合荧光激活细胞分选测序技术(site-specific integration fluorescence-activated cell sorting followed by sequencing,SIF-seq)分析法。

沉默子是基因的负调控元件。真核细胞中沉默子的数量远远少于增强子。沉默子的 DNA 序列被调控蛋白质结合后阻断了转录起始复合物的形成或活化,使基因表达活性关闭。绝缘子(insulator)是一类特殊的顺式作用元件,它不同于增强子,其功能是阻止激活或阻遏作用在染色体上的传递,使染色质的活性限定于结构域之内。如果将一个绝缘子置于增强子和启动子之间,它能阻止增强子对启动子的激活。另外,如果一个绝缘子在活性基因和异染色质之间,则可以保护该基因免受异染色质化而失活。这些性质说明绝缘子可能影响染色质的组织结构。

近几年来,利用染色质免疫共沉淀技术、染色体构象捕获(chromosome conformation capture,3C)等表观遗传学技术,结合芯片或新一代测序技术等高通量技术平台,以及生物信息学分析手段来鉴定这些具有调节基因表达的顺式作用元件,已经成为后基因时代的研究热点和发展趋势。

二、检测基因的拷贝数是了解基因表达丰度的重要因素

分析某种基因的种类及拷贝数,实质上就是对基因进行定性和定量分析,常用的技术包括 DNA 印迹(Southern 印迹)、实时定量 PCR 技术等(见第二十四章)。DNA 印迹是根据探针信号出现的位置和次数判断基因的拷贝数。一般情况下,DNA 印迹可以准确地检测位于基因组不同位置上的相同拷贝基因,但如果基因的多个拷贝成簇地排列在基因组上,则应配合 DNA 测序进行分析。DNA 印迹除

了作为基因拷贝数的检测方法外,还常用于基因定位、基因酶切图谱、基因突变和基因重排等分析。实时定量 PCR 是通过被扩增基因在数量上的差异推测模板基因拷贝数的异同。DNA 测序是最精确的鉴定基因拷贝数的方法。

三、分析基因表达的产物可采用组学方法和特异性测定方法

基因表达产物包括 RNA 和蛋白质/多肽,因此分析基因表达可以从 RNA 和蛋白质/多肽水平上进行。在 1968 年中心法则确立前后的数年间,只能通过测定代谢酶活性,或采用核素标记结合原位杂交、凝胶电泳、放射自显影分析基因表达。20 世纪 70 年代中期以后,RNA 印迹(1977 年)和蛋白质印迹(1979 年)成为分析特异基因表达的常规技术。DNA 克隆技术的诞生(1973 年)推动了基因组 DNA 和 cDNA 的分离与鉴定;1980—1990 年间,积累了大量 EST;1990 年代初,各种 DNA、EST、mRNA 数据库应运而生。随后,PCR(1986 年),特别是实时定量 PCR 与数据库检索相结合,通过合成特异引物检测基因表达几乎取代了先前的 RNA 印迹。随着人类基因组测序的完成,为了满足基因功能诠释和从"组学"水平揭示基因表达谱的需要,各种生物芯片(包括核酸和蛋白质芯片)技术应运而生,结合 20 世纪 80~90 年代建立的转基因、基因敲除/敲入技术,基因表达及功能分析技术日趋成熟。

(一) 通过检测 RNA 在转录水平分析基因表达

根据分析方法的原理和功能特性,可将基因转录水平分析分为封闭和开放性系统研究方法。封闭性系统研究方法(如 DNA 芯片、RNA 印迹、实时 RT-PCR 等)的应用范围仅限于已知基因。开放性系统研究方法(如差异显示 PCR、双向基因表达指纹图谱、分子索引法、随机引物 PCR 指纹分析等)可用于发现和分析未知基因。此处主要介绍常用的针对已知基因的转录水平分析技术。

1. 用核酸杂交法检测 RNA 表达水平　核酸分子杂交法是目前生物化学及分子生物学研究领域应用非常广泛的技术之一,是定性或者定量特异性检测 RNA 序列片段的有效工具。

(1) 用 RNA 印迹分析 RNA 表达:RNA 印迹,也称 Northern 印迹,被广泛应用于 RNA 表达分析,并作为鉴定 RNA 转录本、分析其大小的标准方法。尽管 RNA 印迹并不适合高通量分析,但对于那些通过差异显示 RT-PCR 或 DNA 芯片等技术获得的差异表达的 RNA,可用 RNA 印迹来确证;对于新发现的 cDNA 序列,以其为探针对组织或细胞的 RNA 样品进行 RNA 印迹分析,可确定与之互补的 RNA 真实存在。

(2) 用核糖核酸酶保护实验分析 RNA 水平及其剪接情况:RNA 酶保护实验(ribonuclease protection assay,RPA)是一种基于杂交原理分析 RNA 的方法,既可进行定量分析,又可研究其结构特征。RPA 的原理如图 25-3:用含特定 DNA 序列的质粒为模板,经体外转录,制备 RNA 探针;将标记的 RNA 探针与样品 RNA 杂交后,经只水解单链 RNA 的 RNA 酶处理,即可去除游离探针及双链 RNA 中的单链区域,而使杂交双链 RNA 受到保护不被消化。回收杂交双链并进行变性聚丙烯酰胺凝胶电泳后,通过检测探针标记物便可显示对应于探针大小的 RNA 片段。

RPA 技术可对 RNA 分子的末端以及外显子/内含子的交界进行定位,确定转录后 RNA 的剪接途径。此外,RPA 还可用于特定 RNA 的丰度分析。与 RNA 印迹相比,RPA 的灵敏度和分析效率更高,该方法可在一次实验中同时分析几种 mRNA,但因每一个探针的实验条件需认真优化,因此这一方法不适于高通量分析。

(3) 用原位杂交进行 RNA 区域定位:原位杂交(in situ hybridization,ISH)是通过设计与目标 RNA 碱基序列互补的寡核苷酸探针,利用杂交原理在组织原位检测 RNA 的技术,其可对细胞或组织中原位表达的 RNA 进行区域定位,同时也可作为定量分析的补充。

2. 用 PCR 技术检测 RNA 表达水平　PCR 技术是目前生物化学与分子生物学领域应用最为便捷、广泛的技术,可快速对 RNA 分子进行定量或者定性检测。

图 25-3　核糖核酸酶保护实验的原理

（1）用逆转录 PCR 进行 RNA 的半定量分析：逆转录 PCR（RT-PCR）的原理见第二十四章。RT-PCR 一般用于 RNA 的定性分析；如果设置阳性参照，则可对待测 RNA 样品进行半定量分析（即对基因的相对表达水平进行比较）。

（2）用实时定量 PCR 进行 RNA 的定量分析：实时定量 PCR 是定量分析 RNA 的最通用、最快速、最简便的方法，该方法是对 PCR 反应进行实时监测，具有很高的灵敏度和特异性。

3. 用基因芯片和高通量测序技术分析 RNA 表达水平　基因芯片和高通量测序技术的应用大大加速了揭示基因组、转录组结构与功能的步伐，是目前宏观分析 RNA 表达的有效技术手段。

（1）基因芯片已成为基因表达谱分析的常用方法：目前，基因芯片（见第二十四章）技术已广泛应用于基因表达谱分析，主要采用 cDNA 芯片，其便于对不同状态（如生理和病理条件）下的基因表达谱进行比较，揭示转录组差异表达的规律，对探索发病机制、评价治疗效果、筛选药物靶标具有重要意义。

（2）用循环芯片测序技术分析基因表达谱：运用循环芯片测序技术（即第二代测序技术），可对基因表达谱进行高通量分析，一次可完成几十万到几百万个 DNA 分子片段的序列测定，从而快速获得转录组或基因组的全貌。除用于 DNA 测序外，循环芯片测序技术还广泛应用于基因组分析的各个方面：在 DNA 水平上，可以大规模地分析基因组甲基化、筛选突变基因、检测基因多态性；在 RNA 水平上，可以对 RNA 片段进行扫描、定量与鉴定，对全基因组进行广谱表达研究等。循环芯片测序技术的另一个广泛应用领域是小分子 RNA 或非编码 RNA 的研究。

（二）通过检测蛋白质/多肽而在翻译水平分析基因表达

蛋白质/多肽是结构基因表达的最终产物，其质和量的变化直接反映了基因的功能。以下简要介绍几种检测蛋白质/多肽的技术。

1. 用蛋白质印迹技术检测蛋白质/多肽　蛋白质印迹技术的原理见第二十四章。该技术需要将蛋白质/多肽转移到固相支持物上进行检测。

2. 用酶联免疫吸附实验分析蛋白质/多肽　与蛋白质印迹相似，酶联免疫吸附实验（ELISA）也是一种建立在抗原-抗体反应基础上的蛋白质/多肽分析方法,其主要用于测定可溶性抗原或抗体,该方法需要将已知抗原或抗体吸附于固相载体(如聚苯乙烯微量反应板)表面,使抗原-抗体反应在固相表面进行。常用的 ELISA 方法包括双抗体夹心法、间接法、酶联免疫斑点实验(ELISPOT)以及生物素-亲和素系统-ELISA(biotin avidin system ELISA,BAS-ELISA)。

3. 用免疫组化实验原位检测组织/细胞表达的蛋白质/多肽　包括免疫组织化学(immunohisto-chemistry)和免疫细胞化学(immunocytochemistry)实验,两者原理相同,都是用标记的抗体在组织/细胞原位对目标抗原(目标蛋白质/多肽)进行定性、定量、定位检测。常用技术包括酶免疫组化(酶标记)、免疫荧光组化(荧光标记,可用荧光显微镜或激光共聚焦显微镜进行观察)、免疫金组化(胶体金颗粒标记)、免疫电镜技术(铁蛋白、胶体金或过氧化物酶标记)等。

4. 用流式细胞术分析表达特异蛋白质的阳性细胞　流式细胞术(flow cytometry)通常利用荧光标记抗体与抗原的特异性结合,经流式细胞仪分析荧光信号,从而根据细胞表达特定蛋白质的水平对某种蛋白质阳性细胞(即特异基因表达的细胞)作出判断。流式细胞术既可检测活细胞,也可检测用甲醛固定的细胞,被广泛用于细胞表面和细胞内分子表达水平的定量分析,并能根据各种蛋白质的表达模式区分细胞亚群。此外,流式细胞术可使用多种荧光标记的抗体同时对多个基因产物进行标记和监测,是对细胞进行快速分析、分选、特征鉴定的一种有效方法。

5. 用蛋白质芯片分析蛋白质/多肽表达水平　用蛋白质芯片分析蛋白质/多肽的表达谱:运用蛋白质芯片可高通量分析蛋白质/多肽的表达和功能。根据制作方法和用途不同,可将其分为蛋白质检测和功能芯片两大类。蛋白质检测芯片包括抗体芯片、抗原芯片、配体芯片等,它是将具有高亲和力的特异性探针分子(如单克隆抗体)固定在基片上,用以识别生物样品溶液中的目标多肽;蛋白质功能芯片可用来研究蛋白质修饰、蛋白质-蛋白质/蛋白质-DNA/蛋白质-RNA,以及蛋白质与脂质、蛋白质与药物、酶与底物、蛋白质-小分子等的相互作用。

与基因芯片类似,蛋白质芯片可用于检测组织/细胞来源的样品中蛋白质的表达谱;其精确程度、信息范畴取决于芯片上已知多肽的信息多寡。由于多肽合成昂贵,蛋白质来源受限,加之蛋白质操作技术难,使蛋白质芯片的应用受到限制。

6. 双向电泳高通量分析蛋白质表达谱　用双向电泳分析蛋白质/多肽表达谱:双向电泳可同时分离成百上千的蛋白质(见第一章)。电泳结果经染色后,既可对不同样品中蛋白质的表达谱进行比较;还可以从凝胶中将特定的蛋白质点切下,经胰蛋白酶消化后得到短肽片段,利用质谱技术进行定性分析,对差异表达的蛋白质进行鉴定。

第二节　基因功能研究

基因的功能就是基因产物的功能,也就是编码基因的蛋白质功能和非编码基因 RNA 的功能,前者是本节讨论的重点。非编码 RNA,如 miRNA、lncRNA 等所谓的调节 RNA 功能,最近引起了广泛的关注,可参考基因表达调控的相关章节内容。基因产物的功能可以从三个不同水平来描述:①生物化学水平,主要描述基因产物参与了何种生化过程,如蛋白激酶、转录因子等;②细胞水平,主要论述基因产物在细胞内的定位和参与的生物学途径,例如,某蛋白质定位于核内,参与 DNA 的修复过程,有可能并不了解确切的生物化学功能;③整体水平,主要包括基因表达的时空性及基因在疾病中的作用。对人类基因功能的研究是后基因组时代生命科学领域中的重大命题。通过基因功能的研究可以阐明人体细胞的增殖、分化、衰老、死亡和通讯等方面的分子机制,确定人类疾病发生发展及转归的机制,进而研发新的诊断技术及治疗干预措施,提供药物开发的靶标分子,是开展精准医疗的基础。

一、生物信息学全面了解基因已知的结构和功能

在以往的研究中,已经对大量的基因功能产物的功能有了详尽的了解,获得了足够多的信息,建

立了共享资源数据库,其中最为著名的就是美国的 GenBank。这些数据库是进行基因序列比对,诠释基因功能的基础。依据分子进化的理论,核酸或氨基酸序列相似的基因,应表现出类似的功能。这些序列相似的基因称之为同源基因。基本的方法是基因序列比对分析。

两个或多个符号序列按字母比较、尽可能确切地反映它们之间的相似和差异,称为序列比对,又称序列联配。通常所讲的序列比对包括核酸序列比对和蛋白质序列比对。根据每次参与比对的序列数又可分为双序列比对和多序列比对。常用的生物信息数据库网址见表25-1。

表 25-1　重要生物信息数据库网址

数据库名称	数据库服务器网址
EBI	http://www.ebi.ac.uk/
GenBank	http://www.ncbi.nlm.nih.gov/
GSDB(Genome Sequence Database)	http://www.ncgr.org:80/gsdb
NDB(Nucleic Acid D Database)	http://ndbserver.rutgers.edu
NCBI	http://www.ncbi.nlm.nih.gov/
SWISS-PROT	http://www.ebi.ac.uk.swissprot/
PROSIT	http://www.expasy.ch/prosite/

二、基因发挥作用的本质是其编码产物的生物化学功能

人类基因组 DNA 有 $3×10^9$ bp,包括 2 万个蛋白质编码基因,决定了人类作为高等动物及其复杂的生物学性状。编码基因表达的蛋白质分子包括:转录因子,是一类能与基因调控区域专一性结合的蛋白质分子,调控基因表达的时空性;核骨架蛋白质,是由纤维蛋白构成的网架结构,维持细胞核的基本结构;信号分子,一类参与胞内信号转导的蛋白质分子;酶,是一类生物催化剂,支配着生物的新陈代谢、参与营养和能量转换等许多催化过程,与生命过程关系密切的反应大多是酶催化反应;细胞骨架蛋白质,是由蛋白质与蛋白质搭建的骨架网络结构,主要作用是维持细胞的一定形态;细胞膜受体,位于细胞质膜上,用于识别和结合小的非脂溶性信号分子;离子通道蛋白质,是横跨质膜的亲水性通道,允许适当大小的离子顺浓度梯度通过;转运体,是一类具有从胞外向胞内转运物质的蛋白质分子;激素,是一类由分泌细胞合成的信号分子,可调节机体的代谢、生长、发育、繁殖、性别、性欲等重要生命活动;细胞因子,是一类由免疫细胞(如单核、巨噬细胞、T 细胞、B 细胞、NK 细胞等)和某些非免疫细胞(内皮细胞、表皮细胞、纤维母细胞等)经刺激而合成、分泌的一类具有广泛生物学活性的小分子蛋白质,可调节细胞生长、分化,调控免疫应答;抗体,是一种由浆细胞(效应 B 细胞)分泌,被免疫系统用来鉴别与中和外来物质如细菌、病毒等的大型 Y 形蛋白质;凝血因子,是一类参与血液凝固过程的蛋白质组分;载体蛋白,是血浆中可与一些不溶或难溶于水的物质,以及一些易被细胞摄取或易随尿液排出的物质结合的蛋白质;细胞外基质蛋白,是由细胞合成并分泌到细胞外、分布在细胞表面或细胞之间的大分子,主要是胶原蛋白或蛋白聚糖,支持并连接组织结构、调节组织的发生和细胞的生理活动。

在一些情况下,即使对基因的序列、结构和表达模式有清楚的认识,但仍然难以阐明基因所表达的蛋白质的功能。此时通过研究该蛋白质与已知功能蛋白质的相互作用,无疑将非常有助于对该蛋白质功能的了解。例如,某一未知功能的新蛋白质与另一参与 RNA 剪接的蛋白质存在相互作用,极有可能该蛋白质也参加了 RNA 的剪接过程。研究蛋白质相互作用的方法包括遗传学、生物化学和物理学方法。遗传学方法仅用于如果蝇、酵母等模式生物,而生化和物理的方法可直接用于人类细胞。常用的生化方法是亲和层析和免疫共沉淀。常用的高通量筛查蛋白质间相互作用的方法是酵母双杂交技术(见第二十四章)和噬菌体展示技术。

噬菌体展示(phage display)是将外源性 DNA 插入到噬菌体衣壳蛋白编码基因中的一种表达克隆

技术。重组基因以融合蛋白的形式,掺入病毒颗粒中,展示在噬菌体的表面。融合噬菌体可与表面展示的外源蛋白质相互作用的蛋白质结合,以筛查蛋白质的相互作用。噬菌体展示的缺点在于其本身是一种体外分析系统,另外,只有短肽可以展示在噬菌体表面。噬菌体展示也可用于抗体工程和普通的蛋白质工程。

三、利用工程细胞研究基因在细胞水平的功能

在细胞水平研究基因功能,除了观察细胞在实验条件下该基因表达的改变,更重要的是人为地导入外源基因或干预正常基因的表达,以观察细胞生物学行为的改变。

(一) 采用基因重组技术建立基因高表达工程细胞系

采用基因重组技术,将外源基因导入宿主细胞,使其表达目的基因,进而观察细胞的生物学特征改变。根据外源基因在宿主细胞表达的持续时间,可区分为瞬时转染和稳定转染细胞。稳定转染细胞是一种最常用的细胞水平的转基因模型,外源基因通过转基因过程插入到细胞的染色体中,或以游离基因(episome)的形式存在于细胞中稳定表达。稳定表达外源蛋白的转染细胞可以用作基因功能研究的细胞模型,也可以利用这种方法获得外源基因产物,目前被广泛应用于细胞模型的建立。

(二) 基因沉默技术抑制特异基因的表达

在细胞水平沉默研究基因的表达,进而观察基因沉默后细胞的生物学行为改变,是基因功能研究的有力工具。可以利用 RNA 干扰技术、反义技术以及基因组编辑(genome editing)技术等来实现对特定基因表达的抑制。其中利用成簇规律间隔短回文重复(clustered regulatory interspaced short palindromic repeat,CRISPR)技术进行基因敲除,近年来发展迅猛并广泛应用于细胞、动物水平的特定基因沉默。

四、利用基因修饰动物研究基因在体功能

人类基因组计划虽然解析了基因序列,但绝大多数基因的功能尚不清楚。因此,利用各种技术手段研究基因的功能将是“后基因组时代”的主要内容之一。基因功能的确定必须通过实验来验证。通常采用基因功能获得和(或)基因功能缺失的策略,观察基因在细胞或生物个体中所导致的细胞生物学行为或个体表型遗传性状的变化,从而从正反两方面对基因的功能进行鉴定。此外,基于正向遗传学的随机突变筛选技术也成为揭示基因功能的重要手段。由于基因的功能必须在完整的生物个体及其生命过程中才能得到完整的体现,因此,从整体水平研究基因的功能是必然的选择📶。

(一) 用功能获得策略鉴定基因功能

基因功能获得策略的本质是将目的基因直接导入某一细胞或个体中,使其获得新的或更高水平的表达,通过细胞或个体生物性状的变化来研究基因功能。常用的方法有转基因技术和基因敲入技术。

1. **用转基因技术获得基因功能**　转基因技术(transgenic technology)是指将外源基因导入受精卵或胚胎干细胞(embryonic stem cell),即 ES 细胞,通过随机重组使外源基因插入细胞染色体 DNA,随后将受精卵或 ES 细胞植入假孕受体动物的子宫,使得外源基因能够随细胞分裂遗传给后代。

转基因动物(transgenic animal)是指应用转基因技术培育出的携带外源基因,并能稳定遗传的动物,其制备步骤主要包括转基因表达载体的构建、外源基因的导入和鉴定、转基因动物的获得和鉴定、转基因动物品系的繁育等。在转基因动物中,以转基因小鼠最为常见。建立转基因小鼠的常用方法有两种,一是直接将目的 DNA 显微注射到受精卵的雄性原核,然后植入假孕母鼠体内,使之发育成幼仔;二是将带有目的基因的 ES 细胞注射到囊胚,然后在小鼠体内发育成幼仔。在出生的动物中即含有在一个等位基因的位点进行了 DNA 整合的小鼠,即转基因杂合子。经子代杂合子交配,在其后代中可筛选到纯合子(图 25-4)。

利用转基因动物模型研究外源基因,能够接近真实地再现基因表达所导致的结果及其在整体水

A.转基因小鼠

图 25-4　制备转基因和基因打靶小鼠的原理

平的调控规律,把复杂的系统简单化,具有系统性和独立性。利用转基因技术建立的疾病动物模型具有遗传背景清楚、遗传物质改变简单、更自然更接近疾病的真实症状等优点。

然而,转基因动物模型仍存在一些亟待解决的问题,如外源基因插入宿主基因组是随机的,可能产生插入突变,破坏宿主基因组功能;外源基因在宿主染色体上整合的拷贝数不等;整合的外源基因遗传丢失而导致转基因动物症状的不稳定遗传等。为解决上述问题,可以在转基因动物利用组织特异性启动子实现外源基因的时空特异性表达,或用化学或生物分子作为诱导剂,实现对外源基因表达时间及水平的精确控制。

2. 用基因敲入技术获得基因的功能　基因敲入(gene knock-in)是通过同源重组的方法,用某一基因替换另一基因,或将一个设计好的基因片段插入到基因组的特定位点,使之表达并发挥作用。通过基因敲入可以研究特定基因在体内的功能;也可以与之前的基因的功能进行比较;或将正常基因引入基因组中置换突变基因以达到靶向基因治疗的目的。

基因敲入是基因打靶(gene targeting)技术的一种。基因打靶是一种按预期方式准确改造生物遗传信息的实验手段。该技术的巧妙之处在于将 ES 细胞技术和 DNA 同源重组技术结合起来,实现对染色体上某一基因的定向修饰和改造,从而深入地了解基因的功能。基因打靶的原理如图25-4:①从小鼠囊胚(受精卵分裂至 8 个细胞左右即为囊胚,此时受精卵只分裂不分化)分离出未分化的 ES 细胞;②然后利用细胞内的染色体 DNA 与导入细胞的外源 DNA 在相同序列的区域内发生同源重组的原理,用含有筛选标记的打靶载体,对 ES 细胞中的特定基因实施"打靶";③将"中靶"的 ES 细胞移植回小鼠囊胚,进而与囊胚一起分化发育成相应的组织和器官,最后产生出具有基因功能改变的"嵌合鼠"。由于"中靶"的 ES 细胞保持分化的全能性,因此它可以发育成为嵌合鼠的生殖细胞,使得经过定向改造的遗传信息可以代代相传。

除基因敲入外,基因打靶还包括基因敲除、点突变、缺失突变、染色体大片段删除等。基因打靶与转基因技术均可用于基因功能研究,但两者的最大区别就是基因打靶能去除和(或)替换生物体内的固有基因,而转基因技术则未去除或替换固有基因。目前,基因打靶已成为研究基因功能最直接和最有效的方法之一。

（二）用功能失活策略鉴定基因功能

基因功能失活策略的本质是将细胞或个体的某一基因功能部分或全部失活后,通过观察细胞生物学行为或个体遗传性状表型的变化来鉴定基因的功能。常用的方法主要有基因敲除和基因沉默技术。

1. 用基因敲除技术使基因功能完全缺失   基因敲除(gene knock-out)属于基因打靶技术的一种(见图25-4),其利用同源重组的原理,在 ES 细胞中定点破坏内源基因,然后利用 ES 细胞发育的全能性,获得带有预定基因缺陷的杂合子,通过遗传育种最终获得目的基因缺陷的纯合个体。

然而,基因被完全敲除之后使得表型分析受到很多限制,例如,有些重要的靶基因被敲除后会引起胚胎早期死亡,使得无法分析该基因在胚胎发育晚期和成年期的功能;某些基因在不同的细胞类型中执行不同的功能,完全敲除会导致突变小鼠出现复杂的表型,使研究者很难判断异常的表型是由一种细胞引起的,还是由几种细胞共同引起的。为了克服以上不足,条件性基因敲除(conditional gene knock-out)技术应运而生,该技术可以更加明确地在时间和空间上操作基因靶位,敲除效果更加精确可靠,理论上可达到对任何基因在不同发育阶段和不同器官、组织的选择性敲除。

Cre/loxP 系统的条件敲除的原理:如图25-5,Cre 重组酶属于位点特异性重组酶,能介导两个 34bp 的 loxP 位点之间的特异性重组,使 loxP 位点间的序列被删除。重组酶介导的条件性基因敲除通常需要两种小鼠,一种是在特定阶段、特定组织或细胞中,表达 Cre 重组酶的转基因小鼠;另一种是在基因组中引入了 loxP 位点的小鼠,即靶基因或其重要功能域片段被两个 loxP 位点锚定的小鼠。两种小鼠交配后,Cre 基因表达产生的 Cre 重组酶就会介导靶基因两侧的 loxP 间发生切除反应,结果将一个 loxP 和靶基因切除。由于可以控制 Cre 重组酶在特定阶段、特定组织或细胞中表达,使得 Cre 介导的重组可以发生在特定的阶段、组织或细胞中,导致这些组织或细胞中的靶基因在特定的阶段被敲除,而其他组织或细胞中因不表达 Cre 而使得靶基因不被敲除。

图25-5 Cre/loxP 系统条件敲除靶基因的原理

条件性基因敲除的优势在于克服了重要基因被敲除所导致的早期致死,并能客观、系统地研究基因在组织器官发生、发育以及疾病发生、治疗过程中的作用和机制。但这一技术亦存在一些缺点,如费用太高、周期较长,而且许多基因在敲除后,可能是这些基因的功能被其他基因代偿,并未产生明显的表型改变。

2. 用基因沉默技术可使基因功能部分缺失　基因沉默策略通常是利用反义技术,在转录或翻译水平特异性阻断(或封闭)某些基因的表达(即沉默相应基因),然后通过观察细胞生物学行为或个体遗传性状表型的变化来鉴定基因的功能。以下简要介绍几种常用的基因沉默技术。

(1) 用 RNA 干扰(RNA interference,RNAi)技术研究基因功能:利用 RNAi 能在短时间内高效特异地抑制靶基因表达的特点,可以很方便地研究基因的功能。用于基因沉默的干扰小 RNA(small interfering RNA,siRNA)既可以在体外进行化学合成或体外转录生成,也可以基于具有合适启动子的载体或转录元件,在哺乳类动物或细胞中转录生成。

研究者既可以将 siRNA 导入特定细胞,在细胞水平上研究基因的功能;也可以通过转基因的方法,在动物体内实现特异、稳定、长期地抑制靶基因的表达,从而在整体水平上研究基因的功能。与基因敲除相比,RNAi 技术具有简单、易操作、周期短等优势,因此已被作为一种简便和有效的工具而广泛用于基因功能的研究。然而,该技术可能对靶基因的相似序列发生作用,导致脱靶(off-targeting)效应。

(2) 用 miRNA 技术研究基因功能:尽管 miRNA 的作用机制与 siRNA 类似,但因其可通过与 mRNA 不完全互补配对结合而抑制翻译,故 1 种 miRNA 可沉默多个靶基因,而 siRNA 通常沉默单一基因。目前,miRNA 在基因功能及基因表达调控研究中都得到了广泛应用。

(3) 用反义 RNA 技术研究基因功能:即通过反义 RNA(与 mRNA 互补的一段 RNA 序列)与细胞中的 mRNA 特异性结合,从而抑制相应 mRNA 的翻译。

(4) 核酶(ribozyme)技术:天然的核酶通常是单一 RNA 分子,具有自剪切作用。另外,核酶也可由两个 RNA 分子组成,两者通过互补序列相结合,形成锤头状二级结构,并组成核酶的核心序列,进而发挥剪切作用。核酶通过剪切靶 RNA 分子(即破坏靶 RNA 分子)而抑制基因的表达。

(三) 用随机突变筛选策略鉴定基因功能

尽管利用转基因、基因敲入/敲除、基因沉默等技术,从特定基因的改造到整体动物表型分析的"反向遗传学"研究大大推动了功能基因组学的进展,但是也存在明显的局限性:首先,由于生物体的代偿机制,使得基因敲除动物常常观察不到异常表型;其次,由于"反向遗传学"只能对已知基因进行研究,而人类基因组中尚有90%以上的非编码序列处于未知状态;第三,由于"功能缺失"和"功能获得"小鼠常出现胚胎期死亡,而目前可用于条件性基因改造的启动子还很少,从而阻碍了特定基因在成体动物中的功能分析;第四,由于一个蛋白质有多个不同的功能域,特定基因在不同位点上的突变可能产生不同的表型,应用单一的"功能缺失"方法,显然不可能发现这些不同的异常表型。因此,只应用"反向遗传学"不足以完成功能基因组学的任务,而基于"正向遗传学"的、从异常表型到特定基因突变的随机突变筛选策略逐渐受到青睐。

随机突变筛选策略的第一步是通过物理诱变、化学诱变或生物技术产生大量的基因组 DNA 突变。其中乙基亚硝基脲(ethyl nitrosourea,ENU)诱变是近年来发展起来的研究基因功能的新手段。ENU 是一种化学诱变剂,它通过对基因组 DNA 碱基的烷基化修饰,诱导 DNA 在复制时发生错配而产生突变。它主要诱发单碱基突变,造成单个基因发生突变(双突变的情况非常少),更接近于人类遗传性疾病的基因突变情况。同时,ENU 的突变效率非常高,可以达到 0.2%,是其他突变手段的 10 倍左右。例如,经 ENU 处理可使雄鼠精子基因组发生点突变,进而使得后代小鼠有可能出现突变表型,经筛选及遗传试验即可得到突变系小鼠。通过对突变小鼠的深入研究、对突变基因定位以及位置候选法克隆突变序列,就会得到突变基因的功能信息。

另外,基因捕获(gene trapping)技术也是一种产生大规模随机插入突变的便利手段,对于揭示基因序列所对应的基因功能具有重要的应用价值。基因捕获技术的基本过程是:将一个含报告基因的 DNA 载体随机插入基因组,产生内源基因失活突变,通过报告基因的表达,提示插入突变的存在以及内源基因的表达特点。利用基因捕获可以建立一个携带随机插入突变的 ES 细胞库,每一种 ES 细胞克隆中含有不同的突变基因,ES 细胞克隆经囊胚注射发育为基因突变动物模型,通过对动物模型的表型分析鉴定突变基因的功能。基因捕获技术可节省大量构建特异打靶载体以及筛选基因组文库的工作和费用,成为可同时对基因的序列、基因的表达以及基因的功能进行研究的高效技术。

随机突变筛选策略能够获得研究基因功能的新材料以及人类疾病的新模型,这种"表型驱动"的研究模式有可能成为功能基因组学研究最有前景的手段和捷径之一。

(四) 利用基因编辑技术鉴定基因功能

近几年来,越来越多专注于基因功能的研究取得了成功,同时,基因功能研究过程中所面临的诸多技术瓶颈也愈加凸显,以基因敲除/敲入等技术为中心的试验愈加不能满足功能研究与临床技术转化的需要。在过去一段时间中,以锌指核酸酶(zinc-finger nuclease, ZFN)和转录激活样效应因子核酸酶(transcription activator-like effector nuclease, TALEN)技术为代表的序列特异性核酸酶技术,以其能够高效率地进行定点基因组编辑,在基础研究、基因治疗和遗传改良等方面展示出了巨大的潜力。然而,由于 ZFN 和 TALEN 技术本身所存在的多种技术瓶颈,这两种技术并不能实现快速发展并满足各种科研和临床需求。令人振奋的是,最新问世的成簇规律间隔短回文重复(clustered regulatory inter-spaced short palindromic repeat, CRISPR)技术拥有其他基因编辑技术无可比拟的优势。通过不断的技术改进,CRISPR 技术被认为能够在活细胞中最有效、最便捷地"编辑"任何基因。同时,基于 CRISPR 技术相对较低的实验成本和高成功率,该技术有望应用于临床药物研究与基因治疗,并已在目前的商业化和临床转化过程中取得了令人瞩目的成就。

CRISPR 是一种来自细菌降解入侵的病毒 DNA 或其他外源 DNA 的免疫机制。CRISPR 系统共分成 3 类,其中 Ⅰ 类和 Ⅲ 类需要多种 CRISPR 相关蛋白质即 Cas 蛋白,共同发挥作用,而 Ⅱ 类系统只需要一种 Cas 蛋白即可,因此目前 CRISPR/Cas9 系统应用最为广泛。

Cas9 蛋白含有两个核酸酶结构域,可以分别切割 DNA 两条单链。Cas9 首先与 crRNA 及 tracrRNA 结合成复合物,然后通过 PAM 序列结合 DNA,形成 RNA-DNA 复合结构,进而对目的 DNA 双链进行切割,使 DNA 双链断裂。优化和改造后的 CRISPR/Cas9 系统仅包括两个元素:Cas9 蛋白和 sgRNA(single guide RNA)。CRISPR/Cas9 通过对预设的 DNA 位点进行切割,造成 DNA 双链断裂(double strand break, DSB),细胞内的修复机制随即启动,主要包括两种修复途径:

一是非同源末端连接途径(non-homologous end joining, NHEJ),此修复机制非常容易发生错误,导致修复后发生碱基的缺失或插入,从而造成移码突变,最终达到基因敲除的目的。NHEJ 是细胞内主要的 DNA 断裂损伤修复机制。利用靶向核酸酶可以在受精卵水平高效的实现移码突变,从而制备基因敲除模式动物。

二是 DNA 断裂修复途径为同源介导的修复(homology-directed repair, HR),这种基于同源重组的修复机制保真性高,但是发生概率低。在提供外源修复模板的情况下,靶向核酸酶对 DNA 的切割可以将同源重组发生的概率提高约 1000 倍。利用这种机制可以实现基因组的精确编辑,如:条件性基因敲除、基因敲入、基因替换、点突变等。

第三节　疾病相关基因鉴定和克隆原则

确定疾病相关基因是一个艰巨复杂的系统工程,耗时耗钱,有的疾病基因的最终鉴定历时数十年。尽管人类基因组计划的完成,为疾病相关基因的鉴定提供了诸多的便利,但明确地解析疾病和某种基因的关系仍非易事,掌握鉴定疾病相关基因鉴定和克隆的原则,无疑将起到事半功倍作用,有助于鉴定疾病相关基因研究工作高效有序的开展。首先,确定疾病表型和基因实质联系是关键;其次,采用多途径、多种方法鉴定克隆疾病相关基因是手段;最终,确定候选基因,明晰基因序列的改变和疾病表型的关系,以了解基因致病的本质,是鉴定和克隆疾病相关基因的核心🔖。

一、鉴定克隆疾病相关基因的关键是确定疾病表型和基因间的实质联系

疾病作为一种遗传性状，要确保其专一性和同质性。正确的疾病诊断非常重要。在一些复杂性疾病中，对疾病表型有必要进行进一步的分类，确保疾病的同质性，以减少临床的异质性。其次，需要确定疾病的遗传因素，即通过家系分析、孪生子分析、领养分析和同胞罹患率分析等，确定遗传因素是否在疾病发病中的作用及其作用程度（遗传度）。在遗传因素作用较小的疾病中，鉴定并最终克隆疾病相关基因成功的可能性很小。一旦确定了遗传因素在疾病中的重要作用，就可进而确定存在于人类基因组中决定疾病表型的基因，确定该基因在基因组中的位置（位点）以及该位点和基因组其他位点的联系。

二、鉴定克隆疾病相关基因需要多学科多途径的综合策略

鉴定疾病相关基因是一项艰巨的系统工程，需要多学科的紧密配合，针对不同疾病采用不同的策略。如图25-6所示，这些不同策略和方法互为补充，方可达到最终克隆疾病基因的目的。首先通过对不同疾病家系的连锁分析，可粗略地将疾病的基因定位于某个染色体上。这些位点被称之为疾病的位点（locus），此时确切的基因尚不明了。随着对某些疾病发病机制的了解，可以进一步阐明疾病相关的蛋白质的生物化学和细胞生物学特征，以此为切入点，寻找基因结构的异常，确定基因 DNA 碱基序列突变及其导致蛋白质结构或表达异常的分子机制，最终克隆疾病的基因。疾病动物模型对于

图 25-6　疾病相关基因鉴定克隆策略示意图

疾病相关基因的克隆具有重要帮助。对不同的疾病动物模型的研究，可以确定导致实验动物异常表型的基因，进而鉴定人类的同源基因在疾病中的作用。借助生物信息数据库中有关待定基因的信息，也可极大地促进疾病相关基因克隆的效率。

三、确定候选基因是多种克隆疾病相关基因方法的交汇

有许多途径能够达到最终鉴定疾病相关基因的目的，这些方法最终将交汇在候选基因上。一旦候选基因被鉴定，即可筛检病人中该基因的突变。候选基因可不依赖其在染色体位置而予以鉴定，但常用的策略仍然是首先找出候选染色体区域，然后在此区域内鉴定候选基因。人类基因组计划的完成提供了人类所有基因的信息。尽管从众多的候选基因中寻找基因突变，仍然是一项耗时的工作，但鉴定候选基因较以往还是相对容易。这是由于位置信息从 2 万个的基因降低到候选区域的 10 ~ 30 个基因。在候选区域内预测可能的候选基因并非易事，目前仍然缺乏这样的能力。需要的是大量重复、逐个排除，最终确定候选基因的突变以及这种突变和疾病的联系。

第四节　疾病相关基因鉴定克隆的策略和方法

鉴定和克隆疾病相关基因的策略和方法主要包括，不依赖染色体定位的疾病相关基因克隆策略、定位克隆法、常见病的基因需要全基因组关联分析和全外显子测序法，以及生物信息数据库贮藏丰富的疾病相关基因信息检索法。

一、疾病相关基因鉴定和克隆可采用不依赖染色体定位的策略

不依赖染色体定位的疾病相关基因克隆策略包括功能克隆、表型克隆及采用位点非依赖的 DNA 序列信息和动物模型来鉴定和克隆疾病基因。

（一）从已知蛋白质的功能和结构出发克隆疾病基因

在掌握或部分了解基因功能产物蛋白质的基础上,鉴定蛋白质编码基因的方法,称之为功能克隆（functional cloning）。这是相对于利用基因位置克隆基因的定位克隆而言的。该方法采用的是从蛋白质到 DNA 的研究路线,针对的是一些对影响疾病的功能蛋白具有一定了解的疾病,如血红蛋白病、苯丙酮尿症等出生缺陷引起的分子病可以采用这个方法定位和克隆疾病基因。

1. 依据蛋白质的氨基酸序列信息鉴定克隆疾病相关基因　如果疾病相关的蛋白质在体内表达丰富,可分离纯化得到一定纯度的足量蛋白质,就可用质谱或化学方法进行氨基酸序列分析,获得全部或部分氨基酸序列信息。在此基础上设计寡核苷酸探针,用于筛查 cDNA 文库,可筛选出目的基因。使用这种策略时,必须考虑到密码子的简并性特点,即除了甲硫氨酸和色氨酸仅有 1 个密码子外,其余氨基酸均有 2 个或 2 个以上的密码子。设计探针时应尽量避开有简并密码子的区域,但实际上往往难以做到。为此可以设计 1 套可能含有全部简并密码子信息的寡核苷酸探针,用此混合探针去筛查 cDNA 文库,"钓出"目的基因克隆。除 cDNA 文库筛查技术外,目前还可采用部分简并混合寡核苷酸作为 PCR 引物,采用多种的 PCR 引物组合,以获得候选基因的 PCR 产物。

上述方法曾成功地用于镰状细胞贫血的基因克隆。首先,免疫电泳等方法已经显示出镰状细胞贫血病人的珠蛋白异常,获得部分氨基酸残基序列后,设计了简并寡核苷酸探针,筛选有核红细胞系的 cDNA 文库,得到了 α 珠蛋白基因的 cDNA,与正常人的 cDNA 比较,发现了 α 珠蛋白基因变异。进而找出 cDNA 探针与染色体 DNA 序列间的同源互补关系,将人的 α 珠蛋白基因定位于第 16 号染色体上,并在此基础上,提出了分子病（molecular disease）的概念。

2. 用蛋白质的特异性抗体鉴定疾病基因　有些疾病相关的蛋白质在体内含量很低,难以纯化得到足够纯度的蛋白质用于氨基酸序列测定。但是少量低纯度的蛋白质仍可用于免疫动物获得特异性抗体,用以鉴定基因。获得的抗体一方面可用于直接结合正在翻译过程中的新生肽链,此时会获得同时结合在核糖体上的 mRNA 分子,最终克隆未知基因;另外,特异性抗体也可用来筛查可表达的 cDNA 文库,筛选出可与该抗体反应的表达蛋白质的阳性克隆,进而可获得候选基因。

功能克隆仍然是单基因疾病基因克隆的常用策略。其缺点是特异功能蛋白质的确认、鉴定及其纯化都相当困难,微量表达的基因产物在研究中难以获得,因而几乎不能用于多基因疾病的基因分离。

（二）从疾病的表型差异出发发现疾病相关基因

表型克隆（phenotype cloning）是疾病相关基因克隆领域中一个新的策略。该策略的原理是基于对疾病表型和基因结构或基因表达的特征联系已经有所认识的基础上来分离鉴定疾病相关基因。

依据 DNA 或 mRNA 的改变与疾病表型的关系,可有几种策略:

第一种策略是从疾病的表型出发,比较病人基因组 DNA 与正常人基因组 DNA 的不同,直接对产生变异的 DNA 片段进行克隆,而不需要基因的染色体位置或基因产物的其他信息。例如,在一些遗传性神经系统疾病中,病人基因组中含有的三联重复序列的拷贝数可发生改变,并随世代的传递而扩大,称为基因的动态突变。此时,采用基因组错配筛选（genome mismatch scanning）、代表性差异分析（representative difference analysis,RDA）等技术即可检测病人的 DNA 是否有三联重复序列的拷贝数增加,从而确定患病原因。

第二种策略是针对已知基因。如果高度怀疑某种疾病是由于某个特殊的已知基因所致,可通过比较病人和正常对照间该基因表达的差异,来确定该基因是否为该疾病相关基因。常用分析方法有 Northern 印迹法、RNA 酶保护试验、RT-PCR 及实时定量 RT-PCR 等。

　　第三种策略是针对未知基因的,可通过比较疾病和正常组织中的所有 mRNA 的表达种类和含量间的差异,从而克隆疾病相关基因。这种差异可能源于基因结构改变,也可能源于表达调控机制的改变。常用的技术有 mRNA 差异显示(mRNA differential display,mRNA-DD)、抑制消减杂交(suppressive subtractive hybridization,SSH)、基因表达系列分析(SAGE)、cDNA 微阵列(cDNA microarray)和基因鉴定集成法(integrated procedure for gene identification)等。这里仅分别介绍 RDA 和 mRNA-DD 技术。

　　1. RDA 技术是建立在核酸差异杂交基础上的 PCR 技术　　RDA 是通过对正常和疾病组织的 cDNA 差异片段(即代表性片段)的扩增,从而使其被检测和捕获的技术。基本原理是,首先用 PCR 方法从拟比较的疾病和正常组织获得足够量的 DNA 或 cDNA 片段;然后进行差异杂交,杂交后再用不同引物进行第二次 PCR 反应;在第二次 PCR 反应中,只有两个样品中结构或表达量有差异的 DNA 片段可以得到扩增(图 25-7)。

图 25-7　代表性差异分析(RDA)技术原理和基本过程示意图

　　其基本步骤是:①DNA 片段制备:分别提取正常人基因组 DNA(检测 DNA)和病人基因组 DNA(驱动 DNA),用限制性内切酶消化 DNA,获得长度在 150～1000bp 之间的片段;②获得扩增子:在两组的所有 DNA 片段上加上接头,以接头的互补序列为引物,进行第一步 PCR 扩增,所获得扩增产物称扩增子(amplicon);③更换接头:切去所有扩增子的接头,仅在检测扩增子上加上新的接头;④筛选扩增产物:按 1∶100 的比例混合检测扩增子和驱动扩增子,进行液相杂交。取少量杂交反应物为模板,以新的接头为引物再进行第二次 PCR 扩增,即可筛选出两组 DNA 样品间的差异片段。

　　检测 DNA 和驱动 DNA 间片段在第二次 PCR 反应中依据两者间是否有差异,主要可以出现两种情况:①两组间相同的 DNA 片段不会得到大量扩增。这是因为在杂交反应中,驱动 DNA 片段的数目远大于检测 DNA,将优先结合检测 DNA,使得检测 DNA 分子间几乎没有机会形成同源复性双链。因此,利用新接头进行的二次 PCR 反应过程将不会有扩增产物。②两者的差异片段可得到扩增。如果检测 DNA 中存在的某一片段在驱动 DNA 中缺失,或由于突变而失去了互补结合能力,在杂交反应中就不存在来自驱动 DNA 中的同源片段的竞争,检测 DNA 自身可以发生复性,且由于复性的双链 DNA 两端都具有新接头,因而可以实现 PCR 的大量扩增。该片段即为候选的疾病相关 DNA 序列。虽然反应中无差异片段还会存在一些被扩增的可能,但产物量较小,可以被排除。

　　RDA 也可用于 mRNA 差异表达基因的克隆,只是需要先将 mRNA 逆转录成 cDNA 片段。RDA 技术对正常和异常的 DNA 片段区分能力强、富集效率高、对起始材料要求低,利用 RDA 人们已经发现了多个疾病相关新基因。

2. mRNA-DD 是 RT-PCR 技术和聚丙烯酰胺凝胶电泳技术的结合   mRNA-DD 又称为差异显示逆转录 PCR（mRNA differential display reverse transcription PCR，DDRT-PCR）方法。该法利用可以扩增所有哺乳类生物 mRNA 的几条 5′-端随机引物和几条 3′-端锚定引物组合，用 PCR 的方法扩增正常人和患病个体的相应组织的 cDNA。用聚丙烯酰胺凝胶电泳分离扩增产物，比较两组间产物的差异（图 25-8）。依据理论计算，该方法所设计的组合引物可以与所有 mRNA 的 poly（A）尾匹配，因而对于种类和含量相同的 cDNA 样品，PCR 产物的种类多少和分布应该是完全一样的。如果在正常和病人的 cDNA 标本中扩增出一些不同长度的 cDNA 片段，它们所代表的 cDNA 就有可能与疾病状态相关。这一方法的优点在于所需 mRNA 量少、较快速、可同时显示多种生物性状的差异、可同时获得高表达和低表达的基因等。这种方法同时也存在许多严重的缺陷，如假阳性率高达 70%、获得的片段太短等，很难直接判断其功能和意义。尽管有上述缺陷，但因其步骤较简单，可获得较大量信息，在实际工作中该法应用仍较多。

图 25-8   mRNA 差异显示（mRNA-DD）技术原理和基本过程示意图

（三）采用动物模型鉴定克隆疾病相关基因

人类的部分疾病，已经有相应的动物模型。如果动物某种表型的突变基因定位于染色体的某一部位，而具有相似人类疾病表型的基因很有可能存在于人染色体的同源部位。另外，当疾病基因在动物模型上已完成鉴定，还可以采用荧光原位杂交来定位分离人的同源基因。肥胖相关的瘦蛋白（leptin）基因的克隆就是一个成功例证。利用突变的肥胖近交系小鼠通过定位克隆分离得到了位于小鼠 6 号染色体的瘦蛋白基因，依据小鼠瘦蛋白基因侧翼标记，将人的瘦蛋白基因定位于人染色体 7q31 区。小鼠和人的瘦蛋白基因有 84% 的同源性，编码 167 个氨基酸残基的分泌性蛋白——瘦蛋白，其主要功能是控制食物的摄入，促进能量的消耗。肥胖小鼠和一些遗传性肥胖症病人均具有该基因的缺损，导致基因功能丧失。

二、定位克隆是鉴定疾病相关基因的经典方法

仅根据疾病基因在染色体上的大体位置，鉴定克隆疾病相关基因，称之为定位克隆（positional cloning）。定位克隆的起点是基因定位，即确定疾病相关基因在染色体上的位置，然后根据这一位置信

息,应用 DNA 标记将经典的遗传学信息转换为遗传标记所代表的特定基因组区域,再以相关基因组区域的相连重叠群(contig)筛选候选基因,最后比较病人和正常人这些基因的差异,确定基因和疾病的关系 。人类基因组计划后所进行的定位候选克隆,是将疾病相关位点定位于某一染色体区域后,根据该区域的基因、EST 或模式生物对应的同源区的已知基因等有关信息,直接进行基因突变筛查,通过多次重复,最终确定疾病相关基因。

(一)基因定位的方法有多种

基因定位(gene location)是基因分离和克隆的基础,目的是确定基因在染色体的位置以及基因在染色体上的线性排列顺序和距离。可从家系分析、细胞、染色体和分子水平等几个层次进行基因定位,由于使用手段的不同可派生出多种方法,不同方法又可联合使用,相互补充。

1. 体细胞杂交法通过融合细胞的筛查定位基因　体细胞杂交(somatic cell hybridization)又称细胞融合(cell fusion),是将来源不同的两种细胞融合成一个新细胞。大多数体细胞杂交是用人的细胞与小鼠、大鼠或仓鼠的体细胞进行杂交。这种新产生的融合细胞称为杂种细胞(hybrid cell),含有双亲不同的染色体。杂种细胞有一个重要的特点是在其繁殖传代过程中出现保留啮齿类一方染色体而人类染色体逐渐丢失,最后只剩一条或几条,其原因至今不明。Miller 等运用体细胞杂交,结合杂种细胞的特征,证明杂种细胞的存活需要胸苷激酶(thymidine kinase,TK)。含有人 17 号染色体的杂种细胞在特殊的培养基中,都因有 TK 活性而存活,反之则死亡,从而推断 *TK* 基因定位于第 17 号染色体上。利用这一方法定位了许多人的基因。肿瘤抑制基因也是应用体细胞杂交技术而被发现的。

2. 染色体原位杂交是在细胞水平定位基因的常用方法　染色体原位杂交(chromosome *in situ* hybridization)是核酸分子杂交技术在基因定位中的应用,也是一种直接进行基因定位的方法。其主要步骤是获得组织培养的分裂中期细胞,将染色体 DNA 变性,与带有标记的互补 DNA 探针杂交,显影后可将基因定位于某染色体及染色体的某一区段。如果用荧光染料标记探针,即为荧光原位杂交(fluorescence *in situ* hybridization,FISH)。1978 年首次用 α 及 β 珠蛋白基因的 cDNA 为探针,与各种不同的人/鼠杂种细胞进行杂交,从而将人 α 及 β 珠蛋白基因分别定位于第 16 号和第 11 号染色体上。这种染色体原位杂交技术特别适用于那些不转录的重复序列,这些重复序列很难用其他方法进行基因定位。如利用原位杂交技术将卫星 DNA 定位于染色体的着丝粒和端粒附近。

3. 染色体异常有时可提供疾病基因定位的替代方法　从基因定位克隆的角度来看,对于任何已知与染色体异常(chromosome abnormalities)直接相关的疾病来说,染色体的异常本身就成为疾病定位基因克隆的一个绝好的位置信息。染色体的异常有时可替代连锁分析,用于定位疾病基因。在一些散发性、严重的显性遗传病,染色体变异分析是获得候选基因的唯一方法。有时可直接获得基因的正确位置,而无需进行连锁分析,例如染色体的平衡易位和倒位等。诸如多囊肾、巨肠症、假肥大型肌营养不良基因的定位在很大程度上借助于染色体的异常核型表现。

如果细胞学观察的染色体异常与某一基因所表达的异常同时出现,即可将该基因定位于这一染色体的异常区域内。例如对一具有 6 号染色体臂间倒位的家系分析表现,凡是有此倒位者,同时也都有某一 *HLA* 等位基因的表达;而家族中无此倒位者,也无该等位基因的表达,因此将该 *HLA* 基因定于 6 号染色体短臂的远侧区。

染色体非整倍体分析中,可通过基因剂量法进行基因定位。在 Down 综合征(核型 47,+21)的病人中过氧化物歧化酶-1 的活性比正常人高 1.5 倍,因此将该酶基因定位于 21 号染色体上。但是并非所有基因的拷贝数都有明显的剂量效应作用。

4. 连锁分析是定位疾病未知基因的常用方法　基因定位的连锁分析(linkage analysis)是根据基因在染色体上呈直线排列,不同基因相互连锁成连锁群的原理,即应用被定位的基因与同一染色体上另一基因或遗传标记相连锁的特点进行定位。如果待定基因与标记基因呈连锁遗传,即可推断待定基因与标记基因处于同一染色体上,并且依据和多个标记基因连锁的程度(用两者间的重组率度量),可确定待定基因在染色体的排列顺序以及和标记基因间的遗传距离(用 cM 表示)。例如已知血型基因 Xs 定位于 X 染色体上,普通鱼鳞病和眼白化病基因与其连锁,因此判定这两个基因也在 X 染色体上,计算病人子代的重组率,即可确定这些基因间的相对距离。

(二) 定位克隆疾病相关基因的过程包括三大步骤

定位克隆疾病相关基因是鉴定遗传性疾病基因的主要手段,在早期的疾病基因鉴定工作中发挥了不可替代的作用,也获得了巨大的成功。随着人类基因组计划的完成,采用定位克隆疾病基因的方法,更加容易实施,其主要的过程包括三个步骤。

1. 尽可能缩小染色体上的候选区域   定位克隆疾病基因困难的大小取决于染色体候选区域的宽窄。为此要尽可能地缩小疾病相关基因在染色体上的候选区域。在单基因疾病基因的遗传制图时,需要选择更多的遗传标记,找出遗传距离最近的标记,增加更多的家系、建立所有个体的单倍体型等,以增加发现重组机会,结合寻找更多连锁不平衡,精确疾病相关基因的候选区域。

2. 构建目的区域的基因列表   由于人类基因组计划的完成,各种 DNA 分子水平上物理图谱的建立,已经使得疾病相关基因的克隆变得较为容易。现在已无需建立 DNA 重叠群,直接使用人类基因组的数据库,如基因组阅览器 Ensembl(http://www.ensemble.org)或者 the Santa Cruz 阅览器(http://genome.cse.ucsc.edu)就可直接显示候选区域已肯定或可能的基因,但也不能完全依赖这些信息,要仔细检查重叠的拼装是否正确。当然,还要结合 ENCODE 计划的结果、非编码序列、选择性转录本等表达谱,获得更多候选区域的基因信息。

3. 候选区域优先考虑基因的选择及突变检测   为了鉴定突变,对无血缘关系的病人要进行 DNA 测序。可以测定候选区域所有的外显子,也可测定优先考虑基因的外显子,取决于研究策略、人力和财力的投入。可根据下列情况考虑该基因为优先考虑的基因:①合适的表达:一个好的候选基因的表达模式应该和疾病表型相一致,该基因不一定特征性表达于病变组织,但至少在疾病发生前或发生时,疾病组织表达该基因,如神经管缺损的基因应该在神经管闭锁前,即人胚胎发育的 3~4 周表达。②合适的功能:候选区域的基因功能,如果已知,就易于作出决定。如 fibrillin 和结缔组织疾病 Marfan 综合征的关系。一个新基因序列的分析提示有某种功能,如有跨膜基序或酪氨酸激酶基序等,就可和疾病的发病机制联系起来,作出判断。③同源性和功能关系:如果候选区域一个基因和已知的基因同源,不管是与人的间接同源(paralog),还是与其他种的直接同源(ortholog),而且也知道同源基因突变引起的相类似表型,该基因就有可能是疾病基因。候选基因的确定也可基于密切的功能关系,如受体和配体的关系,同一代谢或发育途径的组分等。近年来,对模式生物基因功能的认识,更多的同源基因的表型被鉴定,极大地促进了人类致病基因的鉴定克隆工作。

(三) 假肥大型肌营养不良基因的克隆是定位克隆的成功例证

采用定位克隆策略鉴定的第一个疾病相关基因是 X 连锁慢性肉芽肿病基因。而假肥大型肌营养不良(Duchenne muscular dystrophy,DMD)基因的成功克隆,更彰显了基因定位克隆的优势。这项工作主要分两个阶段。首先,根据患病女性 X 染色体与第 21 号常染色体的易位,以及男患儿发生小的 Xp21.2 缺失并伴发三种其他 X 连锁隐性遗传病,再运用 RFLP 连锁分析将 *DMD* 基因定位于 Xp21。然后,分别克隆得到了基因的 2 个不同的片段,分别命名为 XJ 系列探针和 pERT87 系列探针,根据两片段的比较,证明 *DMD* 基因约为 2300kb,占 X 染色体的 1% 以上,该基因编码肌营养不良蛋白(dystrophin),影响横纹肌和心肌的结构和收缩功能。

三、确定常见病的基因需要全基因组关联分析和全外显子测序

基因连锁分析在定位克隆遗传性疾病的基因取得了成功,尽管鉴定复杂性疾病的易感基因采用了如罹患姊妹对(affected sib pair,ASP)分析方法,也取得一些成功的例子,但总体来说,并不理想。从 2005 年以来,基于连锁不平衡(linkage disequilibrium)理论发展而来的全基因组关联研究(genomewide association study,GWAS),在复杂疾病的基因定位克隆中,发挥了巨大的作用。GWAS 方法是一种在无假说驱动的条件下,通过扫描整个基因组观察基因与疾病表型之间关联的研究手段。具体

操作中,通常收集成千上万个病人和对照的 DNA 标本,利用高通量芯片进行 SNP 的基因定型,进一步通过统计学分析,确定分子 SNP 位点和疾病表型的关系。该方法已成功鉴定了常见多发病的多种基因位点,不仅有效简化了常见病的相关基因鉴定过程,而且为研究疾病的发病机制和干预靶点提供了极有价值的信息。不过该技术对研究团队的经济实力、合作性、生物信息学水平以及庞大假阳性数据排查能力都有很高的要求,且只涉及常见等位基因的变异。

全外显子测序(whole exon sequencing)技术则可对全基因组外显子区域 DNA 富集从而进行高通量测序,它选择性地检测蛋白质编码序列,可实现定位克隆,对常见和罕见的基因变异都具有较高灵敏度,仅对约 1% 的基因组片段进行测序就可覆盖外显子绝大部分疾病相关基因变异,其高的性价比使其在复杂疾病易感基因的研究中颇受推崇。

四、生物信息数据库贮藏丰富的疾病相关基因信息

人类基因组计划和多种模式生物基因组测序的完成,生物信息学的发展,计算机软件的开发应用和互联网的普及,人们通过已获得的序列与数据库中核酸序列及蛋白质序列进行同源性比较,或对数据库中不同物种间的序列比较分析、拼接,预测新的全长基因等,进而通过实验证实,从组织细胞中克隆该基因,这就是所谓的电子克隆(in silico cloning)。

人类新基因克隆大都是从同源 EST 分析开始的。应用同源比较,在人类 EST 数据库中,识别和拼接与已知基因高度同源的人类新基因的方法包括:①以已知基因 cDNA 序列对 EST 数据库进行搜索分析,即 BLAST(Basic Local Alignment Search Tool),找出与已知基因 cDNA 序列高度同源的 EST;②用 Seqlab 的 Fragment Assembly 软件构建重叠群,并找出重叠的一致序列;③比较各重叠群的一致序列与已知基因的关系;④对编码区蛋白质序列进行比较,并与已知基因的蛋白质的功能域进行比较分析,推测新基因的功能;⑤用新基因序列或 EST 序列对序列标签位点(sequence-tagged site,STS)数据库进行 BLAST 分析,如果某一 EST(非重复序列)与某一种 STS 有重叠,那么,STS 的定位即确定了新基因的定位。电子克隆充分利用网络资源,可大大提高克隆新基因的速度和效率。由于数据库的不完善、错误信息的存在及分析软件的缺陷,电子克隆往往难以真正地克隆基因,而是一种电子辅助克隆。

小　结

结构基因编码区的确定、启动子、转录起始点确定和其他顺式元件的确定是了解基因表达的关键。分析编码序列的技术包括数据库搜索法、cDNA 文库法、RNA 剪接法等;研究启动子结构的技术包括生物信息学预测法、启动子克隆法、核酸-蛋白质相互作用分析法等;研究真核生物结构基因转录起点序列的技术包括数据库搜索法、cDNA 克隆直接测序法、5'-cDNA 末端快速扩增法、连续分析法等。其他顺式作用元件主要包括增强子、沉默子、绝缘子等,都可以参与基因表达调控。分析基因表达丰度的技术包括 Southern 印迹、PCR 和 DNA 测序法等。分析基因表达的产物可采用组学方法和特异性测定方法。通过检测 RNA 和蛋白质/多肽可分别揭示基因在转录水平和翻译水平的表达特征。检测 RNA 的技术包括 RNA 印迹、原位杂交、核糖核酸酶保护实验、cDNA 芯片等;检测蛋白质/多肽的技术包括蛋白质印迹、酶联免疫吸附实验、免疫组化、流式细胞术、蛋白质芯片等。

基因的功能由基因表达产物体现,也就是编码基因的蛋白质功能和非编码基因 RNA 的功能。基因产物的功能可以从三个不同水平来描述,即生物化学水平、细胞水平和整体水平的功能。生物信息学的同源序列比对、细胞水平高表达或低表达基因(反义技术、RNA 干涉和基因编辑)技术、蛋白质与蛋白质相互作用技术和整体水平的转基因技术、基因敲除小鼠动物模型等,都是目前进行基因功能研究的有效手段。由于基因的功能必须在完整的生物个体及其生命过程中才能得到完整的体现,因此,从整体水平研究基因的功能是必然的选择。鉴定基因功能的策略包括功能获得策略(如转基因、基因敲入技术)、功能失活策略(如基因敲除、基因沉默技术)、随机突变筛选策略及基因编辑技术等。基

因编辑技术近年来发展迅猛,主要 ZFN、TALEN 技术以及 CRISPR 技术,其中 CRISPR 技术通过不断的技术改进,被认为能够在活细胞中最有效、最便捷地"编辑"任何基因。

疾病相关基因的鉴定和克隆,可采取非染色体定位的基因功能鉴定和定位克隆两类策略。前者包括功能克隆、表型克隆及采用位置非依赖的 DNA 序列信息和动物模型来鉴定和克隆疾病基因;后者则是先进行基因定位作图,确定疾病相关基因在染色体上的位置,然后寻找来自该区的基因并进行克隆,采用包括体细胞杂交法、原位杂交法、连锁分析及染色体异常定位来克隆疾病相关基因。假肥大肌营养不良基因的克隆是定位克隆策略应用的成功范例。

思 考 题

1. 简述分析基因 TSS、启动子、编码序列以及拷贝数的主要方法及原理。
2. 如何在转录和翻译水平分析基因的表达特征?
3. 简述鉴定基因功能的主要策略及其原理。
4. 请设计一个综合方案来解析基因的结构和表达特征,并最终鉴定其功能。
5. 简述基因编辑技术的发展历程及其原理。
6. 如何理解疾病相关基因的概念? 鉴定克隆疾病相关基因的原则是什么?

(吕社民)

第二十六章 基因诊断和基因治疗

人类大多数疾病都与基因变异相关。人体自身基因结构与功能发生异常,以及外源性病毒、细菌的致病基因在人体的异常表达,都可以引起疾病。从基因水平检测和分析疾病的发生,确定发病原因及疾病的发病机制,评估个体对疾病的易感性,进而采用针对性的手段矫正疾病紊乱状态,是现代医学发展的新方向。基因诊断(gene diagnosis)和基因治疗(gene therapy)已成为现代分子医学的重要内容之一。

第一节 基 因 诊 断

基因诊断最早的医学实践始于 1976 年,美国加州大学旧金山分校的华裔科学家 Y. W. Kan 博士利用 DNA 片段多态性分析技术,对镰状细胞贫血这一遗传性血红蛋白病进行了特异性产前诊断,开创了基因诊断的历史先河。伴随着临床手段的不断进步,基因诊断技术已经逐步地从实验研究进入临床应用阶段,作为一种新的诊断模式,基因诊断在许多重大疾病的早期诊断、鉴别诊断、分期分型、疗效判断、预后的预测等方面显示了独特的优势,广泛地应用于遗传性疾病、感染性疾病及肿瘤等疾病的诊断,使基因诊断技术在临床应用方面的作用逐步得到凸显。

一、基因诊断的概念及特点

(一) 基因诊断是针对 DNA 和 RNA 的分子诊断

人类遗传病的基因诊断是分析遗传信息携带分子的序列,从而在分子水平上确定疾病的病因所在。从广义上说,凡是用分子生物学技术对生物体的 DNA 序列及其产物(如 mRNA 和蛋白质)进行的定性、定量分析,都称为分子诊断(molecular diagnosis)。从技术角度讲,目前的分子诊断方法主要是针对 DNA 分子的,涉及功能分析时,还可定量检测 RNA(主要是 mRNA)和蛋白质等分子。通常将针对 DNA 和 RNA 的分子诊断称为基因诊断(gene diagnosis)。

因为绝大部分疾病的表型是由基因结构及其功能异常或外源性病原体基因的异常表达造成的,这也是疾病发生的根本原因。因此以遗传物质作为诊断目标,可以在临床症状和表型发生改变前作出早期诊断,属于病因诊断,并且基因诊断的结果还能够提示疾病发生的分子机制。大多数疾病的发生过程都存在基因结构和表达水平的改变。单基因病主要由病人某种基因突变,致使其编码的蛋白质的生物学功能发生改变。如迪谢内肌营养不良(Duchenne muscular dystrophy,DMD)是 X 染色体隐性遗传疾病,抗肌萎缩蛋白(dystrophin)基因突变所致肌萎缩蛋白缺乏或功能异常是导致疾病发生的根本原因;心血管疾病、糖尿病、高血压、阿尔茨海默病等疾病不具有典型的孟德尔遗传模式,这一类疾病具有明显的家族遗传倾向,与某些遗传标记有显著的关联性,其致病原因尚未清楚,可能与基因组多个较微弱的基因效能累加有关,称为遗传学疾病或多基因病,肿瘤的发生发展具有多因素和多阶段性,在每一个阶段可能发生基因结构与功能的改变;而对于感染性疾病来说,病原体的侵入必定使病人体内存在病原体的遗传物质。基因诊断正是通过检测与分析基因结构与功能(包括外源病原体基因)及基因表达的异常改变,从而对疾病进行诊断。

(二) 基因诊断在疾病诊断上具有独特的优势

早期医学诊断是根据病人的临床症状和体征来进行判断,随着检验技术手段的提升,逐步发展为以疾病的表型改变为依据,而大部分疾病的表型改变缺乏特异性,并且往往是在疾病的中晚期才出现,常常不能作出及时准确的诊断。相比之下基因诊断不依赖疾病表型改变,直接以致病基因、疾病相关基因、外源性病原体基因或其表达产物为诊断对象,具有特异性强、灵敏度高、可早期诊断、应用性广的独特优势。

1. **特异性强**   基因诊断是以基因结构(包括病人自身基因和外源性病原体基因)及其表达产物(RNA 或蛋白质)为检测对象,而不是疾病表型。由于基因的突变及其功能异常、外源性病原体基因的存在是疾病发生的根本原因,因此,基因诊断属于病因诊断,具有高度的特异性。采用分子生物学技术能够检测出这些特异的碱基序列,从而判断病人是否发生与携带某些基因突变,以及是否存在外源性病原体基因,从而作出特异性诊断。

2. **灵敏度高**   基因诊断常利用 PCR 和核酸杂交的技术手段。PCR 技术可将待测核酸样品进行特异性高效扩增达百万倍,亦可以对极其微量的几个细胞、一根头发、一滴血迹、组织切片和石蜡包埋组织块中的 DNA 进行高效扩增。而核酸杂交技术利用核酸杂交的特异性,由于使用了具有生物催化活性的酶、放射性核素标记或荧光素标记的高灵敏度探针来检测,因此,具有很高的灵敏度。目前临床上,常常把核酸杂交技术与 PCR 技术联合使用,用于检测微量的病原体基因及其拷贝数极少的各种基因突变,具有较高的灵敏度。

3. **可进行快速和早期判断**   人类所患疾病种类繁多,各种疾病的表型千差万别,仅依据表型改变难以准确地作出快速和早期诊断。但绝大部分疾病都可以应用分子生物学技术进行基因水平的检测,甚至可以在表型未发生改变的情况下进行准确的早期诊断。与传统的诊断技术相比,基因诊断的过程更为简单与直接,如采用细菌培养技术对感染性疾病作出诊断通常需要数天的时间,而采用基因诊断技术只需数个小时。

4. **适用性强、诊断范围广**   伴随着"人类基因组计划"的完成和"功能基因组计划"的不断推进,已被克隆的疾病基因和疾病相关基因也越来越多,人们对许多疾病发生的分子机制有了更深的认识,这为基因诊断的发展提供了坚实的理论基础。采用基因诊断技术不仅可以在基因水平上对大多数疾病进行诊断,还能对有遗传病家族史的致病基因携带者作出预警诊断,也能对有遗传病家族史的胎儿进行产前诊断。基因诊断也可以用于评估个体对肿瘤、心血管疾病、精神疾病、高血压等多基因病的易感性和患病风险,以及进行疾病相关状态的分析,包括疾病的分期分型、发展阶段、抗药性等方面。另外,基因诊断还可以快速检测不易在体外培养和在实验室中培养安全风险较大的病原体,如艾滋病病毒、肝炎病毒、流行性感冒病毒等。

二、基因诊断的样品来源广泛

临床上可用于基因诊断的样品有血液、组织块、羊水和绒毛、精液、毛发、唾液和尿液等。在选择被测样品时,可根据材料来源和分析目的提取其基因组 DNA 或各种 RNA,后者可经逆转录形成 cDNA。RNA 的分析必须用新鲜样品。在开展胎儿 DNA 诊断时,除传统的羊水、绒毛和脐带血样品外,从母亲外周血中提取胎儿细胞或胎儿 DNA 的先进技术已经初步应用于临床实践。

进行基因诊断的前提是疾病表型与基因型的关系已被阐明(见第二十五章)。人类遗传病的表型是由个体基因型决定的,故对遗传病的诊断也可理解为进行个体的基因分型。

三、基因诊断的基本技术日趋成熟

基因诊断包括检测个体的基因序列特征、基因突变、基因的拷贝数以及是否存在病原体基因等。基因诊断技术可分为定性和定量分析两类技术。基因分型和检测基因突变属于定性分析,测定基因拷贝数及基因表达产物量则属于定量分析。在检测外源感染性病原体基因时,定性分析可诊断其在人体存在与否,而定量分析则可确定其含量。从理论上来讲,所有检测基因表达水平或基因结构的方法都可用于基因诊断。基因诊断的基本方法几乎全部基于核酸分子杂交和 PCR 技术,或上述两种技术的联合应用。常用于基因诊断的基本方法主要有核酸分子杂交技术、PCR、DNA 测序和基因芯片技术等。

（一）核酸分子杂交技术是基因诊断的基本方法

核酸分子杂交技术是基因诊断的最基本的方法之一。不同来源的 DNA 或 RNA 在一定的条件下，通过变性和复性可形成杂化双链。因此通过选择一段已知序列的核酸片段作为探针（见第二十四章），对其放射性核素、生物素或荧光染料进行标记，然后与目的核酸进行杂交反应，通过标记信号的检测就可以对未知的目的核酸进行定性或定量分析。

1. DNA 印迹法　Southern 印迹（Southern blotting）又称 DNA 印迹（见第二十四章），是最为经典的基因分析方法，不但可以检测特异的 DNA 序列，还能用于进行基因的限制性内切核酸酶图谱和基因定位，可以区分正常和突变样品的基因型，并可获得基因缺失或插入片段大小等信息。DNA 印迹一般可以显示 50~20 000bp 的 DNA 片段，片段大小的信息是该技术诊断基因缺陷的重要依据。DNA 印迹实验结果可靠，但操作繁琐，费时费力，而且要使用放射性核素，这些因素使其难以作为一种常规的临床诊断手段得以广泛开展。

2. Northern 印迹法　Northern 印迹法（Northern blotting）是通过标记的 DNA 或 RNA 探针与待测样本 RNA 杂交，能够对组织或细胞的总 RNA 或 mRNA 进行定性或定量分析，及基因表达分析。Northern 印迹杂交对样品 RNA 纯度要求非常高，限制了该技术在临床诊断中的应用。

3. 斑点杂交　斑点杂交（dot blot hybridization）是核酸探针与支持物上的 DNA 或 RNA 样品杂交，以检测样品中是否存在特异的基因或表达产物，该技术可用于基因组中特定基因及其表达产物的定性与定量分析。斑点杂交方法应用于基因诊断具有简便、快速、灵敏和样品用量少的优点。不足之处在于无法测定目的基因的大小，特异性较低，有一定比例的假阳性。

4. 原位杂交　原位杂交（in situ hybridization，ISH）是细胞生物学技术与核酸杂交技术相结合的一种核酸分析方法，核酸探针与细胞标本或组织标本中核酸杂交，可对特定核酸序列进行定量和定位分析。基因诊断中利用原位杂交技术能够显示目的核酸序列的空间定位的特点，可以检出含有特定核酸序列的具体细胞，包括其在样品中的位置、数量及类型。还可以检出目的 DNA 在细胞核或染色体上的分布，也可以用于组织或细胞感染的细菌或病毒等病原体的检测。与细胞内 RNA 进行杂交还可以对样本组织细胞中特定的基因的表达水平进行检测。

5. 荧光原位杂交　荧光原位杂交（fluorescence in situ hybridization，FISH）技术是将荧光素或生物素等标记的寡聚核苷酸探针与细胞或组织变性的核酸杂交，可对待测 DNA 进行定性、定量或相对定位分析。在基因诊断中，FISH 的优势在于对任何给定的基因组区域进行特异性杂交，对中期分裂象染色体及间期细胞核进行分析，可以获得传统显带技术所无法检测到的染色体信息。FISH 可以用于鉴别染色体数目和结构的异常，特别是能够对染色体的异常改变进行原位显示和定量分析，适用于新鲜、冷冻、石蜡包埋标本及穿刺物和脱落细胞等样品的检测。

（二）PCR 技术是特异、快速的基因诊断方法

PCR 技术（见第二十四章）能够极其快速、特异性地在体外进行基因或 DNA 片段的扩增，具有较高的灵敏度。近年来，以 PCR 为基础的相关实验技术发展迅速，RT-PCR、QRT-PCR、FQ-PCR 及 in situ PCR 等技术广泛地应用于致病基因的发现、核酸序列分析、DNA 多态性分析、遗传疾病及感染性疾病的基因诊断、法医鉴定及个体识别等领域。在临床上，应用 PCR 技术可以对已知序列或已知部分序列的基因进行检测，或采用 PCR 技术扩增出已知 DNA 片段后与其他技术联合应用，衍生出了多种基因诊断技术。

1. 直接采用 PCR 技术进行基因诊断　PCR 技术可以直接用于检测待测特定基因序列的存在与缺失。分析疾病相关基因的缺失或突变，或者据此确定病原体基因存在与否。如跨越基因缺失或插入部位的 PCR 技术，又称裂口 PCR（gap-PCR），因其简便灵敏而更适用于临床诊断。该方法的思路是：设计并合成一组序列上跨越突变（缺失或插入）断裂点的引物，将待测 DNA 样本进行 PCR 扩增，

然后进行琼脂糖凝胶电泳,从扩增片段的大小直接判断是否存在缺失或插入突变。又如多重 PCR 是一种实用可靠的检测 DNA 缺失的常用方法,其基本原理是在一次 PCR 反应中加入多种引物,对一份 DNA 样本中的不同系列片段进行扩增,每对引物扩增的产物长度不一。可以根据电泳图谱上不同长度 DNA 片段存在与否,判断某些基因片段是否发生缺失或突变。

2. PCR-等位基因特异性寡核苷酸分子杂交　检测点突变的有效技术是等位基因特异性寡核苷酸(allele specific oligonucleotide, ASO)分子杂交。采用 PCR-ASO 杂交技术可以检测基因上已知的点突变、微小的缺失或插入。首先使用 PCR 扩增受检者的目标 DNA 片段,然后用设计好的 ASO 探针进行杂交,检测受检者是否存在基因突变及基因突变是杂合子还是纯合子。图 26-1 显示以 β 地中海贫血珠蛋白基因的第 17 个密码子(CD17)的点突变检测为例的 ASO 原理示意图。首先,设计合成包含突变位点在内的正常和突变的寡核苷酸探针。将这两个探针进行标记,再分别与待检 DNA 样品的 PCR 扩增产物进行杂交和检测。正常人只能与正常序列的 ASO 探针杂交,突变纯合子只能与突变序列的 ASO 探针杂交,而突变杂合子则能与两种探针产生杂交信号。

图 26-1　β 地中海贫血 CD17 点突变的 ASO 分子杂交

1. 正常探针检测孔;2. 突变探针检测孔。每一纵行排列的两个点样斑代表一个样品,杂交时沿上下中线剪成两张膜条,分别与正常(上半部分)和突变(下半部分)探针杂交。三个样品的检测结果分别为正常(A)、突变纯合子(B)和突变杂合子(C)

反向点杂交(reverse dot blot, RDB)是改进的 ASO 技术。ASO 分子杂交虽然可以准确地进行已知突变的基因分型,但由于一种突变需要对应一个探针和一组实验,对于突变类型较少的遗传病的诊断较为快速简便。当一种遗传病是由多种点突变所引起,且其频率分散时,ASO 技术就显得很繁琐。为了能够同时检测多种突变,可以将针对各种突变和正常序列的 ASO 探针固定在杂交膜上,而将原来在 ASO 杂交体系中固定在膜上的 PCR 产物改为液相进行杂交,这种方法称为 RDB。利用这一方法,一次检测可以同时筛查多种突变,大大提高了基因诊断效率,已在一些常见遗传病,如 β 地中海贫血和囊性纤维化的基因诊断中得以应用🔲。

3. PCR-限制性片段长度多态性　是将 PCR 与限制性片段长度多态性(restriction fragment length polymorphism, RFLP)结合起来的技术,可以快速、简便地对已知突变进行基因诊断。用一种或几种限制性内切核酸酶对某一段 DNA 序列进行消化,就会产生大小不同的 DNA 片段,称为限制性片段。而对于同种生物来说,不同个体间出现不同长度限制性片段类型称为限制性片段长度多态性。如果基因突变导致的基因组成或序列改变使 DNA 分子中原有的某种限制性内切核酸酶识别位点发生改变,可能导致基因结构中产生新的限制性内切核酸酶位点或使原有的酶切位点消失。首先是将突变基因

PCR 扩增,然后经过相应的内切酶消化后,进行含有溴化乙锭的琼脂糖凝胶电泳分离,在紫外线灯下即可分辨各种限制性片段的大小或位置,或者将限制性酶切产物与核素标记探针进行杂交,进行放射自显影,从而区分各种片段,解读出目标样品之间 DNA 分子水平的实际差异,这种方法就是 PCR-RFLP。

引物介导的限制性分析 PCR(PCR-primer introduced restriction analysis,PCR-PIRA)是 PCR-RFLP 技术的延伸。其原理是在设计引物时引入错配碱基,从而消除或产生新的酶切位点,该错配的结果最终表现在酶解的限制性片段长度的差异。PCR-PIRA 主要的分析对象是已知基因,用相应的计算机软件可以分析基因上可能产生的酶切位点的错配,从而产生人的 RFLP。PCR-RFLP 和 PCR-PIRA 的主要区别在于后者的引物设计时人工地引入酶切位点,而在实验材料和方法上没有区别。

巢式 PCR-限制性片段多态性(nested PCR-RFLP)是将 RFLP 与巢式 PCR(nested PCR)技术相结合,通过设计高度保守序列的引物对待检测物种 DNA 进行 PCR 扩增,对 PCR 产物进行 RFLP 分析。该方法省时,可应用于流行病学调查和临床常规检测。

4. PCR-单链构象多态性　PCR 单链构象多态性(PCR-single-strand conformation polymorphism,PCR-SSCP)分析,是基于单链 DNA 构象的差别来检测基因点突变的方法。在中性条件下单链 DNA 会因其分子内碱基之间的相互作用形成一定的空间构象,这种构象是由其分子的碱基序列决定,DNA 分子中碱基变异(有时甚至仅一个碱基)可导致其构象发生改变。对于相同长度的单链 DNA,因其碱基组成或排列顺序不同而形成各异的构象类型称为单链构象多态性。这种长度相同但构象类型不同的 DNA 片段在聚丙烯酰胺凝胶电泳中的迁移率不同,进而进行鉴别。PCR-SSCP 技术首先是用 PCR 扩增待测 DNA 片段,扩增产物变性后成为单链 DNA,然后进行非变性聚丙烯酰胺凝胶电泳,通过迁移率分析检测基因突变。PCR-SSCP 方法的灵敏度取决于突变对单链 DNA 的构象及其在电泳中迁移速度的影响程度,因此这种技术对于较小 DNA 片段突变分析比较灵敏。

5. PCR-变性高效液相色谱　在对临床病例进行基因诊断时,经常会遇到不能检测出已知类型突变的情况。如果表型明确指向某种疾病,可采用另一类筛查点突变的技术对目的基因进行基因序列扫描,以期发现和确定新的或未知突变类型。PCR-变性高效液相色谱(PCR-denature high performance liquid chromatography,PCR-DHPLC)是这类技术的代表之一。

PCR-DHPLC 技术的基本原理是利用待测样品 DNA 在 PCR 扩增过程的单链产物可以随机与互补链相结合而形成双链的特性,依据最终产物中是否出现异源双链来判断待测样品中是否存在点突变。如果不存在点突变,在 PCR 反应中产生的双链 DNA 都是一致的,即只产生一种同源双链。如果存在点突变,就会产生 4 种不同的 DNA 双链分子,2 种为异源双链,另 2 种为同源双链。在给定的部分变性洗脱条件下,这些异源双链 DNA 片段可以在液相色谱柱中呈现出不同的滞留时间,出现"变异"洗脱峰的样品可进一步通过 DNA 直接测序确定样品的突变位点和性质。这一技术依赖自动化操作的分析仪完成,目前已成为临床遗传学诊断的重要工具。

(三)DNA 序列分析是基因诊断最直接的方法

分离出病人的有关基因,测定其碱基排列顺序,找出变异所在是最为直接和确切的基因诊断方法。由于 PCR 技术和 DNA 序列分析技术的迅速发展和推广,序列分析已经在技术上和经济上成为最佳的诊断方法,代替了传统的限制性内切酶酶谱分析法。此法主要用于基因突变类型已经明确的遗传病的诊断及产前诊断。但由于 DNA 测序的成本很高,将其作为一种临床上常规的检测方法尚无法实现。

(四)基因芯片技术可用于大规模基因诊断

基因芯片技术可以进行微量化、大规模、自动化处理样品,特别是适用于同时检测多个基因、多个位点,精确地研究各种状态下分子结构的变异,了解组织或细胞中基因表达情况,用以检测基因的突变、多态性、表达水平和基因文库作图等。目前利用基因芯片技术可以早期、快速地诊断地中海贫血、异常血红蛋白病、苯丙酮尿症、血友病、迪谢内肌营养不良症等常见的遗传性疾病。在肿瘤的诊断方面,基因芯片技术也广泛地应用于肿瘤表达谱研究、突变、SNP 检测、甲基化分析、比较基因组杂交分析等领域。基因芯片提供了从整体观念研究有机体的全新技术,必将改变生命科学研究的方式,对复杂疾病的诊断与治疗将带来革命性的变化。

四、基因诊断的医学应用

当人类基因组的信息与人类疾病的关系完全明确以后,从理论上讲,基因诊断可以提供所有直接或间接涉及基因结构/功能改变的诊断、预警和疗效预测。虽然目前距离这一目标仍有很长的路要走,但基因诊断在遗传病的临床和预防医学实践上已经获得了较广泛的应用。

(一) 基因诊断可用于遗传性疾病诊断和风险预测

遗传性疾病的诊断性检测和症状前检测预警是基因诊断的主要应用领域。对于遗传性单基因病,基因诊断可提供最终确诊依据。与以往的细胞学和生化检查相比,基因诊断耗时少、准确性高。对于一些特定疾病的高风险个体、家庭或潜在风险人群,基因诊断还可实现症状前检测(pre-symptomatic testing),预测个体发病风险,提供预防依据。

基因诊断目前可用于遗传筛查和产前诊断。通过遗传筛查检测出的高风险夫妇需给予遗传咨询和婚育指导,在"知情同意"的原则下于适宜的妊娠期开展胎儿的产前诊断,若胎儿为某种严重遗传病的受累者,可在遗传咨询的基础上由受试者决定"选择"终止妊娠,从而在人群水平实现遗传性疾病预防的目标。例如基于 RFLP 的连锁分析技术,曾成功地用于包括镰状细胞贫血、β-地中海贫血等多种人类单基因遗传病在内的遗传分析。

在欧美发达国家,遗传病的基因诊断,尤其是单基因遗传病和某些恶性肿瘤等的诊断,已成为医疗机构的常规项目,并已形成在严格质量管理系统下的商业化服务网络。目前已列入美国华盛顿大学儿童医院和区域医学中心主持的著名基因诊断机构——GENETests 网站(http://www.genetests.org/)为超过 3000 种遗传性疾病提供分子遗传、生化和细胞生物学检测。

我国基因诊断的研究和应用始于 20 世纪 80 年代中期,目前主要开展针对一些常见单基因遗传病的诊断性检测,如地中海贫血、血友病 A、迪谢内肌营养不良等,表 26-1 列举了在我国开展的一些代表性常见单基因病基因诊断及其方法学案例。

表 26-1   我国部分代表性常见单基因遗传病基因诊断举例

疾病	致病基因	突变类型	诊断方法
α 地中海贫血	α 珠蛋白	缺失为主	Gap-PCR、DNA 杂交、DHPLC
β 地中海贫血	β 珠蛋白	点突变为主	反向点杂交、DHPLC
血友病 A	凝血因子Ⅷ	点突变为主	PCR-RFLP
血友病 B	凝血因子Ⅸ	点突变、缺失等	PCR-STR 连锁分析
苯丙酮尿症	苯丙氨酸羟化酶	点突变	PCR-STR 连锁分析、ASO 分子杂交
马方综合征	原纤蛋白	点突变、缺失	PCR-VNTR 连锁分析、DHPLC

RFLP:restriction fragment length polymorphism,限制性片段长度多态性;STR:short tandem repeat,短串联重复序列;VNTR:variable number of tandem repeats,可变数目串联重复序列

(二) 基因诊断可用于多基因常见病的预测性诊断

对于多基因常见病,基于 DNA 分析的预测性诊断可为被测者提供某些疾病发生风险的评估意见。如乳腺癌易感基因(breast cancer susceptibility gene,BRCA)1 号(*BRCA1*)和 2 号(*BRCA2*)的基因突变可提高个体的乳腺癌发病风险,其基因诊断已成为一些发达国家人群健康监测的项目之一。随着基因变异和疾病发生相关研究的知识积累,针对肿瘤和其他一些多基因常见病的这类预警性风险预测诊断正在逐步走入临床。在一些有明显遗传倾向的肿瘤中,肿瘤抑制基因和癌基因的突变分析,是基因检测的重要靶点。预测性基因诊断结果是开展临床遗传咨询最重要的依据。相信在相关基础研究取得进展的基础上,多基因常见病的预测性诊断会越来越多地得到应用,成为未来疾病诊断的主

要内容。

（三）基因诊断可用于传染病病原体检测

针对病原体自身特异性核酸（DNA 或 RNA）序列，通过分子杂交和基因扩增等手段，鉴定和发现这些外源性基因组、基因或基因片段在人体组织中的存在，从而证实病原体的感染。针对病原体的基因诊断主要依赖于 PCR 技术。PCR 技术具有高度特异、高度敏感和快速的特点，可以快速检出样品中痕量的、基因序列已知的病原微生物。如组织和血液中 SARS 病毒、各型肝炎病毒等的检测。样品中痕量病原微生物的迅速侦检、分类及分型还可以使用 DNA 芯片技术。

基因诊断主要适用于下列情况：①病原微生物的现场快速检测，确定感染源；②病毒或致病菌的快速分型，明确致病性或药物敏感性；③需要复杂分离培养条件，或目前尚不能体外培养的病原微生物的鉴定。分子诊断技术的特点决定了病原体的基因诊断较传统方法有更高的特异性和敏感性，有利于疾病的早期诊治、隔离和人群预防。但由于基因诊断只能判断病原体的有无和拷贝数的多少，难以检测病原体进入体内后机体的反应及其结果，因此，基因检测并不能完全取代传统的检测方法，它将与免疫学检测等传统技术互补而共存。

（四）基因诊断可用于疾病的疗效评价和用药指导

遗传诊断还可应用于临床药物疗效的评价及提供指导用药的信息。例如，急性淋巴细胞性白血病经化疗等综合治疗后，大部分病人可获得缓解，但容易复发。白血病复发的主要根源在于病人体内少数残留的白血病细胞（约 $<0.05\times10^9/L$）。PCR 等基因诊断技术已成为临床上检测和跟踪微小残留病灶的常规方法，是预测白血病的复发、判断化疗效果和制定治疗方案的很有价值的指标。

人群中对药物的反应性存在着个体差异，致使药物的不良反应难以避免。例如，氨基糖苷类抗生素的致聋副作用的发生与线粒体 DNA 12S rRNA 基因第 1555 位 A→G 同质性点突变有关。在人群中通过分子筛查发现这种突变的个体，对指导医生避免使用氨基糖苷类抗生素，防止儿童产生药物中毒性耳聋有很好的参考价值。药物代谢酶类（如细胞色素 P450）的遗传多态性，也是个体对某些药物的反应性差异的重要因素。因此，通过测定人体的这些基因多态性或其单倍型可以预测药物代谢情况或疗效的反应性，从而制订针对不同个体的药物治疗方案。在系统阐明人类药物代谢酶类及其他相关蛋白的编码基因遗传多态性的基础上，通过对不同药物代谢基因靶点的药物遗传学检测（pharmacogenetic testing），将为真正实现个体化用药提供技术支撑。

图 26-2　STR 等位基因在家庭中遗传示意图
此图以 D13S317 位点为例，3 个子女基因型的一个等位基因来自于父亲，另外一个等位基因来自于母亲

（五）DNA 指纹鉴定是法医学个体识别的核心技术

DNA 指纹的遗传学基础是 DNA 的多态性。世界上除了部分同卵双生子外，人与人之间的某些 DNA 序列特征具有高度的个体特异性和终生稳定性，正如人的指纹一般，故称为 DNA 指纹（DNA fingerprinting）。基因诊断在法医学上的应用，主要是采用基于 STR 的 DNA 指纹技术进行个体认定（图 26-2），已成为刑侦样品的鉴定、排查犯罪嫌疑人、亲子鉴定和确定个体间亲缘关系的重要技术手段。

当前，基于 PCR 扩增的 DNA 指纹技术已取代了上述基于 DNA 印迹的操作程序。选择若干个基因位点（如 STR、人类白细胞抗原位点等）设计相应的 PCR 引物对，对待测 DNA 样本进行 PCR 扩增和带型比较后即可判断结果。该方法快速、灵敏，可以对微量血痕、精液、唾液和毛发进行个体鉴定。

第二节　基 因 治 疗

基因治疗是以改变人遗传物质为基础的生物医学治疗,即通过一定方式将人正常基因或有治疗作用的 DNA 片段导入人体靶细胞以矫正或置换致病基因的治疗方法。它针对的是疾病的根源,即异常的基因本身。在此过程中,目的基因被导入靶细胞内,它们或与宿主细胞染色体整合成为宿主细胞遗传物质的一部分,或不与宿主细胞的染色体整合而独立于染色体以外,但都可以在宿主细胞内表达基因产物蛋白质,而达到治疗作用。目前基因治疗的概念也有了较大扩展,凡是采用分子生物学技术和原理,在核酸水平上展开的对疾病的治疗都可纳入基因治疗范围。基因治疗的范围也从过去的单基因遗传病扩展到恶性肿瘤、心脑血管疾病、神经系统疾病、代谢性疾病等。根据治疗的靶细胞不同,基因治疗可分为生殖细胞(germ-line)治疗和体细胞(somatic cell)治疗两大类,由于生殖细胞基因治疗涉及伦理及遗传等诸多问题,目前人类基因治疗研究与应用的重点是体细胞治疗。

一、基因治疗的基本策略主要围绕致病基因

基因治疗是指将目的基因导入靶细胞,使之成为宿主细胞遗传物质的一部分,目的基因的表达产物对疾病起到治疗的作用。绝大部分疾病的发生都受到遗传因素的影响,如果用正常的健康基因替代有缺陷的基因来治疗疾病,则为这些疾病的病人提供了一个全新的治疗模式。随着基因治疗研究的不断深入,不仅可以将外源性正常基因导入病变细胞,产生正常的基因表达产物来补充缺失或功能异常的蛋白质;还可以采用适当的技术抑制过表达基因;亦可以将特定基因导入非病变细胞,在体内表达特定产物;或者向肿瘤细胞等功能异常的细胞中导入该细胞本来不存在的基因,利用这些基因的表达产物来治疗疾病。根据不同疾病的发病机制,所采用的基因治疗方式也有所不同,基因治疗的基本策略主要有以下几种:

(一) 缺陷基因精确的原位修复是基因治疗的理想方法

包括对致病基因的突变碱基进行纠正的基因矫正(gene correction)和用正常基因通过重组原位替换致病基因的基因置换(gene replacement)。这两种方法均属于对缺陷基因精确的原位修复,既不破坏整个基因组的结构,又可达到治疗疾病的目的,是最为理想的治疗方法,但目前尚未能从理论和技术上得到突破。

(二) 基因增补是目前临床上使用的主要基因治疗策略

不删除突变的致病基因,而在基因组的某一位点额外插入正常基因,在体内表达出功能正常的蛋白质,达到治疗疾病的目的。这种对基因进行异位替代的方法称为基因添加(gene augmentation)或称基因增补,是目前临床上使用的主要基因治疗策略。基因增补不仅可以用于替代突变基因,也可以在原有基因表达水平不足以满足机体需要的情况下,异位过表达来增强体内某些功能。例如在血友病病人体内导入凝血因子IX基因,恢复其凝血功能;将编码干扰素和白介素-2 等分子的基因导入恶性肿瘤病人体内,可以激活体内免疫细胞的活力,作为抗肿瘤治疗中的辅助治疗,也称为基因免疫治疗。

由于目前尚无法做到基因在基因组中的准确定位插入,因此增补基因的整合位置是随机的。这种整合可能会导致基因组正常调节结构的改变,甚至可能导致新的疾病。2004 年,法国一儿童医院接受基因治疗的 17 名严重联合免疫缺陷症病人中,有 3 人因逆转录病毒载体插入并激活 *LMO-2* 基因而罹患白血病。

(三) 基因治疗可采用基因沉默或失活

有些疾病是由于某一或某些基因的过度表达引起的,向病人体内导入有抑制基因表达作用的核酸,如反义 RNA、核酶、干扰小 RNA 等,可降解相应的 mRNA 或抑制其翻译,阻断致病基因的异常表达,从而达到治疗疾病的目的。这一策略称为基因失活(gene inactivation)或基因沉默(gene silencing),也称为基因干预(gene interference)。需要抑制的靶基因往往是过度表达的癌基因或者是

病毒复制周期中的关键基因。

（四）自杀基因亦可应用于基因治疗

上述三种基因治疗的策略都是以恢复细胞正常功能或干预细胞的功能为目的。在肿瘤的治疗中，通过导入基因诱发细胞"自杀"死亡也是一种重要的策略。自杀基因治疗肿瘤的原理是将编码某些特殊酶类的基因导入肿瘤细胞，其编码的酶能够使无毒或低毒的药物前体转化为细胞毒性代谢物，诱导细胞产生"自杀"效应，从而达到清除肿瘤细胞的目的。自杀基因的另一个策略是利用肿瘤细胞特异性启动子序列（如肝癌的甲胎蛋白启动子序列）以激活抑癌基因、毒蛋白基因等"细胞毒性基因"，通过这些特殊的外源基因在肿瘤细胞中的特异性表达以达到对肿瘤细胞的杀伤作用。

二、基因治疗的基本程序

基因治疗的基本过程可分为5个步骤：①选择治疗基因；②选择携带治疗基因的载体；③选择基因治疗的靶细胞；④在细胞和整体水平导入治疗基因；⑤治疗基因表达的检测。

（一）选择治疗基因是基因治疗的关键

细胞内的基因在理论上均可作为基因治疗的选择目标。许多分泌性蛋白质如生长因子、多肽类激素、细胞因子、可溶性受体（人工构建的去除膜结合特征的受体），以及非分泌性蛋白质如受体、酶、转录因子的正常基因都可作为治疗基因。简言之，只要清楚引起某种疾病的突变基因是什么，就可用其对应的正常基因或经改造的基因作为治疗基因。

（二）治疗基因的载体可携带基因进入靶细胞

大分子 DNA 不能主动进入细胞，即使进入也将被细胞内的核酸酶水解。因此选定治疗基因后，需要适当的基因工程载体（见第二十三章）将治疗基因导入细胞内并表达。目前所使用的基因治疗用载体有病毒载体和非病毒载体两大类，基因治疗的临床实施一般多选用病毒载体。

野生型病毒必须经过改造，以确保其在人体内的安全后才能作为基因治疗的载体。野生型病毒基因组的编码区主要为衣壳蛋白、酶和调控蛋白编码，而非编码区中则含有病毒进行复制和包装等功能所必需的顺式作用元件。基因治疗所用病毒载体的改造是剔除其复制必需的基因和致病基因，消除其感染和致病能力。原有的病毒复制和包装等功能改由包装细胞（packaging cell）提供。包装细胞是经过特殊改造的细胞，已经转染和整合了病毒复制和包装所需的辅助病毒基因组，可以完成病毒的复制和包装。在实际应用中，治疗用病毒载体需要先导入体外培养的包装细胞，在其中进行复制并包装成新的病毒颗粒，获得足量的重组病毒后再用于基因治疗。

目前用作基因转移载体的病毒有逆转录病毒（retrovirus）、腺病毒（adenovirus）、腺相关病毒（adeno-associated virus，AAV）、单纯疱疹病毒（herpes simplex virus，HSV）等。不同类型的病毒载体在应用中具有不同的优势和缺点，可依据基因转移和表达的不同要求加以选择。以下仅以最为常用的逆转录病毒和腺病毒载体为例予以说明。

1. **逆转录病毒载体** 逆转录病毒属于 RNA 病毒，其基因组中有编码逆转录酶和整合酶（integrase）的基因。在感染细胞内，病毒基因组 RNA 被逆转录成双链 DNA，然后随机整合在宿主细胞的染色体 DNA 上，因此可长期存在于宿主细胞基因组中（图 26-3），这是逆转录

图 26-3 逆转录病毒的生活周期示意图

病毒作为载体区别于其他病毒载体的最主要优势。将逆转录病毒复制所需的基因除去,代之以治疗基因,即可构建成重组的逆转录病毒载体。在目前的基因治疗中,70%以上应用的是逆转录病毒载体。

逆转录病毒载体有基因转移效率高、细胞宿主范围较广泛、DNA整合效率高等优点。缺点主要是在两个方面存在安全性问题,一是病人体内万一有逆转录病毒感染,又在体内注射了大剂量假病毒后,就会重组产生有感染性病毒的可能;二是增加了肿瘤发生机会。后者的原因是由于逆转录病毒在靶细胞基因组上的随机整合所致,这种整合可能激活原癌基因或者破坏抑癌基因的正常表达。

2. 腺病毒载体　腺病毒是一种没有包膜的大分子双链DNA病毒,可引起人上呼吸道和眼部上皮细胞的感染。人的腺病毒共包含50多个血清型,其中C亚类的2型和5型腺病毒(Ad 2和Ad 5)在人体内为非致病病毒,适合作为基因治疗用载体 。

腺病毒载体不会整合到染色体基因组,因此不会引起病人染色体结构的破坏,安全性高;而且对DNA包被量大、基因转染效率高,此外对静止或慢分裂细胞都具有感染作用,故可用细胞范围广。腺病毒载体的缺点是基因组较大,载体构建过程较复杂;由于治疗基因不整合到染色体基因组,故易随着细胞分裂或死亡而丢失,不能长期表达。此外,该病毒的免疫原性较强,注射到机体后很快会被机体的免疫系统排斥。

(三) 选择基因治疗的靶细胞通常是体细胞

基因治疗所采用的靶细胞通常是体细胞(somatic cell),包括病变组织细胞或正常的免疫功能细胞。由于人类生殖生物学极其复杂,主要机制尚未阐明,因此基因治疗的原则是仅限于患病的个体,而不能涉及下一代,为此国际上严格限制用人生殖细胞(germ line cell)进行基因治疗实验。适合作为靶细胞应具有如下特点:①靶细胞要易于从人体内获取,生命周期较长,以延长基因治疗的效应;②应易于在体外培养及易受外源性遗传物质转化;③离体细胞经转染和培养后回植体内易成活;④选择的靶细胞最好具有组织特异性,或治疗基因在某种组织细胞中表达后能够以分泌小泡等形式进入靶细胞。

人类的体细胞有200多种,目前还不能对大多数体细胞进行体外培养,因此能用于基因治疗的体细胞十分有限。目前能成功用于基因治疗的靶细胞主要有造血干细胞、淋巴细胞、成纤维细胞、肌细胞和肿瘤细胞等。

1. 造血干细胞　造血干细胞(hematopoietic stem cell, HSC)是骨髓中具有高度自我更新能力的细胞,能进一步分化为其他血细胞,并能保持基因组DNA的稳定。HSC已成为基因治疗最有前途的靶细胞之一。由于造血干细胞在骨髓中含量很低,难以获得足够的数量用于基因治疗。人脐带血细胞是造血干细胞的丰富来源,其在体外增殖能力强,移植后抗宿主反应发生率低,是替代骨髓造血干细胞的理想靶细胞。目前已有脐带血基因治疗的成功病例。

2. 淋巴细胞　淋巴细胞参与机体的免疫反应,有较长的寿命及容易从血液中分离和回输,且对目前常用的基因转移方法都有一定的敏感性,适合作为基因治疗的靶细胞。目前,已将一些细胞因子、功能蛋白的编码基因导入外周血淋巴细胞并获得稳定高效的表达,应用于黑色素瘤、免疫缺陷性疾病、血液系统单基因遗传病的基因治疗。

3. 皮肤成纤维细胞　皮肤成纤维细胞具有易采集、可在体外扩增培养、易于移植等优点,是基因治疗有发展前途的靶细胞。逆转录病毒载体能高效感染原代培养的成纤维细胞,将它再移植回受体动物时,治疗基因可以稳定表达一段时间,并通过血液循环将表达的蛋白质送到其他组织。

4. 肌细胞　肌细胞有特殊的T管系统与细胞外直接相通,利于注射的质粒DNA经内吞作用进入。而且肌细胞内的溶酶体和DNA酶含量很低,环状质粒在胞质中存在而不整合入基因组DNA,能在肌细胞内较长时间保留,因此骨骼肌细胞是基因治疗的很好靶细胞。将裸露的质粒DNA注射入肌组织,重组在质粒上的基因可表达几个月甚至1年之久。

5. 肿瘤细胞　肿瘤细胞是肿瘤基因治疗中极为重要的靶细胞。由于肿瘤细胞分裂旺盛,对大多数的基因转移方法都比较敏感,可进行高效的外源性基因转移。因此,无论采用哪一种基因治疗方案,肿瘤细胞都是首选的靶细胞。

此外,也可研究采用骨髓基质细胞、角质细胞、胶质细胞、心肌细胞及脾细胞作为靶细胞,但由于受到取材及导入外源基因困难等因素影响,还仅限于实验研究。

(四) 将治疗基因导入人体有生物学和非生物学法

目前临床基因治疗实施方案中,体内基因递送(gene delivery)的方式有两种🔲。一种是间接体内疗法(ex vivo),即先将需要接受基因的靶细胞从体内取出,在体外培养,将携带有治疗基因的载体导入细胞内,筛选出接受了治疗基因的细胞,繁殖扩大后再回输体内,使治疗基因在体内表达相应产物🔲。其基本过程类似于自体组织细胞移植。另一种是直接体内疗法(in vivo),即将外源基因直接注入体内有关的组织器官,使其进入相应的细胞并进行表达。

基因导入细胞的方法有生物学和非生物学法两类。生物学方法指的是病毒载体所介导的基因导入,是通过病毒感染细胞实现的,其特点是基因转移效率高,但安全问题需要重视。非生物学法是用物理或化学法,将治疗基因表达载体导入细胞内或直接导入人体内,操作简单、安全,但是转移效率低。常用的基因治疗用基因导入方法见表26-2。

表26-2　常用基因治疗用基因导入方法

名称	操作方法	用途及优缺点
直接注射法	将携带有治疗基因的非病毒真核表达载体(多为质粒)溶液直接注射入肌组织,亦称为裸 DNA 注射法	无毒无害,操作简便,目的基因表达时间可长达至 1 年以上;仅限于在肌组织中表达,导入效率低,需要注射大量 DNA
基因枪法	采用微粒加速装置,使携带有治疗基因的微米级金或钨颗粒获得足够能量,直接进入靶细胞或组织。又被称为生物弹道技术(biolistic technology)或微粒轰击技术(particle bombardment technology)	操作简便、DNA 用量少、效率高、无痛苦、适宜在体操作,尤其适于将 DNA 疫苗导入表皮细胞,获得理想的免疫反应;但目前不宜用于内脏器官的在体操作
电穿孔法	在直流脉冲电场下细胞膜出现 105～115nm 的微孔,这种通道能维持几毫秒到几秒,在此期间质粒 DNA 通过通道进入细胞,然后胞膜结构自行恢复	可将外源基因选择性地导入靶组织或器官,效率较高,但外源基因表达持续时间短
脂质体(liposome)	利用人工合成的兼性脂质膜包裹极性大分子 DNA 或 RNA,形成的微囊泡穿透细胞膜,进入细胞	脂质体可被降解,对细胞无毒,可反复给药;DNA 或 RNA 可得到有效保护,不易被核酸酶降解;操作简单快速、重复性好。但体内基因转染效率低,表达时间短,易被血液中的网状内皮细胞吞噬

表26-2 中列举的方法均不具备细胞的靶向性。能够实现靶向性的方法是受体介导的基因转移。利用细胞表面受体能特异性识别相应配体并将其内吞的机制,将外源基因与配体结合后转移至特定类型的细胞。无论是遗传性疾病还是恶性肿瘤的基因治疗,靶向性是非常重要的,特别是应用到体内时,既要考虑对靶细胞的治疗,又要注意对正常细胞的保护。受体介导的基因转移在基因治疗中有较好的优势和发展前景。

(五) 治疗基因表达的检测方法较多

无论以何种方法导入基因,都需要检测这些基因是否能被正确表达。被导入基因的表达状态可以用在第二十四章介绍过的 PCR、RNA 印迹、蛋白印迹及 ELISA 等方法去检测。对于导入基因是否整合到基因组以及整合的部位,可以用核酸杂交(见第二十四章)技术进行分析。

三、基因治疗的医学应用

基因治疗作为一门新兴学科,在很短的时间内就从实验室过渡到临床,已被批准的基因治疗方案有两百种以上，包括肿瘤、艾滋病、遗传病和其他疾病等。在我国，血管内皮生长因子(vascular endo-thelial growth factor，VEGF)、血友病IX因子、抑癌基因 *TP53* 等基因治疗的临床方案已进入市场或临床试验🔲。

遗传病的基本特征是由遗传基因改变所引起的。只受一对等位基因影响而发生的疾病属于单基因遗传病，设计基因治疗方案相对容易，例如镰状细胞贫血、α-地中海贫血、血友病等。高血压、动脉粥样硬化、糖尿病的发生是多个基因相互作用的结果，并受环境因素影响，基因治疗的效果还有待于基础研究的突破。

1. **单基因遗传病的基因治疗**   单基因缺陷引起的遗传病，由于其致病基因比较清楚，所以基因治疗方案也相对容易确定。基本方案是通过一定的方法把正常的基因导入到病人体内，表达出正常的功能蛋白。例如将人IX因子基因与逆转录病毒载体重组后转移到血友病病人自体的皮肤成纤维细胞中，使病人血中IX因子浓度升高，出血症状及出血次数都明显减少。

2. **针对多基因病的基因治疗**   基因治疗最早是针对一些单基因遗传病进行的，但是随着人类对其他疾病分子机制的深入了解、对许多疾病相关基因的分离和功能的研究，人们逐渐将基因治疗的策略用于如恶性肿瘤、心血管疾病、糖尿病及艾滋病等，尤其是对恶性肿瘤的基因治疗寄予极大的希望。目前已被克隆的恶性肿瘤相关基因很多，动物模型比较成熟，病人及亲属易接受，所以，恶性肿瘤的基因治疗研究日趋活跃，并取得了显著的成果。到目前为止世界各国已经批准开展进行的基因治疗方案中，70% 以上是针对恶性肿瘤的🔲。

恶性肿瘤的基因治疗包括：针对癌基因表达的各种基因沉默、针对抑癌基因的基因增补、针对肿瘤免疫反应的细胞因子基因导入和针对肿瘤血管生成的基因失活等。

其他的基因治疗方案包括：利用过表达 VEGF 基因促进血管生成治疗冠心病、针对病毒复制基因的基因沉默治疗艾滋病等。

四、基因治疗的前景与问题

经过 20 多年的努力，科学家们在基因治疗领域取得了很大的进步，获得了一些成功，但是仍然存在一些亟待解决的问题。这些问题包括：①缺乏高效、靶向性的基因转移系统；②对于多种疾病的相关基因认识有限，因而缺乏切实有效的治疗靶基因；③对真核生物基因表达调控机制理解有限，因此对治疗基因的表达还无法做到精确调控，也无法保证其安全性；④缺乏准确的疗效评价。目前的基因治疗临床试验中，限于伦理问题，多选择常规治疗失败或晚期肿瘤病人，尚难以客观地评价治疗效果。

将基因治疗方案用于人体必须经过严格的审批程序，需要专门机构的审批与监督。在我国，任何基因治疗方案都要经国家食品药品监督管理局审批。1999 年 6 月颁布的《人基因治疗申报临床试验指导原则》详细规定了基因治疗所用生物制剂的研制、生产工艺、制剂的质量控制、临床实验和临床疗效评价的各个环节中应该遵守的原则。所有基因治疗的临床使用必须严格遵守这些法律法规。

近年来国家对基因诊断与基因治疗领域非常重视，虽然没有新出台专门的规范性文件法规，但在国家大的规划方面均有涉及。在《"十三五"卫生与健康规划》(国发〔2016〕77 号)中提出在加强行业规范的基础上，推动基因检测、细胞治疗等新技术的发展。在《"十三五"国家战略性新兴产业发展规划》(国发〔2016〕67 号)中提出发展专业化诊疗机构，培育符合规范的液体活检、基因诊断等新型技术诊疗服务机构。推动基因检测和诊断等新兴技术在各领域应用转化。建立具有自主知识产权的基因编辑技术体系，开发针对重大遗传性疾病、感染性疾病、恶性肿瘤等的基因治疗新技术。在《"十三五"国家科技创新规划》(国发〔2016〕43 号)中提出开展重大疫苗、抗体研制、免疫治疗、基因治疗、细胞治疗、干细胞与再生医学、人体微生物组解析及调控等关键技术研究，研发一批创新医药生物制品，构建具有国际竞争力的医药生物技术产业体系。在《中国防治慢性病中长期规划(2017—2025 年)》(国办发〔2017〕12 号)提出支持基因检测等新技术、新产品在慢性病防治领域推广应用。

小　结

基因诊断主要是针对 DNA 分子的遗传分析技术,包含定性和定量两类分析方法。PCR 扩增和分子杂交是现代基因诊断的基本技术。基因诊断的特异性强、敏感度高,已成为临床实验医学的一个重要组成部分。

基因诊断已成功应用于人类遗传病,尤其是单基因病的确诊及其症状前诊断。未来在多基因常见病的发病风险预测,个体化用药指导和疗效评价等方面也将显示出巨大的应用潜力。

基因治疗是以改变人的遗传物质为基础的生物医学治疗,即将人正常基因或有治疗作用的 DNA 片段导入人体靶细胞的治疗方法。它针对的是异常基因本身,可以进行基因矫正、基因置换、基因增补、基因沉默等。

将治疗基因导入人体的主要方式有 DNA 质粒直接注射、病毒载体感染等。目前基因治疗已用于遗传病,如血友病等的治疗;在恶性肿瘤治疗方面的应用也已开始尝试。

思 考 题

1. 人体哪些标本可用于基因诊断? 试归纳出不同组织体液标本可应用的基因诊断类型。

2. 外周血标本可以用于诊断遗传性疾病吗? 如何应用?

3. 基因治疗仅可以用于遗传病吗? 试总结出一些可以采用基因治疗疗法的疾病,可针对的靶基因是什么?

(李存保)

21 世纪以来,生命科学进入了空前的"大数据(big data)"时代。生命科学研究模式亦正在发生重大转变,其主要标志就是生命科学正从"微观"(实验科学)向"宏观"(整合生物科学)的方向发展。

生物遗传信息的传递具有方向性和整体性。组学是基于组群或集合的认识论,注重事物和过程之间的相互联系,即整体性。按照遗传信息传递的方向性,可将组学按基因组学、转录物组学、蛋白质组学、代谢组学等层次加以叙述(图 27-1)。生物信息学的发展为组学研究提供了重要方法。系统生物医学则是在各种组学的基础上应用系统生物学原理与方法研究疾病发生发展规律和机制,发展现代高效的预测、预防、诊断和治疗手段。系统生物医学的发展必将驱动新一轮医学科学革命。

图 27-1　遗传信息的方向性与组学的关系

第一节　基因组学

基因组(genome)是基因(gene)和染色体(chromosome)两个名词的组合,指的是一个生命单元所拥有的全部遗传物质(包括核内和核外遗传信息),其本质就是 DNA/RNA。基因组学(genomics)是阐明整个基因组结构、结构与功能关系以及基因之间相互作用的科学。根据研究目的不同而分为结构基因组学(structural genomics)、功能基因组学(functional genomics)和比较基因组学(comparative genomics)。结构基因组学通过基因组作图和序列测定,揭示基因组全部 DNA 序列及其组成;比较基因组学通过模式生物基因组之间或模式生物与人类基因组之间的比较与鉴定,发现同源基因或差异基因,为研究生物进化提供依据;功能基因组学则利用结构基因组学所提供的信息,分析和鉴定基因组中所有基因(包括编码和非编码序列)的功能。近年来,在基因组水平上研究不改变基因组序列而通过表观遗传修饰调控基因或基因组表达的表观基因组学(epigenomics)成为研究热点。

一、结构基因组学揭示基因组序列信息

结构基因组学主要通过人类基因组计划(human genome project,HGP)的实施,解析人类自身 DNA 的序列和结构🔲。研究内容就是通过基因组作图和大规模序列测定等方法,构建人类基因组图谱,即遗传图谱(genetic map)、物理图谱(physical map)、序列图谱(sequence map)和转录图谱(transcription map)🔲。

(一)通过遗传作图和物理作图绘制人类基因组草图

人染色体 DNA 很长,不能直接进行测序,必须先将基因组 DNA 进行分解、标记,使之成为可操作的较小结构区域,这一过程称为作图。HGP 实施过程采用了遗传作图和物理作图的策略。

1. 遗传作图就是绘制连锁图　遗传图谱又称连锁图谱(linkage map)。遗传作图(genetic mapping)就是确定连锁的遗传标志(genetic marker;或分子标志,molecular marker)位点在一条染色体上的排列顺序以及它们之间的相对遗传距离,用厘摩尔根(centi-Morgan,cM)表示,当两个遗传标记之间的重组值为 1% 时,图距即为 1cM(约为 1000kb)。常用的遗传标志有限制性片段长度多态性(restriction fragment length polymorphism，RFLP）、可变数目串联重复序列（variable number of tandem repeat，VNTR）和单核苷酸多态性（single nucleotidepolymorphism，SNP），其中 SNP 的精确度最高（0.5～1.0kb）。

2. **物理作图就是描绘杂交图、限制性酶切图及克隆系图** 物理作图（physical mapping）以物理尺度（bp 或 kb）标示遗传标志在染色体上的实际位置和它们间的距离，是在遗传作图基础上绘制的更为详细的基因组图谱。物理作图包括荧光原位杂交图（fluorescent *in situ* hybridization map，FISH map；将荧光标记探针与染色体杂交确定分子标记所在的位置）、限制性酶切图（restriction map；将限制性酶切位点标定在 DNA 分子的相对位置）及克隆重叠群图（clone contig map）等。在这些操作中，构建克隆重叠群图是最重要的一种物理作图，它是在采用酶切位点稀有的限制性内切酶或高频超声破碎技术将 DNA 分解成大片段后，再通过构建酵母人工染色体（yeast artificial chromosome，YAC）或细菌人工染色体（bacterial artificial chromosome，BAC），获取含已知基因组序列标签位点（sequence tagged site，STS）的 DNA 大片段。STS 是指在染色体上定位明确、并且可用 PCR 扩增的单拷贝序列，每隔 100kb 距离就有一个标志。在 STS 基础上构建覆盖每条染色体的大片段 DNA 连续克隆系就可绘制精细物理图。可以说，通过克隆重叠群作图就可以知晓特异 DNA 大片段在特异染色体上的定位，这就为大规模 DNA 测序做好了准备。

（二）通过 EST 文库绘制转录图谱

人类基因组 DNA 中只有约 2% 的序列为蛋白质编码序列，对于一个特定的个体来讲，其体内所有类型的细胞均含有同样的一套基因组，但成年个体每一特定组织中，细胞内一般只有 10% 的基因是表达的；即使是同一种细胞，在其发育的不同阶段，基因表达谱亦是不一样的。因此，了解每一组织细胞及其在不同发育阶段、不同生理和病理情况下 mRNA 转录情况，可以帮助我们了解不同状态下细胞基因表达情况，推断基因的生物学功能。

转录图谱又称为 cDNA 图或表达图（expression map），是一种以表达序列标签（expressed sequence tag，EST）为位标绘制的分子遗传图谱。通过从 cDNA 文库中随机挑取的克隆进行测序所获得的部分 cDNA 的 5′-或 3′-端序列称为 EST，一般长 300～500bp 左右。将 mRNA 逆转录合成的 cDNA 片段作为探针与基因组 DNA 进行分子杂交，标记转录基因，就可以绘制出可表达基因的转录图谱。

（三）通过 BAC 克隆系和鸟枪法测序等构建序列图谱

在基因作图的基础上，通过 BAC 克隆系的构建和鸟枪法测序（shotgun sequencing），就可完成全基因组的测序工作，再通过生物信息学手段，即可构建基因组的序列图谱。

BAC 载体是一种装载较大片段 DNA 的克隆载体系统，用于基因组文库构建。全基因组鸟枪法测序是直接将整个基因组打成不同大小的 DNA 片段，构建 BAC 文库，然后对文库进行随机测序，最后运用生物信息学方法将测序片段拼接成全基因组序列（图 27-2），此称为基因组组装（genome assembly）。

二、比较基因组学鉴别基因组的相似性和差异性

比较基因组学是在基因组序列的基础上，通过与已知生物基因组的比较，鉴别基因组的相似性和差异性，一方面可为阐明物种进化关系提供依据，另一方面可根据基因的同源性预测相关基因的功能。比较基因组学可在物种间和物种内进行，前者称为种间比较基因组学，后者则称为种内比较基因组学，两者均采可用 BLAST 等序列比对工具。

（一）种间比较基因组学阐明物种间基因组结构的异同

种间比较基因组学通过比较不同亲缘关系物种的基因组序列，可以鉴别出编码序列、非编码（调控）序列及特定物种独有的基因序列。而对基因组序列的比对，可以了解不同物种在基因构成、基因顺序和核苷酸组成等方面的异同，从而用于基因定位和基因功能的预测，并为阐明生物系统发生进化关系提供数据。

基因组DNA

BAC文库

大片段克隆
重叠物理图谱

待测序BAC片段

Shotgun克隆

Shotgun序列 ACCGTAAATGGGCTGATCATGCTTAAA
　　　　　　　　　　　TGATCATGCTTAAACCCTGTGCATCCTACTG

拼接与组装 ACCGTAAATGGGCTGATCATGCTTAAACCCTGTGCATCCTACTG

图27-2　BAC 文库的构建与鸟枪法测序流程示意图

（二）种内比较基因组学阐明群体内基因组结构的变异和多态性

同种群体内各个个体基因组存在大量的变异和多态性,这种基因组序列的差异构成了不同个体与群体对疾病的易感性和对药物、环境因素等不同反应的分子遗传学基础。例如,SNP 最大限度地代表了不同个体之间的遗传差异,鉴别个体间 SNP 差异可揭示不同个体的疾病易感性和对药物的反应性,有利于判定不同人群对疾病的易感程度并指导个体化用药。

三、功能基因组学系统探讨基因的活动规律

功能基因组学的主要研究内容包括基因组的表达、基因组功能注释、基因组表达调控网络及机制的研究等。它从整体水平上研究一种组织或细胞在同一时间或同一条件下所表达基因的种类、数量、功能,或同一细胞在不同状态下基因表达的差异。它可以同时对多个表达基因或蛋白质进行研究,使得生物学研究从以往的单一基因或单一蛋白质分子研究转向多个基因或蛋白质的系统研究。

（一）通过全基因组扫描鉴定 DNA 序列中的基因

这项工作以基因组 DNA 序列数据库为基础,加工和注释人类基因组的 DNA 序列,进行新基因预测、蛋白质功能预测及疾病基因的发现。主要采用计算机技术进行全基因组扫描,鉴定内含子与外显子之间的衔接,寻找全长可读框(open reading frame,ORF),确定多肽链编码序列。

（二）通过 BLAST 等程序搜索同源基因

同源基因在进化过程中来自共同的祖先,因此通过核苷酸或氨基酸序列的同源性比较,就可以推测基因组内相似基因的功能。这种同源搜索涉及序列比较分析,NCBI 的 BLAST 程序是基因同源性搜索和比对的有效工具。每一个基因在 GenBank 中都有一个序列访问号(accession number),在BLAST 界面上输入 2 条或多条访问号,就可实现一对或多对序列的比对。

（三）通过实验验证基因功能

可设计一系列的实验来验证基因的功能,包括转基因、基因过表达、基因敲除、基因敲减或基因沉默等方法,结合所观察到的表型变化即可验证基因功能。由于生命活动的重要功能基因在进化上是保守的,因此可以采用合适的模式生物进行实验。

（四）通过转录物组和蛋白质组描述基因表达模式

基因的表达包括转录和翻译过程,研究基因的表达模式及调控可借助转录物组学和蛋白质组学

相关技术与方法(见本章第二、三节)进行。

四、ENCODE 计划旨在识别人类基因组所有功能元件

HGP 提供了人类基因组的序列信息(符号),并定位了大部分蛋白质编码基因。如何解密这些符号代表的意义,特别是还有 98% 左右的非蛋白质编码序列的功能,仍然是一项十分繁重的任务。

(一) ENCODE 计划是 HGP 的延续与深入

若要全面理解生命体的复杂性,必须全面确定基因组中各个功能元件及其作用。在此背景下,美国于 2003 年 9 月启动了 DNA 元件百科全书(the Encyclopedia of DNA Element,ENCODE)计划。ENCODE 计划的目标是识别人类基因组的所有功能元件,包括蛋白质编码基因、各类 RNA 编码序列、转录调控元件以及介导染色体结构和动力学的元件等,当然还包括有待明确的其他类型的功能性序列(图 27-3),其目的是完成人类基因组中所有功能元件的注释,帮助我们更精确地理解人类的生命过程和疾病的发生、发展机制。

图 27-3 ENCODE 计划的研究对象和策略

(二) ENCODE 计划已取得重要阶段性成果

根据 ENCODE 计划联盟有关 1640 组覆盖整个人类基因组的数据分析报告认为:人类基因组的大部分序列(80.4%)具有各种类型的功能,而并非之前认为的大部分是"垃圾"DNA;人类基因组中有 399 124 个区域具有增强子样特征,70 292 个区域具有启动子样特征;非编码功能元件富含与疾病相关的 SNP,大部分疾病的表型与转录因子相关。这些发现有助于深入理解基因表达调控的规律,并发现和鉴定出一大批与疾病相关的遗传学风险因子。

第二节 转录物组学

转录物组(transcriptome)指生命单元所能转录出来的全部转录本,包括 mRNA、rRNA、tRNA 和其他非编码 RNA。因此,转录物组学(transcriptomics)是在整体水平上研究细胞编码基因(编码 RNA 和蛋白质)转录产生的全部转录物的种类、结构和功能及其相互作用的科学。与基因组相比,转录物组最大的特点是受到内外多种因素的调节,因而是动态可变的。这同时也决定了它最大的魅力在于

揭示不同物种、不同个体、不同细胞、不同发育阶段和不同生理病理状态下的基因差异表达的信息。

一、转录物组学全面分析基因表达谱

转录物组学是基因组功能研究的一个重要部分,它上承基因组,下接蛋白质组,其主要内容为大规模基因表达谱分析和功能注释。

大规模表达谱或全景式表达谱(global expression profile)是生物体(组织、细胞)在某一状态下基因表达的整体状况。长期以来,基因功能的研究通常采用基因的差异表达方法,效率低,无法满足大规模功能基因组研究的需要。利用近年来建立起来整体性基因表达分析如微阵列(或芯片)、表达系列分析和大规模平行信号测序系统等技术,可以同时监控成千上万个基因在不同状态(如生理、病理、发育不同时期、诱导刺激等)下的表达变化,从而推断基因间的相互作用,揭示基因与疾病发生、发展的内在关系。

二、转录物组研究采用整体性分析技术

任何一种细胞在特定条件下所表达的基因种类和数量都有特定的模式,称为基因表达谱,它决定着细胞的生物学行为。而转录物组学就是要阐明生物体或细胞在特定生理或病理状态下表达的所有种类的 RNA 及其功能。微阵列(microarray)、基因表达系列分析(serial analysis of gene expression,SAGE)和大规模平行信号测序系统(massively parallel signature sequencing,MPSS)等技术可用于大规模转录物组研究。

(一)微阵列是大规模基因组表达谱研究的主要技术

微阵列或 DNA 芯片(见第二十四章)可以同时测定成千上万个基因的转录活性,甚至可以对整个基因组的基因表达进行对比分析,因而成为基因组表达谱研究的主要技术。

(二)SAGE 在转录物水平研究细胞或组织基因表达模式

SAGE 的基本原理是用来自 cDNA 3′-端特定位置 9~10bp 长度的序列所含有的足够信息鉴定基因组中的所有基因。可利用锚定酶(anchoring enzyme,AE)和位标酶(tagging enzyme,TE)这两种限制性内切酶切割 DNA 分子的特定位置(靠近 3′-端),分离 SAGE 标签,并将这些标签串联起来,然后对其进行测序。这种方法可以全面提供生物体基因表达谱信息。它还可用来定量比较不同状态下组织或细胞的所有差异表达基因。

(三)MPSS 是以序列测定为基础的高通量基因表达谱分析技术

MPSS 的原理是采用能够特异识别每个转录子信息的序列信号(sequence signature,16~20bp)来定量地大规模平行测定相应转录子的表达水平。也就是将 mRNA 一端测出的一个包含 10~20bp 的特异序列信号用作检测指标,每一序列信号在样品中的频率(拷贝数)就代表了与该序列信号相应的基因表达水平。MPSS 所测定的基因表达水平是以计算 mRNA 拷贝数为基础的,是一个数字表达系统。只要将目的样品和对照样品分别进行测定,通过严格的统计检验,就能测定表达水平较低、差异较小的基因,而且不必预先知道基因的序列。

三、转录物组测序和单细胞转录物组分析是转录物组学的核心任务

目前,转录物组学的核心任务侧重于大规模转录物组测序和单细胞转录物组分析两个方面。

(一)高通量转录物组测序是获得基因表达调控信息的基础

转录物组测序即 RNA 测序(RNA sequencing,RNA-seq),其研究对象为特定细胞在某一功能状态下所能转录出来的所有 RNA。基于高通量测序平台的 RNA-seq 技术能够在单核苷酸水平对任意物种的整体转录活动进行检测,在分析转录本的结构和表达水平的同时,还能发现未知转录本和低丰度转录本,发现基因融合,识别可变剪切位点和 SNP,提供全面的转录物组信息。

（二）单细胞转录物组有助于解析单个细胞行为的分子基础

不同类型的细胞具有不同的转录物组表型,并决定细胞的最终命运。从理论上讲,转录物组分析应该以单细胞为研究模型,这样有助于解析单个细胞的行为、机制以及与机体的关系等的分子基础。单细胞测序可解决用全组织样本测序无法解决的细胞异质性问题,尤其适用于存在高度异质性的干细胞及胚胎发育早期的细胞群体。与活细胞成像系统相结合,单细胞转录物组分析更有助于深入理解细胞分化、细胞重编程及转分化等过程以及相关的基因调节网络。单细胞转录物组分析在临床上可以连续追踪疾病基因表达的动态变化,监测病程变化、预测疾病预后。

第三节　蛋白质组学

蛋白质是生物功能的主要载体。蛋白质组(proteome)是指细胞、组织或机体在特定时间和空间上表达的所有蛋白质。蛋白质组学(proteomics)以所有这些蛋白质为研究对象,分析细胞内动态变化的蛋白质组成、表达水平与修饰状态,了解蛋白质之间的相互作用与联系,并在整体水平上阐明蛋白质调控的活动规律,故又称为全景式蛋白质表达谱(global protein expression profile)分析。

一、蛋白质组学研究细胞内所有蛋白质的组成及其活动规律

蛋白质组学的研究主要涉及两个方面:一是蛋白质组表达模式的研究,即结构蛋白质组学(structural proteomics);二是蛋白质组功能模式的研究,即功能蛋白质组学(functional proteomics)。由于蛋白质的种类和数量总是处在一个新陈代谢的动态过程中,同一细胞的不同周期,其所表达的蛋白质是不同的;同一细胞在不同的生长条件(正常、疾病或外界环境刺激)下,所表达的蛋白质也是不同的。以上动态变化增加了蛋白质组研究的复杂性。

（一）蛋白质鉴定是蛋白质组学的基本任务

1. **蛋白质种类和结构鉴定是蛋白质组研究的基础**　细胞在特定状态下表达的所有蛋白质都是蛋白质组学的研究对象。一般利用二维电泳和多维色谱并结合生物质谱、蛋白质印迹、蛋白质芯片等技术,对蛋白质进行全面的种类和结构鉴定研究。

2. **翻译后修饰的鉴定有助于蛋白质功能的阐明**　很多 mRNA 表达产生的蛋白质要经历翻译后修饰如磷酸化、糖基化等过程。翻译后修饰是蛋白质功能调控的重要方式,因此,研究蛋白质翻译后修饰对阐明蛋白质的功能具有重要意义。

（二）蛋白质功能确定是蛋白质组学的根本目的

1. **各种蛋白质均需要鉴定其基本功能特性**　蛋白质功能研究包括蛋白质定位研究,基因过表达/基因敲除(减)技术分析蛋白质活性,此外,分析酶活性和确定酶底物,细胞因子的生物学作用分析,配体-受体结合分析等也属蛋白质功能研究范畴。

2. **蛋白质相互作用研究是认识蛋白质功能的重要内容**　细胞中的各种蛋白质分子往往形成蛋白质复合物共同执行各种生命活动。蛋白质-蛋白质相互作用是维持细胞生命活动的基本方式。要深入研究所有蛋白质的功能,理解生命活动的本质,就必须对蛋白质-蛋白质相互作用有一个清晰的了解,包括受体与配体的结合、信号转导分子间的相互作用及其机制等。目前研究蛋白质相互作用常用的方法有酵母双杂交、亲和层析、免疫共沉淀、蛋白质交联、荧光共振能量转移等(见第二十四章)。

二、二维电泳、液相分离和质谱是蛋白质组研究的常用技术

目前常用的蛋白质组研究主要有两条技术路线,一是基于双向凝胶电泳(two-dimensional gel electrophoresis,2-DE)分离为核心的研究路线:混合蛋白质首先通过 2-DE 分离,然后进行胶内酶解,再用质谱(mass spectroscopy,MS)进行鉴定;二是基于液相色谱(liquid chromatography,LC)分离为核心的技术路线:混合蛋白质先进行酶解,经色谱或多维色谱分离后,对肽段进行串联质谱分析以实现蛋白

质的鉴定。其中,质谱是研究路线中不可缺少的技术。

(一) 2-DE-MALDI-MS 根据等电点和分子量分离鉴定蛋白质

1. 2-DE 是分离蛋白质的有效方法　2-DE 是分离蛋白质最基本的方法,其原理是蛋白质在高压电场作用下先进行等电聚焦(isoelectric focusing, IEF)电泳,利用蛋白质分子的等电点不同使蛋白质得以分离;随后进行 SDS-聚丙烯酰胺凝胶电泳(SDS-PAGE),使依据等电点分离的蛋白质再按分子量大小进行再次分离(图 27-4)。目前 2-DE 的分辨率可达到 10 000 个蛋白质点。

2. MALDI-MS 鉴定 2-DE 胶内蛋白质点　MS 是通过测定样品离子的质荷比(m/z)来进行成分和结构分析的方法。2-DE 胶内蛋白质点的鉴定常采用基质辅助激光解吸附离子化(matrix-assisted laser desorption ionization, MALDI)技术。MALDI 作为一种离子源,通常用飞行时间(time of flight, TOF)作为质量分析器,所构成的仪器称为 MALDI-TOF-MS。MALDI 的基本原理是将样品与小分子基质混合共结晶,当用不同波长的激光照射晶体时,基质分子所吸收能量转移至样品分子,形成带电离子并进入 MS 进行分析,飞行时间与(m/z)$^{1/2}$ 成正比。MALDI-TOF-MS 适合微量样品(fmol ~ amol)的分析。

利用质谱技术鉴定蛋白质主要通过两种方法:①肽质量指纹图谱(peptide mass fingerprinting, PMF)和数据库搜索匹配。蛋白质经过酶解成肽段后,获得所有肽段的分子质量,形成一个特异的 PMF 图谱,通过数据库搜索与比对,便可确定待分析蛋白质分子的性质。②肽段串联质谱(MS/MS)的信息与数据库搜索匹配。通过 MS 技术获得蛋白质一段或数段多肽的 MS/MS 信

图 27-4　蛋白质的 2-DE 示意图
一维:IEF;二维:SDS-PAGE

息(氨基酸序列)并通过数据库检索来鉴定该蛋白质。混合蛋白质酶解后的多肽混合物直接通过(多维)液相色谱分离,然后进入 MS 进行分析。质谱仪通过选择多个肽段离子进行 MS/MS 分析,获得有关序列的信息,并通过数据库搜索匹配进行鉴定(图 27-5)。

(二) LC-ESI-MS 通过液相层析技术分离鉴定蛋白质

基于 LC-ESI-MS 的蛋白质组研究技术通常称之为鸟枪法(shotgun)策略(图 27-6)。其特点是组合多种蛋白质或肽段分离手段,首选不同的层析技术,实现蛋白质或多肽的高效分离,并与 MS/MS 技术结合,实现多肽序列的准确鉴定。

1. 层析分离肽混合物　从组织中提取的目标蛋白质混合物首先进行选择性酶解,获得肽段混合物,然后进行二维液相分离。一维液相分离一般采用强阳离子交换层析,利用肽段所带电荷数差异进行分离;二维分离常常选择纳升反相层析,利用肽段的疏水性差异进行分离。

2. 电喷雾串联质谱鉴定肽段　在肽段鉴定中,纳升级液相层析(nano-LC)常与电喷雾串联质谱(electrospray ionization, ESI)相连。ESI 的基本原理是利用高电场使 MS 进样端的毛细管柱流出的液滴带电,带电液滴在电场中飞向与其所带电荷相反的电势一侧。液滴在飞行过程中变得细小而呈喷雾状,被分析物离子化成为带单电荷或多电荷的离子,使被分析物得以鉴定。nano-LC-ESI-MS 可以实现对复杂肽段混合物的在线分离、柱上富集与同步序列测定,一次分析可以鉴定的蛋白质数目超过 1000 个,而结合多维层析分离技术,可以利用鸟枪法一次实验鉴定上万个蛋白质。

图27-5 基于 2-DE-MALDI-MS 的蛋白质组分析技术路线

MS 谱获得蛋白质的 PMF；MS/MS 可测定蛋白质的部分氨基酸序列

图27-6 基于 LC-ESI-MS 的蛋白质组分析技术

第四节　代 谢 组 学

细胞内的生命活动大多发生于代谢层面,因此代谢物的变化更直接地反映了细胞所处的环境,如营养状态、药物作用和环境影响等。代谢组学(metabonomics)就是测定一个生物/细胞中所有的小分子组成,描绘其动态变化规律,建立系统代谢图谱,并确定这些变化与生物过程的联系🔖。

一、代谢组学的任务是分析生物/细胞代谢产物的全貌

代谢组学分为四个层次:①代谢物靶标分析(metabolite target analysis):对某个或某几个特定组分进行分析;②代谢谱分析(metabolic profiling analysis):对一系列预先设定的目标代谢物进行定量分析。如某一类结构、性质相关的化合物或某一代谢途径中所有代谢物或一组由多条代谢途径共享的代谢物进行定量分析;③代谢组学:对某一生物或细胞所有代谢物进行定性和定量分析;④代谢指纹分析(metabolic fingerprinting analysis):不分离鉴定具体单一组分,而是对代谢物整体进行高通量的定性分析。

代谢组学主要以生物体液为研究对象,如血样、尿样等,另外还可采用完整的组织样品、组织提取液或细胞培养液等进行研究。血样中的内源性代谢产物比较丰富,信息量较大,有利于观测体内代谢水平的全貌和动态变化过程。尽管尿样所含的信息量相对有限,但样品采集不具损伤性。

二、核磁共振、色谱及质谱是代谢组学的主要分析工具

由于代谢物的多样性,常需采用多种分离和分析手段,其中,核磁共振(nuclear magnetic resonance,NMR)、色谱及 MS 等技术是最主要的分析工具(图 27-7)。①NMR:是当前代谢组学研究中的主要技术。代谢组学中常用的 NMR 谱是氢谱(^{1}H-NMR)、碳谱(^{13}C-NMR)及磷谱(^{31}P-NMR)。②MS:按质荷比(m/z)进行各种代谢物的定性或定量分析,可得到相应的代谢产物谱。③色谱-质谱联用技术:这种联用技术使样品的分离、定性、定量一次完成,具有较高的灵敏度和选择性。目前常用的联用技术包括气相色谱-质谱(GC-MS)联用和液相色谱-质谱(LC-MS)联用。

图 27-7　代谢组学研究的技术系统及手段

三、代谢组学技术在生物医学领域具有广阔的应用前景

代谢组学所关注的是代谢循环中小分子代谢物的变化情况及其规律,反映的是内、外环境刺激下细胞、组织或机体的代谢应答变化。与基因组学和蛋白质组学相比,代谢组学与临床的联系更为紧密。疾病导致体内病理生理过程变化,可引起代谢产物发生相应的改变。因此,开展疾病代谢组研究可以提供疾病(如某些肿瘤、肝疾病、遗传性代谢病等)诊断、预后和治疗的评判标准,并有助于加深对疾病发生、发展机制了解;利用代谢组学技术可以快速检测毒物和药物在体内的代谢产物和对机体代谢的影响,有利于判定毒物、药物的代谢规律,为深入阐明毒物中毒机制和发展个体化用药提供理论依据;利用代谢组学技术对代谢网络中的酶功能进行有效的整体性分析,可以发现已知酶的新活性并发掘未知酶的功能;最后,由于代谢组学分析技术具有整体性、分辨率高等特点,可广泛应用于中药

作用机制、复方配伍、毒性和安全性等方面的研究,为中药现代化提供技术支撑。

第五节　其 他 组 学

一、糖组学研究生命体聚糖多样性及其生物学功能

生物界丰富多样的聚糖类型覆盖了有机体所有细胞,它们不仅决定细胞的类型和状态,也参与了细胞许多生物学行为,如细胞发育、分化,肿瘤转移,微生物感染,免疫反应等。糖组学(glycomics)侧重于糖链组成及其功能的研究,其主要研究对象为聚糖,具体内容包括研究糖与糖之间、糖与蛋白质之间、糖与核酸之间的联系和相互作用。糖组学是基因组学和蛋白质组学等的后续和延伸。因此,要深入了解生命的复杂规律,就必须有"基因组-蛋白质组-糖组"的整体观念,这样才有可能揭示生物体全部基因功能,从而为重大疾病发生、发展机制的进一步阐明和有效控制,以及为疾病预测、新的诊断标记物的筛选及药物靶标的发现提供依据。

(一) 糖组学分为结构糖组学与功能糖组学两个分支

糖组(glycome)指单个个体的全部聚糖,糖组学则对糖组(主要针对糖蛋白)进行全面的分析研究,包括结构和功能两方面内容,因此可将其分为结构糖组学(structural glycomics)和功能糖组学(functional glycomics)两个分支。糖组学的内容主要涉及单个个体的全部糖蛋白结构分析,确定编码糖蛋白的基因和蛋白质糖基化的机制。因此,糖组学主要要回答4个方面的问题:①什么基因编码糖蛋白,即基因信息;②可能糖基化位点中实际被糖基化的位点,即糖基化位点信息;③聚糖结构,即结构信息;④糖基化功能,即功能信息。

(二) 色谱分离/质谱鉴定和糖微阵列技术是糖组学研究的主要技术

1. **色谱分离与质谱鉴定技术**　色谱分离与质谱鉴定技术为糖组学研究的核心技术,被广泛地应用于糖蛋白的系统分析。通过与蛋白质组数据库结合使用,这种方法能系统地鉴定可能的糖蛋白和糖基化位点。

具体策略包括如下几个步骤:①凝集素亲和层析-1(用于糖蛋白分离):依据待分离糖蛋白的聚糖类型单独或串联使用不同的凝集素;②蛋白质消化:将分离得到的糖蛋白用蛋白酶Ⅰ消化以生成糖肽;③凝集素亲和层析-2(用于糖肽分离):采用与步骤①相同的凝集素柱从消化液中捕集目的糖肽;④HPLC纯化糖肽;⑤序列分析、质谱和解离常数测定;⑥数据库搜索和聚糖结构分析以获得相关遗传和糖基化信息。然后使用不同的凝集素柱进行第二和第三次循环,捕集其他类型的糖肽,以对某个细胞进行较全面的糖组学研究。其中凝集素亲和层析亦称为糖捕获(glyco-catch)法。

2. **糖微阵列技术**　糖微阵列技术是生物芯片中的一种,是将带有氨基的各种聚糖共价连接在包被有化学反应活性表面的玻璃芯片上,一块芯片上可排列200种以上的不同糖结构,几乎涵盖了全部末端糖的主要类型。糖微阵列技术可广泛用于糖结合蛋白的糖组分析,以对生物个体产生的全部蛋白聚糖结构进行系统鉴定与表征。但目前可用于微阵列的糖数量还非常有限,糖微阵列技术有待进一步的发展。

3. **生物信息学**　糖蛋白糖链研究的信息处理、归纳分析以及糖链结构检索都要借助生物信息学来进行。目前这方面的数据库和网络包括CFG、KEGG和CCSD等。

(三) 糖组学与肿瘤的关系密切

目前,2-DE已经成功地用于鉴定糖蛋白差异。已报道有多种血清糖蛋白可作为肾细胞癌、乳腺癌、结直肠癌等的标记物;糖基化改变普遍存在于肿瘤的发生、发展过程中,分析糖基化修饰对于深入研究肿瘤的发生机制及诊断治疗有着重要的价值;糖基化差异也可用于构建特异的多糖类癌症疫苗,以发展新的免疫治疗策略。

与基因组学和蛋白质组学研究相比,糖组学的研究还处于起步阶段。阻碍糖组学迅速发展的原

因主要是糖链本身结构的复杂性和研究技术的限制。但不管如何,糖组学作为基因组学和蛋白质组学的重要补充,将为人类在对生命本质深层次理解的进程中发挥越来越重要的作用。

二、脂组学揭示生命体脂质多样性及其代谢调控

生命体脂质具有化学多样性和功能多样性的特点,其代谢与多种疾病的发生、发展密切相关,很多疾病都与脂代谢紊乱有关,如糖尿病、肥胖病、癌症等。因此,脂质的分析量化对研究疾病发生机制和诊断治疗,以及医药研发有非常重要的生物学意义。脂组学(lipidomics)就是对生物样本中脂质进行全面系统的分析,从而揭示其在生命活动和疾病中发挥的作用📖。

(一)脂组学是代谢组学的一个分支

脂组学的研究内容为生物体内的所有脂质分子,并以此为依据推测与脂质作用的生物分子的变化,揭示脂质在各种生命活动中的重要作用机制。通过研究脂质提取物,可获得脂组(lipidome)的信息,了解在特定生理和病理状态下脂质的整体变化。因此,脂组学实际上是代谢组学的重要组成部分。

脂组学的研究有以下优势:①只研究脂质物质及其代谢物。脂质物质在结构上的共同点决定了样品前处理及分析技术平台的搭建较为容易,而且可以借鉴代谢组学的研究方法。②脂组学数据库的建立和完善速度较快,并能建立与其他组学的网络联系。③脂质组分析的技术平台可用于代谢组学的研究,促进代谢组学发展。

(二)脂组学研究的三大步骤——分离、鉴定和数据库检索

1. 样品分离 脂质主要从细胞、血浆、组织等样品中提取。由于脂质物质在结构上有共同特点,即有极性的头部和非极性的尾部。所以,脂质采用氯仿、甲醇及其他有机溶剂的混合提取液,能够较好地溶出样本中的脂质物质。

2. 脂质鉴定 随着分析技术的不断发展,脂质的分析方法也在不断的改进。总体而言,大部分的分析技术都能用来分析脂质,包括脂肪酸、磷脂、神经鞘磷脂、甘油三酯和类固醇等。常规的技术有薄层色谱(TLC)、气相色谱-质谱联用(GC-MS)、电喷雾质谱(ESI/MS)、液相色谱-质谱联用(LC/MS)、高效液相色谱-芯片-质谱联用(HPLC-Chip/MS)、超高效液相色谱-质谱联用(UPLC/MS)、超高效液相色谱-傅立叶变换质谱联用(UPLC/FT-MS)等。

3. 数据库检索 随着脂组学的迅速发展,相关数据库也逐步建立。现有数据库能够查询脂质结构、质谱信息、分类及实验设计、实验信息等,其功能也越来越完善。数据库的建立无疑成为推动脂组学自身发展的良好工具。国际上最大的数据库 LIPID Maps(http://www.lipidmaps.org/)是由美国国立综合医学研究所(National Institute of General Medical Sciences,NIGMS)组织构建的,它包含了脂质分子的结构信息、质谱信息、分类信息、实验设计等。数据库包含了游离脂肪酸、胆固醇、甘油三酯、磷脂等八个大类共 40 673 种脂质的结构信息(截至 2017 年 1 月)。

(三)脂组学研究促进脂质生物标志物的发现和疾病诊断

发现疾病相关的诊断标志物是进行疾病诊断的关键。脂组学所提供的方法能够监测病人与正常人之间的脂质变化,从中找到差异较大的脂质化合物,作为疾病早期诊断的指标。科学家定量研究了卵巢癌病人和良性卵巢瘤病人血清中各种胆固醇及脂蛋白的含量变化,结果表明:以载脂蛋白 A I(apoA I)和游离胆固醇(free cholesterol,FC)为诊断指标排除卵巢瘤的正确率高达 95.5%,综合 apoA I、FC、高密度脂蛋白游离胆固醇(HDLFC)、高密度脂蛋白总胆固醇(HDLTC)、apoB 及高密度脂蛋白-3(HDL3)片段诊断卵巢癌的准确率达到 97.0%。另有证据报道溶血磷脂酸在卵巢癌的诊断中表现出高度的敏感性和特异性,能够作为早期诊断卵巢癌及术后随访的生物标志物。

总之,脂组学从脂代谢水平研究疾病的发生、发展过程的变化规律,寻找疾病相关的脂生物标志物,进一步提高疾病的诊断效率,并为疾病的治疗提供更为可靠的依据。脂组学能够在一定程度上促进代谢组学的发展,并通过代谢组学技术的整合运用建立与其他组学之间的关系,最终实现医学科学的整体进步。

第六节　系统生物医学及其应用

HGP 的完成极大地促进了医学科学的发展。各种组学的不断发展以及集成已经形成了一门新的学科——系统生物医学(systems biomedicine)。在这一大背景下,现代医学正酝酿着一场颠覆性的变革,分子医学的深入、精准医学的开展以及转化医学的发展等有望从分子水平突破对疾病的传统认识,从而彻底改变和革新现有的临床诊疗模式。

一、系统生物医学是以整体性研究为特征的一种整合科学

系统生物医学应用系统生物学(systems biology)原理与方法研究人体(包括动物和细胞模型)生命活动的本质、规律以及疾病发生发展机制,实际上就是系统生物学的医学应用研究。

(一) 系统生物医学强调机体组成要素和表型的整体性

系统生物医学从全方位、多层次(分子、细胞器、细胞、组织、器官、个体/基因型、环境因子、种群、生态系统)的角度,整体性揭示一个机体所有组成成分(基因、mRNA、蛋白质等)的构成,以及在特定条件下这些组分间的相互关系及其效应。以往的实验生物学仅关心个别或一批基因和蛋白质,系统生物医学则不同,它要研究一个细胞/机体内所有的基因、所有的蛋白质,特别是所有生物分子间的所有相互关系及其导致的生物学效应。显然,系统生物医学是以整体性研究为特征的一种整合科学(integrative science)。

(二) 系统生物医学将极大地推动现代医学科学的发展

系统生物医学使生命科学由描述式的科学转变为定量描述和预测的科学,改变了 21 世纪医学科学的研究策略与方法,并将对现代医学科学的发展起到巨大的推动作用。当前系统生物医学理论与技术已经在预测医学(predictive medicine)、预防医学(preventive medicine)和个性化医学(personalized medicine)中得到应用,如应用代谢组学的生物指纹预测冠心病病人的危险程度和肿瘤的诊断以及治疗过程的监控;应用基因多态性图谱预测病人对药物的应答,包括毒副作用和疗效。再如,表型组学的细胞芯片和代谢组学的生物指纹将广泛用于新药的发现和开发,使新药的发现过程由高通量逐步发展为高内涵(high-content)。未来的治疗不再依赖于单一药物,而是使用一组药物(系统药物)的协调作用来控制病变细胞的代谢状态,以减少药物的副作用,维持疾病治疗的最大效果。

二、分子医学是发展现代医学科学的重要基础

分子医学(molecular medicine)就是从分子水平阐述疾病状态下基因组的结构、表达产物、功能及其表达调控规律,发展现代高效预测、预防、诊断和治疗手段。因此,分子医学实际上就是医学的一个分支学科,主体内容是分子生物学在医学中的应用,涵盖了其主要的理论和技术体系。疾病基因组学、转录物组学、蛋白质组学、代谢组学等是开展分子医学的基础。

(一) 疾病基因组学阐明发病的分子基础

疾病基因(或疾病相关基因)以及疾病易感性的遗传学基础是疾病基因组学研究的两大任务。定位克隆(positional cloning)技术的发展极大地推动了疾病基因或疾病相关基因的发现和鉴定,该技术将疾病相关基因位点定位于某一染色体区域后,根据该区域的基因、EST 或模式生物所对应的同源区的已知基因等有关信息,直接进行基因突变筛查,从而可确定疾病相关基因(见第二十五章)。

SNP 是疾病易感性的重要遗传学基础,例如,*APOE* 基因单个碱基变异与阿尔茨海默病(Alzheimer disease,AD)的发生相关,趋化因子受体基因 *CCR5* 中一个单纯缺失突变会导致对 HIV 的抗性等。疾病基因组研究在全基因组 SNP 制图基础上,筛选和鉴定与疾病相关的 SNP,从而阐明各种疾病易感人群的遗传学背景,为疾病的诊断和治疗提供新的理论基础。

（二）药物基因组学揭示遗传变异对药物效能和毒性的影响

药物基因组学（pharmacogenomics）是功能基因组学与分子药理学的有机结合。药物基因组学以药物效应和安全性为目标，研究各种基因突变与药效及安全性的关系。正因为药物基因组学是研究基因序列变异及其对药物不同反应的科学，所以也是研究高效/特效药物的重要途径，通过它可为病人或者特定人群寻找合适的药物 🖼。

药物基因组学广泛应用遗传学、基因组学、蛋白质组学和代谢组学信息来预测患病人群对药物的反应，从而指导临床试验和药物开发过程。不断涌现的各种生物分析技术，如基因变异检测技术、SNP 高通量扫描技术、药物作用显示技术、基因分型研究技术等，为药物基因组学的进一步发展提供了技术支撑。药物基因组学使药物治疗模式由诊断定向治疗转为基因定向治疗。

（三）疾病转录物组学阐明疾病发生机制并推动新诊治方式的进步

疾病转录物组学是通过比较研究正常和疾病条件下、或疾病不同阶段基因表达的差异情况，从而为阐明复杂疾病的发生发展机制，筛选新的诊断标志物，鉴定新的药物靶点，发展新的疾病分子分型技术，以及开展个体化治疗提供理论依据。

例如，外周血转录物谱可作为冠状动脉疾病（coronary artery diseases，CAD）诊断与病程、预后判定的生物标志物。CardioDx 发展了基于 23 个基因表达谱的诊断试剂盒 Corus CAD，适用于早期阻塞性CAD 的诊断。再如，近年研究表明多种疾病（包括肿瘤）与 miRNA 密切相关，检测血清中 miRNA 表达谱可指示某些疾病的发生。目前已有 HBV、心脏疾病（包括急性冠状动脉综合征、急性心肌梗死、高血压、心力衰竭等）、2 型糖尿病和肝癌等的血清 miRNA 作为诊断标记物的报道。此外，miRNA 还可作为某些疾病治疗的潜在靶点，例如针对 miRNA-182 的反义寡聚核苷酸可以用于黑色素瘤肝转移的治疗。

（四）疾病蛋白质组学发现和鉴别药物新靶点

药物作用靶点的发现与验证是新药发现阶段的重点和难点，成为制约新药开发速度的瓶颈。近年来，随着蛋白质组研究技术的不断进步，蛋白质组学在药物靶点的发现应用中亦显示出越来越重要的作用。

疾病相关蛋白质组学研究可以发现和鉴定在疾病条件下表达异常的蛋白质，这类蛋白质可作为药物候选靶点。疾病相关蛋白质组学还可对疾病发生的不同阶段进行蛋白质变化分析，发现一些疾病不同时期的蛋白质标志物，不仅对药物发现具有指导意义，还可形成未来诊断学、治疗学的理论基础。许多疾病与信号转导异常有关，因而信号分子和途径可以作为治疗药物设计的靶点。在信号传递过程中涉及数十或数百个蛋白质分子，蛋白质-蛋白质相互作用发生在细胞内信号传递的所有阶段。而且，这种复杂的蛋白质作用的串联效应可以完全不受基因调节而自发地产生。通过与正常细胞作比较，掌握与疾病细胞中某个信号途径活性增强或丧失有关的蛋白质分子的变化，将为药物设计提供更为合理的靶点。

（五）医学代谢组学提供新的疾病代谢物标志物

代谢组学经过十余年的发展，方法正日趋成熟，其应用已逐步渗透到生命科学研究领域的多个方面，在医学科学中亦日益彰显出其强有力的潜能。

与基因组学和蛋白质组学相比，代谢组学研究侧重于代谢物的组成、特性与变化规律。通过对某些代谢产物进行分析，并与正常人的代谢产物比较，可发现和筛选出疾病新的生物标志物，对相关疾病作出早期预警，并发展新的有效的疾病诊断方法。例如通过代谢组学的研究，证实血清中 VLDL、LDL、HDL 和胆碱的含量/比值可以判断心脏病的严重程度；血清中脂蛋白颗粒的组成，如脂肪酸侧链的不饱和度、脂蛋白分子之间相互作用的强度（而不是脂质的绝对含量）是影响高血压病人收缩压的主要因素；通过比较病人与正常人尿样中嘌呤和嘧啶化合物图谱，能够实现绝大多数核苷酸相关代谢遗传疾病的诊断。

三、精准医学是实现个体化医学的重要手段

精准医学(precision medicine)的目的就是全面推动个体基因组研究,依据个人基因组信息"量体裁衣"式(tailored)制定最佳的个性化治疗方案,以期达到疗效最大化和副作用最小化。

精准医学分为短期和长远两个目标。短期目标就是癌症治疗。癌症是常见的疾病,其全球发病率和死亡率逐年上升,而目前临床上尚缺乏有效的、针对性强的治疗方法。精准医学希望通过个体基因组研究,发现和鉴定与癌症发生发展相关的基因和调控因子,发掘新的肿瘤标志物,发展新的肿瘤分子分型技术,开展基于个体基因组的个体化治疗方法与技术。长期目标是健康管理。精准医学通过科技进步,将其优势拓展到健康和医疗的各个方面,从而提升对疾病风险评估,疾病发生、发展和转归机制的认识,以及疾病最佳治疗方案的制定与实施。

我国于2016年正式启动国家重点研发计划"精准医学研究"重点专项,按照全链条部署、一体化实施的原则,部署新一代临床用生命组学技术研发,大规模人群队列研究,精准医学大数据的资源整合、存储、利用与共享平台建设,疾病防诊治方案的精准化研究,精准医学集成应用示范体系建设等五大研究任务。

四、转化医学是加速基础研究实际应用的重要路径

转化医学(translational medicine)强调以临床问题为导向,开展基础-临床联合攻关,将基因组学等各种分子生物学研究成果迅速有效地转化为可在临床实际应用的理论、方法、技术和药物。转化医学的核心是要在实验室和病床(bench to bedside,简称B2B)之间架起一条快速通道。

转化医学产生的背景主要基于以下几个方面:①基础研究与临床问题解决之间严重脱节;②疾病谱的转变使医疗成本大大增加;③基础科学研究积累大量数据的意义需要解析;④基础研究和药物开发及医学实践三者需要整合。因此,围绕以临床问题为导向,开展医学科学实践,是解决医学根本性问题的有效途径,这也是转化医学的根本目的。

转化医学的目标就是将生命科学和生物技术及相关的现代科学技术整合、转变现有的医学模式,推动医疗改革,提高人民的健康水平和生活质量,从而达到更精确的预警与诊断,更有效的干预和治疗,降低发病率、推迟发病平均年龄,提高治愈率、减少重症病人,以及降低医疗的综合成本。

小　结

生物遗传信息的传递具有方向性和整体性的特点。组学从组群或集合的角度检视遗传信息传递链中各类分子(DNA、RNA、蛋白质、代谢物等)的结构与功能以及它们之间的联系。按照生物遗传信息流方向,可将组学分为基因组学、转录物组学、蛋白质组学、代谢组学等层次。

基因组学是阐明整个基因组结构、功能以及基因之间相互作用的科学。主要研究内容包括结构基因组学、功能基因组学和比较基因组学。结构基因组学的主要任务是基因组作图和序列测定;比较基因组学通过不同生物基因组之间的比较,研究基因组的功能及其进化关系;功能基因组学利用结构基因组所提供的信息,分析基因组中所有基因(包括编码和非编码序列)的功能;ENCODE计划是HGP的延续与深入,其主要目的是识别人类基因组中所有的功能元件,特别是非编码序列的功能和转录调控元件。

转录物组学在整体水平上研究生命单元所能转录出来的全部转录本(包括mRNA和所有非编码RNA)的种类、结构和功能,以及表达水平、时空分布、相互作用及其调控规律等。转录物组受到内外多种因素的调节,因而是动态可变的。

蛋白质组学以细胞、组织或机体在特定时间和空间上表达的所有蛋白质为研究对象,分析细胞内动态变化的蛋白质组成、表达水平与修饰状态,揭示蛋白质之间的相互作用及其调控规律。二维电泳和多维色谱是分离蛋白质组的有效方法,生物质谱是蛋白质组鉴定的主要工具。

代谢组学的主要任务就是测定一个生物所有小分子代谢物的组成,描绘其动态变化规律,建立系统代谢图谱,并确定这些变化与基因、转录、蛋白质层面以及生物过程的联系。

糖组学主要研究对象为聚糖,重点研究糖与糖之间、糖与蛋白质之间、糖与核酸之间的联系和相互作用。脂组学是对生物样本中脂质进行全面系统的分析并从代谢水平阐明与生命过程的有机联系。

系统生物医学应用系统生物学原理与方法研究人体(包括模式动物)生命活动的本质、规律以及疾病发生发展机制,并在此基础上发展新的有效的预测、预防、诊断和治疗方法。

各种组学和系统生物医学的不断发展及其原理/技术与医学、药学等领域交叉,产生了分子医学、精准医学、转化医学等现代医学概念。现代医学科学将从分子和整体水平突破对疾病的传统认识,改变和革新现有的诊断、治疗模式。

思 考 题

1. 何为组学? 按生物遗传信息流方向,主要组学有哪些?
2. 试述系统生物医学如何推动未来医学的发展。

(焦炳华)

名词释义

1. 2,3-二磷酸甘油酸支路(2,3-bisphosphoglycerate shunt pathway,2,3-BPG shunt pathway):红细胞糖酵解途径中,在1,3-二磷酸甘油酸处形成分支,生成中间产物2,3-二磷酸甘油酸,再转变为3-磷酸甘油酸而返回糖酵解的过程。红细胞内此旁路占糖酵解的15%~50%,主要生理功能是调节血红蛋白运氧。

2. 5′-cDNA末端快速扩增技术(5′-rapid amplification of cDNA endtechnique,5′-RACEtechnique):一种基于PCR从低丰度的基因转录本中快速扩增cDNA 5′-末端的有效方法。主要步骤为:①用碱性磷酸酶去掉总RNA中裸露的5′-磷酸基团;②用烟草酸焦磷酸酶去掉mRNA的5′-帽子结构,保留一个磷酸基团;③用T4 RNA连接酶将5′-RACE适配体(5′-RACE adapter)连接到去帽mRNA的5′-末端;④以上述带有5′-RACE适配体的mRNA为模板,用逆转录酶和随机寡核苷酸引物进行逆转录合成cDNA;⑤巢式PCR反应:先用下游外侧基因特异性引物(GSP1)和5′-RACE外侧引物进行外侧PCR反应;然后再使用下游内侧基因特异性引物(GSP2)和5′-RACE内侧引物进行内侧PCR反应;⑥通过对最终的PCR产物直接进行DNA测序或先进行DNA克隆后再测序,从而明确特定基因的TSS序列。

3. 5′-帽子结构(5′-cap structure):真核生物mRNA 5′-端的特殊结构,是7-甲基鸟苷-5′-三磷酸通过5′-5′方式与mRNA的5′-端连接。具有保护mRNA、调控翻译起始等多种功能。

4. CpG岛(CpG island):基因组中长度为300~3000bp、GC含量可达60%的区段,主要存在于基因的5′-端启动子区。CpG序列中的胞嘧啶(C)甲基化可导致基因转录被抑制,故CpG岛的未甲基化状态为基因转录所必需。

5. CRISPR(clustered regularly interspaced palindromic repeats,成簇规律间隔短回文重复):细菌基因组上成簇排列的、由来自噬菌体DNA的间隔序列(spacer)和宿主菌基因组的重组序列所形成的特殊重复序列-间隔序列阵列。CRISPR存在于已测序的40%细菌基因组和90%古细胞(archaea)基因组中。

6. CRISPR/Cas系统(CRISPR/Cas system):原核生物的一种获得性免疫系统,用于抵抗存在于噬菌体或质粒的外源遗传元件的入侵。RNA锚定到CRISPR的间隔序列上,帮助Cas(CRISPR-associated)蛋白识别并切割外源DNA。还有一些RNA引导的Cas蛋白负责切割外源RNA。

7. DNA变性(DNA denaturation):在某些物理因素(温度、pH、离子强度等)或化学因素(尿素)的影响下,DNA分子失去生物活性。此时,DNA分子不再具有致密的、双链的螺旋结构。

8. DNA超螺旋结构(DNA superhelix):在DNA双螺旋结构基础上进一步盘绕所形成的螺旋结构。

9. DNA重组(DNA recombination):DNA分子内或分子间发生的遗传信息的重新共价组合过程。包括同源重组、特异位点重组和转座重组等类型,广泛存在于各类生物。体外通过人工DNA重组可获得重组体DNA,是基因工程中的关键步骤。

10. DNA-蛋白质交联(DNA protein cross-linking):DNA分子与蛋白质以共价键的形式结合在一起。

11. DNA聚合酶(DNA-dependent DNA polymerase,DNA pol):以单链或双链DNA为模板,催化由脱氧核糖核苷三磷酸合成DNA的酶,其全称是依赖DNA的DNA聚合酶。

12. DNA链间交联(DNA interstrand cross-linking):DNA双螺旋链中的一条链上的碱基与另一条链上的碱基以共价键的形式结合在一起的现象。

13. DNA链内交联(DNA intrastrand cross-linking):DNA双螺旋链中的同一条链内的两个碱基以共价键结合的现象。紫外线照射后形成的嘧啶二聚体是DNA链内交联的典型例子。

14. DNA损伤(DNA damage):各种体内外因素导致的DNA组成与结构上的变化,主要有碱基或戊糖基的破坏、碱基错配、DNA单链或双链断裂、DNA链共价交联等多种表现形式。

15. DNA拓扑异构酶(DNA topoisomerase):调控DNA的拓扑状态和催化拓扑异构体相互转换的一类酶。DNA在复制解链过程形成超螺旋结构,这种超螺旋及局部松弛等过渡状态,需要拓扑酶作用以改变DNA分子的拓扑构象,理顺DNA链结构来配合复制进程。

16. DNA依赖的RNA聚合酶(DNA-dependent RNA polymerase):以DNA双链中的一条链作为模板,催化合成RNA的酶,在原核和真核细胞中都存在。合成反应以DNA为模板,以ATP、GTP、UTP和CTP为原料,还需要Mg^{2+}作为辅基,并不需要引物。依赖DNA的RNA聚合酶缺乏3′→5′外切酶活性,所以没有校正功能。

17. DNA印迹(DNA blotting):对DNA样品中特定序列DNA进行定性定量分析的技术,亦称Southern blotting。通过将电泳分离的 DNA 片段变性为单链后转移到膜性材料,在含有探针的溶液中进行杂交反应,可对特定 DNA 片段进行定性和定量分析。

18. DNA 元件百科全书计划(the Encyclopedia of DNA Elements project,ENCODE project):识别人类基因组所有功能元件,特别是非编码序列的功能和转录调控元件的国际合作计划。其研究对象包括:蛋白质编码基因、非蛋白质编码基因、基因调控区域、染色体结构维持和调节染色体复制动力的 DNA 元件等。

19. D-环复制(D-loop replication):线粒体 DNA 的复制方式。线粒体 DNA 为闭合环状双链结构,复制中呈字母 D 形状而得名。D 环复制的特点是复制起始点不在双链 DNA 同一位点,内、外环复制有时序差别。

20. G 蛋白偶联受体(G protein-coupled receptor,GPCR):具有 7 个跨膜 α-螺旋,直接与异源三聚体 G 蛋白偶联结合的一类重要的细胞表面受体,依靠活化 G 蛋白转导细胞外信号,亦称七次跨膜受体。

21. G 蛋白循环(G protein cycle):在 G 蛋白偶联受体介导的信号通路中,G 蛋白在有活性和无活性状态之间的连续转换。其关键机制是受体不断促进 G 蛋白释放 GDP、结合 GTP,而使其激活;而 G 蛋白的效应分子又不断激活其 GTP 酶活性,促进 GTP 水解成为 GDP,而使其恢复到无活性状态。

22. HMG-CoA 还原酶(HMG-CoA reductase):在胆固醇生物合成过程中,催化 HMG-CoA 还原为甲羟戊酸,是细胞胆固醇合成的限速酶。

23. K_m值(K_m value):等于酶促反应速率为最大反应速率一半时的底物浓度。

24. MAPK 途径(MAPK pathway):以促分裂原活化蛋白激酶(mitogen-activated protein kinase,MAPK)为代表的信号转导途径,其主要特点是具有 MAPK 级联反应。

25. N-连接型聚糖(N-linked glycan):与蛋白质分子中天冬酰胺残基的酰胺氮相连的聚糖。

26. O-连接型聚糖(O-linked glycan)与蛋白质分子中丝氨酸或苏氨酸羟基相连的聚糖。

27. P/O 比值(phosphate/oxygen ratio):氧化磷酸化过程中,每消耗 1/2 摩尔 O_2 所需磷酸的摩尔数,即所能合成 ATP 的摩尔数(或一对电子通过呼吸链传递给氧所生成 ATP 分子数)。

28. RNA 编辑(RNA editing):在初级转录物上增加、删除或取代某些核苷酸而改变遗传信息的过程,可使 RNA 序列不同于所对应的基因组模板 DNA 序列。

29. RNA 干扰(RNA interference,RNAi):与靶基因同源的双链 RNA 诱导的特异性转录后基因沉默现象。siRNA、miRNA 均可介导 RNA 干扰。

30. RNA 剪接(RNA splicing):从 DNA 模板链转录出的前体 RNA 分子中除去内含子,并将外显子连接起来而形成一个成熟的 RNA 分子的过程。

31. RNA 印迹(RNA blotting):通过检测 RNA 或 mRNA 分子,对基因表达进行分析的技术,亦称 Northern blotting。利用 RNA 印迹技术可以对某一组织或细胞中已知的特异 mRNA 的表达水平进行分析,也可以比较不同组织和细胞中的同一基因的表达情况。

32. SH2 结构域(SH2 domain):可与某些蛋白质(如受体酪氨酸激酶)的磷酸化酪氨酸残基紧密结合的蛋白质结构域,可启动信号转导通路中的多蛋白质复合物的形成。

33. V_{max}(maximum velocity):酶被底物完全饱和时的反应速率。

34. α-螺旋(α-helix):是蛋白质二级结构的主要形式之一。指多肽链主链围绕中心轴呈有规律的螺旋式上升,每 3.6 个氨基酸残基螺旋上升一圈,螺距为 0.54nm,每个氨基酸残基沿着螺旋的长轴上升 0.15nm。螺旋的方向为右手螺旋。氨基酸侧链 R 基团伸向螺旋外侧,每个肽键的 N—H 和第四个肽键的羰基氧形成氢键,氢键的方向与螺旋长轴基本平行。

35. 癌基因(oncogene):能导致细胞发生恶性转化和诱发癌症的基因。绝大多数癌基因是细胞内正常的原癌基因突变或表达水平异常升高转变而来,某些病毒也携带癌基因。

36. 氨基酸代谢库(amino acid metabolic pool):体内分布于各组织及体液中参与代谢的游离氨基酸的总和,包括食物蛋白质经消化而被吸收的氨基酸、体内组织蛋白质降解产生的氨基酸及体内合成的非必需氨基酸。可作贮存或被利用。

37. 巴斯德效应(Pasteur effect):糖的有氧氧化抑制糖的无氧氧化的现象。在有氧条件下,肌组织通过此效应实现产能的最大化。

38. 半保留复制(semi-conservative replication):DNA 复制时,亲代 DNA 双螺旋解开成为两条单链各自作为模板,按照碱基配对规律合成一条与模板相互补的新链,形成两个子代 DNA 分子。每一个子代 DNA 分子中都保留有一条来自亲代的链。这种复制方式称为半保留复制。

39. 半不连续复制(semi-discontinuous replication):前导链连续复制而后随链不连续复制的方式。

40. 必需氨基酸(essential amino acid):体内合成的量不能满足机体需要,必须从食物中摄取的氨基酸。包括:亮氨酸、异亮氨酸、甲硫氨酸、缬氨酸、苏氨酸、色氨酸、苯丙氨酸、赖氨酸和组氨酸。

41. 必需脂肪酸(essential fatty acids):机体必需但自身又不能合成或合成量不足、必须靠食物提供的多不饱和脂肪酸。

42. 表达载体(expression vector):用于介导特定基因在靶细胞中表达的 DNA 分子,也称表达构造(expression construct),

含有增强子和启动子等调控序列用于引导所携带外源基因的有效转录。

43. 别构效应(allosteric effect):小分子化合物或配基结合于蛋白质或酶活性部位以外的其他部位(别构部位),引起蛋白质分子的构象变化,而导致蛋白质活性改变的现象。

44. 卟啉症(porphyria):铁卟啉合成代谢异常而导致卟啉或其中间代谢物排出增多的一类疾病,有先天性和后天性两大类。

45. 补救合成(salvage pathway):利用生物分子分解途径的中间代谢产物再合成该物质的过程,如生物体利用核酸或核苷酸分解释放的游离的碱基或核苷合成核苷酸的过程即是补救合成。

46. 层析(chromatography):利用物质分子在流动相与固定相之间分配比例不同,将不同物质分子的混合物分离的一种技术。例如薄层层析、柱层析等。

47. 插入序列(insertion sequence, IS):能在基因(组)内部或基因(组)间改变自身位置的一段DNA序列。通常是转座子的一种,只携带与自身转座有关的编码基因。

48. 长非编码RNA(long non-coding RNA, lncRNA):一类转录本长度超过200个核苷酸的RNA分子,不直接参与基因编码和蛋白质合成,但是可在表观遗传水平、转录水平和转录后水平调控基因的表达。

49. 长散在核元件(long interspersed nuclear elements, LINEs):以散在方式分布于基因组中的较长的重复序列,重复序列长度在1000bp以上,常具有转座活性,又称为长散在重复序列(long interspersed repeat squence)。

50. 超螺旋结构(superhelix 或 supercoil):由于双螺旋DNA的弯曲、盘绕而造成的DNA分子进一步扭曲所形成的一种DNA的三级结构。DNA超螺旋有两种:当DNA分子沿轴扭转的方向与通常双螺旋的方向相反时,造成双螺旋的欠旋而形成负超螺旋;反之则为正超螺旋。在生物体内,DNA一般以负超螺旋构象存在。

51. 沉默子(silencer):可抑制基因转录的特定DNA序列,当其结合一些反式作用因子时对基因的转录起阻遏作用,使基因沉默。

52. 重组DNA技术(recombinant DNA technology):通过体外操作将不同来源的两个或两个以上DNA分子重新组合,并在适当细胞中增殖形成新的功能DNA分子的方法。

53. 初级胆汁酸(primary bile acids):由肝细胞以胆固醇为原料合成的胆汁酸及其与甘氨酸或牛磺酸的结合产物,包括胆酸、鹅脱氧胆酸、甘氨胆酸、牛磺胆酸、甘氨鹅脱氧胆酸和牛磺鹅脱氧胆酸。

54. 次级胆汁酸(secondary bile acids):初级胆汁酸经肠菌作用产生的胆汁酸及其结合产物,包括脱氧胆酸、石胆酸、甘氨脱氧胆酸、牛磺脱氧胆酸、熊脱氧胆酸等。

55. 从头合成(de novo synthesis):生物体利用简单前体物质合成生物分子的途径,如利用氨基酸、5-磷酸核糖、一碳单位及CO_2等代谢物前体物质为原料,经过一系列酶促反应合成嘌呤核苷酸即是从头合成。

56. 代谢(metabolism):机体活细胞内的全部化学变化,其反应几乎全部是酶促反应。

57. 代谢综合征(metabolic syndrome):一组以肥胖、高血糖(糖调节受损或糖尿病)、高血压以及血脂异常[高TG(甘油三酯)血症和(或)低HDL-C(高密度脂蛋白胆固醇)血症]集结发病的临床综合征,特点是机体代谢上相互关联的危险因素在同一个体的组合。

58. 代谢组学(metabonomics):测定一个生物/细胞中所有的小分子代谢产物的组成和丰度,描绘其动态变化规律,建立系统代谢图谱,并确定这些变化与生物过程有机联系的学科领域。

59. 单纯酶(simple enzyme):水解后仅有氨基酸组分而无其他组分的酶称为单纯酶。

60. 单链结合蛋白(single stranded binding protein, SSB):具有结合单链DNA的能力,维持DNA模板单链稳定状态并使其免受胞内核酸酶降解的一类特殊蛋白质。

61. 单顺反子(monocistron):真核生物一个结构基因转录生成一条mRNA,编码一条多肽链的初级转录物。

62. 单体酶(monomeric enzyme):由一条肽链构成的酶称为单体酶。

63. 胆固醇逆向转运(reverse cholesterol transport, RCT):新生HDL从肝外组织细胞获取胆固醇并在血浆LCAT、apo A、apo D及CETP和PTP共同作用下,胆固醇被酯化、转移至内核与VLDL甘油三酯交换,新生双脂层盘状HDL逐渐膨胀为单脂层球状的成熟HDL。VLDL在转变为LDL后,与成熟HDL一起经血液运输至肝,与肝细胞膜表面HDL受体、LDL受体结合,被肝细胞摄取降解,其中的胆固醇酯可被分解转化成胆汁酸排出体外,这种将肝外组织多余胆固醇运输至肝分解转化排出体外的过程就是胆固醇逆向转运途径。

64. 胆汁酸的肠肝循环(enterohepatic circulation of bile acid):在肝细胞合成的初级胆汁酸,随胆汁进入肠道并转变为次级胆汁酸。肠道中约95%胆汁酸可经门静脉被重吸收入肝,并与肝新合成的胆汁酸一起再次被排入肠道,构成胆汁酸的肠肝循环。

65. 蛋白聚糖(proteoglycan):以聚糖含量为主,由糖胺聚糖共价连接于不同核心蛋白形成的糖复合体。

66. 蛋白质靶向输送(protein targeting):蛋白质合成后在细胞内被定向输送到其发挥作用部位的过程,也称蛋白质分拣(protein sorting)。

67. 蛋白质变性(protein denaturation):在某些物理和化学因素作用下,蛋白质的特定的空间构象被破坏,从而导致其理化性质的改变和生物活性的丧失,称为蛋白质的变性。一般认为蛋白质的变性主要发生二硫键和非共价键的破坏,不涉及一级结构中氨基酸序列的改变。

68. 蛋白质-蛋白质相互作用(protein-protein interaction,PPI):是指两个或两个以上的蛋白质分子通过非共价键相互作用并发挥功能的过程。

69. 蛋白质的三级结构(tertiary structure):是指整条肽链中全部氨基酸残基的相对空间位置,也就是整条肽链所有原子在三维空间的排布位置。

70. 蛋白质等电点(protein isoelectric point,pI):在某一 pH 的溶液中,蛋白质解离成阳离子和阴离子的趋势或程度相等,成为兼性离子,呈电中性,此时溶液的 pH 值称为该蛋白质的等电点。

71. 蛋白激酶(protein kinase):将 ATP 或其他核苷三磷酸的 γ-磷酸基转移给靶蛋白质的 Ser、Thr、Tyr、Asp 或 His 的侧链的一类酶。可以调节被磷酸化的蛋白质分子的功能。

72. 蛋白质相互作用结构域(protein interaction domain):蛋白质分子中能识别并结合其他蛋白质分子的一段特定氨基酸序列。其结合位点可通过蛋白质磷酸化而产生,也可以是具有特定氨基酸序列的肽段。

73. 蛋白质组学(proteomics):以细胞、组织或机体在特定时间和空间上表达的所有蛋白质为研究对象,分析细胞内动态变化的蛋白质组成、表达水平与修饰状态,揭示蛋白质之间的相互作用及其调控规律的学科领域。

74. 氮平衡(nitrogen balance):机体从食物中摄入氮与排泄氮之间的关系。正常成人食入的蛋白质等含氮物质可以补偿含氮物质代谢产生的含氮排泄物。

75. 低密度脂蛋白受体(LDL receptor):广泛分布于体内各组织细胞表面,能特异地识别和结合 LDL,主要生理功能是摄取降解 LDL 并参与维持细胞内胆固醇平衡。

76. 底物水平磷酸化(substrate-level phosphorylation):ADP 或其他核苷二磷酸的磷酸化作用与高能化合物的高能键水解直接相偶联的反应过程,是生物体内产能的方式之一。

77. 第二信使(second messenger):细胞内受配体与受体结合后激活的可扩散、并调节信号转导蛋白质活性的小分子或离子,又称细胞内小分子信使。如钙离子、环腺苷酸(cAMP)、环鸟苷酸(cGMP)、环腺苷二磷酸核糖、甘油二酯(diglyceride,DAG)、肌醇-1,4,5-三磷酸(inositol triphosphate,IP₃)、花生四烯酸、磷脂酰神经酰胺、一氧化氮和一氧化碳等。

78. 电泳(electrophoresis):依据分子或颗粒所带的电荷、形状和大小等不同,因而在电场介质中移动的速度不同,从而达到将蛋白质、核酸或其他带电的颗粒混合物进行分离的技术。

79. 电子克隆(in silico cloning):通过已获得的序列与数据库中核酸序列及蛋白质序列进行同源性比较,或对数据库中不同物种间的序列比较分析、拼接,预测新的全长基因等,进而通过实验验证证实,从组织细胞中克隆该基因的研究策略。

80. 端粒酶(telomerase):一种自身携带模板的逆转录酶,人类端粒酶由三部分组成:端粒酶 RNA、端粒酶协同蛋白 1 和端粒酶逆转录酶。该酶兼有提供 RNA 模板和催化逆转录的功能。RNA 组分中含有一段短的模板序列与端粒 DNA 的重复序列互补,而其蛋白质组分具有逆转录酶活性,以 RNA 为模板催化端粒 DNA 的合成,将其加到端粒的 3′-端,以维持端粒长度及功能。

81. 短散在核元件(short interspersed nuclear elements,SINEs):以散在方式分布于基因组中的较短的重复序列,重复序列平均长度约为 300~500bp,与平均长度约为 1000bp 的单拷贝序列间隔排列。又称为短散在重复序列(short interspersed repeat sequence)。

82. 断裂基因(split gene 或 interrupted gene):由若干个编码区(外显子)和非编码区(内含子)互相间隔开但又连续镶嵌而成,去除非编码区再连接后,可翻译出一条完整多肽链,该基因被称为断裂基因或割裂基因。

83. 多胺(polyamine):由鸟氨酸、S-腺苷甲硫氨酸等衍生的含有多个氨基的链状化合物,包括腐胺、精胺和亚精胺。具有促进细胞分裂、生长等作用,精液及肿瘤组织中较多。

84. 多功能酶(multifunctional enzyme):一条肽链上同时具有多种不同的催化功能,这类酶称为多功能酶或串联酶(tandem enzyme)。

85. 多基因家族(multigene family):指由某一祖先基因经过重复和变异所产生的一组在结构上相似、功能相关的基因。

86. 多聚(A)尾[poly(A) tail]:真核生物 mRNA 3′-端的一段几十个到几百个腺苷酸残基。具有保护 mRNA、调控翻译起始等多种功能。

87. 多聚核糖体(polyribosome 或 polysome):蛋白质合成过程中,多个核糖体结合在同一条 mRNA 链上所形成的聚合物。这些核糖体依次结合起始密码子并沿 mRNA 的 5′→3′方向移动,共同进行同一条肽链的合成,使肽链合成以高速度、高效率进行。

88. 多克隆酶切位点(multiple cloning sites,MCS):含多个(可达 20 个)限制性内切核酸酶位点的 DNA 短片段,是基因工程质粒的标准特征,每个限制性内切核酸酶位点都是唯一的,且在质粒中只出现一次。

89. 多酶复合物(multienzyme complex):在某一代谢途径中,按序催化完成一组连续反应的几种具有不同催化功能的酶可彼此聚集形成一个结构和功能上的整体,此即为多酶复合物,亦称为多酶体系(multienzyme system)。

90. 多顺反子(polycistron):携带了几条多肽链的编码信息,受同一个控制区调控的 mRNA 分子,多见于原核生物。一个多顺反子通常包括数个功能上有关联的基因,它们串联排列,共同构成编码区,共用一个启动子和一个转录终止信号序列,几个编码基因在转录合成时仅产生一条 mRNA 长链,为几种不同的蛋白质编码。

91. 翻译(translation):在多种因子辅助下,核糖体与 mRNA 模板结合,tRNA 识别模板 mRNA 序列中的密码子及转运相应氨基酸,进而按照模板 mRNA 信息合成蛋白质肽链的过程。

92. 翻译后加工(post-translational processing):新生肽链转变成为有特定空间构象和生物学功能的蛋白质的过程,包括肽链的折叠和二硫键的形成、肽链的剪切、肽链中某些氨基酸残基侧链的修饰、肽链聚合及连接辅基等。

93. 反式作用因子(*trans*-acting factor):起反式作用的调控元件。有些调节序列远离被调控的编码序列,通过其产物(mRNA 或蛋白质)间接调节基因的表达。这种调节基因产物又称为调节因子,它们不仅能对处于同一条 DNA 链上的结构基因的表达进行调控,而且还能对不在一条 DNA 链上的结构基因的表达起到同样的作用。因此,这些分子被称为反式作用因子。反式作用因子以特定的方式识别和结合在顺式作用元件上,实施精确的基因表达调控。

94. 反向重复序列(inverted repeat sequence):由两个相同顺序的互补拷贝在同一 DNA 链上反向排列而成,反向重复的单位长度约为 300bp 或略短,其总长度约占人基因组的 5%,多数是散在,而非群集于基因组中。

95. 反义 RNA(antisense RNA):与特定 mRNA 互补的单链 RNA 分子,通过与 mRNA 杂交阻断 30S 小亚基对起始密码子的识别及与 SD 序列的结合,抑制翻译起始。

96. 泛素(ubiquitin):一个高度保守的蛋白质,由 76 个氨基酸残基组成。几乎存在于所有的物种中,但已发现的差别不超过两个氨基酸。参与细胞内短半寿期蛋白质的蛋白酶体快速降解途径。

97. 非蛋白质氮(non-protein nitrogen,NPN):血液中除蛋白质外其他含氮化合物中的氮总量,这些化合物主要有尿素、肌酸、肌酸酐、尿酸、胆红素和氨等。

98. 分子伴侣(molecular chaperone):与部分折叠或错误折叠的肽链以非共价形式特异结合,促使其正确折叠或提供折叠微环境的一类辅助性蛋白质,在生物界广泛存在。目前研究得较为清楚的是热激蛋白 70(heat shock protein 70,Hsp70)家族和伴侣蛋白(chaperonin)。

99. 分子病(molecular disease):由于基因上 DNA 分子的缺陷,致使细胞内 RNA 及蛋白质合成出现异常、人体结构与功能随之发生变异的疾病。DNA 分子的此种异常,有些可随个体繁殖而传给后代。例如镰状细胞贫血。

100. 分子医学(molecular medicine):从分子水平阐述疾病状态下基因组的结构、功能及其表达调控规律,发展现代高效预测、预防、诊断和治疗手段的学科领域。

101. 复合糖类(complex carbohydrate):糖基分子与蛋白质或脂以共价键连接而形成的化合物,即糖蛋白、蛋白聚糖、肽聚糖、糖脂及脂多糖等含有糖类的复合生物大分子的统称。

102. 复制(replication):以 DNA 为模板的 DNA 合成,是基因组的复制过程。在这个过程中,亲代 DNA 作为合成模板,按照碱基配对原则合成子代分子,其化学本质是酶促脱氧核苷酸聚合反应。

103. 复制叉(replication fork):是正在进行复制的双链模板 DNA 分子所形成 2 个延伸方向相反的开链 Y 形区域,其中,已解旋的两条模板单链以及正在进行合成的新链构成了 Y 形的头部,尚未解旋的 DNA 模板双链构成了 Y 形的尾部。

104. 复制基因(replicator):含有一个复制起点并能促进 DNA 复制起始所必需的全部 DNA 序列。E. coli 的复制因子是 oriC。在原核细胞中,复制因子的识别与 DNA 解旋、募集 DNA 聚合酶偶联进行。而在真核细胞中,这两个阶段相分离可以确保每个染色体在每个细胞周期中仅复制一次。

105. 复制子(replicon):从一个 DNA 复制起点起始的完整 DNA 分子或 DNA 分子上的某段复制区域称为复制子。复制子是含有一个复制起点的独立完成复制的功能单位。高等生物有数以万计的复制子,复制子间长度差别很大,约在 13 ~ 900kb 之间。

106. 干扰小 RNA(siRNA):受内源或外源双链 RNA 诱导后,细胞内产生的一类双链 RNA。在特定情况下通过一定酶切机制,这些 RNA 可转变为具有特定长度(21 ~ 23 个碱基)和特定序列的小片段 RNA。siRNA 参与 RISC 组成,与特异的靶 mRNA 完全互补结合,导致靶 mRNA 降解,阻断翻译过程。

107. 感染(infection):致病微生物(如病毒、细菌、真菌)入侵机体组织或细胞的过程。在分子生物学中,一般是指以病毒作为外源 DNA 运载体导入哺乳细胞的过程。

108. 冈崎片段(Okazaki fragment):沿着后随链的模板链合成的新 DNA 片段被命名为冈崎片段。复制完成后,这些不连续片段经过去除引物,填补引物留下的空隙,连接成完整的 DNA 长链。

109. 高度重复序列(highly repetitive sequence):真核基因组中存在的有数千到几百万个拷贝的 DNA 重复序列。这些重复序列的长度为 6 ~ 200bp,不编码蛋白质或 RNA。

110. 功能克隆(functional cloning):从异常表型入手,找出造成这种表型的代谢缺陷或蛋白质结构异常,如酶的失活或缺失,结构蛋白质分子的异常等,最后确定编码这种蛋白质的基因并将其定位、克隆的技术。换句话说,这是从表型异常出发,找出导致出现异常表型的异常功能蛋白质,根据蛋白质的氨基酸序列推导出编码的核苷酸序列,以此作为探针,在基因组文库或 cDNA 文库中去筛选目的基因或目的 cDNA,最后克隆和定位这种异常蛋白质的编码基因。

111. 寡聚酶(oligomeric enzyme):由多个相同或不同的肽链(即亚基)以非共价键连接组成的酶称为寡聚酶。

112. 核苷(nucleoside)：由碱基和五碳环(核糖或脱氧核糖)连接而成，即嘌呤的 N-9 或嘧啶的 N-1 原子与核糖或脱氧核糖 C-1′通过 β 糖苷键链接而成的化合物，包括核糖核苷和脱氧核糖核苷两种。

113. 核苷酸(nucleotide)：核苷的磷酸酯，是构成核酸的基本单位。根据连接部位不同，有 2′-核苷酸(核苷 2′-磷酸)、3′-核苷酸(核苷 3′-磷酸)、5′-核苷酸(核苷 5′-磷酸)三种。体内通常是 5′-核苷酸。

114. 核苷酸切除修复(nucleotide excision repair, NER)：在一系列酶的作用下，将 DNA 分子中受损伤部分切除，并以完好的 DNA 链为模板，合成和连接得到正常序列，使 DNA 恢复原来的正常结构的 DNA 损失修复方式。与碱基切除修复不同，核苷酸切除修复系统并不识别具体的损伤，而是识别损伤对 DNA 双螺旋结构所造成的扭曲，但修复过程与碱基切除修复相似。首先，由一个酶系统识别 DNA 损伤部位；其次，在损伤部位两侧切开 DNA 链，去除两个切口之间的一段受损的寡核苷酸；再次，在 DNA 聚合酶作用下，以另一条链为模板，合成一段新的 DNA，填补缺损区；最后由连接酶连接，完成损伤修复。

115. 核酶(ribozyme)：具有催化功能的 RNA 分子。它的发现打破了酶都是蛋白质的传统观念。

116. 核仁小 RNA(small nucleolar RNA, snoRNA)：位于核仁的核小 RNA，根据结构分为 C/D 盒和 H/ACA 盒两类。前者参与前体 rRNA 的加工和 RNA 的甲基化修饰等，后者参与 tRNA 的假尿嘧啶化(pseudouridylation)。比如核仁小 RNA U3 属于 C/D 盒类，与核仁内前体 rRNA 的位点特异性剪切和 28S rRNA 的成熟有关。

117. 核仁小核糖核蛋白(small nucleolar RNA, snoRNA)：核仁小 RNA 与相关蛋白质构成的复合体，参与前体 rRNA 的加工、某些 RNA 的甲基化修饰和 tRNA 的稀有碱基修饰等过程。

118. 核酸(nucleic acid)：由核苷酸或脱氧核苷酸通过 3′,5′-磷酸二酯键连接而成的一类生物大分子，有核糖核酸(RNA)和脱氧核糖核酸(DNA)两种。分别具有携带和传递遗传信息的功能。

119. 核酸二级结构(nucleic acid secondary structure)：核酸分子的空间构象，指多聚核苷酸链中碱基对之间的相互作用。

120. 核酸一级结构(nucleic acid primary structure)：构成核酸的核苷酸或脱氧核苷酸从 5′-端到 3′-端的排列顺序，也就是碱基的排列序列。许多情况下，核酸一级结构决定核酸的高级结构和生物功能。

121. 核酸杂交(nucleic acid hybridization)：具有互补碱基序列的 DNA 或 RNA 分子，通过碱基对之间氢键形成稳定的双链结构的过程，包括 DNA 与 DNA 双链、RNA 与 RNA 双链或 DNA 与 RNA 双链等类型。核酸杂交是一种被广泛应用的重要分子生物学技术，如设计反义核酸、合成探针等。

122. 核糖核酸(ribonucleic acid, RNA)：是核酸的一类，是 DNA 的转录产物。由 4 种主要的核苷酸(AMP, GMP, CMP 和 UMP)通过 3′,5′-磷酸二酯键连接聚合而成的生物大分子。不同种类的 RNA 链长不同，行使不同的生物功能，如参与蛋白质生物合成的 RNA 有参与遗传信息的复制和表达。

123. 核糖体(ribosome)：由大亚基和小亚基组成的生物体细胞器，是蛋白质合成的场所。通过 mRNA 与携带氨基酸的 tRNA 的相互作用合成蛋白质。核糖体的大亚基和小亚基分别由 rRNA 和核糖体蛋白质组成。

124. 核糖体 RNA(ribosomal RNA, rRNA)：核糖体中的 RNA。真核生物核糖体通常有 28S、18S、5.8S 和 5S 四种；原核生物核糖体则有 23S、16S 和 5S 三种。

125. 核糖体结合位点(ribosome-binding site, RBS)：原核生物 mRNA 起始密码子 AUG 及其上游的一段序列。该序列距 AUG 上游约 10 个核苷酸处通常为-AGGAGG-(也称 Shine-Dalgarno 序列)，可被 16S rRNA 通过碱基互补而精确识别，从而将核糖体小亚基准确定位于 mRNA。

126. 核小 RNA(small nuclear RNA, snRNA)：细胞核内的短片段 RNA，长度 100～215 个核苷酸，研究较多的为 7 类，由于含 U 丰富，故编号为 U1～U7。其中 U3 存在于核仁中，其他 6 种存在于非核仁区的核液里。U3 snRNA 与核仁内 28S rRNA 的成熟有关。U7 与组蛋白前体 mRNA 的茎环结构的加工有关。其他 5 种小核 RNA 是真核生物转录后加工过程中 RNA 剪接体(spliceosome)的主要成分，参与前体 mRNA 的加工过程。

127. 核小核糖核蛋白(small nuclear ribonucleoprotein, snRNP)：由核小 RNA 与一些蛋白质构成的复合体，参与 RNA 剪接等重要生物学过程。比如 5 种核小核糖核蛋白是剪接体的主要组成部分；U7 snRNP 则参与组蛋白前体 mRNA 的茎环结构的加工。

128. 核小体(nucleosome)：由约 200bp 的 DNA 区段和多个组蛋白组成的复合体，是染色质基本组成单位。其中 146bp 的 DNA 区段与八聚体(H2A、H2B、H3 和 H4 各两分子)的组蛋白组成核小体核心颗粒，核心颗粒之间通过一个组蛋白 H1 分子以及 0～50bp 的 DNA 连接区彼此相连，构成真核染色质的一种重复的串珠状结构。

129. 核心酶(core enzyme)：不含 sigma(σ)因子的原核 RNA 聚合酶，由 $\alpha_2\beta\beta'\omega$ 五个亚基组成。核心酶能够催化 NTP 按模板的指引合成 RNA。

130. 后随链(lagging strand)：在 DNA 复制过程中，因为复制方向与解链方向相反，不能连续延长，只能随着模板链的解开逐段地从 5′→3′生成引物并复制子链。这一不连续复制的链称为后随链。

131. 呼吸链(respiratory chain)：又称电子传递链(electron transfer chain)，指线粒体内膜中按一定顺序排列的一系列具有电子传递功能的酶复合体，形成一个传递电子/氢的体系，可通过连续的氧化还原反应将电子最终传递给氧生成水，并释放能量。

132. 化学降解法测序(chemical degradation sequencing):通过标记 DNA 片段末端,并利用专一性化学试剂对 DNA 进行特异性降解,使之从糖环上脱落导致磷酸二酯键断裂,产生 4 套含有长短不一 DNA 分子的混合物,从而确定 DNA 分子中 4 种碱基序列的技术。

133. 化学渗透假说(chemiosmotic hypothesis):线粒体呼吸链进行电子传递时,通过呼吸链复合体 Ⅰ、Ⅲ、Ⅳ 将基质侧的质子泵至线粒体内膜的膜间隙侧,形成跨内膜的质子电化学梯度(质子浓度和跨膜电位差)而储存能量,当质子顺浓度梯度回流至基质时促进 ATP 合酶利用 ADP 合成 ATP。

134. 环形 RNA(circular RNA,circRNA):一类具有封闭环状结构的单链 RNA 分子。

135. 黄疸(jaundice):血浆胆红素高于正常水平时扩散进入组织造成黄染的体征。

136. 回文序列(palindrome):双链 DNA 中的互补链核苷酸序列以相同方向配对,因此,从 5′→3′ 方向的序列完全一致,这两条链的核苷酸序列称作回文序列。

137. 活化能(activation energy):是指在一定温度下,1mol 反应物从基态转变成过渡态所需要的自由能。

138. 活性染色质(active chromatin):相对松弛、具有转录活性的染色质。当基因被激活时,可观察到染色质相应区域发生某些结构和性质变化,使其易于被转录因子等识别结合,起始转录。

139. 基因(gene):一段含有特定遗传信息的核苷酸序列(大多数生物中是 DNA 序列,少数是 RNA 序列),能够编码功能产物多肽或 RNA。

140. 基因表达(gene expression):基因转录及翻译的过程,也是基因所携带的遗传信息表现为表型的过程。在一定调节机制控制下,大多数基因经历转录和翻译过程,产生具有特异生物学功能的蛋白质分子,赋予细胞或个体一定的功能或形态表型。但并非所有基因表达过程都产生蛋白质,rRNA、tRNA 编码基因转录产生 RNA 的过程也属于基因表达。

141. 基因表达调控(regulation of gene expression):细胞或生物体在接受内、外环境信号刺激时或适应环境变化的过程中,在基因表达水平上作出应答的分子机制。

142. 基因捕获(gene trapping):将一个含报告基因的 DNA 载体随机插入基因组,产生内源基因失活突变,通过报告基因的表达,提示插入突变的存在以及内源基因的表达特点的技术。

143. 基因超家族(gene superfamily):一些 DNA 序列相似,但功能不一定相关的若干个单拷贝基因或若干组基因家族总称。

144. 基因打靶(gene targeting):通过 DNA 定点同源重组,改变基因组中的某一特定基因,从而在生物活体内研究此基因的功能的实验手段。具体过程包括:首先获得胚胎干细胞(embryonic stem cell)系,即 ES 细胞系,利用同源重组技术获得带有研究者预先设计突变的中靶 ES 细胞。通过显微注射或者胚胎融合的方法将经过遗传修饰的 ES 细胞引入受体胚胎内。经过遗传修饰的 ES 细胞仍然保持分化的全能性,可以发育为嵌合体动物的生殖细胞,使得经过修饰的遗传信息经生殖系遗传。获得的带有特定修饰的突变动物提供研究者一个特殊的研究体系,使他们可以在生物活体中研究特定基因的功能。

145. 基因定位(gene localization):确定基因在染色体的位置以及基因在染色体上的线性排列顺序和距离的技术,是基因分离和克隆的基础。

146. 基因定位的连锁分析(linkage analysis):根据基因在染色体上呈直线排列,不同基因相互连锁成连锁群的原理,即应用被定位的基因与同一染色体上另一基因或遗传标记相连锁的特点进行定位。

147. 基因家族(gene family):基因组中存在的许多来源于同一个祖先,结构和功能相似的一组基因。同一家族的这些基因的外显子具有相关性。

148. 基因矫正(gene correction):对病人体内致病基因的突变碱基进行纠正的方法。

149. 基因敲除(gene knock-out):利用同源重组的原理,在 ES 细胞中定点破坏内源基因,然后利用 ES 细胞发育的全能性,获得带有预定基因缺陷的杂合子,通过遗传种育最终获得目的基因缺陷的纯合个体的技术,属于基因打靶技术的一种。

150. 基因敲入(gene knock-in):通过同源重组的方法,用某一基因替换另一基因,或将一个设计好的基因片段插入到基因组的特定位点,使之表达并发挥作用的技术。

151. 基因添加(gene augmentation):不删除突变的致病基因,而在基因组的某一位点额外插入正常基因,在体内表达出功能正常的蛋白质的方法。

152. 基因芯片(gene chip):在单位面积有规律地紧密排列特定的寡核苷酸、DNA 片段等的固体支持物,亦被称作 DNA 微阵列(DNA microarray)。利用这类芯片与标记的生物样品进行杂交,可对样品的基因表达谱信息进行快速定性和定量分析。

153. 基因亚家族(gene subfamily):一个多基因家族中可有多个基因,根据结构与功能的不同又可以分为亚家族。如 G 蛋白中属 *ras* 超家族约有 50 多个成员,根据其序列同源性程度又可进一步分为 Ras、Rho 和 Rab 三个主要的亚家族。

154. 基因诊断(gene diagnosis):以 DNA 和 RNA 为诊断材料,通过检查基因结构、功能以及表达是否正常,是否存在外源基因及表达产物等,对人体状态和疾病作出诊断的方法。

155. 基因治疗(gene therapy):在基因水平上治疗疾病的方法。包括基因置换、基因修正、基因修饰、基因失活、引入新基因等。

156. 基因置换(gene replacement):通过基因操作,用正常基因替换体内有缺陷的基因,使基因的功能得以恢复的方法。

157. 基因组(genome):是指一个生物体内具有的遗传信息的总和。

158. 基因组编辑(genome editing):对基因组进行定点修饰的一项新技术。利用该技术,可以精确地定位到基因组的某一位点上,在这位点上剪断靶标 DNA 片段并插入新的基因片段。此过程即模拟了基因的自然突变,又修改或编辑了原有的基因组,真正达成了"编辑基因"。

159. 基因组构(gene organization):单个基因的组成结构及一个完整的生物体内基因的组织排列方式统称为基因组构。

160. 基因组学(genomics):阐明整个基因组结构、结构与功能的关系以及基因之间相互作用的学科领域。

161. 激素敏感性脂肪酶(hormone sensitive lipase, HSL):即脂肪细胞中的激素敏感性甘油三酯脂肪酶,在脂肪动员过程中催化甘油二酯水解生成甘油一酯及脂肪酸,它对多种激素敏感,其活性受多种激素调节,是脂肪动员的限速酶。

162. 极低密度脂蛋白(very low density lipoprotein, VLDL):肝细胞合成的甘油三酯在肝细胞内质网与载脂蛋白 B100、C 等载脂蛋白及磷脂、胆固醇组装成的一种脂蛋白,由肝细胞分泌入血,功能是运输内源性甘油三酯和胆固醇。

163. 急性期蛋白质(acute phase protein, APP):某些在急性炎症或某种类型组织损伤等情况下,血浆水平增高或降低的蛋白质。

164. 假基因(pseudogene):是基因组中存在的一段与正常基因非常相似但不能表达的 DNA 序列。假基因根据其来源分为经过加工的假基因和未经过加工的假基因两种类型。

165. 剪接体(spliceosome):在前体 mRNA 剪接过程中形成的剪接复合物。剪接体的主要组成是蛋白质和小核 RNA(snRNA)。前体 mRNA 的剪接在剪接体完成。

166. 碱基(base):一类带碱性的有机化合物,是嘌呤和嘧啶的衍生物。DNA 中的碱基主要有腺嘌呤、鸟嘌呤、胞嘧啶和胸腺嘧啶;RNA 中的碱基主要有腺嘌呤、鸟嘌呤、胞嘧啶和尿嘧啶。

167. 碱基错配修复(mismatch base repair):DNA 损伤修复的一种特殊形式,是维持细胞中 DNA 结构完整稳定的重要方式,主要负责纠正下列错误:①复制与重组中出现的碱基配对错误;②因碱基损伤所致的碱基配对错误;③碱基插入;④碱基缺失。从低等生物到高等生物,均拥有保守的碱基错配修复系统或途径。

168. 碱基堆积力(base stacking force):核酸分子双螺旋结构中的相邻两个碱基对在旋进过程中,由于彼此重叠而产生的疏水性相互作用。

169. 碱基对(base pair):核酸中两条单链的碱基通过氢键形成的一种特定的化学结构。主要的碱基对有腺嘌呤-胸腺嘧啶(A-T)碱基对、腺嘌呤-尿嘧啶(A-U)碱基对、鸟嘌呤-胞嘧啶(G-C)碱基对和鸟嘌呤-尿嘧啶(G-U)碱基对。

170. 碱基切除修复(base excision repair, BER):受损 DNA 通过生物体内存在的一类特异的 DNA 糖苷酶的作用切除错误碱基,再由一系列的酶加工进行正确填补而恢复功能的 DNA 损伤修复方式,普遍存在于各种类型的生物中。整个修复过程包括:①DNA 糖苷酶特异性识别 DNA 链中已受损的碱基并将其水解去除,产生一个无碱基位点;②在此位点的 5′-端,无碱基位点核酸内切酶将 DNA 链的磷酸二酯键切开,同时去除剩余的磷酸核糖部分;③DNA 聚合酶在缺口处以另一条链为模板修补合成互补序列;④由 DNA 连接酶将切口重新连接,使 DNA 恢复正常结构。

171. 校对(proofreading):具有 3′→5′外切酶活性的 DNA 聚合酶可将错配的碱基水解下来,同时利用 5′→3′聚合酶活性补回正确配对的碱基,复制可以继续下去,这种功能称为校对。

172. 接合作用(conjugation):细菌的遗传物质在细菌细胞间通过细胞-细胞直接接触或细胞间桥样连接的转移过程。

173. 结构域(domain):是蛋白质分子结构中紧密球状的折叠区,可被特定分子识别和具有特定功能的三级结构元件。

174. 结合胆红素(conjugated bilirubin):胆红素在肝细胞内与葡糖醛酸结合生成的胆红素,为水溶性,可从尿中排出。

175. 解链(melting):核酸溶液在温度升高时,由于其碱基对的氢键以及碱基堆积力受到破坏,核酸的双链分子或单链分子的双链区域解离成为单链的过程。

176. 解链曲线(melting curve):亦称熔解曲线。以核酸溶液的吸光度(一般在 260nm 处)作为温度的函数的曲线。此曲线描述,由于温度的增高,双链 DNA 或 RNA 分子解离成为单链的曲线。

177. 解链温度(melting temperature):双链 DNA 分子或双链 RNA 分子丧失半数双螺旋结构时的温度,用符号 T_m 表示。一般由解链曲线所确定。每种 DNA 或 RNA 都有其特征性的 T_m 值。

178. 解旋酶(helicase):复制起始利用 ATP 供能来解开 DNA 双链的酶,DnaB 在原核生物中起解旋酶的作用,真核生物也具有和原核生物同源的解旋酶。

179. 精准医学(precision medicine):全面推动个体基因组研究,一种依据个人基因组信息、环境与生活习惯差异等因素"量体裁衣"式制订最佳的个性化疾病预防和治疗方案,以期达到疗效最大化和副作用最小化的医疗模式。

180. 竞争性抑制作用(competitive inhibition):一种常见的酶活性的抑制作用,抑制剂和酶的底物在结构上相似,可与底物竞争结合酶的活性中心,从而阻碍酶与底物形成中间产物,这种抑制作用称为竞争性抑制作用。其动力学特点是:

酶促反应的表观 K_m 值增大,最大反应速率(V_{max})不变。可以通过增加底物浓度解除这种抑制。

181. 聚合酶链反应(polymerase chain reaction,PCR):在体外扩增特定 DNA 片段的技术方法。以 DNA 为模板,以 1 对与模板互补的寡核苷酸片段为引物,反复进行变性、退火和延伸,在 DNA 聚合酶作用下,使目的 DNA 片段得到扩增。

182. 聚合酶转换(polymerase switching):真核生物 DNA 复制过程中,DNA pol α 合成引物,然后迅速被具有连续合成能力的 DNA pol δ 和 DNA pol ε 所替换,这一过程称为聚合酶转换。DNA pol δ 负责合成后随链,DNA pol ε 负责合成前导链。

183. 聚糖(glycan):由单糖通过糖苷键聚合而成的寡糖或多糖。

184. 绝缘子(insulator):是基因组上对转录调控起重要作用的一种元件,可以阻碍增强子对启动子的作用,或者保护基因不受附近染色质环境(如异染色质)的影响。

185. 可变剪接(alternative splicing):有些前体 mRNA 被剪切或(和)剪接加工成结构有所不同的成熟 mRNA,最终产生不同的蛋白质分子的 RNA 剪切方式的现象,又称选择性剪接。即,这些真核生物前体 mRNA 分子的加工可能具有 2 个以上的加多聚腺苷酸的断裂和多聚腺苷酸化的位点,因而一个前体 mRNA 分子可经剪切或(和)可变剪接形成不同的 mRNA。

186. 可读框(open reading frame,ORF):从 mRNA 的 5′-端起始密码子 AUG 开始,至 3′-端终止密码子的一段能编码并翻译出氨基酸序列的核苷酸序列。可读框通常代表某个基因的编码序列。

187. 克隆载体(cloning vector):来自病毒、质粒或其他生物体的、在一种生物体中稳定复制的、外源 DNA 片段插入其中可以实现克隆的 DNA 分子,其特征是外源 DNA 片段的插入或从中移除都很方便。例如,用限制性内切核酸酶处理载体和外源 DNA 片段,再经分子连接将外源 DNA 片段插入载体中。外源 DNA 片段克隆入克隆载体后,也可以进一步亚克隆入其他用于特殊目的的载体。

188. 亮氨酸拉链(leucine zipper):出现在 DNA 结合蛋白和其他蛋白质中的一种结构模体。当来自同一个或不同多肽链的两个双性 α-螺旋的疏水面(常常含有亮氨酸残基)相互作用形成一个圈对圈的二聚体结构,亮氨酸有规律地每隔 6 个氨基酸就出现一次,亮氨酸拉链常出现在真核生物 DNA 结合蛋白的 C-端,往往与癌基因表达调控功能有关。

189. 磷酸二酯键(phosphodiester bond):两个核苷酸分子核苷酸残基的两个羟基分别与同一个磷酸基团形成共价连接键,即一分子磷酸与两个羟基形成的两个酯键。

190. 磷酸戊糖途径(pentose phosphate pathway):从糖酵解的中间产物葡糖-6-磷酸开始形成旁路,通过氧化、基团转移两个阶段生成果糖-6-磷酸和 3-磷酸甘油醛,从而返回糖酵解的代谢途径。此途径不产能,但可提供 NADPH 和磷酸核糖。

191. 磷脂酶 A_2(phospholipase A_2,PLA_2):参与磷脂降解的一种磷脂酶,能水解甘油磷脂 2 位酯键,生成 1 分子游离脂肪酸和 1 分子溶血磷脂。

192. 流产式起始(abortive initiation):结合在启动子上的 RNA 聚合酶在完全进入延伸阶段前不从启动子上脱离,而是合成长度小于 10 个核苷酸的 RNA 分子,并将这些短片段 RNA 从聚合酶上释放而终止转录。这个过程可在进入转录延长阶段前重复多次,被称为流产式起始。流产式起始被认为是启动子校对(promoter proofreading)的过程,其发生可能与 RNA 聚合酶和启动子的结合强度有关。

193. 流式细胞术(flow cytometry):利用荧光标记抗体与抗原的特异性结合,经流式细胞仪分析荧光信号,从而根据细胞表达特定蛋白质的水平对某种蛋白质阳性细胞(即特异基因表达的细胞)作出判断的实验方法。

194. 卵磷脂:胆固醇酰基转移酶(lecithin:cholesterol acyl transferase,LCAT):催化 HDL 中卵磷脂 2 位上的脂酰基转移至游离胆固醇的 3 位羟基上,使位于 HDL 表面的胆固醇酯化,促成 HDL 成熟及胆固醇逆向转运。

195. 螺旋-环-螺旋(helix-loop-helix):存在于钙离子结合蛋白和真核转录调节因子中的一种模体。其钙离子结合位点由 E、F 螺旋和其之间的一个环组成。

196. 酶(enzyme):催化特定反应的蛋白质,是一种生物催化剂。酶能通过降低反应的活化能加快反应速率,但不改变反应的平衡点。酶具有催化效率高、专一性强、作用条件温和等特点。

197. 酶促反应动力学(kinetics of enzyme-catalyzed reactions):是研究酶促反应速率以及各种因素对酶促反应速率影响机制的科学。影响酶促反应速率的因素有酶浓度、底物浓度、pH、温度、抑制剂及激活剂等。

198. 酶的别构调节(allosteric regulation of enzymes):体内一些代谢物可与某些酶的活性中心外的某个部位非共价可逆结合,引起酶的构象改变,从而改变酶的活性,酶的这种调节方式称为酶的别构调节。

199. 酶的共价修饰(covalent modification of enzymes):酶蛋白肽链上的一些基团可在其他酶的催化下,与某些化学基团共价结合,同时又可在另一种酶的催化下,去掉已结合的化学基团,从而影响酶的活性,酶的这种调节方式称为酶的共价修饰。

200. 酶的活性中心(active center of enzymes):酶分子中能与底物特异地结合并催化底物转变为产物的具有特定三维结构的区域称为酶的活性中心。

201. 酶的特异性(enzyme specificity):一种酶仅作用于一种或一类化合物,或一定的化学键,催化一定的化学反应并产生一定的产物,酶的这种特性称为酶的特异性,亦称为酶的专一性。根据酶对底物选择的严格程度,酶的特异性可分为绝对特异性和相对特异性。

202. 酶原(zymogen 或 proenzyme):无活性的酶的前体称作酶原。在一定条件下,酶原向有催化活性的酶的转变过程称为酶原的激活。酶原的激活大多是经过蛋白酶的水解作用,去除一个或几个肽段后,导致分子构象改变,从而表现出催化活性。酶原激活的实质是酶的活性中心形成或暴露。

203. 密码子(codon):由 3 个相邻的核苷酸组成的 mRNA 基本编码单位,又称编码三联体(coding triplet),或三联体密码(triplet code)。密码子共有 64 种,包括 61 种氨基酸密码子(包括起始密码子)及 3 个终止密码子,由它们决定多肽链的氨基酸种类、排列顺序以及翻译的起始和终止。在 mRNA 的可读框区域,每 3 个相邻的核苷酸为一组,编码一种氨基酸或肽链合成的起始/终止信息,称为密码子或三联体密码(triplet code)。

204. 免疫印迹法(immunoblotting):利用抗体对电泳之后转移和固定到膜型材料上的蛋白质分子进行检测的技术,亦称蛋白质印迹、Western blotting。可用于检测样品中特异性蛋白质的存在、进行半定量分析。

205. 免疫组织化学和免疫细胞化学技术(immunohistochemistry and immunocytochemistry techniques):用标记的抗体在组织/细胞原位对目标抗原(目标蛋白质/多肽)进行定性、定量、定位检测的实验技术。

206. 模体(motif):蛋白质二级结构和三级结构之间的一个过渡性结构层次,在肽链折叠过程中,一些二级结构的构象单位彼此相互作用组合而成。

207. 内含子(intron):位于外显子之间、可以被转录在前体 RNA 中,但经过剪接被去除,最终不存在于成熟 RNA 分子中的核苷酸序列,又被称为间插序列。

208. 逆转录(reverse transcription):以 RNA 为模板,以四种脱氧核苷三磷酸(dNTP)为底物,由逆转录酶催化合成 DNA 链过程。因其信息流动方向(RNA→DNA)与转录过程(DNA→RNA)相反而得名,是一种特殊的复制方式。

209. 逆转录 PCR(reverse transcription PCR,RT-PCR):是将 RNA 的逆转录反应和 PCR 反应联合应用的一种技术。以 RNA 为模板,在逆转录酶的作用下合成 cDNA,再以 cDNA 为模板通过 PCR 反应来扩增目的基因。可对已知序列的 RNA 进行定性定量分析。

210. 柠檬酸循环(citric acid cycle):线粒体内使 1 分子乙酰 CoA 彻底氧化的由八步酶促反应所构成的循环反应系统。包括 4 次脱氢反应、2 次脱羧反应,生成 4 分子还原当量和 2 分子 CO_2,循环的各中间产物没有量的变化。它是糖、脂肪、氨基酸的共同供能途径和物质转变枢纽。

211. 葡萄糖耐量(glucose tolerance):人体对摄入的葡萄糖具有很大耐受能力的现象,表现为一次性食入大量葡萄糖后,血糖水平不会持续升高,也不会出现大的波动。

212. 启动子(promoter):启动子是依赖 DNA 的 RNA 聚合酶(简称 RNA pol)识别、结合和启动转录的一段 DNA 序列。启动子一般位于转录起始位点的上游。原核细胞的启动子含有 RNA pol 特异性结合和转录起始所需的保守序列。在真核细胞,RNA pol 一般不直接结合启动子,而是通过通用转录因子结合到启动子的 DNA 双链上。

213. 启动子解脱(promoter escape):真核生物基因转录起始后,合成的 RNA 片段超过 10 个核苷酸时,形成一个稳定的包含有 DNA 模板、RNA 聚合酶和 RNA 片段的转录起始复合体,此时复合体中 RNA 聚合酶从启动子上脱离的现象称为启动子解脱。

214. 前导链(leading strand):在 DNA 复制过程中,复制方向与解链方向相同,沿着解链方向生成的子链 DNA 的合成是连续进行的,这股链称为前导链。

215. 全基因组关联分析(genome-wide association study,GWAS):在人类全基因组范围内找出存在的序列变异,即单核苷酸多态性((single nucleotide polymorphism,SNP),从中筛选出与疾病相关的 SNP。

216. 全酶(holoenzyme):由核心酶加上σ亚基的原核 RNA 聚合酶。σ亚基的功能是辨认转录起始点,RNA 聚合酶全酶能在特定的起始点上开始转录。细胞的转录起始是需要全酶的,转录延长阶段则仅需核心酶。

217. 全外显子测序(whole exon sequencing):对全基因组外显子区域 DNA 富集从而进行高通量测序的技术,它选择性地检测蛋白质编码序列,有助于实现定位克隆,对常见和罕见的基因变异都具有较高灵敏度。

218. 染色体(chromosome):在细胞发生有丝分裂时期,细胞核中携带遗传信息的物质深度压缩形成的聚合体,易于被碱性染料染成深色。主要由 DNA 和蛋白质组成。

219. 染色体原位杂交(in situ hybridization)是核酸分子杂交技术在基因定位中的应用,也是一种直接进行基因定位的方法。

220. 染色质(chromatin):细胞内具有遗传性质的物质在细胞分裂间期的存在形式,结构较松散,形态步规则,弥散在细胞核内。

221. 乳糜微粒(chylomicron,CM):由小肠黏膜细胞利用从消化道摄取的食物脂肪酸再合成甘油三酯后组装形成的一种脂蛋白,经淋巴系统吸收入血,功能是运输外源性甘油三酯和胆固醇。

222. 乳酸循环(Cori cycle):肌收缩通过糖的无氧氧化生成乳酸,乳酸经血液运入肝,在肝内异生为葡萄糖。葡萄糖释入血液后又可被肌摄取,由此构成循环。此过程既能回收乳酸中的能量,又可避免乳酸堆积而引起酸中毒。

223. 生物氧化(biological oxidation):各种代谢物在生物体内的氧化分解过程。其中糖、脂肪、蛋白质等营养物质产生的 NADH、FADH₂ 在线粒体内经氧化分解产生 CO_2 和 H_2O,释放能量驱动 ADP 磷酸化生成 ATP,是细胞产生 ATP 的主要方式。另外,微粒体等氧化酶也可对底物进行氧化修饰等,但不产生能量。

224. 生物转化(biotransformation):机体对异源物及某些内源性的代谢产物或生物活性物质进行的氧化、还原、水解及各种结合反应,增加其水溶性和极性,易于从尿或胆汁排出体外。

225. 生长因子(growth factor):一类由细胞分泌的、类似于激素的信号分子,多数为肽类(含蛋白类)物质,具有调节细胞生长与分化的作用。

226. 实时 PCR(real-time PCR):在 PCR 进程中实时测定荧光信号积累,动态获得 PCR 反应过程中的产物量数据的技术,亦称定量 PCR(quantitative PCR,qPCR)。因该技术在反应体系中加入荧光基团,亦称为实时荧光定量 PCR 或荧光定量 PCR。实时 PCR 消除了产物堆积对定量分析的干扰,可以准确地确定起始 DNA 拷贝数,实现精确定量。

227. 噬菌体展示(phage display):将外源性 DNA 插入到噬菌体衣壳蛋白编码基因中的一种表达克隆技术。

228. 受体(receptor):细胞膜上或细胞内能特异识别生物活性分子并与之结合,进而引起生物学效应的特殊蛋白质(少数为糖脂分子)。

229. 受体酪氨酸激酶(receptor tyrosine kinase,RTK):具有细胞外受体结构域的酪氨酸激酶,当膜外信号物质结合受体后,激活其细胞内的激酶活性域,从而对底物的酪氨酸残基进行磷酸化。

230. 双核中心(binuclear center):呼吸链中复合体Ⅳ用于传递电子的功能单元。主要由 Cu 离子和血红素中的 Fe 离子组成,其功能是将电子传递给氧生成水。

231. 双螺旋结构(the double helix structure):通常指美国科学家 Watson 和英国科学家 Crick 于 1953 年提出的 DNA 结构。DNA 由两条反向平行的多聚核苷酸链以右手螺旋方式围绕同一轴心缠绕成为双螺旋结构。其中脱氧糖和磷酸组成的骨架位于双螺旋的外侧,嘌呤和嘧啶则位于双螺旋的内侧,两条多聚核苷酸链的碱基之间形成了特定的碱基互补配对关系。RNA 中也存在局部的双螺旋结构。

232. 双脱氧测序(dideoxy sequencing):基于对引物的延伸合成反应的终止,确定 DNA 分子中 4 种碱基序列的技术,亦称为链终止法、Sanger 法。该技术利用 DNA 聚合酶延伸结合在待测 DNA 序列模板上的标记放射性核素或荧光基团的引物,直至新合成 DNA 链的 3′-末端掺入一种 2′,3′-双脱氧核苷三磷酸(ddNTP)时,延伸被终止。利用自显影或荧光测定检测终止于特定碱基的一系列寡核苷酸片段,即可读出一段 DNA 序列。

233. 双向复制(bidirectional replication):复制从起点开始,向两个方向进行解链,复制中的模板 DNA 形成 2 个延伸方向相反的开链区。原核生物基因组是环状 DNA,只有一个复制起点(origin),进行的是单点起始双向复制。真核生物基因组由多个染色体组成,全部染色体均需复制,每个染色体又有多个起点,呈多起点双向复制特征。

234. 双向启动子(bidirectional promoter):位于两个相邻且转录方向相反的基因之间的一段 DNA 序列。近年来在人类等动植物基因组中存在大量的相邻且转录方向相反的基因,被称之为"头对头"基因对(head-to-head gene pairs)。当这两个相邻的"头对头"基因转录起始位点之间的距离小于 1kb 左右时,这段基因间的 DNA 序列称为双向启动子。

235. 水溶性维生素(water-soluble vitamin):是一类溶于水而不溶于脂肪和有机溶剂的有机分子,在体内主要构成酶的辅因子,包括 B 族维生素(维生素 B₁、维生素 B₂、维生素 B₆、维生素 B₁₂、维生素 PP、泛酸、生物素与叶酸)和维生素 C。

236. 顺式作用元件(*cis*-acting element):DNA 分子中与被调控基因临近的一些调控序列,包括启动子、上游调控元件、增强子和一些细胞信号反应元件等,这些调控序列与被调控的编码序列位于同一条 DNA 链上,故被称为顺式作用元件,又被称为顺式调节元件(cis-regulator element,CRE)。

237. 羧基末端结构域(carboxyl-terminal domain,CTD):真核 RNA 聚合酶Ⅱ的最大亚基的羧基末端有一段共有序列(consensus sequence),为 Tyr-Ser-Pro-Thr-Ser-Pro-Ser 样的七肽重复序列片段,称为羧基末端结构域。羧基末端结构域被磷酸化后,转录开始。

238. 肽键(peptide bond):一个氨基酸的 α-氨基与另一个氨基酸的 α-羧基脱水而形成的酰胺键连接。肽键具有部分双键的性质而有一定的刚性。

239. 探针(probe):是带有放射性核素或其他标记(荧光、生物素等)的核酸片段,它具有特定的序列,能够与待测的核酸片段互补结合,因此可用于检测核酸样品中存在的特定基因。

240. 糖胺聚糖(glycosaminoglycan):由二糖单位重复连接而成的杂多糖,不分支。二糖单位中一个是糖胺(*N*-乙酰葡糖胺或 *N*-乙酰半乳糖胺),另一个是糖醛酸(葡糖醛酸或艾杜糖醛酸)。

241. 糖蛋白(glycoprotein):糖类分子与蛋白质分子共价结合形成的蛋白质,即含糖基的蛋白质。

242. 糖的无氧氧化(anaerobic oxidation of glucose):不利用氧时,1 分子葡萄糖先经糖酵解生成 2 分子丙酮酸,然后在细胞质中还原成 2 分子乳酸,这一过程净生成 2 分子 ATP,可为机体快速供能。

243. 糖的有氧氧化(aerobic oxidation of glucose):有氧时 1 分子葡萄糖先经糖酵解生成 2 分子丙酮酸,接着进入线粒体氧化脱羧生成 2 分子乙酰 CoA,再进入柠檬酸循环并偶联发生氧化磷酸化,彻底生成 CO_2 和 H_2O。此过程净生成 30 或 32 分子 ATP,是人体利用葡萄糖产能的主要途径。

244. 糖基化(glycosylation):非糖生物分子与糖形成共价结合的反应过程。

245. 糖基化位点(glycosylation site):糖蛋白分子中与糖形成共价结合的特定氨基酸序列,即 Asn-X-Ser/Thr(X 为脯氨酸以外的任何氨基酸)3 个氨基酸残基组成的序列。

246. 糖基转移酶(glycosyltransferase):催化糖基从糖基供体(如尿苷二磷酸葡萄糖)转移到受体化合物(蛋白质、脂或另一糖分子)的酶。

247. 糖酵解(glycolysis):1 分子葡萄糖在细胞质中生成 2 分子丙酮酸的过程,净生成 2 分子 ATP 和 2 分子 NADH,是糖有氧氧化和无氧氧化的共同起始阶段。

248. 糖密码(sugar code):每一聚糖都有一个独特的能被单一蛋白质阅读,并与其相结合的特定空间构象(语言),即糖密码。

249. 糖生物学(glycobiology):研究糖类及其衍生物的结构、代谢以及生物学功能,探索糖链的生物信息机制与生命现象关系的学科领域。

250. 糖形(glycoform):不同种属、组织的同一种糖蛋白的 N-连接型聚糖的结合位置、糖基数目、糖基序列不同,可以产生不同的糖蛋白分子形式,这种糖蛋白聚糖结构的不均一性称为糖形。

251. 糖异生(gluconeogenesis):非糖化合物(乳酸、甘油、生糖氨基酸等)在肝和肾转变为葡萄糖或糖原的过程,对于饥饿引起肝糖原耗尽后的血糖补给具有重要意义。

252. 糖原(glycogen):葡萄糖的多聚体,是体内糖的储存形式。动物体内有肝糖原和肌糖原。肝糖原可补充血糖,肌糖原则主要为肌收缩提供能量。

253. 糖脂(glycolipid):携有一个或多个以共价键连接糖基的复合脂质,泛指糖基甘油酯、鞘糖脂、类固醇衍生糖脂等。

254. 糖组(glycome):在特定状态下一种细胞或组织中包含的全部糖类和含糖分子。

255. 糖组学(glycomics):研究生物体所有聚糖或聚糖复合物的组成、结构、功能、表达调控及其与疾病关系的学科领域,包括糖与糖之间、糖与蛋白质之间、糖与核酸之间的联系和相互作用,旨在阐明聚糖的生物学功能以及与细胞、生物个体表型的联系。

256. 铁蛋白(ferritin):由 24 个亚基组成的中空蛋白质分子,可结合 450 个铁离子,是体内铁的储存形式。

257. 通用转录因子(general transcription factor):一类直接或间接结合 RNA 聚合酶的转录因子,又称基本转录因子(basal transcription factor)。通用转录因子、中介子(mediator)和 RNA 聚合酶是真核生物启动转录的蛋白质复合体的基本和主要组分。

258. 同工酶(isoenzyme 或 isozyme):是指催化相同的化学反应,但酶蛋白的分子结构、理化性质乃至免疫学性质不同的一组酶。

259. 同切点酶(isoschizomer):识别 DNA 链上相同序列但切割位点不同的限制性内切核酸酶,也称异源同工酶。

260. 同尾酶(isocaudarner):识别 DNA 链上不同序列但切割后产生相同黏端的限制性内切核酸酶,所产生的相同黏端称为配伍末端(compatible end)。

261. 同源重组(homologous recombination):在两个相似或相同 DNA 分子之间核苷酸序列互换的一种遗传重组,又称基本重组(general recombination)。在哺乳动物的配子发生的减数分裂过程中,同源重组可产生 DNA 序列的新重组,标示着后代的遗传变异;不同种属的细菌和病毒也在水平基因转移中用同源重组互换遗传物质。

262. 酮体(ketone bodies):脂肪酸在肝经 β-氧化分解后转化形成的中间产物,包括乙酰乙酸、β-羟基丁酸和丙酮。酮体经血液运输至肝外组织氧化利用,是肝向肝外输出能量的一种方式。

263. 退火(annealing):变性的双链 DNA 经缓慢冷却后,两条互补链可以重新恢复天然的双螺旋构象的过程。

264. 脱氧核糖核酸(deoxyribonucleic acid,DNA):一类带有遗传信息的生物大分子。由 4 种主要的脱氧核苷酸(dAMP、dGMP、dCMP 和 dTMP)通过 3′,5′-磷酸二酯键连接聚合而成的生物大分子。DNA 携带遗传信息,并通过复制的方式将遗传信息进行传代。组成 DNA 的脱氧核苷酸的比例和排列不同,显示不同的生物功能,如编码功能、复制和转录的调控功能等。排列的变异可能产生一系列疾病。

265. 瓦伯格效应(Warburg effect):有氧时,葡萄糖不彻底氧化而是分解生成乳酸的现象,有利于增殖活跃的组织细胞进行生物合成。

266. 外显子(exon):基因组 DNA 中出现在成熟 RNA 分子上的核苷酸序列。外显子被内含子隔开,转录后经加工被连接在一起,生成成熟的 RNA 分子。信使核糖核酸(mRNA)所携带的信息指导多肽链的生物合成。

267. 微 RNA(microRNA,miRNA):真核生物中广泛存在的一类长度为 22 个核苷酸的非编码 RNA 分子。通过特异性结合靶信使核糖核酸(mRNA)抑制转录后的基因表达。在调控基因表达和调控细胞性状等方面发挥主要作用。

268. 微粒体乙醇氧化系统(microsomal ethanol oxidizing system,MEOS):是乙醇-P450 单加氧酶,仅在血中乙醇浓度很高时被诱导,其催化的产物是乙醛。

269. 微量元素(trace element 或 microelement):维持机体正常生理功能、在人体中存在的量低于人体体重 0.01%,每日需要量在 100mg 以下的化学元素,包括铁、碘、铜、锌、锰、硒、氟、钼、钴、铬、钒、锡、镍、硅,主要功能是作为酶的辅因子等。

270. 维生素(vitamin):生物体内不能合成,或合成量甚少、不能满足机体的需要,必须由食物供给,以维持正常生命活动的一类低分子量有机化合物,是生物体内的重要营养素之一,按其溶解特性的不同,分为脂溶性维生素和水溶性维生素两大类。

271. 卫星 DNA(satellite DNA):真核细胞染色体具有的高度重复核苷酸序列,主要存在于染色体的着丝粒区,通常不被转录,在人基因组中可占 10% 以上。由于其碱基组成中 GC 含量少,具有不同的浮力密度,在氯化铯密度梯度离心后呈现出与大多数 DNA 有差别的"卫星"条带而得名。

272. 未结合胆红素(unconjugated bilirubin):在血浆中主要与清蛋白结合而运输的胆红素,为脂溶性,不能经尿排出,易透过细胞膜产生毒性作用。

273. 位点特异性重组(site specific recombination):一种发生在至少拥有一定程度序列同源性片段间 DNA 链互换过程的遗传重组,也称保守的位点特异性重组(conservative site-specific recombination)。位点特异性重组酶(site-specific recombinase,SSR)通过识别和结合 DNA 短序列(位点)使 DNA 片段发生重排。

274. 无嘌呤/无嘧啶位点(apurinic/apyrimidinic site):DNA 分子上受损伤的碱基被一种特异的 DNA-糖苷酶除去,形成的无嘌呤或无嘧啶的位点(AP 位点),这些位点在内切酶的作用下可形成 DNA 链的断裂。

275. 无义介导的 mRNA 降解(nonsense-mediated mRNA decay,NMD):细胞在对前体 mRNA 进行剪接加工时,异常的剪接反应会在可读框内产生无义的终止密码子。无义介导的 mRNA 降解是一种广泛存在于真核生物细胞中的 mRNA 质量监控机制。该机制通过识别和降解含无义的终止密码子的转录产物来防止有潜在毒性的截短蛋白质的产生。

276. 戊糖(pentose):由 5 个碳原子组成的单糖,其中最主要的一种形式是以 D 形式存在的核糖和脱氧核糖,是核糖核酸(RNA)和脱氧核糖核酸(DNA)的主要成分。

277. 系统生物学(systems biology):以系统论理论、结合实验科学、数学和计算机建模等方法,对一个生物系统中所有组成成分(基因、mRNA、蛋白质等)的构成,在特定条件下这些组分间的相互关系及其导致的生物学效应进行整合研究为特征的生物学。

278. 系统生物医学(systems biomedicine):应用系统生物学原理与方法研究人体(包括动物和细胞模型)生命活动的本质、规律以及疾病发生发展机制的学科领域,实际上就是系统生物学的医学应用研究。

279. 细胞融合(cell fusion):将来源不同的两种细胞融合成一个新细胞的技术。

280. 细胞色素(cytochrome):一种以铁-卟啉复合体为辅基的血红素蛋白,主要有细胞色素 a、细胞色素 b、细胞色素 c 和细胞色素 d 四类。因其铁-卟啉侧链的不同,以及与酶蛋白的结合方式不同,细胞色素蛋白的辅基分别称为血红素 a、b 和 c。血红素基团的铁离子通过 Fe^{3+} 和 Fe^{2+} 两种状态的变化而传递单个电子,在氧化还原反应中发挥作用。

281. 细胞色素 P450 单加氧酶(cytochrome P450 monooxygenase,CYP):存在于肝细胞微粒体,催化氧分子中的一个氧原子加到底物分子上(羟化),另一个氧原子被 $NADPH+H^+$ 还原成水的一类酶,由细胞色素 P450 和细胞色素 P450 还原酶组成,又称羟化酶(hydroxylase)或混合功能氧化酶(mixed functional oxidase)。

282. 细胞通讯(cell communication):在多细胞生物中,细胞间或细胞内高度精确和高效地发送与接收信息的通信机制,并通过放大机制引起快速的细胞生理反应。

283. 细胞外基质(extracellular matrix):由细胞分泌的、并在质膜外相互交织结合在一起的各种糖胺聚糖、蛋白聚糖和蛋白质组成的筛网状物质,在细胞迁移过程中发挥细胞锚定、识别及附着的功能,并为细胞提供支持结构。

284. 纤连蛋白(fibronectin):一类细胞外高分子糖蛋白,具有结合血纤维蛋白、硫酸乙酰肝素、胶原及整合蛋白家族细胞表面受体的结构域,其主要功能是介导细胞间及细胞与基质的黏着,参与损伤修复。

285. 酰基载体蛋白(acyl carrier protein,ACP):脂肪酸生物合成过程中脂酰基的载体,脂肪酸生物合成的所有反应均在该载体蛋白上进行。

286. 衔接体蛋白质(adaptor protein):在细胞内信号传递途径中,凡是在不同蛋白质间起连接作用的蛋白质的通称。大部分衔接体蛋白质含有 2 个或 2 个以上的蛋白质相互作用结构域。

287. 锌指(zinc finger):一些蛋白质中存在的一类具有指状结构的模体。主要存在于作为转录因子的 DNA 结合结构域模体中,锌指结构由一个 α-螺旋和两个反平行的 β-折叠三个肽段组成。其中 2 个半胱氨酸残基和 2 个组氨酸(或 4 个半胱氨酸)残基螯合锌离子。

288. 新一代测序(next generation sequencing,NGS):满足 DNA 测序微量、快速和低成本化需求而产生的一些新的高通量 DNA 测序技术。这些技术在原理上不同于经典的测序技术,其共同特点在一次反应中同时分析多个 DNA 小片段,因而可快速获得所有序列,再经生物信息学整合分析,得出个体的基因组序列。这些技术是实现个体全基因组测序的核心。

289. 信号序列(signal sequence):决定蛋白质靶向输送的特征性序列,存在于新生肽链的 N-端或其他部位,可被细胞转运系统识别并引导蛋白质转移到细胞内或细胞外的特定部位。

290. 信号转导(signal transduction):细胞对来自外界的刺激或信号发生反应,通过细胞内多种分子相互作用引发一系列有序反应,将细胞外信息传递到细胞内,并据以调节细胞代谢、增殖、分化、功能活动和凋亡的过程。

291. 信号转导复合物(signaling complex):衔接蛋白和支架蛋白通过蛋白质相互作用结构域将一些信号转导分子结合在一起形成的复合物,既可使信号转导分子有序相互作用,又可使相关的信号转导分子容纳于一个隔离而稳定的信号转导通路内,避免信号途径之间的交叉反应,维持信号转导通路的高效和专一性。

292. 信号转导途径(signal transduction pathway):信号分子与其在细胞的受体结合以后所引起的一系列有序的酶促级联反应过程。

293. 信使 RNA(messenger RNA,mRNA):携带从 DNA 编码链得到的遗传信息,并以三联体读码方式指导蛋白质生物合成的 RNA,由编码区、上游的 5′-非编码区和下游的 3′-非编码区组成。约占细胞 RNA 总量的 3% ~ 5%。真核生物 mRNA 的 5′-端有帽子结构和 3′-端含多腺苷酸的尾巴结构。

294. 血脂(plasma lipid):血浆中脂质的总称,包括甘油三酯、胆固醇、胆固醇酯、磷脂和游离脂肪酸等。临床上常用的血脂指标是甘油三酯和胆固醇,正常成人 12 ~ 14 小时空腹血浆甘油三酯为 10 ~ 150mg/dl(平均 100mg/dl),总胆固醇为 150 ~ 250mg/dl(平均 200mg/dl)。

295. 亚基(subunit):组成蛋白质四级结构最小的共价单位,是指四级结构的蛋白质中由一条多肽链折叠成的具有三级结构的球蛋白。

296. 氧化磷酸化(oxidative phosphorylation):物质在体内氧化时释放的能量供给 ADP 与无机磷合成 ATP 的偶联反应。主要在线粒体中进行。代谢物脱氢生成 NADH 和 $FADH_2$,两者均通过呼吸链传递电子被氧化,氧化过程产生的自由能储存于跨线粒体内膜的质子电化学梯度中,质子返回基质时释放此能量,驱动 ATP 合酶结合 ADP 及无机磷,使 ADP 磷酸化生成 ATP 的过程。

297. 夜盲(nyctalopia):由于视网膜杆状细胞缺乏合成视紫红质的原料或杆状细胞本身的病变导致的暗适应视力障碍。

298. 一碳单位(one carbon unit):某些氨基酸在分解代谢过程中产生的仅含一个碳原子的基团,如甲基、亚甲基、次甲基、甲酰基及亚胺甲基等。常与四氢叶酸结合,在一些化合物之间转移,且可互相转变。

299. 胰脂酶(pancreatic lipase):由胰腺合成并分泌至小肠腔、消化食物脂肪的一种脂酶,能特异水解甘油三酯 1、3 位酯键,生成 2-甘油一酯及 2 分子脂肪酸。

300. 移码突变(frameshift mutation):因 mRNA 可读框中插入或缺失了非 3 的倍数的核苷酸,使得后续密码子阅读方式改变的一种突变。

301. 引物(primer):由引物酶催化合成的短链 RNA 片段,在 DNA 复制起始时,为 DNA 的合成提供 3′-OH 末端,在 DNA pol 催化下逐一加入 dNTP 而形成 DNA 子链。亦可是体外人工合成 DNA 时,可与模板结合的单链 DNA 片段。

302. 应激(stress):机体或细胞为应对内、外环境刺激所作出一系列非特异性反应。

303. 运铁蛋白(transferrin,TRF):能与金属结合的一类分子质量约 76 ~ 81kD 的糖蛋白,又称转铁蛋白,是血浆中主要的含铁蛋白质,负责运载由消化道吸收的铁和由红细胞降解释放的铁。

304. 载脂蛋白(apolipoprotein):脂蛋白中的蛋白质部分,分为 A、B、C、D、E 等几大类,在血浆中起运载脂质的作用,还能识别脂蛋白受体、调节血浆脂蛋白代谢酶的活性。

305. 增强子(enhancer):增强启动子工作效率的顺式作用元件,能够在相对于启动子的任何方向和任何位置(上游或下游)都发挥作用。

306. 增色效应(hyperchromic effect):双链 DNA 分子或双链 RNA 分子解链变性后,其核酸溶液的紫外吸收(一般在 260nm 处)增强的现象。

307. 支架蛋白(scaffold protein):带有多个蛋白质结合域可将同一信号转导途径中相关蛋白质组织成群的蛋白质,一般是分子量较大的蛋白质。

308. 脂蛋白(lipoprotein):血浆脂蛋白是脂质与载脂蛋白结合形成的复合体,一般呈球形,表面为载脂蛋白、磷脂、胆固醇的亲水基团,这些化合物的疏水基团朝向球内,内核为甘油三酯、胆固醇酯等疏水脂质。血浆脂蛋白是血浆脂质的运输和代谢形式。

309. 脂蛋白脂肪酶(lipoprotein lipase,LPL):分布于骨骼肌、心肌及脂肪等组织毛细血管内皮细胞表面的一种脂肪酶,能水解 CM 和 VLDL 中的甘油三酯,释放出甘油和游离脂肪酸供组织细胞摄取利用。

310. 脂肪动员(fat mobilization):储存在脂肪细胞中的脂肪在脂肪酶的作用下,逐步水解,释放出游离脂肪酸和甘油供其他组织细胞氧化利用的过程。

311. 脂溶性维生素(lipid-soluble vitamin):是疏水性化合物,易溶于脂质和有机溶剂,常随脂质被吸收,包括维生素 A、维生素 D、维生素 E 和维生素 K。

312. 脂酰-CoA:胆固醇脂酰转移酶(acyl-CoA:cholesterol acyltransferase,ACAT):分布于细胞内质网,能将脂酰辅酶 A 上的脂酰基转移至游离胆固醇的 3 位羟基上,使胆固醇酯化储存在胞质中。

313. 脂组学(lipidomics):研究生物体内所有脂质分子的组成与结构,并以此为依据推测与脂质作用的生物分子的变化,揭示脂质在各种生命活动中的重要作用的学科领域。

314. 中度重复序列(moderately repetitive sequence):真核基因组中重复数十至数千次的核苷酸序列,通常占整个单倍体基因组的1%~30%。少数在基因组中成串排列在一个区域,大多数与单拷贝基因间隔排列。

315. 肿瘤抑制基因(tumor suppressor gene):防止或阻止癌症发生的基因,其部分或全部失活可显著增加癌症发生风险,也称抑癌基因。抑癌基因对细胞增殖起负性调控作用,包括抑制细胞增殖、调控细胞周期检查点、促进凋亡和参与DNA损伤修复等。

316. 转氨基作用(transamination):氨基转移酶所催化的将α-氨基酸的氨基转移给α-酮酸、从而产生相应的α-酮酸与α-氨基酸的可逆的氨基转移过程。

317. 转导作用(transduction):病毒或病毒载体介导外源DNA进入靶细胞的过程。

318. 转化(transformation):通过直接从周围环境中摄取并掺入外源遗传物质引起细胞遗传改变的现象。

319. 转化医学(translational medicine):以临床、实验室和社会三大支柱为核心的生物医学分支学科。旨在强调以临床问题为导向,开展基础-临床联合攻关,将基因组学等各种基础研究成果迅速有效地转化为可在临床实际应用的理论、方法、技术和药物。

320. 转化作用(transformation):受体菌通过细胞膜直接从周围环境中摄取并掺入外源遗传物质引起自身遗传改变的过程,受体菌必须处于敏化状态,这种敏化状态可以通过自然饥饿、生长密度或实验室诱导而达到。

321. 转基因动物(transgenic animal):应用转基因技术培育出的携带外源基因,并能稳定遗传的动物,其制备步骤主要包括转基因表达载体的构建、外源基因的导入和鉴定、转基因动物的获得和鉴定、转基因动物品系的繁育等。

322. 转基因技术(transgenic technology):将外源基因导入受精卵或胚胎干细胞(embryonic stem cell),即ES细胞,通过随机重组使外源基因插入细胞染色体DNA,随后将受精卵或ES细胞植入假孕受体动物的子宫,使得外源基因能够随细胞分裂遗传给后代的技术。

323. 转录(transcription):生物体以DNA为模板合成RNA的过程,意指将DNA的碱基序列转抄为RNA序列。

324. 转录偶联修复(transcription coupled repair,TC-NER):核苷酸切除修复的一种方式,即对那些正在转录的基因模板链上的损伤进行修复。另一种修复方式是全基因组损伤修复(global genomic repair,GG-NER)。在转录偶联修复中,RNA聚合酶识别损伤部位,起始损伤修复。

325. 转录衰减(transcription attenuation):新生成的mRNA链与RNA聚合酶相互作用使转录水平降低并提前终止的转录调节方式,为原核生物操纵子调节机制之一。

326. 转录物组学(transcriptomics):以细胞、组织或机体基因组在特定时间和空间转录产生的全部转录物的种类、结构和功能进行研究的学科领域,包括对其表达水平、时空分布、相互作用及其调控规律等方面的分析。

327. 转录因子(transcription factor,TF):直接结合或间接作用于基因启动子、增强子等特定顺式作用元件,形成具有RNA聚合酶活性的动态转录复合体的蛋白质因子。绝大多数转录因子由其编码基因表达后进入细胞核,通过识别、结合特异的顺式作用元件而增强或降低相应基因的表达。转录因子也被称为反式作用蛋白或反式作用因子。

328. 转染(transfection):植物、动物细胞通过细胞膜摄取外源遗传物质引起自身遗传改变的现象,通常可引起癌变。

329. 转移RNA(transfer RNA,tRNA):由75~90个核苷酸组成的小分子RNA。每种tRNA可在氨酰tRNA合成酶催化下与特定的氨基酸共价连接生成氨酰tRNA。在核糖体中通过tRNA的反密码子和mRNA的密码子相互作用,参与蛋白质生物合成。

330. 转座重组(transpositional recombination)或转座(transposition):由插入序列(IS)和转座子(Tn)介导的基因移位或重排。

331. 转座子(transposon,Tn):能将自身或其拷贝插入基因组新位置的DNA序列,一般属于复合型转座子(composite Tn),有一个中心区域,两边是插入序列(IS),除有与转座有关的编码基因外,还携带其他基因如抗生素抗性基因等。

332. 缀合酶(conjugated enzyme):由蛋白质部分和非蛋白质部分共同组成的酶称为缀合酶。其中的蛋白质部分称为酶蛋白,非蛋白质部分称为辅因子。酶蛋白主要决定酶促反应的特异性及其催化机制;辅因子主要决定酶促反应的类型。

333. 着色性干皮病(xeroderma pigmentosum,XP):一种由于DNA损伤切除修复系统缺陷所导致的遗传病。着色性干皮病病人的皮肤对阳光极度敏感,易受照射损伤,可在幼年时罹患皮肤癌,同时伴有智力发育迟缓,神经系统功能紊乱等症状。

推荐阅读

参考书

［1］ Agutter PS,Wheatley DN. About Life-Concepts in Modern Biology. Amsterdam:Springer Netherlands,2007.

［2］ Alberts B,Johnson A,Lewis J,et al. Molecular Biology of the Cell. 6th ed. New York:Garland Science,2015.

［3］ Allison LA. Fundamental Molecular Biology. 2nd ed. New Jersey:John Wiley & Sons Inc,2012.

［4］ Berg JM,Tymoczko JL,Gatto GJ,et al. Biochemistry. 8thed. New York:W. H. Freeman & Company,2015.

［5］ Brown TA. GeneCloningandDNAAnalysis:An Introduction. New Jersey:WileyBlackwell,2010.

［6］ Devlin TM. Textbook of Biochemistry with Clinical Correlation. 7th ed. New York:John Wiley and Sons,Inc. ,2011.

［7］ Ferrier DR. Lippincott's Illustrated Reviews:Biochemistry. 7th ed. Philadelphia :Lippincott Williams & Wilkins,2017.

［8］ Krebs J,Goldstein E,Kilpatrick S. Lewin's GenesⅫ. Boston:Jones & Bartlett Learning,2017.

［9］ Lodish H,Berk A,KaiserCA,et al. Molecular Cell Biology. 8th ed. New York:W. H. Freeman and Company,2016.

［10］ Mathews CK,vanholde KE,Ahern KG. Biochemistry. 3rd ed. San Francisco:Addison-Wesley Publishing Company,2001.

［11］ MeisenbergG,Simmons WH. Principles of Medical Biochemistry. 3rd ed. Mosby:Elsevier,2011.

［12］ Meyers RA. Encyclopedia of Molecular Cell Biology and Molecular Medicine. Weinheim:Wiley-VCH,2012.

［13］ MurrayRK,BenderDA,BothamKM,et al. Harper's Illustrated Biochemistry. 28thed. London:McGraw-Hill Company,2009.

［14］ Nelson DL,Cox MM. Lehninger Principles of Biochemistry. 7th ed. New York:W. H. Freeman & Company,2017.

［15］ Rodwell VW,Bender DA,Botham KM,et al. Harper's Illustrated Biochemistry,30th ed. New York:The McGraw-Hill Education,2015.

［16］ Russell PJ. iGenetics:A Molecular Approach. 4th ed. San Francisco:Benjamin Cummings,2014.

［17］ Saenger W. Principles of Nucleic Acid Structure. New York:Springer-Verlag,1984.

［18］ Sambrook J,Russell DW. The Condensed Protocols from Molecular Cloning:A laboratory manual. New York:ColdSpring-Harbor Laboratory Press,2008.

［19］ Strachen T,Read A. Human Molecular Genetics. 4th ed. New York:Garland Science,2011.

［20］ Watson JD,Baker TA,Bell SP,et al. Molecular Biology of the Gene. 7th ed. New York:Cold Spring Harbor Laboratory Press,2013.

［21］ Weaver R. Molecular Biology. 4th ed. New York:McGraw Hill Higher Education,2007.

［22］ Weinberg RA. The Biology of Cancer. 2nd ed. New York:Garland Science,Taylor & Francis Group,LLC,2013.

［23］ 焦炳华. 现代生命科学概论. 2 版. 北京:科学出版社,2014.

［24］ 全国科学技术名词审定委员会. 生物化学与分子生物学名词. 北京:科学出版社,2008.

［25］ 药立波. 医学分子生物学实验技术. 3 版. 北京:人民卫生出版社,2014.

［26］ 中国营养学会. 中国居民膳食营养素参考摄入量速查手册. 北京:中国标准出版社,2013.

参考文献

［1］ Bermingham A,Derrick JP. The folic acid biosynthesis pathway in bacteria:evaluation of potential for antibacterial drug discovery. Bioessays,2002,24(7):637-648.

［2］ Chow LT,Gelinas RE,Broker TR,et al. An amazing sequence arrangement at the 5′ ends of adenovirus 2 messenger RNA. Cell,1977,12(1):1-8.

［3］ Cramer P,Bushnell DA,Kornberg RD. Structural basis of transcription:RNA polymerase Ⅱ at 2. 8 ångstrom resolution. Science,2001,292:1863-1876.

［4］ Friedberg EC. DNA damage and repair. Nature,2003,421(6921):436-440.

［5］ Gratchev A. The nucleotide excision repair of DNA in human cells and itsassociation with xeroderma pigmentosum. Adv Exp Med Biol,2008,637:113-119.

［6］ HenrasAK,Plisson-Chastang C,O′Donohue MF,et al. Anoverview of pre-ribosomal RNA processing in eukaryotes. Wiley Interdiscip RevRNA,2015,6(2):225-242.

［7］ Houseley J,Tollervey D. The many pathways of RNA degradation. Cell,2009,136:763-776.

［8］ Huang L,Crothers K,Atzori C,et al. Dihydropteroate synthase gene mutations in Pneumocystis and sulfa resistance. Emerg Infect Dis,2004,10(10):1721-1728.

［9］ Jackson SP,Bartek J. The DNA-damage response in human biology and disease. Nature,2009,461(7267):1071-1078.

［10］ KastanMB,Bartek J. Cell-cycle checkpoints and cancer. Nature,2004,432(7015):316-323.

［11］ Kresge N,Simoni RD,Hill RL. 30 years of cholesterol metabolism:the work of Michael Brown and Joseph Goldstein. JBiolChem,2006,281:e25-e28.

［12］ Lord CJ,Ashworth A. The DNA damage response and cancer therapy. Nature,2012,481(7381):287-294.

［13］ Marraffini LA. CRISPR-Cas immunity in prokaryotes. Nature,2015,526(7571):55-61.

［14］ Michio S. Immunological functions of steryl glycosides. Arch Immunol Ther Exp,2012,60:351-359.

［15］ Ivanchina NV,Kicha AA,,Stonik VA. Steroid glycosides from marine organisms. Steroids,2011,76(5):425-454.

［16］ Norgauer J,Idzko M,Panther E,et al. Xeroderma pigmentosum. Eur J Dermatol,2003,13(1):4-9.

［17］ Rossi M,Amaretti A,Raimondi S. Folate production by probiotic bacteria. Nutrients,2011,3(1):118-134.

［18］ Sandra G,Anna Z,Swantje T,et al. The functions of steryl glycosides come to those who wait:Recent advances in plants, fungi,bacteria and animals. Progress in Lipid Research,2010,49:262-288.

［19］ SkÖld O. Sulfonamide resistance:mechanisms and trends. Drug Resist Updat,2000,3(3):155-160.

［20］ Tanaka K,Wood RD. Xeroderma pigmentosum and nucleotide excision repair ofDNA. Trends Biochem Sci,1994,19(2): 83-86.

［21］ Thomason MK,Storz G. Bacterial antisense RNAs:how many are there,and what are they doing? Annu Rev Genet,2010, 44:167-188.

［22］ Will CL,Lührmann R. Spliceosome structure and function. Cold Spring HarbPerspect Biol,2011,3(7):a003707.

［23］ Yen CL,Stone SJ,Koliwad S,et al. Thematic review series:glycerolipids. DGAT enzymes and triacylglycerol biosynthesis. J Lipid Res,2008,49(11):2283-2301.

［24］ Yokoyama S. Assembly of high-density lipoprotein. ArteriosclerThrombVascBiol,2006,26(1):20-27.

［25］ Zechner R,Kienesberger PC,Haemmerle G,et al. Adipose triglyceride lipase and the lipolytic catabolism ofcellular fat stores. J Lipid Res,2009,50(1):3-21.

W